U0173623

CAMPBELL

后浪

Pearson

坎贝尔基础生物学

ESSENTIAL

[美] 埃里克·J. 西蒙 琼·L. 迪基 凯利·A. 霍根 简·B. 里思 尼尔·A. 坎贝尔 著
李 虎 张 薇 吴 娟 方沁文 汪文玲 译

海峡出版发行集团 THE STRAITS PUBLISHING & DISTRIBUTING GROUP | 海峡书局

BIOLOGY

图书在版编目（CIP）数据

坎贝尔基础生物学 /（美）埃里克·J. 西蒙等著；
李虎等译 . -- 福州：海峡书局，2024.4
书名原文：Campbell Essential Biology
ISBN 978-7-5567-1180-2

Ⅰ. ①坎… Ⅱ. ①埃… ②李… Ⅲ. ①生物学 Ⅳ.
①Q

中国国家版本馆 CIP 数据核字 (2024) 第 005547 号

著作权合同登记号 图字：13 - 2024 - 001
审图号：GS 京（2024）0384 号

坎贝尔基础生物学

KANBEIER JICHU SHENGWUXUE

著　　者：[美] 埃里克·J. 西蒙　琼·L. 迪基　凯利·A. 霍根　简·B. 里思　尼尔·A. 坎贝尔
译　　者：李　虎　张　薇　吴　娟　方沁文　汪文玲
出 版 人：林前汐　　选题策划：后浪出版公司
出版统筹：吴兴元　　编辑统筹：梅天明　宋希於
责任编辑：廖飞琴　龙文涛　　特约编辑：张妍汐
内文排版：郭爱萍　　装帧制造：墨白空间·黄海
营销推广：ONEBOOK

出版发行：海峡书局　　地　　址：福州市白马中路 15 号 海峡出版发行集团 2 楼
邮　　编：350004

印　　刷：天津裕同印刷有限公司　　开　　本：889 mm × 1194 mm　1/12
印　　张：$42\frac{2}{3}$　　字　　数：916 千字
版　　次：2024 年 4 月第 1 版　　印　　次：2024 年 4 月第 1 次
书　　号：ISBN 978-7-5567-1180-2　　定　　价：280.00 元

后浪出版咨询(北京)有限责任公司　版权所有，侵权必究
投诉信箱：editor@hinabook.com　fawu@hinabook.com
未经许可，不得以任何方式复制或者抄袭本书部分或全部内容
本书若有印、装质量问题，请与本公司联系调换，电话 010-64072833

作者简介

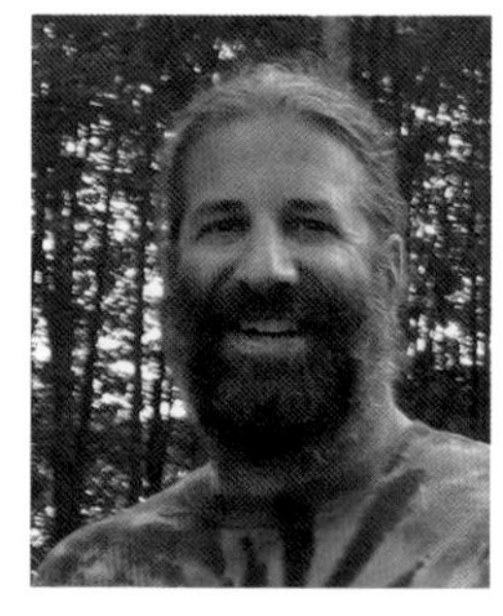

埃里克·J. 西蒙（ERIC J. SIMON）

新英格兰学院（新罕布什尔州亨尼克市）生物与健康科学系的教授，教授理科专业和非理科专业的生物学入门课程，以及热带海洋生物学、科学职业生涯的高级课程。西蒙获得卫斯理大学生物学和计算机科学学士学位和生物学硕士学位、哈佛大学生物化学博士学位；研究重点是开展创新方法，利用技术促进学生尤其是非理科专业学生在科学课上主动学习。西蒙博士也是生物学入门教材《核心生物学》（*Biology: The Core*）的作者，以及《坎贝尔生物学：概念与联系》（*Campbell Biology: Concepts & Connections*）第 8 版的合著者。

献给我伟大的母亲 Muriel，她总是用爱、同情、充分的理解和对我不变的信任，支持我的工作。

琼·L. 迪基（JEAN L. DICKEY）

克莱姆森大学（南卡罗来纳州克莱姆森市）生物科学荣誉教授。肯特州立大学生物学学士，普渡大学生态学和进化生物学博士。1984 年担任克莱姆森大学的教师，致力于在各类课程中教授非理科专业学生生物学；除撰写基于内容的教学材料，还开发了许多活动让听课和做实验的学生参与讨论、锻炼批判性思维和写作能力，并开设了关于普通生物学的研究性实验室课程，是《生物学的实验室研究》（*Laboratory Investigations for Biology*）第 2 版的作者，以及《坎贝尔生物学：概念与联系》第 8 版的合著者。

献给教会我热爱学习的母亲，献给我生活的快乐源泉——我的双胞胎女儿，Katherine 和 Jessie。

凯利·A. 霍根（KELLY A. HOGAN）

新泽西学院生物学学士和北卡罗来纳大学教堂山分校病理学博士，北卡罗来纳大学教堂山分校生物系教师和教学创新主任，教授理科专业学生生物学导论（introductory biology）和遗传学导论（introductory genetics）。霍根博士采用与技术相结合且有效的学习方法，如将手机作为课堂反馈器、在线作业和同侪评估工具，可同时教授数百名学生。她的研究兴趣涉及如何通过循证教学方法和技术让大班教学更具包容性，通过同行培训、研讨会和指导促进全体教师发展。霍根博士是《干细胞与克隆》（*Stem Cells and Cloning*）第 2 版的作者、掌握生物学网站（MasteringBiology）内部供教师交流课堂材料和想法的子网站（the Instructor Exchange）的领头协调人，也是《坎贝尔生物学：概念与联系》第 8 版的合著者。

献给很久以前我在基础生物学课上遇到的英俊男孩，和我们的两个孩子 Jake 和 Lexi，他们每天都在提醒我们生活中什么事情最重要。

简·B. 里思（JANE B. REECE）

哈佛大学生物学学士（起初在哈佛主修哲学）、罗格斯大学微生物学硕士、加利福尼亚大学伯克利分校细菌学博士，在加利福尼亚大学伯克利分校，以及后来在斯坦福大学（遗传学博士后）研究细菌的遗传重组，曾在米德尔塞克斯郡学院（新泽西）和皇后社区学院（纽约）教授生物学。1978 年担任本杰明·卡明斯（Benjamin Cummings）出版社编辑以来，一直从事生物学出版工作，在该社的 12 年里，主导促成了许多成功教材；是《坎贝尔生物学》第 10 版和《坎贝尔生物学：概念与联系》第 8 版的主要作者。

献给我优秀的合著者，他们让著书成为一种乐趣。

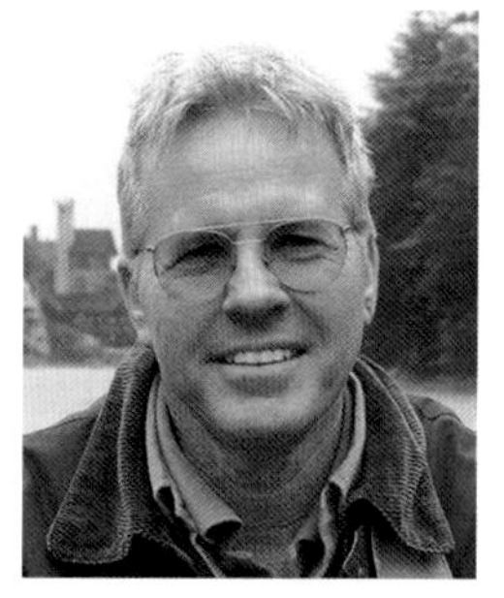

尼尔·A. 坎贝尔（NEIL A. CAMPBELL，1946—2004）

本书的创始人，兼具科学家的探究天性与爱育桃李的教师情怀。躬耕基础生物学课程凡 30 年，万千文理学生向他学习，有幸受到他对生物研究之热情的感召。坎贝尔备受生物学界友人怀念，合著者感奋于他行高志远、奉献教育事业之精神，致力于寻找更好方法让学生参与到生物学的奇景之中。

发现——生物学为什么重要

《坎贝尔基础生物学》强调你在生物课上所学的概念如何与日常生活息息相关。

- **新内容"×××为什么重要"图文专栏**使用精彩照片和有趣的科学观察来介绍每一章。每一章会再次提及每个科学趣闻。

15 微生物的进化

微生物为什么重要

▼ 设想你们一家人去度假，一英里（约 1.6 千米）相当于生命历史长河中的一百万年，那么从迈阿密开到西雅图后，你仍会问："我们还没到吗？"（人类产生了吗？）

一项最新研究表明，感染弓形体（一种寄生虫）的老鼠不再怕猫。▶

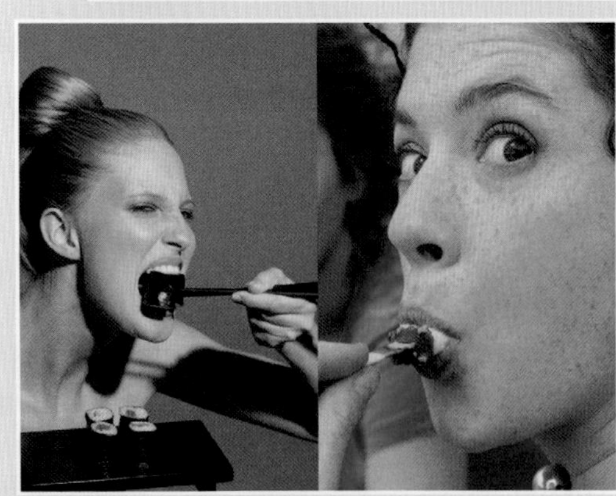

▲ 海藻不仅用于包裹寿司，还用在冰激凌里。

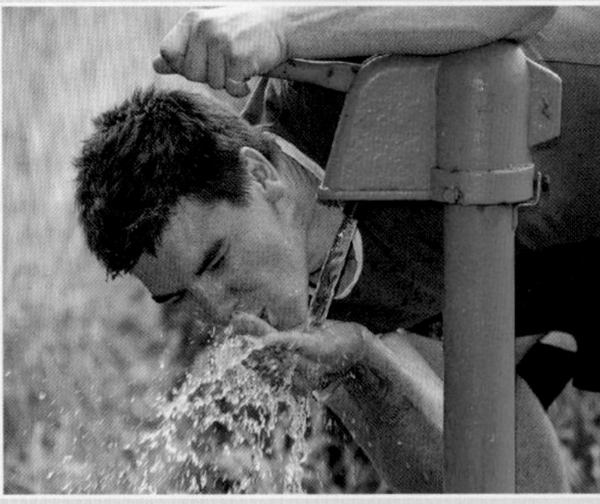

▲ 你每天能喝上干净的水，要感谢微生物。

292

MasteringBiology®

新内容！ **每日生物学视频** 简要探讨了与学生在课堂上所学概念相关且有趣的生物学主题。这 20 个视频可以布置在 MasteringBiology 中与评估问题搭配使用。

● 已更新！“**本章线索**”贯穿全章，围绕扣人心弦的主题。第 15 章探讨了人类微生物群。

本章内容

本章线索

人类微生物群

人类微生物群 生物学与社会

看不见的居民

也许你知道，人体有上万亿个独立的细胞，但是你知道它们并不全都是“你”吗？事实上，人体内和体表的微生物是人体细胞数量的 10 倍。也就是说，100 万亿细菌、古菌、原生生物都把你的身体当作家园。皮肤、口腔、鼻腔、消化道、泌尿生殖道是这些微生物的主要分布区域。生活在你身体的微生物尽管每个个体都很小，必须放大几百倍才能看到，但它们的总重量达到 2 ~ 5 磅（1 磅 ≈0.45 千克）。

人舌头上细菌的彩色扫描电子显微照片（放大 14,500 倍）。

人在出生的头两年获得微生物群落，此后群落一直保持相对稳定。然而，现代生活正在破坏这种稳定。人类服用抗生素、净化用水、对食物消毒、努力防止我们周围的细菌滋生、洗刷皮肤和牙齿，从而改变了这些群落的平衡。科学家们推测，破坏微生物群落可能会增加我们对传染病的易感性，让我们容易患上某些癌症，并引起诸如哮喘和其他过敏、肠易激综合征、克罗恩病、孤独症等疾病。科学家甚至在研究异常微生物群落是否让人变胖，以及微生物群落在人类历史进程中是如何进化的。例如在本章最后的“进化联系”专栏，我们将发现饮食改变导致引起蛀牙的细菌在牙齿上安家落户。

在本章中，你将了解到人类和微生物相互作用的利与弊。还将体验到原核生物和原生生物显著的多样性。本章是探索生命多样性三章中的第一章。因此，从原核生物（地球上第一种生命形式）和原生生物（单细胞真核生物与多细胞植物、真菌和动物之间的桥梁）开始讲述是合适的。

“生物学与社会”专栏

将生物学与你的生活和兴趣相联系。这个例子探讨了生活在人们体内的微生物。

“科学的过程”专栏

提供了科学方法如何应用的真实案例。第 15 章探讨了最近就微生物群可能影响肥胖人群的假说的调查。

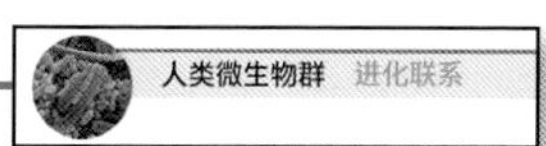

“进化联系”专栏

通过阐述进化的主题如何贯穿整个生物学，来结束每一章节。第 15 章的例子讨论了人类世代日常饮食的变化是如何与导致蛀牙的细菌联系在一起的。

● **额外更新的“本章线索”和相应专栏** 包括第 2 章的放射性，第 6 章的肌肉性能，以及第 7 章的盗窃地沟油以回收用作生物燃料。

着眼于“大图景”主题

全文重点列举生物学中大主题的例子，以帮助你发现包罗万象的生物学概念是如何相互联系的。

- 新内容！第一章介绍了**生物学的人主题**，以强调贯穿生物学的统一原则。

生物学的大主题				
进化	结构 / 功能	信息流	能量转化	系统内互联
自然选择的进化是生物学统一性主题的核心，它存在于每一个生命层次。	通过物质（如细胞分子或人体组织）的结构能了解其功能，反之亦然。	在生物系统中，储存在 DNA 中的信息被传递和表达。	一切生物系统都依赖于能量和物质的获取、转化和释放。	一切生物系统，从分子到生态系统，都依赖于组成成分之间的相互作用。

- 这些主题——进化、结构 / 功能、信息流、能量转化、系统内互联，在全文中**用图标表示**，以帮助你注意到大主题中重复出现的例子。

- 在每章末尾的“**进化联系**”专栏中，将进一步深入探讨进化在整个生物学中发挥的作用。

认识类比和应用

日常生活的类比和应用，让人们更易想象和理解陌生的生物学概念。

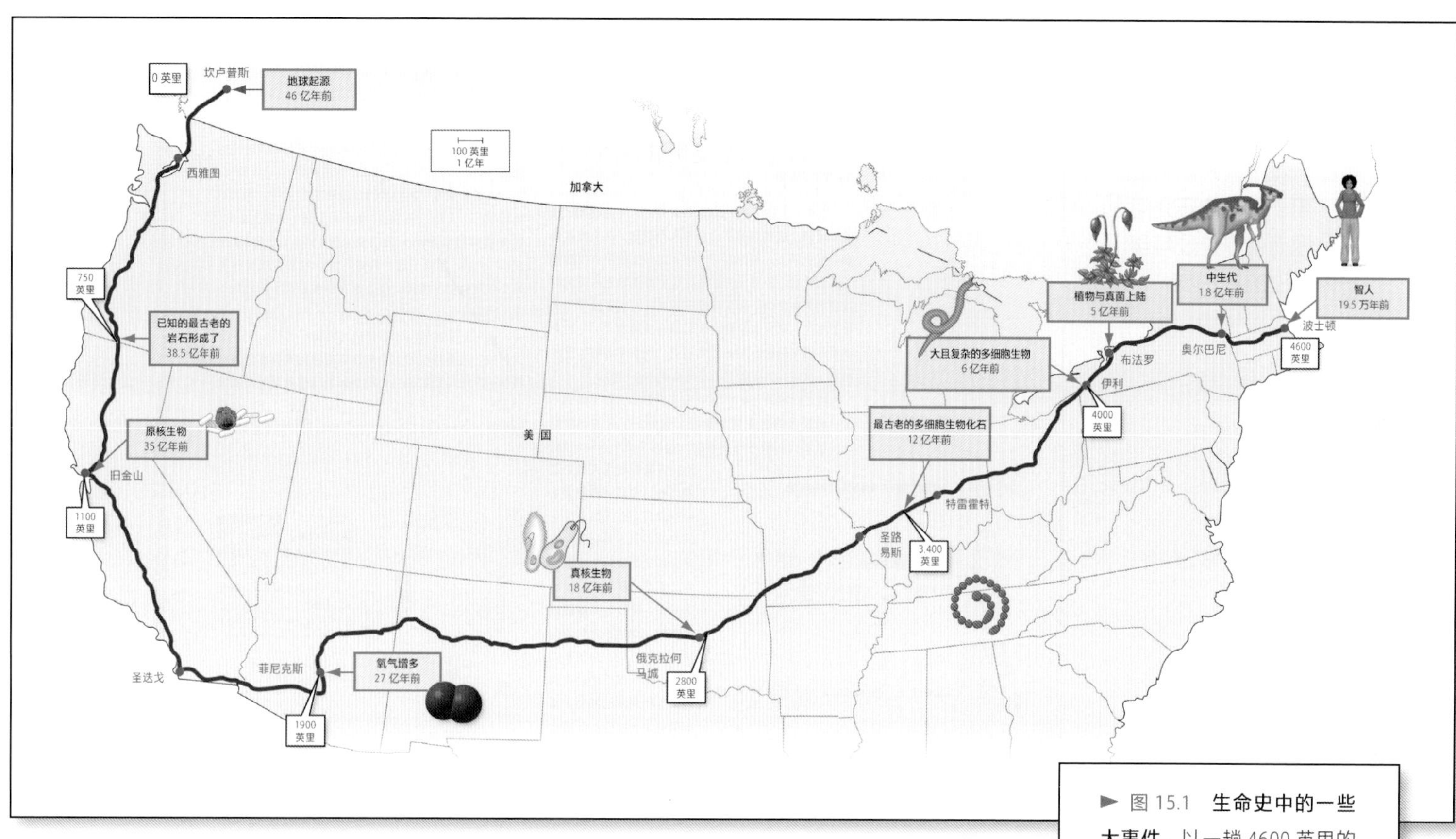

► 图 15.1 **生命史中的一些大事件。**以一趟 4600 英里的自驾游打比方，每英里相当于地球历史上的 100 万年。

设想你们一家人去度假，一英里（约 1.6 千米）相当于生命历史长河中的一百万年，那么从迈阿密开到西雅图后，你仍会问："我们还没到吗？"（人类产生了吗？）

- 在课文和插图中增加了**新的类比和应用的例子**，让首次学习和记忆关键概念更加容易。如：
  - 将原核细胞和真核细胞之间的显著差异，用自行车和 SUV 之间的差异作类比（第 4 章）
  - 将 DNA 缠绕成染色体的过程，类比为纱线绕成一梭的过程（第 8 章）
  - 用长达 4600 英里的自驾游，类比地球生物规模宏大的进化史（第 15 章）
  - 将信号转导类比电子邮件通信（第 27 章 *）
  - 比较多米诺骨牌如何与沿轴突移动的动作电位相关（第 27 章 *）

* 第 21—29 章属于课文的扩展描述，包括动物和植物解剖学、生理学。

提升你的科学素养

大量多样的练习和作业可以帮助你摆脱死记硬背，让你像科学家一样思考。

- 更新！“**科学的过程**”专栏出现在每一章中，并因其适用于具体的研究问题而带你走过科学方法的每一步。

人类微生物群 科学的过程

肠道微生物群是肥胖症的罪魁祸首吗?

根据“生物学与社会”的介绍，人体是数万亿细菌的家园，这些细菌不会损害人类健康，甚至有益健康。近十年来，研究者在表征人类微生物群方面取得了巨大的进步，并已开始研究这些微生物对人类生理过程的具体影响。因为肠道微生物在某些方面参与了食品消化，研究者推测它们可能与肥胖有关。让我们来看一看某科研小组是如何通过“脂肪量与瘦体重的对比”来研究微生物群对身体组成的影响的。

通过以前研究的观察结果，科学家们提出以下问题：肥胖者的微生物群能否影响另一个人的身体组分？虽然我们最终想回答的，是这个关乎人的问题，但研究者在使用人类受试者之前，常用动物模型来检验假设。在无菌条件下饲养的小鼠不具有微生物群，是这类实验的理想对象。因此，科学家们提出了假说：肥胖者的肠道微生物群会增加小鼠的体脂量。他们预测：如果假设正确，那么接受肥胖者肠道微生物移植的纤瘦无菌小鼠将（比接受从纤瘦者肠道微生物移植的纤瘦无菌小鼠）表现出更多的体内脂肪增加。

研究者招募了四对女性双胞胎进行实验。每对双胞胎中，一人胖，一人瘦。每个人粪便中的微生物群，被分别移植给各组无菌小鼠（图 15.20）。结果如图 15.21 所示，支持了这一假说。接受肥胖者微生物群的小鼠变得更加肥胖，接受来自纤瘦者微生物群的小鼠保持纤瘦。

针对肥胖症的微生物疗法是否指日可待？——不太可能。这里描述的实验与许多类似的实验都代表着科学研究的早期阶段。要确定人类微生物是不是肥胖的原因，还需要更多的研究。若真是这样，下一个挑战将是弄清楚如何安全地操纵人体内复杂的生态系统。

▼ 图 15.20 **研究微生物群对身体组成影响的实验。**

供体

移植微生物群

无菌小鼠

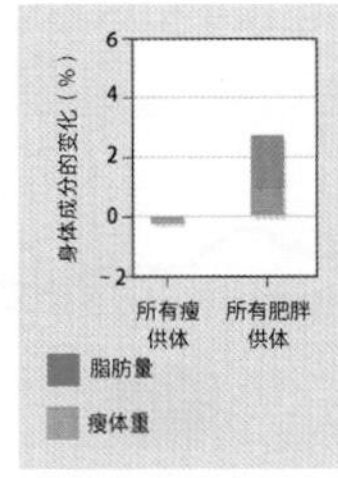

◄ 图 15.21 **微生物群移植实验的结果。**该图显示了接受来自瘦供体（左）或肥胖供体（右）的微生物群的小鼠身体组成（瘦体重与脂肪量）的变化。

资料来源：V. K. Ridaura et al. Gut microbiota from twins discordant for obesity modulate metabolism in mice. *Science* 341 (2013). DOI: 10.1126/science.1241214。

MasteringBiology®

Part A - Designing a controlled experiment

In one experiment, scientists raised mice in germ-free conditions so the mice lacked intestinal microbes. The mice were fed a low-fat diet rich in the complex plant polysaccharides, such as cellulose, that are often called fiber.

When the mice were 12 weeks old, the scientists transplanted the microbial community from the intestine of a single "donor" mouse into all of the germ-free mice. Then they divided the mice randomly into two groups and fed each group a different diet.

- Group 1 (the control group) continued to eat a low-fat, high-fiber diet.
- Group 2 (the experimental group) ate a high-fat, high-sugar diet.

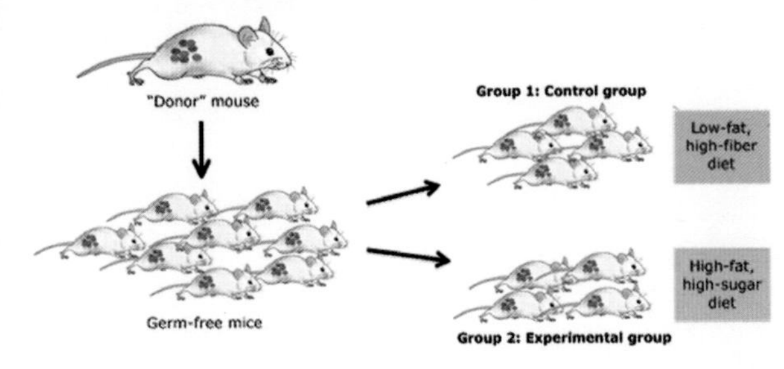

Mouse image: © Biochemistry Media Lab, University of Wisconsin - Madison. Used with permission.

新内容！**科学思维活动**旨在帮助你理解科学研究是如何进行的。

新内容！**评估媒体的科学活动**对你辨别日常信息来源的有效性、偏见、目的和权威性是一种挑战。

学会解读数据

数据解读，对于理解生物学和在日常生活中做出许多重要决定非常重要。课文练习和在线练习将帮助你培养这一重要技能。

- 新内容！**章末问题中的解读数据**能帮助你通过分析图表和数据学会使用定量材料。
  来自第 10 章的这个例子，邀请你研究流感死亡率的历史数据。
  其他例子包括：
  - 第 13 章：了解在一处环境中蜗牛壳上的斑纹如何影响其被捕食的概率
  - 第 15 章：计算未冷冻食物上的细菌繁殖速度有多快

14. 解读数据　下图总结了从 2007—2013 年死于各种流感的儿童人数。每条竖线代表一周内的儿童死亡人数。为什么图形会有一系列的高峰和低谷？请查看本章开头的“生物学与社会”专栏，说明为什么图表在中间附近达到最高点。根据这些数据，流感季节通常在一年中的什么时候开始？什么时候结束？

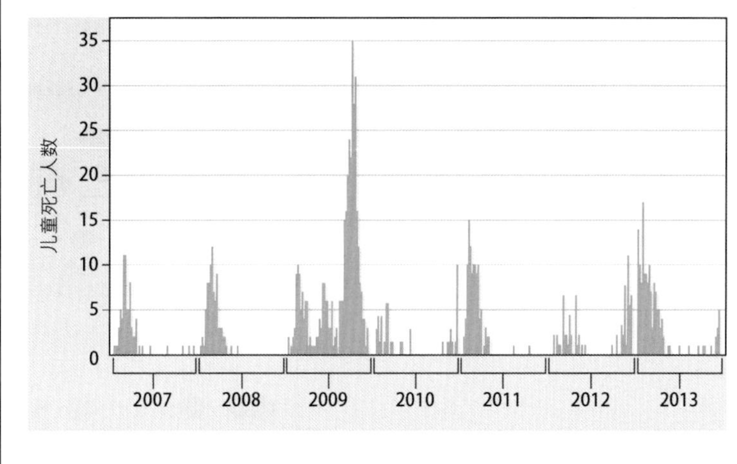

MasteringBiology®

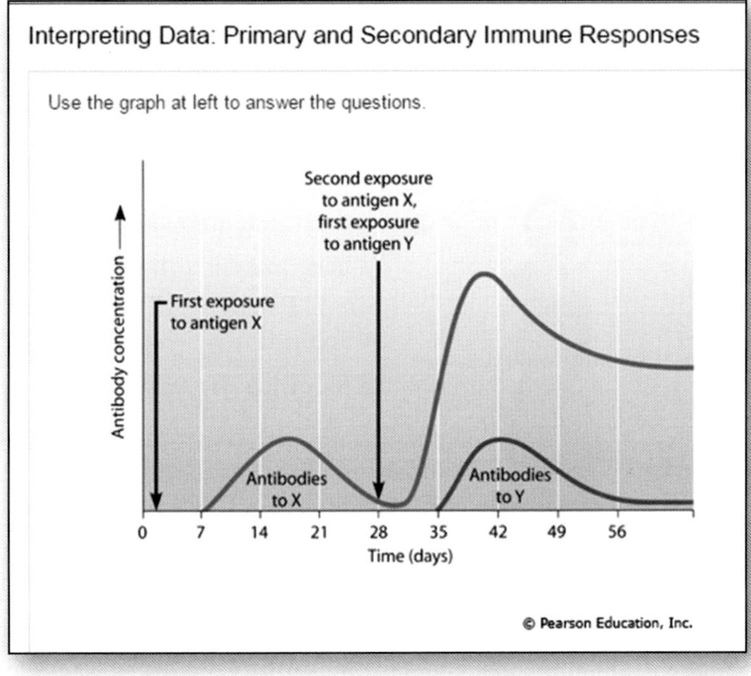

新内容！**解读数据活动**有助于培养和练习你的数据分析技能。

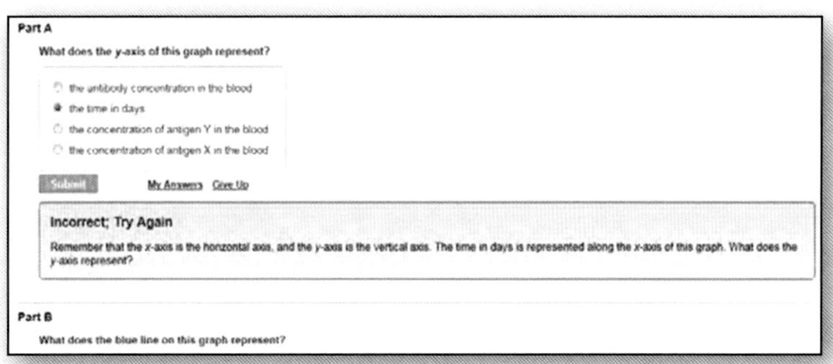

最大化学习时间

《坎贝尔基础生物学》和 MasteringBiology 作业、辅导以及评估计划齐头并进，帮助学生成功入门生物学。

- “**本章回顾**”提供内置的学习指南，以图文结合的形式帮助你理解关键概念。本章回顾中独特的图表，综合了相应章节的信息，有助于你更有效地学习。

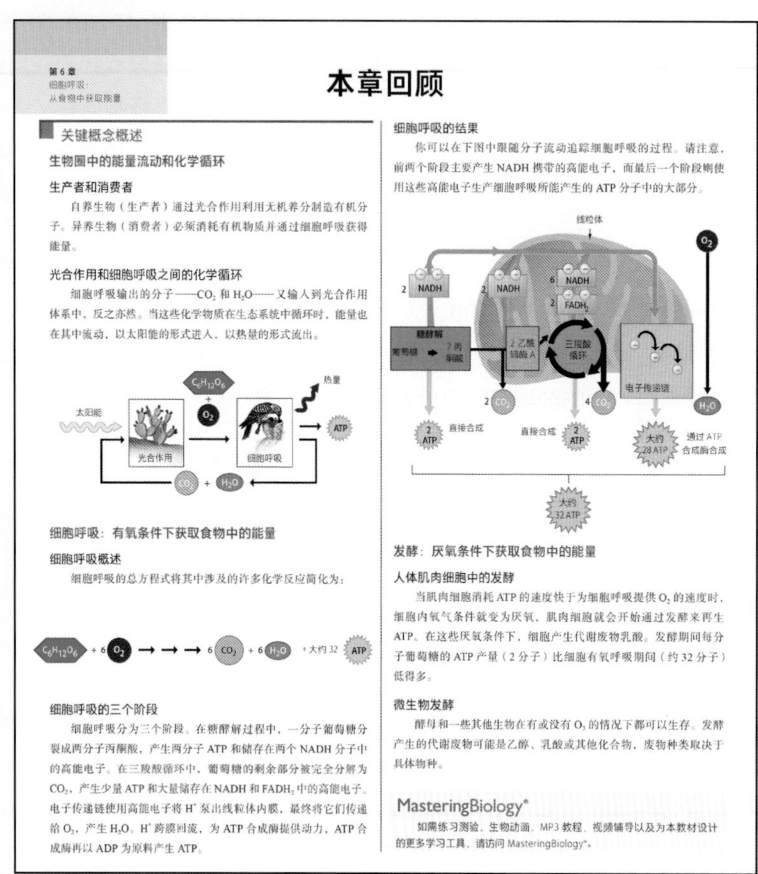

第 6 章
细胞呼吸：
从食物中获取能量

本章回顾

关键概念概述

生物圈中的能量流动和化学循环

生产者和消费者

自养生物（生产者）通过光合作用利用无机养分制造有机分子。异养生物（消费者）必须消耗有机物质并通过细胞呼吸获得能量。

光合作用和细胞呼吸之间的化学循环

细胞呼吸输出的分子——CO_2 和 H_2O——又输入到光合作用体系中，反之亦然。当这些化学物质在生态系统中循环时，能量也在其中流动，以太阳能的形式进入，以热量的形式流出。

细胞呼吸：有氧条件下获取食物中的能量

细胞呼吸概述

细胞呼吸的总方程式将其中涉及的许多化学反应简化为：

$$C_6H_{12}O_6 + 6\,O_2 \rightarrow \rightarrow \rightarrow 6\,CO_2 + 6\,H_2O + \text{大约 32 ATP}$$

细胞呼吸的三个阶段

细胞呼吸分为三个阶段。在糖酵解过程中，一分子葡萄糖分裂成两分子丙酮酸，产生两分子 ATP 和储存在两个 NADH 分子中的高能电子。在三羧酸循环中，葡萄糖的剩余部分被完全分解为 CO_2，产生少量 ATP 和大量储存在 NADH 和 $FADH_2$ 中的高能电子。电子传递链使用高能电子将 H^+ 泵出线粒体内膜，最终将它们传递给 O_2，产生 H_2O。H^+ 跨膜回流，为 ATP 合成酶提供动力，ATP 合成酶再以 ADP 为原料产生 ATP。

细胞呼吸的结果

你可以在下图中跟随分子流动追踪细胞呼吸的过程。请注意，前两个阶段主要产生 NADH 携带的高能电子，而最后一个阶段则使用这些高能电子生产细胞呼吸所能产生的 ATP 分子中的大部分。

发酵：厌氧条件下获取食物中的能量

人体肌肉细胞中的发酵

当肌肉细胞消耗 ATP 的速度快于为细胞呼吸提供 O_2 的速度时，细胞内氧气条件就变为厌氧，肌肉细胞就会开始通过发酵来再生 ATP。在这些厌氧条件下，细胞产生代谢废物乳酸。发酵期间每分子葡萄糖的 ATP 产量（2 分子）比细胞有氧呼吸期间（约 32 分子）低得多。

微生物发酵

酵母和一些其他生物在有或没有 O_2 的情况下都可以生存。发酵产生的代谢废物可能是乙醇、乳酸或其他化合物，废物种类取决于具体物种。

MasteringBiology®

如需练习测验、生物动画、MP3 教程、视频辅导以及为本教材设计的更多学习工具，请访问 MasteringBiology®。

MasteringBiology®

MasteringBiology 提供各类活动和学习工具以搭配你的学习风格，包括 BioFlix 动画、MP3 音频教程、交互式练习测验等。教师可以布置额外的练习作业来监督你的课程进度。

新内容！**基础生物学视频**为你介绍关键概念和词汇，并由作者埃里克·西蒙和凯利·霍根解说。主题包括**科学方法**、**生命分子**、**DNA 复制**、**进化机制**、**生态学原理**等。

课前预习、课堂学习、课后复习

MasteringBiology®

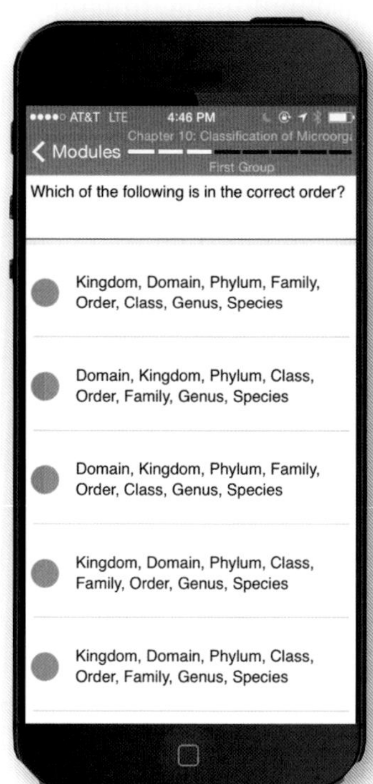

课前

新内容！**动态学习模块**帮助你更快、更有效地获取、保留和检索信息。在旅途中你可以使用智能手机、平板电脑或计算机练习题目和浏览详细的练习说明。

课堂上

新内容！ Learning Catalytics（**学习催化站**）**是一个"你自带设备"的评估和课堂活动系统**，旨在提高学生的参与度。通过使用 Learning Catalytics，教师可以发放大量的自动评分或开放式问题，使用 18 种不同的题型测试学生的学科知识并培养他们的批判性思维能力。

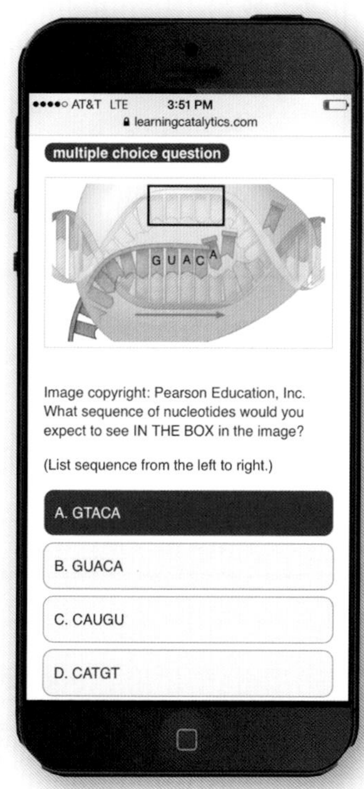

课后

- 教材作者团队创建了 **100 多个辅导活动**，帮助学生专注于学习关键概念和增加生物学词汇量。
- 新内容！**每日生物学视频**简要探讨涉及课程概念的有趣且相关的生物学主题。

讲师：为您提供丰富的资源

丰富的资源节省了准备功课和课堂上的宝贵时间。

- 针对**《坎贝尔基础生物学》（包含生理学章节）的教师资源** DVD 将所有教师媒体资源按章节制成一个便利且易于使用的压缩包，包括幻灯片演示、动画、讲座演示、激发课堂讨论的演讲问题、问答游戏、数字幻灯片等（ISBN 0133950956 / 9780133950953）。

- **试题库**以 TestGen® 和 Microsoft® Word 形式提供了各种各样的测试问题，其中有许多问题是以艺术或情景为基础的。

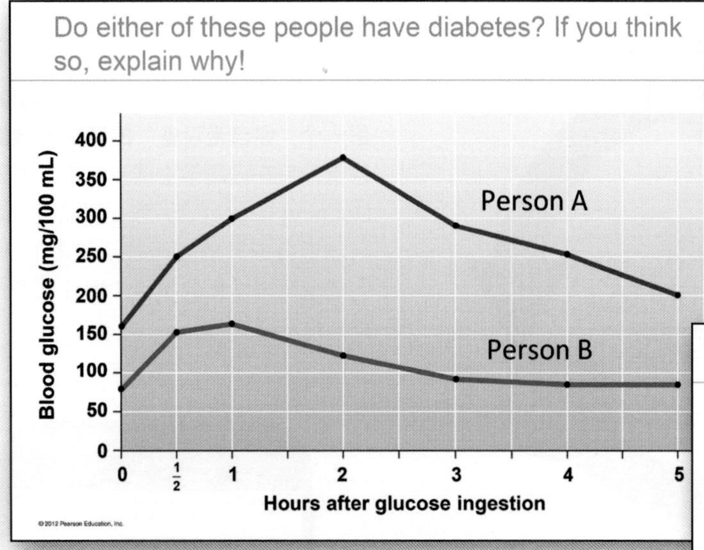

◀ **扩展内容！当前主题幻灯片® 演示**包含了新的主题，如 DNA 图谱、干细胞和克隆、糖尿病、生物多样性等。每个幻灯片演示都含有教师教学技巧和主动学习策略，以帮助您轻松创建一套引人注目、生动形象的 PPT 课件。

▼

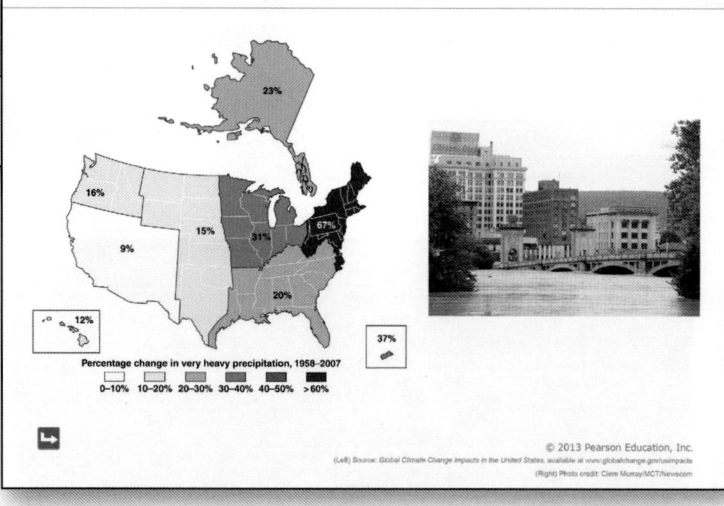

MasteringBiology®

从教师资源 DVD 中选择的材料可以在 MasteringBiology 的教师资源区域访问和下载。

教师交流站提供来自各地生物老师的“经过课堂验证的成功的主动学习技术和类比例子”，为快速构思精彩课程提供了跳板。合著者凯利·霍根主持负责协调交流栏目的供稿。

前　言

这是一个生物教与学的黄金时代，随处有机会让我们惊叹大自然和生命的美妙。浏览新闻网站时，很难不接触到生物学及其与社会交叉的故事。流行文化的世界中充满了展示生物奇迹的书籍、电影、电视节目、连环画、电子游戏，并且挑战我们去思考重要的生物概念及其影响。虽然有些人嘴上说自己不喜欢生物学（或更常见地说，不喜欢科学），但几乎每个人都承认自己天生热爱生命。毕竟，我们大多数人都豢养宠物、打理花园，享受动物园、水族馆带来的乐趣，或者陶醉于户外时光。此外，几乎每个人都意识到，生物学科通过与医学、生物技术、农业、环境议题、法医学及无数其他领域的联系，深刻地影响着我们的生活。尽管几乎人人都对生物学有天生的亲近，但如果不当科学家的话，想要钻研这门学问可能就是一件困难的事。我们编写《坎贝尔基础生物学》的主要目的，就是帮助教师通过挖掘人人对生命天生有之的好奇心，来激励和教育下一代。

本书的出版目的

尽管世界充满了“教与学的机会”，但我们已经目睹的 21 世纪知识大爆炸，有可能将好奇求知的人埋入信息雪崩之中。生物教育工作者普遍感叹“生物知识这么多，但教学时间却这么少”。尼尔・坎贝尔设想将《坎贝尔基础生物学》作为帮助师生聚焦生物学最重要领域的工具。为此，本书分为四个核心领域：细胞、遗传、进化、生态。我们在本版中继承、发扬坎贝尔博士的愿景，保持《坎贝尔基础生物学》体量适当的同时，在介绍理解生命所需的最重要的基本概念的过程中，保持思想上的深度。我们将这一新版本结合当今非科学专业生物通识教育的“少而精”理念，在这种精神的指导下，我们务求在精选过的主题中展开翔实的阐释，保证所涵盖的内容详略得当、简明扼要。为此，在这个新版本中，我们删除了一些很专业的细节描述与术语，希望能帮助非科学专业学生专注于生物学的关键主题。

我们与师生们进行无数次对话之后，注意到了生物学教学的一些重要趋势，以此为依据，制订了本书的教学方法。特别是，许多教师确定了三个目标：（1）通过将核心内容与学生生活的关系及与更大的社会之间的关系联系起来，让学生参与进来；（2）通过展示科学在现实中的应用，以及让学生在现实中运用科学思维与批判性思考技能，阐明科学研究的步骤；（3）展示进化何以构成贯穿生物学的统一性主题。为了帮助实现这些目标，这本书的每一章都包括三个重要“专栏”。首先，一篇名为“生物学与社会”的开篇文章强调该章的核心内容及其与学生生活之间的联系。接着，各章正文中一篇名为“科学的过程”的文章以经典或现代实验为例，描述科学过程是如何阐明即将论述的主题的。最后，章末的“进化联系”一篇，将这一章与贯穿生物学的统一性主题“进化”联系起来。为使每一章的叙述保持连贯性，我们用一条统一性的章节线索将内容串联起来，将相关的热点主题贯穿于上述的三篇专栏文章中，并在该章中多次提及。因而，这一统一性的章节线索，利用一个引人关注且与学生息息相关的讨论话题，将课程的三个教学目标联系在一起。

新版增修

我们希望最新版的《坎贝尔基础生物学》能进一步帮助学生将教材与生活联系起来，理解科学的过程，并理解进化如何成为贯穿生物学的统一性主题。

为此，我们在这一版中增加了新的重要特色内容，包括：

- **阐明生物学对学生生活的重要性。**每个参加生物学入门课程的学生都应该清晰地意识到生物学对自己的生活产生的无数影响。把这些与议题息息相关的实例放在每章首位和中心位置，可以在深入内容之前“启发学习与思考”，我们在每章的开头都设置了一个新栏目，名为“××× 为什么重要”。每一章都始于一组生动的实例和照片，展示本章主题是如何深深影响学生的生活的。这些热点实例在正文的叙述中复现，并编排在解释实例的科学讨论的旁边，旨在吸引学生的注意力。例如，大分子为什么重要（“为提高第二天的比赛成绩，长跑运动员会在比赛前夜摄入大量碳水化合物，以储存糖原”）、生态学为什么重要（“生产一块牛肉汉堡中牛肉所需的土地，是生产一块豆干汉堡中大豆所需土地的 8 倍”）。

- **贯穿全书的生物学大主题。**2009 年，美国科学促进会发表了一份名为《愿景与变革》的文件，呼吁从本科生物教育开始采取行动。这份文件中的很多原则正在被整个生物教育界广泛采纳。《愿景与变革》提出本科生物学基础的五大核心概念。在这本《坎贝尔基础生物学》中，我们反复明确地将课文内容与五大主题逐一联系起来。例如，在第 2 章讨论水的独特化学性质如何解释其生物特性时，阐述了第一个主题——结构与功能的关系。在第 10 章讨论基因如何控制性状时，探讨了第二个主题——信息流。在第 18 章讨论全球水循环时，阐述了第三个主题——系统内互联。在第 17 章讨论动物系统发育时，探讨了第四个主题——进化。在第 6 章讨论生态系统中的能量流动时，探讨了第五个主题——能量转化。读者会发现，每一章至少有一个主题，这将帮助学生了解主题和教学内容之间的联系，教师将有大量易于参考的实例，来帮助强调这五个主题。
- **新的统一的“本章线索”。**如前所述，《坎贝尔基础生物学》的每一章都有一个独特的统一的“本章线索”，即有助于阐明章节内容相关性的热点主题。“本章线索”不仅整合到每章的三篇主要文章（“生物学与社会”“科学的过程”“进化联系”）中，还出现在整个章节文本中。第 6 版加入了许多新的章节线索和文章，每一篇都突出了一个当前主题，将生物学应用到学生生活和更广阔的社会中。例如，第 2 章提出了新线索——放射性，包括讨论其在医疗保健及验证进化假说中的应用。第 15 章介绍了人类微生物群这一新线索，包括最近研究的微生物群对肥胖的可能作用，以及探索从狩猎采集饮食方式过渡到富含加工淀粉和糖的饮食方式的变化，如何筛选出导致蛀牙的口腔细菌。
- **培养数据素养。**许多非自然科学专业学生在面对数据时会焦虑，但其实分析数据能力可以帮我们做出许多重要决定。为了帮助培养批判性思维能力，我们在章末的自测题中加入了一个名为“解读数据”的新栏目。每章都有一个“解读数据”的问题，为学生提供实践科学素养技能的机会。例如：在第 10 章，要求学生研究流感死亡率的历史数据；在第 15 章，要求计算食物未冷冻时细菌的繁殖速度。我们希望通过这些简单而相关的数据集练习，来使学生能在生活中面对数据时，更加得心应手。
- **更新内容与图片。**正如我们在每一版中所做的那样，我们对书中内容进行了许多重大更新。全新或更新材料的例子包括：对表观遗传学、宏基因组学和 RNA 干扰的新讨论；对尼安德特人新基因组信息的研究；对气候变化统计数据的更新；对胎儿基因检测发展的讨论、对生物多样性新威胁的最新讨论。我们还更新了十几个新的 DNA 图谱分析实例及对转基因食品的前沿探索。此外，我们还努力在每个新版本中更新照片和插图。新图包括显示朊病毒蛋白如何损伤大脑（图 3.20）以及 DNA 图谱数据如何有助平反冤狱（图 12.16）的例子。
- **新的类比。**我们不断努力帮助学生形象直观地理解生物学概念，在这一版中加入了许多新类比。例如，在第 4 章，用自行车、SUV 之间的差异，类比原核细胞、真核细胞之间的显著差异。在第 8 章，比较了 DNA 缠绕成染色体的过程和将纱线折叠成一梭的过程。其他例子，无论是叙事的还是视觉的，都聚焦于生物的尺度，比如用4600英里的自驾旅行，来帮助学生想象地球生物进化的时间尺度（图15.1）。

- **“MasteringBiology”的更新。**新的白板风格动画，向学生介绍关键生物学概念，以便学生在课前更好地准备探索科学的应用，或更深入地探讨任何话题。由英国广播公司制作的“新每日生物学”视频展现了日常生活观念与生物学之间的联系，此外“评估媒体的科学”活动教会学生如何成为科学信息的明智消费者，并通过批判性评价网上科学信息来指导他们。“新科学思维”活动鼓励学生在涉猎科技前沿时发挥科学推理能力，并让教师能轻松地评估学生对这些技能的掌握程度。
- **内容讲授。**因为包括作者在内的许多教师，更喜欢用现今流行话题来展示生物学与学生生活的相关性，所以我们在这个版本扩展了“当前主题幻灯片（PowerPoint）”系列教案。新主题包括DNA图谱、干细胞与克隆、糖尿病、生物多样性等。每份幻灯片都包括授课技巧和积极的学习策略，以便轻松营造出一个兴趣高涨、积极向上的课堂环境。

必修科学课（本课程）往往会塑造学生对科学和科学家的态度。我们希望利用所有人对大自然的天生欣赏，并将这种情感培养成其对生物学的真正热爱。本着这种精神，我们希望本教材及其补充材料能鼓励所有读者将生物学视角纳入其个人的世界观。请让我们知道我们做得怎么样，以及我们应该如何在下一版《坎贝尔基础生物学》中改进。

ERIC SIMON
Department of Biology and Health Science New England College Henniker, NH 03242
SimonBiology@gmail.com

JEAN DICKEY
Department of Biology Clemson University Clemson, SC 29634
dickeyj@clemson.edu

KELLY HOGAN
Department of Biology University of North Carolina Chapel Hill, NC 27599
leek@email.unc.edu

JANE REECE
C/O Pearson Education 1301 Sansome Street San Francisco, CA 94111
JaneReece@cal.berkeley.edu

致 谢

在规划和撰写《坎贝尔基础生物学》的整个过程中，作者团队有幸与一群极具才华的出版专业人士和教育工作者合作。本书任何的不足，责任完全在于作者团队；而这本书及其辅助材料的优点，则反映了许多敬业同事的贡献。

首先，我们必须感谢尼尔·坎贝尔，他是本书的原作者，也是我们每个人不断获得灵感的源泉。尽管这一版已经过仔细和彻底的修订——以更新其科学性、与学生生活的联系、教学法、现实性——但它仍然充满了尼尔的创始愿景和他与入门学生分享生物学的投入。

如果没有培生教育公司《坎贝尔基础生物学》团队的努力，这本书是不可能完成的。领导团队的是组稿编辑 Alison Rodal，她孜孜不倦地追求卓越教育，激励我们所有人不断寻找更好的方法来帮助教师和学生。我们还感谢培生科学事业部领导的支持，特别是艺术、科学、商业和工程管理总经理 Paul Corey、科学编辑部副总裁 Adam Jaworski、总编辑 Beth Wilbur、发展总监 Barbara Yien、执行编辑部经理 Ginnie Simione Jutson 和媒体发展总监 Lauren Fogel。

毫不夸张地说，业内最佳编辑团队的才华彰显在这本书的每一页。作者由高级开发编辑 Debbie Hardin、Julia Osborne 和 Susan Teahan 以极大的耐心和高超的技巧不断指导。我们非常感谢编辑团队——包括能力出众、友好的编辑助理 Alison Cagle——感谢他们的才华和辛勤工作。

我们提供文字和图像，而制作团队迅速将它们转化为最终的书籍。项目经理 Lori Newman 和项目经理 Leata Holloway 负责监督成书过程，并确保每个人和所有事情都有序推进。我们还要感谢项目经理团队负责人 Mike Early 和项目经理团队负责人 David Zielonka 的细心监督。我们希望你会赞同，每一版《坎贝尔基础生物学》都是以相对前一版的不断更新和精美的摄影为特色。为此，我们感谢图片编辑 Kristin Piljay，她总能用敏锐目光找到令人难忘的图片，让我们目不暇接。

对这本书的组稿和制作，我们感谢 S4Carlisle Publishing Services 的高级项目编辑 Norine Strang，他的专业精神和对成品质量的用心随处可见。非常感谢文案编辑 Joanna Dinsmore 和校对 Pete Shanks 敏锐的眼光和对细节的关注。感谢 Hespenheide Design 的设计经理 Derek Bacchus（他还负责了令人惊叹的封面设计）和 Gary Hespenheide 的美丽的内文设计，感谢 Kristina Seymour 和 Precision Graphics 的艺术家们提供了清晰而引人注目的插图。感谢版权许可项目经理 Donna Kalal、版权许可经理 Rachel Youdelman 和文本许可项目经理 William Opaluch 使本书版权控制在合法范围内。在印制的最后阶段，印务经理 Stacy Weinberger 的才华大放异彩。

大多数教师认为，教科书只是学习拼图的一部分，其他则由补充材料和多媒体来完成。我们很幸运有一个补充材料团队完全致力于准确性和可读性这个核心目标。项目经理 Libby Reiser 熟练地协调这些补充材料，鉴于材料的数量和种类，这真是一项艰巨的任务。感谢媒体项目经理 Eddie Lee 对文本附带的优秀教师资源光盘所做的贡献。特别感谢补充材料的作者，特别是布莱克本学院不知疲倦、目光敏锐的 Ed Zalisko，他编纂了 Instructor Guide 和 PowerPoint© Lectures；霍特科姆社区学院的技术高超、多才多艺的 Hilary Engebretson 修正了小测验（Quiz Shows）和点击链接（Clicker）的问题；还有我们的题库作者合作团队 Jean DeSaix（北卡罗来纳大学教堂山分校）、Justin Shaffer（加利福尼亚大学欧文分校）、Kristen Miller（佐治亚大学）和 Suann Yang（长老会学院），他们确保了我们的评估项目的卓越性。还要感谢 Justin Shaffer（加利福尼亚大学欧文分校）、Suzanne Wakim（巴特社区学院）和 Eden Effert（东伊利诺伊大学）在基于演示 Campbell Current Topics PowerPoint© Presentations 问题方面所做的出色工作。此外，作者团队感谢阅读测验的作者蒙大拿州立大学的 Amaya Garcia Costas 和詹姆斯·麦迪逊大学的 Cindy Klevickis、阅读测验准确性的审核 Veronica Menendez、实践测试的作者（Front Range 社区学院的）Chris Romero，以及夏威夷大学的实践测试准确度评审员 Justin Walgaurnery。

我们要感谢一群才华横溢的出版专业人士参与《坎贝尔基础生物学》的综合媒体项目。MasteringBiology™ 团队是生物教育领域真正的“游戏改变者”。感谢媒体内容制作人 Daniel Ross 协调我们的多媒体计划。媒体制作人 Taylor Merck、高级内容制作人 Lee Ann 博士和网络开发者 Leslie Sumrall 也做出了重要贡献。感谢 Tania Mlawer 和 Sarah Jensen 为使我们的媒体产品成为业内最佳产品所做的努力。

作为教育工作者和作者，我们很幸运有一支出色的营销团队。执行营销经理 Lauren Harp、营销总监 Christy Lesko 和现场营销经理 Amee Mosely 似乎同时无处不在，因为他们通过让我们不断关注学生和教师的需求，帮助我们实现了作者的目标。我们也感谢文案主管 Jane Campbell 和设计师 Howie Severson 在我们的营销材料上所做出的惊人努力。

我们还感谢培生科学公司的销售代表、大区和区域经理以及学习技术专家在校园中代理发行《坎贝尔基础生物学》。这些代表是我们通向更广教育界的生命线，告诉我们师生们喜欢（还是不喜欢）这本书及其附带的补充材料和媒体。他们帮助学生的热情，使他们不仅成为理想的科学大使，而且成为我们的教育伙伴。我们敦促所有教育工作者，充分利用培生销售团队提供的宝贵资源。

埃里克·西蒙希望感谢他在新英格兰学院的同事们的支持，他们提供了一个卓越的教学模式，特别是 Lori Bergeron、Deb Dunlop、Mark Mitch、Maria Colby、Sachie Howard 和 Mark Watman。同时感谢 Jim Newcomb 对准确性的敏锐洞察，感谢 Jay Withgott 对他的专业知识的分享，感谢 Elyse Carter Vosen 对急需的社会背景的提供，感谢 Jamey Barone 的睿智敏感，感谢 Amanda Marsh 的专业眼光、对细节的敏锐关注、不懈的努力、持续的支持、同情与智慧。

在这些致谢之后，我们荣幸地列出一份名单，上面有许多老师提供了关于他们课程的有价值的信息，审阅了章节，或与他们的学生一起进行了《坎贝尔基础生物学》的课堂测试。我们所有最好的想法都来自课堂，我们感谢大家的努力和支持。

最重要的是，我们感谢我们的家人、朋友、同事，他们持续容忍我们为科学教育尽最大努力的痴迷投入。

埃里克·西蒙、琼·迪基、凯利·霍根、简·里思

本版审稿人

Shazia Ahmed
Texas Woman's University
Tami Asplin
North Dakota State
TJ Boyle
Blinn College, Bryan Campus
Miriam Chavez
University of New Mexico, Valencia
Joe W. Conner
Pasadena City College
Michael Cullen
University of Evansville
Terry Derting
Murray State University
Danielle Dodenhoff
California State University, Bakersfield
Hilary Engebretson
Whatcom Community College
Holly Swain Ewald
University of Louisville
J. Yvette Gardner
Clayton State University
Sig Harden
Troy University
Jay Hodgson
Armstrong Atlantic State University
Sue Hum-Musser
Western Illinois University
Corey Johnson
University of North Carolina
Gregory Jones
Santa Fe College, Gainesville, Florida
Arnold J. Karpoff
University of Louisville
Tom Kennedy
Central New Mexico Community College
Erica Lannan
Prairie State College
Grace Lasker
Lake Washington Institute of Technology
Bill Mackay
Edinboro University
Mark Manteuffel
St. Louis Community College
Diane Melroy
University of North Carolina Wilmington
Kiran Misra
Edinboro University
Susan Mounce
Eastern Illinois University
Zia Nisani
Antelope Valley College
Michelle Rogers
Austin Peay State University
Bassam M. Salameh
Antelope Valley College
Carsten Sanders
Kuztown University
Justin Shaffer
University of California, Irvine
Jennifer Smith
Triton College
Ashley Spring
Eastern Florida State College
Michael Stevens
Utah Valley University
Chad Thompson
Westchester Community College
Melinda Verdone
Rock Valley College
Eileen Walsh
Westchester Community College
Kathy Watkins
Central Piedmont Community College
Wayne Whaley
Utah Valley University
Holly Woodruff (Kupfer)
Central Piedmont Community College

以前版本的审稿人

Marilyn Abbott
Lindenwood College
Tammy Adair
Baylor University
Felix O. Akojie
Paducah Community College
Shireen Alemadi
Minnesota State University, Moorhead
William Sylvester Allred, Jr.
Northern Arizona University
Megan E. Anduri
California State University, Fullerton
Estrella Z. Ang
University of Pittsburgh
David Arieti
Oakton Community College
C. Warren Arnold
Allan Hancock Community College

Mohammad Ashraf
Olive-Harvey College
Heather Ashworth
Utah Valley University
Bert Atsma
Union County College
Yael Avissar
Rhode Island College
Barbara J. Backley
Elgin Community College
Gail F. Baker
LaGuardia Community College
Neil Baker
Ohio State University
Kristel K. Bakker
Dakota State University
Andrew Baldwin
Mesa Community College
Linda Barham
Meridian Community College
Charlotte Barker
Angelina College
Verona Barr
Heartland Community College
S. Rose Bast
Mount Mary College
Sam Beattie
California State University, Chico
Rudi Berkelhamer
University of California, Irvine
Penny Bernstein
Kent State University, Stark Campus
Suchi Bhardwaj
Winthrop University
Donna H. Bivans
East Carolina University
Andrea Bixler
Clarke College
Brian Black
Bay de Noc Community College
Allan Blake
Seton Hall University
Karyn Bledsoe
Western Oregon University
Judy Bluemer
Morton College
Sonal Blumenthal
University of Texas at Austin
Lisa Boggs
Southwestern Oklahoma State University
Dennis Bogyo
Valdosta State University
David Boose
Gonzaga University
Virginia M. Borden
University of Minnesota, Duluth
James Botsford
New Mexico State University

Cynthia Bottrell
Scott Community College
Richard Bounds
Mount Olive College
Cynthia Boyd
Hawkeye Community College
Robert Boyd
Auburn University
B. J. Boyer
Suffolk County Community College
Mimi Bres
Prince George's Community College
Patricia Brewer
University of Texas at San Antonio
Jerald S. Bricker
Cameron University
Carol A. Britson
University of Mississippi
George M. Brooks
Ohio University, Zanesville
Janie Sue Brooks
Brevard College
Steve Browder
Franklin College
Evert Brown
Casper College
Mary H. Brown
Lansing Community College
Richard D. Brown
Brunswick Community College
Steven Brumbaugh
Green River Community College
Joseph C. Bundy
University of North Carolina at Greensboro
Carol T. Burton
Bellevue Community College
Rebecca Burton
Alverno College
Warren R. Buss
University of Northern Colorado
Wilbert Butler
Tallahassee Community College
Miguel Cervantes-Cervantes
Lehman College, City University of New York
Maitreyee Chandra
Diablo Valley College
Bane Cheek
Polk Community College
Thomas F. Chubb
Villanova University
Reggie Cobb
Nash Community College
Pamela Cole
Shelton State Community College
William H. Coleman
University of Hartford
Jay L. Comeaux
McNeese State University

James Conkey
Truckee Meadows Community College
Karen A. Conzelman
Glendale Community College
Ann Coopersmith
Maui Community College
Erica Corbett
Southeastern Oklahoma State University
James T. Costa
Western Carolina University
Pat Cox
University of Tennessee, Knoxville
Laurie-Ann Crawford
Hawkeye Community College
Pradeep M. Dass
Appalachian State University
Paul Decelles
Johnson County Community College
Galen DeHay
Tri County Technical College
Cynthia L. Delaney
University of South Alabama
Jean DeSaix
University of North Carolina at Chapel Hill
Elizabeth Desy
Southwest State University
Edward Devine
Moraine Valley Community College
Dwight Dimaculangan
Winthrop University
Deborah Dodson
Vincennes Community College
Diane Doidge
Grand View College
Don Dorfman
Monmouth University
Richard Driskill
Delaware State University
Lianne Drysdale
Ozarks Technical Community College
Terese Dudek
Kishawaukee College
Shannon Dullea
North Dakota State College of Science
David A. Eakin
Eastern Kentucky University
Brian Earle
Cedar Valley College
Ade Ejire
Johnston Community College
Dennis G. Emery
Iowa State University
Renee L. Engle-Goodner
Merritt College
Virginia Erickson
Highline Community College
Carl Estrella
Merced College

Marirose T. Ethington
Genesee Community College
Paul R. Evans
Brigham Young University
Zenephia E. Evans
Purdue University
Jean Everett
College of Charleston
Dianne M. Fair
Florida Community College at Jacksonville
Joseph Faryniarz
Naugatuck Valley Community College
Phillip Fawley
Westminster College
Lynn Fireston
Ricks College
Jennifer Floyd
Leeward Community College
Dennis M. Forsythe
The Citadel
Angela M. Foster
Wake Technical Community College
Brandon Lee Foster
Wake Technical Community College
Carl F. Friese
University of Dayton
Suzanne S. Frucht
Northwest Missouri State University
Edward G. Gabriel
Lycoming College
Anne M. Galbraith
University of Wisconsin, La Crosse
Kathleen Gallucci
Elon University
Gregory R. Garman
Centralia College
Wendy Jean Garrison
University of Mississippi
Gail Gasparich
Towson University
Kathy Gifford
Butler County Community College
Sharon L. Gilman
Coastal Carolina University
Mac Given
Neumann College
Patricia Glas
The Citadel
Ralph C. Goff
Mansfield University
Marian R. Goldsmith
University of Rhode Island
Andrew Goliszek
North Carolina Agricultural and Technical State University
Tamar Liberman Goulet
University of Mississippi
Curt Gravis
Western State College of Colorado
Larry Gray
Utah Valley State College
Tom Green
West Valley College
Robert S. Greene
Niagara University
Ken Griffin
Tarrant County Junior College
Denise Guerin
Santa Fe Community College
Paul Gurn
Naugatuck Valley Community College
Peggy J. Guthrie
University of Central Oklahoma
Henry H. Hagedorn
University of Arizona
Blanche C. Haning
Vance-Granville Community College
Laszlo Hanzely
Northern Illinois University
Sherry Harrel
Eastern Kentucky University
Reba Harrell
Hinds Community College
Frankie Harris
Independence Community College
Lysa Marie Hartley
Methodist College
Janet Haynes
Long Island University
Michael Held
St. Peter's College
Consetta Helmick
University of Idaho
J. L. Henriksen
Bellevue University
Michael Henry
Contra Costa College
Linda Hensel
Mercer University
Jana Henson
Georgetown College
James Hewlett
Finger Lakes Community College
Richard Hilton
Towson University
Juliana Hinton
McNeese State University
Phyllis C. Hirsch
East Los Angeles College
W. Wyatt Hoback
University of Nebraska at Kearney
Elizabeth Hodgson
York College of Pennsylvania
A. Scott Holaday
Texas Tech University
Robert A. Holmes
Hutchinson Community College
R. Dwain Horrocks
Brigham Young University
Howard L. Hosick
Washington State University
Carl Huether
University of Cincinnati
Celene Jackson
Western Michigan University
John Jahoda
Bridgewater State College
Dianne Jennings
Virginia Commonwealth University
Richard J. Jensen
Saint Mary's College
Scott Johnson
Wake Technical Community College
Tari Johnson
Normandale Community College
Tia Johnson
Mitchell Community College
Greg Jones
Santa Fe Community College
John Jorstad
Kirkwood Community College
Tracy L. Kahn
University of California, Riverside
Robert Kalbach
Finger Lakes Community College
Mary K. Kananen
Pennsylvania State University, Altoona
Thomas C. Kane
University of Cincinnati
Arnold J. Karpoff
University of Louisville
John M. Kasmer
Northeastern Illinois University
Valentine Kefeli
Slippery Rock University
Dawn Keller
Hawkeye College
John Kelly
Northeastern University
Cheryl Kerfeld
University of California, Los Angeles
Henrik Kibak
California State University, Monterey Bay
Kerry Kilburn
Old Dominion University
Joyce Kille-Marino
College of Charleston
Peter King
Francis Marion University
Peter Kish
Oklahoma School of Science and Mathematics

Robert Kitchin
University of Wyoming
Cindy Klevickis
James Madison University
Richard Koblin
Oakland Community College
H. Roberta Koepfer
Queens College
Michael E. Kovach
Baldwin-Wallace College
Jocelyn E. Krebs
University of Alaska, Anchorage
Ruhul H. Kuddus
Utah Valley State College
Nuran Kumbaraci
Stevens Institute of Technology
Holly Kupfer
Central Piedmont Community College
Gary Kwiecinski
The University of Scranton
Roya Lahijani
Palomar College
James V. Landrum
Washburn University
Lynn Larsen
Portland Community College
Brenda Leady
University of Toledo
Siu-Lam Lee
University of Massachusetts, Lowell
Thomas P. Lehman
Morgan Community College
William Leonard
Central Alabama Community College
Shawn Lester
Montgomery College
Leslie Lichtenstein
Massasoit Community College
Barbara Liedl
Central College
Harvey Liftin
Broward Community College
David Loring
Johnson County Community College
Eric Lovely
Arkansas Tech University
Lewis M. Lutton
Mercyhurst College
Maria P. MacWilliams
Seton Hall University
Mark Manteuffel
St. Louis Community College
Lisa Maranto
Prince George's Community College
Michael Howard Marcovitz
Midland Lutheran College
Angela M. Mason
Beaufort County Community College

Roy B. Mason
Mt. San Jacinto College
John Mathwig
College of Lake County
Lance D. McBrayer
Georgia Southern University
Bonnie McCormick
University of the Incarnate Word
Katrina McCrae
Abraham Baldwin Agricultural College
Tonya McKinley
Concord College
Mary Anne McMurray
Henderson Community College
Maryanne Menvielle
California State University, Fullerton
Ed Mercurio
Hartnell College
Timothy D. Metz
Campbell University
Andrew Miller
Thomas University
David Mirman
Mt. San Antonio College
Nancy Garnett Morris
Volunteer State Community College
Angela C. Morrow
University of Northern Colorado
Patricia S. Muir
Oregon State University
James Newcomb
New England College
Jon R. Nickles
University of Alaska, Anchorage
Jane Noble-Harvey
University of Delaware
Michael Nosek
Fitchburg State College
Jeanette C. Oliver
Flathead Valley Community College
David O'Neill
Community College of Baltimore County
Sandra M. Pace
Rappahannock Community College
Lois H. Peck
University of the Sciences, Philadelphia
Kathleen E. Pelkki
Saginaw Valley State University
Jennifer Penrod
Lincoln University
Rhoda E. Perozzi
Virginia Commonwealth University
John S. Peters
College of Charleston
Pamela Petrequin
Mount Mary College
Paula A. Piehl
Potomac State College of West Virginia University

Bill Pietraface
State University of New York Oneonta
Gregory Podgorski
Utah State University
Rosamond V. Potter
University of Chicago
Karen Powell
Western Kentucky University
Martha Powell
University of Alabama
Elena Pravosudova
Sierra College
Hallie Ray
Rappahannock Community College
Jill Raymond
Rock Valley College
Dorothy Read
University of Massachusetts, Dartmouth
Nathan S. Reyna
Howard Payne University
Philip Ricker
South Plains College
Todd Rimkus
Marymount University
Lynn Rivers
Henry Ford Community College
Jennifer Roberts
Lewis University
Laurel Roberts
University of Pittsburgh
April Rottman
Rock Valley College
Maxine Losoff Rusche
Northern Arizona University
Michael L. Rutledge
Middle Tennessee State University
Mike Runyan
Lander University
Travis Ryan
Furman University
Tyson Sacco
Cornell University
Sarmad Saman
Quinsigamond Community College
Pamela Sandstrom
University of Nevada, Reno
Leba Sarkis
Aims Community College
Walter Saviuk
Daytona Beach Community College
Neil Schanker
College of the Siskiyous
Robert Schoch
Boston University
John Richard Schrock
Emporia State University
Julie Schroer
Bismarck State College

Karen Schuster
Florida Community College at Jacksonville
Brian W. Schwartz
Columbus State University
Michael Scott
Lincoln University
Eric Scully
Towson State University
Lois Sealy
Valencia Community College
Sandra S. Seidel
Elon University
Wayne Seifert
Brookhaven College
Susmita Sengupta
City College of San Francisco
Patty Shields
George Mason University
Cara Shillington
Eastern Michigan University
Brian Shmaefsky
Kingwood College
Rainy Inman Shorey
Ferris State University
Cahleen Shrier
Azusa Pacific University
Jed Shumsky
Drexel University
Greg Sievert
Emporia State University
Jeffrey Simmons
West Virginia Wesleyan College
Frederick D. Singer
Radford University
Anu Singh-Cundy
Western Washington University
Kerri Skinner
University of Nebraska at Kearney
Sandra Slivka
Miramar College
Margaret W. Smith
Butler University
Thomas Smith
Armstrong Atlantic State University
Deena K. Spielman
Rock Valley College
Minou D. Spradley
San Diego City College
Robert Stamatis
Daytona Beach Community College
Joyce Stamm
University of Evansville
Eric Stavney
Highline Community College
Bethany Stone
University of Missouri, Columbia
Mark T. Sugalski
New England College
Marshall D. Sundberg
Emporia State University
Adelaide Svoboda
Nazareth College
Sharon Thoma
Edgewood College
Kenneth Thomas
Hillsborough Community College
Sumesh Thomas
Baltimore City Community College
Betty Thompson
Baptist University
Paula Thompson
Florida Community College
Michael Anthony Thornton
Florida Agriculture and Mechanical University
Linda Tichenor
University of Arkansas, Fort Smith
John Tjepkema
University of Maine, Orono
Bruce L. Tomlinson
State University of New York, Fredonia
Leslie R. Towill
Arizona State University
Bert Tribbey
California State University, Fresno
Nathan Trueblood
California State University, Sacramento
Robert Turner
Western Oregon University
Michael Twaddle
University of Toledo
Virginia Vandergon
California State University, Northridge
William A. Velhagen, Jr.
Longwood College
Leonard Vincent
Fullerton College
Jonathan Visick
North Central College
Michael Vitale
Daytona Beach Community College
Lisa Volk
Fayetteville Technical Community College
Daryle Waechter-Brulla
University of Wisconsin, Whitewater
Stephen M. Wagener
Western Connecticut State University
Sean E. Walker
California State University, Fullerton
James A. Wallis
St. Petersburg Community College
Helen Walter
Diablo Valley College
Kristen Walton
Missouri Western State University
Jennifer Warner
University of North Carolina at Charlotte
Arthur C. Washington
Florida Agriculture and Mechanical University
Dave Webb
St. Clair County Community College
Harold Webster
Pennsylvania State University, DuBois
Ted Weinheimer
California State University, Bakersfield
Lisa A. Werner
Pima Community College
Joanne Westin
Case Western Reserve University
Wayne Whaley
Utah Valley State College
Joseph D. White
Baylor University
Quinton White
Jacksonville University
Leslie Y. Whiteman
Virginia Union University
Rick Wiedenmann
New Mexico State University at Carlsbad
Peter J. Wilkin
Purdue University North Central
Bethany Williams
California State University, Fullerton
Daniel Williams
Winston-Salem University
Judy A. Williams
Southeastern Oklahoma State University
Dwina Willis
Freed Hardeman University
David Wilson
University of Miami
Mala S. Wingerd
San Diego State University
E. William Wischusen
Louisiana State University
Darla J. Wise
Concord College
Michael Womack
Macon State College
Bonnie Wood
University of Maine at Presque Isle
Jo Wen Wu
Fullerton College
Mark L. Wygoda
McNeese State University
Calvin Young
Fullerton College
Shirley Zajdel
Housatonic Community College
Samuel J. Zeakes
Radford University
Uko Zylstra
Calvin College

目 录

1 现代生物学简介 2

第1单元 细胞

2 生物学的化学基础 22

▸ 本章线索：放射性

3 生命分子 36

▸ 本章线索：乳糖不耐受症

4 细胞之旅 54

▸ 本章线索：人类与细菌

5 细胞的运作 74

► 本章线索：纳米技术

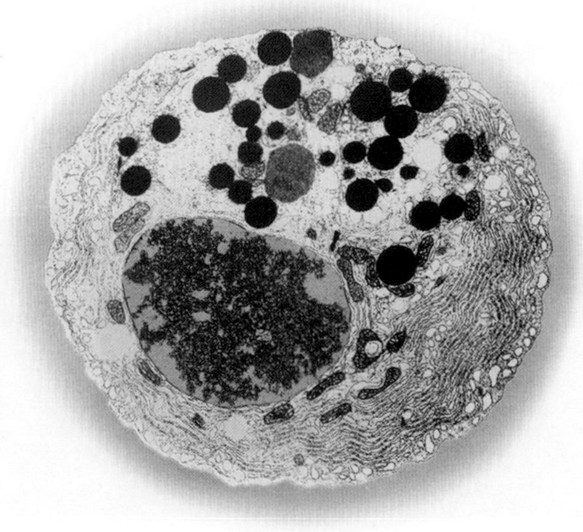

6 细胞呼吸：从食物中获取能量 90

► 本章线索：运动科学

7 光合作用：用光制造食物 106

► 本章线索：生物燃料

第2单元 遗传学

8 细胞增殖：细胞来自细胞 120

► 本章线索：有性生殖和无性生殖

9 遗传的模式 144

▶ 本章线索：狗的育种

10 DNA 的结构与功能 170

▶ 本章线索：最致命的病毒

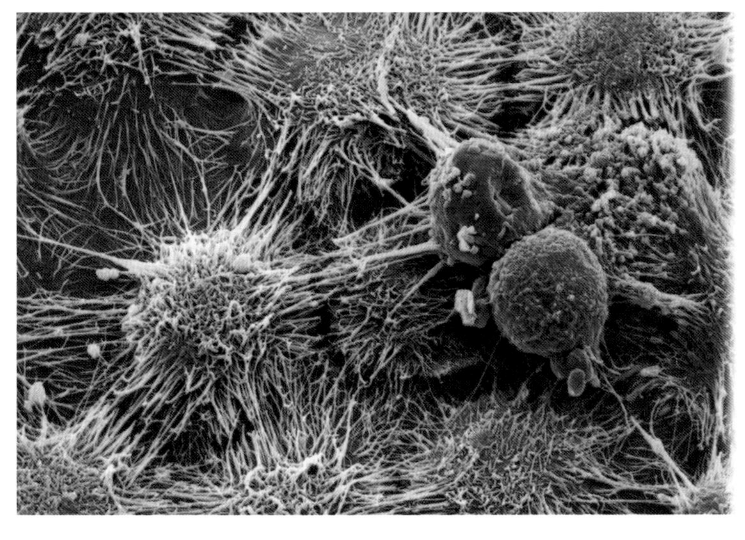

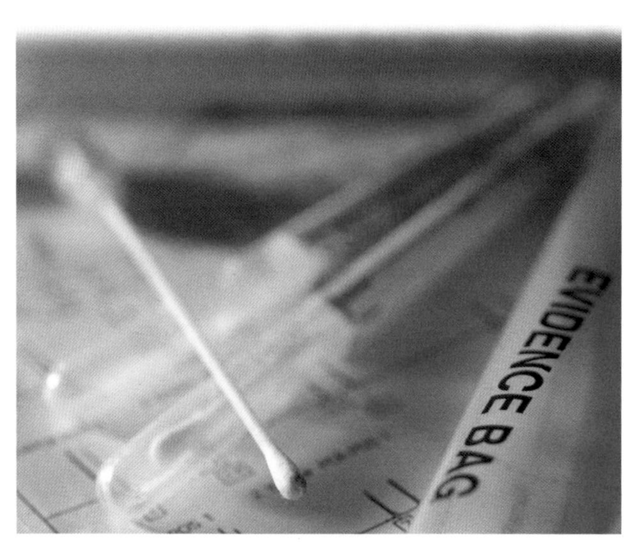
EVIDENCE BAG

第3单元 进化与多样性

13 种群如何进化 242

► 本章线索：进化的过去、现在和未来

14 生物多样性如何进化 268

► 本章线索：大灭绝

15 微生物的进化 292

► 本章线索：人类微生物群

16 植物和真菌的进化 314

► 本章线索：植物 – 真菌相互作用

17 动物的进化 336

► 本章线索：人类进化

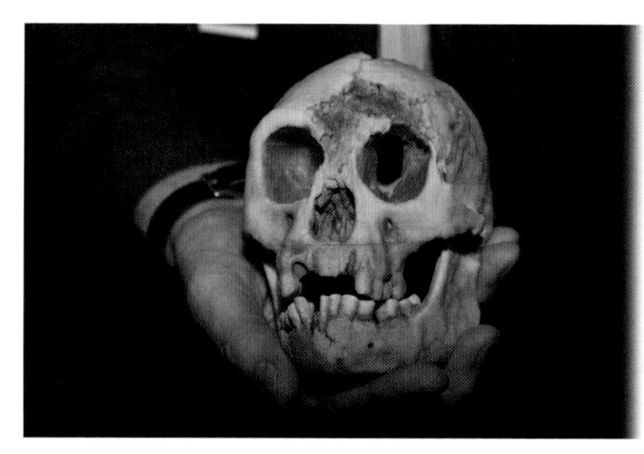

第4单元 生态学

18 生态学与生物圈概论 372

► 本章线索：全球气候变化

19 种群生态学 402

► 本章线索：生物入侵

20 群落和生态系统 424

▶ 本章线索：生物多样性减少

附录

1 现代生物学简介

生物学为什么重要

如果你想知道这种独特又异常漂亮的动物的名字，那就代表你对（动物）分类学感兴趣。►

▲ 寻找地外生命迹象，是火星车的主要任务之一。

▼ 虽然你可能意识不到，但其实你每天都在运用科学方法。

本章内容

我们身边的生物学　生物学与社会

热爱生命的天性

你喜欢生物学吗？或许，可以换一种方式问这个问题：你有宠物吗？你注重健身或饮食健康吗？你到动物园或水族馆玩过吗？你曾经到大自然中徒步旅行，在沙滩上捡过贝壳吗？你喜欢看有关鲨鱼或恐龙的电视节目吗？只要你对上述问题有一个肯定回答，那就是说，你一定喜欢生物学！

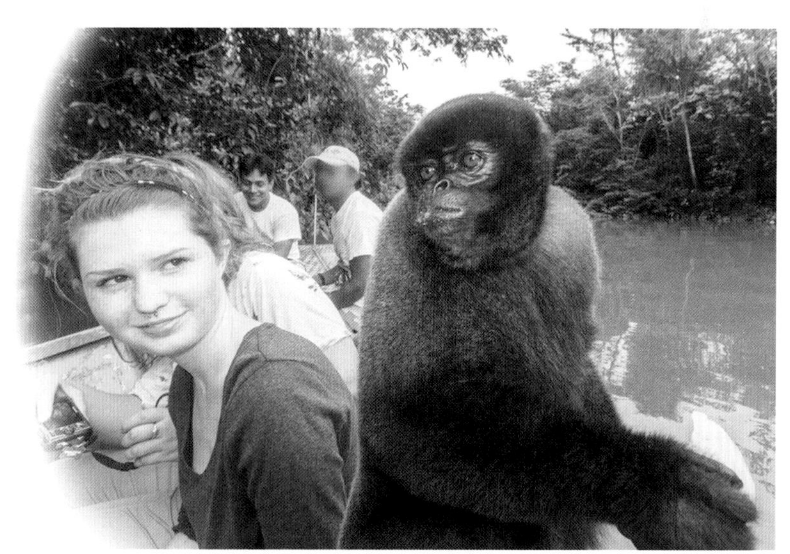

天生对自然好奇。在秘鲁亚马孙河上的一次学业旅行中，学生正在和一只毛茸茸的绒毛猴（*Lagothrix lagotricha*）互动。

我们中的大多数人，天生就对生命有兴趣，对自然界的这种与生俱来的好奇，引导我们去研究动植物及其栖息地。我们编写《坎贝尔基础生物学》以帮助你们这些尚无大学科学经验的学生，利用你们对生命与生俱来的热情，加深你们对生物学的理解，并使其能够应用于你们的生活和所处的社会中。我们相信，对任何受过教育的人来讲，这类生物学视角都是基础的，基于这种原因，我们把书命名为“基础生物学”。因此，不管你选这门课程是何种原因——即使只是为了满足学校的要求——你很快就会发现，不论你的学科背景或学习目标是什么，探索生命都与你密切相关，对你至关重要。

生物学在许多方面影响着你的日常生活，为了强调这一点，本书的每一章都以“生物学与社会”专栏的文章开篇，帮助你看到该章内容与日常生活的相关性。比如，辐射的医疗应用（第 2 章）、流感疫苗的重要性（第 10 章）、寄生在人体内外的微生物群落（第 15 章），这些主题都致力于阐明生物学的范畴，并说明生物学学科如何融入社会结构。在本书中，我们将不断地强调这些联系，列出许多例子，阐明每个主题如何应用于你的生活和你所关心的生命。

生命的科学研究

如今，我们已经设好了目标——研究生物学如何影响你的生活。一个好的起点是明确生物学的基本定义，即**生物学**是对生命的科学研究。你可曾在从词典中查找某个生词时，发现需要继续查找其释义中的某个单词，才能理解这个生词？生物学的定义，看似简单，却引出了更多的问题：什么是科学研究？活着意味着什么？本书的第 1 章阐述了生物学定义中的重要概念，帮你迈出研究生物学的第一步。首先，我们把生命研究置于更广泛的科学背景下。接下来，我们将通过研究生物的特性和范畴来探究生命的本质。最后，我们将介绍一系列你在生命研究过程中会遇到的广泛性主题，这些主题会串起你将学到的信息。最重要的是，在本章（其实是本书的所有章）中，我们将不断提供生物学如何影响你的生活的例子，强调生物学对社会以及社会中每一个人的意义。☑

☑ 检查点

如何定义生物学？

答案：生物学是对生命的科学研究。

科学的过程

回想本章的核心定义“生物学是对生命的科学研究”，首先要回答的一个明显问题是：什么是科学研究？请注意，生物学并没有被定义为“生命研究”，因为许多非科学方法也可以研究生命。例如，深入冥想是研究生命本质的一种有效方法——也许在哲学课程中很有用——但并不是研究生命的科学方法，所以不符合生物学的定义。那么，在试图理解自然界的过程中，我们如何区分科学方法和其他方法？

科学是一种认识自然世界的方法，以探究（搜索特定问题的信息、解释和答案）为基础。人类理解自然世界的基本动力，体现在两种主要的科学方法上：发现性科学（主要用于描述自然）、假说驱动的科学（主要用于解释自然）。多数科学家，在实践中将这两种研究方法结合在一起，探究自然世界。

发现性科学

科学家探索自然现象的自然成因。这种科学研究特指可直接或间接地借助于工具和技术（图 1.1）而对构造和过程进行有效观测的研究。观测记录，称为**数据**，而数据信息是科学研究建立的基础。科学家们依靠可验证的数据揭开自然之谜，这将科学与超自然的信仰区别开来。科学不能证明鬼神或精灵是否会引起暴风雨、日食、疾病，因为这些解释方式无法通过测

▼ 图 1.1　**原生生物草履虫的三种不同类型的显微观察照片。**显微镜拍摄的照片称为显微照片。在本书中，显微照片的侧边有尺寸标注。例如，“LM 300×”表示用光学显微镜拍摄的显微照片，物体被放大到原来尺寸的 300 倍。

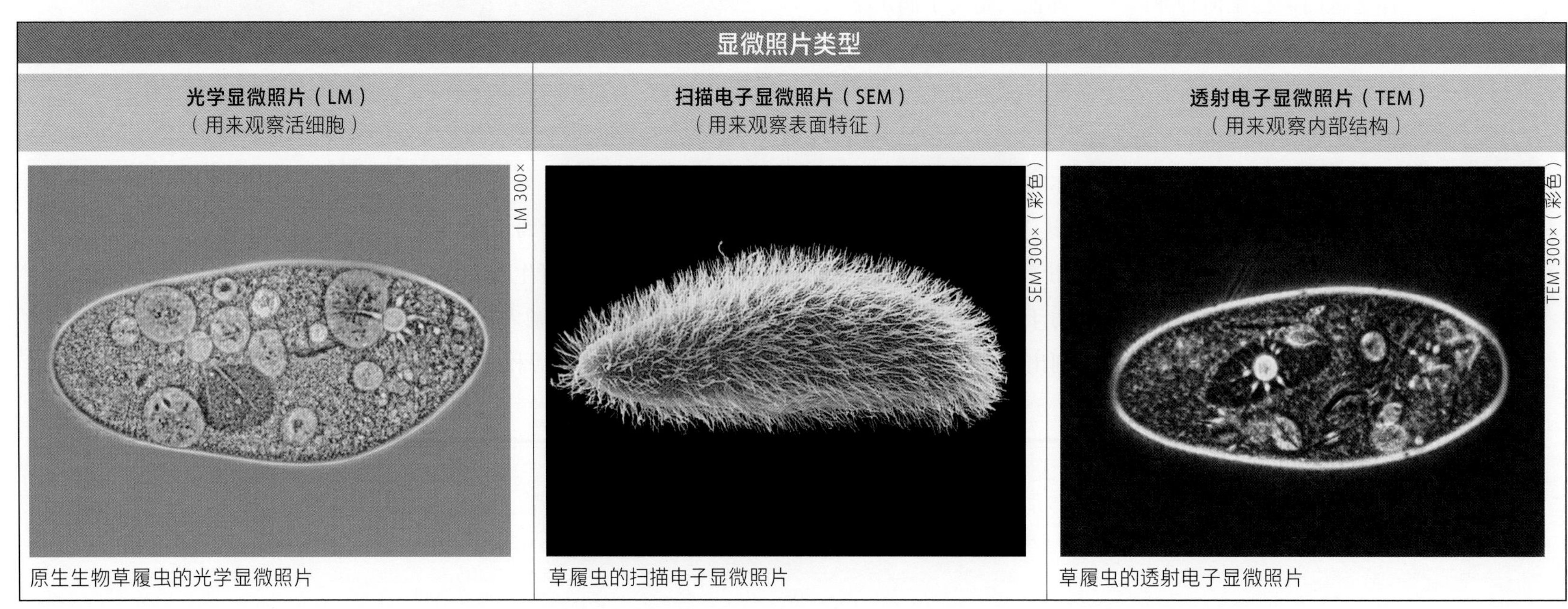

◀ 图 1.2 **仔细观察和测量：发现性科学的原始数据。**珍·古道尔博士花了数十年时间，在坦桑尼亚丛林实地研究，记录了研究期间对黑猩猩行为的观察数据。

量数据来验证，超出了科学的范畴。

可验证的观察和测量是**发现性科学**的数据来源。在寻求精准描述自然的过程中，人类发现了自然的结构。查尔斯·达尔文（Charles Darwin，1809—1882）对他在南美洲观察到的各种动植物有着仔细的描述，这是发现性科学的一个例子（第 13 章内容）。更近的例子是，珍·古道尔（Jane Goodall）花了数十年时间，观察和记录了坦桑尼亚丛林中黑猩猩的日常行为（图 1.2）。在最近，分子生物学家已对大量的 DNA 进行了测序分析（第 12 章论述了这项研究），收集的数据揭示了生命的遗传基础。

假说驱动的科学

“发现性科学”中的观察，促使我们提出问题并寻求解释。在理想状态下，这种调查要使用科学方法。作为一种正式的探索过程，**科学方法**由一系列步骤（图 1.3）组成，这些步骤为科学研究提供了一个宽泛的指导方针。要想成功发现新事物，无法依靠任何单一的公式，相反，科学方法提供的是一个如何进行探索的大致纲要。科学方法像一份不完整的食谱：给出了一套基本步骤，但还需要厨师自己琢磨烹饪细节。同样，从事研究工作的科学家通常不会严格遵循这些步骤，不同的科学家对科学方法的具体使用也各不相同。

大部分现代科学研究都是假说驱动的科学。**假说**是对一个问题做出的试探性解答——对一组观察结果提出的解释。好的假说能立即引出可以通过实验验证

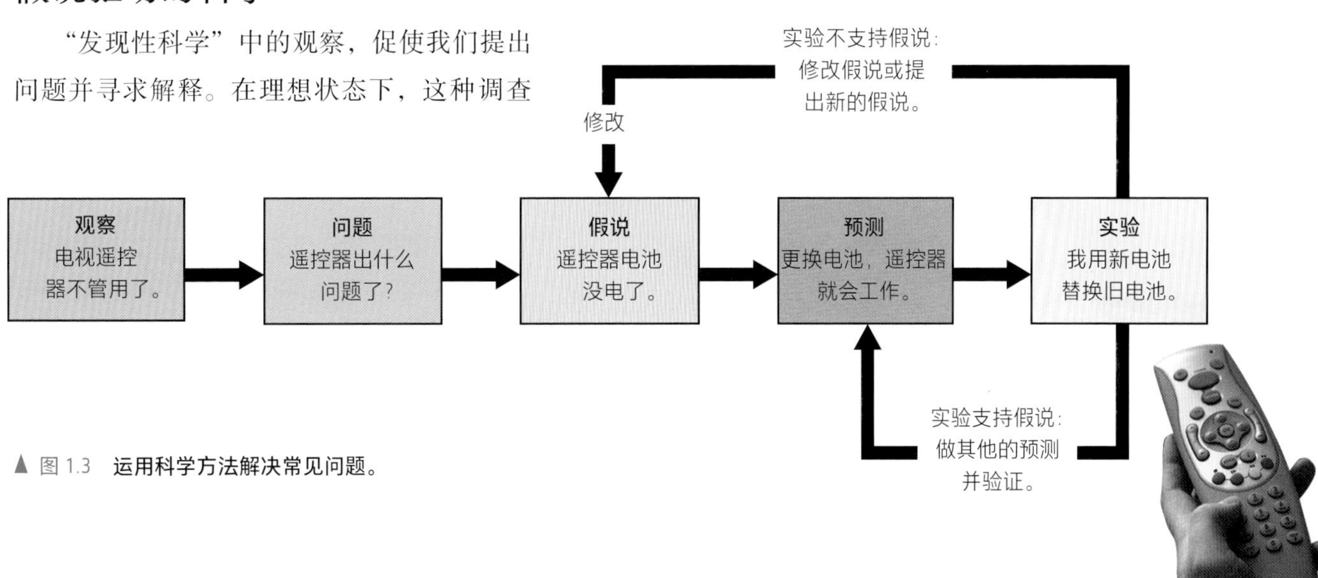

▲ 图 1.3 **运用科学方法解决常见问题。**

的预测。在解决日常生活中的问题时，虽然我们不会用专业术语去思考，但是我们都会用到假说。设想一下：完成家庭作业后，你想看电视犒劳自己，按下电视遥控器的开关，电视机却没有动静。“电视机没有正常开启”就是一种观察。此时出现的问题很明显：遥控器为什么没有打开电视机？你可以想出十几种可能的解释，但无法同时验证所有的解释。所以，你只能专注于一种解释（极大可能基于你过去的经验），然后验证它。这个初步解释就是你的假说。在这里，合理的假说是——遥控器电池没电了。

虽然你可能意识不到，但其实你每天都在运用科学方法。

假说一旦被提出，研究者就能预测——当假说正确时会产生何种结果。然后，通过实验来验证这种假说，看看结果是否符合预测。这种逻辑验证常采用“如果……那么……”的形式：

观察：电视遥控器不管用了。

问题：遥控器出什么问题了？

假说：电视遥控器打不开电视，是因为电池没电了。

预测：如果我更换电池，那么遥控器就可以打开电视。

实验：为遥控器更换新电池。

假如你更换电池后，遥控器仍然不能打开电视机，接下来，你就可以提出第二个假说，并对其进行验证。例如，你也许会提出，电视机没有插电，或者新电池装反了。你可以接着继续进行验证，或者提出其他假说，直到你对最初的问题得出满意的结论。当你这样做的时候，你就是像科学家一样在遵循科学的方法。

让我们回顾一下，在这种情况下你可能不会做的事情：你大概不会把遥控器故障归咎于超自然的精灵，也不会试图通过冥想找到电视无法开机的原因。你的自然本能是提出假说并进行验证；当需要解决问题时，科学方法可能是你的“常用”方法。事实上，科学方法已深深植根于人类社会和人类思维方式中，大多数人思考和行动时都会自动使用它（尽管我们平时不使用这些术语）。因此，科学方法只是对你已经具有的这类思路和行为的一种正规化。

本书的每一章，都会举例说明如何使用科学方法来学习所讨论的内容。在“科学的过程”专栏中，我们将凸显、强调科学方法中的步骤。我们要论述的问题包括：乳糖不耐受症是否有遗传基础（第 3 章）？为什么狗的皮毛有这么多种类（第 9 章）？肠道中的微生物能否影响你的体重（第 15 章）？当你的科学素养不断提高，你就能用科学方法去评估你听说的观点。每一天，我们都会受到商业广告、网站、杂志文章等的信息轰炸，并且很难过滤掉虚假的信息，筛选出真正有价值的信息，因此，牢牢把握科学探究的方法，能在课堂外的许多方面为你提供帮助。

必须指出，科学研究并非认识自然的唯一途径。若想了解各种超自然的“创世故事”，比较宗教学课程会是一个好途径。科学、宗教是两种截然不同的理解自然的方式，而艺术又是另一种理解我们周围世界的方式。通识教育应该包含所有这些认识世界的不同方式。通过综合自己的生活经历和多学科的教育，人人都能形成自己的世界观。本书既是一本科学教材，也是多学科教育的一部分，展示纯科学背景下的生物。☑

☑ 检查点

1. 观察校园里的松鼠，收集它们饮食习惯的数据，此时进行的是什么科学研究？如果对松鼠的饮食行为给出一个试探性的解释，然后验证这一解释，这是在进行什么科学研究？
2. 将这些科学方法的步骤按适当顺序排列：实验、假说、观察、预测、结果、问题、修改 / 重复。

答案：1. 发现性科学；假说驱动的科学。2. 观察、问题、假说、预测、实验、结果、修改 / 重复。

▼ 图 1.4 **生命的一些特征。**当且仅当研究对象同时展现所有这些特征，它才被认为是有生命的。

（a）有序性

（b）调控性

（c）生长与发育

（d）能量代谢

科学理论

很多人把事实和科学联系在一起，然而，积累事实并不是科学的首要目标。比如电话簿是一部厚度惊人的事实信息数据库，但它跟科学没什么关系。可被重复验证的事实和可以重复的实验结果，当然确实是科学的前提。然而，真正推动科学发展的是新理论，它们把许多过去看似无关的观察所得联系在一起。科学的基石是对大量现象的解释。像牛顿、达尔文、爱因斯坦这样的科学家之所以能在科学史上脱颖而出，并非因为他们发现了大量的事实，而是因为他们的理论具有广泛的解释能力。

什么是科学理论？它与假说有何不同？科学**理论**比假说具有更广的适用范围。理论是有大量证据支持的综合性解释，它具有普遍性，足以衍生出许多新的可验证的假说。例如“白色皮毛是一种适应，有助于北极熊在北极栖息地生存”是一个假说，“蜂鸟的翅膀中不同寻常的骨骼结构是一种适应性进化，为其在花朵中采集花蜜提供了优势”是另一个看似无关的假说。而相比之下，“生物对当地环境的适应是自然选择的进化结果”这种理论将前两个看似无关的假说联系起来。本章后面将详细介绍这个具体的理论。

理论只有得到广泛且多样的证据支持，且不与任何科学数据相矛盾，才会被科学家广泛接受。科学家所用的术语“理论”与我们日常使用的未经验证的猜测（“这只是一种理论！”）有明显差异。事实上，我们日常讲话中说的“理论”一词，等同于科学家使用的“假说”一词。你很快就会了解到，自然选择之所以被视为一种科学理论，是因为它广泛的适用性，也因为它已经被大量的观察和实验所验证。因此，说自然选择“只是”一种理论是不恰当的，因为这种说法暗示自然选择未经检验或缺乏证据。事实上，任何科学理论都有充分的证据支持，否则就不能被称为一个理论。☑

☑ 检查点

你和一位朋友约好 18:00 共进晚餐，但到了约定的时间，她还没露面。你想知道原因。另一位朋友说：“我的理论是她忘了。”如果像科学家一样说话，该怎么说？

答案：“我的假说是她忘了。”

生命的本质

再次回顾一下基本定义：生物学是对生命的科学研究。我们在前面知道了什么是科学研究，就可以接着探讨由此定义引出的下一个问题：生命是什么？或者换言之，生物与非生物的区别在哪里？**生命**现象似乎无法用简单的一句话来定义。然而，就连小孩也本能地知道，一条狗、一只虫或一株草是有生命的，但一块石头没有。

假如把一个物体放在你面前，问你它有没有生命，你会怎么做？你会戳一戳看它是否有反应吗？你会仔细观察它是否运动或呼吸吗？你会解剖它，看一看它的各个部分吗？以上想法都与生物学家对生命的定义紧密相关：我们主要通过生物的行为来认识生命。在开始学习生物学之前，让我们先了解一下所有生物所共有的一些特征。

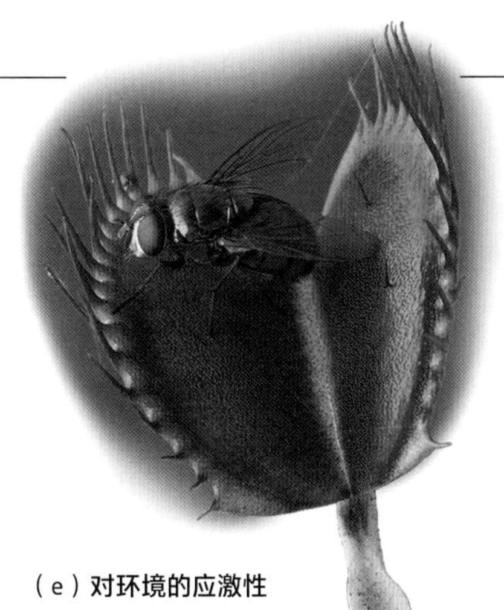
（e）对环境的应激性

（f）繁殖

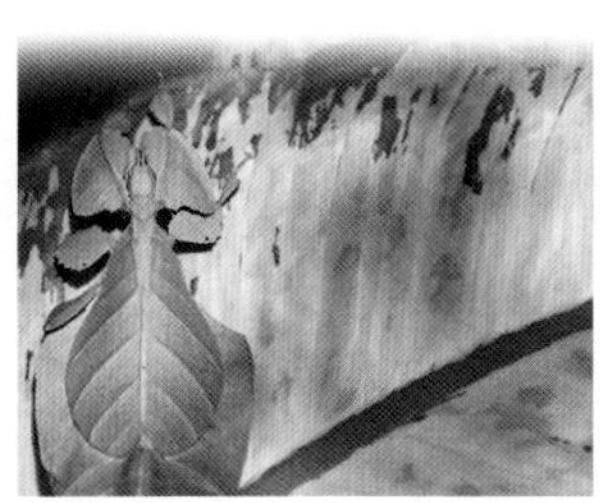
（g）进化

生命的特性

图 1.4 突出了与生命相关的七大特性和作用。如果一个研究对象同时显示所有这些特性，那么它通常被认为是有生命的。（a）有序性。所有生物都呈现出一种复杂而有序的组织结构，正如松果的结构一样。（b）调控性。生物体所处的外界环境可能发生巨大的变化，但生物体可以调节其内环境，使其保持稳态。当蜥蜴感觉到体温下降时，它可以在岩石上晒太阳以吸收热量。（c）生长与发育。DNA 携带的信息控制着所有生物体的生长和发育模式，包括鳄鱼。（d）能量代谢。生物体吸收能量，利用能量来完成所有生命活动，并以热的形式释放能量。猎豹通过摄食猎物获得能量，利用能量驱动奔跑和其他活动，并不断向外界释放体内热量。（e）对环境的应激性。所有生物都会对环境中的刺激做出反应。当食肉捕蝇草的纤毛感受到环境中昆虫的触碰时，它会立刻合拢叶片。（f）繁殖。所有生物体都会生出同类以繁衍后代。因此，猴子的后代只能是猴子，绝不会是蜥蜴或猎豹。（g）进化。繁殖是种群随时间变化（进化）能力的基础。例如，巨叶虫（*Phyllium giganteum*）已经进化得能够在环境中伪装自己。进化性变化，是所有生命的核心统一特征。

☑ 检查点

哪些生命特性适用于汽车？哪些不适用？

答案：汽车展示了有序性、调控性、能量处理和对环境的应激性。但是汽车不会生长发育、繁殖和进化。

▲ 图 1.5 **“好奇”号火星车寻找生命迹象的视图。**

尽管没有证据表明存在地外生命，但生物学家推测，如果存在地外生命，也可以根据图 1.4 中列出的特性进行鉴定。2012 年以来，“好奇”号火星车（图 1.5）一直在探索这颗红色星球的表面，它搭载了几台可识别生物特征的仪器，以便获取火星过去或现在存在生命体的证据。例如，“好奇”号正在使用一套机载仪器来检测化学物质，这些化学物质可以提供微生物进行能量代谢的证据。到目前为止，“好奇”号还没有发现明确的生命迹象，搜寻仍在继续。☑

寻找地外生命迹象，是火星车的主要任务之一。

多样的生物

图 1.6 所示的眼镜猴只是地球上大约 180 万已鉴定的物种之一，这些物种都具有图 1.4 中概述的所有特性。已知的生物物种——所有被鉴定和命名的物种——包括至少 29 万种植物、5.2 万种脊椎动物（有脊柱的动物）和 100 万种昆虫（超过所有已知生物物种数的一半）。生物学家每年都会将数千个新发现的物种列入数据库。据估计，地球物种总数约为 1000 万到 1 亿或更多。

◄ 图 1.6 **生物多样性的一个小例子。** 眼镜猴（一种灵长类动物）待在菲律宾雨林的一棵树上。这个物种的学名是菲律宾跗猴（*Tarsius syrichta*）。

细菌域

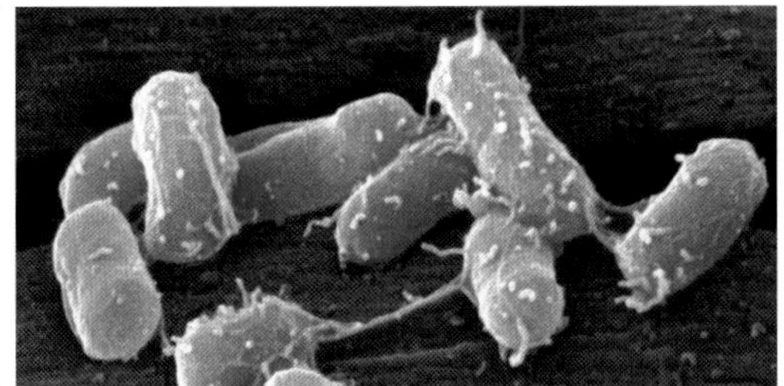

TEM 10,000×（彩色）

古菌域

TEM 18,500×

真核生物域

植物界

真菌界

动物界

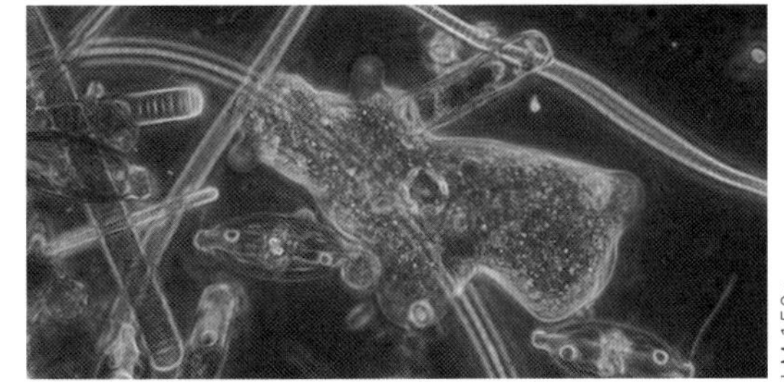

LM 150×

原生生物（多个界）

▲ 图 1.7　**生物三大域。**

无论物种的总数是多少，生物惊人的多样性给研究者——生物学家们带来了分类上的挑战。

物种分类：基本概念

为了更好地认识自然，人们倾向于根据事物的相似性对其分门别类。即使人们知道，每一类群体实际上包含许多不同的物种，但松鼠类和蝴蝶类中每一物种都可能被人类称为“松鼠”和“蝴蝶”。一个**物种**通常被定义为生活在同一时空的一群生物，它们有可能在自然界中交配以产生健康的后代（详见第 14 章）。我们甚至可以给物种更宽泛的归类，如啮齿动物（包括松鼠）和昆虫（包括蝴蝶）。**分类学**是生物学的一个分支，对物种进行命名和分类，并将物种划分到不同等级的类群中。你曾在见到鱼、发现蘑菇或观察鸟的时候，想知道它是什么种类的吗？如果你想知道，你就是在问分类学的问题。在后面章节更详细地探讨生物多样性之前，我们先总结一下最广泛的生物分类单位。

如果你想知道这种独特又异常漂亮的动物的名字，那就代表你对（动物）分类学感兴趣。

生物三大域

在最广泛的层次上，生物学家将生物多样性划分为三大域：细菌、古菌、真核生物（图 1.7）。地球上的每一个生命体都属于这三大域之一。前两域，细菌和古菌，代表了两种截然不同的具有原核细胞的生物群体——原核细胞指相对较小且结构简单的细胞，细胞内没有细胞核或其他由膜包被的细胞器。所有的真核生物（具有真核细胞的生物——真核细胞指相对较大且结构复杂的细胞，细胞内含有一个细胞核和其他由膜包被的细胞器）都被归入真核生物域。

真核生物域又包含三个较小的分支——植物界、真菌界、动物界。三界中大部分成员是多细胞生物。这三界生物的部分区别在于不同的取食方式。植物通过光合作用生产糖和其他食物，“自产自消”。真菌界大多是分解者，消化分解死亡生物和有机废物来获取食物。动物界——我们人类所属的界——则摄取（进食）和消化其他生物。三界之外的真核生物属于包罗性的原生生物。大多数原生生物都是单细胞生物，包括变形虫等微生物。也有一些原生生物是多细胞生物，如海藻。科学家们正在将原生生物划分为多个界，但对于如何划分还未达成一致意见。

☑ 检查点

1. 请列举生物三大域。你属于哪一域？
2. 请列举真核生物域内的三大界。三大界外的第四组生物属于什么？

答案：1. 细菌域、古菌域、真核生物域；真核生物域。2. 植物界、真菌界、动物界；原生生物。

生物学的大主题

生物学是一门大学科，每天都有新的发现，这促使生物学不断拓宽其范围和内容。尽管我们经常关注细节，但认识贯穿生物学的广泛主题也很重要。从细胞微观世界到全球环境，这些核心要义统领了生物学的方方面面。聚焦贯穿生物学领域的宏观主题，有助于组织和理解你要学到的所有知识。

在本节中，我们将描述贯穿生物学研究的五个统一性主题（图 1.8）。在后续章节中，你会遇到这些主题；我们将使用图 1.8 中的图标突显每个主题，并在后续章节的标题中重复使用。

进化　进化

正如人类有族谱一样，今日地球上的每一物种都相当于进化树的一枝，它们能追溯到越来越遥远的祖先物种。非常相似的物种，如棕熊和北极熊，拥有共同的祖先，它们的枝条在进化树上的距离相当近（图 1.9）。此外，所有种类的熊都可以追溯到远古时代的祖先种，它也是松鼠、人类以及所有其他哺乳动物的共同祖先。所有哺乳动物都有毛发和产乳汁的乳腺，诸如此类的相似性有助于我们推断：所有的哺乳动物来自同一祖先——原始哺乳动物。我们也可进一步推断出，哺乳动物、爬行动物等所有脊椎动物有一个共同的祖先，比哺乳动物们的共同祖先还要古老。再往前追溯，在细胞层次上，所有生命都表现出惊人的相似性。例如，所有的活细胞都被一层组成类似的外膜包裹着，都利用核糖体生产蛋白质。

对不同物种之共同特征的科学解释，就是进化——将地球上的生命从最初形态转化为现在的多样形态的过程。进化是生命的基本原理，也是统一全部生物学的核心主题。160 多年前，查尔斯 · 达尔文首次提出了自然选择进化论，这个理论适用于我们所知的一切生物。学习生物学的学生，都应该从理解进化开始。进化可以帮助我们研究和理解生命的方方面面：从生活在最偏远栖息地的微小生物，到我们当地环境中的物种多样性，再到全球环境的稳定性。本节将对这个重要主题做基本介绍。为了强调进化是生物学的核心主题，本书的每一章末尾都设有一个“进化联系”专栏。你将了解到一些可以用进化论来解释的内容，例如，我们寻求开发更好的生物燃料（第 7 章）、癌细胞如何在体内生长和扩散（第 11 章）、细菌耐药性的形成（第 13 章）。

达尔文的生命观

1859 年，英国博物学家查尔斯 · 达尔文出版了生

▼ 图 1.8 **贯穿生物学学科的五个统一性主题。**

生物学的大主题				
进化	结构 / 功能	信息流	能量转化	系统内互联
自然选择的进化是生物学统一性主题的核心，它存在于每一个生命层次。	通过物质（如细胞分子或人体组织）的结构能了解其功能，反之亦然。	在生物系统中，储存在 DNA 中的信息被传递和表达。	一切生物系统都依赖于能量和物质的获取、转化和释放。	一切生物系统，从分子到生态系统，都依赖于组成成分之间的相互作用。

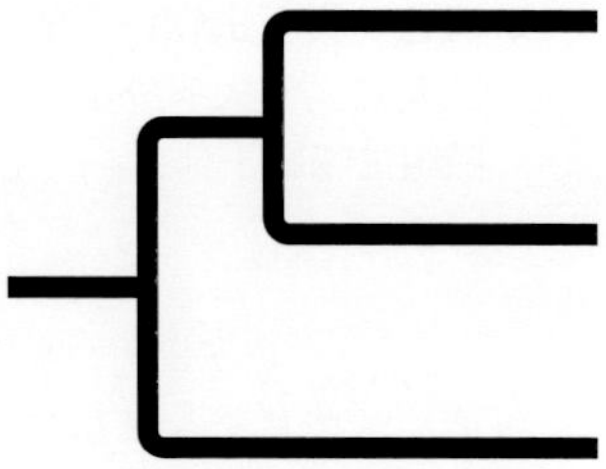

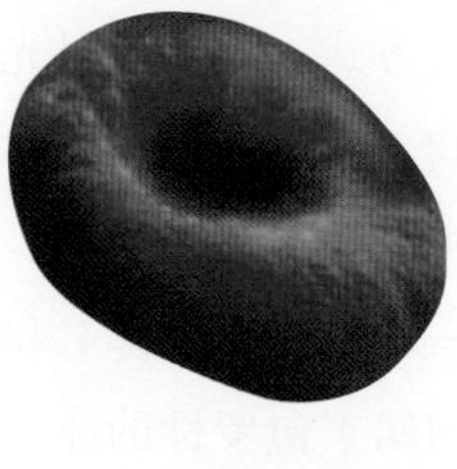

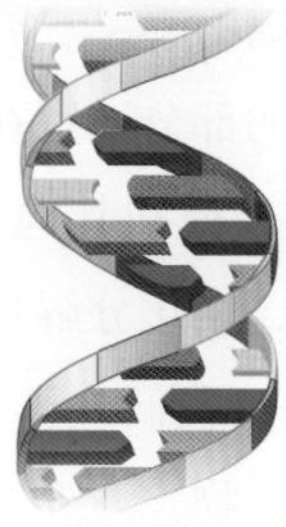

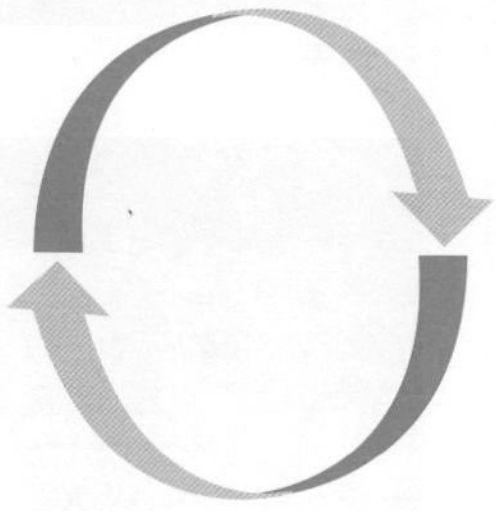

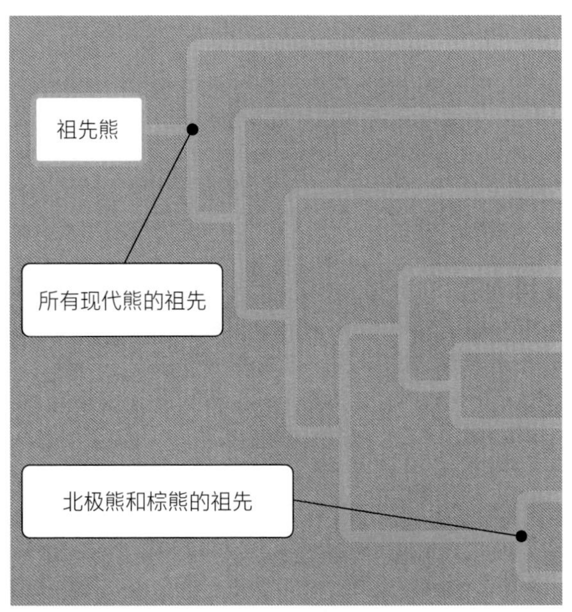

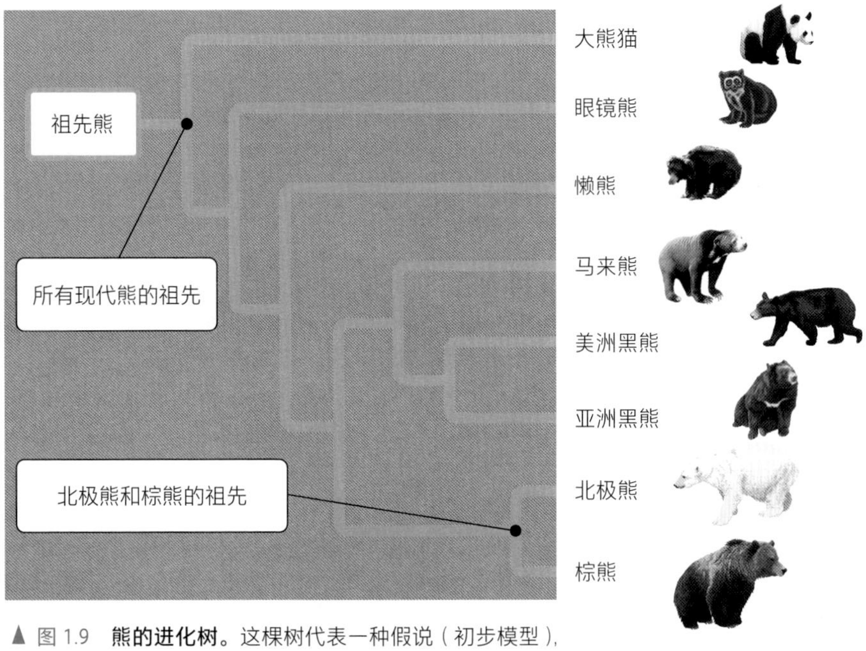

▲ 图 1.9　**熊的进化树。**这棵树代表一种假说（初步模型），基于化石记录以及现代熊类之间 DNA 序列的比较。随着熊进化史的新证据出现，这棵树必然会随之改变。

物史上最重要、最有影响力的一部著作《物种起源》（图 1.10），生物进化论开始走到科学舞台的中央。首先，达尔文展示了大量证据来支持进化论的观点——现存物种由祖先物种们遗传并进化而来。达尔文称此过程为“世代递嬗”。达尔文的这句话很有见地，因为它体现了生命的二元性：统一性（因为有共同祖先而可能）和多样性（因为有逐渐变化而可能）。例如，在达尔文的观点中，熊的多样性是基于从其共同祖先世代繁衍发生的不同变异。

其次，达尔文提出了“世代递嬗”的机制：自然选择的过程。在生存的斗争中，那些具有最适合当地环境的可遗传特征的个体更容易生存并留下最多的健康后代。所以，能提高存活率和繁殖成功率的那些特征，在下一代中会更多地表现出来。达尔文把这种不均等的繁殖称为**自然选择**，因为环境只从那些已形成的可遗传特征中“选择”。自然选择不会以某种方式促进或刺激变化，而是“编辑”那些已经发生的变化。自然选择的结果是生物的适应性变化——种群的有利变异随着时间推移而发生的累积。回顾图 1.9 熊进化的例子，熊类的一个常见适应性

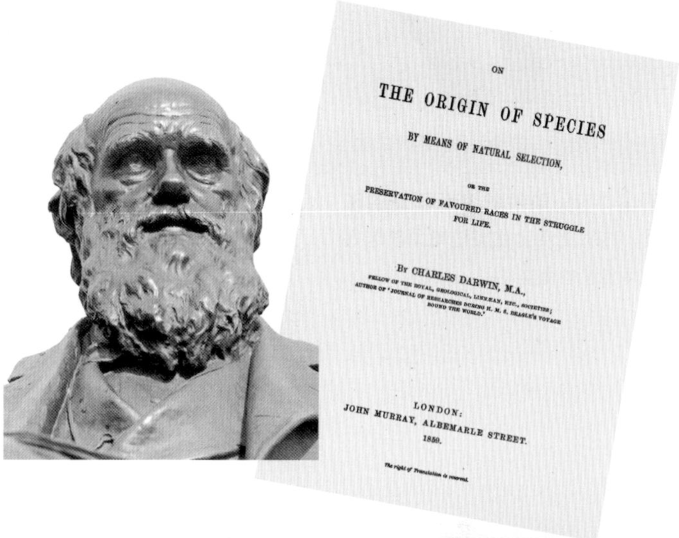

▼ 图 1.10　**查尔斯·达尔文与《物种起源》，及他在加拉帕戈斯群岛观察到的蓝脚鲣鸟。**

变化是皮毛颜色。北极熊和棕熊（灰熊）各自表现出一种进化适应（分别是白色皮毛和棕色皮毛），这是它们在各自环境下自然选择的结果。想必自然选择偏爱那种使熊的外观在其本土具有生存优势的毛色。

▲ 图 1.11 **加拉帕戈斯群岛的雀类。**达尔文亲自在加拉帕戈斯群岛收集了这些雀类。

如今，我们了解到许多自然选择发挥作用的实例。加拉帕戈斯群岛的雀类（图 1.11）就是一个典型例子。在 20 年的时间里，这些孤岛上的研究者测量了一个“喜食小粒种子的地雀种群”喙尺寸的变化。在枯水年，小粒种子短缺，地雀开始食用大粒种子。在这种环境中，具有较大、较强喙的地雀有觅食优势，繁殖成功率更高，因此，地雀种群在枯水年的平均喙深会增加。在丰水年，小粒种子数量充足。由于较小的喙能更高效地进食小粒种子，所以地雀的平均喙深会代代缩短。这种结构性变化是可测量的，是自然选择发挥作用的证据。

生物界充满了自然选择的实例。以抗生素耐药性细菌的形成（图 1.12）为例。奶农和养殖户经常在饲料中添加抗生素，因为这样做可以使动物体形更大，利润更高。❶ 菌群个体对抗生素的易感性会随机发生变化。❷ 抗生素加入后，环境随之改变，有些细菌会迅速死亡，而其他细菌则会存活下来。❸ 存活下来的细菌具有繁殖的潜力，产生的后代有可能继承提高存活率的特征。❹ 随着世代传承，对抗生素有耐药性的细菌会越来越多。因此，用抗生素喂养奶牛，可能会促进对标准药物治疗不敏感的耐药性细菌群体的进化。

研究人工选择

在人工选择（人类有目的地培育驯化动植物）的例子中，达尔文发现了强有力的证据，证明了自然选择的力量。几千年来，人类一直通过选择具有某些特征的繁殖种群来改造其他物种。举例来说，我们现在种植的食用植物与它们的野生祖先毫无相似之处。你有没有吃过野生蓝莓或野生草莓？它们与它们的现代

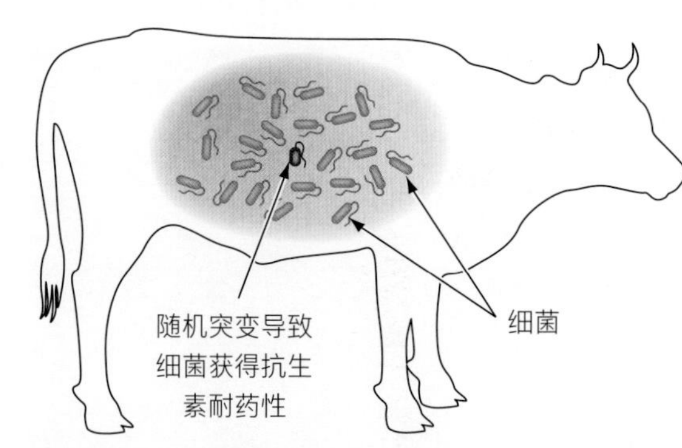

❶ **具有不同遗传特征的菌群。**起初，菌群具有不同的抗生素耐药性。有些细菌会随机产生一定的耐药性。

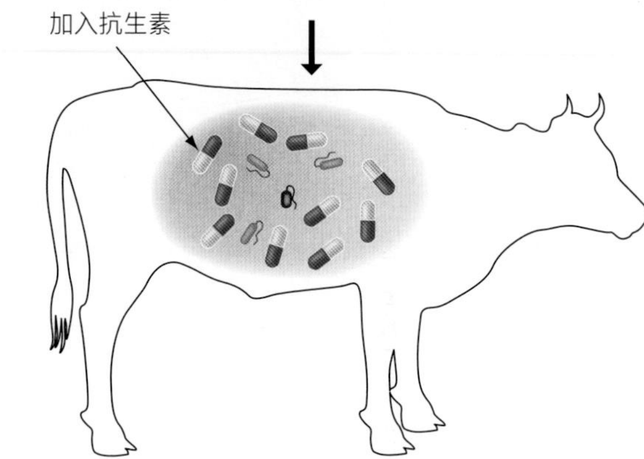

❷ **淘汰具有某些特征的个体。**大多数细菌因对抗生素敏感而死亡。只有少数具有耐药性的细菌存活。

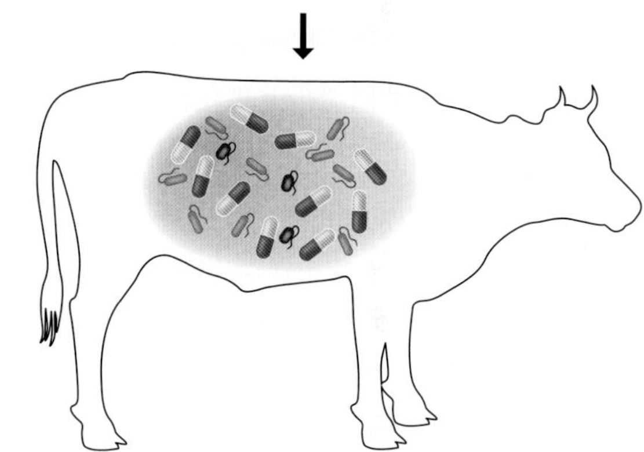

❸ **幸存者繁殖。**抗生素的选择压力有利于少数耐药菌的存活和繁殖。因此，耐药基因传递给下一代的发生率更高。

代代相传

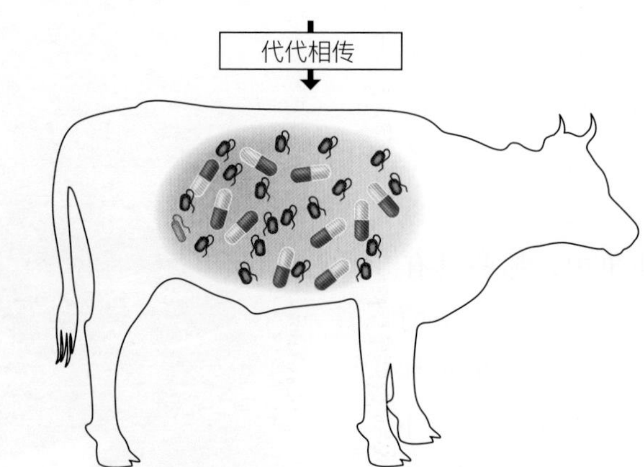

❹ **提高存活率和繁殖成功率的特征的发生率增加。**世世代代，经过自然选择，菌群适应了外界环境。

▲ 图 1.12 **自然选择在发挥作用。**

近亲大不相同（在许多方面野生型也不受人欢迎）。这是因为经过多代的人工选择，增强了植物的不同部位，人为地定制了作物。图 1.13 所示的所有蔬菜（以及更多植物）都有一个共同的祖先，即一种野生芥菜（图中央所示）。对人类的宠物来说，选择性繁殖的力量也是显而易见的，它们被培育繁殖出人们所喜爱的外貌特征和用途。例如，所有家犬都是灰狼的后代，但是，受不同文化影响的人们已“定制”出数百个家犬品种，比如巴吉度猎犬和圣伯纳犬（图 1.14）。各式各样的现代犬反映了数千年的人工选择。也许你不会意识到，你每天都会接触到许多人工选择的产物。

达尔文出版的《物种起源》引起了生物学研究的大爆发，方兴未艾。在过去的一个半世纪里，科学家们收集了支持达尔文自然选择进化论的大量证据，使之成为

▼ 图 1.13　**粮食作物的人工选择。**

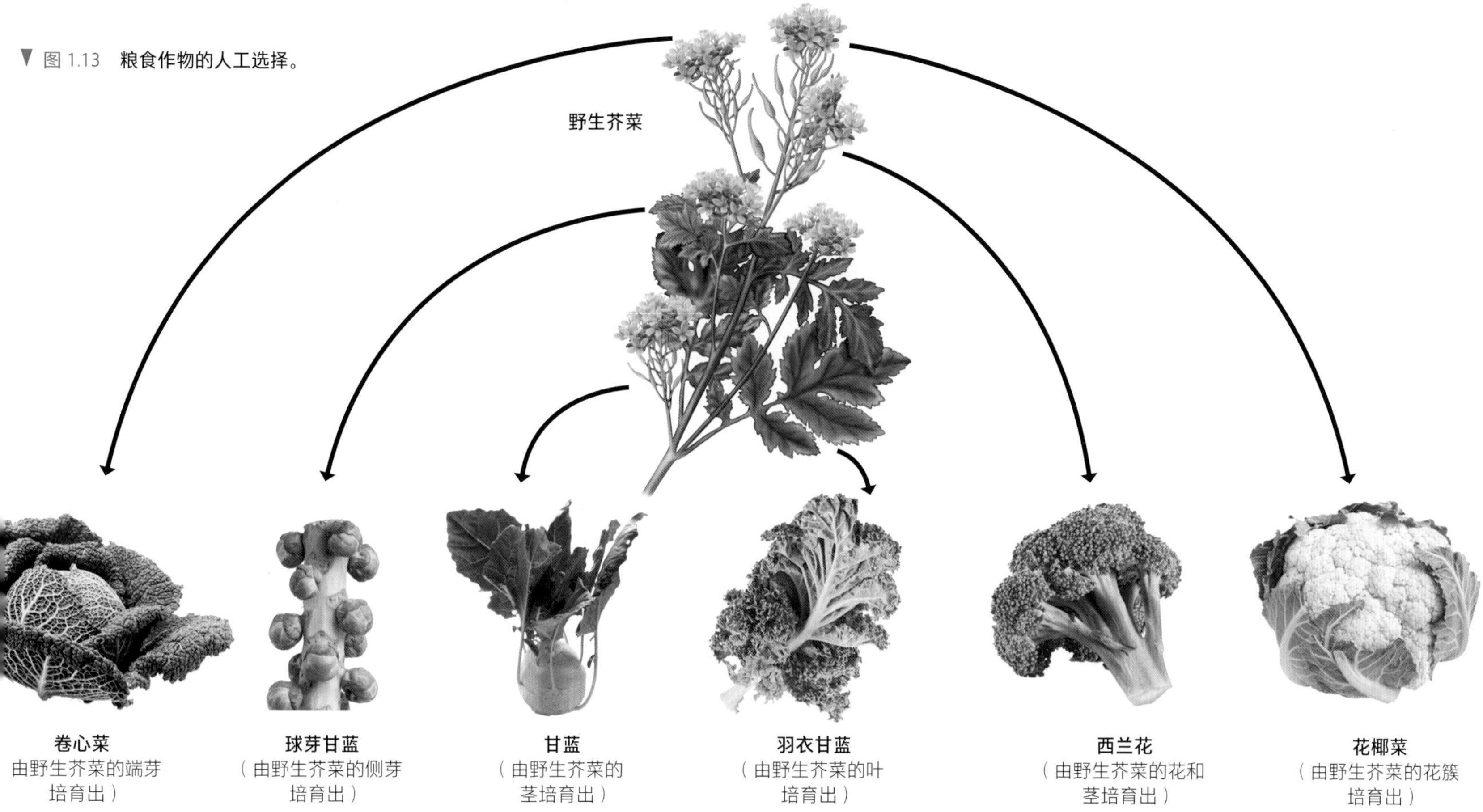

野生芥菜

卷心菜
由野生芥菜的端芽培育出）

球芽甘蓝
（由野生芥菜的侧芽培育出）

甘蓝
（由野生芥菜的茎培育出）

羽衣甘蓝
（由野生芥菜的叶培育出）

西兰花
（由野生芥菜的花和茎培育出）

花椰菜
（由野生芥菜的花簇培育出）

▼ 图 1.14　**宠物的人工选择。**

生物学中论证最充分、最全面、最持久的理论之一。在本书中，你将了解到更多自然选择如何运作的例子，明白其如何影响你的生活。☑

结构 / 功能　结构与功能的关系

当考虑家中有用的物品时，你可能就会意识到结构和功能是相关的。例如，椅子不能是任意形状的，必须有一个稳定的基础让它立起来，还必须有一个平坦的区域来支撑你的体重。椅子的功能限制了它的形状。同样，在生物系统中，结构（某物的形状）和功能（某物的用途）往往互相关联、互相揭示。

结构与功能的相关性，体现在生物结构的每个层次。例如，人类的肺，其功能是与外界环境交换气体：肺吸入氧气（O_2）并排出二氧化碳（CO_2）。肺的结构与此功能相关（图 1.15）。肺的气管分支越来越小，末端有数百万个囊状小泡（即肺泡），气体从肺泡向血液弥散，反之亦然。这种分支结构（肺的结构）提供了巨大的表面积，方便大量气体进出（肺的功能）。细胞层次也表现出结构和功能的相关性。例如，氧气进入肺部的血液时，就会扩散到红细胞中（图 1.16）。红细胞的凹陷结构为氧气的扩散提供了很大的表面积。

▼ 图 1.16　**结构 / 功能：红细胞。**氧气进入肺部血液，扩散到红细胞中。

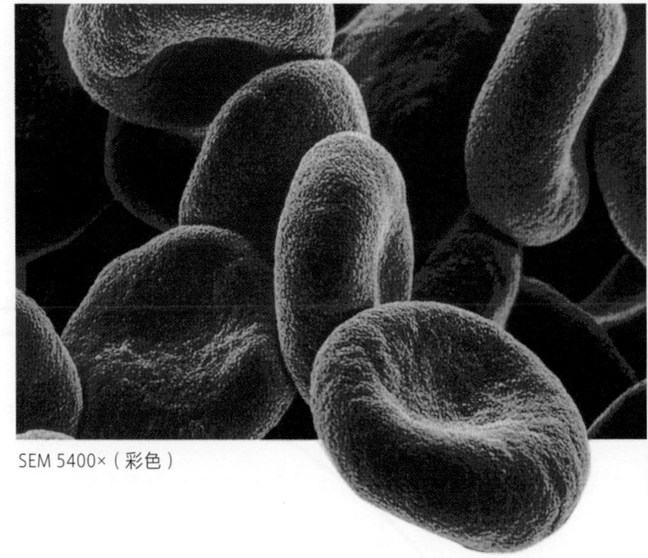

SEM 5400×（彩色）

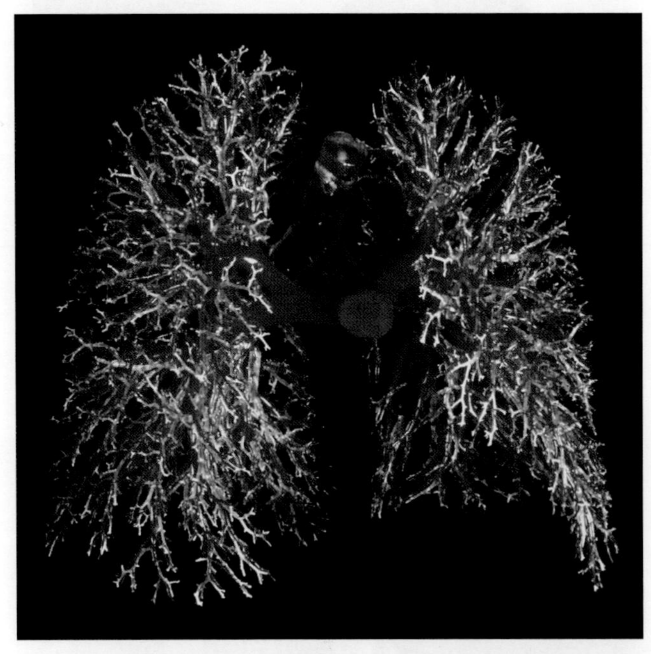

▲ 图 1.15　**结构 / 功能：人类的肺部。**肺部结构与其功能相关。

整本书将论述"结构 / 功能"的理论如何适用于生物结构的各个层次，从细胞及其组成部分，到 DNA 复制，再到动植物的内部组织。你将了解到结构与功能相关的一些具体例子，如冰漂浮的原因（第 2 章）、蛋白质形状的重要性（第 3 章）、植物体内的结构适应性（第 16 章）。☑

信息流　信息流

为了生命功能的有序进行，生命体必须接收、传输、使用信息。这种信息流在生物组织的各个层次上都显而易见。在微观尺度上，每个细胞都包含基因信息，基因是信息的遗传单位，由上一代传递的特定 DNA 序列组成。在生物水平上，每个多细胞生物都是从胚胎发育而来，细胞间的信息交流有助于身体各部位有序地发育成形（见第 8 章）。生物体一旦发育成熟，关于其身体内部状况的信息就会被用来维持这些环境，让生命得以生存。

尽管细菌和人类继承了不同的基因，但这些信息都是由所有生物共有的化学语言编码的。事实上，生命的语言只有四个字母。DNA 分子的 4 种结构单元的

☑ 检查点

1. 达尔文所说的"世代递嬗"的现代术语是什么？
2. 达尔文提出了什么进化机制？如何概述这一机制？

答案：1. 进化。2. 自然选择；繁殖的成功程度不同。

☑ 检查点

请解释网球拍的结构与功能的相关性。

答案：网球拍必须有一个大而平的表面用于击球，有一只手柄供人抓握和控制球拍。

化学名称缩写为 A、G、C、T（图 1.17）。一个典型的基因有成百上千个化学“字母”。每个细胞的基因信息是一串由这 4 个“字母”编码而成的特定序列，正如英文语句的信息都是由 26 个英文字母编码组成。

生物体继承的整套遗传信息叫作**基因组**。每个人体细胞的细胞核都包含一套基因组，大约有 30 亿个化学“字母”长。近年来，科学家们几乎获得了人类和其他数百种生物的全部基因组序列。随着这项工作的进展，生物学家们将继续研究基因的功能以及基因如何协调生物体的生长和功能运作。新兴的基因组学领域——研究整个基因组的生物学分支——是一个显著的例子，表明了信息流如何为生命研究提供多方面信息。

人体内的所有信息是如何利用的？不管何时，基因都在指导合成成千上万种不同的蛋白质，控制身体的各种过程（第 10 章会介绍 DNA 指导蛋白质合成的详细过程）。食物分解、新的人体组织形成、细胞分裂、信号传递——所有这些过程都在蛋白质的调控之下，而这些蛋白质是通过体内 DNA 储存的信息合成的。例如，人体在评估血液中的葡萄糖含量后会分泌不同量的激素，以保持血糖水平在合适范围内。体内一个基因携带的信息就被翻译为“生成胰岛素”指令。胰岛素由胰腺内的细胞产生，是一种化学物质，有助于调控身体对葡萄糖“燃料”的利用。

► 图 1.17 **DNA 的语言。** 每个 DNA 分子都是由 4 种化学结构单元构成，这些单元连在一起，本图以简化的形状和字母表示。

A
G
C
T
DNA 的 4 种化学结构单元

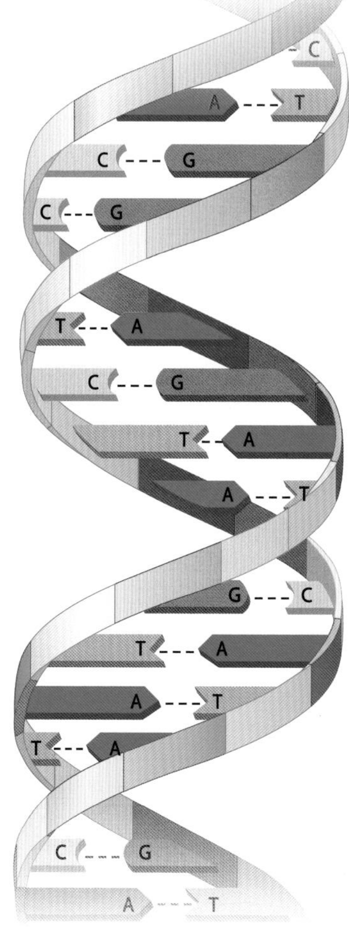

DNA 分子

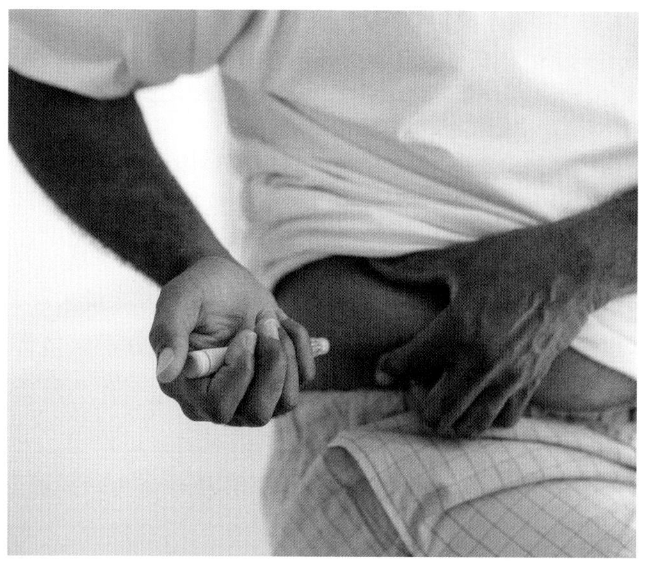

▲ 图 1.18 **生物技术。**自 20 世纪 70 年代以来，生物学的应用彻底改变了医学。

I 型糖尿病患者通常是因为体内有某些基因发生了突变（错误），导致免疫细胞攻击并破坏产生胰岛素的胰腺细胞，体内正常信息流中断从而导致疾病。一些糖尿病患者通过注射由基因工程菌产生的胰岛素来调节血糖水平。这些基因工程菌可以生成胰岛素，是因为科学家们将人类基因移植到了它们体内。这一基因工程是生物技术应用最早的成功案例，它改变了制药业，延长了千百万人的生命（图 1.18）。生物技术之所以可行，是因为地球上的所有生命都在以相似的方式运用生物信息——由通用化学语言编码的 DNA。☑

☑ **检查点**

基因和基因组，哪个大？

答案：基因组（因为你的基因由你的全部基因组成）。

能量转化 能量和物质的转化途径

生命的运动、生长、繁殖及各种细胞活动都需要运转，这就需要能量。生命活动得以实现，依靠的是以太阳能为主的能量输入，以及各种形式的能量转化

（**图 1.19**）。从源头上来说，大多数生态系统的能量来源都是太阳。植物和其他光合生物（生产者）捕获阳光，吸收太阳的能量并将其转化，以化学键的形式储存在糖和其他复杂分子中。然后，这些分子成为一系列消费者的食物，比如动物，它们以生产者为食。消费者可以通过破坏化学键将这些食物作为能量来源，也可以利用这些食物合成生物体所需的分子。换言之，被消耗的分子既可作为能量来源，也可作为物质来源。在生物之间和生物内部的能量转化过程中，一部分能量被转化为热量，从生态系统中流失。因此，能量流经生态系统，以光的形式进入，以热的形式离开。图 1.19 中用波浪线表示能量流动。

宇宙中的物体，无论是生物还是非生物，皆由物质组成。与生态系统中的能量流动不同，生态系统中的物质是循环流动的，如图 1.19 中蓝色圆圈所示。例如，当植物被微生物分解后，植物从土壤中吸收的矿物质最终又回到土壤中。分解者，如真菌和众多细菌，分解废物和遗骸，将复杂的分子转化为简单的营养物质。分解者可以使土壤中的营养物质再次被植物吸收，从而完成物质循环。

所有活体细胞内，皆有一个庞大的相互关联的化学反应网络（统称为新陈代谢），在物质的循环过程中，不断地将能量从一种形式转化为另一种形式。例如，食物分子被分解为更简单的分子，就释放出储存在化学键中的能量，身体可以获得并利用这些能量（如为肌肉收缩提供动力）。构成食物的微粒可以回收再利用（如形成新的肌肉组织）。在所有生物体内，分子们无止境地跳“化学方块舞”，不断地交换化学伙伴，接收、转化并释放物质和能量。研究能量和物质转化遭到破坏时的情况，便能知道它们的重要性。氰化物是一种已知的最致命的毒药，只要摄入 200 毫克（约为半片阿司匹林的大小）就会致人死亡。氰化物毒性如此之大，是因为它阻断了能量代谢途径中机体从葡萄糖获得能量的关键一步。此途径中的某种蛋白质一旦被抑制，细胞即无法提取储存于葡萄糖化学键中的能量，伴随而来的快速死亡，是能量和物质转化对生命重要性的可怕例证。在学习生物学的过程中，你会发现更多有关生物能量调节和物质转化的例子，从微观的细胞活动，如光合作用（第 7 章）和细胞呼吸（第 6 章），到整个生态系统中碳和其他营养物质的循环（第 20 章），再到全球水循环（第 18 章）。☑

☑ 检查点

能量和物质的循环方式在生态系统中的主要区别是什么？

答案：能量在生态系统中单向流动（流入和流出），而物质在生态系统中循环流动。

▼ 图 1.19 **生态系统中的养分流和能量流。**营养物质在生态系统中循环流动，而能量在生态系统中流进流出。

系统内互联

生物系统内的互联

生命研究的范围，从组成生物体的分子和细胞的微观尺度扩展到整个生命星球的宏观尺度。我们可以将这个巨大的范围划分为不同层次的生物结构，不同层次的生物系统内部及其之间存在许多关联。

想象一下，从太空由远及近地观察地球生命。**图 1.20** 带你进行一次全方位的生命之旅。这张图的顶部显示了宏观角度下的整个**生物圈**，它由支持生命的全部环境组成——包括土壤、海洋、湖泊和其他水体以及低层大气。而生物体大小和复杂性的另一个极端

▼ 图 1.20 **缩放生命。**

② 生态系统
生态系统包括一个特定区域内的所有生物，及与其相互作用的周围环境中的非生物组成部分，如土壤、水和光。

① 生物圈
地球的生物圈包括地球上的所有生物及其栖息地。

③ 群落
生态系统内所有生物（如鬣蜥、螃蟹、海藻以及在该生态系统中的细菌等）统称为群落。

④ 种群
群落是不同物种种群的集合，种群指同一物种内相互作用的个体的集合，如一群鬣蜥。

⑤ 生物体
生物体指一个独立的有生命的物体，就像这只鬣蜥。

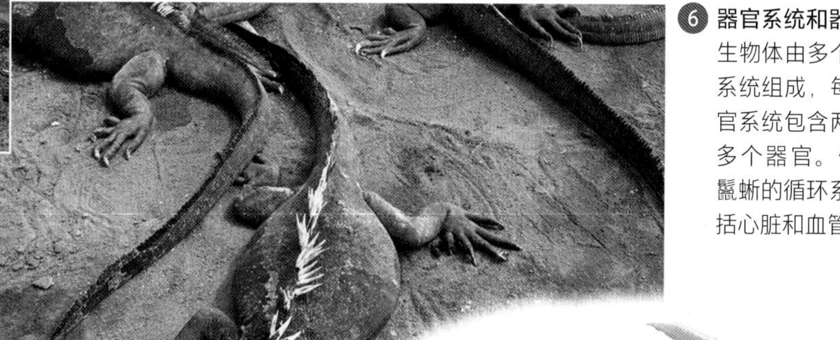

⑥ 器官系统和器官
生物体由多个器官系统组成，每个器官系统包含两个或多个器官。例如，鬣蜥的循环系统包括心脏和血管等。

⑦ 组织
每个器官由几种不同的组织组成，比如这里所示的心肌组织。组织由一群执行特定功能的相似细胞组成。

LM 60×（彩色）

⑧ 细胞
细胞是能展现所有生命特征的最小单位。

细胞核

⑨ 细胞器
细胞器是细胞的功能组件，如容纳 DNA 的细胞核。

⑩ 分子和原子
最终，我们到达分子——层次结构中的化学层次。分子是更小化学单位（原子）的组合。每个细胞由大量的化学物质组成，这些化学物质共同作用，使细胞具有人类所知的生命特性。DNA 是遗传分子，是组成基因的材料，此处用计算机模型表示。在 DNA 模型中，每个球体代表一个原子。

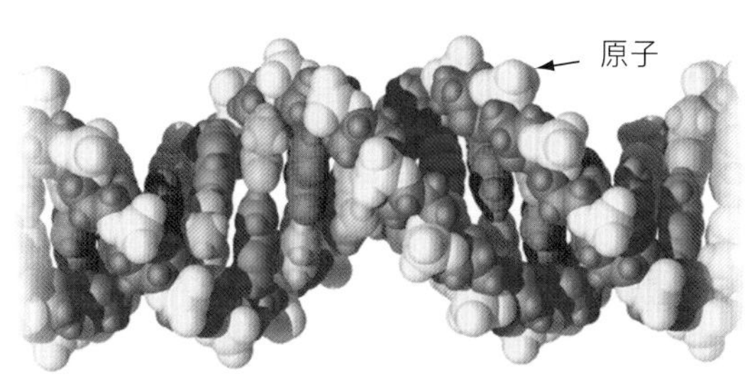

是微观分子，如负责遗传的化学物质——DNA。在图中，从下到上向外放大，你可以发现，许多分子构成一个细胞，许多细胞构成一个组织，许多组织构成一个器官，等等。每一个新的生物层次都会涌现出上一个层次所没有的新特征。这些新特征的涌现是因为在日益复杂的生态系统中，系统的组成部分有着特定的排列结构且相互作用。随着系统复杂性的增加而涌现新特征的这个特点被称为涌现性（emergent）。例如，生命涌现于细胞层次，而充满分子的一根试管则没有生命。“整体大于部分之和”的说法概括了这个观点。涌现性并非生命所特有。一盒相机零件无法完成任何事情，但是把零件按特定方式排列组装成相机，你就能拍摄照片。在手机中添加相机的结构，相机和手机就相互关联，可以即时向朋友发送照片。随着复杂性的增加，新的特征涌现。然而，与这些非生命的例子相比，生物系统无与伦比的复杂性，使得生命的涌现性特别值得研究。

再看另一个生物系统内部互联的例子，这个例子规模要大得多：全球气候。随着大气成分的变化，地球表面的温度也在变化。这通过改变气候模式和可用水量影响生态系统的构成。继而，生物群落和种群也发生了变化。例如，由于气候模式和水位的变化，一些种类的致病蚊子向北迁移，把疾病（如疟疾）带到以前未受致病蚊子影响的地区。人被携带疟疾的蚊子叮咬，身体会发生细胞层次的疾病。在对生命的整个研究中，我们将会发现，在图 1.20 所示的生物结构的每一层次之间及其内部都存在着无限关联。

目前生物学家们在多个层面上研究生命，从生物圈内的相互作用到细胞内的分子机制。生物研究越来越精细化，体现了还原论的原理——将复杂系统分成多个更简单的部分，以利于研究。还原论是生物学上一种强有力的策略。例如，通过研究从细胞中提取的 DNA 分子结构，詹姆斯·沃森（James Watson）和弗朗西斯·克里克（Francis Crick）推断出生物遗传的化学基础。基于这种还原论精神，我们将通过研究生命的化学性质来开启我们对生物学的研究（第 2 章）。☑

☑ 检查点

能展现生命所有特征的生物组织的最小层次是什么？

答案：一个细胞。

本章回顾

关键概念概述

生命的科学研究

生物学是对生命的科学研究。其中非常重要的是：将科学研究与其他思维方式区分开来，将生物与非生物区分开来。

科学的过程

只有对生命的科学研究，才能被称为生物学。

发现性科学

用可验证的数据描述自然界是发现性科学的标志。

假说驱动的科学

科学家提出一个假说（试探性的解释）来解释所观察到的自然现象。随后，用科学方法的步骤检验这一假说：

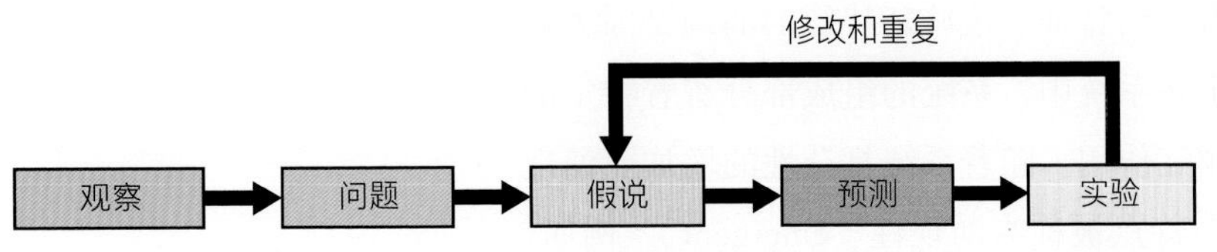

科学理论

理论是关于自然界的广泛而全面的陈述，有累积的大量可证实的证据的支持。

生命的本质

生命的特性

所有生命都有一组共同的特征：

有序性　调控性　生长与发育　能量代谢

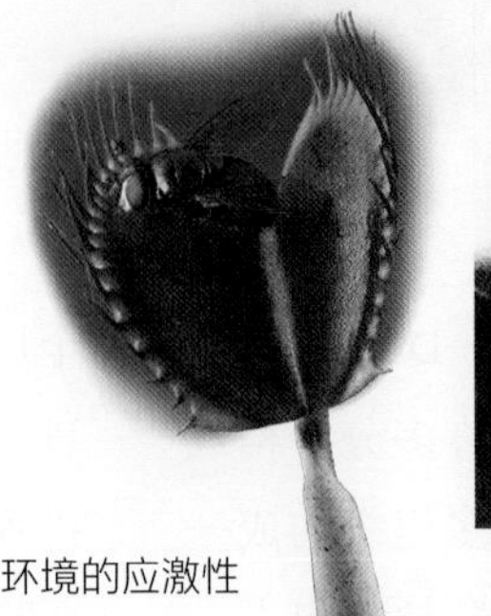

对环境的应激性

繁殖

进化

多样的生物

生物学家将生物分成三大域。真核生物域进一步被划分为三大界（以获取食物的方式来区分）和原生生物：

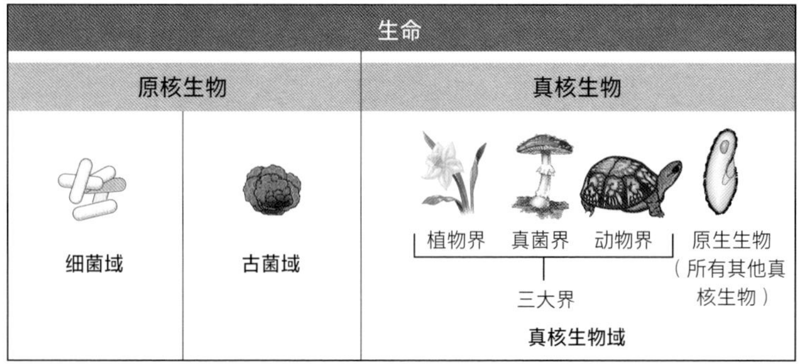

生物学的大主题

学习生物学的整个过程中，你经常会遇到有关五个统一性主题的例子：进化、结构与功能的关系、通过生物系统的信息流、能量转化、生物系统内的互联。

生物学的大主题				
进化	结构 / 功能	信息流	能量转化	系统内互联

进化

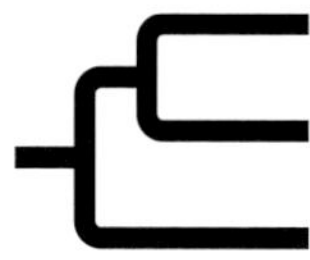

查尔斯·达尔文于1859年出版的《物种起源》中，通过自然选择（生殖的成功程度不同）建立了进化的概念（“世代递嬗”）。自然选择引发生物体对环境的适应，这种代代相传的适应是进化的机制。

结构与功能的关系

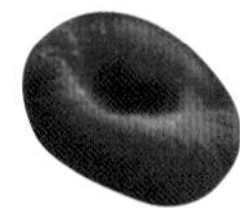

在生物学的各个层次中，结构和功能都是相关的。结构的改变通常会导致功能的改变，了解机体某组成部分的功能，通常会有益于了解其结构。

信息流

信息的存储、传输、使用贯穿整个生命系统。在人体内，基因提供合成蛋白质的指令，而蛋白质在众多生命任务中扮演重要角色。

能量和物质的转化途径

在生态系统中，营养物质被循环利用，但能量是单向流动的。

生物系统内的互联

生命的研究是多层次的，从分子到整个生物圈，随着复杂性的增加，新的特性涌现。例如，细胞是展现生命所有特征的最小单位。

MasteringBiology®

如需练习测验、生物动画、MP3 教程、视频辅导以及为本教材设计的更多学习工具，请访问 MasteringBiology®。

自测题

1. 以下哪项不是所有生物的特征？
   a. 自我复制的能力
   b. 由多细胞组成
   c. 复杂但有序
   d. 使用能量
2. 将下列生物组织层次按从小到大的顺序排列：原子、生物圈、细胞、生态系统、分子、器官、生物体、种群、组织。其中哪个是能够展现生命所有特征的最小层次？
3. 植物利用光合作用，将阳光中的能量以糖的形式转化为化学能。在此过程中，它们消耗二氧化碳和水，并释放氧气。请说明该过程在生态系统化学营养物质循环和能量流动中所起的作用。
4. 将下列对每种生物的描述，与其最可能所属的域 / 界连线。
   a. 1 英尺（0.3 米）高的生物，能够从阳光中获取自身所需能量
   b. 一种生活在河床的生物，微小、简单、无细胞核
   c. 1 英寸（2.5 厘米）长的生物，生长在森林地面上，消耗枯叶中的物质
   d. 一种顶针大小的生物，以水池中生长的藻类为食

   1. 细菌域
   2. 真核生物域 / 动物界
   3. 真核生物域 / 真菌界
   4. 真核生物域 / 植物界
5. 随着时间的推移，自然选择是如何使种群适应环境的？

6. 以下哪种说法最能描述科学方法的逻辑？
   a. 如果我提出一个可验证的假说，实验和观察就会支持它。
   b. 如果我的预测是正确的，它就将导向一个可验证的假说。
   c. 如果我的观察是准确的，它们就会支持我的假说。
   d. 如果我的假说是正确的，我就能预测某些实验结果。
7. 以下哪个陈述最能区分科学假说和科学理论？
   a. 理论是已经被证明的假说。
   b. 假说是试探性的猜测；理论是对自然问题的正确回答。
   c. 假说范围通常狭窄；理论有广泛的解释力。
   d. 假说和理论在科学中的意思本质上是相同的。
8. __________ 是统一生物学所有领域的核心理念。
9. 将下列每个术语与最匹配它的短语相连线。

a. 自然选择	1. 一个可验证的想法
b. 进化	2. 世代递嬗
c. 假说	3. 不同的繁殖成功率
d. 生物圈	4. 地球上的所有生命及其生存的环境

答案见附录《自测题答案》。

科学的过程

10. 与今天的巨型牛排番茄相比，野生番茄的果实很小。两者大小的差异几乎完全是因为驯化的果实中有更多的细胞。最近，植物学家发现了番茄中调控细胞分裂的基因。这种发现为什么对其他种类的水果和蔬菜等生产者如此重要？为什么对人类发展和疾病的研究如此重要？ 为什么对了解生物学基础如此重要？
11. **解读数据** 反式脂肪是一种膳食脂肪，对健康有重大影响。下图展示了 2004 年的一项研究数据，该研究比较了 79 名心脏病患者和 167 名非心脏病患者的脂肪组织（体脂）中反式脂肪的含量。请用一句话总结该图所示的结果。

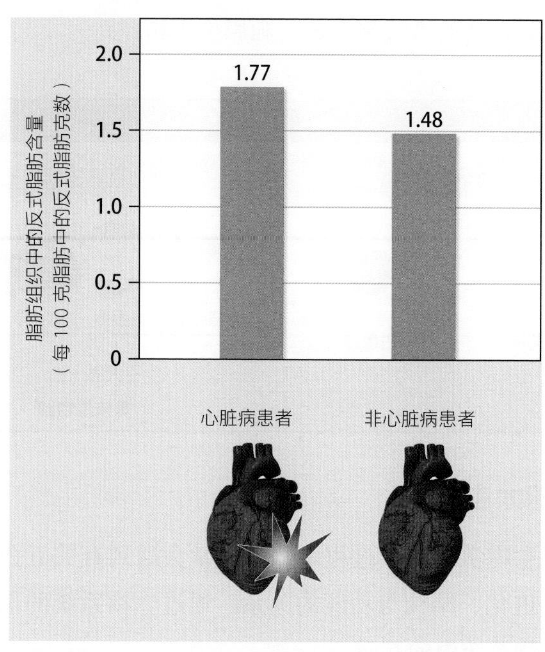

资料来源：P. M. Clifton et al., Trans fatty acids in adipose tissue and the food supply are associated with myocardial infarction. *Journal of Nutrition* 134：874–879（2004）。

生物学与社会

12. 新闻媒体、大众杂志经常报道与生物学有关的新闻。请你在接下来的 24 小时内，记录三个从不同来源听到或读到的此类新闻，并简要描述每个新闻中所含的生物学知识。
13. 只要你留意，你会发现自己每天都在进行许多假说驱动的实验。用一天时间，试想一个好例子，对某个观察到的现象提出假说，并用一个简单的实验来验证它。描述此段经历，之后用科学方法的步骤（观察、问题、假说、预测等）重新描述。

第 1 单元
细胞

第 2 章　生物学的化学基础

本章线索：**放射性**

第 3 章　生命分子

本章线索：**乳糖不耐受症**

第 4 章　细胞之旅

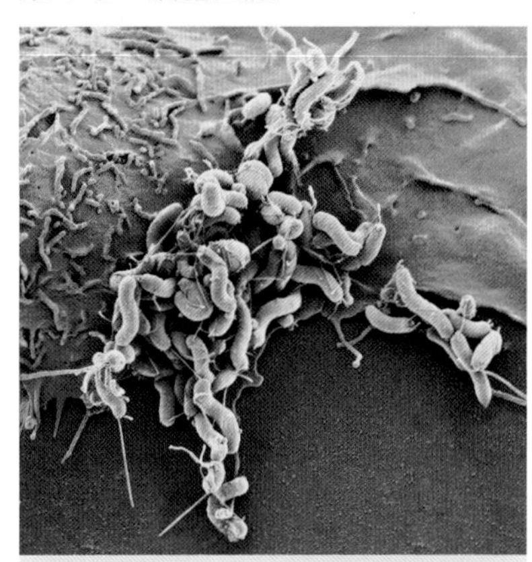

本章线索：**人类与细菌**

第 5 章　细胞的运作

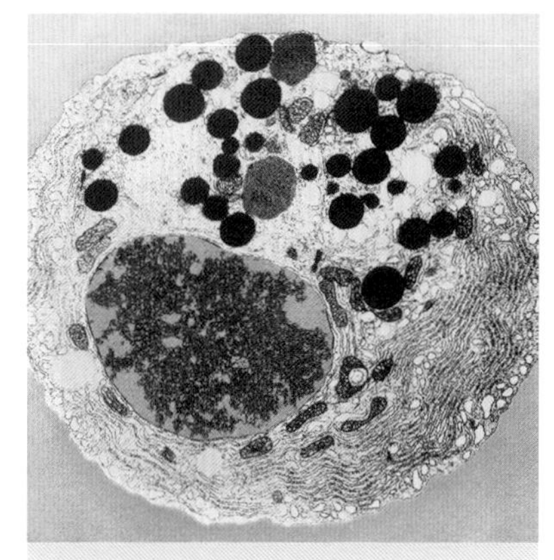

本章线索：**纳米技术**

第 6 章　细胞呼吸：从食物中获取能量

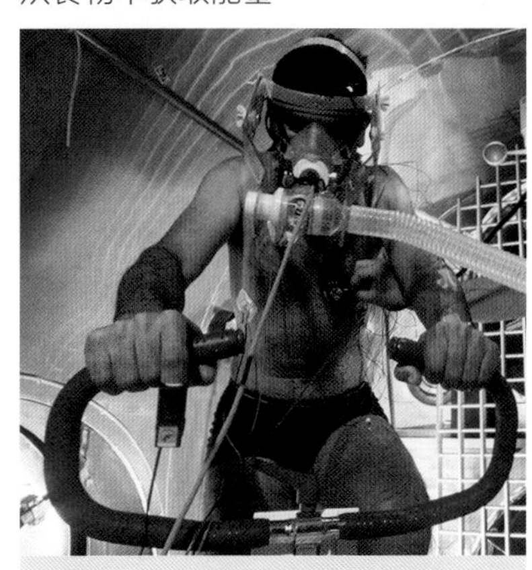

本章线索：**运动科学**

第 7 章　光合作用：用光制造食物

本章线索：**生物燃料**

2 生物学的化学基础

化学为什么重要

日常饮食中，必需元素铜的摄入量过少会导致贫血，过多则会损伤肾脏和肝脏。

▲ 柠檬汁的酸度和你胃里消化食物的化学物质（胃酸）的酸度差不多。

钠是一种易爆的固体，氯是一种有毒气体，但两者结合在一起，就形成了你饮食中的常见成分：食盐。

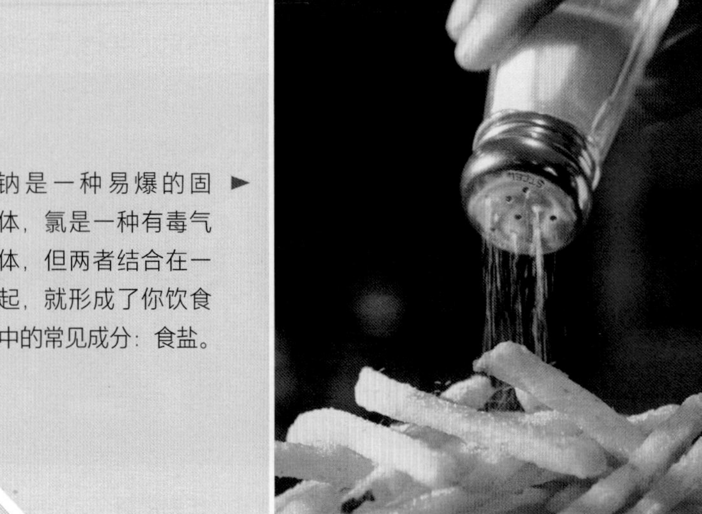

本章内容

本章线索

放射性

放射性 生物学与社会

辐射与健康

“辐射”一词可能会在你头脑中敲响警钟：“危险！有害！”诚然，辐射（放射性物质发出的高能粒子）能穿透活组织，通过破坏 DNA 而杀死细胞。但或许你也知道，辐射在医学上也可以发挥有益的作用，例如，它可用于治疗癌症。那么，是什么决定了辐射对生物体健康产生的作用是有害还是有益呢？

辐射的利与弊。辐射释放到环境中，可能会造成危害，但医生可以用安全剂量的辐射诊断和治疗多种疾病。

当辐射暴露不受控制，并且覆盖了大部或全部身体（如人暴露在核爆炸或核事故产生的放射性坠尘中），这时候辐射造成的危害最严重。与之相反，医学放射疗法是可控的，它仅将身体的一小部分暴露在精确剂量的辐射下。例如，在癌症治疗中，经仔细校准过的辐射束从几个角度瞄准，仅在肿瘤处相交。这个剂量只会导致癌细胞死亡，而几乎不影响周围的健康组织。放射疗法也用于治疗格雷夫斯病，这是一种因甲状腺（位于颈部）机能亢进而引起各种症状的疾病，症状表现包括颤抖、眼球后肿胀和心律失常。格雷夫斯病患者可以用含有放射性碘的“鸡尾酒”来治疗。碘是甲状腺合成各种激素的原料，当放射性碘在甲状腺内积聚时，甲状腺会受到稳定的低剂量辐射，久而久之，足够的甲状腺组织遭到破坏，症状就会减轻。

是什么让某些物质具有放射性？要想了解这个问题，我们必须着眼于所有生物最基本的层次：构成所有物质的原子。关于生命的许多问题（例如，为什么辐射对细胞有害）可以简化为化学物质及其之间相互作用的问题（例如，辐射如何影响生物体内的原子）。因此，化学知识对理解生物学至关重要。在本章中，我们将回顾一些你可以在生活学习中应用的基础化学：先从分子、原子及其组成成分开始，然后讨论生命最重要的分子之一——水，以及它对维持地球生命所发挥的关键作用。

一些基础化学

一本生物教材为什么会有一章讲化学？这是因为分析任何生物系统，最终都会到达化学层次。事实上，你可以把自己的身体看作一个巨大的含水容器，里面的化学物质不断地发生一系列化学反应。从这个角度看，你的新陈代谢（体内发生的所有化学反应的总和）就像一场大型“方块舞”，化学物质像在来回跳动的过程中交换舞伴一样，不断交换原子。让我们从这种基础的生物学层次开始，探究生命的化学。

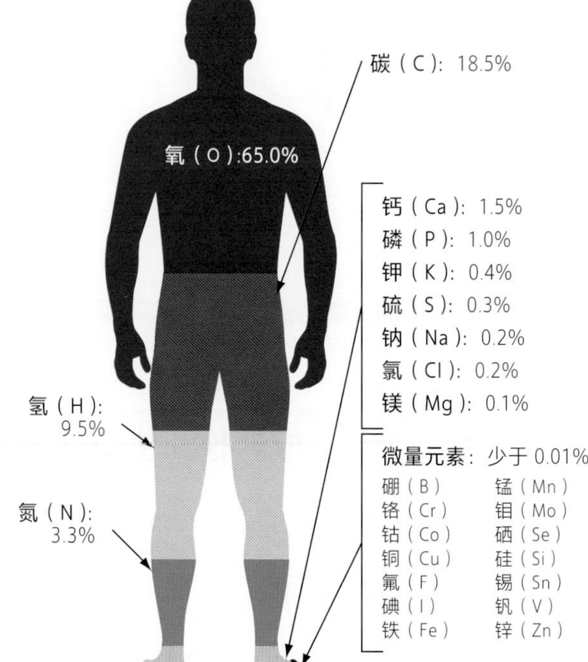

▲ 图 2.2 **人体化学成分。**请注意，仅 4 种元素就构成你体重的 96%。

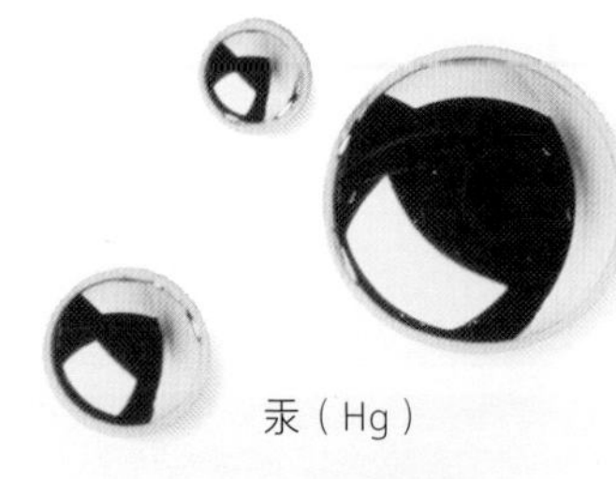
汞（Hg）

铜（Cu）

铅（Pb）

物质：元素和化合物

你和你周围的一切都是由物质组成的，物质就是天地万物间有形的“东西”。地球上的物质以三种物理状态存在：固态、液态、气态。更正式的定义，**物质**是任何占据空间并具有质量的东西。**质量**是对物体所含物质多少的量度。所有的物质都是由化学元素组成的。**元素**的特征是，无法通过化学反应分解成其他元素。比如，水通过电解可以得到氢气和氧气，氢气和氧气仅由氢元素和氧元素构成，因此不能通过化学反应继续分出其他元素。天然元素有 92 种，例如碳、氧、金。每种元素都有一个符号，源自其英语、拉丁语或德语等名称。例如，金的符号 Au，来自拉丁语单词 aurum。所有元素——包括 92 种天然元素和数十种人造元素——都列在**元素周期表**中，该表是化学或生物学实验室中最常见的装饰（图 2.1；完整版见附录 B）。

> 日常饮食中，必需元素铜的摄入量过少会导致贫血，过多则会损伤肾脏和肝脏。

在天然元素中，有 25 种元素是人体的必需元素。（其他生物的必需元素要更少，例如，植物通常只需要 17 种。）这 25 种必需元素中的 4 种——氧（O）、碳（C）、氢（H）、氮（N）——占身体重量的 96% 左右（图 2.2）。余下的 4% 大部分由 7 种元素组成，其中有些大概是你熟知的元素，例如钙（Ca）。钙对强健骨骼和牙齿非常重要，在牛奶、乳制品以及沙丁鱼和绿色多叶蔬菜（例如羽衣甘蓝、西兰花）中含量很高。

14 种微量元素总量占不到人体重量的 0.01%。人体对**微量元素**的需求量极小，但人类的存活离不开它们。例如，普通人每天只需要一丁点儿碘。碘是甲状腺（位于颈部）分泌的激素的必要成分。碘缺乏可导致甲状腺肿大，这种病症称为甲状腺肿。因此，食用天然高碘的食物——如绿色蔬菜、蛋类、海带、乳制品——可以预防甲状腺肿。在工业化国家，添加碘的食盐（“碘盐”）差不多消灭了甲状腺肿，但在发展中国家，仍有成千上万的人罹患甲状腺肿（图 2.3）。另一种微量元素氟，以氟化物的形式被加入牙科产品和

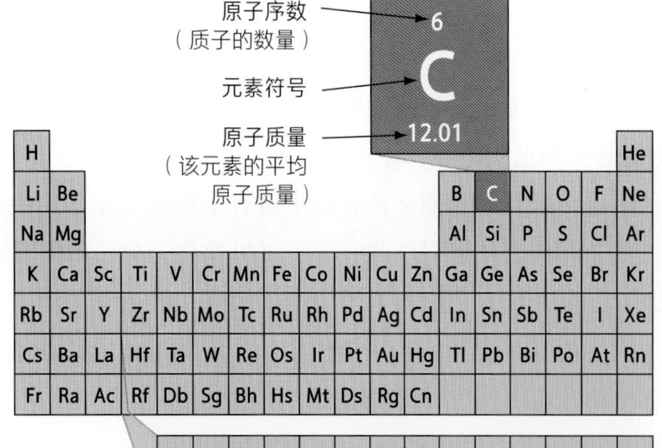

► 图 2.1 **简化的元素周期表。**在完整的元素周期表（见附录 B）中，每一项的中间为元素符号，上面是原子序数，下面是原子质量。这里突出显示的元素是碳（C）。

▼ 图 2.3　**饮食与甲状腺肿。**

图中为一名患有甲状腺肿（即甲状腺腺体肿大）的马来西亚女性，人们饮食中碘（一种微量元素）含量不足，就可能患上此病。

食用富碘食物可以预防甲状腺肿。

饮用水中，有助于保持骨骼和牙齿健康。许多预制食品都添加了微量矿物元素。看一下麦片盒的侧面，你可能会看到配料表上的铁；如果你碾碎麦片后用磁铁扰动，你能亲眼看到铁在动！感谢这种添加剂：它能预防缺铁性贫血——美国人最常见的营养缺乏症之一。

元素可以结合成**化合物**，即两种或更多种元素以固定比例结合的物质。在日常生活中，化合物比纯元素常见得多。众所周知的化合物例子包括食盐和水。食盐是氯化钠（NaCl），由等份的钠（Na）元素和氯（Cl）元素组成。一个水分子（H_2O）由两个氢原子和一个氧原子组成。生物体内的大多数化合物都含有几种不同的元素，例如，脱氧核糖核酸（DNA）含有碳、氮、氧、氢、磷。☑

钠是一种易爆的固体，氯是一种有毒气体，但两者结合在一起，就形成了你饮食中的常见成分：食盐。

原子

每种元素都由一种原子组成，不同元素的组成原子都各不相同。**原子**是保持元素性质的最小物质单位。换言之，碳元素的最小量就是一个碳原子。这“块”碳到底有多小？大约 100 万个碳原子连接起来才能构成本书正文中一个小数点的直径。

原子的结构

原子由亚原子粒子组成，其中最重要的三种亚原子是质子、电子和中子。**质子**是带有一个单位的正电荷（+）的亚原子粒子。**电子**是带有一个单位的负电荷（–）的亚原子粒子。**中子**是电中性的（不带电荷）。

图 2.4 展示了元素氦（He）的原子简化模型，氦是一种比空气轻的气体，常用于填充派对气球。每个氦原子都有 2 个中子（●）和 2 个质子（⊕）密装于**原子核**内，位于原子中央。球状电子云中的两个电子（⊖）以近似光速的速度围绕原子核运动。电子云比原子核大得多。若原子是一个棒球场那么大，那么原子核就是投手丘上的棒球那么大，电子就是看台上两只嗡嗡作响的小虫。当一个原子具有相同数量的质子和电子时，其净电荷为零，那么这个原子就是电中性的。

同一种元素的所有原子都有相同的质子数，并且与其他元素不同。这个数字即该元素的**原子序数**。因此，具有 2 个质子的氦原子，其原子序数为 2，同时其他原子的质子数不会是 2。元素周期表（附录 B）按原子序数顺序列出了所有元素。请注意，在这些原子中，原子序数也是电子数。任何元素的标准原子都有相同数量的质子和电子，因此其净电荷为 0。

原子的**质量数**是质子数和中子数之和，例如氦原子的质量数是 4。一个质子和一个中子的质量几乎相同，都是用计量单位道尔顿表示。质子和中子的质量大约为 1 道尔顿。电子的质量只有质子的 1/2000 左右，所以它的质量近似为零。在元素周期表中，一个原子的**原子质量**列在其元素符号之下，接近于其质量数——质子和中子的总和——但可能略有不同，因为它代表了该元素所有天然形式的质量平均值。

同位素

有些元素存在不同形式，它们质子和电子数目与该元素的标准原子相同，而中子数目不同，称为同位素。换句话说，同位素是同一元素不同质量的形式。

▼ 图 2.4　**氦原子的简化模型。** 这个模型显示了氦原子中的亚原子粒子。电子移动得非常快，在带正电荷的原子核周围形成一团带负电荷的球形电子云。

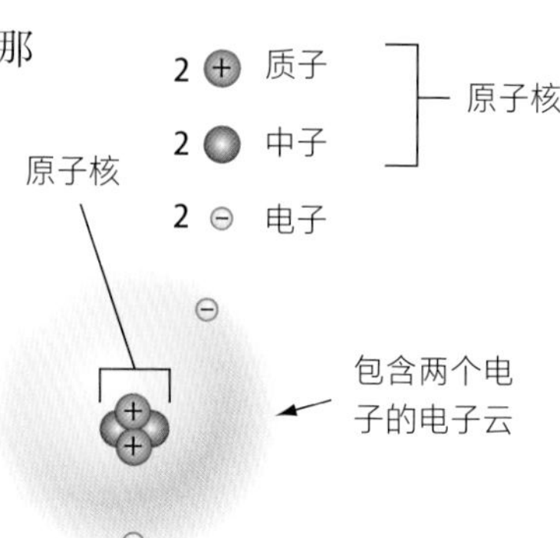

☑ 检查点

你的身体使用了多少天然元素？活细胞中哪四种元素含量最丰富？

答案：25；氧、碳、氢、氮。

如表 2.1 所示，同位素碳-12（以其质量数命名）有 6 个中子和 6 个质子，约占所有天然碳的 99%。地球上另外那 1% 的碳大多是同位素碳-13，它有 7 个中子和 6 个质子。碳-14 是排第三的碳同位素，有 8 个中子和 6 个质子，在地球上微量存在。这三种同位素都有 6 个质子——否则，它们就不是碳了。碳-12 和碳-13 都是稳定的同位素，即可认为它们的原子核基本上永远保持不变。而同位素碳-14 具有放射性。**放射性同位素**的原子核自发衰变，放射出粒子，释放能量。

表 2.1	碳的同位素		
	碳-12	碳-13	碳-14
质子数	6	6	6
中子数	6	7	8
质量数	12	13	14
电子数	6	6	6

☑ 检查点

根据定义，所有的碳原子都只有 6 个________，但是________的数量因同位素而异。

答案：质子；中子。

衰变同位素的放射性可以破坏细胞内的分子，从而造成严重的健康风险。1986 年，乌克兰切尔诺贝利核反应堆发生爆炸，释放出大量放射性同位素，几周内造成 30 人死亡。数以百万计的周边居民暴露于空气中的放射物质，结果引发了 6000 例左右的甲状腺癌。2011 年，海啸后的日本福岛发生核泄漏事故，辐射暴露虽未立即造成居民死亡，但科学家们正在仔细监测当地居民，观察他们的长期健康状况。

天然辐射源也会造成威胁。氡气具有放射性，可引起肺癌。用含有天然放射性元素铀的岩石做地基的建筑物，可能会受到氡气污染。房主可以安装氡探测仪，或用其他方法检测房屋，以确保室内的氡浓度在安全范围内。

尽管放射性同位素在不受控情况下会对人体造成伤害，但它们在生物研究和医学上有广泛应用。在“生物学与社会”专栏，我们讨论了放射性怎样用于治疗癌症、格雷夫斯病等疾病。现在让我们来看一看放射性的另一种有益用途：疾病诊断。☑

放射性 科学的过程

放射性示踪剂能否识别脑部疾病？

同种元素的放射性同位素与非放射性同位素在细胞中的作用方式是一致的。当细胞吸收了放射性同位素，通过探测该同位素发出的辐射，就可以确定它在细胞中的位置和浓度。这一原理使得放射性同位素可被用作示踪剂——实际上是“生物卧底”——用于监测活体生物。例如一种名为正电子发射断层（PET）扫描的医疗诊断工具，其工作原理就是探测特意引入人体的放射性物质发出的微量辐射（图 2.5）。

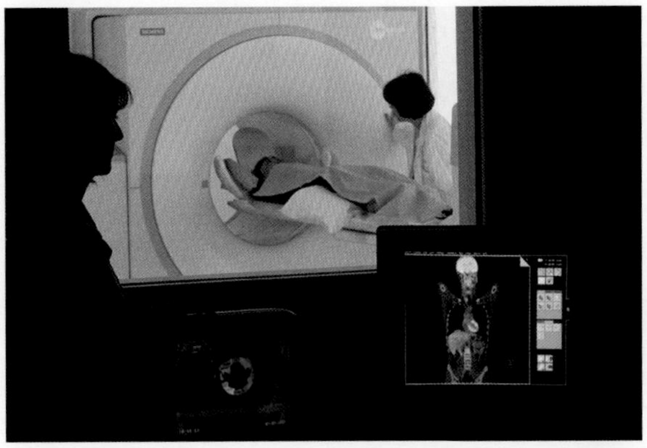

▲ 图 2.5 **PET 扫描。**显示屏显示了 PET 扫描仪生成的图像。PET 扫描可以诊断多种疾病，包括癫痫、癌症、阿尔茨海默病。

2012 年，研究者公布了一项研究，利用 PET 扫描技术研究阿尔茨海默病。阿尔茨海默病患者会逐渐丧失记忆，变得糊涂、健忘，无法正常生活。这一疾病必然导致患者生理功能丧失和死亡。确诊阿尔茨海默病是困难的，因为它很难同其他年龄相关疾病区分开。阿尔茨海默病的早期发现和治疗，可以惠及众多患者与其家属。

研究者观察到，阿尔茨海默病患者大脑中常常充满一种蛋白质团块，称为淀粉样蛋白，这促使研究者去思考 PET 扫描是否能检测到这些团块。研究者提出了一种假说，即 PET 扫描可检测到含有放射性同位素氟-18 的氟贝他吡（florbetapir）分子与沉积在患者脑中的淀粉样蛋白的结合物。研究者推测，在 PET 扫描检测中使用氟贝他吡，有助于诊断阿尔茨海默病。

229 名确诊为智力衰退的患者参与了实验。其中，113 名患者的 PET 扫描显示脑部有淀粉样蛋白沉积。这一信息促使医生们对 55% 患者的诊断进行了修改，有些是将诊断改为阿尔茨海默病，有些是改为其他疾病。此外，PET 扫描数据使得 87% 的病例变更了治疗方案（如使用不同药物）。这些结果表明，放射性同位素扫描确实能修正诊断，影响治疗方案。研究者期盼，这一研究将改善患有此类智力衰退的患者的状况。

化学键和分子

我们讨论过的三种亚原子粒子——质子、中子、电子中，只有电子直接参与化学反应。原子中的电子数决定了该原子的化学性质。化学反应使原子间转移或共享电子。这些相互作用通常会使得原子们通过**化学键**的吸引力而紧靠在一起。在本节，我们将讨论两种化学键（离子键、共价键）和一种分子间的作用力（氢键）。

离子键

电子转移如何将原子结合在一起？食盐的例子可以告诉我们答案。如前文所述，食盐由钠（Na）和氯（Cl）两种元素组成。在两种元素彼此接近的状态下，氯原子夺走钠原子的一个电子（图 2.6）。钠原子和氯原子在电子转移之前都是电中性的。由于电子带负电荷，电子转移意味着钠原子的 1 单位负电荷转移到氯原子。这种作用使两种原子因获得或失去电子而带电，成为**离子**。在此过程中，钠原子失去一个电子，成为带 1 个正电荷（+1）的钠离子，氯原子得到一个电子，成为带 1 个负电荷（-1）的氯离子。钠离子（Na^+）和氯离子（Cl^-）便由**离子键**结合到一起，离子键是两个带有相反电荷离子间的吸引力。如食盐这类，通过离子键结合到一起的化合物，称为离子化合物。［请注意，带负电荷的离子常以“de”结尾，如氯化物（chloride）、氟化物（fluoride）。］☑

▼ 图 2.6　**电子转移和离子键。**当钠原子和氯原子相遇，两原子间的电子转移产生了带相反电荷的两个离子。

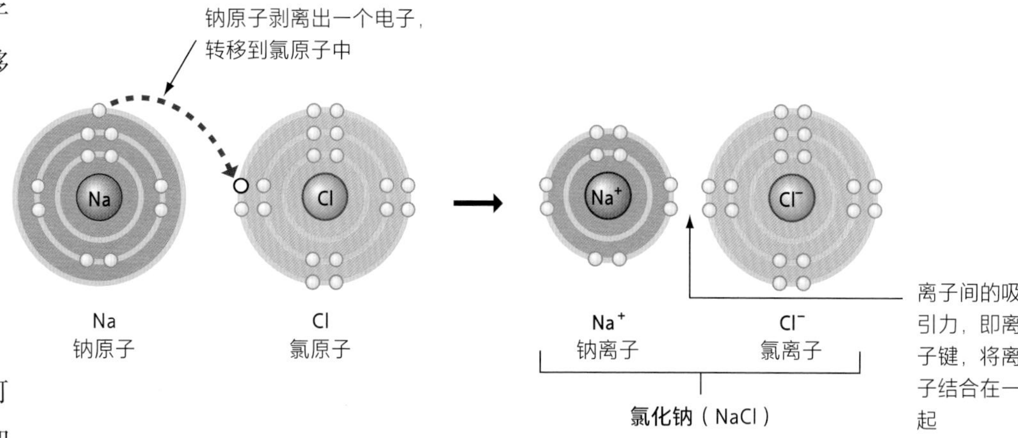

共价键

和电子完全转移生成离子键不同，当两个原子共用一对或多对电子时，就会产生**共价键**。在我们讨论的三种化学键中，共价键的作用力最强；共价键将原子结合在一起形成**分子**。例如图 2.7，一个甲醛分子（分子式为 CH_2O，是一种常见的消毒剂和防腐剂）中，每个氢原子都与碳原子共用一对电子。氧原子与碳原子共用两对电子，形成双键。请注意，每个氢原子（H）都可以形成一个共价键，氧原子（O）可以形成两个共价键，碳原子（C）可以形成四个共价键。

☑ 检查点

锂离子（Li^+）与溴离子（Br^-）结合形成溴化锂时，生成的键是______键。

答案：离子。

▼ 图 2.7　**分子的几种表示方式。**分子式，如甲醛的分子式 CH_2O，为你展示分子中原子的种类及数量，而非原子的连接方式。这张图展示了分子中原子排列的四种常用表示方法。

名称 **（分子式）**	**电子构型** 展示每个原子是如何通过共用电子来完成其外层电子排布的	**结构式** 一条线表示一个共价键（一对共用电子）	**空间填充模型** 用不同色彩的球表示原子，以显示分子的形状	**球棍模型** “球”表示原子，“棍”表示化学键
甲醛 （CH_2O）	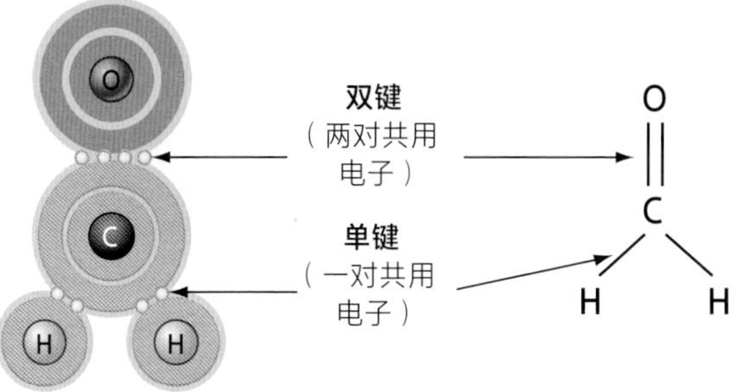		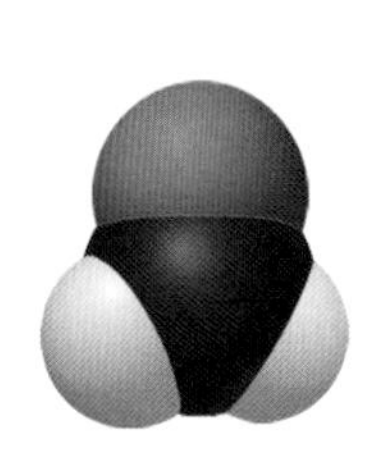	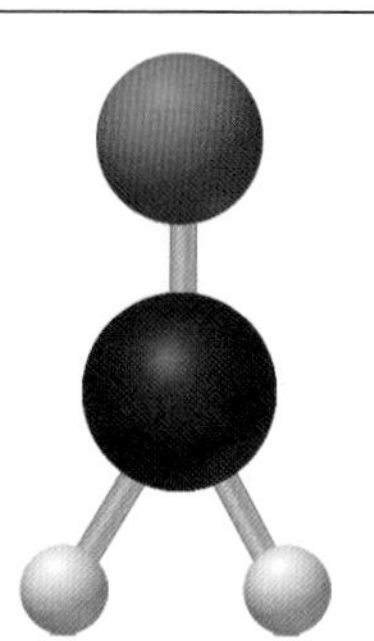

氢键

一个水分子（H_2O）由两个氢原子分别通过单个共价键与一个氧原子结合而成（在球棍模型中，“球”代表原子，“棍”代表原子之间的共价键）：

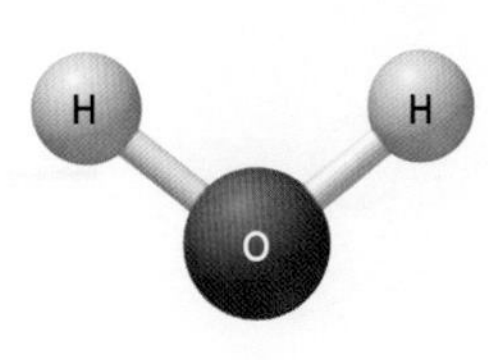

然而，氧原子和氢原子之间的共用电子对并非由二者均等共享。空间填充模型中两个黄色箭头表明，与氢原子相比，氧原子对共用电子的拉力更强：

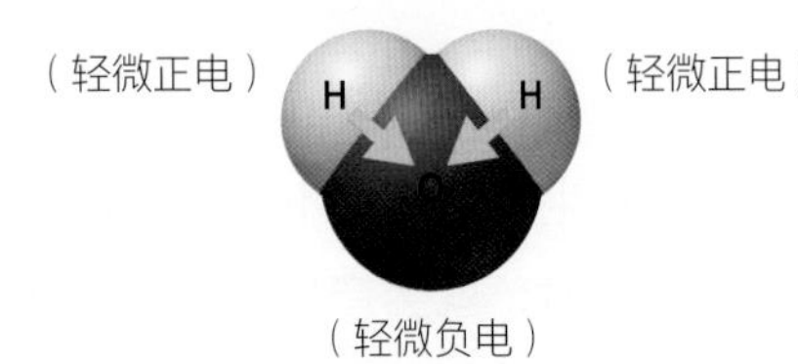

水分子中，原子不均等共享负电荷电子对，结合其 V 形形状，使水分子成为极性分子。**极性分子**的电荷分布不均，形成两极：正极和负极。以水分子为例，分子的氧原子端带轻微的负电荷，两个氢原子周围区域带轻微的正电荷。

水的极性造成相邻水分子之间的微弱电吸引力。由于相反电荷间的吸引力，水分子间倾向于定向排列，形成水分子的氢原子靠近其相邻水分子的氧原子的模式。这种弱吸引力被称为**氢键**（图 2.8）。在本章后面将会看到，水的这种形成氢键的能力，对地球上的生命来说，具有重大意义。

☑ 检查点

一分子的三氧化硫（SO_3）与一分子的水结合产生一分子化合物，请预测该产物的分子式。（提示：在化学反应中，原子既不增加也不减少。）

答案：H_2SO_4（硫酸，是酸雨的一种成分）。

化学反应

生命的化学充满活力。体内细胞中不断地进行“化学方块舞”，打破现有的化学键，形成新的化学键，不断地重新排列分子。这种改变物质化学成分的反应被称为**化学反应**。例如过氧化氢（即双氧水，一种常用消毒剂，你可能曾经用它处理伤口）的分解：

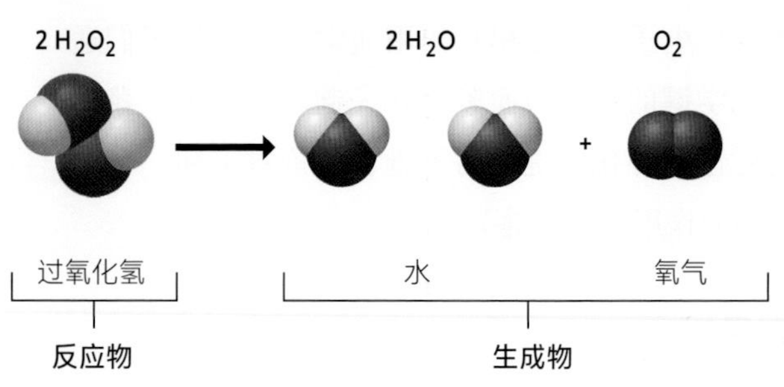

我们解释一下化学简写：两个过氧化氢分子（$2H_2O_2$）反应，生成两个水分子（$2H_2O$）和一个氧分子（O_2，过氧化氢与血液反应产生氧气时会嘶嘶作响）。式中的箭头表示，这一反应从起始原料，即**反应物**（$2H_2O_2$），向**生成物**（$2H_2O$ 和 O_2）转化。

请注意，反应物（箭头左侧）和产物（箭头右侧）中氢、氧原子的总数目相同，只是组合形式不同。化学反应不能创造或消灭物质，只能重新排列物质。这些重排常常涉及反应物中化学键的断裂以及生成物中新化学键的形成。

对化学反应产物（以水分子为例）的讨论，是本节关于基础化学的最佳结尾。水是生物学中非常重要的物质，我们将在下一节中进一步研究其维持生命的特性。☑

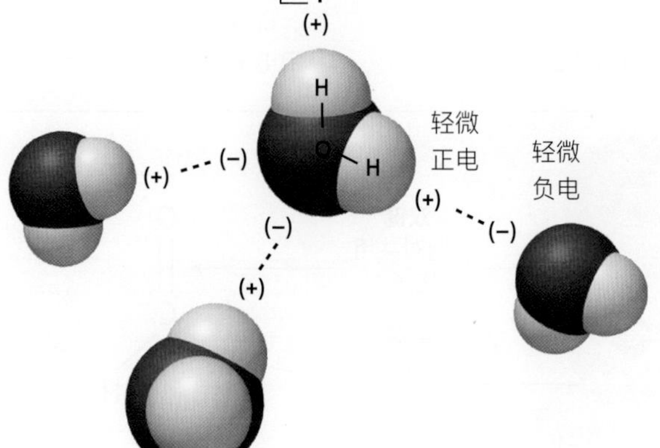

◄ 图 2.8 **水的氢键。**极性水分子的带电区域被相邻分子中带相反电荷的区域所吸引。每个水分子最多可以与四个相邻水分子形成氢键。

水与生命

地球上的生命起源于水，经过30亿年的进化，才从水中走到陆地。现代生物，即便是陆生生物，仍与水息息相关。每次想用水消渴，你都必然会亲身体验一次对水的依赖。在你体内，包围细胞的液体的主要成分是水，此外，细胞本身的含水量在70%～95%之间。

水资源丰富，是地球成为生物宜居星球的一大主要原因。水是如此普遍，因此我们很容易忽视这个事实——它是一种特殊物质，具有许多非凡特性（图2.9）。我们将追溯水分子的结构及相互作用，以探讨水的特性：维持生命。

▲ 图 2.9　**水世界。**在这张照片中，你可以看到水的三种形态：液态（覆盖地球表面的四分之三）、固态（雪的形式）和气态（蒸汽的形式）。

结构/功能　水

地球上所有生命都依赖水而生存，水的这一特性是结构与功能的关系（生物学中一个非常重要的主题）的一个典型例子。水分子的结构——极性和由此产生的氢键（见图2.8）——是维持生命功能的主要因素。我们将在此探索其四种特性：水的内聚作用、水的温度调节能力、浮冰的生物学意义、水作为溶剂的多功能性。

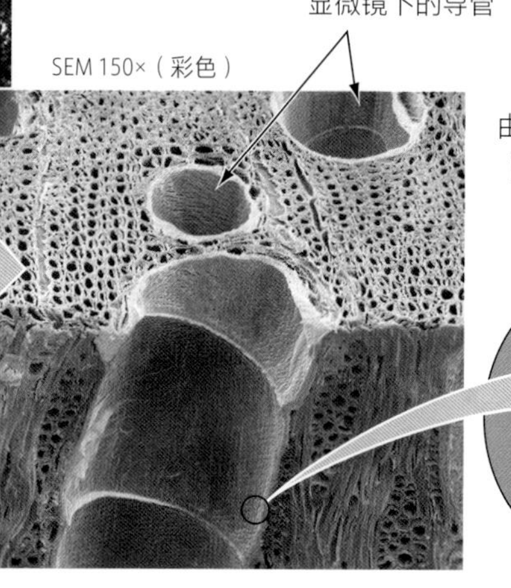

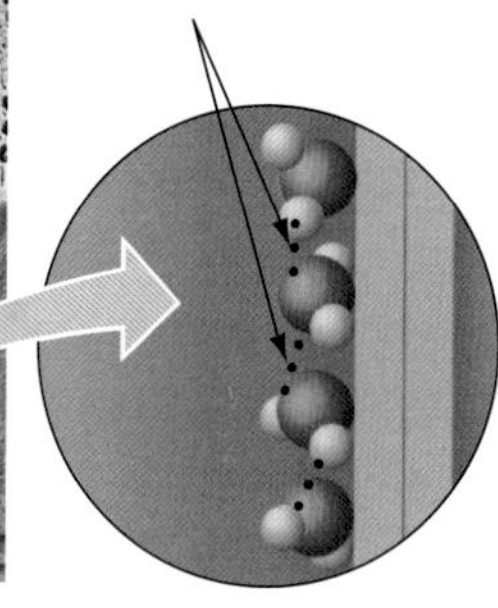

▲ 图 2.10　**水的内聚作用与植物内水分运输。**叶片内水分的蒸腾会给根部水分一个拉力，使得水分沿着树干中的导管向上。由于水的内聚作用，这种拉力通过导管传递到根部。这样，水就能逆着重力上升。

水的内聚作用

水分子通过氢键彼此粘连在一起。一滴水中，任何一组特定的氢键只持续万亿分之几秒，即便如此，在任一瞬间，液态水的分子间都存在大量的氢键。同类分子粘在一起的趋势，叫作**内聚作用**，于水而言，这一性质的表现比大多数其他液体都强。水的内聚作用在生物世界中非常重要。例如，树木依赖水的内聚作用，将水从根部输送到叶子（图2.10）。

表面张力与内聚作用有关，它可以衡量拉伸或破坏液体表面的难度。氢键赋予水超乎寻常的强表面张力，使水的表面表现为似乎

▼ 图 2.11　**一只在水面行走的水涯狡蛛。**水分子间氢键的积聚之力使这种蜘蛛能在水面上行走而不踩破水面。

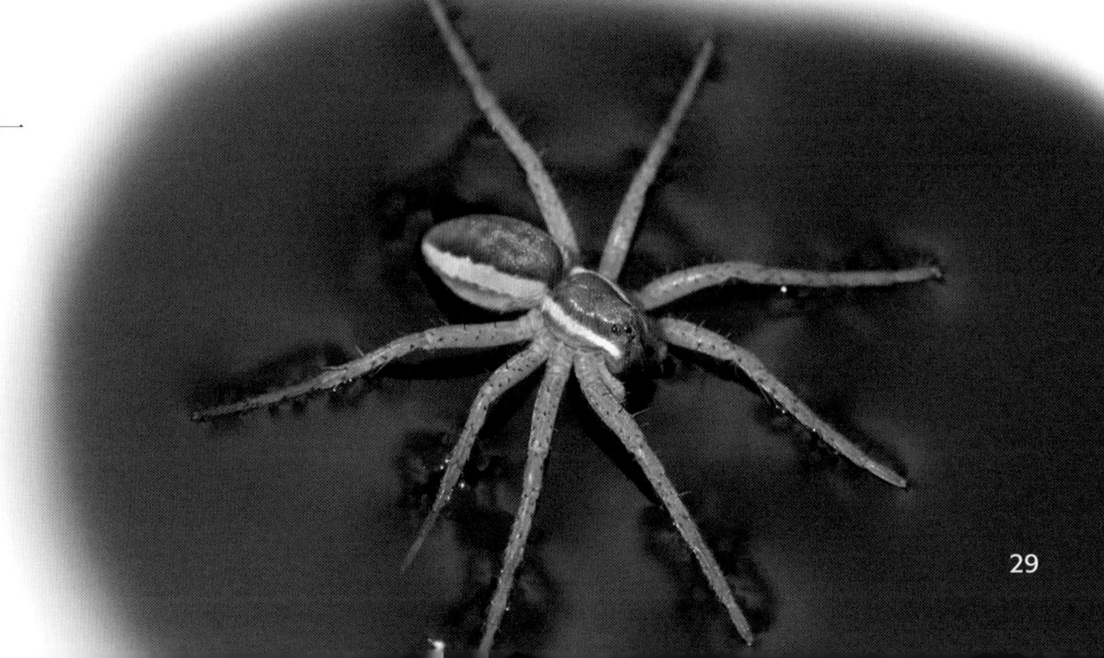

覆盖了一层透明薄膜（图 2.11）。其他液体的表面张力要弱得多，例如，昆虫无法在汽油表面爬行（这就是园丁为什么有时用汽油淹死自花丛中清除的虫子）。

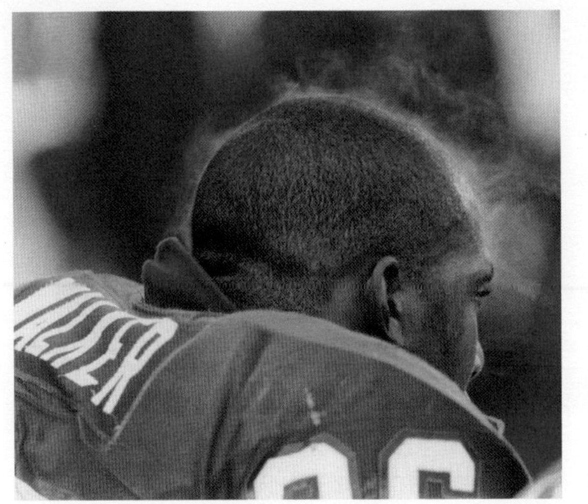

▲ 图 2.12 **出汗是蒸发冷却的一种途径。**

水调节温度的方法

如果你曾在等水烧开时，被金属锅烫伤过手指，你就会知道水比金属热得慢得多。事实上，由于氢键的作用，水同大多数其他物质相比，具有更高的抗温度变化的能力。

加热水时，热能首先破坏氢键，然后才加速水分子间的相互碰撞。直到水分子开始加速运动，水温才会升高。因为热量首先用来破坏氢键，而非提高温度，所以尽管水吸收并储存大量的热能，水温却只会升高几度。反之，当水冷却时，氢键随之形成，这是一个释放热量的过程。因此，水能够向周围环境释放出大量的热量，而水温却只是略微降低。

地球上巨大的水库——海洋、湖泊、河流——在温暖时期贮存大量太阳能，在寒冷时期释放热量，温暖空气，从而能够使地球温度维持在生物生存所需的范围内。这就是沿海地区的气候一般比内陆地区温和的原因。水对温度变化的抗性也稳定了海洋温度，为海洋生物创造了适宜的环境。你可能已经注意到，海边海水的温度波动，要比空气的温度波动小得多。

蒸发冷却是水调节温度的另一种方式。当一种物质蒸发（从液体变成气体）时，剩余液体的表面温度会降下来。这是因为能量最多的分子（“最热的”分子）往往先蒸发。可以这般理解：学校田径队中跑步速度最快的五名运动员离开学校，那么剩下队伍的平均速度就降低了。蒸发冷却有助于防止一些陆生生物体温过热，这就是出汗可以帮助人驱散体内多余热量的原因（图 2.12）。而俗语“潮湿天更闷热”，意思是在空气中水蒸气饱和的情况下，身体出汗困难，无法散热。

浮冰的生物学意义

大多数液体变冷时，它们的分子会靠得更近。温度下降到一定程度时，液体就会冻结为固体。然而，水却有不同的表现。当水分子温度降到一定程度，水分子间的距离反而会变大，每个水分子与其邻居保持“一臂之遥”，形成固态的冰。由于冰块的密度比周围液态水的密度低，所以冰块能够漂浮在水面上。浮冰是氢键作用的结果。与液态水中短命且不断变化的氢键相反，固态的冰中的氢键存在时间更长，每个分子都与四个相邻分子通过氢键结合。因此，冰是一种结构较为松散的晶体（图 2.13）。

浮冰是怎样帮助维持地球生命的呢？当一处深层水

► 图 2.13 **冰漂浮的原因。**液态水中分子排列较密集，而固态的冰中分子排列则较松散。密度较小的冰漂浮在密度较大的水面上。

体冷却，表层水体结成一层冰时，浮冰就像一块隔离"毯"覆盖在液态水体上，维持冰层下生物的生命。但试想，如果冰的密度比水大，将会发生什么情况：冬季冰层下沉。没有表层浮冰的隔离保护，所有的池塘、湖泊甚至海洋最终都会冻结成固态。到了夏季，海洋只有表面几厘米会解冻融化。在这样的环境中，很难想象生物将如何持续繁衍生存下去。

水是维持生命的溶剂

如果你曾经将糖搅入咖啡中，或是将盐加入汤里，你就知道糖或盐可以溶解在水中。糖或盐溶于水形成的混合物叫**溶液**，一种由两种或多种物质均匀混合形成的液体。溶解物质的介质称为**溶剂**，任何被溶解的物质都称为溶质。水做溶剂时，混合物溶液被称为**水溶液**。生物体内的液体是水溶液。例如，树汁是由溶于水的糖和矿物质形成的水溶液。

水可以溶解生命所需的溶质，为化学反应提供介质。例如，水可以溶解盐离子，如图 2.14 所示。这时，每一个离子都被水分子带有的相反电荷区域包围着。极性分子溶质（如糖）的溶解是通过类似的方式，将其分子内的局部带电区域朝向水分子。

上文已讨论了水的四种特性，每种都是水独特化学结构的结果。接下来我们将更详细地研究水溶液。☑

柠檬汁的酸度和你胃里消化食物的化学物质（胃酸）的酸度差不多。

酸、碱和 pH 值

在水溶液中，大部分水分子的结构是完整的。但也有部分水分子分解为氢离子（H^+）和氢氧根离子（OH^-）。在生物体内，这两种高活性离子的平衡是生化过程正常运行的关键。

能向溶液中释放氢离子的化合物称为**酸**。盐酸（HCl）就是一种强酸，也是人体内的胃酸，促进食物消化。在溶液中，盐酸分解成氢离子和氯离子。接受氢离子的化合物称为**碱**，它可以去除溶液中的氢离子。有些碱，如氢氧化钠（NaOH），释放氢氧根离子，氢氧根离子与氢离子结合形成水分子，从而从溶液中去除氢离子。

化学家们用 **pH 值**表示溶液的酸度——这其实是对溶液中氢离子浓度的量度。pH 值的范围为 0（强酸）到 14（强碱）。

☑ **检查点**

1. 如果你小心翼翼地斟水，理论上你可以将水"堆叠"到稍稍高于杯子边缘的位置，请解释原因。
2. 请解释冰漂浮的原因。

答案：1. 由于水的内聚作用，表面张力可以阻止水溢出。 2. 由于更稳定的氢键将分子锁定在一个较宽的晶体内，冰的密度比液态水小。

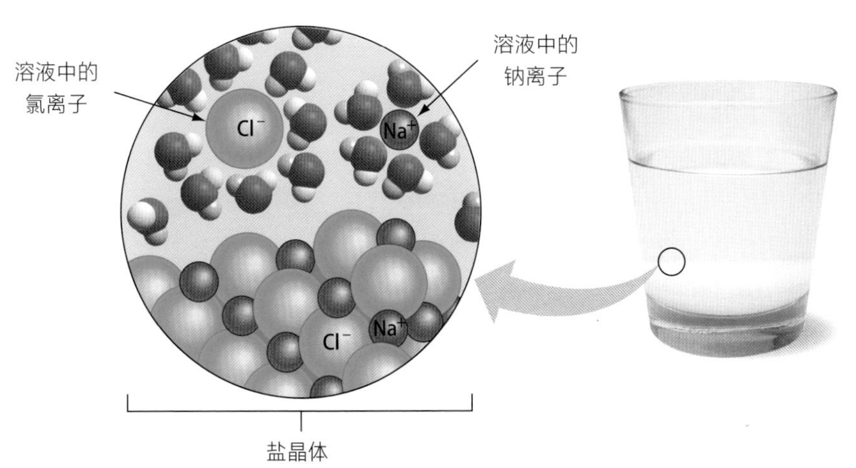

◀ 图 2.14　**食盐晶体（NaCl）溶解于水中**。由于电荷的吸引，水分子围绕在钠离子和氯离子周围，在此过程中溶解了食盐晶体。

pH 值每变化 1，就意味着 H^+ 浓度发生 10 倍的变化（图 2.15）。举例来说，pH 值为 2 的柠檬汁中 H^+ 的浓度，是 pH 值为 4 的等量番茄汁中 H^+ 浓度的 100 倍。非酸也非碱的水溶液（如纯水）称为中性溶液，其 pH 值为 7。在中性溶液中，的确存在一定数量的 H^+ 和 OH^-，但两者浓度相同。大多数活细胞内溶液的 pH 值都接近 7。

细胞内的分子对 H^+ 和 OH^- 的浓度极其敏感，因此，即使是 pH 值稍有变化，也可能对生物体造成伤害。生物体液中含有缓冲剂，可保持 pH 值相对稳定：当 H^+ 过量时能中和 H^+；当 H^+ 耗尽时能提供 H^+。例如，隐形眼镜溶液中的缓冲剂可以保护眼睛表面，避免 pH 值变化造成的潜在伤害。然而，这种缓冲程序并非万无一失，环境 pH 值的改变会对生态系统产生深远影响。例如，人类活动（主要是燃烧化石燃料）产生的二氧化碳（CO_2），大约有 25% 被海洋吸收。当 CO_2 溶于海水，它同水反应生成碳酸（图 2.16），从而降低海洋的 pH 值。由此产生的海洋酸化会极大地改变海洋环境。海洋学家们已计算出，现如今的海洋 pH 值比 42 万年以来其他任何时候都要低，而且还在继续降低中。

海洋酸化的影响（包括珊瑚白化、各种海洋生物体内代谢变化）令人生畏，提醒人类“生命化学与环境化学密切相关”。同时也提醒人类，化学是在全球范围内运作的，地球上某地区的工业生产，往往会导致另一个地区的生态系统发生变化。☑

☑ **检查点**

与同体积的 pH 值为 8 的溶液相比，pH 值为 5 的溶液中 H^+ 的含量是前者的______倍。第二种溶液被认为是一种______。

答案：1000；酸性溶液。

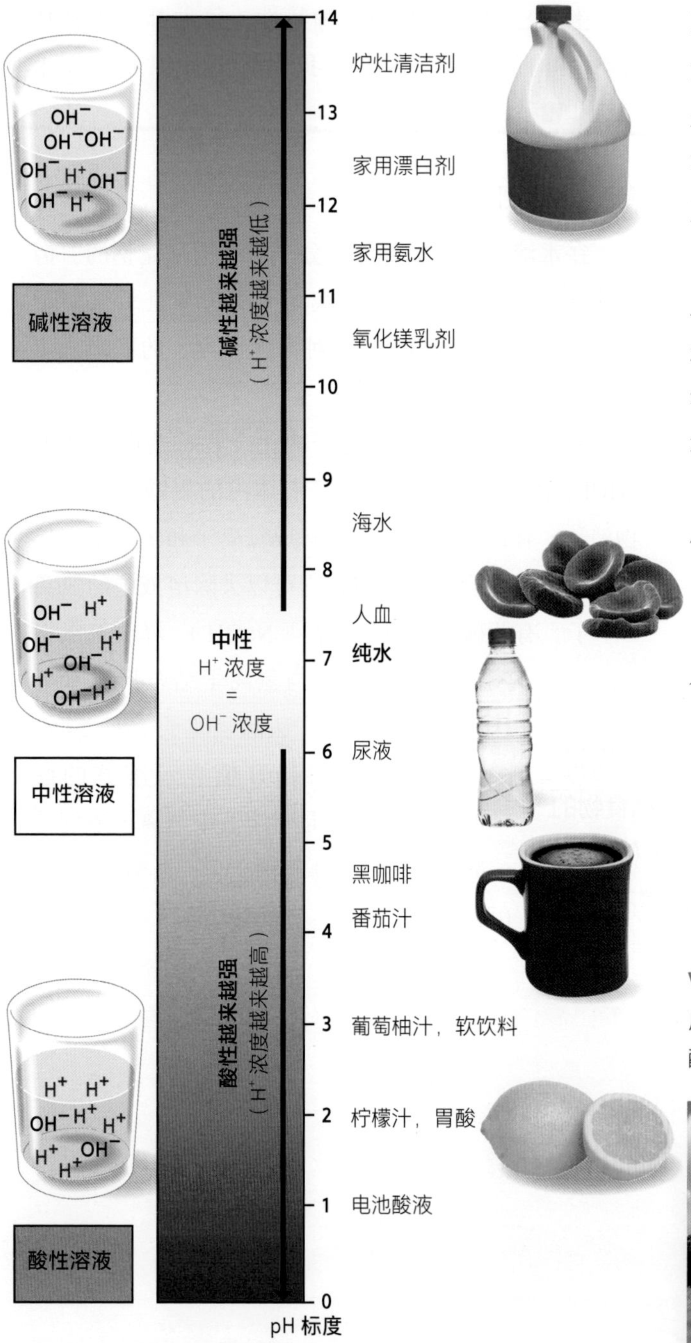

碱性溶液
OH^- OH^- OH^- OH^- H^+ OH^- OH^- H^+

中性溶液
OH^- H^+ OH^- H^+ H^+ OH^- OH^- H^+

酸性溶液
H^+ H^+ OH^- H^+ H^+ H^+ OH^- H^+

碱性越来越强（H^+ 浓度越来越低）

中性
H^+ 浓度 = OH^- 浓度

酸性越来越强（H^+ 浓度越来越高）

14
炉灶清洁剂
13
家用漂白剂
12
家用氨水
11
氧化镁乳剂
10
9
海水
8
人血
7 纯水
6 尿液
5
黑咖啡
番茄汁
4
3 葡萄柚汁，软饮料
2 柠檬汁，胃酸
1 电池酸液
0
pH 标度

▲ 图 2.15 **pH 标度。** pH 值为 7 的溶液是中性溶液，即溶液中的 H^+ 和 OH^- 浓度相等。pH 值越小于 7，溶液的酸性越强，换言之，溶液中的 H^+ 浓度比 OH^- 浓度越高。pH 值越大于 7，溶液的碱性越强，换言之，溶液中的 H^+ 浓度比 OH^- 浓度越低。

▼ 图 2.16 **大气中的 CO_2 引起海洋酸化。** CO_2 溶解于海水中，与水反应生成碳酸。碳酸进一步发生化学反应，破坏珊瑚的生长。这种酸化将导致重要的海洋生态系统发生剧变。

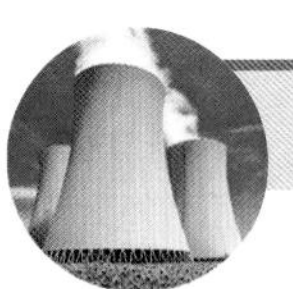

作为进化时钟的放射性

本章从利、弊两方面，强调了放射性对生物体健康的影响。除检测、治疗疾病外，放射性的另一个有益的应用，涉及放射性衰变的自然过程——这可用于获取地球生命进化史的重要数据。

化石（生物体留下的印记和遗骸）是可靠的生命年代记录，因为我们可以用放射性年代测定法确定其年龄（图 2.17），此方法基于放射性同位素的衰变。例如，碳-14 是一种放射性同位素，半衰期约为 5700 年。它痕量存在于环境中。❶ 活生物体吸收同一元素的不同同位素，吸收比例反映了它们在环境中的相对丰度。在本例中，生物体吸收微量碳-14，同时吸收大量常见的碳-12。❷ 生物体死亡后，不再吸收环境中的碳。从此刻开始，化石中碳-14 与碳-12 含量的比值下降：体内的碳-14 衰变为碳-12，同时新的碳-14 不会增加。因为碳-14 的半衰期已知，所以两种同位素（碳-14 和碳-12）含量的比值就是推测化石年龄的可靠指标。在这种情况下，放射性碳-14 衰变一半需要约 5700 年，剩下的一半经过再一个 5700 年后剩下四分之一，以此类推。❸ 计算化石内两种同位素的比值，弄清自生物死亡以来发生的半衰期个数，可以计算出化石年龄。例如，如果发现这块化石中的碳-14 和碳-12 含量的比值是环境的 1/8，则这块化石大约有 17,100（5700 × 3）年的历史。

科学家们利用这种技术，可以估算出世界各地化石的年龄，并将它们按顺序排列，这个序列称为化石记录。化石记录作为最重要也最具有说服力的证据之一，促使查尔斯·达尔文提出了自然选择理论（详见后面的第 14 章）。每当一个新化石被确定了所属年代，我们就能将它置于浩瀚的地球生命史之中。

▼ 图 2.17 **放射性年代测定。**活生物体用碳-14 同位素（图中用蓝点表示）标记。生物体一旦死亡，就不会摄入新的碳-14，体内碳-14 缓慢衰变为碳-12。通过测量化石中碳-14 的含量，科学家们可以估算出化石的年龄。

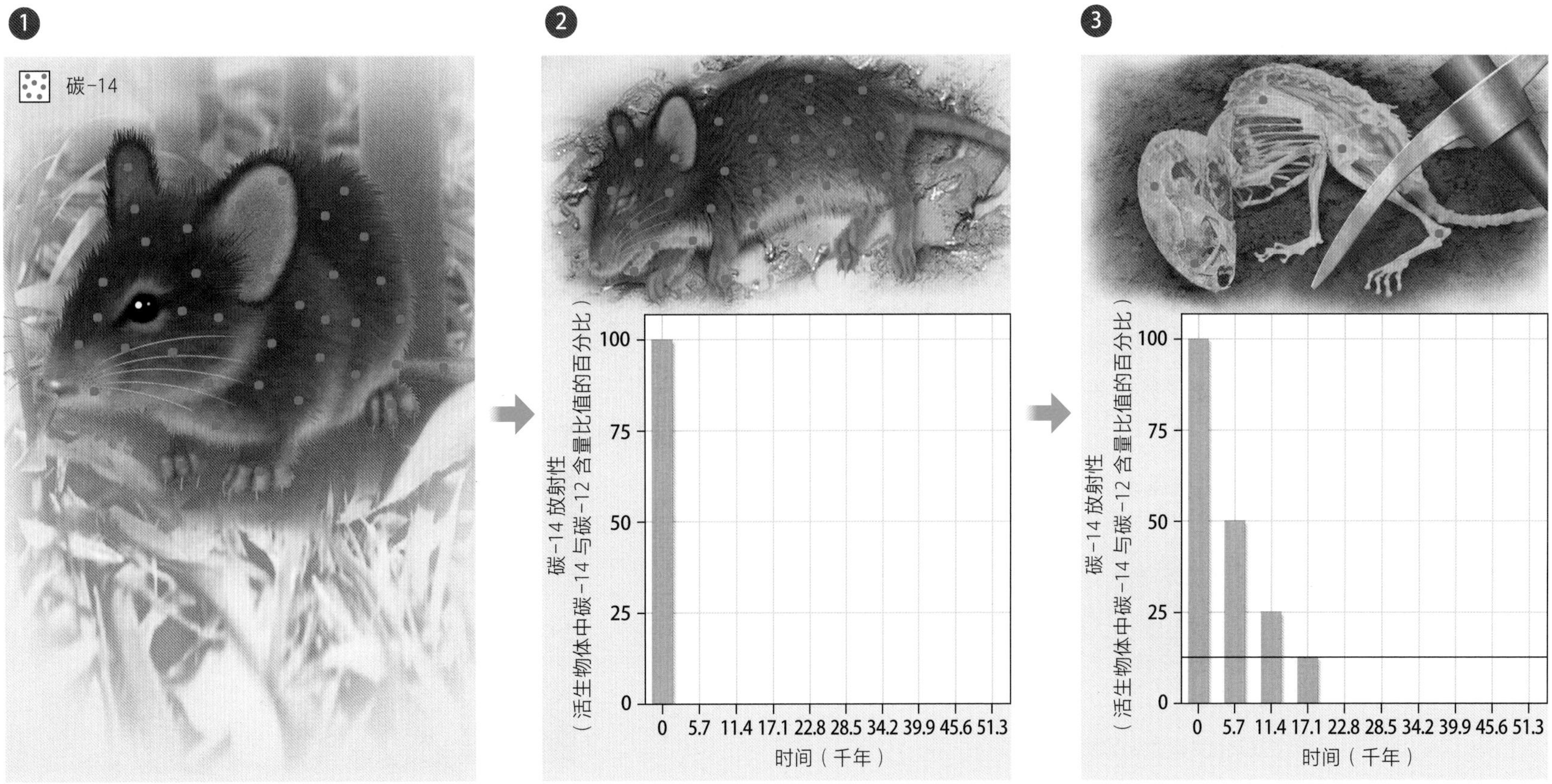

本章回顾

关键概念概述

一些基础化学

物质：元素和化合物

物质由元素和化合物构成，化合物由两种或多种元素组成。在 25 种生命必需元素中，氧、碳、氢、氮是生命物质中含量最丰富的元素。

原子

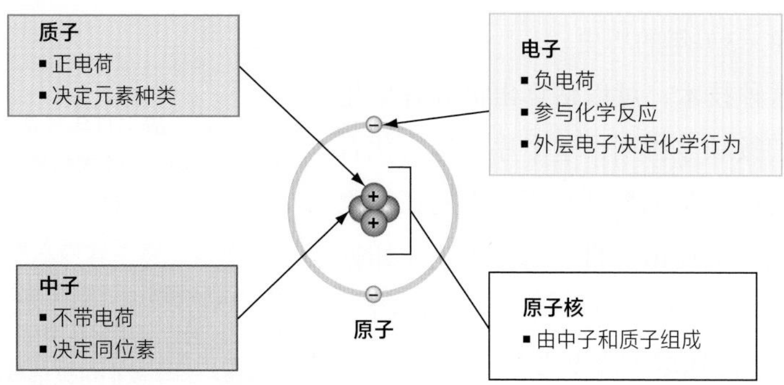

化学键和分子

一个或多个电子的转移会在带相反电荷的离子间产生吸引力：

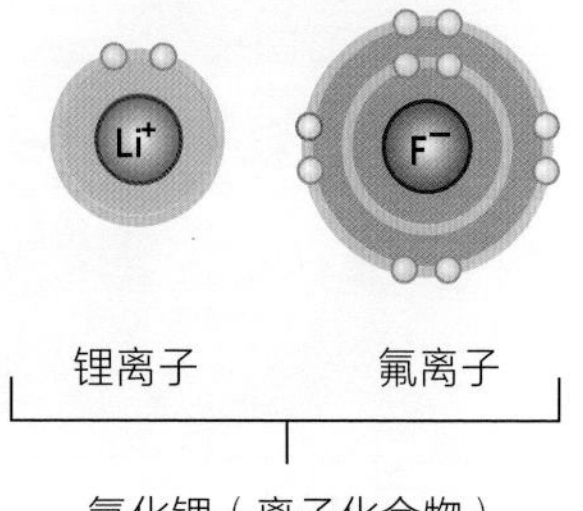

一个分子由两个或多个原子通过共价键连接而成，共价键由共享电子形成：

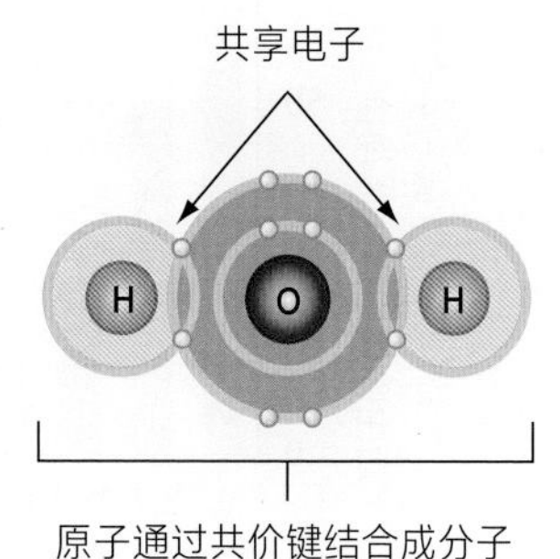

水是极性分子，一个水分子内带轻微正电荷的氢原子可能会被相邻水分子带轻微负电荷的氧原子吸引，形成微弱但重要的氢键：

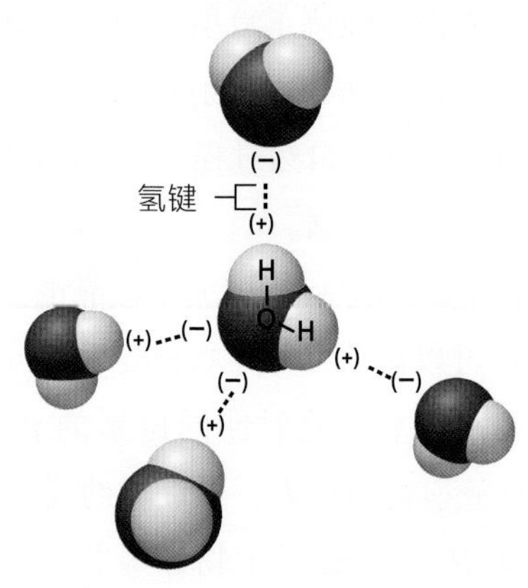

化学反应

化学反应通过破坏反应物中的键形成生成物中的新键，而重新构成物质。

水与生命

结构 / 功能：水

水分子的内聚作用（“黏在一起”）对生命至关重要。水在温暖环境中吸收热量，在寒冷环境中释放热量，调节了温度。蒸发冷却也有助于稳定海洋和生物的温度。冰能漂浮在水面是因为它的密度小于液态水，浮冰的隔温特性防止海洋冻结成固体。水是一种很好的溶剂，能溶解各种溶质，产生水溶液。

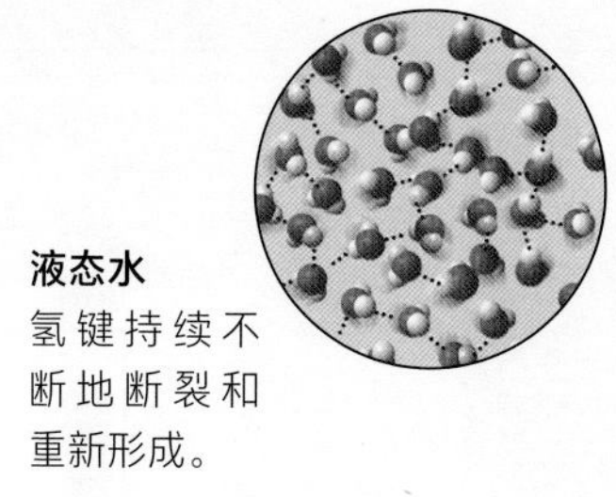

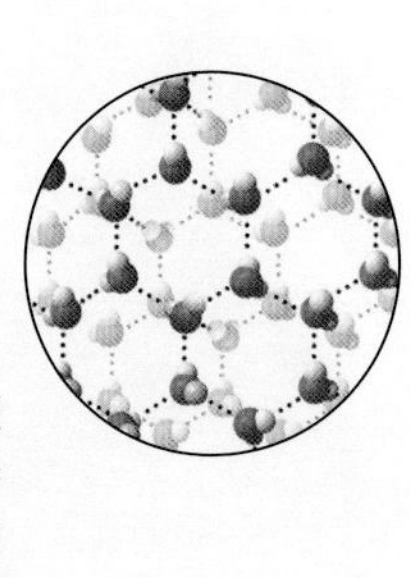

酸、碱和 pH 值

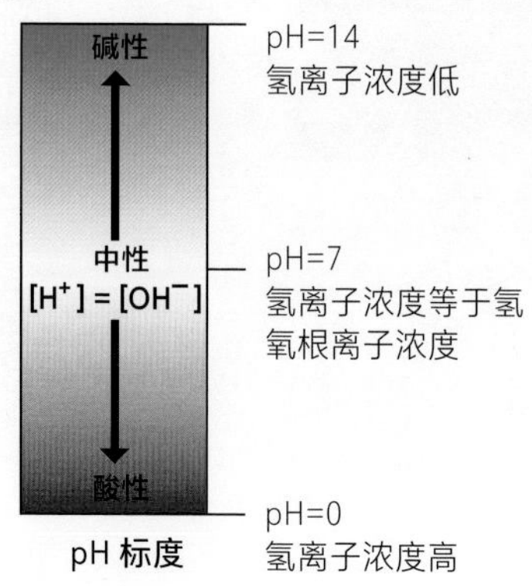

MasteringBiology®

如需练习测验、生物动画、MP3 教程、视频辅导以及为本教材设计的更多学习工具，请访问 MasteringBiology®。

自测题

1. 一个原子可以通过增加或移除______变成离子。一个原子可以通过增加或移除______转变成为不同的同位素。
2. 如果你改变______的数目，将会使得一种原子变成不同的元素。
3. 氮原子有 7 个质子，最常见的氮同位素有 7 个中子。氮的放射性同位素有 9 个中子。请问氮的常见形式和放射性形式的原子序数和质量数分别是多少？
4. 为什么放射性同位素可以作为生命化学研究中的示踪剂？
5. H—C＝C—H 这个结构式错在哪里？
6. 为什么两个相邻水分子如下图排列的概率很低？

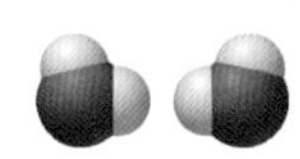

7. 下列哪项不是化学反应？
   a. 糖（$C_6H_{12}O_6$）和氧气（O_2）结合，产生二氧化碳（CO_2）和水（H_2O）。
   b. 金属钠和氯气结合，产生氯化钠。
   c. 氢气与氧气结合，产生水。
   d. 冰融化成液态水。
8. 在你的学习小组中，有人说他们不明白什么是极性分子，你解释一下：
   a. 一端带有轻微负电，而另一端带有轻微正电。
   b. 多一个电子，使它带正电。
   c. 多一个电子，使它带负电。
   d. 具有共价键。
9. 请解释，水是极性分子的事实是如何造就水的特性的。
10. 请解释，为什么在一颗主要液体是甲烷的星球上不可能存在生命。（甲烷是一种非极性分子，不会形成氢键。）
11. 一罐可乐的主要成分是溶在水中的糖，并含有一些产生气泡的二氧化碳气体，使其 pH 值小于 7。试用以下术语来描述这罐可乐：溶质、溶剂、酸性、水溶液。

答案见附录《自测题答案》。

科学的过程

12. 动物通过一系列的化学反应来获得能量，糖和氧气是反应物，这个过程产生水以及二氧化碳废物。你如何利用放射性同位素来确定二氧化碳中的氧是来自糖还是氧气？
13. 这张图显示了氟原子核（左）和钾原子核（右）周围电子的排列。当氟原子和钾原子相遇时会形成什么键？

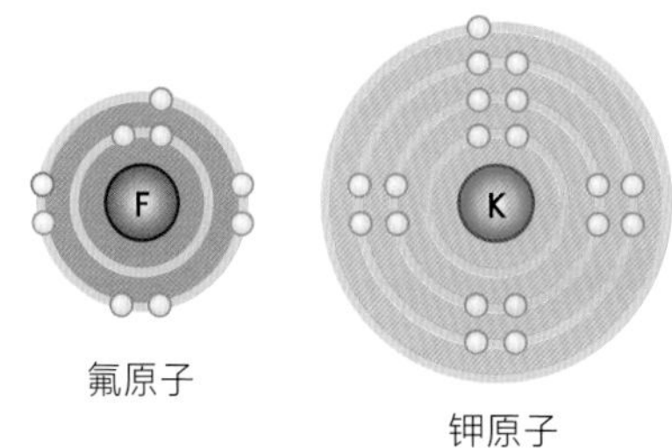

14. **解读数据** 如文中及图 2.17 所示，放射性年代测定法可以用来确定生物材料的年龄。年龄的计算取决于所参考的放射性同位素的半衰期。例如，碳-14 约占天然碳元素的万亿分之一。当一个生物死亡时，其体内每 1 万亿个碳原子中就有 1 个碳-14。5700 年（碳-14 的半衰期）后，它的身体中只剩下一半的碳-14，另一半已经衰变，不复存在。法国科学家用碳-14 年代测定法确定尼奥（Niaux）洞穴壁画的年代。他们认为壁画使用的是大约 13,000 年前的天然染料。运用你所学的放射性年代测定法的知识，计算科学家们在壁画中发现了多少碳-14 来支持这个结果。用剩余碳-14 的比例和每 1 万亿个碳原子含有的碳-14 的量来表示你的答案。

生物学与社会

15. 批判性地评价"没必要过度担心化学废物会污染环境，这些东西只是由我们环境中已经存在的原子组成的"这句话。
16. 引起海洋酸化的二氧化碳主要来自燃煤发电厂的排放。减少这些排放的方法之一是使用核能发电。核能的支持者认为，核电站因为几乎不会产生引发酸沉降的污染物，所以是美国能在减少空气污染的同时增加能源产量的唯一途径。核电站的好处有哪些？可能的成本和危害又有哪些？你认为我们应该扩建核电站来发电吗？如果在你家附近建一座新发电厂，你希望它是燃煤发电厂还是核电站？

3 生命分子

大分子为什么重要

你饮咖啡时，很可能往杯中添了勺甜菜▼（以食糖的形式）。

为提高第二天的比赛成绩，长跑运动员会在比赛前夜摄入▼ 大量碳水化合物，以储存糖原。

▲ 你、蚊子、大象的 DNA 结构几乎没有区别：动物物种间的差异源于核苷酸的排列方式。

▲ 由于可可脂富含饱和脂肪酸，巧克力会熔于口中（或手中）。

本章内容

本章线索

乳糖不耐受症

乳糖不耐受症 生物学与社会

你能消化乳糖吗?

你可能看到过，有些广告把唇边的牛奶和健康联系在一起。牛奶的确是非常有益于健康的饮食：它富含蛋白质、矿物质、维生素，而且可以是低脂肪的。但对大多数成年人来说，一杯牛奶会导致严重消化不良，令人腹胀、胀气、腹痛。这些都是乳糖不耐受症的症状，牛奶中的糖类主要是乳糖，乳糖不耐受症即无法消化乳糖。

乳糖不耐受症患者在乳糖进入小肠后，就开始出现症状。小肠里的消化细胞必须产生一种叫作乳糖酶的分子，才能吸收乳糖。酶是一类催化化学反应的蛋白质，乳糖酶使乳糖分解为分子更小的糖。大多数人天生就有消化乳糖的能力。但是大约 2 岁之后，大多数人的乳糖酶水平显著下降。小肠内未被分解的乳糖进入大肠，被大肠内的细菌利用，释放气体副产物。气体累积，引起令人不适的症状。所以，人喝下一大杯巧克力牛奶后，其体内乳糖酶充足与否，会决定他是愉悦还是不适。

富含乳糖的巧克力牛奶。乳糖分解是人体中几种类型的分子相互作用的结果。

乳糖不耐受症的根本原因是乳糖酶生产不足，目前尚无根治方法。那么，对于乳糖不耐受症患者来说，有什么办法呢？避免食用含乳糖的食物是首选，节制永远是最好的保护方法！此外，还有替代品可供选择，例如用大豆或杏仁制成的奶制品，或经乳糖酶预处理过的牛奶。如果你是乳糖不耐受症患者，又经常吃比萨，那么你可以购买无乳糖奶酪（由大豆制成），或者可以用无乳糖牛奶自制马苏里拉奶酪。另外，乳糖酶丸剂也是一种选择，将其与食物一起服用，可人为获得体内天然缺乏的乳糖酶，促进消化。

乳糖不耐受症表明生物分子间的相互作用可以影响健康。这样的分子间相互作用，以无数种形式反复发生，驱动着所有生物过程。在本章中，我们将探讨对生命至关重要的大分子的结构和功能。从碳的概述开始，然后研究四类分子：糖类、脂质、蛋白质、核酸。在介绍中，我们会看到这些分子在你的哪些饮食中出现，以及它们在你体内扮演的重要角色。

有机化合物

细胞主要由水构成，其余组分主要是碳基分子。碳在生命化学中起主导作用。这是因为碳具有无与伦比的能力，能够形成生命功能所必需的大型、复杂、多样的分子骨架。对碳基分子（即**有机化合物**）的研究，是所有生命研究的核心。

碳的化学性质

碳是一种用途广泛的“分子组成元素”，因为一个碳原子可以与其他原子共享电子，分别向四个方向形成四个共价键。由于碳可以利用一个或多个键连接更多的碳原子，因此可以构建无限多样的大小和分支模式各不相同的碳骨架（图 3.1）。因此，具有多个碳“交叉点”的分子能够形成非常复杂的形状。有机化合物中的碳原子也可以与其他元素（主要是氢、氧、氮）结合。

甲烷（CH_4）是最简单的有机化合物之一，其结构是一个碳原子连四个氢原子（图 3.2）。甲烷是天然气的主要成分，也可由泥沼（以沼气的形式）和食草动物（如奶牛）消化道内的原核生物产生。较大的有机化合物（如含八个碳的辛烷）是汽车和其他机器中燃油的主要分子。有机化合物也是人体内重要的燃料，脂肪分子中富含能量的部分就与汽油的结构类似（图 3.3）。

有机化合物的独特性质，不单单取决于其碳骨架，还依赖于连接在碳骨架上的原子。在有机化合物中，直接参与化学反应的原子团称为**官能团**。每个官能团在化学反应中都起着特殊的作用。羟基（—OH，存在于异丙醇等醇类中）和羧基（—COOH，存在于所有蛋白质中）是官能团的两个例子。许多生物分子有两个或多个官能团。请牢记“带有官能团的碳骨架”这一基本结构，我们现在准备探索人类细胞如何用较小的分子制造大分子。

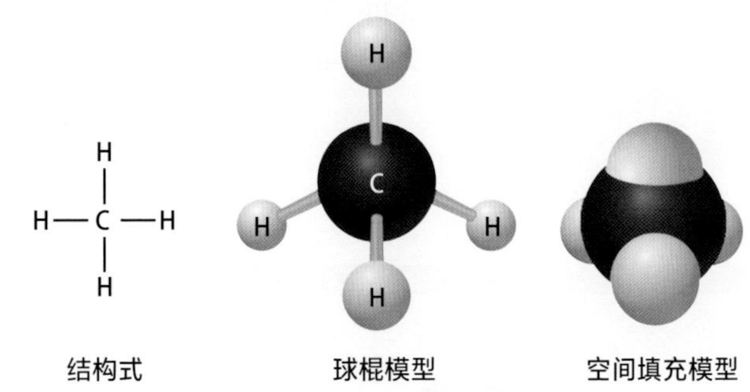

▲ 图 3.2 **甲烷，一种简单的有机化合物。**

▼ 图 3.1 **多样的碳骨架。**图中的例子都是仅由碳和氢组成的有机化合物。注意，每个碳原子形成四个键，每个氢原子形成一个键。单线代表单键（共用一对电子），双线代表双键（共用两对电子）。

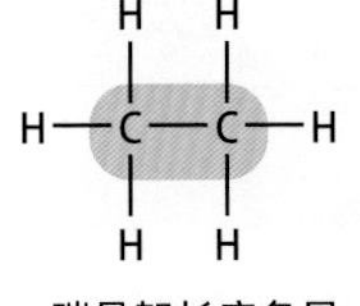

碳骨架长度各异

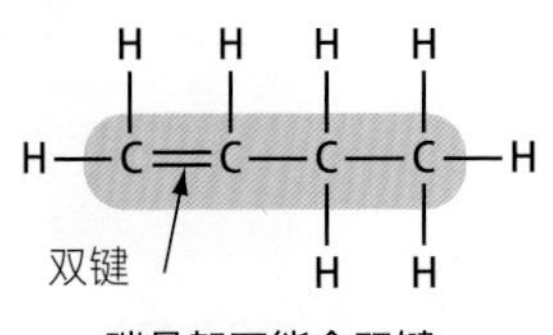

碳骨架可能含双键，双键位置也各异

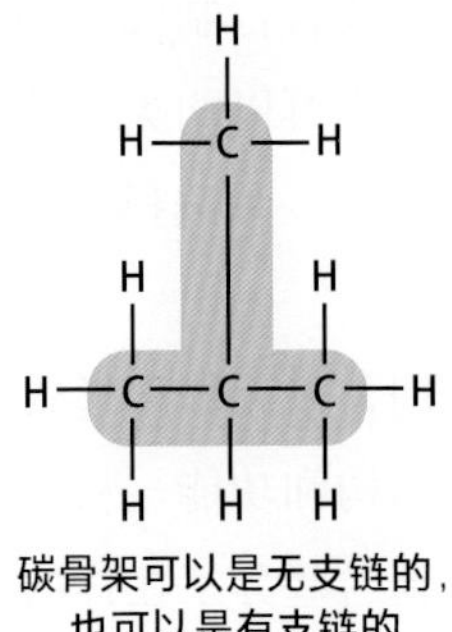

碳骨架可以是无支链的，也可以是有支链的

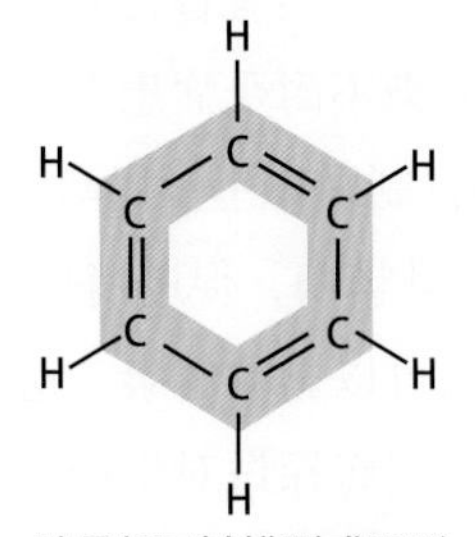

碳骨架可以排列成环形

▼ 图 3.3 **作为燃料的碳氢化合物。**汽油中富含能量的有机化合物是机器的燃料，脂肪中富含能量的分子是细胞的燃料。

小分子构件组成大分子

在分子层次上，糖类（存在于如炸薯条和百吉饼等淀粉类食物中）、蛋白质（如酶和头发的成分）、核酸（如DNA）这三类生物分子十分巨大，生物学家称它们为**大分子**。尽管大分子很大，但它们的结构很容易让人理解——因为它们都是**多聚体**（由众多被称为**单体**的小分子串联而成的大分子）。多聚体就像一条由一颗颗单体“珠子”连接而成的项链，或者像由一串车厢连成的一列火车。尽管乍一看，长火车的结构很复杂，但通过问两个问题就很容易让人理解：火车是由什么样的车厢组成的？它们是如何连接在一起的？同理，即使是大型复杂的生物大分子，也可以从这两方面去理解：它是由哪种单体结构组成的，以及这些单体结构是如何连接在一起的。

通过**脱水反应**，细胞将单体连接在一起形成多聚体。脱水反应，顾名思义，就是脱去一个水分子［图 3.4（a）］。在链中，每加入一个单体，反应物就会释放出两个氢原子和一个氧原子，从而形成一个水分子。无论涉及的具体单体和细胞生产的聚合物类型如何，都会发生相同类型的脱水反应。因此，本章中会反复提及这种脱水反应。

生物体既能合成大分子，又能分解大分子。例如，人体须将食物中的大分子消化成能被细胞利用的单体，而后将单体重组成体内所需大分子。转化大分子就像拆开一辆由紧紧相扣的积木玩具组成的汽车（食物），再利用这些积木组装成一辆自己设计的新车（自己体内的分子）。多聚体的分解过程是**水解反应**［图 3.4（b）］。水解意为通过水的作用使反应物分解。细胞将水分子加入单体之间，破坏单体之间的键，这一反应本质上是脱水反应的逆过程。试想一下，通过向车厢连接处泼水，将火车拆散。每泼一次水，就有一节或一组车厢被分开。在“生物学与社会”专栏有一个水解反应的真实例子：乳糖被乳糖酶分解为单体。☑

☑ 检查点

1. 由________间释放一个水分子生成多聚体的化学反应，称为________反应。
2. 与之相反，把较大的分子分解成较小的分子，称为________。

答案：1. 单体；脱水。2. 水解。

▼ 图 3.4　**多聚体的合成和分解。**为简单起见，这些图只显示氢原子以及重要位置的羟基（—OH）。

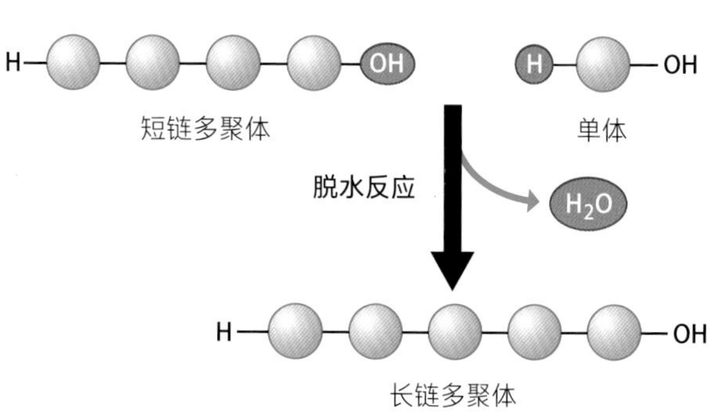

（a）**合成一个聚合物分子链。**当新进的单体和聚合物末端的单体分别提供氢原子和羟基形成水分子时，聚合物的长度就会增加。单体间会形成新键取代原来的共价键。

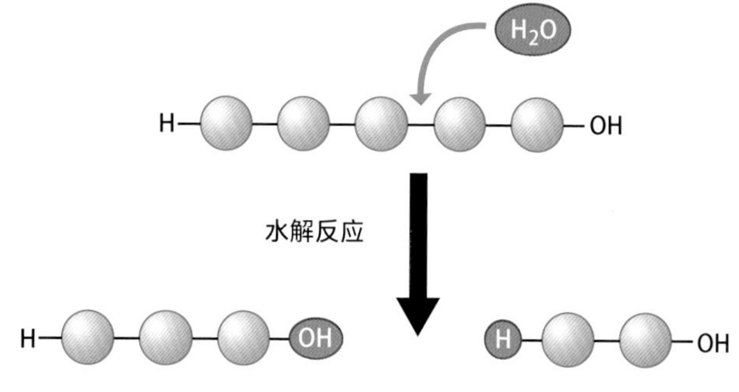

（b）**破坏一个聚合物分子链。**水解反应是脱水反应的逆过程，加入一个水分子，打破两个单体之间的键，从而使一个较大的分子生成两个较小的分子。

生物大分子

所有生物体内都有四类重要的生物大分子：糖类、脂质、蛋白质、核酸。对于每种生物大分子，首先要了解其组成单体，才能更好地探索这些大分子的结构和功能。

糖类

糖类（碳水化合物）是包括单糖和单糖的多聚体在内的一类分子。例如，软饮料中的小分子糖、意大利面和面包中的长链淀粉分子。对动物而言，糖类是它们主要的食物能量来源，也是制造其他有机化合物的原料；对植物来说，糖类是许多植物体本身的结构物质。

单糖

单糖是糖类的单体，不能被分解成更小的糖（单糖英文为 simple sugar，亦作 monosaccharide，其中的 mono 和 sacchar 来自希腊语，意思分别是“单个的”和“糖”）。常见的单糖有软饮料中的葡萄糖和水果中的果糖。蜂蜜同时含有这两种单糖（图 3.5）。葡萄糖的分子式为 $C_6H_{12}O_6$。果糖的分子式虽与葡萄糖的相同，但原子排列有差异。分子式相同但结构不同的分子，如葡萄糖和果糖，称为**同分异构体**。同分异构体就好比一个单词调整字母顺序之后变成另一个单词，如 heart 变成了 earth。因为分子形状很重要，所以原子排列上的细微差别可使异构体具有不同的特性，如它们与其他分子的反应会不同。就葡萄糖和果糖而言，官能团的重排使果糖的甜度大大高于葡萄糖。

把糖类的碳骨架画成线形，便于表示它们的结构。然而，当它们溶于水中时，许多单糖分子的一端与另一端键合，形成环状结构（图 3.6）。你会发现，本章许多糖类的结构都被绘成环状。

单糖，特别是葡萄糖，是细胞活动的主要燃料分子。就像汽车发动机消耗汽油一样，人体细胞分解葡萄糖分子，获得其储存的能量，排出“尾气”（释放二氧化碳）。葡萄糖可以迅速地转化为细胞能量，这就是为什么给伤员或病患静脉注射葡萄糖水溶液（通常称为葡萄糖）—— 葡萄糖可以立即为需要修复的组织提供能源。

☑ 检查点

1. 所有的糖类都由一个和多个________构成。说出两种单糖的例子。
2. 解释一下为何葡萄糖和果糖有相同的分子式（$C_6H_{12}O_6$），但它们的性质不同。

答案：1. 单糖，葡萄糖，果糖。2. 原子排列的形式不同影响分子的形状和性质。

► 图 3.5 **单糖**。葡萄糖和果糖是蜂蜜中的两种单糖，二者是同分异构体，即原子种类和数量相同但排列方式不同的分子。

葡萄糖 $C_6H_{12}O_6$ 果糖 $C_6H_{12}O_6$

同分异构体
（相同原子，不同排列）

▼ 图 3.6 **葡萄糖的环状结构。**

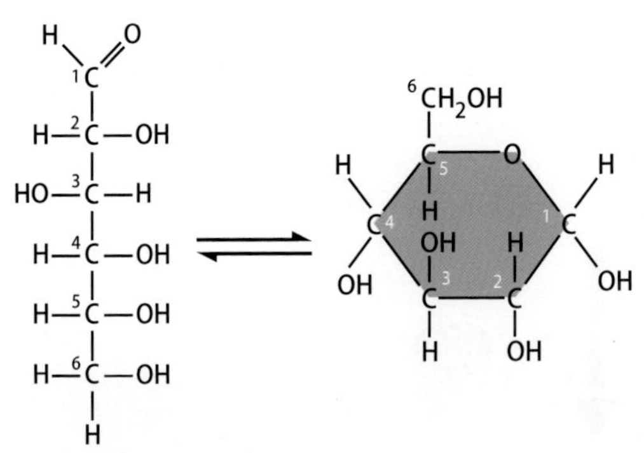

（a）**线形和环状结构。**将碳原子一一编号，这样就可以把分子的线性结构和环状结构联系起来。如双箭头所示，这一过程是可逆的，但任何时刻，大多数水溶液中的葡萄糖分子都是环状的。

（b）**简化的环状结构。**在本书中，我们使用这个简化的环状符号代表葡萄糖。每个未标记的角代表一个碳原子及与其相接的原子。

二糖

二糖，又名双糖，由两个单糖通过脱水反应形成。乳糖，由葡萄糖和半乳糖两种单糖形成（图 3.7）。另一种常见的二糖是麦芽糖，其天然存在于发芽的种子中，用于制造啤酒、麦芽威士忌和白酒、麦芽奶昔以及麦芽奶糖。一个麦芽糖分子由两个葡萄糖单体连接而成。

最常见的二糖是蔗糖，由果糖单体和葡萄糖单体结合而成。蔗糖是植物汁液中的主要糖类，是整株植物的养料。制糖工人从甘蔗茎或甜菜根（在美国较常见）中提取蔗糖。高果糖玉米糖浆（HFCS）是一种常见的甜味剂，其制作工艺是利用酶将玉米糖浆中的天然葡萄糖转化成更甜的果糖。HFCS 是一种透明而黏稠的液体，含有约 55% 的果糖；它比蔗糖便宜，也更容易混合到饮料和加工食品中。如果看一下软饮料上的标签，你可能会发现高果糖玉米糖浆往往排在成分表前列（图 3.8）。

美国人均每年消耗约 45 千克甜味剂，主要是蔗糖和 HFCS。这种全国性的“嗜糖”，并没有因为人们日益意识到“高糖有害健康”而有所减弱。糖是龋齿的主要原因，过量摄入会增加患糖尿病和心脏病的风险。此外，摄入过多高糖食物往往会影响摄入其他多种更有营养的食物。糖被描述为“空热量”，因为大多数甜味剂除了含有糖类之外，其他营养物质的含量可以忽略不计。为了健康，我们还需要摄入蛋白质、脂肪、维生素、矿物质。同时，我们也需要从饮食中摄取大

你饮咖啡时，很可能往杯中添了勺甜菜（以食糖的形式）。

▼ 图 3.7 **二糖的形成。**两个单糖分子通过脱水反应结合形成一个二糖分子，图中，葡萄糖和半乳糖单体键合，形成乳糖。

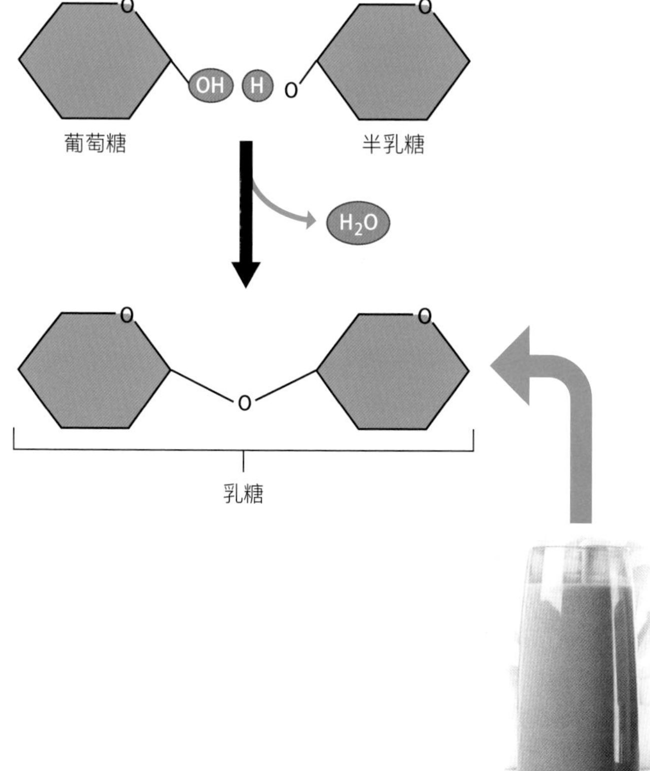

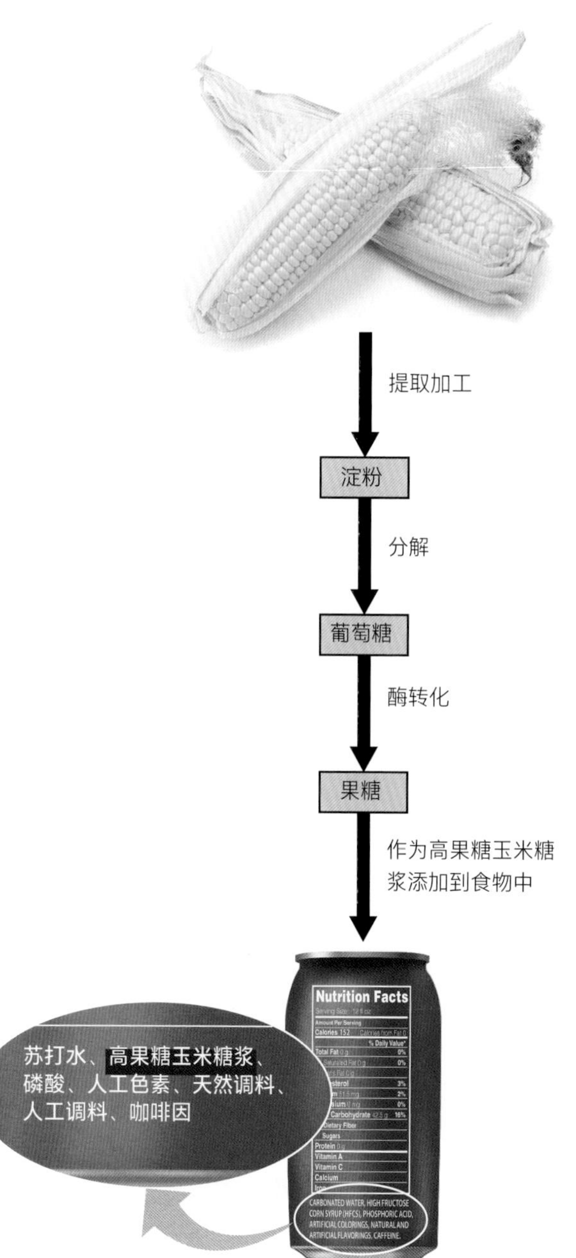

◀ 图 3.8 **高果糖玉米糖浆。**许多加工食品都含有一种人工甜味剂——高果糖玉米糖浆，它是利用化学方法从玉米中提取的糖。

量的复合碳水化合物——多糖。接下来让我们来研究一下这类大分子。☑

☑ 检查点

食品厂为什么要生产高果糖玉米糖浆（HFCS）？如何生产？

答案：HFCS价格低廉且易于与加工食品混合。食品厂利用酶把葡萄糖转化成果糖。

多糖

复合碳水化合物，又名**多糖**，是单糖多聚体形成的长链。淀粉是一种常见的多糖，储存于植物体内。**淀粉**是由葡萄糖单体组成的长链［图 3.9（a）］。植物细胞储存淀粉，提供糖储备，以备不时之需。土豆和谷物（如小麦、玉米、大米）是人类饮食中淀粉的主要来源。动物可以消化淀粉，因为其消化系统中的酶可通过水解反应破坏葡萄糖单体之间的化学键。

动物体内以**糖原**的形式贮存多余的葡萄糖。糖原在结构上与淀粉类似，也是葡萄糖单体的多聚体，但糖原的分支更多［图 3.9（b）］。大部分糖原都贮存在肝和肌肉细胞中，当你需要能量时，这些细胞就将糖原水解成葡萄糖。这就是为什么有些运动员在体育比赛前夕采取肝糖超补法（即摄入大量的淀粉类食物）。淀粉转化成糖原，第二天比赛时，即可迅速利用这些糖原。

为提高第二天的比赛成绩，长跑运动员会在比赛前夜摄入大量碳水化合物，以储存糖原。

纤维素是地球上最丰富的有机化合物，它们在包裹植物细胞的坚韧细胞壁中以电缆状纤维的形式存在，也是木材和植物其他结构的主要成分［图 3.9（c）］。人类利用这种结构的强度，使用木材作为建筑材料。纤维素也是葡萄糖的多聚体，但是它的葡萄糖单体以独特的方式连接在一起。与淀粉和糖原中葡萄糖的连接方式不同，纤维素中葡萄糖间的化学键不能被动物体内的任何酶破坏。食草动物和食木昆虫（如白蚁）能从纤维素中获得营养，是因为它们消化道中的微生物可以分解纤维素。植物性食物中的纤维素，通常被称为膳食纤维（你奶奶可能称其为“粗粮”），会原样不变地通过消化道。由于纤维素一直不被消化，所以不能为人体提供营养，但有助于人体消化系统保持健康。纤维素刺激消化道内壁的细胞分泌黏液，使食物顺利通过。膳食纤维对健康的益处包括降低心脏病、糖尿病、胃肠疾病的风险。然而，大多数美国人的饮食中纤维素含量没有达到专家建议的水平。富含纤维素的食物有水果、蔬菜、全谷物、麸皮、豆类。

▼ 图 3.9　**三种常见的多糖。**

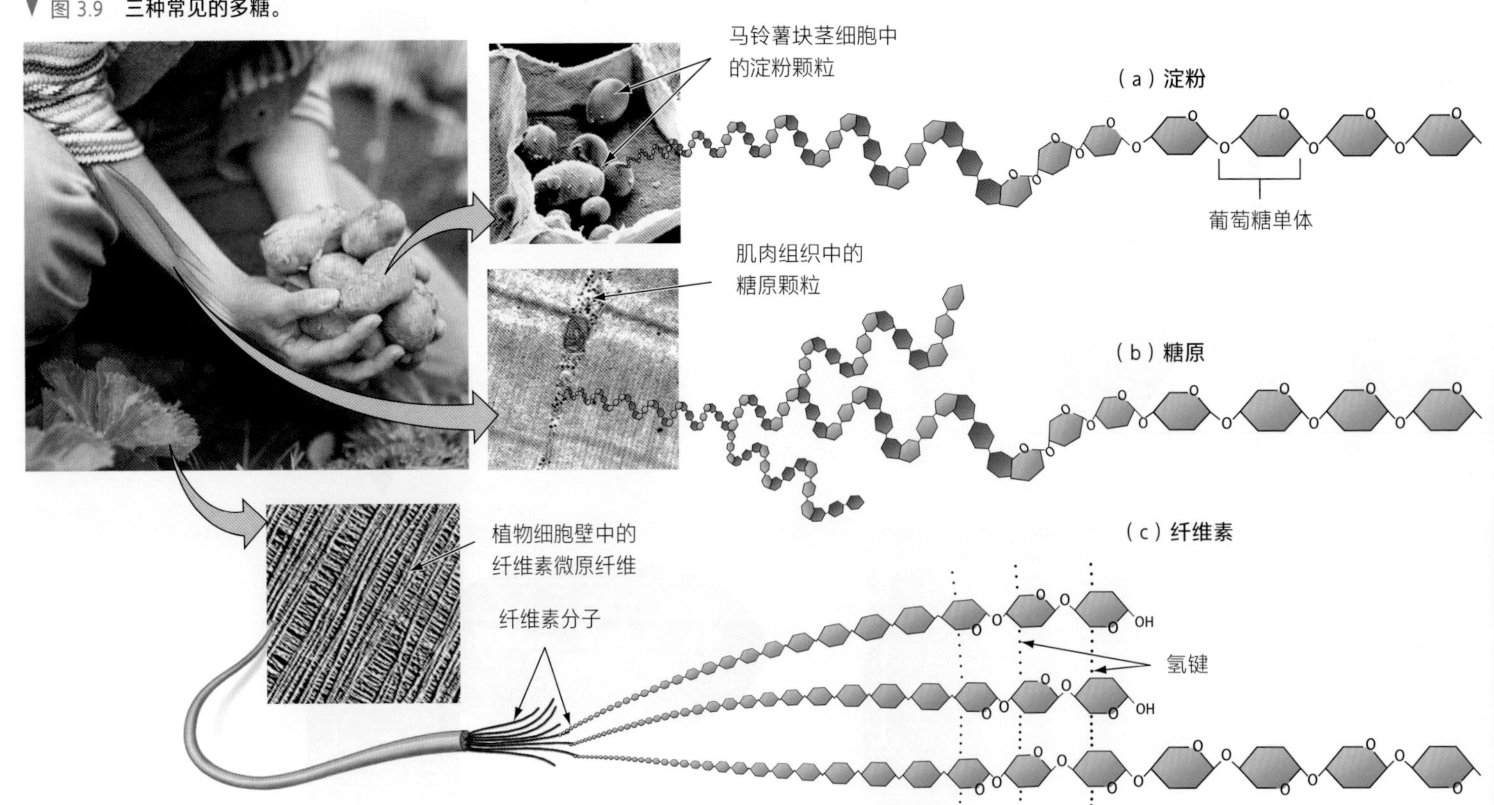

脂质

几乎所有糖类都是**亲水**分子，易溶于水。**脂质**与之相反，是**疏水**分子，不溶于水。把油和醋混合在一起时，能观察到这种现象：油（一种脂质）和醋（主要成分是水）分离（图 3.10）。如果你用力摇晃瓶子，可以迫使它们暂时形成“混合物”，这时间足够你把它们淋在沙拉上，但瓶内剩下的水和油会很快分离。不同于糖类、蛋白质与核酸，脂质既不是巨大的大分子，也不一定是由重复单体构建的多聚体。脂质是由不同的分子构件组成的多样化的分子组。在本节，我们将讨论两种类型的脂质：脂肪和类固醇。

◄ 图 3.10　沙拉调味汁中疏水性成分（油）和亲水性成分（醋）的分离。

脂肪

甘油三酯［图 3.11（b）］是一种典型的**脂肪**分子，由一个甘油分子和三个脂肪酸分子脱水反应而成［图 3.11（a）］。在血液检查报告中，你也许听过这个术语。脂肪酸是一种储存大量能量的长链分子。一千克脂肪储存的能量是一千克碳水化合物的两倍多。但脂肪的这种能量效率的缺点是：对于试图减肥的人来说，“烧掉”多余的脂肪很难。人体将脂肪长期囤积于专门的仓库（称为脂肪细胞）中，当储存和消耗脂肪时，脂肪细胞也会随之膨胀和收缩。这种脂肪组织，或者说体脂，不仅能储存能量，也能作为身体重要器官的缓冲垫，还能隔离冷空气，帮助保持体温恒定、身体温暖。

在图 3.11（b）中，底部的脂肪酸分子在碳骨架上含双键的位置弯曲。这种脂肪酸的双键上的氢原子少于其能容纳的最大数目，所以是**不饱和**脂肪酸。脂肪分子中的另外两个脂肪酸的尾部没有双键，这两个脂肪酸就是**饱和**脂肪酸，意味着它们含有的氢原子数达到了最大，使它们呈直线形。饱和脂肪是指含有的三个脂肪酸尾部都是饱和的。如果一个或多个脂肪酸不饱和，那么它就是不饱和脂肪，如图 3.11（b）所示。如果脂肪酸中具有多个双键，这样的脂肪就成为多不饱和脂肪。

大多数动物性脂肪，如猪油和黄油，含有相对较高比例的饱和脂肪酸。饱和脂肪酸的线形形状，使得这些分子容易堆积（如墙上的砖块般堆叠），

▼ 图 3.11　甘油三酯分子的合成和结构。

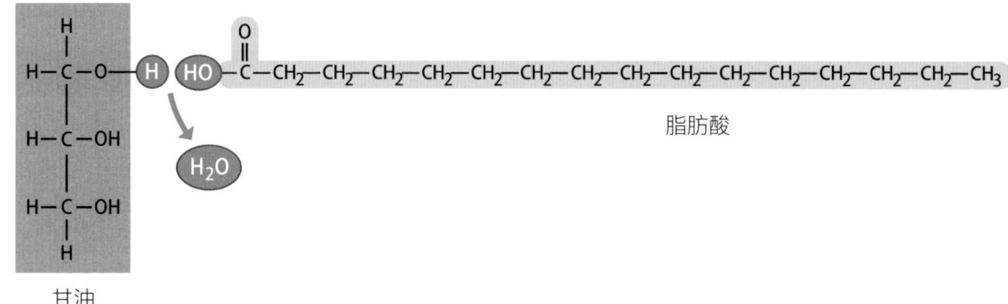

（a）脂肪酸与甘油的脱水反应。

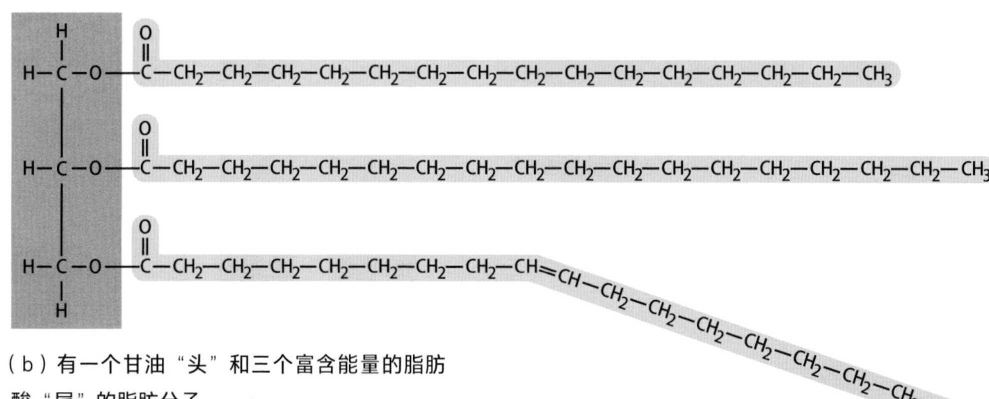

（b）有一个甘油“头”和三个富含能量的脂肪酸“尾”的脂肪分子。

因此室温下饱和脂肪往往是固态的（图 3.12）。富含饱和脂肪的饮食可能会加速动脉粥样硬化，引发心血管疾病。在这种情况下，含脂沉积物（称为斑块）在血管内壁堆积，影响血液流动，增加心脏病发作和中风的风险。

植物和鱼类的脂肪含有较高比例的不饱和脂肪酸。不饱和脂肪酸的弯曲形状使它们难以成为固体（试想用弯曲的砖砌墙！），因此室温下大多数不饱和脂肪是液态的。植物油（如玉米油和菜籽油）和鱼油（如鱼肝油）主要都是不饱和脂肪。

由于可可脂富含饱和脂肪酸，巧克力会熔于口中（或手中）。

尽管多数植物油的饱和脂肪含量一般较低，热带植物油却是个例外。可可脂是巧克力的主要成分，混合了饱和和不饱和脂肪，使得巧克力的熔点接近人体体温。这样，巧克力在室温下呈固态，但入口即化，创造出令人愉悦的“口感”，这也是巧克力如此受欢迎的原因之一。

有时候，食品厂在生产人造奶油或花生酱时，想使用植物油，但又希望食品是固态的。为了达到理想的质地，食品厂可以添加氢，将不饱和脂肪转化为饱和脂肪，这一过程称为**氢化**。遗憾的是，氢化同时也会产生**反式脂肪**——一种特别有害健康的不饱和脂肪。2006 年以来，美国食品药品监督管理局（FDA）规定：食物中若含有反式脂肪，必须在营养标签中列出。但即使氢化产品的标签上标明每份含 0 克反式脂肪，实际上该产品反式脂肪含量仍高达每份 0.5 克（法律上允许近似为 0）。此外，反式脂肪通常存在于无标签的快餐食品中，如炸薯条等油炸食品。随着人们对反式脂肪有害性的认识不断提高，食品厂逐渐用其他形式的脂肪替代反式脂肪，反式脂肪越来越少见。事实上，反式脂肪可能很快就会成为历史。2006 年纽约市禁止餐馆供应反式脂肪，加利福尼亚州也于 2010 年效仿。冰岛、瑞士和丹麦已经有效地切断了反式脂肪的供应。在美国，美国食品药品监督管理局判定，反式脂肪不“被普遍认为是安全的”，这一判定可能促使美国逐渐淘汰食品供应中的反式脂肪。

尽管通常应该避免反式脂肪，限制饱和脂肪，但并非所有的脂肪都不健康。事实上，一些脂肪在体内发挥重要的作用，对饮食健康有益，甚至是必不可少的。例如，含有ω-3 脂肪酸的脂肪已被证明可以降低患心脏病的风险、缓解关节炎和炎症性肠病的症状。这些有益脂肪部分来源于坚果和油性鱼类（如鲑鱼）。☑

☑ 检查点

什么是不饱和脂肪？什么样的不饱和脂肪特别不健康？什么样的不饱和脂肪最有益健康？

答案：由于一些碳之间的双键，氢原子的数量小于最大值的脂肪；反式脂肪；含有ω-3 脂肪酸的脂肪。

▼ 图 3.12 **脂肪的种类。**

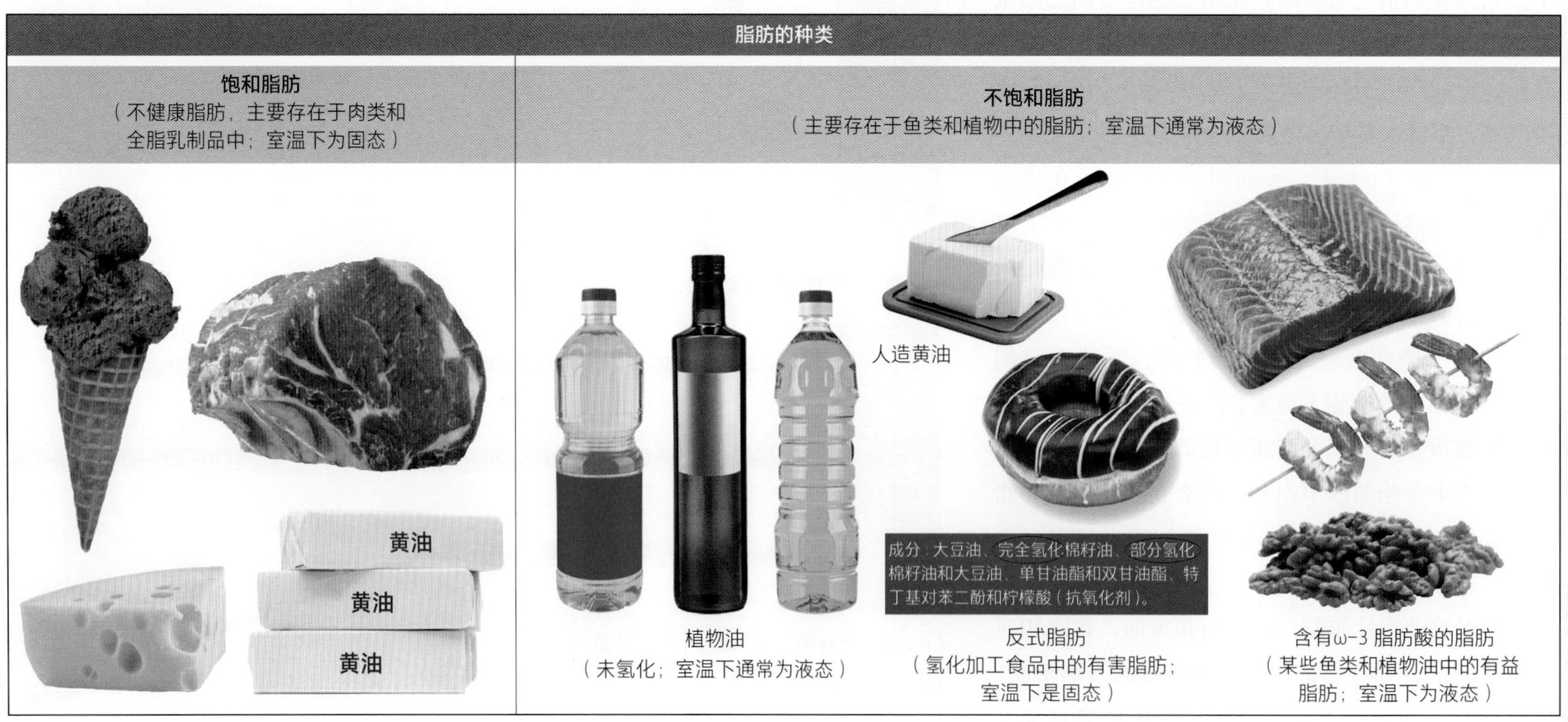

类固醇

类固醇虽然是脂质，但其结构和功能与脂肪大不相同。所有类固醇都有一个含四个稠环的碳骨架。不同的类固醇在这一组环上有不同的官能团，这些化学变异影响了它们的功能。胆固醇是一种常见的类固醇，因为与心血管疾病有关而声名狼藉。然而，胆固醇是细胞膜的重要组成成分，也是人体制造其他类固醇（如睾酮和雌激素，分别负责男、女性征的发育）的“基础类固醇”（图 3.13）。

合成代谢类固醇是人工合成的，是天然睾酮的变体。睾酮有助于男性在青春期增加肌肉和骨量以及终生保持男性特征。因为合成代谢类固醇的结构类似于睾酮，所以它们能模拟睾酮的某些功能。合成代谢类固醇被用于治疗那些导致肌肉萎缩的疾病，如癌症、艾滋病。然而，有些人有时候会滥用合成代谢类固醇来快速增强肌肉。近年来，许多著名运动员承认使用了经化学修饰过（“设计过”）的合成代谢类固醇来提高运动成绩（图 3.14）。此类披露引起人们对全垒打纪录和其他运动成绩有效性的质疑。

使用合成代谢类固醇确实是一种快速增大体形的方法，其效果远超努力锻炼所能产生的效果。但代价是什么呢？滥用类固醇可能会导致剧烈的情绪波动（“类固醇狂怒症”）、抑郁、肝损伤、高胆固醇、睾丸萎缩、性欲减退和不育。之所以会出现与性欲有关的症状，是因为合成代谢类固醇通常会导致人体减少天然性激素的分泌。大多数体育组织禁止使用合成代谢类固醇，因为它们有许多潜在的健康危害，以及会产生人为优势，带来不公平。☑

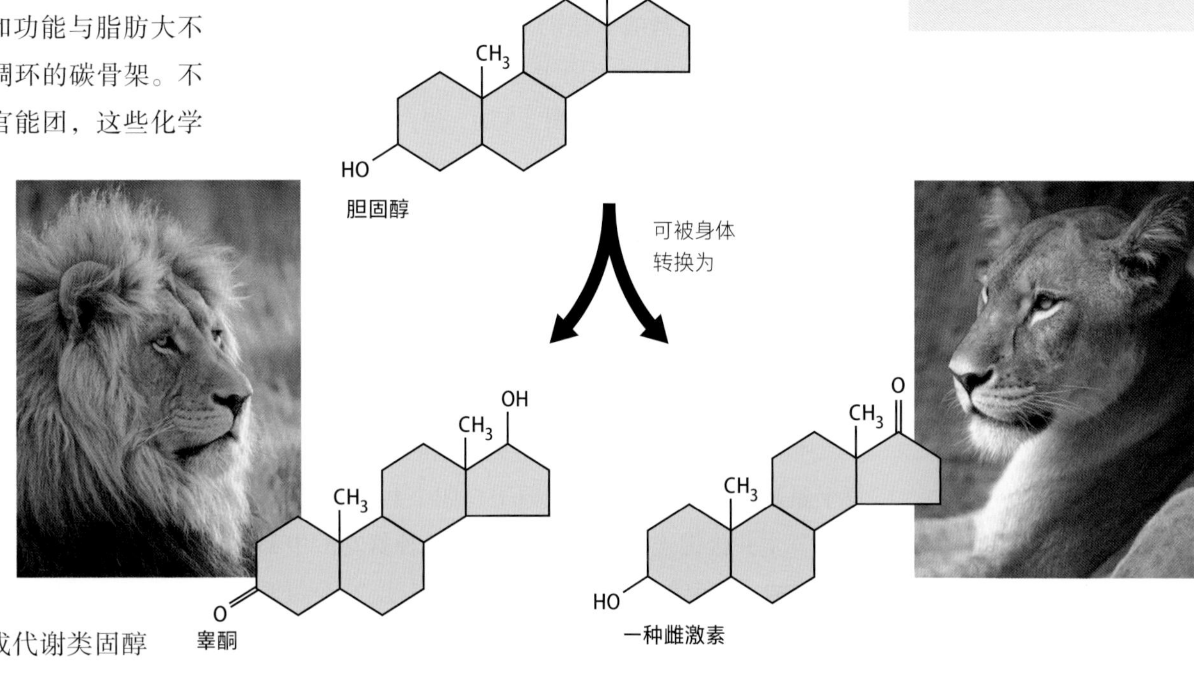

▲ 图 3.13　**类固醇的例子。**图中所示的类固醇的分子结构省略了组成环的所有原子。睾酮和雌激素之间的细微结构差异，影响着雄性和雌性哺乳动物（包括狮子和人）之间的解剖学和生理学差异。这个例子说明了分子结构对功能的重要性。

阿莱克斯・罗德里格兹

马克・麦奎尔

弗洛伊德・兰迪斯

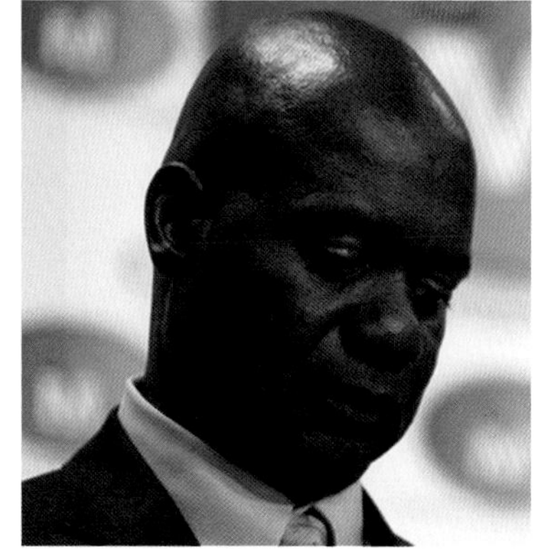

本・约翰逊

► 图 3.14　**类固醇和现代运动员。**图中所示的每一位运动员——棒球运动员阿莱克斯・罗德里格兹和马克・麦奎尔、环法自行车运动员弗洛伊德・兰迪斯和奥林匹克短跑运动员本・约翰逊——都承认使用过类固醇。

☑ **检查点**

人类类固醇激素的“基础类固醇”是什么？

答案：胆固醇。

蛋白质

蛋白质是氨基酸单体的聚合物。在大多数细胞中，蛋白质占 50% 以上的干重，并几乎在所有的细胞活动中发挥重要作用（图 3.15）。蛋白质是人体的“工蜂”：身体做任何事情，几乎都有蛋白质参与其中。人体内有成千上万种不同的蛋白质，每种蛋白质都有独特的三维形状，对应特定功能。事实上，蛋白质是人体内结构最复杂的分子。

蛋白质的单体：氨基酸

所有蛋白质都是由 20 种常见氨基酸串联而成的。每个**氨基酸**都由一个中心碳原子与四个共价键组成。其中三个共价键连接的部分在所有 20 种氨基酸中都是相同的：一个羧基、一个氨基（—NH_2）、一个氢原子。氨基酸的可变部分，称为侧链（或 R 基，表示自由基）；它与中心碳的第四个键相连［图 3.16（a）］。每种氨基酸都有一个独特的侧链，赋予其特殊的化学性质［图 3.16（b）］。有些氨基酸的侧链非常简单，例如，甘氨酸的侧链只有一个氢原子。其他氨基酸的侧链更复杂，有些侧链内有分支或环。☑

☑ 检查点

1. 以下哪一种不是由蛋白质组成的：头发、肌肉、纤维素、酶。
2. 所有蛋白质的单体是什么？氨基酸的一个可变的部分是什么？

答案：1. 纤维素是碳水化合物。2. 氨基酸；侧链。

▼ 图 3.16 **氨基酸。**所有氨基酸都有相同的官能团，但它们的侧链各不相同。

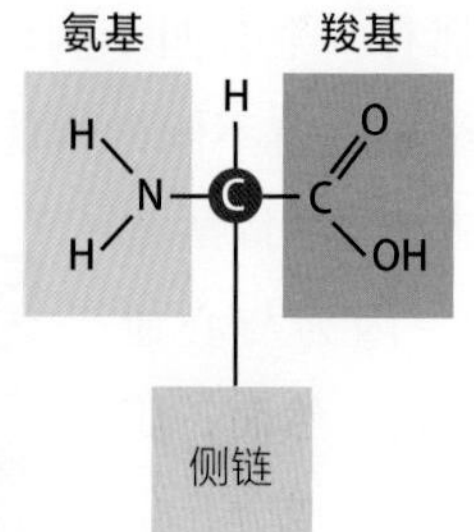

（a）氨基酸的一般结构。

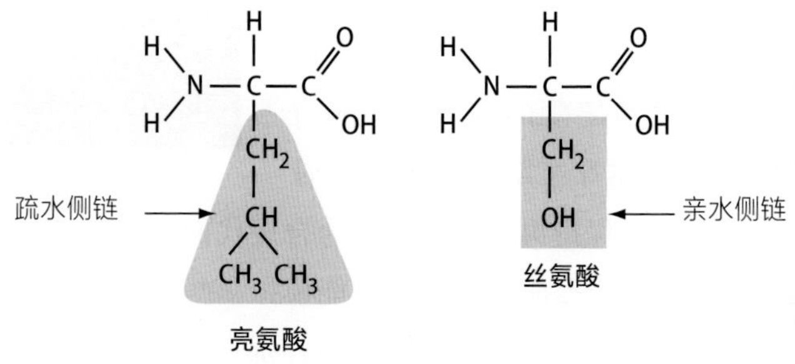

（b）**具有疏水和亲水侧链的氨基酸的例子。**亮氨酸的侧链是疏水的。丝氨酸与之相反，侧链有一个亲水的羟基。

▼ 图 3.15 **蛋白质发挥的不同作用。**

蛋白质主要类型				
结构蛋白（提供支持）	储藏蛋白（为生长提供氨基酸）	收缩蛋白（有助于运动）	转运蛋白（有助于运输物质）	酶（有助于化学反应）
结构蛋白赋予毛发韧性和角质。	种子和蛋类含有丰富的储藏蛋白。	收缩蛋白使肌肉收缩。	红细胞内的血红蛋白运输氧气。	一些清洁产品用酶促进分子分解。

结构 / 功能　蛋白质形状

你能猜到吗？细胞通过脱水反应将氨基酸单体连接在一起。连接相邻氨基酸的键称为**肽键**（图 3.17）。由此产生的长链氨基酸称为**多肽**。功能蛋白质是一条或多条多肽链精确地扭曲、折叠、盘绕成独特形状的分子。多肽和蛋白质的区别就相当于羊毛线和羊毛衫的区别。为了发挥功能，多肽（羊毛线）必须被精确地编织成特定的形状（羊毛衫）。

仅仅用 20 种氨基酸怎能制造出体内种类繁多的蛋白质？——答案在于氨基酸的排列。要知道，只要改变 26 个字母的顺序，就能拼出许许多多不同的英语单词。尽管氨基酸的种类少了些（只有 20 个“字母”），其“单词”的长度却要长得多，多肽长度常为数百或数千个氨基酸。正如每个单词都是由一串顺序独特的字母构成的一样，每种蛋白质也都有一个独特的氨基酸线性序列。

每条多肽的氨基酸序列决定了蛋白质的三维结构。正是蛋白质的这种三维结构，使分子执行其特定功能。几乎所有的蛋白质都通过识别并结合其他分子来发挥作用。例如，乳糖酶的特殊形状使其能够识别并附着于乳糖——乳糖酶的靶分子上。对所有蛋白质来说，结构和功能是相互关联的：蛋白质的形状决定蛋白质的功能。图 3.18 中，蛋白质的曲折迂回看似偶然，但其实代表了这种蛋白质特定的三维形状，没有这种精确的形状，蛋白质就不能执行其功能。

▼ 图 3.18　**蛋白质的结构。**下图中的肽链绘制成蛇形，显示出溶菌酶中多肽的氨基酸序列，溶菌酶是一种存在于眼泪和汗水中的酶，可防止细菌感染。列出的氨基酸的名称缩写一般为其英文单词的前三个字母，例如，丙氨酸简称为“Ala”。这个氨基酸序列折叠成特定形状的蛋白质，如底部的两张由计算机生成的图像中所示。如果没有这种特定形状，蛋白质就不能发挥其功能。

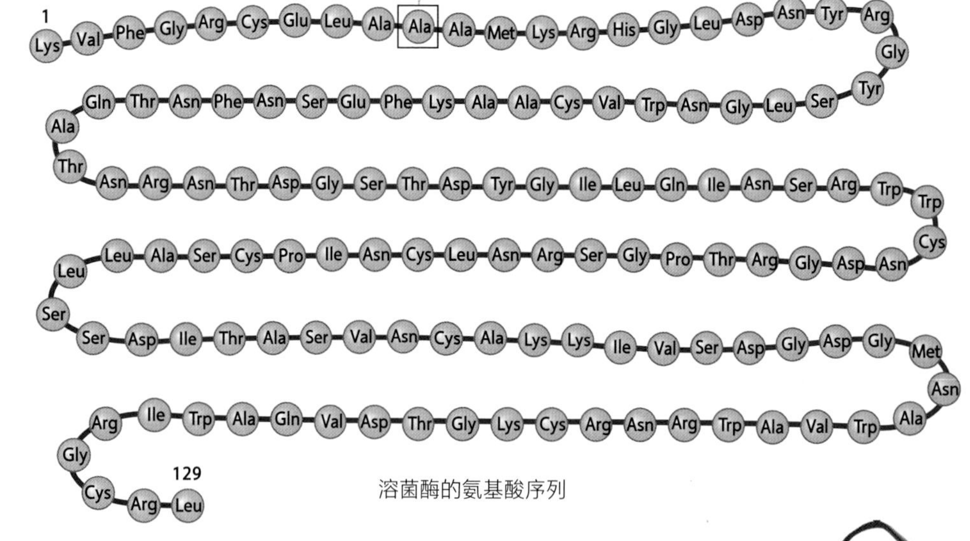

溶菌酶的氨基酸序列

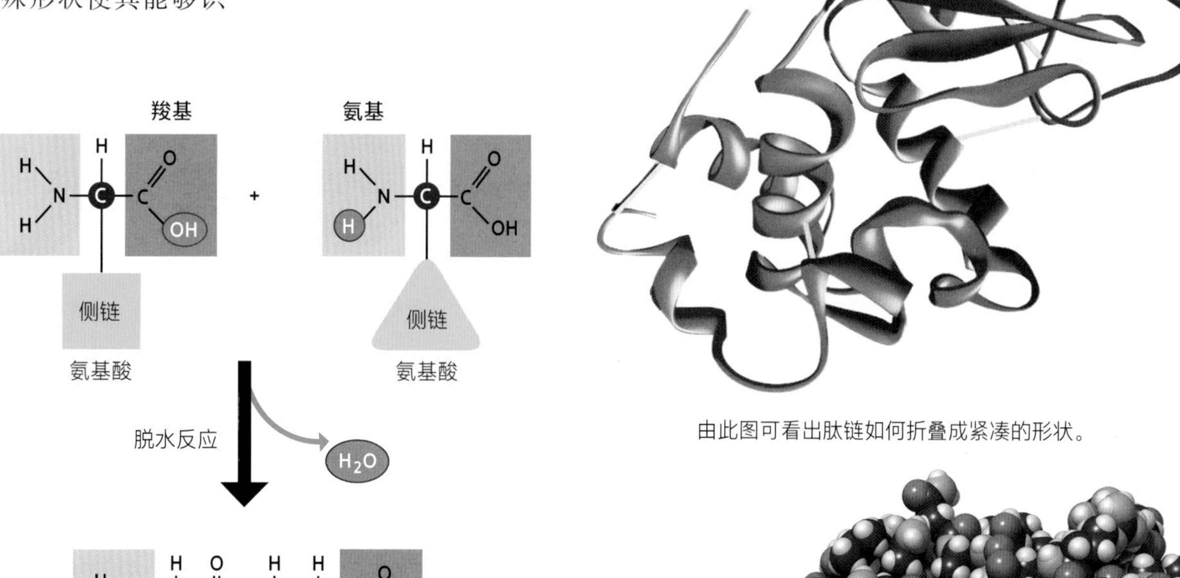

H_2O

由此图可看出肽链如何折叠成紧凑的形状。

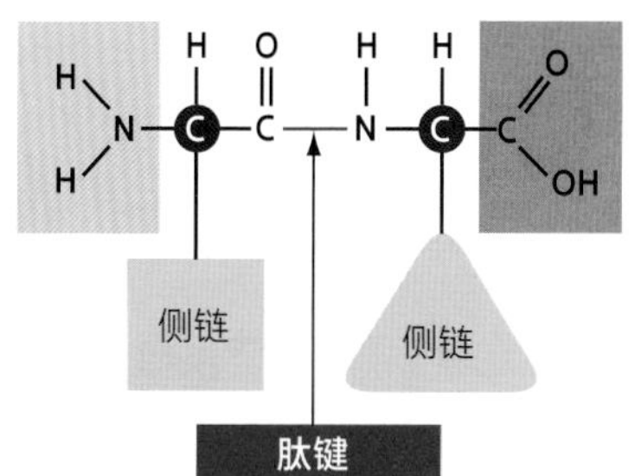

▲ 图 3.17　**氨基酸间的连接。**脱水反应通过肽键连接相邻的氨基酸。

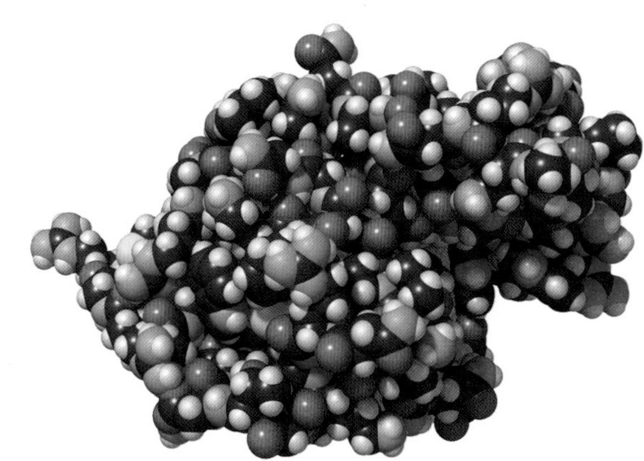

此模型可让你看到蛋白质结构的细节。

英文中，改变一个字母可以很大程度上影响单词的意思——例如，tasty（好吃）就变成了 nasty（讨厌）。同样，即使氨基酸序列只发生微小变化，也会影响蛋白质的功能。例如，在血红蛋白（血液中携带氧气的蛋白）中，特定位置上的氨基酸被另一氨基酸取代，将会造成镰刀型细胞贫血（一种遗传性血液疾病）（图 3.19）。组成血红蛋白β链的 146 个氨基酸中，即使只有一个氨基酸有误，也足以导致蛋白质折叠成不同的形状，从而改变其功能，进而引起疾病。蛋白质错误折叠与一些严重的脑部疾病有关。如图 3.20 中所示的疾病都是由朊病毒引起的，朊病毒是正常脑蛋白质的错误折叠版本。朊病毒可以侵入大脑，将正常折叠的蛋白质转化为异常形状。错误折叠的蛋白质聚集，最终会破坏大脑功能。

除了氨基酸序列外，蛋白质的结构对环境也很敏感。温度、酸碱度或其他因素的不利变化可能导致蛋白质分解。煮鸡蛋时，蛋清从透明变为不透明，这种转变是由蛋清中的蛋白质分解引起的。人体内某些蛋白质在 40℃以上会失去原来的形状，这是高烧具有危险性的一个原因。是什么决定了蛋白质的氨基酸序列？每条多肽链的氨基酸序列都由一个基因指定。基因和蛋白质之间的这种关系把我们引向本章最后一类生物大分子：核酸。☑

☑ 检查点

氨基酸的改变如何引起蛋白质功能变化？

答案：改变氨基酸可能会改变蛋白质的形状，从而改变其功能。

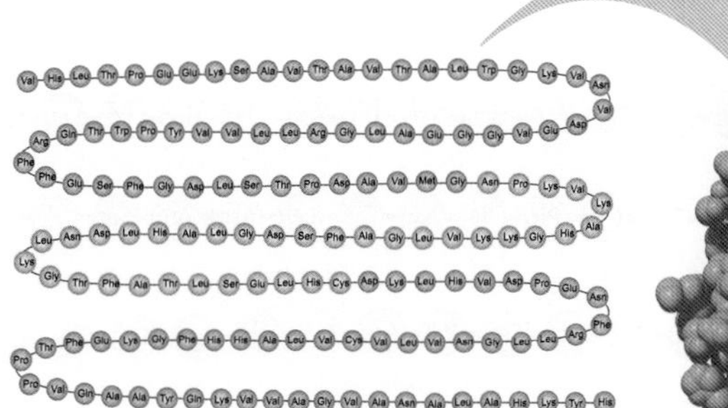

正常血红蛋白的β链氨基酸序列　　正常血红蛋白多肽　　正常红细胞

（a）**正常血红蛋白。**人类的红细胞通常呈圆盘状。每个细胞都含有数百万的血红蛋白分子，将氧气从肺部输送到身体的其他器官。

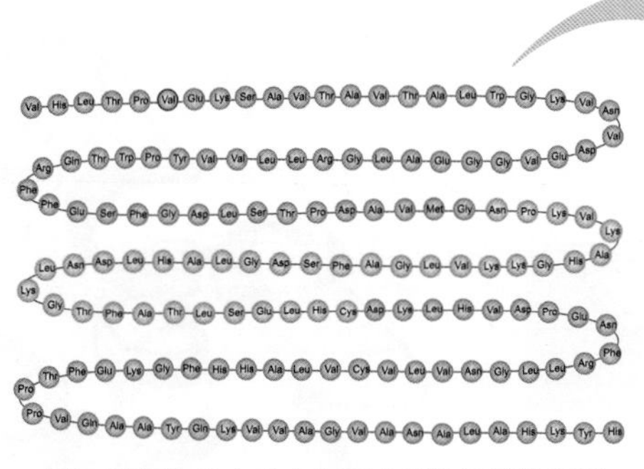

镰刀型细胞贫血病血红蛋白β链氨基酸序列　　镰刀型细胞贫血病血红蛋白多肽　　镰刀型红细胞

► 图 3.19　**蛋白质中的单个氨基酸被取代导致镰刀型细胞贫血。**

（b）**镰刀型细胞血红蛋白。**血红蛋白氨基酸序列的微小变化，多肽链中第六个氨基酸——谷氨酸被缬氨酸取代，就会导致镰刀型细胞贫血。这种异常的血红蛋白分子往往形成结晶，使一些细胞变形为镰刀状。这种有角的细胞堵塞住微小血管，阻碍血液流动，患者就会有生命危险。

牛体内的朊病毒会引起疯牛病，正式名为牛海绵状脑病（BSE）。

最早在 20 世纪 50 年代巴布亚新几内亚的一个部落中发现了库鲁病，这是一种脑部疾病，通过同类相食、摄入被感染者的大脑而引起传播，将朊病毒转移到新宿主。

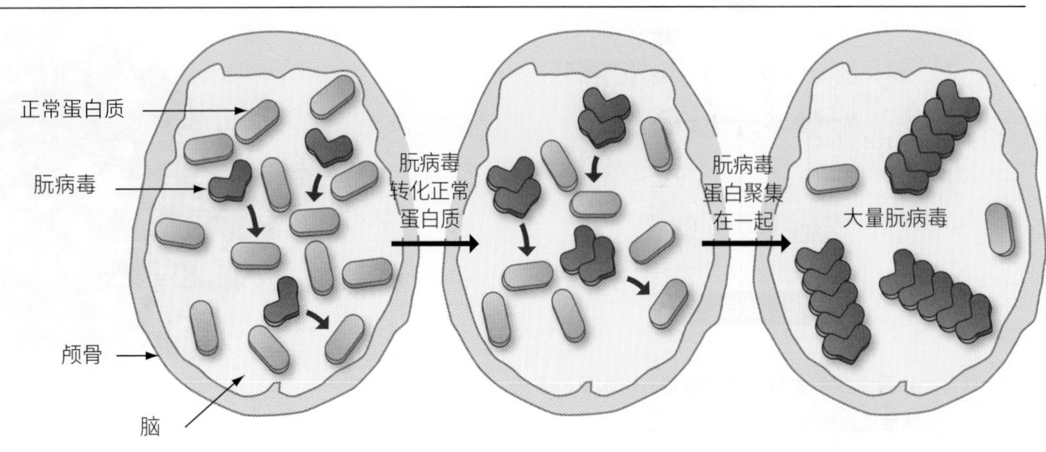

► 图 3.20　**蛋白质错误折叠会导致脑部疾病。**如图所示，可以看到朊病毒蛋白如何引起脑组织破坏，以及产生的几种疾病的例子（右）。

朊病毒可以导致鹿、麋鹿、驼鹿等动物的体重严重下降。

核酸

核酸是一种储存信息并为构建蛋白提供指令的大分子。核酸（nucleic acid）这个名字源自“DNA 见于真核细胞（eukaryotic cell）的细胞核（nuclei）中”这一事实。实际上，核酸有两种：**DNA**（deoxyribonucleic acid，脱氧核糖核酸）和 **RNA**（ribonucleic acid，核糖核酸）。人类和所有其他生物从其上一代那里继承了由 DNA 大分子构成的遗传物质。DNA 以一条或多条长链（称为染色体）的形式存在于细胞中。**基因**是遗传单位，编码在 DNA 的特定片段中，指导多肽链的氨基酸进行排序。然而，这些程序指令是用化学代码编写的，必须从“核酸语言”翻译成“蛋白质语言”（图 3.21）。细胞的 RNA 分子会帮助进行这种翻译（见第 10 章）。

核酸是由被称为**核苷酸**的单体所组成的聚合物（图 3.22）。每个核苷酸都由三部分组成。中心是一个五碳糖（图中蓝色），DNA 中是脱氧核糖，RNA 中是核糖。与五碳糖相连接的是一个带负电的磷酸基团（PO_4^-，图中黄色），由磷原子与氧原子结合而成。此外，五碳糖还与一个由单环或双环组成的含氮碱基（图中绿色）相连。所有核苷酸中，五碳糖和磷酸是相同的，只有碱基不同。每个 DNA 的核苷酸单体都含有以下四种含氮碱基之一：腺嘌呤（A）、鸟嘌呤（G）、胞嘧啶（C）、胸腺嘧啶（T）（图 3.23）。于是，所有的遗传信息都用这四个字母表示。

▼ 图 3.21 **合成蛋白质。**在细胞内，基因（DNA 片段）提供了合成 RNA 分子的指令，RNA 分子接着被翻译成蛋白质。

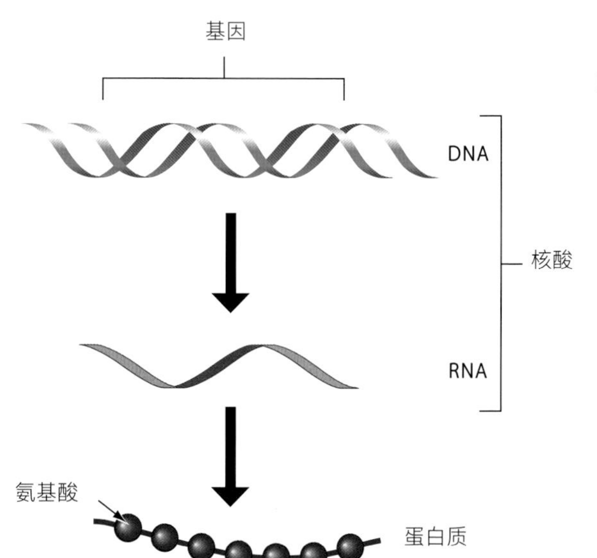

▼ 图 3.22 **DNA 的核苷酸。**一个 DNA 的核苷酸单体由三部分组成：一个五碳糖（脱氧核糖）、一个磷酸基团和一个含氮碱基。

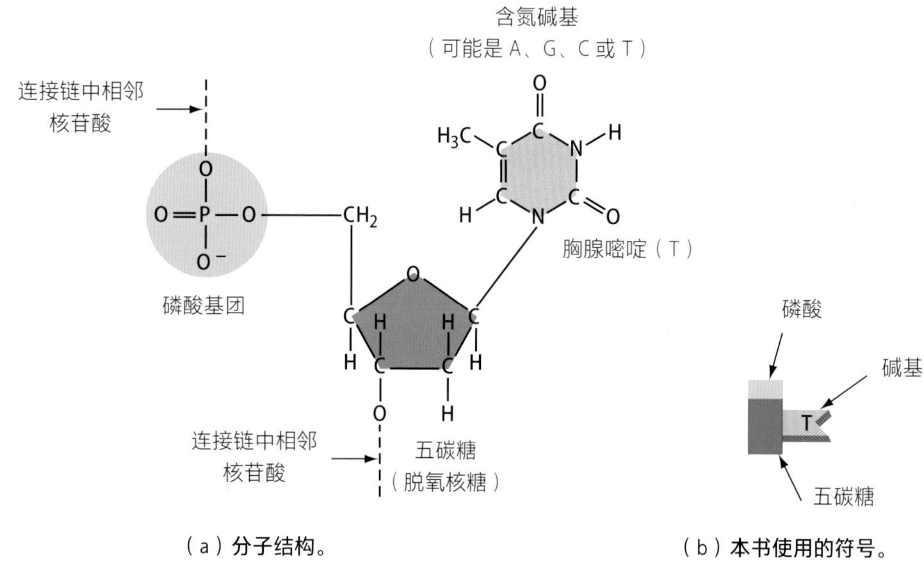

（a）分子结构。　（b）本书使用的符号。

▼ 图 3.23 **脱氧核糖核酸的含氮碱基。**需要注意的是腺嘌呤和鸟嘌呤是双环结构，胸腺嘧啶和胞嘧啶是单环结构。

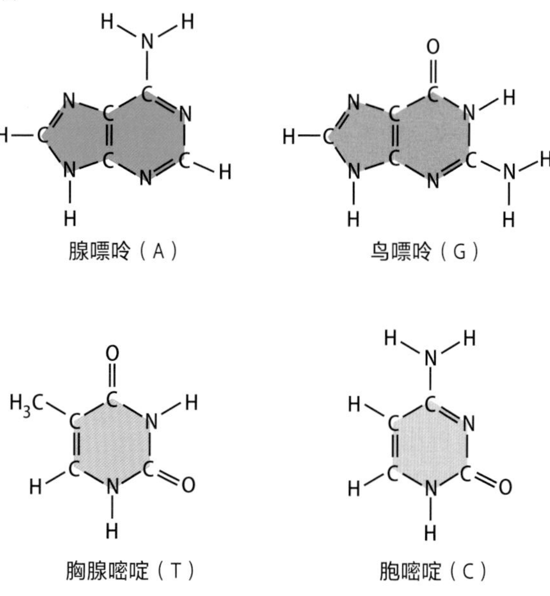

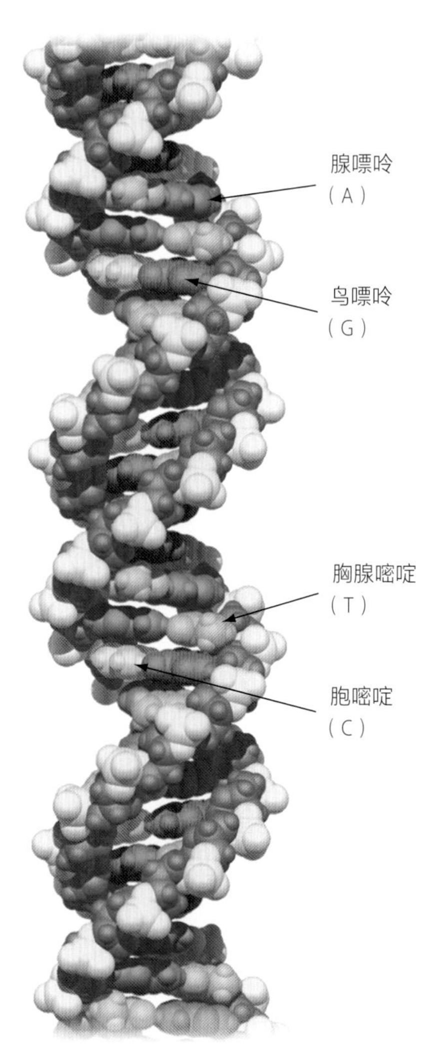

DNA 的空间填充模型
（四种颜色代表四种不同的碱基）

核苷酸单体经脱水反应连接成长链，称为多核苷酸［图 3.24（a）］。在多核苷酸中，核苷酸的五碳糖与相邻核苷酸的磷酸之间形成共价键，从而将这两个核苷酸连接在一起。这样的连接方式形成了**糖－磷酸骨架**，即按照糖—磷酸—糖—磷酸的模式重复排列，碱基（A、T、C 或 G）像附属物一样，悬挂在骨架上。四种碱基的不同组合，可形成数量巨大的多核苷酸序列。一段长的多核苷酸可以包含许多基因，每个基因含有数百或数千个核苷酸的特定序列。这些序列就是一个个代码，提供了从氨基酸合成特定多肽链的指令。

你、蚊子、大象的 DNA 结构几乎没有区别：动物物种间的差异源于核苷酸的排列方式。

细胞内，DNA 分子是双链的，由两条多核苷酸链相互缠绕形成**双螺旋结构**［图 3.24（b）］。想象拐杖糖或理发店招牌标志，一红一白螺旋缠绕。在螺旋的轴心（相当于拐杖糖内部），一条 DNA 链的碱基与另一条链的碱基相互以氢键结合。这些氢键各自都很弱，但在它们的共同作用下，两条链被压缩成一个非常稳定的双螺旋结构。为了更好地理解 DNA 链是如何结合的，可以想一想魔术贴（粘扣带），两个贴条通过钩与搭扣结合在一起，每个钩搭组合都很弱，但许多钩搭的共同作用就使两方紧紧地粘合在一起。由于官能团与碱基相连的方式，DNA 双螺旋中的碱基配对是特定的：碱基 A 只与 T 配对，G 只与 C 配对。因此，如果你知道一条 DNA 链的碱基序列，那么你就能知道这条 DNA 链在双螺旋结构中的互补链的碱基序列。这种独特的碱基配对是 DNA 作为遗传分子的基础（如第 10 章所述）。

DNA 和 RNA 有许多相似之处。例如，二者都是核苷酸的聚合物，都是由糖、磷酸和碱基组成的核苷酸连接而成。但二者有三点重要的区别：（1）如其名称“核糖核酸”所示，RNA 中的五碳糖是核糖而不是脱氧核糖。（2）组成 RNA 的碱基中不含胸腺嘧啶，相反有一种类似但不同的碱基——尿嘧啶（U）（图 3.25）。除了核糖和尿嘧啶的区别外，RNA 多核苷酸链与 DNA 多核苷酸链相同。（3）RNA 通常以单链形式存在于活细胞中，而 DNA 通常以双螺旋形式存在。

现在我们已经了解了核酸的结构，接下来看看改变核苷酸序列如何影响蛋白质的生成。为说明这一点，我们先回顾一下基础知识。☑

☑ 检查点

1. DNA 含有______条多核苷酸链，每条链由______种核苷酸组成。（请填入数字。）
2. 如果 DNA 中一条链的序列为 GAATGC，那么另一条链的序列是什么？

答案：1. 2；4。2. CTTACG。

▼ 图 3.24 **DNA 的结构。** DNA 分子中的碱基配对具有特异性：A 与 T 配对；G 与 C 配对。

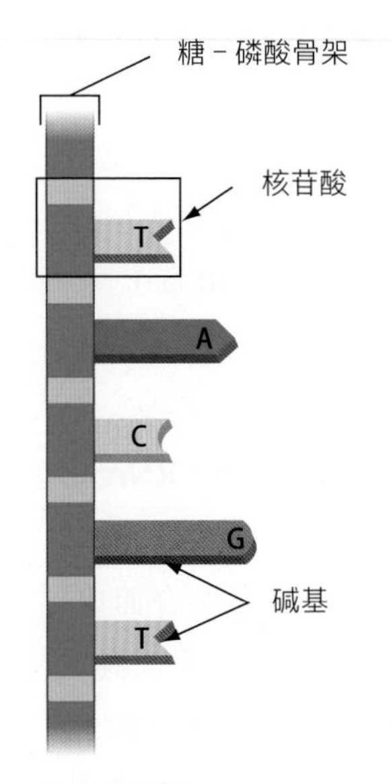

（a）DNA 链
（多核苷酸）

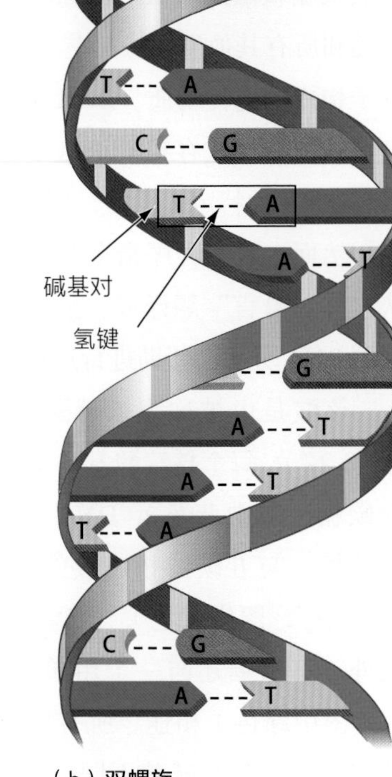

（b）双螺旋
（两条多核苷酸链）

▼ 图 3.25 **RNA 的核苷酸。** 注意，RNA 核苷酸和图 3.22 中的 DNA 核苷酸有两大差异：RNA 的糖是核糖而不是脱氧核糖，碱基有尿嘧啶（U）而没有胸腺嘧啶（T）。另外三种核糖核苷酸的碱基 A、C、G 则与 DNA 相同。

碱基
（可能是 A、G、C 或 U）
连接到核苷酸链中的相邻核苷酸
尿嘧啶（U）
磷酸基团
五碳糖（核糖）
连接到多核苷酸链中的相邻核苷酸

乳糖不耐受症　科学的过程

乳糖不耐受症受基因控制吗?

乳糖酶与所有蛋白质一样，都由 DNA 基因编码。我们可以提出一个合理的假说，乳糖不耐受症患者的乳糖酶基因存在缺陷。然而，这个假说没有观察数据的支持。尽管乳糖不耐受症在家族中遗传，但大多数不耐乳糖的人的乳糖酶基因是正常的。这就引出了以下问题：乳糖不耐受症的基因基础是什么?

一组芬兰和美国的科学家提出了这样的假说：乳糖不耐受症可能与一条染色体内特定位点的单核苷酸相关。他们预测这个位点离乳糖酶基因很近，但不在其内。在他们的实验中，他们检测了 9 个芬兰家庭的 196 位乳糖不耐受症患者的基因。结果显示，乳糖不耐受症和某个核苷酸位点之间有 100% 的相关性，这个位点离乳糖酶基因大约有 14,000 个核苷酸的距离，相对于整条染色体来说，这段距离并不长（图 3.26）。其他实验结果表明，这一位点内的核苷酸序列决定了乳糖酶基因的作用是增强还是减弱（其发生方式可能涉及产生一种调节蛋白，与乳糖酶基因附近的核苷酸相互作用）。这项研究表明了 DNA 核苷酸序列的微小变化，是如何对蛋白质的产生和生物体的健康产生重大影响的。

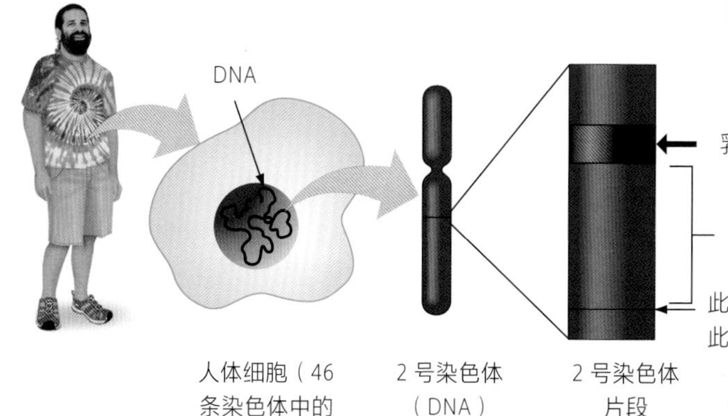

◄ 图 3.26　**乳糖不耐受症的遗传原因。**一项研究表明，乳糖不耐受症与一条染色体上特定位置的核苷酸之间存在相关性。

乳糖不耐受症　进化联系

人类乳糖不耐受症的进化

正如本章“生物学与社会”专栏所述，世界上大多数成年人都有乳糖不耐受症，因此不容易消化乳糖。事实上，80% 的非裔美国人和印第安人以及 90% 的亚裔美国人都有乳糖不耐受症，但只有约 10% 的北欧裔美国人有乳糖不耐受症。正如“科学的过程”中所讨论的那样，乳糖不耐受症似乎有遗传基础。

从进化的角度来看，可以推断，乳糖不耐受症在北欧人中罕见是合理的，因为他们祖先具有耐受乳糖的能力，就获得了一种生存优势。在北欧相对寒冷的气候下，一年只能收获一次农作物。因此，畜群是此地先民的主要食物来源。大约 9000 年前，牛在北欧首次被驯养（图 3.27）。由于牛奶和其他奶制品的全年供应，自然选择更有利于那些发生基因突变、使乳糖酶基因在婴儿期之后仍旧保持开启状态的人类个体。而在奶制品不是主要食物来源的国家中，自然选择就不会青睐这样一种基因突变。

研究者想知道，北欧人乳糖耐受性的遗传基础是否也存在于其他饲养奶牛的文化中。为了找出答案，他们比较了东非 43 个民族的基因组成和乳糖耐受性。结果发现，还有其他三种基因改变可使乳糖酶基因持续开启。这些变化似乎始于大约 7000 年前，考古学的证据表明当时这些非洲地区驯化了牛。

为生存带来选择性优势（比如熬过寒冬或饮用牛奶抵御干旱）的基因突变在早期人类中迅速传播。因此，你是否能消化牛奶是你的祖先进化的结果。

▲ 图 3.27　**法国拉斯科洞穴内史前岩洞画上的野牛。**右边这种类似牛的动物是一种野牛，是欧洲驯化的第一种牛。大约在 25 万年前，野牛从亚洲迁徙过来，但在 1627 年灭绝了。

本章回顾

关键概念概述

有机化合物

碳的化学性质

碳原子通过与包括其他碳原子在内的四个搭档键合，形成大型、复杂、多样的分子。有机化合物不仅在碳骨架的尺寸和形状上具有差异，不同官能团的数量和位置也有所不同。

小分子构件组成大分子

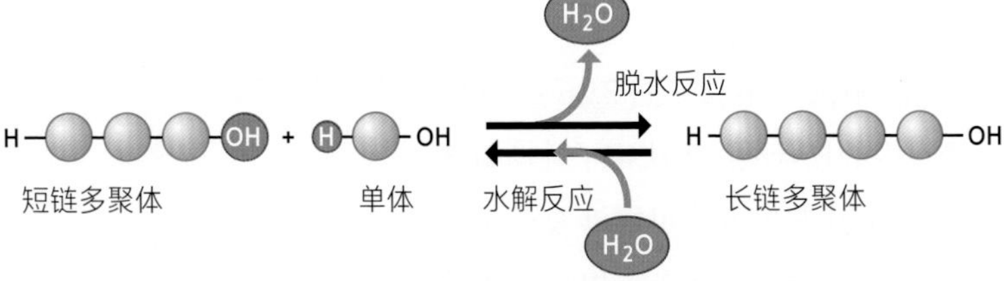

生物大分子

生物大分子	功能	成分	例子
糖类	膳食能量；贮存；植物结构	单糖	单糖有葡萄糖、果糖；双糖有乳糖、蔗糖；多糖有淀粉、纤维素
脂质	长期储存能量（脂肪）；激素（类固醇）	脂肪酸 甘油 甘油三酯的成分	脂肪（甘油三酯）；类固醇（睾酮，雌激素）
蛋白质	酶、结构、贮存、收缩、运输等	氨基 羧基 侧链 氨基酸	乳糖酶（一种酶）；血红蛋白（一种运输蛋白）
核酸	信息储存	磷酸 碱基 T(U) 五碳糖 核苷酸	DNA，RNA

糖类

单糖为细胞提供能量和构建材料。双糖（二糖），如蔗糖，由两个单糖分子通过脱水反应形成。多糖是糖单体的长链多聚体。植物中的淀粉和动物中的糖原是贮藏性多糖。植物细胞壁的纤维素是一种结构性多糖，动物难以消化它。

脂质

脂质是疏水性的。脂肪是一种脂质，是动物长期储存能量的主要载体。脂肪分子，即甘油三酯，由三个脂肪酸分子和甘油通过脱水反应形成。大多数动物脂肪是饱和脂肪，这意味着它们的脂肪酸分子含有最大数目的氢原子。植物油主要含有不饱和脂肪，由于碳架上有双键，氢原子数目较少。类固醇，包括胆固醇和性激素，也是一种脂质。

蛋白质

氨基酸是蛋白质的单体，共 20 种。它们通过脱水反应连接在一起，形成称为多肽的聚合物。蛋白质由一条或多条多肽链折叠成特定的三维形状形成。蛋白质的形状决定了其功能。改变多肽的氨基酸序列就可能会改变蛋白质的形状，从而改变其功能。蛋白质形状对环境非常敏感，一旦蛋白质因环境不适而失去原状，其功能也会一并丧失。

核酸

核酸包括 RNA 和 DNA。DNA 呈双螺旋结构，两条 DNA 链（核苷酸的聚合物）的核苷酸组分碱基通过氢键连接在一起。DNA 碱基有四种：腺嘌呤（A）、鸟嘌呤（G）、胸腺嘧啶（T）、胞嘧啶（C）。A 与 T 配对，G 与 C 配对。这种碱基配对规则使 DNA 能够作为遗传分子。RNA 有 U（尿嘧啶），而无 T。

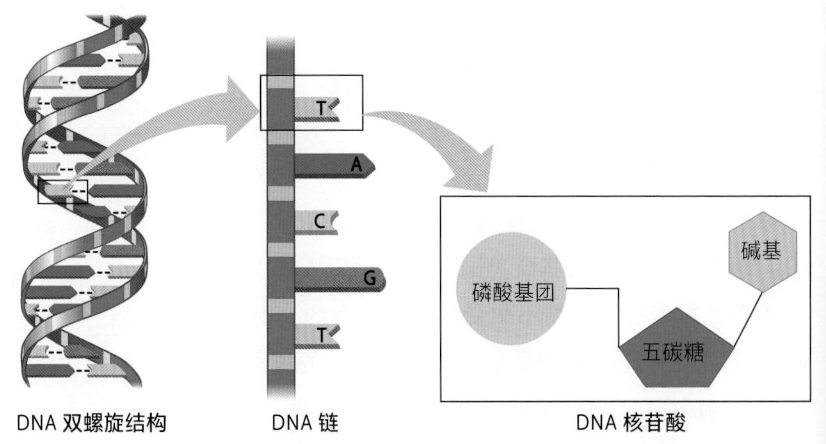

MasteringBiology®

如需练习测验、生物动画、MP3 教程、视频辅导以及为本教材设计的更多学习工具，请访问 MasteringBiology®。

自测题

1. 甲基苯丙胺的一种异构体是可使人上瘾的非法药物，被称为“冰毒”；另一种异构体是治疗鼻窦充血的药物。如何解释这两种异构体效果的不同？

2. 单体通过________反应生成较大的多聚体。这一反应每发生一次释放出一分子的________。
3. 多聚体通过________反应分解成单体。
4. 以下哪个术语包括选项中的所有其他术语？
 a. 多糖　　b. 糖类
 c. 单糖　　d. 双糖
5. 两分子葡萄糖（$C_6H_{12}O_6$）通过脱水反应结合在一起，所形成的两种产物的分子式是什么？（提示：原子守恒。）
6. 一分子的膳食脂肪是由三分子的________和一分子的________结合而成的。由此产生的分子的正式名称是什么？
7. 以下关于饱和脂肪的叙述，哪一个是正确的？
 a. 饱和脂肪的尾部含有一个或多个双键。
 b. 饱和脂肪的尾部含有最大数目的氢。
 c. 饱和脂肪是大多数植物油的主要成分。
 d. 饱和脂肪通常比不饱和脂肪更有益于健康。
8. 任何动物都无法消化木头，因为它们：
 a. 不能消化任何糖类。
 b. 嚼得不够细。
 c. 缺乏分解纤维素所需的酶。
 d. 无法从中获取营养。
9. 解释一下，如何改变蛋白质中的氨基酸而不影响蛋白质的功能。
10. 大多数蛋白质易溶于水。因此，在蛋白质的整个三维形状中，最有可能在哪里找到疏水性氨基酸？
11. 土壤缺磷，导致植物难以制造______。
 a. DNA　　b. 蛋白质
 c. 纤维素　　d. 脂肪酸
12. 一个葡萄糖分子相对于______，就像一个核苷酸分子相对于______一样。
13. 请指出 DNA 和 RNA 的三个相似之处和三个不同之处。
14. 基因的结构是什么？基因的功能是什么？

答案见附录《自测题答案》。

科学的过程

15. 一家食品制造商正在宣传一款新型无脂蛋糕。美国食品药品监督管理局（FDA）的科学家们正在检测该产品，研究它是否真的不含脂肪。蛋糕混合物水解产生了葡萄糖、果糖、甘油、一些氨基酸和几种长链分子。进一步的分析表明，大多数链的一端有一个羧基。如果你是 FDA 的发言人，你会对食品制造商说什么？
16. 想象一下，你研制了几种乳糖酶，每种都与正常的乳糖酶不同，皆差一个氨基酸。请描述一个实验，来间接地确定哪种乳糖酶能显著改变蛋白质的三维形状。
17. **解读数据**　下图是一种饼干的食品标签。1 克脂肪含 9 卡路里的能量，1 克糖类或蛋白质含 4 卡路里的能量。标签的顶部显示每块饼干总共含有 140 卡路里的能量。这种饼干中的脂肪、糖类和蛋白质各占总能量的百分之多少？

营养成分

分量：1 块饼干（28 克 /1 盎司）
一盒 8 块

每食用分量	
卡路里 140	脂肪的卡路里 60
	每日建议摄取量
脂肪总量　7 克	11%
饱和脂肪　3 克	15%
反式脂肪酸　0 克	
胆固醇　10 毫克	3%
钠　80 毫克	3%
碳水化合物总量　18 克	6%
膳食纤维　1 克	4%
糖　10 克	
蛋白质　2 克	

生物学与社会

18. 一些业余或职业运动员服用合成代谢类固醇，以增强力量。根据记录，这种做法有巨大的健康风险。除了健康问题，在道德观方面，你对运动员使用化学物质提高成绩的做法有什么看法？ 你认为这是作弊的一种形式，还是仅仅是为了在运动中保持竞争力而做的准备工作的一部分？请阐明理由。
19. 心脏病是美国和其他工业化国家人民死亡的主要原因。不健康脂肪的主要来源是快餐，它能引起心脏病。假设你是一名陪审员，正在审理一家快餐制造商因生产有害产品而被起诉的案件。你认为不健康食品的制造商应该在多大程度上对其产品的健康后果负责？作为陪审团成员，你会投什么票？
20. 工业化学家每年开发、测试成千上万种新的有机化合物，用作杀虫剂、杀菌剂、除草剂。这些化学物质在哪些方面能起到作用？又在哪些方面是有害的？你对这类化工产品总体上是持正面观点还是负面观点？是什么影响了你对这些化工产品的观点？

4 细胞之旅

细胞为什么重要

蘑菇、变形虫，还有你，都由同类型的细胞组成。

咖啡因能使你的茶有提神效果，还能保护茶树免受食草动物的侵害。

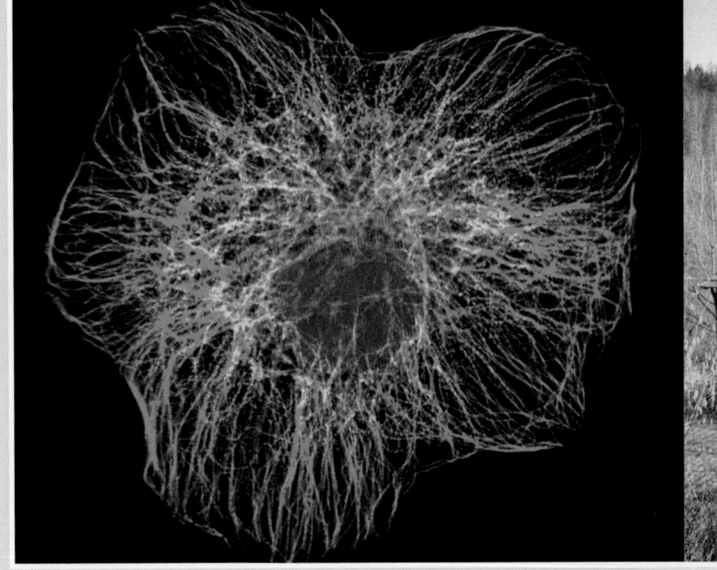

▲ 没有细胞骨架，你的细胞自己就垮了，就像栋梁折断，导致房倒屋塌。

本章内容

本章线索

人类与细菌

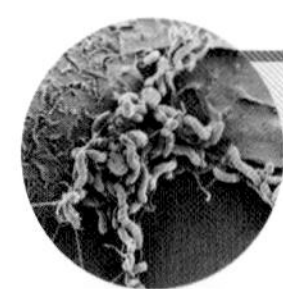

人类与细菌　生物学与社会

抗生素：针对细菌的药物

抗生素是现代医学的一个伟大奇迹，它能使感染性细菌丧失致病性或死亡。1920 年，人类发现了第一种抗生素——青霉素，从而开启了一场人类健康的大革命。许多疾病（如细菌性肺炎和外科感染）的死亡率大幅下降，挽救了千百万人的生命。事实上，人类医疗保健进步如此迅速而深刻，以至 20 世纪初一些医生预测，人类将彻底终结感染性疾病。遗憾的是，这种预测并没有变成现实（见第 13 章的“进化联系”专栏，讨论为什么感染性疾病没那么容易被打败）。

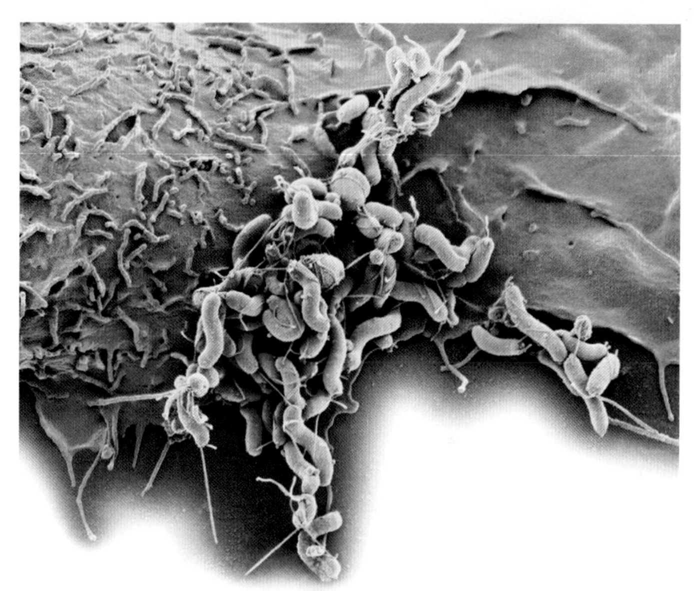

两种细胞。在这张显微照片中，可以看到幽门螺杆菌（绿色）与人体胃内的细胞混合在一起。这种细菌会导致胃溃疡。

抗生素治疗的目标是：消灭入侵的细菌，同时不伤害其人类宿主。那么，抗生素是如何在数万亿个人类细胞中瞄准目标的呢？——大多数抗生素之所以如此精准，是因为它们只结合“仅见于细菌细胞中的结构”。例如，常见的抗生素红霉素、链霉素结合细菌的核糖体（负责蛋白质生产的重要细胞结构）。人类的核糖体与细菌的核糖体差异很大，因此抗生素只与细菌核糖体结合，同时人类核糖体不受影响。环丙沙星（通常被称为 Cipro）是治疗炭疽杆菌感染的首选抗生素，这种药物作用于维持细菌染色体结构所需的酶。因为人类染色体的组成与细菌染色体完全不同，在环丙沙星存在的情况下，你的细胞也可以很好地存活。其他药物（如青霉素、氨苄西林、杆菌肽）通过破坏细胞壁的合成来起作用——大多数细菌细胞有细胞壁，而人类和其他动物的细胞却没有。

上述关于各种抗生素如何专门作用于细菌的讨论，强调了本章的要点：要理解生命是如何运作的（无论是在细菌中还是在你自己体内）要首先理解细胞。在生物组织的范围内，细胞占据特殊的位置：细胞是最简单的“活物”，是能够显示生命所有属性的最小单元。在这一章中，我们将探索细胞的微观结构和功能。在此过程中，我们将进一步思考人类和感染性细菌之间正在进行的战争是如何受到双方细胞结构的影响的。

细胞的微观世界

你身体里的每一个细胞，都是一个微小的奇迹。即使世界上最复杂的巨型喷气式飞机被缩小到微观尺寸，它的复杂程度也完全比不上一个活的细胞。

生物体要么是单细胞的，如大多数原核生物和原生生物，要么是多细胞的，如植物、动物和大多数真菌。你自己的身体就是一个由数万亿个不同种类细胞协作组成的社会。当你阅读这页书时，肌肉细胞让你的眼睛扫过文字，眼睛中的感觉细胞同时会收集信息并将其发送给脑细胞，由脑细胞理解这些文字。你做的每一件事、每一个行动、每一个想法，都是因为细胞水平的活动而成为可能。

图 4.1 显示了细胞与各种大小物体的尺寸对比。请注意，图左侧的尺寸按 10 倍递增，以此来显示不同的大小。从顶部的 10 米（m）开始，每下移一个标度代表长度缩小至上一层的十分之一。大多数细胞直径在 1 ～ 100 微米（μm）之间（图中黄色区域），因此只能用显微镜看到。不过有一些有趣的例外：鸵鸟蛋是一个直径约 0.15 米、重约 1.4 千克的细胞；你体内的神经细胞的长度可超过 1 米；而巨型乌贼的神经细胞可长逾 9 米！

新的细胞是如何产生的呢？首倡于 19 世纪的**细胞理论**指出：所有生物都是由细胞组成的，所有细胞都来自之前的细胞。所以你身体里的每一个细胞（以及地球上的每一个其他生物身体里的细胞）都是由之前的活细胞分裂而成的。（这就产生了一个显而易见的问题：第一个细胞是如何进化出来的？我们将在第 15 章讨论这个有趣的话题。）介绍完这些，让我们开始探索地球生命中的各种细胞吧。

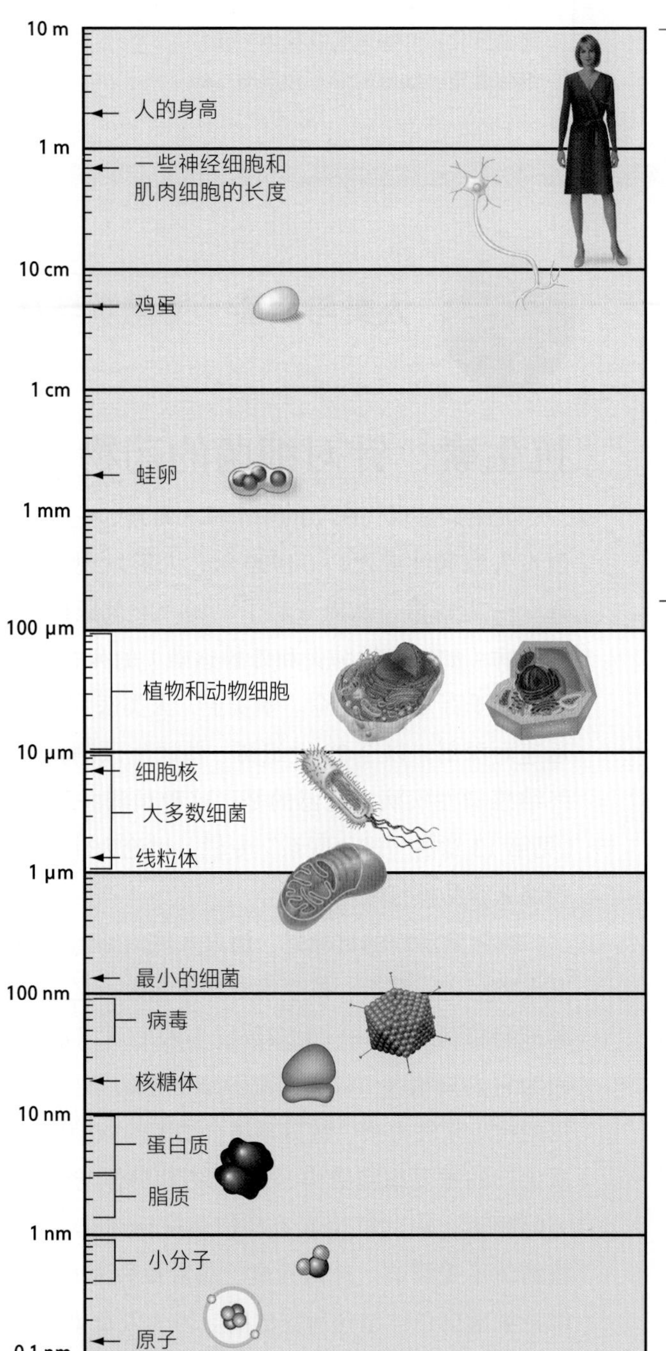

单位换算

1 米（m）=100 厘米（cm）≈ 39.4 英寸

1 厘米（cm）=10^{-2}（$\frac{1}{100}$）米≈ 0.4 英寸

1 毫米（mm）=10^{-3}（$\frac{1}{1000}$）米 =$\frac{1}{10}$ 厘米

1 微米（μm）=10^{-6} 米 =10^{-3} 毫米

1 纳米（nm）=10^{-9} 米 =10^{-3} 微米

▲ 图 4.1 **细胞的大小范围。**从顶端刻度 10 米向下，沿着左边每下移一个标度都标志着尺寸缩小至上一层的十分之一。

表 4.1	比较真核和原核细胞
原核细胞	真核细胞
相同结构的细胞膜	
细胞质占据整个细胞	细胞质在细胞核和细胞膜之间
拟核区有一个环状染色体	细胞核中有一条或多条线状染色体
都有核糖体，但结构稍有不同	
约 35 亿年前进化产生	约 21 亿年前进化产生
更小，更简单	更大，更复杂
无膜包裹的细胞器	有膜包裹的细胞器（如细胞核、内质网）
多数有细胞壁，一些有荚膜、纤毛和（或）鞭毛	植物细胞被细胞壁包围；动物细胞被细胞外基质包围

两大类细胞

地球上存在的无数细胞可以分为两类：原核细胞、真核细胞（**表 4.1**）。细菌和古菌都由**原核细胞**组成，称为原核生物（见图 1.7）。原生生物、植物、真菌以及动物都是由**真核细胞**组成，称为真核生物。

所有细胞，无论是原核还是真核，都具有以下几个共同特征：都被名为**细胞膜**的屏障包围，细胞膜调节细胞与其周围环境之间的分子流动；细胞内都有一种黏稠的胶状液体，称为**胞质溶胶**，所有细胞成分都悬浮在其中；细胞都有一条或多条携带 DNA 基因的**染色体**；细胞都有**核糖体**，能根据基因的指令合成蛋白质。如本章开头的“生物学与社会”专栏所讲，由于细菌和真核生物之间的结构差异，一些抗生素（如链霉素）以原核细胞核糖体为目标，阻碍入侵细菌的蛋白质合成，但不影响真核宿主（你）的蛋白质合成。

蘑菇、变形虫，还有你，都由同类型的细胞组成。

原核细胞和真核细胞虽然有许多相似之处，但在几个重要方面有所不同。化石证据表明，原核生物出现在超过 35 亿年前，是地球上最早出现的生命。相比之下，最早的真核生物直到 21 亿年前才出现。原核细胞通常要小得多，长度大约只有典型真核细胞的十分之一，而且结构更简单。如果把原核细胞比作一辆自行车，那么真核细胞就好比一辆运动型多功能跑车（SUV）。自行车、SUV 都可以让你从一个地方到另一个地方，但是自行车比 SUV 小得多，零件也少得多。同样，原核细胞和真核细胞的功能相似，但原核细胞要小得多，也更简单。这两种细胞最显著的结构差异是：真核细胞有被特定功能的膜结构包围的**细胞器**（“小器官”），而原核细胞没有。真核细胞最重要的细胞器是**细胞核**，它容纳了真核细胞的大部分 DNA，被双层膜包围。原核细胞没有细胞核；它们的 DNA 盘绕后形成一个“类似核”的区域，称为**拟核**，这个区域与细胞的其他部分没有被膜分隔开。

可以这样类比：真核细胞就像一个被分隔成小隔间的办公楼。每个隔间内都执行着特定的功能，从而在不同隔间实现劳动分工。例如，一个隔间可能是财务处，另一个则是销售处。真核细胞内的“隔间壁”由膜组成，有助于维持各个隔间中独特的化学环境。相比之下，原核细胞的内部就像一间开放的仓库。在“原核生物仓库”中，执行各种具体任务的地点不同，但它们没有被物理屏障分隔开。

图 4.2 展示了一个理想化的原核细胞示意图和一个真实细菌的显微照片。大多数原核细胞的细胞膜周围都有一层坚实的细胞壁，它保护细胞并维持其形态。回想一下本章开头的“生物学与社会”部分，细菌细胞壁是一些抗生素的攻击目标。在一些原核生物中，细胞壁周围有一层叫作荚膜的黏性外壳。荚膜提供保护，并帮助原核生物黏附在各个表面和细胞群中的其他细胞上。例如，荚膜有助于口腔中的细菌黏附在一起，形成有害的牙菌斑。某些原核生物有短的突起，称为纤毛，也可以黏附于各个表面。许多原核细胞有鞭毛（长长的突起），推动它们在液体环境中前进。☑

真核细胞概貌

所有真核细胞（无论是来自动物、植物、原生生物还是真菌）根本上都是相似的，而与原核细胞截然不同。图 4.3 提供了理想化的动物细胞和植物细胞的示意图。这不表示真正细胞的模样，因为在活细胞中，该图示结构的数目要多得多。例如，你的每个细胞都有数百个线粒体和数百万个核糖体。为了防止我们在细胞之旅中迷路，在这一章中，我们将使用图 4.3 中

☑ 检查点

1. 说出在原核和真核细胞中发现的四种结构。
2. 原核细胞的拟核区与真核细胞的核有何不同？

答案：1. 细胞膜、染色体、胞质溶胶、核糖体。2. 原核细胞的拟核区无膜包被。

▼ 图 4.2 **原核细胞。**理想化的原核细胞示意图（右）与幽门螺杆菌（一种导致胃溃疡的细菌）（左）的显微照片。

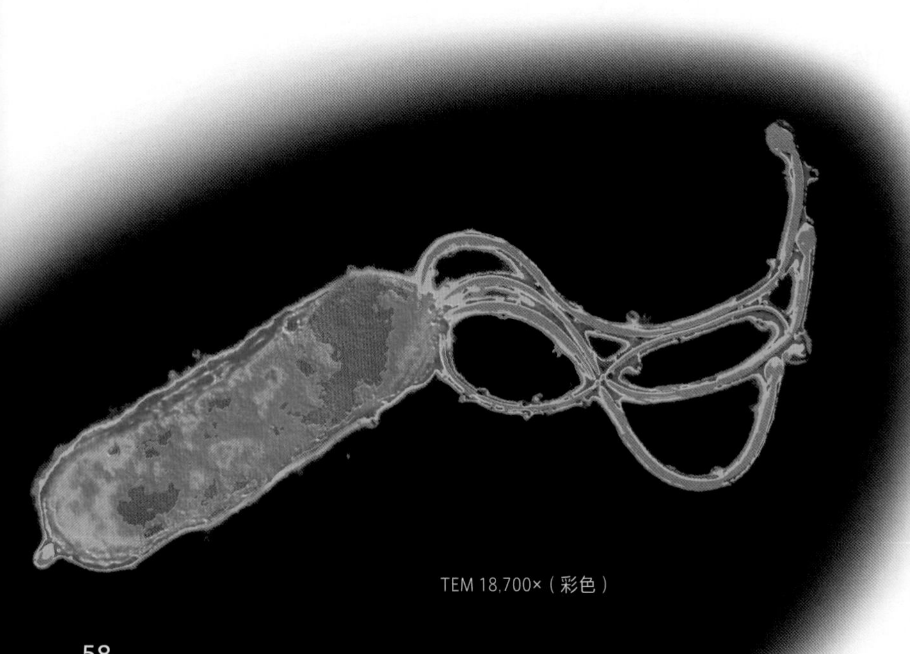

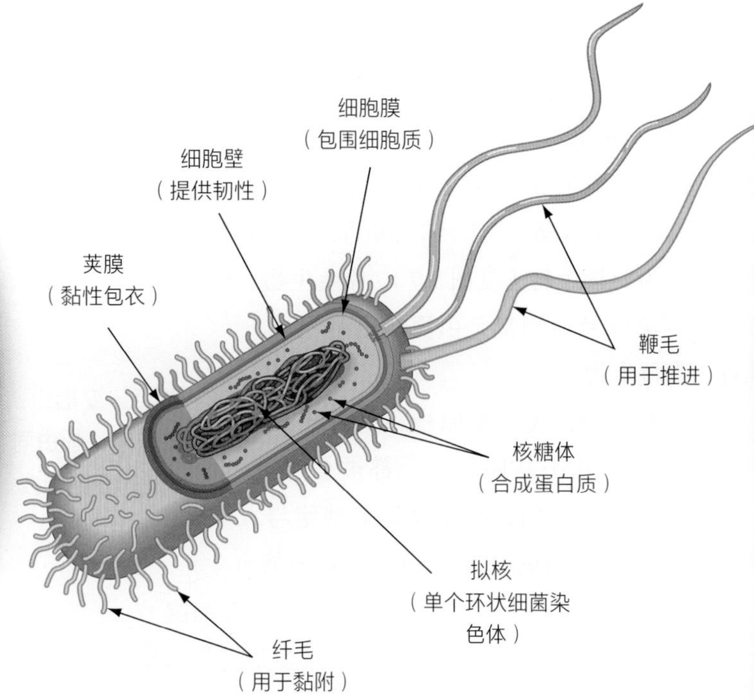

的微观图作为地图，强调我们所讨论的结构。请注意，这些结构是用颜色区分的；我们将在整本书中使用这一配色方案。

细胞核外、细胞膜内的细胞区域称为**细胞质**（这个术语也用来指原核细胞的内部）。真核细胞的细胞质，包括了悬浮在液状胞质溶胶中的各种细胞器。如图 4.3 所示，大多数细胞器既见于动物细胞，又见于植物细胞。但是你会注意到一些重要的区别——例如，只有植物细胞有叶绿体（发生光合作用的地方）和细胞壁（增加植物细胞的韧性）；只有动物细胞有溶酶体（含有消化酶的膜泡）。在本章剩余部分，我们将从细胞膜开始，逐个研究真核细胞的结构。☑

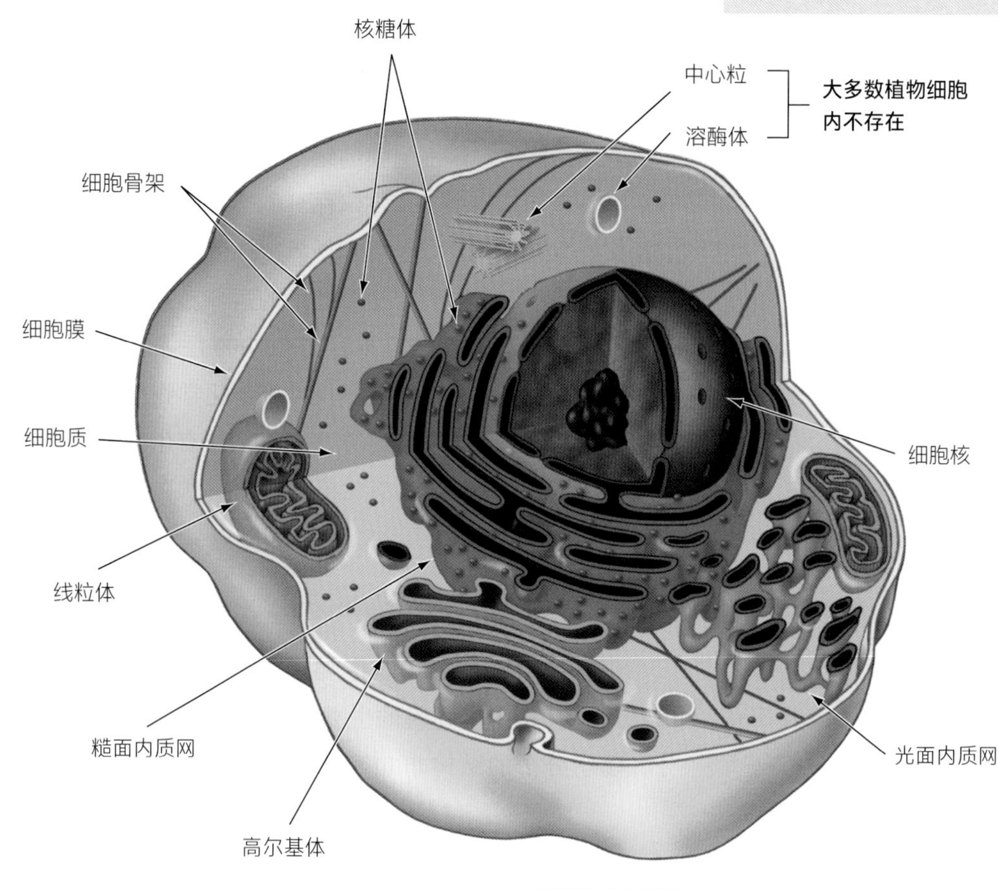

► 图 4.3 **理想化的动物细胞和植物细胞。**图画中的标注只是文字，但当我们进一步了解细胞的每个部分如何运作时，这些细胞器就会变得生动起来。

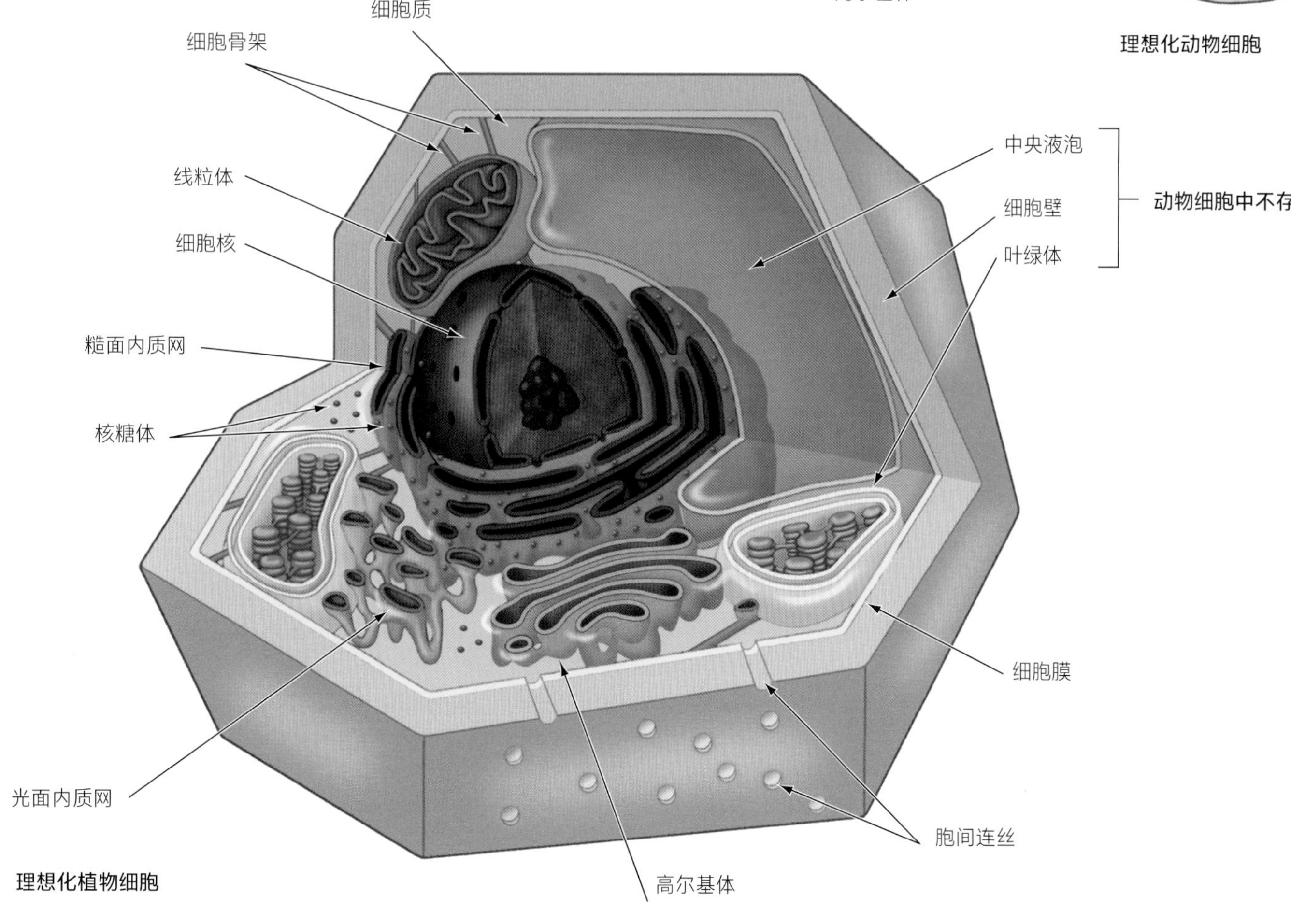

☑ 检查点

1. 说出三种植物细胞有而动物细胞没有的结构。
2. 说出两种可能见于动物细胞，但不见于植物细胞的结构。

答案：1.叶绿体、中央液泡、细胞壁。2.中心粒、溶酶体。

细胞膜的结构

在我们进入细胞内部，探索细胞器之前，让我们稍作停留，游览一下这个微观世界的表面——细胞膜。为了更好地理解细胞膜的结构和功能，请想象你将在荒野中建造一处新住宅。你可能会首先想要建立围栏保护家产安全，以免受到外界侵害。同样，细胞膜是分隔活细胞与外界非生命环境的边界。细胞膜是一层非常薄的膜，这样的薄膜堆叠 8000 层才相当于一张纸的厚度。然而，细胞膜可以调节化学物质进出细胞，这是由它的结构决定的——如同所有生物构造一样，细胞膜的结构与其功能相关。

☑ 检查点

磷脂在水中形成的双层膜结构有什么作用？

答案：双层结构将磷脂的疏水性尾部与水隔离，亲水性头部则暴露在水中。

 结构 / 功能　细胞膜

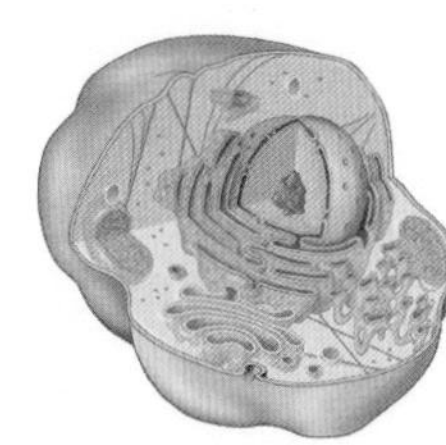

细胞膜和其他生物膜主要由磷脂组成。作为生物膜的主要成分，磷脂分子的结构非常符合生物膜的功能需要。每个磷脂分子由两个不同的部分组成——一个带负电荷的磷酸基团“头”和两个非极性的脂肪酸“尾”。磷脂分子聚集在一起形成双层的薄膜，称为**磷脂双分子层**。如图 4.4（a）所示，磷脂亲水（亲近水）的头部朝外排列，暴露在膜两侧的水溶液中。它们疏水（排斥水）的尾巴向内排列，混杂在一起，与水隔绝。在大多数膜的磷脂双分子层中悬浮着的蛋白质，有助于调节物质跨膜运输，此外还执行其他功能［图 4.4（b）］。（第 5 章会讲到更多有关膜蛋白的知识。）

然而，膜不是静态的分子薄层。细胞膜的质地其实类似于色拉油。因此磷脂和大多数蛋白质都可以在膜上自由漂移。膜的这种形态被称为“流动镶嵌模型”——流动是指分子可以自由地移动，镶嵌是指各种蛋白质像冰山一样，漂浮在自由流动的磷脂海洋中。接下来，我们将了解一些细菌是如何穿透细胞膜使人生病的。☑

▼ 图 4.4　**细胞膜结构。**

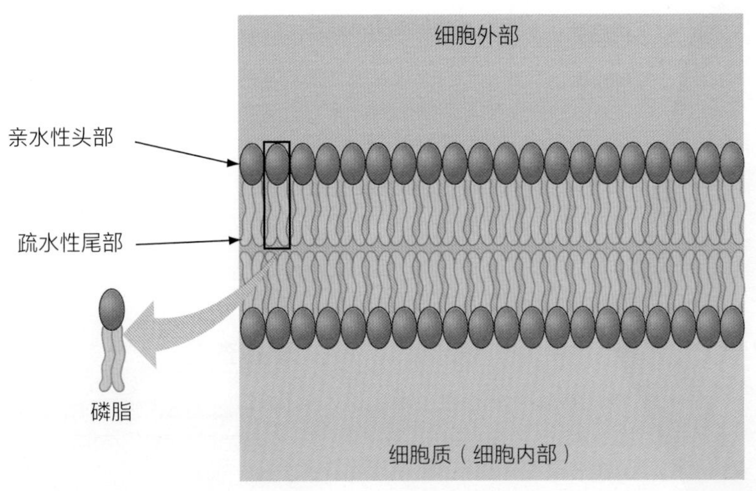

（a）**膜的磷脂双分子层。**在水中，磷脂排列成两层。在本书中，我们将用一个看起来像“有两个波浪形棒柄的棒棒糖”的符号代表一个磷脂分子的结构。棒棒糖的“头部”是亲水的磷酸基团，两个“尾部”是疏水的碳氢链。磷脂的双层排列方式使头部暴露在水中，而尾部置于膜的内部（呈油性）。

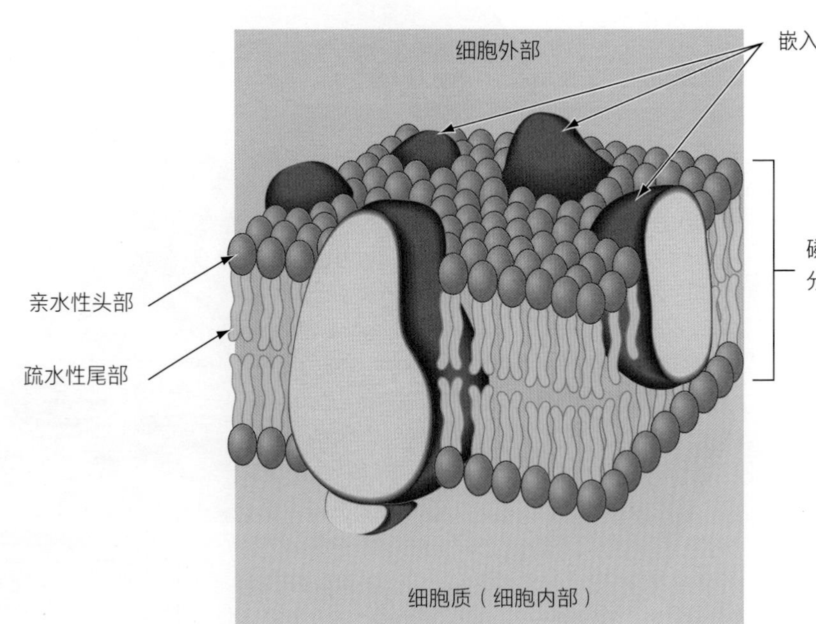

（b）**膜的流动镶嵌模型。**膜蛋白像磷脂一样，既有亲水性区域也有疏水性区域。

人类与细菌 科学的过程

什么造就了超级细菌？

有些细菌通过破坏人体免疫细胞的细胞膜引起疾病。例如：一种叫作金黄色葡萄球菌的常见细菌（通常称为“葡萄球菌”或 SA），通常生活在人的皮肤上，并且一般是无害的，但也可能会繁殖和传播，导致“葡萄球菌感染”。葡萄球菌感染通常发生在医院，可能导致严重疾病甚至危及生命，比如肺炎或坏死性筋膜炎（“食肉病”）。

葡萄球菌感染，大多可以用抗生素治疗。但是一种特别危险的金黄色葡萄球菌——MRSA（多药耐药金黄色葡萄球菌）——不会受任何常用抗生素的影响。近年来，MRSA 在医院、健身房、学校的感染率越来越高。在一项研究中，美国国家卫生研究院（NIH）的科学家研究了一种特殊的致命性 MRSA。他们事先观察到其他细菌利用一种叫作 PSM 的蛋白质，形成破坏细胞膜的小孔，使人类免疫细胞失效。这一发现让他们怀疑 PSM 是否也在 MRSA 感染中起作用（图 4.5）。他们的假说是：不能产生 PSM 的 MRSA，致命性要低于能产生 PSM 的正常 MRSA。

科学家在实验中，用正常 MRSA 菌株感染了 7 只小鼠，同时用经过基因改造的不能产生 PSM 的 MRSA 菌株感染了 8 只小鼠。结果非常惊人：感染了正常 MRSA 菌株的 7 只小鼠全部死亡，而感染了不能产生 PSM 的 MRSA 菌株的 8 只小鼠中有 5 只存活。所有死亡小鼠的免疫细胞的细胞膜上都有裂孔。研究者得出结论：正常的 MRSA 菌株用 PSM 蛋白破坏细胞膜，但一定还有其他因素发挥作用，因为即使没有 PSM，也有 3 只小鼠死亡。因此，MRSA 菌株的致命作用揭示了细胞膜的关键作用，这也是人类与致病细菌之间持续斗争的另一个例子。

▼ 图 4.5 MRSA 如何破坏人类免疫细胞。

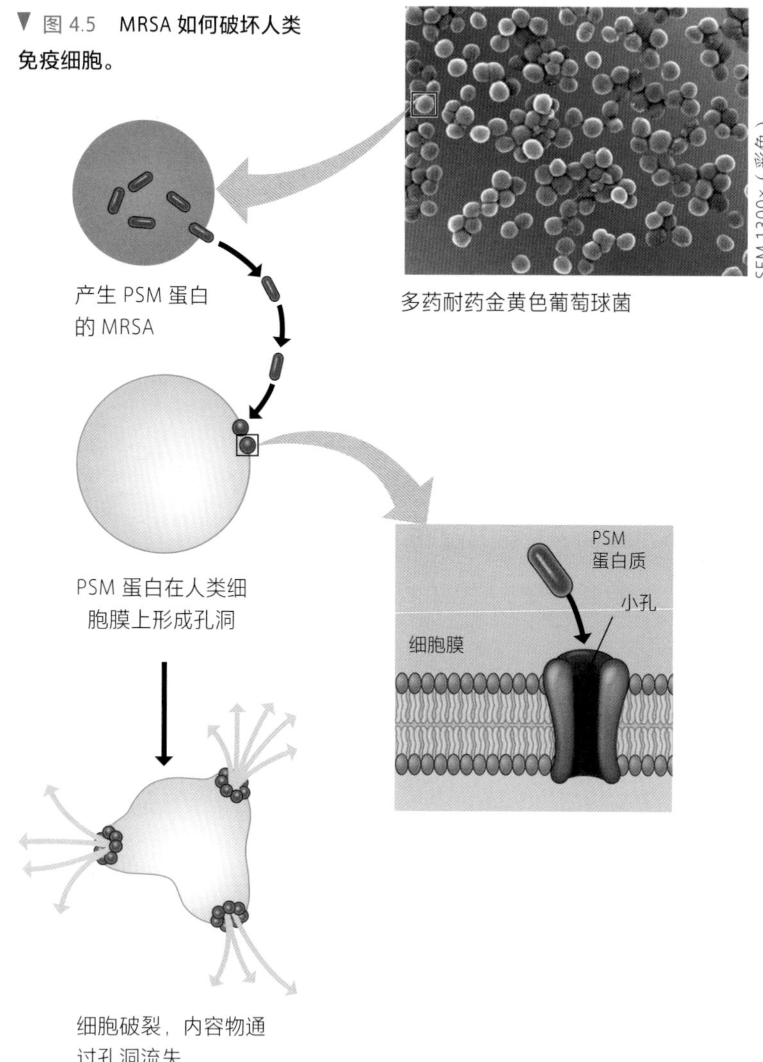

细胞表面

植物细胞的细胞膜周围有一个由纤维素组成的细胞壁，纤维素是一种长链多糖［见图 3.9（c）］。细胞壁保护细胞，保持细胞形态，防止细胞因吸收太多水分破裂。植物细胞通过胞间连丝相互连通，使相邻细胞的细胞质连在一起。这些通道让水和其他小分子在细胞之间移动，从而统一调节植物组织的活动。

动物细胞没有细胞壁，但大多数动物细胞会分泌一种黏性物质，称为细胞外基质。其中，由胶原蛋白组成的纤维（也存在于皮肤、软骨、骨骼、肌腱中）将组织中的细胞聚集在一起，而且还具有保护和支撑功能。此外，大多数动物细胞的表面都有细胞连接，这种结构将细胞聚集成组织，使细胞能够协调合作。☑

☑ 检查点

植物细胞壁的主要成分是哪种多糖？

答案：纤维素。

细胞核和核糖体：细胞的遗传控制

如果把细胞比作一个工厂，那么细胞核就是它的控制中心。在这里，可以储存总体规划信息，发出指令，对外界因素变化做出响应，并且能启动建造新工厂的过程。基因是工厂的主管干部，这些具遗传效应的 DNA 分子指导着几乎所有的细胞活动。每个基因都是一个 DNA 片段，储存着生成特定蛋白质所需的信息。蛋白质就好比工厂车间的工人，它们承担了细胞中的大部分实际工作。

☑ 检查点

染色体、染色质和 DNA 之间有什么关系？

答案：染色体是由染色质组成的，染色质是 DNA 和蛋白质的结合体。

细胞核

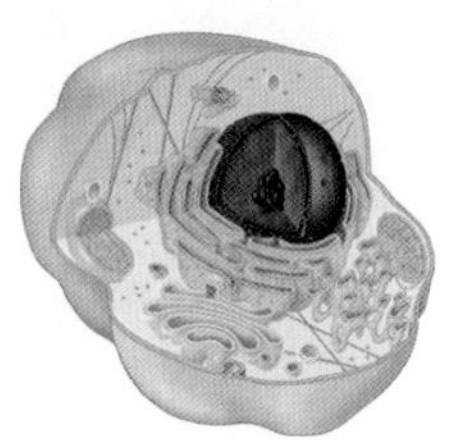

细胞核与细胞质被称作**核膜**的双层膜分隔开（图 4.6）。核膜的每一层膜在结构上都类似细胞膜——一种带有相关蛋白的磷脂双层膜结构。核膜上的核孔允许某些物质在细胞核和周围的细胞质之间传递。（正如你很快会看到的，通过核孔在细胞核和细胞质之间传递的最重要的物质之一是 RNA 分子，它们携带着合成蛋白质的指令。）在细胞核内，长 DNA 分子和相关蛋白质形成纤维，称为**染色质**。每条长染色质纤维形成一条染色体（图 4.7），染色质和染色体是同一种物质的两种形态。不同物种细胞中的染色体数目不同，例如，人的体细胞有 46 条染色体，而水稻的体细胞有 24 条染色体，狗的体细胞有 78 条染色体（更多例子见图 8.2）。**核仁**（如图 4.6 所示）是细胞核的一个重要结构，核糖体的组成成分就是在这里生成的。接下来我们将学习核糖体。☑

▼ 图 4.6 **细胞核。**

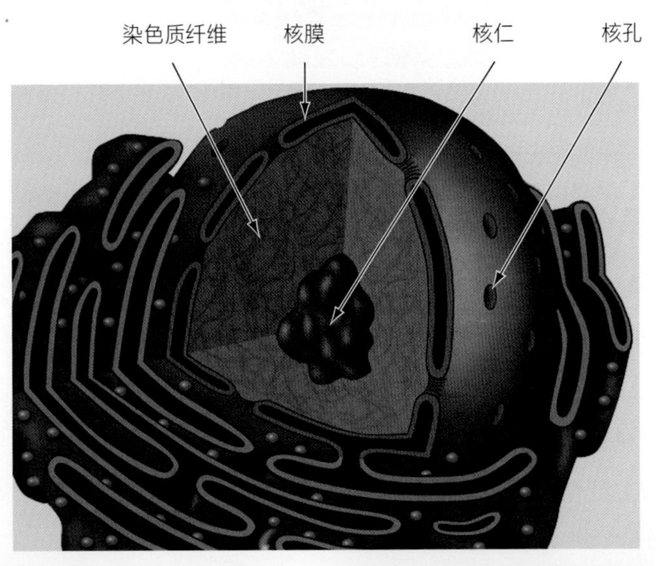

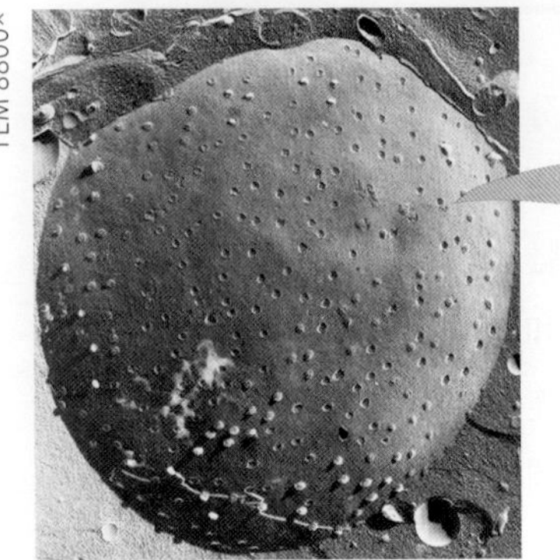

核膜表面

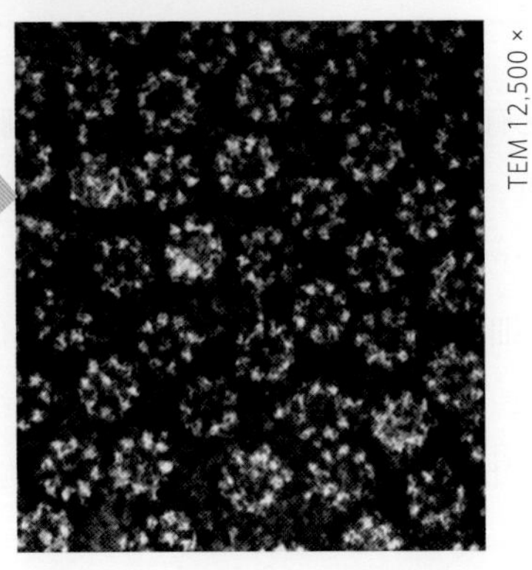

核孔

▼ 图 4.7 DNA、**染色质和染色体之间的关系。**

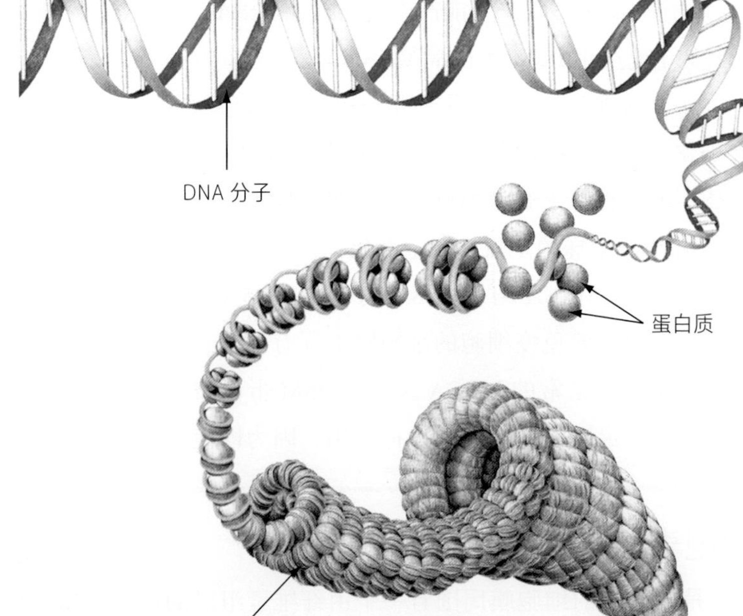

核糖体

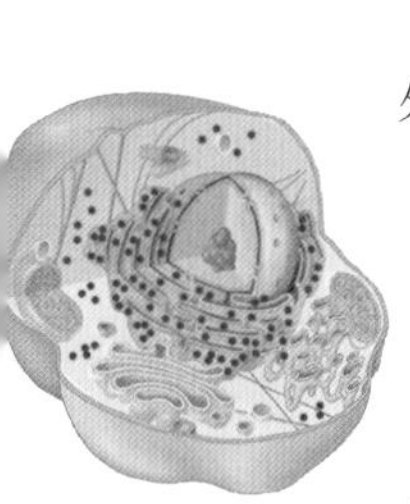

图 4.3 中细胞内和图 4.6 中细胞核外的蓝色小点代表核糖体。核糖体负责蛋白质的合成（图 4.8）。在真核细胞中，核糖体的组成成分是在细胞核中形成的，然后通过核膜上的核孔进入细胞质。核糖体在细胞质中开始工作。一些核糖体悬浮在细胞质中，合成的蛋白质留在胞质溶胶中。其他核糖体附着在细胞核外侧或一种叫内质网的细胞器上（图 4.9），产生的蛋白质能被整合到膜中或分泌到细胞外。游离和结合的核糖体在结构上是相同的，而且核糖体可以在内质网和胞质溶胶之间移动、交换位置。制造大量蛋白质的细胞具有大量的核糖体。例如，你胰腺中产生消化酶的每个细胞都可能含有几百万个核糖体。

DNA 如何指导蛋白质生产

DNA 就像一位公司高管，实际上不亲自执行细胞的任何工作，而是发布命令，让蛋白质“工人”完成工作。图 4.10 显示了真核细胞合成蛋白质的程序（相比细胞核，图中 DNA 及其他结构的尺寸被放大了很多）。❶ DNA 将其编码信息传递给一种叫作信使核糖核酸（mRNA）的分子。mRNA 分子像中间管理者一样，携带着“构建这种蛋白质”的命令。❷ mRNA 通过核孔离开细胞核，并进入细胞质，在细胞质中与核糖体结合。❸核糖体沿着 mRNA 移动，将遗传信息翻译成具有特定氨基酸序列的蛋白质。（第 10 章将讲解信息是如何翻译的。）这样，DNA 本身足不出户（永远不离开细胞核的保护范围），DNA 携带的信息却可以指导整个细胞的工作。☑

☑ 检查点

1.核糖体的功能是什么？

2.mRNA 在合成蛋白质中的作用是什么？

答案：1.蛋白质合成。2.一个 mRNA 分子将遗传信息从基因（DNA）传递给核糖体，核糖体将其翻译成蛋白质。

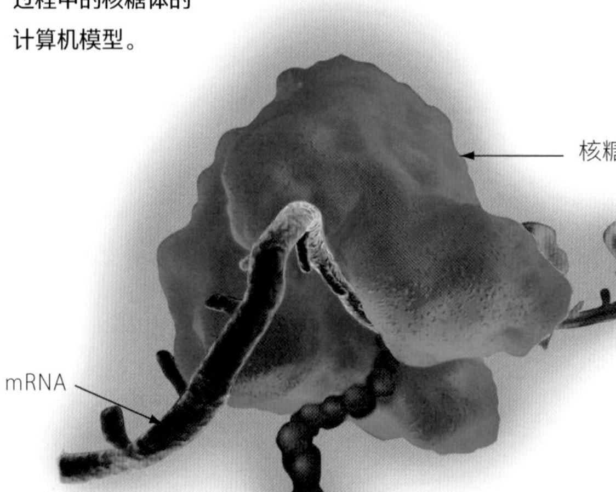

► 图 4.8 **蛋白质合成过程中的核糖体的计算机模型。**

▼ 图 4.9 **内质网结合的核糖体。**

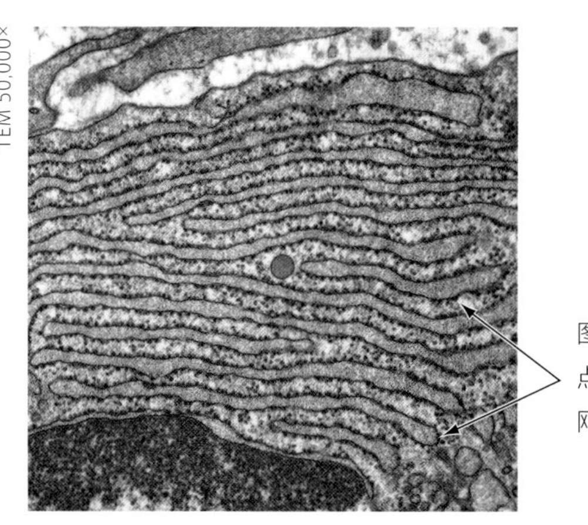

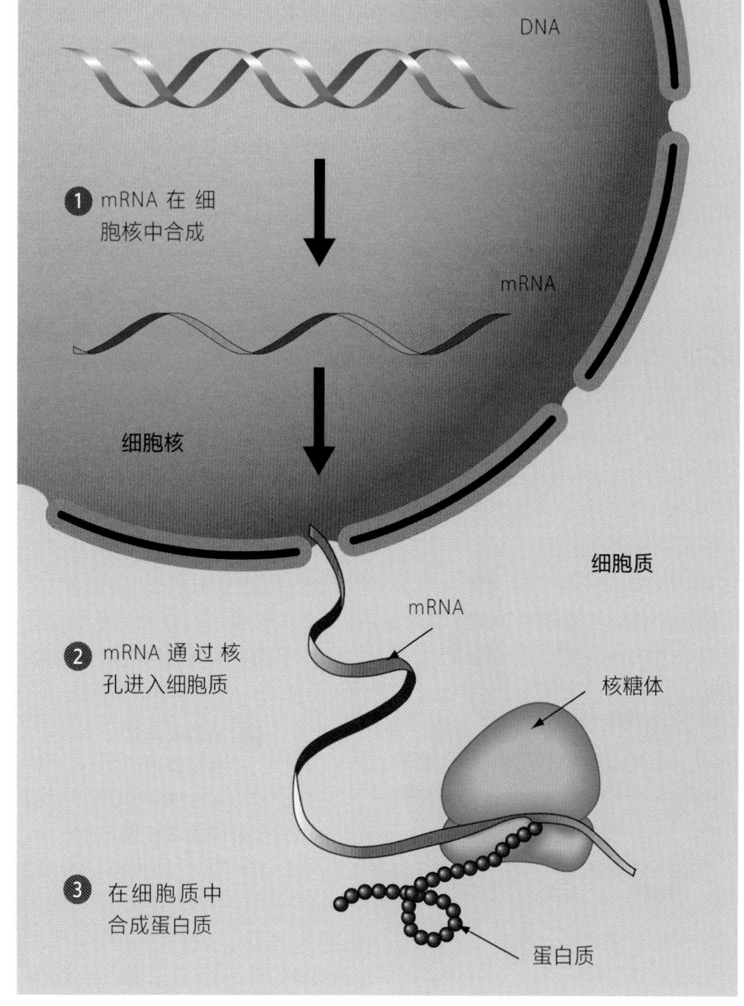

◄ 图 4.10 DNA → RNA → **蛋白质。**细胞核中的遗传基因控制蛋白质的合成从而控制细胞的活动。

内膜系统：细胞产物的制造与分配

就像一间大办公室被分隔成多个小隔间一样，真核细胞的细胞质被细胞器膜分隔开（见图 4.3）。一些细胞器膜彼此直接相连，其他细胞器膜与**囊泡**（由膜组成的囊）相连，囊泡能在细胞器之间转移膜片段。这些细胞器一起构成**内膜系统**。这个系统包括核膜、内质网、高尔基体、溶酶体和液泡。

内质网

内质网（ER）是细胞内的主要制造工厂，生产种类繁多的分子。内质网与核膜相连，形成一个大迷宫（包含管状及囊状结构），贯穿整个细胞质（图 4.11）。一层膜将内质网内部与胞质溶胶隔开。内质网分为两种：糙面内质网和光面内质网。这两种内质网是直接相连的，但在结构和功能上有所不同。

糙面内质网

糙面内质网的“糙面”是指其膜外附着核糖体。糙面内质网的作用之一就是生产更多的膜。糙面内质网的酶可以催化合成磷脂，并将其插入内质网膜。这样，内质网膜得以扩张，且其部分可以形成囊泡并转移到细胞的其他部分。附着在糙面内质网上的核糖体产生蛋白质，这些蛋白质将被植入正在生长的内质网膜，运输到其他细胞器，并最终运输到细胞外。分泌大量蛋白质的细胞（比如能向口中分泌酶的唾液腺细胞）含有大量糙面内质网。如图 4.12 所示，❶一些由糙面内质网制造的蛋白质❷经过化学修饰后，❸被包装进糙面内质网长出的膜泡里，形成**运输囊泡**，然后这些运输囊泡可以❹被分配到细胞中的其他位置。

▼ 图 4.11　**内质网。**在这幅图中，糙面内质网的扁平囊和光面内质网的管道是相连的。请注意，内质网也与核膜相连（为了清楚起见，图中省略了细胞核）。

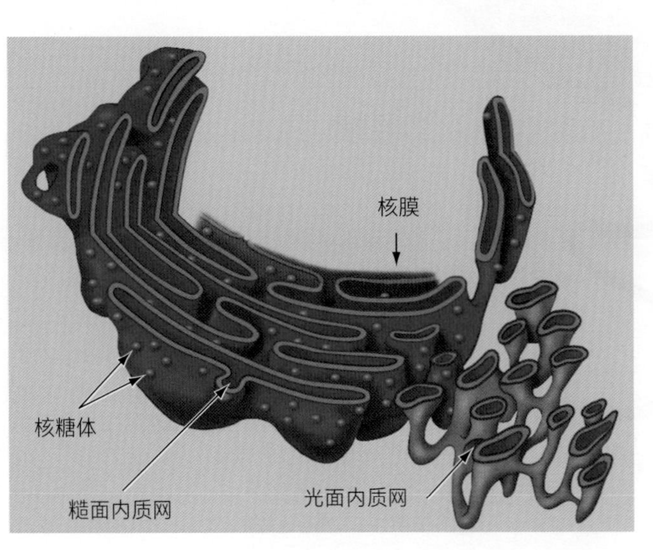

▼ 图 4.12　**糙面内质网如何制造和包装分泌蛋白。**

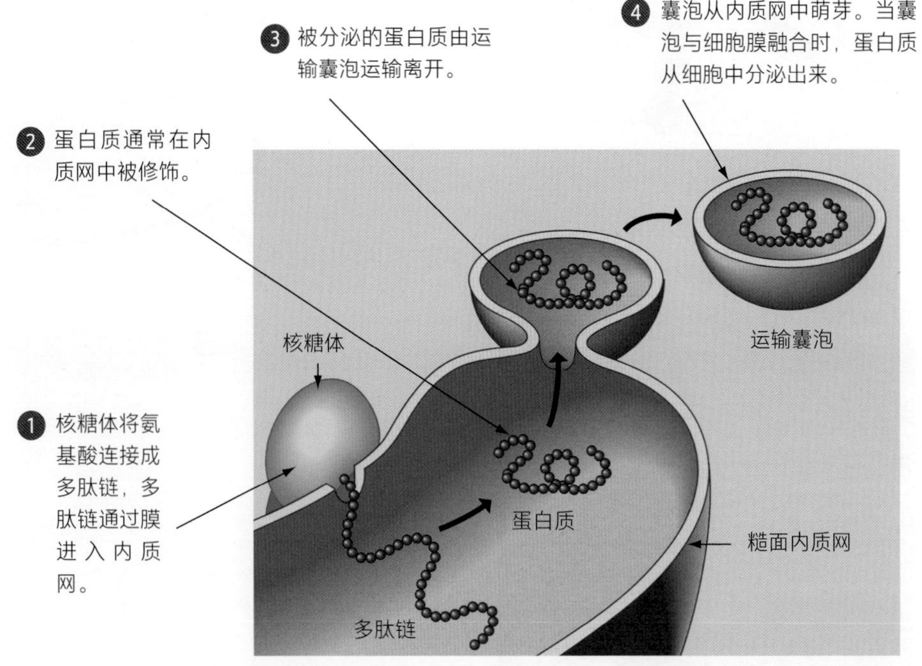

光面内质网

光面内质网的“光面”指这种细胞器与糙面内质网相比，表面上没有附着核糖体（见图 4.11）。光面内质网膜中含有多种酶，使它能够发挥多种功能。其中一个是合成脂质，包括类固醇（见图 3.13）。例如，卵巢或睾丸产生类固醇性激素的细胞中富含光面内质网。在肝细胞中，光面内质网的酶对一些药物（如巴比妥酸盐、安非他明和一些抗生素）有解毒作用（这就是为什么抗生素在对抗感染后不会残留在血液中）。当肝细胞接触药物时，光面内质网及其解毒酶的量增加。这会增强身体对药物的耐受性，也就是说之后再用药就需要更高剂量才能达到预期效果。由一种药物引起的光面内质网的增加也会增强对其他药物的耐受性。例如，使用巴比妥酸盐（如安眠药）可能会加速肝脏对某些抗生素的分解，从而降低其疗效。

高尔基体

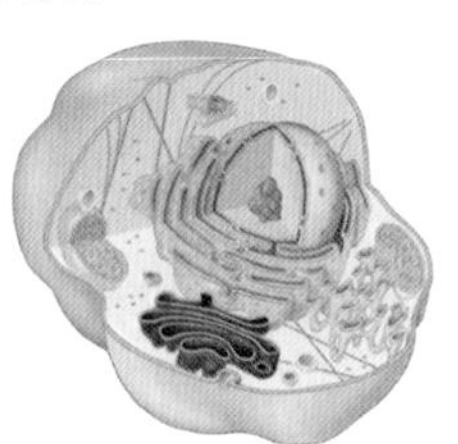

高尔基体以其发现者（意大利科学家卡米洛·高尔基）的名字命名，他于 1898 年首次描述了这一细胞器的结构。高尔基体与内质网密切合作，是一种能接收、加工、储存、分配细胞产物的细胞器（图 4.13）。你可以把高尔基体想象成一台精加工设备，它接收新制造的汽车（蛋白质），进行最后的润色，存放完工的汽车，然后在需要的时候把它们运出去。

内质网中生成的物质，由运输囊泡运输到高尔基体。高尔基体由一堆薄膜堆叠形成，看起来很像一堆口袋饼（pita bread）。❶高尔基体的一边是用来接收来自内质网的囊泡的“码头”。❷通常在从高尔基体的接收端运输到转运端的过程中，囊泡内的蛋白质会被酶修饰。例如，可以添加分子识别标签，对蛋白质分子进行标记和分类，分成不同批次送往不同的目的地。❸高尔基体的转运端是一个“仓库”，成品可以从这里由运输囊泡运送到其他细胞器或细胞膜。囊泡与细胞膜结合，将蛋白质转移到细胞膜上或分泌到细胞外。☑

☑ 检查点

1. 是什么让糙面内质网“粗糙”？
2. 在分泌蛋白质的细胞中，高尔基体和内质网有什么关系？

答案：1. 附着在膜上的核糖体。2. 高尔基体通过囊泡从内质网接收蛋白质，加工蛋白质，然后用囊泡将其分配出去。

高尔基体的“接收”侧

SEM 130,000×（彩色）

新囊泡形成

来自糙面内质网的运输囊泡

高尔基体的“接收”侧

新囊泡形成

来自高尔基体的运输囊泡

高尔基体的“转运”侧

细胞膜

▼ 图 4.13 **高尔基体。**高尔基体由许多排列在一起的扁平囊组成，排列得像一堆口袋饼。一个细胞中高尔基体的数量（从几个到数百个）与细胞分泌蛋白质的活跃程度相关。

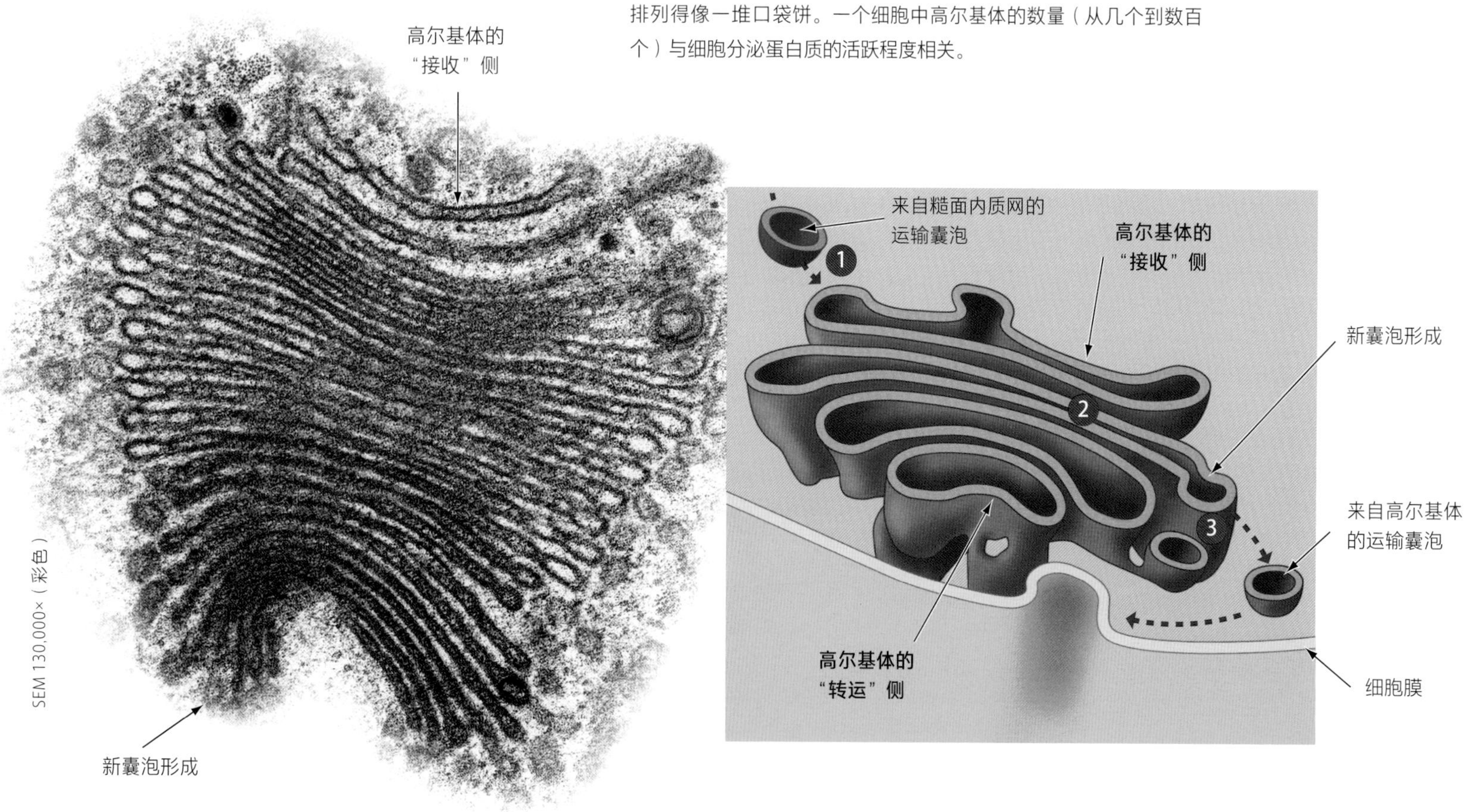

溶酶体

溶酶体是动物细胞中装有消化酶的由膜包裹的囊状结构。大多数植物细胞没有溶酶体。溶酶体由高尔基体产生的囊泡发育而来。溶酶体中的酶可以分解大分子，如蛋白质、多糖、脂肪、核酸。溶酶体为细胞提供了一个安全消化这些分子的空间，从而避免这些消化酶释放出来，进而伤害到细胞本身。

溶酶体有多种消化功能。许多单细胞原生生物将营养物质吞噬到微小的细胞质液囊（称为食物泡）中，随后溶酶体与食物泡融合，使食物暴露于消化酶中，从而消化食物［图 4.14（a）］。消化产生的小分子，如氨基酸，离开溶酶体并为细胞提供养分。溶酶体也有助于消灭有害细菌。例如，你的白细胞将细菌吞噬并形成囊泡，溶酶体向这些囊泡中释放溶酶体酶，破坏细菌细胞壁。此外，溶酶体还可以在不伤害细胞的情况下，吞噬并消化其他细胞器的一部分，使其分子可用于构建新的细胞器，实现细胞器的回收利用［图 4.14（b）］。在溶酶体的帮助下，细胞可以不断自我更新。溶酶体在胚胎发育中也具有“雕刻”功能。在人类胚胎发育早期，手发育时，溶酶体释放酶来分解手指间的蹼状结构。

溶酶体对细胞功能和人类健康的重要性，可以由遗传性疾病——各种“溶酶体累积病”加以说明。这类疾病患者的溶酶体中缺少一种或多种消化酶。无法消化的物质填满溶酶体，最终会影响细胞的其他功能。这些疾病对于幼儿大多是致命的。例如，泰－萨克斯病患者的溶酶体中缺乏脂肪消化酶，因此神经细胞会随着积累过量脂质而死亡，进而破坏神经系统。幸运的是，溶酶体累积病很少见。☑

☑ **检查点**

有缺陷的溶酶体如何导致细胞中特定化合物的过度积累？

答案：如果溶酶体缺乏分解该化合物所需的酶，细胞将积累过量的该化合物。

▼ 图 4.14 **溶酶体的两种功能。**

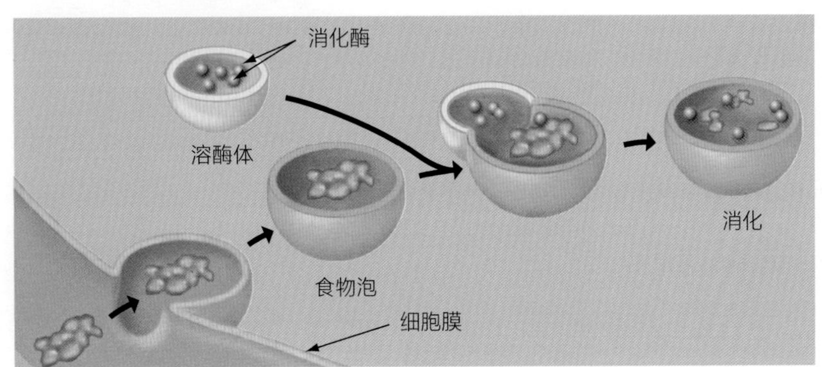

（a）**消化食物。**

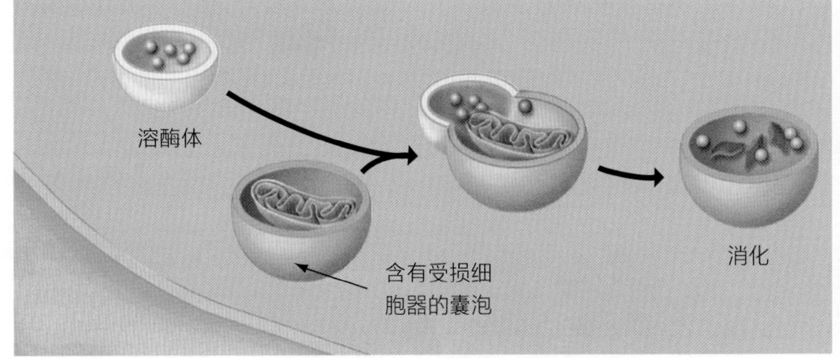

（b）**分解受损细胞器。**

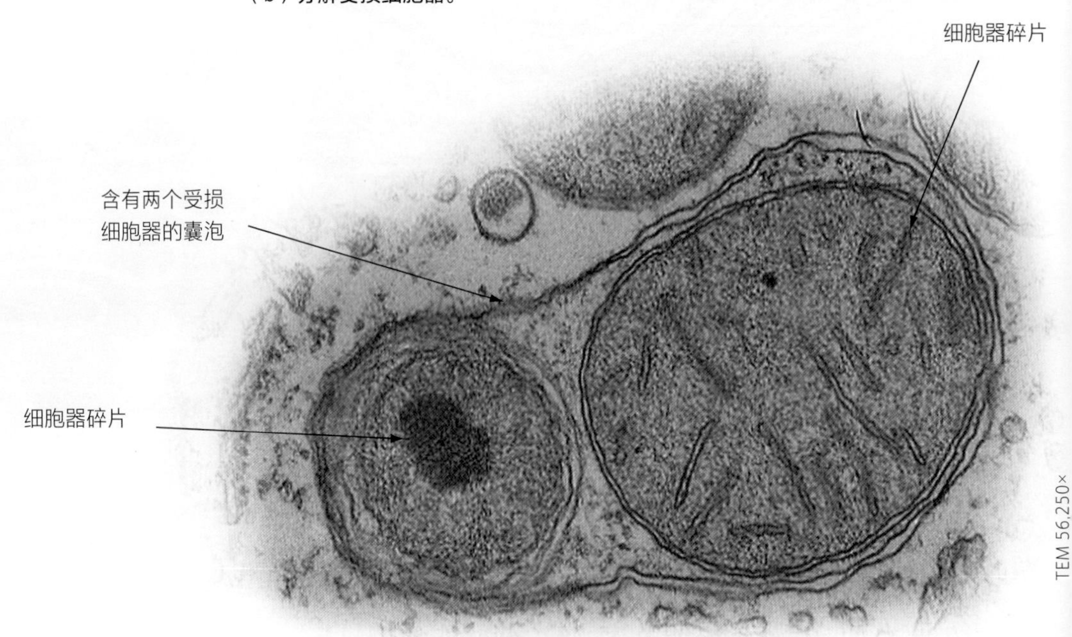

液泡

液泡是由内质网或高尔基体脱落的膜形成的大囊。液泡有多种功能。例如，图 4.14（a）展示了由细胞膜形成的食物泡。某些淡水原生生物有可收缩的液泡，可将多余的水泵出细胞［图 4.15（a）］。

另一种液泡是**中央液泡**，这是一个多功能的存储间，可以占成熟植物细胞体积的一半以上［图 4.15（b）］。中央液泡储存有机营养物质，如种子细胞液泡能储存蛋白质。它还通过吸收水分导致细胞膨胀，从而有利于植物的生长。在花瓣的细胞中，中央液泡可能含有吸引传粉昆虫的色素。中央液泡还可能含有毒素，用于抵抗食草动物。一些重要的作物产生大量有毒化学物质并储存在中央液泡中，这些化学物质对吃这种植物的动物有害，但对我们人类来说有利用价值，比如烟草中储存的尼古丁，咖啡、茶树中储存的咖啡因。

咖啡因能使你的茶有提神效果，还能保护茶树免受食草动物的侵害。

图 4.16 将帮助你回顾内膜系统的细胞器是如何相互联系的。请注意，内膜系统的某部位产生的物质可能在不穿过膜的情况下，离开细胞或成为另一个细胞器的一部分。还要注意，由内质网产生的膜可以通过运输囊泡的融合成为细胞膜的一部分。因此，细胞膜也是和内膜系统相关的。☑

☑ **检查点**

按照在蛋白质合成和分泌中发挥作用的顺序，排列下列细胞结构：高尔基体、细胞核、细胞膜、核糖体、运输囊泡。

答案：细胞核、核糖体、运输囊泡、高尔基体、细胞膜。

▼ 图 4.15 **两种液泡。**

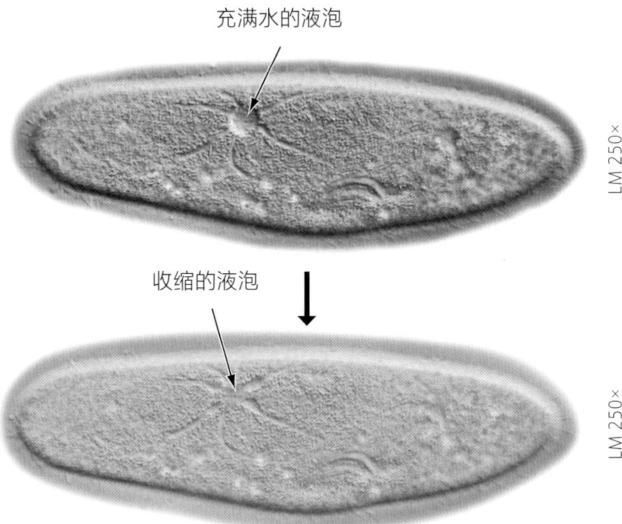

（a）**草履虫的收缩液泡。**一个充满水的收缩液泡，收缩时将水排出细胞。

（b）**植物细胞的中央液泡。**中央液泡（显微照片中的蓝色部分）通常是成熟植物细胞中最大的细胞器。

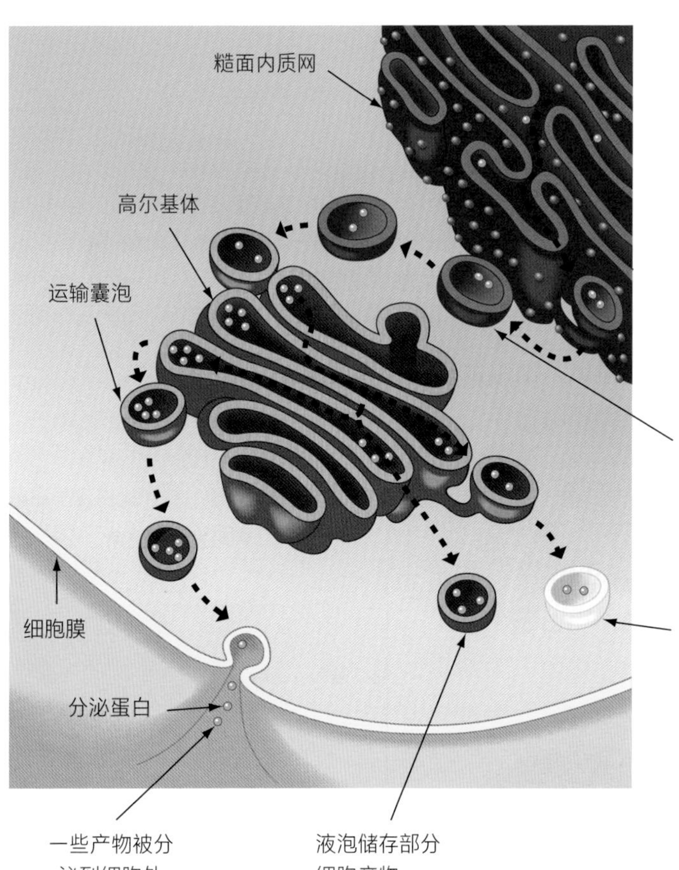

▲ 图 4.16 **内膜系统回顾。**虚线箭头显示了细胞产物的分配途径以及膜通过运输囊泡迁移的途径。

能量转化

叶绿体和线粒体

生物学的中心主题之一是能量的转化：能量如何进入生命系统，如何从一种形式转化为另一种形式，并最终以热量的形式释放出来。为了追踪生命系统中的能量，我们必须了解作为细胞“发电站”的两种细胞器：叶绿体和线粒体。

叶绿体

大多数生物生存依靠光合作用提供的能量，即将太阳能转化为糖和其他有机物的化学能。**叶绿体**是植物和藻类光合细胞所特有的细胞器，用于进行光合作用。

叶绿体被两层膜分隔成不同区室，一层膜在另一层膜内侧（图 4.17）。基质是内层膜内的一种黏稠液体。基粒悬浮在基质中，它由膜包裹的碟状和管状结构堆叠而成。请注意，在图 4.17 中堆叠连接的管状物就是基粒，就像成堆的扑克筹码。基粒是叶绿体的“太阳能电池”组件，可以捕获光能并将其转化为化学能（详见第 7 章）。

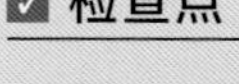

检查点

1. 光合作用完成了怎样的能量转化？
2. 什么是细胞呼吸？

答案：1. 光合作用将光能转化为储存在食物分子中的化学能。2. 将糖和其他食物分子的化学能转化为 ATP 形式的化学能的过程。

线粒体

叶绿体仅存在于植物细胞中，而线粒体几乎存在于所有真核细胞中，包括动物细胞和植物细胞。**线粒体**是细胞进行呼吸作用的细胞器；在细胞呼吸的过程中，糖类中储存的能量转化为另一种形式的化学能，称为 ATP（三磷酸腺苷）。细胞使用 ATP 分子作为直接能量来源。

线粒体由双层膜包裹，内膜中的黏稠液体叫线粒体基质（图 4.18）。内膜具有许多褶皱突起，称为嵴。内膜上面附着了许多在细胞呼吸中起作用的酶和其他分子，嵴大大增加了内膜的表面积，使内膜能附着更多的酶，从而最大限度地增加了 ATP 的合成和输出。（第 6 章会讲解更多有关线粒体如何将食物中的能量转化为 ATP 中能量的知识。）

除了为细胞提供能量之外，线粒体和叶绿体还有一个共同的特征：它们含有自己的 DNA，编码控制自己的核糖体制造自己的蛋白质。每个叶绿体和线粒体都包含一个类似原核生物染色体的环状 DNA 分子。事实上，线粒体和叶绿体可以生长和分裂繁殖。这为“线粒体、叶绿体是由古代原核生物进化而来，它们寄生在其他更大的宿主原核生物中”这一假说提供了证据。这种现象，即一个物种生活在另一个宿主物种体内，是一种特殊类型的共生关系（详见第 16 章）。随着时间的推移，线粒体和叶绿体可能与宿主原核生物越来越相互依赖，最终进化成一种不能分割的生物。因此，在线粒体和叶绿体中发现的 DNA 可能是这一古老进化事件的遗迹。

▼ 图 4.17 **叶绿体：光合作用发生的场所。**

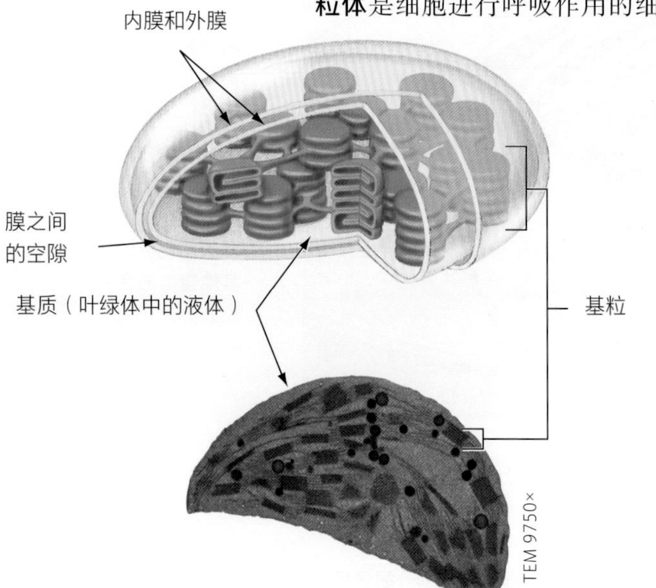

▼ 图 4.18 **线粒体：细胞呼吸发生的场所。**

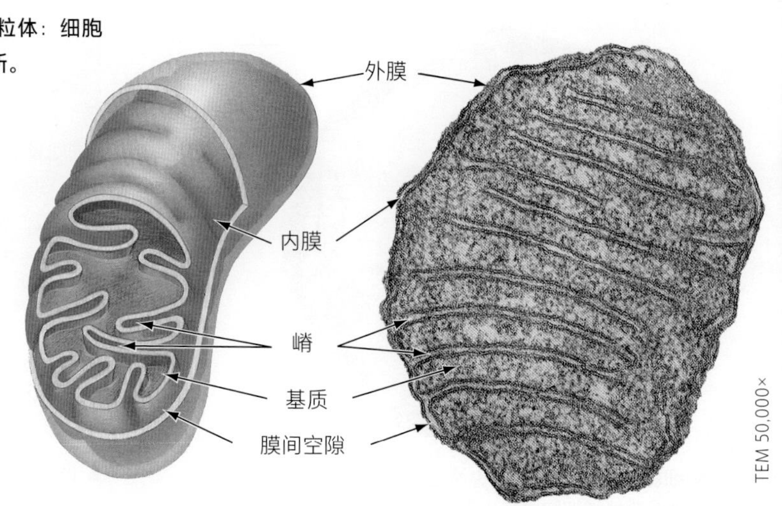

细胞骨架：细胞的形态和运动

如果让你描述一处住宅，你很可能会提到各个房间及其位置。你可能不会想到提及支撑房子的地基和横梁。然而，这类结构其实发挥着极其重要的作用。同样，细胞也有**细胞骨架**，这是一个遍布细胞质的蛋白质纤维网络。细胞骨架既是细胞的骨骼，也是细胞的“肌肉”，起着支撑和运动的作用。

没有细胞骨架，
你的细胞自己就垮了，
就像栋梁折断，
导致房倒屋塌。

保持细胞形态

细胞骨架的一个功能是给细胞提供结构支撑并保持其形态。这对于缺乏坚韧细胞壁的动物细胞尤为重要。细胞骨架中，多种不同类型的蛋白质形成了不同类型的纤维。其中一种重要的纤维类型称为**微管**，即空心管状的蛋白质［图 4.19（a）］。其他种类的细胞骨架纤维更细、更坚韧，称为中间丝和微丝。

就像你身体的骨骼帮助固定器官的位置一样，细胞骨架使细胞中的许多细胞器位置固定，增强其稳定性。例如，细胞核被固定在细胞骨架纤维组成的“笼子”里。细胞器也会利用细胞骨架进行运动。例如，溶酶体可能沿微管轨道滑行到达食物泡。细胞分裂时，微管还引导染色体的运动（通过有丝分裂中的纺锤体——见第 8 章）。

细胞骨架是动态的：它可以在细胞的某个位置快速分解（通过去除蛋白质亚基），然后在另一个位置重组（通过结合蛋白质亚基）。这样的重组能够提高新位置的刚性，改变细胞的形状，甚至造成整个细胞或其某些部分的移动。变形虫的变形（爬行）运动［图 4.19（b）］和我们体内一些白细胞的运动就是通过这个过程实现的。☑

☑ 检查点

细胞骨架中的微管是由哪一类重要的生物分子制成的？

答案：蛋白质。

▼ 图 4.19 **细胞骨架。**

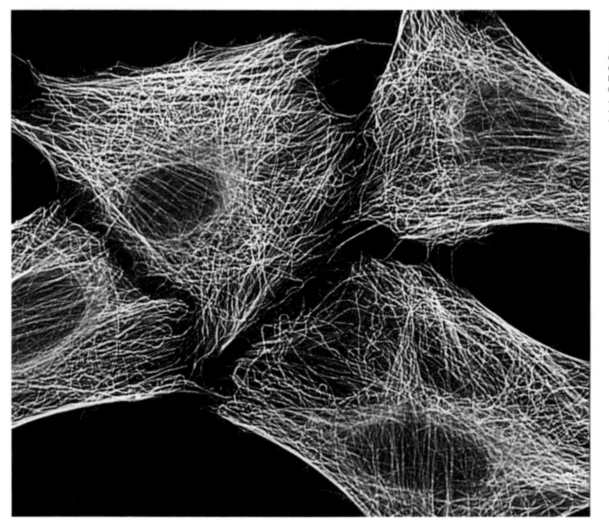

（a）**细胞骨架中的微管。**在这张动物细胞的显微照片中，细胞骨架微管用黄色荧光染料标记。

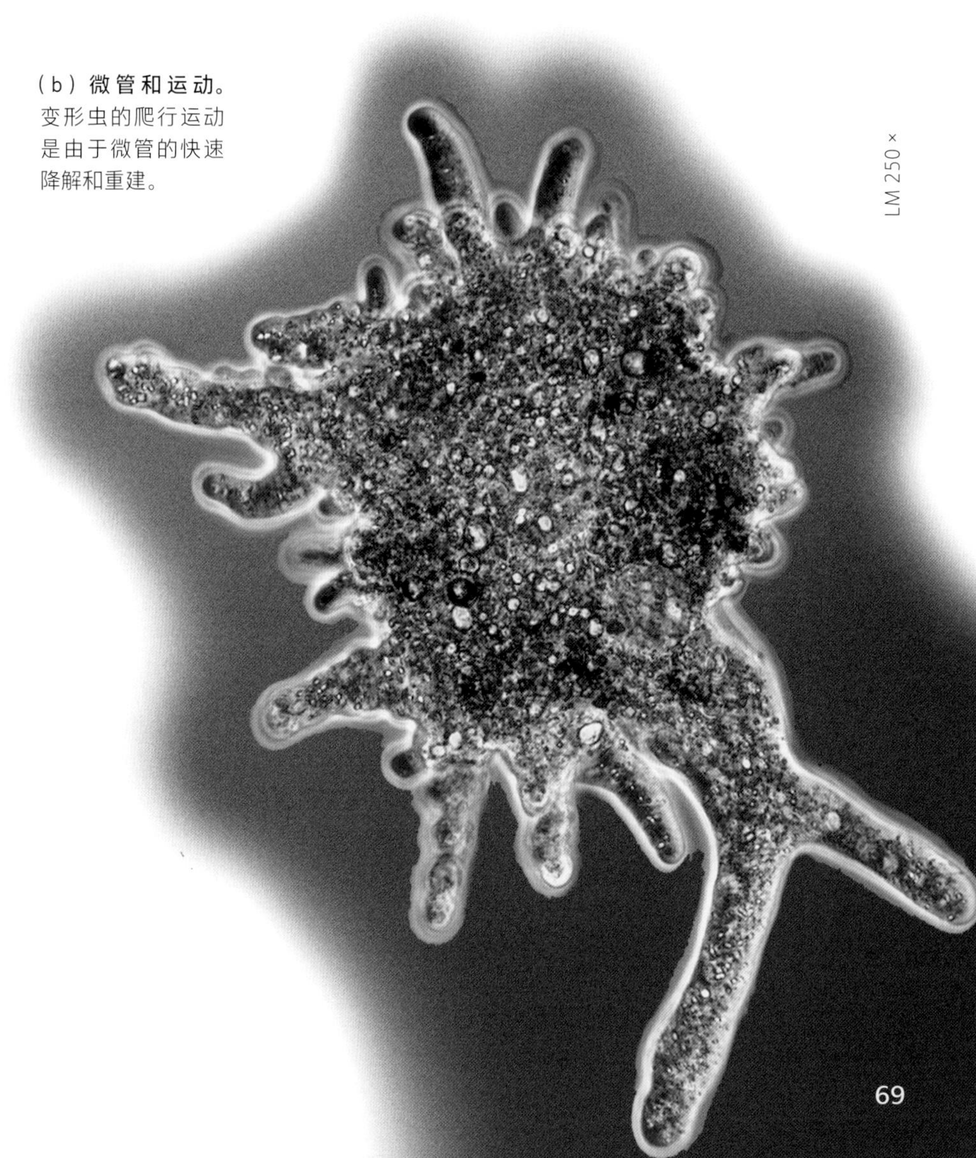

（b）**微管和运动。**变形虫的爬行运动是由于微管的快速降解和重建。

纤毛和鞭毛

在一些真核细胞中，微管排列成叫作鞭毛和纤毛的结构，它们延伸到细胞外，有利于细胞的移动。真核细胞的**鞭毛**通过波动运动推动细胞前进。它们通常单个出现，如在人类精子细胞中［图 4.20（a）］，但也可能成群出现在原生生物的外表面。**纤毛**通常比鞭毛更短，数量更多，它们协调一致地来回移动，就像龙舟队有节奏地划桨一样。纤毛和鞭毛都可以推动各种原生生物在水中前进［图 4.20（b）］。虽然纤毛和鞭毛的长度、在每个细胞上的数量和运动方式不同，但是它们具有相同的基本结构。并非所有动物都有纤毛或鞭毛——很多动物没有——而几乎从未在植物细胞中发现过纤毛或鞭毛。

一些纤毛从组织层中的非运动细胞延伸出来，它们可以推动组织表面的液体。例如，气管内壁的纤毛将带有杂质的黏液扫出肺部，以清洁呼吸系统［图 4.20（c）］。吸烟会抑制或破坏这些纤毛，干扰正常的清洁机制，使得更多充满毒素的烟雾颗粒到达肺部。频繁咳嗽常见于重度吸烟者中，这是身体在尝试净化呼吸系统。

因为人类精子依靠鞭毛运动，所以很容易理解为什么鞭毛问题会导致男性不育。有趣的是，一些患有遗传性不孕症的男性也患有呼吸系统疾病。由于鞭毛和纤毛结构的缺陷，男性精子不能在女性生殖道内正常游动，从而使卵子受精（导致不育），纤毛也无法将黏液从肺部清除（导致反复呼吸道感染）。☑

☑ **检查点**

请对比纤毛和鞭毛的异同。

答案：纤毛和鞭毛具有相同的基本结构，由微管组成，帮助细胞运动或在细胞间推动液体。纤毛短而多，可前后移动。鞭毛较长，常单个出现，做波浪式运动。

▼ 图 4.20 **鞭毛和纤毛的例子。**

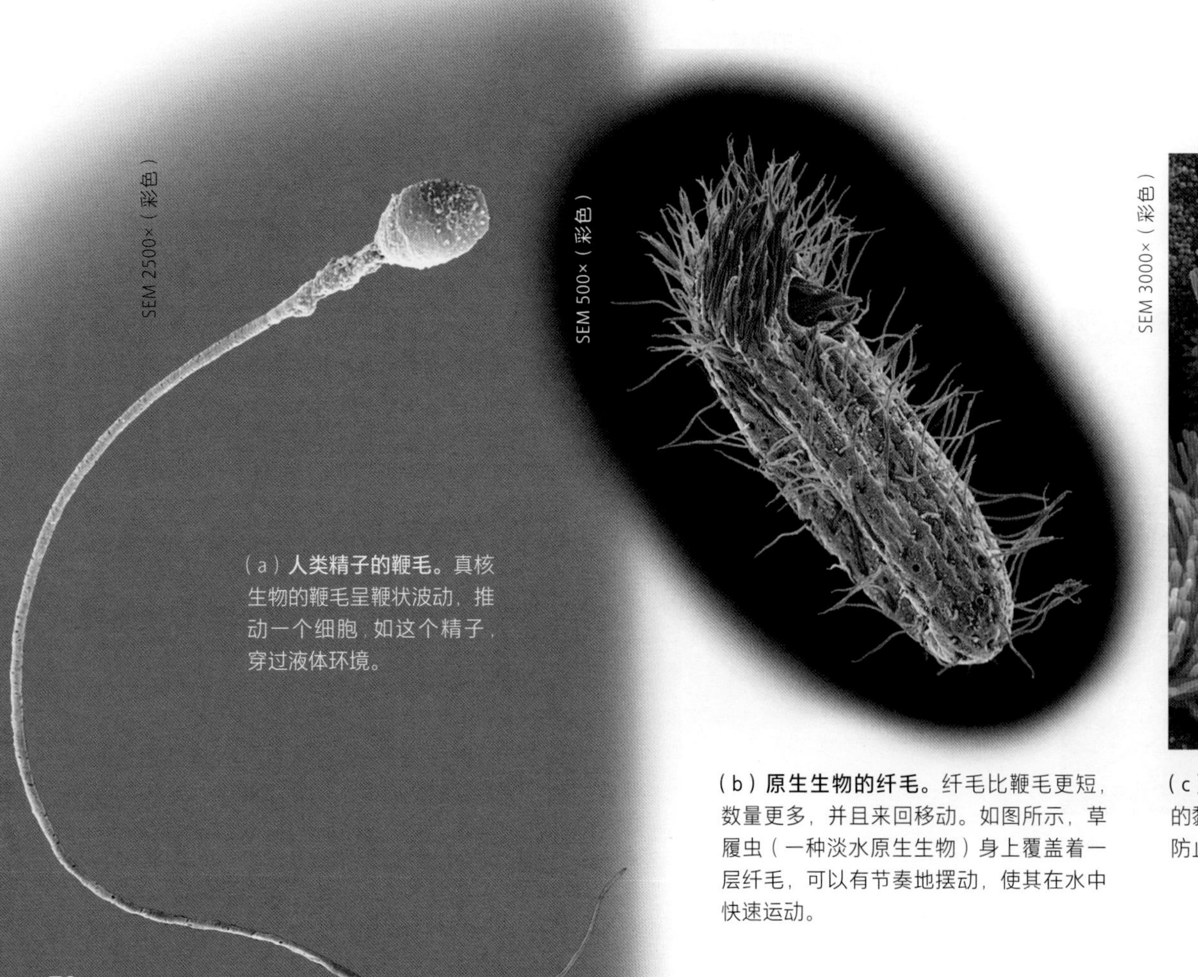

（a）**人类精子的鞭毛。**真核生物的鞭毛呈鞭状波动，推动一个细胞，如这个精子，穿过液体环境。

（b）**原生生物的纤毛。**纤毛比鞭毛更短，数量更多，并且来回移动。如图所示，草履虫（一种淡水原生生物）身上覆盖着一层纤毛，可以有节奏地摆动，使其在水中快速运动。

（c）**呼吸道的纤毛。**呼吸道里的纤毛会将带有杂质的黏液从肺部清除出去。这有助于保持呼吸道畅通，防止感染。

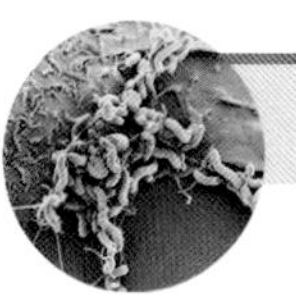

人类与细菌　进化联系

人体内细菌耐药性的演变

某些变异使个体更适合当地环境，比那些缺乏这种变异的个体（平均而言）更容易存活和繁殖。当有利的变异具有遗传基础时，有变异个体的后代往往也会有更好的适应性，具有生存和繁殖的优势。这样，经过几代的重复，自然选择就促进了种群的进化。

在人类群体中，若要评估怎样的个体最适合在当地环境中生存，某疾病的持续存在可以为其提供新依据。例如，最近的一项进化研究调查了生活在孟加拉国的人群。该人群数千年来，一直暴露在一种传染性细菌（引起霍乱的霍乱弧菌）的环境中（图 4.21）。霍乱弧菌（通常通过污染的饮用水）进入受害者的消化道后，会产生一种毒素与肠道细胞结合。这种毒素改变细胞膜中的蛋白质，使细胞内液体排出。由此导致的腹泻将细菌释放回环境中，引起细菌传播。如果不治疗，患者会出现严重的脱水，乃至死亡。

因为孟加拉人在充满霍乱细菌的环境中生活了很长时间，所以人们可能会认为自然选择会有利于那些对细菌有一定抵抗力的人生存。事实上，最近对孟加拉人的研究发现了几个基因的突变，这些突变似乎增强了人们对霍乱的抵抗力。研究者发现，编码细胞膜蛋白的基因出现了突变，这种细胞膜蛋白是霍乱细菌作用的靶分子。尽管其机制尚未明确，但这些突变的基因似乎提供了生存优势，使膜蛋白质对霍乱毒素的攻击更具抵抗力。正因为这样的基因让这个群体拥有生存优势，所以在过去的 30,000 年里，它们在孟加拉人中缓慢传播。换句话说，孟加拉人对霍乱的抵抗力正在不断进化、增强。

这项研究除了让我们洞察近代演化史，还揭示了人类打败霍乱细菌的潜在方法。这些已被鉴定出来的突变基因所产生的蛋白质，也许可以被制药公司利用，来制造新一代抗生素。这样的话，它将代表着生物学家以另一种方式把从进化历程中学到的经验应用于改善人类健康。它还提醒我们，我们人类像地球上的所有生命一样，是由于环境（包括生活在我们周围的传染性微生物）的变化而进化成现在的样子的。

▼ 图 4.21 孟加拉人似乎对霍乱弧菌（会导致致命疾病霍乱的细菌）产生了抗性。

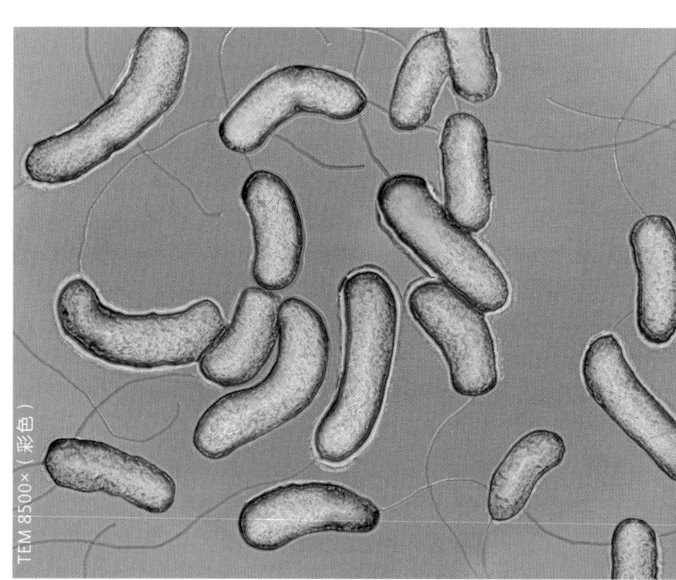

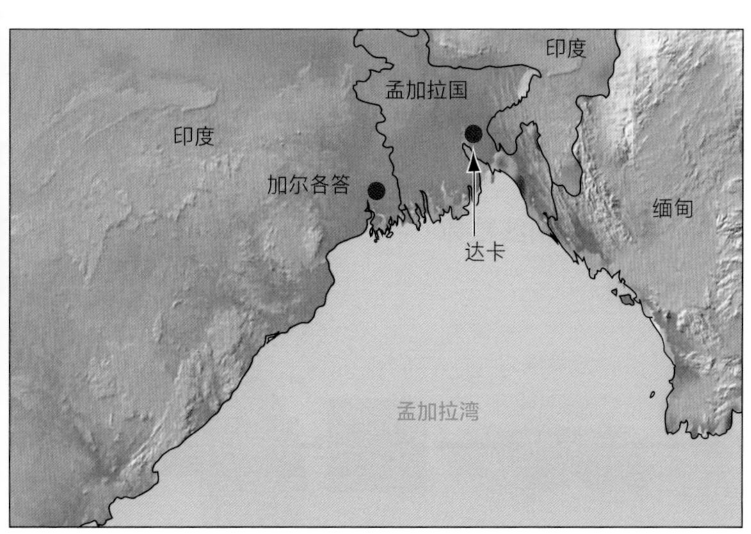

本章回顾

关键概念概述

细胞的微观世界

两大类细胞

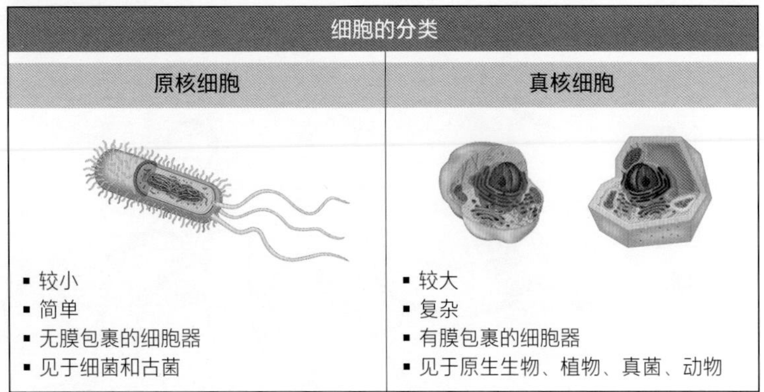

真核细胞概貌

膜将真核细胞分成许多功能区。最大的细胞器通常是细胞核。其他细胞器位于细胞质中。

细胞膜的结构

结构 / 功能：细胞膜

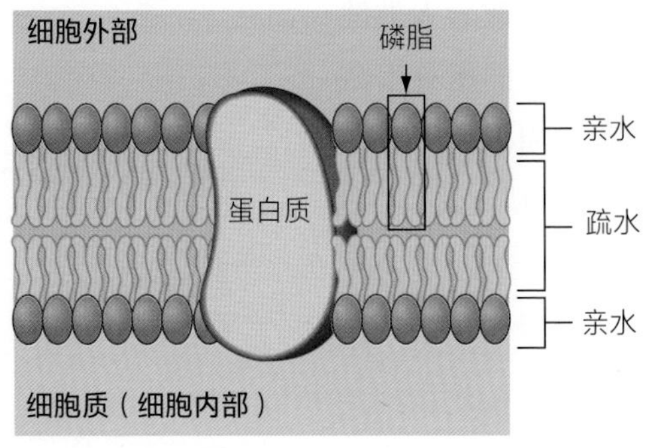

细胞表面

包裹植物细胞的细胞壁支撑植物抵抗重力，同时防止细胞吸收过多的水分。动物细胞被一层黏性细胞外基质包裹着。

细胞核和核糖体：细胞的遗传控制

细胞核

由两层膜组成的核膜包裹着细胞核。在细胞核内，DNA 和蛋白质组成染色质纤维，每一根很长的纤维都是一条染色体。细胞核还包含核仁，核仁生产核糖体的主要成分。

核糖体

核糖体利用 DNA 携带的信息在细胞质中合成蛋白质。

DNA 如何指导蛋白质生产

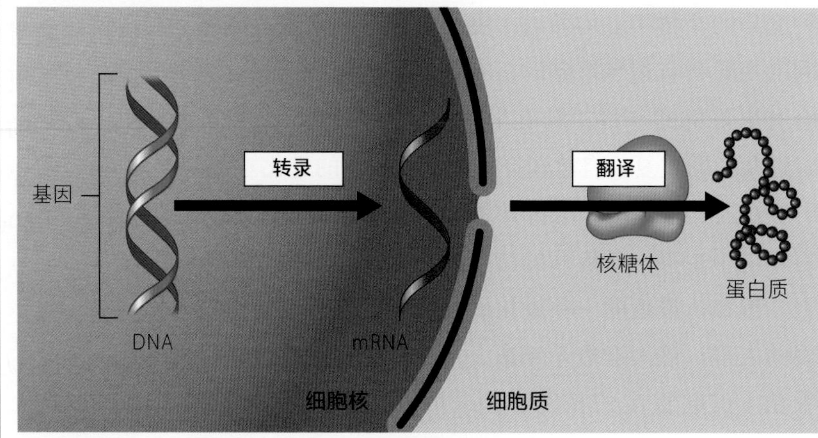

内膜系统：细胞产物的制造与分配

内质网

内质网由细胞质中被膜包裹的管和囊组成。糙面内质网表面附着核糖体，合成膜蛋白和分泌蛋白。光面内质网表面没有核糖体，功能包括脂质合成和解毒。

高尔基体

高尔基体加工某些内质网的产物，并将其包装在运输囊泡中，由运输囊泡送到其他细胞器或分泌到细胞外。

溶酶体

溶酶体是含有消化酶的囊状结构，有助于细胞内的消化和物质循环利用。

液泡

液泡包括某些淡水原生生物中能排水的收缩液泡和植物细胞中大而且具有多种功能的中央液泡。

能量转化：叶绿体和线粒体

叶绿体和线粒体

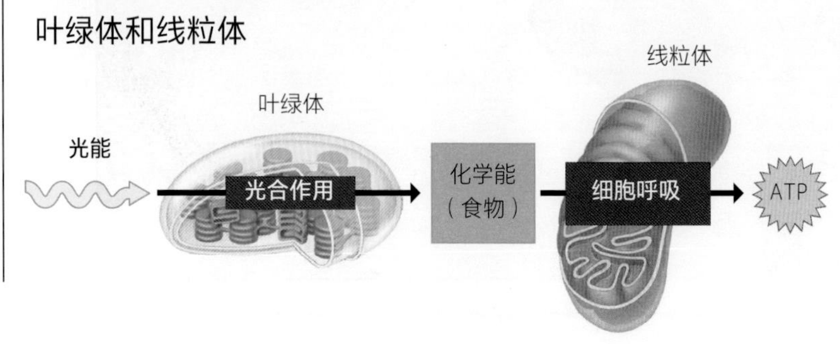

细胞骨架：细胞的形态和运动

保持细胞形态

微管是细胞骨架的重要组成部分，细胞骨架是支撑和维持细胞形态的细胞器。

纤毛和鞭毛

纤毛和真核细胞的鞭毛都是辅助运动的附属物，它们主要由微管组成。纤毛又短又多，通过协调的摆动来移动细胞。鞭毛很长，经常单个出现，以波动方式推动细胞前进。

MasteringBiology®

如需练习测验、生物动画、MP3 教程、视频辅导以及为本教材设计的更多学习工具，请访问 MasteringBiology®。

自测题

1. 你用显微镜观察，看到一个未知的细胞时，可以通过看到的什么来判断细胞是原核的还是真核的？
   a. 坚韧的细胞壁　　b. 细胞核
   c. 细胞膜　　d. 核糖体
2. 解释术语“流动镶嵌模型”中的每个词是如何描述细胞膜的结构的。
3. 确定下列结构中的哪一个包括其他所有结构：糙面内质网、光面内质网、内膜系统和高尔基体。
4. 内质网有两个结构和功能不同的种类。脂质在________内合成，蛋白质在________内合成。
5. 一种叫作淋巴细胞的细胞合成的蛋白质，从细胞中分泌出来。你可以用放射性同位素标记来追踪这些蛋白质在细胞内从合成到分泌的路径。在追踪蛋白质的实验中，确定下列哪些结构将被放射性标记，并按标记顺序排列：叶绿体、高尔基体、细胞膜、光面内质网、糙面内质网、细胞核、线粒体。
6. 说出叶绿体和线粒体在结构或功能上的两个相似之处和两个不同之处。
7. 将下列细胞器与其功能连接起来。
   a. 核糖体　　1. 运动
   b. 微管　　2. 光合作用
   c. 线粒体　　3. 蛋白质合成
   d. 叶绿体　　4. 消化
   e. 溶酶体　　5. 细胞呼吸
8. DNA 通过传递指导蛋白质合成的遗传信息来控制细胞。将下列结构按遗传信息从 DNA 流经细胞的顺序排列：核孔、核糖体、细胞核、糙面内质网、高尔基体。
9. 比较纤毛和鞭毛。

答案见附录《自测题答案》。

科学的过程

10. 植物种子细胞以被膜包裹的液滴的形式储存油。与本章中学习的膜不同，油滴膜由单层磷脂组成，而不是双层。画一个油滴周围的薄膜模型。解释为什么这种排列比双层更稳定。
11. 想象你是一名儿科医生，你的病人是一名可能患有溶酶体累积病的新生儿。你从患儿体内取出一些细胞，在显微镜下观察。你预计会看到什么？设计一系列检测，来判断患者是否确实患有溶酶体累积病。
12. **解读数据**　细菌随着时间的推移可能会对某种药物产生耐药性。画一个代表这种变化的图形。将 x 轴标记为“时间”，将 y 轴标记为“数量”。在图表上画一条曲线，表示在引入新抗生素后，细菌数量随着时间发生的变化。在曲线上标明新药被引进的时间点，并指出在引入抗生素之后，细菌数量会随着时间的推移而发生怎样的变化。

生物学与社会

13. 某大学附属医疗中心的医生为了治疗约翰·摩尔的白血病而切除了他的脾脏。白血病没有复发。研究者将脾脏细胞保存在营养培养基中进行培养，发现一些细胞产生的一种血液蛋白有望成为癌症和艾滋病的治疗药物。研究者为这些细胞申请了专利。摩尔提起诉讼，要求分享从自己细胞衍生之任何产品的利润。美国最高法院做出不利于摩尔的裁决，称他的诉讼“有可能损害进行重要医学研究的经济动机”。摩尔认为，这项裁决让病人“容易受到国家的剥削”。你认为摩尔的遭遇公平吗？关于这个案件，你还想知道什么信息来帮助你做出判断？
14. 科学家们正在学习以各种方式操纵活细胞，改变它们的遗传构成和功能。一些生物技术公司试图为它们独有的工程细胞系申请专利。你认为允许细胞获得专利符合社会利益最大化吗，为什么？对于来源于人类和细菌的细胞，你认为可以使用相同的专利规则吗？

5 细胞的运作

细胞功能为什么重要

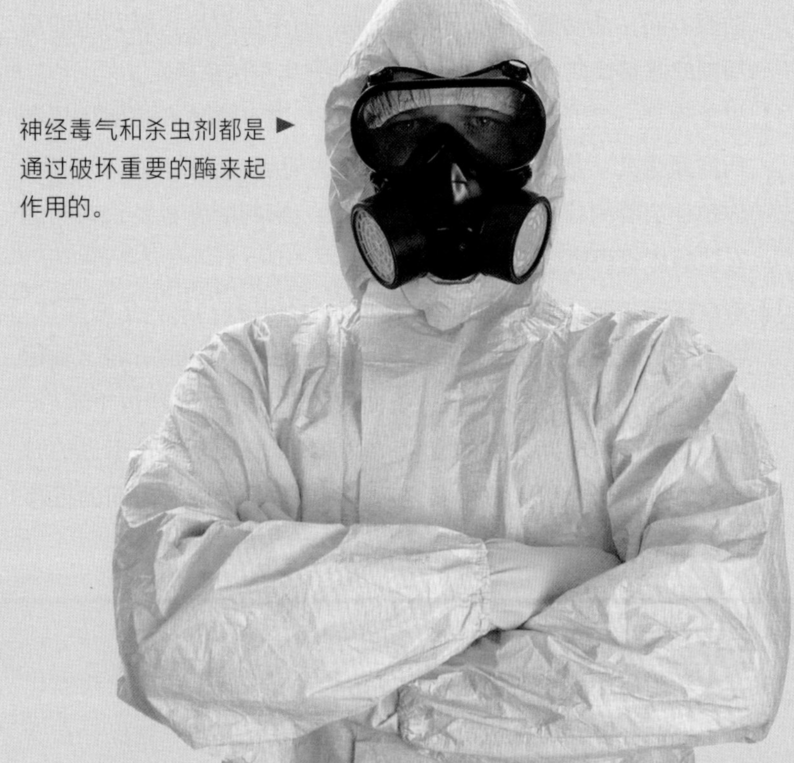

神经毒气和杀虫剂都是通过破坏重要的酶来起作用的。▶

几千年来，人们一直利用渗透原理，用盐和糖腌制食物来进行保存。▼

▲ 你要徒步 2 个多小时才能消耗半块意式辣肠比萨所含有的能量。

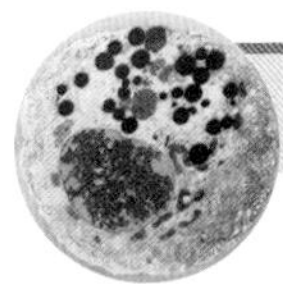

纳米技术 生物学与社会

驾驭细胞结构

想象一下，一辆微型可移动的“汽车”以碳原子球为车轮；或想象一张三维世界地势图，被雕刻在直径为沙子的千分之一的物体上。这些都是在分子尺度上操纵材料（即纳米技术）的现实例子。在设计如此微小的设备时，研究人员常常从活细胞中寻找灵感。毕竟我们可以把细胞视为一台机器，它能持续有效地执行各种功能，如运动、能量处理、生产各种物质等等。让我们思考一个基于细胞的纳米技术的例子，看一看它与细胞运作有什么关系。

康奈尔大学的研究员正在研究如何获得人类精子产生能量的能力。精子与其他细胞一样，通过分解糖与可穿过细胞膜的其他分子产生能量。细胞内的酶参与糖酵解过程。在糖酵解过程中，葡萄糖分解释放的能量用于产生 ATP 分子。在活精子中，糖酵解和其他过程所产生的 ATP 可以为精子通过雌性生殖道提供能量。为了利用这种能量产生系统，康奈尔大学的研究人员在计算机芯片上连接了三种糖酵解酶。酶在这个人工系统中发挥作用，从糖中产生能量。科学家们希望可以通过使用更大规模的酶来最终为微观机器人提供动力。这样的纳米机器人可以利用血液中的葡萄糖获得能量，将药物递送到身体组织，并且完成许多其他可能的任务。这个例子，仅仅是对受细胞工作原理启发的新技术之巨大潜力的简单一瞥。

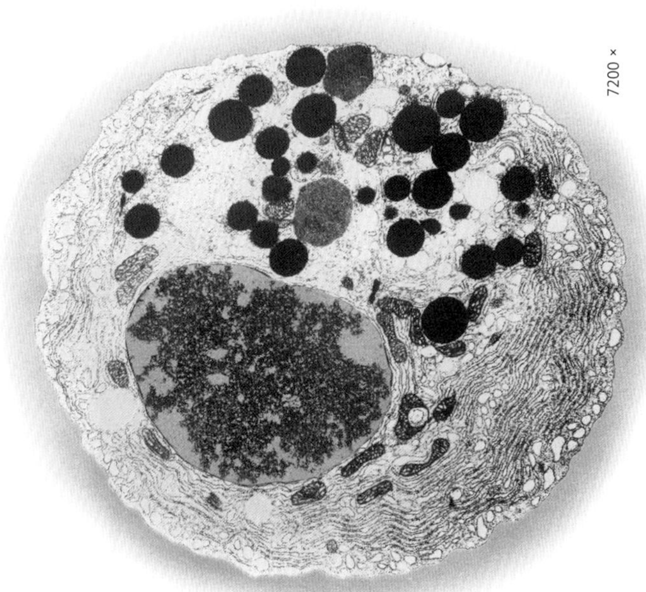

细胞结构。即使是最小的细胞，也是一个惊人复杂的微型机器。例如图中所展示的人类胰腺细胞。

本章我们将探索所有活细胞共有的三大过程：能量代谢、酶加速化学反应、细胞膜的运输调节。在此过程中，我们会进一步思考模拟活细胞自然活动的纳米技术。

能量的基本概念

不管是细胞小世界还是行星大世界，都依赖能量来运行。但能量究竟是什么？在深入理解细胞的活动之前，我们先来学习一些关于能量的基本概念。

能量守恒

能量被定义为引起变化的能力。某些形式的能量被用来做功，例如被用于克服阻力使物体运动，举个例子：抵抗重力举起杠铃。想象一名跳水运动员爬上高台然后跳水（图 5.1）。为了爬到高台上，跳水运动员必须做功以克服向下的重力。具体地说，食物中的化学能转化为**动能**（即运动的能量）。本例中，动能以肌肉运动的形式，推动跳水运动员爬上高台。

当跳水运动员到达高台时，动能发生了什么变化？动能在那里消失了吗？并没有。著名的物理原理——**能量守恒定律**指出，能量既不会凭空产生，也不会凭空消失。能量只能从一种形式转化为另一种形式。例如，发电厂并不制造能量，它只是把能量从一种形式（如储存在煤中的能量）转化成一种更方便的形式（如电力）。跳水运动员攀爬阶梯登上高台时，也是发生了这种能量转化。肌肉运动产生的动能转化为**势能**，势能指物体因其所在的位置或结构而具有的能量。例如，水坝后面的水或被压缩的弹簧所蕴含的能量，就是势能。在本例中，位于高台上的跳水运动员因其较高的位置而具有势能。他跳水的行为则将势能转化回动能。生命依赖无数类似这样的能量转化——能量从一种形式转化为另一种形式。☑

☑ 检查点

静止的物体有能量吗？

答案：有。由于它的位置或结构，它可以具有势能。

► 图 5.1 **跳水时的能量转化。**

热能

如果能量不会消失，那么在我们的例子中，跳水运动员入水时，能量去了哪里？——能量被转化成了热能，这是一种包含在原子和分子随机运动中的动能。跳水运动员身体与周围环境之间的摩擦，首先在空气中产生热能，然后在水中也产生了热能。

所有能量转化都会产生一些热能。虽然热量的释放并不意味着能量的消亡，但热能较难被用来做有用的功。热能是最无序、混乱的能量形态，是分子无目的运动的能量。

熵是对系统无序或随机程度的量度。例如，你自己的房间很容易变得混乱无序——几乎“自动”就乱了！但想让房间恢复整洁有序，就需要消耗大量能量。

每当能量从一种形式转化为另一种形式，熵就会增加。在跳水运动员爬上高台再跳下的过程中，运动员向周围散发了热量，能量转化增加了熵。为了再次爬上高台进行下一次跳水，跳水运动员必须利用更多的储存的食物能量。这种转化也会产生热量，从而增加熵。☑

化学能

来自我们所吃的食物的分子，是如何提供能量，让体内细胞正常运作的？——食物、汽油和其他燃料的组成分子，都具有一种势能，称为**化学能**，即因其原子的排列而具有的能量，可以通过化学反应释放出来。碳水化合物、脂肪、汽油的结构中，都蕴含丰富的化学能。

活细胞和汽车发动机通过相同的基本过程，把本身储存的化学能转化为可做功的能量（图 5.2）。在活细胞和汽车发动机运作的基本过程中，有机燃料被分解成较小的废料分子，这些小分子具有的化学能远低于有机燃料分子，从而释放出能量，用于细胞或发动机做功。

例如，汽车的发动机将氧气和汽油混合（这就是为什么所有汽车都需要进气系统），产生爆炸性的化学反应，分解燃料分子，进而推动活塞，最终使车轮转动。汽车排气管排出的废弃物，主要是二氧化碳和水。汽车发动机从燃料中所取得的能量，只有约25% 转化为使汽车移动的动能。其余大部分转化为热量——热量这么多，以至于如果汽车的散热器没有将

☑ 检查点

哪种形式的能量最随机，最难转变成有用的功？

答案：热能。

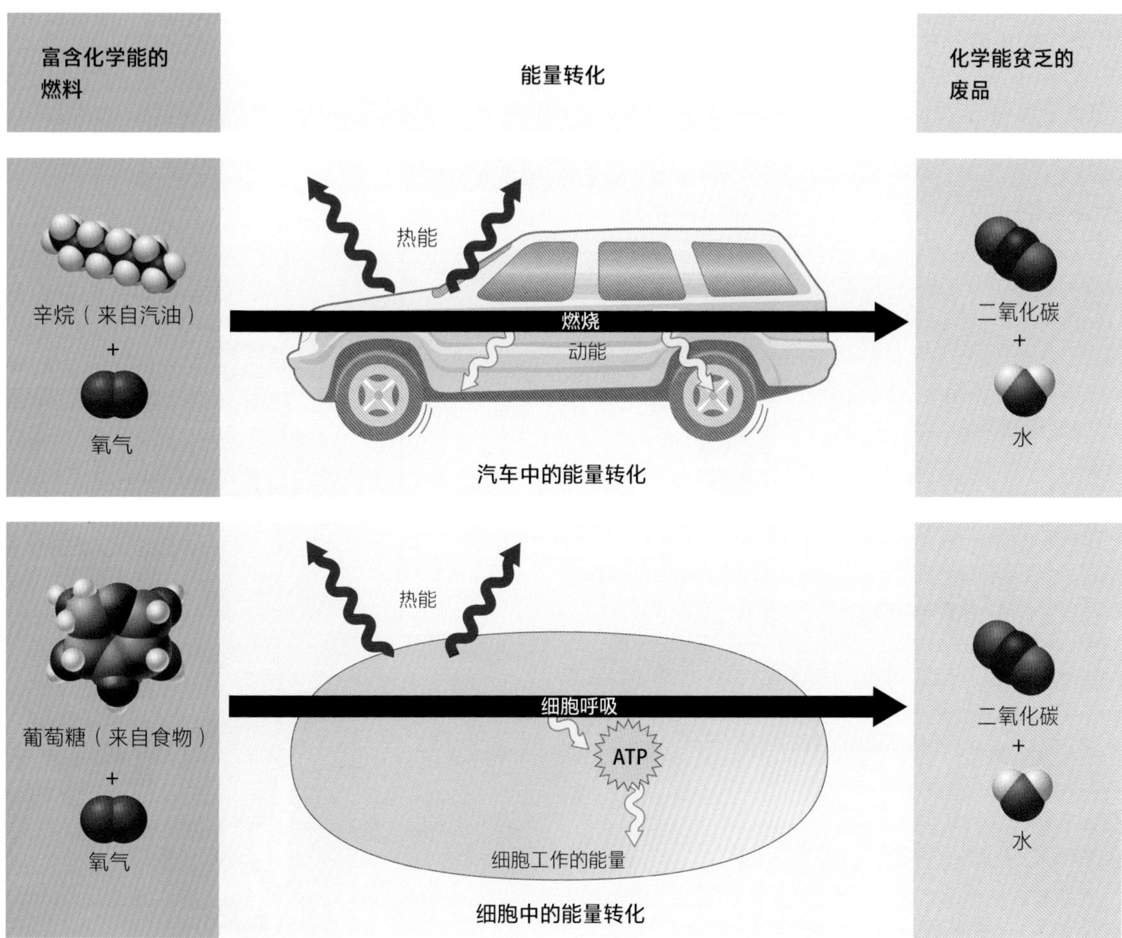

◄ 图 5.2 **汽车和细胞中的能量转化。**在汽车和细胞中，有机燃料分子的化学能都是利用氧气释放的。这种化学过程可释放出储存在燃料分子中的能量，并产生二氧化碳和水。释放的能量可以被用来做功。

热量排出，汽车的发动机就会熔化。这就是为什么高性能汽车需要复杂的气流系统以避免过热。

细胞也利用氧气和燃料分子发生的反应，获取化学能。与汽车发动机一样，细胞内的这种反应排放出的也主要是二氧化碳和水。细胞内燃料的燃烧被称为细胞呼吸，相比汽车发动机爆炸式燃烧，细胞呼吸是一个渐进而高效的过程。细胞呼吸对燃料分子进行化学分解，释放能量，并将能量以细胞可以利用的形式储存起来（我们将在第 6 章更详细地讨论细胞呼吸）。人们可以将食物能量的 34% 左右转化为有用功，比如用于肌肉收缩。燃料分子分解释放的剩余能量形成身体热量。人类及许多动物即使是处于寒冷的环境中，也可以利用这种热量来维持体温恒定（人类的体温维持在 37℃，也可以说是 98.6℉）。你可能已经注意到，在一个拥挤的房间内温度升得有多快——这些都是新陈代谢释放的热量！这种放热也解释了为什么你在剧烈运动后会感到很热。流汗和其他冷却机制让你的身体释放出多余的热量，就像汽车的散热器防止发动机过热一样。

☑ 检查点

根据图 5.3，你要骑多长时间的自行车，才能消耗掉一块芝士汉堡中所含的能量？

答案：半小时多一点儿（1块芝士汉堡含 295 千卡的能量，骑行 1 小时消耗 490 千卡的能量，295/490 ≈ 0.6 小时，或约 36 分钟）。

你要徒步 2 个多小时，才能消耗半块意式辣肠比萨所含有的能量。

食物卡路里

阅读任何包装食品的标签，你会发现上面标着每份食品含有多少卡路里的能量。**卡路里**是能量单位，1 卡路里（cal）就是能将 1 克（g）水的温度升高 1℃的热量。实际上，你能够测量出花生所含的能量——只要在装有水的容器下燃烧花生，然后测量水温升高的度数，就可以知道有多少化学能被转化为热能。

卡路里是微小的能量单位，所以用这一单位来表述食物中的“燃料”含量是不实用的。我们通常用千卡（kcal），即 1000 个卡路里，来描述食物的能量。食品标签上的卡路里（大写字母 C）实际上是千卡。

例如，一颗花生大约有 5 千卡。这意味着能量很大，足以使 1 千克水的温度升高 5℃。而一把花生所含的能量，充分燃烧足以烧开 1 千克水。在活的生命体中，食物的能量当然不是用于将水煮沸，而是用于为生命活动提供燃料。**图 5.3** 列出了不同种类的食物与其所含的能量，以及各种运动会烧掉多少卡路里。☑

▼ 图 5.3　**一些能量统计。**

食物	食物中的能量
芝士汉堡	295
酱汁意大利面（1 份）	241
烤土豆（原味，带皮）	220
炸鸡（小腿）	193
豆卷饼	189
意大利香肠比萨饼（1 片）	181
花生（28 克）	166
苹果	81
田园沙拉（2 杯）	56
爆米花（原味，1 杯）	31
西兰花（1 杯）	25

（a）不同食物中的能量（千卡）。

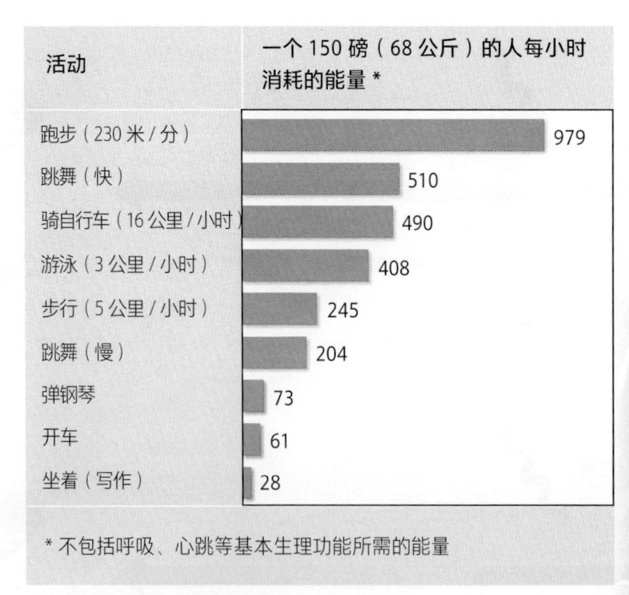

活动	一个 150 磅（68 公斤）的人每小时消耗的能量 *
跑步（230 米 / 分）	979
跳舞（快）	510
骑自行车（16 公里 / 小时）	490
游泳（3 公里 / 小时）	408
步行（5 公里 / 小时）	245
跳舞（慢）	204
弹钢琴	73
开车	61
坐着（写作）	28

* 不包括呼吸、心跳等基本生理功能所需的能量

（b）不同活动所消耗的能量（千卡）。

能量转化 ATP 和细胞运作

我们从食物中获取的碳水化合物、脂肪和其他燃料分子，并不能直接用作细胞的燃料。细胞呼吸过程中，有机分子分解所释放的化学能，用于形成 ATP 分子。这些 ATP 分子再提供动力给细胞做功。ATP 就像一个能量传输机，把从食物中获得的能量储存起来，等到需要时再释放出来。这种能量转化对地球上的所有生命都至关重要。

ATP 的结构

ATP 是三磷酸腺苷的英文（adenosine triphosphate）缩写。**ATP** 由一个叫作腺苷的有机分子和由三磷酸基团组成的尾部构成（图 5.4）。三磷酸末端基团是 ATP 结构的“业务端”——为细胞运作提供能量的部分。每个磷酸基团都带负电荷，彼此互相排斥。三磷酸基团拥挤的负电荷使得 ATP 具有势能。这就好比挤压弹簧储存能量，当你释放弹簧，它就会趋向松弛，你就可以用这种弹力做功。ATP 的三磷酸末端释放出一个磷酸，产生能量，用于细胞工作。剩下来的部分称为 **ADP**，即二磷酸腺苷（二磷酸基团取代三磷酸基团，见图 5.4 的右侧）。

磷酸基团的转移

ATP 通过转化为 ADP 来驱动细胞运作时，被释放的磷酸基团并不会飞走消失。ATP 把磷酸基团转移到细胞里的其他分子上，使这些分子活跃起来。当目标分子接收到第三个磷酸基团时，该分子就会被激活，然后可以在细胞中发挥功能。想象一下，当骑手骑自行车上坡时，其腿部肌肉细胞中，ATP 转移磷酸基团给运动蛋白。运动蛋白形状发生改变，导致肌肉细胞收缩［图 5.5（a）］。这种收缩提供了驱动骑手大腿运动所需的机械能。ATP 也使离子和其他溶质穿过骑手的神经细胞膜进行运输［图 5.5（b）］，帮助它们将信号传递到腿部。ATP 驱动细胞中的小分子制造出大分子物质［图 5.5（c）］。

▼ 图 5.4 **ATP 的能量。**ATP 末端的三磷酸中的每个 P 代表一个磷酸基团，由一个磷原子与数个氧原子键合形成。三磷酸末端的一个磷酸可转移到其他分子，为细胞提供能量。

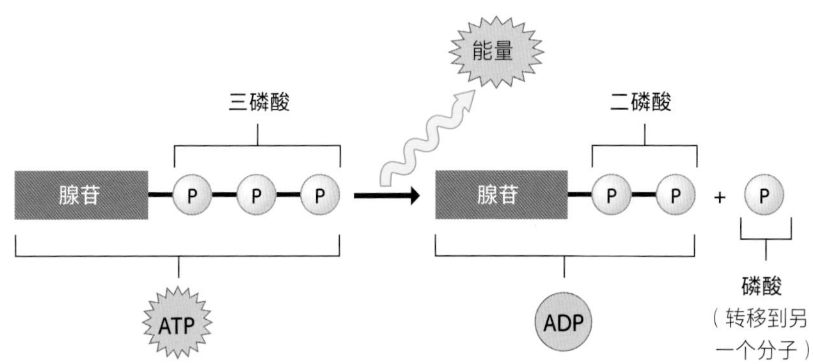

▼ 图 5.5 **ATP 如何推动细胞运作。**酶将磷酸从 ATP 转移到受体分子，带动图中所示的各种形式的工作。

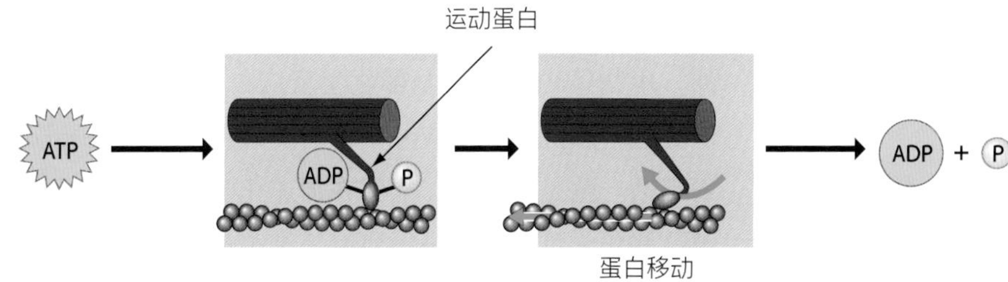

（a）**运动蛋白执行机械性工作（移动肌肉纤维）。**

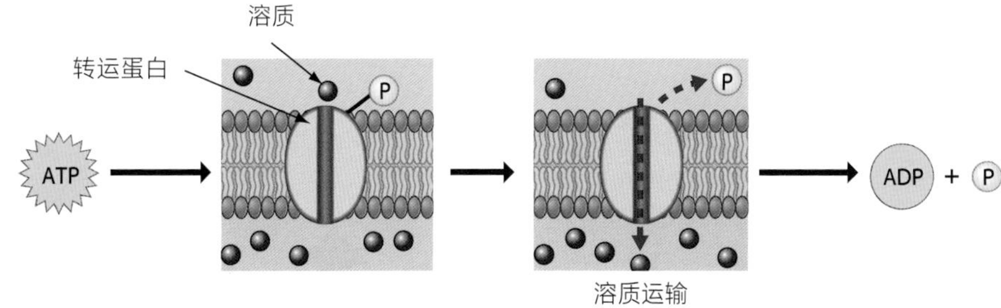

（b）**转运蛋白执行运输工作（输入一种溶质）。**

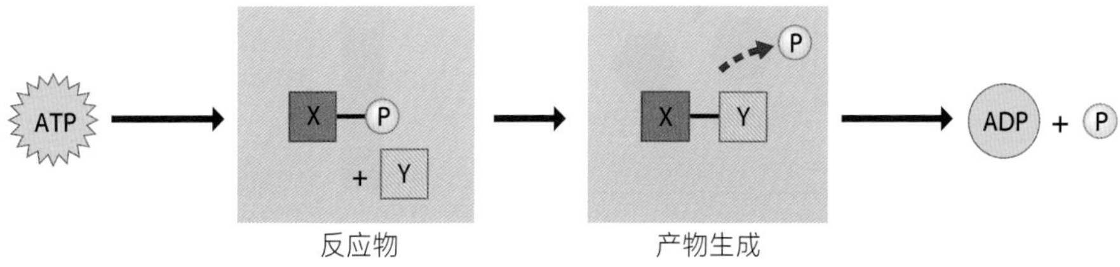

（c）**化学反应物进行化学变化（促进一个化学反应）。**

ATP 循环

你体内细胞持续不断地消耗着 ATP。幸运的是，ATP 是一种可再生资源。可以通过在 ADP 上加一个磷酸基团来将其恢复成 ATP。这个过程像重新压缩弹簧一样，需要能量。这时就需要食物来提供能量。细胞通过细胞呼吸从糖和其他有机燃料中获取化学能，帮助细胞内 ATP 再生。细胞工作消耗 ATP，然后通过呼吸作用利用食物的能量将 ADP 和磷酸结合再形成 ATP（图 5.6）。因此，能量可从产生能量的过程（如分解有机燃料），转移到消耗能量的过程（如肌肉收缩或其他细胞活动）。ATP 循环的运行速度惊人：每个工作的肌肉细胞每秒消耗又再生多达 1000 万个 ATP 分子。☑

▼ 图 5.6 **ATP 循环。**

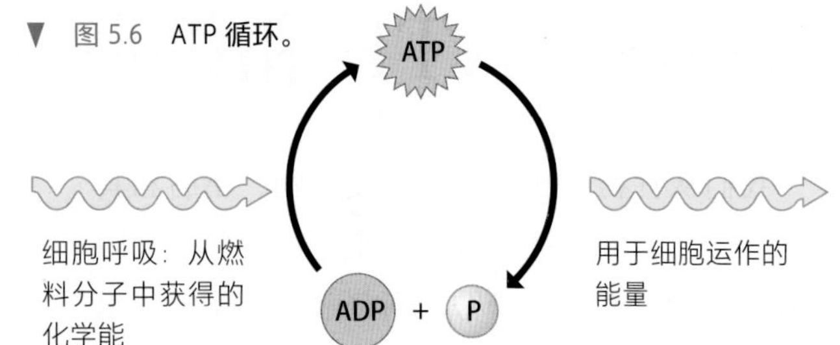

☑ 检查点

1. 请解释 ATP 是如何为细胞运作提供动力的。
2. ADP 再生为 ATP 的能量来源是什么？

答案：**1.** ATP 将一个磷酸基团转移给另一种分子，增加该分子的能量。**2.** 通过细胞呼吸从糖和其他有机燃料中获得的化学能。

酶

活生物体内含有大量的化学物质，不断进行的无数化学反应改变着体内的分子构成。从某种意义上说，活生物体内的化学反应就好像是在跳一种复杂的“方块舞”，“分子舞者”通过化学反应不断地交换舞伴。生物体内发生的全部化学反应，称为**新陈代谢**。但是这些新陈代谢反应几乎都需要帮助，大多需要**酶**的帮助。酶是蛋白质，能够在加速化学反应的同时不被这些化学反应消耗掉。所有活细胞都含有成千上万种酶，它们各自促进不同的化学反应。

☑ 检查点

酶如何影响化学反应的活化能？

答案：酶降低了活化能。

活化能

要使化学反应开始，必须首先破坏反应物分子内的化学键（正如在跳“方块舞”时，交换舞伴的第一步是放开当前舞伴的手）。分子从周围环境吸收能量方可完成这一过程。换言之，在大多数化学反应中，细胞都必须要消耗一点能量来制造更多的能量。你可以很容易地将这一概念和自己的生活联系在一起：虽然打扫房间要消耗精力，但从长远来看，这将大大节省你今后寻找东西的精力。这种启动化学反应所需的能量称为**活化能**，因为它活化了反应物，从而启动了化学反应。

酶通过降低断裂反应物分子内的键所需的活化能，来促进新陈代谢。如果将活化能视为化学反应的障碍，那么酶的作用就是降低这个障碍的影响（图 5.7）。酶与反应分子结合，将它们置于一些物理性或化学性的压力之下，从而使其化学键更容易断裂，启动化学反应。仍以打扫房间做比喻，这时就像有一位朋友前来帮助你。无论你是自己打扫还是在朋友帮助下打扫，两种情况的起始和结果都是一样的，但朋友的帮助降低了你的“活化能”，使你更有可能继续下去。接下来，我们将回到纳米技术主题，看一看酶是如何被设计得更加有效的。☑

▼ 图 5.7 **酶和活化能。**

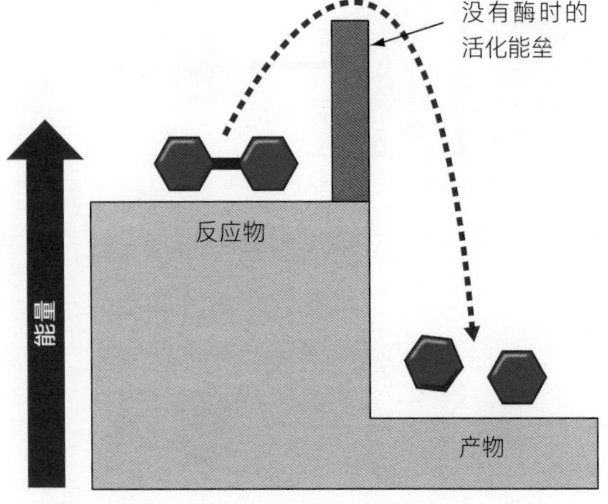

（a）**没有酶。**在化学反应将分子分解成产物之前，反应物分子必须克服活化能垒。

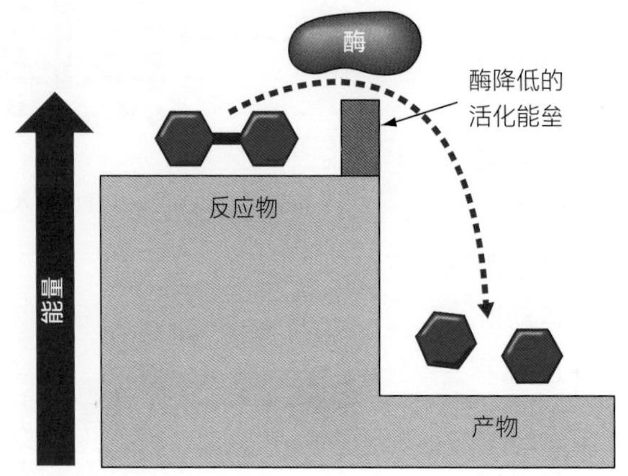

（b）**有酶。**酶降低活化能垒，提高反应速度。

人类能设计出酶吗?

酶像其他所有蛋白质一样，也是由基因编码而成。对基因序列的观察表明，人类的许多基因都是通过一种分子进化形式形成的：一个祖先基因被复制后，两个复制体随着时间的推移发生随机的遗传变化，最终形成不同的基因，来编码具有不同功能的酶。

酶的自然进化给人类提出了一个问题：能否通过实验方法来人工模拟这一过程？两家加利福尼亚生物技术公司的研究小组提出了一个假说：利用人工手段可以将乳糖酶（可分解乳糖的酶）的基因修改成一种新基因，表达出具有新功能的新酶。他们的实验采用了“定向进化法”，即让乳糖酶基因的众多复制体发生随机突变（图 5.8）；然后研究人员检验这些突变基因产生的酶，以确定哪些酶最能表现出新的活性（在本例中，新活性指可以分解另一种糖）；再对表现出新活性的酶的基因进行数轮复制、突变、筛选。

经过七轮工作，结果表明：定向进化产生了一种具有新功能的新酶。研究人员使用类似的方法，制造出许多具有所需特性的人工酶：比如，能将一种抗生素的生成效率提高至原来的十倍的酶；比如，在高热工业条件下保持稳定、高效的酶；又比如，能大大提高降胆固醇药物产量的酶。这些结果表明，定向进化是“科学家如何能够为特定目的而模仿细胞自然过程”的一个例子。

▼ 图 5.8　**酶的定向进化。**通过七轮的定向进化，乳糖酶逐渐获得了一个新功能。

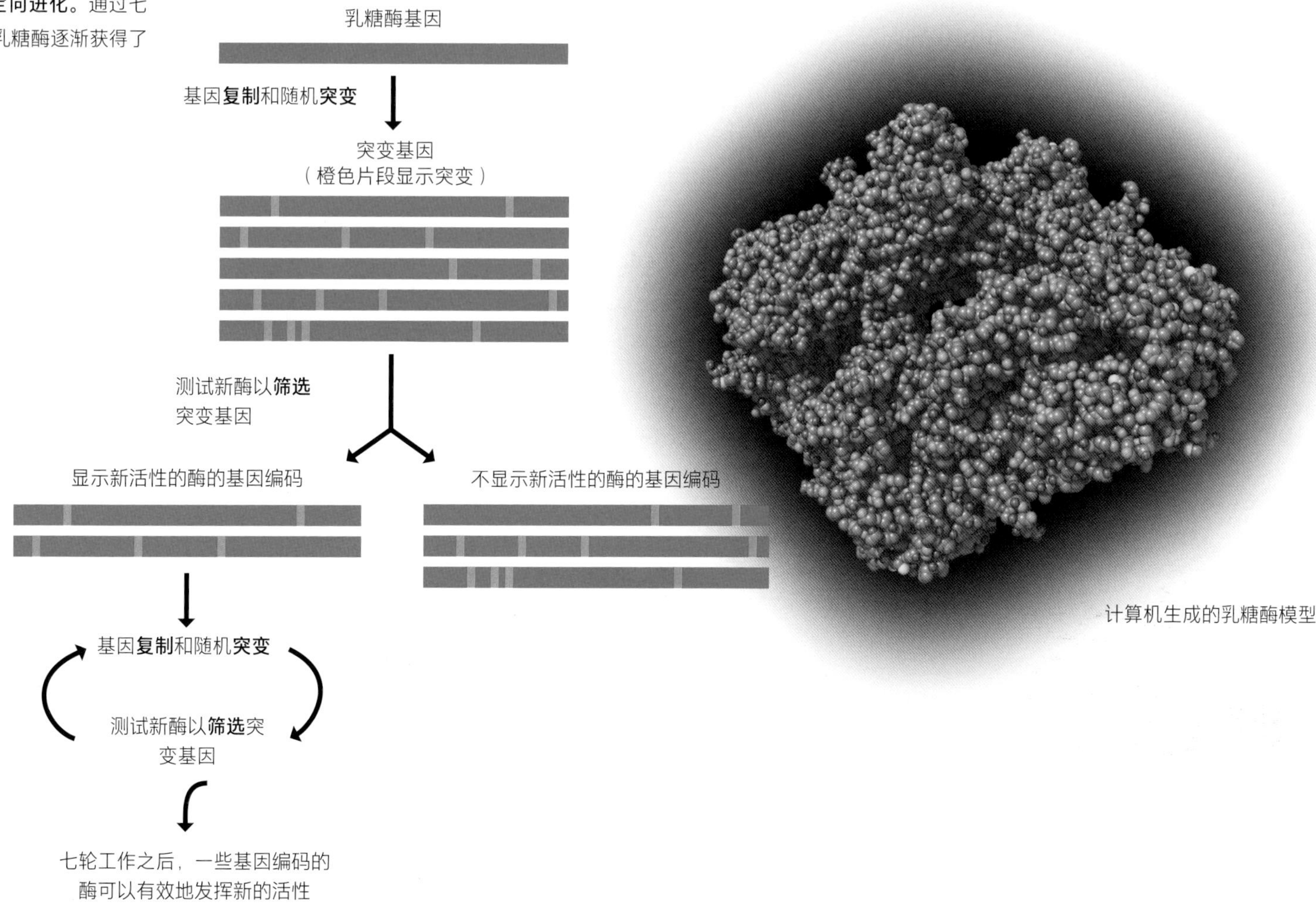

结构 / 功能 酶活性

酶对其催化的反应具有高选择性。这种选择性基于酶具有可辨别特定反应物分子（称为酶的**底物**）的能力。酶的一个区域被称为**活性位点**，其形状和化学性质与底物分子相契合。活性位点通常是酶表面的一个孔或凹槽。当底物分子接近这个对接点时，活性位点稍微改变形状以接受底物分子，同时催化反应。这种相互作用称为**诱导契合**——因为底物的进入会诱导酶稍微改变形状，使得底物和活性位点之间结合得更加紧密。这就像是握手——当你与别人握手时，手会稍微改变形状使得两人的手可以更好地贴合。

活性位点释放产物后，酶又可以接受另一底物分子。这种可反复发挥作用的能力正是酶的一个重要特性。图 5.9 展示了乳糖酶的作用过程，它可分解乳糖（底物）。乳糖不耐受症患者，体内的乳糖酶含量低或有缺陷。和乳糖酶（lactase）一样，许多酶以其底物命名，英文以 ase 结尾。☑

☑ 检查点

酶如何识别它的底物？

答案：酶的活性位点与底物在形状和化学性质上是互补的。

▼ 图 5.10 **酶抑制剂。**

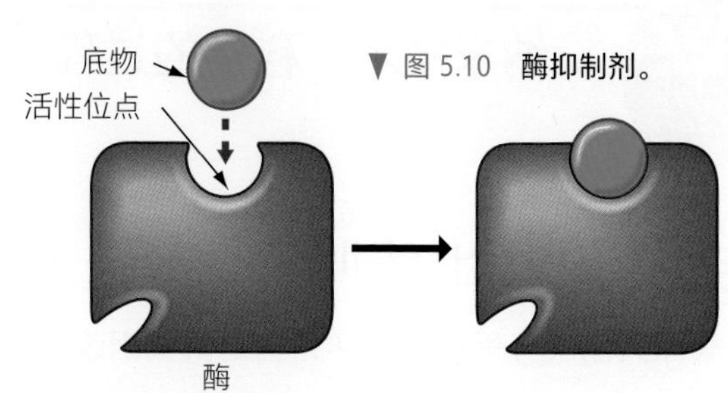

（a）酶和底物正常结合。

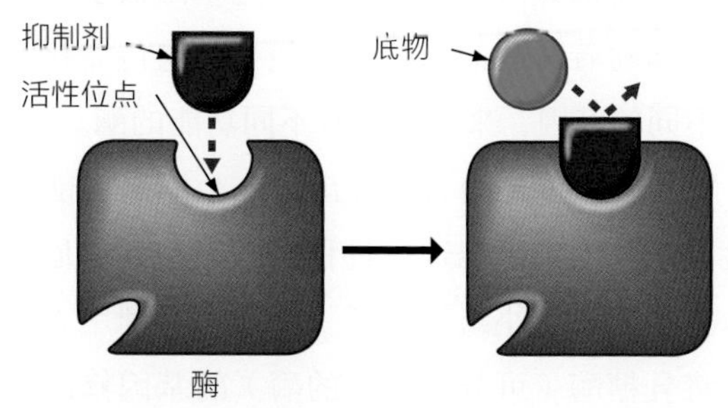

（b）酶被底物的伪装物所抑制。

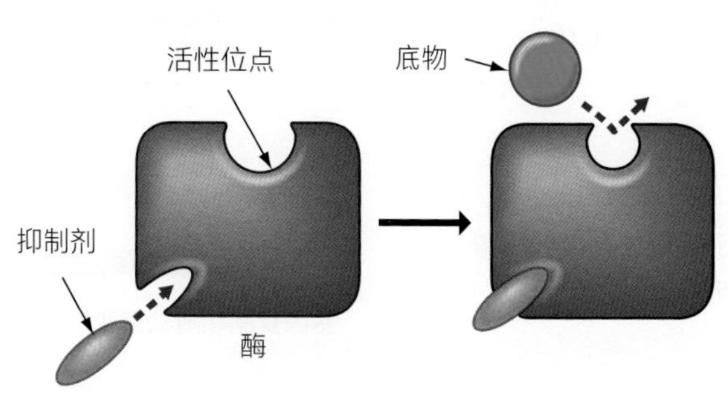

（c）酶被一个能改变活性位点形状的分子所抑制。

酶抑制剂

有一些分子可以与酶结合并破坏酶的功能，从而抑制一个代谢反应（图 5.10），我们称之为**酶抑制剂**。有的酶抑制剂伪装成底物，堵住活性位点（就像在你和朋友握手前，有人向你手中塞入一根香蕉，你便无法同朋友握手了）。其他酶抑制剂会在远离活性位点的位置与酶结合，导致酶的形状发生改变（就像在你刚想要和朋友握手时有人挠你痒，导致你握紧拳头）。在每种情况下，酶抑制剂都是通过改变酶形状来破坏酶的功能，这是结构和功能相联系的典型例子。在某些情况下，酶抑制剂的这种结合是可逆的。例如，当代谢反应产生超过细胞所需的产物时，这些产物就会可逆地抑制产生它们所需的酶的作用，这种反馈调节使细胞更好地利用资源而不产生浪费。

神经毒气和杀虫剂都是通过破坏重要的酶来起作用的。

许多良药通过抑制酶发挥作用。青霉素阻塞细菌制造细胞壁所用酶的活性位点，布洛芬抑制参与传递疼痛信号的一种酶，许多抗癌药物抑制促进细胞分裂的酶。许多毒素和毒药也起到酶抑制剂的作用。神经毒气（一种化学武器）不可逆地与传递神经冲动的关键酶的活性位点结合，致人快速麻痹而亡。许多杀虫剂对昆虫有毒，因为它们抑制了同一种酶。

▼ 图 5.9 **酶的工作过程。**此例为乳糖酶，以其底物乳糖命名。

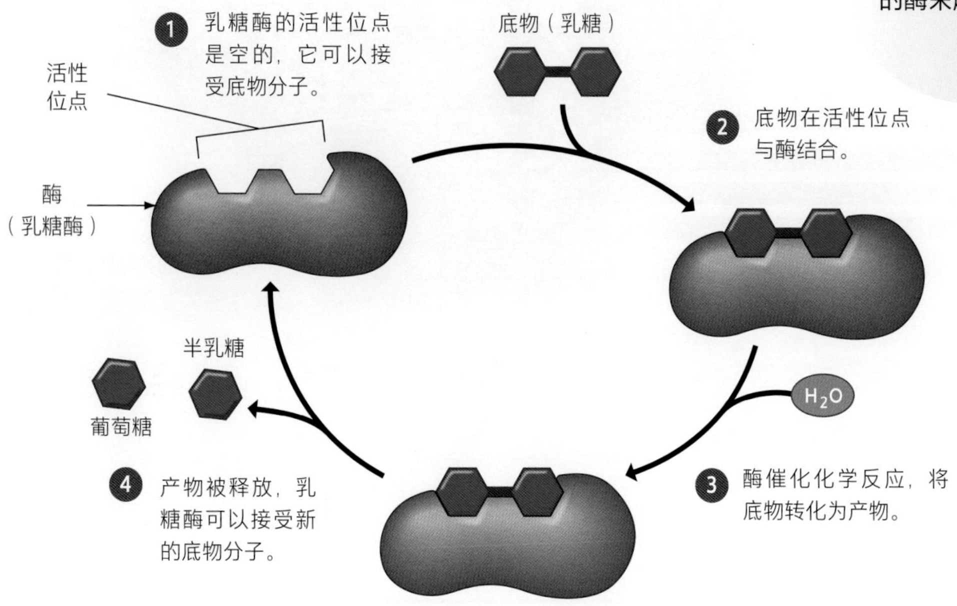

细胞膜的功能

到目前为止，我们已经讨论了细胞如何控制能量流动，以及酶如何影响化学反应的速度。除了这些重要的过程外，细胞还必须调节进出环境的物质流动。细胞膜由含有嵌入蛋白质的磷脂双分子层组成（见图4.4）。图5.11描述了这些膜蛋白的主要功能。在图中所示的所有功能中，最重要的功能之一是调控物质进出细胞。小分子稳定地在细胞膜间双向通行。但这种通行从来都不是随意的。所有生物膜都具有选择透过性，也就是说，它们只允许某些分子通行。接下来我们将更详细地探讨这个问题。

被动运输：跨膜扩散

分子不是静止的。它们不停地随机振动和移动。这种运动的一个结果是**扩散**，即分子均匀地运动到可用的空间。每个分子都是随机移动的，但是一群分子的整体扩散通常是有方向性的，从分子集中的区域扩散到分子不集中的区域。例如，想象一个瓶子里有许多香水分子。如果你打开瓶盖，每一个香水分子都会随机运动，但总体的运动是从瓶内到瓶外，最终整个房间都会充满香水的味道。你得费好大的劲儿才能让香水分子回到瓶子里，这些分子永远不会自发地返回。

▼ 图 5.11　**膜蛋白的主要功能。**一个真实的细胞膜上仅仅镶嵌着图中少数几种类型的膜蛋白，并非图中所示的全部膜蛋白，并且细胞膜上每种特定膜蛋白的数量很多。

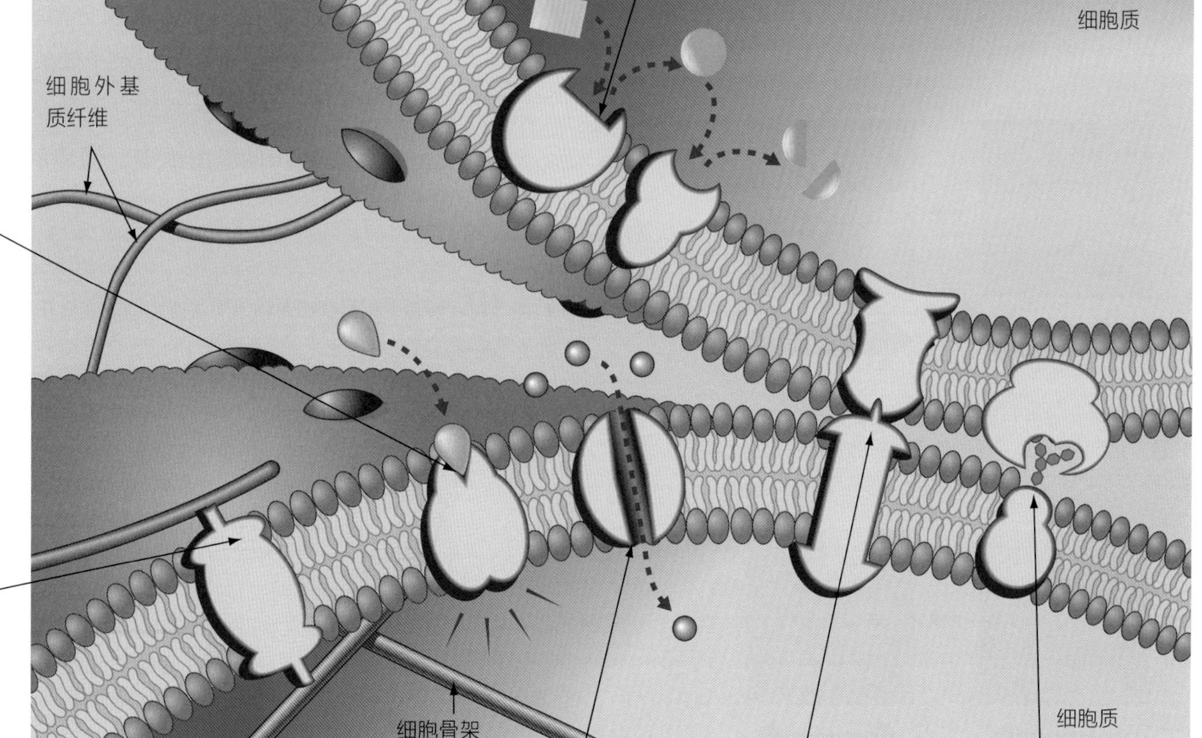

让我们看一个与活细胞近似的例子：想象用一片膜将纯水和染料溶液隔开（图 5.12）。假设这种膜有微孔，只允许染料分子通过。虽然每个染料分子随机运动，但它们都倾向于往纯水一边移动，一直到两边溶液内的染料分子浓度相等。之后两边溶液动态平衡：染料分子仍在移动，但每秒钟染料分子往两边移动的数目相等。

染料跨膜扩散是一种**被动运输**，因为细胞无须消耗任何能量。但要记住，细胞膜具有选择透过性。例如，氧气等小分子物质，比氨基酸等大分子更容易通过细胞膜。不过细胞膜也限制部分极小分子通过，如大多数离子，其亲水性强，因此无法通过磷脂双分子层。在被动运输中，物质沿着其**浓度梯度**扩散，从其浓度较高的地方扩散到其浓度较低的地方。例如，在我们的肺里，空气中的氧气比血液中的氧气浓度高，因此，氧气通过被动运输从空气进入血液。

☑ 检查点

为什么易化扩散是被动运输的一种形式？

答案：易化扩散利用蛋白质将物质沿浓度梯度输送，而不消耗能量。

▼ 图 5.12 **被动运输：跨膜扩散。**一种物质会从其浓度较高的地方扩散到其浓度较低的地方。换句话说，一种物质往往会沿着其浓度梯度扩散。

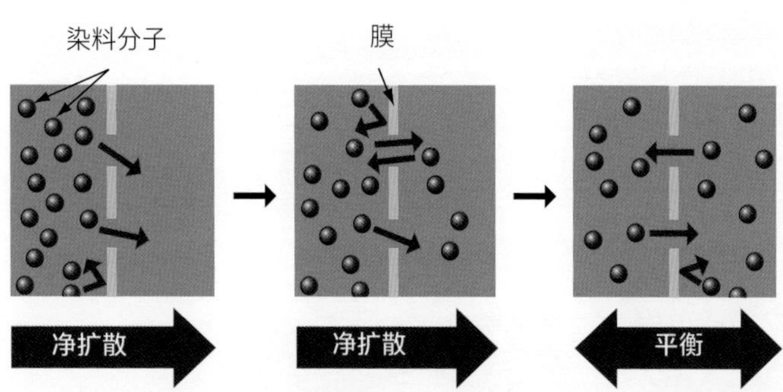

（a）**一种分子的被动运输。**膜可让此染料分子通过，由其浓度高的一端扩散到其浓度低的一端，达到平衡后，分子仍是不断地运动，但两个方向的移动速率相等。

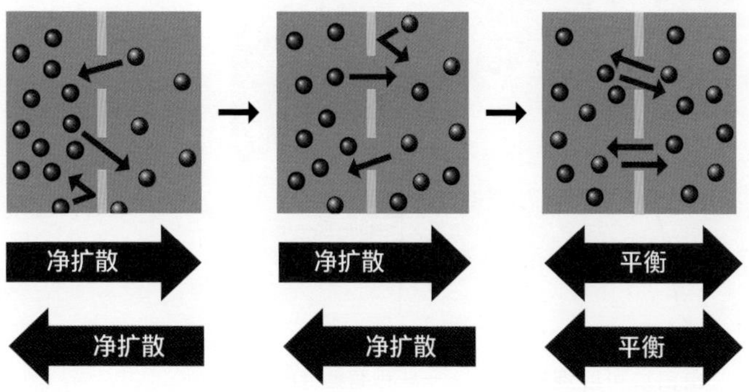

（b）**两种分子的被动运输。**如果溶液中有两种或多种溶质，每种溶质都会沿着它自己的浓度梯度扩散。

不能自发通过细胞膜或通过细胞膜非常缓慢的物质，可以借助特定蛋白质作为通道进行运输（见图 5.11）。这种辅助运输方式称为**易化扩散**。例如，水分子可以通过通道蛋白穿过一些细胞的细胞膜，每一个通道蛋白每秒可以帮助 30 亿个水分子通过！编码水通道蛋白的基因突变会导致一种罕见的基因突变疾病，该病患者肾脏有缺陷，不能重吸收水，患者必须每天喝 20 升水以防止身体脱水。该基因突变病的另一表现是体液滞留，一种妊娠期常见的并发症，是踝部和脚部肿胀的主要原因，通常是由水通道蛋白的合成量增加引起的。其他特异性转运蛋白可使葡萄糖穿过细胞膜的速度比扩散快 50,000 倍。即使这样，易化扩散也是一种被动运输，因为它不需要细胞消耗能量。在所有被动运输中，驱动力是浓度梯度。☑

渗透与水平衡

水分子通过选择性渗透膜的扩散，称为**渗透**（图 5.13）。**溶质**是溶解在液体溶剂中的物质，所得混合物称为溶液。例如，盐水溶液含有溶于水（溶剂）的盐（溶质）。想象一下，用膜分离两种浓度不同的溶液。溶质浓度较高的溶液相对于低浓度溶液来说是**高渗的**。溶质浓度较低的溶液相对于高浓度溶液来说是**低渗的**。请注意，在低渗溶液中，溶质浓度较低，则水含量较

▼ 图 5.13 **渗透。**利用膜将两种不同浓度的糖溶液分开。水分子可以通过膜，但糖分子不能穿过膜。

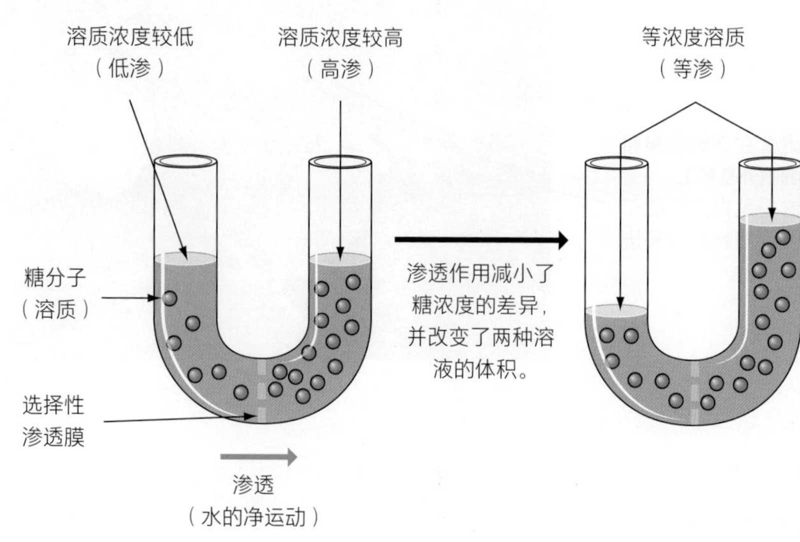

高（溶液中，较少的溶质意味着含相对较多的水）。所以水会沿着浓度梯度从其浓度较高的区域（也就是低渗溶液）扩散到其浓度较低的区域（高渗溶液）中。这就减小了溶质浓度的差异，也改变了两种溶液的体积。

人类利用渗透原理来保存食物。人类通常用盐腌制肉类（如猪肉、鳕鱼）；盐可渗出食物中的水分，破坏细菌和真菌的细胞。食物也可以保存在蜂蜜中，因为高浓度的糖会析出食物中水分。

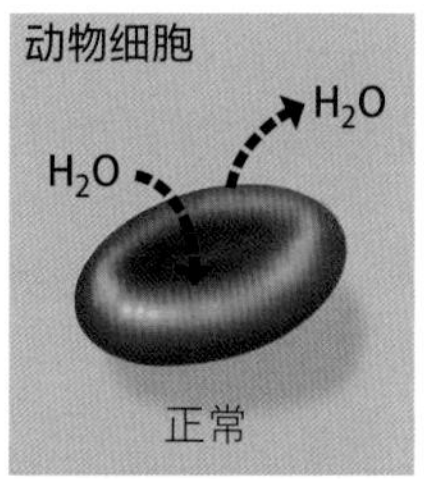

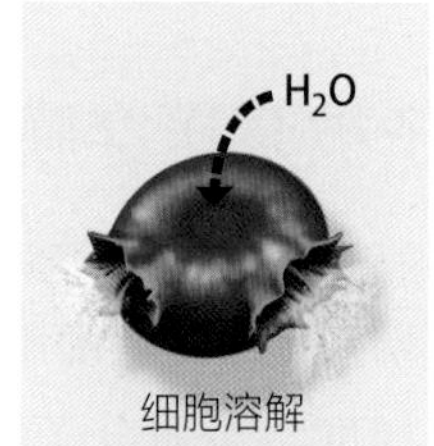

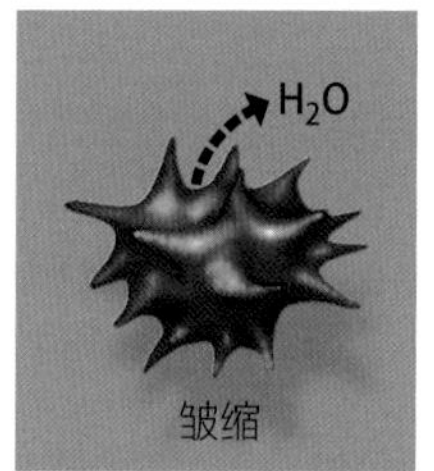

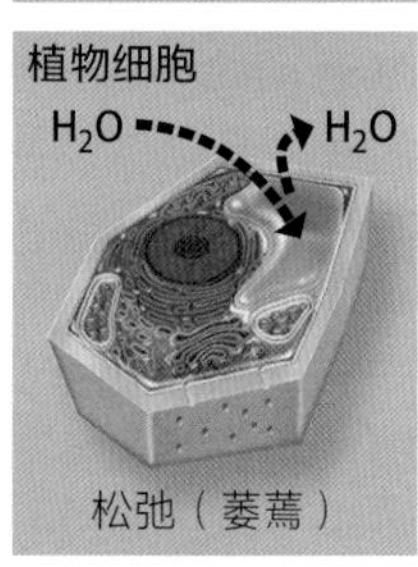

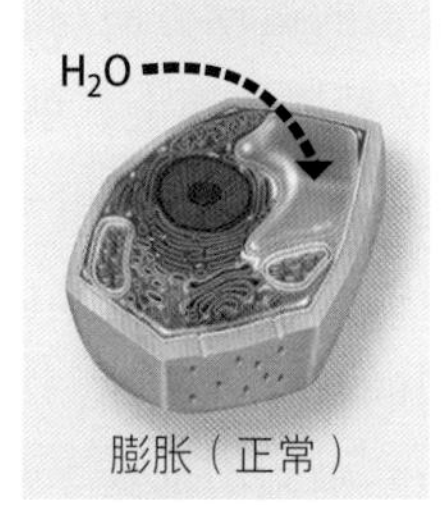

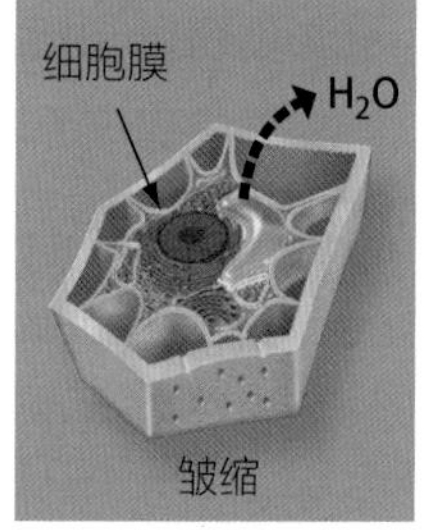

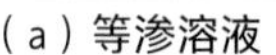
（a）等渗溶液　（b）低渗溶液　（c）高渗溶液

◀ 图 5.14　**渗透环境。**动物细胞（如红细胞）和植物细胞在不同渗透环境中的表现不同。

当膜两侧的溶质浓度相同时，水分子将以相同的速率沿两个方向移动，因此溶质浓度不会有净变化。溶质浓度相等的溶液是**等渗的**。例如，许多海洋动物（如海星和螃蟹）体液与海水等渗，所以它们既不会从环境中吸水，也不会失去水分。在医院，患者的静脉注射（IV）液必须与血细胞等渗，以避免对患者产生伤害。

几千年来，人们一直利用渗透原理，用盐和糖腌制食物来进行保存。

动物细胞内的水平衡

一个细胞能否存活，取决于它通过摄取或流失水分以平衡水分的能力。动物细胞浸没在等渗溶液中时，水分的得失速率相同，细胞体积因此保持不变［图 5.14（a）上］。将动物细胞浸入低渗溶液（溶质浓度比细胞低）中，会发生什么呢？——由于渗透作用，细胞会吸水、膨胀，然后可能像过满的水囊一般爆裂［图 5.14（b）上］。高渗环境对动物细胞来说也十分恶劣，会导致其脱水萎缩坏死［图 5.14（c）上］。

为了能在低渗或高渗环境中生存，动物必须有平衡水分摄取和流失的能力。这种控制水分平衡的机制称为**渗透调节**。例如，淡水鱼利用肾脏和鳃，将水分不断从体内排出，防止体内积存过多水分。人类渗透调节失效会有严重后果：脱水（大量消耗水分）会导致身体疲劳甚至死亡；若饮水过多则可能会患低钠血症或“水中毒”，会因必要离子的过量稀释而死。

植物细胞内的水平衡

对于具有坚韧细胞壁的细胞（如植物、真菌、许多原核生物和一些原生生物的细胞），水分平衡的问题与动物细胞有些不同。浸没在等渗溶液中的植物细胞会松弛，植株也会枯萎［图 5.14（a）下］。相比之下，在低渗溶液中水净流入植物细胞内，细胞饱满坚挺，植物呈现出最健壮的状态［图 5.14（b）下］。此时弹性细胞壁稍稍膨胀，它施加给细胞的压力可避免细胞吸水过多而胀破。植物细胞的膨胀是维持植物姿态挺立、枝叶伸展的必要条件（图 5.15）。然而在高渗溶液中，植物细胞的状态不如动物细胞好。植物细胞会因脱水而萎缩，造成细胞膜和细胞壁分开［图 5.14（c）下］，这通常会造成植物细胞死亡。总之，植物细胞在低渗环境中茁壮生长，而动物细胞在等渗环境中茁壮成长。☑

☑ 检查点

1. 动物细胞在_____环境下会萎缩。
2. 萎缩的植物细胞与其所处的环境相比是_____的。

答案：1. 低渗。2. 等渗。

▼ 图 5.15　**植物的膨压。**浇灌一株枯萎的植物会使其恢复坚挺。

主动运输：分子被泵送穿膜

与被动运输相反，**主动运输**需要消耗能量才能使分子穿过细胞膜。载体蛋白消耗细胞能量（通常由 ATP 提供），逆浓度梯度将溶质分子泵送至细胞内。逆浓度梯度即溶质分子的运动方向与它自然运动的方向相反（图 5.16）。这种逆势而上，就如同对抗重力、滚动一块巨石上山一样，需要消耗相当大的能量。

细胞利用主动运输原理，维持其内小型溶质浓度与外界环境浓度不同的状态。例如，与周围环境的离子浓度相比，动物神经细胞中钾离子浓度较高，钠离子浓度较低。为了维持内外浓度的这种差异，细胞膜会不断将钠离子泵出细胞，而将钾离子泵入细胞。这种特殊的主动运输结构被称为钠钾泵，它对大多数动物的神经系统至关重要。☑

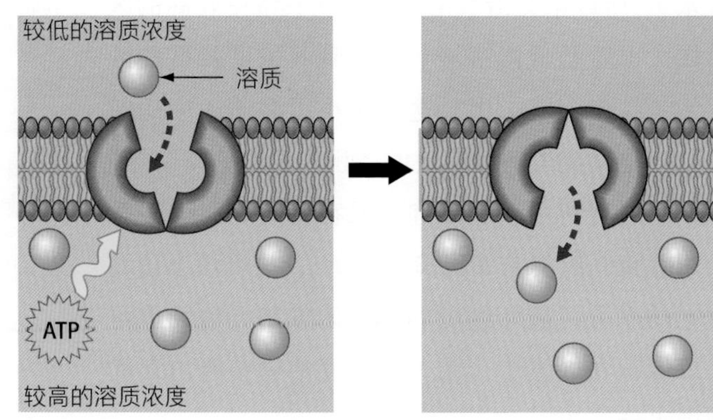

▲ 图 5.16 **主动运输。**载体蛋白可特异性识别分子或原子。这种载体蛋白（紫色）的结合位点只能接受特定溶质。利用 ATP 提供的能量，载体蛋白将溶质沿逆浓度梯度方向泵入细胞内。

☑ 检查点

主动运输常用能量的来源是什么分子？

答案：ATP。

胞吐和胞吞：大分子的运输

到目前为止，我们讨论了水分子和小型溶质如何穿越细胞膜进出细胞。然而，对于蛋白质等大分子来说，情况就不一样了：它们太大了，无法穿透细胞膜。这些大分子进出细胞，需要借助细胞膜形成囊泡的能力。你已经看到过这方面的例子：在细胞产生蛋白质的过程中，包裹分泌蛋白的囊泡与细胞膜融合，然后将内容物排出细胞外（见图 4.12 和图 4.16）。这个过程称为**胞吐作用**（图 5.17）。例如，你哭泣时，泪腺中的细胞通过胞吐作用释放出咸咸的泪水。在大脑中，神经细胞通过胞吐作用释放出多巴胺等化学物质（即神经递质）帮助神经元之间的交流。

在**胞吞作用**中，细胞向内凹陷，生成囊泡，吞入胞外物质（图 5.18）。例如，在**吞噬作用**（“细胞进食”）过程中，细胞吞噬颗粒并将其包在囊泡中。其他时候，细胞“吞下”液滴形成小的含水囊泡。特定外部分子与镶嵌在细胞膜中的特定受体蛋白结合，也可触发胞吞作用。这种结合使膜的局部区域产生囊泡，将特定物质运送到细胞内。例如，在人类肝细胞中，胞吞作用被用于从血液中摄取胆固醇。然而，肝细胞受体遗传缺陷症会使得肝细胞无法摄取胆固醇，从而导致有些患者在 5 岁时就会心脏病发作。人类免疫系统的细胞利用胞吞作用吞噬并消灭入侵的细菌和病毒。

所有细胞都有细胞膜，因此推断“在地球生命进化的早期就首先形成了膜”是合乎逻辑的。在本章的最后一部分，我们将研究膜的进化。

▼ 图 5.17 **胞吐作用。**

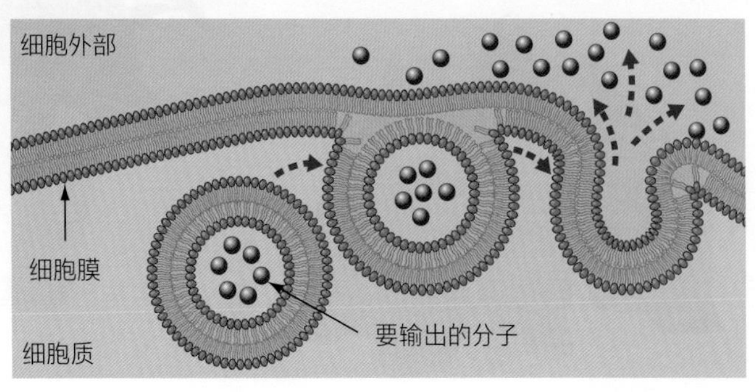

▼ 图 5.18 **胞吞作用。**

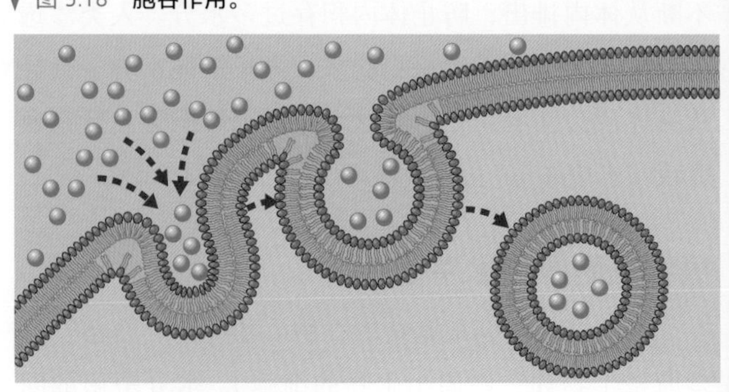

纳米技术 进化联系

膜的起源

通过模拟早期地球环境，科学家们已经证明，许多对生命至关重要的分子可以自发形成（了解此实验，见图 15.3 及其附文）。这些结果表明，所有膜的关键成分——磷脂，可能是在地球早期化学反应中最早形成的一批有机化合物。它们形成后，即可以自我组装成简单的膜。例如，当摇动磷脂和水的混合物时，磷脂就会形成双层形式，从而形成充满水的膜泡（图 5.19）。这种组装既不需要基因，也不需要磷脂本身特性之外的其他信息。

脂质在水中自发成膜的现象，促使生物医学工程师制造可以包裹特定化学物质的脂质体（一种人造囊泡）。未来，这些人工脂质体可用于向体内特定部位提供营养物质或药物。事实上，截至 2012 年，12 种药物已获批准通过脂质体递送，包括针对真菌感染、流感、肝炎的药物。因此，膜就像"生物学与社会"和"科学的过程"中讨论的其他细胞成分一样，为新型纳米技术提供了灵感。

在形成最早细胞的进化过程中，关键一步是众分子聚集在膜封闭的空间内。膜可以封闭、分隔开与周围环境成分不同的溶液。细胞膜调节细胞与环境间的化学交换，这是生命的一个基本要求。事实上，所有细胞都被结构和功能相似的细胞膜包裹着，这说明了生命的进化统一性。

▼ 图 5.19 **膜的自发形成：生命起源的关键一步。**

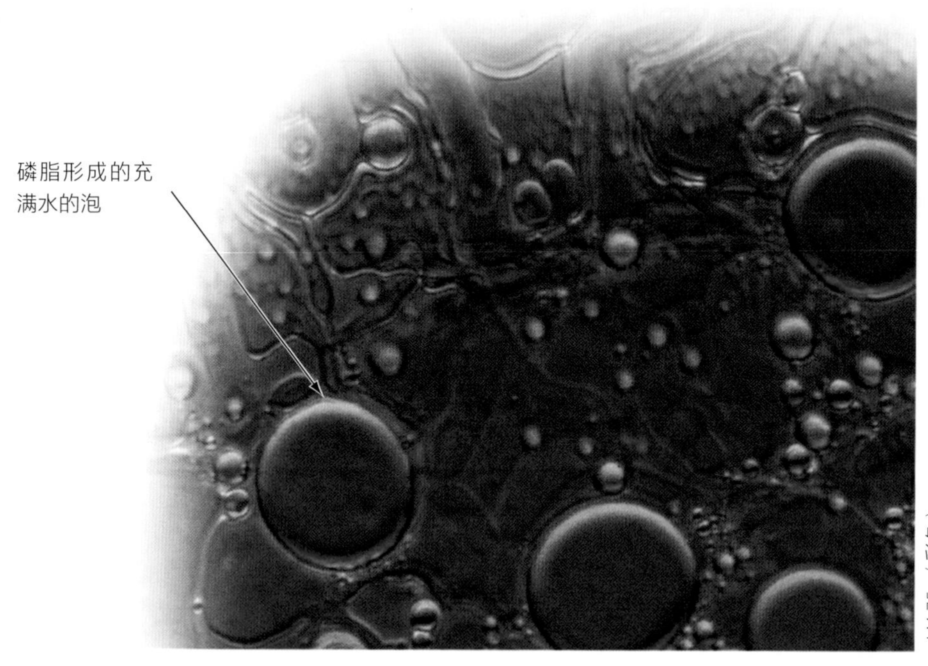

本章回顾

关键概念概述

能量的基本概念

能量守恒

机器和生物体可以把动能（运动的能量）转化为势能（蓄势待发的能量），反之亦然。在所有这些能量转化中，总能量是守恒的。能量既不能凭空产生也不能凭空消失。

热能

每次能量转化，都会以热的形式释放些混乱的能量。熵是对无序或随机性的一种量度。

化学能

分子以其原子排列形式，储存不同大小的势能。有机化合物中的化学能相对丰富。汽油在汽车发动机内的燃烧和葡萄糖分子在活细胞内通过细胞呼吸作用实现的分解，都是分子中储存的化学能转化为有用功的例子。

食物卡路里

食物卡路里，其实是千卡，是用来衡量食物中能量的单位，也是人类在各种活动中消耗的能量的单位。

能量转化：ATP 和细胞运作

ATP 是细胞中的可循环分子：ATP 被分解成 ADP、驱动细胞工作的同时，新的 ATP 分子利用从食物中获得的能量由 ADP 生成。

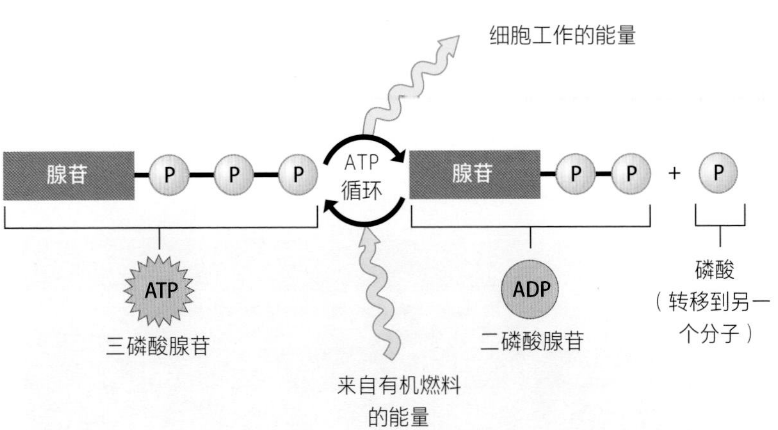

酶

活化能

酶是一种生物催化剂，它降低破坏反应物分子键所需的活化能，加快新陈代谢。

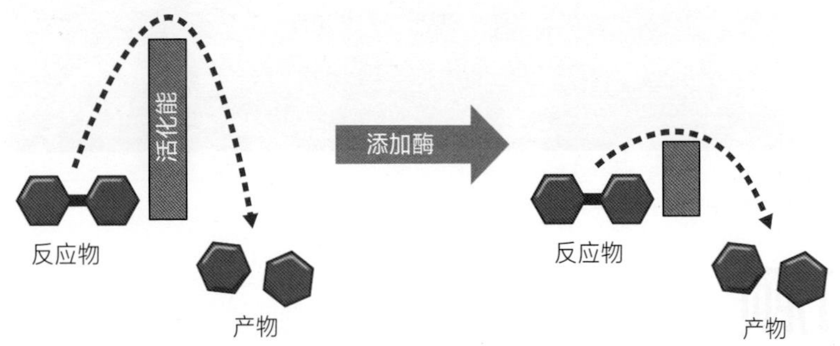

结构 / 功能：酶活性

底物进入酶的活性位点会使酶的形状稍微发生改变，使酶与底物更好地契合，从而促进酶与底物的相互作用。

酶抑制剂

酶抑制剂是通过与酶的活性位点或其他部位结合而破坏代谢反应的分子。

细胞膜的功能

镶嵌在细胞膜中的蛋白质具有多种功能，包括调节运输、靶向细胞或物质、促进酶反应和识别其他细胞。

被动运输、渗透和主动运输

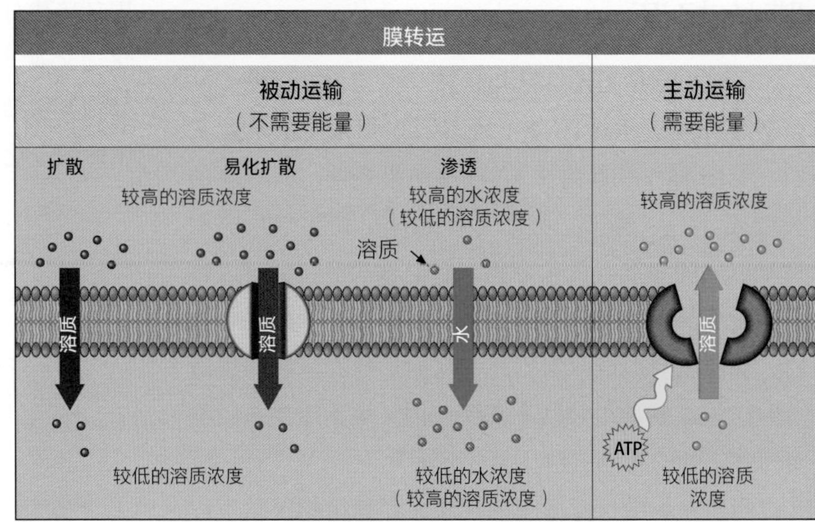

大多数动物细胞都需要等渗环境，即细胞内外的水浓度相同。植物细胞需要低渗环境，使水向细胞内流动，让细胞保持坚实。

胞吐和胞吞：大分子的运输

胞吐是囊泡内大分子的分泌。胞吞是通过囊泡将大物质运入细胞内。

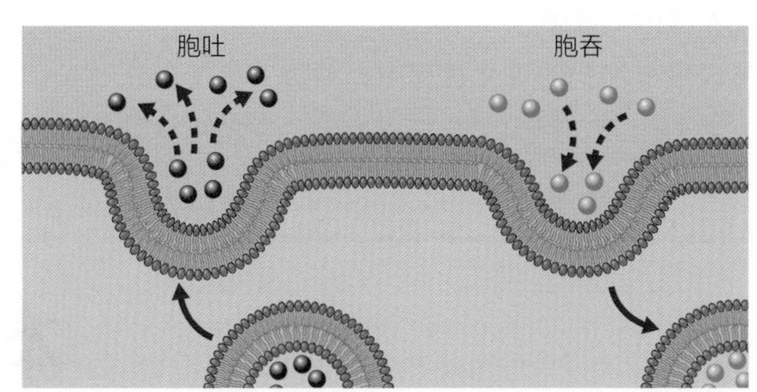

MasteringBiology®

如需练习测验、生物动画、MP3 教程、视频辅导以及为本教材设计的更多学习工具，请访问 MasteringBiology®。

自测题

1. 描述当你爬上楼梯顶部时所发生的能量转化。
2. ________是做功的能力，而________是对无序性的量度。
3. 棒棒糖包装上写着它含 150 千卡的能量。如果能将其所有能量转化成热能，那么可以使多大体积的水的温度升高 15℃？
4. 为什么移除 ATP 三磷酸基团尾部的一个磷酸基团会释放能量？
5. 你的消化系统利用各种酶把大的食物分子分解成小分子，以便细胞同化利用，这些消化酶被统称为水解酶（hydrolase）。请问该名称的化学基础是什么？（提示：回顾图 3.4。）
6. 请解释，为什么酶抑制剂即使没有与酶活性位点结合也可以起到抑制作用。
7. 假如有人坐在房间的一个角落抽烟，你可能会吸入一些二手烟，请问烟雾的运动类似于什么类型的细胞运输？
   a. 渗透
   b. 扩散
   c. 易化扩散
   d. 主动运输
8. 请解释，为什么仅仅说某一种溶液是“高渗的”是不够的。
9. 在浓度梯度方面，被动运输和主动运输的主要区别是什么？
10. 下列哪种类型的细胞运输需要能量？
    a. 易化扩散
    b. 主动运输
    c. 渗透
    d. a 和 b

答案见附录《自测题答案》。

科学的过程

11. HIV 是导致艾滋病的病毒，它依赖于一种叫逆转录酶的酶来繁殖。逆转录酶能够读取 RNA 分子并由此形成 DNA。第一种被批准治疗艾滋病的药物——齐多夫定（AZT）——的分子形状与 DNA 碱基胸腺嘧啶的形状非常相似（但略微不同）。请提出一个 AZT 抑制 HIV 的模型。
12. 体重增加还是减少取决于能量的收支，即你所吃食物中的能量减去你在活动中消耗的能量。一磅（约 0.45 千克）人体脂肪约含 3500 卡路里的能量。利用图 5.3，比较消耗这些能量的方法。你需要跑多远，游多远，或者走多远，才能燃烧一磅脂肪？这将花费你多长的时间？哪种燃烧能量的方式最吸引你？哪种方式最没有吸引力？每种食物你需要吃多少才能增加一磅脂肪？吃增加一磅脂肪的食物和消耗一磅脂肪的运动量相比如何？这是一种平等交换吗？
13. **解读数据** 下图分别显示了有酶和无酶时的化学反应过程。哪一条曲线代表了有酶参与的反应？标记为 a、b、c 的线段表示的能量变化分别是什么？

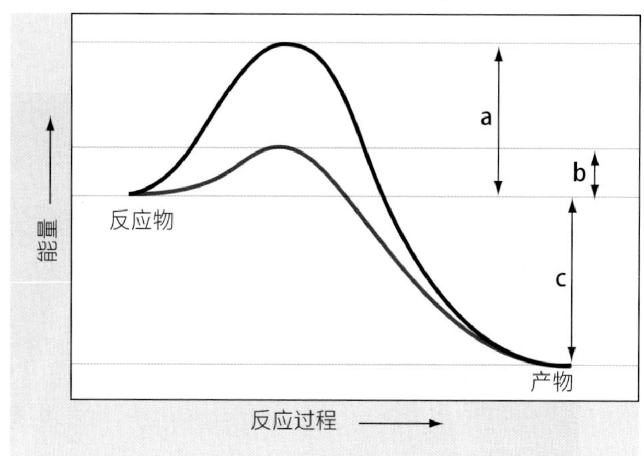

生物学与社会

14. 肥胖对许多美国人来说是一个严重的健康问题。几种流行的减肥计划都倡导低碳水化合物饮食。低碳水化合物饮食者，大多数通过多吃蛋白质和脂肪来补充营养。这种饮食方式有哪些优点和缺点？政府应该对饮食、减肥类图书中的主张加以规范吗？应该如何检验这些主张？饮食倡导者是否应该在发布主张前提交和公布相关数据？
15. 如“生物学与社会”部分所述，纳米技术设备的研发制造，有显著改善人类健康的潜力。但这些产品有无可能对人类造成伤害，或被滥用？会对哪些方面有影响？你能想出一些规章制度，只发挥纳米机器的有益作用，而不造成有害影响吗？
16. 铅起到酶抑制剂的作用，可以干扰神经系统的发育。一家铅酸蓄电池厂制定了一项“胎儿保护制度”，禁止育龄女性雇员在铅含量高的场合工作。这些妇女被调到了低风险场合的低薪岗位。一些雇员在法庭上对这项制度提出异议，声称这项制度剥夺了女性从事这种职业的机会。美国最高法院裁定这项制度违法。但是许多人对拥有“在不安全的环境中工作的‘权利’”感到不安。雇主、雇员和政府机构之间的哪些权利和责任发生了冲突？在某一特定的环境中工作的职员需要满足什么标准？

6 细胞呼吸：从食物中获取能量

细胞呼吸为什么重要

▼ 你身体每天产生的能量约有 20% 用于维持大脑运转。

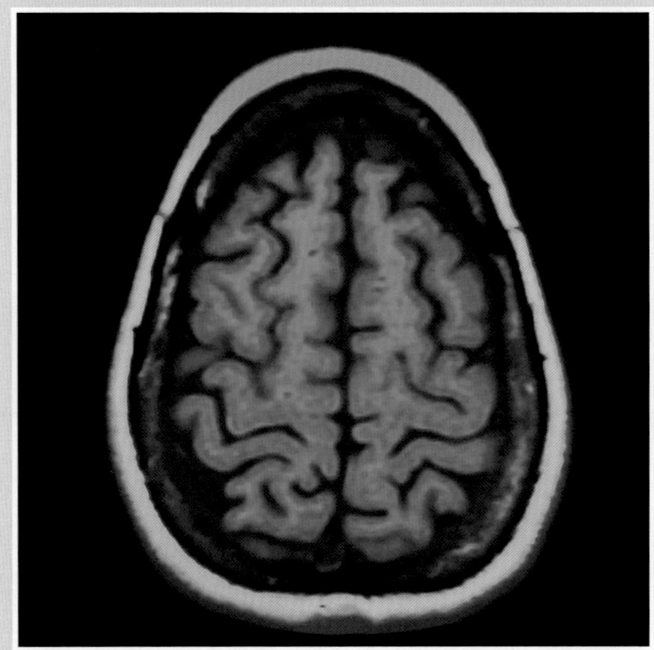

你和跑车有一个共同点：你们都需要一个进气系统来高效燃烧燃料。▼

▲ 相似的代谢过程会产生酒精、意大利香肠、酱油、发酵面包和剧烈运动后肌肉中的酸性物质。

运动科学 生物学与社会

充分利用你的肌肉

运动健将开展持久的训练，来充分开发身体的潜能，达到巅峰状态。运动训练的一个关键方面，在于增加有氧能力，即心、肺向身体各个细胞输送氧气的能力。对于许多诸如长跑运动员、自行车运动员这类耐力型运动员来说，向运动肌肉提供氧气的速率是限制他们比赛表现的因素。

氧气为什么这么重要？——无论是锻炼还是日常工作中，身体肌肉都需要持续的能量供应来完成工作。肌肉细胞通过一系列依赖于持续输入氧气（O_2）的化学反应从葡萄糖中获得这种能量。因此，为了保持运动状态，你的身体需要稳定的氧气供应。

有足够的氧气供应细胞能量需求时的新陈代谢被称为有氧代谢。随着你的肌肉活动得更加厉害，你的呼吸也加快加深，以吸入更多的氧气。如果你继续加快速度，你将接近你的有氧代谢能力极限，即肌肉细胞吸收和利用氧气的最大速率，这也是你的身体可以利用有氧呼吸维持的最剧烈运动的量化标志。因此，运动生理学家（研究身体在体育活动中如何运转的科学家）使用氧气监测设备来精确测定任意受试人可能的最大有氧输出效率。这些数据让训练有素的运动员保持在其有氧代谢极限内，确保最大可能的运动能力——换句话说，确保他或她尽了最大努力。

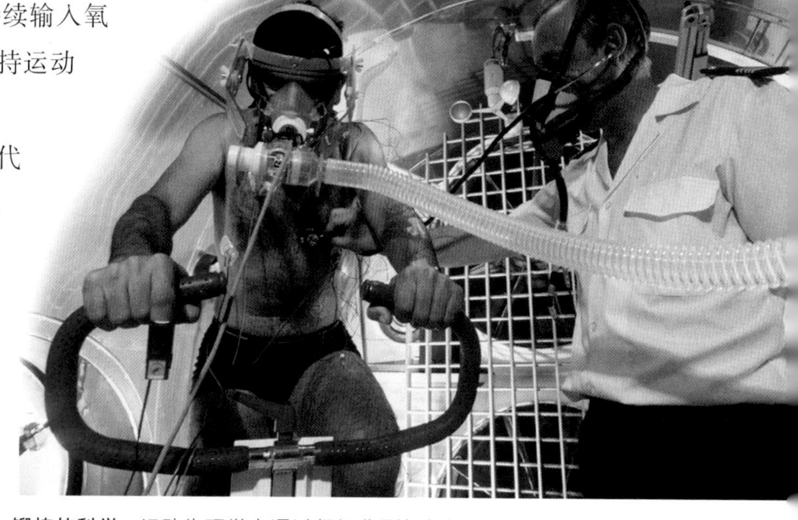

锻炼的科学。运动生理学家通过仔细监测氧气的消耗和二氧化碳的产生，可以帮助运动员发挥出最佳水平。

如果你更加剧烈地运动，超越了你的有氧代谢能力极限，肌肉对氧气的需求量将超过你身体能够输送的氧气量；此时新陈代谢变为厌氧代谢。氧气不足时，你的肌肉细胞会切换到“紧急模式”，在这种模式下，它们分解葡萄糖的效率非常低下，并产生副产物乳酸。乳酸和其他副产物的积累将阻碍肌肉活动。你的肌肉在此情形下只能运转几分钟，然后就会陷入疲劳无力的状态。

每个生物都依赖提供能量的过程。事实上，行走、说话、思考都需要能量——简而言之，只要活着就需要能量。人体有数万亿个细胞，都在努力工作，都需要不断的能源物质的供给。本章将论述细胞如何获取食物中的能量，并在氧气帮助下使其发挥作用。在这个过程中，我们将思考“身体如何对锻炼做出反应”。

生物圈中的能量流动和化学循环

所有生命都需要能量。在地球上几乎所有的生态系统中，这种能量都源自太阳。在**光合作用**过程中，植物将阳光的能量转化为糖和其他有机分子中的化学能（我们将在第 7 章讨论）。人类和其他动物基于这种转化来获取食物和其他生活所需材料：你可能正穿着光合作用产物——棉花制成的衣服；我们的许多房屋用木材做框架，也来自进行光合作用的树木；甚至印书的材料（纸张）也可以追溯到植物中的光合作用。但从动物的角度来看，光合作用主要是可以提供食物。

☑ 检查点

植物需要从环境中获得什么化学成分来合成自己体内的储能物质？

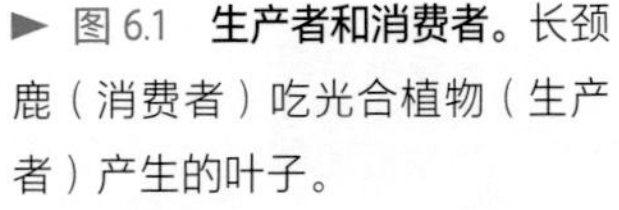

生产者和消费者

植物和其他**自养生物**（“自己养活自己的生物”）利用无机营养物质（空气中的二氧化碳、水和土壤中的矿物质）制造自己体内的有机物（包括碳水化合物、脂质、蛋白质、核酸）。换句话说，自养生物自己制造食物；它们无须通过进食获得能量以驱动其细胞代谢过程。和自养生物比起来，人类和其他动物是**异养生物**（“摄食者”），这类生物不能利用无机分子制造有机分子，因此必须摄取有机物质来获得营养，为生命过程提供能量。

大多数生态系统完全依靠光合作用生产食物，生物学家因此将植物和其他自养生物称为**生产者**。相比之下，异养生物是**消费者**，因为它们通过摄取植物或捕食食草动物来获取食物（图 6.1）。我们动物和其他异养生物，不仅依靠自养生物获取了有机燃料，还获取了构建细胞和组织所需的有机原材料。☑

光合作用和细胞呼吸之间的化学循环

参与光合作用的化学成分是二氧化碳（CO_2）和水（H_2O），二氧化碳气体从空气中通过微小的气孔进入植物内，水则由植物根系从土壤中吸收。在叶细胞内，叶绿体利用光能重新排列这些合成原料的原子，产生糖——最重要的是葡萄糖（化学式 $C_6H_{12}O_6$）——和其他有机分子（图 6.2）。你可以把叶绿体想象成“以太阳能为动力的微型糖类化工厂”。光合作用的一个副产品是氧气（O_2），通过气孔释放到大

► 图 6.1 **生产者和消费者。**长颈鹿（消费者）吃光合植物（生产者）产生的叶子。

气中。

动物和植物都以光合作用的有机产物作为能源物质。所谓"细胞呼吸的化学过程"就是利用氧气将储存在糖类化学键中的能量转化为另一种名为 ATP 的化学能。细胞在几乎所有的生命活动中都要消耗 ATP。在植物和动物中，细胞呼吸过程中 ATP 主要产生于线粒体（见图 4.18）中。

你可能在图 6.2 中注意到，能量在生态系统中的流动是单向的，以太阳能的形式进入，以热量的形式离开。相比之下，化学物质是循环利用的。请注意，在图 6.2 中，细胞呼吸产生的废物是二氧化碳和水——正是光合作用的原料！植物通过光合作用储存化学能，然后通过细胞呼吸获取这些能量。（注意，植物既进行光合作用产生能源物质，又进行细胞呼吸燃烧它们，而动物只进行细胞呼吸。）植物通常会产生比自身所需更多的有机分子。这种盈余的产物为植物生长或物质储存（如土豆中的淀粉）提供了原料。因此，当你食用胡萝卜、土豆、芜菁时，你是在摄取植物本要用于来年春天生长的能量储备（如果没有被收获的话）。

人们总是通过摄取植物来利用其光合产物。最近，工程师们已经在设法利用这一能源储备，来生产液体生物燃料，主要是乙醇（见第 7 章对生物燃料的讨论）。但是不管最终产品是什么，你都可以把用于生长的能量和原料追溯到太阳能驱动的光合作用。☑

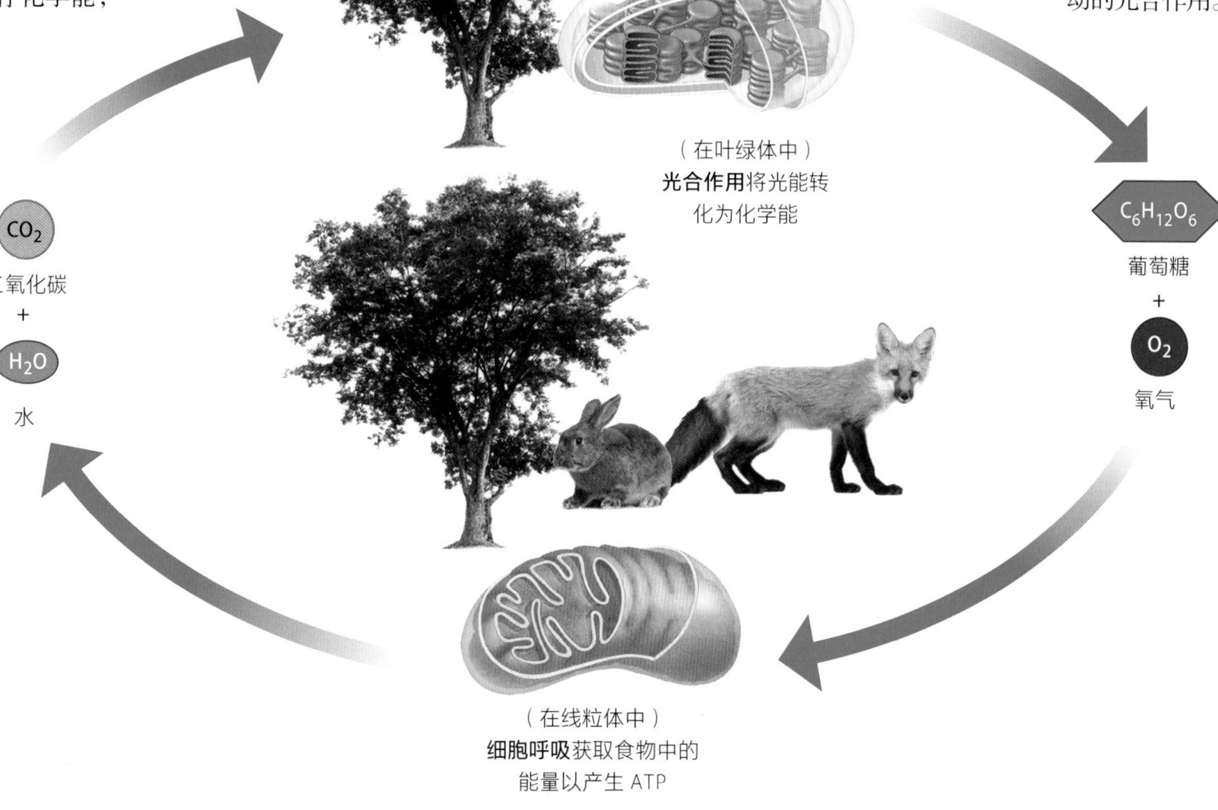

◄ 图 6.2 **生态系统中的能量流动和化学循环。**能量流经一个生态系统，以太阳能的形式进入，以热量的形式排出。而化学元素则在生态系统中循环利用。

☑ 检查点

"植物有进行光合作用的叶绿体，而动物有进行细胞呼吸的线粒体。"这种说法会造成什么误解？

答案：这让人误以为植物不进行细胞呼吸。其实植物也进行细胞呼吸。

细胞呼吸：有氧条件下获取食物中的能量

我们通常用呼吸作用这个词来表示呼吸。尽管个体层次的呼吸不应与细胞呼吸的作用混淆，但这两个过程是密切相关的（图 6.3）。细胞呼吸使细胞与其周围环境交换两种气体。细胞吸收气态的 O_2，排出废气 CO_2。而人的呼吸，会导致同样的气体在人的血液和外界空气之间进行内外交换。你所吸入的空气中的 O_2 穿过你的肺泡扩散到你的血液中。当你呼气时，血液中的 CO_2 扩散经过你的肺部进而排出体外。你呼出的每一个 CO_2 分子最初都是在你身体细胞的线粒体中形成的。

你和跑车有一个共同点：你们都需要一个进气系统来高效燃烧燃料。

就像汽车中的内燃机利用 O_2（从进气口输入的）分解汽油，细胞也需要 O_2 来分解其燃料（见图 5.2）。细胞呼吸——相当于生物体内的“内燃机”——是从食物中获取化学能并将其转化为 ATP 中的能量的主要方式（见图 5.6）。细胞呼吸是一个**有氧**过程，即它需要氧气。综上所述，我们可以将**细胞呼吸**定义为有氧条件下从有机燃料分子中获取化学能。☑

☑ 检查点

在个体和细胞层次上，呼吸包括吸入______气体和排出______气体。

答案：O_2；CO_2。

▼ 图 6.3　**呼吸与细胞呼吸的关系。**你吸气时，吸入 O_2。O_2 被输送到你的细胞中，并用于细胞呼吸。CO_2 是细胞呼吸的废物，它们从你的细胞扩散到你的血液中，继而进入肺部，并被呼出。

 能量转化　细胞呼吸概述

生物学最重要的一个主题是：所有的生物都依赖能量和物质的转化。这种转化的例子，遍及整个生命研究中，但很少有像燃料（食物分子）中的能量转化为细胞可以直接使用的能量形式这样重要的例子。细胞使用的最常见的燃料分子是葡萄糖，一种分子式为 $C_6H_{12}O_6$ 的单糖（见图 3.6）。（少数情况下，其他有机分子也被用来获取能量。）这个方程式总结了细胞呼吸过程中葡萄糖的转化：

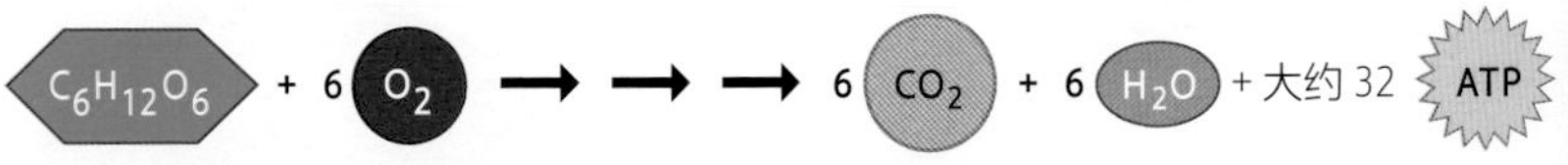

这个方程式中的一系列箭头，代表了细胞呼吸由许多化学步骤组成的事实。一种特定的酶会催化途径中的每一个反应——总反应体系中共计有 24 个以上的反应。事实上，这些反应构成了几乎每个真核细胞——包括植物、真菌、原生生物、动物——最重要的代谢途径之一。这条途径为这些细胞提供维持生命功能所需的能量。

构成细胞呼吸的许多化学反应可以归纳为三个主要阶段：糖酵解、三羧酸循环、电子传递。图 6.4 是一幅路径图，有助于我们跟踪呼吸的这三个阶段，并观察每个阶段在细胞中发生的位置。在**糖酵解**过程中，一分子葡萄糖分解成两分子丙酮酸。糖酵解的酶位于细胞质中。**三羧酸循环**（又名克雷布斯循环）完成了葡萄糖的分解，并将分解产生的 CO_2 作为废物释放出来。与三羧酸循环有关的酶存在于线粒体内的液体中。糖酵解和三羧酸循环直接产生少量的 ATP。它们通过将电子从能源分子转移到 NAD^+（nicotinamide adenine dinucleotide，烟酰胺腺嘌呤二核苷酸）分子的反应，间接产生更多的 ATP；NAD^+ 是细胞由烟酸（一种 B 族维生素）制成的化合物。电子转移形成的 **NADH**（H 代表转移的氢和电子），来回穿梭将高能电子从细胞的一个区域传递到另一个区域。细胞呼吸的第三阶段即**电子传递**。这时，前两个阶段形成的 NADH 从食物中捕获的电子一点一点地被剥夺能量，直到它们最终与氧气结合形成水。构成电子传递链的蛋白质和其他分子嵌在线粒体内膜中。从 NADH 到氧的电子传递释放出的能量，供细胞制造大部分 ATP。

细胞呼吸的总方程式表明，反应物分子葡萄糖和氧气的原子被重新排列，形成产物二氧化碳和水。但是不要忘了为什么会出现这个过程：细胞呼吸的主要功能是产生 ATP 供细胞活动。事实上，该过程每消耗一分子葡萄糖，可以产生大约 32 分子 ATP。☑

☑ 检查点

细胞呼吸的哪些阶段发生在线粒体中？哪个阶段发生在线粒体之外？

答案：三羧酸循环和电子传递；糖酵解。

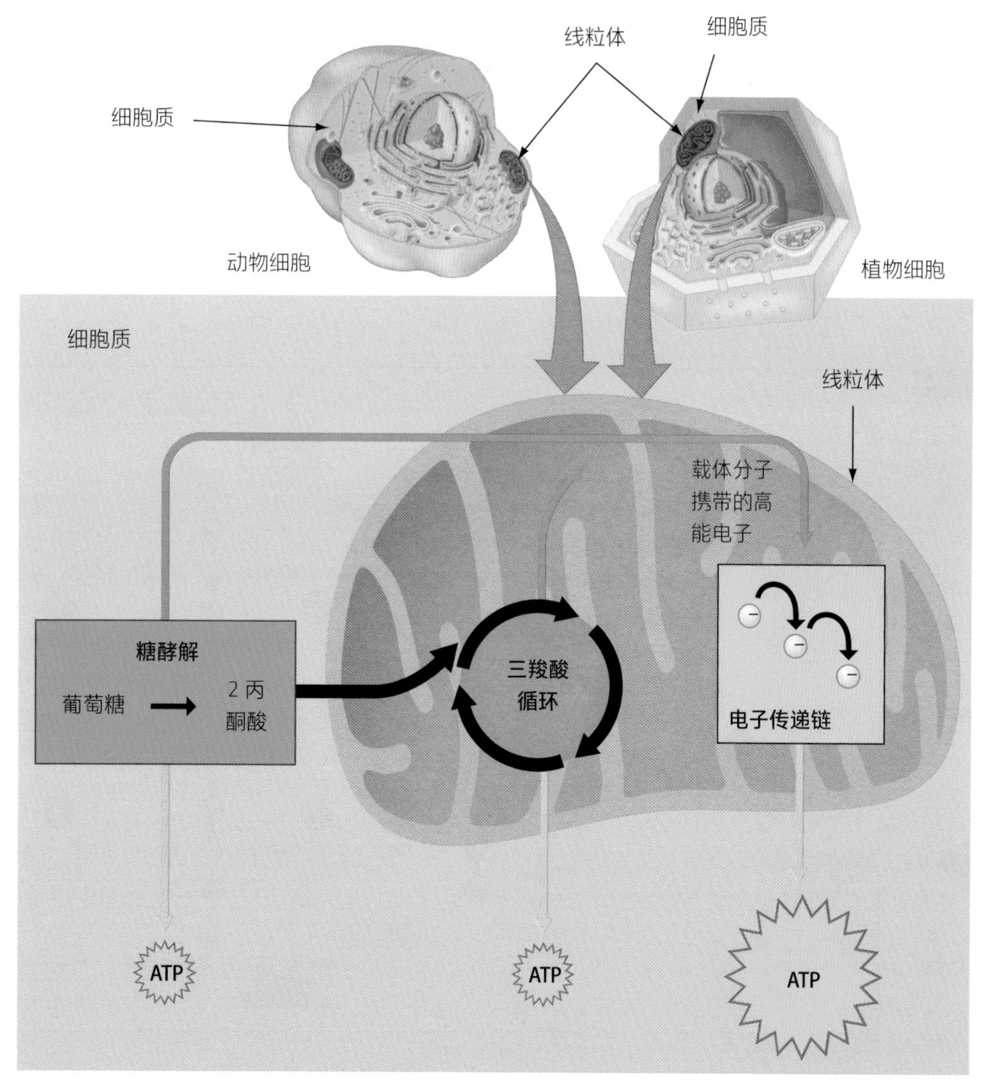

► 图 6.4 细胞呼吸路径图。

细胞呼吸的三个阶段

刚才你见证了细胞呼吸的大图景，现在让我们更详细地研究这个过程。图 6.4 的简图将帮助你在仔细研究细胞呼吸三个阶段时，清楚地看见细胞呼吸的整个过程。

第一阶段：糖酵解

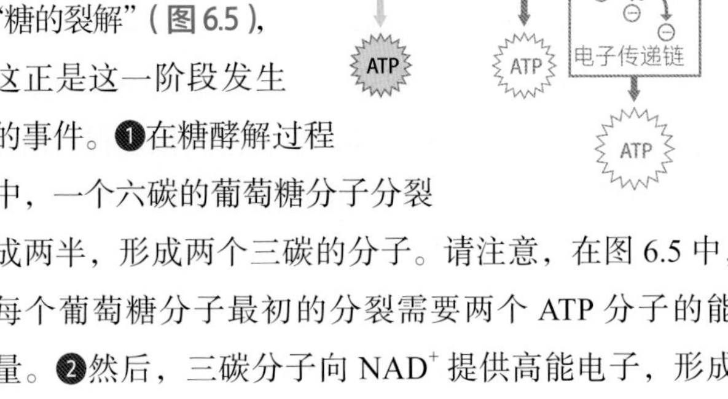

糖酵解（*glycolysis*）一词，意思是“糖的裂解”（图 6.5），这正是这一阶段发生的事件。❶在糖酵解过程中，一个六碳的葡萄糖分子分裂成两半，形成两个三碳的分子。请注意，在图 6.5 中，每个葡萄糖分子最初的分裂需要两个 ATP 分子的能量。❷然后，三碳分子向 NAD^+ 提供高能电子，形成 NADH。❸除了 NADH，酶将磷酸基团从燃料分子转移到 ADP 时，糖酵解也直接制造四个 ATP 分子（图 6.6）。因此，糖酵解过程中每分子葡萄糖净产生两个 ATP 分子。（这个事实在我们后面讨论发酵的时候会变得很重要。）糖酵解结束时，一个葡萄糖分子裂解并留下两分子丙酮酸。丙酮酸仍然拥有葡萄糖中的大部分能量，这些能量在细胞呼吸的第二阶段（三羧酸循环）中被获取。

▼ 图 6.6 **磷酸基团的直接转移合成 ATP。**当酶将磷酸基团从燃料分子直接转移到 ADP 时，糖酵解产生 ATP。

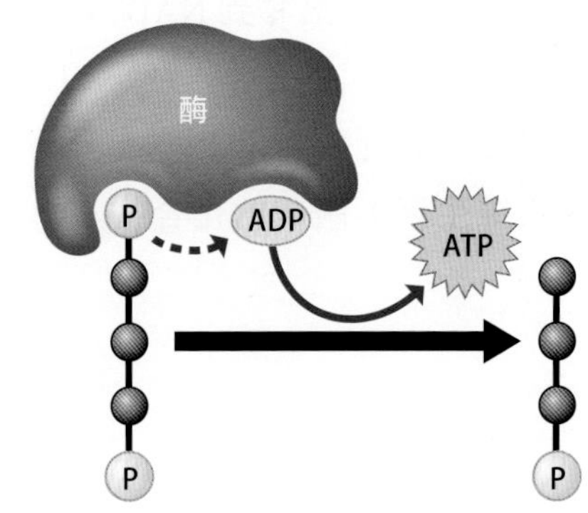

▼ 图 6.5 **糖酵解。**在糖酵解过程中，一组酶分解一分子葡萄糖，最终形成两分子丙酮酸。在最初投入两分子 ATP 后，糖酵解直接产生四分子 ATP。更多的能量将从后来的用于形成 NADH 的高能电子以及两分子丙酮酸中获得。

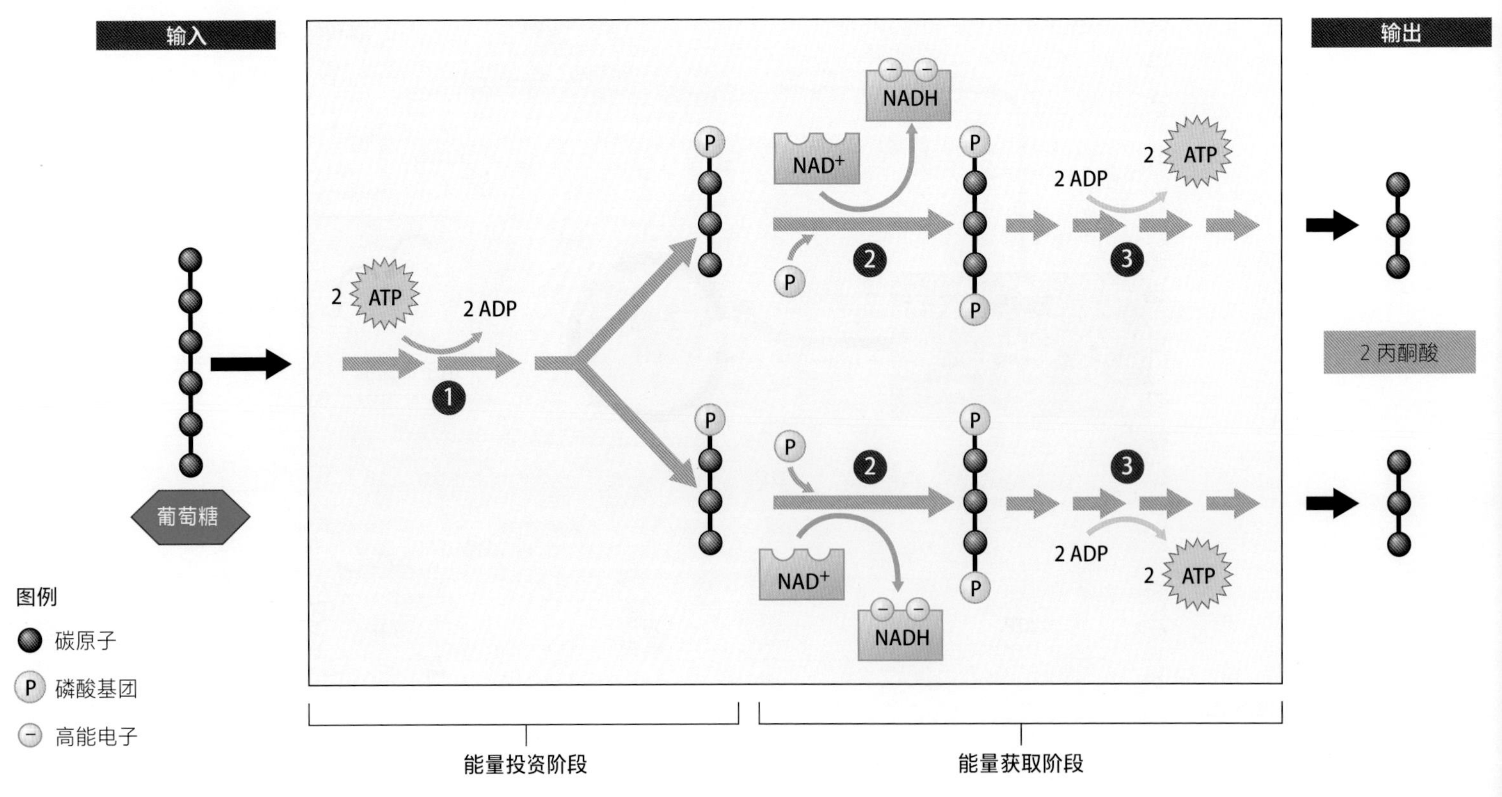

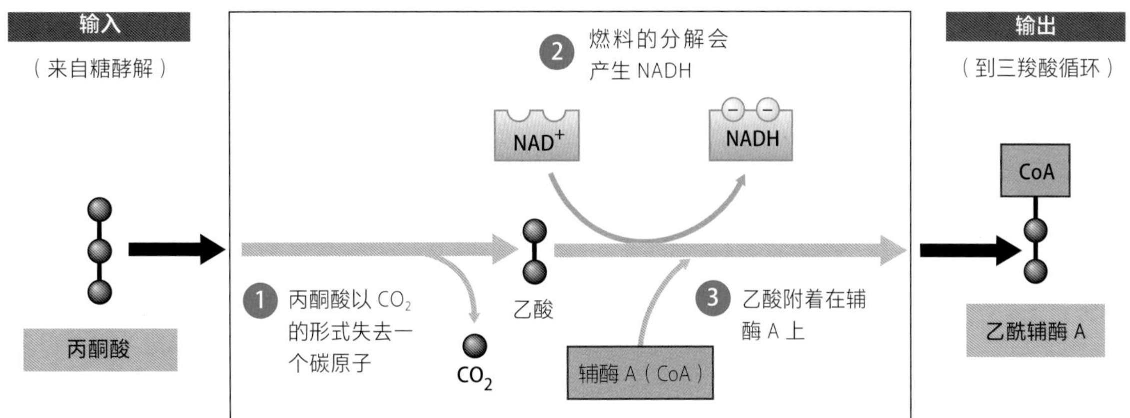

◄ 图 6.7　**糖酵解和三羧酸循环之间的联系：丙酮酸转化为乙酰辅酶 A。**一分子葡萄糖裂解成两分子丙酮酸，因此，对于最初的每个葡萄糖分子，图中所示的过程发生了两次。

第二阶段：三羧酸循环

糖酵解后留下的燃料两分子丙酮酸还不能立即进入三羧酸循环。丙酮酸必须被“修饰”——转化成可以被三羧酸循环利用的形式（图 6.7）。❶首先，每一个丙酮酸都会失去一个碳原子，生成 CO_2。这是目前我们在葡萄糖分解中看到的第一个代谢废物。剩余的能源分子中每一个只剩下两个碳原子，称为乙酸（醋酸）。❷电子从乙酸分子中被剥离出来，转移到 NAD^+ 分子中，形成更多的 NADH。❸最后，每个乙酸都附着在一种叫作辅酶 A（CoA，一种衍生自 B 族维生素泛酸的酶）的分子上，形成乙酰辅酶 A。辅酶 A 将乙酸带入三羧酸循环的第一个反应，然后辅酶 A 被分离和回收。

三羧酸循环将乙酸（与辅酶 A 结合，以乙酰辅酶 A 形式存在的乙酸，下同）分子一直分解到产生 CO_2，提取了糖中的能量（图 6.8）。❶乙酸与四碳的受体分子结合，形成六碳的产物三羧酸（这个循环因此得名）。每一个乙酸分子作为能源分子进入循环，❷就有两分子 CO_2 作为代谢废物排出。一路上，三羧酸循环从能源分子中获取能量。❸部分能量直接用于生产 ATP。然而，这个循环以❹ NADH 和❺另一个密切相关的电子载体 $FADH_2$ 的形式捕获了更多的能量。❻作为燃料进入循环的所有碳原子都可视为以 CO_2 废气形式排出，而四碳的受体分子被循环使用。我们只追踪了一个进入三羧酸循环的乙酸分子。但是因为糖酵解将葡萄糖一分为二，所以为细胞提供燃料的每个葡萄糖分子都会产生两次三羧酸循环。☑

☑ 检查点

糖酵解产生两分子什么化合物？这种分子是否进入三羧酸循环？

答案：丙酮酸。不进入；它首先被转化成乙酸。

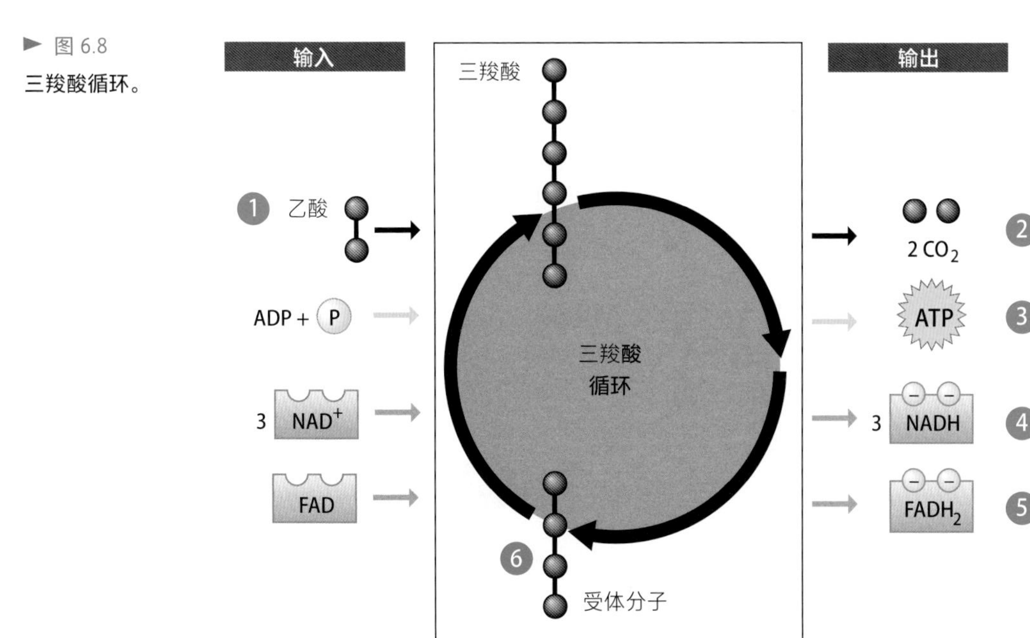

► 图 6.8
三羧酸循环。

第三阶段：电子传递

让我们仔细看一看电子从葡萄糖到氧的路径（图 6.9）。在细胞呼吸过程中，从食物分子中收集的电子逐步级联"下落"，每一步都失去能量。这样，细胞呼吸就一点一点地释放少量的化学能，而细胞可以将这些化学能用于产生能量。级联通路下落的第一站是 NAD^+。电子从有机能源分子（食物）传递到 NAD^+，将其转化为 NADH。电子现在已经在从葡萄糖到氧的旅程中迈出了一小步。级联的其余部分包括一个**电子传递链**。

电子传递链中的每个环节其实都是一个分子，通常是一个蛋白质（如图 6.9 中的紫色圆圈所示）。传递链的每个成员在一系列反应中都转移电子。每次转移，电子都会释放出少量能量，这些能量可以用来间接产生 ATP。传递链的第一个分子接受 NADH 的电子。因此，NADH 携带来自葡萄糖和其他能源分子的电子，并将它们积累在电子传递链的顶端。电子沿着传递链从一个分子到另一个分子完成级联通路，这些分子像传水救火一样传递电子。传递链底端的分子最终将电子"落"到氧中。与此同时，氧吸收氢，形成水。

细胞呼吸过程中所有这些电子转移的总效应是电子从葡萄糖到 NADH，再沿电子传递链到氧的"下坡"之旅。在电子传递链中化学能逐步释放，细胞会产生大部分的 ATP。而实际上是氧，也就是最后的"电子捕获器"，让这一切成为可能。氧将电子从能源分子的传递链中带离出来，这有点像重力将物体拉下山。我们呼吸时，氧在细胞中发挥最后的电子受体作用，这也就是若没有氧我们活不过几分钟的原因。从这个角度来看，溺水之所以致命，是因为它剥夺了细胞驱动

▼ 图 6.9 **氧在获取食物能量中的作用。**在细胞呼吸中，电子分几步从食物"落"到氧，产生水。NADH 将电子从食物转移到电子传递链。氧对电子的吸引力将电子"带离"传递链。

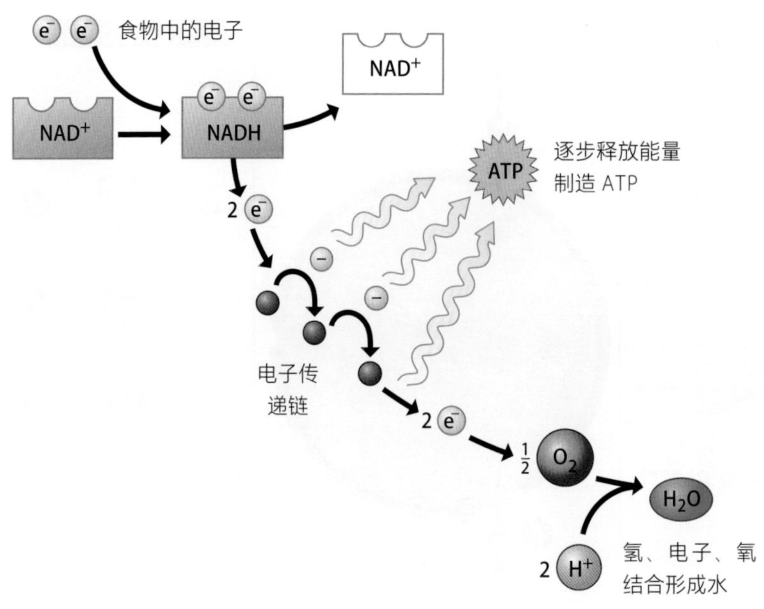

细胞呼吸所需的最后“电子捕获器”（氧）。

电子传递链的分子内建在线粒体的内膜中（见图 4.18）。因为这些膜高度折叠，所以它们庞大的表面积可以容纳数千个电子传递链——这是生物结构如何适应功能的另一个范例。每条传递链都像一个化学泵，利用电子“下落”所释放的能量，促使氢离子（H^+）穿过线粒体内膜。

这种离子泵形成的效应导致离子在膜的一侧比另一侧更集中。这种浓度的差异储存了势能，就像大坝存储水的方式一样。氢离子有回流到浓度较低处的趋势，就像水有向下流动的趋势一样。内膜暂时“阻挡”了氢离子的流动。

筑坝蓄水的能量可以用来做功。大坝上的闸门让水流倾泻而下，驱动巨大的涡轮机，这样做的功可以用来发电。你的线粒体也有类似涡轮机的结构。每一个类似涡轮机的微型机器称为 ATP **合成酶**，由线粒体内膜上的蛋白质构成，与电子传递链中的蛋白质相邻。图 6.10 为以前储存在 NADH 和 $FADH_2$ 中的能量现在如何用于产生 ATP 的简化示意图。❶ NADH 和 ❷ $FADH_2$ 将电子转移到电子传递链上。❸电子传递链利用这种能量将 H^+ 泵出线粒体内膜。❹氧将电子拉向传递链的下游。❺集中在膜一侧的 H^+ 通过 ATP 合成酶“顺势下坡”冲回到线粒体内。这一运动旋转 ATP 合成酶的一个组分，就像水转动大坝中的涡轮机一样。❻这种旋转激活了合成酶分子的部分，使磷酸基团连接到 ADP 分子上以产生 ATP。

氰化物毒物通过与电子传递链中的一种蛋白质复合物（在图 6.10 中用骷髅头符号标出）结合，而产生致命效果。当氰化物堵塞在那里时，会阻断电子向氧的传递。这种堵塞就像泄水坝关上闸门一样。结果是：产生不了 H^+ 梯度，也就产生不了 ATP。细胞停止工作，生物体就死亡。☑

☑ 检查点

驱动 ATP 合成酶产生 ATP 的潜在能源是什么？

答案：线粒体内膜两侧的氢离子浓度梯度。

▼ 图 6.10 **电子传递如何驱动 ATP 合成酶“设施”运转。**

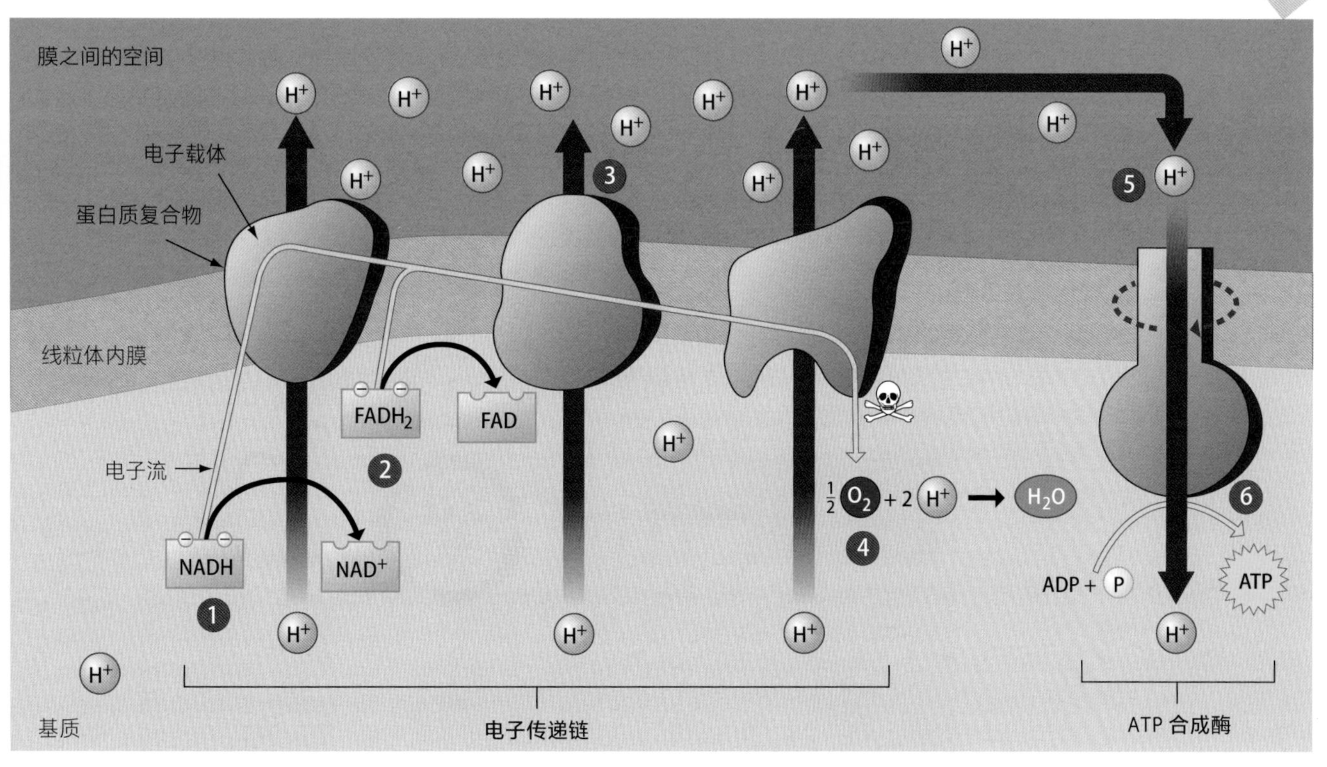

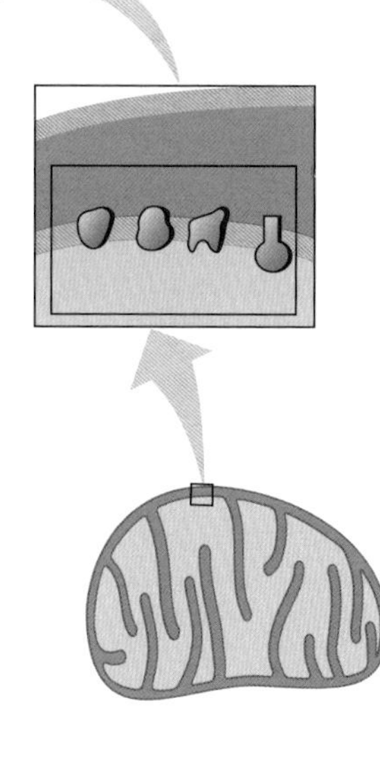

细胞呼吸的结果

把细胞呼吸分解开来，观察其代谢机制的所有主要组成分子如何工作的时候，很容易忽略它的整体功能：每分子葡萄糖产生大约 32 分子 ATP（实际数量可能会有所不同，取决于所涉及的生物体和分子）。**图 6.11** 将帮助你追踪生成的 ATP 分子。正如我们所讨论的，糖酵解和三羧酸循环都各自直接制造 2 个 ATP 分子。其他 ATP 分子由 ATP 合成酶产生，由电子从食物“落”到氧提供动力。电子由 NADH 和 $FADH_2$ 携带，并从有机能源分子中被带到电子传递链。从 NADH 或 $FADH_2$ 的传递链上“落下”的每个电子对都可以驱动 ATP 合成。你可以这样想象这个过程：能量从葡萄糖流向载体分子，最终流向 ATP。

▼ 图 6.12　**来自食物的能量。其他**碳水化合物（多糖和其他糖类）、脂肪、蛋白质的单体都可以作为细胞呼吸的燃料。

我们已经看到，葡萄糖可以提供能量，用于制造我们的细胞所有工作都要用的 ATP。你身体的所有消耗能量的活动——活动肌肉，维持心跳和体温，甚至你大脑中的思维活动——都可以追溯到 ATP，而在此之前，又追溯到用来制造 ATP 的葡萄糖。葡萄糖平衡被扰乱的疾病的严重程度，凸显了葡萄糖的重要性。影响 2000 多万美国人的糖尿病，病因是胰岛素（一种激素）产生问题导致身体无法适当调节血液中的葡萄糖水平。如果不治疗，葡萄糖失衡会导致各种问题，包括心血管疾病、昏迷甚至死亡。

你身体每天产生的能量约有 20% 用于维持大脑运转。

然而，尽管我们集中论述“葡萄糖作为细胞呼吸过程中被分解的燃料”，但呼吸是一个“多种燃料的代谢炉”，可以“燃烧”许多其他种类的食物分子。**图 6.12** 显示了其他碳水化合物、脂肪和蛋白质作为细胞呼吸燃料的一些代谢途径。综上所述，所有这些食物分子组成的代谢网络，构成了你燃烧能量的新陈代谢。☑

☑ 检查点

细胞呼吸的哪个阶段产生的 ATP 最多？

答案：电子传递。

► 图 6.11　**细胞呼吸过程中 ATP 产量概述。**

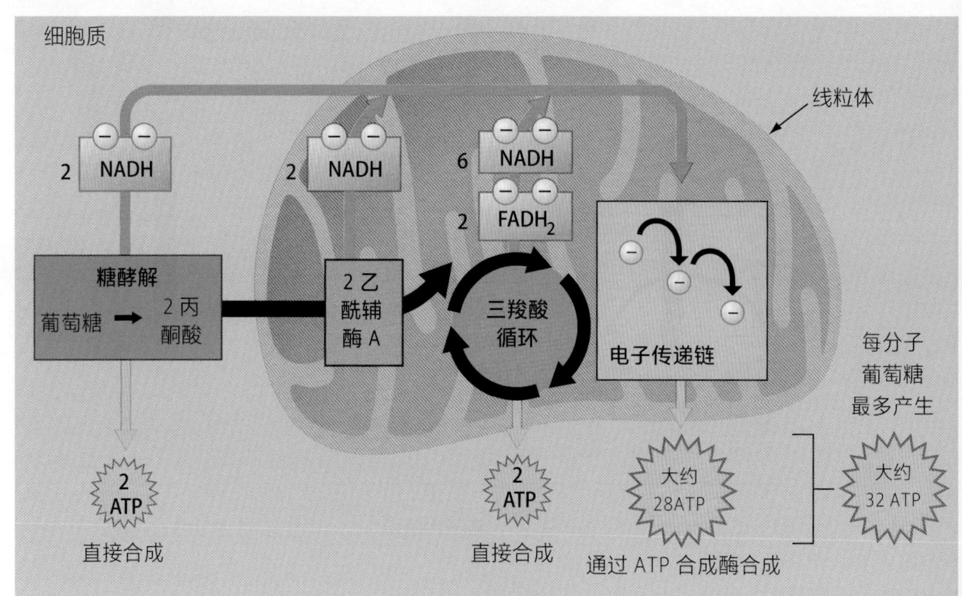

发酵：厌氧条件下获取食物中的能量

虽然你必须呼吸才能存活，但你的一些细胞在没有氧气的情况下仍可以短时间工作。这种**厌氧**（无氧）条件下的食物能量获取称为发酵。

人体肌肉细胞中的发酵

你现在知道了，你的肌肉工作时，需要细胞呼吸带来持续的 ATP 供应。只要你的血液为肌肉细胞提供足够的 O_2，保持电子沿着线粒体中的传递链“向下流动”，你的肌肉就会做有氧运动。

但是在剧烈运动的情况下，肌肉消耗 ATP 的速度比血流输送 O_2 的速度要快；当发生这种情况时，你的肌肉细胞开始厌氧呼吸代谢。厌氧作用约 15 秒后，肌肉细胞将开始通过发酵过程产生 ATP。**发酵**要依靠糖酵解，即前述细胞呼吸的第一阶段。糖酵解不需要 O_2，但每个葡萄糖分子分解成丙酮酸时会产生 2 个 ATP 分子。与细胞呼吸过程中每个葡萄糖分子产生的约 32 个 ATP 分子相比，效率不是很高，但它可以为肌肉提供能量，进行短时间的活动。然而，在这种情况下，你的细胞每秒钟将不得不消耗更多的葡萄糖燃料，因为在厌氧条件下，每个葡萄糖分子产生的 ATP 要少得多。

为了在糖酵解过程中获取食物中的能量，必须存在 NAD^+，以接收电子（见图 6.9）。这在有氧条件下是没有问题的，因为当 NADH 将它的电子“货物”沿着电子传递链下降给 O_2 时，细胞可以再生 NAD^+。然而，NAD^+ 的这种再循环不能在厌氧条件下发生，因为没有 O_2 来接受电子。相反，NADH 通过将电子添加到糖酵解产生的丙酮酸中来处理电子（图 6.13）。这样就再生了 NAD^+，使糖酵解继续运行。

丙酮酸中加入电子会产生代谢废物乳酸。乳酸以发酵副产物形式最终被输送到肝脏，在那里被肝细胞转化回丙酮酸。运动生理学家长期以来一直在推测乳酸在肌肉疲劳中的作用，你接下来会看到。☑

☑ 检查点

一分子葡萄糖在发酵过程中可以产生多少个 ATP 分子？

答案：2个。

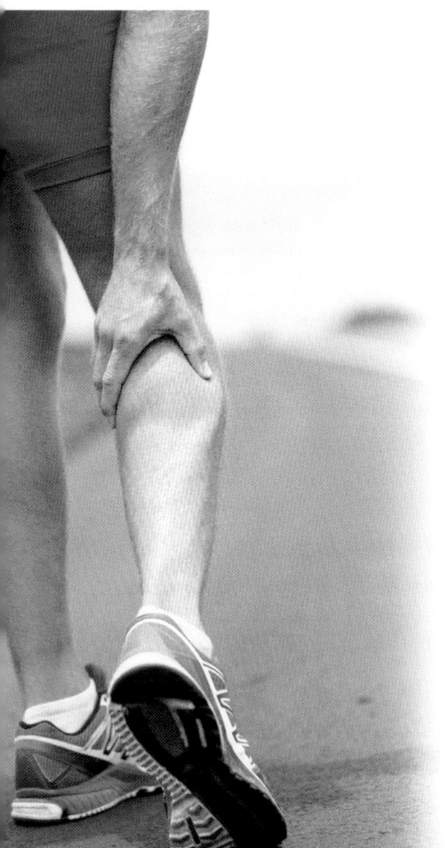

▼ 图 6.13 **发酵：产生乳酸。**糖酵解即使在没有 O_2 的情况下也会产生 ATP。这个过程中需要持续供应 NAD^+ 以接受来自葡萄糖的电子。当 NADH 将它从食物中移除的电子转移到丙酮酸时，NAD^+ 就会再生，同时产生乳酸（或其他代谢废物，取决于生物体的种类）。

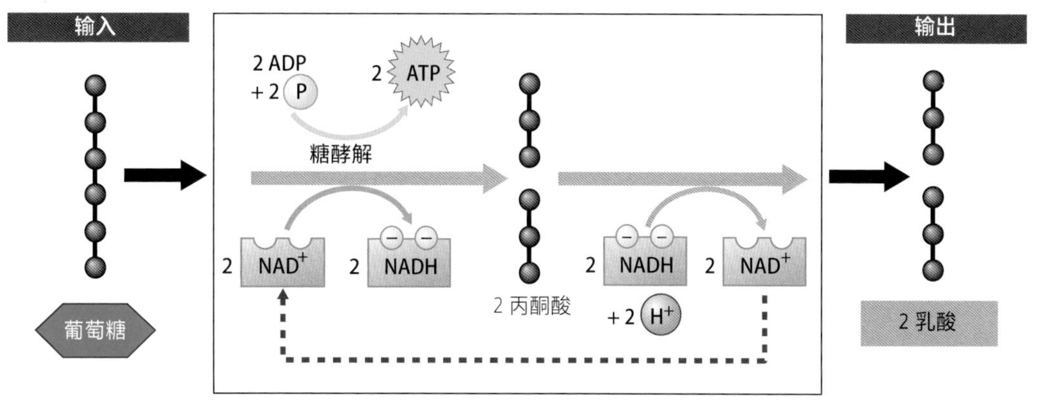

运动科学　科学的过程

是什么导致肌肉酸痛？

你可能听说过，你在剧烈运动后身体的酸痛（“感觉肌肉在燃烧！”）是由于你肌肉中乳酸的堆积。这一观点源于英国生物学家 A. V. 希尔（A. V. Hill）的工作。希尔是运动生理学领域的创始人之一，因研究肌肉收缩而获得 1922 年诺贝尔奖。

1929 年，希尔进行了一项经典实验，首先观察到肌肉在厌氧条件下产生乳酸。希尔由此提出问题：乳酸的堆积是否会导致肌肉疲劳？为了找到答案，希尔开发出一种在实验溶液中对解剖的青蛙肌肉进行电刺激的技术。他提出了一个假说，即乳酸积累会导致肌肉活动停止。

希尔的实验在两组不同的条件下测试了青蛙的肌肉（图 6.14）。首先，他表明，当乳酸不能从肌肉组织中扩散出来时，肌肉性能就会下降。接下来，他表明，当允许乳酸扩散时，肌肉性能会显著提高。这些结果使希尔得出结论，乳酸的积累是厌氧条件下肌肉力量衰竭的主要原因。

鉴于希尔在科学界的地位（他被认为是肌肉活动研究的世界权威），几十年来没有人质疑希尔的结论。然而，渐渐地，与希尔的结果相矛盾的证据开始积累。例如，希尔证明的效应在人体体温下似乎不会发生。某些无法积累乳酸的人的肌肉会更快地疲劳，这与预期相反。最近的实验直接反驳了希尔的结论。研究表明，其他离子水平增加可能是肌肉疲劳的原因，乳酸在肌肉疲劳中所发挥的作用仍然是一个激烈辩题。

对乳酸在肌肉疲劳中的作用不断变化的认识，说明了科学研究过程的一个重要特点：随着新证据的发现，科学结论会动态变化、不断调整。希尔对此不会感到惊讶，他曾指出，所有科学假说都可能会过时，而根据新证据改变结论，对于科学的进步是必要的。

▼ 图 6.14　**希尔 1929 年测量肌肉疲劳的设备。**

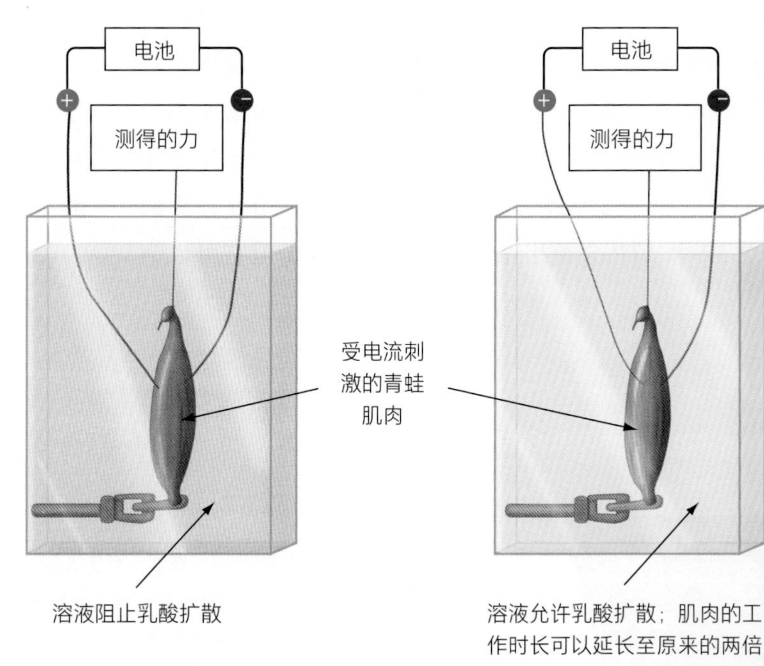

微生物发酵

我们的肌肉不能长时间依赖乳酸发酵。然而，发酵过程中每个葡萄糖分子产生的两个 ATP 分子却足以维持许多微生物的生存。我们已经“驯养了”这些微生物，将牛奶转化为奶酪、酸奶油、酸奶。这些食物的酸味主要是由于其中含有的乳酸。食品工业还利用发酵从大豆中生产酱油，腌制黄瓜、橄榄、卷心菜，生产香肠、意大利辣肠、萨拉米香肠等肉制品。

相似的代谢过程会产生酒精、意大利香肠、酱油、发酵面包和剧烈运动后肌肉中的酸性物质。

酵母是一种单细胞真菌，既能进行细胞呼吸又能进行发酵作用。当持续生活于厌氧环境中时，酵母细胞发酵糖和其他食物以保持存活。酵母发酵时将产生代谢废物乙醇，而不是乳酸（图 6.15）。这种乙醇发

发酵：厌氧条件下获取食物中的能量

酵也会释放 CO_2。几千年来，人们一直用酵母生产啤酒、葡萄酒等酒精饮料。面包师都知道，酵母产生的 CO_2 气体会导致面包面团膨胀。（发酵面包产生的酒精在烘烤过程中挥发掉了。）☑

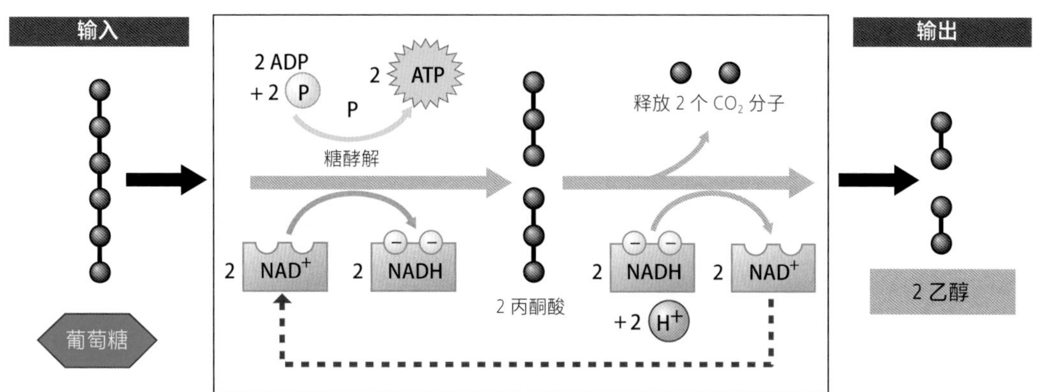

▲ 图 6.15 **发酵：生产酒精。**发酵面包时，酵母产生的酒精在烘烤过程中挥发掉了。

☑ **检查点**

剧烈运动时，人体肌肉中会积聚哪种酸？

答案：乳酸。

运动科学 进化联系

氧气的重要性

在“生物学与社会”和“科学的过程”专栏，我们注意到氧气在有氧运动中的重要作用。但是在最后一节关于发酵的内容中，我们了解到即使在厌氧（没有氧气）条件下，运动也可以在有限的基础上继续进行。有氧和厌氧呼吸都始于糖酵解，即葡萄糖分解形成丙酮酸。因此，糖酵解是生命普遍的能量获取过程。

糖酵解在细胞呼吸和发酵这两者中的作用，具有一个进化基础。古原核生物可能在很久之前，即地球大气中尚未有氧气时，就利用糖酵解来制造 ATP。已知最古老的细菌化石可以追溯到 35 亿多年前，但是直到大约 27 亿年前，大气中才积累了一定浓度的 O_2（图 6.16）。在将近十亿年的时间里，原核生物必须完全通过糖酵解产生 ATP。

几乎所有生物都发生糖酵解的事实表明：糖酵解非常早就已经在所有三域生物的共同祖先的代谢体系中进化出来了。糖酵解在细胞内发生的位置，也意味着其古老的进化史地位；该途径不需要任何真核细胞具有的被膜细胞器（这是在原核细胞之后十几亿年才进化出来的）。糖酵解是早期细胞留下的“传家宝”，继续在发酵中发挥作用，也作为细胞呼吸分解有机分子的第一步。因此，肌肉厌氧运作的能力可以视为（完全依赖于这种代谢途径的）古代祖先的遗留痕迹。

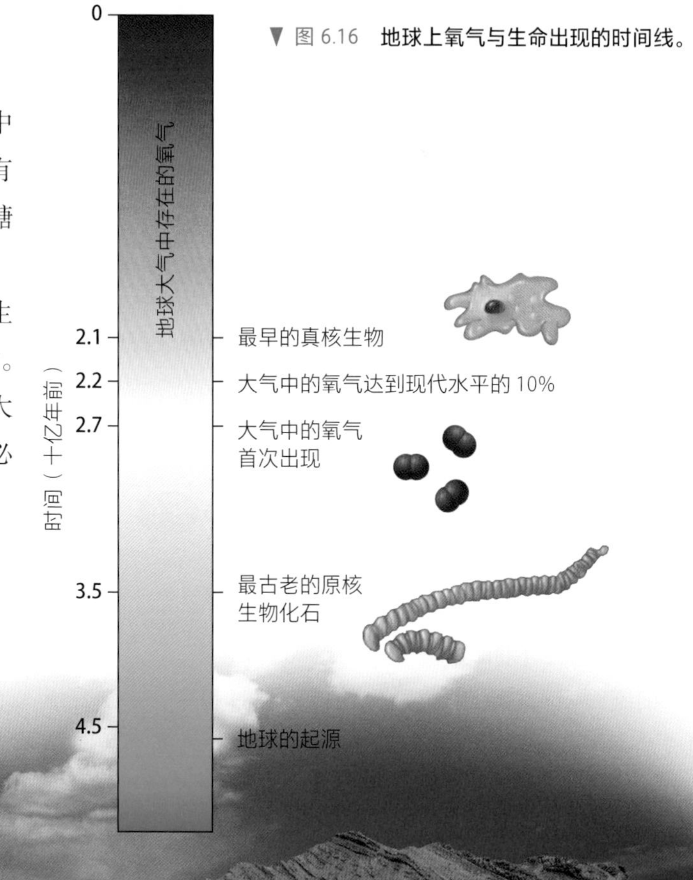

▼ 图 6.16 **地球上氧气与生命出现的时间线。**

本章回顾

关键概念概述

生物圈中的能量流动和化学循环

生产者和消费者

自养生物（生产者）通过光合作用利用无机养分制造有机分子。异养生物（消费者）必须消耗有机物质并通过细胞呼吸获得能量。

光合作用和细胞呼吸之间的化学循环

细胞呼吸输出的分子——CO_2 和 H_2O——又输入到光合作用体系中，反之亦然。当这些化学物质在生态系统中循环时，能量也在其中流动，以太阳能的形式进入，以热量的形式流出。

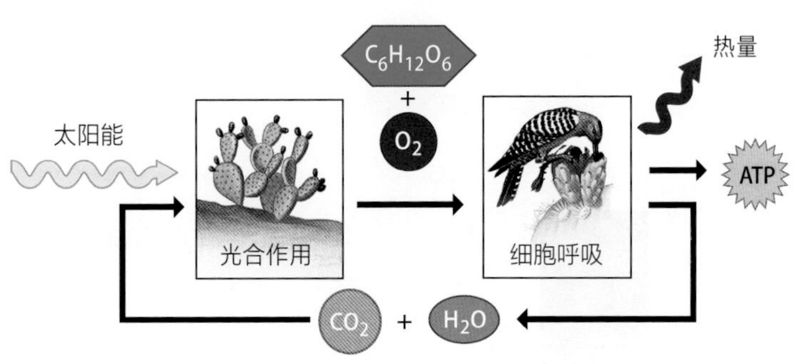

细胞呼吸：有氧条件下获取食物中的能量

细胞呼吸概述

细胞呼吸的总方程式将其中涉及的许多化学反应简化为：

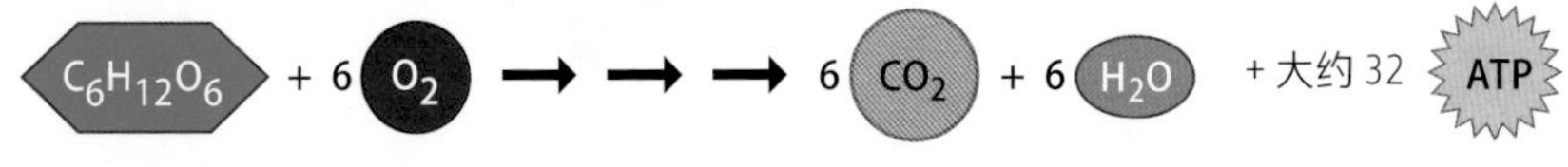

细胞呼吸的三个阶段

细胞呼吸分为三个阶段。在糖酵解过程中，一分子葡萄糖分裂成两分子丙酮酸，产生两分子 ATP 和储存在两个 NADH 分子中的高能电子。在三羧酸循环中，葡萄糖的剩余部分被完全分解为 CO_2，产生少量 ATP 和大量储存在 NADH 和 $FADH_2$ 中的高能电子。电子传递链使用高能电子将 H^+ 泵出线粒体内膜，最终将它们传递给 O_2，产生 H_2O。H^+ 跨膜回流，为 ATP 合成酶提供动力，ATP 合成酶再以 ADP 为原料产生 ATP。

细胞呼吸的结果

你可以在下图中跟随分子流动追踪细胞呼吸的过程。请注意，前两个阶段主要产生 NADH 携带的高能电子，而最后一个阶段则使用这些高能电子生产细胞呼吸所能产生的 ATP 分子中的大部分。

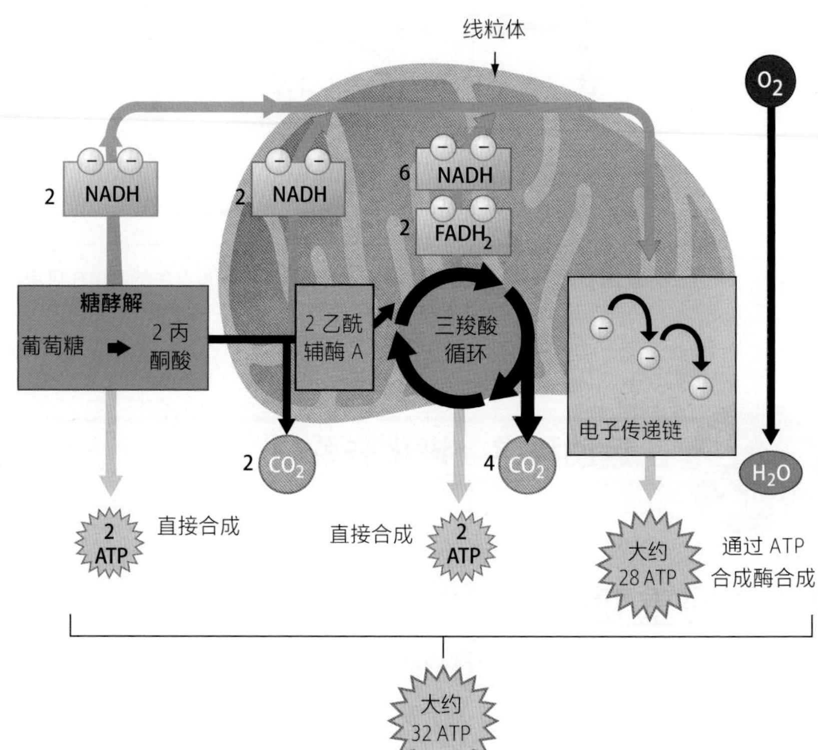

发酵：厌氧条件下获取食物中的能量

人体肌肉细胞中的发酵

当肌肉细胞消耗 ATP 的速度快于为细胞呼吸提供 O_2 的速度时，细胞内氧气条件就变为厌氧，肌肉细胞就会开始通过发酵来再生 ATP。在这些厌氧条件下，细胞产生代谢废物乳酸。发酵期间每分子葡萄糖的 ATP 产量（2 分子）比细胞有氧呼吸期间（约 32 分子）低得多。

微生物发酵

酵母和一些其他生物在有或没有 O_2 的情况下都可以生存。发酵产生的代谢废物可能是乙醇、乳酸或其他化合物，废物种类取决于具体物种。

自测题

1. 以下哪种说法能够正确区分自养生物和异养生物?
   a. 只有异养生物需要来自环境的化合物。
   b. 细胞呼吸是异养生物特有的。
   c. 只有异养生物有线粒体。
   d. 只有自养生物才能完全依靠无机营养物生存。
2. 植物为什么被称为生产者?动物为什么被称为消费者?
3. 生物呼吸和细胞呼吸有什么关系?
4. 细胞呼吸的三个阶段中,哪个阶段使每分子葡萄糖产生的 ATP 分子最多?
5. 线粒体中电子传递链的最终电子受体是________。
6. 氰化物毒物通过阻断电子传递链中的一个关键步骤,终止其运转。由此解释为什么氰化物能迅速置人于死地。
7. 细胞可以从以下哪一项中获取最多的化学能?
   a. 一个 NADH 分子
   b. 一个葡萄糖分子
   c. 六个二氧化碳分子
   d. 两个丙酮酸分子
8. ________是发酵和细胞呼吸共同的代谢途径。
9. 奥林匹克训练中心的运动生理学家希望监测运动员,以确定他们的肌肉在什么时候转入无氧运动状态。他们可以通过检查____的积累来做这件事。
   a. ADP　　　　b. 乳酸
   c. 二氧化碳　　d. 氧
10. 喂养葡萄糖的酵母细胞从有氧环境被转移到无氧环境。为了让该细胞继续以相同的速率产生 ATP,与有氧环境相比,它在无氧环境中必须消耗大约多少葡萄糖?

答案见附录《自测题答案》。

科学的过程

11. 你的身体分别从两种 B 族维生素(烟酸和核黄素)中制造 NAD^+ 和 FAD。你只需要少量的这些维生素。美国食品药品监督管理局建议的膳食限额是烟酸每天 20 毫克,核黄素每天 1.7 毫克。这是你的身体每天所需的葡萄糖量的几千分之一。每个葡萄糖分子的分解需要多少个 NAD^+ 分子?你认为每天对这些物质的需求量为何如此小?

12. **解读数据** 基础代谢率(BMR)是一个人在休息时为保持体重而必须消耗的能量。BMR 取决于几个因素,包括性别、年龄、身高和体重。下图显示了一名 45 岁身高 6 英尺(约 1.8 米)男性的 BMR。对于这个人来说,BMR 和体重有怎样的关联?一个 250 磅(约 112.5 千克)的男人要比一个 200 磅(约 90 千克)的男人多摄入多少卡路里的能量才能维持体重?为什么 BMR 会与体重相关联?

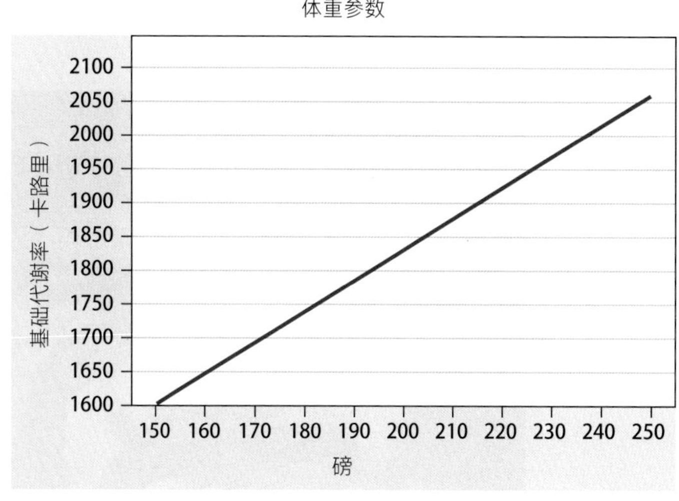

生物学与社会

13. 正如“生物学与社会”专栏所讨论的,向肌肉输送氧气的能力是许多运动员竞技水平的限制因素。一些运动员试图通过血液回输来提高自己的运动成绩,因为血液回输可以人为地增加运动能力。其他运动员通过高海拔训练(促进骨髓形成更多的红细胞)也能达到同样的效果。如果两名运动员取得完全一样的成绩——一名是因为回输自己的血液,一名是因为高海拔训练——为什么你认为前者是作弊,而后者不是?你会做些什么来加强各级体育运动(高中、大学、奥运会、职业赛)中的反兴奋剂规则?
14. 几乎所有人类社会都通过发酵来生产酒精饮料,这项技术可以追溯到最古老的人类文明。请你提出一个假说,人们最初是如何发现发酵的。
15. 孕妇饮酒可能导致胎儿出现一系列出生缺陷,称为胎儿酒精综合征(FAS),其症状包括头部和面部不规则、心脏缺陷、智力低下、行为问题。美国卫生局局长办公室建议孕妇避免饮酒,政府也规定在酒瓶上贴上警告标签。设想你是一家餐馆的服务员,一位明显怀孕的女子点了一份草莓代基里鸡尾酒,你会如何回应?女性是否有权对她未出生婴儿的健康做出决定?这件事你有责任吗?餐馆是否应负责监控顾客的饮食习惯?

7 光合作用：用光制造食物

光合作用为什么重要

如果你想降低全球气候变化的速率，就种一棵树吧。

地球上几乎所有的生命——包括你——都可以将能量来源追溯到太阳。

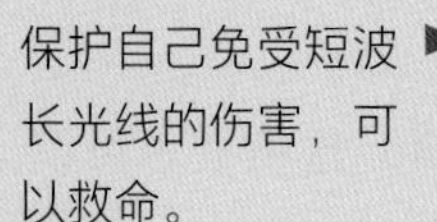

保护自己免受短波长光线的伤害，可以救命。

生物燃料　生物学与社会

“油腻”犯罪浪潮

2013 年 9 月，佛罗里达州奥卡拉市警方逮捕了两名男子，指控他们有组织的欺诈和重大盗窃犯罪。他们犯了什么罪？在当场抓获这些人时，他们已经从当地的各种餐馆偷了 700 多加仑（1 加仑 ≈3.79 升）的废食用油。这些东西如此油腻恶心，为何还会有人偷呢？原因很简单：餐馆油炸锅的残留物，有时也称为“液体黄金”，出售给回收商时，每磅（1 磅 ≈ 0.45 千克）废食用油的售价约为 2 美元。这使得盗窃的赃物价值超过 5000 美元。油脂为什么这么值钱？

随着化石燃料供应减少和价格上涨，人们对可靠、可再生能源的需求也在增加。作为回应，科学家们正在研究更好的方法来利用生物燃料，即从生物原料中获得能量。一些研究者专注于直接燃烧植物物质（例如，木质颗粒锅炉），另一些研究者专注于使用植物材料生产生物燃料。

生物燃料分为几种类型。其中，生物乙醇是由小麦、玉米、甜菜和其他粮食作物制成的酒精（即见于酒精饮料中的酒精）。植物天然生成的淀粉被转化为葡萄糖，然后由单细胞藻类等微生物将葡萄糖发酵为乙醇。生物乙醇可以直接用作专门设计的车辆的燃料来源，但它更常用作汽油添加剂，可以提高燃烧效率，同时减少车辆尾气排放。你可能已经注意到汽油泵上的贴纸，上面标注着汽油中乙醇的百分比；现今大多数汽车使用含 85% 汽油和 15% 乙醇的混合燃料。许多汽车制造商正在生产“柔性燃料”汽车，可以使用以任意比例混合的汽油和生物乙醇的燃料。虽然生物乙醇确实减少了碳排放，也确实是可再生资源，但它的生产提高了粮食作物的价格（随着土地被转用于生物燃料生产，粮食作物的价格变得更加高昂）。

生物燃料的应用。在美国，大多数汽油中都添加了生物燃料。

纤维素乙醇是一种生物乙醇，是利用木材、草本植物或农作物废料等非食用植物材料中的纤维素制成的。生物柴油是欧洲最常见的生物燃料，由诸如回收的煎炸油之类的植物油制成。像生物乙醇一样，它可以单独使用，也可以作为标准柴油的减排添加剂。出人意料地，柴油价格的上升引发了一波“油腻”犯罪浪潮，因为罪犯们盗窃这种新的、基本上无人看管的原材料来源。如今，世界上用于驾驶的燃料中只有约 2.7% 是由生物燃料构成的，而国际能源署（International Energy Agency）已经制定了到 2050 年该占比达到 25% 的目标。

当我们从生物燃料中获取能源时，我们实际上是在利用太阳能，它驱动着植物光合作用。光合作用是植物利用光以二氧化碳为原料制造糖类的过程——糖类是植物的食料，也是我们人类大多数食物的起点。本章将首先探讨光合作用的一些基本概念，然后观察这个过程中涉及的具体机制。

光合作用的基础知识

光合作用过程是地球上几乎所有生态系统的最终能量来源。

地球上几乎所有的生命——包括你——都可以将能量来源追溯到太阳。

光合作用是植物、藻类（属于原生生物）和某些细菌以二氧化碳和水作为原料，将光能转化为化学能、同时释放副产物氧气的过程。光合作用产生的化学能储存在糖分子的化学键中。利用无机成分产生自身的有机物的生物被称为自养生物（见第 6 章）。植物和其他通过光合作用做到这一点的生物（光合自养生物）是大多数生态系统的生产者（图 7.1）。光合自养生物不仅为我们提供食物，而且为我们提供衣物（其本身作为棉纤维的来源），为我们提供住所（木材），以及为取暖、照明、交通运输提供所需的能量（生物燃料）。

叶绿体：光合作用的场所

植物和藻类的光合作用发生在名为**叶绿体**的吸光细胞器中（见第 4 章，特别是图 4.17）。植物的所有绿色部分都有叶绿体，所以可进行光合作用。但在大多数植物中，叶子具有的叶绿体最多（大约每平方毫米叶子表面有 50 万个叶绿体，即在一片标准邮票大小的叶子中，有约 3 亿个叶绿体）。叶子的绿色来自**叶绿素**，即叶绿体中的色素（吸光分子），在将太阳能转化为化学能的过程起着核心作用。

叶绿体集中在叶片内部的细胞中（图 7.2），典型细胞中含有 30 ～ 40 个叶绿体。二氧化碳（CO_2）通过名为**气孔**的小孔进入叶子，氧气（O_2）也由此排出。进入叶子的二氧化碳是植物体内大部分物质的碳源，包括我们食用的糖和淀粉。所以植株的主要部分来自由空气（而非土壤）制造的产物。为证明这一观点，培养植物时可考虑水培法，即一种只使用空气和水种植植物的方法，而不利用任何土壤。除了二氧化碳之外，光合作用还需要水，植物根系吸收水分并输送到叶子上，再由叶脉将水分输送到光合细胞中。

叶绿体内的膜形成了许多光合作用反应发生的基本结构。与线粒体一样，叶绿体由双层膜包被。叶绿体的内膜包围着一个充满基质的隔间，而**基质**是一种黏稠的流质。［与光合作用相关的两个英文术语很容易被混淆：气孔（stomata）是气体交换的孔隙，基质

▼ 图 7.1　**光合自养生物多样性。**

光合自养生物		
植物（绝大多数为陆地植物）	**光合原生生物**（水生）	**光合细菌**（水生）
森林植物	海带，一种大型的多细胞藻类	蓝细菌的显微照片（LM 375×）

(stroma)是叶绿体内的流质。]悬浮在基质中的是互连的膜囊，称为**类囊体**。类囊体集中堆叠形成**基粒**。捕捉光能的叶绿素分子构建于类囊体膜中。叶绿体的结构——特别是堆叠的圆盘状基粒——为光合作用反应提供大的表面积，以此帮助叶绿体实现功能。☑

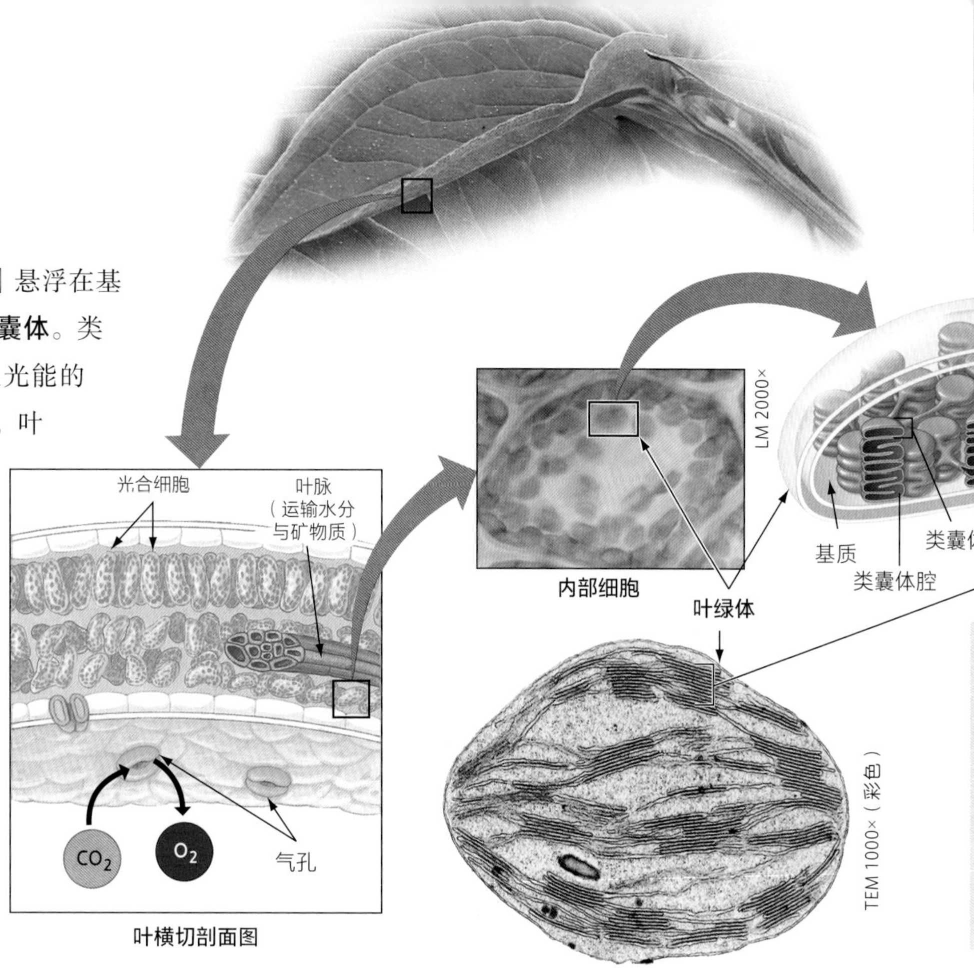

► 图 7.2 **叶内旅行。**这一系列的特写图片带你进入叶子的内部，然后进入植物细胞，最后进入叶绿体，即光合作用的场所。

☑ 检查点

光合作用发生在名为____的细胞器内，气体通过名为____的孔进行交换。

答案：叶绿体；气孔。

能量转化 光合作用概述

为强调光合作用和细胞呼吸之间的关系，下面的总方程式指明了光合作用的反应物和产物：

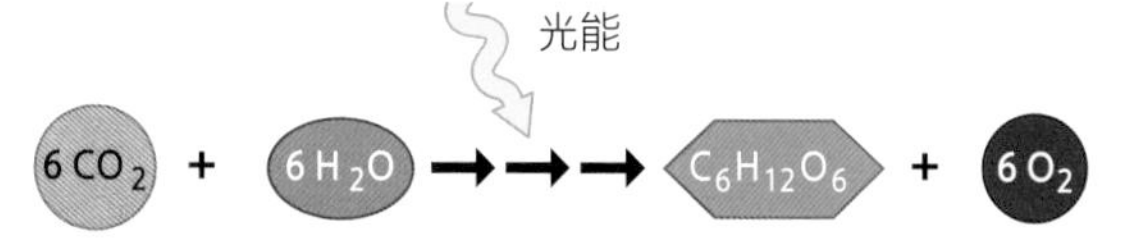

请注意，光合作用的反应物——二氧化碳(CO_2)和水(H_2O)——与细胞呼吸的代谢废物相同(见图 6.2)。还要注意，光合作用产生细胞呼吸所使用的东西——葡萄糖($C_6H_{12}O_6$)和氧气(O_2)。换句话说，光合作用循环利用细胞呼吸的"废气"，并重新排列其原子，产生食物和氧气。光合作用是一种需要大量能量的化学反应，而叶绿素吸收的阳光提供了光合作用所需的能量。

回想一下，细胞呼吸是一个电子传递的过程(见第 6 章)。电子从食物分子"向下流动"到氧气，形成水，释放出可以让线粒体用来制造 ATP 的能量(见图 6.9)。光合作用则逆转方向，光合作用中电子被迫"上坡"，添加到二氧化碳中，最终产生糖。氢随着电子从水传递到二氧化碳而转移。氢的这种转移要求叶绿体将水分子裂解成氢和氧。水裂解形成的氢和电子一起传递到二氧化碳中形成糖。氧则通过叶片的气孔以氧气的形式逸散到大气中，氧气是光合作用的代谢产物。

光合作用总方程式简单地总结了一个复杂过程。同细胞内许多能量产生的过程一样，光合作用是一个多步骤的化学途径，其中的每一步都有产物，而这些产物被用作下一步的反应物。这是生物学主题之一的一个典型例子：利用代谢途径来捕获、处理和储存能量。为了更好地了解光合作用的概况，让我们来看一看其中的两个阶段：光反应和卡尔文循环(图 7.3)。

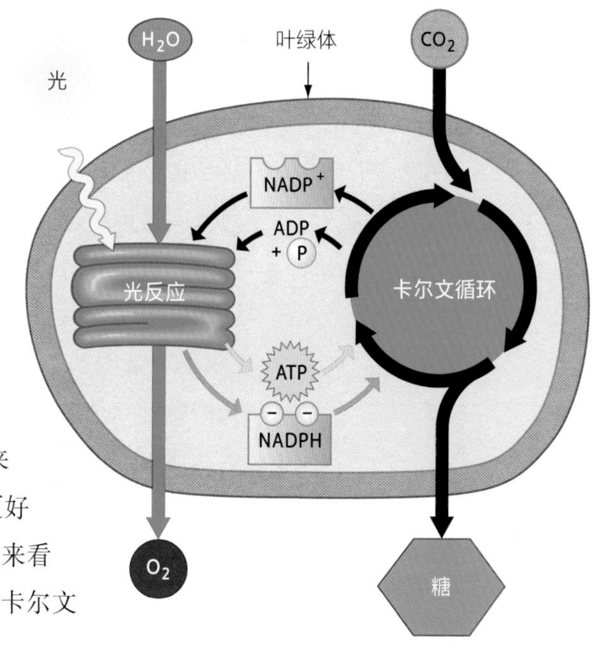

▼ 图 7.3 **光合作用路线图。**我们将用这张路线图的缩小版来做向导，仔细研究光反应和卡尔文循环。

☑ **检查点**

1. 光合作用输入的是什么分子？输出的是什么分子？
2. 按顺序说出光合作用的两个阶段。

答案：1. 二氧化碳和水；葡萄糖和氧气。2. 光反应，卡尔文循环。

在**光反应**中，类囊体膜中的叶绿素吸收太阳能（即光合作用的“光”），然后将其转化为 ATP（驱动大多数细胞工作的分子）和 **NADPH**（电子载体）中的化学能。在光反应过程中，水被裂解，提供电子，并释放副产物氧气。

卡尔文循环利用光反应的产物，驱动二氧化碳转化成糖（光合的“合”）。驱动卡尔文循环的酶存在于基质中。光反应产生的 ATP 为糖的合成提供能量。光反应产生的 NADPH 提供高能电子，驱动将二氧化碳合成为葡萄糖的反应。因此，卡尔文循环间接地依赖光来产生糖，因为它需要光反应供应 ATP 和 NADPH。

如果你想降低全球气候变化的速率，就种一棵树吧。

固碳作用即最初将二氧化碳中的碳结合到有机化合物中的过程。这一过程对全球气候有重要影响，因为从空气中去除碳并将其纳入植物体内有助于降低大气中二氧化碳的浓度。砍伐森林剥夺了许多光合植物的生命，从而降低了生物圈吸收碳的能力。种植新的森林则会带来相反的效果——固定大气中的碳，潜在地减小导致全球气候变化的气体的影响。☑

光反应：将太阳能转化为化学能

叶绿体是以太阳能为动力的制糖厂。让我们看一看它们如何将阳光转化为化学能。

阳光的本质

阳光是一种被称为辐射或电磁能的能量。电磁能以节奏波的形式在空间中传播，就像扔进池塘的鹅卵石产生的波纹。两个相邻波峰之间的距离称为**波长**。从伽马射线的极短波长到无线电信号的极长波长，这一整个辐射范围被称为**电磁波谱**（图 7.4）。可见光是光谱的一部分，被我们的眼睛识别为不同的颜色。

当阳光照射在有色材料上时，可见光的某些波长（颜色）被吸收，并从材料反射的光中消失。例如，我们看到一条牛仔裤呈蓝色，因为织物中的颜料吸收了其他颜色，只留下光谱中蓝色部分的光从织物反射到我们的眼睛。在 19 世纪，植物学家（研究植物的生物学家）发现，植物只利用特定波长的光，我们接下来将会看到。

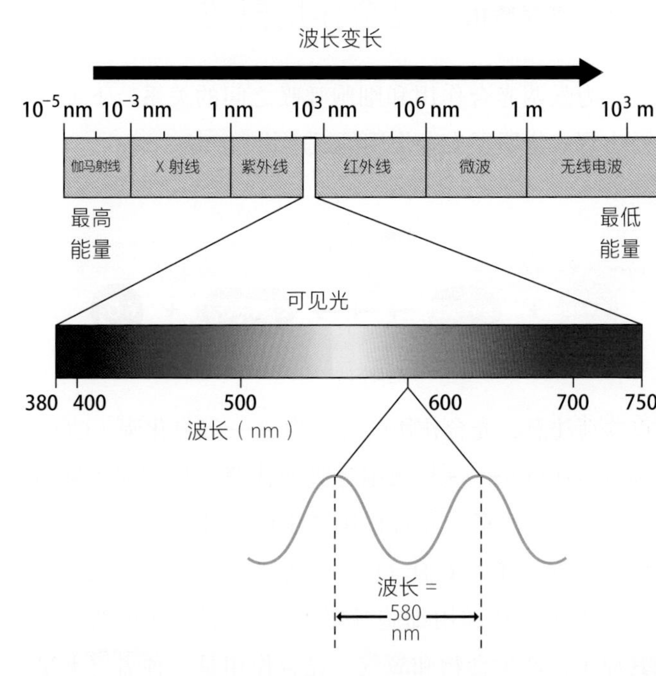

▲ 图 7.4 **电磁波谱。**图中间部分放大了人类可见的光谱薄片，即波长为从约 380 nm 到约 750 nm 的不同颜色的光。图的底部显示了一种可见光中特定波长的电磁波。

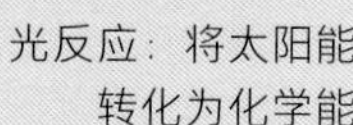

什么颜色的光驱动光合作用？

1883 年，德国生物学家特奥多尔·恩格尔曼（Theodor Engelmann）观察到，生活在水中的某些细菌往往聚集在氧气浓度较高的区域。他已经知道，太阳光通过棱镜会分成不同波长的光（显现为不同可见光的颜色）。恩格尔曼很快开始提出问题，是否可以利用这些信息，来确定哪些波长的光对光合作用的效果最好。

恩格尔曼提出假说：趋氧细菌会聚集在进行光合作用最高效（因而能产生最大量的氧气）的藻类区域附近。恩格尔曼在显微镜载玻片上滴加的水中放置了一串淡水藻类细胞，就此开始了他的实验。然后他在滴液中加入了对氧气敏感的细菌。接下来，他用棱镜形成一个光谱，并将其照射在载玻片上。他的试验结果总结在图 7.5 中，显示大多数细菌聚集在被红橙色和蓝紫色光照射的藻类周围，极少数细菌移动到绿光区域。此后，其他实验也证实：叶绿体主要吸收光谱中蓝紫色和红橙色部分的光，这些波长的光是光合作用的主要能量来源。

这一经典实验的变体至今仍在进行。例如，生物燃料研究者测试不同种类的藻类，以确定哪种波长的光能最高效地生产燃料。未来的生物燃料设施可能会利用各种各样的物种，以应用照射在它们身上的全光谱光来生产燃料。

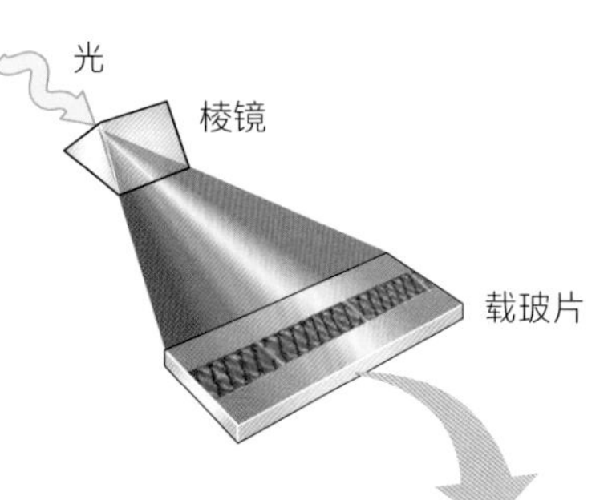

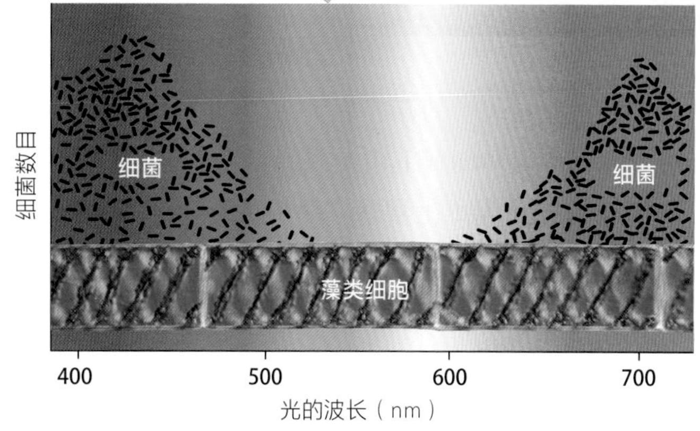

◄ 图 7.5　**研究光的波长如何影响光合作用。**当在显微镜载玻片上放置藻类细胞时，趋氧细菌会向暴露在特定颜色光线下的藻类移动。这些结果表明，蓝紫色和橙红色的光最能驱动光合作用，而绿色光的驱动作用只有一点点。

叶绿体色素

叶子对光的选择性吸收，解释了为什么叶子看起来是绿色的；绿色光很难被叶绿体吸收，因此被反射或透射向观察者（图 7.6）。能量不会凭空消失，所以吸收的能量必须转化成其他形式。叶绿体含有几种不同的色素，可以吸收不同波长的光。

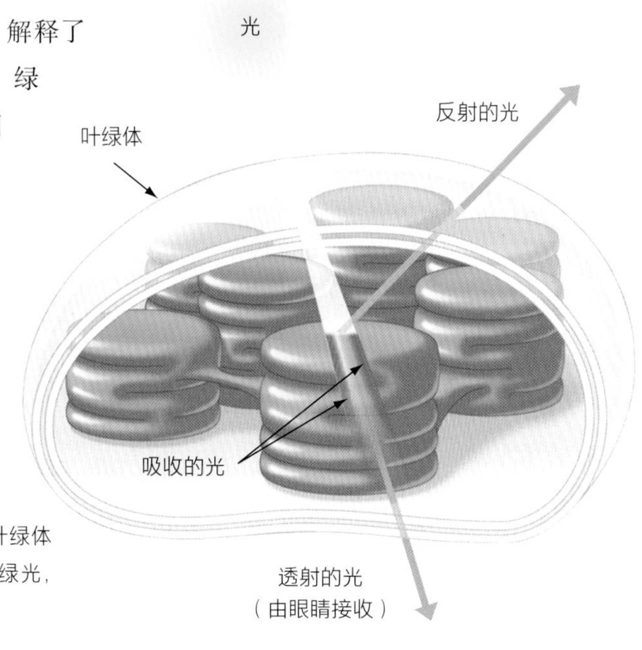

► 图 7.6　**叶子为什么是绿色的？**叶绿体中的叶绿素和其他色素反射或透射绿光，同时吸收其他颜色的光。

叶绿素 a 是直接参与光反应的色素，主要吸收蓝紫色光和红色光。另一种非常相似的分子，叶绿素 b，则主要吸收蓝色光和橙色光。叶绿素 b 不直接参与光反应，但它将吸收的能量传递给叶绿素 a，然后叶绿素 a 将这些能量用于光反应。

▲ 图 7.7　**光合色素。**秋季气温下降导致落叶树叶片中绿色叶绿素水平下降。叶绿素的减少使类胡萝卜素的颜色得以显现。

叶绿体还含有一类总称为类胡萝卜素的黄橙色色素，主要吸收蓝绿色的光。一些类胡萝卜素有保护作用：它们消散多余的光能（否则其将损害叶绿素）。一些类胡萝卜素是人类的营养物质：β-胡萝卜素（一种在南瓜、红薯和胡萝卜中发现的亮橙色/红色色素）在人体内转化为维生素 A，番茄红素（一种在西红柿、西瓜和红辣椒中发现的亮红色色素）是一种抗氧化剂，人们正在研究其潜在的抗癌特性。此外，类胡萝卜素因为能反射黄橙色光，所以成就了世界上一些地方秋天壮丽的落叶风景（图 7.7）。秋天气温下降导致叶绿素水平下降，因此在整个秋季绚烂的风景中都能看到更为持久的类胡萝卜素的颜色。

叶绿体中的以上所有色素都内置于类囊体膜中（见图 7.2），在类囊体膜中，色素组织成集光复合体，即光系统，是我们下一节探讨的主题。☑

☑ 检查点

在光反应过程中吸收能量的色素的具体名称是什么？

答案：叶绿素 a。

光系统如何获取光能

将光视为波，解释了光的大部分特性。然而，光也表现为被称为光子的离散的能量包。一个**光子**是一份定额的光能。光的波长越短，光子的能量就越大。例如，一个紫光光子的能量几乎是一个红光光子的两倍。这就是为什么短波长的光——如紫外线和 X 光——会具有破坏性；这些波长光的光子携带的能量足以破坏蛋白质和 DNA，因此有可能导致癌的突变。

保护自己免受短波长光线的伤害，可以救命。

当一个色素分子吸收一个光子时，色素的一个电子就会获得能量。这时我们说这个电子处于“激发态”；也就是说，电子已经从它的起始状态（称为基态）上升到激发态。激发态高度不稳定，所以受激电子通常会失去多余的能量，几乎立即回落到基态［图 7.8（a）］。大多数色素在光激发的电子回到其基态时释放热能。（这就是为什么涂有大量颜料的实体表面，如黑色车道，在晴天会变得相当热。）但是有些色素吸收光子后既发光又发热。荧光棒发出的荧光，来自激发荧光染料电子的化学反应［图 7.8（b）］。被激

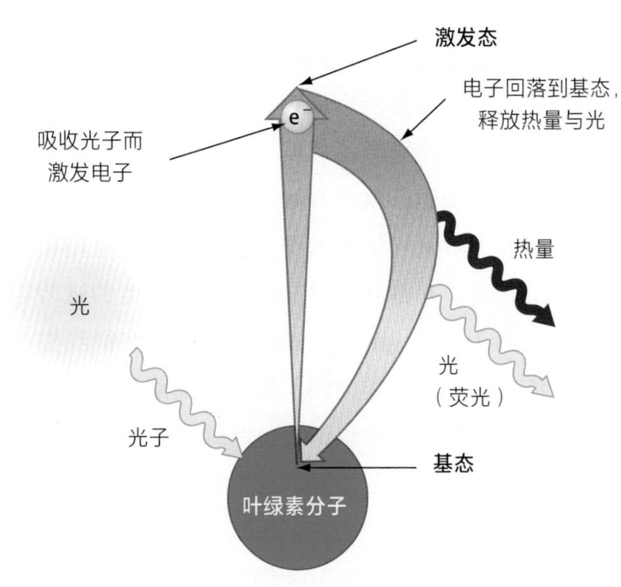

（a）**光子的吸收。**

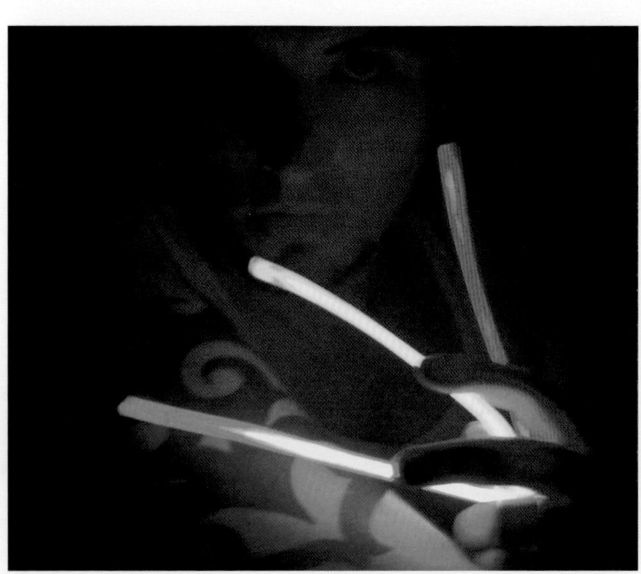

（b）**荧光棒发出的荧光。**打破荧光棒中的小瓶会引发化学反应，激发荧光染料中的电子。当电子从激发态回落到基态时，多余的能量以光的形式发射出来。

▲ 图 7.8　**色素中激发的电子。**

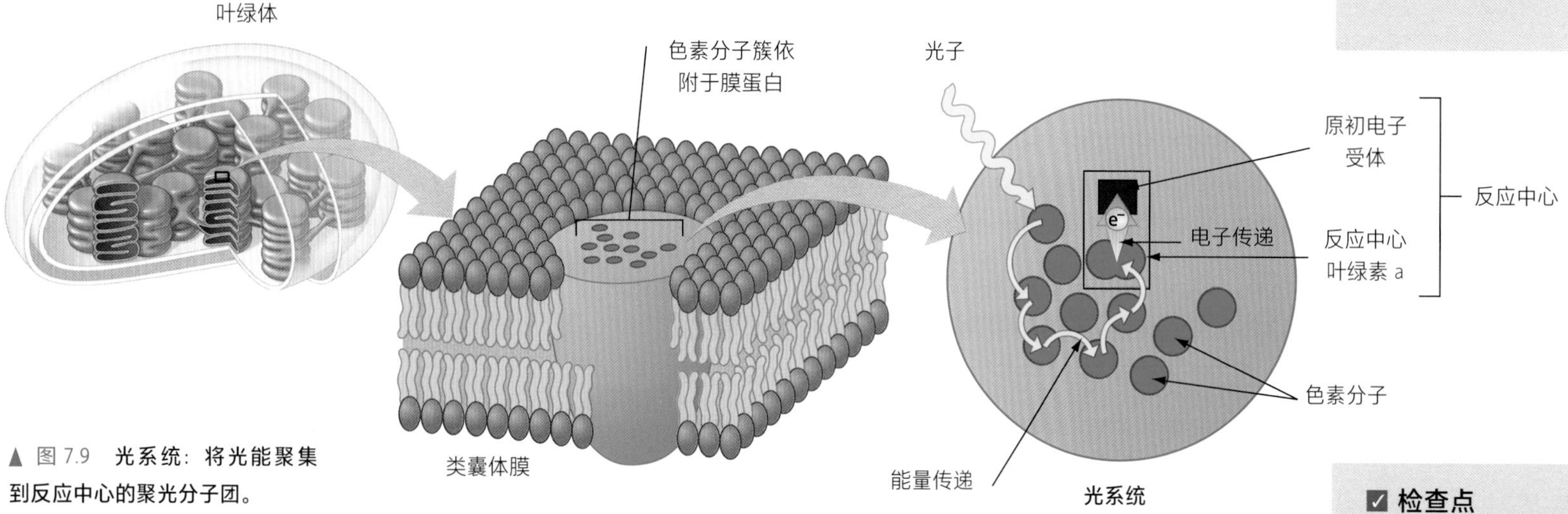

▲ 图 7.9 **光系统：将光能聚集到反应中心的聚光分子团。**

发的电子迅速回落到它们的基态，以荧光的形式释放能量。

在类囊体膜中，叶绿素分子与其他分子组成光系统。每个**光系统**都有一个由数百个色素分子组成的簇，包括叶绿素 a、叶绿素 b 以及一些类胡萝卜素（图 7.9）。这簇色素分子起到聚光天线的作用。当光子撞击其中一个色素分子时，能量从一个分子转移到另一个分子，直到它到达光系统的反应中心。反应中心由叶绿素 a 分子组成，位于一个原初电子受体旁边。这个原初电子受体在反应中心捕获来自叶绿素 a 的光激发电子（ⓔ）。然后，另一组内置于类囊体膜中的分子利用捕获的能量，产生 ATP 和 NADPH。☑

☑ **检查点**

光合作用中反应中心的作用是什么？

答案：反应中心将光激发电子从色素分子转移到其他分子中，分子可以利用这些捕获的能量来驱动化学反应。

光反应如何产生 ATP 和 NADPH

两个光系统在光反应中合作（图 7.10）。❶光子激发第一光系统中叶绿素的电子，然后原初电子受体捕获这些光子。在此之后，第一光系统从水中获取新的电子补充损失的电子。这同时也是光合作用过程中释放氧气的步骤。❷来自第一光系统的被激发的电子通过电子传递链传递到第二光系统。叶绿体利用这个电子“回落”到基态所释放的能量来制造 ATP。❸第二光系统将其光激发电子转移到 $NADP^+$，将其还原为 NADPH。

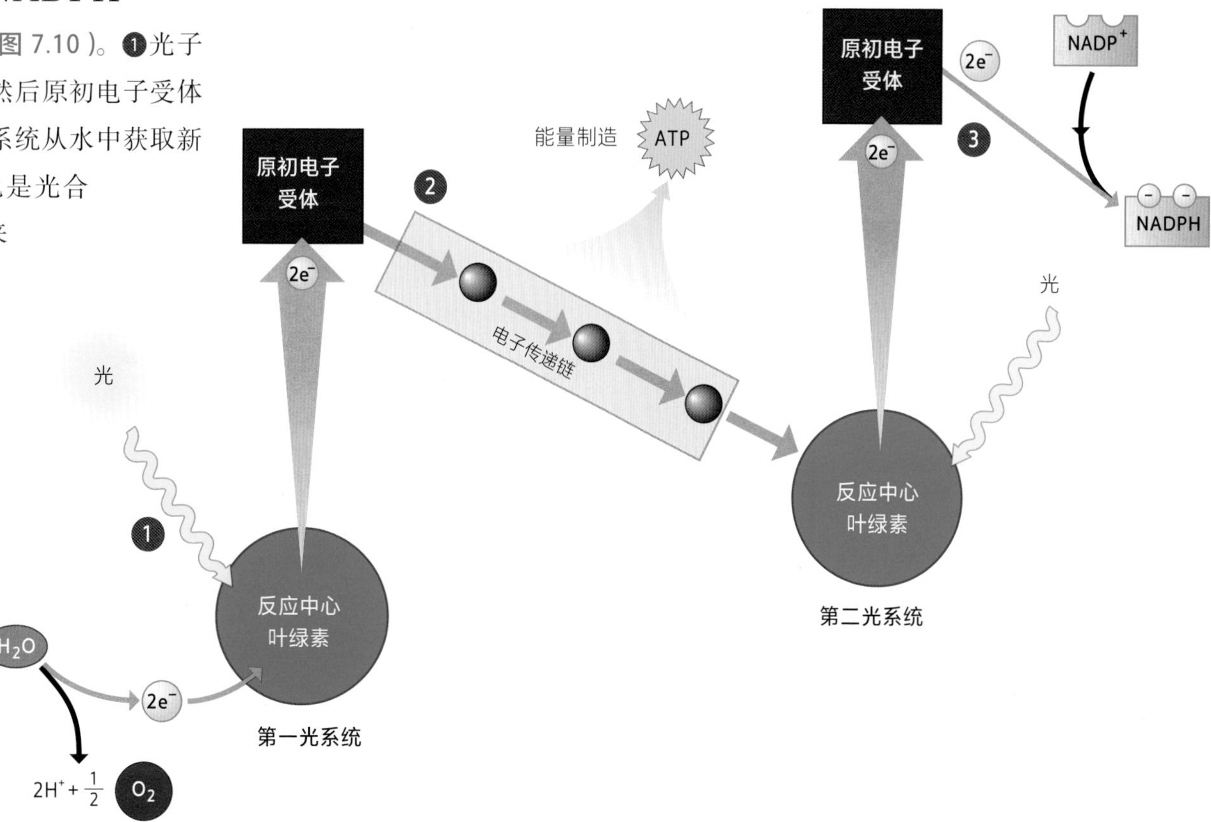

► 图 7.10 **光合作用的光反应。** 橙色箭头追踪从 H_2O 到 NADPH 的光驱动电子流。这些电子也为合成 ATP 提供了能量。

图 7.11 显示了光反应在类囊体膜中发生的位置。两个光系统和连接它们的电子传递链将电子从 H_2O 转移到 $NADP^+$，产生 NADPH。请注意，光反应过程中 ATP 的产生机制与我们在细胞呼吸中看到的机制非常相似（见图 6.10）。在这两种情况下，电子传递链将氢离子（H^+）泵过膜——细胞呼吸时是线粒体内膜，光合作用时是类囊体膜。在这两种情况下，ATP 合成酶利用膜两侧 H^+ 梯度储存的能量来制造 ATP。两者的主要区别是在细胞呼吸中食物提供高能电子，而在光合作用中光激发的电子沿着传递链向下传递。图 7.10 和 7.11 中显示的电子流如同图 7.12 中的漫画所示的那样。

我们已经看到光反应如何吸收太阳能并将其转化为 ATP 和 NADPH 中的化学能。然而，请再次注意，光反应不产生任何糖类。产生糖类是卡尔文循环的工作，即接下来的内容。☑

☑ 检查点

1. 光合作用为什么需要水作为反应物？（提示：复习图 7.10 和 7.11。）
2. 叶绿体的电子传递链除了在光系统之间传递电子外，还为______的合成提供能量。

答案：1. 水的裂解为 NADP⁺ 转化为 NADPH 提供了电子。2. ATP。

▼ 图 7.12 以施工现场类比，说明光反应。

▼ 图 7.11 类囊体膜如何将光能转化为 NADPH 和 ATP 的化学能。

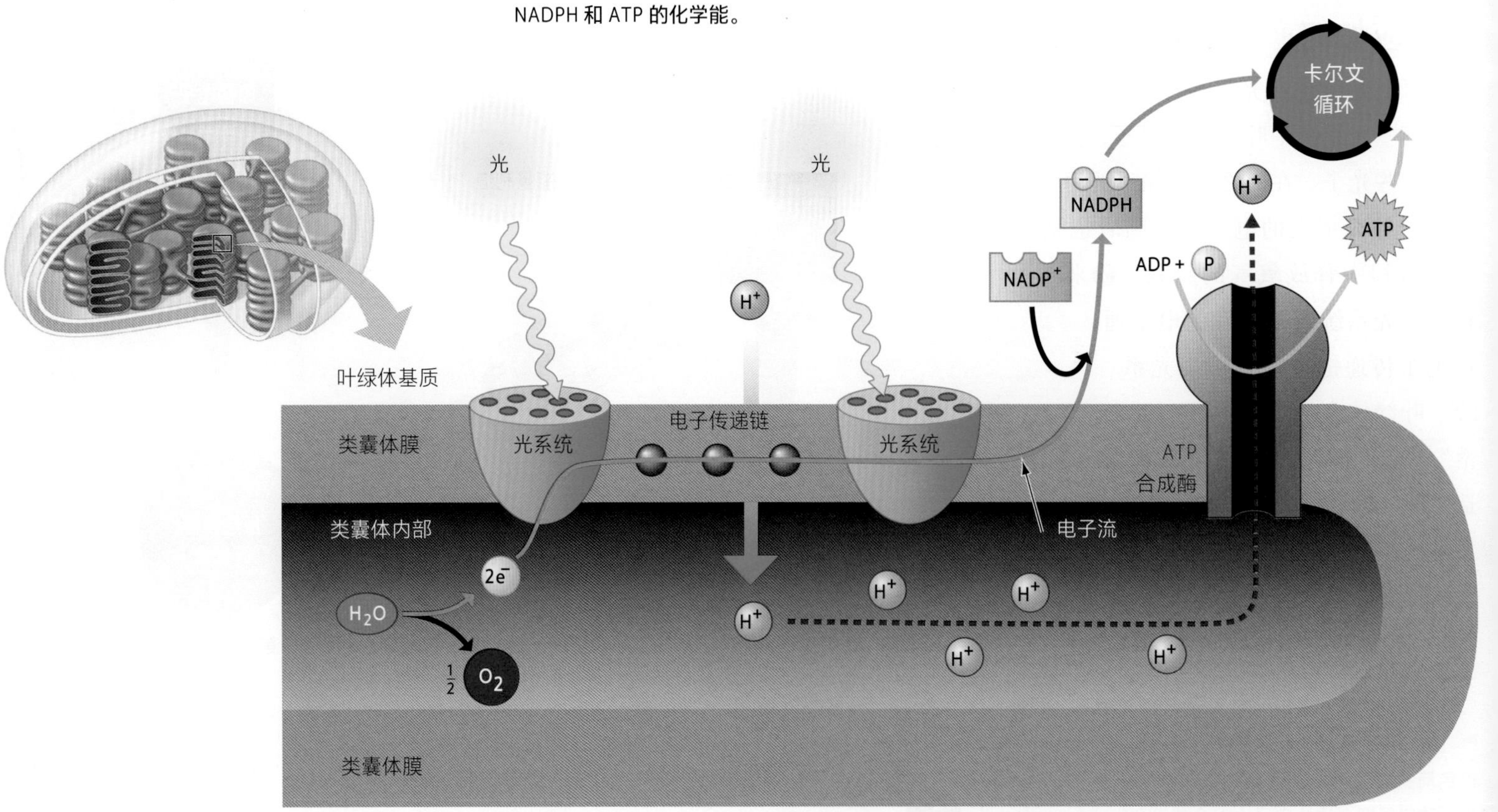

卡尔文循环：用二氧化碳制造糖

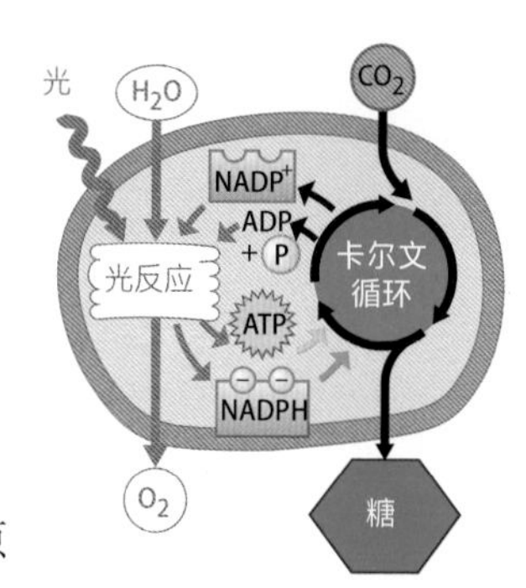

如果叶绿体是以太阳能为动力的糖类加工厂，那么卡尔文循环就相当于制糖机器。卡尔文循环由于维持自身运转的原料是可以再生的，故而称为循环。每一轮循环都涉及化学物质的输入和输出。卡尔文循环输入的是空气中的 CO_2 以及光反应产生的 ATP 和 NADPH。卡尔文循环利用 CO_2 中的碳、ATP 中的能量和 NADPH 中的高能电子，合成了一种富含能量的糖分子甘油醛 3- 磷酸（G3P）。然后，植物细胞可以使用 G3P 作为原料，制造它所需要的葡萄糖和其他有机化合物（如纤维素和淀粉）。图 7.13 展示了卡尔文循环的基本原理，并着重强调了输入和输出。每个●符号代表一个碳原子，每个Ⓟ符号代表一个磷酸基团。☑

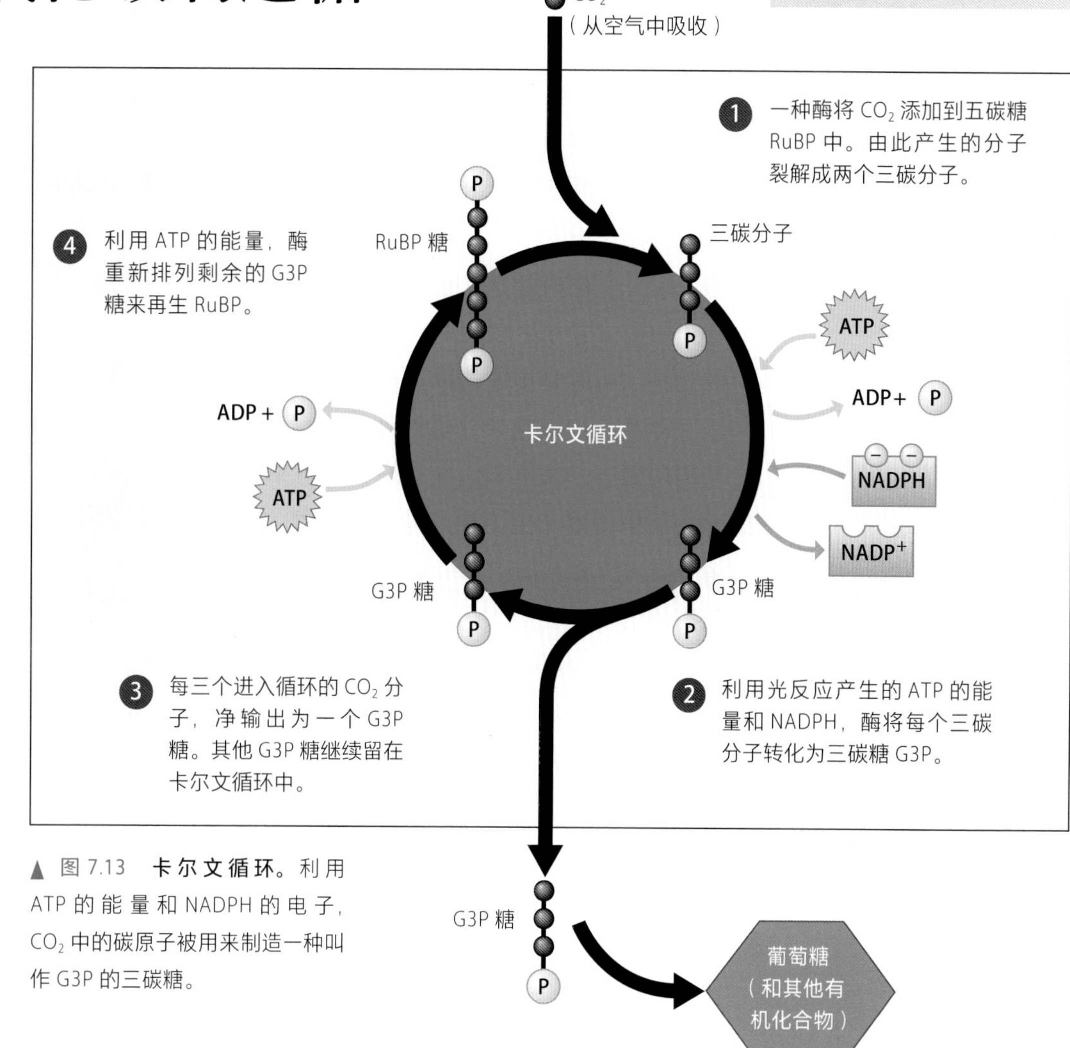

▲ 图 7.13 **卡尔文循环**。利用 ATP 的能量和 NADPH 的电子，CO_2 中的碳原子被用来制造一种叫作 G3P 的三碳糖。

生物燃料　进化联系

创造更好的生物燃料工厂

本章研究了植物如何通过光合作用将太阳能转化为化学能。这种转化对人类福祉和地球生态系统都至关重要。正如“生物学与社会”专栏所讨论的，科学家们正试图利用光合作用这一“绿色能源”来生产生物燃料。但是生产生物燃料的效率非常低。事实上，生产生物燃料的成本通常比开采等量化石燃料的成本高得多。

生物力学工程师正致力于通过借鉴一个突出的范例——自然选择的进化——来解决这个难题。在自然界中，基因更适合当地环境的生物通常会存活下来，并将这些基因传递给下一代。经过许多代的重复，在这种环境中提高存活率的基因将变得更加普遍，物种也会不断进化。

当试图解决一个工程问题时，科学家可以通过定向进化（另一个例子，见第 5 章的“科学的过程”专栏）来大力推进他们自己想要的结果。在这个过程中，

☑ 检查点

NADPH 在卡尔文循环中的作用是什么？

答案：它提供高能电子，加入 CO_2 中形成 G3P（一种糖）。

科学家在实验室（而不是自然环境）中确定哪些生物最合适。生物燃料生产的定向进化通常涉及微型藻类（图 7.14），而不是植物，因为藻类更容易在实验室环境中操作和培养。此外，一些藻类产生的碳氢化合物接近其自身重量的一半，离有效的生物燃料只有几步之遥。

在一个典型的定向进化实验中，研究者首先收集大量单个藻类——有时是自然存在的物种，有时是被改造成携带有用基因的转基因藻类，例如携带分解纤维素的酶的真菌基因的藻类。藻类暴露在提高突变概率的化学物质中，就产生了种类繁多的藻类，研究者也就可以根据期望的结果（即生产最大量、最有用的生物燃料）来筛选合适的藻类，然后继续分离培养全部藻类中能够最好地完成这一任务的一小部分，并接受下一轮突变和选择。经过多次重复选择，藻类可能会慢慢提高其生产生物燃料的效率与能力。许多研究实验室——包括一些大型石油公司内部的实验室——正在利用这种方法，有朝一日也许能生产出一种藻类，可以提供终极绿色能源，这种成就将突显自然进化原理如何能被用于改善我们的生活。

▼ 图 7.14 **微观生物燃料工厂。**研究者正在监测一个反应室，微型藻类在其中利用光生产生物燃料。

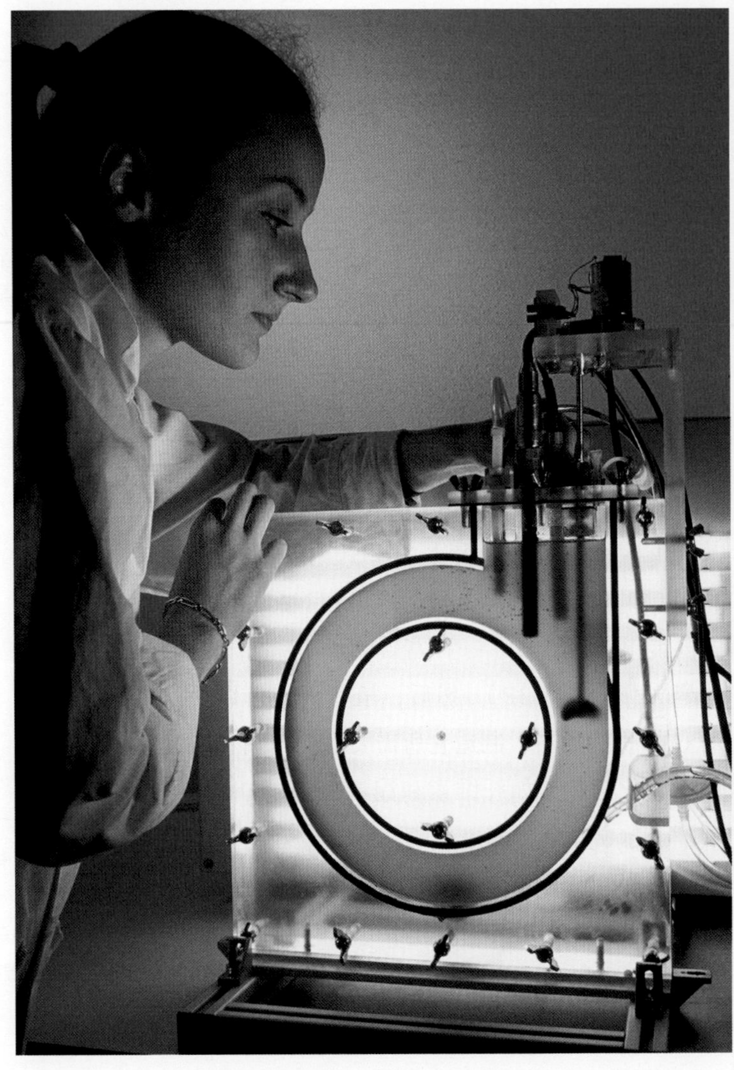

本章回顾

关键概念概述

光合作用的基础知识

光合作用是光能转化为化学能的过程，化学能以化学键的形式储存在由二氧化碳与水制成的糖中。

叶绿体：光合作用的场所

叶绿体中含有一种叫基质的黏稠液体，它包围着叫作类囊体的膜网络。

能量转化：光合作用概述

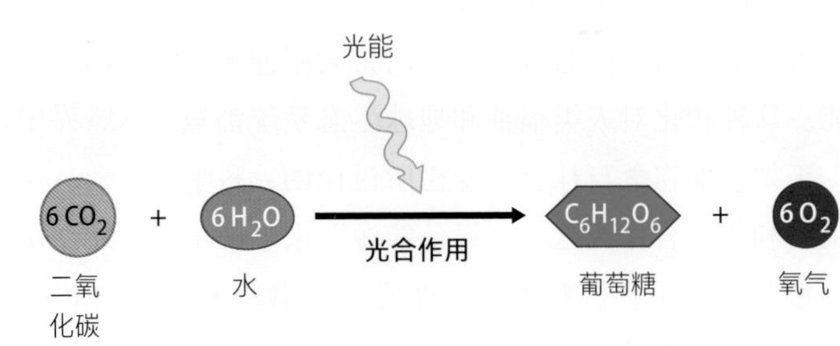

光合作用的整个过程可以分为两个阶段，由携带能量和电子的分子相连接：

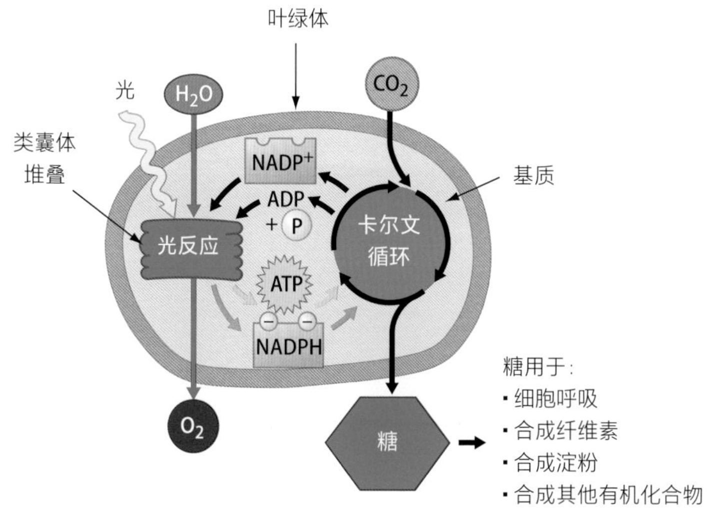

光反应：将太阳能转化为化学能

阳光的本质

可见光是电磁能光谱的一部分。它以波的形式在空间传播。不同波长的光显示为不同的颜色；波长较短的光携带更多的能量。

叶绿体色素

色素分子吸收某些波长的光，反射其他波长的光。色素的颜色是我们看到的反射的波长的光。叶绿体中几种色素吸收各种波长的光，并将其传递给其他色素，但直接参与光反应的是绿色色素叶绿素 a。

光系统如何获取光能，光反应如何产生 ATP 和 NADPH

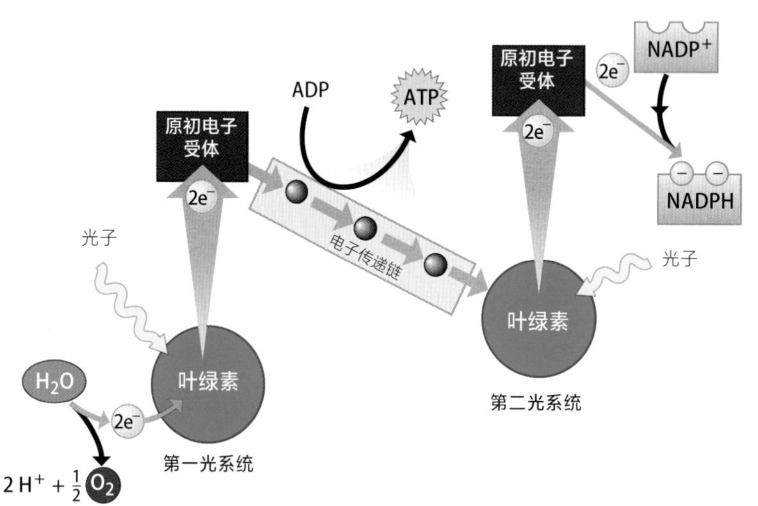

卡尔文循环：用二氧化碳制造糖

在叶绿体的基质（液体）中，空气中的二氧化碳和光反应过程中产生的 ATP 和 NADPH 共同用来产生 G3P，这是一种富含能量的糖分子，可用于制造葡萄糖和其他有机分子。

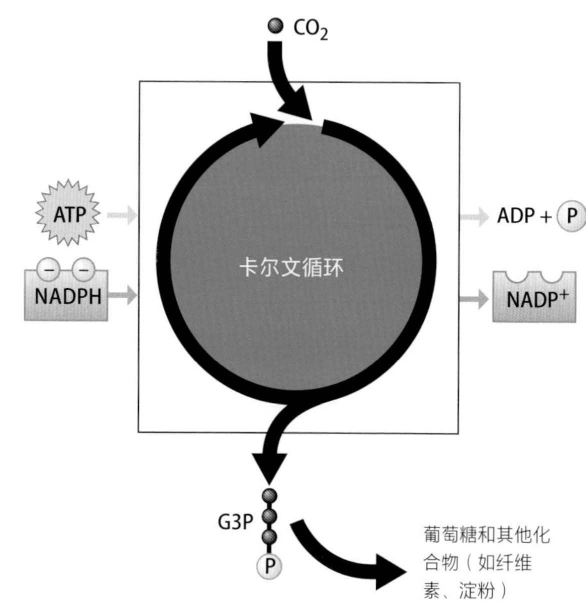

MasteringBiology®

如需练习测验、生物动画、MP3 教程、视频辅导以及为本教材设计的更多学习工具，请访问 MasteringBiology®。

自测题

1. 光反应发生在叶绿体中被称为________的结构中，而卡尔文循环发生在________中。
2. 就叶绿体内光合作用的空间结构而言，在类囊体膜的基质侧产生 NADPH 和 ATP 的光反应有何优势？
3. 以下哪些是光合作用的输入成分？选择所有正确的答案。哪些是输出成分？选择所有正确的答案。

   a. CO_2　　b. O_2　　c. 糖　　d. H_2O　　e. 光
4. 解释“光合作用”这一名称如何印证这一过程本身。
5. 什么颜色的光驱动光合作用的效果最差？为什么？

6. 当光照射在叶绿素分子上，叶绿素分子就失去了电子，失去的电子最终被________分子裂解产生的电子所取代。

7. 以下哪一项是由类囊体中发生的反应所产生，并被基质中的反应所消耗？

   a. CO_2 和 H_2O　　b. $NADP^+$ 和 ADP

   c. ATP 和 NADPH　　d. 葡萄糖和 O_2

8. 卡尔文循环的反应并不直接依赖于光，但它们通常不发生在晚上。为什么？

9. 下列代谢过程中，哪一个是光合作用和细胞呼吸共有的？

   a. 将光能转化为化学能的反应

   b. 裂解 H_2O 分子并释放 O_2 的反应

   c. 通过将 H^+ 泵入内膜来储存能量的反应

   d. 将 CO_2 转化为糖的反应

答案见附录《自测题答案》。

科学的过程

10. 热带雨林仅覆盖地球表面的 3%，而据估计，它们能完成全球 20% 以上的光合作用。雨林因此常被称为地球之“肺”，为地球上的所有生命提供氧气。然而，大多数专家认为，雨林对全球氧气产量的净贡献很小或没有。以你对光合作用和细胞呼吸的了解，你能解释他们为什么会这样想吗？（提示：当植物死亡或部分被动物吃掉时，植物体内储存的糖类会发生什么变化？）

11. 假设你想查明光合作用产生的葡萄糖中的氧原子是来自 H_2O 还是 CO_2，说明你如何利用放射性同位素来找出答案。

12. **解读数据**　右上图称为吸收光谱。图表上的每条线都是由不同波长的光照射样本而形成的，对应不同波长，记录样本吸收的光强。这张图结合了三个测量值，分别为叶绿素 a、素叶绿素 b、类胡萝卜素。请注意，叶绿素色素的图表与图 7.5 中显示的数据相对应。想象一下，有一种植物缺乏叶绿素，只依靠类胡萝卜素进行光合作用。那么什么颜色的光最适合这种植物？你觉得这种植物在你眼中是什么颜色？

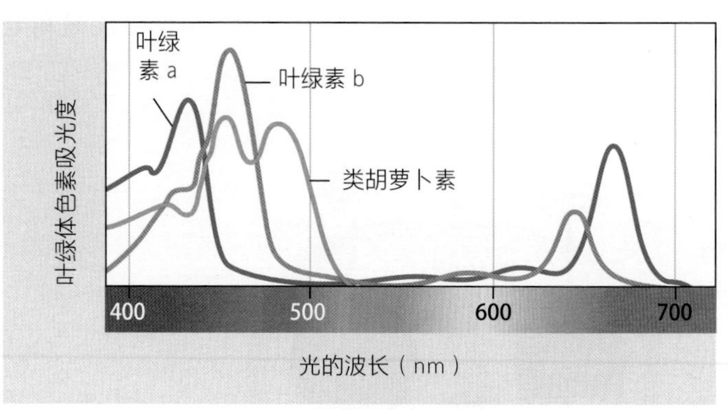

生物学与社会

13. 强有力的证据表明，由于工业、车辆、焚烧森林导致二氧化碳的排放增加，温室效应加剧，地球正在变暖。全球气候变化可能影响农业，融化极地冰川，淹没沿海地区。为了应对这些威胁，192 个缔约方接受了《京都议定书》，该议定书呼吁，到 2012 年，30 个工业化国家强制减少温室气体排放。美国已经签署但尚未批准（生效）该协议，而是提出了一套更温和的自愿目标，允许企业决定是否愿意参与，并提供税收激励措施鼓励企业。拒绝该协议的理由是，它可能会损害美国经济，而一些工业化程度较低的国家（如印度），即使产生大量污染，也不受该协议约束。你同意美国这个决定吗？减少温室气体的努力会在哪些方面损害经济？如何权衡这些成本与全球气候变化的成本？较贫穷国家是否应该承担同等的减排责任？

14. 燃烧生物质发电，避免了采集、提炼、运输、燃烧化石燃料产生的许多问题。然而，使用生物质作为燃料也有其自己的一系列问题。向生物质能源的大规模转化可能会带来哪些挑战？这些挑战与化石燃料遇到的挑战相比有何异同？你认为哪一种挑战更有可能被克服？哪种能源能比其他能源有更多的好处和更少的成本？请加以解释。

第 2 单元
遗传学

第 8 章　细胞增殖：细胞来自细胞

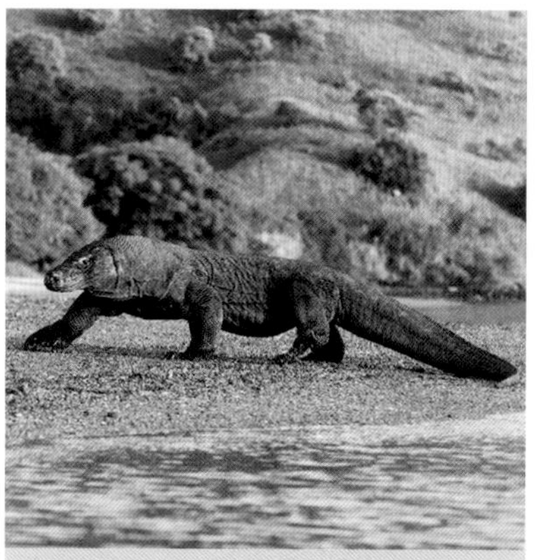

本章线索：**有性生殖和无性生殖**

第 9 章　遗传的模式

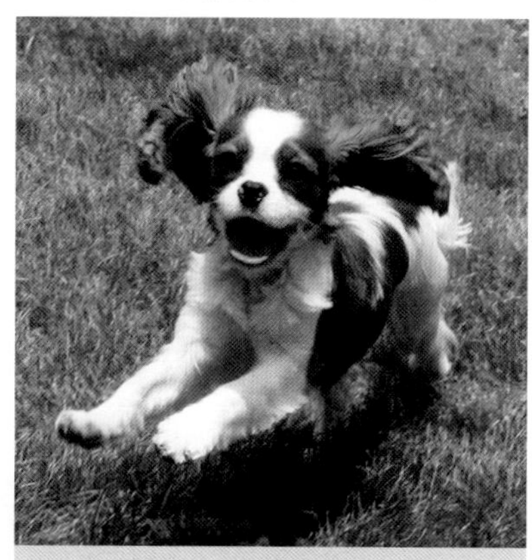

本章线索：**狗的育种**

第 10 章　DNA 的结构与功能

本章线索：**最致命的病毒**

第 11 章　基因是如何被调控的

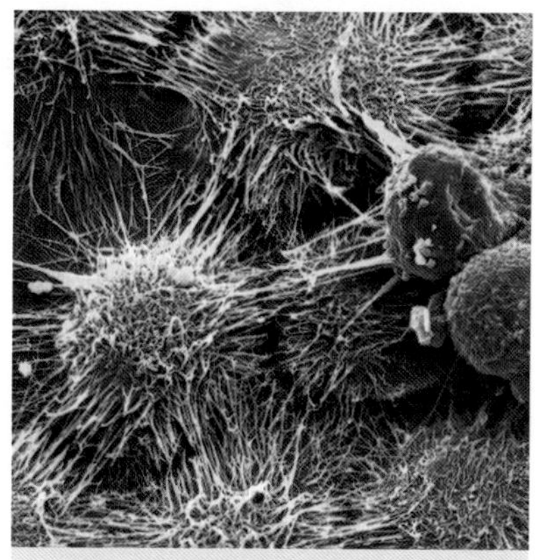

本章线索：**癌症**

第 12 章　DNA 技术

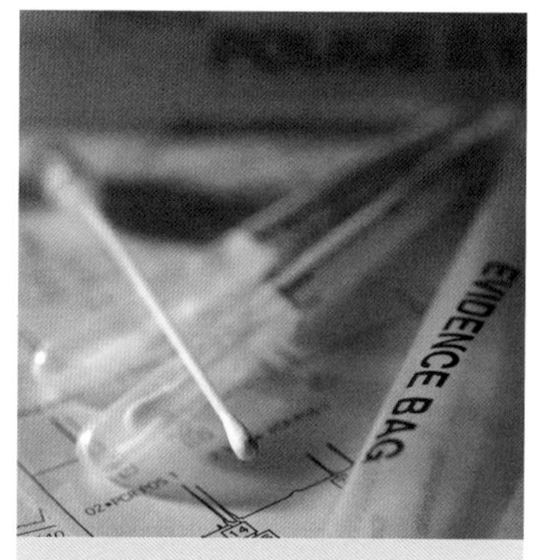

本章线索：**DNA 分析技术**

8 细胞增殖：细胞来自细胞

细胞增殖为什么重要

▲ 在某些海星物种中，一只断腕就可能再生出一个全新的身体。

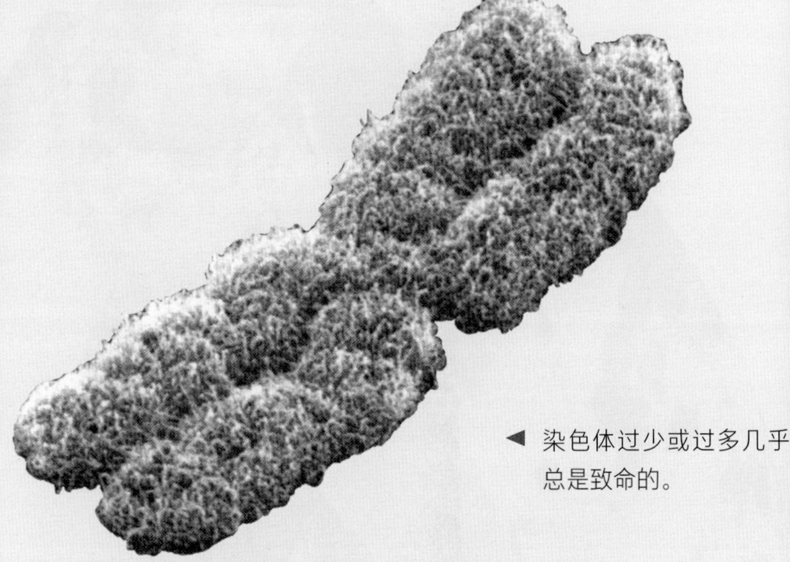

◀ 染色体过少或过多几乎总是致命的。

你的任何一个细胞中的 ▶ DNA 如果伸展开来，都会比你高。

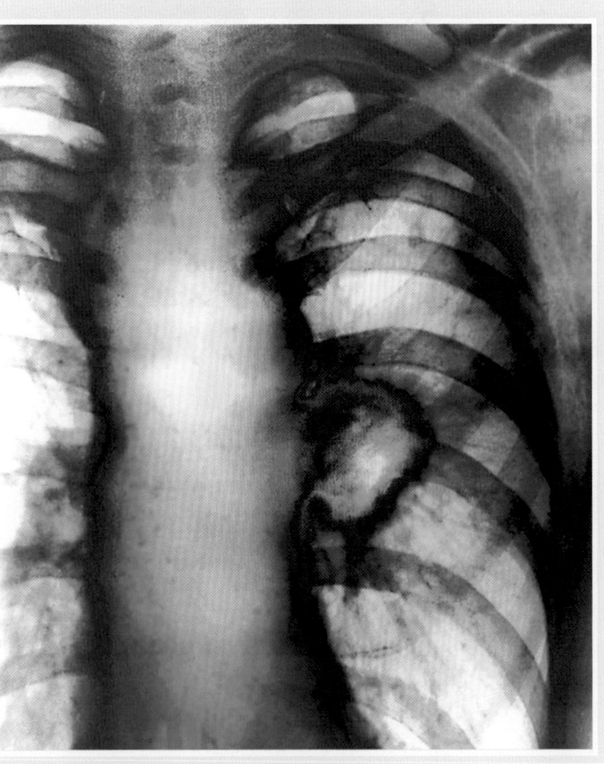

▲ 每一颗肿瘤都是细胞分裂异常的结果。

有性生殖和无性生殖 生物学与社会

巨蜥的孤雌生殖

英国切斯特动物园的饲养员惊讶地发现，雌性科莫多巨蜥弗洛拉（Flora）一次产下了25颗蛋。科莫多巨蜥是现存最大的蜥蜴，能长到3米长。圈养的科莫多巨蜥会繁殖并不是一件稀奇事。事实上，弗洛拉养在这个动物园，正是因为她是参与某圈养繁育计划的两只雌性科莫多巨蜥之一——该计划旨在恢复科莫多巨蜥的种群。弗洛拉产下的一窝蛋如此引人注目，是因为她尚未与任何雄性同类相伴共处，更不用说交配了。在此之前人们普遍认为，科莫多巨蜥和绝大多数动物物种一样，只能通过雄性精子和雌性卵子结合进行有性生殖来繁衍后代。而尽管弗洛拉没有交配过，其仍有8颗蛋正常发育，并且孵化出了活生生的健康科莫多巨蜥。

科莫多巨蜥：世界上最大的蜥蜴，其野生分布只限于印度尼西亚的三个岛上。

DNA分析证实，弗洛拉所产后代的基因完全遗传自她自己。新生科莫多巨蜥是孤雌生殖的结果，即雌性在没有雄性参与的情况下产生的后代。孤雌生殖是无性生殖的一种形式，指在没有精子和卵子结合的情况下创造新一代。孤雌生殖在脊椎动物中很罕见，尽管它在鲨鱼（包括锤头双髻鲨）、家禽和上述的科莫多巨蜥等物种中有发现。很快，动物学家在另一家动物园发现了第二只通过孤雌生殖产下了幼仔的科莫多巨蜥。这只科莫多巨蜥后来通过有性生殖产生了更多后代——这表明，这个物种能够在两种繁殖模式之间进行切换。生物学家正在研究这一现象的进化基础，并思考它对这一稀有物种的种群恢复可能产生的影响。

生物和非生物之间最大的区别在于生物具备繁殖能力。所有生物——从细菌到蜥蜴，再到人类自己——都是细胞不断分裂的结果。生命的延续依赖于细胞分裂，即新细胞的产生。在这一章中，我们将着眼于单个细胞的复制过程，然后看一看细胞增殖如何构成有性生殖过程的基础。植物与动物的无性生殖和有性生殖的例子，我们都会讨论到。

细胞增殖完成了什么？

听到繁殖这个词，你可能会想到新个体的诞生。但是繁殖实际上更多发生在细胞层面。想一想你手臂上的皮肤——皮肤细胞不断地自我增殖，并向外移动到体表，取代已经脱落的死亡细胞。皮肤的这种更新会贯穿你的一生。当你的皮肤受伤时，额外的细胞增殖有助于伤口愈合。

当一个细胞进行增殖，或者说**细胞分裂**时，产生的两个“子细胞”在基因上完全相同，也与亲代“母细胞”相同（英语中生物学家习惯用 daughter 一词来指代后代细胞，但是细胞当然并没有性别）。母细胞在分裂成两个子细胞之前，会先进行**染色体**复制。染色体是包含细胞大部分 DNA 的结构。随后，在细胞分裂过程中，每个子细胞从亲代母细胞那里获得一套相同的染色体。

如图 8.1 所示，细胞分裂在生物的生存中发挥几种重要作用。例如，在人体内，每秒钟必须有数百万细胞发生分裂，以替换受损或失去的细胞。细胞分裂的另一个功能是生长。人体内数万亿的细胞都是细胞不断分裂的结果，而这一切都源于母亲体内的一个受精卵细胞。

细胞分裂的另一个重要功能是繁殖。许多单细胞生物，如变形虫，通过二分裂繁殖，后代是亲代遗传的复制品。因为不涉及精卵的结合，所以这种繁殖被称为**无性生殖**。无性生殖产生的后代，遗传了单一亲本的所有染色体，所以是基因复制品。

在某些海星物种中，一只断腕就可能再生出一个全新的身体。

许多多细胞生物也可以进行无性生殖。例如，一些海星物种的断腕可以长成一个新个体。如果你曾用从植物上剪下来的枝条成功种植过室内盆栽，你其实就见识过植物无性生殖了。无性生殖有一个简单的遗传规则：单一亲本和它的每个后代都有着相同的基因。这种类型的细胞分裂，负责无性生殖和多细胞生物的生长与维持，称为有丝分裂。

有性生殖与此不同：它需要通过精卵的结合。**配子**（卵子和精子）的产生涉及一种特殊类型的细胞分裂，称为“减数分裂”，这种分裂只发生在生殖器官中。正如我们稍后将讨论的，配子的染色体数量，只有其母细胞染色体数量的一半。

总之，进行有性生殖的生物生命中涉及两种细胞分裂：负责生长和维持细胞数量的有丝分裂、负责繁殖的减数分裂。本章接下来，主要分为两大部分，分别讨论这两种细胞分裂。☑

☑ 检查点

普通的细胞分裂，会形成两个基因相同的子细胞。说出这种细胞分裂的三种功能。这当中的哪些功能在人体中发挥作用？

答案：细胞替换更新、生物体的生长、生物体的无性生殖；只有前两个过程在人体内发挥作用。

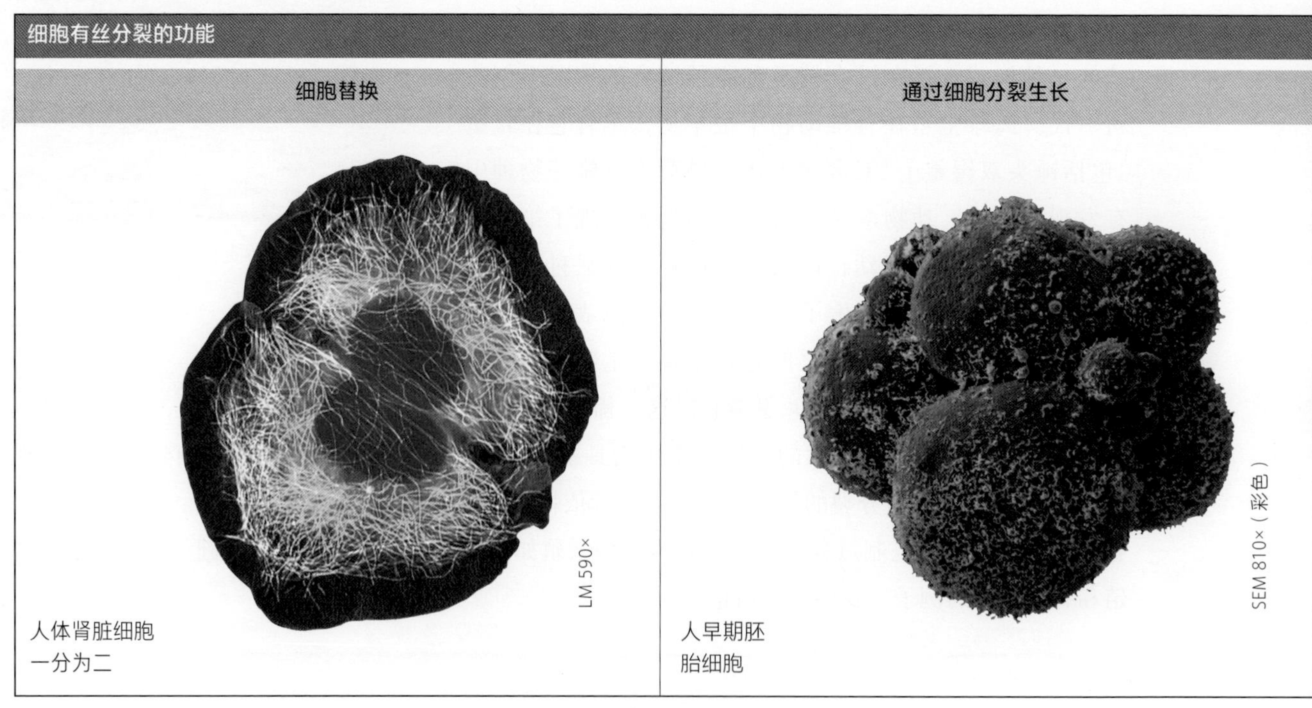

► 图 8.1 **细胞有丝分裂的三种功能。**

细胞周期和有丝分裂

真核细胞的几乎所有基因（人类大约有 21,000 个）都位于细胞核内的染色体上（主要的例外是：还有少量基因位于线粒体和叶绿体的小分子 DNA 上）。染色体是细胞分裂的主体，所以我们在关注整个细胞之前，先要关注染色体。

你的任何一个细胞中的 DNA 如果伸展开来，都会比你高。

大多数时候，染色体以细纤维的形式存在，这种纤维比储存它们的细胞核长得多。事实上，如果把它们完全展开，你的一个细胞中的 DNA 将有约 2 米长！这种

真核生物的染色体

真核生物的每条染色体都包含一个非常长的 DNA 分子，通常携带上千个基因。真核细胞中染色体的数量因种群而异（图 8.2）。例如，人的体细胞有 46 条染色体，而狗的体细胞有 78 条，考拉的体细胞有 16 条。染色体由一种叫**染色质**的物质组成，染色质是由大致等量的 DNA 和蛋白质分子组成的纤维。蛋白质分子有助于组织染色质，并有助于控制基因的活性。

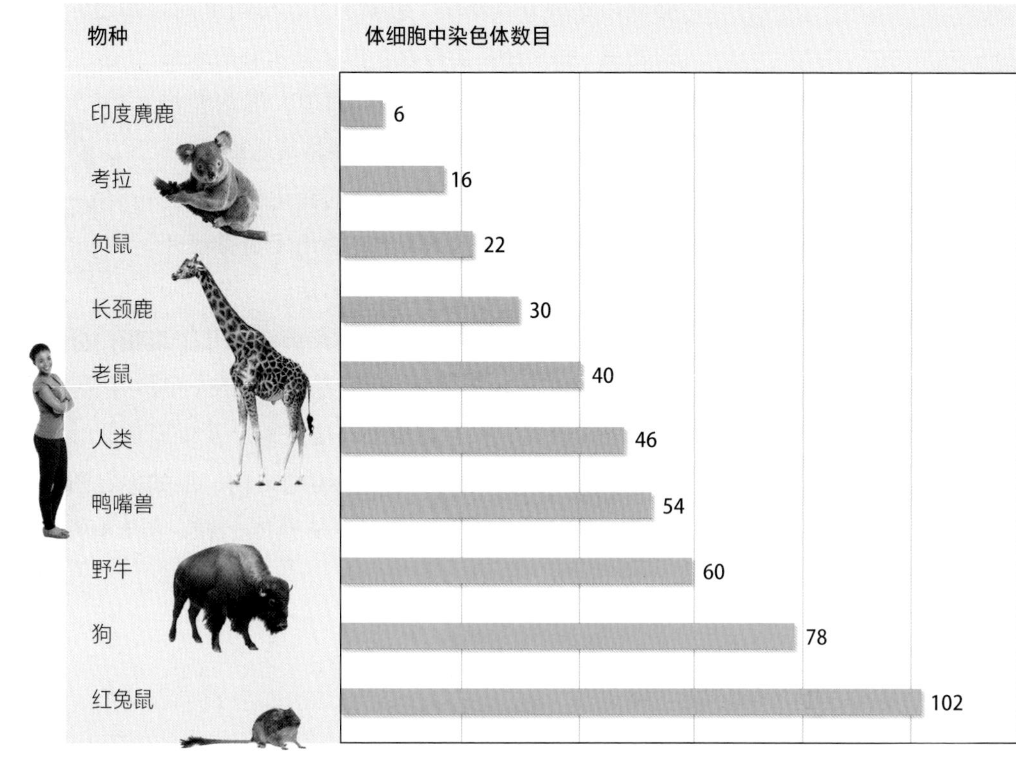

► 图 8.2 **部分哺乳动物细胞中的染色体数量。**请注意，人类有 46 条染色体，生物染色体的数量，并不对应其体态大小或结构复杂性。

变形虫的繁殖

海星的断腕和再生。右边的海星失去并重新长出了一只腕。断下来的腕，长成了左边的海星新个体

从插条（大叶子）繁殖成非洲紫罗兰

状态的染色质太纤细，用光学显微镜观察不到。细胞开始分裂前，染色质纤维卷曲并螺旋缠绕，形成致密的染色体，在光学显微镜下可见（图 8.3）。

如此长的 DNA 分子可以装入微小的细胞核，因为在每条染色体中，DNA 被包装成一个复杂、多级的螺旋和折叠的系统。DNA 包装的关键是 DNA 与被称为**组蛋白**的小蛋白质的结合。为什么细胞的染色体必须以这种方式压缩？想象一下，房间里到处都是你的物品，如果你需要搬家，你会把所有的东西收集起来，放在收纳箱里。同理，细胞在将 DNA 转移到新细胞之前，必须将其压缩。

图 8.4 是一个 DNA 包装的简化模型。首先，组蛋白附着在 DNA 上。在电子显微照片中，DNA 和组蛋白的结合呈串珠状。单一的“珠子”被称为**核小体**，由 DNA 缠绕在几个组蛋白分子周围组成。不分裂时，活跃基因的 DNA 呈散开状。当准备分裂时，染色体更加高度压缩：发生串珠状缠绕、螺旋、折叠成一个密而紧凑的结构，正如你在图底部的染色体中看到的那样。从整体上看，图 8.4 展示了连续的螺旋和折叠如何使大量的 DNA 进入细胞微小的细胞核内。把一个 DNA 想象成一段纱线，染色体就像一梭纱线，一根很长的纱线被折叠成一个紧密的包裹，便于处理。

▼ 图 8.4 **真核细胞染色体中的 DNA 包装。**DNA 和相关蛋白质发生各级卷曲，最终形成高度紧密的染色体。底部染色体的模糊外观，来自染色质纤维错综复杂的缠绕和折叠。

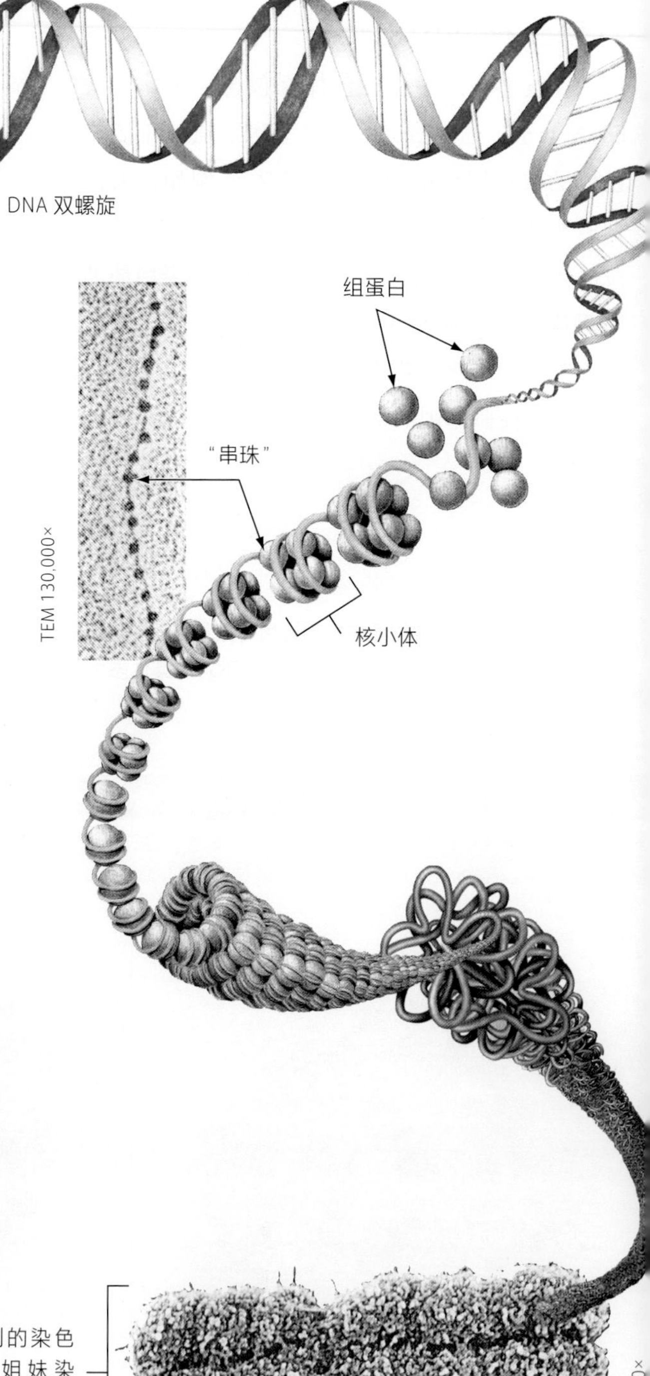

▼ 图 8.3 **分裂前的植物细胞，被染色的染色体。**

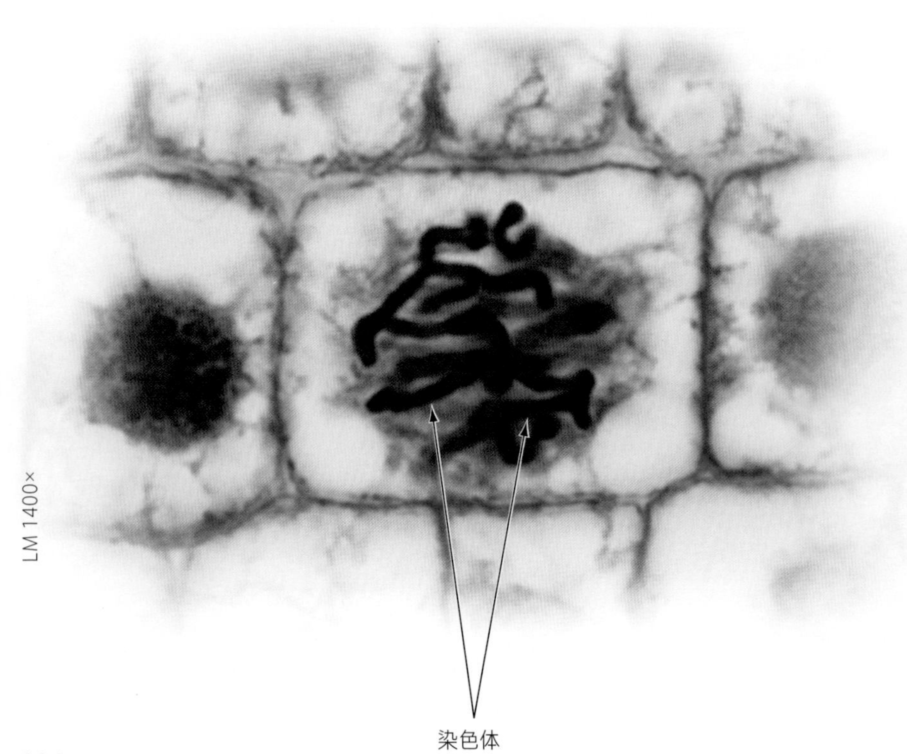

信息流　染色体的复制

请把染色体想象成一份关于如何操作细胞的详细说明手册；在分裂过程中，原来的细胞必须将手册的一份副本传递给新细胞，同时为自己保留一份。因此，一个细胞在开始分裂之前，必须复制自己所有的染色体。每条染色体的 DNA 分子都是在 DNA 复制时被复制的（详见第 10 章），新的组蛋白分子根据需要进行附着。结果是：在这时，每条染色体由两个叫**姐妹染色单体**的副本组成，它们包含相同的基因。在图 8.4 的底部，两个姐妹染色单体在一个叫**着丝粒**的“窄腰”处紧密连接。

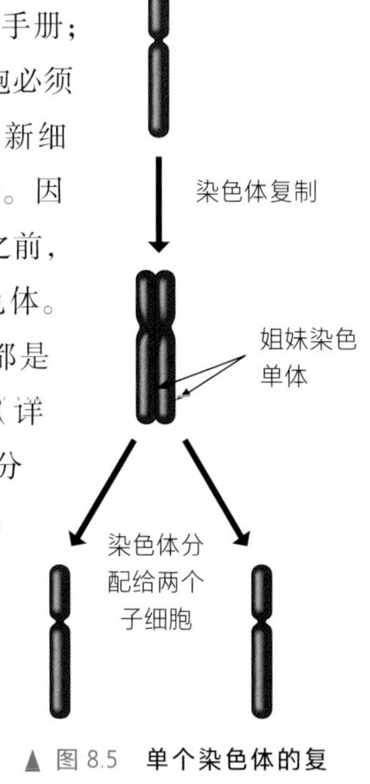

▲ 图 8.5　**单个染色体的复制和分布。**在细胞繁殖过程中，细胞复制每条染色体，并将两个复制好的染色体传递给子细胞。

细胞分裂时，由一个染色体复制而来的姐妹染色单体相互分离（图 8.5）。一旦两条姐妹染色单体分离，每条染色单体都被视为一条成熟的染色体，并与亲代染色体相同。新染色体中的一条进入一个子细胞，另一条进入另一个子细胞。这样，每个子细胞都获得了一组完整而相同的染色体。例如，一个正在分裂的人类皮肤细胞有 46 对复制好的染色体，由它产生的两个子细胞各有 46 条染色体。

细胞周期

细胞分裂的速度，取决于它在生物体中的作用。有些细胞一天分裂一次，有些则不那么频繁，有些高度特化的细胞——比如成熟的肌肉细胞，根本不分裂。

连续分裂的细胞，从一次分裂完成开始，到下一次分裂完成为止，为一个**细胞周期**。我们可以把细胞从“诞生”到它自己繁殖的细胞周期，想象成细胞的“一生”。如图 8.6 所示，细胞周期的大部分是**间期**。间期是细胞正常运转、在机体内执行正常功能的一段时期。例如，在分裂间期，胃黏膜细胞可能会产生和释放有助于消化的酶。同时，细胞质中的所有物质都基本加倍，蛋白质的供应、细胞器（如线粒体和核糖体）的数量都会增加，细胞的大小也会有所增加。通常，间期的持续时间至少占细胞周期的 90%。

从细胞繁殖的角度来看，间期最重要的事件是染色体复制，此时细胞核中的 DNA 正好加倍。发生这种情况的时期称为 S 期［主要完成 DNA 合成（synthesis）］。S 期前后的间期分别称为 G_1 期和 G_2 期［G 代表间隙（gap）］。在 G_1 期，每个染色体都是单一的，细胞执行其正常功能。在 G_2 期（在 S 期进行 DNA 复制后），细胞中的每条染色体由两条相同的姐妹染色单体组成，细胞准备进行分裂。

细胞周期中细胞正在进行分裂的时间段称为**有丝分裂期**（**M 期**）。它包括两个重叠阶段：有丝分裂和胞质分裂。在**有丝分裂**中，细胞核及其内容物（最重要的是复制后的染色体）分裂并均匀分布，形成两个子细胞核。在**胞质分裂**过程中，细胞质（连同所有的细胞器）被一分为二。有丝分裂和胞质分裂的结合，产生了两个基因相同的子细胞，每个子细胞都完整配有细胞核、细胞质、细胞器、细胞膜。☑

☑ 检查点

1. 一条复制过的染色体由两个在______处结合在一起的姐妹______组成。
2. 细胞周期最主要的两个阶段是什么？细胞的实际复制涉及哪两个过程？

答案：1. 着丝粒；染色单体。2. 间期和有丝分裂期；有丝分裂和胞质分裂。

▼ 图 8.6　**真核细胞周期。**细胞周期从细胞繁殖导致细胞“诞生”（刚好在周期底部深蓝色箭头指示的点之后）开始，一直延伸到细胞本身一分为二为止。（在间期，染色体是弥散的细纤维团，实际上并不像你在这里看到的这样呈棒状。）

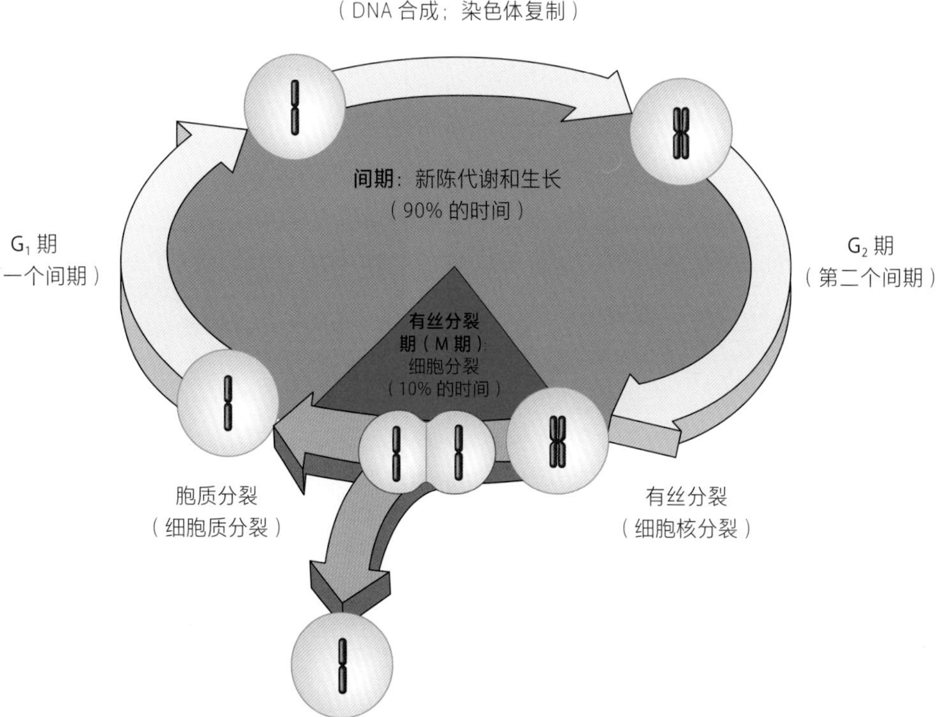

有丝分裂和胞质分裂

图 8.7 用图示、文字、显微照片阐明了动物细胞的细胞周期。沿页面底部排列的一行显微照片，显示了蝾螈的分裂细胞，染色体用蓝色表示。最上面一行的图示包含了显微照片中不可见的细节。为了更易理解这个过程，在这些细胞中，我们只显示了四条染色体；但务必记住——人的一个细胞实际上包含 46 条染色体。图中的文字描述了每个阶段发生的事件。请仔细研究一下这幅图（它包含很多信息，非常重要！），并注意细胞核和其他细胞结构的显著

▼ 图 8.7 **细胞繁殖：染色体之舞。**染色体复制在间期完成后，通过精巧绝伦的有丝分裂阶段（前期、中期、后期、末期）将复制的染色体组分配到两个独立的细胞核中。然后胞质分裂，产生两个遗传上相同的子细胞。

间期

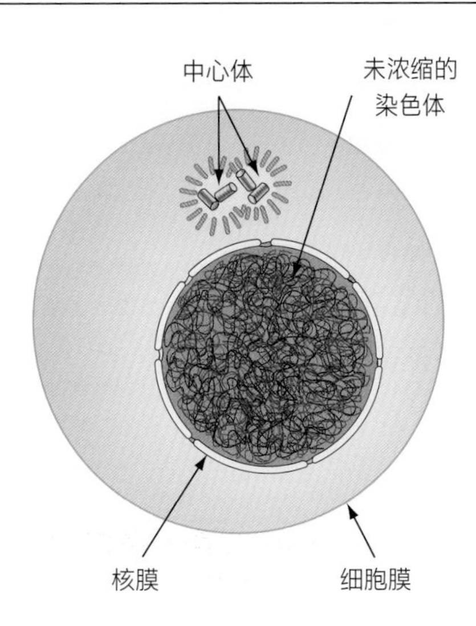

间期是细胞产生新分子和细胞器的生长时期。在这里显示的时间点——间期后期（G_2 期）——细胞质含两个中心体。在细胞核内，染色体已经复制，但不能认为是单独的染色体，因为它们仍以松散的染色质纤维的形式存在。

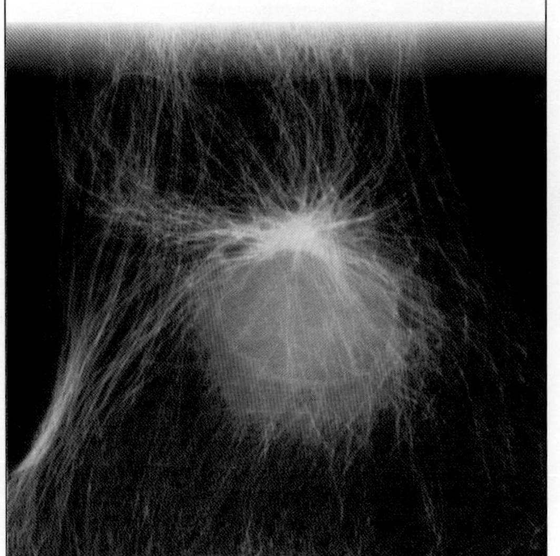

前期

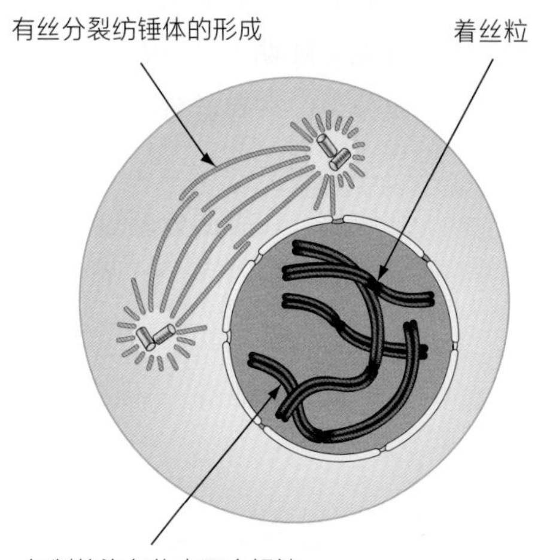

在前期，细胞核和细胞质都发生变化。在细胞核中，染色质纤维卷曲，因此染色体变得足够粗，可以用光学显微镜单独观察。每条染色体都由两个相同的姐妹染色单体组成，两者在着丝粒的"窄腰"处连接在一起。在细胞质中，纺锤体开始形成。在前期末，核膜破裂。纺锤丝附着在染色体的着丝粒上，将染色体移向细胞中心。

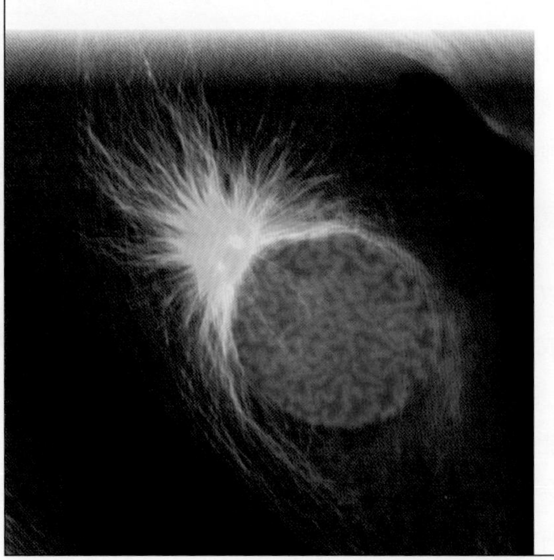

变化。

生物学家把有丝分裂区分为四个主要阶段：**前期**、**中期**、**后期**、**末期**。这些阶段的时间并非截然独立，而是有部分重叠。想一想你自己生命中的各个阶段——婴儿期、儿童期、成年期、老年期——你会意识到这些阶段前后彼此交错，因人而异。有丝分裂的各阶段也是如此。

染色体是有丝分裂这场大戏的主角，而它们的运动依赖**纺锤体**——由微管星射线形成的一种梭形结构（图中绿色），引导两组子染色体的分离。纺锤体微管的星状射线轨迹从细胞质中称为“中心体”的结构产生。

中期

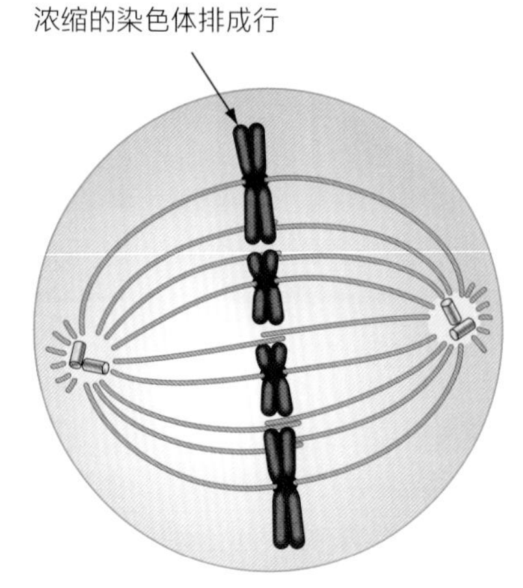

这时，有丝分裂纺锤体已经完全形成。所有染色体的着丝粒排列在纺锤体的两极之间。对于每一条染色体，附着在两个姐妹染色单体上的有丝分裂纺锤体的轨迹向相反的两极移动。这场拉锯战将染色体保持在细胞的中间。

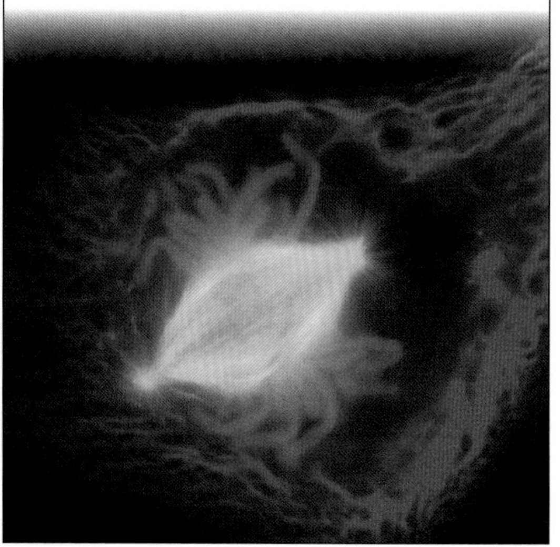

后期

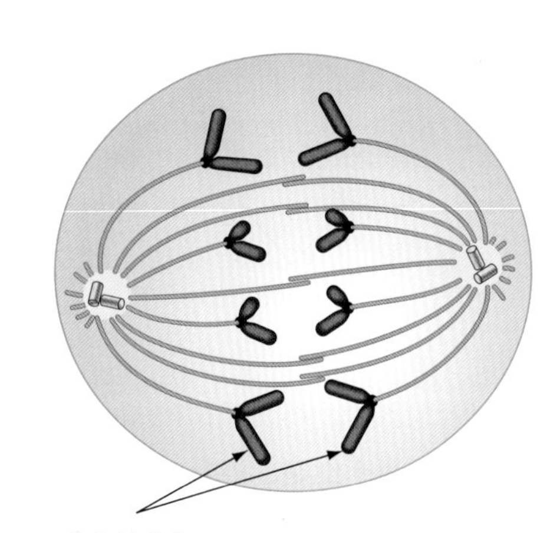

在每条染色体的姐妹染色单体分离的瞬间，后期就开始了。每一条染色体此时是成熟的（子）染色体了。随着纺锤丝的缩短，染色体向细胞的两极移动。与此同时，未与染色体相连的纺锤丝延长，将两极互相推得更远，同时使细胞伸长。

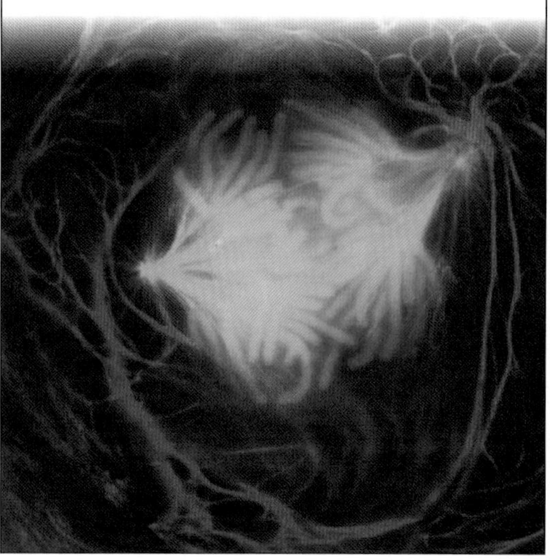

末期

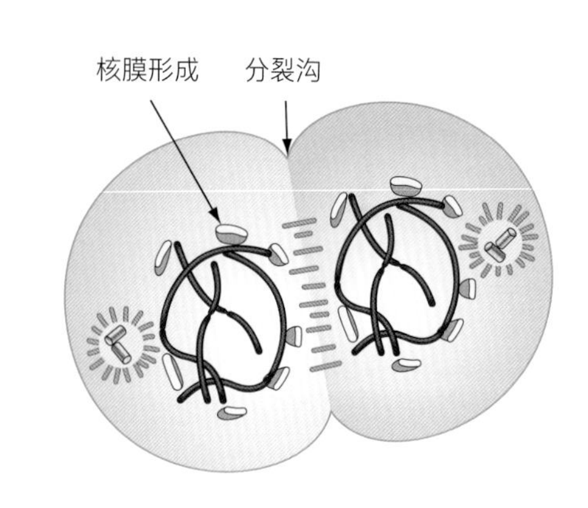

当两组染色体到达细胞的两端时，末期开始。末期与前期相反：核膜形成，染色体解螺旋，纺锤体消失。这样有丝分裂就完成了，即一个细胞核分裂成两个基因相同的子细胞核。胞质分裂，即细胞质的分裂，通常发生在末期。在动物中，分裂沟将细胞一分为二，产生两个子细胞。

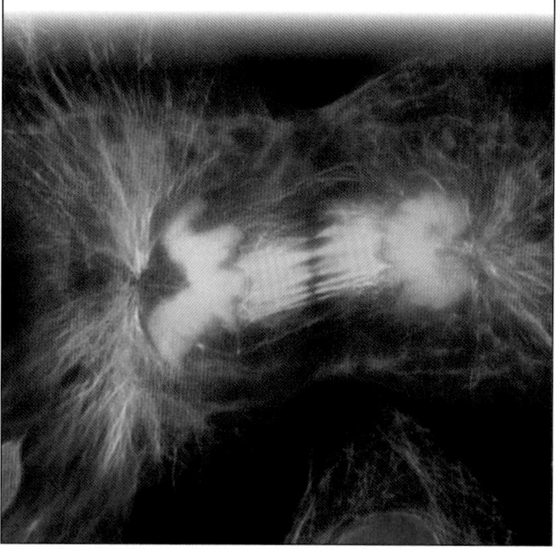

▼ 图 8.8 **动物和植物细胞的胞质分裂。**

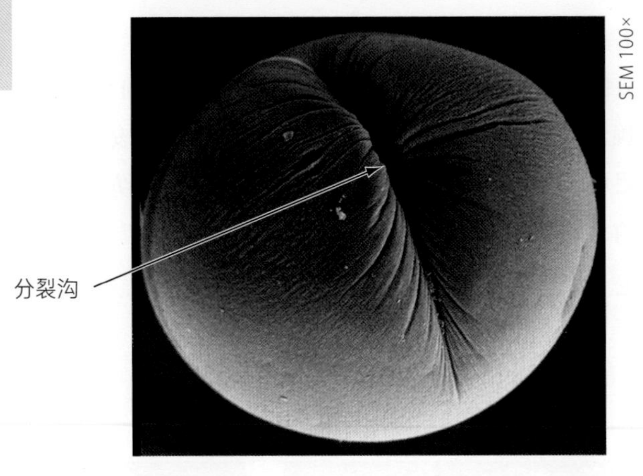

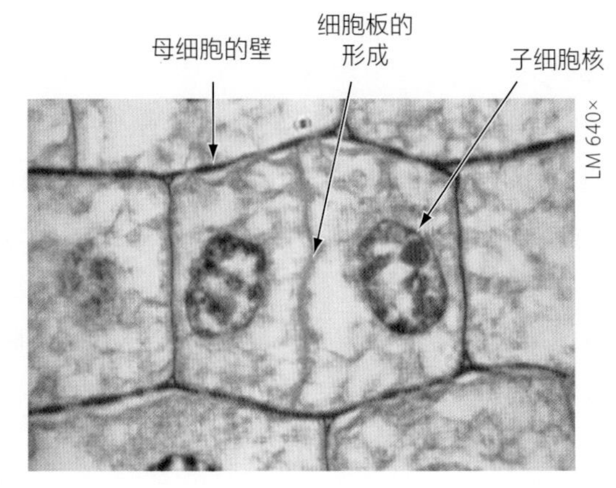

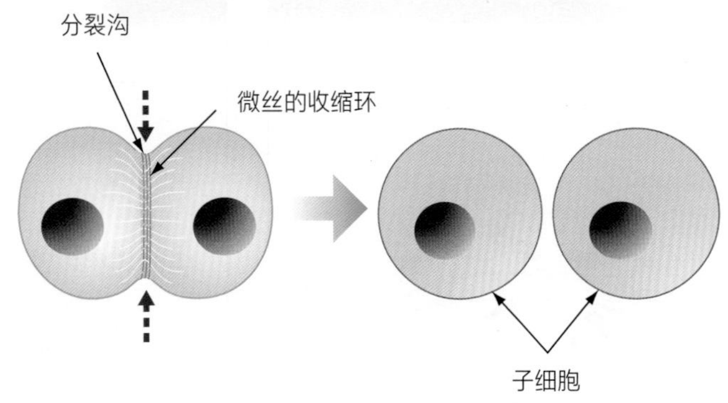

（a）**动物细胞的胞质分裂。**

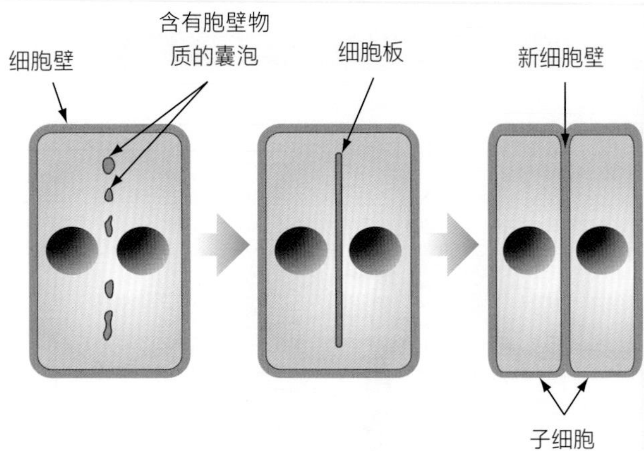

（b）**植物细胞的胞质分裂。**

☑ 检查点

一种叫作“原生质体黏菌”的生物，是一个巨大的细胞质团，其中有许多细胞核。请解释其细胞周期发生了何种变异，导致了这种“怪物细胞”的出现？

答案：反复发生有丝分裂，但不发生胞质分裂。

胞质分裂，即细胞质分裂到两个细胞，通常始于末期，与有丝分裂结束部分重叠。在动物细胞中，胞质分裂过程被称为**卵裂**。卵裂的第一个标志是出现分裂沟，即细胞中央处的凹陷。细胞膜下细胞质中的一圈微丝收缩，就像拉带帽运动衫上的拉绳，勒深，凹陷，将母细胞一分为二［图 8.8（a）］。

植物细胞的胞质分裂方式不同于动物。植物含有细胞壁物质的囊泡聚集在细胞的中部。囊泡融合，形成一个膜状的圆盘，称为**细胞板**。细胞板向外生长，随着更多的囊泡加入其中，积累更多的细胞壁物质。最终，细胞板的膜与细胞膜融合，细胞板的内容物与亲代细胞壁结合，最终形成了两个子细胞［图 8.8（b）］。

癌细胞：失控的分裂

动植物要正常生长发育，就必须能控制细胞分裂的时机——根据需要加快、减慢或关闭、开启细胞分裂过程。细胞周期的顺利进行，由**细胞周期控制系统**指导，该系统由细胞内的特殊蛋白质组成。这些蛋白质整合了来自环境和其他体细胞的信息，并在细胞周期的某些关键点发出“停止”和“前进”信号。例如，除非细胞通过某些控制蛋白接收到前进信号，否则细胞周期通常在间期的 G_1 阶段停止。如果该信号从未到达，那么这个细胞将转入永不分裂状态，像人体的一些神经和肌肉细胞就是这样被抑制的。如果接收到前进信号并且通过了 G_1 检查点，这个细胞通常就会完成接下来的周期。

每一颗肿瘤都是细胞分裂异常的结果。

什么是癌症？

癌症是一种细胞周期疾病，目前在美国和其他工业化国家，每五个人中就有一人死于癌症。癌细胞不听从细胞周期控制系统的正常安排，它们不仅过度分裂，还可能侵入身体的其他组织。如果不加以控制，癌细胞就可能不断分裂，直到杀死宿主。癌细胞因此被称为“永生的细胞”，因为与其他人类细胞不同，它们永远不会停止分裂。事实上，今天世界上成千上万的实验室都在使用“海拉细胞”做研究，这种用于实验的人类细胞系，最初取自一位名叫亨丽埃塔·拉克斯（Henrietta Lacks）的女子体内，她于 1951 年死于宫颈癌。

癌细胞的异常分裂源于单个细胞在细胞周期控制系统中编码蛋白质的一个或多个基因发生遗传改变（突变）。这些改变导致细胞异常生长。免疫系统通常会识别并消灭这些细胞。然而，如果这些细胞没有被消灭，它就可能增殖形成**肿瘤**——一团异常生长的体细胞。如果异常细胞留在原来的位置，所形成的肿块被称为**良性肿瘤**。良性肿瘤如果变大并影响某些器官（如大脑），就会引起健康问题，但良性肿瘤通常可以通过手术完全切除，很少致命。

相反，**恶性肿瘤**有可能扩散到邻近组织和身体的其他部位，形成新的肿瘤（图 8.9）。一颗恶性肿瘤可能已经开始扩散，也可能还没有扩散，然而一旦扩散，它就会快速取代正常组织，影响器官正常功能。生有恶性肿瘤的人，即被称为**癌症患者**。癌细胞扩散到原发位置之外被称为**转移**。癌症，根据其原发位置命名。如肝癌总是从肝组织开始，并可能从这里扩散。

癌症治疗

一旦体内形成肿瘤，应该如何治疗？针对癌症主要有三种疗法。第一种，通常是手术切除肿瘤。对于许多良性肿瘤，手术切除可能就足够了。如果是恶性肿瘤，医生会求助于阻止癌细胞分裂的治疗方法。第二种**放射治疗**，即让身体患有癌性肿瘤的部分暴露在高能辐射的集中束下，这种放射通常对癌细胞比正常细胞更有杀伤性。放射疗法通常对尚未扩散的恶性肿瘤有效。然而，其对正常体细胞的伤害有时也大到会产生副作用，如恶心、脱发。

第三种**化疗**，即使用药物破坏细胞分裂，用于治疗全身性或转移性肿瘤。化疗药物的作用方式多种多样。有些通过干扰有丝分裂纺锤体来阻止细胞分裂。例如，紫杉醇（商品名 Taxol）在纺锤体形成后将其“冻结”，使其无法发挥功能。紫杉醇是由太平洋紫杉树皮中发现的一种化学物质制成的，这种树主要产于美国西北部。与许多其他抗癌药物相比，紫杉醇的副作用更小，对一些难治性卵巢癌和乳腺癌效果明显。另一种药物，长春碱，则阻止有丝分裂过程中纺锤体的形成。长春碱最初取自长春花，其原生地在马达加斯加的热带雨林。鉴于这些例子，保护生物多样性可能是发现下一代救命抗癌药的关键。

癌症预防与存活

虽然癌症可以侵袭任何人，但通过改变某些生活方式，你可以降低患癌症的概率，或提高患癌后的存活概率。不抽烟、充分锻炼（通常定义为每周至少 150 分钟的适度锻炼）、避免过度暴露在阳光下，以及吃高纤维、低脂肪的食物，都有助于降低患癌症的风险。七种类型的癌症可以很容易地检测到：皮肤癌和口腔癌（通过体检）、乳腺癌（通过自我检查或乳房 X 光检查，针对高危女性和 50 岁及以上的女性）、前列腺癌（通过直肠检查）、子宫颈癌（通过巴氏涂片）、睾丸癌（通过自我检查）、结肠癌（通过结肠镜检查）。定期就医体检有助于提早发现肿瘤，这是提高治疗成功概率的最好方法。☑

☑ 检查点

良性肿瘤和恶性肿瘤的区别是什么？

答案：良性肿瘤停留在原发位置，而恶性肿瘤可以扩散。

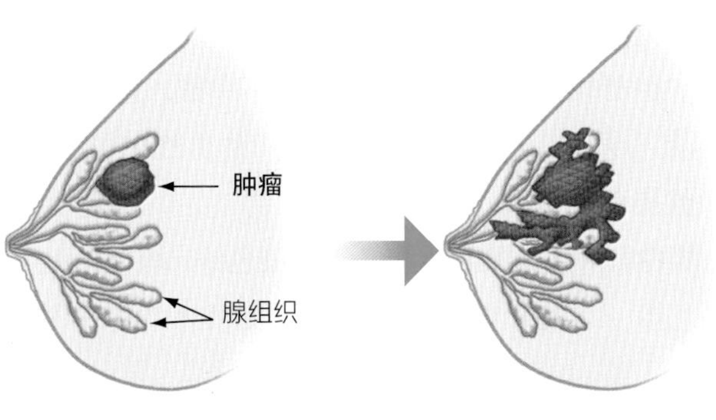

肿瘤是由单个癌细胞生长而成的。

癌细胞侵入邻近组织。

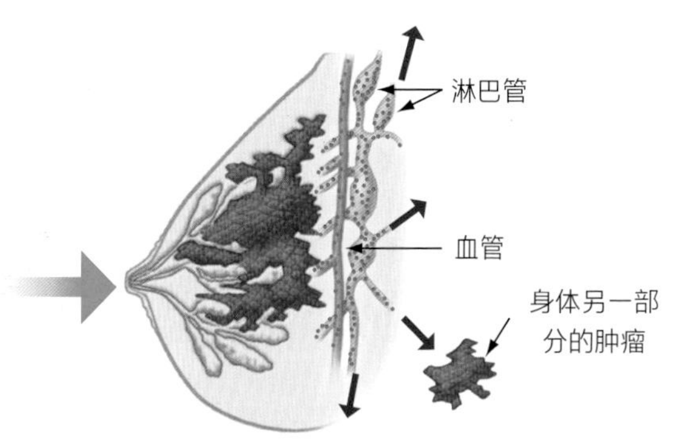

转移：癌细胞通过淋巴管和血管扩散到身体的其他部位。

◀ 图 8.9 **乳腺恶性肿瘤的生长和转移。**

有性生殖的基础：减数分裂

只有枫树能繁衍出更多的枫树，只有金鱼能产出更多的金鱼，只有人能生出更多的人。这些简单的生命事实，千百年来得到人们的认可，并体现为一句古老的谚语——“龙生龙，凤生凤”。但严格地说，“龙生龙，凤生凤”只适用于无性生殖，即后代从单一亲本遗传所有的 DNA。无性生殖产生的后代，都是从单一亲本那里继承所有的 DNA，它们的外表也非常相似。

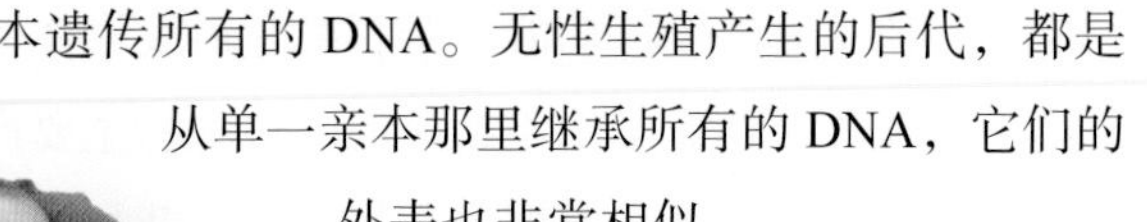

从图 8.10 全家福可以看出，有性生殖的物种，父母和孩子并不会完全相似。你可能更像你的亲生父母，而不像陌生人，但你看起来并不完全像你的父母或兄弟姐妹——除非你是同卵双胞胎之一。每一个有性生殖的后代，都从其双亲那里继承了一组独特的基因组合，这个组合的基因组表达一套独特的性状组合。因此，有性生殖的后代具有巨大的多样性。

▲ 图 8.10 **有性生殖的多样性后代。**每个孩子都从他或她的父母那里继承了一套独特的基因组合，并表达出独特的性状组合。

有性生殖依赖减数分裂和受精这两个细胞过程。但在讨论这些过程之前，我们需要回顾染色体，了解它们在有性生殖生物的生命周期中所起的作用。

同源染色体

观察单个物种不同个体的细胞——暂且只针对一种性别——可以发现它们的染色体数量和类型相同。用显微镜观察，如果你是女性，你的染色体会和安吉丽娜·朱莉的染色体看上去没什么区别。如果你是男性，你的染色体会和布拉德·皮特的染色体看上去没什么区别。

典型的个体细胞，称为**体细胞**，人类体细胞中有 46 条染色体。技术人员可以剖开一个处于有丝分裂中期的人体细胞，用染料给染色体染色，借助显微镜拍照，并按大小将染色体配对排列。显示的结果被称为**染色体组型**（图 8.11）。请注意图中每条染色体都是复制好的，两个姐妹染色单体“肩并肩”地连接在一起；例如，在白色方框内，左边的“棒”形实际上是一对黏在一起的姐妹染色单体。还要注意的是，几乎每条染色体都有一个长度和着丝粒位置相同的“双胞胎”；在图中，白色的方框围起的一对染色体，称为**同源染色体**，携带控制相同遗传特征的基因。例如，如果一个影响雀斑的基因位于一条染色体上的特定位置——如在图 8.11 中的黄色带中——那么同源染色体在相同的位置也具有相同的基因。然而，两个同源染色体可能对同一基因有不同的版本。这个概念经常让学生感到困惑，所以我们来重申一下：一对同源染色体的两条染色体几乎完全相同，染色体复制后每条同源染色体都包含两条完全相同的姐妹染色单体。

▼ 图 8.11 **人类男性染色体组型中的同源染色体对。**该染色体组型显示了 22 对完全同源的常染色体和第 23 个由一条 X 染色体和一条 Y 染色体两条性染色体组成的对。除了 X 和 Y，每对同源染色体在大小、着丝粒位置、染色模式上是一致的。

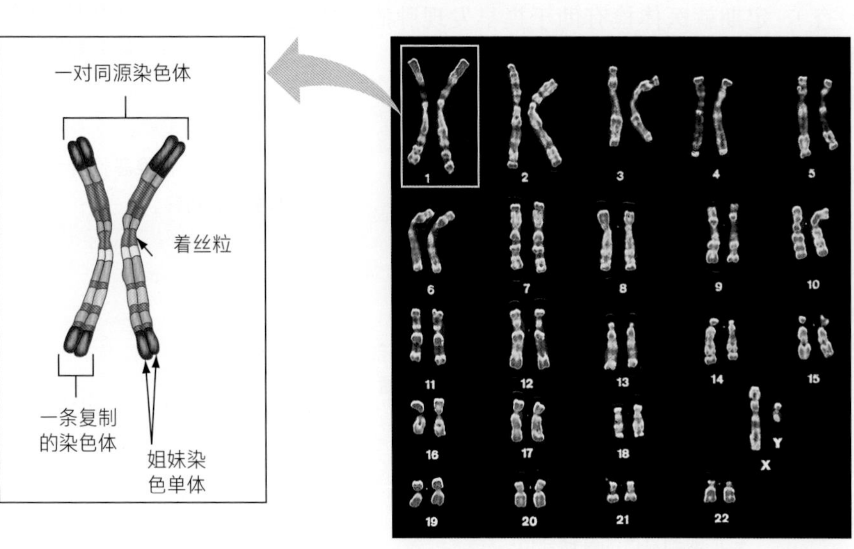

人类女性的 46 条染色体整齐地分成 23 对同源染色体。但男性有一对染色体看起来不一样。这一对染色体大小差别很大，仅部分同源，是男性的性染色体。**性染色体**决定一个人的性别（男 / 女）。哺乳动物中，雄性有一条 X 染色体和一条 Y 染色体，雌性有两条 X 染色体。（其他生物的系统与此不同；在本章中，我们只讨论人类。）其他染色体（人类为 44 条），男女都有，称为**常染色体**。无论是常染色体还是性染色体，人的每一对染色体，都是一条来自母方，一条来自父方。

配子和有性生物的生命周期

多细胞生物的**生命周期**，是从一代个体到下一代个体的一系列阶段。“从父母双方各遗传一组，共两组染色体”是人类和所有其他有性生殖物种生命周期中的一个关键因素。图 8.12 展示了人类的生命周期，重点强调了染色体的数量。

人类（及大多数其他动物和许多植物）是**二倍体**生物，因为其所有的体细胞都含有成对的同源染色体。也就是说，你所有的染色体都是成对的。这类似于你鞋柜里的鞋：你有 46 只鞋，但它们被排成 23 对，每对的两只彼此几乎相同。人类染色体总数为 46，是二倍体数（缩写为 $2n$）。配子（卵细胞和精子细胞）不是二倍体。配子来自卵巢或睾丸中发生的减数分裂，每个配子都有一组染色体：22 条常染色体加上一条性染色体，可以是 X 也可以是 Y（对于卵子，其性染色体仅能为 X）。具有单组染色体的细胞称为**单倍体**细胞，即只具有每对同源染色体中的一个成员。要想直观地了解单倍体的状态，可想象一下你的衣柜里每双鞋只有一只。人类的单倍体数（n）是 23。

在人类生命周期中，一颗单倍体精子与一颗单倍体卵子融合，这个过程称为**受精**。由此产生的受精卵称为**合子**，是二倍体。它有两组染色体，一组来自父亲，一组来自母亲。当受精卵发育为性成熟的成体，就完成了生命周期。有丝分裂确保人的所有体细胞都获得受精卵的 46 条染色体的复制品。因此，你体内数万亿个细胞中的每一个细胞，都可以通过有丝分裂追溯到出生前九个月父亲的精子和母亲的卵子融合时产生的那一颗受精卵（尽管你可能不想研究这些细节！）。

通过减数分裂产生单倍体配子，可以防止每一代染色体数目加倍。举例来说，图 8.13 追踪了一对同源染色体。❶每条染色体在间期（有丝分裂前）都发生了复制。❷第一次分裂（减数分裂 I 期）使两条同源染色体分离，将它们包裹在两个独立的（单倍体）子细胞中。但是每条染色体还是加倍了。❸减数分裂 II 期分离了姐妹染色单体。四个子细胞中的每一个都是单倍体，只包含一对同源染色体中的一条染色体。

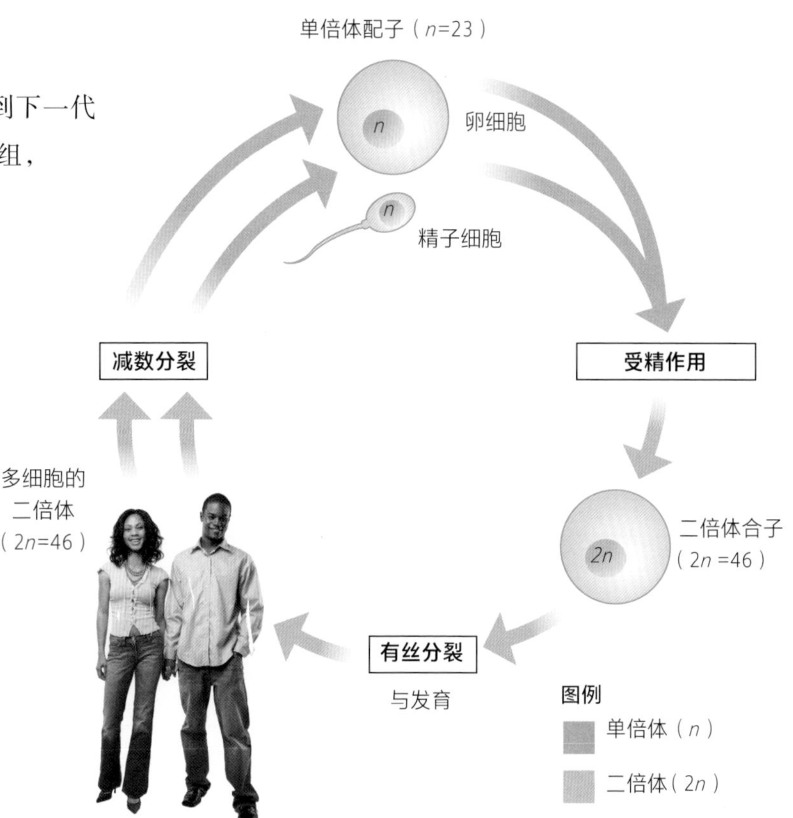

◀ 图 8.12 **人类的生命周期。** 在每一代中，减数分裂期间染色体数目减半，抵消了受精导致的染色体数目加倍。

▼ 图 8.13 **减数分裂如何使染色体数目减半。**

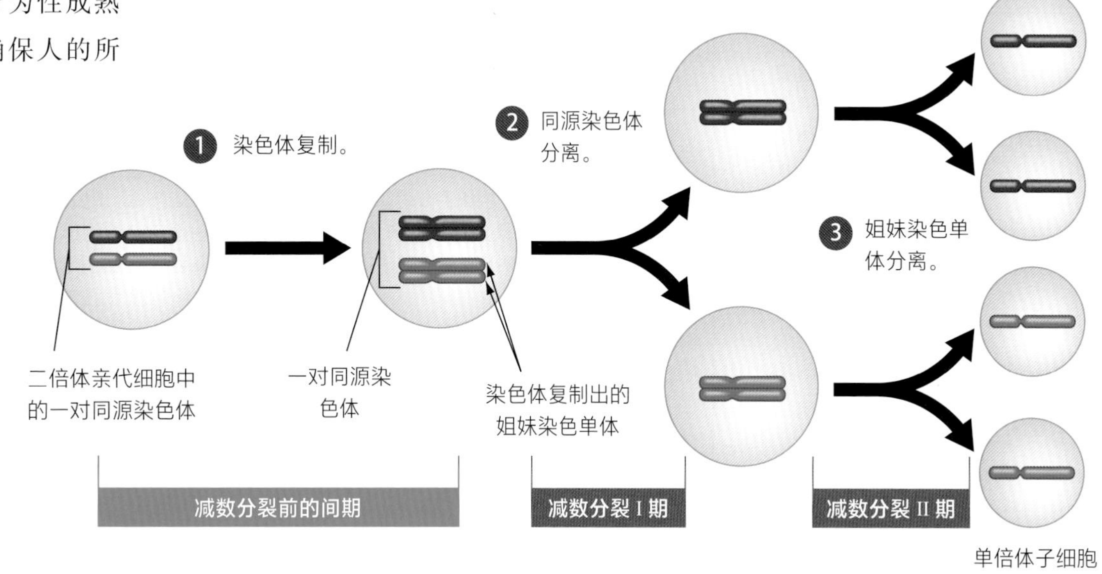

减数分裂的过程

减数分裂，是二倍体生物产生单倍体配子的细胞分裂过程，类似于有丝分裂，但二者有两个重要的区别。第一个区别是：在减数分裂过程中，染色体数目减半。在减数分裂中，复制了染色体的细胞经历两次连续的分裂，称为减数分裂 I 期和减数分裂 II 期。因为染色体的一次复制之后有两次分裂，减数分裂产生的四个子细胞中的每一个都有一组单倍体染色体——其数量是原细胞染色体数量的一半。

与有丝分裂相比，减数分裂的第二个区别是：同源染色体之间交换遗传物质（染色体片段）。这种交换被称为交叉互换，发生在减数分裂 I 期的前期。稍后我们将更仔细地观察这一现象。现在，我们研究图 8.14 和其下面的文本说明，它详细描述了一种动物细胞（假想为只含有四条染色体）的减数分裂的几个阶段。

参阅图 8.14 时，请记住同源染色体和姐妹染色单体的区别：同源染色体对的两条染色体是从两个亲代遗传来的独立染色体，一条来自母亲，另一条来自父

▼ 图 8.14 **减数分裂的各阶段。**

减数分裂 I 期：同源染色体分离

间期

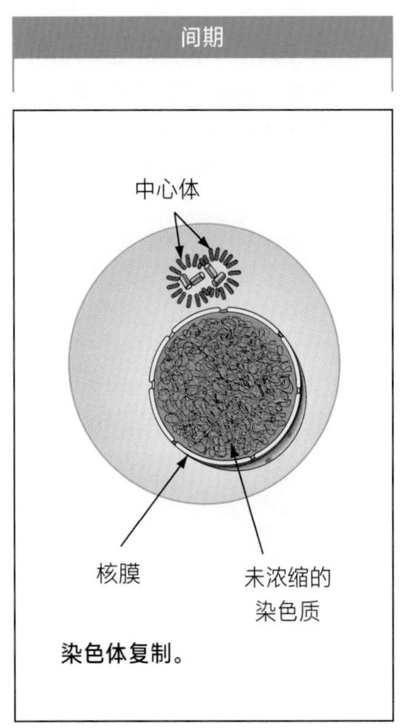

染色体复制。

与有丝分裂一样，减数分裂之前是染色体复制的间期。每条染色体由两条相同的姐妹染色单体组成。染色体由未浓缩的染色质纤维组成。

前期 I

交叉互换位点
纺锤体
姐妹染色单体
一对同源
染色体

同源染色体配对并交换片段。

前期 I：随着染色体卷曲，特殊的蛋白质使同源染色体成对粘在一起。得到有四个染色单体的结构。在每一个结构中，同源染色体的染色单体交叉并交换相应的片段，交换遗传信息。随着前期 I 的继续，染色体进一步卷曲，纺锤体形成，同源对向细胞中心移动。

中期 I

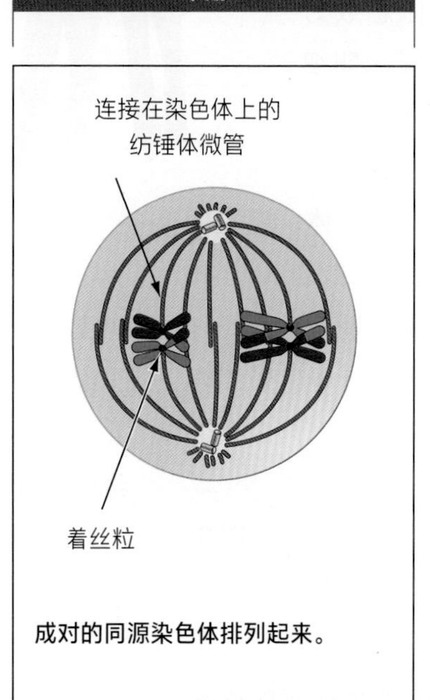

成对的同源染色体排列起来。

中期 I：中期 I 时，同源对排列在细胞中央。每条染色体的姐妹染色单体仍然附着在它们的着丝粒上，在那里它们锚定在纺锤丝上。请注意，对于每一对同源染色体，附着在一条染色体上的纺锤丝来自细胞的一极，附着在另一条染色体上纺锤丝来自另一极。这样，两条同源染色体将向细胞的两极移动。

后期 I

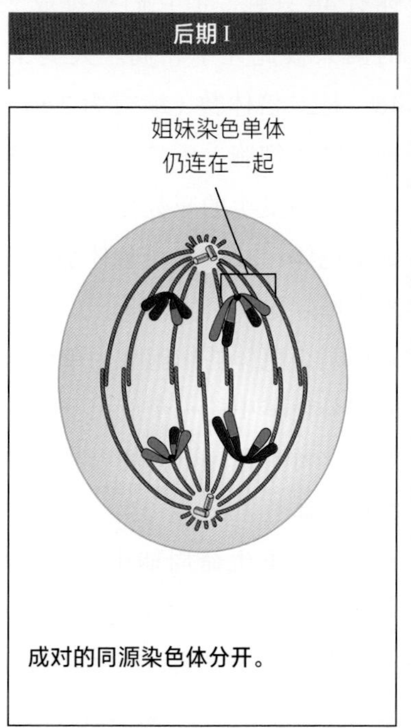

成对的同源染色体分开。

后期 I：每对同源染色体之间的连接发生断裂，染色体向细胞的两极迁移。与有丝分裂相反，姐妹染色单体成对迁移，而不是分裂。它们不是彼此分离，而是与它们的同源伙伴分离。

亲。图 8.14（和后面的图）中，一对同源染色体的成员大小、形状相同，但在插图中用不同颜色表示（红色、蓝色），以此提醒你它们是不同的。而在减数分裂前的间期，每条染色体复制形成姐妹染色单体，姐妹染色单体连接在一起，直到减数分裂 II 期的后期分离。在交叉互换发生之前，姐妹染色单体是完全相同的——携带的所有基因都相同。

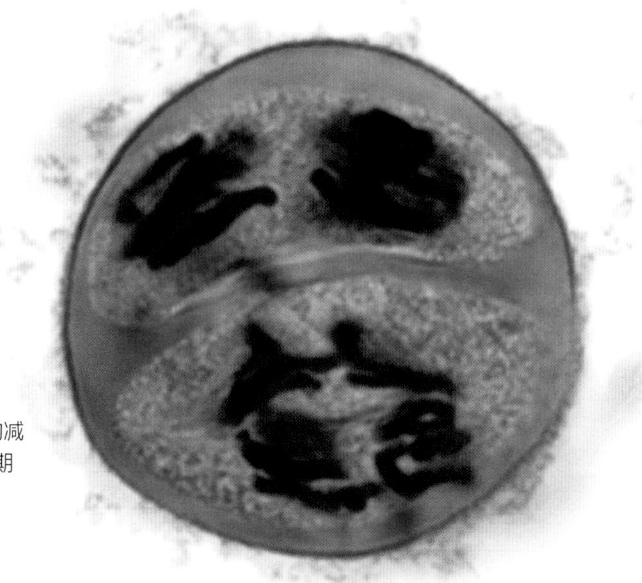

百合细胞的减数分裂 II 期

☑ 检查点

如果一个具有 18 条染色体的二倍体体细胞进行减数分裂并产生精子，结果将是______个精子，每个精子具有______条染色体。（填两个数字。）

答案：4；9。

末期 I 和胞质分裂

分裂沟

形成两个单倍体细胞；染色体条数是双倍的。

末期 I 和胞质分裂：在末期 I，染色体到达细胞的两极。这一过程结束后，每一极都有一组单倍体染色体，尽管每条染色体仍然是复制形成的。通常胞质分裂伴随着末期 I 发生，并形成两个单倍体子细胞。

减数分裂 II 期：姐妹染色单体分离

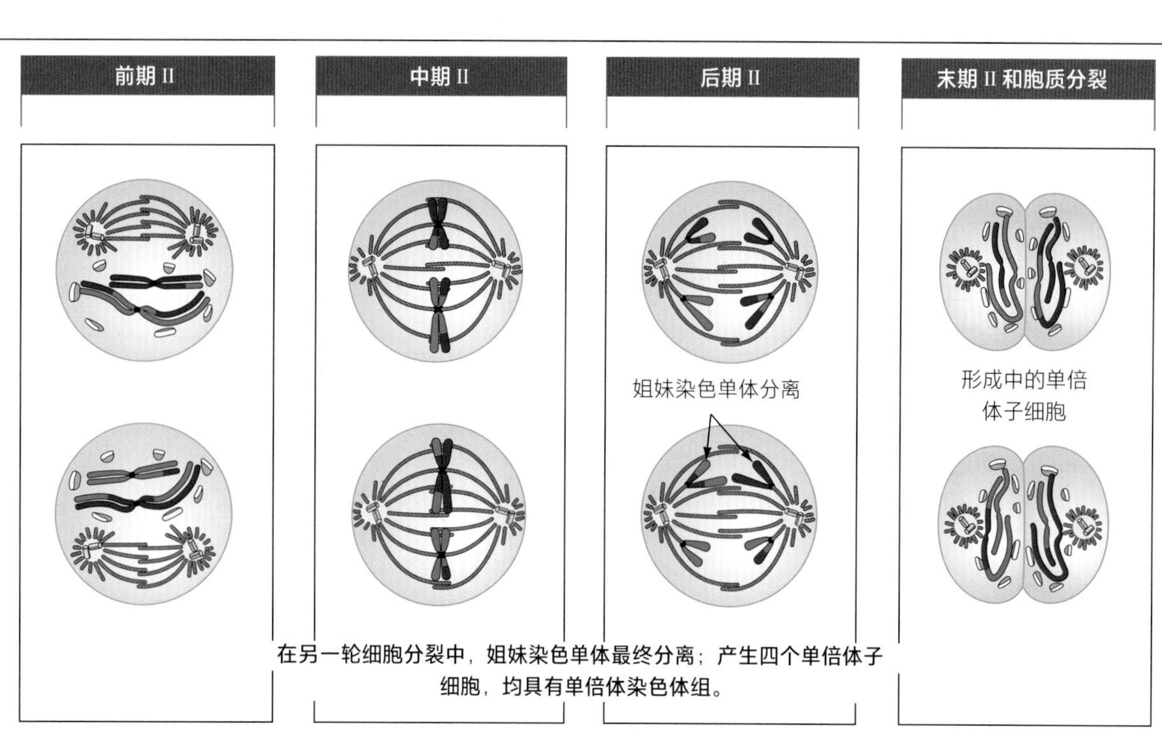

减数分裂 II 期的过程：减数分裂 II 期和有丝分裂本质上是一样的。主要区别是减数分裂 II 期始于一个单倍体细胞，该细胞在末期 I 与前期 II 这段时间内不进行染色体复制。在前期 II，纺锤体形成并将染色体移向细胞的中部。在中期 II，染色体像有丝分裂时一样排列，每个染色体的姐妹染色单体上附着的纺锤体丝来自相反的两极。

在后期 II，姐妹染色单体在着丝粒处分离，两条姐妹染色单体向细胞的两极移动。在末期 II，细胞核在细胞两极形成，同时发生胞质分裂。形成的四个单倍体细胞，每个都具有单倍体染色体组。

综述：对比有丝分裂和减数分裂

你现在已经学习了真核生物细胞分裂的两种方式（图 8.15）。有丝分裂，产生与亲本细胞遗传相同的子细胞（负责生物的生长、组织修复、无性生殖）。有性生殖所需的减数分裂产生基因独特的单倍体细胞——只有每个同源染色体对中一个“成员”的细胞。对于有丝分裂和减数分裂来说，染色体在之前的间期都只复制一次。有丝分裂包括一次细胞核和细胞质的分裂（复制，然后分裂成两半），产生两个二倍体细

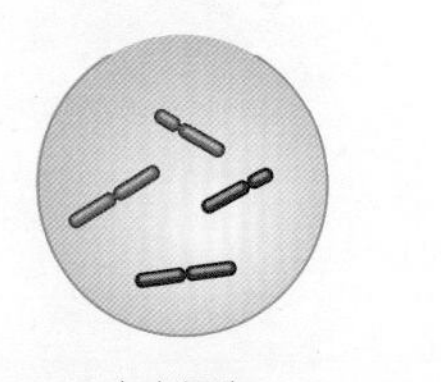

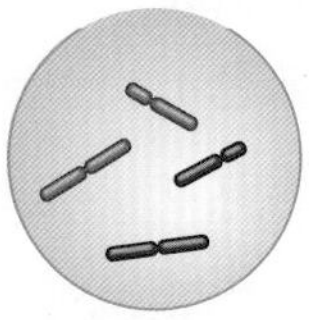

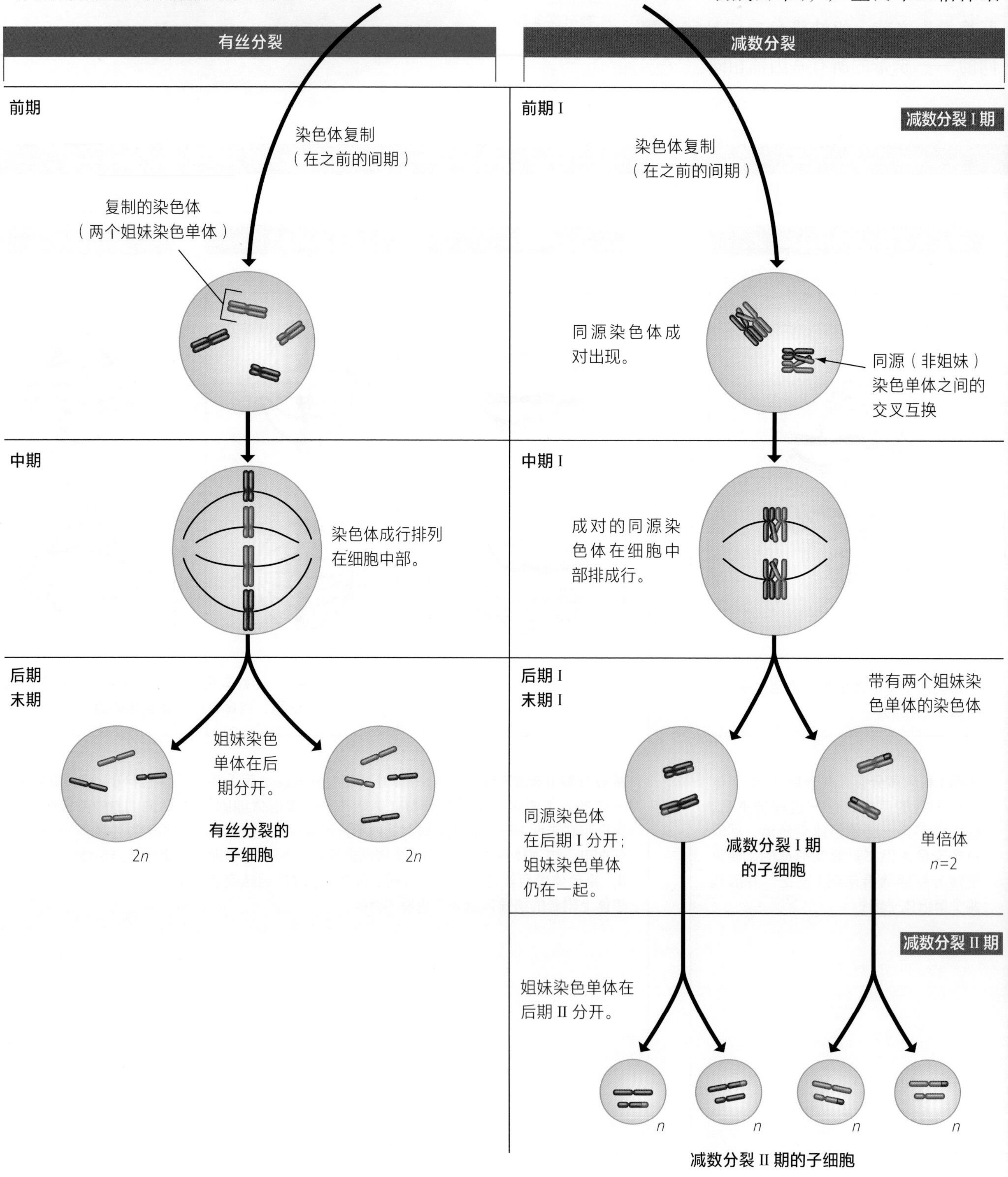

亲本细胞
（染色体复制前）
$2n=4$

亲本细胞
（染色体复制前）
$2n=4$

▶ 图 8.15 **对比有丝分裂和减数分裂。**减数分裂独有的事件发生在减数分裂 I 期：在前期 I，复制过的同源染色体沿其长边配对，同源（非姐妹）染色单体之间发生交叉互换。在中期 I，成对的同源染色体（而不是单个染色体）排列在细胞的中部。在后期 I，随着同源染色体的分离，每条染色体的姐妹染色单体仍互相连接着，并到达细胞的同一极。减数分裂 I 期结束时，有两个单倍体细胞，但每条染色体仍有两个姐妹染色单体。

有丝分裂

前期

染色体复制
（在之前的间期）

复制的染色体
（两个姐妹染色单体）

中期

染色体成行排列在细胞中部。

后期
末期

姐妹染色单体在后期分开。

$2n$

有丝分裂的子细胞

$2n$

减数分裂

前期 I

减数分裂 I 期

染色体复制
（在之前的间期）

同源染色体成对出现。

同源（非姐妹）染色单体之间的交叉互换

中期 I

成对的同源染色体在细胞中部排成行。

后期 I
末期 I

带有两个姐妹染色单体的染色体

同源染色体在后期 I 分开；姐妹染色单体仍在一起。

减数分裂 I 期的子细胞

单倍体
$n=2$

减数分裂 II 期

姐妹染色单体在后期 II 分开。

n n n n

减数分裂 II 期的子细胞

胞。减数分裂发生两次细胞核和细胞质分裂（复制，分裂成两半，然后再分别分裂成两半），产生四个单倍体细胞。

图 8.15 比较了有丝分裂和减数分裂，描绘了具有四条染色体的二倍体亲本细胞的这两个过程。和以前一样，同源染色体是那些大小匹配的染色体。（想象一下，红色染色体来自母亲，蓝色染色体来自父亲。）请注意，所有减数分裂特有的事件都发生在减数分裂 I 期。减数分裂 II 期在"分离姐妹染色单体"方面实际上与有丝分裂相同。减数分裂 II 期与有丝分裂不同之处在于：减数分裂 II 期产生的子细胞具有单倍体染色体组。

遗传性变异的起源

正如我们前面讨论的，有性生殖产生的后代，在基因上不同于他们的父母，也不同于彼此（除非是同卵双胞胎）。减数分裂是如何产生这样的遗传性变异的？

染色体的自由组合

图 8.16 说明了减数分裂导致遗传多样性的一种方式。该图显示了减数分裂 I 期的中期同源染色体的排列如何影响最终的配子。我们再次以某二倍体生物来举例：假设其有四条染色体（两对同源染色体），用不同颜色来区分同源染色体（红色代表遗传自母本的染色体，蓝色代表遗传自父本的染色体）。

当在中期 I 对齐时，每对同源染色体的并排方向是随机的——红色 / 蓝色染色体可能在左边，也可能在右边。因此，在这个例子中，中期 I 染色体有两种排列方式。在可能性 I 中，染色体对的方向为两个红色染色体在同一侧（蓝色 / 红色和蓝色 / 红色）。在这种情况下，在减数分裂 II 期结束时产生的每个配子只有红色染色体或蓝色染色体（组合 a 和组合 b）。在可能性 2 中，染色体对的方向不同（蓝色 / 红色和红色 / 蓝色）。这种排列产生带有一条红色和一条蓝色染色体的配子（组合 c 和组合 d）。因此，在这个例子中显示了两种可能的排列，生物体将产生具有四种不同染色体组合的配子。对于有两对以上染色体的物种（如人类），每对染色体在中期 I 的方向都独立于其他的染色体（染色体 X 和 Y 在减数分裂中形成同源对）。

☑ 检查点

判断对错：有丝分裂和减数分裂之前都进行染色体复制。

答案：对。

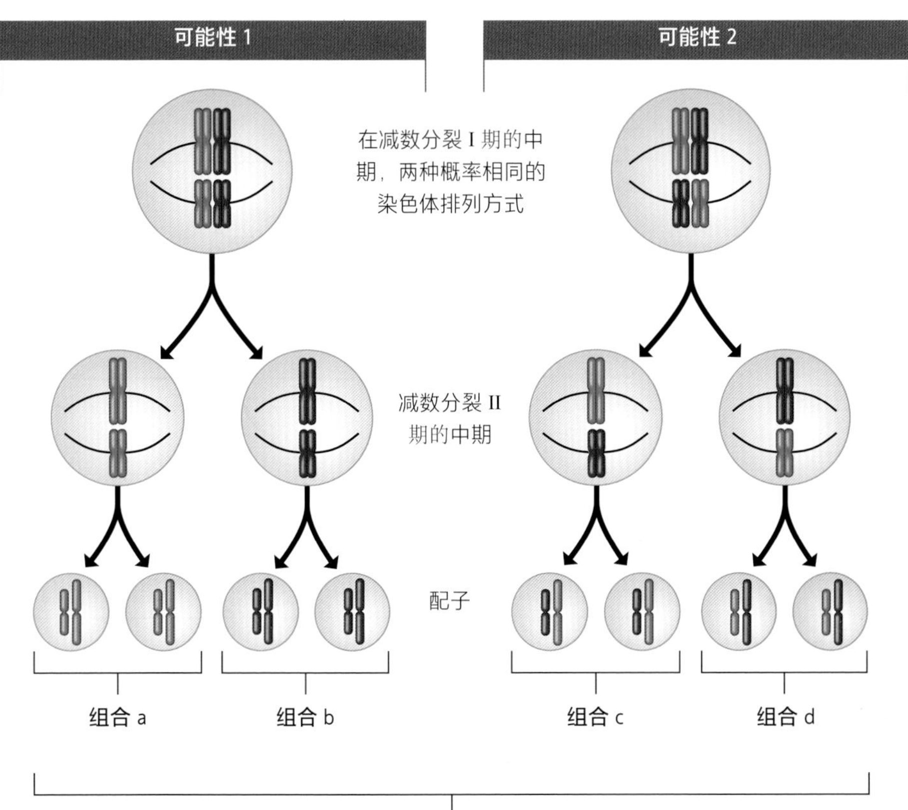

◄ 图 8.16 **减数分裂 I 期的中期染色体交替排列的结果。**中期 I 染色体的排列决定了单倍体配子中哪些染色体将被组合。

对于任何物种，配子中的染色体组合总数为 2^n，其中 n 代表单倍体染色体数。对于图 8.16 中假设的生物，$n = 2$，因此染色体组合的数量是 2^2（即 4）。一个人（$n = 23$）可能的染色体组合有 2^{23} 种，约 800 万种！这意味着一个人产生的每一个配子都包含大约 800 万种母本染色体和父本染色体的可能组合之一。我们可以设想，当人类一个约有 800 万种可能性的卵细胞随机地被一个约有 800 万种可能性的精子细胞受精（图 8.17），那么这对亲本形成的受精卵可能有 64 万亿种可能！

交叉互换

此前我们一直从染色体层面探讨配子与受精卵的遗传多样性。现在我们仔细观察**交叉互换**，即在减数分裂前期 I 发生的同源染色体的非姐妹染色单体之间相应片段的交换。图 8.18 显示了两条同源染色体之间的交叉互换和最终形成的配子。交叉互换发生在前期 I 很早的时候，同源染色体沿其长边紧密配对，每个基因配对时都能精准对齐。

非姐妹染色单体（同源对中的一个母本染色单体和一个父本染色单体）之间的片段交换，增加了有性生殖的遗传多样性。在图 8.18 中，如果没有交叉互换，

▼ 图 8.17 **受精的过程：特写镜头。**在这里你可以看到多个人类精子在接触一个卵子。然而只有一个精子能够进入卵子，融合形成受精卵。

LM 1320×（彩色）

▼ 图 8.18 **一对同源染色体在减数分裂过程中交叉互换的结果。**一个真正的细胞有多对同源染色体，它们在配子中产生大量多样的重组染色体。

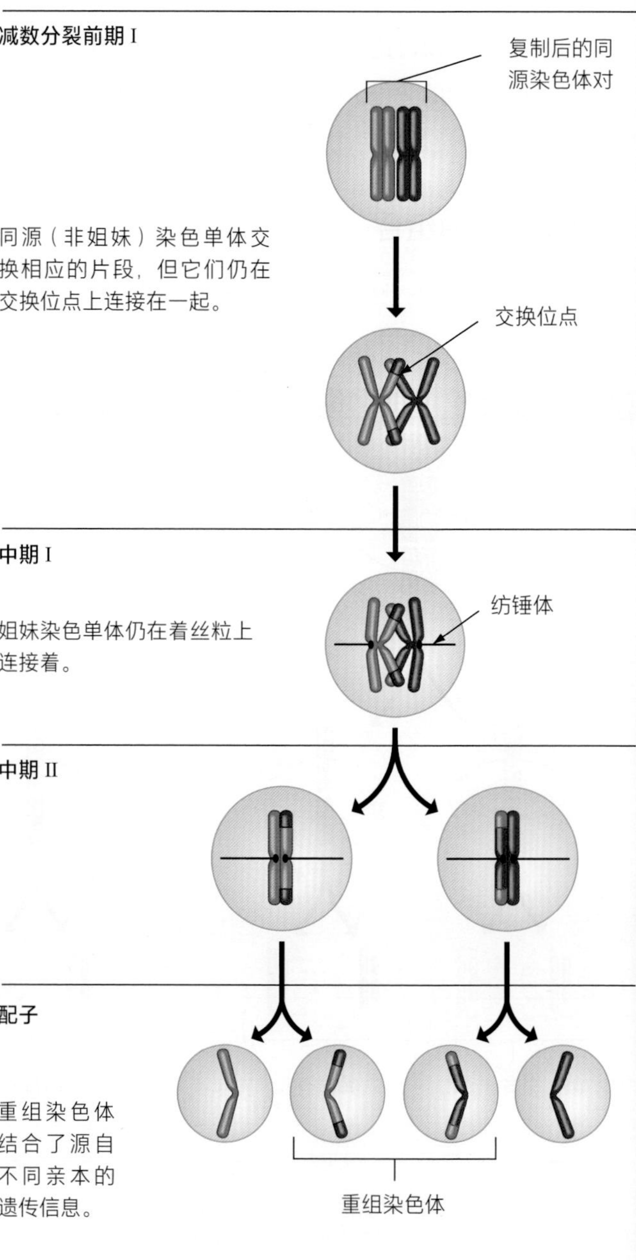

减数分裂就只能产生两种类型的配子——最终染色体与亲本染色体完全相同的配子，要么全是蓝色，要么全是红色（如图 8.16 所示）。有了交叉互换，配子产生的染色体部分来自母亲，部分来自父亲。我们称这些染色体间发生了“重组”，因为它们是由基因互换产生了不同于亲代染色体携带的基因组合。

因为大多数染色体包含数千个基因，一次交叉互换可以影响许多基因。再考虑到每对同源染色体中可能发生的多重交叉互换，配子及其产生的后代如此多样，也就不足为奇了。☑

☑ 检查点

说出减数分裂过程中导致配子遗传多样性的两个事件，分别发生在减数分裂的哪个阶段？

答案：前期 I 同源染色体间的交叉互换和中期 I 同源染色体对的自由定向 / 组合。

有性生殖和无性生殖　科学的过程

所有动物都具有有性生殖吗?

正如在“生物学与社会”专栏所讨论的，一些物种，如科莫多巨蜥，既可以进行有性生殖，又可以进行无性生殖。虽然有些动物可以无性生殖，但很少有动物只进行无性生殖。事实上，进化生物学家一直认为无性生殖是进化的死胡同（原因我们将在本章末尾的“进化联系”专栏讨论）。

为了查明无性生殖是不是常态，哈佛大学某研究小组对蛭形轮虫开展了观察研究（图 8.19）。这类近乎微小的淡水无脊椎动物有 300 多个已知物种。尽管经过数百年的观察，至今仍没有人发现蛭形轮虫的雄性个体，也没有人提出蛭形轮虫有性生殖的证据；但有可能的假设是：蛭形轮虫的性行为很少，或者人们无法通过外表识别雄性蛭形轮虫。因此，哈佛研究小组提出了以下问题：这类动物是否仅通过无性生殖方式繁殖？

研究人员提出了一个假说，即蛭形轮虫确实通过无性生殖繁衍了千百万年。但是怎么验证这个假说呢？对于大多数物种，由于基因在有性生殖过程中不断交换，一对同源染色体中一个基因的两个版本非常相似。研究人员推断，如果一个物种在没有性别的情况下生生不息数百万年，那么其等位基因的 DNA 序列的变化应该是独立积累的，随着时间的推移，这两个基因版本应该有显著的差异。他们因此预测：蛭形轮虫的等位基因对中，出现变异的概率要远远超过大多数生物。

在一个简单而巧妙的实验中，研究人员比较了蛭形轮虫和非蛭形的其他轮虫中特定基因的序列。对比的结果令人震惊。在有性生殖的其他轮虫中，该基因的两个同源版本几乎相同，平均差异仅为 0.5%。相比之下，蛭形轮虫中相同基因的两个版本相差 3.5% ~ 54%。这些数据提供了有力的证据，证明蛭形轮虫已经在完全无性生殖的情况下进化了千百万年。

► 图 8.19　**一种蛭形轮虫。**

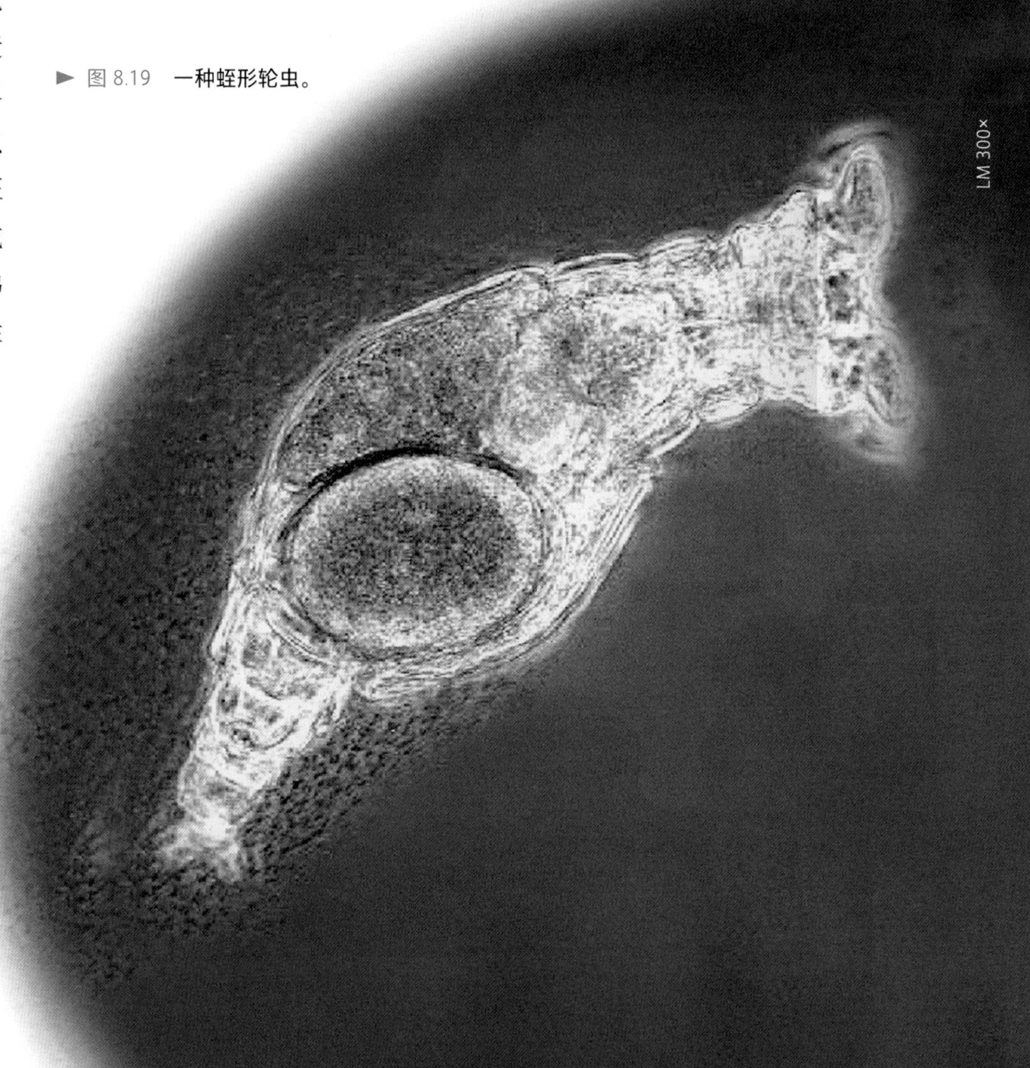

当减数分裂出错时

到目前为止，我们对减数分裂的讨论，集中在其常规且无误的发生过程上。但如果在其过程中出现错误会怎么样？这类错误会导致不同程度的基因异常，影响从轻微到致命不一而足。

减数分裂中的意外事件如何改变染色体数目

在人体内，随着睾丸或卵巢产生配子，减数分裂反复发生。染色体几乎总是毫无差错地分配给子细胞。但是偶尔会发生一种被称为**不分离**的意外情况——染色体对的成员在后期没有分离。减数分裂Ⅰ期或Ⅱ期可能发生不分离（图 8.20）。无论哪种情况，结果都是产生染色体数目异常的配子。

图 8.21 显示了在受精过程中，由不分离产生的异常配子与正常配子结合时会发生什么。——一个正常的精子让一个带有额外染色体的卵细胞受精，产生了一个有 2*n* + 1 条染色体的受精卵。因为有丝分裂原样复制染色体，所以这种异常会传递给所有的胚胎细胞。如果胚胎存活下来，就会有一个异常的染色体组型，并可能患有由基因数目异常导致的疾病。☑

☑ 检查点

解释减数分裂中的不分离是如何导致二倍体配子的出现的。

答案：如果在减数分裂Ⅰ期或Ⅱ期中所有染色体都不分离，就会产生二倍体配子。

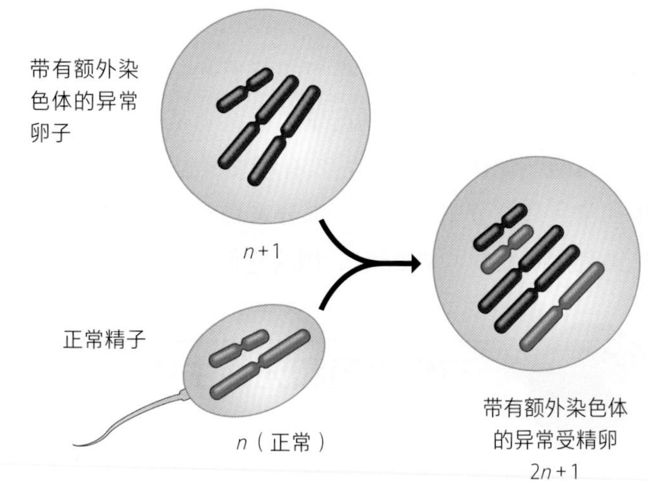

▲ 图 8.21 **染色体数目异常的卵细胞的受精。**

▼ 图 8.20 **两种类型的不分离。**在图中的两个例子中，顶端的细胞是二倍体（2*n*），有两对同源染色体。

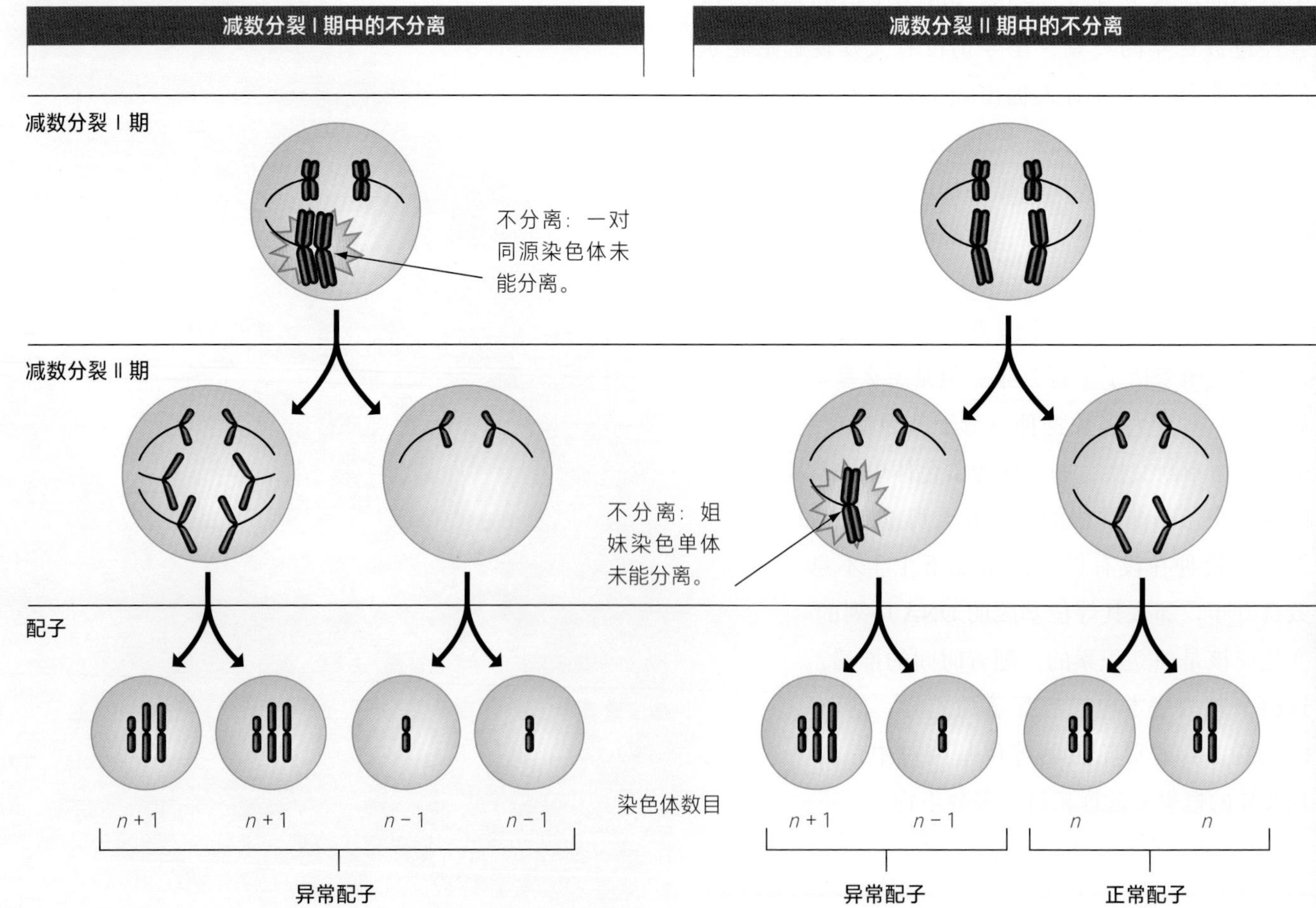

唐氏综合征：额外的 21 号染色体

图 8.11 显示了由 23 对染色体组成的正常的人类染色体组。与图 8.22 中的核型对比，除了有两条 X 染色体（因为它来自女性），图 8.22 中的核型还有三条 21 号染色体。因为这名女性的 21 号染色体为三倍体（而不是通常的二倍体状态），导致其共有 47 条染色体。这种情况引起的病症被称为 **21- 三体综合征**。

染色体过少或过多几乎总是致命的。

在大多数情况下，染色体数目不正常的人类胚胎等不到出生就会发生自然流产，并且通常发生在女性知道自己怀孕之前。一些医生推测，所有的怀孕中，近四分之一的流产都是由于基因缺陷导致的，不过这个数字很难核实。然而，也有某些染色体数量的异常，似乎没有严重到打破遗传平衡——具有这种异常的个体可以存活。这些人通常有一组典型症状，称为综合征。如具有三条 21 号染色体的人会患有被称为**唐氏综合征**的疾病［以 1866 年首次描述这种疾病的英国医生约翰·兰登·唐（John Langdon Down）的名字命名］。

21- 三体综合征是美国最常见的染色体数目异常导致的病症，也是最常见的较为严重的出生缺陷，每 700 名儿童中就有一名受其影响。唐氏综合征包括典型的面部特征（通常为眼角内侧的皮肤褶皱、圆脸、扁平鼻子）、身材矮小、心脏缺陷、易患白血病以及阿尔茨海默病。唐氏综合征患者寿命通常短于正常人，其症状还表现为不同程度的发育迟缓。但一些唐氏综合征患者可以活到中年甚至更久，其中许多人擅长社交，能在社会中很好地发挥作用。虽然没有人知道为何会如此，但是患唐氏综合征的风险随着育龄的增长而增加，40 岁的育龄妇女生出 21- 三体综合征的孩子的概率会上升到 1% 左右。因此，35 岁及以上孕妇的胎儿是染色体产前筛查的主要对象（见第 9 章）。☑

▼ 图 8.22　**21- 三体与唐氏综合征。**这名幼儿表现出唐氏综合征特征面容。核型（底部）显示了"21- 三体"，请注意 21 号染色体为三倍体。

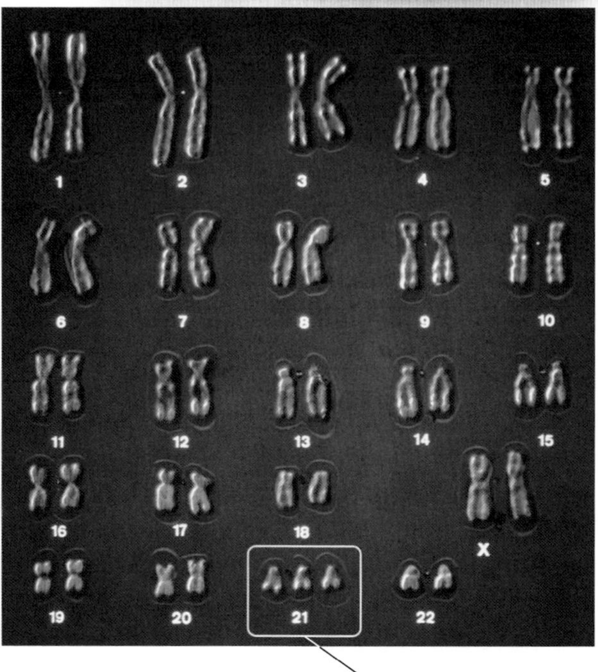

性染色体数量异常

21- 三体综合征是一种常染色体不分离性疾病。减数分裂中的不分离也会导致性染色体 X 和 Y 的数量异常。数量异常的性染色体打破遗传平衡的情况，似乎少于数量异常的常染色体。这可能是因为 Y 染色体非常小，携带的基因相对较少。此外，哺乳动物细胞通常只有一条功能正常的 X 染色体，因为每个细胞中这种染色体的另一个副本都处于失活状态（见第 11 章）。

☑ 检查点

将某疾病称为"综合征"，如获得性免疫缺陷综合征（AIDS），意味着什么？

答案：综合征显示一组多重症状，而不仅仅表现出一个症状。

表 8.1	人类性染色体数目的异常		
性染色体	**综合征**	**不分离的起源**	**人群频率**
XXY	克兰费尔特综合征（男性）	卵子或精子形成中的减数分裂	$\frac{1}{2000}$
XYY	无（正常男性）	精子形成中的减数分裂	$\frac{1}{2000}$
XXX	无（正常女性）	卵子或精子形成中的减数分裂	$\frac{1}{1000}$
XO	特纳综合征（女性）	卵子或精子形成中的减数分裂	$\frac{1}{5000}$

☑ 检查点

为什么个体在性染色体数目异常的情况下比在常染色体数目异常的情况下更有可能存活？

答案：因为 Y 染色体非常小，额外的 X 染色体失活。

表 8.1 列出了最常见的人类性染色体异常情况。男性体内多了一条 X 染色体，使他成为 XXY，患上克兰费尔特综合征（Klinefelter syndrome）。患这种疾病的男性如果不治疗，虽具有男性性器官，但睾丸异常小，个体不育，并且伴有乳房增大等其他女性身体特征。这些症状可以通过服用性激素睾酮来减轻。克兰费尔特综合征也见于有三条以上性染色体的个体，如 XXYY、XXXY 或 XXXXY。这些异常数量的性染色体是由多次染色体未分离造成的。

虽然拥有一条额外 Y 染色体（XYY）的人类男性没有任何明确的综合征，但是他们的身高往往超过平均男性身高。除了进行核型检查之外，无法区分开有额外 X 染色体（XXX）的女性与正常的 XX 女性。

缺少 X 染色体的女性被称为 XO，O 表示没有第二条性染色体。这些女性一般患有特纳综合征（Turner syndrome），其特征性外表包括身材矮小以及常常出现在脖子和肩膀之间的延伸的颈蹼。患有特纳综合征的女性智力正常，但没有生育能力。如果不及时治疗，她们的乳房和其他第二性征会发育不良。服用雌激素可以缓解这些症状。XO 症状是唯一已知的只有 45 条染色体却不致命的人类染色体异常疾病。

请注意 Y 染色体在决定一个人性别方面的关键作用。一般来说，有单个 Y 染色体就足以形成生物学上的男性，与 X 染色体的数量无关。缺失 Y 染色体便会成为生物学上的女性。

有性生殖和无性生殖　进化联系

性的优势

在这一章，我们研究了繁殖过程中的细胞分裂。像“生物学与社会”专栏中讨论的科莫多巨蜥一样，许多物种（包括几十种动物，但在植物中更多）既可以进行有性生殖也可以进行无性生殖（图 8.23）。无性生殖的一个重要优点是不需要伴侣。因此，当生物分布稀疏（如在一个孤岛上）并且不太可能遇到配偶时，无性生殖可能会更具进化优势。此外，如果一个生物体非常适合稳定的环境，无性生殖的优势就是可以完整地传递亲本全部遗传信息。无性生殖也避免了形成配子和与伴侣交配的能量消耗。

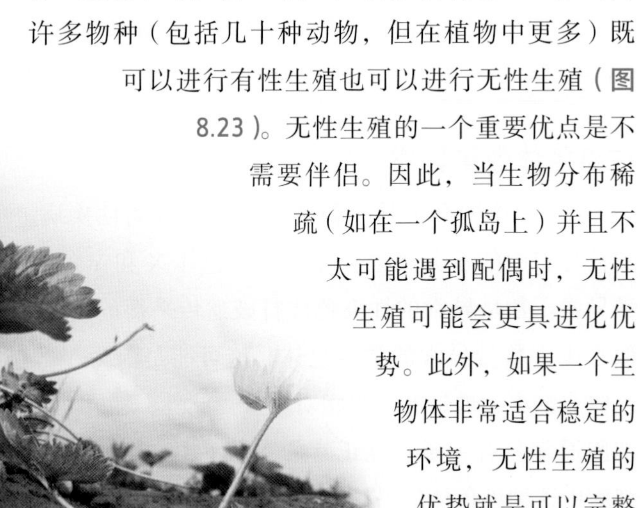

▼ 图 8.23　**有性生殖和无性生殖。**许多植物（如图中这种草莓）既能有性生殖（通过开花结果），也能无性生殖（通过匍匐茎）。

与植物相反，绝大多数动物通过有性的方式生殖。仅有的例外是少数动物可以通过孤雌生殖繁衍，以及在“科学的过程”专栏讨论的蛭形轮虫。但是大多数动物只通过有性生殖的方式繁殖。所以，有性生殖理应具有进化的优势。优势体现在哪里呢？答案仍然难以确定。大多数假说集中在减数分裂和受精过程中形成的独特基因组合。通过产生具有不同基因组合的后代，有性生殖的生物可以通过快速适应不断变化的环境来提高存活率。另一个假说是，在有性生殖过程中基因进行重组，可能会更有效地降低有害基因的发生率。但就目前而言，“为什么形成有性生殖？”作为生物学最基本的问题之一，仍然是一个激烈争论的话题，是许多正在进行的研究的焦点。

本章回顾

关键概念概述

细胞增殖完成了什么？

细胞增殖，也称为细胞分裂，产生遗传上相同的子细胞：

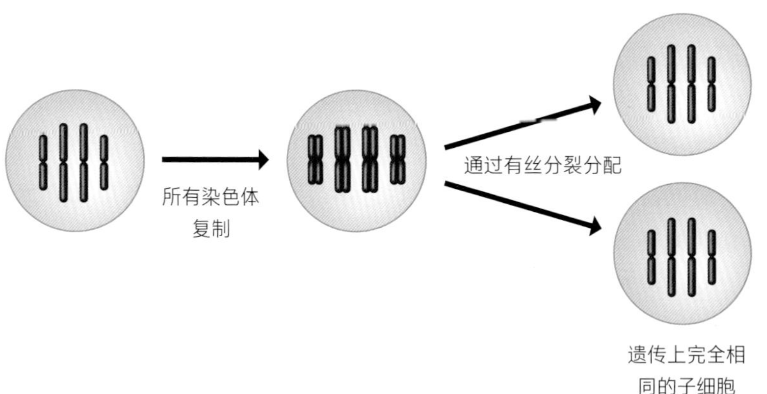

有些生物利用有丝分裂（普通细胞分裂）进行繁殖，即无性繁殖，其产生的后代在基因上与亲本相同，各个后代间彼此也相同。多细胞生物生长、发育，替换受损或丧失的细胞，也是通过有丝分裂进行的。通过精子和卵细胞的结合进行有性生殖的生物，进行减数分裂；这种细胞分裂，产生的配子的染色体数目只有体细胞的一半。

细胞周期和有丝分裂

真核生物的染色体

真核生物基因组的基因在细胞核中被分成多条染色体。每条染色体都包含一个非常长的 DNA 分子，其中有许多基因，被组蛋白包裹着。单个染色体是卷曲在一起的，因此只有当细胞处在分裂过程时，才能用光学显微镜观察到它们；除此之外的时间，它们以薄细松散的染色质纤维的形式存在。

信息流：染色体的复制

因为染色体包含控制细胞过程所需的信息，所以染色体必须通过复制传递给子细胞。在细胞开始分裂之前，染色体复制，产生姐妹染色单体（包含相同的 DNA），在着丝粒处连接在一起。

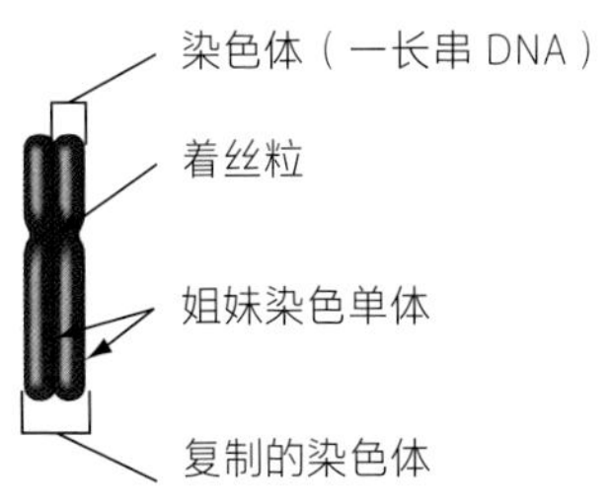

细胞周期

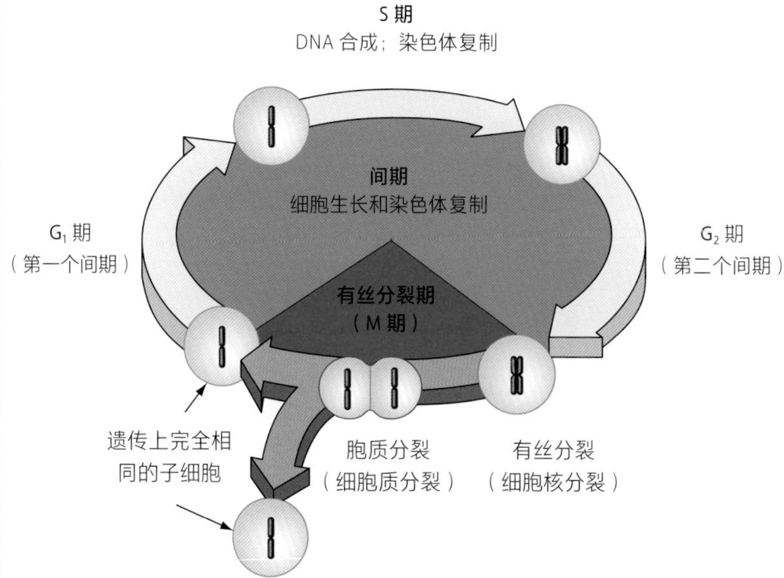

有丝分裂和胞质分裂

有丝分裂分为四个阶段：前期、中期、后期、末期。有丝分裂开始时，染色体卷曲，核膜破裂（前期）。接下来，由纺锤丝组成的有丝分裂纺锤体将染色体移动到细胞的中间（中期）。姐妹染色单体之后分离，并移动到细胞的相反两极（后期），在那里形成两个新的细胞核（末期）。胞质分裂发生在有丝分裂的末期。在动物中，胞质分裂通过卵裂发生，卵裂将细胞一分为二。在植物中，膜状细胞板将细胞一分为二。有丝分裂和胞质分裂产生遗传上相同的细胞。

癌细胞：失控的分裂

细胞周期控制系统出现问题时，细胞可能过度分裂并形成肿瘤。癌细胞可能长成恶性肿瘤，侵入其他组织（转移），甚至杀死宿主。手术可以切除肿瘤，放疗和化疗会干扰细胞分裂，所以能作为有效的治疗手段。改变生活方式和定期筛查，可以提高患某些癌症后的生存率。

有性生殖的基础：减数分裂

同源染色体

每个物种的体细胞含有特定数量的染色体；人类细胞有 46 个，由 23 对同源染色体组成。同源对中的两条染色体在相同的地方携带相同特征的基因。哺乳动物雄性有 X 和 Y 染色体（仅部分同源），雌性有两条 X 染色体。

配子和有性生物的生命周期

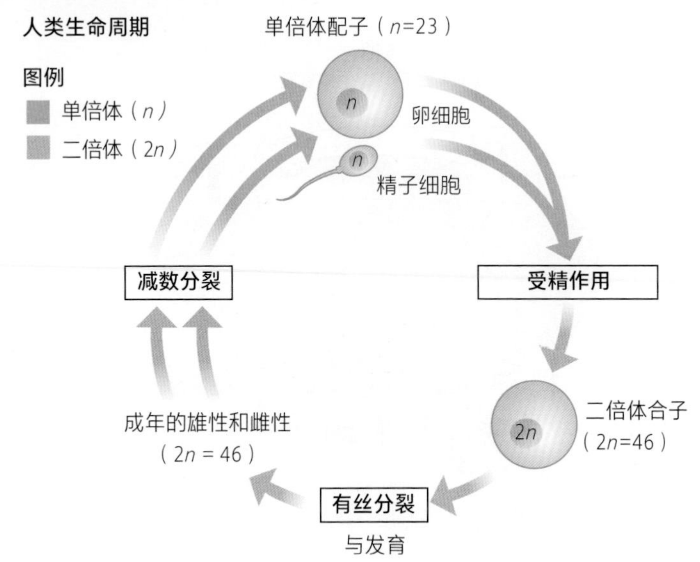

减数分裂的过程

减数分裂同有丝分裂一样，皆发生在染色体复制之后。但在减数分裂中，细胞分裂两次形成四个子细胞。第一次分裂即减数分裂Ⅰ期，从同源染色体配对开始。在交叉互换过程中，同源染色体交换相应的片段。减数分裂Ⅰ期分离同源染色体，产生两个子细胞，每个子细胞有一组（复制的）染色体。减数分裂Ⅱ期本质上与有丝分裂相同；在每个细胞中，每个染色体中的姐妹染色单体最终分离。

综述：对比有丝分裂和减数分裂

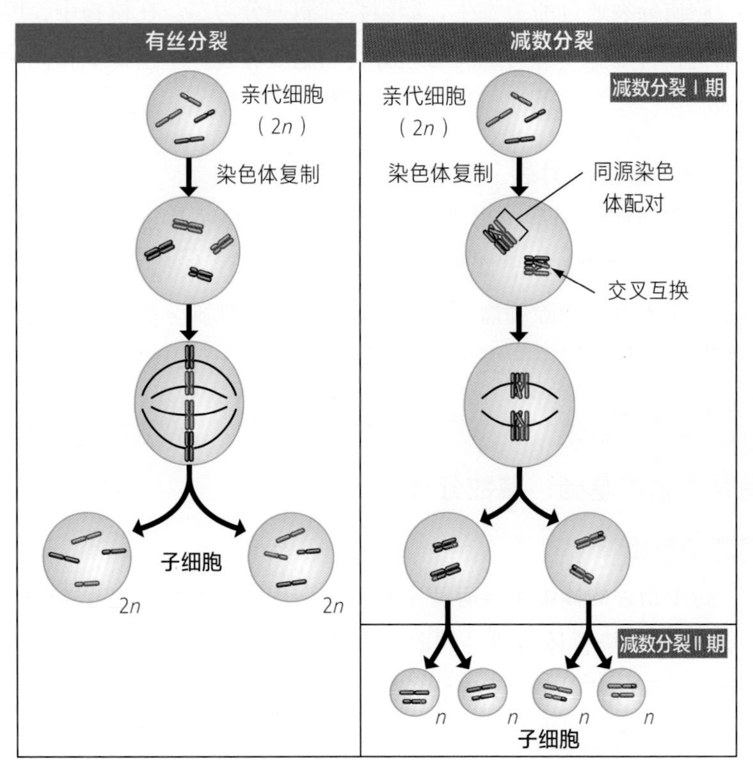

遗传性变异的起源

因为同源对中的染色体来自不同的亲本，它们携带许多不同版本的基因。在减数分裂Ⅰ期的中期，染色体对有大量可能的排列方式，导致卵子和精子中染色体有许多不同组合。精子和卵子的随机受精又大大增加了变异。减数分裂Ⅰ期的前期，交叉互换进一步增大了变异。

当减数分裂出错时

一个人的染色体数目异常，会引发疾病。唐氏综合征是由 21 号染色体多了一个额外副本引起的。染色体数异常是不分离导致的，即一对同源染色体在减数分裂Ⅰ期分离失败或姐妹染色单体在减数分裂Ⅱ期分离失败。分离失败也可以导致配子的性染色体增多或减少，这导致严重程度不同的一些疾病，但通常不会影响存活。

MasteringBiology®

如需练习测验、生物动画、MP3 教程、视频辅导以及为本教材设计的更多学习工具，请访问 MasteringBiology®。

自测题

1. 以下哪一项不是人类细胞有丝分裂的功能？
   a. 伤口修复　　b. 生长
   c. 由二倍体细胞产生配子　　d. 替换丢失或损坏的细胞
2. 有丝分裂产生的两个子细胞在何种意义上是相同的？
3. 为什么在间期很难观察到单个的染色体？
4. 生物化学家测量实验室中生长的细胞中的 DNA 量，在什么时候一个细胞中的 DNA 的数量增加了一倍？
   a. 有丝分裂的前期和后期之间。
   b. 在细胞周期的 G_1 期和 G_2 期之间。
   c. 在细胞周期的 M 期。
   d. 减数分裂前期Ⅰ和前期Ⅱ之间。
5. 就细胞核的变化而言，有丝分裂的哪两个阶段本质上是相反的？
6. 比较有丝分裂和减数分裂，完成下表。

	有丝分裂	减数分裂
a. 染色体复制的次数		
b. 细胞分裂次数		
c. 产生的子细胞数量		
d. 子细胞中的染色体数目		
e. 染色体在中期是如何排列的		
f. 子细胞与亲本细胞的遗传关系		
g. 在人体内执行的功能		

7. 如果狗的肠道细胞包含 78 条染色体，那么它的精子细胞将包含________条染色体。
8. 一张老鼠细胞分裂的显微照片显示有 19 条染色体，每条染色体由两条姐妹染色单体组成。这张显微照片是在减数分裂的哪个阶段拍摄的？（解释你的答案。）
9. 留在原发部位的肿瘤称为________，含有能迁移到其他身体组织的细胞的肿瘤称为________。
10. 果蝇的二倍体体细胞包含 8 条染色体。这意味着在其配子中可能存在________种不同的染色体组合。
11. 虽然“不分离”是一个随机事件，但具有额外的 21 号染色体（导致唐氏综合征）的个体，远多于具有额外的 3 号染色体或 16 号染色体的个体。请对此进行解释。

答案见附录《自测题答案》。

科学的过程

12. 骡是马和驴的后代。驴的精子含有 31 条染色体，马的卵子有 32 条染色体，所以受精卵总共含有 63 条染色体。受精卵发育正常。这个染色体的组合在有丝分裂时没有问题，骡结合了马和驴的一些最好的特性。但是，骡是不育的，其睾丸或卵巢不能正常进行减数分裂。请解释为什么含有马和驴染色体的细胞有丝分裂是正常的，但杂合的染色体组会干扰减数分裂。
13. 制备一张洋葱根尖的切片，在光学显微镜下看到了如下画面。试确定 a—d 中每个细胞处于有丝分裂的哪个阶段。

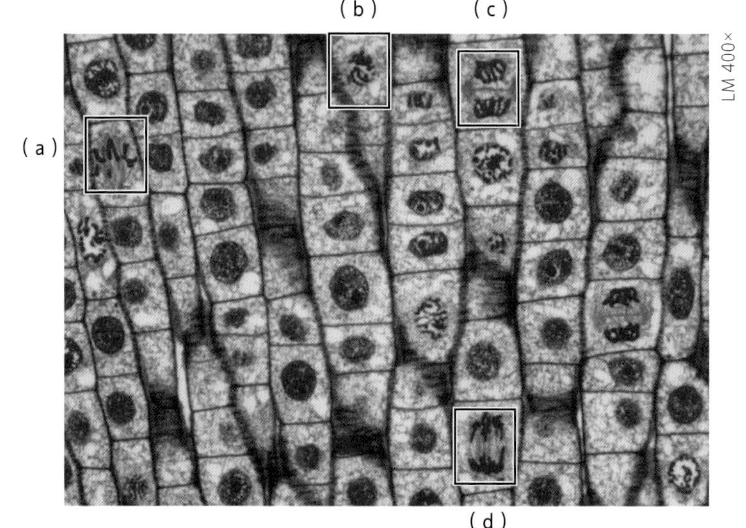

14. **解读数据** 右栏中的图表显示了随着母亲年龄的增长，正常父母的后代中患唐氏综合征的概率。30 岁以下的女性生育的每 1000 名新生儿中有多少名患有唐氏综合征？ 40 岁的女性有多少？ 50 岁女性呢？ 50 岁女性生下患唐氏综合征婴儿的概率是 30 岁女性的多少倍？

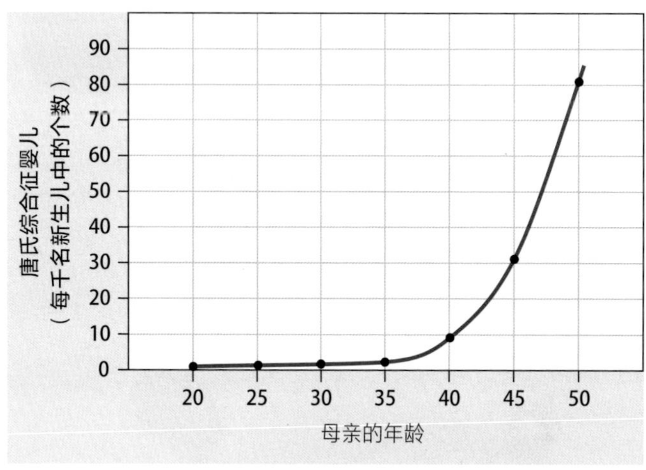

生物学与社会

15. 正如“生物学与社会”专栏所描述的，已经证明一些物种（包括一些濒危物种）能够无须配偶参与，进行孤雌生殖。这对濒危物种的重新繁殖有什么影响？孤雌生殖计划可能会对目标物种形成哪些不利影响？
16. 每年有约 100 万美国人被诊出癌症。这意味着现在活着的美国人最终将有约 7500 万人患癌症，其中的 1/5 将死于癌症。癌症有许多种，病因也有许多种。例如，绝大多数肺癌由抽烟引起，大多数皮肤癌由过度暴露于阳光紫外线下导致。有证据表明，高脂肪、低纤维饮食是乳腺癌、结肠癌、前列腺癌的一个致病因素。工作场所的介质，如石棉、氯乙烯，也是致癌的原因。人类每年花费数亿美元经费用于寻找治癌良方，用于预防癌症的费用却少得可怜。为什么会这样？你可以怎样改变生活方式来降低患癌的风险？可以启动或加强什么样的预防计划，来鼓励这些变化？可能阻碍这些变化或计划的因素有哪些？我们应该把更多资源用于治疗癌症还是预防癌症？就你的立场进行论证。
17. 在美国等工业化国家，买卖配子，特别是买卖可育妇女的卵子的行为越来越普遍。你支持这种交易吗？你愿意卖掉你自己的配子吗？以什么价格？不论你自己是否愿意，你认为这种做法应该受限制吗？

9 遗传的模式

遗传学为什么重要

▲ 母亲的基因不决定婴儿的性别。

在过去，由于通婚，血友病在欧洲皇室中比在普通人群中更常见。▼

因为环境对人的外貌有一定的影响，所以同卵双胞胎并非在各方面都相似。►

狗的育种 生物学与社会

持续时间最长的遗传实验

右侧照片中可爱的犬科动物，是纯种骑士查理王猎犬。如果让两只这样的纯种“骑士猎犬”交配，你自然会预料其后代表现出使该品种不同于其他品种的性状，如柔滑的皮毛、长而优雅的耳朵、温柔的眼睛。这种情况很有可能发生，因为每只纯种狗的血统都有案可查，包括几代遗传构成和外貌与之相似的祖先。但纯种骑士猎犬之间的相似之处不仅仅是外表，其共性通常还有精力充沛、顺从、可爱、温和——这些性状使它们特别适合作为伙伴或治疗犬。这种行为上的相似性表明，养狗者除可以选择狗的身体特征外，还可以选择狗的性格。骑士猎犬有四种标准皮毛类型——布伦海姆（白色皮毛上有栗色，以这种狗最初繁育的英格兰布伦海姆宫命名，见右图）、黑色和褐色、红宝石色、三色（黑色、白色、褐色）——这些毛色类型告诉我们，即使在纯种犬系中，某些性状也存在显著的差异。

繁育人类的良友。狗，比如这只骑士查理王猎犬，是人类持续时间最长的遗传实验对象之一。

纯种犬形象地证明：狗不仅是人类的良友，而且是人类时间最长的遗传实验对象。有证据表明，人类从15,000多年前，就开始选育具有令人喜爱的性状的狗（我们将在本章末尾探索）。例如，几乎每条现代骑士猎犬都可以将其祖先追溯到1952年由某育种家带到美国的一对犬。最初这些狗因其理想的外形和性格而被选中。每个现代狗品种都经过了类似的选择。几千年来，这种基因修改导致了今天的狗在体型和行为方面具有惊人的多样性：从体型巨大、性格温顺的大丹犬，到个头小小又勇敢的吉娃娃。

尽管人类应用遗传学已经有几千年——培育粮食作物（如小麦、水稻、玉米）以及家养动物（如奶牛、绵羊、山羊），但直到最近，人类才理解遗传学背后的生物学原理。在本章，你将学习遗传性状代代相传的基本规则，以及如何用染色体的行为（第8章的主题）解释这些规则。在这个过程中，你将学会如何预测具有特定性状的后代比例。在本章的一些节点，我们将回到“狗的育种”主题来帮助解释遗传原理。

遗传学和遗传

遗传即性状从一代传到下一代。**遗传学**是对遗传的科学研究，始于 19 世纪 60 年代，当时奥古斯丁修会的修士格雷戈尔·孟德尔（图 9.1）通过培育豌豆推导出了遗传学的基本定律。孟德尔在奥地利布伦（现捷克共和国布尔诺）的一所修道院生活和工作。受在维也纳大学学习物理、数学和化学的强烈影响，孟德尔的研究在实验方法和数学方面都很严谨，这些素养是他成功的主要原因。

▲ 图 9.1　**格雷戈尔·孟德尔。**

孟德尔在 1866 年发表的一篇论文中，准确地论证：亲代将负责遗传性状（如豌豆植株的紫花或圆形种子）的离散基因传递给子代，他称这种离散基因为“遗传因子”。（有趣的是，孟德尔的论文发表在达尔文 1859 年出版《物种起源》的 7 年后，这使得 19 世纪 60 年代成为现代生物学发展史上的破晓十年。）孟德尔在论文中强调，无论是杂合在一起，还是表现的性状被暂时掩盖，基因总是一代又一代地保持着其独立性。

在修道院花园

孟德尔选择研究豌豆，可能是因为它们易于种植，而且有许多易于区分的品种。例如，有的品种开紫花，有的品种开白花。因个体而异的可遗传特质——如花的颜色——被称为**特征**。一个特征的每一个变体，比如紫花或白花，被称为一个**性状**。

▼ 图 9.2　**豌豆花的结构。**为了揭示生殖器官——雄蕊和心皮，该图中已经去掉了其中的一片花瓣。

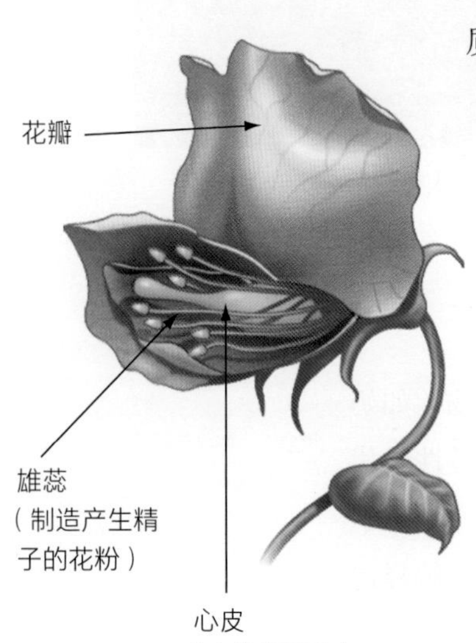

豌豆作为实验模型，最重要的优势可能是孟德尔可以严格控制它们的繁殖。豌豆花的花瓣（图 9.2）几乎完全包围了产生卵细胞的器官（心皮）和产生精子细胞的器官（雄蕊）。相应地，在自然界中，豌豆通常是自花授粉的——雄蕊释放的携带精子细胞的花粉粒落在同一朵花的内藏卵细胞的心皮的顶端。孟德尔可以用小袋包住一朵花，使其他植物的花粉无法到达心皮，从而确保其自花授粉。而当孟德尔想用不同植株的花粉给一株豌豆授粉时，他人工给植物授粉，如图 9.3 所示。因此，孟德尔总是可以确定他种出的子代植株的亲本。

孟德尔选择研究的每个特征（如花的颜色）都有两个不同的相对性状。孟德尔持续专心地研究他的植株们，直到确定他的豌豆是纯系品种——即这些品种自花授粉产生的后代与亲本完全相同。例如，他确定了一个紫花品种，它自花授粉时，后代植株总是会开紫花。

接下来，孟德尔提出的问题是，如果杂交不同的纯系品种，会发生什么。例如，图 9.3 所示，如果开

▼ 图 9.3　**孟德尔的豌豆杂交技术。**

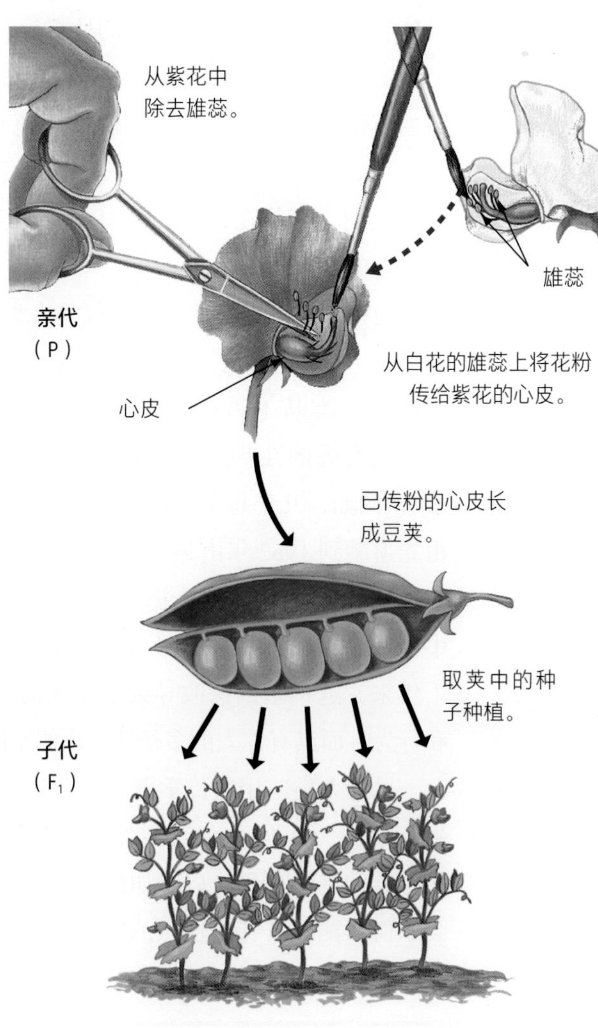

紫花植株和开白花植株杂交，会产生什么后代？两种不同纯系品种的后代，称为**杂交后代**，异花授粉本身被称为遗传**杂交**。亲本植物被称为 **P 代**，它们的杂交一代是 **F_1 代**（F 表示子代，取自单词 filial，来自拉丁语表示“儿女”的单词）。F_1 代植株自交或杂交，所生后代就是 **F_2 代**。☑

孟德尔的分离定律

孟德尔进行了许多实验，跟踪了一些特征的遗传，如花的颜色——其表现为两种不同性状（图 9.4）。实验结果使他提出了几个关于遗传的假说。接下来我们看一看，孟德尔如何通过这些实验，推导出了自己的假说。

▼ 图 9.4　**孟德尔研究的豌豆植株的 7 个特征。**每个特征都有如图所示的两个相对性状。

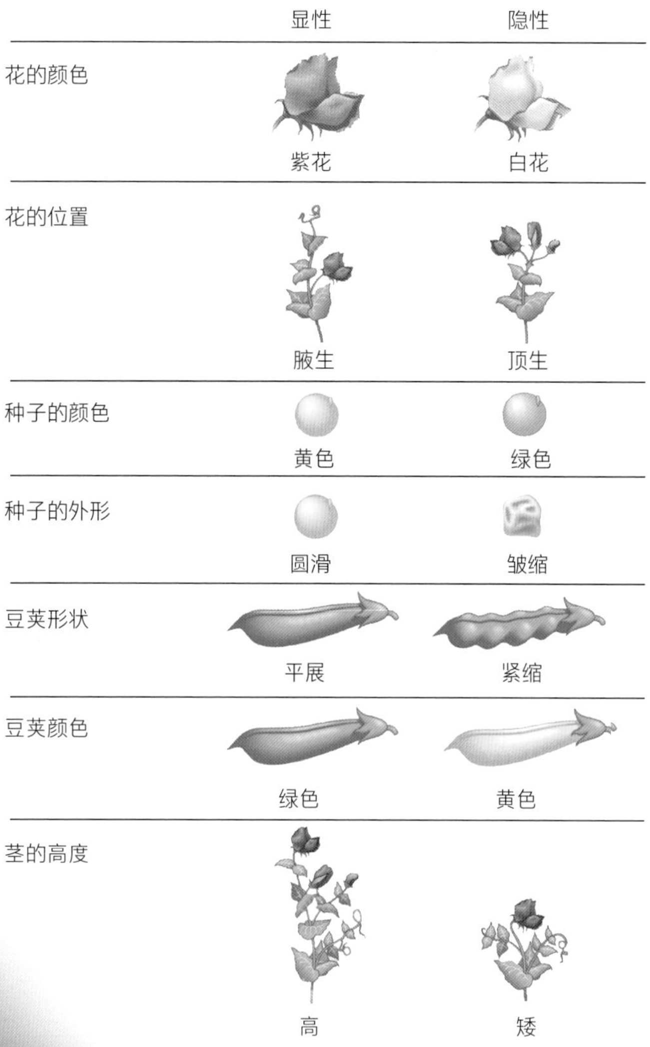

	显性	隐性
花的颜色	紫花	白花
花的位置	腋生	顶生
种子的颜色	黄色	绿色
种子的外形	圆滑	皱缩
豆荚形状	平展	紧缩
豆荚颜色	绿色	黄色
茎的高度	高	矮

☑ 检查点

为什么培育纯系豌豆对孟德尔的研究工作至关重要？

答案：纯系品种使孟德尔能够预测特定杂交结果，从而进行对照实验。

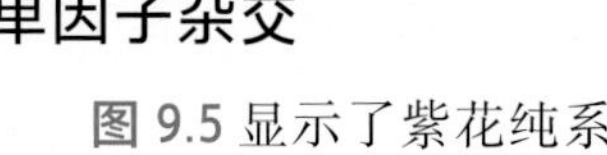

单因子杂交

图 9.5 显示了紫花纯系豌豆和白花纯系豌豆之间的杂交。这里只研究一个特征，即花朵的颜色，因此称为**单因子杂交**。孟德尔观察到 F_1 代植株都开紫花。白花的遗传因子因为杂交而丢失了吗？通过使 F_1 代植株相互交配，孟德尔发现其并没有丢失。在他培育的 929 株 F_2 代植株中，约四分之三（705 株）开紫花，四分之一（224 株）开白花；也就是说，F_2 代中每 3 株紫花植株对应 1 株白花植株，即紫花与白花的比例为 3 : 1。孟德尔发现控制开白花的基因在 F_1 代植株中并没有消失，而是在开紫花基因存在的情况下被隐藏或掩盖了。他还推断 F_1 代植株的花色特征一定同时携带了紫色和白色两个因素。根据这些实验结果以及其他实验结果，孟德尔提出了以下四个假说：

1. 基因存在不同版本，可以用来解释遗传特征的变异。例如，豌豆花色的基因以紫色或白色的形式存在。同一个基因的不同版本，被称为**等位基因**。
2. 对于每一个遗传特征，一个生物会遗传一对等位基因，分别来自双亲。这些等位基因可能相同，也可能不同。有两个相同等位基因的生物被称为该基因的**纯合子**。有两个不同等位基因的生物被称为该基因的**杂合子**。
3. 如果一对遗传基因的两个等位基因不同，那么决定这个生物外观的基因，称为**显性基因**；另一种对生物外观无明显影响的基因，称为**隐性基因**。遗传学家用大写斜体字母（如 *P*）表示显性基因，用小写斜体字母（如 *p*）表示隐性基因。
4. 一个精子或卵子，只携带一个表现某一遗传特征的等位基因，因为表现这一特征的两个等位基因在配子产生过程中发生分离。这种说法被称为**分离定律**。精子和卵子在受精时结合在一起，分别贡献了它们的等位基因，让后代基因恢复成对状态。

▼ 图 9.5　**孟德尔的杂交实验追踪一个特征（花色）**。注意 F_2 代开紫花与开白花的比例为 3 : 1。

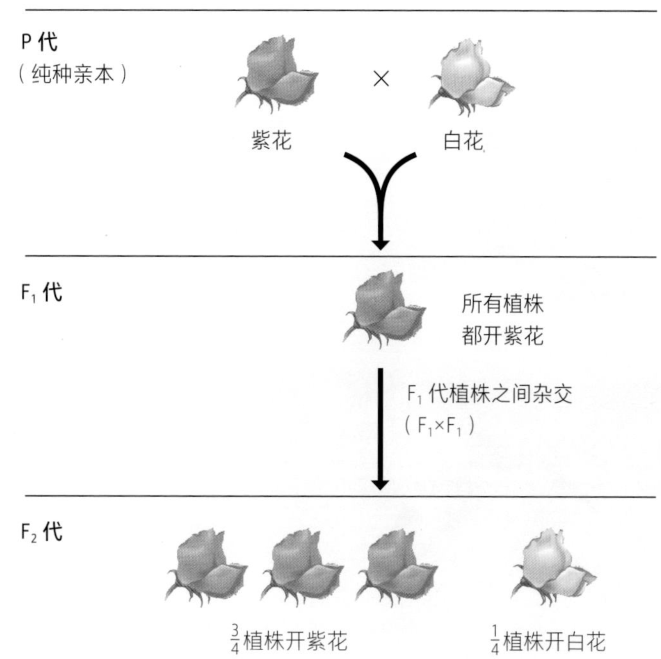

图 9.6 阐明了孟德尔的分离定律，解释了图 9.5 所示的遗传模式。孟德尔的假说预测：F_1 代植株配子形成过程中等位基因发生分离时，一半配子将获得一个紫花等位基因（*P*），另一半获得一个白花等位基因（*p*）。在 F_1 代植株的授粉过程中，配子随机结合。带有紫花等位基因的卵子可能会与带有紫花等位基因的精子结合，也可能会与带有白花等位基因的精子结合，这两个受精机会相等（即一个 *P* 卵子可能与一个 *P* 精子结合，也可能与一个 *p* 精子结合）。因为带有白花等位基因的卵子也是如此（*p* 卵子与 *P* 精子或 *p* 精子结合），所以精子和卵子一共有四种可能的组合。

图 9.6 底部的图表叫作**庞纳特棋盘格**，它重复了图 9.5 所示的杂交方式，突出了配子的四种可能的组合，以及 F_2 代中产生的四种可能的后代。每个正方形代表一个具有同等可能性的受精产物。例如，庞纳特棋盘格右上角的方框显示了一个 *p* 精子给一个 *P* 卵子受精产生的基因组合。

根据庞纳特棋盘格，这些 F_2 代植株外观会是怎样的？其中四分之一的植株有两个产生紫花的等位基因（*PP*）；显然，这些植株会开紫花。F_2 代有一半（四分之二）遗传了一个紫花的等位基因和一个白花的等位基因（*Pp*）；像 F_1 代植株一样，这些植株也会开紫花，

▼ 图 9.6 **分离定律。**

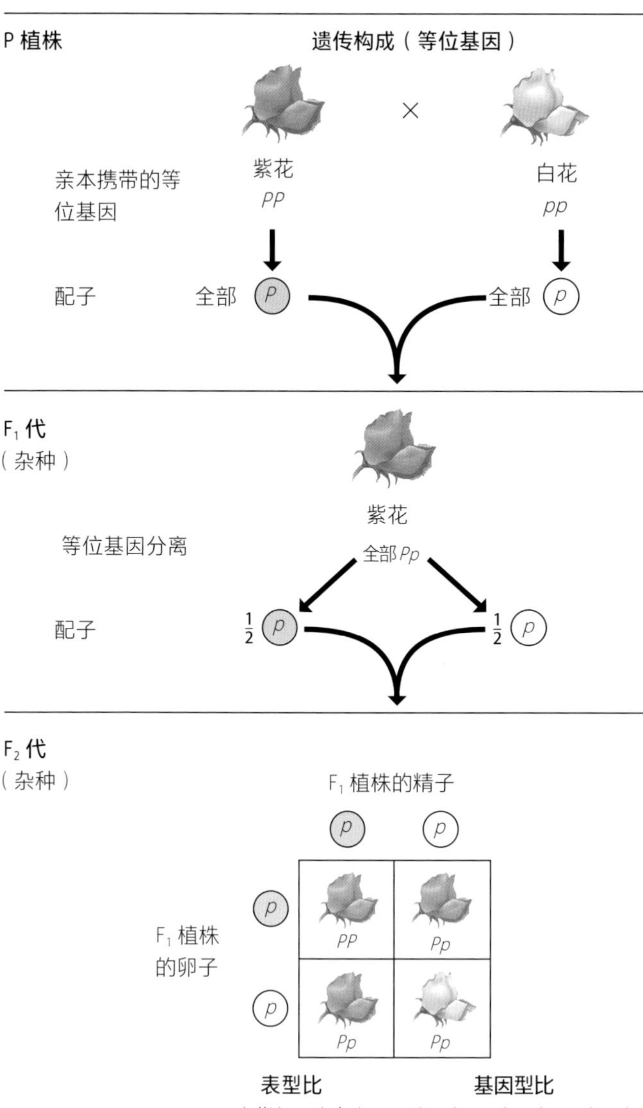

即表现为显性性状。（注意，*pP* 和 *Pp* 是等同的，通常写成 *Pp*。）最后，四分之一的 F_2 代植株遗传了两个产生白花的等位基因（*pp*），并将表达这种隐性性状。因此，孟德尔的模型解释了他在 F_2 代观察到的 3 : 1 的性状比例。

遗传学家分别命名了一个生物体的外表特征（称为它的**表型**，如紫花或白花）和它的基因组成（称为它的**基因型**，如 *PP*、*Pp* 或 *pp*）。现在我们可以看到，图 9.5 只显示了表型，图 9.6 显示了我们样本杂交的基因型和表型。对于 F_2 代植物，紫花与白花的比例（3 : 1）被称为表型比。基因型比为 1（*PP*）: 2（*Pp*）: 1（*pp*）。

孟德尔发现，他研究的七个特征都有相同的遗传模式：在 F_1 代消失的一个亲本性状，只在四分之一的 F_2 代中重现。孟德尔的分离定律解释了潜在的机制：在配子形成过程中，成对的等位基因分离；受精时配子的结合又形成了等位基因对。孟德尔时代以来的研究已经证实：分离定律适用于所有有性生殖的生物，包括人类。

遗传等位基因和同源染色体

在继续探讨孟德尔实验之前，我们先思考一下对染色体的认识（见第 8 章）如何吻合我们迄今为止所说的遗传学规律。图 9.7 中的示意图显示了一对同源染色体——一对携带等位基因的染色体。回想一下，无论是豌豆的还是人的，每个二倍体细胞都有一对对的同源染色体。其中一条来自母本，另一条来自父本。图中染色体上的每个标记条代表一个**基因位点**，即基因在染色体上的特定位置。由此可以看出孟德尔的分离定律和同源染色体之间的联系：一个基因的等位基因位于两条同源染色体的相同位点。然而，两条染色体在任何一个位点上携带的等位基因，都可能相同，也可能不同。换句话说，生物在该位点的基因可能是纯合的，也可能是杂合的。我们将在本章稍靠后的部分，回顾孟德尔定律的染色体基础。☑

☑ 检查点

1. 基因有不同的版本，叫作______。哪个术语描述了携带两个相同基因的情况？哪个术语描述了携带两个不同基因的情况？
2. 两个植株基因型相同，表型一定会相同吗？两个植株表型相同，基因型一定会相同吗？
3. 你的每个性状都源自两个等位基因。这些等位基因从何而来？

答案：1. 等位基因；纯合子；杂合子。2. 是的。否：可能一个是显性等位基因的纯合子，而另一个是杂合子。3. 一个是来自你的父亲（通过其精子），一个是来自你的母亲（通过其卵子）。

▼ 图 9.7 **等位基因与同源染色体的关系。**图中相对应基因位点的相同颜色突出了这样一个事实：同源染色体在其长度相同的位置上携带相同基因的等位基因。

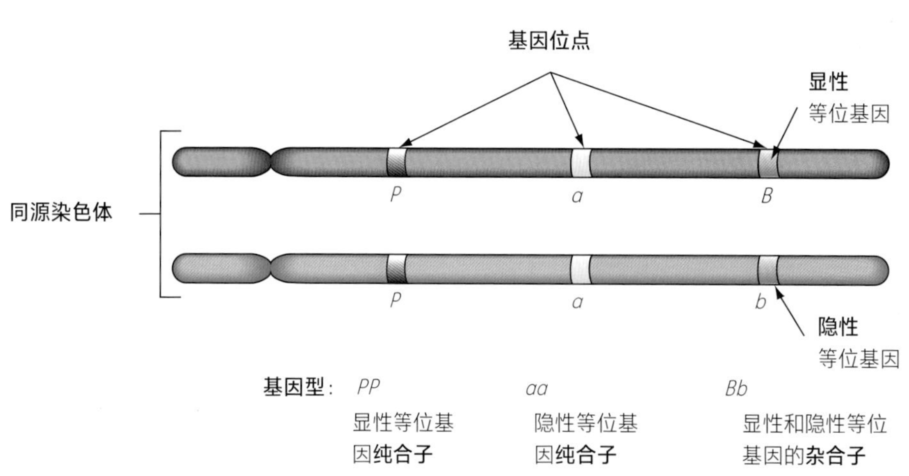

孟德尔的自由组合定律

除了花的颜色，孟德尔还研究了豌豆的其他两种特征：种子形状（圆滑对皱缩）和种子颜色（黄色对绿色）。通过在单因子杂交中一次追踪一个特征，孟德尔知道圆滑的等位基因（指定为 *R*）对皱缩的等位基因（*r*）是显性的，黄色种子的等位基因（*Y*）对绿色种子的等位基因（*y*）是显性的。两种特征不同的亲本杂交，即**双因子杂交**，会产生什么结果呢？孟德尔将产圆滑黄色种子（基因型 *RRYY*）的纯系植株与产皱缩绿色种子（*rryy*）的纯系植株杂交。如图 9.8 所示，来自 P 代的 *ry* 和 *RY* 配子的结合产生了这两个特征（*RrYy*）的杂合子——即双因子杂种。正如我们所料，所有这些后代，即 F_1 代，都有圆滑黄色种子（这两个显性性状）。但是，这两个特征是同时从亲代传给子代的，还是每个特征都是独立于其他特征遗传的呢？

孟德尔将这些 F_1 代植物相互杂交后，获得了这个问题的答案。如果这两个特征的基因协同遗传，那么 F_1 代杂合子将只获得两种与它们亲本相同的配子。在这种情况下，F_2 代将表现出 3 : 1 的表型比（3 株黄色圆滑种子植株 : 1 株绿色皱缩种子植株），如图 9.8（a）中的庞纳特棋盘格所示。然而，如果这两种种子特征自由组合，那么 F_1 代将产生等量的四种配子基因型——*RY*、*ry*、*Ry* 和 *rY*。图 9.8（b）中的庞纳特棋

▼ 图 9.8 **双因子杂交实验中基因组合的两个不同假说。**孟德尔的数据支持假说 b。

（a）**假说：基因不是自由组合的**（Dependent assortment）。引出预测——F_2 植物将有与亲本匹配的种子，要么是黄色圆滑的，要么是绿色皱缩的。

（b）**假说：基因是自由组合的**（Independent assortment）。引出预测——F_2 植物将有四种不同的种子表型。

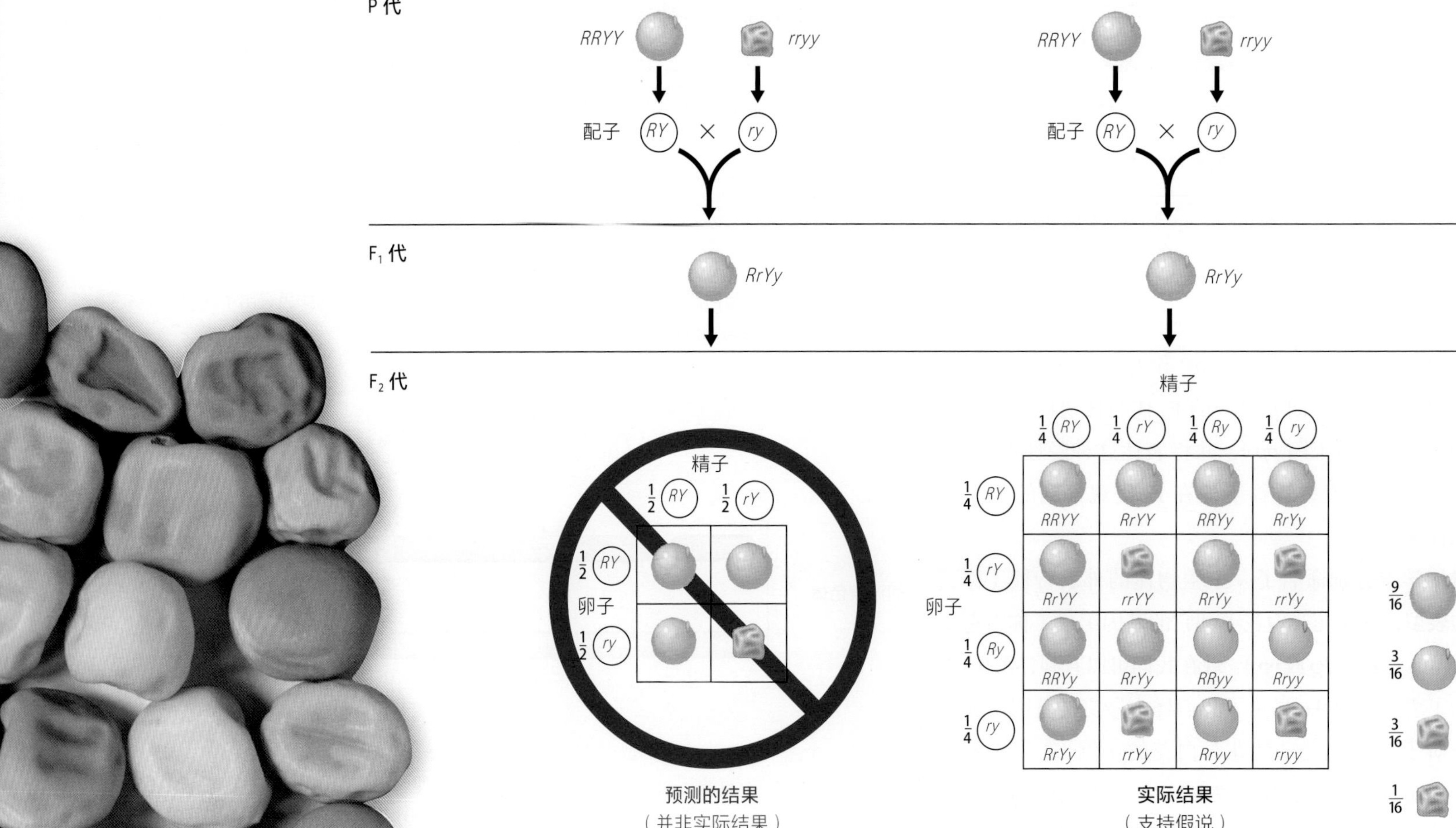

盘格显示了四种精子和四种卵子结合后，产生的 F_2 代的所有可能的等位基因组合。观察庞纳特棋盘格，可以看到它预测 F_2 代有 9 种不同的基因型。这 9 种基因型将形成 4 种不同的表型，比例为 9 : 3 : 3 : 1。

图 9.8（b）中的庞纳特棋盘格也揭示了双因子杂交相当于同时发生两个单因子杂交。从 9 : 3 : 3 : 1 的比例可以看出，F_2 代有 12 份是圆滑种子，4 份皱缩种子，12 份黄色种子，4 份绿色种子。这两个 12 : 4 的比例各自约分为 3 : 1，即 F_2 代的单因子杂交比例。孟德尔在各种双因子杂交组合中尝试了 7 个豌豆特征，都能观察到 F_2 代的表型比例为 9 : 3 : 3 : 1（或同时出现两个 3 : 1 比例）。这些实验结果吻合之前的假说——在配子形成时，每对等位基因的分离独立于其他等位基因。换句话说，一个特征的传递，不影响另一个特征的传递。这就是孟德尔的自由组合定律。

自由组合定律的另一个应用，请见图 9.9 中描述的狗育种实验。拉布拉多寻回犬两个特征的遗传由不同的基因控制：黑色与棕色，正常视力与患进行性视网膜萎缩（PRA）眼病。黑色毛皮的拉布拉多犬至少有一个 *B* 等位基因，它对 *b* 是显性的，所以只有基因型为 *bb* 的狗有棕色皮毛。引起 PRA 的等位基因称为 *n*，对正常视力等位基因 *N* 是隐性的。因此，只有 *nn* 基因型的狗因为患 PRA 而失明。如果让两只双杂合子（*BbNn*）的拉布拉多寻回犬交配（图 9.9 底部），所生后代（F_2）的表型比为 9 : 3 : 3 : 1。这些结果与图 9.8 中的 F_2 结果相近，表明毛色和 PRA 基因是独立遗传的。☑

☑ 检查点

看图 9.9，拉布拉多犬中有黑色毛和有棕色毛的比例是多少？视力正常与失明的比例呢？

答案：3 : 1；3 : 1。

▼ 图 9.9 **拉布拉多寻回犬基因的自由组合。**基因型中的空白表示显性或隐性等位基因。

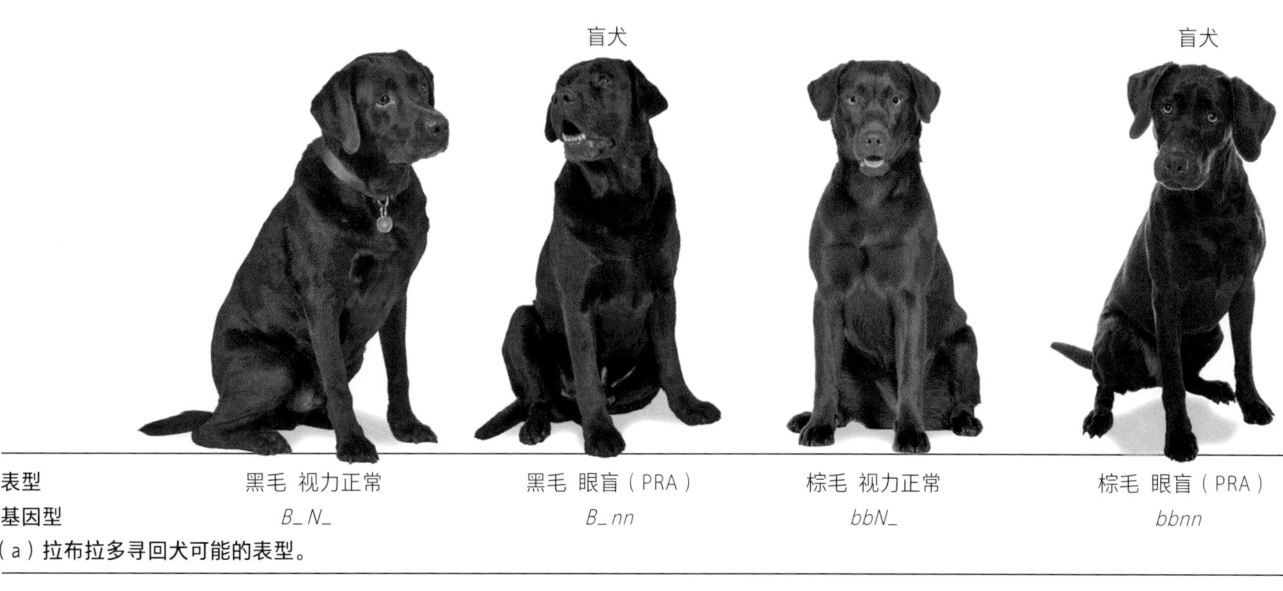

（a）拉布拉多寻回犬可能的表型。

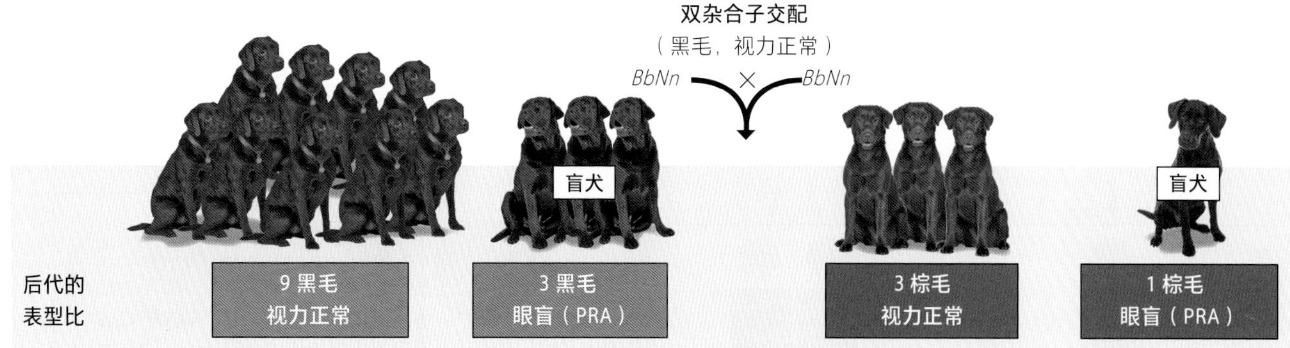

（b）拉布拉多双因子杂交犬。

利用测交确定未知基因型

假设你有一只棕色皮毛的拉布拉多寻回犬。通过图 9.9，你可以看出它的基因型一定是 *bb*，这是产生棕色皮毛表型的唯一等位基因组合。如果你有一只黑色的拉布拉多呢？它有两种可能的基因型——*BB* 或 *Bb*——而且无法通过观察狗本身来判断它是哪种基因型。为了确定你的狗的基因型，你可以**测交**，即让一只显性表型但基因型未知的个体（你的黑色拉布拉多犬）和一只纯合隐性个体（*bb* 基因型棕色拉布拉多犬）进行交配。

图 9.10 显示了这种交配可能产生的后代。如左图所示，如果黑色拉布拉多犬亲本的基因型是 *BB*，我们预料所有的后代都是黑色的，因为基因型 *BB* 和 *bb* 之间的杂交只能产生 *Bb* 后代。另一方面，如果黑色拉布拉多犬亲本的基因型是 *Bb*，我们可以预料后代有黑色（*Bb*）和棕色（*bb*）的。因此，从后代的外形可以推断出亲本黑色犬的基因型。☑

☑ 检查点

一只棕色拉布拉多犬和一只基因型未知的黑色拉布拉多犬交配，得到一窝三只黑色小狗，你能确定其黑色亲本的基因型吗？

答案：不能。它可能是 *BB* 基因型，总是会繁殖出黑色的小狗；也可能是 *Bb* 基因型，而只是碰巧连续生出三只黑色的小狗。要增加结论的可靠性，需要繁殖更多的小狗。

▼ 图 9.10 **拉布拉多寻回犬测交实验。**要确定一只黑色拉布拉多犬的基因型，可以将其与一只棕色拉布拉多犬（纯合隐性，*bb*）交配。如果所有后代都有黑色皮毛，黑色的亲本最有可能是基因型 *BB*。如果有任何一个后代是棕色，黑色的亲本一定是杂合子（*Bb*）。

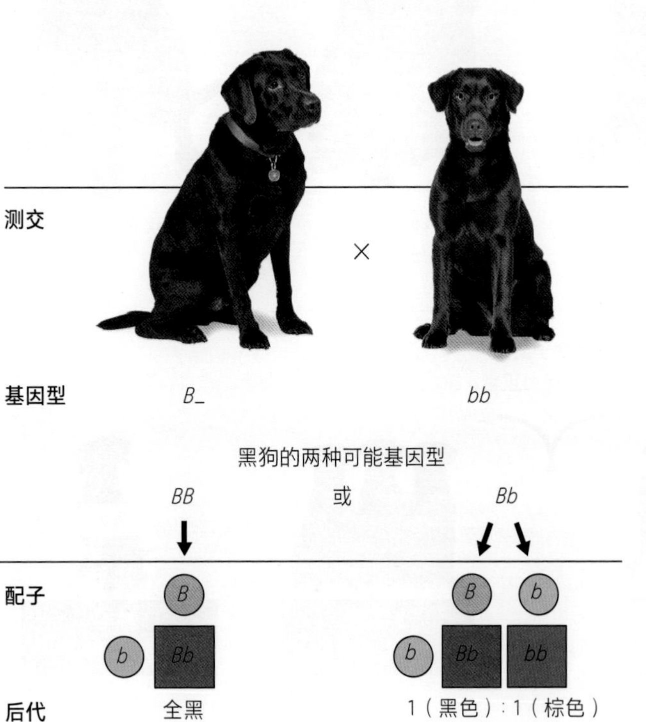

概率法则

孟德尔深厚的数学背景，对他的遗传研究很有帮助。例如，他知道遗传杂交遵循概率法则——就如同抛掷硬币、掷骰子、抽扑克牌的规则一样。我们可以从抛硬币中学到的一个重要的规律是，每一次抛硬币，正面的概率都是 1/2。即使连续 5 次抛掷都得到正面，下一次抛出正面的概率仍然是 1/2。换句话说，任何一次掷硬币的结果都不会影响下一次的结果。每一次抛掷都是一次独立事件。

同时抛掷两枚硬币，则每枚硬币的抛掷结果都是独立事件，不受另一枚硬币的影响。那么两枚硬币落地都为正面的概率有多大？这种双重事件的概率是独立事件的独立概率的乘积——对于掷硬币，即 $1/2 \times 1/2 = 1/4$。这被称为**乘法法则**，它适用于发生在遗传学和掷硬币中的独立事件，如图 9.11 所示。在拉布拉多双因子杂

▼ 图 9.11 **等位基因的分离和受精事件的发生概率。**当杂合子（*Bb*）形成配子时，精子和卵子形成过程中等位基因的分离就像两枚分开抛掷的硬币（即两个独立事件）。

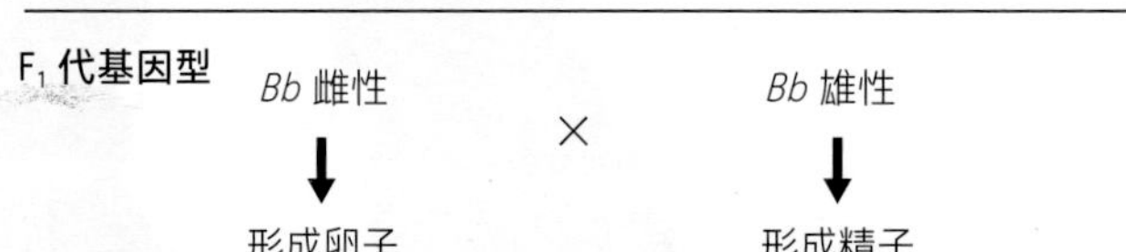

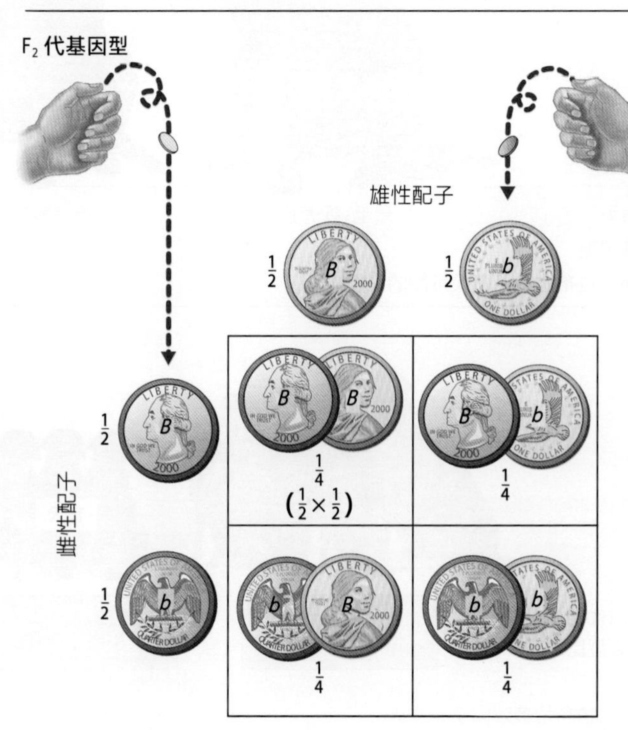

交犬中（见图 9.9），F_1 代犬毛色的基因型是 *Bb*。一只特定的 F_2 代犬为 *bb* 基因型的概率是多少？要产生 *bb* 后代，卵子和精子都必须携带 *b* 等位基因。*Bb* 犬的卵子携带 *b* 等位基因的概率是 1/2，精子携带 *b* 等位基因的概率也是 1/2。根据乘法法则，两个 *b* 等位基因在受精时会合的概率是 $1/2 \times 1/2 = 1/4$。这正是图 9.11 的庞纳特棋盘格给出的答案。如果我们知道亲本的基因型，我们就可以预测子代所有基因型出现的概率。通过将概率法则应用于分离定律和自由组合定律，我们可以解决一些相当复杂的遗传学问题。☑

家族谱系

孟德尔定律适用于分析许多人类遗传性状。图 9.12 展示了三种人类特征的不同表型，每一种都是基因的显性-隐性遗传决定的。（人类许多其他特征的遗传基础——如眼睛和头发颜色——要复杂得多，人们对这些了解甚少。）如果称任意一种基因的显性等位基因为 *A*，显性表型就是纯合基因型 *AA* 或杂合基因型 *Aa*。隐性表型仅由纯合基因型 *aa* 产生。在遗传学中，“显性”并不意味着表型是正常的，或比隐性表型更常见；**野生型性状**（自然界中最常见的）也不一定都是显性等位基因。在遗传学中，显性意味着只要杂合子（*Aa*）携带一个显性等位基因，即表现为显性表型。相反地，对应的隐性等位基因的表型仅见于纯合子（*aa*）中。事实上，隐性性状在种群中可能比显性性状更常见。比如：无雀斑（*ff*）比有雀斑（*FF* 或 *Ff*）更常见。

人类遗传学要怎么研究呢？科学家研究豌豆或拉布拉多寻回犬，可以进行测交实验。但研究人的遗传学家显然不能操纵其研究对象的交配行为。相反，他们只能分析已有的生育结果。首先，遗传学家收集尽可能多的关于某个性状的家族史的信息。然后，研究者将这些信息汇编成一个家谱，称为**谱系**。（纯种动物如赛马和冠军犬有谱系，但谱系也可以用来表现人的婚配关系。）遗传学家应用逻辑思维和孟德尔遗传定律来分析一个谱系。

☑ 检查点

用一副标准 52 张的扑克牌，抽到 A 的概率是多少？抽到 A 或者 K 的概率呢？被发到一张 A 然后又拿到一张 A 的概率呢？

答案：1/13（4张A/52张牌）；2/13（8/52）；4/52 × 3/51 ≈ 0.0045，或 1/221（因为一副牌还剩3张A，还剩51张牌）。

有雀斑

有美人尖

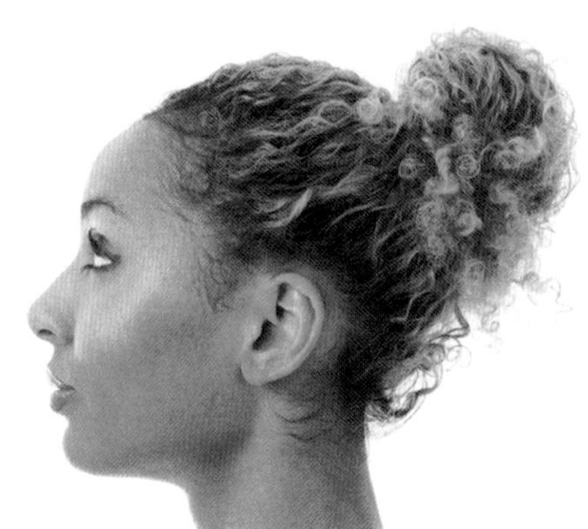
有耳垂

无雀斑

无美人尖

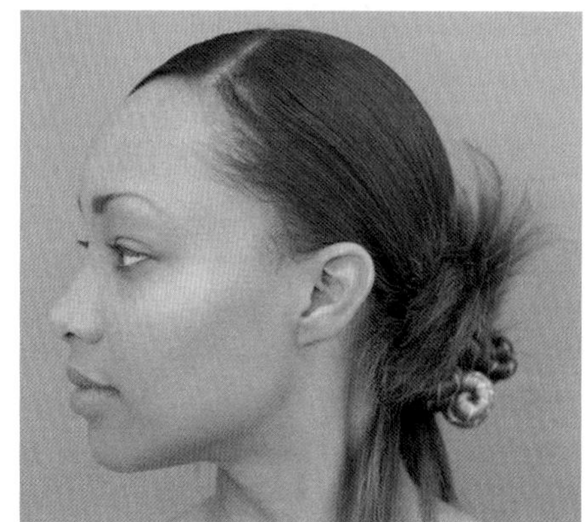
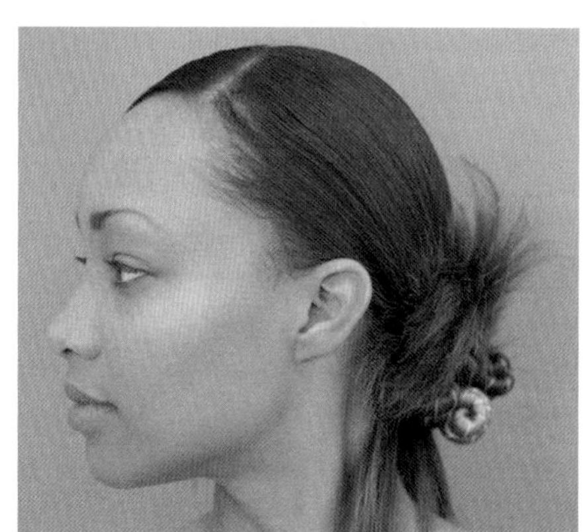
无耳垂

◀ 图 9.12　**被认为是由单一基因控制的人类遗传性状的典型例子。**

☑ 检查点

什么是野生型性状？

答案：自然界中普遍存在的一种性状。

让我们将这种方法应用到图 9.13 中的例子，一个追踪相对性状有耳垂和无耳垂发生率的谱系。字母 *F* 代表有耳垂的显性等位基因，*f* 代表无耳垂的隐性等位基因。在谱系中，□代表男性，○代表女性，有颜色的符号（■和●）表示此人具有被研究的性状（这里是无耳垂），无阴影符号表示不具有该性状（此人有耳垂）。最早（最老）的一代在谱系顶端，最近的一代在底端。

通过应用孟德尔定律，我们可以推断出无耳垂的等位基因是隐性的，因为这是 Kevin 在其父母（Hal、Ina）都有耳垂的情况下自己无耳垂的唯一可能。因此，我们可以将谱系中所有无耳垂的个体（即所有带彩色圆圈或正方形的个体）标记为纯合隐性（*ff*）。

利用孟德尔定律，我们能推断出谱系中大多数人的基因型。例如，Hal 和 Ina 一定携带了 *f* 等位基因（他们传给了 Kevin），以及让他们拥有耳垂的 *F* 等位基因。Aaron 和 Betty 也是如此，因为他们都有耳垂，但 Fred 和 Gabe 都无耳垂。对于这些情况，我们都能够通过孟德尔定律和简单的逻辑明确地指出其基因型。

请注意，我们无法推断谱系中每个成员的基因型。例如，Lisa 必然至少有一个 *F* 等位基因，但她可能是 *Ff* 或 *FF*。利用现有数据，我们无法确认这两种可能，也许要获得其后代的信息才能解开这个谜团。

由单一基因控制的人类疾病

我们已经知道表 9.1 中列出的人类遗传病，是由单个基因控制，发生显性性状遗传或隐性性状遗传。因此，这些疾病表现出简单的遗传模式，就像孟德尔在豌豆植株中研究的那样。涉及的基因都位于常染色体上，而不是性染色体 X 和 Y 上。

隐性疾病

大多数人类遗传疾病是隐性的。这些疾病的严重程度从无害到威胁生命不等。大多数隐性疾病患者的正常父母基因型都是杂合子——也就是说，父母是隐性疾病等位基因的**携带者**，但他们自己是正常的。

利用孟德尔定律，可以预测两位携带者婚配，可能受影响的后代比例。例如一种由隐性等位基因引起的遗传性耳聋。假设两位杂合子携带者（*Dd*）婚配生一子，孩子耳聋的概率有多大？如图 9.14 中的庞纳

▼ 图 9.13 **显示有耳垂和无耳垂遗传的谱系。**

第一代（祖父母）：Aaron *Ff*；Betty *Ff*；Cletus *ff*；Debbie *Ff*

第二代（父母、阿姨和叔叔）：Evelyn *FF* 或 *Ff*；Fred *ff*；Gabe *ff*；Hal *Ff*；Ina *Ff*；Julia *ff*

第三代（兄妹）：Kevin *ff*；Lisa *FF* 或 *Ff*

女 男
● ■ 无耳垂
○ □ 有耳垂

表 9.1 一些人类的常染色体疾病

疾病	主要症状
隐性疾病	
白化病	皮肤、头发和眼睛缺乏色素 
囊性纤维化	肺、消化道、肝脏黏液过多；感染的易感性增加；如不治疗，儿童时期便会夭折
苯丙酮尿症（PKU）	血液中苯丙氨酸积累；缺乏正常的皮肤色素；若不治疗会导致患者精神发育迟缓 
镰刀型细胞贫血病	红细胞呈镰刀状；损害许多组织 
泰－萨克斯病	脑细胞脂质堆积；精神缺陷；失明；夭折
显性疾病	
软骨发育不全	侏儒 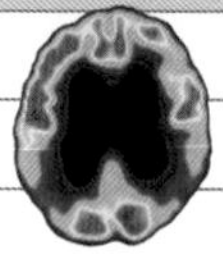
阿尔茨海默病（家族遗传性）	精神衰退；通常晚年发作
亨廷顿舞蹈症	精神衰退，行动失控；中年发作
高胆固醇血症	血液中胆固醇过多；心脏病

INGREDIENTS: DEXTROSE WITH MALTODEXTRIN, ASPARTAME
PHENYLKETONURICS: CONTAINS PHENYLALANINE

特棋盘格所示，这两位携带者生子，每个孩子有 1/4 的可能性会遗传两个隐性等位基因。因此，我们可以说，这对夫妇的孩子中大约有 1/4 可能是聋人。也可以说，来自这样一个家庭的听力正常的儿童，成为遗传性耳聋携带者的概率为 2/3（即平均每 3 个健康后代中就有 2 个听力基因型是 *Dd*）。我们可以将同样的谱系分析和预测方法应用于任何由单个基因控制的遗传性状。

▼ 图 9.14 **当父母都是隐性疾病的携带者时，对后代的预测。**

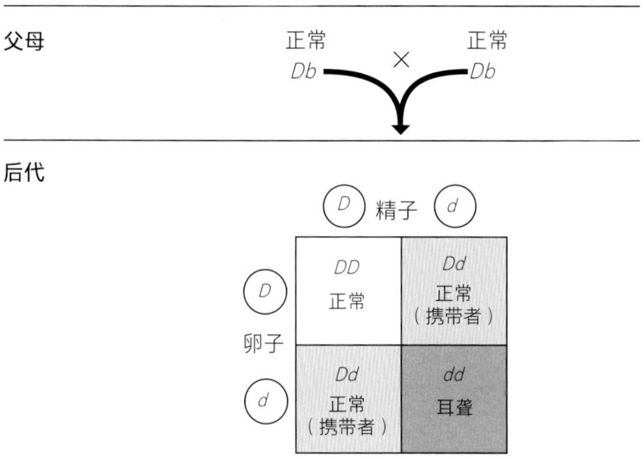

父母：正常 *Db* × 正常 *Db*

后代

	精子 *D*	精子 *d*
卵子 *D*	*DD* 正常	*Dd* 正常（携带者）
卵子 *d*	*Dd* 正常（携带者）	*dd* 耳聋

美国最常见的致死性遗传病是**囊性纤维化**（CF）。隐性 CF 等位基因影响约 3 万名美国人，每 31 名美国人中约有 1 人携带该等位基因。一个人有 2 个该等位基因会患囊性纤维化，其特征是肺、胰腺和其他器官过度分泌极其黏稠的黏液。黏液会妨碍呼吸、消化和肝功能，使人容易反复受到细菌感染。这种致命疾病虽无法治愈，但凭借特殊的饮食、预防感染的抗生素、频繁捶打胸部和背部以清除肺部黏液等治疗方法，可以大大延长寿命。CF 对于儿童曾是致命的，现代医疗手段的进步，美国 CF 患者的中位生存年龄已提高到了 37 岁。☑

☑ **检查点**

一对父母都是囊性纤维化隐性基因的携带者，他们有三个孩子，都没有患囊性纤维化。如果夫妻俩生第四个孩子，这孩子患这种病的概率有多大？

答案：1/4（与他们其他孩子的基因型和表型无关）。

显性疾病

许多人类疾病是由显性等位基因异常引起的。有些是无害的，如多出手指、脚趾或指（趾）间有蹼等。软骨发育不全是一种由显性等位基因引起的严重但非致命的疾病。这是一种侏儒症，患者头部和躯干

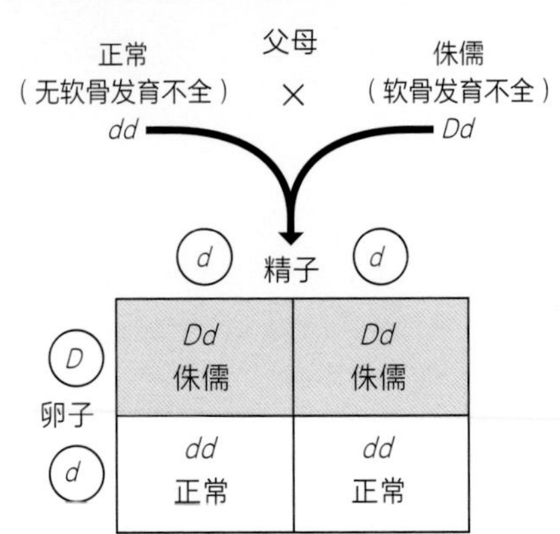

▲ 图 9.15 **庞纳特棋盘格展示了一个有软骨发育不全患者的家庭。**

发育正常，但胳膊和腿较短。纯合显性基因型（*AA*）会导致胚胎死亡，因此只有杂合子（*Aa*），即具有一个缺陷等位基因复制的个体，才会患这种疾病。这也意味着软骨发育不全的人将这种缺陷遗传给孩子的概率为 50%（图 9.15）。因此，未患软骨发育不全的人，即人口中超过 99.99% 以上，都是隐性等位基因（*aa*）的纯合子。这个例子清楚地表明，显性等位基因在人群中不一定比相应的隐性等位基因更常见。

引起致死性疾病的显性等位基因，要远少于致死性隐性等位基因。以导致亨廷顿舞蹈症的等位基因为例，这是一种神经系统退化疾病，通常到中年发作，一旦神经系统开始退化，就不可逆转，必然致命。因为亨廷顿舞蹈症的等位基因是显性的，如果父母一方带有该等位基因，其孩子都有 50% 的概率遗传该等位基因和该疾病。这个例子再一次清楚地表明，显性等位基因不一定比相应的隐性等位基因"更好"。

遗传学家研究人类性状的一种方法是在动物身上找到相似的基因，然后通过控制交配和其他实验对其进行更详细的研究。让我们回到章节主线——狗的育种——来研究这一人类好朋友的皮毛问题。

狗的育种　科学的过程

狗皮毛变异的遗传基础是什么？

你可能已经观察到，与大多数哺乳动物相比，狗非常突出的一点是有各种各样的身体类型。例如，狗的毛可以是短的或长的，直的或卷曲的或丝毛的（有"小胡子"和"眉毛"）。有时一个品种，如猎狐㹴，可能会表现出两种或两种以上的变异（图 9.16）。

2005 年，人们公布了一只名叫塔莎的雌性拳师犬的全部基因序列。从那以后，犬类遗传学家陆续增加了来自其他品种的大量数据。2009 年，一个国际小组开始研究犬科动物皮毛遗传基础问题。他们提出了一个假说：对比皮毛不同的各种狗的基因，可以识别出导致差异的基因。他们预测少数几个基因的突变就可以解释不同外观的皮毛。他们的实验比较了来自几十个品种的 622 只狗的 DNA 序列。结果确定了 3 个基因，这些基因以不同的组合产生了 7 种不同的毛发形态，从非常短的毛发到厚实浓密的卷曲毛发，不一而足。例如，照片中两只狗之间的差异是由于调节角蛋白的单个基因发生了变化，角蛋白是毛发的主要结构成分之一。

这项实验展示了狗的极端表型范围与基因组序列的存在是如何结合起来，用于揭示有趣的遗传问题的。事实上，类似的研究已经揭示了狗其他性状的遗传基础，如体型、有无毛、毛色。

▼ 图 9.16 **光滑毛与卷曲毛的猎狐㹴。**像其他几个品种一样，猎狐㹴的皮毛分为光滑（左）和卷曲（右）两种。

基因检测

不久之前，想知道一个人有无遗传可能致病的等位基因，唯一方法仍然是等待疾病症状的出现。如今，有许多检查可以检测个体基因组中致病等位基因是否存在。

大多数基因检测都是在怀孕期间进行的，前提是准父母意识到他们的孩子有更高的患遗传疾病的风险。出生前的基因检测通常需要收集胎儿细胞。在羊膜腔穿刺术中，医生用针抽取大约 2 茶匙羊水（图 9.17）。在绒毛膜绒毛取样中，医生通过孕妇的阴道插入一根狭窄的柔性管，进入她的子宫，取出一些胎盘组织。一旦获得细胞，就可以对胎儿进行遗传病筛查。

羊膜腔穿刺术和绒毛取样有引起并发症的风险，所以通常只适用于遗传病可能性高的情况。另外，对怀孕 15 ～ 20 周孕妇进行血液检测有助于识别某些具有出生缺陷风险的胎儿。最广泛使用的血检是测量母亲血液中一种叫作甲胎蛋白（AFP）的蛋白质的水平；甲胎蛋白水平过高可能表明胎儿有发育缺陷，而水平过低可能表明胎儿患有唐氏综合征。为了获得更完整的风险概况，医生可能会要求孕妇进行“三重筛查检测”，该检测测量甲胎蛋白以及胎盘产生的另外两种激素的含量水平。母体血液中这些物质的水平异常，也可能意味着患唐氏综合征的风险。新的基因筛查程序包括分离少量释放到母亲血液中的胎儿细胞或 DNA。因为新的筛查方法比其他检测更准确，可以更早、更安全地进行，这些新技术正在逐步取代更具侵入性的筛查方法。

随着基因检测越来越常规化，遗传学家致力于通过这些检测解决更多问题，而不是带来更多麻烦。遗传学家强调，寻求基因检测的患者应该在检测前后都应问诊，以便解读检测结果、分析应对。及早识别遗传病，可以让家人有时间在情感上、医学上、经济上做好准备。生物技术进步为减轻人类痛苦提供了可能性，但在关键伦理问题解决之前，技术不能滥用。人类遗传学带来的困境突显了本书的主题之一：生物学巨大的社会影响。☑

☑ 检查点

28 岁男子彼得，父亲死于亨廷顿舞蹈症，母亲没有表现出疾病的迹象。彼得遗传亨廷顿舞蹈症的概率有多大？

答案：1/2。

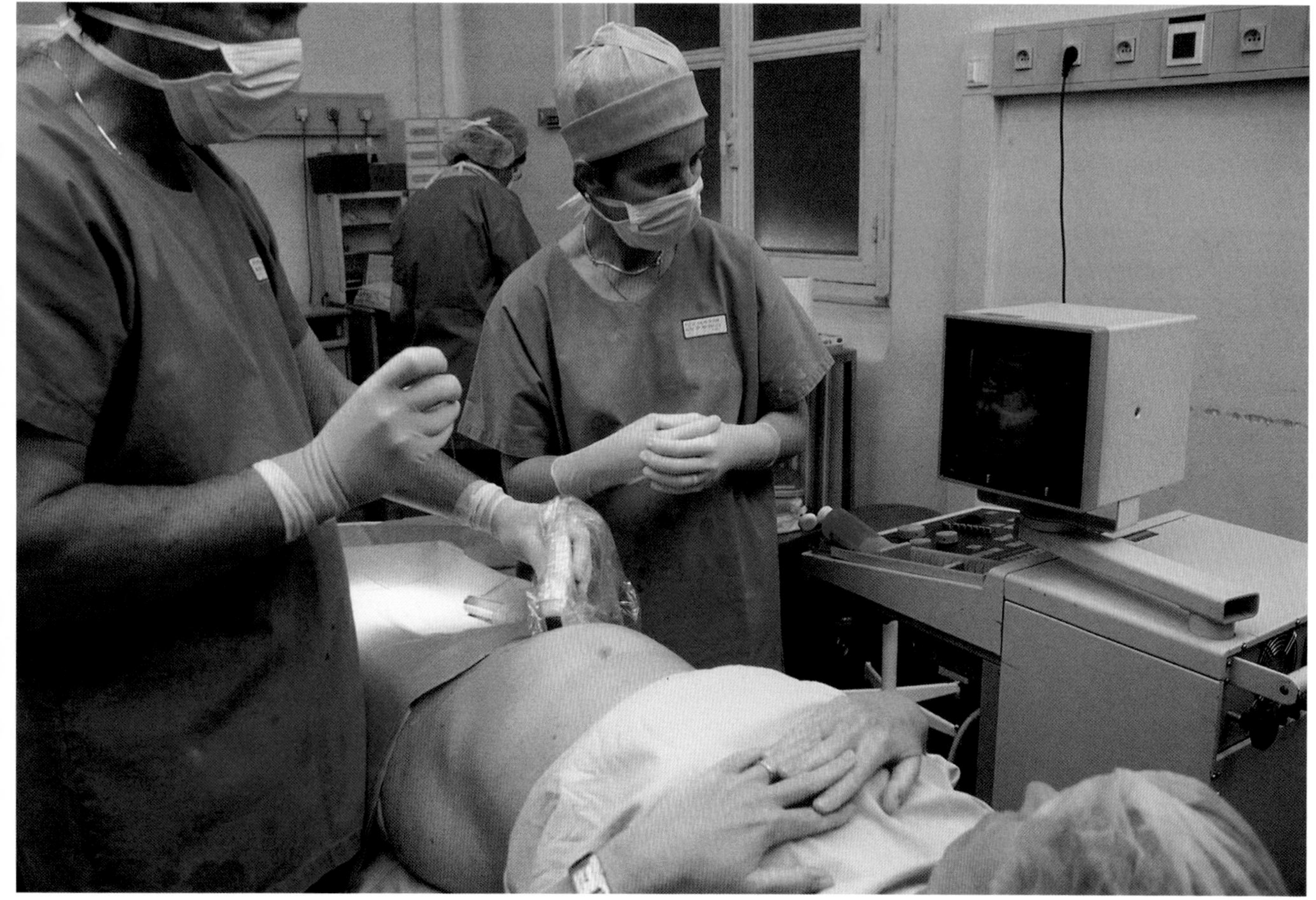

◄ 图 9.17 **羊膜腔穿刺术。**医生使用超声波图指导采集胎儿细胞以进行基因检测。

孟德尔定律的扩展

孟德尔的两条定律，根据简单的概率法则，用代代相传的基因来解释遗传。孟德尔定律适用于所有的有性生殖生物，包括豌豆、拉布拉多寻回犬、人类。但正如基础音乐和弦规则不能解释交响乐中的丰富声音一样，孟德尔定律也无法解释遗传的某些模式。事实上，对大多数有性生殖的生物来说，其遗传模式能被孟德尔定律严格解释的情况是比较少的。实际观察到的遗传模式，通常更复杂。接下来，我们将看一看孟德尔定律的几个扩展，它们有助于解释这种复杂性。

植物和人的不完全显性

孟德尔豌豆杂交的 F_1 代看起来总是像两个亲本植株之一。在这种情况下，显性等位基因无论是单因子复制还是双因子复制，对表型都有同样的影响。但是对于某些特征来说，F_1 代杂种的模样介于双亲的表型之间，这种效应被称为**不完全显性**。例如，当红金鱼草与白金鱼草杂交时，所有的 F_1 代杂种都有粉红色花（图 9.18）。而在 F_2 代，基因型比例和表型比例相同，为 1∶2∶1。

我们也看到了人类的不完全显性基因的例子。其中一种情况涉及一个隐性等位基因（*h*），它导致高胆固醇血症——即血液呈现危险的高胆固醇水平。正常人类个体是纯合显性 *HH*。杂合子（*Hh*）个体的血液胆固醇水平，大约是正常人水平的两倍。这种杂合子个体很容易在动脉壁上堆积胆固醇，并可能在 35 岁左右因心脏动脉阻塞导致心脏病发作。高胆固醇血症在纯合子个体（*hh*）中更为严重。纯合子个体的血液胆固醇水平约为正常人水平的 5 倍，可能早在 2 岁时就患有心脏病。深入考察高胆固醇血症的分子基础，就可以理解杂合子的中间表型（图 9.19）。*H* 等位基因指定了一种细胞表面受体蛋白，被肝细胞用于清除血液中过量的低密度脂蛋白（LDL，或“有害胆固醇”）。*Hh* 基因型个体的受体只有 *HH* 个体的一半，因此这种杂合子个体能去除的过量胆固醇要少得多。

▼ 图 9.18 **金鱼草的不完全显性遗传。**将该图与图 9.6 进行比较，其中一个等位基因表现为完全显性。

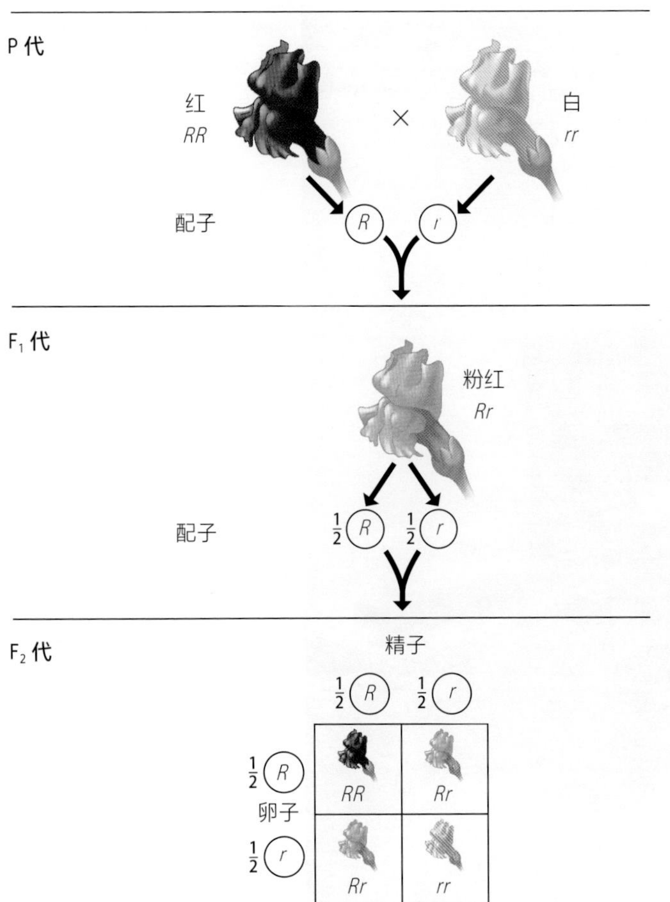

▼ 图 9.19 **人类高胆固醇血症的不完全显性。**肝细胞上的 LDL 受体促进血液中由 LDL 携带的胆固醇的分解。这个过程有助于防止胆固醇在动脉中积聚。受体太少会导致血液中低密度脂蛋白水平升高。

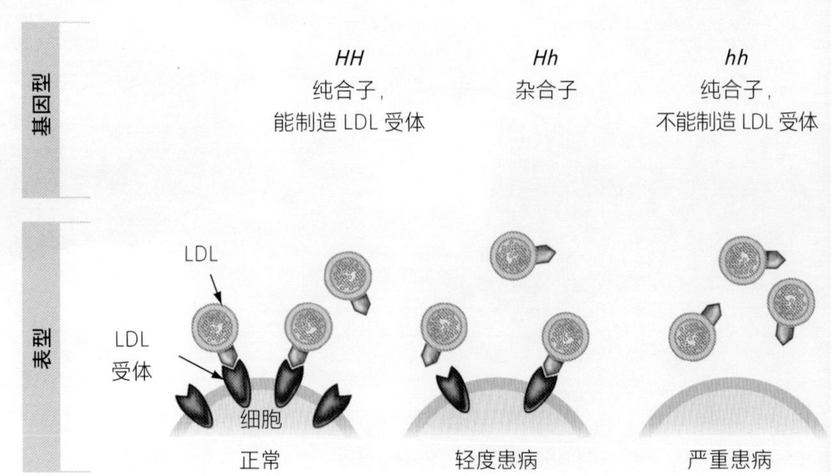

ABO 血型：复等位基因和共显性的一个例子

到目前为止，我们已经讨论了每个基因只有两个等位基因的遗传模式（例如，*H* 对 *h*）。但是大多数基因在群体中可以找到两种以上的形式，称为复等位基因。虽然每个个体最多携带一个特定基因的两个不同等位基因，但对于复等位基因，群体中可能存在两个以上的等位基因。

人类的 ABO **血型**涉及三个等位基因，其各种组合产生四种表型：一个人的血型可能是 A、B、AB 或 O 型。这些字母代表的是可能存在于红细胞表面的两种抗原，命名为 A 和 B（图 9.20）。一个人的红细胞表面可能有抗原 A（使其成为 A 型血）、有抗原 B（B 型）、两者都有（AB 型）或者都没有（O 型）。（与血型相关的“阳性”和“阴性”符号被称为 Rh 血型系统，是由一个独立的、不相关的基因遗传的。）

匹配相容的血型对安全输血至关重要。如果献血者的血细胞含有受血者排斥的抗原（A 或 B），那么受血者的免疫系统就会产生称为“抗体”的血液蛋白质，与外来的抗原结合，导致受血者的血细胞聚集到一起，造成受血者死亡。

这四种血型是由三种不同等位基因的不同组合产生的：I^A（产生 A 抗原的能力）、I^B（产生 B 抗原的能力）和 *i*（既不产生 A 抗原也不产生 B 抗原）。每个人从父母那里继承一个等位基因。因为有三个等位基因，所以有六种可能的基因型，如图 9.20 所示。I^A 和 I^B 等位基因对 *i* 等位基因都是显性的。因此，I^AI^A 和 I^Ai 基因型的人是 A 型血，I^BI^B 和 I^Bi 基因型的人是 B 型血。隐性纯合子（*ii*）为 O 型血，两抗原都不产生。最后，I^AI^B 基因型的人同时有两种抗原。换句话说，I^A 和 I^B 等位基因是**共显性**的，这意味着这两个等位基因都在具有 AB 型血的杂合子个体（I^AI^B）中表达。请注意，O 型血不会与任何其他型血发生反应，这使得 O 型血的人成为“万能献血者”。而一个 AB 型血的人，是“万能的接受者”。注意区分共显性（两个等位基因均表达）和不完全显性（表达一个中间性状）。☑

☑ 检查点

1. 为什么没有必要用测交来确定一棵开红花的金鱼草是纯合子还是杂合子？
2. 玛利亚是 O 型血，姐姐是 AB 型血。他们父母的基因型是什么？

答案：1. 只有显性基因纯合的植株才开红花，杂合子开粉红色花。2. 父母一方是 I^Ai，另一方是 I^Bi。

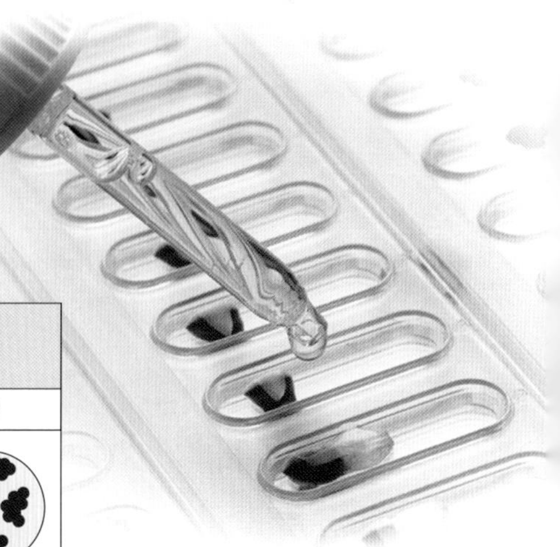

▼ 图 9.20　ABO **血型的复等位基因。**负责血型的基因的三个版本可能产生抗原 A（等位基因 I^A）、抗原 B（等位基因 I^B），或都不产生（等位基因 *i*）。因为每个人携带两个等位基因，所以可能出现六种基因型，从而导致四种不同的表型。抗体和外来血细胞之间发生的凝血反应是鉴定血液分型（如右图所示）的基础，也是人们接受不相容血液输血时产生不良反应的原因。

血型（表型）	基因型	红细胞	血液中的抗体	当下面血型的血与左侧血型的抗体混合时的反应			
				O	A	B	AB
A	I^AI^A 或 I^Ai	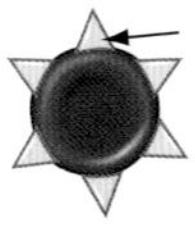 糖蛋白抗原 A	抗 -B 抗体	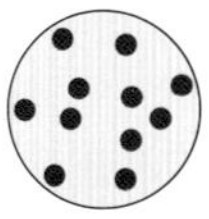	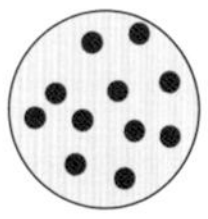	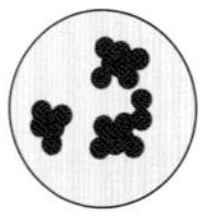	
B	I^BI^B 或 I^Bi	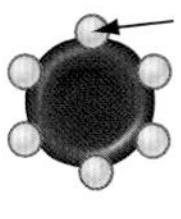 糖蛋白抗原 B	抗 -A 抗体	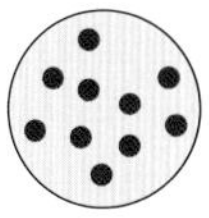	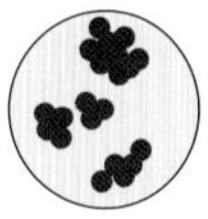	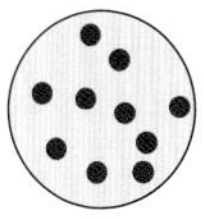	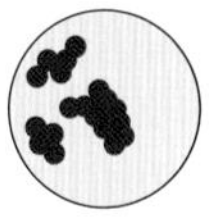
AB	I^AI^B	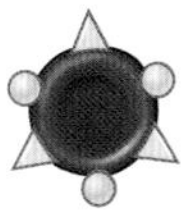	—	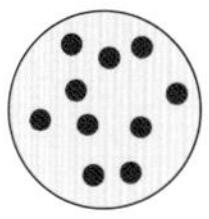	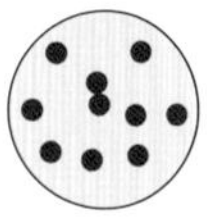	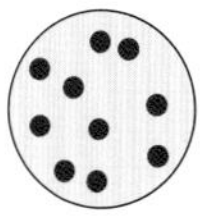	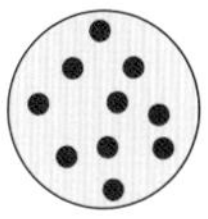
O	*ii*		抗 -A 抗体 抗 -B 抗体	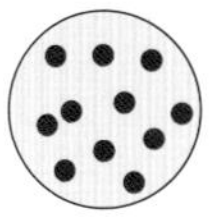			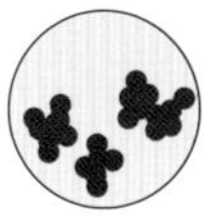

 **结构 / 功能**

基因多效性和镰刀型细胞贫血病

迄今为止，我们的遗传学例子是“每个基因只对应一个遗传特征”的例子。但在许多情况下，一个基因影响数个特征，这种特性称为**基因多效性**。

人类基因多效性的一个例子是镰刀型细胞贫血病（又称镰刀状细胞型贫血）——一种以多种症状为特征的疾病。镰刀型细胞等位基因的直接作用是使红细胞产生异常血红蛋白（见图 3.19）。这些异常蛋白往往聚集在一起形成结晶，特别是当血液中的氧含量由于高海拔、过度劳累或呼吸系统疾病而低于正常值时。随着血红蛋白的结晶，正常的圆盘状红细胞变形为边缘呈锯齿状的镰刀形（图 9.21）。正如在生物学中经常发生的那样，结构改变会影响功能。由于镰刀型细胞在血液中流动不畅，往往会积聚并堵塞微小的血管，导致流向身体部位的血液减少，引起周期性发热、剧烈疼痛，进而损伤心脏、大脑和肾脏。机体免疫会破坏异常的镰刀状细胞，进而导致贫血及全身无力。世界上每年约有 10 万人死于镰刀型细胞贫血病，输血和用药可能缓解一些症状，但目前没有治愈的方法。☑

▼ 图 9.21　**镰刀型细胞贫血病：人类单基因的多重影响。**

镰刀型细胞等位基因纯合子个体

镰刀型细胞（异常）血红蛋白

异常血红蛋白结晶形成长而柔韧的链，导致红细胞变成镰刀状

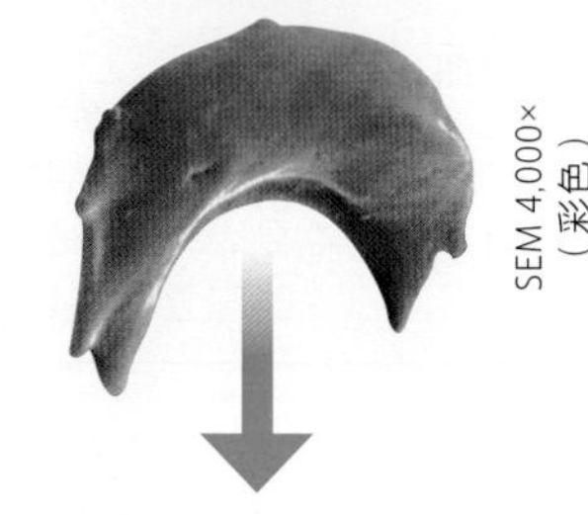

镰刀型细胞会引起一连串的症状，如虚弱、疼痛、器官损伤、瘫痪

多基因遗传

孟德尔研究了“可以根据非此即彼进行分类的遗传特征”，如紫花或白花。然而，许多特征（如人的肤色、身高）在人群中是连续变化的。这样的特征，许多源于**多基因遗传**，即两个或多个基因对一个表型特征的叠加效应。（这与“一个基因影响多个性状”的基因多效性的逻辑正好相反。）

有证据表明，人的身高是由几个独立遗传的基因控制的。（实际上，人类的身高可能受到大量基因的影响，但我们在这里简化一下。）让我们考虑其中的三个基因，每个基因（*A*、*B*、*C*）有一个身高等位基因，对表型贡献一“单位”的高度，对其他等位基因（*a*、*b*、*c*）不完全显性。*AABBCC* 的人会很高，而 *aabbcc* 的人会很矮。*AaBbCc* 的人应该是中等身高。因为等位基因具有叠加效应，基因型 *AaBbCc* 将产生与其他任何含有三个高等位基因的基因型相同的高度，如 *AABbcc*。图 9.22 中的庞纳特棋

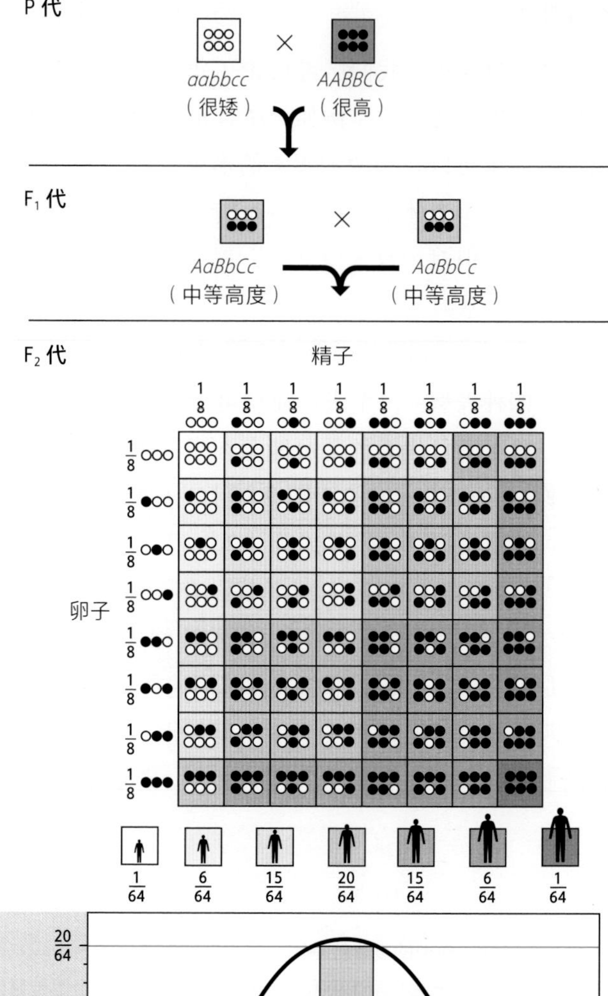

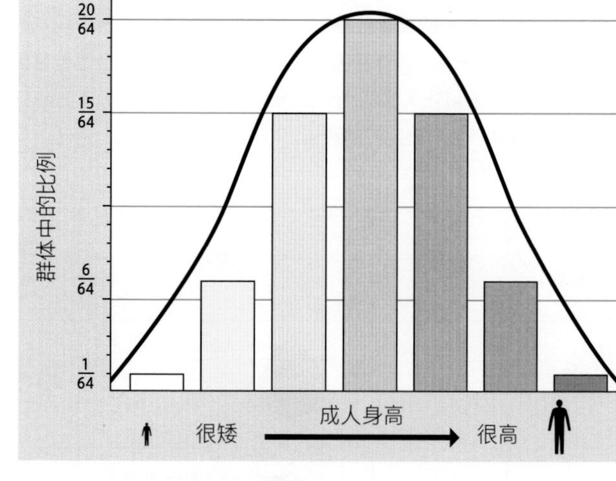

▲ 图 9.22　**身高的多基因遗传模型。**

☑ **检查点**

镰刀型细胞贫血病是如何体现基因多效性概念的？

答案：镰刀型细胞等位基因的纯合子产生异常血红蛋白，它对红细胞形状的影响，导致身体许多器官性状的连锁反应。

盘格显示了两个三重杂合体交配产生的所有可能的基因型。庞纳特棋盘格下面的一行数字显示了理论上可能产生七种身高表型各自的概率。这个假设的例子，表明了三个基因的遗传是如何导致一个特征的七种不同性状的，其比例由图底部的条形表示。

表观遗传学和环境的作用

一个真实的人类群体的身高，会有更多身高表型，而不仅仅是七个。真实身高分布范围可能类似图 9.22 中的钟形曲线。事实上，无论怎么仔细地鉴定身高基因，纯粹的遗传学描述总是不完整的。这是因为身高还受环境因素的影响，比如营养和运动状况。

因为环境对人的外貌有一定的影响，所以同卵双胞胎并非在各方面都相似。

许多表型特征是遗传和环境综合作用的结果。例如，同一棵树的叶子都有相同的基因型，但它们的大小、形状、颜色各不相同，这取决于风、光照、树的营养状态等。对人来说，锻炼改变体形，经验提高智力测验的分数，社会和文化因素能极大地影响外貌。随着遗传学家对基因的了解越来越多，越来越清楚的是：人的许多特征——如发生心脏病、癌症、酒精中毒、精神分裂症的风险——都受到基因和环境的双重影响。

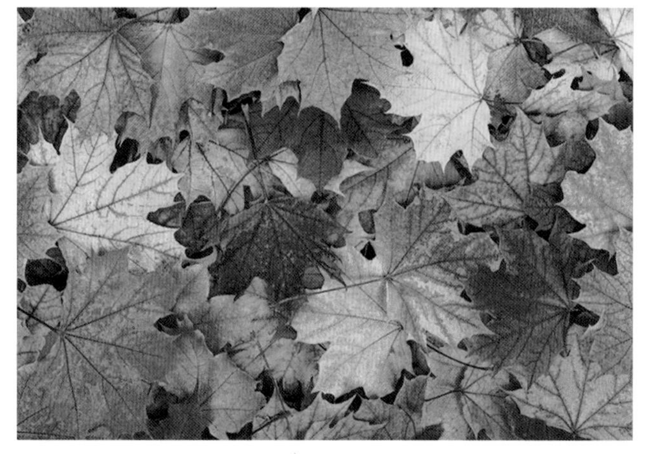

人的特征是受基因影响大，还是受环境影响大？是先天影响大还是后天影响大？这是一个非常古老且争论激烈的问题。对于某些特征，如 ABO 血型，给定的基因型决定了确切的表型，环境起不了任何作用。相比之下，你一滴血中的血细胞数量变化很大，这取决于海拔、你的身体活动以及你是否感冒等因素。

与同卵双胞胎相处一段时日，会让任何人相信，影响一个人性状的因素不仅是基因，还有环境（图 9.23）。一般来说，只有基因的影响是遗传的，环境影响通常不会传递给下一代。然而，近年来，生物学家开始认识到表观遗传的重要性，**表观遗传**指通过不直接涉及 DNA 序列的机制传递性状。例如，可以通过添加或移除化学基团，修饰染色体的 DNA 或蛋白质组分。在人的一生中，环境在这些变化中起作用，这可以解释基因组相同的同卵双胞胎，为什么有一个患遗传疾病，而另一个却没有。最近的研究表明，年轻的同卵双胞胎在表观遗传标记方面基本上无法区分，但是表观遗传差异随着年龄的增长而积累，导致随着年龄增长，双胞胎之间的基因表达存在实质性差异。表观遗传修饰——以及由此导致的基因活性变化——甚至可能延续到下一代。例如，一些研究表明，表观遗传变化可能是动物某些本能的基础，让一代习得的某些行为（如避免某些刺激）通过染色体修饰传递给下一代。与 DNA 序列的改变不同，染色体的化学变化可以逆转（通过我们尚未完全理解的过程）。对表观遗传重要性的研究，是生物学中非常活跃的领域，新的发现必将改变我们对遗传学的理解。☑

► 图 9.23　**由于环境的影响，即使同卵双胞胎模样也会不一样。**

☑ 检查点

如果你制造了克隆小鼠，你如何预测克隆体之间表观遗传差异程度随年龄增长而产生变化？

答案：表观遗传差异程度起初很低，然后随着克隆小鼠年龄的增长而逐渐升高。

遗传的染色体基础

☑ 检查点

以下减数分裂阶段是哪些孟德尔遗传定律的生理基础？
a. 中期Ⅰ同源染色体对的方向；
b. 后期Ⅰ同源染色体对的分离。

答案：a. 自由组合定律；b. 分离定律。

孟德尔去世多年之后，生物学家才理解了其研究的重要意义。细胞生物学家在 19 世纪晚期探明了有丝分裂和减数分裂的过程（见第 8 章）。然后，1900 年前后，研究者开始注意到染色体行为和基因行为之间的相似之处。生物学最重要的概念之一开始浮出水面。

遗传的染色体理论认为：基因位于染色体上的特定位置（基因座），染色体在减数分裂和受精过程中的行为解释了遗传模式。事实上，正是染色体在减数分裂过程中经历分离和自由组合，解释了孟德尔定律。**图 9.24** 将图 9.8（b）中双杂交的结果与减数分裂中染色体的运动联系起来，从两个纯种亲本植株开始，追踪了 F_1 和 F_2 代不同染色体上的两个基因——一个决定种子形状（等位基因 *R* 和 *r*），一个决定种子颜色（等位基因 *Y* 和 *y*）。☑

连锁基因

认识到基因随染色体分离后，就能得出一些基因遗传方式的重要结论。一个细胞中的基因数量远远大

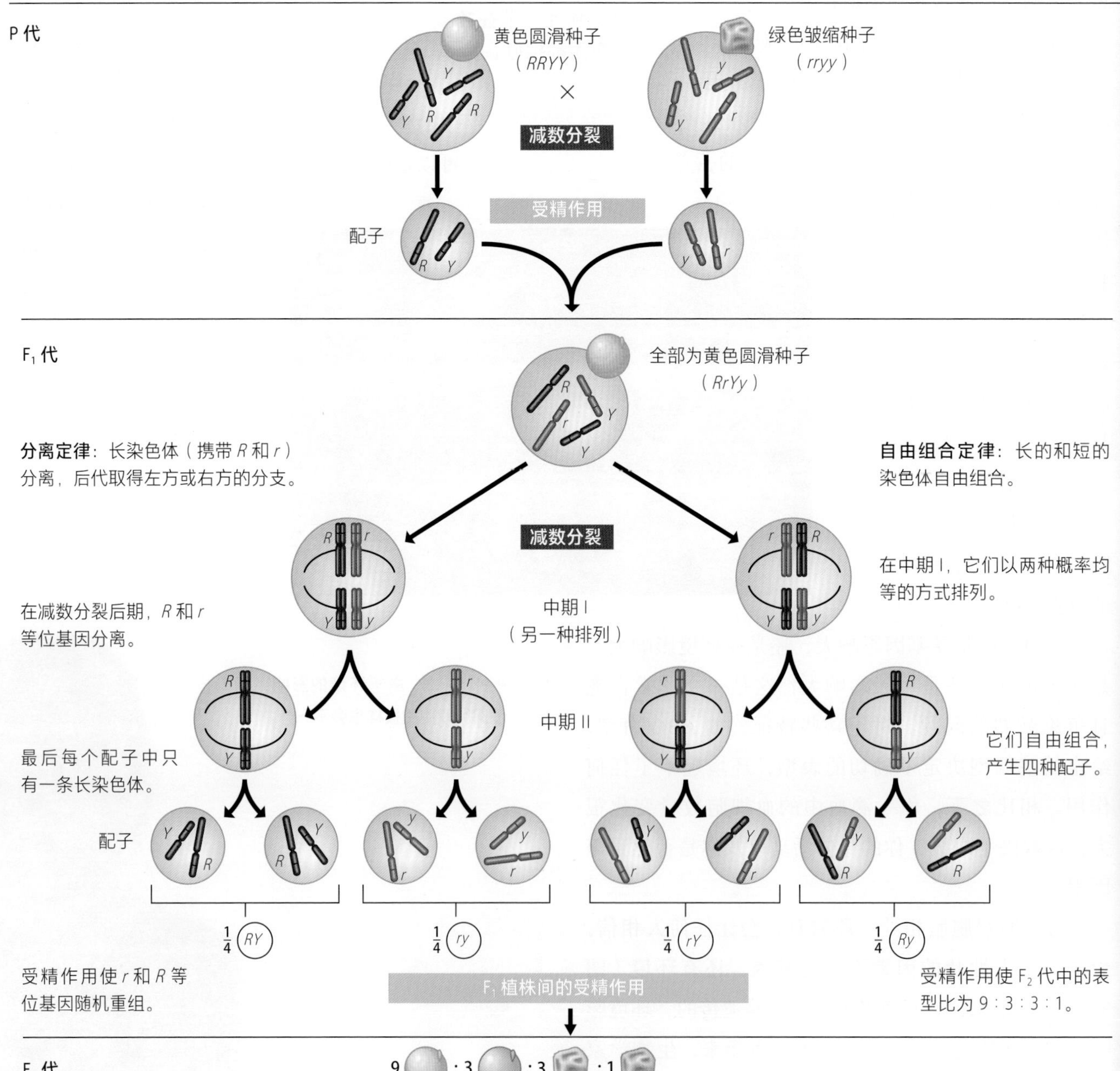

► 图 9.24 **孟德尔定律的染色体基础。**

于染色体数量；于是每条染色体携带数百或数千个基因。在同一条染色体上相互靠近的基因有的构成**连锁基因**，它们往往在减数分裂和受精过程中一起向后代传递。这种基因通常是作为一个集合遗传的，因此通常不遵循孟德尔的自由组合定律。对于紧密相连的基因，一个基因的遗传事实上与另一个基因的遗传相关联，产生的结果不符合庞纳特棋盘格预测的标准比例。相比之下，位于同一条染色体上相距很远的基因通常会因为交叉互换而自由组合（见图 8.18）。

到目前为止，我们讨论的遗传模式总是涉及位于常染色体上的基因，而不是位于性染色体上的基因。现在，我们已经准备好观察性染色体的作用以及它们所控制的特征所表现出的遗传模式。正如你将看到的，位于性染色体上的基因会有一些不寻常的遗传模式。☑

人类的性别决定

许多动物，包括所有哺乳动物，都由一对性染色体——命名为 X 和 Y——决定个体的性别（图 9.25）。有一条 X 染色体和一条 Y 染色体的个体为雄性；染色体组为 XX 的个体是雌性。人类男性和女性都有 44 条常染色体（除性染色体以外的染色体）。减数分裂期间染色体分离的结果是，每个配子包含一条性染色体和一组单倍体常染色体（人类为 22 条常染色体）。所有的卵子都含有一条 X 染色体。在精子细胞中，一半含有 X 染色体，一半含有 Y 染色体。使卵子受精的精子是带有 X 染色体还是 Y 染色体决定了后代的性别。

母亲的基因不决定婴儿的性别。

伴性基因

除了携带性别决定基因，性染色体还包含与性别无关之特征的基因。位于性染色体上的基因被称为**伴性基因**。人类的 X 染色体包含大约 1100 个基因，而 Y 染色体包含的基因仅编码大约 25 种蛋白质（其中大部分仅对睾丸有影响）；因此，大多数伴性基因都存在于 X 染色体上。

许多人类疾病，包括红绿色盲、血友病和一种类型的肌营养不良症，都是由伴性的隐性等位基因引起的。常见的与性别相关的疾病——红绿色盲——是由眼睛中光敏细胞的功能障碍引起的。（色盲实际上是一大类涉及几个伴性基因的疾病，但我们在这里只关注一种特定类型的色盲。）色觉正常的人

☑ 检查点

什么是连锁基因？为什么它们总是不符合孟德尔自由组合定律？

答案：同一条染色体上相互靠近的基因。因为它们经常在减数分裂和受精过程中一起传递，而不是独立遗传的。

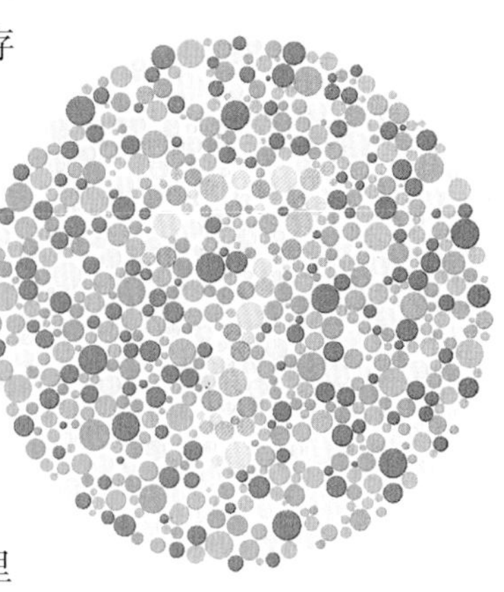

▲ 图 9.26　**红绿色盲测试。**你能看到略带红色的背景下有一个绿色的数字 7 吗？如果看不到，你可能患有某种形式的红绿色盲，这是一种与性别相关的性状。

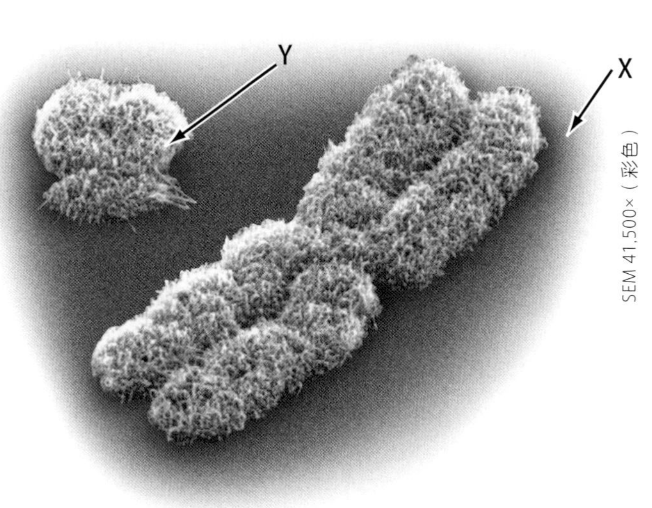

▲ 图 9.25　**决定人类性别的染色体基础。**上面的显微照片显示处于复制期的人类的 X 和 Y 染色体。

可以看到 150 多种颜色。而患有红绿色盲的人只能看到不超过 25 种颜色。图 9.26 显示了一个简单的红绿色觉测试。这种疾病的患者大多为男性，但携带杂合子的女性也会出现部分色觉缺失的症状。

由于位于性染色体上，伴性基因表现出不同寻常的遗传模式。图 9.27（a）说明了色盲男性与色觉正常的纯合子女性生育后代时会出现什么情况。孩子们色觉都正常，表明野生型（正常）色觉等位基因占主导地位。如果女性携带者与正常色觉男性生育，则子女中正常色觉与色盲的表型符合典型的 3∶1 比例［图 9.27（b）］。然而，令人惊讶的是，与典型遗传模式不同：色盲性状只出现在男性子代身上。所有女性视力正常，男性一半色盲，一半正常。这是因为参与这种遗传模式的基因只位于 X 染色体上，在 Y 染色体上没有相应的基因座。因此，女性（XX）携带表现该特征之基因的双副本，而男性（XY）只携带单副本。因为色盲等位基因是隐性的，只有当女性在两条 X 染色体上都接收到该等位基因时，她才会出现色盲症状［图 9.27（c）］。然而，对于男性来说，只要有隐性等位基因的一个副本，就会导致色盲。因此，隐性的性连锁性状在男性身上比在女性身上表现得更普遍。例如，色盲在男性中的发病率是在女性中的 20 倍左右。

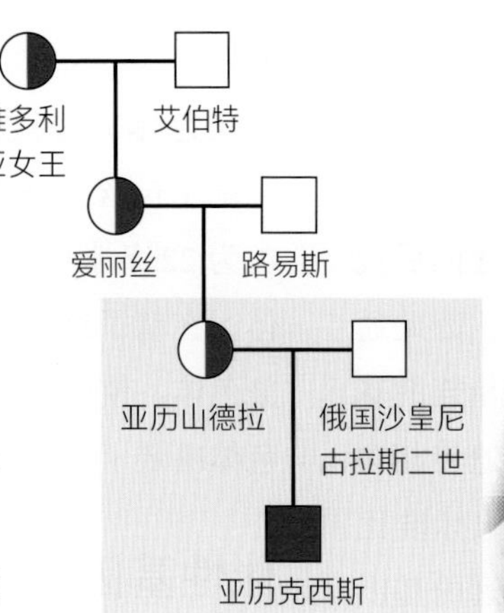

▲ 图 9.28 **俄国皇室血友病。**照片显示了维多利亚女王的孙女亚历山德拉、其丈夫尼古拉斯二世（俄国末代沙皇）、他们的儿子（亚历克西斯）和女儿们。在谱系中，半色符号代表血友病等位基因的杂合携带者，全色符号代表血友病患者。

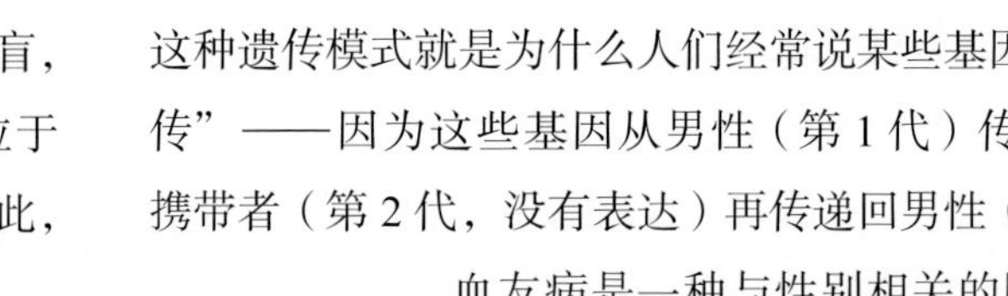

这种遗传模式就是为什么人们经常说某些基因“隔代遗传”——因为这些基因从男性（第 1 代）传递到女性携带者（第 2 代，没有表达）再传递回男性（第 3 代）。

血友病是一种与性别相关的隐性性状，历史悠久、有据可查。血友病患者受伤时出血过多，因为他们遗传了一种与凝血因子相关的异常等位基因。受影响最严重的患者可能会在轻微擦伤或割伤后就流血致死。血友病的高发病率困扰着欧洲多国的王室。英国维多利亚女王（1819—1901）是血友病等位基因的携带者，她把它传给了她的一个儿子和两个女儿。通过联姻，她的女儿们将这种疾病引入了普鲁士、俄国和西班牙王室。通过这种方式（旧时以联姻加强邦交的做法），血友病被传播给了几个国家的王室（图 9.28）。

在过去，由于通婚，血友病在欧洲皇室中比在普通人群中更常见。

☑ 检查点

1. 伴性基因是什么意思？
2. 白眼是果蝇的隐性伴性性状。如果一只白眼雌性果蝇与一只红眼（野生型）雄性果蝇交配，你对众多后代有什么预测？

答案：1. 位于性染色体上的基因，通常是在 X 染色体上；2. 所有雌性后代都会是杂合子（X^NX^n），即红眼；所有的雄性后代都将是白眼（X^nY）。

▼ 图 9.27 **色盲的遗传，色盲是一种与性别相关的隐性性状。**我们用大写的 *N* 代表显性正常色觉等位基因，用 *n* 代表隐性色盲等位基因。为了表明这些等位基因在 X 染色体上，我们把它们显示为字母 X 的上标，Y 染色体没有一个用于视觉的基因座；因此，男性的表型完全是由他的单一 X 染色体上的伴性基因产生的。

图例
- 未受影响个体
- 携带者
- 色盲个体

♀ X^NX^N × X^nY ♂

精子：X^n　Y

卵子	X^n	Y
X^N	X^NX^n	X^NY
X^N	X^NX^n	X^NY

（a）正常女性 × 色盲男性

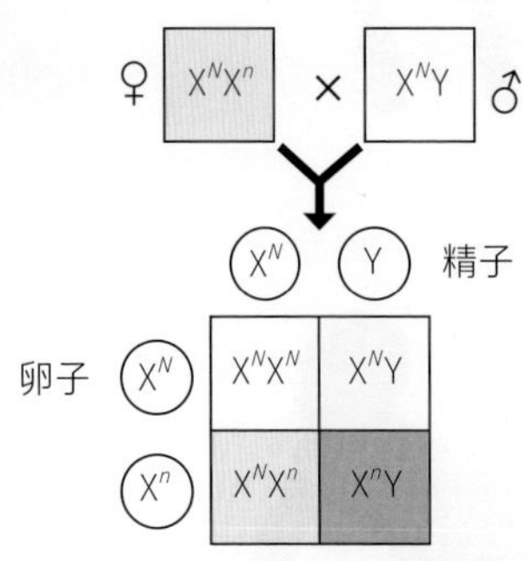

（b）女性携带者 × 正常男性

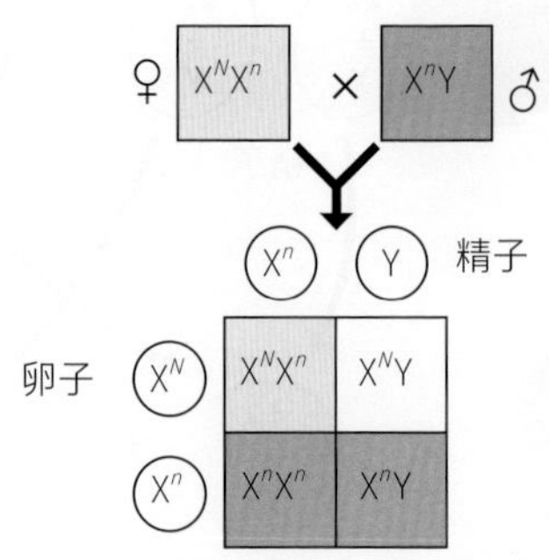

（c）女性携带者 × 色盲男性

狗的育种　进化联系

探索犬类进化树

正如我们在本章看到的，狗不仅仅是人类的好朋友，也是我们持续时间最长的遗传实验对象之一。大约 1.5 万年前，在东亚，人们开始与犬科动物（其为现代狼和狗的祖先）一同生活。由于人们搬进了固定的、地理上互相隔离的定居点，犬科动物的种群相互分离，最终发生了近亲繁殖。

不同的人群选择了具有不同性状的狗。2010 年的一项研究表明，小型犬最早是在约 12.000 万年前的中东早期农业聚居地选育的。在其他地方，牧民选择狗来管理羊群，而猎人选择狗来寻回猎物。经过数千年持续不断地对基因的微小修饰，狗形成了各种各样的身体类型和行为。在每一个不同的品种中，不同的基因构成形成了不同的身体和行为性状。

正如“科学的过程”专栏所讨论的，科学家完成了狗的完整基因组测序，对狗进化的理解向前迈出了一大步。利用基因组序列和其他数据，犬类遗传学家基于对 85 个品种的遗传分析，生成了一棵进化树（图 9.29）。分析表明，犬类动物的族谱包括一系列明确的分支点。每个分叉代表了人们有目的的选择，产生了具有特定预期性状且基因上有明显差异的亚群。

基因树显示最古老、与狼关系最近的犬种是亚洲品种，如沙皮犬和秋田犬。随后的遗传分支出现在非洲（巴辛吉犬）、北极（阿拉斯加雪橇犬、西伯利亚哈士奇犬）、中东（阿富汗猎犬和萨路基犬），形成了各自的品种。其他品种，主要是欧洲血统，是最近发展起来的，可以根据基因组成分为守卫类（如罗威纳犬）、放牧类（如牧羊犬）、狩猎类（包括拉布拉多寻回犬、小猎犬）。家犬进化树的生成表明，新技术可以为地球上生命的遗传和进化问题提供重要的研究方法。

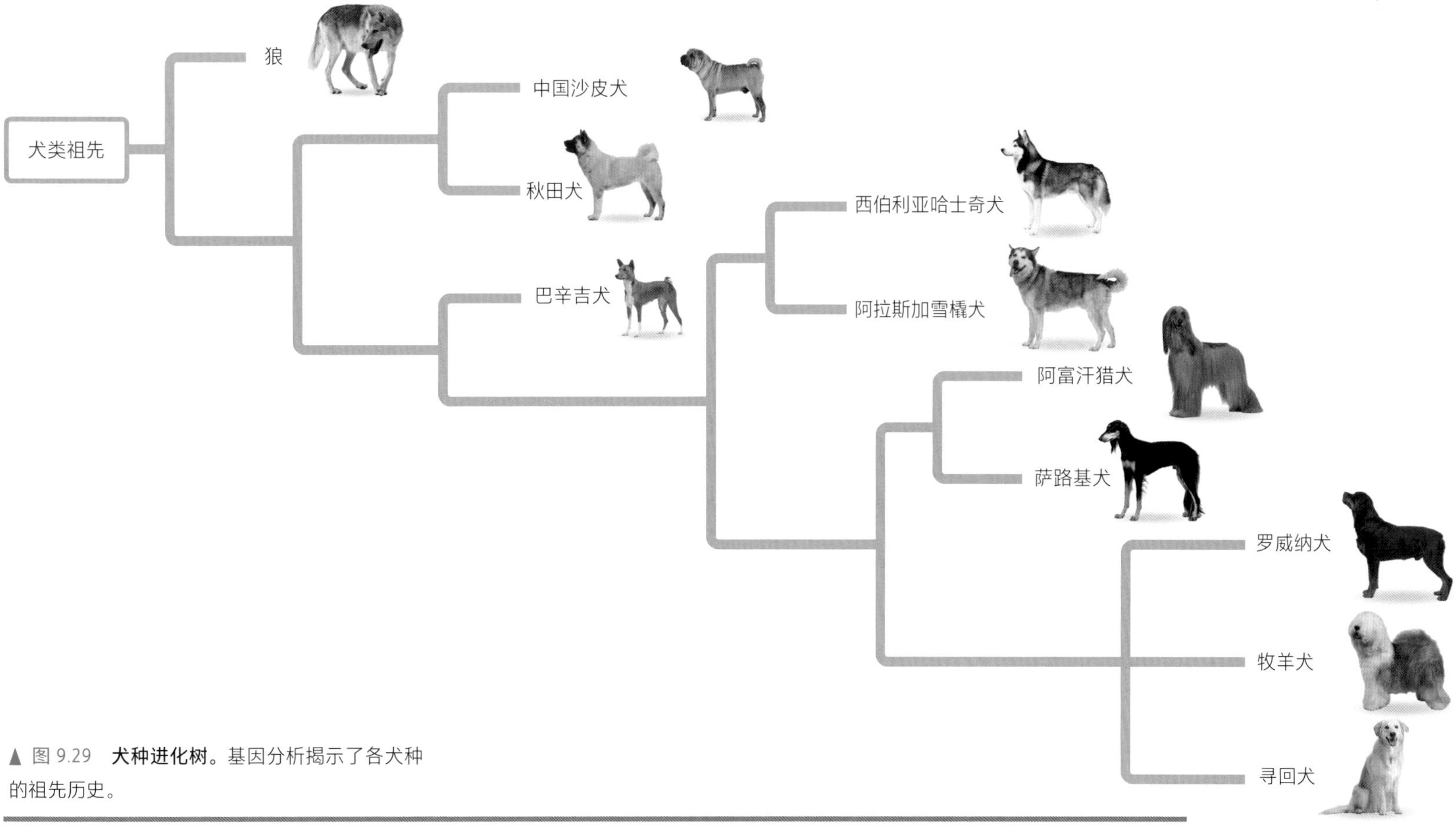

犬类祖先
狼
中国沙皮犬
秋田犬
巴辛吉犬
西伯利亚哈士奇犬
阿拉斯加雪橇犬
阿富汗猎犬
萨路基犬
罗威纳犬
牧羊犬
寻回犬

▲ 图 9.29　**犬种进化树。**基因分析揭示了各犬种的祖先历史。

本章回顾

关键概念概述

遗传学和遗传

通过分析遗传模式来研究遗传科学的第一人——孟德尔，强调基因保持独立性。

在修道院花园

从代表一种遗传特征的两种不同性状的纯种植物豌豆开始，孟德尔将不同的品种杂交，并追踪性状的代际遗传。

孟德尔的分离定律

成对的等位基因在配子形成过程中彼此分离，在受精过程中恢复配对。

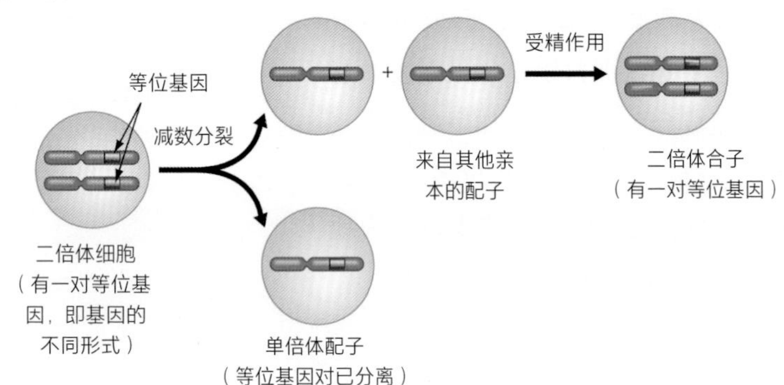

如果个体基因型（基因组成）有两个不同的等位基因，其中只有一个影响生物的表型（外观），这个等位基因称为显性基因，另一个称为隐性基因。一对等位基因位于两条同源染色体的相同位点。当等位基因相同时，生物体是纯合子；当等位基因不同时，生物体是杂合子。

孟德尔的自由组合定律

通过同时跟踪两个特征，孟德尔发现在配子形成过程中，一对等位基因的分离独立于其他成对等位基因。

利用测交确定未知基因型

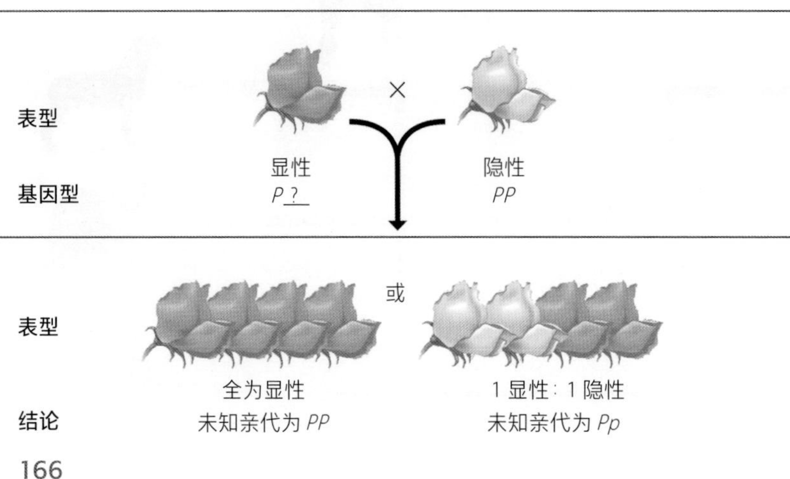

概率法则

遗传遵循概率法则。从杂合子父母那里遗传隐性等位基因的概率是 1/2。从两个杂合子父母双方继承隐性等位基因的概率为 $1/2 \times 1/2 = 1/4$，说明了计算两个独立事件概率的乘法法则。

家族谱系

从雀斑到遗传病，人类很多性状的遗传，都遵循孟德尔定律和概率法则。遗传学家可以利用家系来确定遗传模式和个体基因型。

由单一基因控制的人类疾病

对于在一个群体中变化的众多性状，自然界中最常见的一种被称为野生型。人类的许多遗传性疾病由一个具有两个等位基因的基因控制。大多数这些疾病，如囊性纤维化，是由常染色体隐性等位基因引起的。少数，如亨廷顿舞蹈症，是由显性等位基因引起的。

孟德尔定律的扩展

植物和人的不完全显性

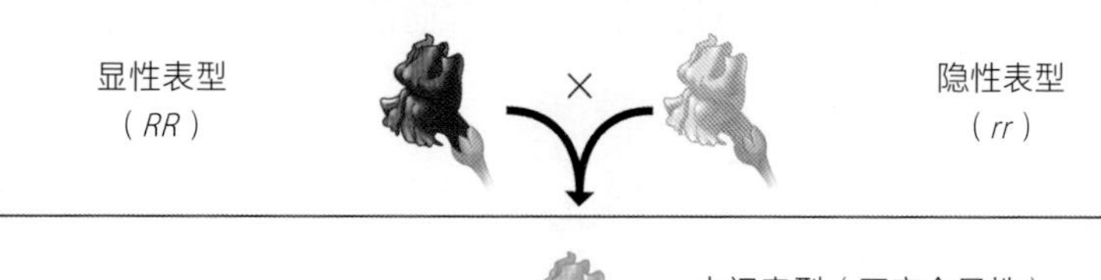

ABO 血型：复等位基因和共显性的一个例子

在一个群体中，一个特征通常取决于多种等位基因，如 ABO 血型的三种等位基因。决定血型的等位基因是共显性的；也就是说，两个显性基因都在杂合子中表达。

结构 / 功能：基因多效性和镰刀型细胞贫血病

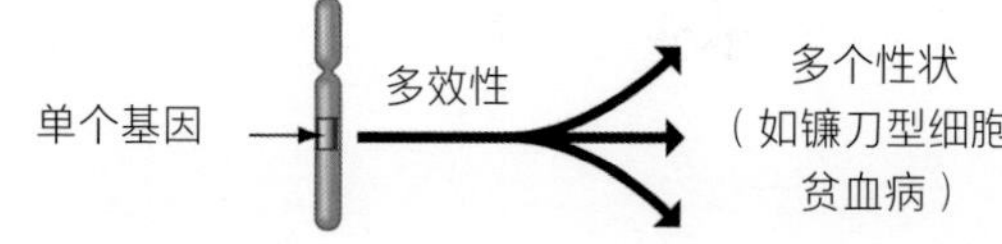

多效性，即一个基因（如镰刀型细胞贫血病基因）可以影响许多特征（如疾病的多种症状）。

多基因遗传

表观遗传学和环境的作用

许多表型特征，是基因和环境共同作用的结果，但一般只有基因影响在生物学上是可遗传的。表观遗传，即通过对DNA和蛋白质的化学修饰将性状从一代传递到下一代，可以解释环境因素如何影响遗传性状。

遗传的染色体基础

基因位于染色体上。染色体在减数分裂和受精过程中的行为解释了遗传模式。

连锁基因

某些基因是相互关联绑定的：它们往往作为一组基因遗传，因为它们在同一条染色体上紧密相连。

人类的性别决定

人类的性别取决于有无Y染色体。遗传两条X染色体的人发育成女性。遗传一条X染色体和一条Y染色体的人发育为男性。

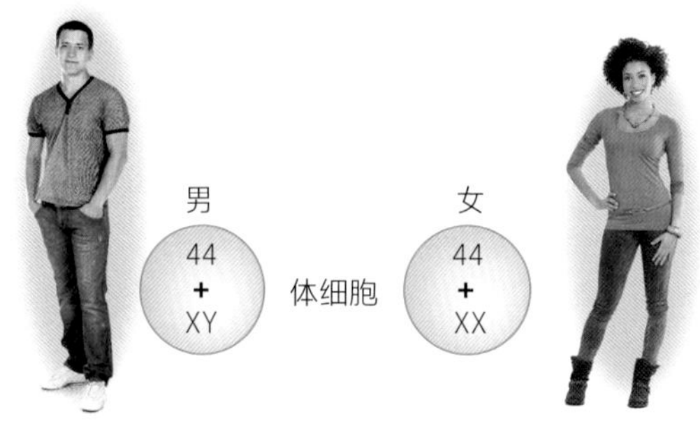

伴性基因

伴性基因在X染色体上的遗传，反映了女性有两条同源的X染色体，而男性只有一条X染色体。大多数与性别相关的人类疾病，如红绿色盲和血友病，是由隐性等位基因引起的，主要见于男性。男性从其母亲那里遗传一个单一的伴性隐性等位基因，就会患上这种疾病；女性必须从父母双方都接收到这种等位基因，才会受到影响。

伴性性状				
女性：两个等位基因	基因型	X^NX^N	X^NX^n	X^nX^n
	表型	正常女性	女性携带者	受影响的女性（少见）
男性：一个等位基因	基因型	X^NY		X^nY
	表型	正常男性		受影响的男性

MasteringBiology®

如需练习测验、生物动画、MP3教程、视频辅导以及为本教材设计的更多学习工具，请访问MasteringBiology®。

自测题

1. 我们把生物的基因组成称为它的______，生物的外表特征称为它的______。
2. 下列每种说法分别代表孟德尔定律中的哪一条？
   a. 每对同源染色体的等位基因在配子形成过程中独立分离。
   b. 等位基因在配子形成过程中分离；受精作用重新形成成对的等位基因。
3. 爱德华被发现是镰刀型细胞性状的杂合子（*Ss*）。字母*S*和*s*代表的等位基因______。
   a. 在X和Y染色体上
   b. 是连锁基因
   c. 在同源染色体上
   d. 两者都存在于爱德华的每个精子细胞中
4. 一个等位基因是显性还是隐性取决于______。
   a. 相对于其他等位基因，该等位基因有多普遍
   b. 是从母亲还是父亲那里继承的
   c. 当两者都存在时，是它还是另一个等位基因决定了表型
   d. 是否与其他基因有关
5. 两只眼睛为红色野生型的果蝇杂交，后代如下：77只红眼睛的雄性，71只红宝石色眼睛的雄性，152只红眼睛的雌性。控制眼睛是红色还是红宝石色的基因是______基因，控制红宝石色眼睛这一性状的等位基因是______基因。
   a. 常染色体（由常染色体携带）；显性
   b. 常染色体；隐性
   c. 伴性；显性
   d. 伴性；隐性
6. 一只白母鸡和一只黑公鸡的后代都是灰色的。对这种遗传模式最简单的解释是______。
   a. 多效性　　b. 性别联系
   c. 共显性　　d. 不完全显性
7. 一个B型血的男人和一个A型血的女人可能会生出以下哪种血型的孩子？（提示：查看图9.20。）
   a. A、B或O型
   b. 仅AB型
   c. AB或O型
   d. A、B、AB或O型
8. 杜兴氏肌肉萎缩症是一种伴性隐性疾病，主要表现是肌肉组织

进行性缺失。鲁迪和卡拉都没有杜兴氏肌肉萎缩症，但他们的第一个儿子患有这种疾病。如果这对夫妻生第二个孩子，他/她也患病的概率有多大？

9. 人成年后的身高至少有一部分和遗传有关；高个子父母往往生出高个子孩子。但是人的体形多种多样，不仅仅是高或矮两种。如何用扩展的孟德尔模型来解释这种身高变异的产生？

10. 一只纯种棕色鼠和一只纯种白色鼠反复交配，其后代都是棕色的。如果这些棕色后代中的两只交配，那么 F_2 代小鼠中棕色的比例是多少？

11. 你如何确定问题 10 中一只棕色 F_2 代小鼠的基因型？你又如何知道棕色鼠是纯合子还是杂合子？

12. 蒂姆和简都有雀斑（有雀斑是显性性状），但他们的儿子迈克尔没有。用一个庞纳特棋盘格展示这为何是可能的。如果蒂姆和简再生两个孩子，两人都长雀斑的概率有多大？

13. 不完全显性基因也见于高胆固醇血症的遗传。麦克和托妮都是这个基因的杂合子，都有较高的胆固醇水平。他们的女儿凯特琳娜的胆固醇水平是正常水平的六倍；她显然是纯合子 *hh*。麦克和托妮的孩子中有多大比例可能像他们的父母一样胆固醇水平升高但未到极值？如果麦克和托妮再生一个孩子，这个孩子患上卡特琳娜那种更严重的高胆固醇血症的概率是多少？

14. 亨利八世生不出儿子，为什么不能怨其各位王后？

15. 父母表型都正常，但生的儿子患有血友病——一种伴性遗传的隐性疾病。画一个谱系，表示三个人的基因型。这对夫妇的孩子们有多大比例可能患有血友病？有多大比例可能会是携带者？

16. 希瑟惊讶地发现自己患有红绿色盲。她告诉了她的生物学教授，教授说：“你父亲也是色盲，对吗？”教授是怎么知道的？为什么她的教授不对班上的色盲男性说同样的话？

17. 兔子的黑色毛取决于显性等位基因 *B*，棕色毛取决于隐性等位基因 *b*。短毛是由显性等位基因 *S* 引起的，长毛是由隐性等位基因 *s* 引起的。如果纯种黑色短毛雄兔与棕色长毛雌兔交配，请描述它们后代的基因型会是什么。如果其中两只 F_1 代兔子交配，你预测它们的后代有哪些表型？各表型的比例如何？

答案见附录《自测题答案》。

科学的过程

18. 1981 年，加利福尼亚州莱克伍德的一个家庭收养了一只耳朵向后卷曲的流浪猫。现在这只猫已经有了千百只后代，爱好培育猫的人士希望将这种“卷耳猫”发展成一种用于展示的品种。卷耳等位基因显然是显性的，由常染色体携带。假设你养了第一只卷耳猫并且想培育一个纯系品种，请描述如何确定卷耳基因是显性还是隐性，是常染色体基因还是伴性基因。

19. **解读数据**　如下面的庞纳特棋盘格所示，有一种耳聋是由常染色体隐性等位基因引起的。因此，亲代没有表现出任何疾病迹象却是隐性基因携带者的话，可能会生出一个耳聋的孩子，因为这个孩子可能会从父母双方各遗传一个隐性耳聋基因。想象一下，一位失聪男性和一位听力正常女性婚配。我们知道失聪男性肯定为 *dd* 基因型，但女性可能是 *DD* 或 *Dd*。这种生育本质上与测交原理相同，如图 9.10 所示。如果父母的第一个孩子听力正常，你能确定母亲的基因型一定是什么吗？如果这对夫妇有四个孩子（没有双胞胎）都听力正常——你能确定母亲的基因型吗？确定基因型需要什么条件？

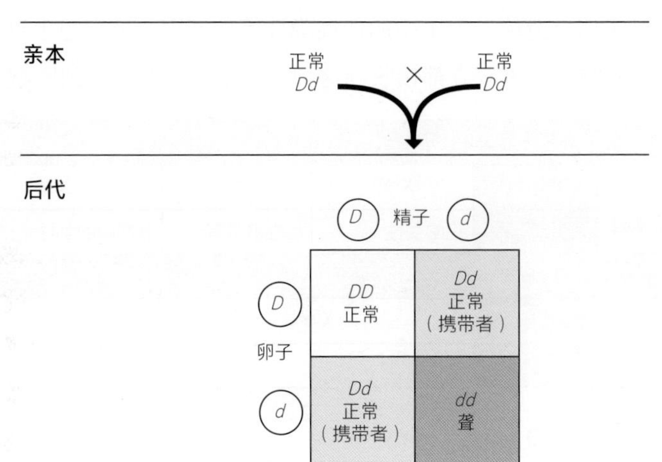

生物学与社会

20. 现在有近 200 种公认的狗品种，从猴头㹴到约克夏㹴犬。但其中一些由于近亲繁殖而出现健康问题。例如几乎每一只骑士查理王猎犬（在“生物学与社会”专栏中讨论过）都患有由遗传性心脏瓣膜缺陷而引起的心脏杂音症。只要监管犬种繁殖的组织依旧对血统严格要求，这些问题就可能继续存在。一些人建议每次育种时允许引入其他品种，以引入没有先天性缺陷的新基因系。你认为管理机构为什么抵制这种杂交？如果由你来负责解决目前困扰某些品种的基因缺陷，你会怎么做？

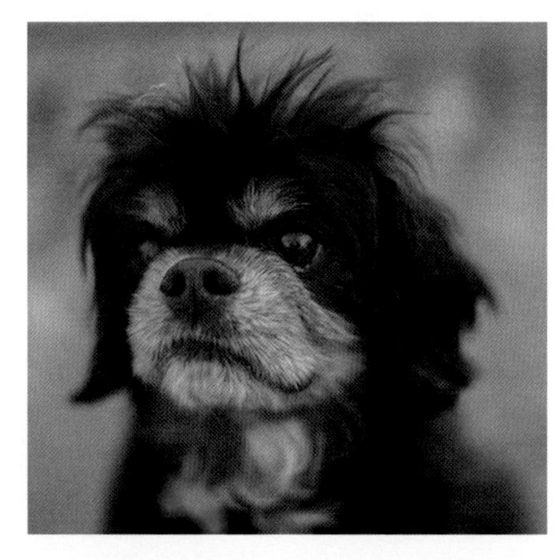

21. 孟德尔从未见过基因，却得出了结论：他在豌豆中观察到的遗传模式是一些“遗传因子”造成的。同样，果蝇染色体图谱（以及基因是位于染色体上的想法）是通过观察关联基因的遗传模式而不是直接观察基因而得到的。生物学家声称他们不能实际看到的事物和过程是真实存在的，这合理吗？科学家怎么知道一个解释是否正确？

22. 许多不孕不育夫妇求助体外受精生育孩子。在这项技术中，精子和卵子被收集起来，用于制造八细胞胚胎，植入女性子宫。在八细胞期，可以取出一个细胞用于基因测试，而不会对发育中的胚胎造成伤害。一些夫妇可能因此得知他们的家族中有一种特殊的遗传病，并可能希望避免被植入带有致病基因的胚胎。你认为这样应用基因检测是可以接受的吗？如果一对夫妇想通过基因筛选与疾病无关的性状（如雀斑）来选择胚胎，你认为可以吗？你认为应该允许体外受精的夫妇进行他们想要的任何基因筛选吗？或者你认为应该对哪些筛选做出限制？你如何判断针对一个基因的筛选是不是可以被接受？

10 DNA 的结构与功能

分子生物学为什么重要

DNA 中单个分子的“错拼”可能导致致命的疾病。

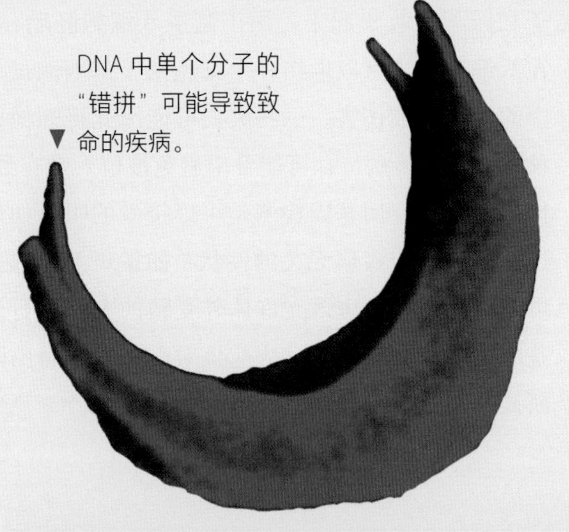

▲ 因为地球上所有生物共享一套通用的遗传密码，所以用你的 DNA 可以对猴子进行基因改造。

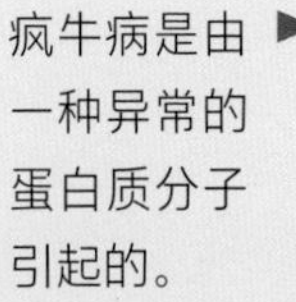

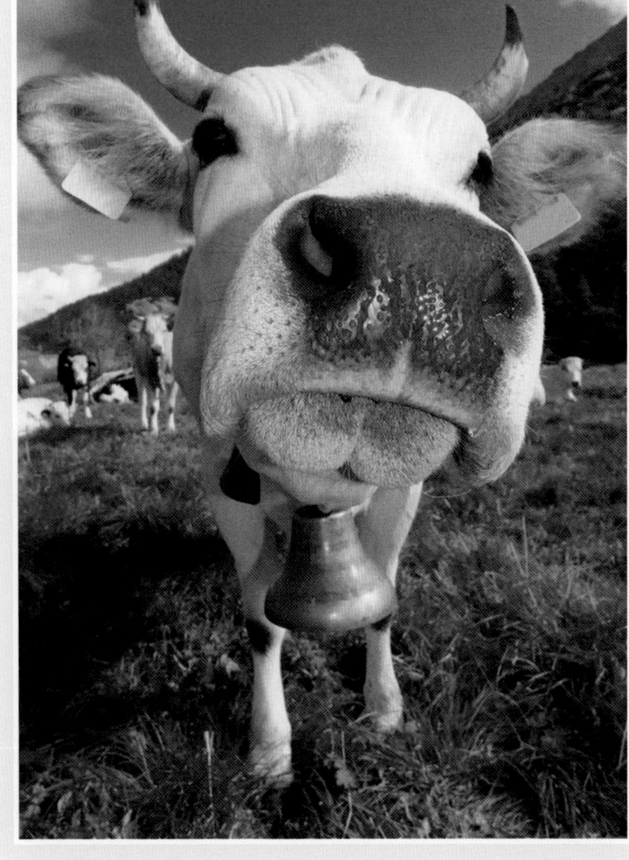

疯牛病是由一种异常的蛋白质分子引起的。

◄ 酶有助于保持你的 DNA 的完整性，准确率超过 99.999%。

本章内容

本章线索

最致命的病毒

最致命的病毒 生物学与社会

21 世纪第一次大流行病

2009 年，墨西哥城及其周边地区报告了一系列不寻常的流感病例。尽管该市几乎完全停产停业，但被称为 2009 H1N1 的新型流感病毒，仍然迅速蔓延到美国加利福尼亚州和得克萨斯州。这种病毒最初被误称为“猪流感”；事实上，猪对这种病毒的传播几乎没有影响，这种病毒像大多数流感病毒一样，通过飞沫在人与人之间传播。不管怎样，这种新毒株受到了媒体的高度关注，并引起了公众很大的担忧。2009 年 6 月，世界卫生组织（WHO）宣布 H1N1 为 21 世纪第一次全球流感大流行——上一次全球流感大流行还是在 1968 年。作为回应，世界卫生组织公布了遏制 H1N1 的全面措施，包括加强监测、开发快速检测程序、发布旅行警告、建议加强卫生防护（洗手等），以及生产、储存、分销抗病毒药物。截至 2010 年，已在 214 个国家和地区证实发现了 H1N1 病例。

H1N1 流感病毒。2009 年深秋，俄罗斯公民努力保护自己免受 H1N1 感染。

科学家很快确定 H1N1 是一种混合流感毒株，由一种以前已知的流感病毒（其本身是由鸟类、猪、人的病毒组合而成）与亚洲猪流感病毒混合而产生。这种新的基因组合在 H1N1 毒株中产生了一些不寻常的特征。最重要的是，它感染健康的年轻人，而流感通常影响老年人或已经生病的人。许多国家参与了世界卫生组织协调的应对措施，包括广泛分配新疫苗。最终，病毒得到了控制，世界卫生组织宣布大流行于 2010 年 8 月结束。世界卫生组织证实，这种病毒导致约 1.8 万人死亡，未报告的死亡总数估计超过 25 万人。

你可能会想，流感有什么大不了的？——流感，不只是季节性不适。事实上，流感病毒可能是科学上已知的最致命的病原体。美国通常一年中有超过 2 万人死于流感感染，而这已经算是“太平年景”。每隔几十年，一种新的流感病毒就会登场，导致流行病和较广泛的死亡。而 H1N1 与最致命的流感疫情暴发相比不值一提：1918—1919 年的大流感，仅 18 个月内就导致了全球 4000 万人死亡——超过 1981 年发现艾滋病以来 30 余年间死于艾滋病的人数。鉴于这类病毒的杀伤力较强，卫生工作者朝夕惕厉并不奇怪，他们总是意识到——一种新的致命流感病毒随时可能出现。

流感病毒和所有病毒一样，由相对简单的核酸（流感病毒是 RNA）和蛋白质组成。对抗任何病毒，都需要在分子水平上详细地理解生命。在这一章中，我们将探索 DNA 的结构，它如何进行复制和变异，以及它如何通过指导 RNA 和蛋白质的合成来控制细胞。

DNA：结构与复制

19 世纪晚期，人们已经知道 DNA 是细胞的化学成分之一，但是孟德尔和其他遗传学前辈在进行研究时，完全不知道 DNA 在遗传中的作用。到 20 世纪 30 年代末，实验研究已经使大多数生物学家相信：遗传的基础是一种特定的分子，而不是复杂的化学混合物。人们的注意力集中在染色体上，因为当时已知染色体携带基因。到了 20 世纪 40 年代，科学家们知道了染色体由两种化学物质组成：DNA 和蛋白质。到了 20 世纪 50 年代初，一系列发现让科学界相信 DNA 是担任遗传物质的分子。这一突破开创了**分子生物学**领域，即在分子水平上研究遗传。

接下来是科学史上最著名的一项任务：探明 DNA 的结构。当时人们已经对 DNA 颇有了解。科学家们已经确定了 DNA 的所有原子，知道了它们是如何相互结合的。人们不理解的是：原子们以怎样的特定三维排列，赋予了 DNA 独特的属性——存储遗传信息、复制遗传信息、代代相传的能力。人们竞相寻找这种重要分子的结构与功能之间的联系。我们稍后将描述这一重大发现。首先，让我们回顾一下 DNA 及其同类——RNA 的基本化学结构。

DNA 与 RNA 的结构

DNA 和 RNA 都是核酸，是由称为**核苷酸**的化学单位（单体）组成的长链（聚合物）。深入回顾，见图 3.21—3.25。**图 10.1** 是核苷酸聚合物（即**多核苷酸**）的示意图。多核苷酸可以很长，可以具有四种不同类型核苷酸（缩写为 A、C、T、G）构成的任意序列，因此可以产生极其多样的多核苷酸链。

核苷酸的糖和下一个核苷酸的磷酸基团，通过共价键连接在一起，构成核苷酸链。这形成了糖—磷酸—糖—磷酸的重复模式，称为**糖 - 磷酸骨架**。其中含氮碱基排列得像肋骨，从骨架伸出。你可以把多核苷酸想象成一架长梯，从中间竖向劈成两半，梯级有四种颜

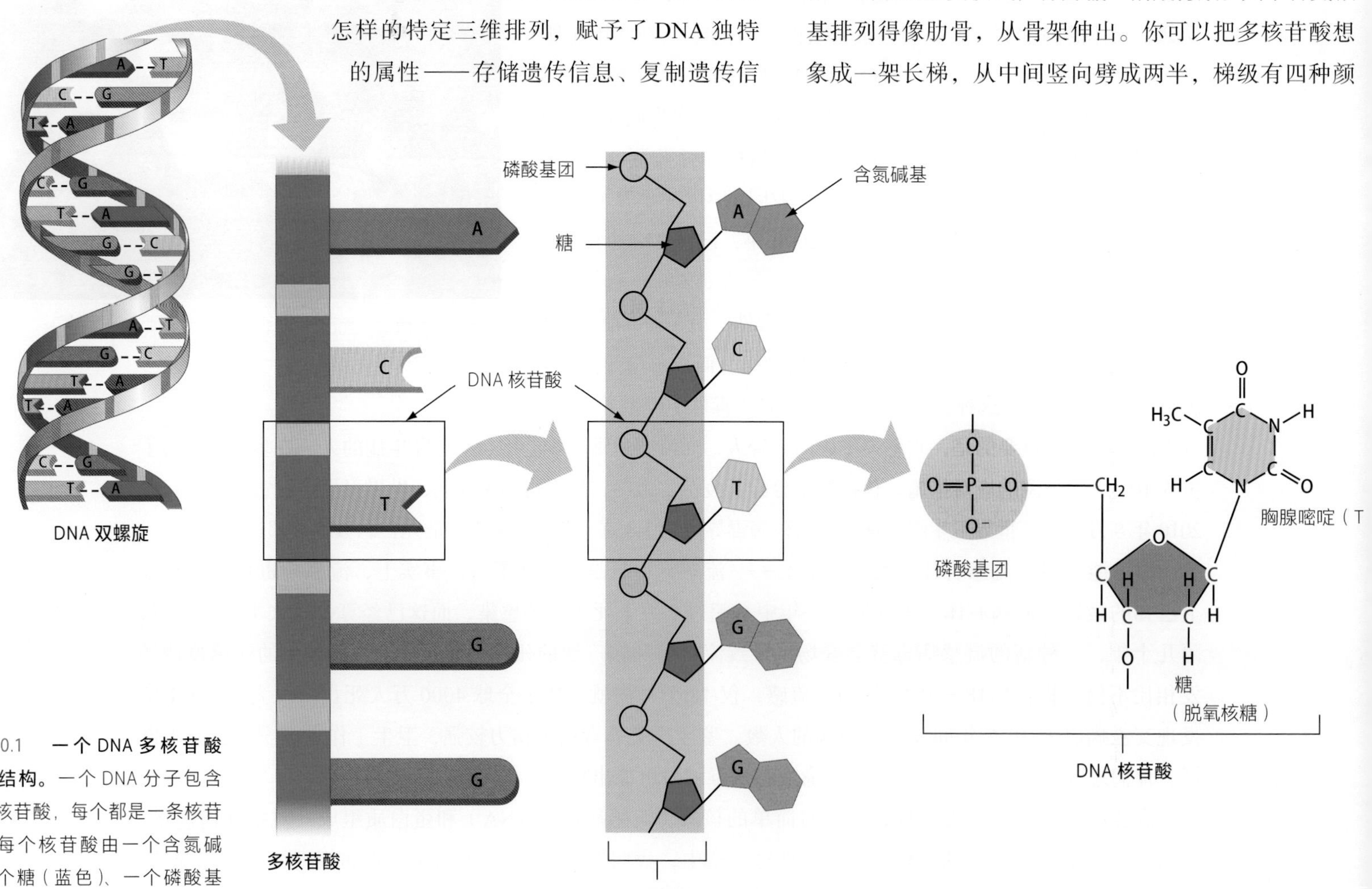

► 图 10.1　**一个 DNA 多核苷酸的化学结构。**一个 DNA 分子包含两个多核苷酸，每个都是一条核苷酸链。每个核苷酸由一个含氮碱基、一个糖（蓝色）、一个磷酸基团（金色）组成。

色。糖和磷酸基团构成了长梯的两侧，而含氮碱基占了长梯横档的一半。

在图 10.1 中从左向右看，放大后可以看到每个核苷酸由三个部分组成：一个含氮碱基、一个糖（蓝色）、一个磷酸基团（金色）。更仔细地观察单个核苷酸，即可看到其三种成分的化学结构。磷酸基团的中心有一个磷原子（P），是核酸中酸的来源。每个磷酸基团其中的一个氧原子上都带有负电荷。糖有五个碳原子，显示为红色：四个在环上，一个延伸到环的上方。该环还包含一个氧原子。这种糖被称为脱氧核糖，因为它与核糖相比，缺少一个氧原子。DNA 的全称是脱氧核糖核酸，“核”指 DNA 在真核细胞细胞核中的位置。含氮碱基（此例中是胸腺嘧啶）有一个由氮原子和碳原子组成的环，环上连接着各种化学基团。含氮碱基是碱性的（pH 值高，与酸性相反），因此得名。

DNA 中的四种核苷酸，只在其各自的含氮碱基方面存在不同（见图 3.23）。碱基可以分为两种。**胸腺嘧啶（T）**和**胞嘧啶（C）**是单环结构，**腺嘌呤（A）**和**鸟嘌呤（G）**是更大的双环结构。RNA 不含胸腺嘧啶（T），而是含有一个类似的碱基叫作**尿嘧啶（U）**。而且 RNA 含有一种与 DNA 略有不同的糖——核糖，而不是脱氧核糖（此即 RNA 与 DNA 名称的由来）。除此之外，RNA 和 DNA 多核苷酸具有相同的化学结构。图 10.2 是一段约 20 个核苷酸长度的 RNA 多核苷酸的计算机绘图。☑

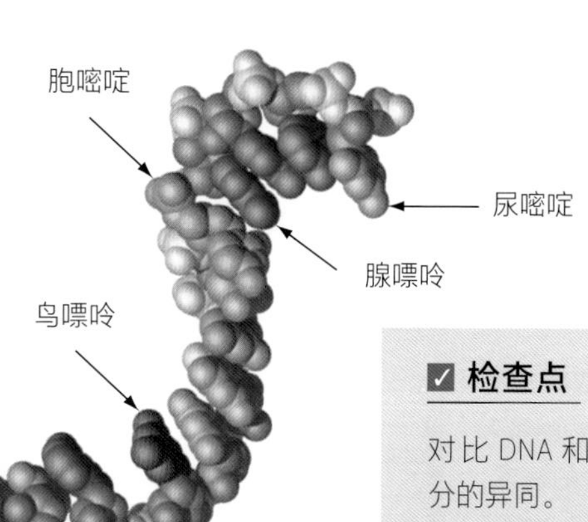

► 图 10.2 **一段 RNA 多核苷酸。**黄色表示磷酸基团中的原子，蓝色表示构成糖的原子，以凸显糖－磷酸骨架。

☑ 检查点

对比 DNA 和 RNA 化学成分的异同。

答案：两者都是核苷酸的聚合体（一个糖＋一个含氮碱基＋一个磷酸基团）。在 RNA 中，糖是核糖；在 DNA 中，糖是脱氧核糖。RNA 和 DNA 都具有碱基 A、G、C，此外，DNA 具有的是 T，而 RNA 具有的是 U。

沃森和克里克发现双螺旋

23 岁的美国新晋博士詹姆斯 · D. 沃森（James D. Watson）前往英国剑桥大学之后不久，就开始了一段著名的合作关系，最终解决了 DNA 结构难题。在那里，更资深的科学家弗朗西斯 · 克里克（Francis Crick）正在利用“X 射线结晶学”技术，研究蛋白质结构。沃森在参观伦敦国王学院莫里斯 · 威尔金斯（Maurice Wilkins）的实验室时，看到了威尔金斯的同事罗莎琳德 · 富兰克林（Rosalind Franklin）拍摄的一张 DNA 的 X 光图像。富兰克林提供的这一信息，成了解决难题的关键。沃森仔细研究图像之后发现：DNA 的基本形状是一个直径均匀的螺旋。螺旋的厚度表明它由两条多核苷酸链组成，换句话说，是一个**双螺旋**。但是核苷酸是如何排列成双螺旋的呢？

沃森和克里克使用铁丝模型，开始试图构建一个符合所有已知 DNA 数据的双螺旋结构（图 10.3）。沃森将主链放在模型的外部，迫使含氮碱基旋转到分子的内部。这样做以后，他想到这四种碱基必须以某种特定的方式配对。这种特定碱基配对的想法灵光一闪，最终让沃森和克里克解决了 DNA 的难题。

▼ 图 10.3 **双螺旋的发现者。**

DNA 结构的发现者**詹姆斯 · D. 沃森**（左）和**弗朗西斯 · 克里克**展示他们的双螺旋模型（1953 年）。

罗莎琳德 · 富兰克林。富兰克林利用 X 光生成了一些关键数据，为了解 DNA 结构提供了帮助。

起初，沃森想象的是“相同的碱基进行两两配对”——例如 A 与 A，C 与 C。但这样配对不符合 DNA 分子直径均匀这一事实。一个 AA 对（由两个双环碱基组成）几乎是一个 CC 对（由两个单环碱基组成）的两倍宽，会导致分子直径不均匀。很明显，一条链上的双环碱基必须总是与另一条链上的单环碱基配对。此外，沃森和克里克意识到：每种碱基的具体化学结构决定了配对对象。每个碱基都有突出的化学基团，其只与一个合适的碱基搭档，才最容易形成氢键。这就像有四种颜色的拼图游戏，规则是只有某些颜色可以拼在一起（如红色只能与蓝色拼在一起）。同样，腺嘌呤与胸腺嘧啶、鸟嘌呤与胞嘧啶，也最容易形成氢键。生物学家这样助记：AT 成对，GC 成对，也说 AT“互补”，GC“互补”。

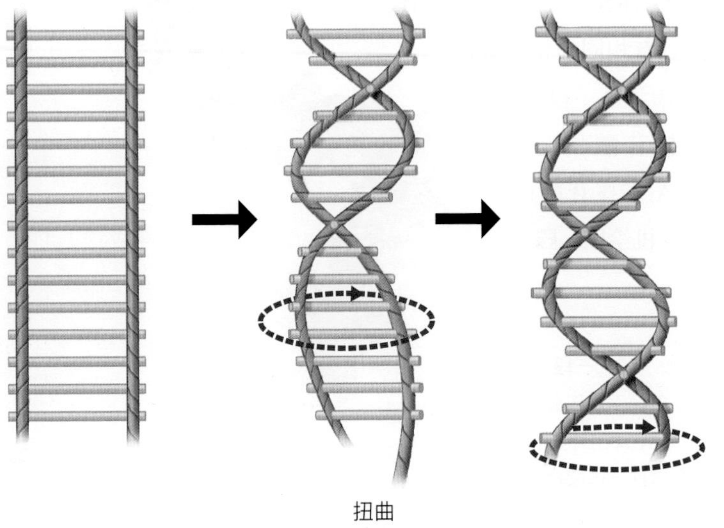

► 图 10.4 **双螺旋的绳梯模型。**两边的绳子代表糖 – 磷酸的骨架。每层梯级表示一对由氢键连接的碱基。

如果把一条多核苷酸链想象成梯子的一半，就可以把沃森、克里克提出的 DNA 双螺旋模型想象成一个“扭曲成螺旋的整个梯子”（图 10.4）。图 10.5 显示了双螺旋的三种更详细的表示法。图 10.5（a）中的丝带状图，象征着强调其互补性形状的碱基。图 10.5（b）是一个化学上更精确的版本，只显示了四个碱基对，螺旋未扭曲，单个氢键用虚线表示。图 10.5（c）是一个计算机模型，详细显示了双螺旋的一部分。

虽然碱基配对规则影响了形成双螺旋梯级的碱基并排组合，但对沿 DNA 链长度方向上的核苷酸排列没有限制。事实上，碱基的顺序可以有无数种变化。

1953 年，沃森和克里克用一篇简洁论文提出了他们的 DNA 分子模型，震惊了科学界。生物学史上很

▼ 图 10.5 **DNA 的三种表示法。**

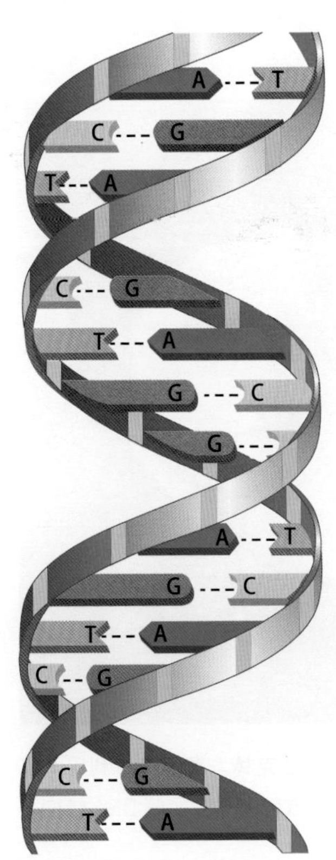

（a）**丝带模型。**糖 – 磷酸骨架的主链是蓝带，碱基是绿色和橙色的互补形状。

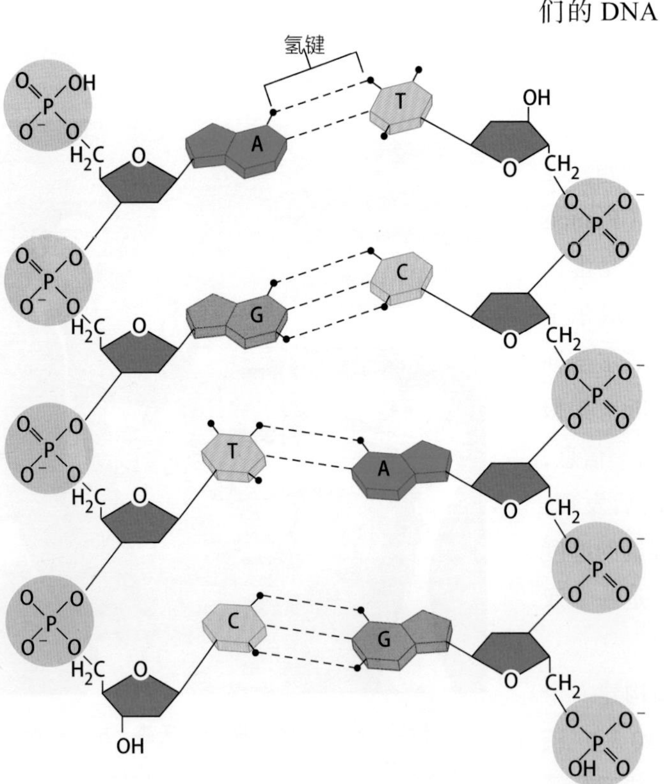

（b）**原子模型。**在这个更详细的化学结构中，可以看到单个的氢键（虚线）；还可以看到两条链向相反的方向延伸——注意两条链上的糖彼此是颠倒的。

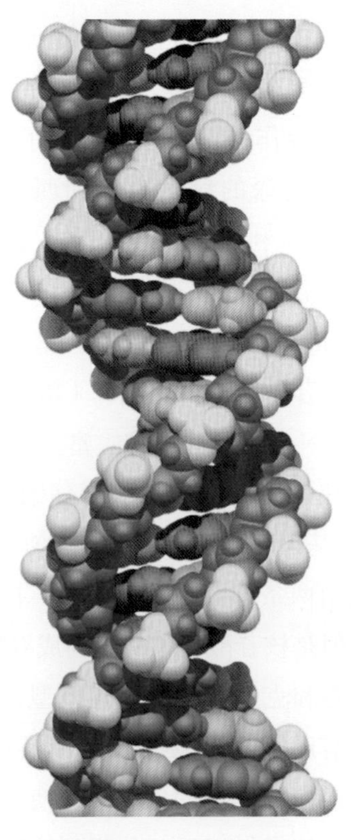

（c）**计算机模型。**每个原子都显示为一个球体，构成一个空间结构模型。

少有里程碑能像双螺旋及 A-T、C-G 碱基配对那样，产生如此广泛的影响。1962 年，沃森、克里克、威尔金斯因为他们的研究而获得了诺贝尔奖。（富兰克林本应分享这一奖项，但她于 1958 年死于癌症，而诺贝尔奖不追授给去世的人。）

沃森、克里克在 1953 年的论文中写道，他们提出的结构“立即表明了遗传物质可能存在的一种复制机制”。换句话说，DNA 的结构从分子层面解释了生命独特的繁殖和遗传特性。正如我们接下来看到的，DNA 中各部分的排列如何影响 DNA 在细胞中的作用，是生物学中结构 - 功能关系这一重要主题的一个极佳范例。

结构 / 功能　DNA 复制

每个细胞都包含一份 DNA“菜谱”，提供了如何制造和维护该细胞的完整信息。细胞繁殖时必须复制这些信息，自留一份副本的同时，为新的后代细胞提供一份副本。因此，每个细胞都必须有复制 DNA 指令的手段。为了清楚地展示生物系统的结构如何实现其功能，沃森 - 克里克 DNA 模型表明每条 DNA 链都充当着模具或模板的角色，以指导另一条链的复制。知道双螺旋的一条链上的碱基序列，就不难根据碱基配对规则来确定另一条链上的碱基序列：A 对 T（T 对 A），G 对 C（C 对 G）。例如，如果某 DNA 分子有一个多核苷酸的序列是 AGTC，那么其互补多核苷酸的序列就必然是 TCAG。

图 10.6 显示了这个模型如何解释一段 DNA 的直接复制：两条亲本核苷酸链分开，各自都成为一条模板链，以供游离核苷酸组装一条互补链。根据碱基配对规则，核苷酸沿着模板链一次排列一个。酶将这些核苷酸连接起来形成新的 DNA 链。完成的新分子与亲代分子相同，被称为子代 DNA 分子（daughter DNA molecules，这个名字并不意味着 DNA 分子有性别）。

DNA 的复制过程需要十几种酶和其他蛋白质的配合。**DNA 聚合酶**是将新 DNA 链上的核苷酸以共价键连接起来的酶。新来的核苷酸碱基与模板链上的互补碱基配对时，一个 DNA 聚合酶将其添加到逐渐延长的子链末端。该过程既快速（典型速度是每秒 50 个核苷酸）又惊人地准确，每 10 亿个碱基中只会发生不到一个碱基配对错误。除了在 DNA 复制中的作用之外，DNA 聚合酶和一些相关的蛋白质可以修复被有毒化学物质或高能辐射（如 X 射线、紫外线）损坏的 DNA。

酶有助于保持你的 DNA 的完整性，准确率超过 99.999%。

DNA 复制始于双螺旋的特定位点，称为复制起点。然后复制向两个方向进行，形成所谓的“复制泡”（图 10.7）。当子链向每个泡泡的两边延伸时，亲代 DNA 链解开。典型真核生物染色体的 DNA 分子有许多复制起点，可以同时开始复制，缩短了复制过程所需的总时间。最终，所有复制泡融合，产生两个完整的双链子代 DNA 分子。

DNA 复制，确保了多细胞生物的所有体细胞都携带相同的遗传信息。这也是遗传信息传递给后代的方式。☑

亲代（原来的）DNA 分子

子（新）链

亲代（原来的）链

子代 DNA 分子（双螺旋）

▲ 图 10.6　**DNA 复制**。复制产生两个子代 DNA 分子，每个分子由一条旧链和一条新链组成。亲代 DNA 随着其链的分离而解螺旋，子代 DNA 则一边形成一边与亲代 DNA 重新缠绕。

▼ 图 10.7　**DNA 复制过程中的多个“复制泡”。**

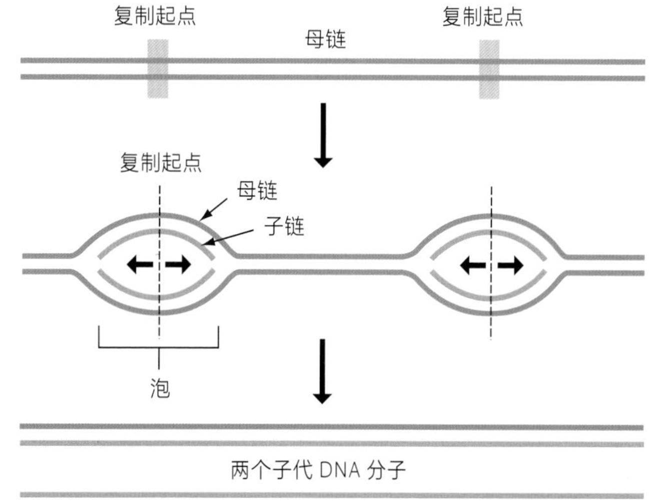

☑ 检查点

1. 碱基互补配对如何使 DNA 复制成为可能？
2. DNA 复制过程中什么酶将核苷酸连接在一起？

答案：1. 双螺旋中的两条链分开时，每条链作为一个模板，在其上面，核苷酸可以通过特定的碱基配对，排列成新的互补链。 2. DNA 聚合酶。

信息流

从 DNA 到 RNA 再到蛋白质

前面论述了 DNA 的结构是如何允许它被复制的，现在让我们探索 DNA 如何向细胞和整个生物体下达指令。

☑ 检查点

什么是转录和翻译？

答案：转录是基因信息从 DNA 向 RNA 的传递。翻译是利用 RNA 分子中的信息合成多肽。

生物体的基因型如何决定其表型

我们现在可以根据 DNA 的结构与功能来定义基因型和表型（第 9 章首次引入的术语）。生物体的基因型，即其遗传构成，是包含在其 DNA 碱基序列中的可遗传信息。表型，即生物体的生理特征，是由多种蛋白质作用产生的。例如，结构蛋白参与构建生物体，酶则催化生命所必需的化学反应。

DNA 决定蛋白质的合成。但基因并不直接构建蛋白质：DNA 以 RNA 的形式发送指令，进而对蛋白质合成进行编码。图 10.8 总结了生物学中的这一基本原理。分子"指挥链"是从细胞核（图中紫色区域）中的 DNA 到 RNA，再到细胞质（蓝色区域）中的蛋白质合成。这两个阶段是转录和翻译；**转录**是遗传信息从 DNA 转移到 RNA，**翻译**是信息从 RNA 转移到多肽——蛋白质链。因此，基因和蛋白质之间的关系是一种信息流：DNA 基因的功能是指导多肽的合成。☑

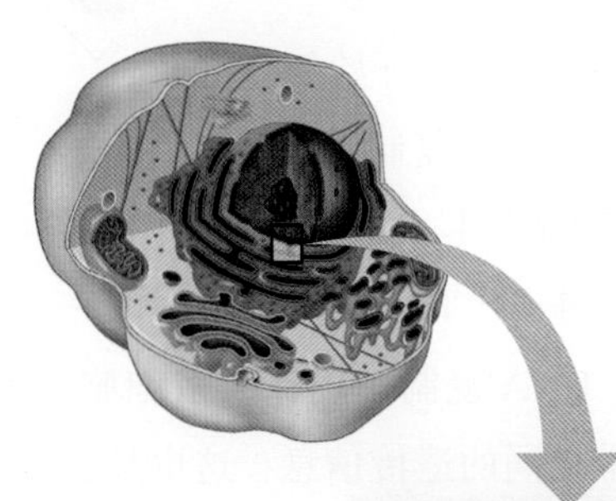

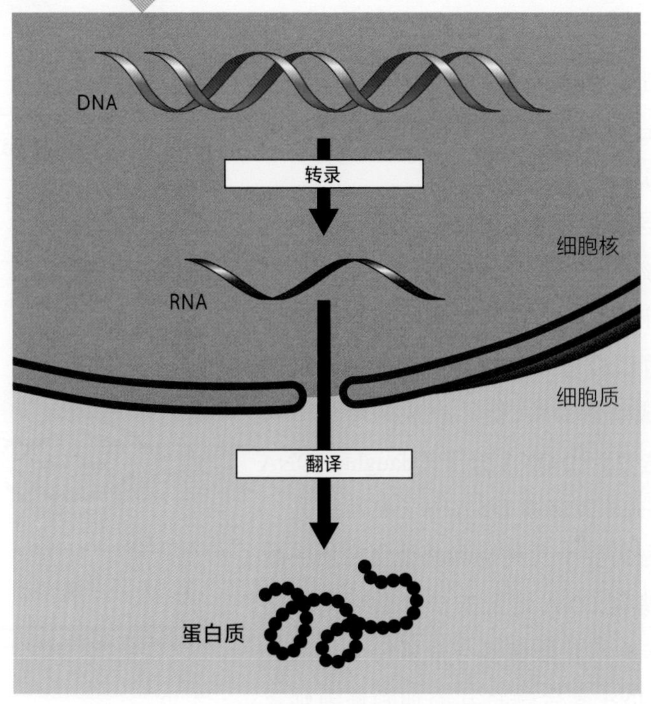

▼ 图 10.8　**真核细胞内的遗传信息流。**DNA 上的核苷酸序列在细胞核内被转录成 RNA 分子。RNA 转移到细胞质，被翻译成一个蛋白质的特定氨基酸序列。

从核苷酸到氨基酸：综述

DNA 中的遗传信息被转录成 RNA，然后翻译成多肽，再折叠成蛋白质。但是这些过程是如何发生的呢？转录（抄写、记录）和翻译是语言学的术语，认为核酸和蛋白质“有语言”，可帮助我们理解。为了理解遗传信息如何从基因型传递到表型，我们需要看一看——DNA 的化学语言，如何翻译成与之不同的蛋白质的化学语言。

“核酸的语言”到底是什么？DNA 和 RNA 都是由核苷酸单体构成的聚合物，它们以特定序列串在一起传递信息，就像英语中特定字母序列传递信息一样。在 DNA 中，单体是四种类型的核苷酸，其含氮碱基（A、T、C、G）不同。RNA 也是如此，只不过它的碱基有一个是 U 而不是 T。

DNA 的语言是通过核苷酸碱基的线性序列书写的，比如图 10.9 中放大的 DNA 链上的蓝色序列。每个基因都由特定碱基序列组成，一些特殊序列标志开始和结束。一个典型的基因有几千个核苷酸长。

一段 DNA 被转录后，会产生一个 RNA 分子。这个过程被称为转录，是因为 DNA 的核酸语言只是被简单地改写（转录）为 RNA 的碱基序列，但语言仍然是核酸的语言。RNA 分子的核苷酸碱基与 DNA 链上的碱基互补。你很快会看到，这是因为 RNA 是以 DNA 作为模板合成的。

翻译将核酸语言转换为多肽语言。多肽像核酸一样，是直链的聚合物，但是组成它们的单体（多肽字母表的字母）是所有生物共有的 20 种氨基酸（在图 10.9 中表示为紫色）。RNA 分子的核苷酸序列决定了多肽的氨基酸序列。但是记住，RNA 只是一个信使，决定氨基酸序列的遗传信息来源于 DNA。

将 RNA 信息翻译成多肽的规则是什么？换句话说，一个 RNA 分子的核苷酸和一个多肽的氨基酸有什么对应关系？——请记住，DNA（A、G、C、T）和 RNA（A、G、C、U）中都只有四种不同的核苷酸。在翻译过程中，这四种核苷酸必须以某种方式指定 20 种氨基酸。如果每个核苷酸碱基编码一个氨基酸，就只能产生 20 种氨基酸中的 4 种。事实上，可以指定所有氨基酸的最小长度的“单词”是碱基的三联体。这类三联体可能有 64 个（即 4^3 个）——远远超过指定 20 个氨基酸所需要的数量。事实上，三联体足够多，允许每个氨基酸有一个以上的编码。例如，碱基三联体 AAA 和 AAG 都编码相同的氨基酸。

实验证明，信息从基因到蛋白质的流动是基于一个个三联体编码。多肽链氨基酸序列的遗传指令在 DNA 和 RNA 中写成一系列三碱基单词，称为**密码子**。DNA 中的连续的三个碱基被转录成 RNA 中互补的三碱基密码子，然后 RNA 密码子被翻译成氨基酸，形成多肽。如图 10.9 总结，一条 DNA 单链中连续的三个碱基（三个核苷酸）→一个 RNA 密码子（三个核苷酸）→一个氨基酸。接下来，我们关注密码子本身。☑

☑ 检查点

编码一个 100 个氨基酸长度的多肽需要多少个核苷酸？

答案：300 个。

▼ 图 10.9 **DNA 的转录和密码子的翻译。**图片主要显示了 DNA 分子携带的一个基因的一小部分。基因 3 一条链上的放大片段显示了其具体的碱基序列。红色链和紫色链，分别代表转录和翻译的结果。

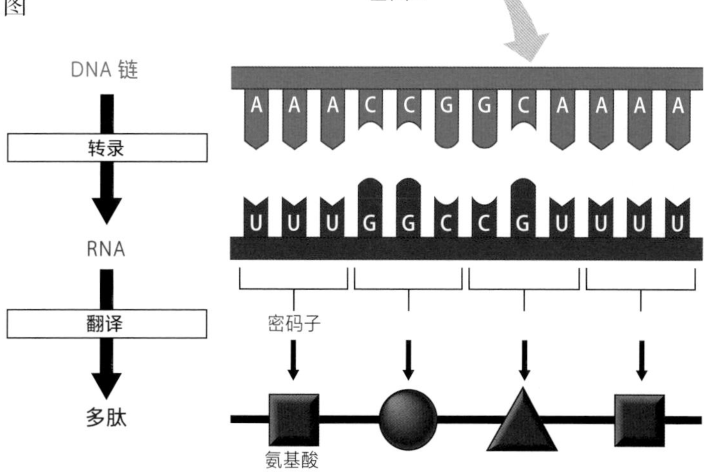

遗传密码

遗传密码是“将 RNA 中的核苷酸序列转化为氨基酸序列”的一套规则。如图 10.10 所示，64 个三联体中有 61 个编码氨基酸。三联体 AUG 具有双重功能：既能编码氨基酸甲硫氨酸（缩写为 Met），也可以为多肽链的合成提供启动信号。三个密码子（UAA、UAG、UGA）不指定氨基酸，它们是终止密码子——指示核糖体终止多肽的合成。

因为地球上所有生物共享一套通用的遗传密码，所以用你的 DNA 可以对猴子进行基因改造。

▼ 图 10.11　**表达外源基因的猪。**研究者将生成绿色荧光蛋白（GFP）的水母基因整合到一只标准猪的 DNA 中，产生了发荧光的猪（中）。

请注意，在图 10.10 中，一个给定的 RNA 三联体总是指定一个特定的氨基酸。例如，虽然密码子 UUU 和 UUC 都指定苯丙氨酸（Phe），但它们都不会指定其他任何氨基酸。图中的密码子是见于 RNA 中的三联体。它们与 DNA 中的连续的三个碱基有直接互补关系。构成连续的三个碱基的核苷酸沿着 DNA 和 RNA 以线性顺序出现，密码子之间没有间隙。

遗传密码在生物中几乎通用，为从最简单细菌到最复杂动植物所共有；这种通用性表明，它们在进化中很早就出现了，亿万年来遗传给了今天地球上的所有生物。事实上，这种通用性是现代 DNA 技术的关键。因为不同生物共有一套通用的遗传密码，所以通过移植 DNA，可以对一个物种的基因进行编程，让它产生另一个物种的蛋白质（图 10.11）。这让科学家能够混合与匹配来自不同物种的基因——此过程在农业、医学、科研中有许多有益的基因工程应用（见第 12 章对基因工程的进一步讨论）。除了有实际用途之外，共有的遗传密码也提醒我们：进化亲缘关系连接着地球上的所有生命。☑

RNA 密码子的第二碱基

RNA 密码子的第一碱基	U	C	A	G	RNA 密码子的第三碱基
U	UUU 苯丙氨酸（Phe）	UCU 丝氨酸（Ser）	UAU 酪氨酸（Tyr）	UGU 半胱氨酸（Cys）	U
U	UUC 苯丙氨酸（Phe）	UCC 丝氨酸（Ser）	UAC 酪氨酸（Tyr）	UGC 半胱氨酸（Cys）	C
U	UUA 亮氨酸（Leu）	UCA 丝氨酸（Ser）	UAA 终止	UGA 终止	A
U	UUG 亮氨酸（Leu）	UCG 丝氨酸（Ser）	UAG 终止	UGG 色氨酸（Trp）	G
C	CUU 亮氨酸（Leu）	CCU 脯氨酸（Pro）	CAU 组氨酸（His）	CGU 精氨酸（Arg）	U
C	CUC 亮氨酸（Leu）	CCC 脯氨酸（Pro）	CAC 组氨酸（His）	CGC 精氨酸（Arg）	C
C	CUA 亮氨酸（Leu）	CCA 脯氨酸（Pro）	CAA 谷氨酰胺（Gln）	CGA 精氨酸（Arg）	A
C	CUG 亮氨酸（Leu）	CCG 脯氨酸（Pro）	CAG 谷氨酰胺（Gln）	CGG 精氨酸（Arg）	G
A	AUU 异亮氨酸（Ile）	ACU 苏氨酸（Thr）	AAU 天冬酰胺（Asn）	AGU 丝氨酸（Ser）	U
A	AUC 异亮氨酸（Ile）	ACC 苏氨酸（Thr）	AAC 天冬酰胺（Asn）	AGC 丝氨酸（Ser）	C
A	AUA 异亮氨酸（Ile）	ACA 苏氨酸（Thr）	AAA 赖氨酸（Lys）	AGA 精氨酸（Arg）	A
A	AUG 甲硫氨酸（Met）或起始	ACG 苏氨酸（Thr）	AAG 赖氨酸（Lys）	AGG 精氨酸（Arg）	G
G	GUU 缬氨酸（Val）	GCU 丙氨酸（Ala）	GAU 天冬氨酸（Asp）	GGU 甘氨酸（Gly）	U
G	GUC 缬氨酸（Val）	GCC 丙氨酸（Ala）	GAC 天冬氨酸（Asp）	GGC 甘氨酸（Gly）	C
G	GUA 缬氨酸（Val）	GCA 丙氨酸（Ala）	GAA 谷氨酸（Glu）	GGA 甘氨酸（Gly）	A
G	GUG 缬氨酸（Val）	GCG 丙氨酸（Ala）	GAG 谷氨酸（Glu）	GGG 甘氨酸（Gly）	G

▲ 图 10.10　**按 RNA 密码子列出的“遗传密码词典”。**请通过寻找密码子 UGG 来练习使用本词典。[UGG 是氨基酸色氨酸（Trp）的唯一密码子。] 注意密码子 AUG（绿色突出显示）不仅代表氨基酸甲硫氨酸（Met），而且作为在此“开始”翻译 RNA 的信号。64 个密码子中的 3 个（用红色突出显示）是“终止”信号，标志着遗传信息的终止，而不编码任何氨基酸。

☑ 检查点

一个 RNA 分子包含核苷酸序列 CCAUUUACG。利用图 10.10，将该序列翻译成相应的氨基酸序列。

答案：Pro-Phe-Thr。

转录：从 DNA 到 RNA

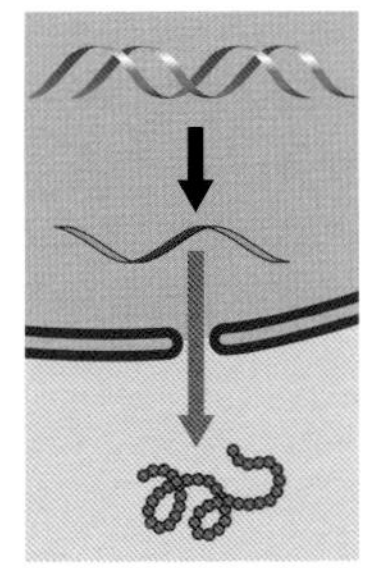

让我们更仔细地观察转录，即遗传信息从 DNA 到 RNA 的传递过程。如果把你的 DNA 视为一部菜谱，那么转录就是将一种具体菜式抄录到备菜单（一个 RNA 分子）上，以供厨师立即使用。图 10.12（a）是这个过程的特写图。与 DNA 复制一样，两条 DNA 链必须首先在转录开始的地方分开。但在转录过程中，只有一条 DNA 链作为新形成的 RNA 分子的模板，另一条链不被使用。构成 RNA 分子的核糖核苷酸通过与 DNA 模板链上的脱氧核糖核苷酸碱基形成氢键，沿着 DNA 模板链一次一个地就位。请注意，除了 U（而不是 T）与 A 配对，其他 RNA 核苷酸遵循通常的碱基配对规则。RNA 核苷酸由转录酶（RNA **聚合酶**）连接。

图 10.12（b）概述了一个完整基因的转录。DNA 核苷酸的特定序列告诉 RNA 聚合酶从哪里开始转录过程、在哪里停止转录过程。

❶ 转录的起始

"开始转录"信号是一个被称为**启动子**的核苷酸序列，位于基因起始位置的 DNA 中。启动子是 RNA 聚合酶附着的特定位置。转录的第一阶段称为起始阶段，RNA 聚合酶附着在启动子上，开始合成 RNA。对于一个基因，启动子决定了两条 DNA 链中的哪一条被转录（具体是哪一条，因基因而异）。

❷ RNA 延伸

在转录的第二阶段，即延伸阶段，RNA 延长。随着 RNA 合成的继续，RNA 链从其 DNA 模板上脱落，让两条分离的 DNA 链在已转录区域重新结合在一起。

❸ 转录的终止

在第三阶段，即终止阶段，RNA 聚合酶到达 DNA 模板中一个特殊的碱基序列，称为**终止子**。该序列指示这个基因转录过程的结束。此时，聚合酶分子脱离 RNA 分子和基因，DNA 链重新结合。

除了产生编码氨基酸序列的 RNA 之外，转录还产生另外两种参与构建多肽的 RNA。稍后我们将讨论这类 RNA。☑

☑ 检查点

RNA 聚合酶怎么"知道"从哪里开始转录一个基因？

答案：它识别基因的启动子——一个特定的核苷酸序列。

▼ 图 10.12 **转录。**

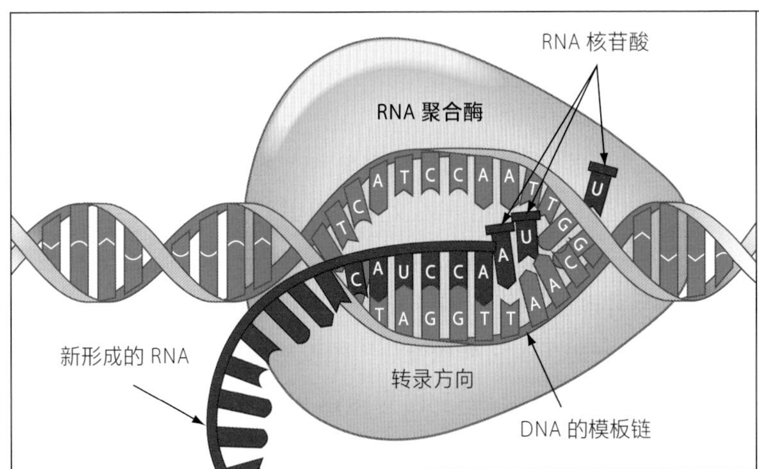

（a）**转录特写图。**随着 RNA 核苷酸与一条 DNA 链（称为模板链）上的 DNA 碱基逐一配对，RNA 聚合酶（橙色）将 RNA 核苷酸连接成一条 RNA 链。

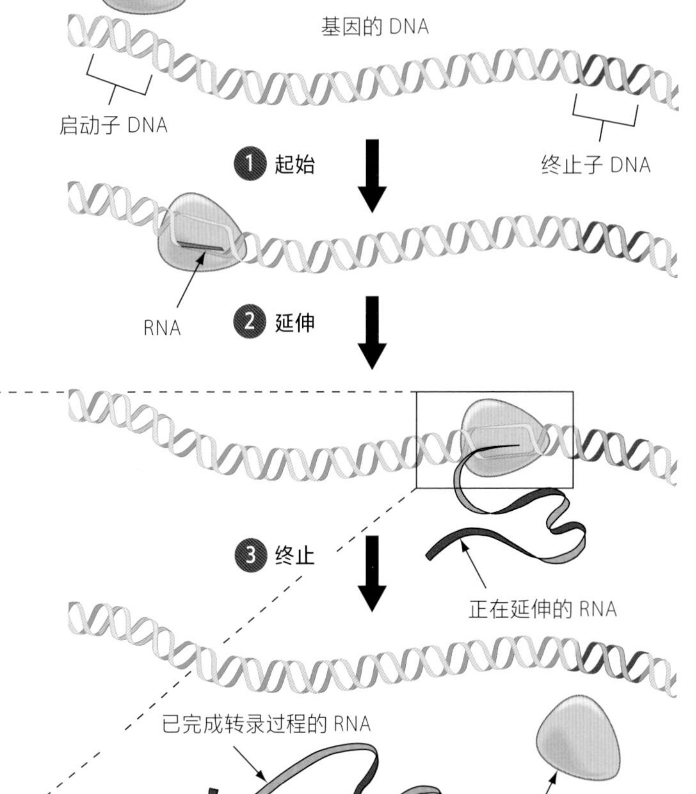

（b）**基因的转录。**整个基因的转录分为三个阶段：RNA 的起始、延伸、终止。RNA 聚合酶起始的 DNA 位点称为启动子，终止的位点称为终止子。

真核生物 RNA 的加工

在原核生物细胞（无细胞核）中，从基因转录的 RNA 立即发挥**信使** RNA（mRNA，被翻译成蛋白质的分子）的作用。但真核细胞不同。真核细胞不仅将转录定位在细胞核中，而且在形成的转录 RNA 进入细胞质供核糖体翻译之前，还需要在细胞核中进行修饰（加工）。

一种 RNA 加工方式是在 RNA 转录物的两端添加额外的核苷酸，称为**帽**和**尾**。这种附加物保护 RNA 免受细胞中酶的攻击，并帮助核糖体将该 RNA 识别为 mRNA。

在真核生物中，还有另一种必需的 RNA 加工方式，因为非编码的核苷酸片段会中断实际编码氨基酸的核苷酸。这就好像你抄的菜谱中随意插入的一些无意义的词语。事实证明，动物、植物的大多数基因都包含这种内部非编码区，称为**内含子**。编码区（基因中被表达的部分）被称为**外显子**。如图 10.13 所示，外显子、内含子都是从 DNA 转录成 RNA 的。但在 RNA 离开细胞核之前，内含子被移除，外显子被连接起来，以产生一个具有连续编码序列的 mRNA 分子。该过程即 RNA **剪接**，被认为对人类具有重要作用，使我们大约 21,000 个基因能够产生成千上万的多肽。这是通过改变最终 mRNA 中的外显子来实现的。

☑ 检查点

为什么最终的 mRNA 通常比编码它的 DNA 基因短？

答案：因为 RNA 中的内含子被移除了。

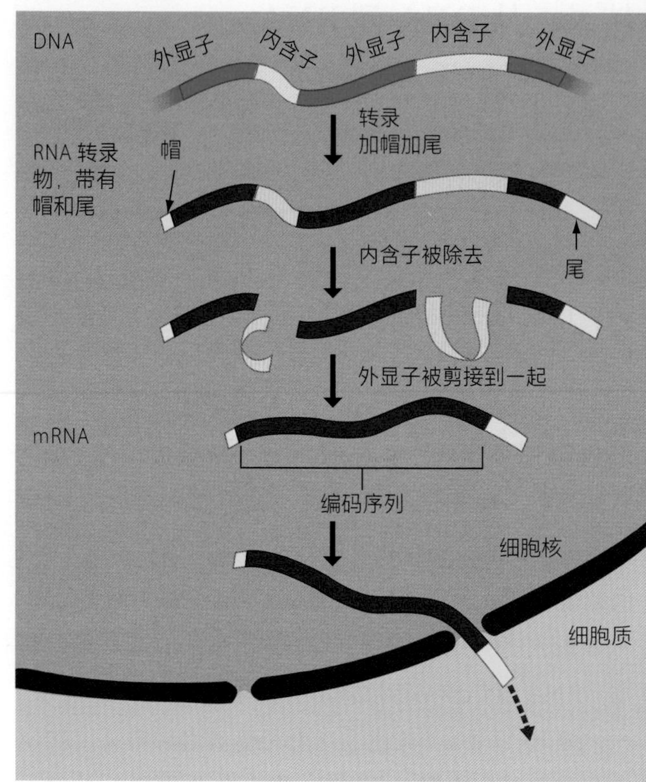

▲ 图 10.13 **真核细胞中 mRNA 的产生。**请注意，离开细胞核的 mRNA 分子与最初从基因转录出的 RNA 分子有很大不同。最终形成的 mRNA 的编码序列将在细胞质中翻译。

随着戴帽、加尾、剪接的完成，真核生物 mRNA 的“最终草案”就可以进行翻译了。☑

翻译：参与者

正如前面讨论过的，翻译是不同语言之间的转换——从核酸语言到蛋白质语言——它涉及的机制比转录更复杂。

信使 RNA（mRNA）

翻译所需的第一个重要成分是转录所产生的 mRNA。翻译 mRNA 的过程还需要酶和化学能源，如 ATP。此外，翻译还需要另外两个重要成分：核糖体和“转运 RNA”。

转运 RNA（tRNA）

语言之间的转换需要一个翻译者或翻译机，它要能识别一种语言的文字并将其转换成另一种语言。将 mRNA 中携带的遗传信息翻译成蛋白质的氨基酸语言也需要一个翻译者。为了将核酸的三个字母的单词（密码子）转换成蛋白质的氨基酸单词，细胞使用“分子翻译机”——称为**转运** RNA（tRNA），如图 10.14 所示。

▼ 图 10.14 **tRNA 的结构。**tRNA 的一端是氨基酸将附着的位置（紫色），另一端是三核苷酸反密码子即 mRNA 将附着的位置（浅绿色）。

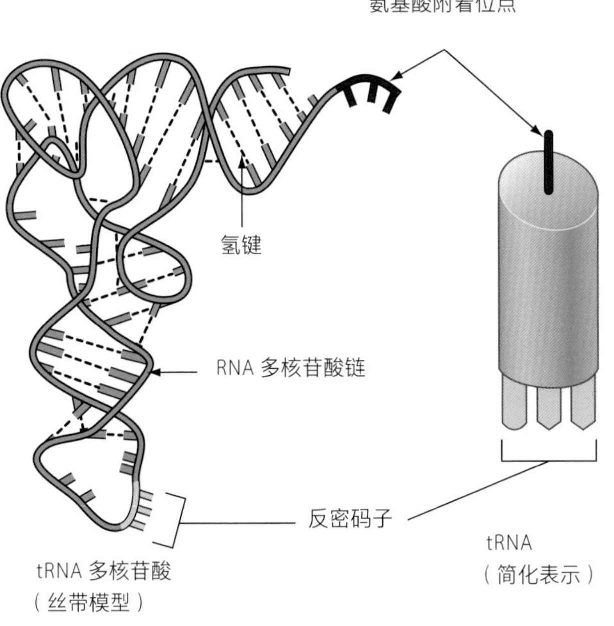

产生蛋白质的细胞，其细胞质中存在一定量的氨基酸。但是氨基酸本身无法识别排列在 mRNA 上的密码子，要依靠细胞的分子翻译器（tRNA 分子）将氨基酸与合适的密码子匹配，以形成新的多肽。为了执行这项任务，tRNA 分子必须具有两个不同的功能：（1）结合对应的氨基酸；（2）识别 mRNA 中互补的密码子。tRNA 分子的独特结构使它们能够完成这两项任务。

如图 10.14 左侧所示，一个 tRNA 分子由一条单链 RNA（一条多核苷酸链）组成，大约包含 80 个核苷酸。该链自身扭曲折叠，形成几个双链区域，此区域内 RNA 碱基短片段与其他短片段配对。这个折叠分子的一端是一种特殊的碱基三联体，称为**反密码子**。反密码子三联体与 mRNA 上的密码子三联体互补。在翻译过程中，tRNA 上的反密码子通过碱基配对规则识别 mRNA 上的特定密码子。tRNA 分子的另一端是一种特定氨基酸附着的位点。虽然所有 tRNA 分子都相似，但每种氨基酸的 tRNA 版本都略有不同。

核糖体

核糖体是细胞质中协调 mRNA 和 tRNA 功能并实际合成多肽链的细胞器。如图 10.15（a）所示，核糖体由两个亚基组成。每个亚基由蛋白质和相当数量的另一种 RNA——**核糖体 RNA（rRNA）**组成。完整组装的核糖体中，小亚基上有一个 mRNA 的结合位点，大亚基上有 tRNA 的结合位点。图 10.15（b）显示了两个 tRNA 分子与一个 mRNA 分子在核糖体上结合的过程。其中一个 tRNA 结合位点——P 位点，结合的 tRNA 携带着正在合成的多肽链，而另一个位点——A 位点，结合的 tRNA 携带着下一个要添加到多肽链中的氨基酸。每个 tRNA 上的反密码子与 mRNA 上的密码子配对。核糖体的亚基就像钳子一样，将 tRNA 和 mRNA 分子紧紧地夹在一起。然后核糖体就可以将 A 位点 tRNA 的氨基酸连接到正在合成的多肽链上。☑

☑ 检查点

什么是反密码子？

答案：反密码子是 tRNA 分子上的碱基三联体，它将 tRNA 连接到 mRNA 的互补密码子上。反密码子与密码子的碱基配对是将 mRNA 翻译成多肽的关键步骤。

◀ 图 10.15 **核糖体。**

tRNA 结合位点
P 位点
A 位点
大亚基
小亚基
核糖体
mRNA 结合位点

（a）**核糖体简图。**显示两个亚基和 mRNA、tRNA 分子的结合位点。

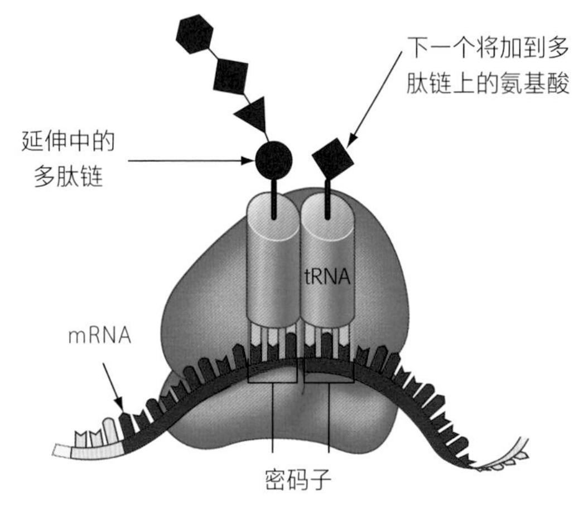

（b）**翻译的“参与者”。**多肽链合成时，核糖体上结合一个 mRNA 分子和两个 tRNA 分子。正在合成的多肽链结合在其中一个 tRNA 上。

翻译：过程

翻译和转录一样分为三个阶段：起始、延伸、终止。

▼ 图 10.16　**一个 mRNA 分子。**

起始

第一阶段，mRNA 与第一个氨基酸所附着的 tRNA 在核糖体的两个亚基上结合起来。一个 RNA 分子即使剪接后，也仍然长于它所携带的遗传信息（图 10.16）。分子两端的核苷酸序列（粉色）不是信息的一部分，但是在真核生物中，它们与帽和尾一起帮助 mRNA 结合到核糖体上。起始过程中要确定翻译将从哪里开始，以便将 mRNA 密码子翻译成正确的氨基酸序列。起始分两步进行，如图 10.17 所示。❶一个 mRNA 分子与一个核糖体小亚基结合。然后一种特殊的起始 tRNA 结合到 mRNA 的**起始密码子**，并将从此处开始翻译。起始 tRNA 携带氨基酸甲硫氨酸（Met），其反密码子 UAC 与起始密码子 AUG 结合。❷一个核糖体大亚基与小亚基结合，产生一个功能性核糖体。起始 tRNA 进入核糖体上的 P 位点。

延伸

一旦起始阶段完成，氨基酸便一个接一个地被添加到第一个氨基酸之后。每次添加都发生在图 10.18 所示的“三步延伸过程”中：❶一个携带氨基酸的 tRNA 分子，其反密码子与核糖体 A 位点的 mRNA 密码子配对。❷多肽链离开位于 P 位点的 tRNA，并与位于 A 位点的 tRNA 携带的氨基酸连接。核糖体制造了一个新的肽键。至此，肽链上增加了一个氨基酸。❸ P 位点的 tRNA 离开核糖体，核糖体携带着正在合成的多肽，将剩下的 tRNA（即 A 位点的 tRNA）移动到 P 位点。mRNA 和 tRNA 作为一个单位一同移动。这种移动将下一个要被翻译的 mRNA 密码子带入 A 位点，然后可以从第 1 步开始重复这一过程。

终止

延伸阶段一直持续到**终止密码子**到达核糖体的 A 位点。终止密码子——UAA、UAG、UGA——不编码氨基酸，而是终止翻译。完整的多肽链（长度通常有几百个氨基酸）被释放出来，而核糖体又分离，恢复为大小亚基。☑

▼ 图 10.17　**翻译的起始。**

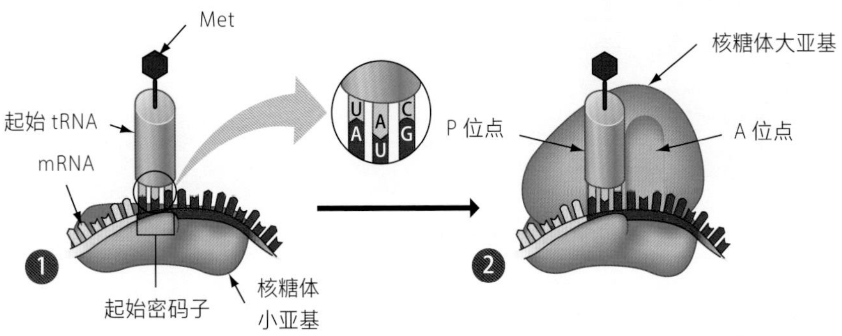

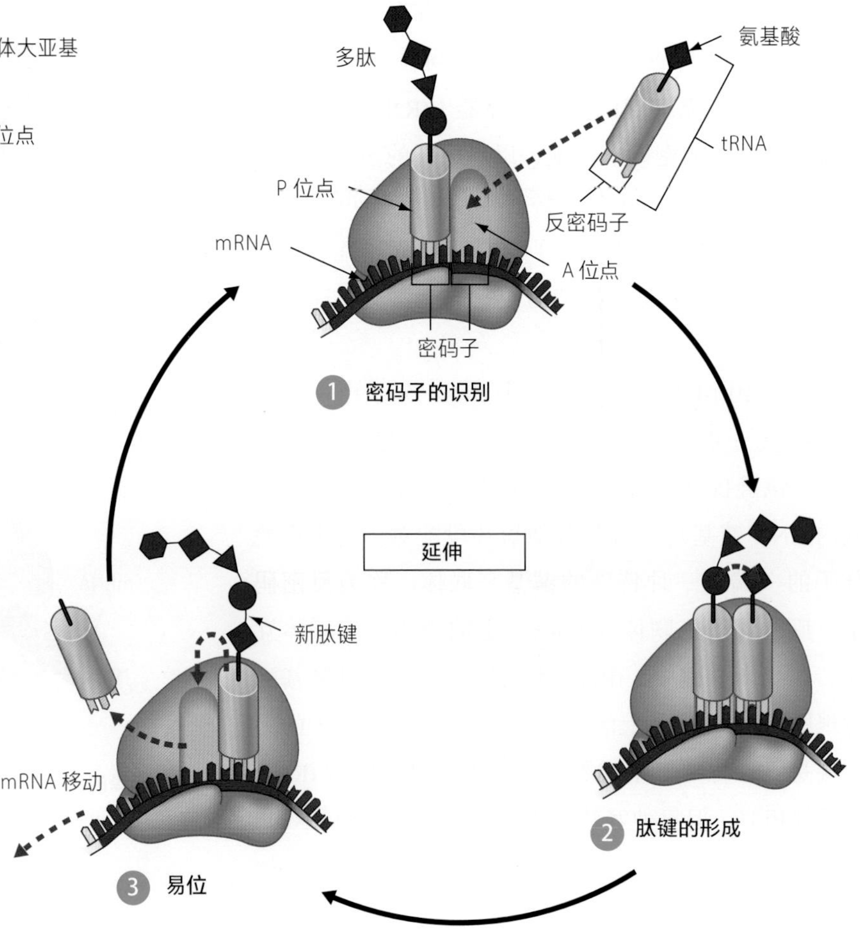

► 图 10.18　**多肽链的延伸。**红色虚线箭头表示延伸方向。

☑ 检查点

核糖体、tRNA、mRNA、DNA 中，哪一个不直接参与翻译？

答案：DNA。

回顾：DNA → RNA →蛋白质

图 10.19 回顾了细胞中的遗传信息流：从 DNA 到 RNA 再到蛋白质。在真核细胞中，转录（DNA → RNA）发生在细胞核中，RNA 在进入细胞质之前需要被加工。翻译（RNA →蛋白质）速度较快，一个核糖体可以在不到一分钟的时间内合成出一条中等长度的多肽链。在制造过程中，多肽链卷曲、折叠，生成其最终的三维形状。

那么，转录和翻译的总体意义是什么？它们是基因控制细胞结构和活动的过程——大而言之，是基因型产生表型的过程。信息流源于 DNA 基因中特定的核苷酸序列，该基因决定了 mRNA 中核苷酸互补序列的转录。接着，mRNA 中的信息指定了多肽链中氨基酸的序列。最后，由多肽链形成的蛋白质决定了细胞和生物体的外观和能力。

几十年来，DNA → RNA →蛋白质途径，被认为是遗传信息控制性状的唯一方式。但近年来，这一概念受到了挑战——一些发现揭示了 RNA 更复杂的作用（第 11 章将探讨 RNA 的一些这样的特殊性质。）☑

☑ 检查点

1. 转录是利用______作为模板合成______。
2. 翻译是______的合成，一个个______决定序列中的每个氨基酸。
3. 哪个细胞器协调翻译？

答案：1.DNA；mRNA。2.蛋白质（多肽链）；密码子。3.核糖体。

▼ 图 10.19 **转录和翻译总结。**图中总结了真核细胞中遗传信息从 DNA 到蛋白质的主要步骤。

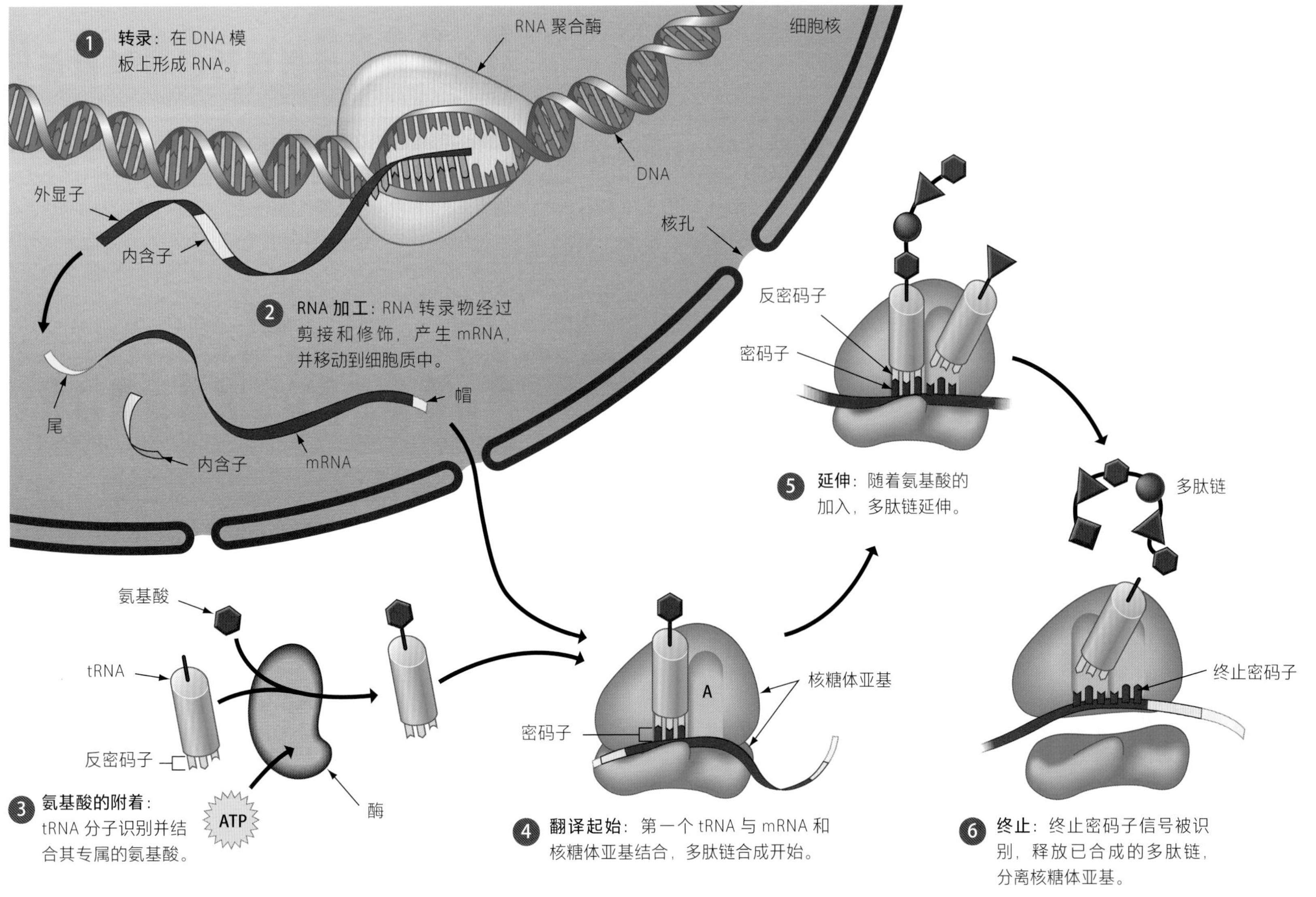

突变

DNA 中单个分子的“错拼”可能导致致命的疾病。

发现基因如何被翻译成蛋白质之后，科学家们已经能够在分子层面描述许多遗传差异。例如，镰刀型细胞贫血病可以追溯到血红蛋白中一条多肽链中的一个氨基酸的变化（见图 3.19），而这是由编码该多肽的 DNA 中的一个核苷酸差异引起的（图 10.20）。

细胞 DNA 核苷酸序列的任何变化都被称为**突变**。突变可以涉及染色体的较大区域，也可以只涉及一个核苷酸对，如镰刀型细胞贫血病。偶尔，一个碱基替换会导致生物体产生一种改进的蛋白质或一种具有新能力的蛋白质，从而提高突变生物及其后代的存活率。但更多时候，突变是有害的。突变可以被视为菜谱里的错别字；偶尔，一个错别字会改良一道菜，但更多的时候，它会是中性的、轻度糟糕的或灾难性的。让我们看一看，一个或几个核苷酸对的突变如何影响基因翻译。

突变的类型

一个基因内的突变可分为两大类：核苷酸取代、核苷酸插入或缺失（图 10.21）。取代是指一个核苷酸及与其碱基配对的核苷酸被另一对核苷酸替换。如图 10.21（a）所示，A 取代了 mRNA 的第四个密码子中的第一个 G。碱基的替换会有什么影响？因为遗传密码对于氨基酸的种类是冗余的，所以有些替代突变根本没有影响。例如，一个突变导致一个 mRNA 密码子从 GAA 变为 GAG，蛋白质产物不会发生变化，因为 GAA 和 GAG 都编码相同的氨基酸（Glu）。这类变化叫沉默突变。仍以菜谱为例，将“1¼ 杯糖”改为“1¼ 杯塘”大概会被翻译成同样的意思，就像翻译一个沉默突变不会改变信息的意思一样。

▼ 图 10.20 **镰刀型细胞贫血病的分子基础。**镰刀型细胞等位基因与正常的血红蛋白基因只有一个核苷酸不同（橙色）。这种差异将 mRNA 编码谷氨酸（Glu）的密码子，突变为编码缬氨酸（Val）的密码子。

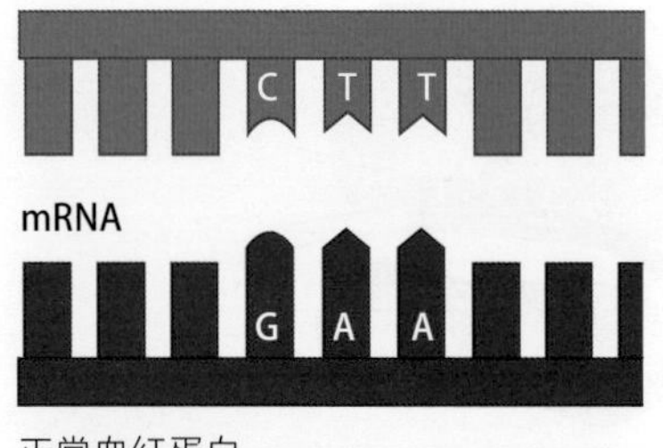

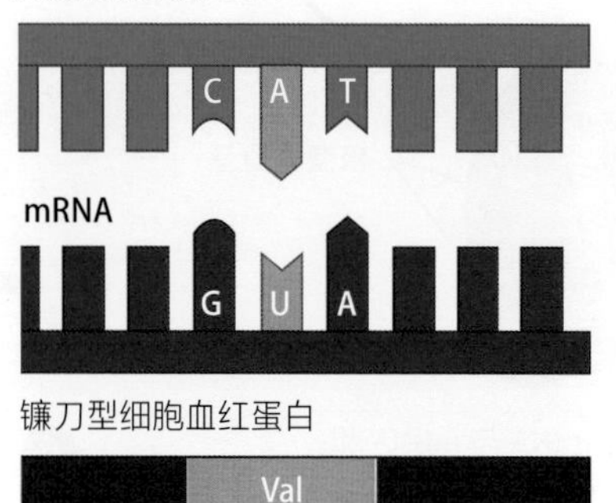

▼ 图 10.21 **三种类型的突变及其影响。**突变是 DNA 的变化，但它们在这里体现为 mRNA 和多肽产物的变化。

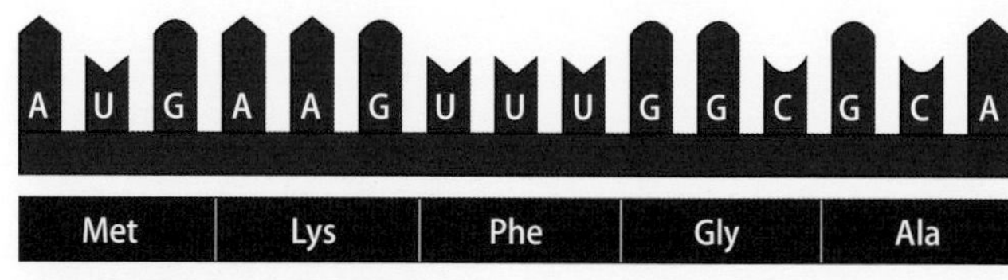

（a）**碱基替换。**这里，A 取代了 mRNA 第四个密码子的 G。多肽中的结果是丝氨酸（Ser）而不是甘氨酸（Gly）。这种氨基酸替代可能会（也可能不会）影响蛋白质的功能。

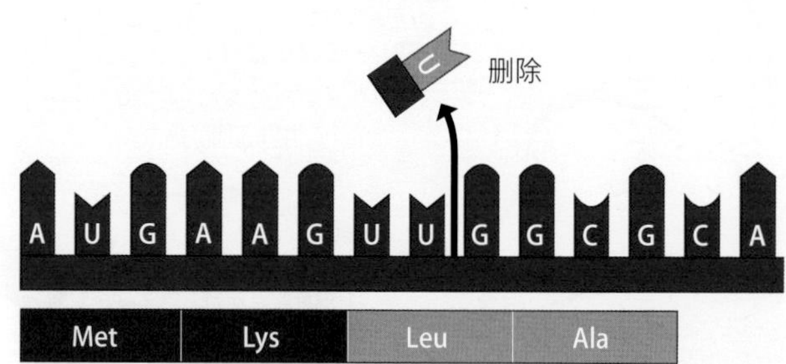

（b）**核苷酸缺失。**当一个核苷酸缺失时，从那一点起所有的密码子都会被误读。因此产生的多肽可能是完全无功能的。

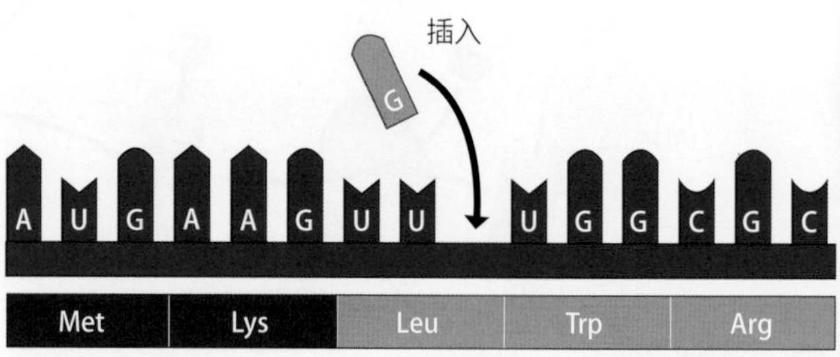

（c）**多余核苷酸插入。**与缺失一样，插入一个核苷酸会破坏后面的所有密码子，很可能产生无功能多肽。

其他涉及单个核苷酸的取代，确实改变了氨基酸编码。这种突变被称为错义突变。例如，如果一个突变导致一个 mRNA 密码子从 GGC 改变为 AGC，产生的蛋白质在这个位置将有一个丝氨酸（Ser）而不是甘氨酸（Gly）。一些错义突变对所得蛋白质的构象或功能影响很小或没有影响。想象一下，将菜谱从“1¼ 杯糖”改为“1⅓ 杯糖”——这可能对你的最终菜品影响微乎其微。然而，其他的错义突变会导致蛋白质的变化，从而阻止其正常发挥作用，正如我们在镰刀型细胞贫血病病例中看到的。这就像把“1¼ 杯糖”改成“6¼ 杯糖”——这一个改变就足以毁掉这道菜。

一些取代，称为无义突变，将氨基酸密码子变成终止密码子。例如，如果一个 AGA（Arg）密码子突变为 UGA（终止）密码子，结果将是产生一个过早终止的蛋白质，它可能不会正常发挥作用。用我们的菜谱类比，这就像还没炒完即停止烹饪，这几乎肯定会毁了这道菜。

涉及基因中一个或多个核苷酸缺失或插入的突变，称为移码突变，通常会产生灾难性影响［见图 10.21（b）和（c）］。因为在翻译过程中，mRNA 被解读为一系列的核苷酸三联体，核苷酸增加或减少可能会改变遗传信息的三联体分组。位于插入或删除位点下游的所有核苷酸将重组为不同的密码子。以 Add one cup egg nog（加入一杯蛋奶酒）这个菜谱为例。删除第二个字母会产生一个完全无意义的信息（ado nec upe ggn og），不会产生有用的产品。同样，移码突变也往往产生无功能多肽。

诱变剂

突变的发生途径多种多样。自发突变是由 DNA 复制或重组过程中的随机错误造成的。突变的其他诱因是物理因素和化学试剂，称为**诱变剂**。最常见的物理诱变剂是高能辐射，如 X 光和紫外光。化学诱变剂有许多类型。如一种化学诱变剂的成分类似正常的 DNA 碱基，但它结合到 DNA 中时，会导致碱基不能正确配对。

许多诱变剂是致癌物，所以应尽量避免接触。怎么才能避免呢？——几种生活方式可以有所帮助，包括不抽烟、穿防晒衣、涂防晒霜，以尽量减少直接暴露在太阳紫外线下。但这样的防范措施并非万无一失，诱变剂（如紫外线辐射、二手烟等）不可能完全避免。

突变通常有害，但也可能有益——无论是在自然界还是在实验室。突变是生物界丰富的基因多样性的一个来源，这种多样性使自然选择进化成为可能（图 10.22）。突变也是遗传学家的基本工具。无论是自然发生的还是在实验室创造的，突变产生了遗传研究所需的不同的等位基因。☑

☑ 检查点

1. 如果一个突变把一个起始密码子变成了另一个密码子，会发生什么？
2. 基因中间少了一个核苷酸会怎样？

答案：**1.** 从突变基因转录的 mRNA 会是无功能的，因为核糖体不会启动翻译。**2.** 在 mRNA 中，核苷酸缺失导致下游三联体的读取移位，导致多肽链中出现一长串错误的氨基酸。

► 图 10.22　**突变和多样性。**北大西洋斯塔法岛上可见的生命多样性，来源之一就是突变。

病毒和其他非细胞感染因子

病毒具有活生物体的一些特征，如在高度组织化的结构中包裹着核酸形式的遗传物质。但通常认为病毒不是活的，因为它不是由细胞组成的，不能自行繁殖（回顾生命的属性，见图 1.4）。病毒是一种传染性微粒，基本上就是“一个小盒里的基因”：一点核酸被包裹在蛋白质外壳中，某些病毒还有一层被膜（图 10.23）。病毒不能自行繁殖，于是它只能通过感染活细胞，并引导细胞的分子机制制造更多病毒来繁殖。本节将讨论感染各类宿主生物（从细菌开始）的病毒。

噬菌体

攻击细菌的病毒被称为**噬菌体**（“食细菌者”）。图 10.24 显示了一种叫作 T4 的噬菌体感染大肠杆菌的显微照片。噬菌体由一个由蛋白质组成的精致结构包被的 DNA 分子组成。噬菌体的“腿”在接触细胞表面时会弯曲。其尾部是一根空心杆，包裹在一个弹簧样的鞘里。当腿弯曲时，弹簧压缩，杆的底部刺穿细胞膜，病毒 DNA 从病毒头部进入细胞。

大多数噬菌体一旦感染了细菌，就进入了一个叫**裂解周期**的繁殖周期。即在细菌细胞中产生许多噬菌体复制品之后，细菌溶解（裂解）——裂解周期由此得名。一些病毒也可以通过另一种途径繁殖——**溶原周期**。在溶原周期中，病毒 DNA 复制，但不产生噬菌体，宿主细胞也不会死亡。

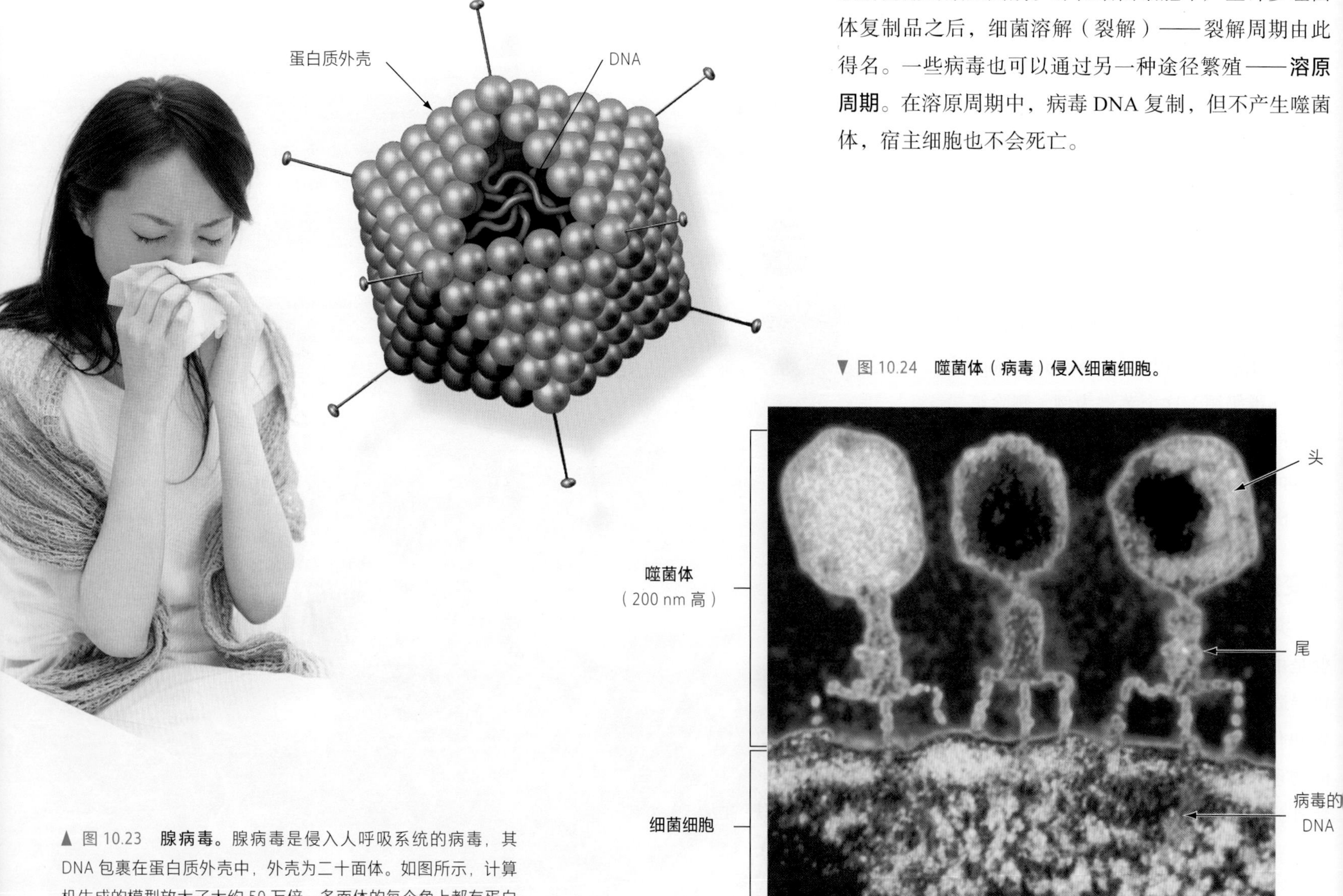

▼ 图 10.24 **噬菌体（病毒）侵入细菌细胞。**

▲ 图 10.23 **腺病毒。**腺病毒是侵入人呼吸系统的病毒，其 DNA 包裹在蛋白质外壳中，外壳为二十面体。如图所示，计算机生成的模型放大了大约 50 万倍。多面体的每个角上都有蛋白质的纤维凸起，帮助病毒附着到易感细胞上。

图 10.25 展示了一种叫作 lambda 的噬菌体的两种周期，这种噬菌体可以感染大肠杆菌。感染开始时，❶ lambda 结合到细菌的外部，并将其 DNA 注入细菌内部。❷注入的 DNA 形成一个圆圈。在裂解周期中，这种 DNA 立即将细胞转化为病毒生产工厂。❸细胞自身的 DNA 复制、转录、翻译机器被病毒劫持，用于产生病毒的副本。❹细胞裂解，释放新的噬菌体。

在溶原周期中，❺病毒 DNA 插入细菌染色体。一旦与细菌染色体整合，噬菌体 DNA 便被称为**原噬菌体**，它的大多数基因都是无活性的。原噬菌体的生存依赖于它所在细胞的繁殖。❻宿主细胞复制原噬菌体 DNA 及其细胞 DNA，然后在分裂时，将原噬菌体和细胞 DNA 传递给它的两个子细胞。一个被感染的细菌可以很快产生大量携带原噬菌体的细菌。原噬菌体可能无限期地留在细菌细胞中。❼然而，原噬菌体偶尔也会离开其染色体；这种事件可能由环境条件引发，例如暴露于诱变剂。一旦分离，lambda 的 DNA 通常会切换到裂解周期，产生许多 lambda 噬菌体，并使宿主细胞破裂。

有时溶原性细菌细胞中少数活跃的原噬菌体基因会引起疾病。如导致白喉、肉毒中毒、猩红热的细菌，它们如果没有携带原噬菌体基因，则对人无害。这类基因中的一些会指导细菌产生毒素，使人生病。☑

☑ 检查点

描述一种方式，使一些病毒可以延续它们的基因，而不会立即破坏它们感染的细胞。

答案：一些病毒可以将它们的 DNA 插入它们感染的细胞的 DNA 中（溶原周期）。每当细胞分裂时，病毒的 DNA 就会随着细胞 DNA 一起复制。

噬菌体 lambda

大肠杆菌

▼ 图 10.25 **噬菌体繁殖的两种周期。**某些噬菌体可以经历两种不同的繁殖周期。进入细菌细胞后，噬菌体 DNA 可以整合到细菌染色体中（溶原周期），或者立即开始产生后代（裂解周期），破坏细胞。一旦进入溶原周期，噬菌体的 DNA 可能会被宿主细胞的染色体携带许多代。

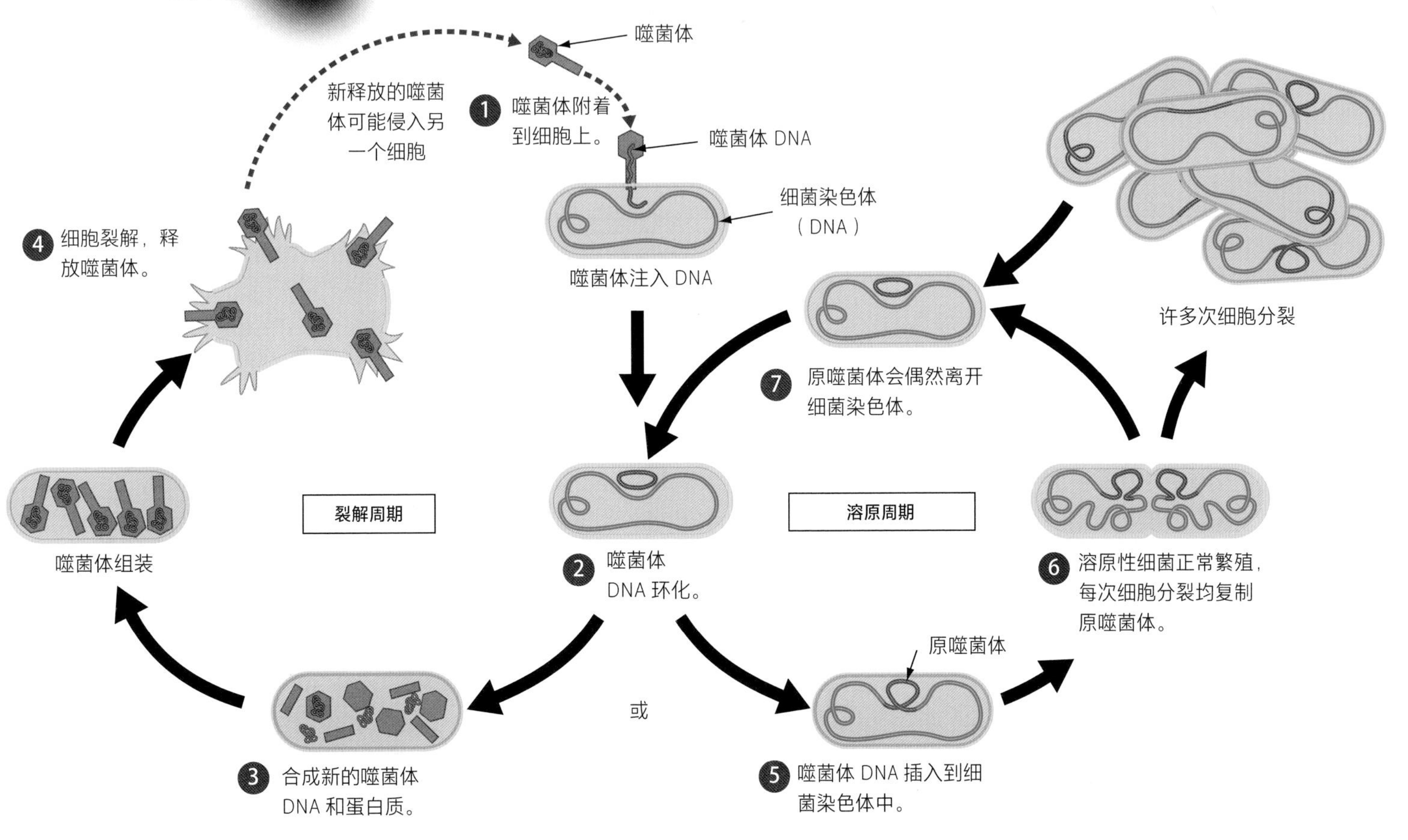

植物病毒

感染植物细胞的病毒会阻碍植物生长，降低作物产量。大多数已知的植物病毒的遗传物质是 RNA 而不是 DNA。其中许多病毒（如图 10.26 所示的烟草花叶病毒——TMV）是杆状的，核酸周围有螺旋排列的蛋白质。烟草花叶病毒感染烟草及其亲缘植物，导致叶上出现变色斑点，是人类发现的第一种病毒（1930 年）。

要感染植物，病毒必须首先穿过植物的表皮，即细胞的外层保护层。因此，受到风害、冻害、机械损伤、昆虫伤害的植物，比健康植物更易感染病毒。一些昆虫携带并传播植物病毒，此外农民和园丁可能在使用修枝剪和其他工具时无意中传播植物病毒。

大多数植物的病毒性病害没有治愈方法，而农业科学家重点关注预防感染和培育或通过基因工程技术改造出抗病毒感染的作物品种。例如，在夏威夷群岛，蚜虫传播的番木瓜环斑病毒（PRSV）使某些岛屿地区的本地番木瓜（夏威夷的第二大作物）灭绝。但是自 1998 年以来，农民已经能够种植一种抗 PRSV 的转基因番木瓜，番木瓜又被重新引入了它们原来的栖息地！☑

☑ **检查点**

病毒可以通过哪三种方式进入植物？

答案：通过机械损伤、食植昆虫传播病毒，以及被污染的农业或园艺工具传播病毒。

▼ 图 10.26 **烟草花叶病毒。**照片显示的是感染烟草花叶病毒的叶片上的斑点。引起这种疾病的杆状病毒的遗传物质是 RNA。

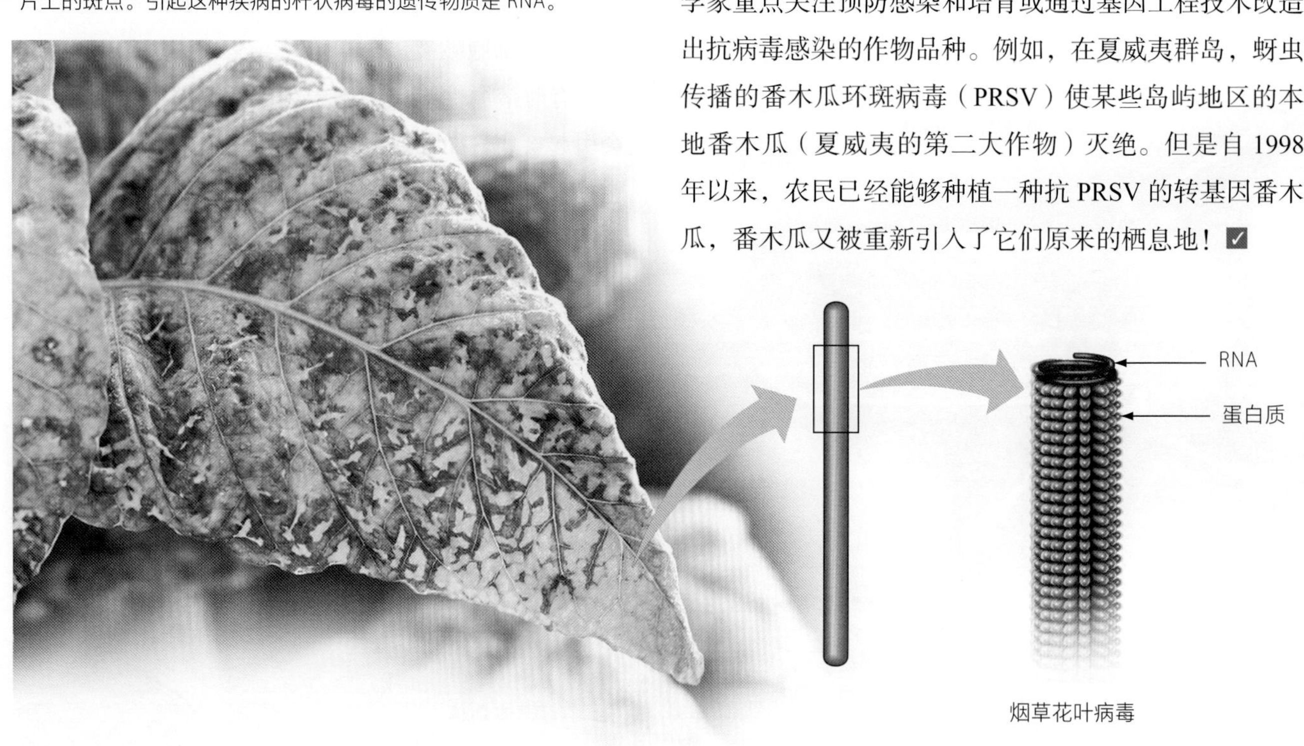

动物病毒

感染动物细胞的病毒是疾病的常见原因。正如“生物学与社会”专栏所讨论的，没有哪种病毒对人类健康的威胁超过流感病毒（图 10.27）。像许多动物病毒一样，流感病毒有一个由磷脂膜制成的外壳，带有突出的蛋白质刺突。外壳使病毒能够进入和离开宿主细胞。许多病毒以 RNA 作为遗传物质，包括引起流感、普通感冒、麻疹、腮腺炎、艾滋病、脊髓灰质炎等的病毒。由 DNA 病毒引起的疾病包括肝炎、水痘、疱疹。

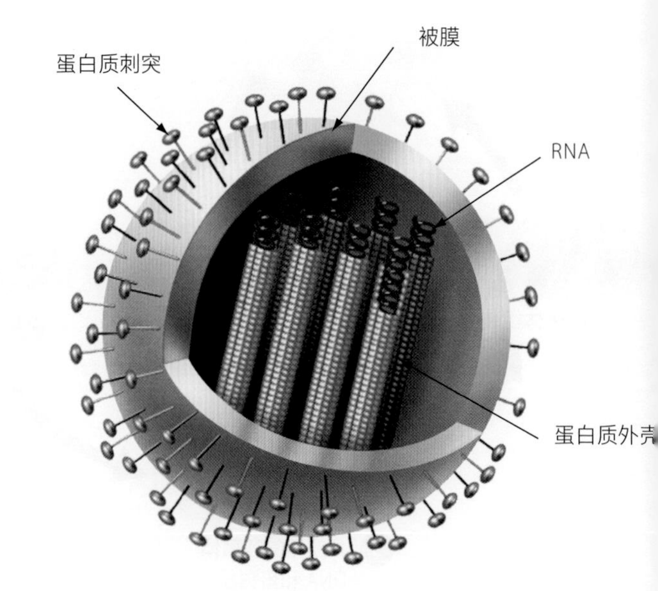

► 图 10.27 **一种流感病毒。**这种病毒的遗传物质由八个独立的 RNA 分子组成，每个分子都包裹在蛋白质外壳中。

图 10.28 显示了腮腺炎病毒的繁殖周期，这是一种典型的 RNA 病毒。腮腺炎曾经是一种儿童常见病，其特征是发热和唾液腺肿胀，由于广泛接种疫苗，腮腺炎在工业化国家已经变得非常罕见。当病毒接触易感细胞时，其外表面的蛋白质刺突会附着在细胞膜上的受体蛋白质上。❶病毒包膜与细胞膜融合，允许蛋白质包裹的 RNA 进入细胞质。❷然后酶去除蛋白质外壳。❸酶作为病毒的一部分，进入细胞后使用病毒的 RNA 基因组作为模板来制造互补的 RNA 链。新链有两个功能：❹它们作为合成新病毒蛋白的 mRNA，以及❺它们作为合成新病毒基因组 RNA 的模板。❻新的外壳蛋白围绕新的病毒 RNA 组装。❼最后，病毒通过将自己隐藏在细胞膜中离开细胞。换句话说，病毒从细胞中获得包膜，从细胞中出芽，而不一定破坏细胞。

▼ 图 10.28　**包膜病毒的繁殖周期。**这种病毒是引起腮腺炎的病毒。像流感病毒一样，它有一个带有蛋白质刺突的膜状包膜，但它的基因组是一个单一的 RNA 分子。

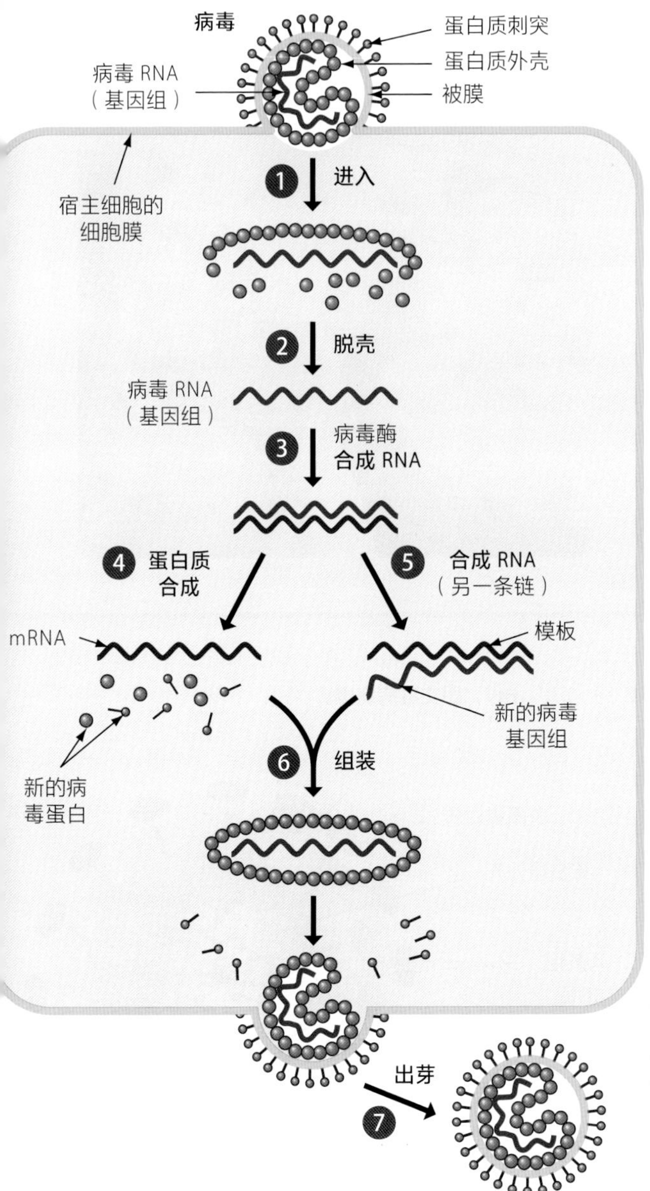

并非所有动物病毒都在细胞质中繁殖。例如，疱疹病毒（引起水痘、带状疱疹、唇疱疹、生殖器疱疹）是在宿主细胞核中繁殖的包膜 DNA 病毒，它们的包膜来自核膜。疱疹病毒 DNA 的副本通常留在某些神经细胞的细胞核中。在那里，它们保持休眠状态，直到某种压力（如感冒、晒伤或情绪压力）诱发病毒繁殖，使人发病疼痛。人感染疱疹之后，该病可能在其一生中反复发作。超过 75% 的美国成年人携带单纯疱疹病毒 1 型（引起唇疱疹），超过 20% 携带单纯疱疹病毒 2 型（引起生殖器疱疹）。

病毒对身体造成的损害程度，一部分取决于免疫系统对抗感染的反应速度，一部分取决于受感染组织的自我修复能力。感冒一般会完全康复——因为我们的呼吸道组织可以有效地替换受损的细胞。相比之下，脊髓灰质炎病毒攻击神经细胞（通常不可替换更新），对这些细胞的损害是永久性的。在这类情况下，唯一的医疗选择是用疫苗预防这种疾病。

疫苗的效果如何？我们接下来将以流感疫苗为例来研究这个问题。☑

☑ 检查点

为什么疱疹病毒感染是永久性的？

答案：因为疱疹病毒会在神经细胞的细胞核中留下病毒 DNA。

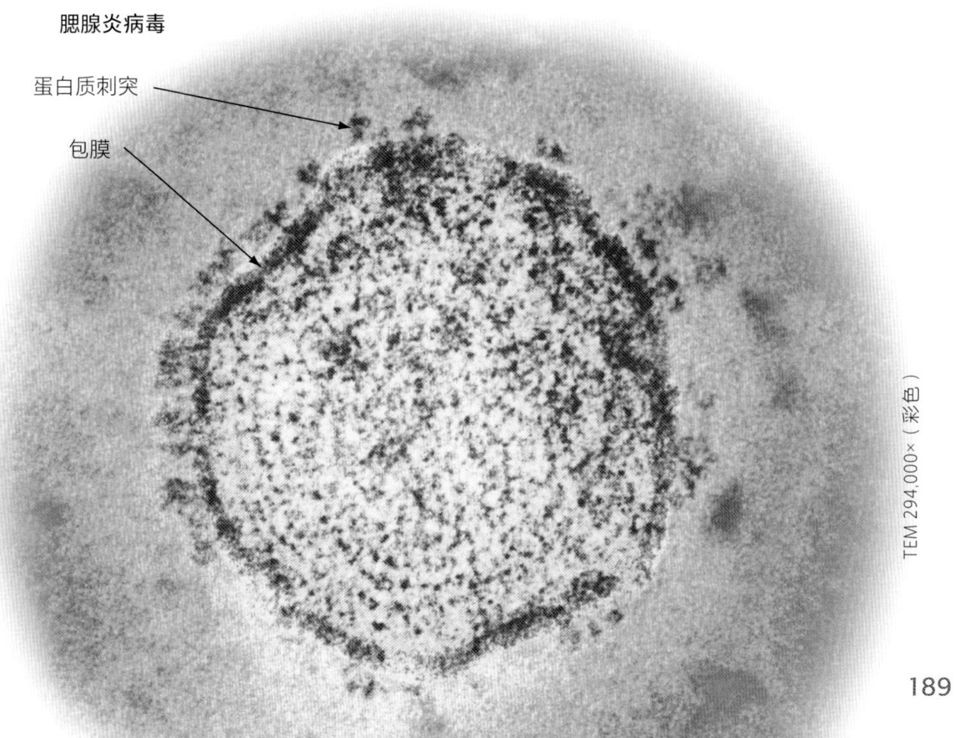

最致命的病毒 科学的过程

流感疫苗能保护老年人吗?

我们建议几乎所有半岁以上的人每年接种流感疫苗。但是如何确定疫苗是有效的呢？老年人免疫系统通常比年轻人弱，而且老年人医疗在整个医疗保健支出中占很大一部分，所以他们是接种疫苗的重要人群。流行病学家（研究疾病在人群中的分布、原因、防控的科学家）观察到老年人的疫苗接种率从 1980 年的 15% 上升到 1996 年的 65%。这一观察导致他们提出了一个重要而基本的问题：流感疫苗是否降低了接种疫苗的老年人的死亡率？为了找到答案，研究人员调查了普通人群的数据。他们的假说是：接种疫苗的老年人在接种疫苗后的冬天住院次数会更少，死亡率会更低。在 20 世纪 90 年代的 10 个流感季节，他们的实验跟踪调查了数万名 65 岁以上老人。图 10.29 总结了追踪结果。接种疫苗的人在下一个流感季节住院的概率降低了 27%，死亡的概率降低了 48%。但是除了流感疫苗之外，还有其他因素在起作用吗？比如，选择接种疫苗的人可能因为其他原因而更健康。作为对照，研究人员检查了夏季的健康数据（夏季时流感不是影响因素）。在这几个月里，住院率没有差异，而免疫接种者的死亡人数仅降低 16%，这表明流感疫苗在流感季节对老年人健康大有益处。

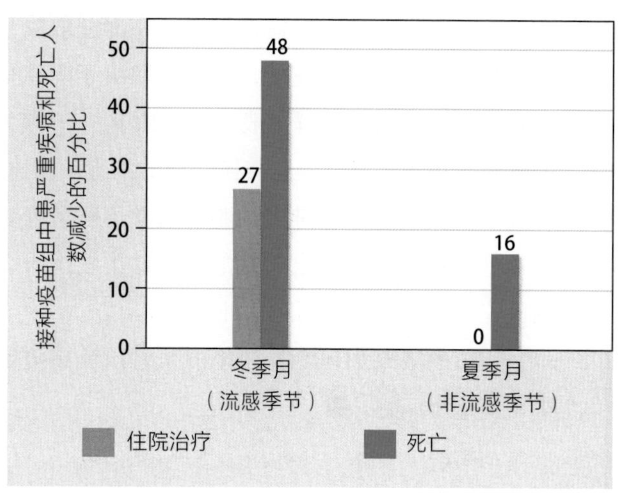

► 图 10.29 **流感疫苗对老年人的影响。**接种流感疫苗后，流感季节住院和死亡的风险大大降低。在夏季的后几个月里，这种下降幅度要小得多，或者根本没有。

HIV——艾滋病病毒

危害性极大的**艾滋病**（AIDS，获得性免疫缺陷综合征）是由人类免疫缺陷病毒（HIV）引起的，这种 RNA 病毒的行为古怪阴险。HIV（图 10.30）从外表来看，类似于腮腺炎病毒。它的包膜使 HIV 能像腮腺炎病毒一样进出细胞。但是 HIV 有不同的繁殖方式，它是一种**逆转录病毒**，即通过 DNA 分子繁殖的 RNA 病毒，与通常的遗传信息 DNA → RNA 流动相反。这些病毒携带一种叫作**逆转录酶**的酶分子，该酶催化逆转录，在 RNA 模板上合成 DNA。

▼ 图 10.30 HIV，**即艾滋病病毒。**

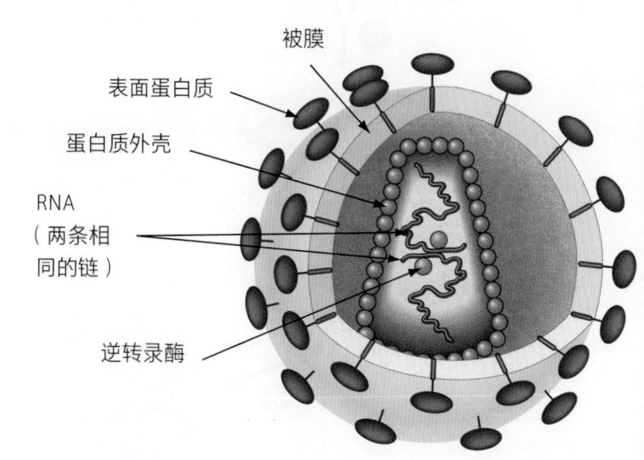

图 10.31 说明了 HIV 的 RNA 裸露在细胞的细胞质中会发生什么：逆转录酶（绿色）❶使用 RNA 作为模板合成 DNA 链，然后❷添加第二条互补的 DNA 链。然后❸产生的双链病毒 DNA 进入细胞间隙，并将其自身插入染色体 DNA，成为一个**原病毒**。偶尔这个原病毒❹转录成 RNA，❺翻译成病毒蛋白。❻由这些成分组装的新病毒最终离开细胞，继续侵染其他细胞。这是逆转录病毒复制的一般过程。

HIV 感染并最终杀死对人体免疫系统重要的几种白细胞。失去这类细胞，身体就会变得容易受到其他病原体感染，而正常情况下身体能够抵抗这些感染。这种继发性感染会引起一系列症状（综合征），最终导致艾滋病患者死亡。HIV 自 1981 年被发现以来，已在全世界感染了上亿人，导致数千万人死亡。

▼ 图 10.31　**HIV 核酸在受感染细胞中的行为。**

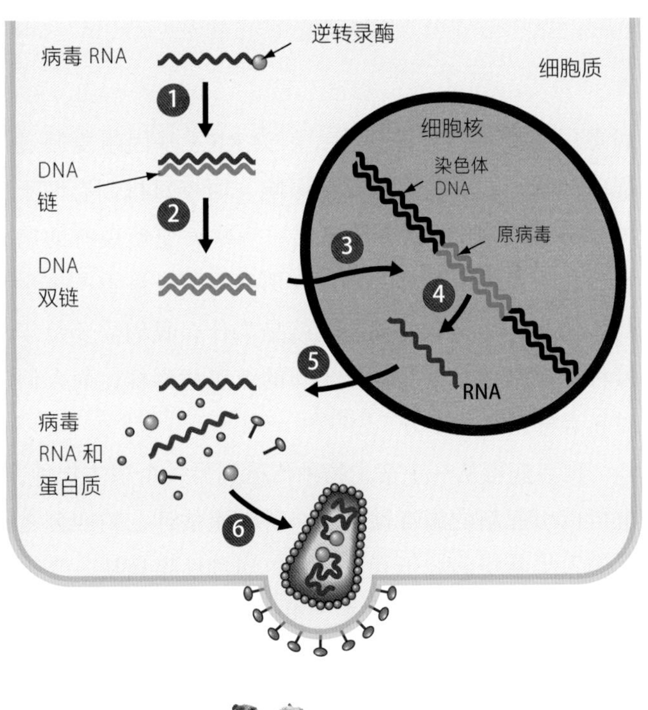

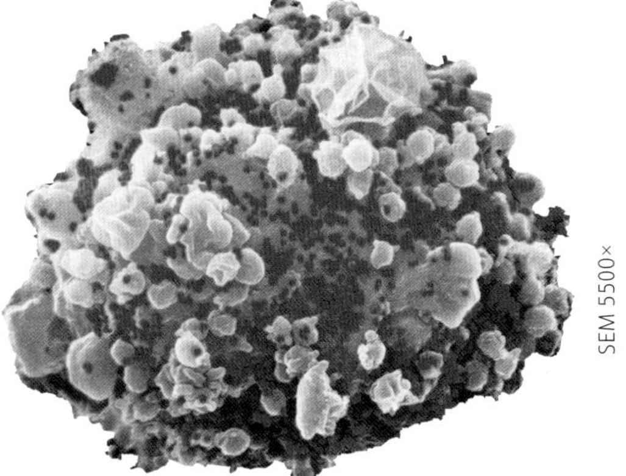

正在感染白细胞的 HIV（红点）

目前尚无治愈艾滋病的方法，但两种抗艾滋病药物可以减缓其进程。这两种药物都会干扰病毒的繁殖。第一种是抑制蛋白酶的作用，蛋白酶有助于产生 HIV 最终版本的蛋白质。第二种类型，包括药物 AZT，抑制 HIV 逆转录酶的作用。AZT 有效性的关键是它的结构。AZT 分子的结构非常接近 T(胸腺嘧啶）核苷酸的一部分结构（图 10.32）。事实上，AZT 的结构与 T 核苷酸的相似度如此之高，以至于 AZT 可以与逆转录酶结合，基本上取代了 T。但与胸腺嘧啶不同，AZT 不能整合到正在延伸的 DNA 链中。因此，AZT “搞乱了工作”，干扰了 HIV 的 DNA 的合成。因为这是 HIV 繁殖周期中必不可少的一步，所以 AZT 可以阻止病毒在体内的传播。

在美国等工业化国家，许多 HIV 感染者服用一种“药物鸡尾酒”，其同时含有逆转录酶抑制剂和蛋白酶抑制剂，这种组合疗法在抑制病毒、延长患者寿命方面，似乎比服用单种药物有效得多。事实上，如果治疗得当，HIV 感染的死亡率可以降低 80%。然而，即使联合使用，这些药物也不能完全清除体内的病毒。通常，如果患者停止用药，就会重新发生 HIV 繁殖、出现艾滋病的症状。艾滋病尚无治愈方法，预防（避免无保护性行为、远离共用针头）是保持健康的唯一选择。☑

☑ 检查点

为什么 HIV 被称为逆转录病毒？

答案：因为它从 RNA 基因组合成 DNA。这是通常的 DNA → RNA 信息流的反向（“复古”）。

▼ 图 10.32　**AZT 和 T 核苷酸。**抗 HIV 药物 AZT（右）的化学结构非常像 DNA 的 T（胸腺嘧啶）核苷酸的结构。

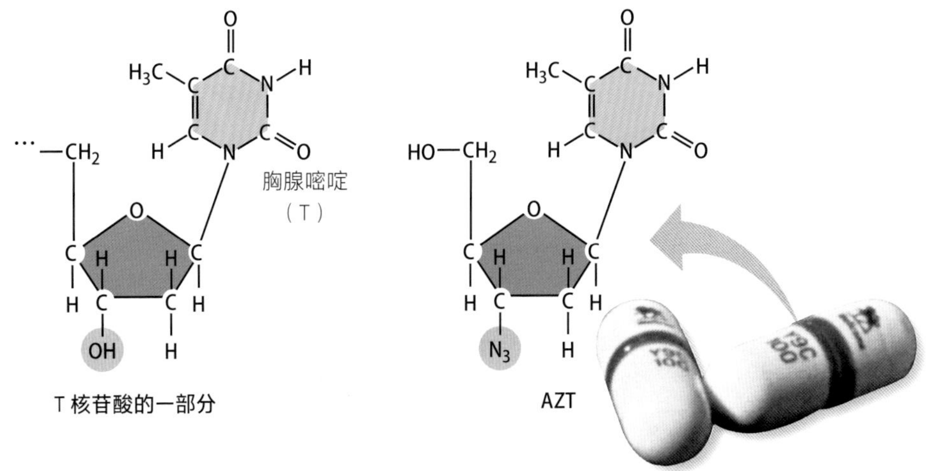

类病毒和朊病毒

病毒可以说又小又简单，但它们远大于另外两类病原体——类病毒和朊病毒。类病毒是感染植物的微小、环状的 RNA 分子。类病毒不编码蛋白质，但可以利用细胞中的酶，在宿主植物细胞中复制自己。这些小型 RNA 分子可能通过干扰植物生长的调节控制系统而导致疾病。

更奇怪的是被称为**朊病毒**的传染性蛋白质。朊病毒在各种动物物种中引起许多脑部疾病，包括绵羊和山羊的羊瘙痒病、鹿和麋鹿的慢性消耗性疾病，以及疯牛病（正式名称是牛海绵状脑病，或 BSE，20 世纪 80 年代感染了英国 200 多万头牛）。朊病毒会导致人患上克雅氏病（Creutzfeldt-Jakob disease）——一种极其罕见、无法治愈且不可避免的致命性大脑退化。

疯牛病是由一种异常的蛋白质分子引起的。

一种蛋白质如何能致病呢？朊病毒被认为是通常存在于脑细胞中的一种错误折叠的蛋白质。朊病毒进入含有正常形态蛋白质的细胞后，会以某种方式将正常的蛋白质分子转化为错误折叠的朊病毒。异常蛋白质聚集在一起，这可能导致大脑组织的损失（尽管对于这一症状是如何发生的仍有许多争论，也有许多研究正在进行）。迄今为止，尚未发现治疗朊病毒疾病的方法，所以希望寄托在知晓感染的过程，并加以预防。

☑ 检查点

是什么让朊病毒作为病原体如此不同寻常？

答案：朊病毒不同于任何其他传染性病原体，它没有核酸（DNA 或 RNA）。

最致命的病毒　进化联系

新兴病毒

突然引起医学家注意的病毒称为**新兴病毒**。在本章“生物学与社会”中讨论过的 H1N1 就是一个例子；另一个例子是西尼罗河病毒，它于 1999 年出现在北美，后来扩散到美国所有 48 个相邻的州。西尼罗河病毒主要通过蚊子传播，蚊子通过吸食患者的血液而携带病毒，并可将其转移到另一名受害者身上。2012 年西尼罗河病毒传染病例暴增（尤其是在得克萨斯州），造成近 300 人死亡（图 10.33）。

一种病毒是如何在人类社会上爆发，引发新的疾病的？——一种途径是通过现有病毒的突变。RNA 病毒的突变率往往非常高，因为 RNA 基因组复制过程中的错误不受校对机制的影响，而校对机制有助于减少 DNA 复制过程中的错误。一些突变使现有的病毒进化成新的毒株，并可以在那些对祖先病毒产生耐药性的个体中引起疾病。这就是为什么我们需要每年接种流感疫苗：突变会产生新的流感病毒株，而人们对新毒株没有免疫力。

现有病毒从一个宿主物种传播到另一个宿主物种，也可以引起新的病毒性疾病。科学家估计，约四分之三的人类新疾病源于其他动物。病毒性疾病从一个小而孤立的人群中传播出来，也能导致广泛的流行病。例如，艾滋病在开始全球传播之前的几十年里，人们不知其名，也不曾留意。而技术和社会因素，包括经济上可负担的国际旅行、输血、性行为、滥用静脉注射毒品，使得一种以前罕见的人类疾病蔓延成全球性的灾祸。

诺贝尔奖得主乔舒亚·莱德伯格（Joshua Lederberg）承认病毒持续威胁人类健康，他曾警告说：“我们生活在与微生物的进化竞争中，而我们不一定会是胜利者。”如果我们有朝一日能够控制艾滋病病毒、流感和其他新出现的病毒，这一成功很可能源于我们对分子生物学的理解。

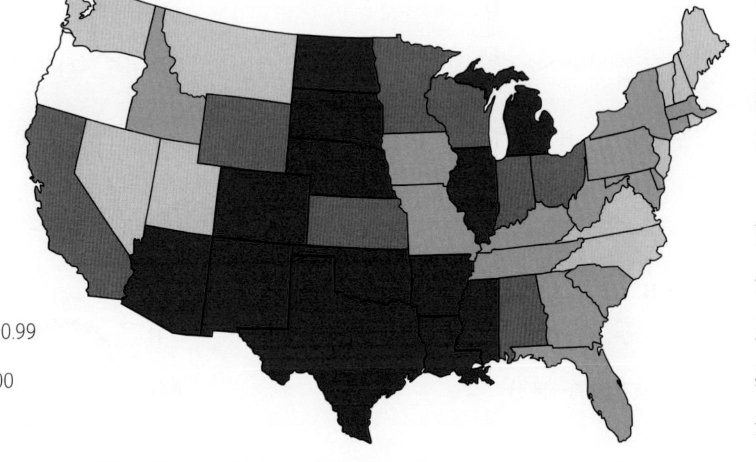

► 图 10.33　2012 年西尼罗河病毒暴发地图。

本章回顾

关键概念概述

DNA：结构与复制

DNA 与 RNA 的结构

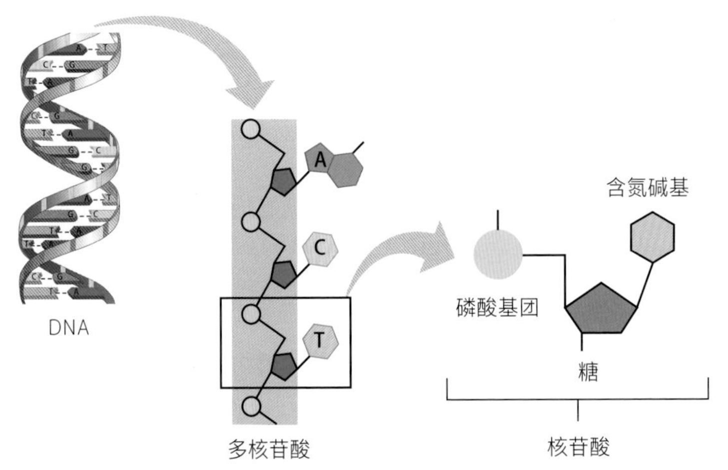

	DNA	RNA
含氮碱基	C G A T	C G A U
糖	脱氧核糖	核糖
链数	2	1

沃森和克里克发现双螺旋

沃森、克里克研究出了 DNA 的三维结构：两条多核苷酸链以双螺旋的形式相互缠绕。碱基之间的氢键将双链连接在一起。每个碱基与一个互补的碱基配对：A 与 T，G 与 C。

结构 / 功能：DNA 复制

DNA 的结构及其互补的碱基对，使其能够通过 DNA 复制发挥遗传分子的作用。

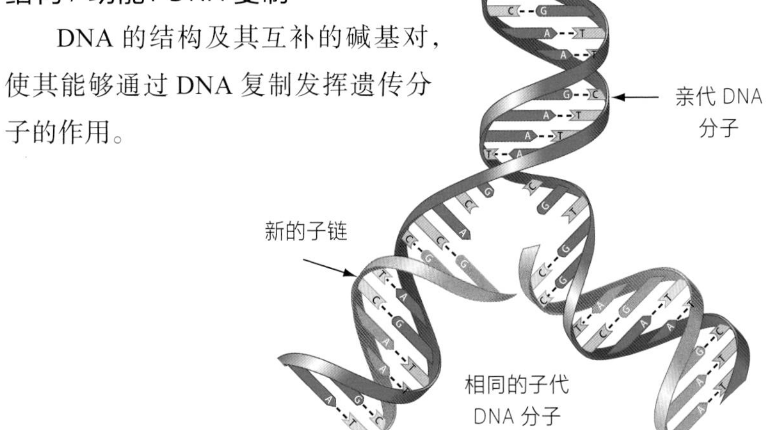

信息流：从 DNA 到 RNA 再到蛋白质

生物体的基因型如何决定其表型

构成生物体基因型的信息，载于其 DNA 碱基序列中。基因型通过蛋白质的表达，控制表型。

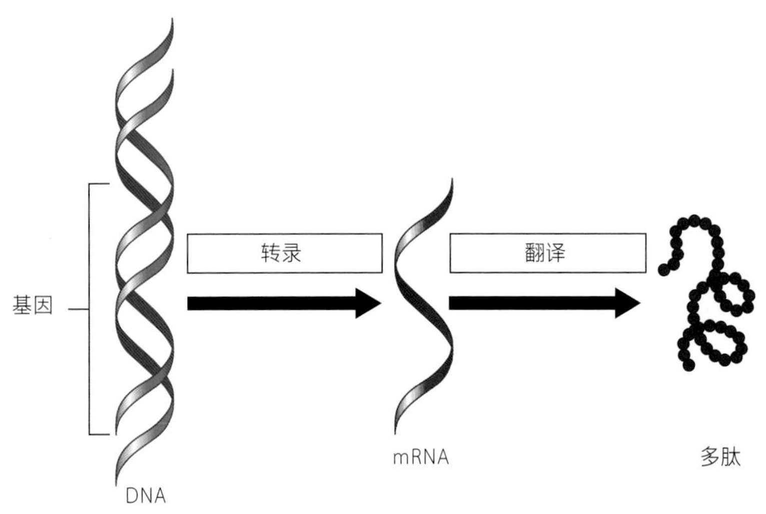

从核苷酸到氨基酸：综述

基因的 DNA 按照通常的碱基配对规则转录成 RNA（但 DNA 中的 A 与 RNA 中与 U 配对）。在遗传信息的翻译中，RNA 中的每三个核苷酸碱基（称为密码子）指定多肽链中的一个氨基酸。

遗传密码

除了指定氨基酸的密码子之外，遗传密码中有一个密码子是翻译的起始信号，三个密码子是翻译的终止信号。遗传密码是冗余的：大多数氨基酸都有不止一个密码子。

转录：从 DNA 到 RNA

在转录中，RNA 聚合酶与基因的启动子结合，在那里解开 DNA 双螺旋，并以一条 DNA 链为模板催化 RNA 分子的合成。随着单链 RNA 转录物从基因上脱落，DNA 链重新结合。

真核生物 RNA 的加工

真核基因转录的 RNA 在离开细胞核之前被加工成信使 RNA（mRNA）。内含子被剪切掉，加上一个帽、一个尾。

翻译：参与者

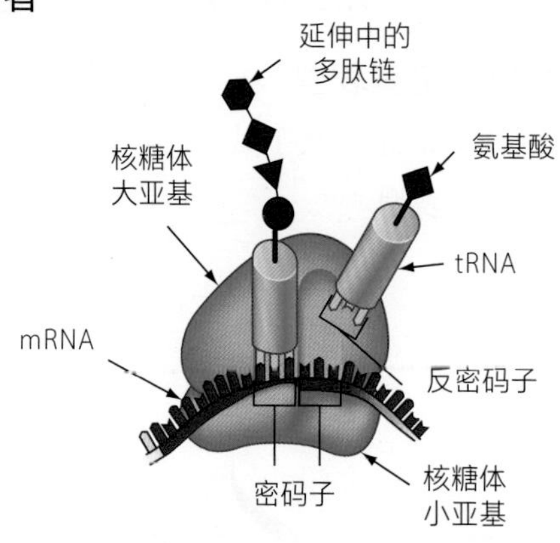

翻译：过程

在起始阶段，核糖体与 mRNA 和带有第一个氨基酸的起始 tRNA 结合在一起。从起始密码子开始，带有后续氨基酸的 tRNA 逐一识别 mRNA 上的密码子。核糖体将氨基酸结合在一起。每次添加后，mRNA 就在核糖体上移动一个密码子。当到达终止密码子时，即释放完成的多肽链。

回顾：DNA → RNA →蛋白质

DNA 中的连续的三个碱基序列，通过 mRNA 中的密码子序列，决定多肽链的一级结构。

突变

突变是由 DNA 复制或重组的错误或诱变剂引起的 DNA 碱基序列的变化。在基因中替换、删除或插入核苷酸，对多肽链和生物体有不同的影响。

突变类型	结果
用一个碱基替换另一个碱基	沉默突变不会导致氨基酸的改变
	错义突变把一个氨基酸换成另一个
	无义突变将氨基酸密码子变为终止密码子
DNA 核苷酸的插入或缺失	移码突变可以改变密码子的三联体分组，极大地改变氨基酸序列

病毒和其他非细胞感染因子

病毒是由包裹在蛋白质中的基因组成的传染性颗粒。

噬菌体

噬菌体 DNA 进入裂解周期后，在细菌内部被复制、转录和翻译。然后新的病毒 DNA 和蛋白质分子组装成新的噬菌体，从细胞中涌出来。在溶原周期中，噬菌体 DNA 插入细胞的染色体，并传递给后代子细胞。很久以后，它可能开始产生噬菌体。

植物病毒

感染植物的病毒可能构成一个严重的农业问题。这些病毒基因组大多为 RNA。病毒通过植物外层的缝隙进入植物。

动物病毒

许多动物病毒，如流感病毒，基因组是 RNA；其他病毒，如肝炎病毒，基因组是 DNA。一些动物病毒“窃取”了一点儿细胞膜作为保护外壳。有些病毒，如疱疹病毒，可以长时间潜伏在细胞内。

HIV——艾滋病病毒

艾滋病病毒是一种逆转录病毒。在细胞内，它使用其 RNA 作为模板来制造 DNA，然后将其插入染色体。

类病毒和朊病毒

类病毒甚至比病毒还要小，是可以感染植物的小分子 RNA。朊病毒是一种传染性蛋白质，会导致人类和其他动物的多种退行性脑部疾病。

MasteringBiology®

如需练习测验、生物动画、MP3 教程、视频辅导以及为本教材设计的更多学习工具，请访问 MasteringBiology®。

自测题

1. 一个 DNA 分子包含两条称为________的聚合物链，由许多称为________的单体结合在一起而成。
2. 说出每个核苷酸的三个部分。
3. 以下哪一项按照从大到小的顺序正确排列了核酸结构？
   a. 基因、染色体、核苷酸、密码子
   b. 染色体、基因、密码子、核苷酸
   c. 核苷酸、染色体、基因、密码子
   d. 染色体、核苷酸、基因、密码子
4. 科学家将放射性标记的 DNA 分子插入细菌。细菌复制这种 DNA 分子，并分别向两个子细胞分配一个子代分子（双螺旋）。两个子细胞中的 DNA 各含有多少放射性？为什么？
5. DNA 连续的三个碱基的核苷酸序列是 GTA。从这个 DNA 转录而来的一个 mRNA 分子的核苷酸序列是什么？在蛋白质合成过程中，一个 tRNA 与 mRNA 密码子配对，这个 mRNA 密码子对应的 tRNA 反密码子的核苷酸序列是什么？ tRNA 上附着的是什么氨基酸（见图 10.10）？
6. 描述基因中的信息被转录并翻译成蛋白质的过程。在你的描述中正确使用这些术语：tRNA、氨基酸、起始密码子、转录、mRNA、基因、密码子、RNA 聚合酶、核糖体、翻译、反密码子、肽键、终止密码子。

7. 将下列分子与“细胞过程或它们主要参与的过程”连线。

   a. 核糖体　　1. DNA 复制

   b. tRNA　　2. 转录

   c. DNA 聚合酶　　3. 翻译

   d. RNA 聚合酶

   e. mRNA

8. 遗传学家发现特定的突变对基因编码的多肽链没有影响。这种突变可能包括______。

   a. 缺失一个核苷酸

   b. 起始密码子的改变

   c. 插入一个核苷酸

   d. 替换一个核苷酸

9. 科学家们已经发现了如何将噬菌体 A 的蛋白质外壳和噬菌体 B 的 DNA 结合在一起，构成一个新噬菌体。如果让这种复合噬菌体感染一种细菌，细胞中产生的噬菌体将具有______。

   a. A 的蛋白质和 B 的 DNA

   b. B 的蛋白质和 A 的 DNA

   c. A 的蛋白质和 DNA

   d. B 的蛋白质和 DNA

10. 有些病毒没有 DNA 怎么繁殖？

11. HIV 需要一种叫作 ____________ 的酶来将其 RNA 基因组转化为 DNA 版本。为什么这种酶是抗艾滋病药物的一个特别好的靶点？（提示：你认为这类药物会伤害人类宿主吗？）

答案见附录《自测题答案》。

科学的过程

12. 在含有放射性磷酸盐的培养基中，放入含有单个染色体的一个细胞，使其 DNA 复制形成的任何新 DNA 链都具有放射性。细胞复制其 DNA 并分裂繁殖。然后子细胞（仍在放射性培养基中）复制 DNA 并分裂繁殖，总共产生四个细胞。勾画出所有四个细胞中的 DNA 分子，以实线显示正常（非放射性）DNA 链，以虚线显示放射性 DNA 链。

13. 1952 年，生物学家阿尔弗雷德·赫尔希（Alfred Hershey）和玛莎·蔡斯（Martha Chase）进行了一个经典实验。他们用放射性硫标记了一批噬菌体（仅标记蛋白质），用放射性磷标记了另一批噬菌体（仅标记 DNA）。在不同的试管中，他们让两批噬菌体与非放射性细菌结合，并注入其 DNA。几分钟后，他们将细菌细胞与留在细菌细胞外的病毒部分分开，并测量了这两部分的放射性。你认为会获得什么结果？他们如何通过这些结果来确定哪种病毒成分——DNA 还是蛋白质——是具有感染性的部分？

14. **解读数据**　下图总结了从 2007—2013 年死于各种流感的儿童人数。每条竖线代表一周内的儿童死亡人数。为什么图形会有一系列的高峰和低谷？请查看本章开头的“生物学与社会”专栏，说明为什么图表在中间附近达到最高点。根据这些数据，流感季节通常在一年中的什么时候开始？什么时候结束？

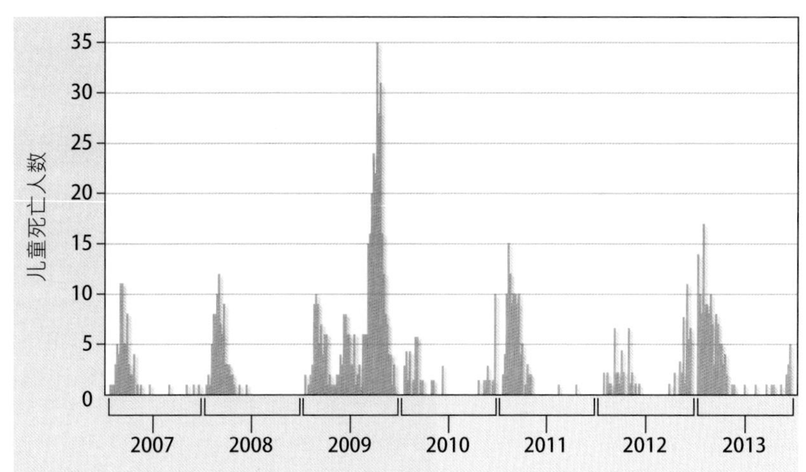

生物学与社会

15. 美国国家卫生研究院（NIH）已经研究出数千个基因序列及其所编码的蛋白质，大学和私营公司也正在进行类似的分析。关于基因核苷酸序列的知识，可能用于治疗基因缺陷或生产救命良药。美国国家卫生研究院和一些美国生物技术公司已经为自己的发现申请了专利。在英国，法院裁定自然产生的基因不能获得专利。你认为应该允许个人和公司申请基因和基因产品的专利吗？在回答之前，请考虑：专利的目的是什么？基因的发现者如何从专利中获益？公众如何受益？基因专利可能会带来哪些负面影响？

16. 你大学室友试图参加某“美黑沙龙”来改善她的外貌形象。你如何向她解释这件事给她带来的危险？

17. 事实证明流感疫苗是安全的，在降低因流感住院概率或死亡风险方面非常可靠，并且价格低廉。应该要求儿童上学前接种流感疫苗吗？应该要求医院工作人员在工作报到前接种疫苗吗？解释你这样回答的理由。

11 基因是如何被调控的

基因调控为什么重要

未来有一天，一个基因芯片可能会显示你所有基因的活动。►

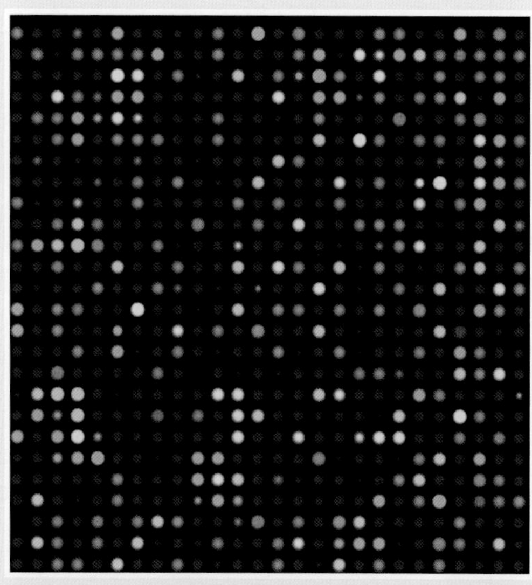

▼ 克隆技术可能有助于拯救大熊猫，使之免于灭绝。

▲你选择的生活方式，会极大地影响你患癌症的风险。

本章内容

本章线索

癌症

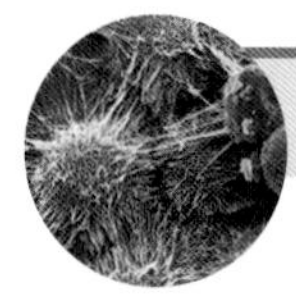

癌症 生物学与社会

烟草致癌的确切证据

欧洲探险家最初航行到美洲后，带回了烟草，这是美洲土著人之间常见的交易物品。抽烟的新奇感很快在欧洲传播开来。为了满足需求，美国南部很快成为主要的烟草产地。随着时间的推移，抽烟在世界各地越来越受欢迎，到 20 世纪 50 年代，约一半的美国人每天抽的烟超过一包。在早期，人们很少关注所谓的健康风险；事实上，香烟广告经常吹捧烟草“有益健康”，声称抽烟舒咽利喉，有助于抽烟者安神、减肥。

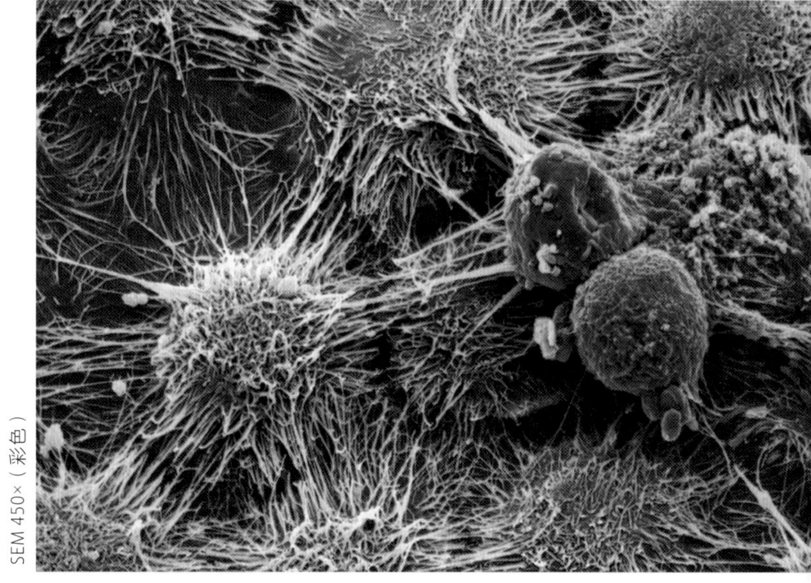

SEM 450×（彩色）

人类癌细胞。这些肿瘤细胞已经失去了控制其生长的能力。

然而，到了 20 世纪 60 年代，医生们开始注意到一个令人不安的趋势：肺癌发病率急剧上升。虽然肺癌在 1930 年很罕见，但到了 1955 年，肺癌已经成为美国男性中最致命的癌症。事实上，到 1990 年，肺癌每年造成的死亡人数是其他癌症总和的两倍多。但一些持怀疑态度的人（大多是烟草行业相关利益团体的成员）质疑抽烟和癌症之间是否有联系。他们指出，这些证据只是统计数据或只是基于动物研究，并没有直接证据表明抽烟会导致人类患癌。

1996 年，研究者将一种烟草烟雾成分（BPDE）添加到实验室中培养的人类肺部细胞中，从而找到了“确凿的证据”。研究者表明，BPDE 与这些肺部细胞中一种叫 p53 的基因结合。该基因编码的蛋白质有助于抑制肿瘤的形成。研究者表明：BPDE 导致 p53 基因突变，使蛋白质失活；这种重要的肿瘤抑制蛋白失活后，肿瘤就会生长。这项研究证明烟草烟雾中的一种化学物质与人类肺部肿瘤的形成有着直接的联系。从那时起，大量实验数据和统计研究，从科学上消除了任何对“抽烟与癌症之间存在联系”的怀疑。

基因突变如何导致癌症？原来，许多癌症相关基因编码的蛋白质可以打开或关闭其他基因。当这些蛋白质功能失常，细胞就可能会癌变。事实上，在任何特定时间精确控制基因的活性，对实现正常细胞功能至关重要。本章的主题正是：基因是如何被控制的，基因的调控是如何影响细胞和生物的，以及这个主题如何影响你我的生命机能。

基因如何被调控、为什么要被调控

你身体中的每个细胞——事实上，每个有性生殖生物体内的所有细胞——都是由从受精卵开始的一轮又一轮连续的有丝分裂产生的，受精卵是精子和卵子融合后形成的原始细胞。有丝分裂完全复制了染色体。所以，你体内的每一个细胞都有和受精卵一样的DNA。换句话说：每一个体细胞都包含所有的基因。但是，你体内的细胞在结构与功能上都是特化的，例如，神经元细胞的形态和行为都不同于红细胞。但是如果每个细胞都包含相同的遗传指令，那么细胞之间是如何发育得彼此不同的呢？为了帮助你理解这个概念，想象一下：你家乡每家餐厅都用相同的《食谱大全》。在这种情况下，每家餐厅如何才能开发出独特的菜单？答案显而易见：虽然每家的《食谱大全》都一样，但不同的餐厅会从《食谱大全》中挑选不同的菜品进行烹制。同样，具有相同遗传信息的细胞可以通过**基因调控**，发育成不同类型的细胞，这种机制可以开启某些基因，而关闭其他基因。调节基因活动可以使体内细胞特化，就像“调节选用哪些食谱”可以让不同的餐厅有不同的菜单一样。

☑ 检查点

如果你的血细胞和皮肤细胞有相同的基因，它们怎么会如此不同？

答案：每个细胞类型表达的基因都不同于其他细胞类型。

单细胞受精卵发育成多细胞生物，便是基因调控的一个例子。在胚胎生长过程中，细胞群的发育路径不同，每一群都会发育成一种特定的组织。在成熟的生物体中，每个细胞类型——例如神经元或红细胞——都有不同的基因开启模式。

基因开启或关闭是什么意思？基因决定了特定mRNA分子的核苷酸序列，mRNA继而决定蛋白质中氨基酸的序列（总结：DNA → RNA →蛋白质；见第10章）。一个开启的基因被转录成mRNA，这个信息之后被翻译成特定的蛋白质。遗传信息从基因流向蛋白质的整个过程，称为**基因表达**。

图11.1 所示某成人的三种不同特化细胞中，四种基因的基因表达模式可以演示上述原理。请注意，“管家”酶（如那些通过糖酵解提供能量的酶）的基因，在所有细胞中都处于“开启”状态。相比之下，某些蛋白质的基因，如胰岛素和血红蛋白，只由特定种类的细胞表达。有一种蛋白质，即血红蛋白，在图中所示的任何细胞类型中都没有表达。

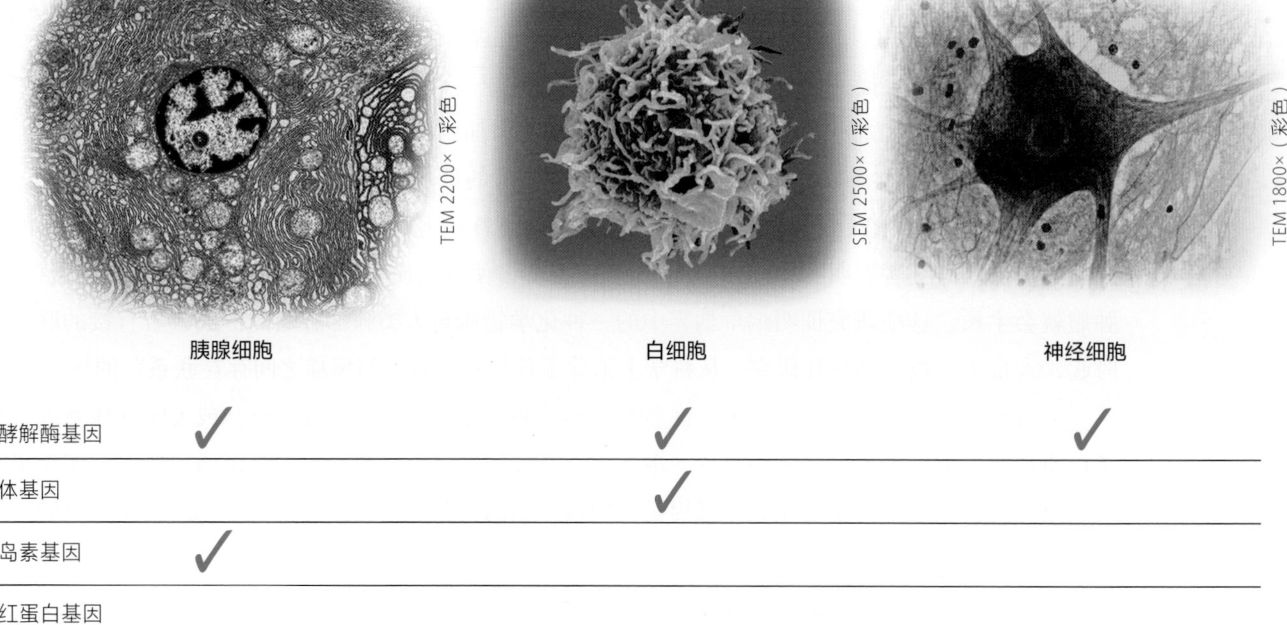

	胰腺细胞	白细胞	神经细胞
糖酵解酶基因	✓	✓	✓
抗体基因		✓	
胰岛素基因	✓		
血红蛋白基因			

► 图 11.1 **三种人类细胞的基因表达模式。**不同类型的细胞表达不同的基因组合。表中四种基因表示的特化蛋白质分别是：一种参与葡萄糖消化的酶；一种有助于对抗感染的抗体；在胰腺中制造的激素——胰岛素；仅在红细胞中表达的氧转运蛋白——血红蛋白。

细菌中的基因调控

为了理解细胞如何调节基因表达，可以思考相对简单的细菌的情况。细菌在其生命过程中，必须调节自己的基因以应对环境变化。例如，当营养丰富时，细菌不会浪费宝贵的资源，从零开始制造营养。能够保存资源和能量的细菌细胞，比不能保存资源和能量的细胞具有生存优势。因此，自然选择偏爱只表达细胞所需产物之基因的细菌。

想象一下生活在你肠道里的大肠杆菌。它受到各种营养物质的滋养，这取决于你吃了什么。例如，当你喝了一杯奶昔，乳糖会激增。为了应对这一情况，大肠杆菌就会表达三种酶的基因，使自身能够吸收和消化乳糖。乳糖消耗光之后，这些基因就关闭了；当不需要这些酶时，细菌不会浪费能量继续生产这些酶。因此，细菌可以根据环境的变化调整其基因表达。

细菌怎么“知道”乳糖是否存在？换句话说，“有无乳糖”如何影响编码乳糖酶的基因的活性？——关键在于三个乳糖消化基因的组织方式：它们在 DNA 中相邻，作为一个整体单元打开和关闭。这种调控是通过短片段 DNA 来实现的，这些 DNA 片段帮助这三个基因同时打开和关闭，协调它们的表达。这样一组相关基因和控制它们的序列，被称为**操纵子**（图 11.2）。这里的操纵子（乳糖操纵子）所说明的基因调控原理，适用于多种原核生物的基因。

DNA 控制序列如何开启或关闭基因？——被称为**启动子**（图中绿色）的控制序列是 RNA 聚合酶附着并启动转录的位点——在我们的示例中，是转录乳糖消化酶基因。在启动子和酶基因之间，**操纵基因**（黄色）DNA 片段充当开关，根据特定蛋白质是否结合在那里而开启或关闭。操纵基因和蛋白质共同决定了 RNA 聚合酶能否附着在启动子上并开始转录基因（浅蓝色）。在乳糖操纵子中，当操作开关打开时，立即产生代谢乳糖所需的所有酶。

图 11.2 的上半部分显示了无乳糖可用时处于“关闭”模式的乳糖操纵子。转录被关闭是因为❶一种叫作**阻遏蛋白**（ ）的蛋白质与操纵基因（ ）结合，并❷以物理方式阻止 RNA 聚合酶（ ）与启动子（ ）的连接。

图 11.2 的下半部分显示了乳糖存在时处于“开启”模式的操纵子。乳糖（ ）通过❶与阻遏蛋白结合并❷改变阻遏蛋白的形状来干扰乳糖阻遏蛋白与操纵基因的连接。在其新的形状（ ）中，阻遏蛋白不能与操纵基因结合，而且操纵基因开关保持打开。❸ RNA 聚合酶不再受阻，所以它现在可以结合到启动子上，并从那里❹将乳糖酶的基因转录成 mRNA。❺翻译产生全部三种乳糖酶（紫色）。

在细菌中发现了许多操纵子。有些与乳糖操纵子非常相似，另一些则有一些不同的控制机制。例如，控制氨基酸合成的操纵子能使细菌停止制造环境内已有的氨基酸分子，从而为细胞节省材料和能量。在这些情况下，氨基酸激活了阻遏蛋白。大肠杆菌和其他原核生物拥有多种操纵子，可以在频繁变化的环境中茁壮成长。☑

☑ 检查点

大肠杆菌中的一种突变使乳糖操纵基因无法结合活性阻遏蛋白。这种突变会如何影响细胞？为什么这种影响会是一种不利因素？

答案：即使没有乳糖，细胞也会不断“铺张浪费地”产生进行乳糖代谢的酶。

▼ 图 11.2 **大肠杆菌的乳糖操纵子。**

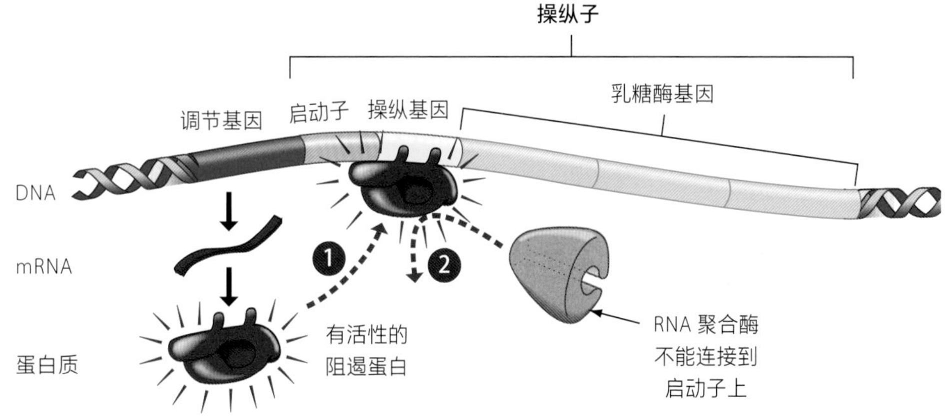

操纵子被关闭（无乳糖时的无作用状态）

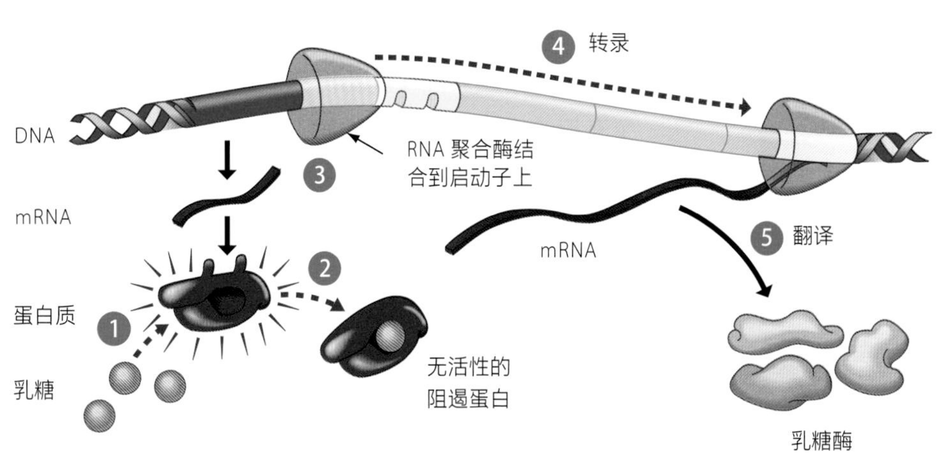

操纵子被开启（乳糖使阻遏蛋白失活）

真核细胞中的基因调控

真核生物，特别是多细胞生物，有比细菌更复杂的机制来调节它们基因的表达。这并不奇怪，因为原核生物作为一个单细胞，不需要像多细胞真核生物那样对基因表达进行精细的调控（以实现细胞特化）。例如，细菌没有必须不同于血细胞的神经元细胞。

真核细胞中从基因到蛋白质的路径很长，提供了许多可以开启或关闭、加速或减慢该过程的节点。想象一下，水库通过一系列管道将水输送到你家的水龙头。不同的阀门在不同的位置控制水流。图 11.3 使用这一类比，说明了遗传信息从真核细胞染色体（遗传信息库）流向细胞质并在其中产生活性蛋白质的过程。控制基因表达的多种机制类似于你家自来水管中的控制阀。在图中，每个控制旋钮表示一个基因表达“阀门”。所有这些旋钮代表可能的控制点，尽管对于一种典型的蛋白质来说，可能只有一个或几个控制点很重要。

以图 11.3 的简化版本作为指南，我们将从细胞核内开始，探索真核生物控制基因表达的几种方式。

▼ 图 11.3 **真核细胞中的基因表达“管道”。**管道中的每个阀门代表了一个阶段，从染色体到功能蛋白质之间的途径可在此处被调节，或打开或关闭，或加速或减慢。在整个讨论过程中，我们将使用这个图像的缩小版本来追踪并讨论各个阶段。

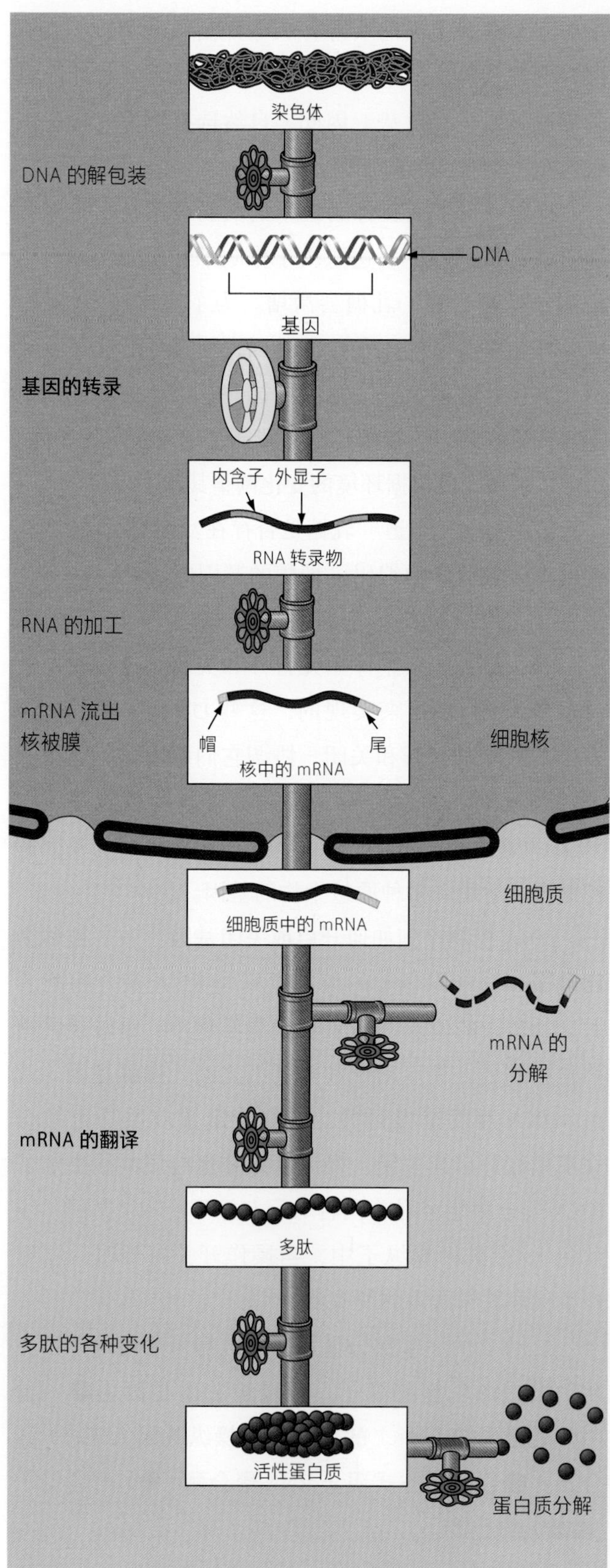

DNA 包装的调控

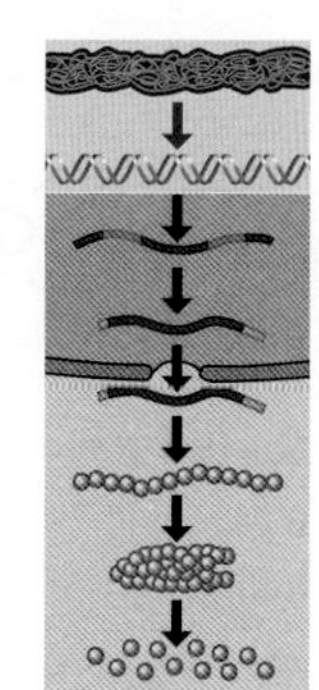

真核生物染色体可能或多或少处于聚合状态，DNA 和伴随的蛋白质或多或少地紧密包裹在一起（见图 8.4）。DNA 包装往往阻止 RNA 聚合酶和其他转录蛋白与 DNA 结合，从而阻止基因表达。

细胞可以利用 DNA 包装令基因长期失活。在雌性哺乳动物身上有一个有趣的例子，其每个体细胞中的一条 X 染色体高度紧凑，几乎完全失活。这种 **X 染色体失活**首先发生在胚胎发育早期，此时每个细胞中的两条 X 染色体中的一条被随机失活。在一个胚胎细胞中一条 X 染色体失活后，该细胞的所有后代都将关闭同一条 X 染色体。因此，如果雌性的两条 X 染色体上有不同版本的基因，她约一半的细胞会表达一个版本，而另一半会表达另一个版本（图 11.4）。☑

☑ 检查点

X 染色体上的一个基因在人类女性（有两条 X 染色体）中的表达，会比在人类男性（有一条 X 染色体）中的表达多吗？

答案：不会，因为女性的每个细胞中都有一条 X 染色体是失活的。

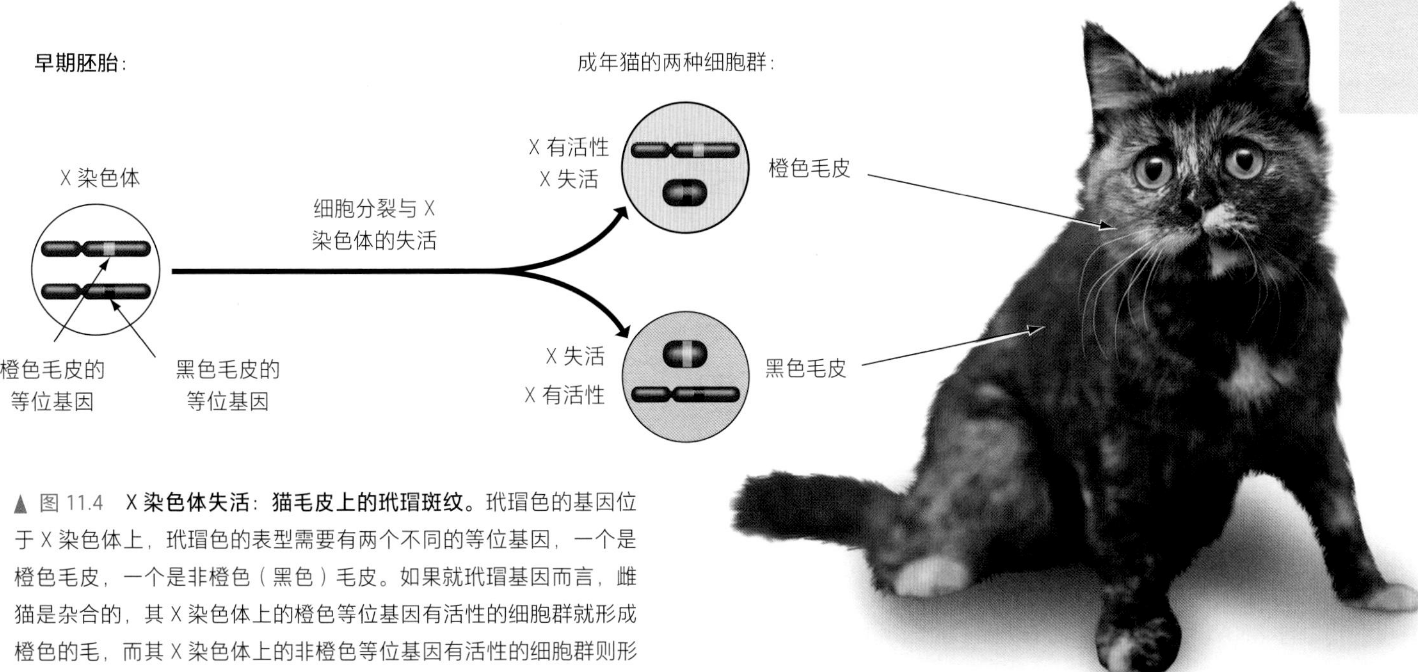

▲ 图 11.4 **X 染色体失活：猫毛皮上的玳瑁斑纹。**玳瑁色的基因位于 X 染色体上，玳瑁色的表型需要有两个不同的等位基因，一个是橙色毛皮，一个是非橙色（黑色）毛皮。如果就玳瑁基因而言，雌猫是杂合的，其 X 染色体上的橙色等位基因有活性的细胞群就形成橙色的毛，而其 X 染色体上的非橙色等位基因有活性的细胞群则形成黑色的毛。

转录起始

转录的起始（无论转录是否开始）是调节基因表达最重要的阶段。在原核生物和真核生物中，调节蛋白都与 DNA 结合，开启或关闭基因的转录。然而，与原核生物基因不同，大多数真核生物基因并没有被归为操纵子。相反，每个真核生物基因通常都有自己的启动子和其他控制序列。

如图 11.5 所示，真核生物的转录调控是复杂的，通常涉及许多蛋白质（统称为**转录因子**，图中以紫色表示）的协同作用，与称为**增强子**（黄色）的 DNA 序列和启动子（绿色）结合。DNA- 蛋白质组装促进 RNA 聚合酶（橙色）与启动子的结合。编码相关酶（如代谢途径中的酶）的基因可能共享一种特定的增强子（或增强子集合），从而使这些基因同时被激活。图中没有显示阻遏蛋白，它可结合称为**沉默子**的 DNA 序列，从而抑制转录起始。

事实上，在真核生物中，关闭基因的阻遏蛋白不如**激活子**（通过与 DNA 结合而开启基因的蛋白）常见。激活子的作用是使 RNA 聚合酶更容易与启动子结合。使用激活子效率更高，因为典型的动物或植物细胞只需要打开（转录）其基因的一小部分，即表达细胞的特殊结构与功能所需的基因。在多细胞真核生物中，大多数基因的“默认”状态似乎是关闭的——除了日常活动（如消化葡萄糖）的“管家”基因。☑

☑ 检查点

在图 11.3 所示的所有 DNA 表达的控制点中，哪一个处于最严密的调控之下？

答案：转录的起始。

▼ 图 11.5 **真核基因启动的模型。**许多组装在一起的转录因子（紫色显示的蛋白质）和 DNA 中的几个控制序列参与启动真核基因的转录。

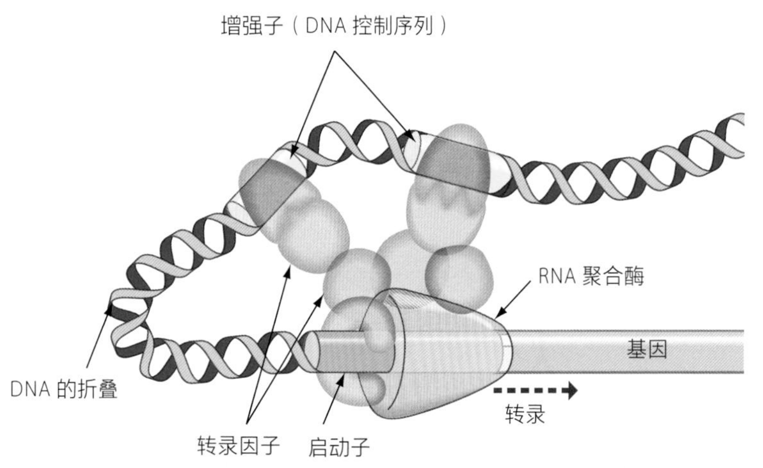

RNA 的加工和分解

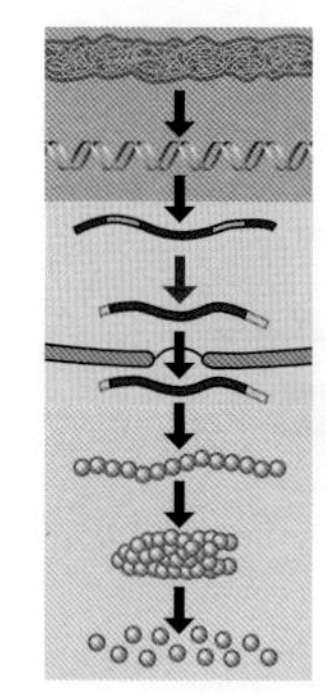

在真核细胞中，转录发生在细胞核中，RNA 转录物被加工成 mRNA，然后移动到细胞质供核糖体翻译（见图 10.19）。RNA 加工包括添加一个帽和一个尾，以及移除任何内含子（插在遗传信息中的非编码 DNA 片段）并将剩下的外显子拼接在一起。

在一个细胞内，外显子剪接能够以多种方式发生，从同一起始 RNA 分子产生不同的 mRNA 分子。比如在图 11.6 中，请注意一个 mRNA 最终含有绿色外显子，另一个最终含有棕色外显子。通过这类**选择性 RNA 剪接**，生物体可以从一个基因中产生多种类型的多肽。一个典型的人类基因包含大约十个外显子；几乎所有的基因都能以至少两种不同的方式拼接在一起，有些基因能以数百种不同的方式拼接在一起。

在一个 mRNA 以其最终形式产生后，其"寿命"可能会有很大的差别，从几个小时到几周甚至几个月。控制 mRNA 分解的时间，为调控提供了另一个机会。但是所有的 mRNA 最终都被分解，其"零件"被回收利用。

☑ 检查点

基因在细胞核中转录后，转录物是如何被修饰成 mRNA 的？ mRNA 到达细胞质后，调节细胞内活性蛋白数量的四种控制机制是什么？

答案：通过 RNA 加工，包括加帽、加尾和 RNA 剪接；由微 RNA 控制，启动翻译，激活蛋白质，分解蛋白质。

微 RNA

最近的研究已经确定了多种小的单链 RNA 分子［称为微 RNA（miRNA）］的重要作用，它们可以结合到细胞质中 mRNA 分子的互补序列上。结合后，一些微 RNA 触发其目标 mRNA 的分解，而其他一些则阻止翻译。据估计，微 RNA 可能调节人类一半的基因表达，这是一个惊人的数字，因为微 RNA 在 20 年前还不为人所知。前沿研究试图通过一种叫作 RNA 干扰的技术来利用微 RNA，即向细胞中注射小 RNA 分子来关闭特定的基因。通过理解细胞中信息流动的自然过程，生物学家可能很快就能人工控制人类的基因表达。

▼ 图 11.6　**选择性 RNA 剪接：从同一基因产生多个 mRNA。**两个不同的细胞可以利用一个 DNA 基因合成不同的 mRNA 和蛋白质。在这个例子中，一个 mRNA 最终含有外显子 3（棕色），另一个最终含有外显子 4（绿色）。这些 mRNA 只是许多可能结果中的两种，然后可以被翻译成不同的蛋白质。

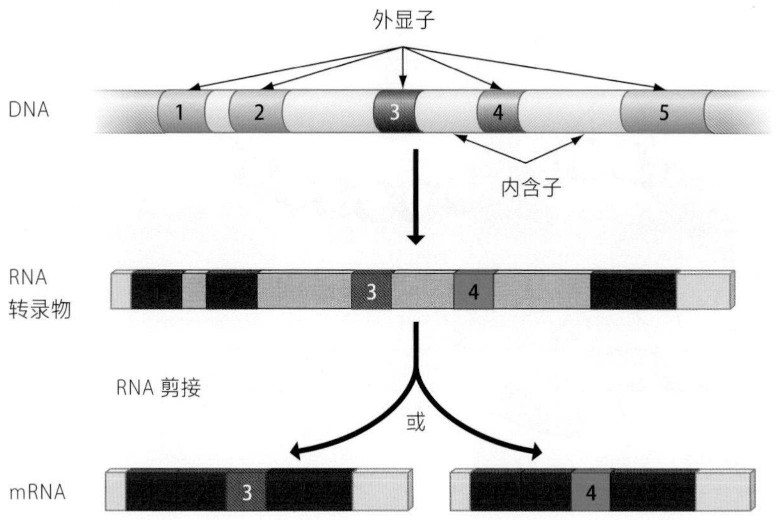

翻译的起始

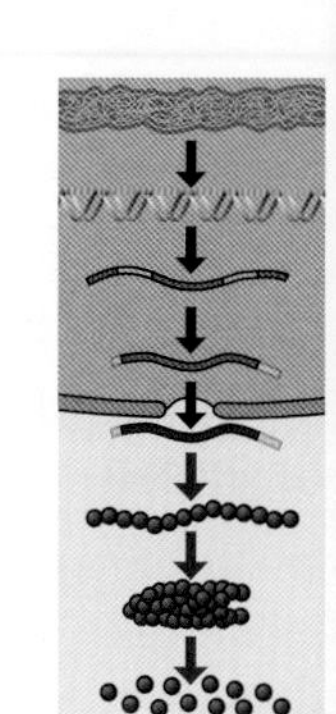

翻译过程——利用 mRNA 制造蛋白质的过程——为调节分子的控制提供了额外的机会。例如，红细胞含有一种蛋白质，可以在细胞没有血红素供应时阻止血红蛋白 mRNA 的翻译，血红素是实现血红蛋白功能所必需的含铁化学基团。

蛋白质活化和分解

调控基因表达的最后机会在翻译之后。例如，胰岛素激素是作为一种长的、无活性的多肽合成的，必须被切成碎片才能变得有活性（图 11.7）。其他蛋白质在变得有活性之前需要进行化学修饰。

翻译后的另一种控制机制是蛋白质的选择性分解。一些引发细胞代谢变化的蛋白质在几分钟或几小时内就会被分解。这种调节使细胞能够根据环境的变化，调整其蛋白质的种类和数量。☑

▼ 图 11.7　**活性胰岛素分子的形成。**只有在去除了中心部分肽链的最终形态下，胰岛素才发挥激素的作用。

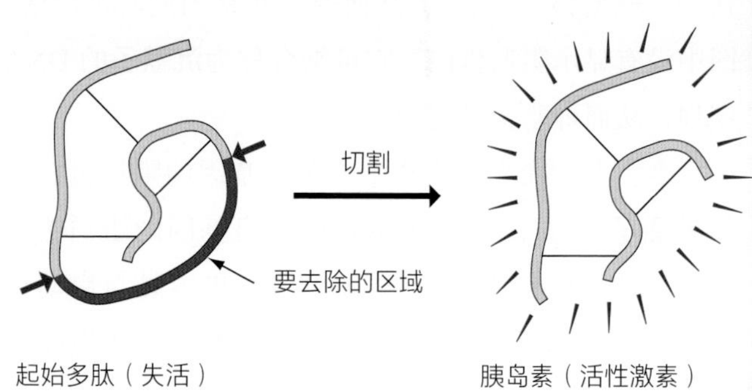

信息流 细胞信号转导

基因表达的调控是生物学重要主题之一（信息流）的一个很好的例子。通过调控，细胞可以回应环境信号，改变自己的活动。到目前为止，我们只探究了单细胞内的基因调控。在多细胞生物中，基因调控可以跨越细胞边界，使信息在细胞间交流。例如，一个细胞可以产生和分泌影响另一个细胞基因调控的化学物质，如激素。读者可以类比一下自己的经历：小学的时候，你们可曾让一名同学在门口附近放哨，在老师回来时示意大家？来自教室外的信息（老师来了）被用来改变教室内的行为（停止吵闹）。同样，细胞使用蛋白质“哨兵”将信息传递到其他细胞中，从而引起细胞功能的改变。

信号分子可以通过结合受体蛋白，并启动**信号转导途径**（即一系列分子发生变化，将细胞外接收的信号转化为靶细胞内的特定反应）来发挥作用。图 11.8 显示了一个细胞间信号转导的例子，最终引起靶细胞反应，并影响基因转录（开启）。❶首先，信号细胞分泌信号分子（）。❷信号分子与嵌入靶细胞细胞膜中的特定受体蛋白（）结合。❸这种结合激活了靶细胞内一系列中继蛋白（绿色）组成的信号转导途径。每个中继分子激活下一个中继分子。❹最后一个中继分子激活一个转录因子（），❺从而触发一个特定基因的转录。❻ mRNA 的翻译产生一种蛋白质，可执行信号最初要求的功能。☑

☑ **检查点**

一个细胞的信号分子如何在不进入靶细胞的情况下改变靶细胞的基因表达？

答案：通过与靶细胞膜中的受体蛋白结合，并触发一条激活转录因子的信号转导途径。

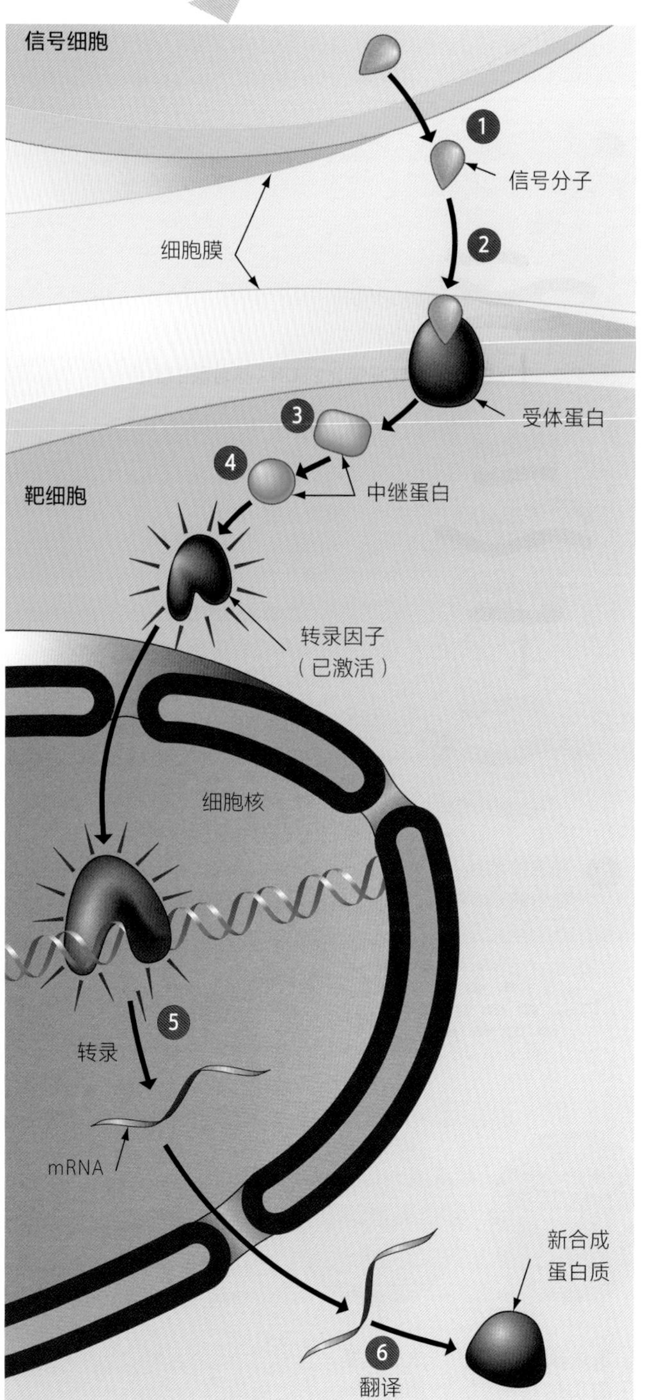

▲ 图 11.8 **开启一个基因的一条细胞信号转导通路。**在多细胞生物体中，调控基因的细胞间信号转导，帮助细胞活动协调进行。

同源异形基因

在早期胚胎发育（即单细胞受精卵发育成多细胞生物）过程中，细胞间的信号传递和基因表达的调控尤为重要。被称为**同源异形基因**的主控基因调控着其他基因组，这些基因组决定器官将在身体何处发育。例如，果蝇体内的一组同源异形基因指示位于身体中段的细胞发育成腿。在其他地方，这些基因保持关闭状态，而其他同源异形基因则处于开启状态。同源异形基因突变会产生奇怪的效果。例如，同源异形基因突变的果蝇，其头部可能会额外长出腿（图 11.9）。

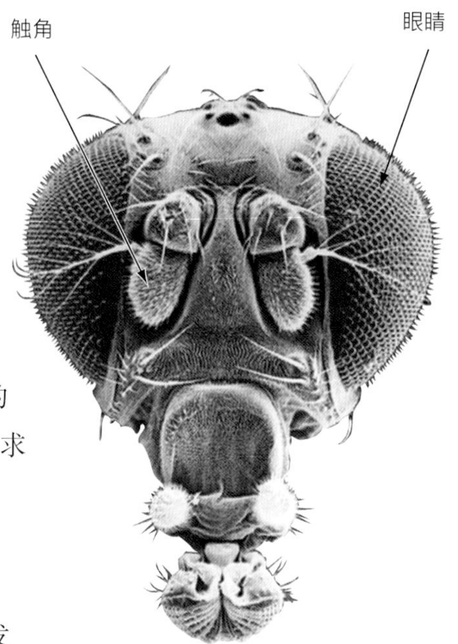

同源异形基因正常，头部正常

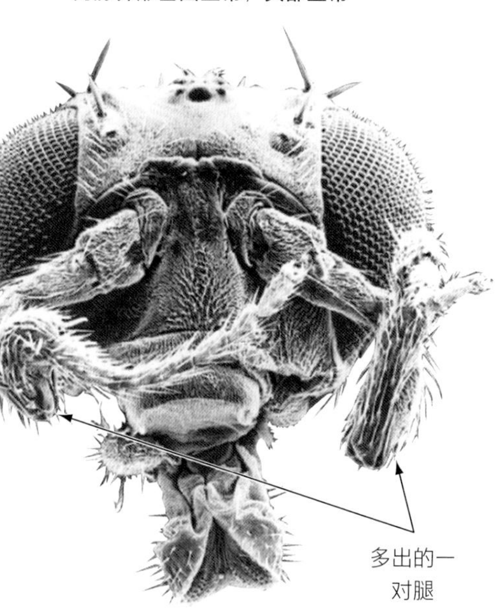

同源异形基因突变，头部长出额外的腿

► 图 11.9 **同源异形基因突变的影响。**底部显示的果蝇突变是由同源异形（主控）基因突变引起的。

☑ 检查点

为什么仅仅一个同源异形基因的突变，会极大地影响一个生物体的外表？

答案：因为同源异形基因控制多种其他基因，单一的变化就可以影响多种控制外观的蛋白质的表达。

几乎每一种真核生物（包括酵母、植物、蚯蚓、青蛙、鸡、小鼠、人）在胚胎发育过程中都有类似的同源异形基因直接帮助指导胚胎发育，这是近年来最重要的生物学发现之一。这些相似之处表明，这些同源异形基因在生命历史的早期就出现了，并且在动物进化的亿万年间，保持了惊人的不变。☑

未来有一天，一个基因芯片可能会显示你所有基因的活动。

DNA 微阵列：基因表达的可视化

研究基因调控的科学家，往往希望能够确定特定细胞中哪些基因是开启或关闭的。DNA **微阵列**是一种载玻片，上面附有数千种不同的单链 DNA 片段，排列成紧密的阵列（网格）。每个 DNA 片段都来自一个特定的基因；因此，一个 DNA 微阵列就能承载数千个基因的 DNA，甚至可能承载一个生物体的所有基因。

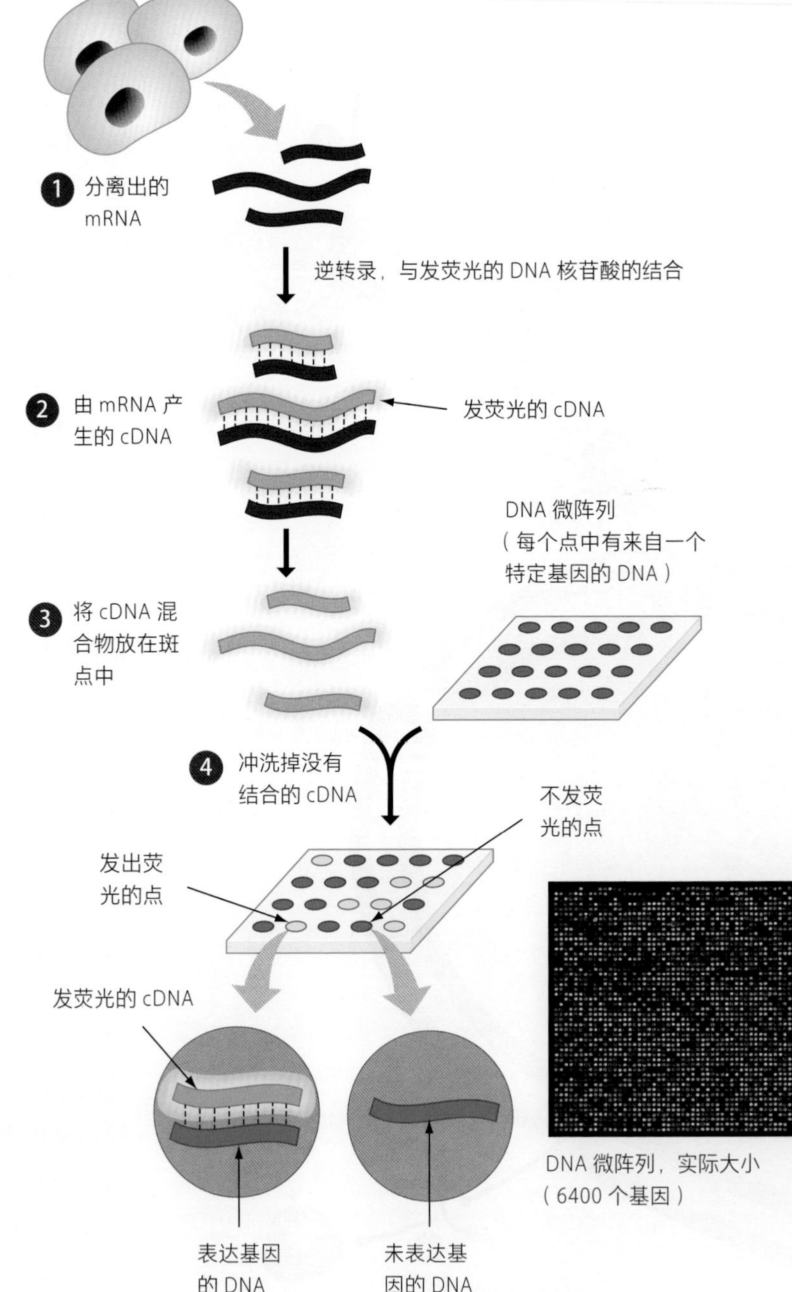

▲ 图 11.10 **利用 DNA 微阵列，实现基因表达的可视化。**

图 11.10 概述了微阵列的使用方法。❶研究者收集特定时刻特定类型细胞内转录的所有 mRNA。该 mRNA 集合与逆转录酶混合；逆转录酶是一种病毒酶，能❷催化合成与每个 mRNA 序列互补的 DNA。这种**互补的 DNA**（cDNA）是被荧光修饰（发光）的核苷酸合成的。因此，荧光 cDNA 集合即代表了细胞中所有活跃转录的基因。❸在微阵列的 DNA 片段中加入少量荧光标记的 cDNA 混合片段。如果 cDNA 混合物中的一个分子与网格上特定位置的一个 DNA 片段互补，该 cDNA 分子就会与之结合，并固定在那里。❹冲洗掉未结合的 cDNA 后，微阵列芯片中结合的 cDNA 发荧光。发光点的模式分布使研究者能够确定哪些基因在起始细胞中被转录。由此，研究者就可以了解，在不同的组织、不同的时间或不同健康状态之个体的组织中，哪些基因是活跃的。这些信息可能有助于更好地理解疾病，提出新的治疗方法。例如，通过对比乳腺癌肿瘤和非癌乳腺组织中的基因表达模式，可以提出更有效的治疗方案。

动植物克隆

前面研究了基因表达是如何被调控的，本章剩余部分将讨论基因调控如何影响两个重要过程：克隆和癌症。

细胞的遗传潜能

本章最重要的结论之一是：所有体细胞都包含一个生物的全部基因，即使它们不能表达所有的基因。如果你曾经用一小段插条培育出一株植物，你就已经看到过了证据：一个单一的已分化的植物细胞可以进行细胞分裂并产生一株完整的成体植物。大规模应用图 11.11 中描述的技术，可以从单个植物的细胞中产生成千上万株基因相同的生物体——克隆体。

植物克隆现在广泛用于农业。对于一些植物，如兰花，克隆是商业上唯一实用的繁殖方法。其他例子还有：克隆技术被用于繁殖具有特定理想性状（如高果实产量或抗病性）的植物。无籽植物（如无籽葡萄、西瓜、橙子）不能进行有性生殖，只能依靠克隆技术进行大规模生产。

克隆技术可以应用于动物吗？一些动物细胞也可以充分利用它们的遗传潜力——**再生**，即失去的身体部分重新长出来，这是一个很好的迹象，表明克隆技术可能可以应用于动物。例如，蝾螈失去尾巴后，尾巴残端的某些细胞会逆转其分化状态，发生分裂，然后再分化，形成新的尾巴。许多其他动物，尤其是无脊椎动物（如海星、海绵）可以再生损失的身体部分，而一些相对简单动物的碎块可以去分化，然后发育成一个全新的生物体（见图 8.1）。

▼ 图 11.11 **兰花的试管克隆。**从兰花植株的茎中取出组织并放入培养基中，组织细胞可能开始分裂，最终长成成体植株。这棵新植株是亲本植株的基因复制品。这一过程证明，成熟的植物细胞可以逆转其分化，发育成成体植株中的所有特化细胞。

动物的生殖性克隆

动物克隆是通过名为**核移植**的技术实现的（图 11.12）。核移植于 20 世纪 50 年代最早用于青蛙胚胎，20 世纪 90 年代应用于成年哺乳动物，核移植指用从成年体细胞中取出的细胞核替换卵细胞内的细胞核或受精卵内的细胞核。在适当的刺激之下，受体细胞就开始分裂。细胞多次分裂，形成一个由大约 100 个细胞组成的空心球。此时，这些细胞可用于不同的目的，如图 11.12 中的两个分支所示。

如果要克隆的动物是哺乳动物，就需要将早期胚胎植入代孕母亲的子宫以完成进一步发育（图 11.12，上分支）。产生的动物将是供体的“克隆体”（基因复制品）。这种克隆会产生新的动物个体，所以称为**生殖性克隆**。

克隆技术可能有助于拯救大熊猫，使之免于灭绝。

1996 年，研究者利用生殖性克隆技术，首次实现了哺乳动物的克隆：用一只成年绵羊细胞克隆出了绵羊多莉。研究者将经过特殊处理的绵羊细胞与去除细胞核的卵子融合在一起。经过几天的生长，胚胎被植入代孕母亲的子宫。其中一个胚胎发育成了多莉——不出所料，多莉的模样很像其细胞核供体的模样，而不像其卵子供体或代孕母亲。

生殖性克隆的实际应用

自 1996 年首次成功克隆哺乳动物以来，研究者已经克隆了多种哺乳动物，包括小鼠、马、狗、骡子、奶牛、猪、兔子、雪貂、骆驼、山羊、猫［图 11.13（a）］。为什么会有人想这么做？——在农业上，克隆技术可以帮助克隆出具有特定理想性状的农场动物，以培育出性状相同的畜群。在科研上，基因相同的动物可以为实验提供完美的“对照个体”。制药业正在试验克隆动物，用于潜在的医疗用途［（图 11.13（b）］。例如，研究者已经培育出了一种克隆猪，它们缺乏一种能生成引起人类免疫系统排斥的蛋白质的基因。这种猪的器官有朝一日可能会移植到人类患者身上，挽救生命。

生殖性克隆最有趣的用途，也许是恢复濒危动物的数量。在稀有动物中，如欧洲盘羊（一种欧洲小绵羊）、亚洲野牛、灰狼［图 11.13（c）］，还有许多其他的物种，正在接受克隆实验。白臀野牛（爪哇野牛）数量在野外已经减少到只有几头。2003 年，研究者用一只 23 年前死去的动物园饲养的白臀野牛的冷冻细胞，克隆出来一只白臀野牛。加利福尼亚州圣地亚哥的“冷冻动物园”内储存着稀有或濒危动物的样本，以供保护之用，科

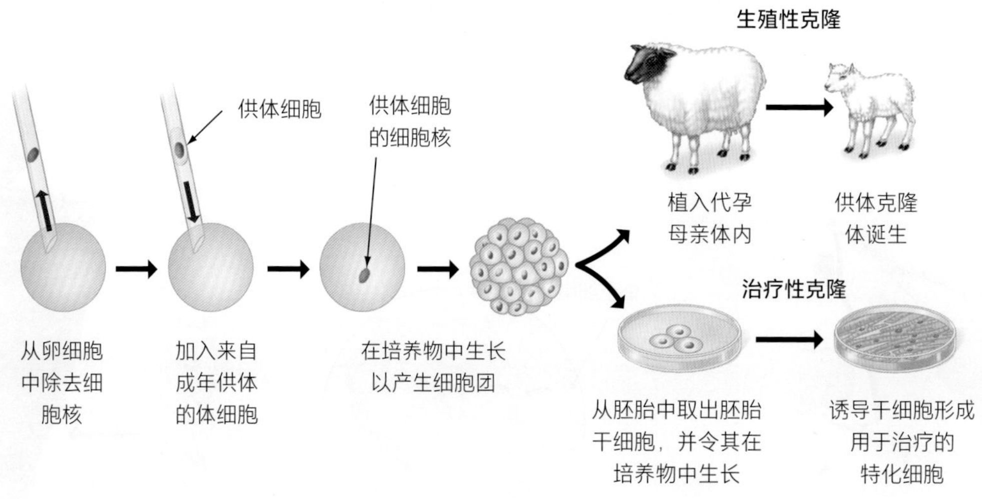

▲ 图 11.12 **通过核移植克隆。**在核移植中，将成熟体细胞的细胞核注入无细胞核的卵细胞中。由此产生的胚胎可用于产生新的生物体（上支所示为生殖性克隆）或提供干细胞（下支所示为治疗性克隆）。

学家们从那里获得了白臀野牛冷冻的皮肤组织，然后将冷冻细胞的细胞核移植到奶牛的无核卵细胞中。由此产生的胚胎被移植到代孕牛体内，诞生了健康的白臀野牛宝宝。这一成功表明，即使没有雌性供体，也有可能生育后代。科学家也许能够使用类似的跨物种移植方法，来克隆一个最近灭绝的物种。

克隆繁殖濒危物种，前景巨大。然而，克隆也可能产生新的问题。自然保护主义者认为，使用克隆技术可能损害人类保护自然栖息地的努力。他们明确地指出，克隆并不能增加遗传多样性，因此对濒危物种来说，其益处逊于自然繁殖。此外，越来越多证据表明，克隆出的动物不如受精产生的动物健康：许多克隆动物表现出易患肥胖症、肺炎、肝衰竭、早死等缺陷。例如，克隆羊多莉因患有肺部疾病并发症，于 2003 年被执行安乐死，这种并发症通常只出现在老龄绵羊身上。多莉死时只有 6 岁，而该品种个体的平均寿命是 12 年。一些证据表明，造成这些现象的原因是克隆动物的染色体变化，但克隆对动物健康的影响仍在研究中。

克隆人

成功克隆各种哺乳动物的实验，增加了人类能被克隆的猜测。批评者在实践和伦理方面提出了许多反对克隆人类的意见。实际上，克隆哺乳动物是极其困难且低效的。只有一小部分克隆胚胎（通常不到 10%）发育正常，而且它们看起来不如自然出生的亲类那样健康。从伦理上来说，对应不应该克隆人类的讨论（如果应该，在什么情况下可以克隆）远未结束。与此同时，对克隆的研究和争论仍在继续。☑

☑ 检查点

假设小鼠的毛色总是由父母传给后代，将一个黑鼠成年体细胞的细胞核注入一个从白鼠身上取出的无核卵细胞中，然后将胚胎植入一只棕色鼠体内。那么克隆小鼠会是什么颜色？

答案：黑色，细胞核供体决定小鼠的颜色。

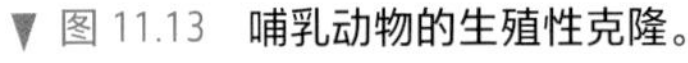

▼ 图 11.13　**哺乳动物的生殖性克隆。**

（a）**第一只克隆动物。**1996 年，多莉羊和它的单亲妈妈。多莉羊是第一只从成年体细胞克隆出来的哺乳动物。

（b）**医用克隆。**这些小猪是某种转基因猪的克隆体，它们体内缺乏一种能引起人体移植排异反应的蛋白质。

（c）**克隆濒危动物。**

欧洲盘羊羊羔与母亲

白臀野牛

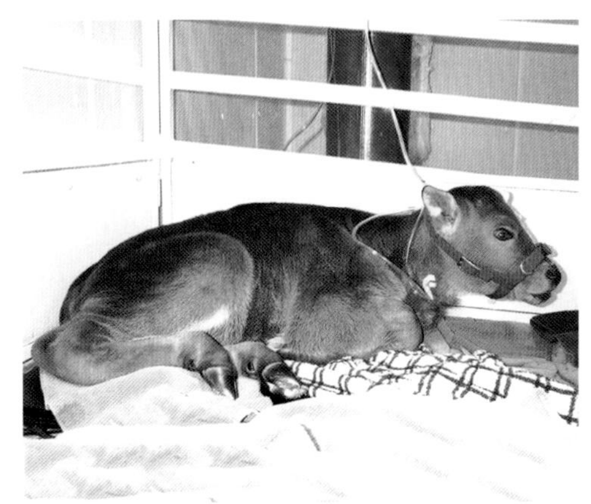

亚洲野牛

治疗性克隆与干细胞

图 11.12 的下行分支显示了治疗性克隆的过程。这一技术的目的不是生产活生物体，而是生产胚胎干细胞。

胚胎干细胞

哺乳动物的胚胎干细胞（ES 细胞）是通过从早期胚胎中取出细胞并在实验室中培养获得的。胚胎干细胞可以无限分裂，并在合适条件下——例如存在某些促生长因子——（据假说）可以发育成各种不同的特化细胞（图 11.14）。如果科学家能找到合适的条件，就有可能培养出细胞，来修复受伤或病变的器官。例如，有人推测，有朝一日 ES 细胞会替代由于脊髓损伤或心肌梗死而受到损伤的细胞。然而，在治疗性克隆中使用胚胎干细胞颇有争议，因为提取胚胎干细胞会破坏胚胎。

储存脐带血

干细胞的另一来源，是婴儿出生时，医生从脐带和胎盘采集的血液（图 11.15）。这种干细胞是部分分化的。2005 年，医生报告显示，注入脐带血干细胞治愈了一些婴儿的克拉伯病——一种致命的神经系统遗传疾病。还有一些白血病患者接受了脐带血治疗。然而，到目前为止，脐带血疗法的尝试大多数都以失败告终。目前，美国儿科学会建议——脐带血库只为有已知遗传风险的家庭的产儿服务。

成体干细胞

胚胎干细胞不是研究者唯一可用的干细胞。**成体干细胞**也可以产生一些替代体细胞的细胞。成体干细胞比胚胎干细胞的分化程度更大，所以不容易分化成其他细胞，只能产生几种相关类型的特化细胞。例如，骨髓中的干细胞可产生不同种类的血细胞。长久以来，供体的骨髓干细胞被用作自身免疫系统细胞的来源，以救助免疫系统已被疾病或癌症疗法破坏的患者。

成体干细胞不含胚胎组织，所以相比胚胎干细胞，成体干细胞在伦理上的问题更少。然而，许多研究者认为，只有更通用的胚胎干细胞才可能带来人类健康的突破性进展。最近的研究表明，一些成年体细胞（如人类皮肤细胞）可以重编程，从而像胚胎干细胞一样发挥作用。在不久的将来，这种细胞可能会被证明临床有效，同时符合伦理。☑

☑ 检查点

生殖性克隆和治疗性克隆的结果有什么不同？

答案：生殖性克隆产生活个体；治疗性克隆产生干细胞。

▼ 图 11.14 **体外培养下，胚胎干细胞的分化。**科学家们希望有朝一日发现可刺激胚胎干细胞分化成特化细胞的适当生长条件。

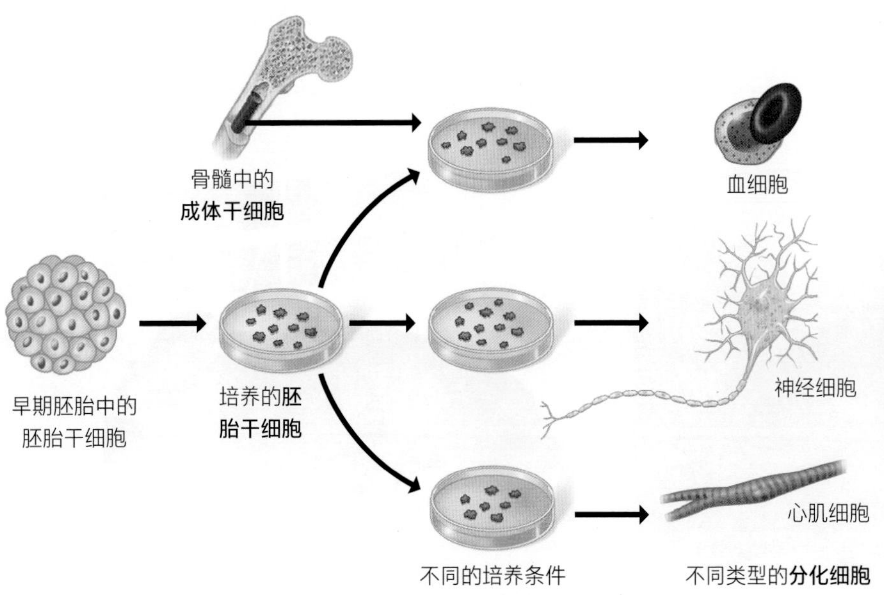

▼ 图 11.15 **脐带血库。**婴儿刚出生后，医生就在脐带里插针抽取 ¼ 到 ½ 杯血。富含干细胞的脐带血（如图）被冷冻并保存在血库中，以备不时之需。

癌症的遗传基础

癌症其实包括多种疾病，病因是细胞脱离了通常限制其生长和分裂的控制机制（如第 8 章所介绍的）。这种脱离，涉及基因表达的改变。

引起癌症的基因

1911 年研究者发现了一种可以导致鸡患癌症的病毒，这是基因在癌症中作用的最早线索之一。该病毒可以通过将其核酸插入宿主染色体的 DNA 而永久存在于宿主细胞当中。在 20 世纪，研究者已经发现了若干携带致癌基因的病毒。人乳头瘤病毒（HPV）就是这样一个例子，它可以通过性接触传播，能够引发数种癌症，包括宫颈癌。

致癌基因与抑癌基因

1976 年，美国分子生物学家迈克尔 · 毕晓普、哈罗德 · 瓦慕斯和同事们有一项惊人发现：致癌的鸡病毒中含有一种致癌基因，这种基因是正常鸡基因的突变版本。导致癌症的基因被称为**致癌基因**（“肿瘤基因”）。随后的研究表明，包括人类在内的许多动物的染色体中，都含有可以转化为致癌基因的基因。这种有可能成为致癌基因的正常基因，被称为**原癌基因**。（这些术语可能难以理解，所以我们重复一遍：原癌基因是一种正常、健康的基因，然而一旦发生突变，它可以成为致癌基因。）病毒，或者细胞本身原癌基因的突变，会导致一个细胞获得一个致癌基因。

一个基因的改变如何能导致癌症呢？——研究者在探寻原癌基因在细胞中的正常作用时，发现其中许多基因编码**生长因子**（刺激细胞分裂的蛋白质）或其他影响细胞周期的蛋白质。当所有这些蛋白质在正确的时间、以正确的数量正常运行时，它们有助于将细胞分裂的速度保持在适当的水平。而它们出现故障时——例如，生长因子变得异常活跃——就能引发癌症（不受控制的细胞生长）。

细胞 DNA 发生突变，是原癌基因成为致癌基因的必要条件。图 11.16 说明了 DNA 中可以产生活性致癌基因的三种变化。在这三种情况下，异常的基因表达刺激细胞过度分裂。

编码抑制细胞分裂相关的基因发生突变，也会引发癌症。这些基因被称为**抑癌基因**，因为它们编码的蛋白质通常有助于阻止细胞失控生长（图 11.17）。任何阻止生长抑制蛋白产生或发挥作用的突变，都可能引发癌症。研究者发现，抑癌基因和编码生长因子基因发生的许多突变，都与癌症有关。接下来我们将讨论这些发现。

▼ 图 11.16　**原癌基因如何变成致癌基因。**

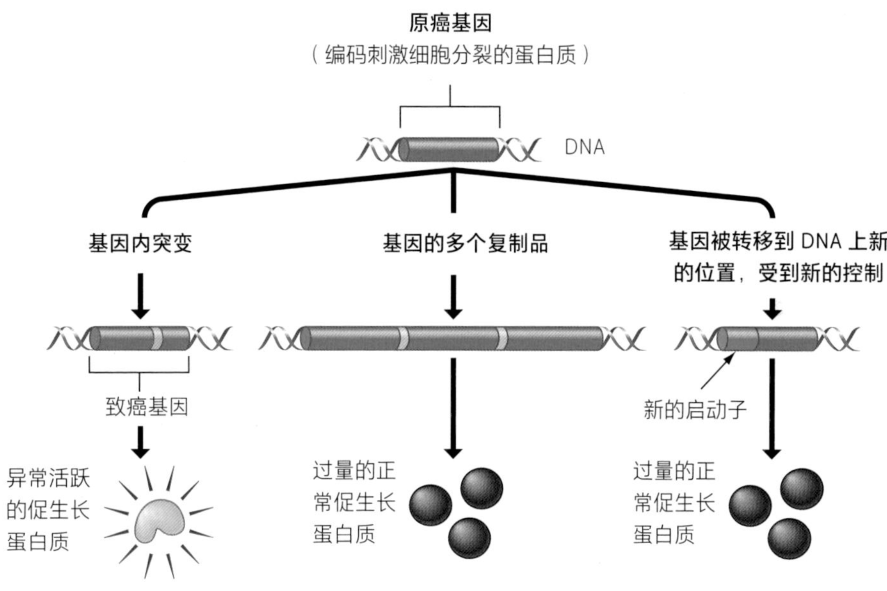

▼ 图 11.17　**抑癌基因。**

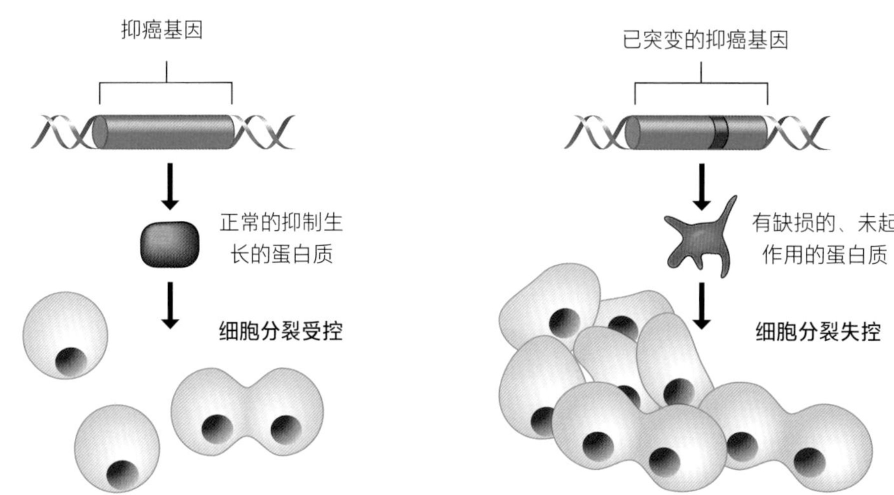

（a）**细胞正常生长。**抑癌基因通常编码抑制细胞生长和分裂的蛋白质。这些基因有助于阻止恶性肿瘤的形成或扩散。

（b）**细胞失控生长（癌症）。**当抑癌基因突变使其编码的蛋白质有缺陷时，通常受正常蛋白质控制的细胞可能发生过度分裂，最终形成肿瘤。

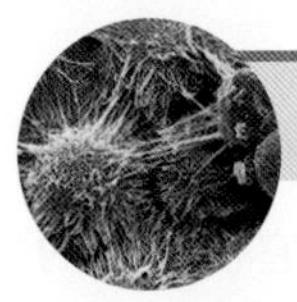

癌症 科学的过程

儿童肿瘤有何不同?

医学研究员多次观察到可能导致癌症的特定突变，因而怀疑不同类型的癌症与特定的突变有关。巴尔的摩市约翰·霍普金斯大学基梅尔癌症中心领导的一个大型研究团队提出了一个假说——髓母细胞瘤（MB）的年幼患者体内存在独特的突变（这种病是最常见的儿童脑癌，也是最致命的儿童癌症，见图 11.18）。他们预测，根据儿童肿瘤的 MB 细胞的遗传图谱，其可能与成人脑癌组织中没有发现的癌症相关突变有关。

该实验测序了 22 名 MB 患儿肿瘤中的所有基因，并将基因序列与这些患者正常组织的基因序列进行了比较。结果显示：每个肿瘤平均有 11 个突变。虽然这看起来似乎很多，但实际上仅为成年患者与 MB 相关的突变数量的 1/10 ～ 1/5。因此，年幼 MB 患者体内的突变似乎更少，但更致命。研究突变基因发挥的作用时，研究团队发现一些基因有助于控制 DNA 包装，而另一些基因在器官发育中发挥作用。研究者希望，对 MB 遗传基础的这种新认知，可以用于开发针对这种致命疾病的新疗法。

▼ 图 11.18 **磁共振成像（MRI）设备可用于观察脑肿瘤。**

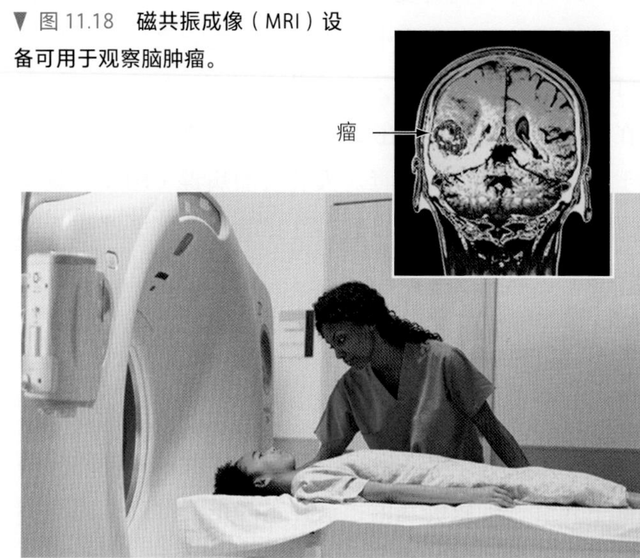

癌症的发展

2016 年，将近 15 万美国人患结肠癌（结肠是大肠的主要部分）。结肠癌是人类最了解的癌症之一，它揭示了癌症发展的一个重要原则：尽管我们仍然不知道一个特定的细胞是如何变成癌细胞的，但我们知道——要产生一个成熟的癌细胞需要多个突变共同作用。结肠癌的发展与许多癌症一样，是一个渐进的过程。

如图 11.19 所示，❶结肠癌始于原癌基因突变，导致结肠内膜正常细胞异常频繁地分裂。❷随后，额外的 DNA 突变（如抑癌基因的失活）导致结肠壁上长出一个小的良性肿瘤（称为息肉）。尽管息肉的细胞分裂异常频繁，但它们看起来与正常细胞无异。如果在结肠镜检查中发现可疑的息肉，通常要在其成为恶性肿瘤之前切除。❸息肉进一步的突变最终导致恶性肿瘤（有转移扩散可能的肿瘤）的形成。一个

▼ 图 11.19 **结肠癌的逐步发展。**

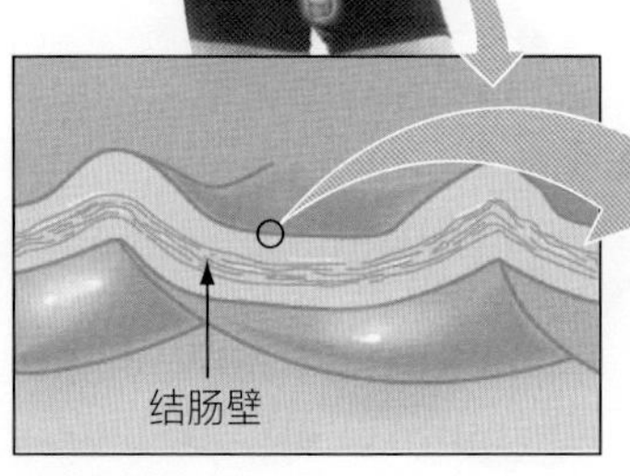

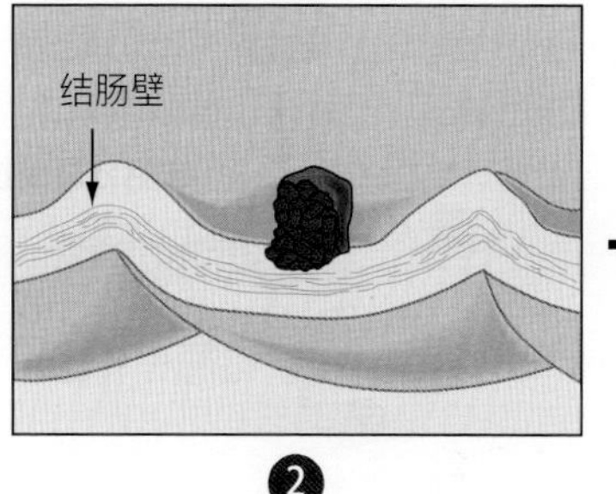

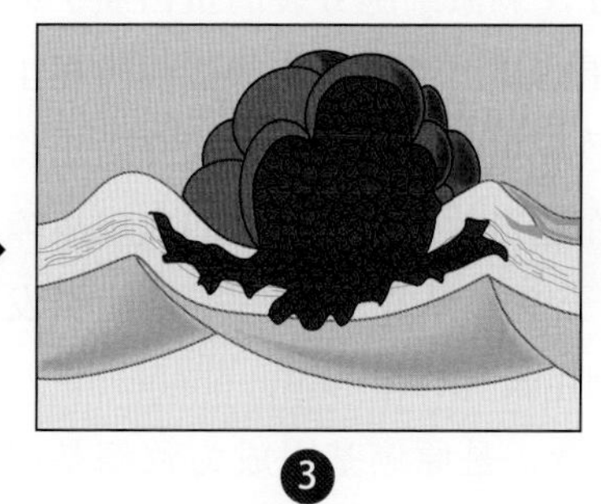

	❶	❷	❸
细胞的变化：	细胞分裂加剧	良性肿瘤生长	恶性肿瘤生长
DNA 的变化：	致癌基因被激活	抑癌基因失去活性	抑癌基因第二次失活

细胞通常需要至少六次 DNA 突变（通常产生至少一个活跃的致癌基因，并使至少一个抑癌基因失活）才能完全癌变。

恶性肿瘤的发展伴随着突变的逐渐积累，这些突变将原癌基因转化为致癌基因并敲除抑癌基因（图 11.20）。恶性肿瘤的形成需要几种 DNA 突变——通常是四种或更多——这解释了为什么其需要很长时间才能发展成癌症。这一特点也可能有助于解释为什么癌症的发病率会随着年龄的增长而增加；我们活得越久，就越有可能积累导致癌症的突变。

遗传性癌症

多种基因改变才能产生癌细胞，这一事实有助于解释家族遗传癌症这一现象。与没有任何突变的人相比，遗传了致癌基因或突变的抑癌基因的人，离癌症形成所积累的必要突变量已更近一步。因此，遗传学家正致力于识别遗传性癌症突变，以便在生命早期识别某些癌症的易感性。

例如，大约 15% 的结直肠癌涉及遗传突变。亦有证据表明，在 5% ～ 10% 的乳腺癌患者中，遗传起着一定作用，每 10 名美国妇女中就有一名患有乳腺癌（图 11.21）。至少有一半的遗传性乳腺癌中存在 *BRCA1*（发音为“braca-1”）和 *BRCA2* 两种基因之一的突变或两者都发生了突变。*BRCA1* 和 *BRCA2* 都被认为是抑癌基因，因为正常的 *BRCA1* 和 *BRCA2* 可以预防乳腺癌。

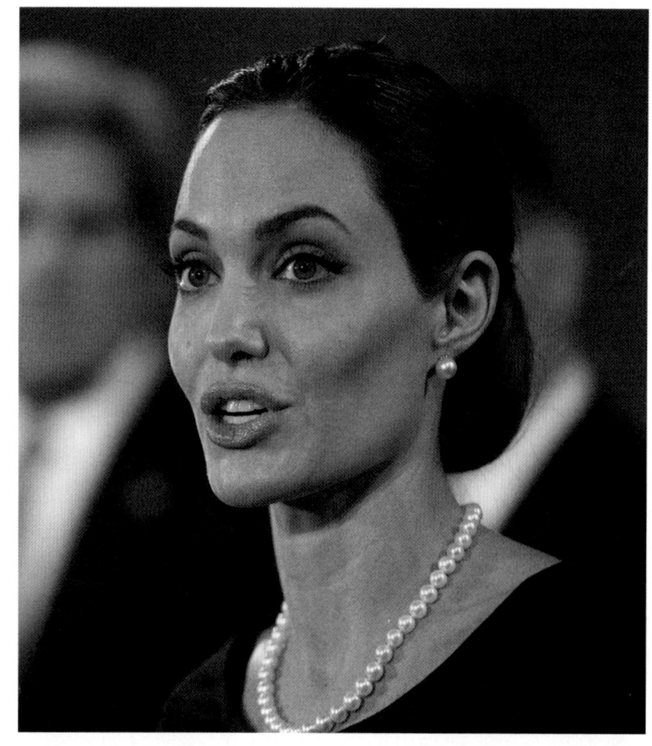

▼ 图 11.21 **乳腺癌。**2013 年，37 岁女演员安吉丽娜 · 朱莉得知自己携带 *BRCA1* 突变基因后，接受了预防性双乳房切除术。朱莉的母亲、姥姥、姨妈都死于乳腺癌或卵巢癌。

遗传有一个突变 *BRCA1* 等位基因的女性，在 50 岁前患乳腺癌的概率为 60%，相比之下，没有突变基因的女性患乳腺癌的概率仅为 2%。DNA 测序现已经可以检测出这些突变。可惜的是，这些检测的用途有限，对携带突变基因的女性来说，目前唯一可行的预防措施是手术切除乳房和卵巢两个器官中的一个，或两者都进行切除。☑

☑ 检查点

抑癌基因突变，会导致癌症如何发展？

答案：突变的抑癌基因可能会产生一种缺陷蛋白，这些蛋白不能在正常抑制细胞分裂的途径中发挥作用，因此通常不能抑制肿瘤。

▼ 图 11.20 **癌细胞发展过程中的突变积累。**一个体细胞系中积累了致癌的突变，图中，用颜色深浅区分开了正常细胞与发生了一次或多次突变、导致分裂加快和癌症的细胞。致癌突变一旦发生（染色体上出现橙色带），就会传递给其携带此基因的所有后代细胞。

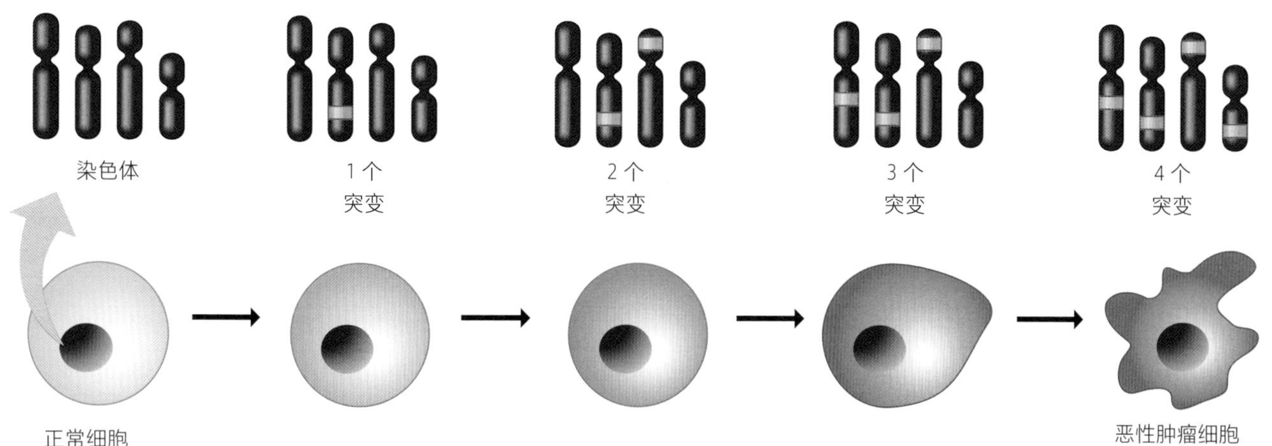

癌症的风险与预防

在大多数工业化国家，癌症是仅次于心脏病的第二大死亡原因。近年来，某些癌症的死亡率有所下降，但总的癌症死亡率仍在上升，目前每十年增加约 1%。

虽然有些癌症是自发的，但大多数癌症来自环境中的**致癌物**引起的基因突变。突变通常是几十年接触致癌物的结果。紫外线辐射是最强的致癌物中的一种。过度暴露在太阳紫外线辐射之下会引起皮肤癌，其中包括一种致命的类型称为黑色素瘤。人们可以通过防晒用具（防晒衣、防晒霜、遮阳帽等）来降低患癌风险。

你选择的生活方式，会极大地影响你患癌症的风险。

烟草是导致癌症病例和类型最多的罪魁祸首。死于肺癌的人数（在美国，2014 年近 16 万）远远超过任何其他癌症。大多数烟草相关癌症都是由抽烟引起的，但是抽雪茄、吸入二手烟和无烟烟草，也会带来患癌风险。如表 11.1 所示，抽烟，有时结合饮酒，会导致几种癌症。接触一些最致命的致癌物通常是个人选择的问题：抽烟、饮酒、长时间暴露在阳光下，都是增加癌症风险的行为——但这些行为都是可以避免的。

选择食用某些食物，可以大大降低患癌概率。例如，每天摄入 20 ～ 30 克植物纤维（约 7 颗苹果的含量），同时少吃动物脂肪可能有助于预防结肠癌。还有证据表明，水果和蔬菜中的某些物质，包括维生素 C、维生素 E 以及与维生素 A 有关的某些化合物，可能有助于预防多种癌症。卷心菜及其近亲，如花椰菜和西兰花，被认为特别富含防癌物质，尽管研究者尚未明确具体是哪些物质。饮食如何影响癌症已经成为营养学研究的一个重要焦点。人类正在许多地方开展与癌症的斗争，我们有理由对正在取得的进展感到乐观。尤其令人鼓舞的是，我们可以通过在日常生活中做出某些选择，而降低罹患某些最常见癌症的风险。☑

☑ 检查点

在所有已知的行为因素中，哪一种行为导致癌症病例和死亡人数最多？

答案：抽烟。

表 11.1　美国癌症统计（以病例人数排序）

癌症种类	已知或潜在的致癌物或致癌因素	估计罹患人数（2014 年）	估计死亡人数（2014 年）
乳腺癌	雌性激素、可能还有膳食脂肪	235,000	40,400
前列腺癌	酮、可能还有膳食脂肪	233,000	29,500
肺癌	吸烟	224,000	159,000
结肠和直肠癌	高脂肪膳食、低纤维膳食	136,800	50,310
皮肤癌	紫外线	81,200	13,000
淋巴癌	病毒（就某些类型而言）	80,000	20,100
膀胱癌	吸烟	74,700	15,600
子宫癌	雌性激素	65,000	12,600
肾癌	吸烟	63,900	13,900
血癌	X 射线、苯、病毒（就某些类型而言）	52,400	24,100
胰腺癌	吸烟	46,400	39,600
肝癌	酒精、肝炎病毒	33,200	23,000
脑癌和神经癌	创伤、X 射线	23,400	14,300
胃癌	食盐、吸烟	22,200	11,000
卵巢癌	排卵周期过多	22,000	14,300
宫颈癌	病毒、吸烟	12,400	4000
其他癌症		259,940	101,010
总计		1,665,540	585,720

数据来源：《2014 年癌症事实和数字》（美国癌症协会）。

癌症 进化联系

癌症在体内的进化

进化论描述了自然选择在种群中的作用。最近，医学研究员一直在使用进化观点来深入了解肿瘤的发展，例如图 11.22 所示的骨癌。进化推动了肿瘤（可被视为癌细胞群）的生长，也会影响肿瘤细胞对癌症疗法的反应。

回想一下，达尔文自然选择理论背后的几个假设（见第 1 章）。让我们考虑一下这些假设如何应用于癌症。第一，所有进化的种群都有可能产生超出环境容纳能力的后代。癌细胞不受控制地生长，显然符合过度繁殖。第二，种群个体之间必须有差异。对肿瘤细胞 DNA 的研究，就像“科学的过程”专栏中描述的那样，显示了肿瘤内部的遗传性变异。第三，种群内的变异必然影响生存和繁殖成功率。事实上，癌细胞突变的积累使它们不太容易受到正常繁殖控制机制的影响。提高恶性癌细胞存活率的突变会传递给该细胞的后代。简而言之，肿瘤会进化。

从进化角度看待癌症的发展，有助于解释为什么癌症很难“治愈”，而且也可能为新的疗法提供灵感。例如，一些研究人员正试图通过仅提高那些易受化疗药物影响的细胞的繁殖成功率，来为肿瘤治疗做准备。我们对癌症的理解，像生物学的所有其他方面一样，受益于进化观。

▼ 图 11.22 **肩部和上臂的 X 光片，显示出一个大型骨肿瘤。**

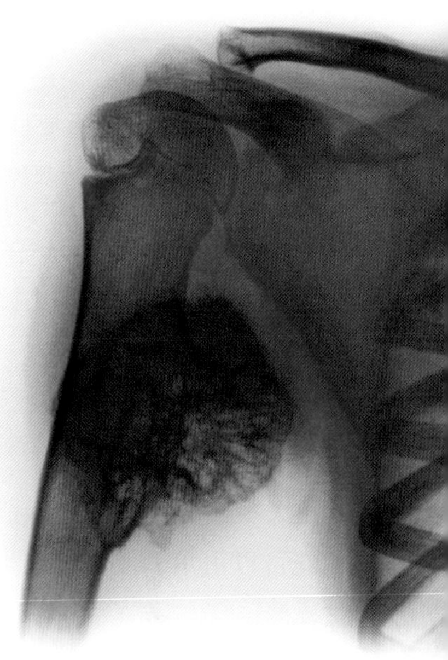

本章回顾

关键概念概述

基因如何被调控、为什么要被调控

多细胞生物的每种细胞，之所以具有独特性，是因为每种细胞内调控基因开启和关闭的基因组合不同。

细菌中的基因调控

操纵子是一组具有相关功能的基因，连同其启动子和其他控制其转录的 DNA 序列。例如，当环境中存在乳糖时，乳糖操纵子使大肠杆菌产生乳糖酶，来分解乳糖。

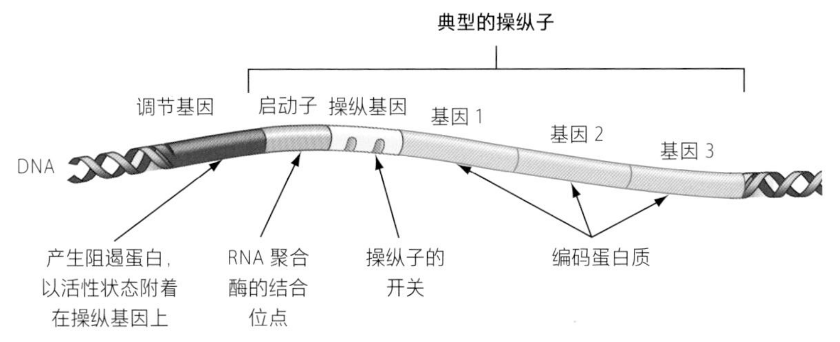

真核细胞中的基因调控

在真核细胞中，基因表达通路中有几个可能的控制点。

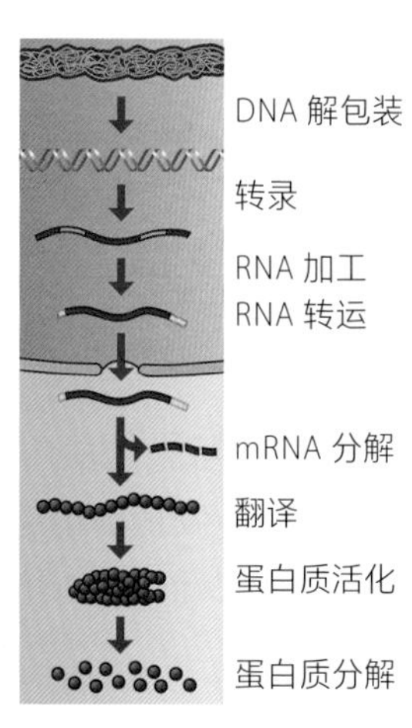

- DNA 包装是通过阻止转录蛋白进入 DNA 来阻断基因表达的常见方式。一个极端的例子是雌性哺乳动物细胞中的 X 染色体失活。
- 在真核生物和原核生物中，基因转录是最重要的控制点。各种调节蛋白与 DNA 相互作用，蛋白之间也相互作用，来开启或关闭真核基因的转录。
- 在真核基因转录后，也有机会控制基因表达：从 RNA 中切下内含子，加上 RNA 帽和尾，将 RNA 转录物加工成 mRNA。
- 在细胞质中，微 RNA 可以阻碍一个 mRNA 的翻译，各种蛋白质可能调节翻译的开始。
- 最后，细胞可以通过各种方式激活成熟蛋白质（如切掉部分蛋白或进行化学修饰）。最终，蛋白质可能被选择性地分解。

信息流：细胞信号转导

细胞间信号转导是多细胞生物发育和运作的关键。信号转导通路将分子信息转化为细胞反应，如特定基因的转录。

同源异形基因

基因调控进化的重要性在同源异形基因中表现得很明显，同源异形基因是主导基因，调控其他基因，其他基因则调控胚胎发育。

DNA 微阵列：基因表达的可视化

DNA 微阵列可以用来确定特定细胞类型中哪些基因被开启。

动植物克隆

细胞的遗传潜能

大多数分化的细胞保留了一整套基因，因此，例如，一整株兰花可以由单一兰花细胞生长而成。在受控条件下，动物也可以被克隆。

动物的生殖性克隆

核移植是将供体细胞核插入去核卵子的过程。20 世纪 50 年代人们首次用青蛙演示了生殖性克隆技术，1996 年利用生殖性克隆技术用一个绵羊成年体细胞克隆出一只绵羊，此后这项技术又被用于创造许多其他种类的克隆动物。

治疗性克隆与干细胞

治疗性克隆的目的是生产用于医学用途的胚胎干细胞。胚胎、脐带、成体干细胞都有望用于医学治疗。

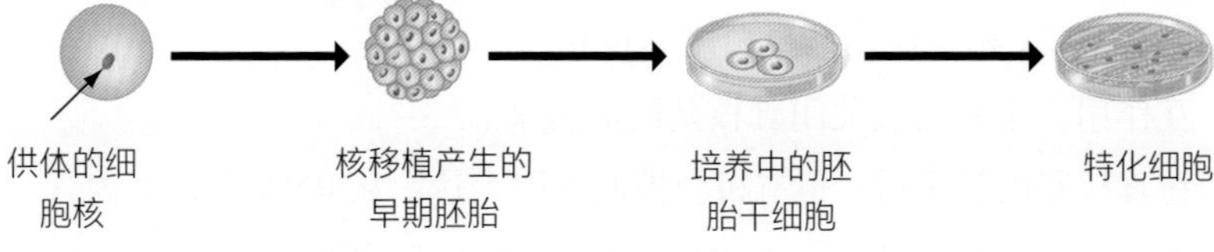

癌症的遗传基础

引起癌症的基因

癌细胞不受控制地分裂，可能是由于基因突变后的蛋白质产物无法调节细胞周期正常进行。

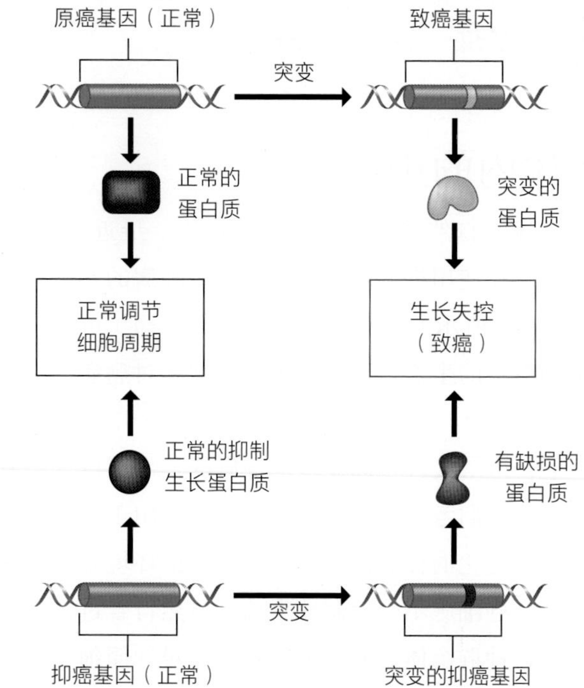

许多原癌基因和抑癌基因编码蛋白质活跃于信号转导通路，调节细胞分裂。这些基因的突变导致通路故障。癌症是细胞谱系中一系列基因突变的结果。研究者已经发现许多基因一旦突变，会促进癌症的发展。

癌症的风险与预防

减少接触致癌物（致癌物会诱发致癌突变）和选择其他健康的生活方式，有助于降低癌症风险

MasteringBiology®

如需练习测验、生物动画、MP3 教程、视频辅导以及为本教材设计的更多学习工具，请访问 MasteringBiology®。

自测题

1. 你的骨细胞、肌肉细胞和皮肤细胞看起来不同，因为________。
   a. 每种细胞中都存在不同种类的基因
   b. 它们存在于不同的器官中
   c. 不同的细胞中活跃的基因不同
   d. 每种细胞都发生了不同的突变
2. 一组具有相关功能的原核生物基因作为一个单元受到调控，连同执行这种调控的控制序列一起，被称为________。
3. 基因表达的调控在多细胞真核生物中肯定比在原核生物中更复杂，因为________。
   a. 真核细胞要大得多
   b. 在多细胞真核生物中，不同的细胞特化出不同的功能
   c. 原核生物只能活在稳定的环境中
   d. 真核生物的基因较少，所以每个基因必须起不同作用

4. 真核基因被插入细菌的 DNA 中。然后，细菌将这一基因转录成 mRNA，并将 mRNA 翻译成蛋白质。产生的蛋白质是无用的，并且比真核细胞产生的蛋白质含有更多的氨基酸。为什么？
   a. 该 mRNA 并未像在真核生物中那样被剪接。
   b. 真核生物和原核生物使用不同的遗传密码。
   c. 阻遏蛋白干扰了转录和翻译过程。
   d. 核糖体无法与 tRNA 结合。
5. 染色体中 DNA 的密集堆积是如何阻止基因表达的？
6. 什么证据表明植物或动物的分化细胞保留了它们全部的遗传潜力？
7. 克隆动物最常用的方法是________。
8. 你从 DNA 微阵列中学到了什么？
9. 胚胎干细胞和成体组织中的干细胞有哪些实质性区别？
   a. 实验室培养条件下，只有成体干细胞是永生的。
   b. 在自然界中，只有胚胎干细胞才能产生生物体中所有不同种类的细胞。
   c. 只有成体干细胞才能在实验室中分化。
   d. 只有胚胎干细胞存在于成人身体的每一个组织中。
10. 列举干细胞的三个潜在来源。
11. 致癌基因和原癌基因有何不同？原癌基因怎么变成致癌基因？原癌基因起什么作用？
12. 单个基因的突变可能会导致果蝇身体发生重大变化，例如多了一对腿或翅膀。然而，产生翅膀或腿需要许多基因共同作用。单个基因的改变为何会引起身体的巨大变化？这样的基因叫什么？

答案见附录《自测题答案》。

科学的过程

13. 研究图 11.2 对乳糖操纵子的描述。通常，当乳糖不存在时，这些基因会关闭。乳糖激活基因，基因编码酶，使细胞能够消化乳糖。突变可以改变操纵子的功能。预测在乳糖存在和不存在的情况下，下列突变将如何影响操纵子的功能：
   a. 调节基因突变；阻遏蛋白不与乳糖结合。
   b. 操纵基因突变；阻遏蛋白不与操纵基因结合。
   c. 调节基因突变；阻遏蛋白不与操纵基因结合。
   d. 启动子突变；RNA 聚合酶不附着在启动子上。
14. 人体内的蛋白质种类比基因多得多，这一事实似乎突出了选择性 RNA 剪接的重要性，这种剪接使单个基因产生几个不同的 mRNA。假设你有一个人的两份成年体细胞样本。请利用基因微阵列技术设计一个实验，来确定不同的基因表达是否是选择性的 RNA 剪接引起的。
15. 因为一只猫只有同时具备橙色和非橙色等位基因才能呈现出玳瑁色性状（见图 11.4），所以我们认为只有拥有两条 X 染色体的雌猫才能表现出玳瑁色性状。正常雄猫（XY）只能携带两个等位基因中的一个。雄性玳瑁猫很罕见，而且通常是不育的。你认为雄性玳瑁猫的基因型是什么？
16. 设计一种 DNA 微阵列，测量正常结肠细胞和结肠肿瘤细胞之间的基因表达差异。
17. **解读数据** 回顾表 11.1，该表列出了许多类型癌症的诊断数量和死亡数量。我们可以通过死亡人数除以病例数来估计每种癌症的致死率。（然而这并不精确，因为在同一年被诊断的人不一定会在同一年死亡，但这是一个有用的近似值。）如果几乎所有被诊断患有某种特定癌症的人都死亡，那么这个比例将接近 1（或 100% 致死率）。如果确诊人数远多于死亡人数，这一比例将接近 0（或接近 0% 致死率）。使用这个标准，表中哪两种癌症是最致命的？最不致命的是哪种？所有癌症的总体致死率是多少？通过这些，你对癌症存活率有了哪些认识？

生物学与社会

18. 某些化学品生产过程会形成副产品二噁英。越南战争期间喷洒在植物上的一种落叶剂——橙剂中，即存在微量二噁英。关于二噁英对战争期间暴露在橙剂下的士兵的影响，一直存在争议。动物实验表明，二噁英可导致癌症、肝脏和胸腺损伤、免疫系统抑制和出生缺陷，高剂量会致命。但是这样的动物试验结果是不确定的；例如，能杀死一只豚鼠的剂量，对仓鼠却没有影响。研究者发现二噁英进入细胞并与一种蛋白质结合，而这种蛋白质又附着在细胞的 DNA 上。如何利用这个机制，解释二噁英对不同身体系统和不同动物的不同影响？你如何确定患者是因为接触二噁英而生病？你认为这些信息对士兵起诉军方使用橙剂有影响吗？为什么？
19. 有几种针对“遗传性癌症”的基因检测方法。这些检测的结果通常不能预测某人是否会在特定的时间内患癌。相反，它们只表明一个人患癌症的风险是否会增加。对于携带癌症基因的人来说，改变生活方式不能降低其患癌的风险。因此，有些人认为这种检测没有用。如果你的近亲有癌症史，并且该癌症基因可被检测出来，你是否会接受筛查？为什么？你会怎么处理这些信息？如果你的兄弟姐妹决定接受筛查，你是否想知道筛查结果？请说明理由。

12 DNA 技术

DNA 技术为什么重要

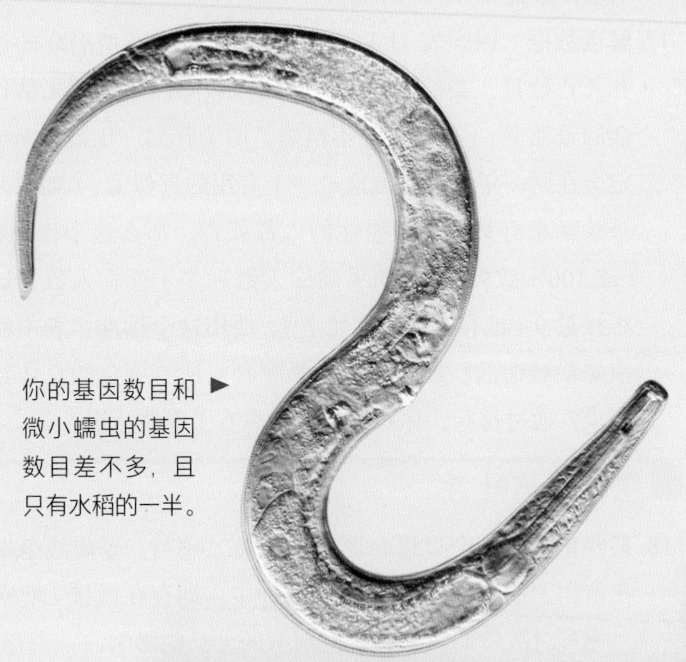
你的基因数目和微小蠕虫的基因数目差不多，且只有水稻的一半。

由细菌制造的胰岛素，让千百万糖尿病患者过上了更健康的生活。

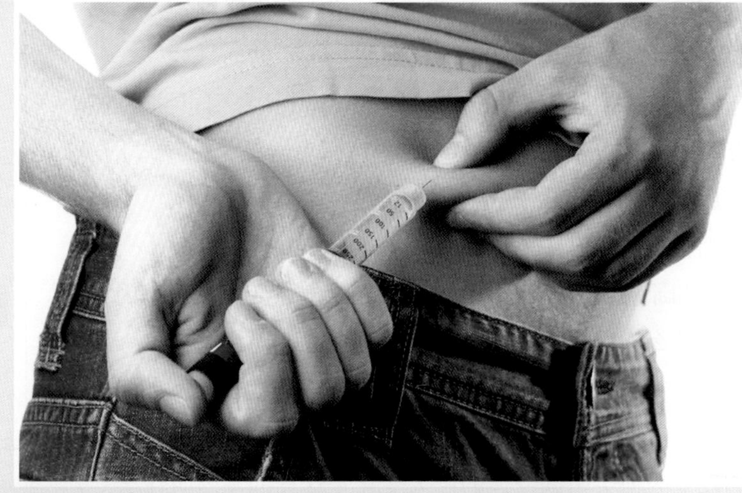

将来，转基因土豆可以防止成千上万的儿童死于霍乱。

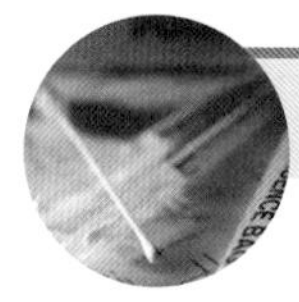

DNA 分析技术 生物学与社会

用 DNA 判案

美国首都中心发生过一起可怕的犯罪案件：1981 年 2 月 24 日，一名男子闯入离白宫仅几英里的公寓，袭击了一名 27 岁的妇女。犯罪人在捆绑并强奸受害人之后，又偷了旅行支票，逃之夭夭。受害人对袭击者只有一瞥。几周后，一名警官认为 18 岁的柯克 · 奥多姆与罪犯的素描相似。一个月后，受害人通过列队指认，挑出了奥多姆。

在审判中，联邦调查局的一名侦探作证说，在显微镜下观察时，受害人衣服上发现的头发与奥多姆的头发 "无法区分"。尽管奥多姆有案发当晚不在场的证明，但经过几个小时的商议，陪审团判定奥多姆犯有几项罪名，包括持枪强奸。他被判处 20 年至 66 年有期徒刑。奥多姆服刑 20 多年后，作为一名登记在案的性犯罪者被终身假释。然而，2011 年 2 月，研究表明联邦调查局的显微镜毛发分析技术有缺陷——随后推翻了其他类似案件的判决；然后，当局提出动议要求重新审理奥多姆案件，进行 DNA 检测。

现代法医的 DNA 分析技术基于一个简单的事实：每个人（除了同卵双胞胎）的细胞都含有独特的 DNA。DNA 分析技术，通过分析 DNA 样本，来确定提取的基因样本是否来自同一个人。在奥多姆一案中，政府找到了 1981 年犯罪现场的床单、衣服和头发这些证据。最新的分析结果确凿无疑：留在犯罪现场的 DNA 与奥多姆的不符。事实上，犯罪现场的 DNA 匹配上了另一名男子——一名曾因另一案件定罪的性侵犯者（由于本案诉讼时效已过，他并未因此被起诉）。2012 年 7 月 13 日——奥多姆 50 岁生日——法院承认最初的头发分析数据是错误的，柯克 · 奥多姆 "遭受了可怕的司法不公"。在案发 30 年后，法院正式宣布奥多姆无罪。

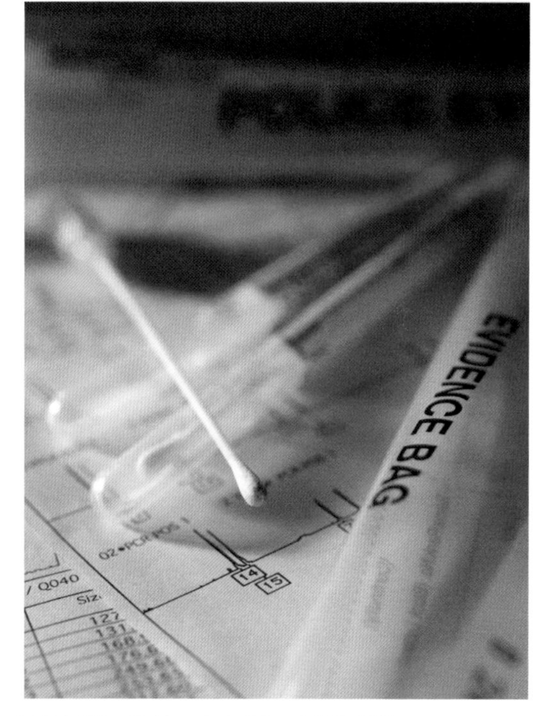

DNA 图谱。即使一小点儿证据也能提供一份 DNA 图谱。

像这样源源不断的故事表明，DNA 技术可以提供有罪或无罪的证据。在法庭之外，DNA 技术使人类在近年来取得了一些显著的科学进步：让转基因作物自身产生杀虫物质；人类正将自己的基因与其他动物的基因进行比较，这有助于揭示是什么使我们成为独特的物种；并且在检测和治疗致命遗传疾病方面取得了显著进步。本章将描述 DNA 技术的这些应用以及其他用途，并解释各种 DNA 技术是如何发挥作用的。我们还将研究一些位于生物学与社会交叉点的社会、法律、伦理问题。

遗传工程

你可能会认为生物技术（即操纵生物体或其部分来制造有用的产品）是一种现代现象，但实际上它可以追溯到文明开辟之时。请想想用酵母制作面包和啤酒、选育牲畜等古老做法。但是今天人们用“生物技术”这个术语时，通常指的是 DNA 技术，即研究和操纵遗传物质的现代实验室技术。利用 DNA 技术的方法，科学家可以修改特定的基因，并在细菌、植物、动物等如此不同的生物之间转移这些基因。通过人工手段获得一种或多种基因的生物，称为**基因改造（GM）生物**。如果新获得的基因来自另一个生物（通常是另一个物种），重组的生物体就被称为**转基因生物**。

20 世纪 70 年代，实验室重组 DNA 方法发明之后，生物技术领域迎来了爆炸式发展。科学家可以通过结合两种不同来源（通常来自不同物种）的 DNA 片段来构建**重组 DNA**，以形成单个 DNA 分子。重组 DNA 技术广泛应用于**基因工程**域领，即直接操纵基因用于实际生产。科学家通过基因工程改造细菌，用以大量生产各种有用的化学物质，从抗癌药物到杀虫剂等等。科学家还将基因从细菌转移到植物，从一种动物转移到另一种动物（图 12.1）。基因改造工程可以实现多种目的，从基础研究（这个基因是做什么的？）到医学应用（我们能为这种人类疾病创建动物模型吗？）。

重组 DNA 技术

虽然基因工程可以应用于多种生物，但细菌（尤其是大肠杆菌）是现代生物技术的主力。生物学家通常使用细菌**质粒**（一种小的圆形 DNA 分子，与较大的细菌染色体分开复制）在实验室中操纵基因（图 12.2）。因为质粒可以携带几乎任何基因，并从一代细菌传递到下一代细菌，所以它们是**基因克隆**的关键工具。基因克隆是指生产一段携带特定基因的 DNA 的多个复制品。基因克隆方法是利用基因工程生物生产有用产品的核心。☑

☑ 检查点

什么是生物技术？什么是重组 DNA？

答案：操纵生物体或其组成部分来生产有用的产品；一种含有两个不同来源（通常是不同物种）DNA的分子。

▼ 图 12.1 **基因工程师通过转移来自水母的荧光蛋白的基因，培养出发光的鱼。**

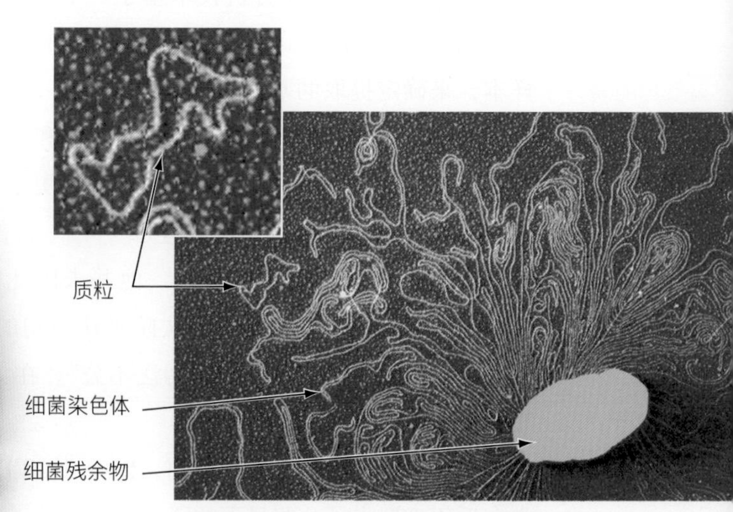

▲ 图 12.2 **细菌质粒。**显微照片呈现了一个破裂的细菌细胞，显示出一条长染色体和几个较小的质粒。小图是单个质粒的放大影像。

如何克隆一个基因

思考一个典型的基因工程难题：制药公司的基因工程师识别出一个待研究的基因，该基因编码一种有价值的蛋白质，例如可能成为一种新药。生物学家想大规模生产这种蛋白质。图 12.3 阐释了一种通过使用重组 DNA 技术来实现这一目标的方法。

首先，生物学家分离出两种 DNA：作为**载体**（基因载体，在图中以蓝色显示）的细菌质粒和来自另一种包含目的基因的生物体的 DNA（以黄色显示）。这种外来 DNA 可能来自任何一类生物体，甚至是人类。❶两个不同来源的 DNA 连接在一起，产生重组质粒。❷然后将重组质粒与细菌混合。在合适的条件下，细菌吸收重组质粒。❸每个携带重组质粒的细菌都可以通过细胞分裂进行繁殖，形成一个个克隆体，即一群由单一原始细胞复制而来的相同细胞。随着细菌的繁殖，重组质粒携带的外源基因也被复制。❹然后具有目的基因的转基因细菌可以在大型实验容器中生长，生产数量可观的蛋白质。基因克隆的最终产物可以是基因本身的复制品，用于其他的基因工程项目，也可以是所克隆基因的蛋白质产物，富集后投入使用。☑

☑ 检查点

为什么质粒是生产重组 DNA 的宝贵工具？

答案：质粒实际上可以携带任何外来基因，并由其细菌宿主细胞复制。

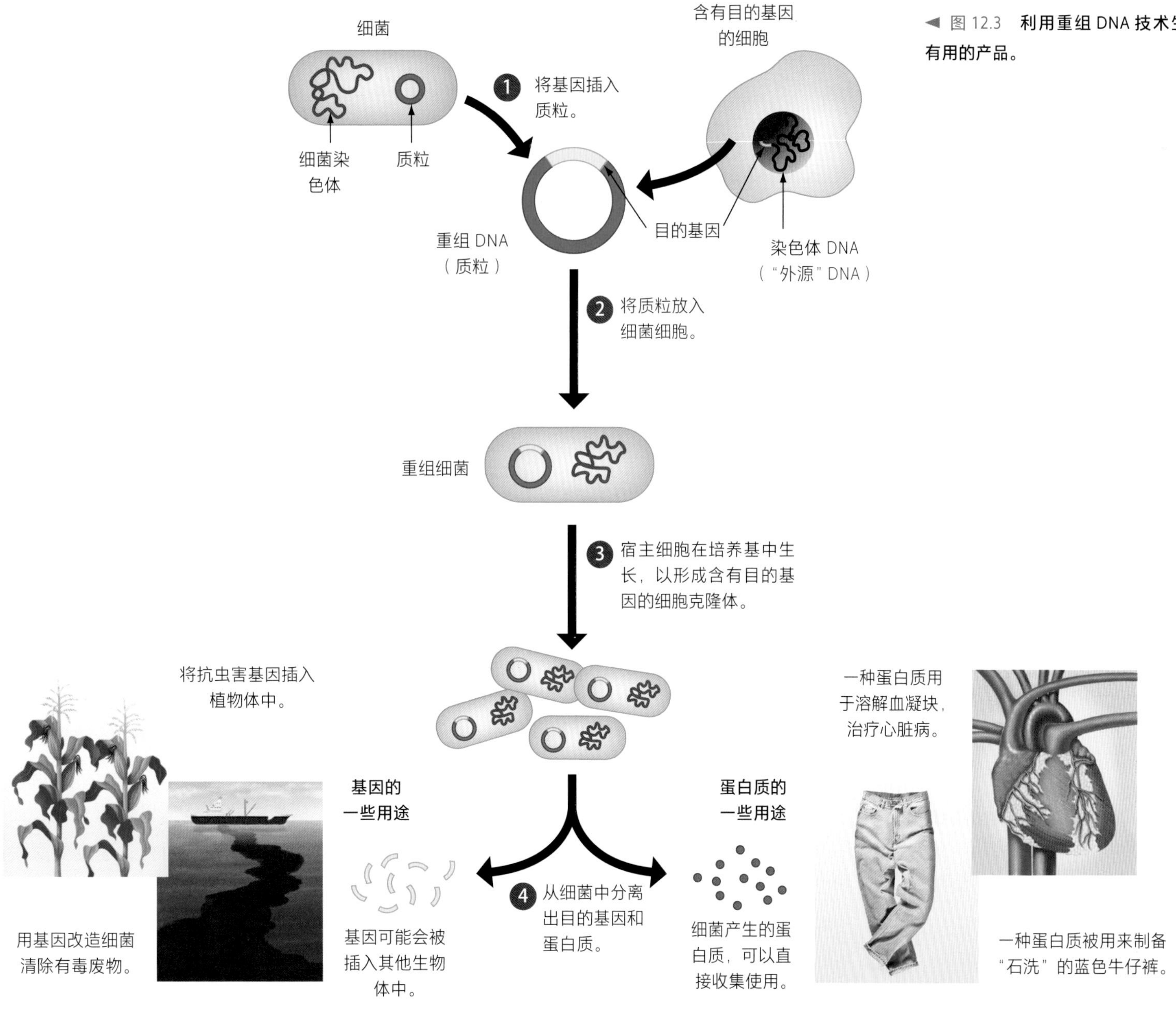

细菌

细菌染色体

质粒

含有目的基因的细胞

❶ 将基因插入质粒。

目的基因

染色体 DNA（“外源”DNA）

重组 DNA（质粒）

❷ 将质粒放入细菌细胞。

重组细菌

❸ 宿主细胞在培养基中生长，以形成含有目的基因的细胞克隆体。

基因的一些用途

蛋白质的一些用途

❹ 从细菌中分离出目的基因和蛋白质。

将抗虫害基因插入植物体中。

用基因改造细菌清除有毒废物。

基因可能会被插入其他生物体中。

细菌产生的蛋白质，可以直接收集使用。

一种蛋白质用于溶解血凝块，治疗心脏病。

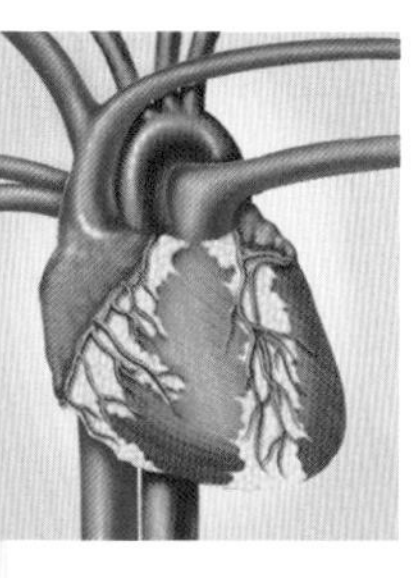

一种蛋白质被用来制备“石洗”的蓝色牛仔裤。

◄ 图 12.3 **利用重组 DNA 技术生产有用的产品。**

用限制性内切酶切割、连接 DNA

如图 12.3 所示，重组 DNA 是由两种成分结合而成的：细菌质粒和目的基因。为了理解这些 DNA 分子是如何拼接在一起的，你需要学习酶是如何切割和连接 DNA 的。

用来制作重组 DNA 的切割工具是一种细菌酶，称为**限制性内切酶**。生物学家已经鉴定出数百种限制性内切酶，每种酶都能识别一个特定的短 DNA 序列，通常有 4 到 8 个核苷酸长。例如，一种限制性内切酶只识别 DNA 序列 GAATTC，而另一种识别 GGATCC。特定的限制性内切酶识别的 DNA 序列称为**限制位点**。限制内切酶与其限制位点结合后，通过破坏序列内特定点的化学键，如同一把高度特异性的分子剪刀，来切断 DNA 的两条链。

图 12.4 的顶部显示了一段 DNA（蓝色），它包含一个特定限制性内切酶的限制位点。❶限制性内切酶识别并切割序列内碱基 A 和 G 之间的 DNA 链，产生名为**限制性片段**的 DNA 片段。交错切割产生两个带有单链末端的双链 DNA 片段，其末端称为“黏性末端”。黏性末端是连接不同来源的 DNA 限制性片段的关键。❷接下来，添加另一个来源的一个 DNA 片段（黄色）。请注意，黄色 DNA 片段的单链末端在碱基序列上与蓝色 DNA 的黏性末端相同，因为这是相同的限制性内切酶切割的两种类型的 DNA。❸蓝色和黄色片段上的互补端通过碱基配对连接在一起。❹蓝色、黄色片段之间的结合通过“粘贴酶”（**DNA 连接酶**）而永久化。这种酶通过在相邻核苷酸之间形成键将 DNA 片段连接成连续的链。最终的结果是形成单个重组 DNA 分子。刚刚描述的过程解释了在图 12.3 的步骤 1 发生了什么。☑

☑ 检查点

如果你把在序列 AATC 内切割的限制性内切酶和序列 CGAATCTAGCAATCGCGA 的 DNA 混合，会产生多少个限制性片段？（为简单起见，仅列出两条 DNA 链中一条的序列。）

答案：切割两个限制位点将产生三个限制性片段。

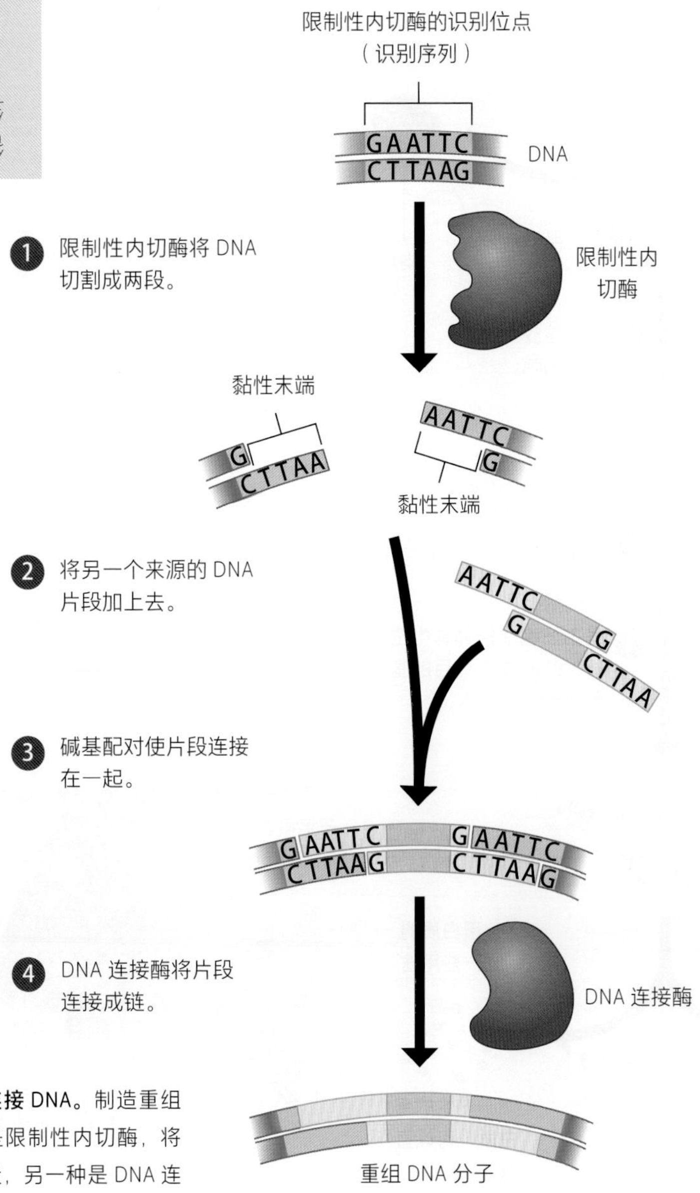

限制性内切酶的识别位点
（识别序列）
GAATTC
CTTAAG
DNA
❶ 限制性内切酶将 DNA 切割成两段。
限制性内切酶
黏性末端
G
CTTAA
AATTC
G
黏性末端
❷ 将另一个来源的 DNA 片段加上去。
AATTC
G
G
CTTAA
❸ 碱基配对使片段连接在一起。
GAATTC GAATTC
CTTAAG CTTAAG
❹ DNA 连接酶将片段连接成链。
DNA 连接酶
重组 DNA 分子

▲ 图 12.4 **切割然后再连接 DNA。**制造重组 DNA 需要两种酶：一种是限制性内切酶，将原来的 DNA 分子切成片段，另一种是 DNA 连接酶，将片段连接起来。

凝胶电泳

为了分离和观察不同长度的 DNA 片段，研究者采用了一种称为**凝胶电泳**的技术，这是一种主要根据电荷和片段大小，对大分子（通常是蛋白质或核酸）进行分类的方法。图 12.5 显示了凝胶电泳如何分离不同来源的 DNA 片段。将各个来源的含有多个 DNA 复制品的样本分别放在一块扁平的矩形凝胶一端的孔中（这种凝胶其实是一种充当分子筛的胶状薄板），然后把凝胶含 DNA 样本的一端连上负电极，把另一端连上正电极。因为核苷酸的磷酸（PO_4^-）基团使 DNA 片段带负电荷，所以片段会在凝胶中向正极移动。然而，较长的 DNA 片段比短的 DNA 片段在凝胶聚合纤维丛中移动得更慢。为了帮助你直观地了解这个过程，想象一只小型动物在丛林中的藤蔓丛里快速奔跑，而一只大型动物在同样的距离上蹒跚而行，速度要缓慢得多。同样，随着时间的推移，较短的分子比较长的分子在凝胶中移动得更远。凝胶电泳因此可以按长度分离 DNA 片段。当电流关闭时，凝胶的每一列都留下了一系列的条带——在凝胶的影像中可以看到蓝色

▼ 图 12.5 **DNA 分子的凝胶电泳。**照片显示凝胶上可见大小不同的 DNA 片段。

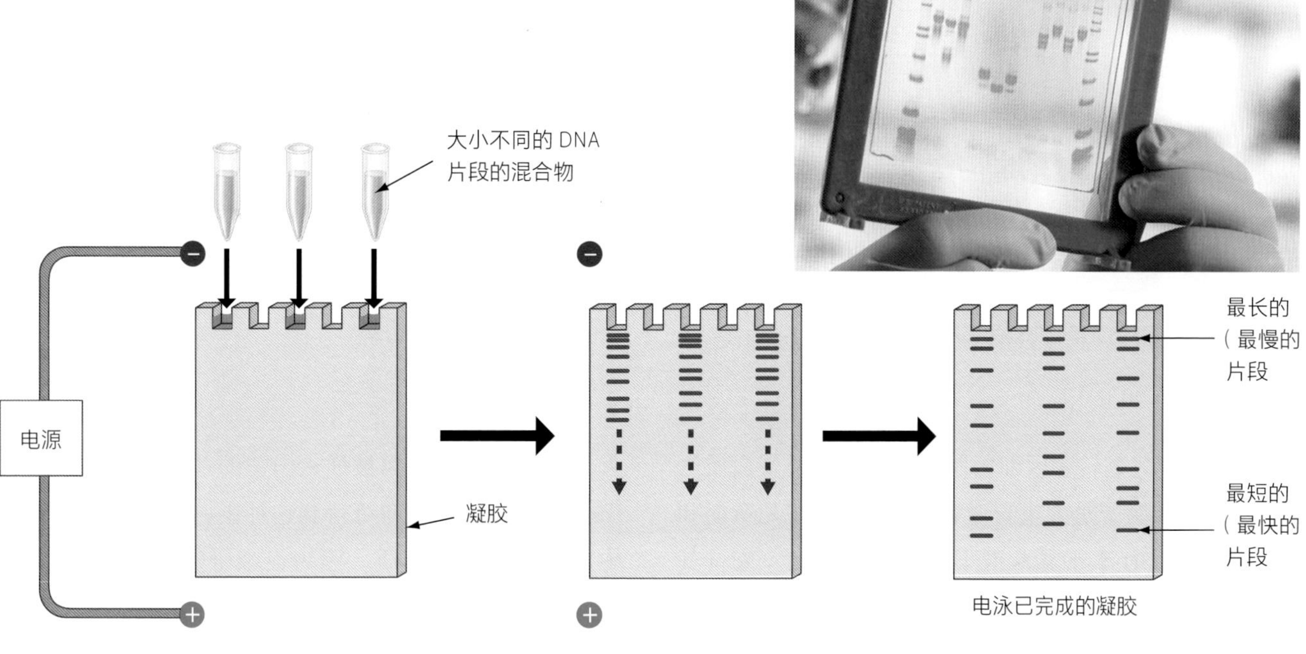

的痕迹。每个条带都是相同长度的 DNA 片段的集合。这些条带可以经染色后曝光在摄影胶片上（当 DNA 被放射性标记）或通过测量荧光（如果 DNA 有荧光染料标记）使其可见。☑

制药应用

通过将所需蛋白质的基因转移到细菌、酵母或其他易于培养的细胞中，科学家可以制造出大量自然界少有的有用蛋白质。在本节中，你将了解重组 DNA 技术的一些实际应用。

由细菌制造的胰岛素，让千百万糖尿病患者过上了更健康的生活。

优泌林是由转基因细菌产生的人类胰岛素（图 12.6）。在人体中，胰岛素是一种由胰腺制造的蛋白质。胰岛素作为一种激素，有助于调节血液中的葡萄糖水平。人体如果胰岛素水平过低，就会患上 I 型糖尿病。由于没有治愈方法，患者必须终身用药，每天注射一定剂量的胰岛素。

▲ 图 12.6 **优泌林——由转基因细菌生产的人类胰岛素。**

人类胰岛素不容易获得，因此以前治疗糖尿病都是用牛胰岛素和猪胰岛素。然而，这种治疗方法存在问题。因为猪胰岛素与牛胰岛素的化学结构与人类胰岛素略有不同，所以被注射者会出现过敏反应。后来，到了 20 世纪 70 年代，可用于提取胰岛素的牛胰腺和猪胰腺已经供不应求。

1978 年，一家生物技术公司的科学家化学合成了 DNA 片段，并将其连接起来，形成两个基因，这两个基因编码构成人类胰岛素的两种多肽（见图 11.7）。然后，他们将这些人工基因插入大肠杆菌宿主细胞。在适当的生长条件下，转基因细菌产生了大量的人类蛋白质。1982 年，优泌林作为世界上第一种基因工程药品上市销售。如今，在装满液体细菌培养物的巨大发酵桶中，昼夜不停地生产优泌林。每天，超过 400 万糖尿病患者使用经由此设备收集、纯化、包装的胰岛素（图 12.7）。

☑ 检查点

你用一种限制性内切酶来切割一个长的 DNA 分子，这个分子的一端聚集了三个酶的识别序列。用凝胶电泳分离限制性片段时，条带会如何出现？

答案：凝胶底部正极附近出现三个条带（小片段），凝胶顶部负极附近出现一个条带（大片段）。

▲ 图 12.7 **生产基因工程胰岛素的工厂。**

▲ 图 12.8 **一只转基因山羊。**

胰岛素只是转基因细菌制造的多种人类蛋白质之一。另一个例子是人生长激素（HGH）。在儿童期和青春期，HGH 水平异常低下会导致侏儒症。来自其他动物的生长激素对人类无效，所以生产人生长激素成了早期基因工程的目标。在 1985 年基因工程 HGH 问世之前，缺乏 HGH 的儿童只能用从人类尸体中获得的稀缺且昂贵的 HGH 来治病。基因工程生产的另一种重要药物是组织纤溶酶原激活剂（缩写为 tPA），这是一种帮助溶解血凝块的天然人类蛋白质。在中风后立即服用 tPA 可以降低再次中风和心脏病发作的风险。

除了细菌，酵母和哺乳动物细胞也可用于生产具有药用价值的人类蛋白质。例如，实验室培养的转基因哺乳动物细胞，目前被用来生产促红细胞生成素（EPO），这种激素能刺激红细胞的产生，用于治疗贫血；遗憾的是，一些运动员滥用这种药物，以人为提高血液携氧水平（此即所谓的“血液兴奋剂”）。近几十年来，基因工程师甚至开发出了可以制造人类药物的转基因植物细胞。由于胡萝卜很容易培养，又不易被人类病原体（如病毒）污染，所以有科学家认为，胡萝卜可能是未来的“制药工厂”！

整只的转基因动物也被用来生产药物。图 12.8 显示了一只携带溶菌酶基因的转基因山羊。这种天然存在于母乳中的酶具有抗菌作用。在另一个例子中，人类血液蛋白的基因被插入山羊的基因组中，因此从山羊分泌的乳汁中即可得到这种蛋白。然后可从羊奶中提取纯化该蛋白质。因为很难研发出转基因动物，所以研究者可能会创造单一的转基因动物，然后对其进行繁殖或克隆。由此产生的一群转基因动物可以作为放牧制药厂——“制药”动物。

将来，转基因土豆可以防止成千上万的儿童死于霍乱。

DNA 技术也在帮助医学研究者开发疫苗。疫苗是病原体（如细菌或病毒）的无毒变体或衍生物，用于预防传染病。人接种疫苗后，疫苗会刺激免疫系统持久防御病原体。对于许多病毒性疾病来说，防止疾病造成严重危害的唯一方法是未雨绸缪，首先使用疫苗来预防疾病。例如，乙型肝炎（一种致残甚至致命的肝脏疾病）的疫苗是由基因工程改造的酵母细胞生产的，这些细胞可以在病原体表面分泌一种蛋白质。

农业中的转基因生物

自古以来，人们就选择性地培育农作物，使其更加高产（见图 1.13）。今天，随着科学家努力提高农业领域重要的植物和动物的生产力，DNA 技术正在迅速取代传统的育种项目。

在今天的美国，超过 80% 的玉米、超过 90% 的大豆、大约 75% 的棉花是转基因作物。图 12.9 显示了经过基因工程改造的玉米，其可以抵抗欧洲玉米螟的侵害。种植抗虫植物减少了对化学杀虫剂的需求。在另一个例子中，改良的草莓植株能够产生细菌蛋白质，并将其作为天然防冻剂保护脆弱的草莓植株免受寒冷天气的损害。在发展中国家，霍乱每年会导致数以千计的儿童死亡，现在土豆和水稻已经被改造，能够生产无害的霍乱细菌蛋白；研究者希望，这些转基因食品有朝一日能作为一种口服疫苗来对抗霍乱。在印度，天然但罕见的耐盐基因的插入，使新品种水稻能够在盐浓度三倍于海水的水中茁壮成长，从而让干旱或洪水泛滥的地区也可以种植粮食。

科学家们也在使用基因工程来提高作物的营养价值（图 12.10）。一个例子是“黄金大米 2”，一种携带水仙花和玉米基因的转基因水稻。这种水稻产出的大米有助于预防维生素 A 缺乏症以及由此导致的失明，特别是在以水稻作为主要作物的发展中国家。木薯是作为发展中国家近 10 亿人口主食的淀粉类块根作物，也同样经过改良，使其铁元素和 β-胡萝卜素（在体内转化为维生素 A）含量增加。然而，围绕转基因食品的应用争议，我们将在本章末尾讨论。

基因工程师正在瞄准农业动物和植物。虽然目前没有转基因动物食品出售，但美国食品药品监督管理局（FDA）已经发布了其最终投放市场的监管指南。例如，科学家可能会在一种牛身上发现一种会让牛生长出更大块肌肉（我们吃的大部分牛肉）的基因，并将其转移到其他牛身上，甚至转移到鸡身上。研究者对猪进行了基因改造，使其携带一种线虫基因，该基因的蛋白质将不太健康的脂肪酸转化为 ω-3 脂肪酸。这种转基因猪肉含有的健康 ω-3 脂肪是普通猪肉的 4 ～ 5 倍。AquAdvantage 是转基因三文鱼的商品名，可以在正常生长期（3 年）的一半时间内（1 年半）达到上市标准。美国食品药品监督管理局已完成对这种三文鱼的审查，2015 年它成为美国第一种被批准食用的转基因动物。☑

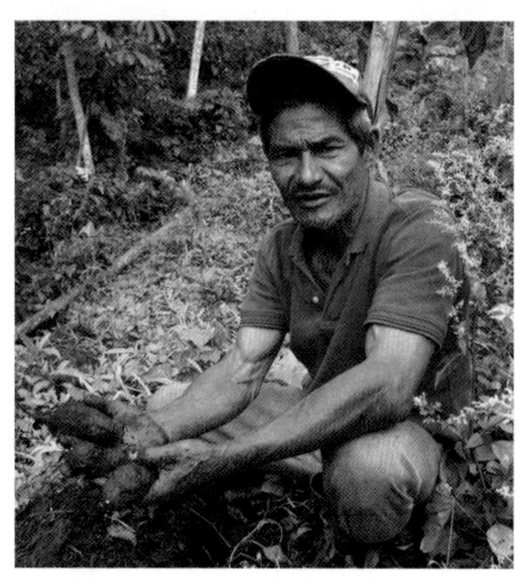

▲ 图 12.10　**转基因主食作物。**“黄金大米 2”，即上图所示的黄色谷物（与普通大米并排），经过基因改造，可以产生高含量的 β-胡萝卜素。β-胡萝卜素会被人体转化为维生素 A。转基因木薯（下图）是一种淀粉类块根作物，是近 10 亿人的主要食物来源，通过基因改造，可以增加其营养成分含量。

▼ 图 12.9　**转基因玉米。**田中的玉米植株携带一种细菌基因，有助于抵抗欧洲玉米螟的侵害。

☑ **检查点**

什么是基因改造生物？

答案：携带人为引入的 DNA 的生物。

人类基因治疗

我们已经看到细菌、植物和非人类动物可以进行基因改造——那么人类呢？**人类基因疗法**旨在通过将新基因引入病人体内来治疗疾病。在单个缺陷基因导致疾病的情况下，可以用正常等位基因替换或补充突变的基因。这有可能无形中抵消一种遗传疾病的影响，并可能将其永久性治愈。在其他情况下，基因只被插入和表达一段时间，以解决某个医学问题。

图 12.11 总结了人类基因治疗的一种方法。该过程非常类似于图 12.3 中步骤 1 ～ 3 所示的基因克隆过程，但在这种情况下，要克隆的目标是人类细胞，而不是细菌。❶克隆一个正常个体的体细胞的基因，转化成 RNA，然后将其插入一种无害病毒的 RNA 基因组内。❷取患者骨髓细胞，使其感染重组病毒。❸病毒将其基因组的 DNA 复制品连同正常个体的体细胞基因一起插入患者细胞的 DNA 中。❹然后将转基因细胞注射回患者体内。正常基因在患者体内被转录和翻译，制造出所需的蛋白质。理想情况下，该非突变型基因将被插入人体不断繁殖的细胞中。骨髓细胞，包括产生所有类型血细胞的干细胞，是主要的候选细胞。如果手术成功，细胞将不停繁殖，并将稳定地供应缺失的蛋白质，从而治愈患者。

迄今为止，基因治疗的前景甚好，尽管实际效果不佳，但也有一些成功案例。2009 年，一个国际研究小组进行了一项试验，重点研究渐进性失明——这种疾病与眼睛中生成感光色素之基因的缺陷有关。研究者发现，将携带正常基因的病毒单次注射到患儿的一只眼睛中，可以改善这只眼睛的视力，有时足以使其正常工作，而没有显著的副作用。另一只眼睛没有接受治疗，可以作为对照。

从 2000 年到 2011 年，基因疗法被用来治疗 22 名患有严重联合免疫缺陷症（SCID）的儿童，SCID 是一种致命的遗传疾病，由阻止免疫系统发育的缺陷基因引起，需要患者在保护性“气泡”内保持隔离。除非进行骨髓移植治疗（这种疗法仅在 60% 的情况下有效），否则 SCID 患者很快就会死于（正常人不易感的）微生物感染。在这种情况下，研究者定期从患者血液中提取免疫系统细胞，用一种经过改造的病毒来感染免疫系统细胞，这些病毒携带缺陷基因正常等位基因，然后研究者会将感染过的免疫系统细胞重新注入患者体内。这种疗法可以治愈 SCID 患者，但也带来一些严重的副作用：接受治疗的患者中有 4 人患了白血病，1 人由于插入的基因激活了致癌基因（见第 11 章），血细胞癌变后死亡。虽然迄今为止几乎没有其可安全有效应用的证据，但基因治疗仍然很有前景；人们仍在继续积极地研究，也已经有新的、更严格的安全指南颁布，旨在最大限度地减少危害。☑

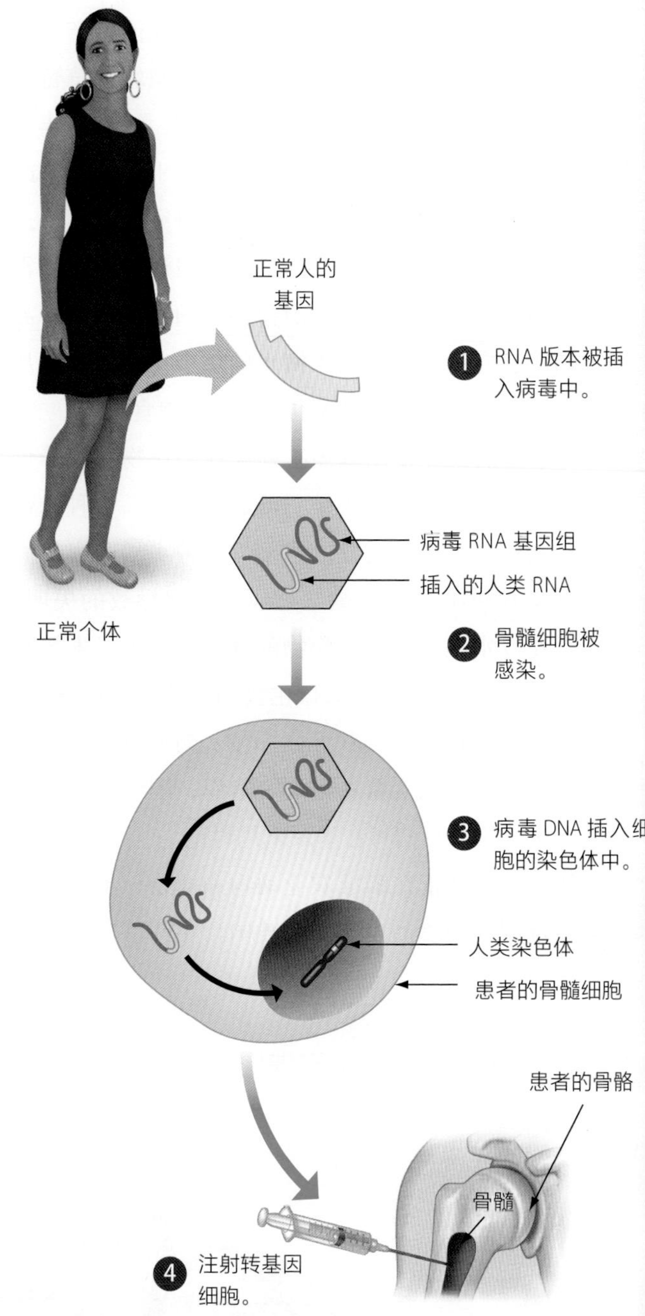

▲ 图 12.11 **人类基因治疗的一种方法。**

☑ 检查点

为什么骨髓干细胞非常适合作为基因治疗的靶细胞？

答案：因为骨髓干细胞在人的一生中不断繁殖。

DNA 分析技术与法医学

发生犯罪行为时，当事人的体液（如血液或精液）或小块组织（如受害人指甲中的皮肤）可能会留在现场或受害人或袭击者身上。正如本章开头“生物学与社会”专栏所讨论的那样，可以通过 DNA **分析技术**来检查此类证据，即分析 DNA 样本以确定它们是否来自同一个人。事实上，DNA 分析已经迅速改变了**法医学**（即犯罪现场调查和其他法律程序的科学证据分析）。为了制作 DNA 图谱，科学家们比较了不同人的基因序列。

图 12.12 显示了利用 DNA 分析进行的典型调查过程（示意图）。❶首先，从犯罪现场、嫌疑人、受害人或其他证据中分离出 DNA 样本。❷接下来，将从每个 DNA 样本中选择的序列扩增（多次复制）以生成大量的 DNA 片段样本。❸最后比较扩增的 DNA 片段。综上，这些步骤提供的数据即能揭示哪些样本是来自同一个人，哪些是独一无二的。

▼ 图 12.12　**DNA 分析概述。**在本例中，嫌疑人 1 的 DNA 与犯罪现场发现的 DNA 不匹配，但嫌疑人 2 的 DNA 匹配。

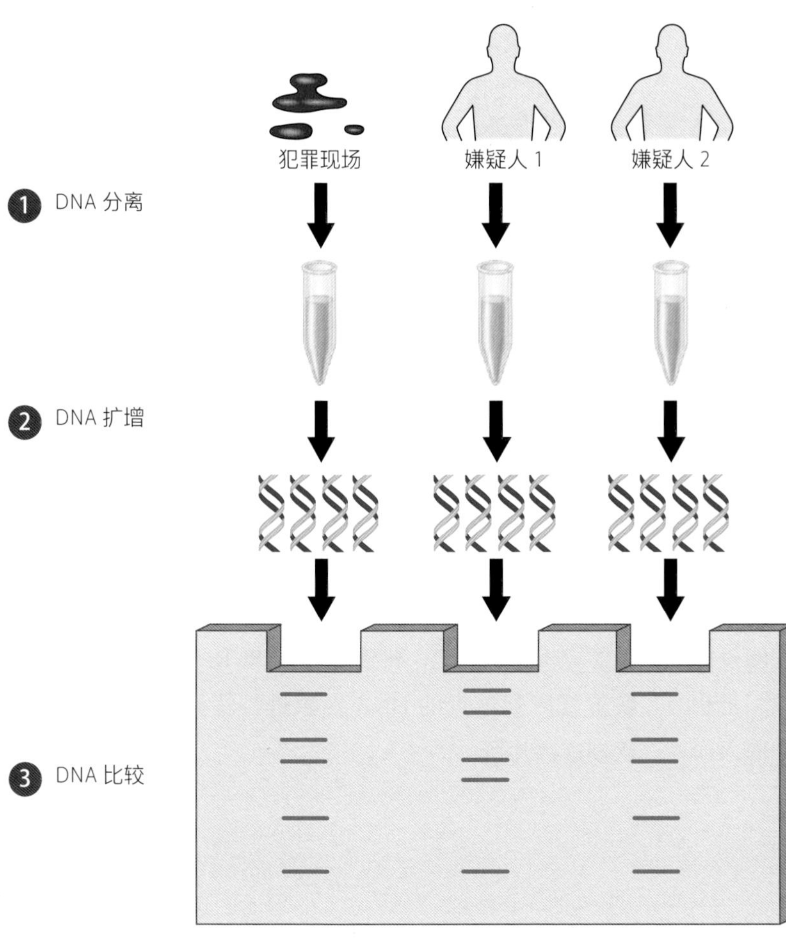

DNA 分析技术

在这一部分，你将学习制作 DNA 图谱的技术。

聚合酶链式反应

聚合酶链式反应（PCR）是一种可以快速准确地定位和复制扩增特定 DNA 片段的技术。通过 PCR，科学家可以从相当微量的血液或其他组织中获得足够的 DNA，从而构建出 DNA 图谱。事实上，一个只有 20 个细胞的微量样本就足以进行 PCR 扩增。

PCR 原理很简单。使 DNA 样本混合核苷酸、DNA 复制酶、DNA 聚合酶和其他一些成分，然后将溶液暴露于加热（分离 DNA 链）和冷却（使双链 DNA 重新形成）的循环中。将这两个过程多次循环后就能复制 DNA 分子的特定区域，从而使该 DNA 片段的数量加倍（图 12.13）。这种连锁反应的结果是相同

▼ 图 12.13　**用 PCR 扩增 DNA。**聚合酶链式反应（PCR）是一种复制 DNA 特定片段的技术。在台式热循环仪上进行（显示在图顶部）的每一轮聚合酶链式反应都会使 DNA 总量增加一倍。

起始的 DNA 片段

1　2　4　8

DNA 分子的数量

的 DNA 片段呈指数级增长。自动化聚合酶链式反应的关键是一种异常耐热的 DNA 聚合酶，它最先从生活在温泉中的一种原核生物中分离出来。与大多数蛋白质不同，这种酶可以耐受在每次循环开始时的高温。

起始样本中的 DNA 分子可能非常长。但是，大多数情况下，只需要扩增长 DNA 分子中非常小的目标区域即可。扩增一个特定的 DNA 片段而不扩增其他片段的关键是使用**引物**，即一小段化学合成的单链 DNA 分子（通常是 15 ～ 20 个核苷酸长度）。每个实验需要选择特定的引物，这些引物与仅在靶序列两端发现的序列互补。由此，引物与靶序列侧翼序列结合，标记待扩增 DNA 片段的起点和终点。从单个 DNA 分子与引物匹配的位置开始，自动化聚合酶链式反应可以在几个小时内产生数千亿个所需序列的复制品。

除了法医学应用外，PCR 还可以用于疾病的治疗和诊断。例如，由于已知 HIV（导致艾滋病的病毒）的基因组序列，通过 PCR 扩增，就可以从血液或组织样本中检出 HIV。事实上，PCR 扩增技术通常是检测这种难以捕捉的病毒的最佳方法。医学家们目前可以通过使用与疾病基因匹配的引物进行 PCR 扩增来诊断数百种人类遗传疾病。然后对扩增的 DNA 产物进行研究，以揭示是否存在致病突变。已经确定的人类疾病基因包括镰刀型细胞贫血病、血友病、囊性纤维化、亨廷顿舞蹈症、杜兴氏肌肉萎缩症的基因。患有这类疾病的人，其致病基因通常可以在症状出现前，甚至在出生前就识别出来，继而开展预防性医学治疗。PCR 也可用于鉴定潜在有害隐性等位基因的无症状携带者（见图 9.14）。因此，准父母可以得知他们生下患罕见疾病的婴儿的风险，虽然他们本身没有患这种罕见病。☑

☑ 检查点

为什么犯罪现场最轻微的 DNA 痕迹往往就足以用于法医分析？

答案：因为 PCR 可以用来产生足够的分子进行分析。

短串联重复序列（STR）分析

如何证明两个 DNA 样本来自同一个人？——你可以比较两个样本中的全部基因组。但是这样的方法不切实际，因为两个同性的人的 DNA 有 99.9% 是相同的。相反，法医学家通常会比较十几个已知因人而异的、非编码的重复性 DNA 短片段。你可曾在杂志上看到过“找不同”这种游戏——呈现出的两张图片几乎相同，而需要你找出它们之间的不同？科学家以类似的方式，找出人类基因组中的少数差异，而忽略大多数相同的地方。

重复 DNA（人类基因之间的大部分 DNA）由基因组中存在多个复制品的核苷酸序列组成。其中一些重复 DNA 由重复多次（一个接一个）的短序列组成；基因组中这样的一系列重复序列被称为**短串联重复序列**（STR）。例如，一个人基因组的一个位置有连续重复 12 次的 AGAT 序列，在第二个位置有重复 35 次的 GATA 序列，以此类推；另一个人可能在相同的位置有相同的序列，但重复次数不同。像决定外貌特征的基因一样，这些重复的 DNA 片段在亲戚之间更有可能精确匹配，而在无关人士之间则不会。

STR 分析技术是一种 DNA 分析方法，用来比较基因组特定位点 STR 的长度。执法部门使用的标准 STR 分析方法，比较了分布在基因组中 13 个位点的 DNA 序列特定四核苷酸的重复次数。每个重复位点通常包含 3 ～ 50 个四核苷酸重复序列，因人而异。事实上，标准方法使用的一些短串联重复序列在重复次数上有多达 80 种变化。在美国，每个位点的重复数被输入由联邦调查局管理的 DNA 联合索引系统数据库 CODIS（Combined DNA Index System）。世界各地的执法机构都可以访问 CODIS，搜索与他们从犯罪现场或嫌疑人那里获得的 DNA 样本相匹配的数据。

观察图 12.14 所示的两个 DNA 样本。想象一下，最上面的 DNA 片段是在犯罪现场获得的，最下面的是从嫌疑人的血液中获得的。这两个片段在第一个位点有相同数目的重复序列：AGAT（橙色）四核苷酸序列的 7 个重复序列。然而，请注意，它们在第二个位点的重复数不同：犯罪现场的 DNA 中 GATA（紫色）的重复数为 8，而嫌疑人 DNA 中的重复数为 12。为了建立 DNA 图谱，科学家使用 PCR 对包含这些短串联重复序列位点的 DNA 区域进行特异性扩增，然后比较这些片段。

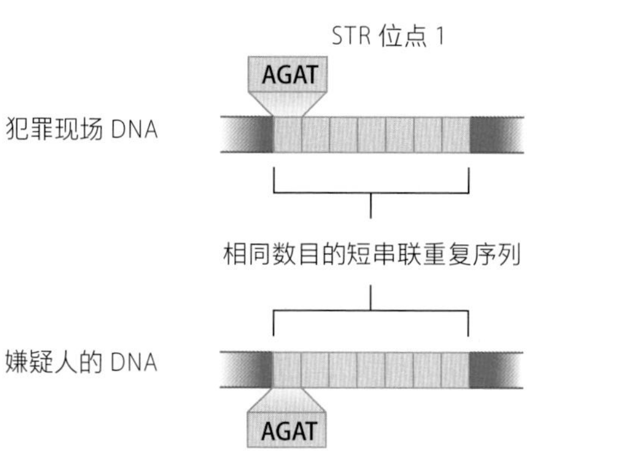

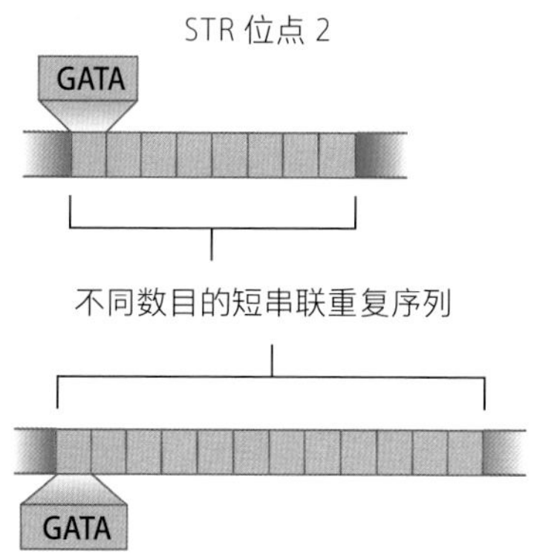

◀ 图 12.14 **短串联重复序列位点。** STR 位点散布在整个基因组中，包含四个核苷酸序列的短串联重复序列。每个位点的重复次数因人而异。在该图中，两个 DNA 样本在第一个 STR 位点具有相同的重复次数（7），但在第二个位点具有不同的重复次数（8 对 12）。

图 12.15 显示了使用凝胶电泳分离图 12.14 中的 DNA 片段所形成的凝胶示意图。（此图简化了流程；实际的短串联重复序列分析使用 2 个以上的位点，并使用不同的方法来显示结果。）条带位置的差异反映了 DNA 片段的不同长度。这种凝胶结果将作为犯罪现场的 DNA 不是来自犯罪嫌疑人的证据。

正如在“生物学与社会”专栏讨论的案例一样，DNA 图谱分析可以提供有罪或无罪的证据。截至 2014 年，纽约市的非营利法律组织“清白专案”的律师已经帮助了 35 个州的 310 多名被定罪的罪犯平反了冤假错案，其中包括 18 名死囚。这些被判无罪的人平均已服刑 14 年。在其中近一半的案件中，借助 DNA 图谱分析还找到了真正的罪犯。**图 12.16** 给出了一个真实案例的一些数据，在该案例中，STR 分析证明了一名被定罪的男子是无辜的，并且帮助确定了真正的肇事者。

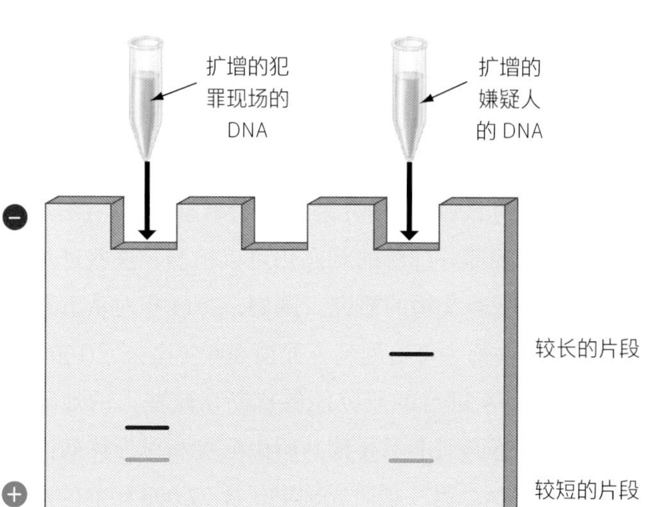

▲ 图 12.15 **观察 STR 片段的型式。** 该图显示了由图 12.14 所示 STR 位点凝胶电泳产生的条带。请注意，犯罪现场 DNA 中的一个条带与嫌疑人 DNA 中的一个条带不匹配。

DNA 图谱到底有多可靠？在使用 13 种标准标记进行 STR 分析的法医案例中，两个人具有相同 DNA 图谱的概率在百亿分之一到几万亿分之一之间。（确切的概率取决于个体特定标记在一般人群中出现的概率。）因此，尽管数据不足、人为错误或有缺陷的证据仍可能引发问题，但如今，基因图谱已被法律专家和科学家视为令人信服的证据。☑

▼ 图 12.16 **DNA 分析技术：证明有罪或无罪。** 1984 年，厄尔 · 华盛顿因 1982 年的一起强奸杀人案被判死刑。2000 年，STR 分析最终表明他是无辜的。每个人都有两条染色体，每个 STR 位点都对应两个重复序列数目。该表显示了三个样本中三个 STR 位点的重复序列数目，三个样本分别为：从受害人身上发现的精液、华盛顿的精液以及一名因另一罪行而入狱男子的精液。这些和其他 STR 报告数据（未显示）证明华盛顿无罪，并使另一名男子招认了这起谋杀。

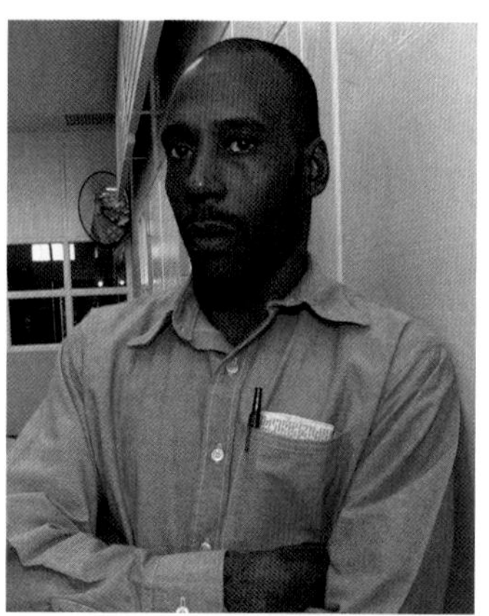

样本来源	STR 位点 1	STR 位点 2	STR 位点 3
受害人身上的精液	17，19	13，16	12，12
厄尔 · 华盛顿	16，18	14，15	11，12
肯尼思 · 廷斯利	17，19	13，16	12，12

☑ 检查点

什么是 STR，为什么它们对 DNA 图谱有用？

答案：STR（短串联重复序列）是在人类基因组中连续重复多次的核苷酸序列。STR 对基因分析很有价值，因为不同的人在不同的 STR 位点有不同数目的重复序列。

调查谋杀案、亲子关系和古代 DNA

DNA 图谱技术自 1986 年推出以来，已经成为法医的标准工具，并在许多著名的调查中提供了关键的证据。2011 年恐怖分子头目乌萨马・本・拉登死后，美国特种部队成员获得了他的 DNA 样本。几个小时内，阿富汗的一个军事实验室将这些组织与之前从本・拉登的几个亲戚那里获得的样本进行了比较，亲戚中包括他 2010 年在波士顿一家医院死于脑癌的妹妹。尽管面部识别和目击证人识别提供了初步证据，但正是 DNA 提供了确凿的匹配结果，正式结束了对这名恶名远扬的恐怖分子的长期追捕。

DNA 图谱也可以用来识别谋杀案受害人。历史上规模最大的 DNA 图谱应用发生在 2001 年 9 月 11 日美国世贸中心遇袭之后。纽约市的法医学家们工作了数年，鉴定了两万多份受害人遗体样本。灾难现场的组织样本的 DNA 图谱与来自受害人或其亲属的组织的 DNA 图谱相匹配。在世贸中心现场确认的受害人中，超过一半的人完全是通过 DNA 证据确认的，这让许多悲痛的家庭得以了结此案。从那时起，其他暴行的受害人，如欧洲、非洲内战期间的大屠杀受害人，都是通过 DNA 图谱技术确定的。例如，在 2010 年，DNA 分析鉴定了 15 年前埋在波斯尼亚万人坑中的战争犯罪受害人的遗骸。DNA 图谱也可以用来识别自然灾害的受害人。2004 年圣诞节后的第二天，一场海啸摧毁了南亚地区，后来利用 DNA 图谱鉴定了数百名遇难者的身份，其中大多数是外国游客。

比较母亲、子女和可能的父亲的 DNA 可以解决亲子关系的问题。确定亲子关系有时具有历史意义：DNA 图谱证明托马斯・杰斐逊或其男性近亲与女奴莎莉・海明斯育有一子。在另一个历史案例中，研究者希望调查曾经的法国王后玛丽・安托瓦内特（图 12.17）有无后人在法国大革命中幸存。研究者将据说是从她儿子的心脏标本中提取的 DNA 与从玛丽的一绺头发中提取的 DNA 进行了比较。DNA 匹配证明，她最后一个已知的后人实际上在革命期间死于狱中。前些年，“灵魂乐教父”詹姆斯・布朗死后，其一名前伴唱歌手声称她的孩子是布朗的儿子，并要求分得布朗的遗产。DNA 亲子鉴定证实了她的说法，布朗 25% 的遗产判给了这对母子。

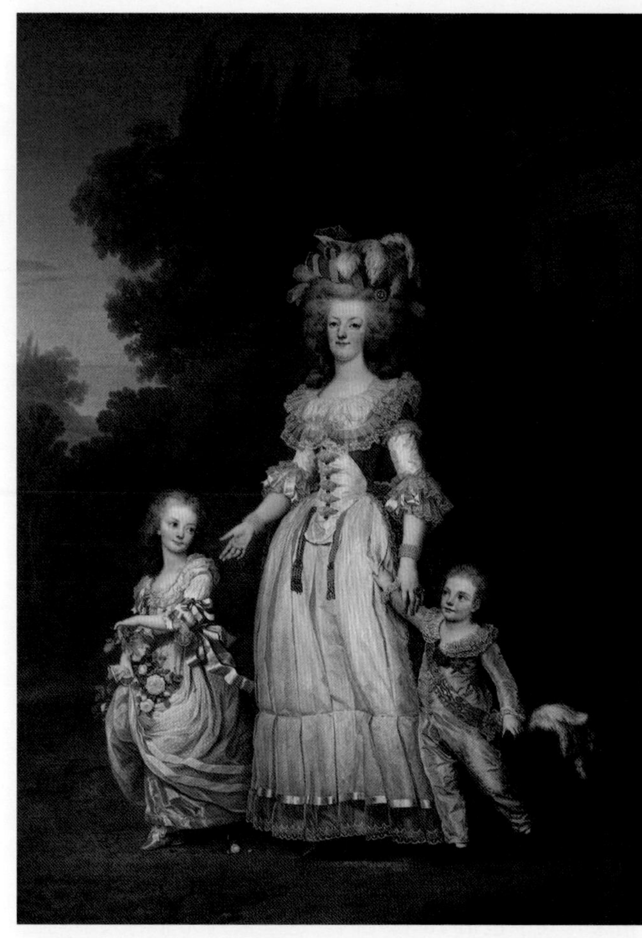

▲ 图 12.17　**玛丽・安托瓦内特。**DNA 图谱证明，法国皇后玛丽・安托瓦内特的儿子路易（这幅绘于 1785 年的画描绘了他与母亲在一起）没有在法国大革命中幸存下来。

DNA 图谱也可以确凿地证明违禁动物产品的来源，进而帮助保护濒危物种。例如，对缴获的象牙进行分析可以确定偷猎的地点，使执法官员能够加强监督管理并起诉责任人。2014 年在印度，因 DNA 图谱证明死亡老虎的肌肉组织与偷猎者指甲下的组织相匹配，三名老虎偷猎者被判处五年监禁。

现代的 DNA 分析方法非常明晰且强大，DNA 样本即使处于部分降解的状态仍可以检测。这些进步正在彻底改变对文物的研究。例如，2014 年对从五具埃及木乃伊头部（可追溯到公元前 800 年至公元 100 年）提取的 DNA 进行的研究能够推断出这些人的地理来源，同时还识别出了导致其所患疟疾和弓形体病的病原体的 DNA。另一项研究确定，从 27,000 年前的西伯利亚猛犸象身上提取的 DNA 与现代非洲象的 DNA 有 98.6% 的一致性。其他涉及大量猛犸象样本的研究表明，最后一批巨型猛犸象从北美迁徙到西伯利亚，在那里与不同的物种发生了杂交，最终在几千年前灭绝。

生物信息学

在过去的十年里，新的实验技术产生了大量与DNA序列相关的数据。为了理解持续增大的信息洪流，催生了**生物信息学**领域，即计算方法在生物数据存储和分析中的应用。在本节中，我们将探索积累序列数据的一些方法，以及这些知识的许多实际应用。

DNA 测序

研究者可以利用碱基互补配对原则来确定一个DNA分子的完整核苷酸序列。这个过程叫作**DNA测序**。标准的方法是首先将DNA切割成片段，然后对每个片段进行测序（图12.18）。在过去的十年中，"下一代测序技术"已经被研发出来，可以同时测序数千或数十万个片段，每个片段可以有400～1000个核苷酸长。这项技术使每小时可能测序近一百万个核苷酸！这是"高通量"DNA测序技术的一个例子，目前这是对大量DNA样本——甚至描绘整个基因组——进行测序研究的首选方法。在"第三代测序技术"中，一个单一的、非常长的DNA分子可被独立测序。几组科学家一直在研究这样一个想法，即让单链DNA分子移动经过膜中非常小的孔（纳米孔），通过碱基中断电流而一个接一个地检测碱基。其中的道理是：每种类型的碱基中断电流的所需时间略有不同。这样的技术如果得到完善，可能会开创一个更快、更经济的测序新时代。

▼ 图 12.18　**DNA测序仪。**这种高通量DNA测序设备可以在一次10小时的运行中处理5亿个碱基。

基因组学

改进的DNA测序技术已经改变了我们探索进化和生命如何运作的基本生物学问题的方式。1995年发生了一次重大飞跃，当时一个科研团队宣布，他们确定了流感嗜血杆菌整个基因组的核苷酸序列，这种细菌可以导致几种人类疾病，包括肺炎和脑膜炎。**基因组学**，研究成套基因（基因组）的学科就此诞生了。

基因组学研究的第一个目标是细菌，细菌的DNA相对较小（你可以在**表12.1**中看到）。但很快，基因组学研究者的注意力转向了更复杂的生物，它们的基因组要大得多。酿酒酵母（*Saccharomyces cerevisiae*）是第一个被确定基因组序列的真核生物，线虫则是第一

表 12.1　一些重要的测序基因组 *

生物	完成年份	基因组的大小（以碱基对计）	基因的大致数目
流感嗜血杆菌（细菌）	1995	180万	1700
酿酒酵母（酵母）	1996	1200万	6300
大肠杆菌（细菌）	1997	460万	4400
秀丽隐杆线虫（蛔虫）	1998	1亿	20,100
黑腹果蝇（果蝇）	2000	1.65亿	14,000
拟南芥（芥菜植物）	2000	1.2亿	25,500
水稻（稻米）	2002	4.3亿	42,000
智人（人类）	2003	30亿	21,000
褐家鼠（实验鼠）	2004	28亿	20,000
黑猩猩（猩猩属）	2005	31亿	20,000
猕猴（恒河猴）	2007	29亿	22,000
鸭嘴兽	2008	18亿	18,500
桃	2013	2.27亿	27,900

* 随着基因组分析的持续进行，所列出的一些值可能会被修订。

个被确定基因组序列的多细胞生物。其他被测序的动物包括黑腹果蝇（*Drosophila melanogaster*）和褐家鼠（*Rattus norvegicus*），这两者都是遗传学研究的模式动物。被确定基因组序列的植物有拟南芥（*Arabidopsis thaliana*）和水稻（*Oryza sativa*），前者是用作模式植物的十字花科植物，后者则是世界上最重要的经济作物之一。

至 2014 年，已经公布了数千个物种的基因组，还有数万个物种的基因组正在进行测序。迄今为止被测序的大多数生物是原核生物，包括 4000 多种细菌和近 200 种古细菌。数百个真核生物基因组——包括原生生物、真菌、植物、无脊椎动物、脊椎动物——也已经完成。几种癌症细胞、古人类和许多生活在人类肠道中的细菌的基因组序列，也已确定。☑

☑ 检查点

人类基因组中大约包含多少个核苷酸和基因？

答案：大约 30 亿个核苷酸和 21,000 个基因。

基因组绘图技术

基因组测序通常采用一种叫作**全基因组鸟枪法**的技术。第一步是用限制性内切酶将整个基因组切割成片段。接下来，对所有片段进行克隆和测序。最后，运用计算机专业绘图软件将数百万条有重叠的短序列重组为每个染色体的单一连续序列——一个完整的基因组（图 12.19）。

美国许多研究小组测定的 DNA 序列保存在基因序列数据库（GenBank）中，任何人都可以通过互联网网址 www.ncbi.nlm.nih.gov（美国国家生物技术信息中心网站）自行浏览。基因序列数据库包含了超过 1000 亿个碱基对的 DNA 序列！数据库不断更新，其中包含的数据量每 18 个月翻一番。数据库中的任何序列都可以检索和分析。例如，可以用软件比较不同物种的序列集合，并根据序列关系将它们绘制成进化树。因此，生物信息学通过打开一个巨大的新数据库来检验进化的假说，从而彻底改变了进化生物学。接下来，我们将讨论一个特别引人关注的动物基因组测序的例子——我们人类自己的基因组。

人类基因组

人类基因组计划是一项大规模科学探索，旨在确定人类基因组中所有 DNA 的核苷酸序列，并确定每个基因的位置和序列。该项目始于 1990 年，由来自 6 个国家的政府资助的研究者发起。项目开展几年后，私营公司也加入了进来。项目完成时，超过 99% 基因组的测序达到了 99.999% 的准确度。（还有几百个未

▼ 图 12.19 **基因组测序。**在底部的照片中，一名技术人员正在进行全基因组鸟枪法的一个步骤。

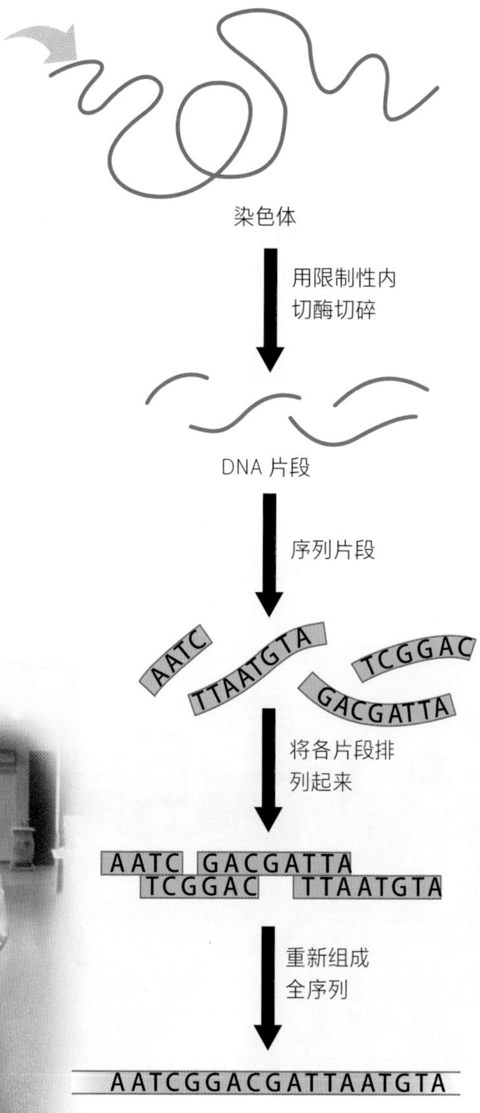

染色体
用限制性内切酶切碎
DNA 片段
序列片段
AATC TTAATGTA TCGGAC GACGATTA
将各片段排列起来
AATC GACGATTA
TCGGAC TTAATGTA
重新组成全序列
AATCGGACGATTAATGTA

知序列缺口需要用特殊方法才能弄清楚。）这个宏大项目提供了大量的数据，可能为阐明“何为人类”提供遗传学上的基础。

人类基因组中的染色体（22 条常染色体加上 X 和 Y 两条性染色体）包含大约 30 亿个核苷酸对的 DNA。如果你将这个序列用字母（A、T、C、G）打印出来，字号和你在本页看到的字号一样大，那么这个序列印成书会有 18 层楼那么高！ 然而，人类基因组计划中最大的惊喜是发现人类基因的数量相对较少——目前估计约为 21,000 个——非常接近蛔虫基因的数量。

人类基因组是测序的一个重大挑战，因为像大多数复杂真核生物的基因组一样，我们的全部 DNA 中只有少量由编码蛋白质、tRNA 或 rRNA 的基因组成。而大多数复杂的真核生物都有大量的非编码 DNA——大约 98% 的人类 DNA 都是这种类型。其中一些非编码 DNA 由基因控制序列组成，如启动子、增强子和微 RNA（见第 11 章）。其他非编码区包括内含子和重复 DNA（其中一些用于 DNA 分析）。一些非编码 DNA 对我们的健康很重要，已知某些区域携带致病突变。但是大多数非编码 DNA 的功能仍然未知。

你的基因数目和微小蠕虫的基因数目差不多，且只有水稻的一半。

由政府资助科学家测序的人类基因组，实际上是从一群人提供的基因组数据中汇编的参考基因组。截至今天，许多个体的完整基因组已经完成。第一个人类基因组测序花了 13 年时间、1 亿美元，而在不久的将来，我们可以做到在几个小时内测序一个人的基因组，而花费不到 1000 美元。

科学家甚至开始从我们已经灭绝的远亲那里收集序列数据。2013 年，科学家对一名 13 万年前的女性尼安德特人（*Homo neanderthalensis*）进行了全基因组测序。使用从西伯利亚洞穴中发现的脚趾骨中提取的 DNA，所得基因组几乎与现代人的基因组一样完整。对尼安德特人基因组的分析，提供了他们与智人杂交的证据。2014 年的一项研究提供了证据，表明当今许多欧洲和亚洲智人后裔（但不包括非裔）携带尼安德特人的衍生基因，这些基因影响角蛋白的产生，角蛋白是头发、指甲和皮肤的关键结构成分。现代人类似乎在大约 7 万年前从尼安德特人那里遗传了这一基因，然后将它传给了后代智人。这些研究为我们自己的进化树提供了有价值的见解。

生物信息学也可以为我们与非人类动物的进化关系提供视角。2005 年，研究者完成了生命进化树上我们最近的近亲黑猩猩（*Pan troglodytes*）的基因组序列。与人类 DNA 的比较表明，我们与黑猩猩共享 96% 的基因组。基因组学家目前正在逐步寻找和研究这些重要的差异，为“是什么让我们成为人类”这个古老问题提供科学依据。

了解许多人类基因组具有巨大的潜在好处。截至 2014 年，人类已经鉴定了 2000 多个疾病相关基因。最近的一个例子涉及白塞氏病，这是一种造成疼痛并可能危及生命的疾病，症状表现为全身血管肿胀。研究者早就知道，这种疾病最常见于生活在称为“（古代）丝绸之路”（图 12.20）的亚洲古代贸易通道沿线的人。2013 年，研究者在患与未患这种疾病的土耳其人中进行了一项全基因组搜索，以寻找基因差异。他们发现其基因组有四个区域与这种疾病相关。其附近的基因与免疫系统消灭入侵微生物、识别感染部位和调节自身免疫疾病的能力有关。有趣的是，基因的第四个功能尚未查明，但它与白塞氏病的密切联系可能有助于研究者确定其作用。接下来，我们将研究一种更常见的、可能受益于基因组分析的疾病。

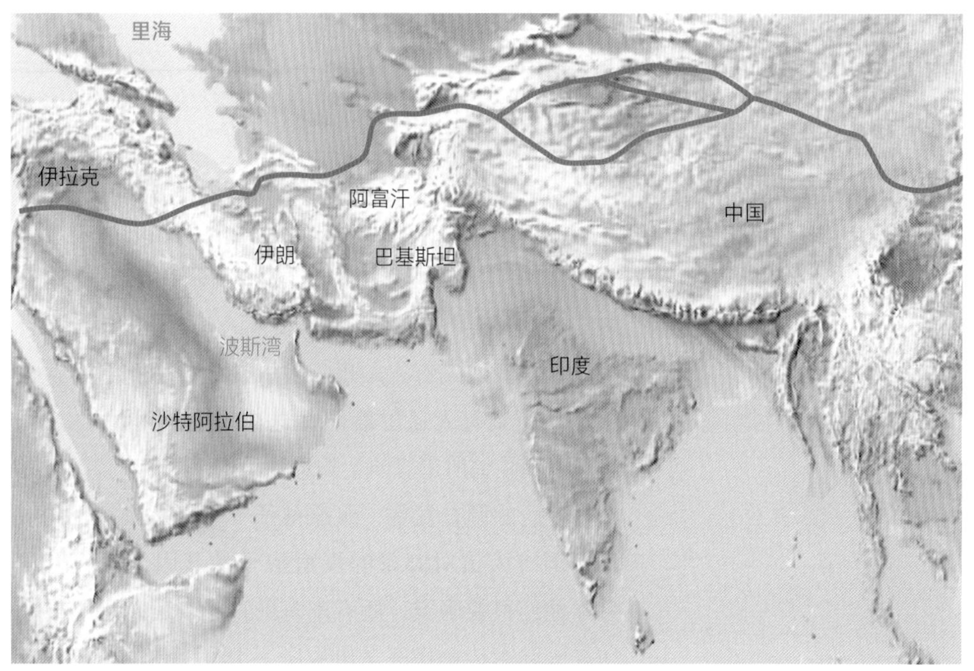

▼ 图 12.20 **（古代）丝绸之路。**白塞氏病最常见于丝绸之路沿线，其中一部分用现代地名显示在这张地图上。

图例

— （古代）丝绸之路

DNA 分析技术 科学的过程

基因组学能治愈癌症吗?

在美国，每年死于肺癌的人数多于死于任何其他癌种的人数。长期以来人们一直在寻找有效化疗药物以治疗肺癌。用于治疗肺癌的药物吉非替尼，针对的是 *EGFR* 基因编码的蛋白质。这种蛋白质存在于肺部细胞的表面，也存在于肺癌肿瘤中。

不幸的是，吉非替尼对许多患者无效。而波士顿达纳－法伯癌症研究所在研究吉非替尼有效性时观察到：少数患者对该药物反应良好。这引出了一个问题：吉非替尼疗效差异的原因，是肺癌患者之间的基因差异吗？——研究者的假说是，*EGFR* 基因的突变导致了患者对吉非替尼的反应不同。研究小组预测，详查 *EGFR* 基因的 DNA 图谱将揭示反应性患者的肿瘤与非反应性患者的肿瘤中存在不同 DNA 序列。接下来他们开展实验，对象包括五名对该药物有反应患者、四名无反应患者，从他们的肿瘤细胞中提取的 *EGFR* 基因进行测序。

结果非常惊人：对吉非替尼敏感的五名患者的肿瘤均有 *EGFR* 突变，而另外四名无反应的患者肿瘤均无这种突变（图 12.21）。尽管样本量小意味着需要进行更多的测试，但这些结果表明，医生可以使用 DNA 图谱技术来筛查肺癌患者，以确定哪些人最有可能受益于这种药物。从更广泛的角度来看，这项工作表明：快速廉价的测序技术，可能会带来一个“个人基因组学”的时代，人们之间的个体遗传差异将被用于常规医疗。

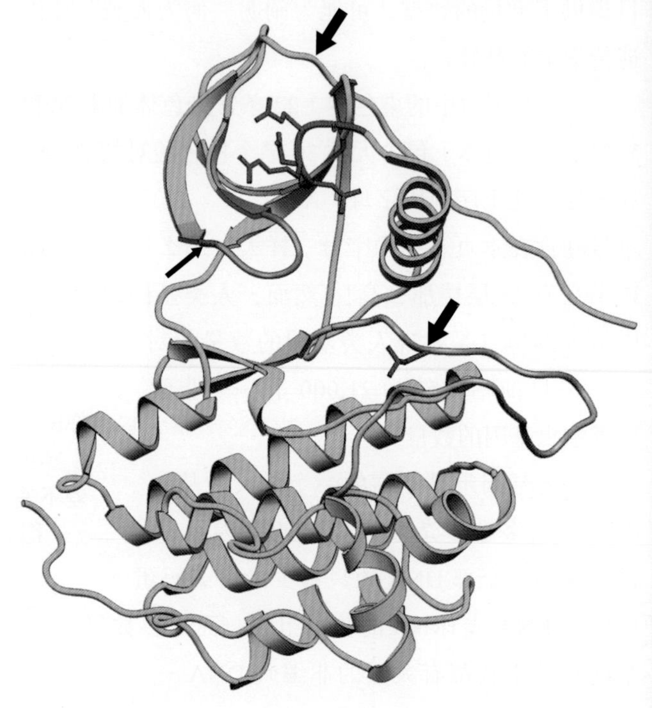

▲ 图 12.21 *EGFR* **蛋白：用基因组学对抗癌症。***EGFR* 蛋白的突变（位于黑色箭头指示的位置）会影响抗癌药物破坏肺部肿瘤的能力。这里，蛋白质的氨基酸骨架显示为绿色，一些重要区域用橙色、蓝色和红色突出显示。

应用基因组学

2001 年，佛罗里达州某 63 岁男子死于吸入性炭疽——一种由吸入炭疽杆菌孢子引起的疾病。他是 1976 年以来美国第一个患这种疾病的人，而且是在“9 · 11”恐怖袭击后不久，所以他的死亡立即引起了怀疑。到年底，又有 4 人死于吸入炭疽杆菌孢子。执法人员意识到有人通过信件寄送炭疽孢子（图 12.22）。美国正面临前所未有的生物恐怖袭击。

随后的调查发现，炭疽孢子本身就是最有用的线索。调查人员对邮寄的炭疽孢子的基因组进行了测序。他们很快确定，所有邮寄的孢子，其基因与储存在美国陆军传染病医学研究所一个烧瓶中的实验室亚型基因相同，该研究所位于马里兰州德特里克堡。基于这一证据，联邦调查局将一名军方研究员列为该案的嫌疑人。尽管从未被起诉，但该嫌犯于 2008 年自杀；此案仍未正式结案。

炭疽病例只是证明基因组学具有调查能力的一个例子。基因序列数据还提供了强有力的证据，证明佛罗里达州的一名牙医将艾滋病病毒传播给了几名患者，以及西尼罗河病毒的一种天然菌株可以同时感染鸟类和人类。2013 年的一项研究使用 DNA 测序证明，扩散到大脑的皮肤癌细胞是与骨髓捐赠者干细胞产生的红细胞融合后扩散到大脑的。这些结果为研究者提供了关于癌症如何在全身扩散的新见解。

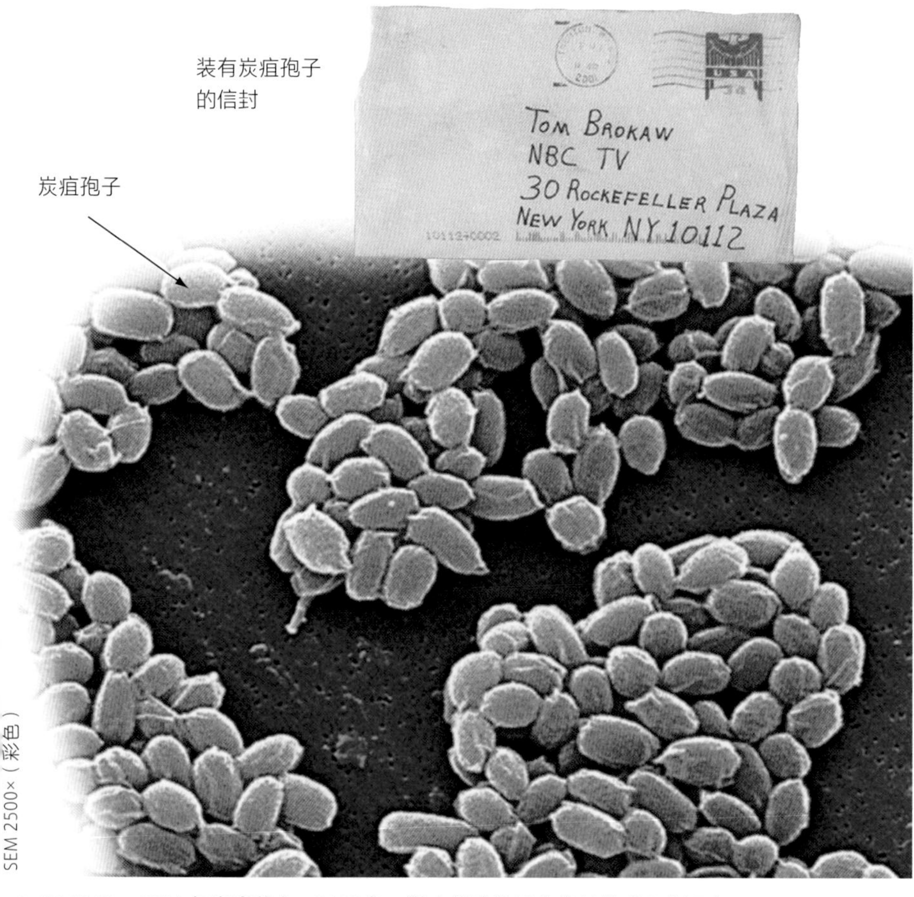

▲ 图 12.22 **2001 年炭疽袭击。**2001 年，装有炭疽孢子的信封造成 5 人死亡。

系统内互联 系统生物学

生物信息学工具提供的计算能力，使人类能够研究整套基因及其相互作用，以及比较不同物种的基因组。基因组学为基因组组织结构、基因表达调控、胚胎发育和进化等基本问题提供了大量新见解。

技术进步也带来了宏基因组学，即研究环境样本中 DNA 的科学。直接从环境中获取的 DNA 样本中可能包含许多物种的基因组。在测序整个样本后，计算机软件从不同物种中整理出部分序列，并将它们组装成单个特定的基因组。到目前为止，这种方法已经应用于马尾藻海和人类肠道等不同环境中的微生物群落。2012 年的一项研究记录了人类“微生物群”惊人的多样性——我们的体内和体外共存着许多种类的细菌，为我们的生存做出了贡献。对混合种群的 DNA 进行测序，让研究者不必在实验室中单独培养每个物种，使得对微生物物种的研究更加高效。

基因组学的成功，鼓励科学家开始对基因组编码的完整蛋白质组开展类似的系统研究，这种方法被称为**蛋白质组学**（图 12.23）。人体内不同种类蛋白质的数量远远超过基因的数量（大约有 10 万种蛋白质，而基因大约有 2.1 万个）。因为蛋白质（而非基因）实际上执行细胞活动，科学家必须研究蛋白质何时何地产生，以及它们如何相互作用，以了解细胞和生物体的功能。

基因组学和蛋白质组学，使生物学家能够从日益全面的角度来研究生命。生物学家正在汇编基因和蛋白质的目录——即有助于细胞、组织、生物体运作的所有“部分”的列表。此类目录完成后，研究者可将注意力从单个部分转移到这些部分如何在生物系统中一起工作。这种方法被称为系统生物学，旨在基于对系统各部分之间相互作用的研究，对

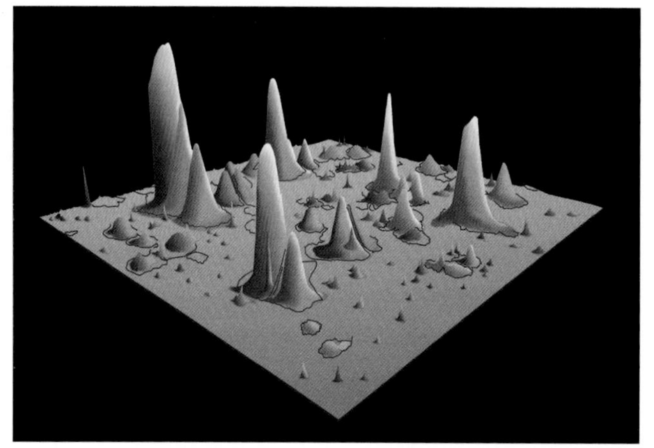

▲ 图 12.23 **蛋白质组学。**这个三维图上的每一个峰，代表一种通过凝胶电泳分离的蛋白质。峰的高度与蛋白质的含量正相关。通过识别样本中的每一种蛋白质，研究者可以更全面地了解完整的生物系统。

整个生物系统的动态行为进行建模。由于在这些类型的研究中产生了大量的数据，计算机技术和生物信息学的进步对系统生物学的发展至关重要。

这种分析可能有许多实际应用。例如，与特定疾病相关的蛋白质可用于辅助诊断（通过开发寻找特定蛋白质组合的测试）和治疗（通过设计与相关蛋白质相互作用的药物）。随着高通量技术变得更快、更便宜，它们越来越多地被应用于研究癌症问题。癌症基因组图谱项目，是由多个研究团队同时对一大组相互作用的基因和基因产物进行研究。该项目旨在确定生物系统的变化如何引发癌症。一项为期三年的试点项目旨在通过比较癌细胞和正常细胞的基因序列和基因表达模式，找出三种癌症（肺癌、卵巢癌、脑癌）的所有常见突变。研究结果证实了被怀疑与癌症有关的几个基因的作用，并确定了一些以前未知的基因，这表明可能存在新的治疗靶点。事实证明，这种研究方法对治疗这三种癌症非常有效，因此该项目已经扩展到研究其他十种癌症——选择研究这些癌症是因为它们在人类中很常见，而且致死率往往较高。

系统生物学是一种非常有效的研究涌现性的方法，涌现性即作为下层构成要素排列的结果，生物复杂性层层升高时，涌现出新特性的性质。我们对遗传系统构成部分的排列和相互作用了解得越多，对生物的理解就越深刻。☑

☑ 检查点

基因组学和蛋白质组学的区别是什么？

答案：基因组学关注生物体的整套基因，而蛋白质组学关注生物体的整套蛋白质。

安全和伦理问题

科学家们意识到 DNA 技术威力的同时，也开始担心其潜在的危险。最初科学家们担心 DNA 技术可能导致危险的新致病微生物出现。例如，如果致癌基因被转移到传染性细菌或病毒中，会发生什么？为了解决这些问题，科学家们制定了一套准则，后被美国和其他一些国家采纳为正式政府法规。

其中一项安全措施，是实行一套严格的实验室程序，以保证研究者免受工程微生物的感染，同时防止微生物从实验室意外泄漏（图 12.24）。此外，对用于重组 DNA 实验的微生物菌株，要在遗传学上削弱其生存能力，确保它们不能在实验室外存活。作为进一步的预防措施，某些危险系数高的实验已被禁止。

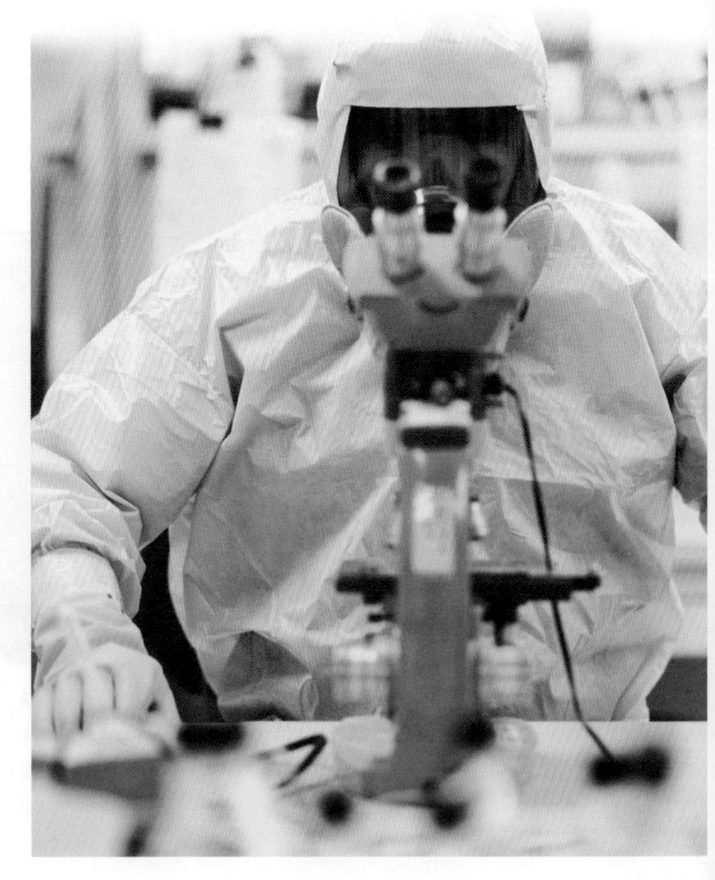

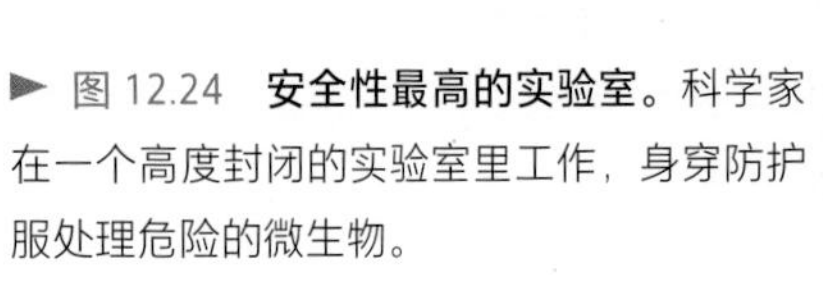

► 图 12.24 **安全性最高的实验室。**科学家在一个高度封闭的实验室里工作，身穿防护服处理危险的微生物。

转基因食品之争

今天，大多数公众主要担忧转基因食品的潜在危害。在美国、阿根廷、巴西，转基因作物占几种主要作物的很大比例；这三个国家的转基因作物供应总量占世界供应总量的 80% 以上。对这些食品的安全性的争议，是一个重要的政治问题（图 12.25）。例如，欧盟已暂停新的转基因作物进入市场，并考虑禁止进口所有转基因食品。在美国和其他国家，转基因革命相对来说受关注度较低（直到最近），人们正在讨论是否应该为转基因食品打上强制标签。

对转基因食品持谨慎态度的人担心，携带其他物种基因的作物，可能会损害环境或危害人类健康（例如，通过向食物中引入新的过敏原——可能导致过敏反应的分子）。人们主要担忧的是：转基因植物可能会把它们的新基因，传给附近野生型的亲缘植物。例如，我们知道园艺草类和禾本科作物通常通过花粉传递与野生亲缘植物交换基因。如果携带抗除草剂、抗病虫害基因的家养植物给野生植物授粉，其后代可能会成为"超级杂草"，变得非常难以控制。然而，研究者也能够以各种方式防止这种植物基因转移——例如，通过改造植物使其不能繁殖。人们还担心，广泛使用转基因种子可能会减少自然遗传多样性，在环境突然变化或引入新害虫的情况下，容易造成作物的灾难性死亡。尽管美国国家科学院发布的一项研究表明，没有发现科学证据表明转基因作物构成任何特殊健康或环境风险，但研究者仍然建议进行更严格的长期监测，以观察意外的环境影响。

来自 130 个国家（包括美国）的谈判代表，就《生物安全议定书》达成一致，要求出口商标明散装食品运输中存在的转基因生物，让进口国决定这些货

▼ 图 12.25 **反对转基因生物（GMO）**。俄勒冈州抗议者表达对转基因生物的不满。

物是否构成环境或健康威胁。美国拒绝签署该协议，但由于大多数国家都支持该协议，所以它还是生效了。从那以后，因为担心美国和其他国家的作物中有转基因作物，欧洲国家有时拒绝引进，由此导致贸易争端。

世界各地的政府和监管机构，正在努力研究如何促进生物技术在农业、工业、医学中的应用，同时确保新产品和流程的安全性。在美国，基因工程项目的潜在风险由许多监管机构进行评估，包括食品药品监督管理局、环境保护局、国家卫生研究院、农业部。

☑ 检查点

给作物添加抗除草剂基因主要关注的是什么？

答案：基因有可能通过异花授粉转移到与农作物物种密切相关的野生植物中。

人类 DNA 技术引发的伦理问题

人类 DNA 技术引发了法律和伦理问题——其中很少有问题有明确的答案。例如，通过注射由基因工程细胞制造的人生长激素（HGH）来治疗侏儒症的做法，可能超出目前的用途。父母应该让其个子矮但激素正常的孩子接受 HGH 治疗，从而让孩子长高吗？如果不应该，那么谁来决定哪些孩子“够高”从而不用接受治疗？除了技术挑战之外，人类基因疗法也引发了伦理问题。一些批评家认为，以任何方式篡改人类基因，都是不道德的或不符合伦理的。其他观察人士则认为，将基因移植到体细胞中与器官移植没有根本区别。

目前已经在实验室的动物身上完成了配子（精子或卵子）和受精卵的基因工程。因为基因工程会引发非常棘手的伦理问题，所以还没有对人类尝试过。我们应该努力消除孩子及其后代的基因缺陷吗？我们应该这样干涉进化吗？从长远来看，从基因库中消除不需要的基因型可能会适得其反。遗传多样性是物种适应环境变化的必要因素。在某些情况下具有破坏性的基因，在其他情况下可能是有利的（镰刀型细胞等位基因就是一个例子——见第 17 章的“进化联系”）。我们愿意冒险做出这种可能对我们物种有害的基因改变吗？

同样，基因图谱的进步也引发了隐私问题（图 12.26）。如果我们要在每个人出生时建立一个基因图谱，那么理论上我们可以将几乎每一起暴力犯罪与一个犯罪人相匹配，因为一个人实施暴力犯罪几乎不可能不留下基因证据。但是，即使是为了这种有价值的目标，作为社会中的一员，我们是否就要牺牲我们的基因隐私？2014 年，美国最高法院以 5∶4 的投票通过允许在嫌疑人被捕后、定罪前收集他们 DNA 样本的决议。最高法院的裁定，获取 DNA“就像指纹识别和照相一样，是警方根据第四修正案合理合法的登记程序”，这一裁决可能会开创一个刑侦工作在各方面扩大 DNA 图谱使用范围的时代。

随着关于人类基因构成的信息越来越多，一些人质疑：获取更多的信息是否总是有益的。例如，已经出现了可邮寄试剂盒（图 12.27）能告诉健康人其晚年患各种疾病（如帕金森病、克罗恩病）的相对风险。一些人认为这些信息有助于全家人做好准备。其他人则担心，这些检测贩卖了恐惧和焦虑，而没有任何真正的好处，因为某些疾病（如帕金森病）目前是不可预防或治疗的。然而，其他测试，如乳腺癌风险测试，可能有助于人们为预防疾病做出改变。我们如何认定哪些测试真正有用？

此外，疾病相关基因信息还有被

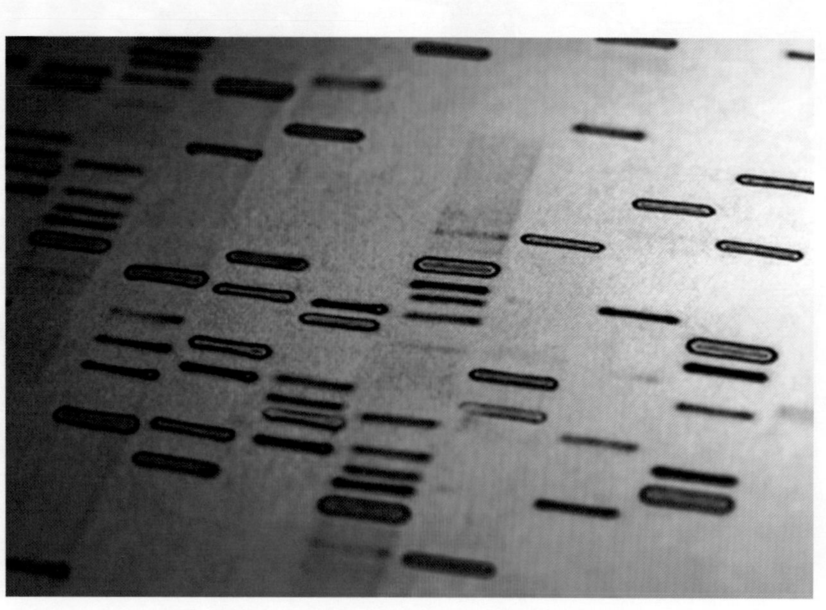

◀ 图 12.26 **获取遗传信息引发隐私问题。**

滥用的危险。问题之一是歧视和污名化的可能性。针对这一问题，美国国会2008年通过了《反基因歧视法》。该法案第一章禁止保险公司在公民申请健康保险时索要遗传信息。第二章对就业提供了类似的保护。

一个更广泛的伦理问题是：我们对掌握一种自然力量——新生物的进化——到底有何感想？有些人可能会问，我们有权利改变生物体的基因——或者创造新的生物体吗？DNA技术提出了许多复杂的问题，而这些问题没有简单的答案。作为一个参与其中的公民，你有责任做出明智的选择。

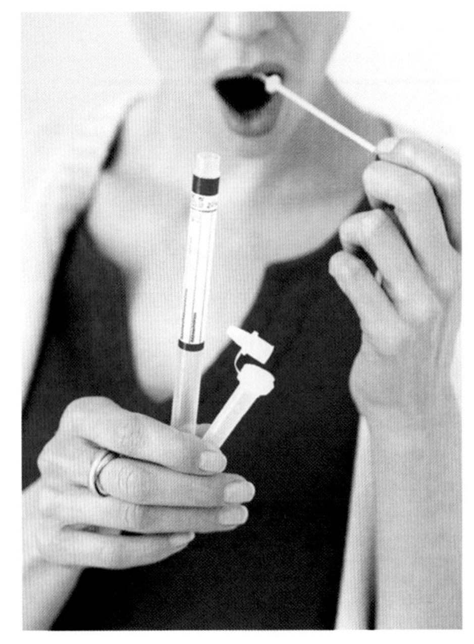

► 图12.27　**个性化基因检测。**该试剂盒可以用来收集唾液进行基因分析。结果可以显示一个人患某些疾病的风险。

☑ 检查点

对人类配子进行基因改造，为什么会引发与对人体细胞进行基因改造不同的伦理问题？

答案：转基因体细胞只会影响病人本人。而修改配子将影响未出生的个体及其所有后代。

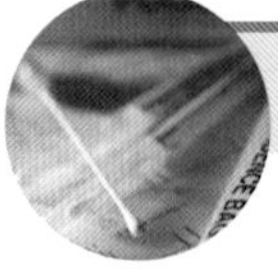

DNA分析技术　进化联系

历史之窗：Y染色体

人类的Y染色体基本上完好无损地世代相传。因此，通过比较Y染色体DNA，研究者可以了解人类男性祖先。由此，DNA图谱可以提供关于人类进化的近期数据。

遗传学家发现，目前生活在中亚的约8%的男性的Y染色体具有惊人的遗传相似性。进一步分析发现，他们共同的遗传基因来自生活在约1000年前的同一位男子。结合历史记录，这些数据使人们推测，可能是蒙古统治者成吉思汗（图12.28）导致其染色体传衍到今天生活的近1600万男性身上。一项对爱尔兰男性的类似研究表明，其中近10%的人是生活在4世纪的军阀“九质王”尼尔（Niall）的后代。另一项对Y基因的研究似乎证实了南非伦巴人的说法，即他们是古代犹太人的后裔（图12.29）。在伦巴人中发现了高频率的Y基因序列，这种特殊的序列与被称为科哈尼姆（Kohanim）种姓的犹太祭司相同。

对Y染色体DNA图谱的比较，是进一步了解人类基因组之更大计划的一部分。其他研究工作正在将基因组研究扩展到更多物种。这些研究将促进我们对生物学各个方面的理解，包括健康、生态以及进化。事实上，细菌、古菌、真核生物的完整基因组序列的比较，首次支持了它们三者是生命的三个基本领域的理论——我们将在下一单元“进化与多样性”中进一步讨论这一主题。

▲ 图12.28　**成吉思汗。**

► 图12.29　**南非的伦巴人。**

本章回顾

关键概念概述

遗传工程

DNA 技术，即操纵遗传物质的技术，是生物技术的一个相对较新的分支，利用生物来制造有用的产品。DNA 技术通常涉及重组 DNA 的使用，重组 DNA 是两种不同来源的核苷酸序列的组合。

重组 DNA 技术

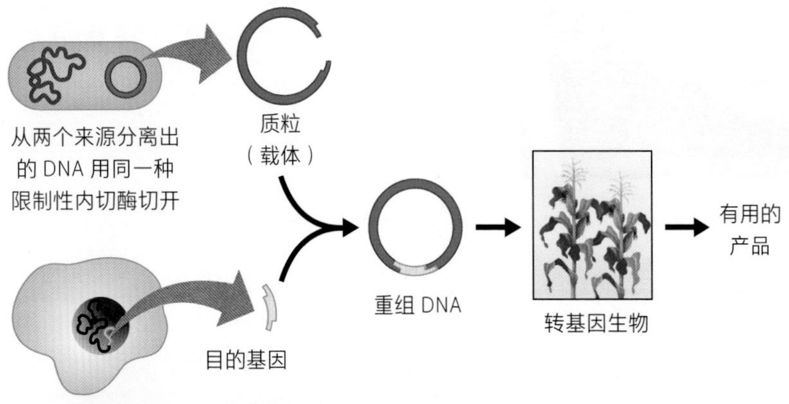

制药应用

通过将人类基因转移到细菌或其他易于生长的细胞中，科学家可以大量生产有价值的人类蛋白质，用作药物或疫苗。

农业中的转基因生物

重组 DNA 技术已经被用来创造转基因生物，即携带人工引入基因的生物。非人类细胞已经被改造用以生产人类需要的蛋白质、转基因粮食作物和转基因农场动物。转基因生物携带的人工引入的基因，通常来自不同的物种。

人类基因治疗

病毒改造后可以包含一个正常的人类基因。如果这种病毒被注射到遗传病患者的骨髓中，则正常的人类基因会被转录和翻译，产生可以治愈遗传病的正常人类蛋白质。这项技术已被用于许多遗传相关疾病的基因治疗试验中。迄今为止，既有成功的案例，也有失败的教训，研究仍在继续。

DNA 分析技术与法医学

法医学是对法律证据的科学分析，这一学科已经被 DNA 技术彻底改变。DNA 图谱用于确定两个 DNA 样本是否来自同一个体。

DNA 分析技术

短串联重复序列（STR）分析使用聚合酶链式反应（PCR）和凝胶电泳来比较 DNA 片段。

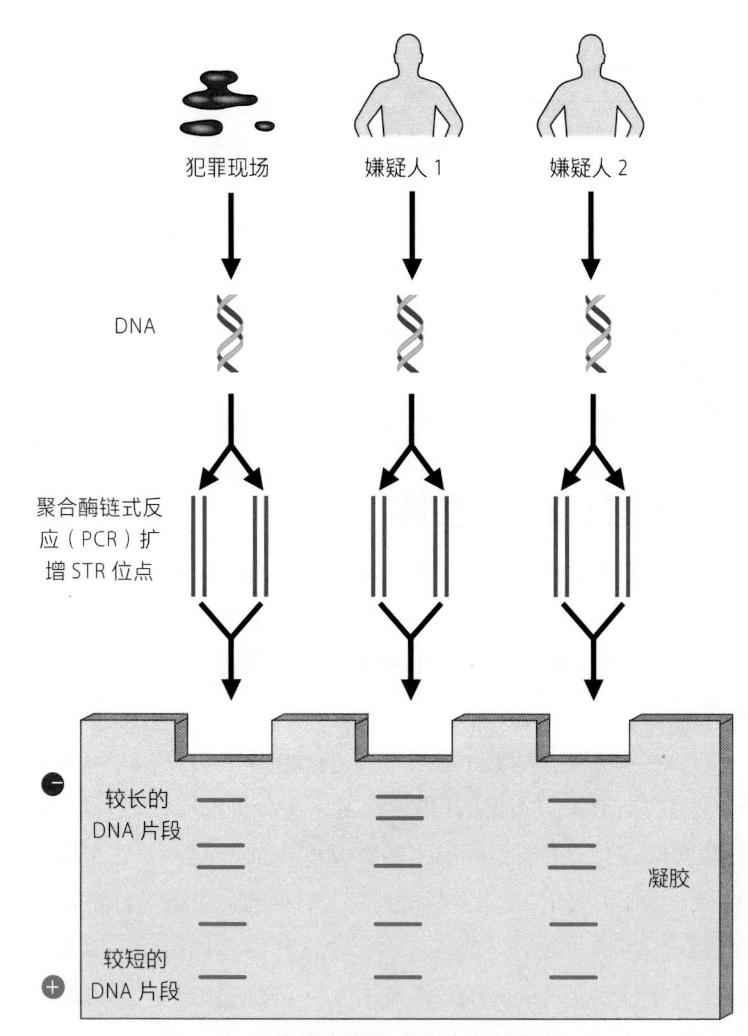

通过凝胶电泳比较 DNA 片段
（较短片段的条带向正极移动得更快）

调查谋杀案、亲子关系和古代 DNA

DNA 图谱可用于确定犯罪嫌疑人无罪或有罪，识别受害人，确定父子关系，并有助于基础研究。

生物信息学

DNA 测序

自动化机器现在每小时可以测序近百万个核苷酸。

基因组学

DNA 测序的进步开创了基因组学时代，即对完整基因组的研究。

基因组绘图技术

全基因组鸟枪法测序整个基因组的 DNA 片段，然后组装序列。

人类基因组

人类基因组的核苷酸序列提供了大量有用的数据。人类基因组的 24 条不同染色体包含大约 30 亿个核苷酸对和 21,000 个基因。基因组的大部分由非编码 DNA 组成。

应用基因组学

比较基因组可以帮助刑事调查和基础生物学研究。

系统内互联：系统生物学

基因组学的成功催生了蛋白质组学，即对生物体中发现的全套蛋白质进行的系统研究。基因组学和蛋白质组学都有助于系统生物学研究，即研究复杂生物系统之内如何进行多方协同工作。

安全和伦理问题

转基因食品之争

关于转基因作物的争论，集中在它们是否会通过与其他物种异花授粉来转移基因，从而伤害人类或破坏环境方面。

人类 DNA 技术引发的伦理问题

作为社会成员，我们必须接受关于 DNA 技术的教育，这样我们才能明智地解决其使用所带来的伦理问题。

MasteringBiology®

如需练习测验、生物动画、MP3 教程、视频辅导以及为本教材设计的更多学习工具，请访问 MasteringBiology®。

自测题

1. 假设你想用重组 DNA 创建一大批乳糖酶蛋白质，将以下步骤按照你需要执行的顺序排列。
   a. 找到含有乳糖酶基因的克隆体。
   b. 将质粒插入细菌并将细菌培养成克隆体。
   c. 分离乳糖酶基因。
   d. 创建重组质粒，包括携带乳糖酶基因的质粒。
2. 将 DNA 从一个细胞转移到另一个细胞的运输物质（如质粒）被称为______。
3. 在制造重组 DNA 时，使用交错切割 DNA 的限制性内切酶有什么好处？
4. 一名古生物学家从一只灭绝的渡渡鸟 400 年前保存的皮肤中发现了一点有机物质。她想将样本中的 DNA 与活鸟的 DNA 进行比较，增加可用于检测的渡渡鸟 DNA 量的最有效方法是______。
5. 为什么在凝胶电泳过程中，含有不同人的同一 STR 位点的 DNA 片段往往会迁移到不同的位置？
6. DNA 片段的什么特征导致它在电泳过程中穿过凝胶？
   a. 磷酸基团所带的电荷
   b. 其核苷酸序列
   c. 碱基对之间的氢键
   d. 其双螺旋形状
7. 凝胶电泳程序运行后，凝胶中的条形图案显示________。
   a. 特定基因中碱基的顺序
   b. 不同大小的 DNA 片段的存在
   c. 基因在特定染色体上的排布
   d. 特定基因在基因组中的确切位置
8. 列出全基因组鸟枪法的步骤。
9. 将以下人类基因治疗的步骤按正确顺序排列。
   a. 病毒被注入病人体内。
   b. 人类基因被插入病毒中。
   c. 正常人类基因被分离和克隆。
   d. 正常的人类基因在病人体内被转录和翻译。

答案见附录《自测题答案》。

科学的过程

10. 一些科学家曾经开玩笑说，完成人类基因组的 DNA 测序后，“我们就都可以回家歇着了”，因为遗传学家将没有什么可以发现的了。请解释为什么他们现在还没有“回家歇着”。

11. **解读数据** 生物学家比较不同物种的基因组时，通常会计算基因组密度，即基因组中单位数量的核苷酸组成多少个基因。参考表 12.1，你可以用基因数量除以基因组的大小（通常用 Mb 表示，即百万个碱基对）来计算每个物种的基因密度。使用电子表格，计算表格中每个物种的基因密度。（例如，人类有 3000 Mb。）细菌的基因密度与人类相比如何？人类和蛔虫的基因数量几乎相同，但这两个物种的基因密度相比如何？你能确定基因密度和生物体的大小或复杂程度之间的关系吗？

12. 下面列出了用于创建标准 DNA 图谱的 13 个基因组位点中的 4 个。每个位点由若干短串联重复序列组成，即基因组中连续重复的四核苷酸序列。对于每个位点，列出了在该位点发现的核苷酸序列的重复次数：

染色体号	基因位点	重复次数
3	D3S1358	4
5	D5S818	10
7	D7S820	5
8	D8S1179	22

假设你通过 PCR 为这个人创建了一个 DNA 图谱。以下四块凝胶哪一种正确代表了这个人的 DNA 图谱？

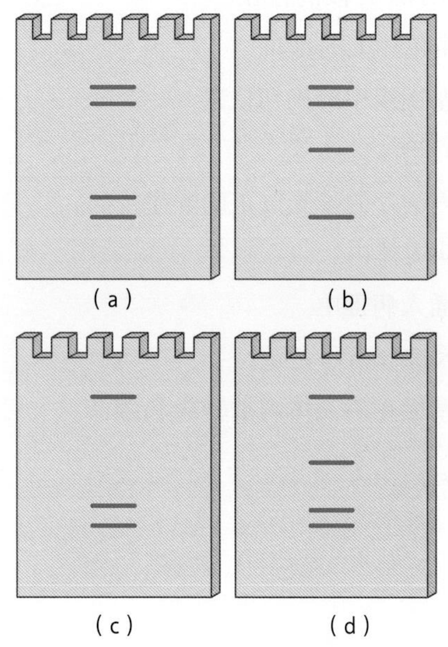

生物学与社会

13. 在不久的将来，基因疗法可能被用来治疗许多遗传性疾病。你认为在大规模使用人类基因治疗之前，最需要面对的伦理问题是什么？说明理由。

14. 今天，制造转基因植物和动物相当容易。这种重组 DNA 技术的使用，引发了哪些安全和伦理问题？将基因工程生物引入环境有哪些危险？有什么理由支持 / 反对科学家来做这样的决定？应该由谁来做这些决定？

15. 2002 年 10 月，非洲国家赞比亚政府宣布拒绝分发美国捐赠的 1.5 万吨玉米，这些玉米足够 250 万赞比亚人食用三个星期。因为赞比亚政府的科学顾问认为转基因作物对健康的风险目前“没有定论”，所以赞比亚基于“这些玉米很可能含有转基因作物”而决定拒绝这些玉米。你同意赞比亚拒绝这类捐赠玉米的决定吗？为什么？在回答时，应当考虑到当时赞比亚正面临粮食短缺，预计未来 6 个月将有 3.5 万赞比亚人饿死。如何权衡比较转基因作物带来的风险与饥饿的风险？

16. 从 1977 年到 2000 年，伊利诺伊州处决了 12 名罪犯。在同一时期，13 名死刑犯基于 DNA 证据被判无罪。2000 年，伊利诺伊州州长宣布暂停该州的所有死刑执行，因为死刑制度“错误累累”。你支持伊利诺伊州州长的决定吗？死刑犯人对于旧证据的 DNA 检测应该有哪些权利？谁应该为这个额外的检测买单？

第 3 单元
进化与多样性

第 13 章　种群如何进化

本章线索：**进化的过去、现在和未来**

第 14 章　生物多样性如何进化

本章线索：**大灭绝**

第 15 章　微生物的进化

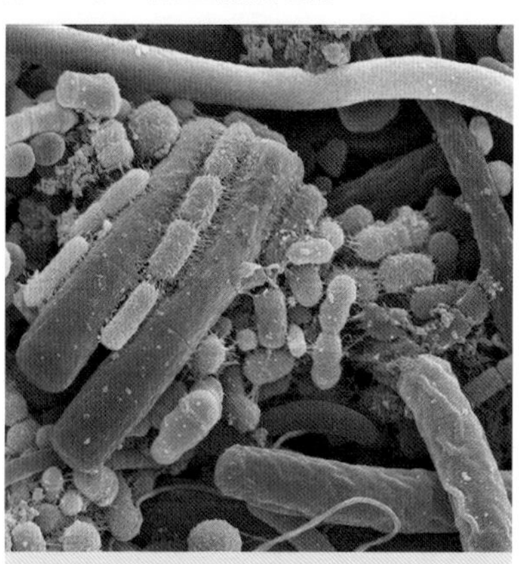

本章线索：**人类微生物群**

第 16 章　植物和真菌的进化

本章线索：**植物－真菌相互作用**

第 17 章　动物的进化

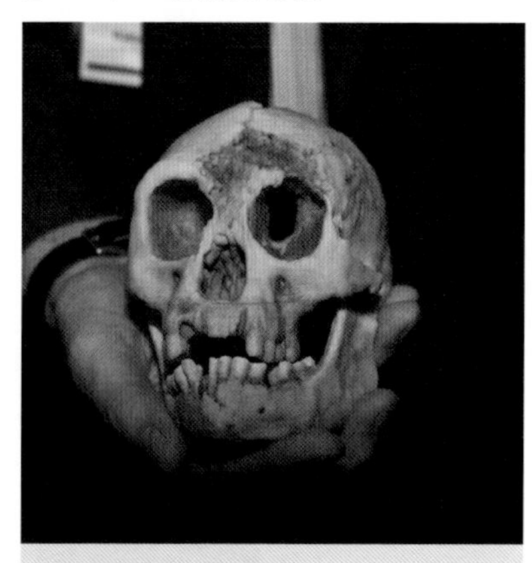

本章线索：**人类进化**

13 种群如何进化

进化为什么重要

▲ 如果没有人工选择，你吃的西红柿会只有蓝莓大小。

由于自然选择，500 多个昆虫物种的种群对最广泛使用的杀虫剂免疫。▼

在一些物种中，雄性通过不致命的搏斗来争取与雌性交配。▶

▲ 濒危物种种群，可能因缺乏遗传多样性而注定灭绝。

本章内容

本章线索

进化的过去、现在和未来 生物学与社会

今天的进化

地球上生命丰富多样，蔚为大观。目前已经鉴定出超过130万个物种，科学家估计还有数百万个物种等待发现。地球生物为什么会有这么丰富的多样性？答案是进化。在进化研究中，我们追溯生命的历史，从几亿年前一直追踪到现在。不过，进化并非仅与岩层与骨化石相关。进化现在就正在你的身边发生。

思考一下你周围的生物多样性。我们最亲密的邻居，是那些最适应人类主导环境的生物——在郊区庭院或城市公园里以种子和昆虫为食的鸟类；在空地或人行道裂缝中茁壮成长的植物；食用人类遗弃的食物、庄稼甚至血液的昆虫和一些害虫。此外，到处还挤满了种类繁多的微生物，包括已经适应人体的有益的和致病的种类。这些生物全部都是进化的产物，它们此时也在一代一代地继续进化着。正如你将在本章学到的，环境在进化中起着强大的作用。人类活动——仅举几例，农业、采矿、伐木、开发、燃烧化石燃料和使用药物——可能会改变生物的生存环境，导致快速、明显的进化。对进化性变化的研究也可以在受自然环境变化影响的环境中进行。十万年时间只是地质年代的一瞬，湖泊可能出现或消失；新生的火山岛可以在几十年、几百年或几千年的时间里被植物和动物所覆盖——取决于岛屿离陆地的远近。

白尾鹿。郊区的景观通常包括有鹿类取食与栖息的森林斑块，比如这只正在啃食园林植物的白尾鹿。

从探索生命分子到分析生态系统，对进化的理解贯穿所有生物学领域。进化生物学的应用正在改变医药、农业、生物技术、保护生物学。在这一章中，你将学习进化过程是如何发生的，并读到那些影响我们世界的可验证、可测量的进化实例。

☑ **检查点**

Ursus americanus（美洲黑熊）、*Ursus maritimus*（北极熊）与 *Bufo americanus*（美国蟾蜍），哪两种动物之间的亲缘关系更近？

答案：*Ursus americanus*（美洲黑熊）和 *Ursus maritimus*（北极熊）属于同一个属。种名 *americanus* 将每种动物与其同属的其他成员区分开来。

生物的多样性

自古以来，人们对自然界的生物进行命名、描述和分类。随着贸易和探险连接起地球所有的地区，这些分类任务变得越来越复杂。例如，一位学者要描述公元前 300 年希腊人所知的所有类型植物，他只须分辨大约 500 个物种即可。而今天，科学家们能识别出大约 40 万种植物。

到了 18 世纪，人们很明显需要统一的命名与分类系统。这一需求最终通过融入瑞典科学家卡尔·林奈（Carolus Linnaeus）提出的框架而得以实现。林奈的系统作为分类学基础应用至今，**分类学**作为生物学的一个分支，研究物种的识别、命名和分类。林奈系统包括一种物种命名方法和一种将物种分入更广泛类群的阶元分类。

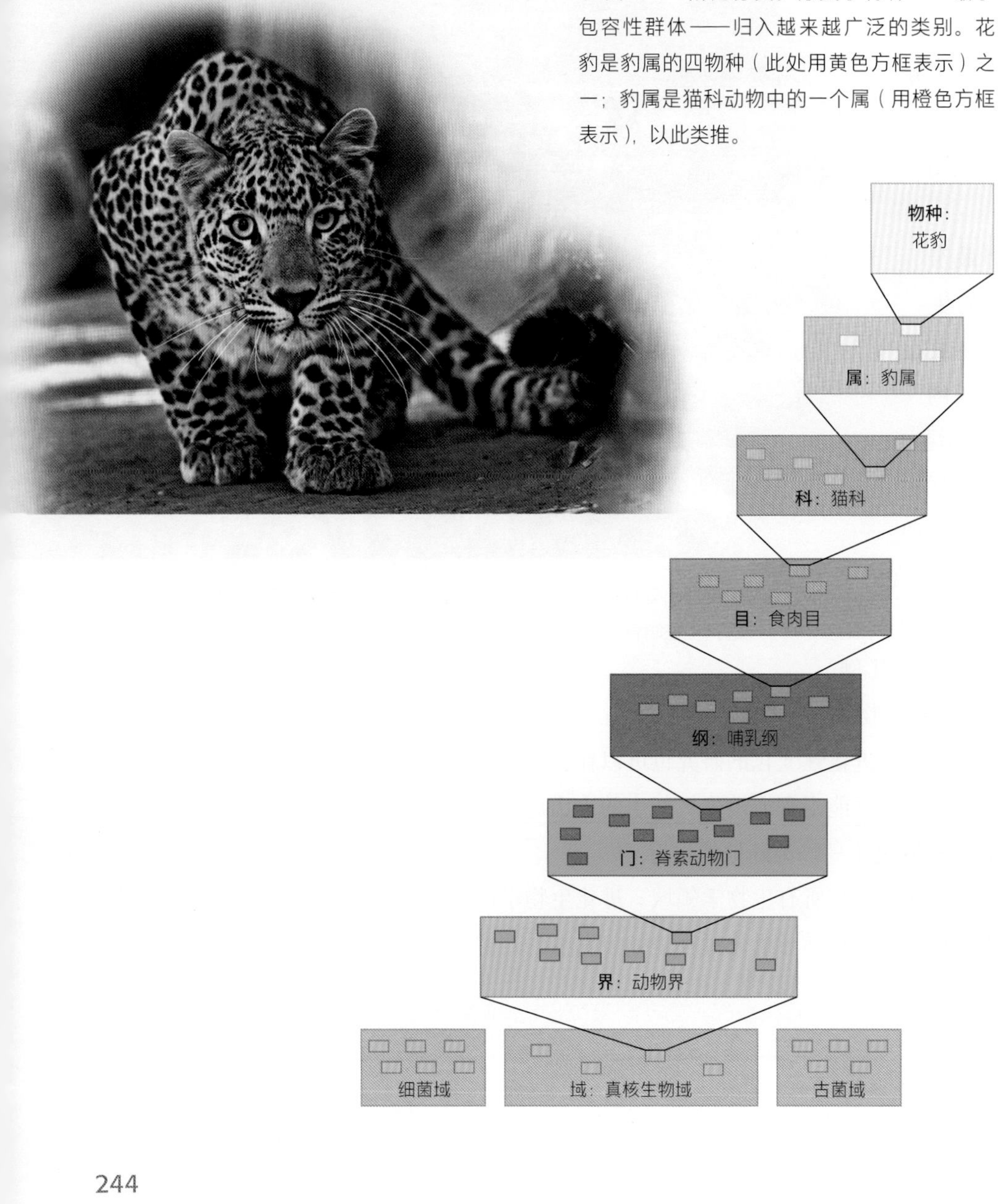

▼ 图 13.1　**阶元分类。**分类学将种——最小包容性群体——归入越来越广泛的类别。花豹是豹属的四物种（此处用黄色方框表示）之一；豹属是猫科动物中的一个属（用橙色方框表示），以此类推。

生物多样性的命名和分类

在林奈系统中，每个物种都被赋予了一个由两部分组成的拉丁名，或称为**双名**。双名法的第一部分是**属**（genus，复数写作 genera），表示一组亲缘密切的物种。比如大型猫科动物均属于豹属（*Panthera*）。第二部分用于区分属内物种。这两个部分必须一起使用，才能指明一个物种。因此，花豹的学名是 *Panthera pardus*。请注意，属的第一个字母是大写的，整个学名是斜体的。例如，一种新发现的 *Aposticus* 属蜘蛛以电视角色的名字命名为 *Aptostichus stephencolberti*。

林奈的双名法解决了俗名指代不明的问题。例如将某种动物称为松鼠或将某种植物称为雏菊并不具体——松鼠和雏菊有很多种。此外，不同地区的人可能用同一个名称指称不同的物种。例如，苏格兰、英格兰、得克萨斯州、美国东部四地俗称风信子（bluebells）的花，实际上是四个互不相关的物种。

林奈还引入了一个系统，将物种划分为不同分类阶元。双名法中已经内置了这种分类的第一步。例如，豹属包含另外三个种：狮子（*Panthera leo*）、老虎（*Panthera tigris*）、美洲豹（*Panthera onca*）。将种分入各属之后，分类学逐渐扩展到更广义的类群分类中。分类学将相似的属归入同一个**科**中，把科归入**目**，把目归入**纲**，把纲归入**门**（phylum，复数写作 phyla），把门归入**界**，把界归入**域**。图 13.1 把花豹放在了这个层层归类的分类系统中。对特定生物的分类成果有点像一个邮寄地址，可以识别某个人在某一城市的某一条街道、某个公寓楼，直到该公寓楼的许多房间中的某一个特定的房间。

将生物体划分为更广义的类群，是我们构建对世界之理解的一种方式。然而，将这一分类标准用于定义更具包容性的类群（例如科、目、纲）终究有些武断。在你了解了生物多样性进化的过程后，我们将介绍一个基于对进化关系的理解的分类系统（见第 14 章）。☑

解释生物的多样性

早期博物学家和哲学家试图描述、归纳生物多样性的同时，也试图解释生命的起源。当今生物学家接受的解释是达尔文 1859 年在其名著《物种起源》中提出的进化论。不过，在介绍达尔文理论之前，让我们简单地看一看，是怎样的科学文化背景，让进化论在达尔文时代显得如此激进。

物种不变论

古希腊哲学家亚里士多德的思想对西方文化有着深远的影响，他认为物种具有不变的、永恒的形式，不会随着时间推移而改变。犹太-基督教文化通过对《圣经·创世纪》的字面解释巩固了这一观点，讲述了每种生物都以其当今的模样被独立创造的故事。17 世纪，宗教学者根据《圣经》记载估计地球年龄为 6000 岁。“所有生物的出现时间都相当晚近，且其形式是不变的”这一观点主宰了西方世界几百年的学术气候。

然而，与此同时，博物学家也在努力解释**化石**——古老生物体的印记或遗迹。尽管化石被认为是生物的遗骸，但许多化石令人费解。例如，如果“菊石”[图 13.2（a）]是蛇盘绕的身体，那为什么从来都没有发现其完整的头部？有些化石能代表已经灭绝的物种吗？19 世纪初的惊人发现，包括一种被称为鱼龙的巨大海洋生物的骨骼化石[图 13.2（b）]，让许多博物学家相信——历史上确实曾经发生过生物灭绝。

拉马克与进化适应

化石也讲述了生命史上的其他变化。博物学家将化石形态与现存物种进行了比较，注意到两者有相似也有不同。19 世纪初，法国博物学家让-巴普蒂斯特·德拉马克（Jean-Baptiste de Lamarck）提出，对这些观察的最好解释是生命在进化。拉马克将进化解释为“使生物体在环境中成功生存之性状的不断改进”。他提出，个体通过使用或不使用其身体的某些部位，可能会发展出某些性状，并将其遗传给后代。例如，一些鸟有强大的喙，能够破开坚硬的种子。拉马克认为，这些鸟的祖先在进食时锻炼喙，并将获得的强壮的喙传给后代，这一过程不断累积，才有了现在的结果。然而，一些简单的观察证据即可反驳“后天获得性遗传”：一名木匠一生用重锤敲打钉子增强了力量和耐力，但他强壮的肱二头肌并不会遗传给孩子。尽管拉马克关于物种如何进化的理念是错误的，但他关于“物种进化是生物与其环境相互作用的结果”这一理论为达尔文学说奠定了基础。☑

☑ 检查点

化石是如何与物种不变论相矛盾的？

答案：化石不匹配任何现生生物。

▼ 图 13.2 **令 19 世纪博物学家困惑的化石。**

（a）**“菊石”**。曾称作“无头蛇”的化石实际上是一种叫菊石的软体动物——现生鹦鹉螺的已经灭绝的近亲（见图 17.13）。这种菊石的直径从几英寸到 7 英尺（约 2.1 米）多不等。

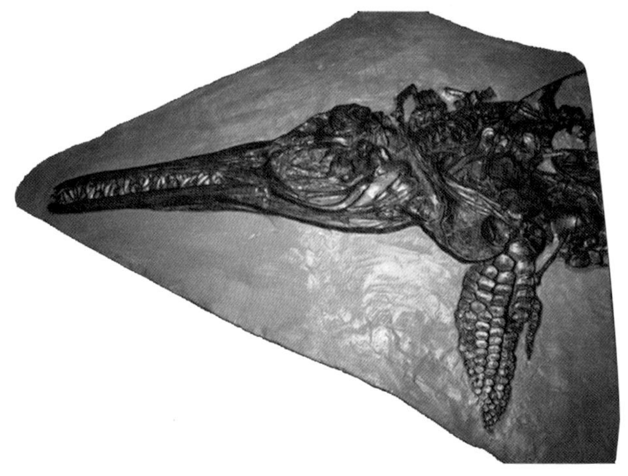

（b）**鱼龙的头骨和桨状前肢**。这些海洋爬行动物——有些长逾 15 米——曾统治海洋 1.55 亿年，大约在 9000 万年前灭绝。它们巨大的眼睛被认为是对深海昏暗光线的适应。

达尔文与《物种起源》

尽管达尔文出生于 200 多年前——与林肯总统同年同月同日出生——但他的工作影响如此深远，以至于许多科学家以纪念达尔文生日的方式来铭记他对生物学的贡献。达尔文是如何成为科学界的超级巨星的?

达尔文还是小男孩的时候，就对大自然非常着迷。他喜欢收集昆虫和化石，也喜欢阅读自然类书籍。他的父亲是一位杰出的医生，不认为当博物学家有前途，于是送他去了医学院。但是年轻的达尔文发现医学枯燥无趣，而且无麻醉剂时代的手术令人惊骇，于是他从医学院退学。他的父亲随后让他进入剑桥大学学习，打算让他成为一名牧师。然而，大学毕业后，达尔文并未遵循他父亲规划的职业道路，而重拾了童年的兴趣。22 岁时，他乘坐英国皇家海军“小猎犬号”开始了环球旅行，这一旅程将帮助他构建起进化论的框架。

达尔文的旅程

“小猎犬号”是一艘测量船。虽然它在世界上许多地方停留，但它的主要任务是绘制当时鲜为人知的南美洲海岸地图（图 13.3）。达尔文是一位训练有素的博物学家，他大部分时间都在岸上做他最喜欢做的事情——探索自然世界。他收集了数以千计的化石和活体动植物标本，还详细记录了自己的观察结果。对于一名来自温带国家的博物学家来说，目睹其他大陆上壮丽辉煌的陌生生命形式，是一种非凡的启示。他仔细记录了动植物的特征——这些特征使生物们适应多样的环境，例如巴西的丛林、阿根廷的草原、安第斯山脉的高耸山峰、南美洲南端荒凉寒冷的土地等等。

观察

达尔文的众多观察表明，与环境相似性相比，地理位置邻近更能预示生物之间的关系。例如，生活在

▼ 图 13.3 **“小猎犬号”的航行。**

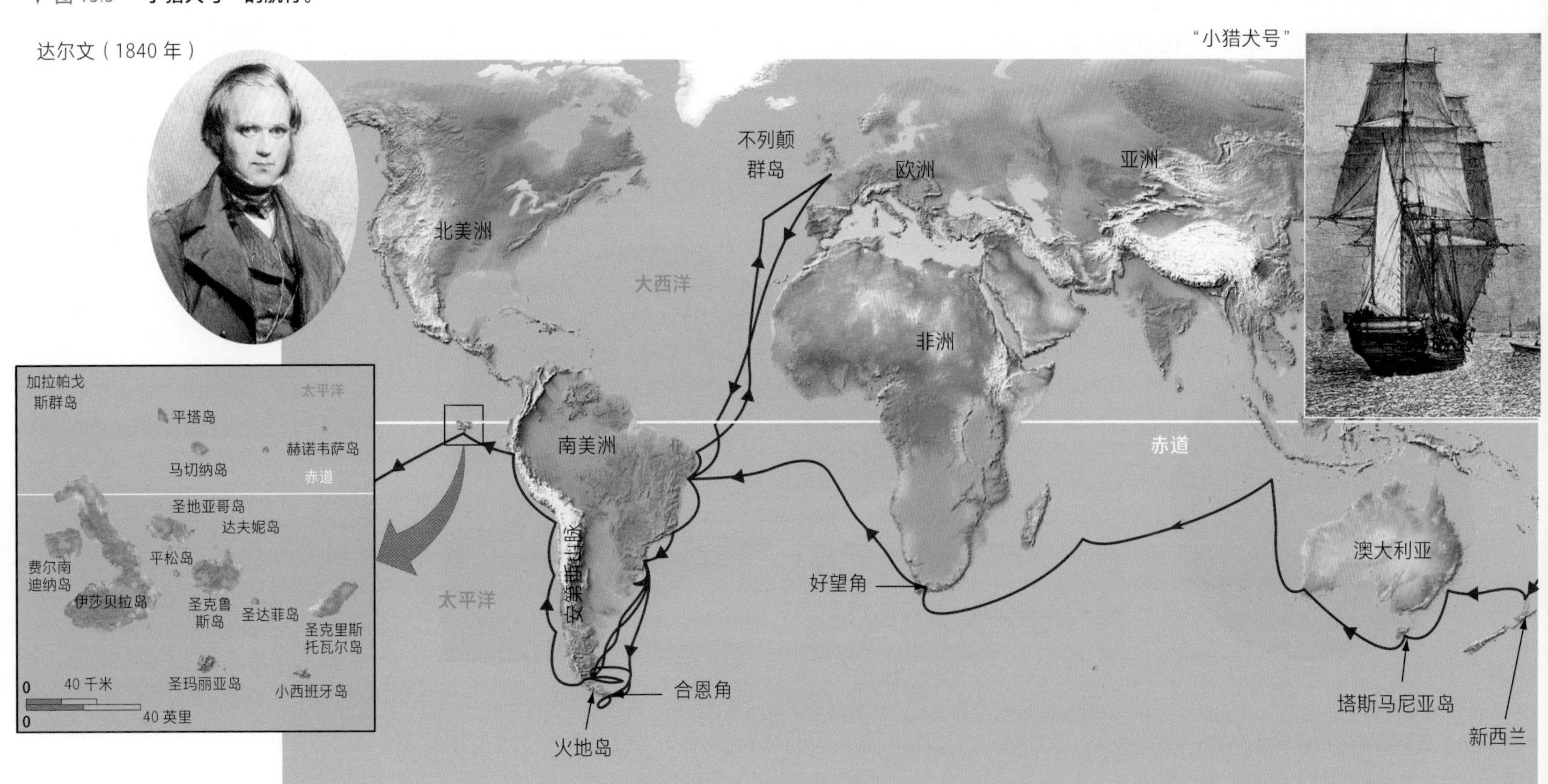

南美洲温带地区的植物和动物更接近生活在该大陆热带地区的物种，而不是生活在欧洲温带地区的物种。达尔文发现的南美化石，虽然明显不同于现生物种，其模样却具有明显的南美洲特点——与该大陆现生动植物相似。例如，他采集到了类似现生犰狳护甲的化石。古生物学家后来复原护甲所属的生物，发现这原来是一种已经灭绝的犰狳，它有大众甲壳虫汽车那么大！

达尔文对加拉帕戈斯群岛（即科隆群岛）上生物的地理分布特别感兴趣。加拉帕戈斯群岛距离南美洲太平洋海岸约900千米，是相对年轻的火山岛屿群。这些偏远岛屿上的大多数动物物种，不见于世界其他地方，但它们与栖息在南美洲大陆的物种有些相似。

达尔文注意到：加拉帕戈斯海鬣蜥与生活在岛上和南美大陆的陆鬣蜥相似但不同，海鬣蜥们具有可以协助游泳的扁平尾巴。此外，每个岛屿都有自己独特的陆龟变种（图13.4），这些岛屿因其惊人的独特生物而得名（加拉帕戈斯在西班牙语中是龟的意思）。

新见解

航行中，达尔文受到苏格兰地质学家查尔斯·赖尔（Charles Lyell）最新出版的《地质学原理》的巨大影响。这本书论证了古老的地球在数百万年时光里，如何被持续至今的地质过程逐渐雕刻塑形。旅行期间，达尔文经历了一场地震，该地震使智利的部分海岸线上升了近一米——达尔文亲眼看见了能够改变地球表面的自然力量！

达尔文在“小猎犬号”启航五年后回到英国时，已经开始严肃地怀疑“地球及其所有生物都是区区几千年前被特别创造的”。通过回顾自己的观察，分析收集的标本，并与同行讨论其研究，达尔文提出了一种能更好地解释种种证据的结论：现存物种是它们古老祖先的后代，它们在某些方面仍然相似。随着时间的推移，差异逐渐积累，这一过程被达尔文称为“世代递嬗”——他用这个词来描述进化。然而，与其他探索生物与时俱进变化之理念的人不同，达尔文还提出了生命如何进化的科学机制，他称这一过程为自然选择。在**自然选择**中，具有某些遗传性状的个体比具有其他性状的个体更有可能生存和繁殖。他提出假说：随着一个远古祖先的后代在数百万、上千万年内扩散到不同的栖息地，自然选择导致了各种各样的修改或**进化适应**，这使它们产生了适应特定环境的特定生存方式。

▼ 图13.4 **加拉帕戈斯陆龟的两个品种。**

（a）陆龟的特征是具有厚、圆的外壳以及短小的脖子和腿，它们生活在植被更丰富、更茂密的湿润岛屿上。

（b）陆龟马鞍形骨匣前部有一个拱形开口，使其能够伸出长脖子。这一特点加上更长的腿，使它们的头能伸得更高从而能够取食干燥岛屿上的稀疏植被。

进化 达尔文的理论

达尔文接下来花费了 20 年的时间汇总和编纂进化的证据。他意识到自己的想法会引起轩然大波，因此推迟了出版。与此同时，达尔文了解到，在印度尼西亚从事野外工作的英国博物学家阿尔弗雷德 · 拉塞尔 · 华莱士（Alfred Russel Wallace）构想了一个与达尔文几乎相同的假说。达尔文不想让华莱士的成果掩盖他一生的工作，最终出版了《物种起源》，这本书以完美的逻辑和数百页来自生物学、地质学、古生物学的观察和实验证据支持了他的假说。如今《物种起源》中提出的进化假说和预测已经被 160 多年来的研究所检验和证实。因此，科学家们将达尔文的“通过自然选择的进化”概念视为一种**理论**——一种被广泛接受的解释思想，其范围比假说更广，能产生新假说，并且到了大量证据支持。

在接下来的几页中，我们将检验达尔文**进化**论的证据，即现生物种是“不同于当今物种的祖先物种”的后代。然后我们将介绍自然选择，即进化性变化的机制。根据我们目前对进化运作机制的理解，我们扩展了达尔文对进化的定义，将种群的代际遗传变化也包括在内。☑

☑ 检查点

达尔文的进化论和前人提出的进化论之间，最显著的区别是什么？

答案：达尔文还提出了进化发生的机制（自然选择）。

进化的证据

进化留下了可见的痕迹。这些关于过去的线索，对任何历史科学都必不可少。研究人类文明史的历史学家可以研究古代文字记录，但也可以通过识别现代文化中的历史遗迹来拼凑出社会的演变。即使我们从书面文件中不能得知西班牙人在美洲的殖民，我们也能够从拉丁美洲文化上的西班牙印记中推断出这一点。同样，生物进化在化石和当今的生物中都留下了证据。

化石证据

化石（生活在过去的生物体的印记或遗迹）记录了古今生物之间的差异，并表明许多物种已经灭绝。死亡生物的柔软部分通常会迅速腐烂，但富含矿物质的动物坚硬部分，如脊椎动物的骨骼和牙齿以及蛤蜊、螺类的壳，可能会成为化石保留下来。图 13.5（对页）展示了生物体变成化石的一些方式。

并非所有化石都是生物体的实际残余。有些，如图 13.2（a）中的菊石，是“模铸化石”。当埋在沉积物中的死生物体分解并留下一个空的“模具”，随后被溶解在水中的矿物质填满时，就会形成模铸化石。矿物质在“模具”中变硬，形成生物体的复制品。你可能在电视节目中见过犯罪现场的侦探用同样的方式（使用速效石膏）来制作脚印或轮胎痕迹的模型。化石也可能是生物体留下的印记，如脚印或洞穴。**古生物学家**（即研究化石的科学家）也会热切地检查粪便化石——从中寻找灭绝动物饮食和消化系统的线索。

极少数情况下，整个生物体连同其柔软部分包裹于无法分解的介质中。例如：被困在琥珀（树脂化石）中的昆虫，冰封或保存在沼泽中的猛犸象、野牛甚至史前人类。

人类在细粒沉积岩中发现了许多化石，这些沉积岩由沉积在海底、湖泊、沼泽和其他水环境中的沙子或泥浆形成，覆盖着死去的生物。经过数百万年，新的沉积岩层堆积在旧沉积岩层上，并将它们压缩成被称为地层的岩石层。因此，特定地层中的化石可以提供该地层形成时该地区生物的信息。由于较年轻的地层在较老的地层之上，所以可以由发现化石的地层来推算化石的相对年龄（放射性年代测定法可用于确定化石的大致年龄——见图 2.17）。因此，化石出现在沉积岩层中的顺序，就是地球生命的历史记录。**化石记录**是化石出现在岩层中的有序序列，标示了地质年代的流逝（见图 14.12）。

当然，正如达尔文所承认的，化石记录并不完整。地球上许多生物生存之地，并不有利于化石的形成。地质过程甚至扭曲或破坏了许多已经在岩石中形成的化石。此外，许多保存下来的化石，亦非古生物学家所能企及。尽管有这些局限性，化石记录的详细性，仍然令人惊讶。化石记录的不完整，尽管看起来多少有些令人沮丧（如果所有的问题都有答案，那该多好啊！），但这也让古生物研究成为一个充满意外和惊喜的事业。如同悬疑系列剧的每一集里都会发现的新线索，每年成千上万新发现的化石，都带给古生物学家验证生物多样性进化假说的新机会。在下一节，你将了解化石如何揭示一个古老谜题的答案。☑

☑ 检查点

较古的化石为什么通常比较新的化石埋藏在更深的岩层中？

答案：因为在沉积作用下，较新的岩层覆盖于较古的岩层之上。

▼ 图 13.5　**化石举例。**

当矿物质渗入并取代有机物时，就形成了沉积化石。亚利桑那州石化森林国家公园的这棵硅化木大约有1.9亿年的历史。

沉积岩是古生物学家（即研究化石的科学家）最丰富的探宝猎场。这位研究者正在犹他州和科罗拉多州的恐龙国家纪念公园挖掘砂岩中已形成化石的恐龙骨骼。

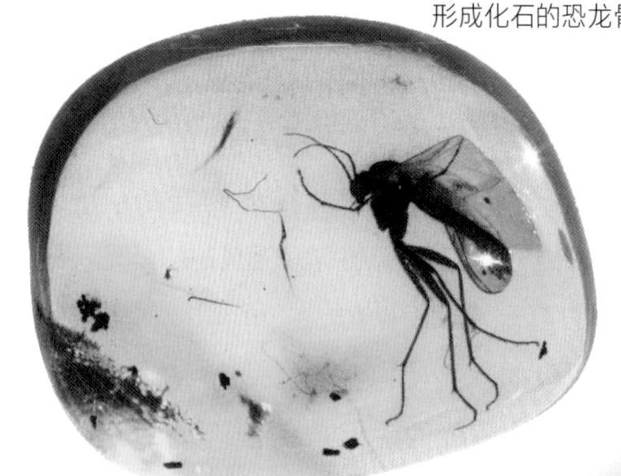

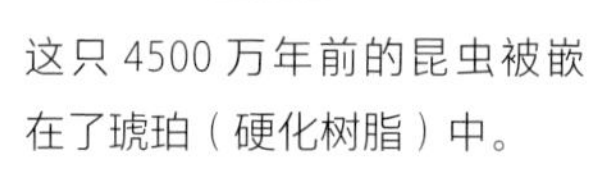

这只4500万年前的昆虫被嵌在了琥珀（硬化树脂）中。

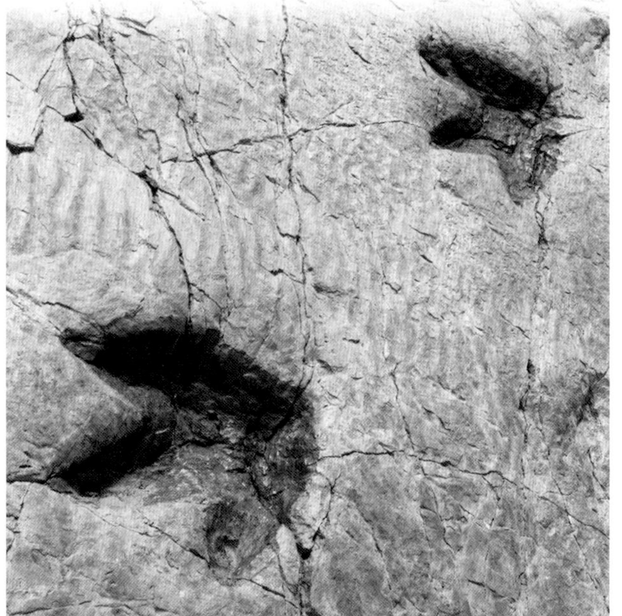

西班牙北部某地保留了1.2亿年前一只恐龙留下的这些脚印。生物学家经常通过研究脚印来了解已灭绝的动物曾如何运动。

这些象牙属于一整只23,000年前的猛犸象，科学家于1999年在西伯利亚的冰层中发现。

进化的过去、现在和未来　科学的过程

鲸是从陆栖哺乳动物进化而来的吗？

达尔文在《物种起源》中，预言了不同生物类群之间存在过渡形式的化石。《物种起源》出版之后不久，就发现了第一个这样的化石——1.5 亿年前的始祖鸟化石，该化石同时展现了爬行动物和鸟类的特征。越来越多的化石发现揭示了鸟类从恐龙谱系的进化起源，以及许多其他动植物类群的起源，包括鱼类向两栖动物的过渡以及哺乳动物从爬行动物祖先进化而来。

鲸类的起源是诸多耐人寻味的进化转变之一。鲸是鲸豚类动物，该类群还包括海豚和鼠海豚。你可能已经知道鲸豚类动物是完全适应水生环境的哺乳动物。例如，它们的耳朵藏在内部且听觉高度适应水下环境，它们有鳍状的前肢，但没有后肢。总的来说，鲸豚类动物与其他哺乳动物大相径庭，以至于科学家们长期以来一直对它们的起源感到困惑。在 20 世纪 60 年代，对化石牙齿的观察使古生物学家形成了一种假说：鲸是原始有蹄的、像狼的食肉动物的后代。他们预测，因为鲸是从这些陆地上的四足祖先进化而来的，所以过渡化石将显示出缩小的后肢和骨盆骨。而因为无法通过对照实验验证这一假说，所以古生物学家通过详细测量 20 多年来在巴基斯坦、埃及发现的化石，结合其他观察，来验证他们的假说。研究结果支持了他们的假说。图 13.6 显示出，在一些研究标本中，后肢和骨盆骨的尺寸逐渐减小。不过，你很快将了解到，后来有一种不同的证据对这个结论提出了质疑。

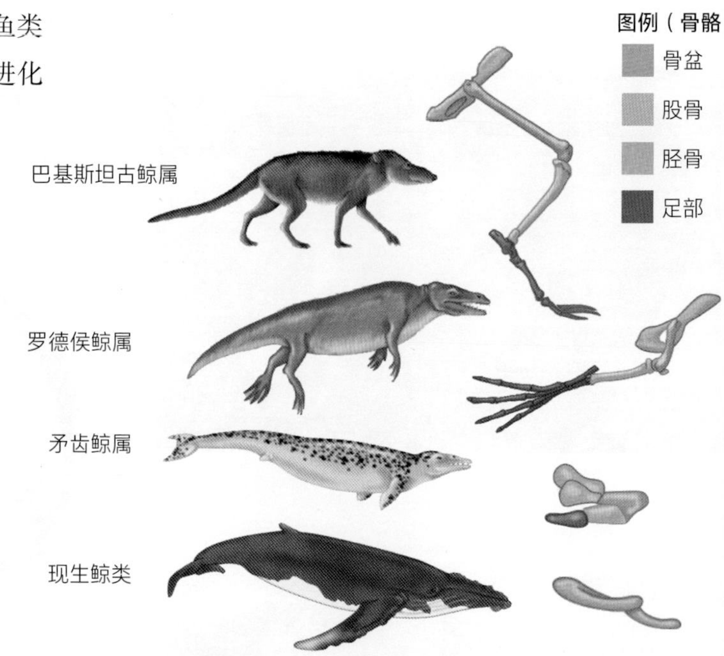

▲ 图 13.6　**鲸进化中的过渡形态。**

同源性证据

进化的第二种证据来自分析不同生物之间的相似性。进化是一个后代在繁衍中不断变化的过程——由于它的后代面临不同的环境条件，祖先生物的特征会随着时间的推移被自然选择所改变。换句话说，进化是一个重塑的过程。因此，亲缘相近的物种的某一共同特征，可能内在相似但功能不同。这种源于共同祖先的相似性被称为**同源性**。

达尔文援引脊椎动物前肢的解剖相似性，作为共同祖先的证据。如图 13.7 所示，人、猫、鲸、蝙蝠的前肢由相同的骨骼结构组成。这些前肢具有不同的功能。鲸的鳍状肢和蝙蝠的翼执行不同的功能，如果这些结构是特别设计出来的，那么它们的基本结构会非常不同。相反，更合乎逻辑的解释是：这些不同哺乳动物的手臂、前腿、鳍状肢、翼是同一种祖先生物解剖结构的变体，经过千百万年已经适应了不同的功能需求。这些特征通常具有不同的功能，但由于有共同的祖先而在结构上具有相似性——不同生物的这种解剖相似性，被生物学家称为同源结构。

由于**分子生物学**（对基因和基因表达之分子基础的研究）的进步，现代科学家对同源性的理解较达尔文更加深入。就像你的遗传背景记录了你从父母那里遗传来的 DNA 一样，每个物种的进化史也记录在遗传自其祖先物种的 DNA 中。如果两个物种有序列紧

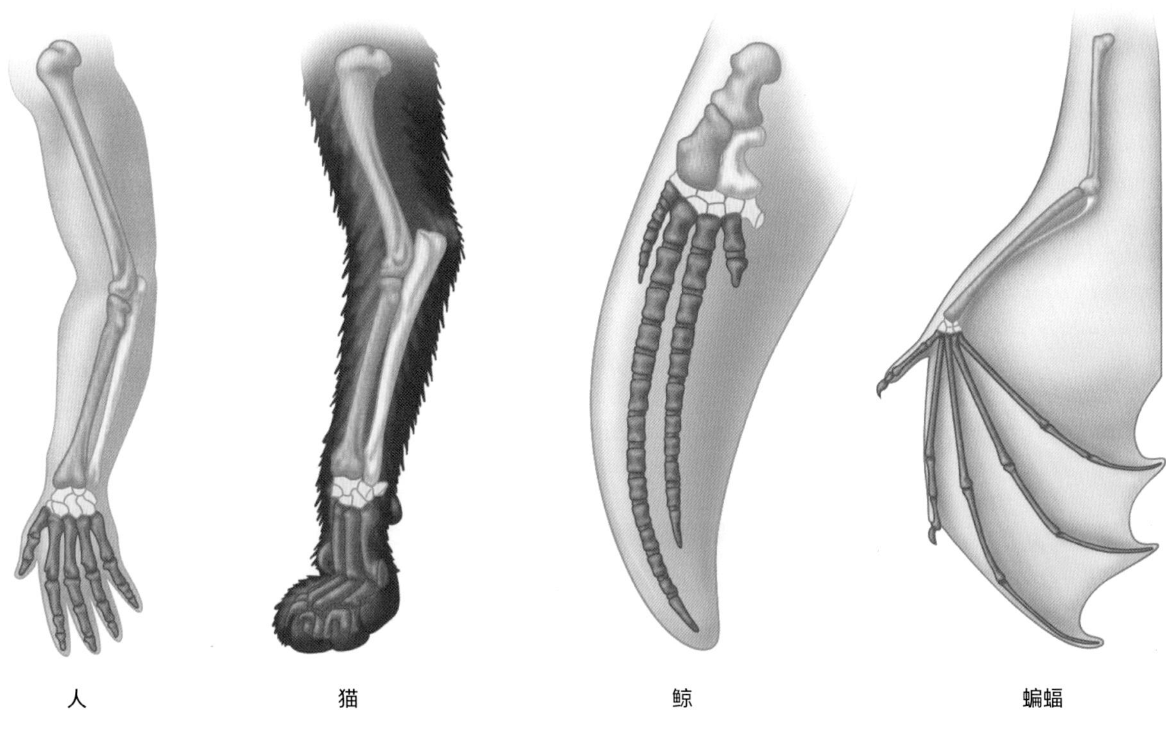

◄ 图 13.7 **同源结构：世代递嬗的解剖学证据。**所有哺乳动物的前肢都由相同的骨骼结构组成。（左图四种哺乳动物的同源骨骼皆涂上了相同的颜色。）假定所有的哺乳动物都由一个共同祖先进化而来，可以推测现生哺乳动物的前肢虽然分别适应了不同环境，但其实是共同解剖学框架的变体。

密匹配的同源基因，生物学家就能得出结论，这些序列一定是从一个相对较近的共同祖先那里遗传来的。反之，物种之间的 DNA 序列差异越大，它们所能追溯到的“最近共同祖先”就越遥远。不同物种之间分子水平的比较，使生物学家能够发展和验证生命进化树上主要分支趋异进化的假说。

达尔文最大胆的假说是：所有生命形式都是相关的。分子生物学为这一主张提供了强有力的证据：所有生命形式本质上都使用通用的 DNA、RNA 和遗传密码——即 RNA 三联体如何翻译成氨基酸（见图 10.10）。因此，很可能所有物种都来自使用这种密码的共同祖先。由于这些分子同源性，用人类基因工程改造的细菌可以产生胰岛素和人生长激素等人类蛋白质。但是分子同源性不仅仅是共享的遗传密码。例如，像人和细菌这样迥然不同的生物，都有来自一个非常遥远的共同祖先的同源基因。

遗传学家也发现了隐藏的分子同源性。生物体可能会保留因突变而失活的基因，然而其近缘物种中的同源基因功能齐全。人类身上已经发现了许多这种失活基因。例如，其中一个基因编码一种被称为 GLO 的酶，这种酶可用于制造维生素 C。几乎所有的哺乳动物都有一个代谢途径，从葡萄糖中制造这种身体必需的维生素。尽管人类和其他灵长类动物都具有这一途径的前三步对应的功能基因，但失活的 GLO 基因阻止了灵长类动物自身制造维生素 C，因此我们必须从饮食中获得足量的维生素 C 来维持健康。

对生物体来说不重要的“残迹”结构，体现了一些极为有趣的同源性。这些**残迹结构**是生物体祖先身上发挥重要功能的特征的残余。例如，古代鲸类的小骨盆和后腿骨是其行走祖先的痕迹（线索）。另一个例子是隐藏在没有视力的洞穴鱼类鳞片下的“眼睛”，那是它们有视力的祖先的痕迹。人类也有这样的结构。当我们感到寒冷或焦虑时，我们经常会起鸡皮疙瘩，这是由皮肤下的小肌肉引起的，这些肌肉使体毛竖起来。同样的反应在鸟或猫身上更明显（也更有效），鸟蓬起羽毛的保温层（见图 18.9），猫受到威胁时会竖起身上的毛。

对同源性的理解，也可以解释胚胎发育中出现的令人困惑的现象。例如，比较不同动物的早期发育阶段，就可以发现在其成体阶段看不到的相似性（图

☑ 检查点

对膳食维生素 C 的需求如何说明人类与其他灵长类动物的亲缘关系比其他哺乳动物更近？

答案：人类和灵长类动物需要摄取维生素 C，是因为体内制造维生素 C 所需的基因不起作用。而大多数其他哺乳动物的同源基因则具有活性。因此，该基因的功能一定是由于早期灵长类动物或灵长类动物祖先的基因突变而丧失的，并以这种形式被人类和其他灵长类动物遗传下来。

13.8）。所有脊椎动物胚胎在发育的某个阶段，都有一条位于肛门后面的尾巴，以及还有一种叫作咽囊的结构。这些囊腔是同源结构，最终发育成具有完全不同功能的组织器官，例如在鱼类中发育成鳃，在人类中成为耳朵和喉咙的一部分。

接下来，我们看一看同源性如何帮助我们追踪进化的轨迹。

进化树

达尔文是第一个将生命史描绘成一棵进化树的人，在这棵树上，树的形态是从一个共同的树干（第一个生物体）产生分支，衍生出代表当今数百万物种的末端分支。进化树的每一个分支节点，都是从该点延伸出来的所有分支的共同祖先。密切相关的物种有许多共同的性状，因为它们的共同血统可以追溯到生命之树上最近的分支节点。生物学家用**进化树**来演示这些世代繁衍的模式，尽管今天他们经常在绘制时将树横放，以便从左到右阅读。

解剖和生物分子中的同源结构可以用来判定进化树的分支顺序。一些同源特征，如遗传密码，被所有物种共享，因为它们可以追溯到相当远古的时代。相比之下，最近进化出的特征由更小的生物群体共享。例如，所有的四足动物（tetrapod，来自希腊语 tetra 意为四，pod 意为足）都有相同的基本肢体骨骼结构，如图 13.7 所示，但是它们的祖先却没有（类似结构）。

图 13.9 是四足动物（两栖动物、哺乳动物和包括鸟类在内的爬行动

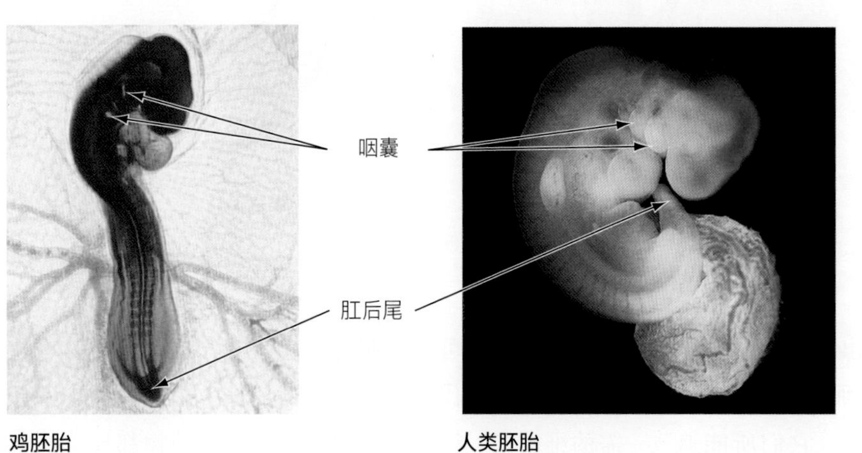

► 图 13.8 **比较胚胎学中的进化迹象。**根据此处表明的早期胚胎发育阶段，脊椎动物之间的亲缘关系确凿无疑。例如，鸡胚胎和人类胚胎都有咽囊和尾巴。

各分支节点表明右侧谱系的共同祖先起源，或左侧的共同祖先发育为右侧的姊妹群。

1 2 3 4 5 6

四足动物的四肢

羊膜

羽毛

蓝点标记表明其右侧所有类群共享所标记的同源特征。

肺鱼类
两栖类
哺乳类
有鳞类／蜥蜴类与蛇类
鳄类
鸵鸟类
鹰类与其他鸟类

四足动物
羊膜动物
鸟类

► 图 13.9 **四足动物（具有四肢的动物）的进化树。**

物）和它们的近亲肺鱼的进化树。在这个图中，每个分支节点代表了其后所有物种的共同祖先。例如，肺鱼和所有四足动物都是某一祖先❶的后代。树上的蓝点显示了三种同源特征——四足动物的四肢、羊膜（保护胚胎的膜）和羽毛。四足动物的四肢存在于共同的祖先❷中，因此可以在它的后代（所有四足动物）中找到。羊膜存在于祖先❸中，因此只见于哺乳动物和爬行动物，它们也被称为羊膜动物。羽毛只存在于祖先❻身上，因此只存在于鸟类身上。

进化树反映的是我们目前理解进化繁衍模式的假说。有些进化树，如图13.9所示，是基于化石、解剖、分子数据的令人信服的组合。其他的则因为没有足够数据而更具推测性。☑

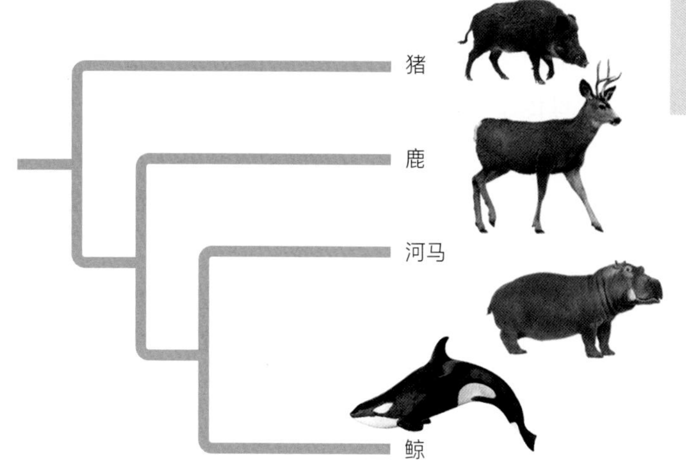

◄ 图 13.10 **现生鲸类和食草哺乳动物的进化树。**数据来自：M.Nikiada 等，Phylogenetic relationships among Cetartiodactyls based on insertions of short and long interspersed elements: hippopotamuses are the closest extant relatives of whales. *Proceedings of the National Academy of Sciences USA* 96: 10261–10266 (1999)。

再探鲸鱼进化

现在让我们再探鲸鱼进化的故事。正如我们所讨论的，从20世纪60年代开始，古生物学家发现了一系列引人注目的过渡性化石，这些化石支持了鲸鱼是从有蹄的、像狼一样的食肉动物进化而来的假说。然而，分子生物学家使用DNA分析来推断现生动物之间的关系，发现鲸鱼和河马之间有密切的关系，河马是一群主要食草、偶蹄哺乳动物的成员，这类动物还包括猪、鹿和骆驼（图13.10）。因此，他们提出了关于鲸鱼进化的另一种假说：鲸鱼和河马都是同一偶蹄祖先的后代。

古生物学家对这一相互矛盾的结果感到吃惊。然而，对新证据持开放态度是科学的一个特征，古生物学家们想出了一个解决这个问题的办法。偶蹄类哺乳动物有独特的踝骨。像大多数骨骼化石一样，发现的早期鲸类动物标本并不完整——没有一块踝骨。如果鲸鱼的祖先是一种类似狼的食肉动物，那么它的踝骨的形状应该与当今大多数哺乳动物相似。2001年发现的两具化石提供了答案。巴基斯坦古鲸和罗德侯鲸属（见图13.6）都具有偶蹄哺乳动物的独特踝骨，这一结果支持了基于DNA分析的假设。因此，正如科学中经常出现的情况一样，随着来自不同研究方向的越来越多的证据汇聚在一起，科学家们对鲸鱼的进化起源越来越确定。

☑ 检查点

在图13.9中，哪个数字代表了人类和金丝雀最近的共同祖先？

答案：人类（哺乳动物）和金丝雀（鸟类）最近的祖先是③。

作为进化机制的自然选择

理解支持达尔文“世代递嬗”理论的证据之后，让我们看一看达尔文对“生命如何进化”的解释。因为达尔文的假说认为物种是经过漫长时间而逐渐形成的，所以达尔文知道自己无法通过直接观察来研究新物种的进化。但他确实有办法深入了解物种世代间渐进变化的过程——像动植物育种者做的那样。

所有家养的植物和动物都是人类选育繁殖其野生祖先的产物。例如，现在广泛种植的棒球大小的西红柿，与它们的秘鲁祖先非常不同——它们的祖先不比蓝莓大多少。达尔文认为**人工选择**（即对动植物进行有选择性的繁殖，从而促使其后代出现人们所需性状）是理解进化性变化的关键，于是他培育鸽子以获得第一手经验。他通过与农民探讨牲畜培育而获得了进一步的见解。他了解到人工选择有两个必不可少的组成部分：变异和遗传。个体之间的差异（例如一窝幼犬的皮毛类型、玉米穗的大小或一群奶牛个体的产奶量的差异）允许育种者选择性状组合最

如果没有人工选择，你吃的西红柿会只有蓝莓大小。

理想的动物或植物作为育种材料。遗传是指一种性状从父母传递给后代。尽管育种者缺乏基础遗传学的知识，但他们长期以来一直知道遗传在人工选择中的重要性——如果一个性状不可遗传，那就不能通过选育来改善它。

当时博物学家一般通过寻找性状一致性进行生物分类，而达尔文不同，他仔细观察个体之间的差异。他知道自然种群中的个体有微小但可量化的差异，例如颜色和斑纹的差异（图 13.11）。但是，是什么力量决定了自然界中哪些个体成为下一代的育种对象呢？

达尔文在经济学家托马斯·马尔萨斯所著的一部论文中找到了灵感，马尔萨斯认为人类的大部分痛苦（疾病、饥荒、战争）是人口增长快于粮食供应和其他资源增长的结果。达尔文将马尔萨斯思想应用于动植物种群，推断任何给定环境的资源都是有限的。其中产生的个体超过环境所能支持的数量，于是导致了生存竞争，每一代都只有一部分后代得以存活（图 13.12）。在许多产下的卵、初生的幼仔、播散的种子中，只有一小部分完成发育并留下后代。其他的因被吃掉、饿死、患病、未交配或其他原因无法繁殖。自然选择的本质就是这种不平等的繁殖。在自然选择过程中，性状更有利于获得食物、躲避捕食者或忍受外界物理条件的个体，将更成功地生存和繁殖，并且将这些具有适应性的性状传递给后代。

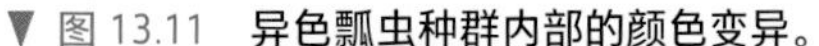
▼ 图 13.11　**异色瓢虫种群内部的颜色变异。**

▲ 图 13.12　**后代过度繁殖。**这种海蛞蝓是一种与蜗牛有亲缘关系的体动物（见图 17.13），它在身体周围的黄色卵带中产数千枚卵。实际只有一小部分卵能够存活和繁殖后代。

达尔文推断，如果人工选择可以在相对较短的时间内带来显著的变化，那么自然选择可以在数百或数千代内显著地改变物种。在很长一段时间内，使种群适应环境的众多性状会积累起来。然而，如果环境发生变化，或者个体迁移到新的环境，自然选择会选择适应这些新环境的性状，有时会引起一个全新物种的起源。

接下来，我们来看一个自然选择运作的例子。

自然选择正在进行

观察任何自然环境，你都会看到自然选择的结果——生物对环境的适应。但是我们能看到自然选择正在起作用吗？是的，的确能看到！生物学家在数以万计的科学研究中记录到了进化性变化。

表明自然选择在行动的一个令人不安的例子：数百种昆虫进化出了对杀虫剂的抗性。杀虫剂控制昆虫数量，防止它们残害庄稼或传播疾病。但是每当一种新型杀虫剂被用于控制害虫，结果总是相似的（图

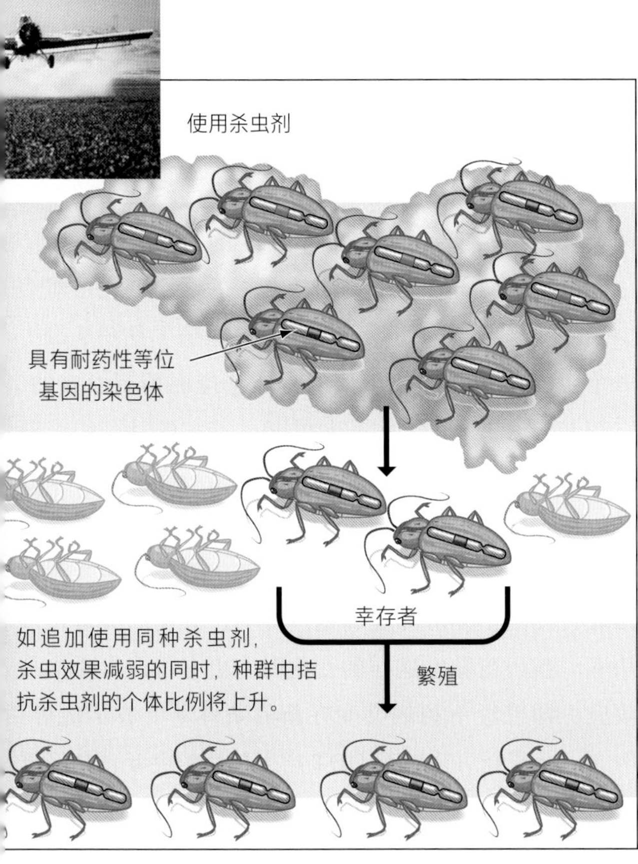

图 13.13 **昆虫种群中杀虫剂抗性的演变。**在向作物喷洒毒素来杀死害的同时，人们无意中助长了对毒素有天生抗性之昆虫的成功繁殖。

13.13）：最初较少剂量的毒素就能杀死大多数害虫，但后来杀虫效果越来越差。原来，第一波杀虫剂浪潮后的少数幸存者是具有遗传耐药性的个体，它们携带一种等位基因，这种等位基因以某种方式使它们能够在化学攻击中存活下来。因此，这种毒素在杀死了大部分害虫的同时，让有抗性的幸存者繁殖，并将带有杀虫剂抗性的等位基因传给了它们的后代。因此，每一代中对杀虫剂有抗性的个体比例都在上升。

自然选择的要点

在继续讲述之前，让我们总结一下自然选择如何带来进化性变化。

自然选择影响生物个体——在图 13.13 中，每只昆虫在杀虫剂下，非生即死。然而，个体并不进化。相反，随着适应性性状在群体中变得更加普遍，而其他性状发生改变或消失，生物种群便会随着时间的推移而进化。因此，进化指的是种群中一代又一代的变化。

自然选择只能增强或削弱可遗传的性状。虽然一个生物体在其一生中可能会获得一些有助于其生存的性状，但这种获得性性状不能遗传给后代。

由于自然选择，500 多个昆虫物种的种群对最广泛使用的杀虫剂免疫。

自然选择与其说是一种创新机制，不如说是一种编辑过程。不是杀虫剂会创造帮助昆虫存活的新等位基因，而是杀虫剂的存在，导致已经拥有这些等位基因的昆虫为自然所选择、青睐。

自然选择不是目标导向的；它无法塑造出完美适应环境的生物体。尽管人工选择是人类刻意创造具有特定性状个体的尝试，但自然选择是环境因素作用的结果，这些因素因地而异，并且会随着时间的推移而变化。在一种情况下有利的性状，在另一种情况下可能是无用甚至有害的。你将会看到，有些适应其实是一种妥协。☑

☑ 检查点

“杀虫剂在昆虫体内引起抗性”这种说法为什么不正确？

答案：环境因素不会创造新的性状，如杀虫剂抗性，而是有利于种群中已经存在的某些性状。

种群的进化

在《物种起源》中，达尔文提供了地球上生命随着时间推移而进化的证据，他提出自然选择（青睐某些可遗传的性状）是这种变化的主要机制。但是作为自然选择“原材料”的变异，是如何在种群中产生的呢？这些变异是如何从父母传给后代的呢？达尔文并不知道孟德尔（见图 9.1）已经回答了这些问题。虽然两人的生活和工作的年代大致相同，但孟德尔的成就很大程度上被科学界忽视了。1900 年对孟德尔研究成果的重新发现，为理解作为进化基石的遗传差异奠定了基础。

遗传性变异的来源

你在人群中不难辨认出你的朋友们。每个人都有独特的基因组，这反映在个体的表型差异上，如外貌和其他性状。事实上，所有物种都存在个体差异，如图 13.14 中的束带蛇所示。除了明显的物理差异，如蛇的颜色和图案，大多数种群大量的表型变异都只能在分子水平上观察到，如能否产生一种能化解农药毒性的酶。当然，并不是一个种群中的所有变异都可遗传。表型——生物体所表达出的性状——是遗传的基因型和许多环境影响综合的结果。例如，如果你进行过牙齿矫正和美白，你不会把这些受环境影响产生的样貌传给你的后代。只有变异中可遗传的部分与自然选择有关。一个种群中的许多性状是几个基因共同作用的结果。其他性状，如孟德尔的紫色豌豆花和白色豌豆花，以及人类的血型，则由一个基因位点所决定，不同的等位基因产生不同的表型。但是这些等位基因从何而来呢？

突变

新的等位基因源于突变，即 DNA 核苷酸序列的变化。因此，突变是作为进化原料的遗传变异的最终来源。然而，在多细胞生物中，只有产生配子的细胞的突变才能传递给后代，并影响种群的遗传变异性。

▼ 图 13.14　**束带蛇种群的变异。**这四条束带蛇属于同一物种，在俄勒冈州的同一块地里捕获。不同形态的束带蛇的行为与其颜色相关。当靠近时，具有斑点、更加融入背景色的蛇通常会静止不动。相比之下，另一类束带蛇长有令人们很难判断出其运动速度的条纹，当人靠近时它们通常会迅速逃跑。

蛋白质编码基因中单个核苷酸的微小变化可对表型产生显著影响，如镰刀型细胞贫血病（见图 9.21）。一个生物体是经过数千代的自然选择而精制而成的，它的 DNA 的随机变化不太可能改善它的基因组，就像随机改变一页纸上的一些单词不太可能改善一个故事一样。事实上，影响蛋白质功能的突变可能是有害的。然而，在极少数情况下，突变的等位基因实际上可能会提高个体对环境的适应能力，并提高其繁殖成功率。当环境发生这样的变化时，更有可能发生这种效应，即曾经不利的突变在新的条件下变成了优势。例如，使家蝇对杀虫剂 DDT 产生抗性的突变也会降低它们的生长速度。在 DDT 被引入之前，这种突变对携带它们的苍蝇来说是一种障碍。但是，一旦 DDT 成为环境的一部分，突变的等位基因就变得有利，自然选择增加了它们在苍蝇种群中出现的频率。

一次删除、破坏或重新排列许多基因位点的染色体变异几乎肯定是有害的。但是在减数分裂过程中，基因或 DNA 小片段的错误复制可能是遗传变异的一个重要来源。如果一个重复的 DNA 片段可以在几代人之间持续存在，那么突变可能会在不影响原始基因功能的情况下在重复的复制中积累，最终导致具有新功能的新基因。这一过程可能在进化中发挥了重要作用。例如，哺乳动物的远古祖先携带着一种检测气味的基因，这种基因后来被反复复制。因此，老鼠有大约 1300 种不同的基因来编码嗅觉受体。这种显著的增长很可能帮助了早期哺乳动物，使它们能够区分许多不同的气味。控制发育的基因的重复复制与脊椎动物起源自无脊椎动物祖先有关。

在原核生物中，突变可以迅速在种群中产生遗传变异。由于细菌繁殖如此迅速，有益的突变可以在几小时或几天内提高出现的频率。因为细菌是单倍体，每个基因都只有一个等位基因，所以一个新的等位基因可以立即起作用。动物和植物的突变率为平均每一代 10 万个基因中有 1 个。对于这些生物来说，低突变率、世代之间的长时间跨度和二倍体基因组阻止了大多数突变对一代到下一代的遗传变异产生显著影响。

有性生殖

对于有性生殖的生物，种群中的大多数遗传性变异来自每只个体所遗传的等位基因的独特组合。（当然，那些等位基因变异正是源于曾经发生的突变。）

现有等位基因的新分类由每一代有性生殖中的三个随机过程产生：减数分裂中期 I 同源染色体的独立定向（见图 8.16）、交叉互换（见图 8.18）及随机受精。在减数分裂过程中，父本及母本遗传的成对同源染色体，各自交叉互换它们的一些基因。这些同源染色体独立于其他染色体对分离成配子。因此，任何个体的配子在基因组成上都有很大差异。最后，每一对交配产生的受精卵都有独特的等位基因组合，这是精子和卵子随机结合的结果。

种群是进化的单位

对进化的一个常见误解是，认为生物个体在其一生中都在不断进化。自然选择确实作用于个体：个体的性状组合影响其生存和繁殖成功概率。但是自然选择对进化的影响只表现为生物种群随时间而发生的变化。

种群是生活在同一地区并互相交配的同一物种的一个群体。我们可以通过几个世代之间种群中某些可遗传性状流行程度的变化来衡量进化。在喷洒杀虫剂的地区，具有抗性的昆虫比例越来越高，就是一个例子。自然选择偏爱具有杀虫剂抗性等位基因的昆虫个体。结果，这些昆虫个体比无抗性个体留下了更多的后代，改变了下一代种群的基因组成。

同一物种的不同种群，可能在地理上彼此隔离，以至于其遗传物质从未或很少发生交换。这种隔离常出现在被局限于不同湖泊（图 13.15）或岛屿的种群中。例如，加拉帕戈斯陆龟的每个种群都被限制在自己的岛屿上。然而，并不是所有种群之间都有如此明显的界限。一个种群的成员通常会与该种群其他成员交配，因此它们之间的亲缘关系比其他种群的成员更接近。

在种群水平上研究进化时，生物学家关注的是**基因库**。基因库由种群内所有成员每个位点上的每种等位基因的所有副本组成。对于许多基因位点，基因库中有两个或多个等位基因。例如，在家蝇种群中，可能有两个与 DDT 分解有关的等位基因：一个编码的酶能分解 DDT，另一个编码的酶不能分解 DDT。生活在喷洒 DDT 田地里的家蝇种群中，具有抗性酶的等位基因频率将增大，而另一个等位基因频率将减小。一个种群中等位基因的相对频率像这样经过几个世代的变化，进化就发生了。

▼ 图 13.15　美国阿拉斯加州德纳里国家公园保护区中相互分隔的湖泊。

☑ **检查点**

突变、有性生殖这两个过程，哪一个导致人类种群中大多数代与代之间的变异？为什么？

答：有性生殖，因为人类的世代跨度相对较长，突变在每一世代的影响相对较小。

接下来，我们将探索如何验证种群中是否正在发生进化。

分析基因库

想象一个野花种群有两个不同花色的性状（图 13.16）。我们用 R 表示红花的等位基因，其相对于白花的等位基因（用 r 表示）是显性的。在这个植物种群的基因库中，只有这两个等位基因决定花的颜色。现在，假设整个野花种群基因库中有 80%（或者说 0.8）的花色位点有等位基因 R。我们将使用字母 p 来表示种群中 R 等位基因的相对频率。因此，$p = 0.8$。由于在这个例子中只有两个等位基因，因此 r 等位基因必然存在于另外的 20%（0.2）中。（两者占了基因库中 100% 的花色基因位点，即相对频率之和为 1。）我们用字母 q 来表示种群中 r 等位基因的频率。对于该野花种群，$q = 0.2$。由于花的颜色只有两个等位基因，我们可以将它们频率的关系表达如下：

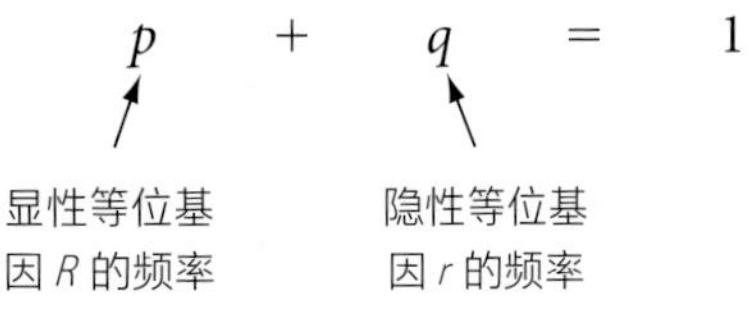

请注意，在本例中，如果我们知道基因库中任一等位基因的频率，就可以用 1 减去它来计算另一个等位基因的频率。

▼ 图 13.16 **具有两种颜色的野花种群。**

从等位基因频率的角度考虑，如果基因库完全稳定（不进化），我们也可以计算出种群中不同基因型的频率。在野花种群中，从配子库中"抽取"两个 R 等位基因产生一个 RR 个体的概率有多大？（这里我们应用在第 9 章学到的概率乘法法则；回顾图 9.11。）抽取一个 R 精子的概率乘以抽取一个 R 卵子的概率为 $p \times p = p^2$，或者 $0.8 \times 0.8 = 0.64$。换句话说，群体中 64% 的植物将具有 RR 基因型。应用同样的数学原理，我们也知道 rr 个体在群体中的出现频率：$q^2 = 0.2 \times 0.2 = 0.04$。因此，4% 的植物是 rr 基因型，它们将开白花。计算杂合子个体 Rr 的频率更为棘手。这是因为杂合基因型能够以两种方式形成——取决于精子或卵子是否提供显性等位基因。所以 Rr 基因型的频率是 $2pq$，也就是 $2 \times 0.8 \times 0.2 = 0.32$。在我们所设想的野花种群中 Rr 基因型植物占 32%，开红色的花。图 13.17 以图形方式重演了这些计算。

现在我们可以写一个通用公式，根据等位基因的频率计算基因库中基因型的频率，以及根据基因库中基因型的频率计算等位基因的频率：

$$p^2 + 2pq + q^2 = 1$$

等位基因 R 纯合子频率；杂合子 Rr 频率；等位基因 r 纯合子频率

▼ 图 13.17 **基因库中的数学计算。**庞纳特棋盘格的四个格子中的每一个，都对应着基因库中可能的等位基因"抽取结果"。

等位基因频率　$p = 0.8$（R）　$q = 0.2$（r）

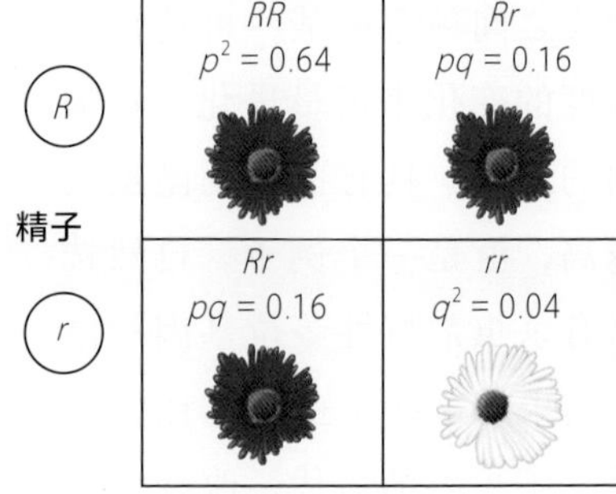

基因型频率　$p^2 = 0.64$（RR）　$2pq = 0.32$（Rr）　$q^2 = 0.04$（rr）

注意，基因库中所有基因型的频率加起来一定是 1。这个公式以推导出它的两位科学家的名字命名，被称为哈迪－温伯格公式。

群体遗传学和健康科学

公共卫生科学家使用哈迪－温伯格公式来计算携带某些遗传疾病等位基因的人口比例。举例而言，苯丙酮尿症（PKU）是一种不能分解苯丙氨酸的遗传病。如果不治疗，这种疾病会对大脑发育产生严重影响。在美国大约 1/10,000 的新生儿患有苯丙酮尿症。现在，新生儿会接受苯丙氨酸氨基转移酶的常规检测，患有这种疾病的新生儿如果在饮食中严格控制苯丙氨酸摄入，则可以减轻或抑制该疾病导致的症状。苯丙氨酸除了存在于天然食物中，还存在于广泛使用的人工甜味剂阿斯巴甜中（图 13.18）。

PKU 是由一个隐性等位基因（即必须以两个相同副本的形式存在才能产生表型的等位基因）引起的。因此，我们可以用哈迪－温伯格公式中的 q^2 项来表示美国患苯丙酮尿症的人口频率。每 10,000 例新生儿中出现一例 PKU，$q^2 = 0.0001$。因此，q——群体中隐性等位基因的频率，等于 0.0001 的平方根，即 0.01。显性等位基因的频率 p，等于 $1-q$，即 0.99。

现在，我们来计算一下携带者的频率，他们是杂合体，在基因中携带了 PKU 等位基因并可能将其传递给后代。携带者在公式中用 $2pq$ 表示：$2 \times 0.99 \times 0.01 = 0.0198$。因此，哈迪－温伯格公式告诉我们，大约 2% 的美国人是苯丙酮尿症基因的携带者。测算有害等位基因的频率对于任何应对遗传疾病的公共卫生项目都至关重要。

▼ 图 13.18 **对苯丙酮尿症（PKU）患者的警告。**

微进化：基因库中的变化

如前所述，进化可以用种群中遗传构成随时间推移的变化来衡量。作为比较的基础，它有助于了解一个种群如果没有进化会有什么结果。一个不进化的种群处于遗传平衡，也称为**哈迪－温伯格平衡**。种群的基因库保持不变，代代相传，等位基因（p 和 q）和基因型（p^2、$2pq$ 和 q^2）的频率不变。因有性生殖导致的等位基因重组本身无法改变一个大的基因库。由于一个种群中等位基因频率在世代与世代之间的变化是最小尺度的进化，所以它有时被称为**微进化**。☑

☑ 检查点

1. 哈迪－温伯格公式（$p^2 + 2pq + q^2 = 1$）中的哪个量对应隐性疾病苯丙酮尿症（PKU）等位基因个体的频率？
2. 解释微进化。

答案：1. q^2。 2. 微进化是一个种群中等位基因频率的变化。

改变种群中等位基因频率的机制

我们已经将微进化定义为一个种群的基因构成在代际传承中的变化，这样就产生了一个显而易见的问题：什么机制可以改变基因库？——自然选择是最重要的，因为它是唯一促进适应的过程。下面，我们将更细致地讲解自然选择。但是，首先我们来看一看进化性变化的另外两种机制：遗传漂变和基因流，前者由于偶然事件，后者则由于相邻种群之间等位基因的交换。

遗传漂变

若掷硬币 1000 次，结果为 700 次正面、300 次反面，则你可能会对这枚硬币起疑。但掷硬币 10 次，则 7 次正面和 3 次反面的结果看起来很合理。样本越小，偏离理想结果的可能性就越大——理想情况下出现正面和反面的次数应该相等。

把掷硬币的逻辑应用到一个种群的基因库中。如果新一代从上一代中随机抽取等位基因，那么种群越大（样本量越大），新一代就越能代表上一代的基因库。因此，基因库维持现状的一个要求是种群规模足够大。小种群的基因库可能会因为抽样误差，而在新一代无法准确地表现出来。这种基因库就如同硬币投掷的小样本，其结果不稳定。

图 13.19 将抽样误差的概念应用于一个野花小种群。概率导致红色和白色花的等位基因频率在几代之间出现变化。这符合我们对微进化的定义。这种进化机制，即一个种群的基因库因偶然发生的变化，称为**遗传漂变**。但是什么导致一个种群缩小到遗传漂变效应显著的规模呢？——可能是发生了“瓶颈效应”或“奠基者效应”这两种效应之一，我们接下来将探讨这两种效应。

瓶颈效应

地震、洪水、火灾等灾害可能会杀死大量个体，幸存的小型种群的遗传组成不太可能与原始种群相同。幸存种群的基因库，是从最初存在的基因多样性中“抽取”的一个小样本。偶然地，某些等位基因在幸存者中占比过高，而其他等位基因可能代表性不足，有些等位基因则可能从种群中消失。概率可能会继续改变很多代的基因库，直到种群再次足够大，抽样误差变得微不足道。

图 13.20 中的类比显示了“由于种群数量急剧减少而导致的遗传漂变”为什么被称为**瓶颈效应**。

▼ 图 13.20　**瓶颈效应。**这个类比中的彩色玻璃球代表一个假想种群中的三个等位基因。从瓶子中仅仅摇晃出几颗玻璃球，使其穿过瓶颈，就像经历一场环境灾难，极大地减少了种群中个体的数量。与灾难前的种群相比，紫色玻璃球在新种群中的比例过高，绿色玻璃球的比例过低，橙色玻璃球则完全没有——这些都是随机的。同理，经历“瓶颈事件”的种群的可变异性也已降低。

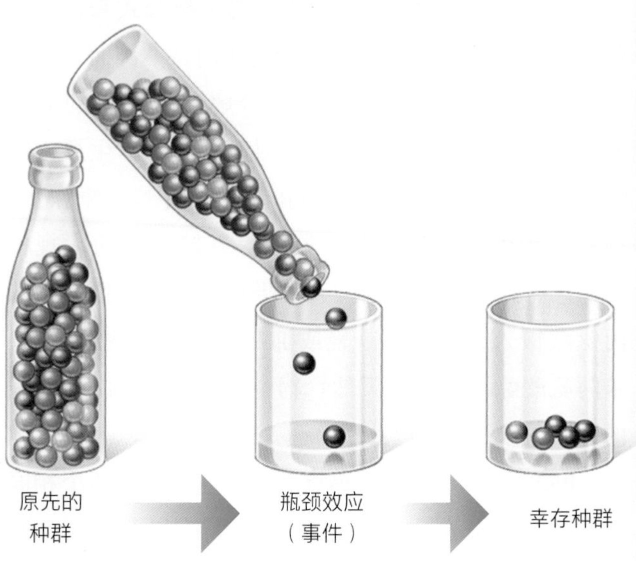

▼ 图 13.19　**遗传漂变。**这个假想的野花种群只有 10 株植株。由于几个世代的随机变化，遗传漂变可以消除一些等位基因，就像这个假想种群第 3 代中的 *r* 等位基因一样。

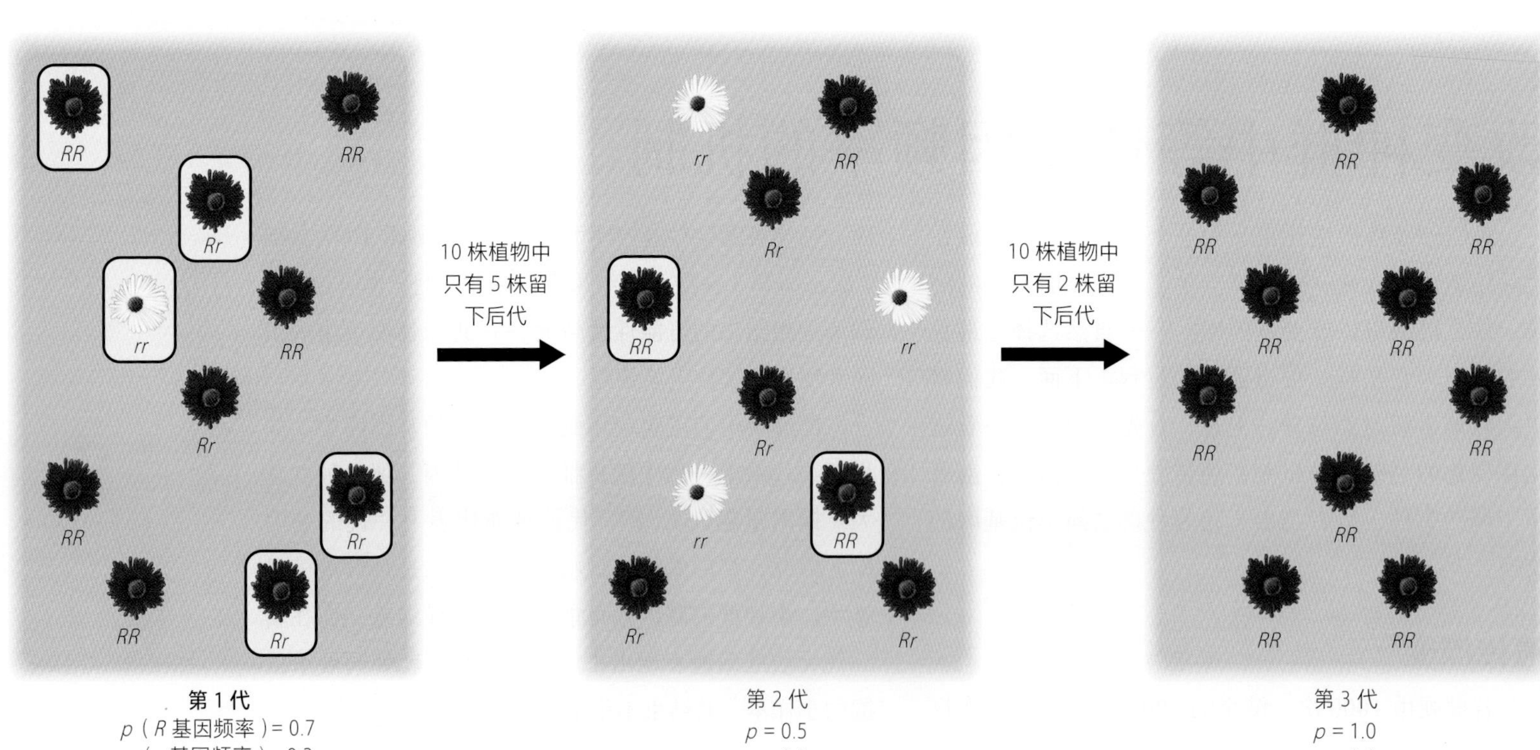

改变种群中等位基因频率的机制

瓶颈效应严重地减小种群规模，有些等位基因可能会从基因库中丢失，这将降低种群的整体遗传可变性。我们可以看到这一现象出现在濒危物种种群数量急剧减少的情况下：种群中个体变异潜能丧失，其环境适应性随之丧失。

猎豹就是这样一个濒临灭绝的物种（图 13.21）。大型猫科动物——猎豹，是跑得最快的动物，曾广布于非洲和亚洲。像非洲许多哺乳动物一样，猎豹的数量在末次冰期（约 10,000 年前）急剧下降。当时，可能是由于疾病、人类狩猎和周期性干旱，猎豹遭遇了严重的瓶颈效应。大概在 19 世纪，南非猎豹遭遇了第二次瓶颈效应，当时农民猎杀它们，致其濒临灭绝。如今，野生猎豹数量稀少，这些种群的遗传变异性非常低。此外，随着人类土地需求的增加，留在非洲的猎豹正被排挤到自然保护区和公园。伴随种群密度上升而来的是种群内更有可能传播疾病。而因为种群变异性这么小，猎豹对这种环境变化的适应能力随之降低。圈养繁殖计划尽管可以逐渐恢复猎豹的种群规模，但永远无法恢复瓶颈效应之前的遗传多样性。

濒危物种种群，可能因缺乏遗传多样性而注定灭绝。

奠基者效应

当少数个体在一个孤岛、湖泊或其他新栖息地定居时，该新种群的遗传构成只是更大种群基因库的一个样本。种群越小（即样本量越小）就越无法代表定居者原种群的遗传多样性。如果新种群定居成功，遗传漂变将继续随机改变等位基因频率，直到种群大到足以使遗传漂变对基因频率的影响微乎其微。这类遗传漂变由于建立了一个小的新种群，使其基因库不同于亲本种群，而称为**奠基者效应**。

在地理上或社会上孤立的人群中，发现了许多奠基者效应的例子。在这类情况下，于大规模人群中罕见的致病等位基因，可能在小规模人群里变得常见。例如北美的阿米什人和门诺派社区，18 世纪由少量欧洲移民建立，社区内的人们互相通婚，在基因上与大规模人群保持分离（图 13.22）。其他地方极其罕见的几十种遗传病，在这些社区就比较高发。另一方面，群体中遗传疾病高发，使遗传研究者能够识别导致某些遗传疾病的突变。某些情况下，如果及早发现，疾病可以治疗。

▲ 图 13.22　**奠基者效应。**大规模种群中罕见的某些等位基因，往往在小规模孤立种群中频率偏高。

☑ 检查点

你认为，现代猎豹比 1000 年前的猎豹具有的遗传变异性更高，还是更低？

答案：更低，因为瓶颈效应降低了遗传变异性。

▼ 图 13.21　**保护生物学中瓶颈效应的影响。**一些濒临灭绝的物种，如猎豹，遗传性变异较低。因此，它们适应如新疾病这类环境变化的能力，逊于具有更大遗传性变异资源的物种。

基因流

种群进化性变化的另一个来源是**基因流**，即与其他种群发生基因交流。当可育个体移入或移出一个种群，或当配子（如植物花粉）在种群间转移时，种群可能获得或失去某些等位基因（图 13.23）。例如，以我们在图 13.16 中假设的野花种群为例。再设想一个邻近白花种群。一场风暴可能会把邻近种群的花粉吹到我们的野花上，导致下一代白花等位基因的频率更高——这是一种微进化变化。

基因流倾向于减少种群之间的差异。基因流如果足够广泛而频繁，最终可以将相邻的种群结合成共享基因库的单一种群。随着人们开始更自由地在世界各地移动，基因流成为原先隔离种群微进化的重要因素。☑

☑ 检查点

人们越来越方便地在世界各地旅行，对哪个微进化机制影响最大？

答案：基因流。

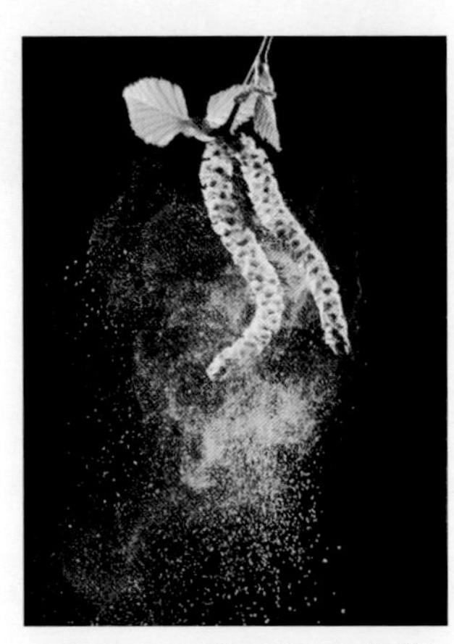

▲ 图 13.23 **基因流。**一些植物的花粉可以借助风媒传播数百英里，使得基因在遥远的种群之间流动。

自然选择：近距离观察

遗传漂变、基因流，甚至突变，都可以导致微进化。而只有极少数情况下，这些事件才会使种群能更好地适应环境。另一方面，在自然选择中，只有在突变和有性生殖过程中产生的遗传性变异是随机的。在自然选择中更适应环境的个体更有可能生存和繁殖，这一过程并非随机发生。因此，只有自然选择才能始终如一地导致适应性进化，即生物与其生存环境更加相互适应的进化。

生物的适应性包括许多引人注目的例子。例如达尔文在加拉帕戈斯群岛遇到的相当令人难忘的生物之一——蓝脚鲣鸟（图 13.24）。这种鸟的身体和喙像鱼雷一样呈流线型，让它从高达 24 米处冲入浅水区时，产生的摩擦最小。一旦到达水面，鲣鸟就用其大尾巴作为刹车，减缓高速入水这一动作。那引人注目的蓝脚是雄性繁殖成功的必要条件。雌性鲣鸟更喜欢脚上蓝色更鲜艳的雄性。因此，雄性的求偶展示是一种舞蹈，其特点是频繁闪现其鲜艳的脚掌。

这种适应就是自然选择的结果。自然选择通过持续偏爱某些等位基因，让生物更好地匹配环境。然而，随着时间的推移，环境可能发生变化。因此，所谓生物体与其环境“良好匹配”是一个不断移动的“标靶”，这让适应性进化成为一个连续的动态过程。

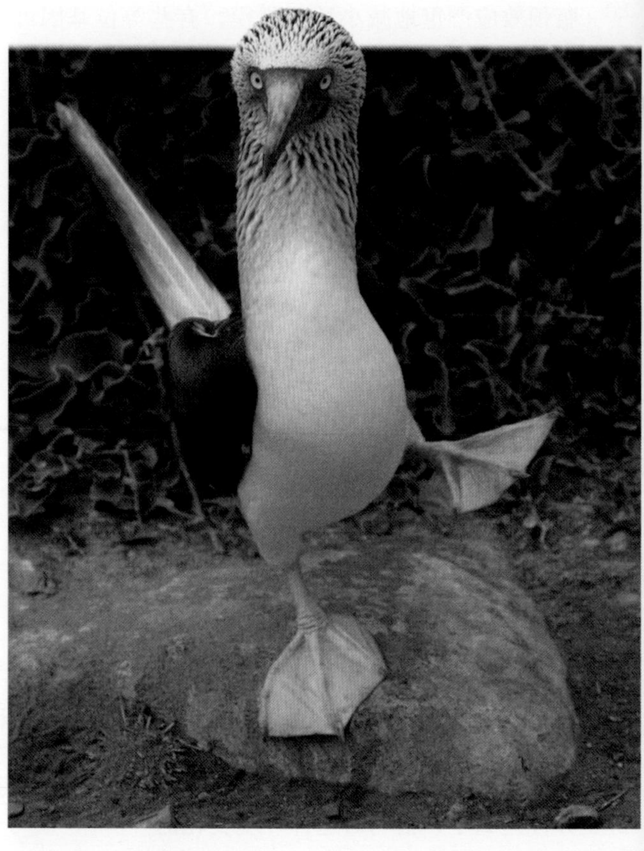

▲ 图 13.24 **蓝脚鲣鸟。**鲣鸟巨大的蹼足尽管在水中非常有利，但在陆地上行走时却很笨拙。

进化适合度

请不要把“适者生存”误读为个体之间的直接竞争。进化成功的关键是成功繁殖，通常更为微妙而并非受个体控制。在不同数量的飞蛾种群中，某些个体会比其他个体产生更多的后代，可能仅仅是因为它们的翅膀颜色可以更好地保护它们，使其免受捕食者的攻击。野花种群中的个体在繁殖成功率上可能有所不同，有些植株会吸引更多的授粉者，这是由于花朵的颜色、形状或香味略有不同。在特定的环境中，这些性状可以提高**相对适合度**，即相对于其他个体，拥有这些性状的个体对下一代基因库的贡献更加突出。进化背景下，最适合的个体产生最大数量的可存活、可生育的后代，从而将最多的基因传递给下一代。☑

☑ 检查点

相对适合度的最佳衡量标准是什么？

答案：个体留下的可育后代的数量。

自然选择最常见的三种结果

设想有一群老鼠，它们皮毛的颜色是从非常浅到非常深的三种灰色。如果我们把每种颜色老鼠的数量绘制成图表，我们会得到一个钟形曲线，如图 13.25 顶部所示。如果自然选择偏爱某些皮毛颜色的表型，这个老鼠种群就会随着世代延续发生改变。根据偏爱的表型，有三种可能的结果，对应的三种自然选择模式被称为定向选择、分裂选择、稳定选择。

定向选择通过选择一种极端的表型改变种群的整体构成，例如颜色最深的老鼠［图 13.25（a）］。在当地环境改变或生物迁移到新环境时，定向选择最为常见。一个真实的例子是昆虫种群杀虫剂抗性基因频率逐渐升高。

分裂选择可以导致种群中两种或数种相反表型之间的平衡［图 13.25（b）］。与分裂选择相关，斑块景观中的相异斑块更有利于种群中不同表型的生存。图 13.14 中看到的蛇种群的变化便是分裂选择的结果。

稳定选择有利于中间表型［图 13.25（c）］。这种选择通常发生在相对稳定的环境中，这样的环境条件倾向于减少物理差异。这种进化保守主义通过选择非极端的表型来发挥作用。例如，稳定选择使大多数人的出生体重保持在 3～4 千克，比这个区间更轻或重得多的婴儿往往死亡率更高。

在三种选择模式中，大多数情况下发生的都是稳定选择，其在适应性良好的种群中抵抗变化。一个种群受到环境变化或迁居新地的压力时，就会迅速进化。当面临一系列新的环境问题时，种群要么通过自然选择适应环境，要么在该地区灭绝。化石记录告诉我们，种群灭绝是最常见的结果。那些在危机中幸存下来的种群可能会发生足够大的变化，从而被认定为新物种。（在第 14 章将学习更多这类知识。）☑

性选择

达尔文是探索**性选择**含义的先驱。性选择是一种自然选择，在这种选择中，具有某些性状的个体比其他个体更有可能获得配偶。一种动物的雄性和雌性显然有不同的生殖器官。但它们还可能有第二性征，这种特征的明显差异与繁殖或生存没有直接关系。这种外貌上的差异，称为**性别二态性**，通常表现为体型大小差异。在雄性脊椎动物中，性别二态性还表现在外在装饰上，如狮鬃、鹿角、孔雀和其他鸟类的彩色羽毛［图 13.26（a）］。

☑ 检查点

随着该地区气候变得更冷，熊的毛皮厚度随着几个世代的繁衍不断增加。这是哪种类型的自然选择的一个例子：定向选择、分裂选择，还是稳定选择？

答案：定向选择。

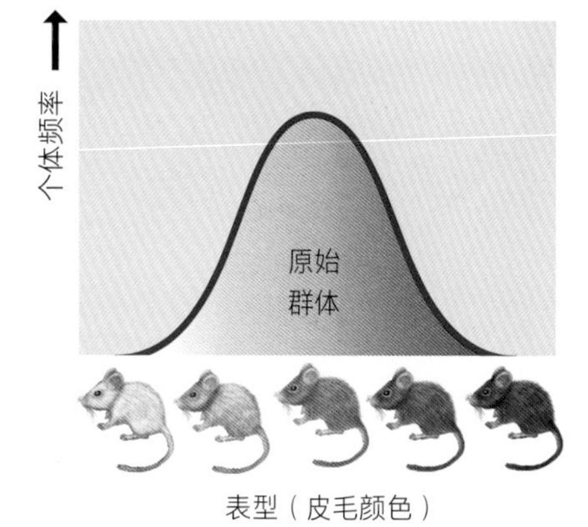

◄ 图 13.25 **在设想的老鼠种群中自然选择引起皮毛颜色变化的三种可能结果。**向下的大箭头象征着自然选择对某些表型的压力。

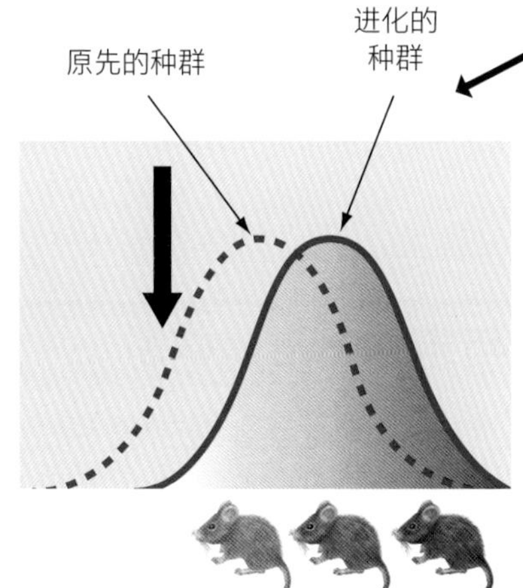

（a）**定向选择**通过偏向一个极端的变异来改变种群的整体构成。在图中情况下，趋势是颜色变深，也许是因为树木生长给景观蒙上了阴影，使得捕食者不太容易发现深色老鼠。

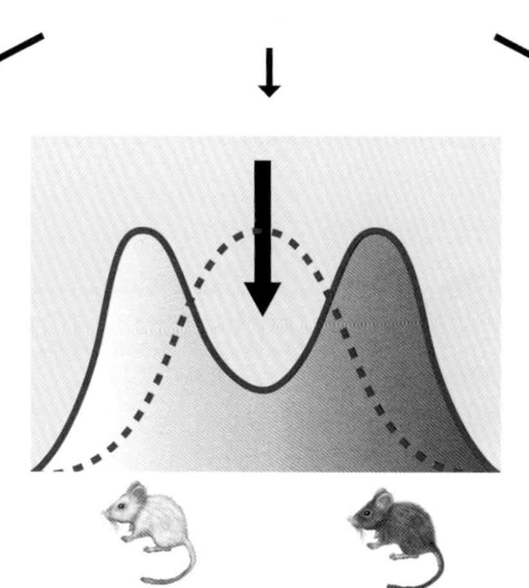

（b）**分裂选择**偏向处于两个极端的个体，而不是居中的个体。在这里，浅色老鼠和深色老鼠的相对频率增加了。也许这些老鼠所迁居的一片栖息地，其浅色的土壤背景下星散分布着深色岩石。

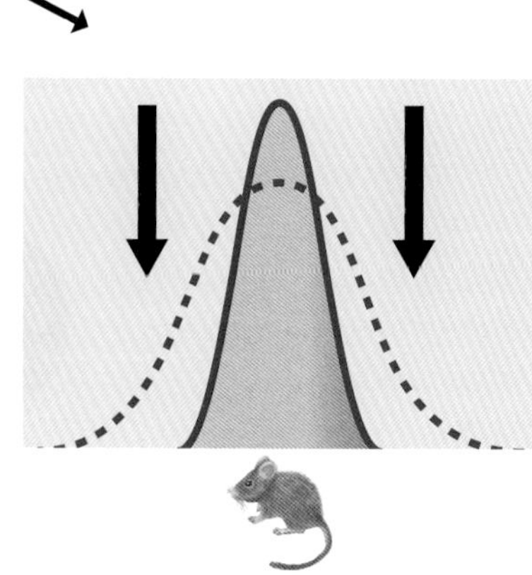

（c）**稳定选择**从群体中剔除极端变异，在这种情况下，将剔除颜色异常浅或深的个体。整体趋势表现为减少表型变异和增加中间表型的频率。

在一些物种中，第二性征可能用来与同性（通常是雄性）竞争配偶。此类竞争可能包括身体对抗，但更多时候是仪式化展示［图 13.26（b）］。在胜利者将获得一群配偶的物种中这种选择很常见——这显然提高了雄性的进化适应性。

在一些物种中，雄性通过不致命的搏斗来争取与雌性交配。

更常见的性选择中，一种性别的个体（通常为雌性）在选择配偶时会很挑剔。装饰最大或最多彩的雄性通常对雌性最有吸引力。孔雀尾巴上奇特的羽毛就是在呼吁："选我吧！"每当雌性基于某种外貌或行为选择配偶时，它就会延续使它做出这种选择的等位基因，并让具有这种特定表型的雄性延续自身的等位基因。

挑剔对雌性有什么好处？一种假说是，雌性更喜欢与"好"等位基因相关的雄性特征。在几种鸟类中，研究表明雌性所喜欢的性状，如明亮的喙或长尾巴，与雄性的整体健康有关。

▼ 图 13.26　**性别二态性。**

（a）**一种雀的性别二态性。**脊椎动物中，雄性（右）通常更为显眼，包括这对原产非洲的绿翅斑腹雀。

（b）**争夺配偶。**雄性西班牙羱羊为了与雌性的交配权而展开非致命竞争。

进化的过去、现在与未来　进化联系

日益严重的抗生素耐药性问题

你可能知道，抗生素是用于杀死感染性微生物的药物。而在医学发展史上，抗生素是一种相对新颖的事物。在没有抗生素的年代，人们经常死于百日咳等疾病，甚至像剃刀割伤或玫瑰刺划伤的小伤口都可能导致致命感染。20 世纪 40 年代，随着第一种抗生素青霉素的广泛使用，人类健康发生了一场革命。不久，更多种抗生素被研发出来，很多曾经致命的疾病都可以轻松治愈。在人们对新兴神奇药物的热情未退之际，一些麻烦的迹象就已开始出现。医生报告了对抗生素无反应的细菌感染病例。到 1952 年，一名研究者已经确定了原因：一些细菌具有的遗传性状使它们能够拮抗药物杀伤。就像杀虫剂选择出拮抗杀虫剂的害虫一样，抗生素选择出了抗性细菌！基因编码分解抗生素的酶或突变后改变抗生素结合位点，会使细菌及其后代对该抗生素产生耐药性。这里，我们再次看到了自然选择的随机和非随机两个方面——细菌中的随机遗传突变、环境对抗生素抗性表型的非随机选择效应。

讽刺的是，我们对抗生素治疗能力的热情促进了抗生素抗性细菌的进化。牲畜饲养者在动物饲料中添加抗生素，这种做法可能会选择出抗生素标准品抗性细菌。医生也可能会过量使用抗生素——例如，当用其治疗病毒感染而不起作用时。你也可能是问题的一部分：如果你感觉好一点了就停止服用规定疗程的抗生素，你就是在允许细菌突变进而躲避抗生素杀伤，幸存下来并繁殖。这种细菌的后续突变甚至可能导致全面的抗生素耐药性。

由于抗生素在医院里大量使用，抗生素耐药性的自然选择在医院里也尤为强烈。一种被称为耐甲氧西林金黄色葡萄球菌（MRSA）的“超级细菌”可以导致“食肉细菌感染”和潜在的全身致命性感染。令人担忧的是，现在越来越多的MRSA感染事件开始发生在社区环境中，如在体育场馆设施、学校和军营中（图13.27）。

MRSA不是唯一的耐抗生素微生物。根据疾病控制中心（CDC）发布的报告，17种细菌感染不再能用抗生素标准品治疗，这些细菌中的大多数被认为会对公共健康造成紧急或严重的威胁。最近出现的“超级细菌”是一种导致性传播疾病——淋病的细菌。公共卫生官员担心随着这种菌株的传播，淋病将成为不治之症。耐药性也在致病病毒（如艾滋病病毒和流感病毒）和寄生虫（如疟原虫）中出现。

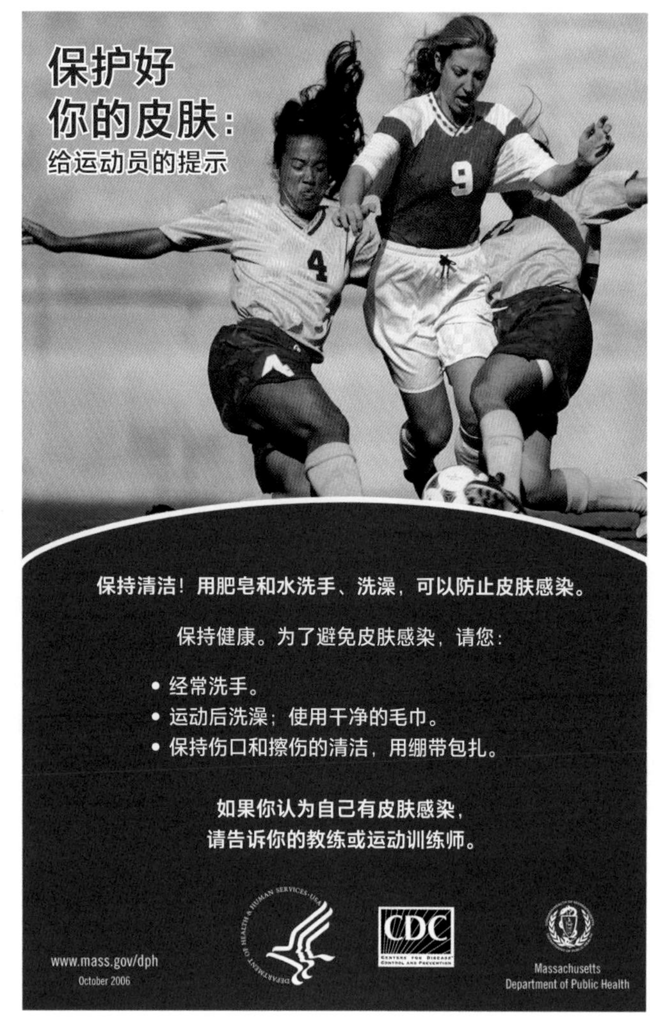

▲ 图13.27 **提醒运动员注意耐甲氧西林金黄色葡萄球菌。**

医学和药物研究者正在竞相开发新的抗生素和其他药物。然而，经验表明，在可预见的未来，我们将继续与耐药细菌进化做斗争。

本章回顾

关键概念概述

生物的多样性

生物多样性的命名和分类

在林奈的分类系统中，每个物种被赋予一个由两部分组成的名称。第一部分是属名，第二部分是种名，种名对于属内的每个物种都是唯一的。在分类层次上，域 > 界 > 门 > 纲 > 目 > 科 > 属 > 种。

解释生物的多样性

现代生物学家接受达尔文的自然选择的进化理论，视其为对生物多样性的最佳解释。然而，达尔文1859年发表其理论时，该理论与主流观点截然不同。

达尔文与《物种起源》

达尔文的旅程

在“小猎犬号”环球航行中，达尔文观察到了居住在不同环境中的生物的适应性。达尔文对南美洲外海的加拉帕戈斯群岛上生物的地理分布，印象尤其深刻。达尔文用“缓慢变化的古老地球”的新证据来思考自己的观察，结果得出了与人们长期认为的“年轻的地球充满不变的物种”的观点截然相反的结论。

进化：达尔文的理论

达尔文在《物种起源》一书中提出了两个观点：(1)现存物种是祖先物种的后代；(2)自然选择是进化的机制。

进化的证据

化石证据

化石记录表明，生物是按历史顺序出现的，许多化石将祖先物种与今天的生物联系在了一起。例如，鲸类从祖先陆栖动物进化而来的过渡形态已经成为化石记录。

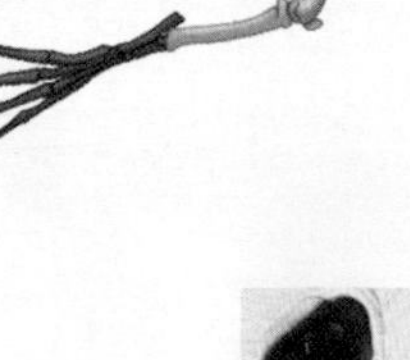

同源性证据

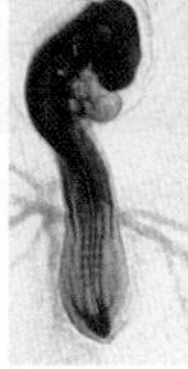

形态结构和分子同源性揭示了进化关系。亲缘密切的物种在其胚胎发育过程中通常有相似的阶段。所有物种共享一套遗传密码，这表明所有形式的生命都相互关联，是从最早的生物体分支进化而来的。

进化树

进化树代表一系列相关的物种，最近出现的物种在分支顶端。每一个分支节点代表了从它辐射出来的所有物种的共同祖先。

作为进化机制的自然选择

达尔文提出自然选择是产生适应性进化的机制。在一个变化的种群中，最适合特定环境的个体，比不太适合该环境的个体更有可能生存和繁殖。

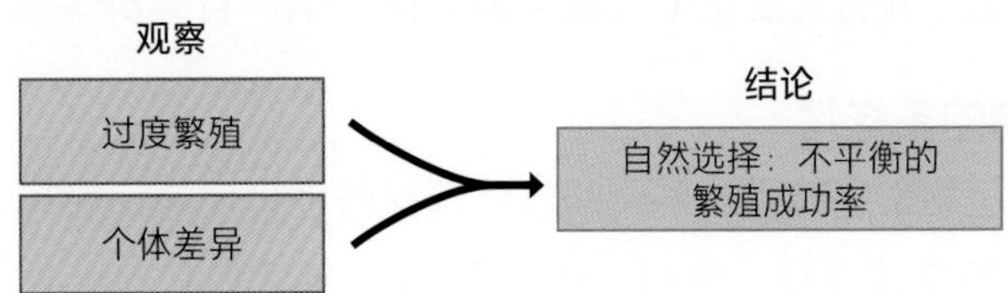

自然选择正在进行

在许多科学研究中都观察到了自然选择，包括杀虫剂抗性昆虫的进化。

自然选择的要点

个体并不进化。自然选择只能增强或削弱可遗传的性状，而不能影响个体一生中习得的特征。自然选择只能作用于现有的变异——新的变异不会因环境变化而产生。自然选择不会产生完美的生物。

种群的进化

遗传性变异的来源

突变和有性繁殖产生遗传性变异。突变是遗传性变异的根源。单个突变对一个大基因库的短期影响很小，但从长期来看，突变是遗传性变异的来源。

种群是进化的单位

种群是生活在同一时间和地点的同一物种的所有成员，是可以发生进化的最小生物单位。

分析基因库

基因库由组成种群的所有个体中的所有等位基因构成。哈迪－温伯格公式可用于根据等位基因频率计算基因库中基因型的频率，反之亦然：

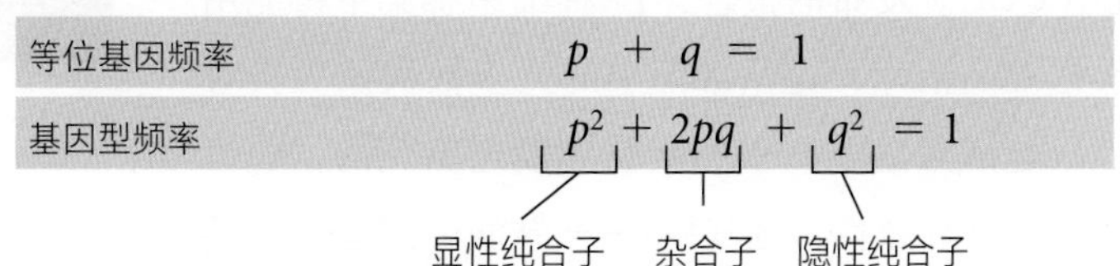

群体遗传学和健康科学

哈迪－温伯格公式可以用来估计有害等位基因的频率，这可以为处理遗传疾病公共卫生项目提供有用信息。

微进化：基因库中的变化

微进化是种群中等位基因频率的世代间变化。

改变种群中等位基因频率的机制

遗传漂变

遗传漂变是一个小种群的基因库由于偶然因素发生的变化。瓶颈效应（种群规模的急剧减小）和奠基者效应（发生在由少数个体开始的新种群中）是导致基因流的两种情况。

基因流

一个群体可能通过基因流，即与另一个群体的基因交换，获得或失去等位基因。

自然选择：近距离观察

在进化的所有原因中，只有自然选择促进进化适应。相对适应性是一只个体相对于其他个体对下一代基因库的贡献。自然选择的结果可能是单向性、分裂性或稳定性的。第二性征（如性别决定的羽毛或行为）可以促进性选择——“由遗传性状决定的对配偶之偏好”的一种自然选择。

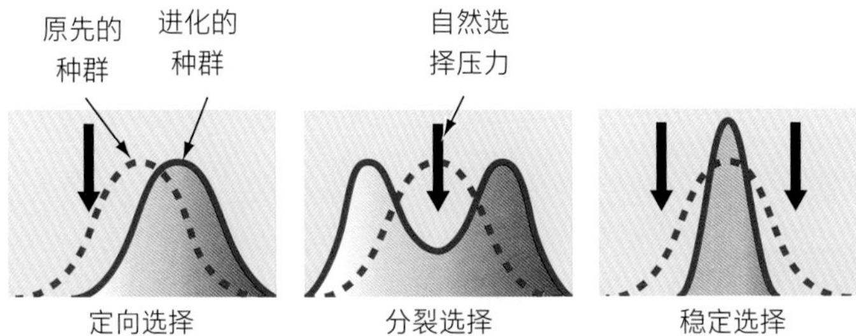

MasteringBiology®

如需练习测验、生物动画、MP3 教程、视频辅导以及为本教材设计的更多学习工具，请访问 MasteringBiology®。

自测题

1. 按照涵盖范围从小到大的顺序排列这些分类级别：纲、域、科、属、界、目、门、种。
2. 关于查尔斯·达尔文，下列哪一项表述是正确的？
   a. 他是第一个发现生物可以改变或进化的人。
   b. 他的理论基于后天获得性状的遗传性。
   c. 他提出自然选择是进化的机制。
   d. 他是第一个意识到地球不止有 6000 多年历史的人。
3. 赖尔和其他地质学家的观点如何影响了达尔文对进化论的思考？
4. 在一个特定基因位点有两个等位基因 B 和 b 的群体中，B 的等位基因频率为 0.7。如果这个群体处于哈迪－温伯格平衡，其中杂合子的频率是多少？显性纯合子的频率是多少？隐性纯合子的频率是多少？
5. 从进化的角度定义适合度。
6. 下列哪一个过程是作为进化素材的遗传性变异的最终来源？
   a. 有性生殖。　b. 突变。
   c. 遗传漂变。　d. 自然选择。
7. 作为一种进化机制，自然选择可以最接近地等同于________。
   a. 随机交配　b. 遗传漂变
   c. 不平衡的繁殖成功率　d. 基因流
8. 比较说明瓶颈效应和奠基者效应是如何导致遗传漂变的。
9. 在一个特定的鸟类物种中，长着中等大小翅膀的个体比同一种群中长着更长或更短翅膀的其他个体更能成功地在暴风雨中生存。在自然选择的三种一般模式（定向选择、分裂选择、稳定选择）中，这个例子反映了__________。
10. 关于哈迪－温伯格平衡的种群，下列哪个陈述是正确的？（正确陈述可能不止一个。）
    a. 该种群很小。
    b. 该种群没有在进化。
    c. 种群与周围种群之间不发生基因流。
    d. 没有发生自然选择。

答案见附录《自测题答案》。

科学的过程

11. **解读数据**　在一个新区域刚刚建立了一个蜗牛种群。蜗牛被鸟捕食，鸟把蜗牛在岩石上敲开，吃掉柔软的身体留下壳。蜗牛壳有条纹状和非条纹状两种形态。在一个地区，研究者统计了活蜗牛和破碎的壳。数据总结如下：

	条纹状壳	非条纹状壳
活蜗牛数量	264	296
破碎蜗牛壳的数量	486	377
总数	750	673

根据这些数据，哪种蜗牛更容易被鸟类捕食？请预测有条纹状壳和非条纹状壳个体的频率如何随时间变化。

12. 假设上一个问题中蜗牛身上的条纹由一个基因位点决定，显性等位基因产生条纹状壳蜗牛，隐性产生非条纹状壳蜗牛。结合活蜗牛和破碎蜗牛壳的数量，计算以下内容：观察组中显性等位基因的频率、隐性等位基因的频率和杂合子的数量。

生物学与社会

13. 科技社会中的人们在多大程度上能免受自然选择的影响？解释你的答案。
14. 你在家或学校附近见过什么植物和动物？什么样的进化适应性让它们更加适应它们所在的环境？

14 生物多样性如何进化

进化为什么重要

如果你驱车冲出大峡谷边缘，在坠落到地面之前，你将穿越 40 层岩层与几亿年的地质历史。

来自两种野生禾本科植物的等位基因，可以用来培育出更好的玉米穗。

将进化史拼合在一起，可以显示谁与谁是亲戚。

本章内容

本章线索

大灭绝

大灭绝 生物学与社会

第六次大灭绝

化石记录显示，地球上生命的进化史是阶段性的，漫长且相对稳定的时期会被短暂的灾难性时期打断。在这些沧桑巨变中，新物种形成了，而其他一些物种大量灭绝。

世界不断变化，灭绝不可避免。但是化石记录揭示了一些剧烈变化的案例，案例中地球上大多数生命（50% ～ 90% 的物种）突然灭绝并永远地消失了。科学家已经用记录证实过去的 5.4 亿年里发生了 5 次这样的大灭绝。如今，人类活动正在改变全球环境，以至于许多物种正在以惊人的速度消失。过去的 400 年在地质尺度上是一个短暂时间，但在此期间，人类已经知道有 1000 多个物种发生了灭绝。科学家们估计，这是大多数化石所记录的灭绝速率的 100 ～ 1000 倍。

海獭：一种濒危物种。石油泄漏、被商业捕捞网缠绕、疾病，是海獭种群数量下降的主要原因。

我们正处于第六次大灭绝之中吗？在 2011 年《自然》杂志上发表的一项深入分析中，研究者比较了 5 次大规模物种灭绝的化石记录数据与现生物种数据。好消息是，目前的生物多样性丧失，尚不构成大规模灭绝。坏消息是，我们正徘徊在危险的边缘。如图所示，类似海獭这样的极度濒危物种一旦消失，将把我们所处的行星推向一个大灭绝时代。当研究者将濒危或受威胁种（比濒危物种灭绝风险低，但可能于不久的将来灭绝的物种）纳入计算时，情况已经不容乐观。与几十万年间逐渐发生的远古大灭绝相比，人类导致的第六次大灭绝可能在短短几百年内完成！而且，和以前的大灭绝一样，地球上的生命可能需要数百万年才能恢复。

但是化石记录也显示了毁灭与复苏如影随形。大规模灭绝可以为由一个共同祖先进化出许多不同物种铺平道路，比如恐龙灭绝后哺乳动物的多样化。因此，我们将以讨论新物种的诞生开始这一章，然后研究生物学家如何追踪生物多样性的进化。我们还将仔细观察科学家是如何对生物进行分类的。

物种起源

自然选择是一种微进化机制，解释了生物适应环境的惊人方式。但是，是什么造成了生命庞杂的多样性——地球历史上出现的千百万个物种？这个问题引起了达尔文的兴趣，他在日记中称“地球上新生命的最早出现，是谜中之谜”。

青年达尔文造访加拉帕戈斯群岛时（见图 13.3），意识到自己是在参观一处“起源之地”。尽管这些火山岛在地质学上很年轻，但它们已经是许多尚不为人知的植物和动物的家园。在这些独特的居民中，有海鬣蜥（图 14.1）、加拉帕戈斯陆龟（见图 13.4）和许多被称为地雀的小鸟，你将在本章中了解更多（见图 14.11）。当然，达尔文认为，所有这些物种并不都是原始的移民生物。它们中的一些，一定是后来进化来的——是那些最早定居此地的原始祖先经历自然选择之后，所产生的无数适应环境的后代。

自达尔文《物种起源》发表以来的一个半世纪，新的发现和技术进步——特别是在分子生物学方面——为科学家们提供了关于地球上生命进化的大量新信息。例如，研究者解释了脊椎动物四肢同源性背后的遗传模式（见图 13.7）。另外发现并编目了成千上万的化石，包括达尔文预测的许多过渡（中间）形态物种。在新旧技术交融中，研究者甚至能够探究某些化石中的遗传物质，包括我们的古老亲戚尼安德特人（见图 14.23）。新的年代测定方法已经证实地球有数十亿年的历史，甚至比达尔文时代最激进的地质学家提出的地球年龄更古老。正如你将在本章学到的，这些年代测定方法也使研究者能够确定化石和岩石的年龄，为生物种群之间的进化关系提供重要启发。此外，我们对地质过程的进一步了解，如大陆位置的变化，解释了一些达尔文及其同代人所困惑的生物与化石的地理分布问题。

在这一章，你将学习进化如何织就“丰富的生命织锦”——从**物种形成**开始，了解一个物种分离形成两个或更多物种的过程。其他主题包括：进化新征的起源，如鸟类的翅膀、羽毛以及人类的大脑；以及大灭绝的影响，即其为适应新环境的物种的爆炸性增长铺平了道路，如大多数恐龙消失后，不同种类的哺乳动物大量涌现。

▼ 图 14.1 **栖息在加拉帕戈斯群岛的独特物种——海鬣蜥（右图）**。达尔文注意到加拉帕戈斯海鬣蜥具有有助于游泳的扁平尾巴，它们与岛上和南美大陆的陆鬣蜥（左）类似但又不相同。

什么是物种？

species（物种）是一个拉丁词，意思是“种类”或“外表”。事实上，我们幼年时候，就学会了从外表差异来区分动植物的种类——例如，区分狗和猫，区分玫瑰和蒲公英。尽管“物种是不同的生命形式”这一基本概念似乎很直观，但提出一个更正式的定义并不容易。

物种的一种定义是**生物种概念**（这也是本书使用的主要定义）。生物种将一个**物种**定义为一组种群，其成员在自然界中具有相互杂交并产生可育后代的潜力（图 14.2）。地理和文化可能会分开一位曼哈顿女商人和一位蒙古乳品商。但是如果这两人真的相遇后婚配，他们就可能生育一个孩子，孩子最终能长成可生育的成年人——这是因为所有的人都属于同一个物种。相比之下，尽管人类和黑猩猩有一段共同的进化史，但它们是不同的物种，因为它们不能成功交配。

我们不能将生物种概念应用于所有情况。例如，基于生殖相容性的物种定义，排除了仅进行无性生殖（由单一母体直接产生后代）的生物，如大多数原核生物。而且化石生物现在显然没有有性繁殖的能力，所以不能用生物种概念来评价它们。为了应对这些挑战，生物学家开发了其他方法定义物种。例如，迄今为止命名的大多数物种都是根据可量化的表型特征进行分类的，如牙齿或花结构的数量和类型。另一种方法将物种定义为拥有一个共同祖先并在生命进化树上形成一个分支的最小群体。另外还有一种方法是完全根据分子数据来定义物种，分子数据成为一种用于识别每个物种的条形码。

每个关于物种的概念都是有用的，其作用取决于当下面临的情形和待解决的问题。当我们试图解释物种起源，也即回答“是什么阻止了某种群成员与另一种群的成员成功杂交”时，生物种概念特别有用。接下来，我们将了解该问题的各种答案。☑

☑ 检查点

按照生物种的概念，如何界定一个物种？

答案：其成员具有在自然环境中相互杂交并产生可育后代的能力。

▼ 图 14.2　**生物种概念基于生殖相容性而非外表相似性。**

不同物种之间的相似性。东美草地鹨（左）和西美草地鹨（右）在外貌上非常相似，但它们是两个独立的物种，不能杂交。

同一物种内的多样性。人类尽管外表多种多样，但都属于同一物种——智人（*Homo sapiens*），可以互相婚配生育。

物种间的生殖屏障

显然，苍蝇不会与青蛙或蕨类植物交配。那么，是什么因素阻止了相近物种间的交配繁殖呢？例如，是什么因素维持了东美草地鹨和西美草地鹨之间的物种边界（如图 14.2 所示）？两者的地理分布范围在大平原地区重叠，外形上非常相似，只有专业的观鸟者才能区分它们。然而，这两种鸟不能交配。

生殖屏障是能阻止近缘物种个体间繁殖的任何事物。隔离物种基因库的不同种类的生殖屏障（图 14.3）有哪些呢？——我们可以将生殖屏障分为合子前屏障或合子后屏障，这取决于它们是在合子（受精卵）形成之前还是之后阻止杂交。

合子前屏障阻止物种间交配或受精（图 14.4）。屏障可以是基于时间的（时间隔离）。例如，西部斑臭鼬在秋季繁殖，而与之相似的东部斑臭鼬在冬季晚期繁殖，即使它们在大平原上共存，时间隔离依然阻止了它们互相交配。在另一种情况下，两个物种生活在同一地区，但不在同一栖息地（生境隔离）。例如一种北美束带蛇主要生活在水中，而其近缘种生活在陆地上。个体能够识别潜在配偶的特征，如特定的气味、颜色或求偶仪式，这也可以作为生殖屏障（行为隔离）。例如，许多鸟类复杂的求偶行为，令其个体不太可能把不同物种的鸟类误认为同类。在又一种情

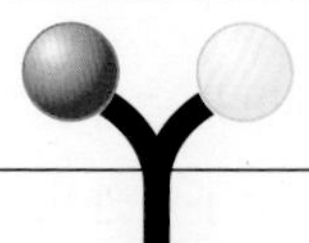

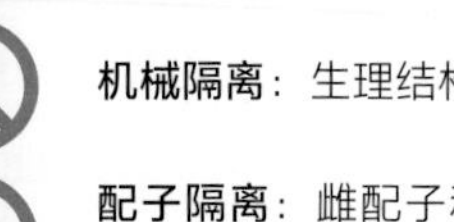

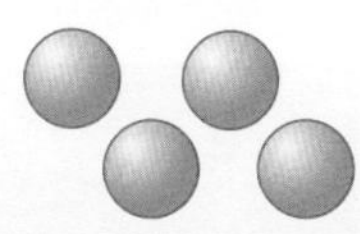

▼ 图 14.3 **近缘物种之间的生殖屏障。**

► 图 14.4 **合子前屏障。**合子前屏障阻止交配或受精。

况下，不同物种的产卵结构和产精结构在解剖学上不相容（机械隔离）。例如，图 14.4 中两个近缘的蜗牛物种不能连接它们的雄性和雌性性器官，因为它们的外壳的螺旋方向相反。还有一种情况下，不同物种的配子（卵子和精子）不相融，从而阻止受精（配子隔离）。当体外受精时，配子隔离非常重要。很多种类的雌雄海胆都会将卵和精子释放到海里，但只有配子表面的物种特异性分子相互附着才能受精。

如果种间交配真的发生并产生杂交子代，则启动**合子后屏障**机制（图 14.5）。（在这里“杂交”是指卵子来自一个物种，精子来自另一个物种。）在某些情况下，杂交后代在达到生殖成熟之前就会死亡（杂种不活）。例如，尽管某些亲缘关系较近的蝾螈会杂交，但由于两个物种之间的遗传不相容性，后代无法正常发育。在其他杂交情形下，后代可能会成为精力旺盛的成年个体，却不能生育（杂种不育）。比如骡子是母马和公驴的杂交后代，但骡子是不育的——它们彼此间不能成功地生育后代。因此，马和驴仍然是不同的物种。还有一种情况下，第一代杂种可存活、可繁殖，但是当这些杂交后代彼此交配或与任何一个亲本物种交配时，后代是孱弱或不育的（杂交衰败）。例如，不同种类的棉花植物可以产生可育的杂交后代，但是杂交后代的后代不能存活。

总之，生殖屏障形成了近缘物种的边界。大多数情况下，不是单一的生殖屏障，而是两种或多种屏障的结合，使物种保持隔离。接下来，我们研究使生殖隔离和物种形成成为可能的情况。☑

☑ 检查点

为什么行为隔离被认为是合子前屏障？

答案：因为它通过阻止交配，从而阻止受精卵的形成。

▼ 图 14.5 **合子后屏障。**合子后屏障阻止了可育成年个体的发育。

进化　物种形成的机制

许多物种形成的过程中有一个关键点，这一关键点位于一个种群以某种方式与亲本物种的其他种群隔离的时候。由于种群间基因库隔离，分离出来的种群将遵循自己的进化过程。由遗传漂变和自然选择引起的种群等位基因频率的变化，不会为从其他种群进入的等位基因（基因流）所稀释。这种生殖隔离可由两种一般情况造成：异域成种和同域成种。在**异域成种**中，基因流的最初屏障是地理屏障，它客观上隔离了分裂的种群。相比之下，**同域成种**是在没有地理隔离的情况下产生新物种，即使仍在亲代种群中，分裂出的种群也在繁殖上变得孤立。

异域成种

鉴于地质年代跨度很大，我们可以想象许多场景，将一个种群分割成两个或多个孤立的种群。一条山脉可能隆生形成，将一个种群分隔成只能居住在低海拔地带的若干小群体。一座陆桥，如巴拿马地峡，可以在其形成后分隔两边的海洋生物。一个广阔的湖泊可能水位下降，形成几个较小的湖，分隔种群。冰川作用可能会迫使少量种群进入无冰区，这些无冰区将在数千年里保持相互隔离的状态，直到冰川消退。

要有多强大的地理屏障，才能分隔出异域种群？——答案部分取决于生物的移动能力。鸟类、美洲狮、郊狼，可以穿越山脉、河流、峡谷。这类屏障也不会阻碍松树的风媒花粉，或者由能穿越屏障的动物携带的种子的传播。相比之下，小型啮齿动物可能会发现——深邃峡谷或宽广河流就是不可逾越的屏障（图 14.6）。

物种形成在一个小的、孤立的种群中更常见，因为小种群比大种群更有可能通过遗传漂变和自然选择使其基因库发生实质性的变化。但是，一个小而孤立的种群成为新物种的可能性也是很小的，更多的小种群只能在新环境中灭亡。对大部分生物而言，隔离后的拓荒环境异常艰辛，大多数先锋种群通常会灭绝。

一个小而孤立的种群即使存活下来，也不一定会进化成新的物种。该种群可能会适应当地环境，开始

▼ 图 14.6　**大峡谷相对两侧羚松鼠的异域成种。**哈氏羚松鼠（*Ammospermophilus harrisii*）被发现于大峡谷的南缘。就在北缘几英里之外，有一种亲缘关系很近的白尾羚松鼠（*Ammo Spermophilus leucurus*）。鸟类和其他可以轻松分散在峡谷中的生物则没有在两侧形成不同的物种。

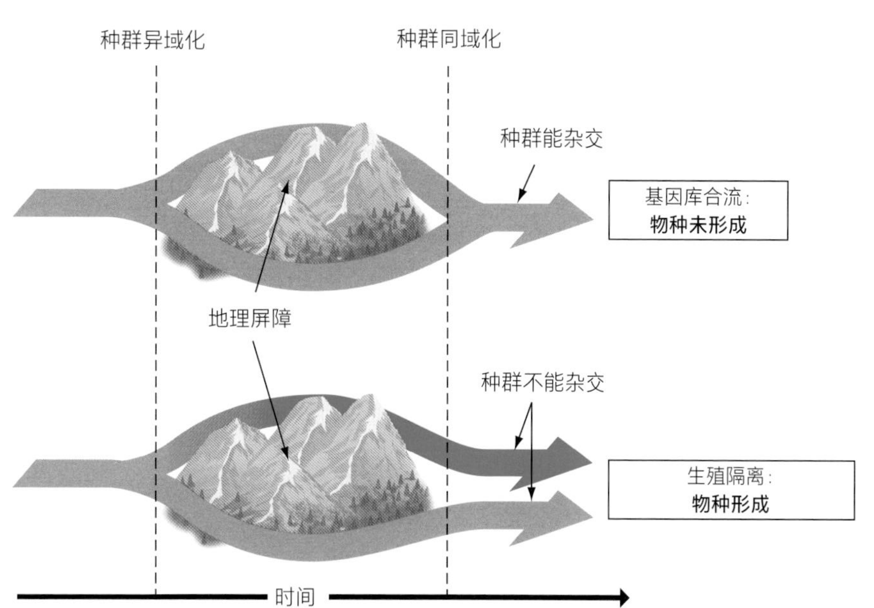

► 图 14.7 **种群地理隔离后的可能结果。** 在这个图表中，橙色和绿色箭头追踪着随时间变化的种群。这座山象征着一段地理隔离时期，在此期间，两个种群都可能发生基因变化。一段时间后，两个种群不再为地理屏障所分而重新接触（图右侧）。如果种群可以自由杂交（上图），则物种形成并未发生。如果种群不能杂交（下图），那么就发生了物种形成。

变得看起来与祖先种群非常不同，但这并不一定使其成为一个新物种。物种形成随着隔离种群和其亲代种群之间生殖屏障的进化而发生。换句话说，如果在地理隔离期间发生了物种形成，即使这两个种群在后来的某时间重新接触，它们之间也不再能够交配生子（图 14.7）。☑

同域成种

物种形成不一定需要很长时间，地理隔离也不是先决条件。一个物种的诞生可能源于细胞分裂过程中的一次意外导致出现额外一组染色体，这种情况称为**多倍体**。在一些动物中发现了多倍体成种的例子，尤其是在鱼类和两栖类中（图 14.8）。然而，多倍体成种在植物中最为常见——据估计，当今植物种类中有 80% 来自多倍体祖先（图 14.9）。

现已观察到两种不同形式的多倍体成种。在一种形式中，多倍体起源于单个亲本物种。例如，细胞分裂失败可能会使染色体数目加倍，从最初的二倍体（$2n$）增加到四倍体（$4n$）。因为多倍体个体不能与它的亲本物种产生可育的杂种，所以即刻产生了生殖隔离。

☑ 检查点

发生异域成种的必要条件是什么？

答案：一个种群必须被分割为两个或多个地理隔绝的子群，将不同子群间的基因信息流阻断。

▼ 图 14.8 **灰树蛙。**这种两栖动物认为起源于多倍体成种。

▼ 图 14.9 **扶桑花。**这个物种的许多观赏品种，都是通过培育多倍体产生的，这可能使花朵变大或增加花瓣的数量。

☑ 检查点

什么机制解释了大多数同域成种的现象？为什么会这样呢？

答案：细胞分裂意外导致出现多倍体。多倍体产生的“瞬间”即出现生殖隔离。

当两个不同的物种杂交并产生杂交后代时，就会出现第二种形式的多倍体成种。大多数植物多倍体成种的例子都来自这种杂交。这些种间杂种如何克服导致不育的合子后屏障呢（见图 14.5）？骡子是不育的，因为它亲代的染色体不匹配。一匹马有 64 条染色体（32 对），一头驴有 62 条染色体（31 对）。因此，一头骡子有 63 条染色体。回想一下，配子是由减数分裂产生的，减数分裂是一个涉及同源染色体配对的细胞分裂过程（见图 8.14）。马和驴的染色体之间的结构差异使奇数条染色体无法正确配对，一条染色体没有潜在的伴侣。因此，骡子不能产生有活力的配子。现在，让我们看一看为什么植物没有这样的问题。

在图 14.10 中，物种 A 与物种 B 杂交。像骡子一样，产生的杂交植株有奇数条染色体，其染色体不同源。然而，杂种可能能够无性生殖，如许多植物一样。如果是这样，最终可能会有细胞分裂的错误，导致多倍体，从而与亲本生殖隔离。在过去的 150 年里，生物学家已经发现了几种通过多倍体起源的植物物种。

我们种植的许多食用植物都是多倍体，包括燕麦、土豆、香蕉、草莓、花生、苹果、甘蔗、小麦。用于制作面包的小麦是三个不同亲代物种的杂交体，有六组染色体，每两组来自一个亲本。植物遗传学家在实验室中使用化学物质诱导细胞分裂错误并产生新的多倍体。他们通过驾驭这一进化过程，可以培养出具有理想品质的新杂交品种。

▼ 图 14.10 **植物中的同域成种。** 来自两个不同物种的配子产生了一个不育的杂交后代，它可以进行无性生殖。这样的杂交后代最终可能通过多倍体成种形成新的物种。

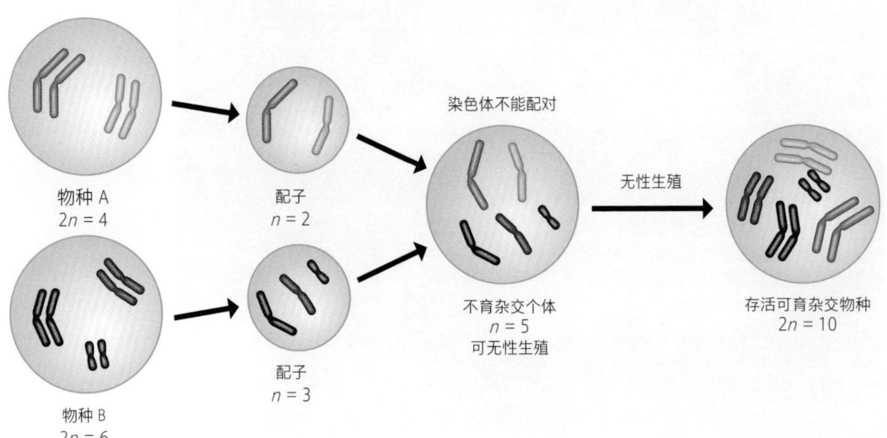

生物学家还发现了一些亚种似乎处于同域成种的进程中。在某些情况下，一个种群的不同亚种群分别变得擅长在不同栖息地发掘食物，例如擅长活动在湖泊的浅滩处或深水区。在另一个例子中，一种雌性鱼类根据颜色选择配偶的性选择倾向导致了快速的生殖隔离。由于其对生殖成功的直接影响，性选择可以干扰种群内的基因流，这可能是同域成种的一个重要因素。但是最常观察到的同域成种机制涉及发生在同一世代物种里的大规模基因变化。☑

物种形成：岛屿展览

像加拉帕戈斯群岛、夏威夷群岛这样的火山岛上最初并没有生物。随着时间的推移，外来生物通过洋流或风到达这些岛屿上。这些生物中的一部分找到了立足点并建立起新的种群。在新环境中，这些种群可能会与它们遥远的亲代种群渐渐生出很大差异。此外，这些岛屿因为客观上栖息地多样，且彼此间距离远到允许种群独立进化，但又近到偶尔会出现生物扩散传播，所以通常是多个成种事件的发生地。

加拉帕戈斯群岛是由 500 万至 100 万年前的海下火山形成的，是世界上伟大的成种现象展示地之一。这里栖息着地球上绝无仅有的植物、蜗牛、爬行动物和鸟类。例如，这些岛屿上有 14 种亲缘关系很近的雀，它们因为被达尔文在其环球航程（见图 13.3）中采集到而被称为达尔文雀。这些鸟有许多类似雀的特征，但它们的进食习惯和用来进食的喙不同。它们的食物包括昆虫、大大小小的种子、仙人掌果实，甚至其他物种的蛋。啄木地雀用仙人掌刺或树枝作为工具从树上撬开昆虫。吸血地雀通过啄海鸟背上的伤口、喝它们的血来获取种子和昆虫之外的补充食物。图 14.11（对页）显示了这种鸟，它们与众不同的喙适应了它们特定的饮食习惯。这些雀的栖息地不同——一些生活在树上，另一些大部分时间生活在地上——喙也不同。

这些达尔文雀是如何从在其中一个岛上定居的一小群祖先进化而来的？由于在岛上被完全隔离，随着自然选择使其适应新环境，奠基者种群可能发生了显著变化，从而成为一个新物种。后来，这个新物种中的一些个体可能迁移到邻近的岛屿上。在各岛屿不同的条件下，新的奠基者种群通过自然选择发生了足够

仙人掌种子植食地雀（仙人掌地雀）

使用工具的食虫地雀（啄木地雀）

血液、种子、昆虫杂食地雀（吸血地雀）

▲ 图 14.11　**加拉帕戈斯群岛上的雀具有不同的喙，以适应它们特定的摄食习惯。**

的变化，成为新物种。这些鸟类中的一部分可能在第一个岛屿上重新定居，并由于生殖隔离保持独特性，可以与留在岛上的祖先物种共存。加拉帕戈斯群岛上许多独立的岛屿上的多轮定居和成种可能随之而来。今天，加拉帕戈斯群岛中的每个岛屿上都有几种雀，有些岛屿上甚至多达十种。此外，各种雀特有的鸣叫导致的生殖隔离，也有助于各物种间保持分离。

观察正在进行的物种形成

微进化变化在种群中可以在几代之内就显现出来，与此相反，物种形成的过程通常极其缓慢。所以你可能会惊讶地发现：我们可以看到物种形成的发生。想一想生命已经进化了数亿年，并将继续进化！现生物种仿佛是进化史上的快照，是其巨大时间跨度中的短暂瞬间。环境的变化仍在继续，甚至由于人类的影响而迅速变化，自然选择也在继续作用于受影响的种群。有理由设想一些种群正在以最终可能形成物种的方式发生着变化。研究种群分化给生物学家提供了一个观察物种形成过程的窗口。

研究者已经记录了至少 24 个案例，这些案例中的种群因为使用着不同的食物资源或在不同的栖息地繁殖而正在分化。许多案例涉及昆虫食用不同的植物。在一个研究充分的例子中，一个以山楂果为食的苍蝇亚种群，在北美殖民者引种苹果树后，找到了新的食物来源。尽管这两个苍蝇群体仍然被认为是同一物种的两个亚种，但研究者已经发现了严重限制它们之间基因流的机制。在其他案例中，生物学家发现，一些动物种群的分化是由于雄性求偶行为的差异。

尽管生物学家不断进行观察并设计实验来研究正在发生的进化，但进化的许多证据来自化石记录。那么化石记录会如何阐明物种形成的时间跨度，即从一个新物种形成至其种群分化到足以产生另一个新物种的时间长度呢？在一项对 84 组动植物的调查中，物种形成的时间从 4000 年到 4000 万年不等。如此长的时间跨度告诉我们，地球上的生命进化需要很长时间。

如你所见，物种形成可能始于微小的差异。然而，随着物种形成一次又一次地发生，这些差异积累起来，并最终可能导致与它们的祖先有很大不同的新群体，就像鲸类源于四足陆生动物一样（见图 13.6）。多个物种成种的累积效应和物种的灭绝，塑造出化石所记载的戏剧性变化。接下来我们开始探究这些变化。

地球历史和宏进化

在研究了新物种是如何产生的之后，我们准备将注意力转向宏进化。**宏进化**是物种水平之上的进化性变化，例如，通过一系列物种形成事件产生一组新的生物。宏进化还包括大规模灭绝对生物多样性的影响及其后的恢复。对宏进化的理解始于对生物多样性进化的地质年代跨度的观察。

化石记录

化石是生活在过去的生物的证据（见图 13.5）。地层里的沉积岩层提供了对地球上生命的记录，每个岩层都将当时存在的本地生物样本沉淀在沉积物里。因此，化石记录，即化石在岩层中出现的顺序，是宏进化的档案。例如，从上到下扫描大峡谷的崖壁，即可回顾上亿年的历史（**图 14.12**）。较年轻的地层形成于较老的地层之上；相应地，更年轻的化石在更靠近地表的地层中被发现，最深的地层则包含最古老的化石。然而，这只是告诉了我们化石相对于彼此的年龄。就像老房子里剥落的墙纸一样，我们可以推断出这些岩层的“涂抹”（沉积）次序，但不能推断出各岩层间“增加”的年份。

如果你驱车冲出大峡谷边缘，在坠落到地面之前，你将穿越 40 层岩层与几亿年的地质历史。

通过研究许多地点，地质学家已经建立了**地质年代表**，将地球的历史划分为一系列地质年代。**表 14.1** 中给出的时间线分为四大时代：前寒武纪（大约 5.4 亿年之前时段的总称），接着是古生代、中生代、新生代。每一段都代表了地球及其生命历史上一个独特的时代。地质年代之间的界限以大规模灭绝为标志，当时许多生命形式从化石记录中消失，被幸存者形成的更多样化的物种所取代。

地质学家用来了解岩石及其化石年龄的最常见方法是**放射性年代测定法**，这是一种基于放射性同位素衰变来判断年代的方法（见图 2.17）。例如，一个活生物体既含有同位素碳 -12，又含有放射性同位素碳 -14，两种同位素的比例与大气中的相同。一旦生物体死亡，它就停止积累碳，其组织中稳定的碳 -12 不会改变。然而，碳 -14 会自发衰变为另一种元素。碳 -14 的半衰期约为 5730 年，因此样本中一半的碳 -14 在大约 5730 年内衰变，剩余的一半碳 -14 在接下来的 5730 年内衰变，以此类推。科学家测量化石中碳 -14 和碳 -12 的比例来计算其年龄。

碳 -14 对于确定相对年轻的化石年代非常有用——最长到约 75,000 年。还有半衰期更长的同位素，如铀 -235（半衰期为 7130 万年）和钾 -40（半衰期为 13 亿年）。然而，生物体不会将这些元素融入体内。因此，科学家使用间接方法来确定更古老化石的年代。一种常用的方法是测定发现化石的沉积层上下的火山岩或火山灰层的年代。推理可知，化石的年代在这两个年代之间。例如，钾氩定年经常用于火山岩。铀同位素对判断其他类型古代岩石的年代也很有用。

▼ 图 14.12　**大峡谷沉积岩层。**科罗拉多河切开了一英里多的岩石，露出了沉积岩，就像生命之书中的巨大书页。每一层都埋葬着代表地球历史上那个时期的一些生物的化石。

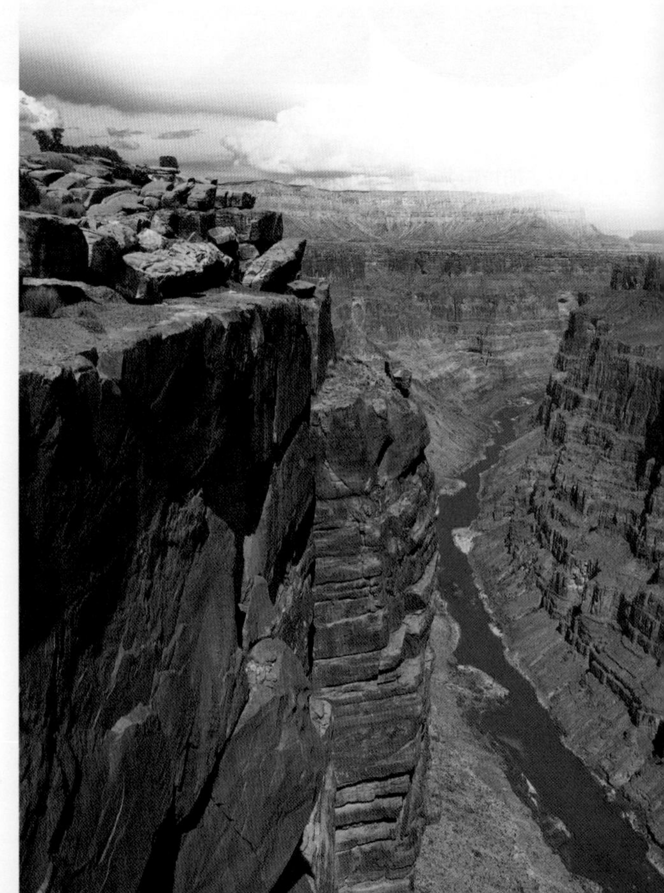

表 14.1	地质年代表			
地质年代	**纪**	**世**	**时间（百万年前）**	**生命史上的重要事件**
新生代	第四纪	全新世	0.01	人类开始记录历史
		更新世	1.8	多次冰期；人类出现
	第三纪	上新世	5	人属起源
		中新世	23	哺乳类和被子植物继续形成新物种
		渐新世	34	许多灵长类（包括猿类）出现
		始新世	56	被子植物优势崛起；大多数现存哺乳类的起源
		古新世	65	哺乳类、鸟类与授粉昆虫的主要物种形成
中生代	白垩纪		145	开花植物（被子植物）出现；恐龙和大部分生物在本纪末期灭绝
	侏罗纪		200	裸子植物延续在三叠纪的繁盛，为优势植物；恐龙种类及数量丰富
	三叠纪		251	携带球果的植物（裸子植物）为优势景观；恐龙、原始哺乳类和鸟类开始辐射演化
古生代	二叠纪		299	很多海洋和陆地生物在本纪灭绝；爬行类开始形成种群；类似哺乳动物的爬行类和大部分现代昆虫开始出现
	石炭纪		359	广阔的维管植物森林；首次出现种子植物；爬行类出现；两栖类为优势物种
	泥盆纪		416	硬骨鱼类多样化；两栖类和昆虫出现
	志留纪		444	早期维管植物主导陆地
	奥陶纪		488	海藻数量丰富；陆地被多样的真菌、植物和动物占据
	寒武纪		542	现代各生物门的出现（寒武纪大爆发）
前寒武纪			600	藻类及软体无脊椎动物多样化
			635	最古老的动物化石
			2100	最古老的真核生物化石
			2700	大气中氧气含量上升
			3500	已知最古老化石（原核生物）
			4600	地球诞生的大致时间

相对时间尺度

新生代

中生代

古生代

前寒武纪

板块构造和生物地理学

如果每一万年从太空中拍摄一张地球的照片，然后将这些照片连续播放，这将成为一部波澜壮阔的电影。我们居住的看似“坚如磐石”的大陆在地球表面漂移。根据**板块构造理论**，大陆和海底形成一层薄的固体岩石外层，被称为地壳，地壳覆盖在一团热的黏性物质上，这种物质称为地幔。然而，地壳并非连绵不断的一整块。它被分成巨大的、不规则形状的板块，漂浮在地幔顶部（图 14.13）。在被称为大陆漂移的过程中，地幔的运动导致板块移动。一些板块的边界是地质活动的热点。在某些情况下，我们会立即感受到这种活动的强烈征兆，如地震发生，表明两个板块正在擦肩而过或相互碰撞（图 14.14）。尽管大多数板块运动极其缓慢，并不比指甲生长的速度快多少，但在地球漫长的历史进程中，大陆已经漫游了数千英里。

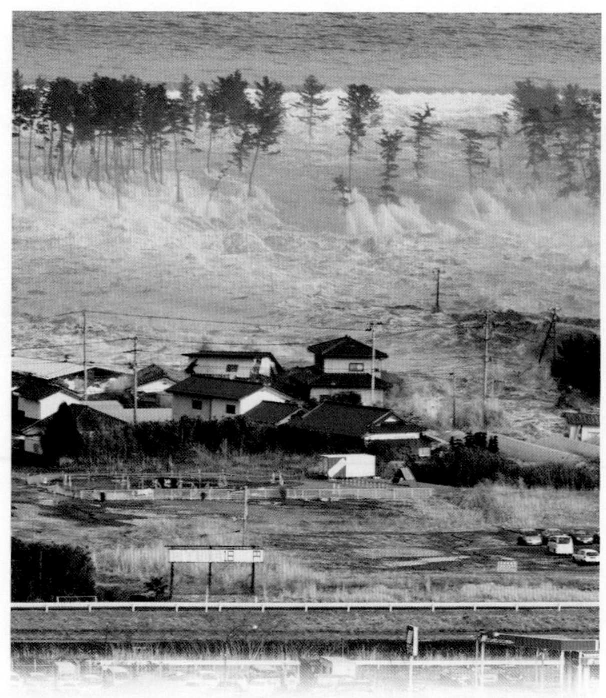

▲ 图 14.14 **2011 年 3 月日本沿海地震引发的海啸。**日本位于四个不同板块的交界处。当板块运动并相互碰撞，就会频繁发生地震。

通过重塑地球的物理特征和改变生物的生活环境，大陆漂移对生物进化的多样性产生了巨大的影响。在大陆漂移的伟大史诗中，有两大“篇章”对生物产生了特别强烈的影响。大约 2.5 亿年前，在古生代末期，板块运动将所有先前分离的大陆聚集成了一个超级大陆，名为泛大陆，意思是“所有的陆地”（图 14.15，对页）。想象一下这对生物可能产生的影响。孤立进化的物种走到了一起，相互竞争。随着各陆地相连，海岸线总长度缩短。还有证据表明，海洋盆地的深度增加，降低了海平面高度，浅海干涸。和现在一样，当时大多数海洋物种生活在浅水区，泛大陆的形成摧毁了相当多的海洋生物的栖息地。对于陆生生物来说，这可能也是一段漫长且痛苦的时期。陆地结合在一起时，面积大大增加，大陆内部比沿海地区更干燥，气候更不稳定。不断变化的洋流无疑也影响了陆生生物和海洋生物。因此，泛大陆的形成对环境产生了巨大的影响，通过导致物种灭绝，为幸存者的多样化提供新机会，重塑了生物多样性。

大陆漂移历史的第二个戏剧性篇章，始于中生代中期。泛大陆开始分裂，造成巨大的地理隔离。随着陆地的分离、气候的变化和生物的分化，每个大陆都成了一个独立的进化舞台。

大陆分分合合的历史，解释了**生物地理学**（一门研究生物的古今分布的学科）中的许多模式。例如，在非洲南部近海大岛马达加斯加生活的几乎所有动物和植物都是独特的——在马达加斯加与非洲和印度隔离后，它们从祖先种群中逐渐演化出多样性。例如，目前居住在马达加斯加的 50 多种狐猴，在过去的 4000 万年里均由同一个共同祖先进化而来。

▼ 图 14.13 **地球的构造板块。**红点表示地震和火山爆发等剧烈地质活动发生的区域。箭头表示大陆漂移的方向。

图例
• 剧烈构造活动区
↑ 运动方向

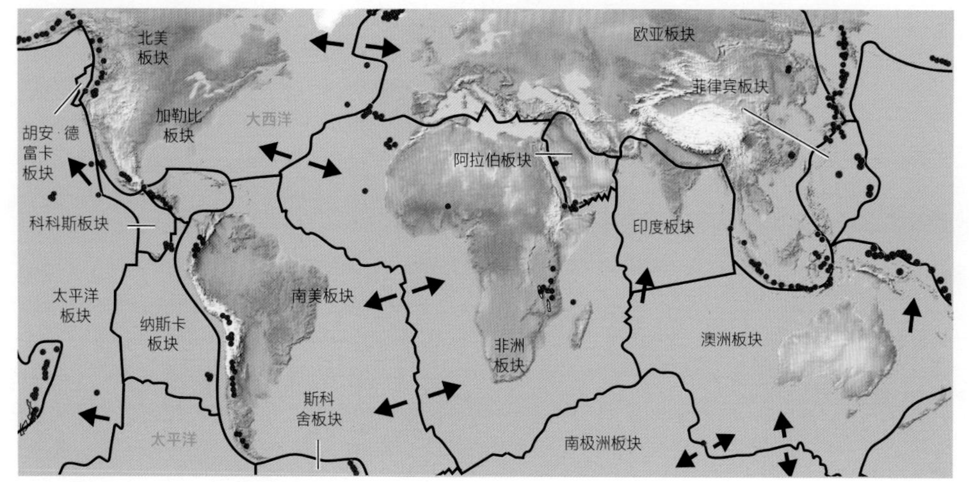

大陆漂移也使大洋洲与其他大陆分离。澳大利亚及其邻近岛屿是 200 多种有袋类动物的家园，其中大多数不见于世界其他地方（图 14.16）。有袋类动物是哺乳动物，包括袋鼠、考拉、袋熊等，它们的幼仔在母亲体外的育儿袋中完成胚胎发育。世界上其他地方主要是真兽类哺乳动物，它们的幼体在母亲的子宫里完成发育。看一看目前的世界地图，你可能会设想：有袋类动物只在大洋洲的岛屿上进化。但是有袋类动物并非大洋洲独有，还有一百多种生活在中美洲和南美洲。北美也是一些负鼠的家园，包括弗吉尼亚负鼠。有袋类动物的分布只有在大陆漂移的背景下才有意义——有袋类动物一定是在大陆相连接时起源的。化石证据表明，有袋类动物起源于现在的亚洲，后来分散到南美洲的尖端，而该地当时仍然与南极洲相连。在大陆漂移将南极洲和大洋洲分开之前，它们来到了大洋洲，一大群有袋类动物就此“漂浮”起来。早期生活在大洋洲的不少真兽类动物灭绝了，而在其他大陆上，大多数有袋类动物灭绝了。隔离在大洋洲的有袋类动物进化并变得多样化，充当与其他大陆上真兽类动物相似的生态角色。☑

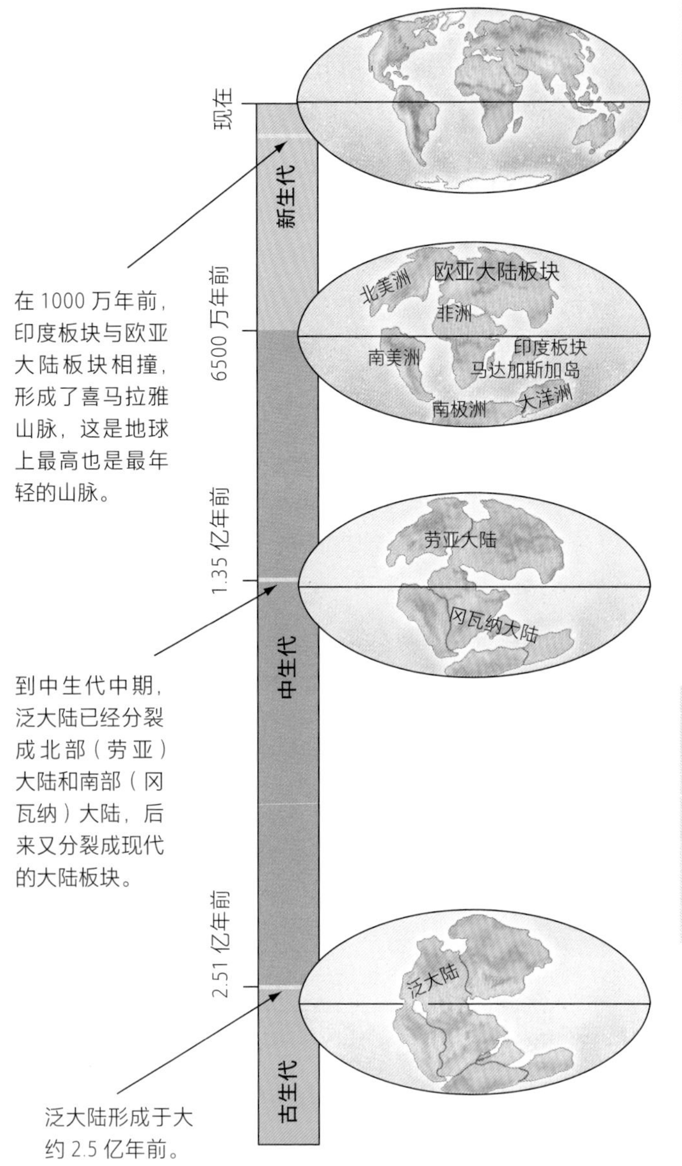

◀ 图 14.15 **板块构造的历史。**大陆继续漂移，尽管其速度（缓慢到）可能不会给搭乘着板块漂移的生物以任何的眩晕感。

☑ 检查点

泛大陆时代地球有几块大陆？

答案：一块。

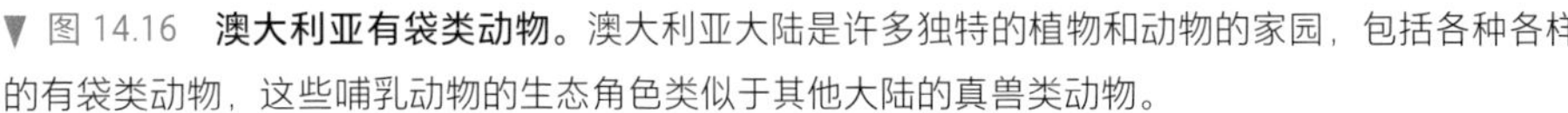

▼ 图 14.16 **澳大利亚有袋类动物。**澳大利亚大陆是许多独特的植物和动物的家园，包括各种各样的有袋类动物，这些哺乳动物的生态角色类似于其他大陆的真兽类动物。

袋獾，食肉动物

蜜袋鼯，杂食动物

考拉，植食动物

大灭绝和生物多样性大爆发

正如本章开头“生物学与社会”专栏所讨论的，化石记录揭示了在过去的 5.4 亿年里发生了 5 次大灭绝。在每一次事件中，都有 50% 甚至更多的地球物种灭绝了。在所有的大灭绝中，标志着二叠纪末期与白垩纪末期的大灭绝被研究得最为深入。

二叠纪大灭绝大概发生在大陆合并形成泛大陆时候，消灭了大约 96% 的海洋物种，也重创了陆地生物。同样值得注意的是白垩纪末期的大灭绝。1.5 亿年前，恐龙统治着地球的陆地和天空，而哺乳动物又少又小，类似今天的啮齿动物。然后，大约 6500 万年前，大多数恐龙灭绝了，只留下了一支后裔——鸟类。值得注意的是，如此大规模的灭绝（当时所有非恐龙生物也灭绝了一半）发生在不到 1000 万年的时间里，这以地质时间尺度来看相当短暂。

但是毁灭也是双刃剑。每一次物种多样性大规模下降都伴随着某些幸存者多样性的大爆发。灭绝似乎给幸存的生物提供了新的环境机遇。例如，哺乳动物至少存在了 7500 万年，直到白垩纪后才经历了多样性的爆炸性增长。它们的崛起无疑与恐龙灭绝留下的空白有关。如果许多恐龙谱系逃脱了白垩纪大灭绝，或者没有一种哺乳动物幸存下来，那今天的世界将会非常不同。

大灭绝　科学的过程

是一颗陨石杀死了恐龙吗?

几十年来，科学家们一直在争论 6500 万年前恐龙快速灭绝的原因。许多观察提供了线索。化石记录显示，当时的气候变得寒冷，浅海正在从大陆低地后退，很多植物灭绝了。也许最有力的证据是加利福尼亚大学伯克利分校的物理学家路易斯·阿尔瓦雷斯和他的地质学家儿子沃尔特·阿尔瓦雷斯的发现。1980 年，他们发现大约 6500 万年前沉积的岩石含有一薄层富含铱的黏土，铱是地球上非常罕见的元素，但在陨石和其他偶尔落入地球的地外物质中很常见。这一发现让阿尔瓦雷斯团队提出了以下问题：铱层是不是大型陨石或小行星撞击地球后，导致大气中翻腾起的巨大尘埃云的放射性沉降物?

父子俩提出了 6500 万年前的大灭绝是由地外物体撞击造成的假说。这个假说做出了一个明确的预测：在地球表面的某地应该会发现一个与陨石撞击时间匹配的巨大撞击坑。（这是一个“用可验证的观察而不是直接的实验来检验一个假说”的范例，见第 1 章。）1981 年，两位石油地质学家发现了阿尔瓦雷斯假说预测的结果：位于加勒比海墨西哥尤卡坦半岛附近的希克苏鲁伯陨石坑（图 14.17）。这个撞击点宽约 180 千米，当时是由一颗直径约 10 千米（超过 100 个足球场的长度）的陨石或小行星撞击地球时产生的，释放的能量是世界核武器储存总量的数千倍。形成的云层可能会阻挡阳光，严重扰乱气候达数月之久，可能会导致许多植物物种灭绝，然后，还会杀死取食这些植物的动物。

人们仍在争论：是小行星撞击的单一影响，还是诸如大陆运动或火山活动等其他因素的共同作用导致恐龙灭绝? 不过，大多数科学家认同，造成希克苏鲁伯陨石坑的碰撞，确实可能是全球气候变化和物种大灭绝的一个主要因素。

▼ 图 14.17 **地球的创伤及白垩纪时代。**

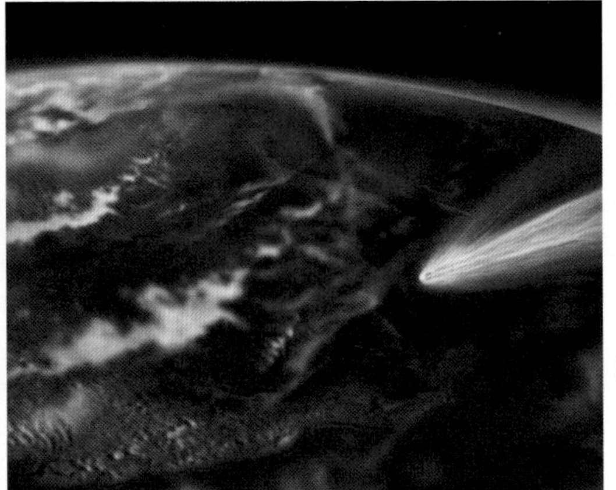

艺术家再现小行星或彗星撞击地球的场景。

撞击的直接影响很可能是一团热蒸汽和碎片，可能在几小时内杀死了北美的许多植物和动物。

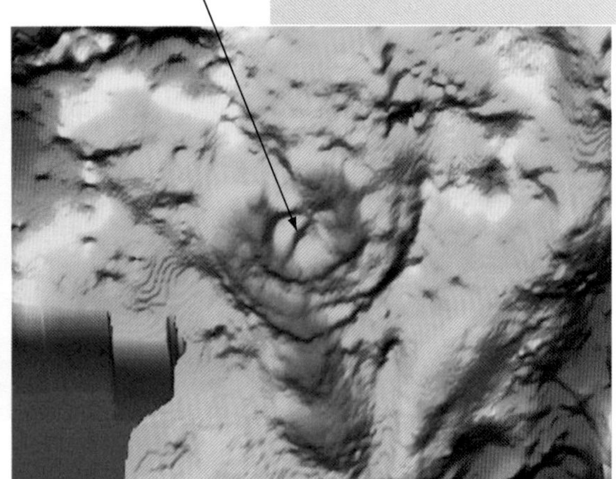

拥有 6500 万年历史的希克苏鲁伯陨石坑位于墨西哥尤卡坦半岛附近的加勒比海。陨石坑呈马蹄形，结合其沉积岩中的碎片模式可判断，一颗小行星或彗星从东南方向以低角度撞击了这里。

宏进化的机制

化石记录可以告诉我们生命史上的那些重大事件以及它们在何时发生。板块漂移和大灭绝，以及随之而来的幸存者多样性大爆发，为考察这些变化是如何发生的提供了一个大的视角。现在科学家们越来越能够解释化石记录中宏进化背后的基本生物学机制。

微小的基因变化带来的巨大影响

从事进化生物学和发育生物学交叉学科**进化发育生物学**（缩写为 evo-devo）研究的科学家，正在研究微小的遗传变化如何累积形成物种之间的重要结构差异。同源异形基因（主控基因）通过控制生物体从受精卵发育至成年时的速率、时间和空间模式来控制发育。这些基因决定了基本的发育情况，比如果蝇的一对翅或腿的出现位置（见图 11.9）。发育过程中的细微变化会产生深远的影响。因此，同源异形基因的数量、核苷酸序列和调控上的变化导致了生物身体形态的巨大多样性。

发育事件速率的变化解释了脊椎动物同源肢体骨骼的变化（见图 13.7）。生长速率的增加在蝙蝠的翼中产生了超长的“手指”骨。腿骨和骨盆骨的生长速率减慢导致鲸类最终失去后肢（见图 13.6）。另一方面，在蛇从四足蜥蜴模样的祖先进化而来的过程中，同源异形基因表达的不同空间模式造成了其四肢的丧失。

发育事件中时机的改变，也会导致引人注目的进化性变化。图 14.18 是一张蝾螈的照片，这种蝾螈展示了一种被称为**幼态延续**的现象，即成体体内的保留的某些特征是祖先物种的幼年特征。外鳃是大多数蝾螈的幼年特征，而能繁育的成体美西螈也保留着外鳃。

◀ 图 14.18 **幼态延续。**美西螈是一种蝾螈，成年后（如图所示）会繁殖，同时保留某些幼体特征，包括外鳃。

幼态延续在人类进化中也很重要。人类和黑猩猩在胎儿时的身体形态甚至比成年时更相似。这两个物种的胎儿，头骨是圆形的，下颚很小，使得脸部相当扁平（图 14.19）。随着发育的进行，颌骨的加速生长形成了成年黑猩猩细长的头骨、倾斜的前额和巨大的颌骨。在人类这一支中，相对于头骨的其他部分，减缓颌骨生长的遗传变化使成年人的头部比例仍然类似于儿童以及幼年黑猩猩。我们人类最显著的特征是巨大的头骨和复杂的大脑。按比例来说，人类的大脑比黑猩猩的大脑要大，因为人类大脑的生长期在更晚的时候才关闭。与黑猩猩的大脑相比，我们的大脑可以继续生长几年，这可以解释为幼年过程的延长。

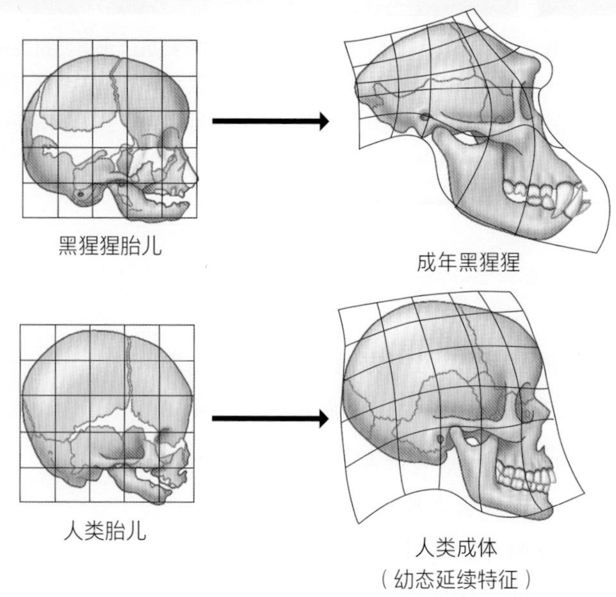

▲ 图 14.19 **人类和黑猩猩头骨发育的比较。**从胎儿时期非常相似的头骨（左）开始，由于组成头骨的骨骼具有不同生长速度，二者成年时期的头骨比例非常不同。网格线可以帮助你把胎儿头骨和成年头骨联系起来。

接下来，我们看到进化过程如何产生新的复杂结构。

生物新征的进化

图 14.6 中的两只松鼠是不同的物种，但它们非常相似，生活方式也基本一致。我们如何解释例如松鼠和鸟类这两个不同群体之间的巨大差异？我们来看一看达尔文的渐变进化理论是如何解释眼睛等复杂结构或者羽毛等新型结构（新颖特征）的进化的。

 结构 / 功能　旧结构对新功能的适应

鸟类的羽毛和飞翔是结构和功能的完美结合。请考虑羽毛的进化，这对鸟类空气动力学来说显然至关重要。在一片飞羽中，分离而呈丝状的羽小枝从中轴底部到顶端依次排列。每节羽小枝都通过非常像拉链齿的小钩子顺次连接，形成一个由羽小枝紧密连接的整体，结构上坚固但柔韧。在飞翔中，各种羽毛的形状和排列有助于产生上升、平稳的气流，并有助于转向和平衡。如此精美且复杂的结构是如何演变的？最早的鸟类之一始祖鸟化石中明显的爬行动物特征在达尔文时代提供了线索（图 14.20），但最终答案出现在 1996 年。地球上第一种有羽毛的动物不是鸟类，而是恐龙。

已知的第一种长有羽毛的恐龙，是在中国东北发现的 1.3 亿年前的化石，被命名为中华龙鸟（*Sinosauropteryx*）。它的体形类似火鸡，前肢短，用后腿奔跑，用其长尾巴来保持平衡。它的羽毛由一层绒毛似的羽

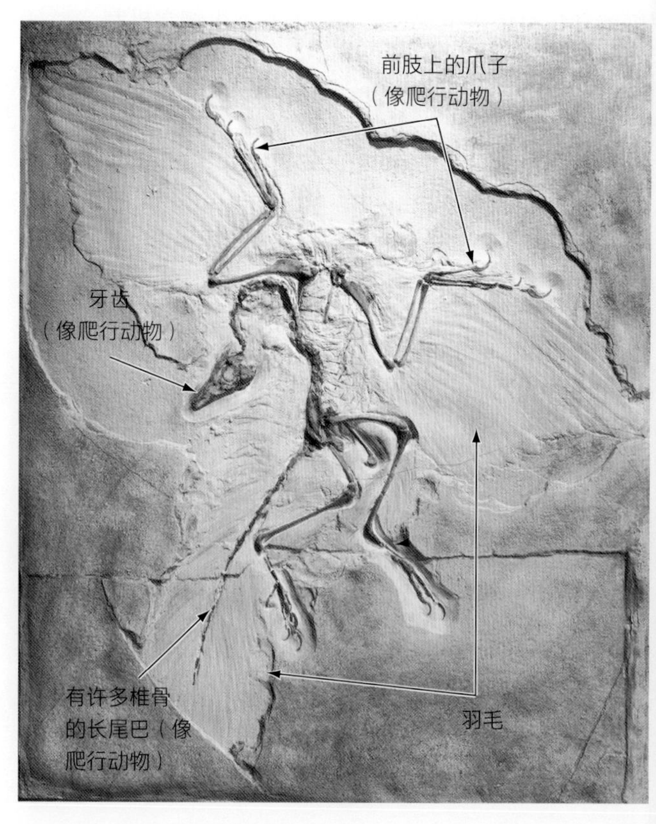

► 图 14.20 **一种灭绝的鸟。**这种动物被称为始祖鸟（*Archaeopteryx*，archaeo- 即古代，pteryx 即翅膀），大约 1.5 亿年前生活在今中欧地区古代的热带潟湖附近。始祖鸟尽管有羽毛，但仍有许多与爬行动物相同的特征。研究者认为始祖鸟不是今天鸟类的祖先，可能代表了鸟类谱系的一个已经灭绝的旁系分支。

毛组成，很不起眼。自中华龙鸟发现以来，已发现成千上万份长有羽毛的恐龙化石，并将其分为 30 多个不同的种类。虽然这些物种并不明确地具有飞翔能力，但它们中许多都有精致的羽毛，会令任何现代鸟类羡慕。在这些化石中看到的羽毛不能用于飞翔，它们的爬行动物解剖结构也不适合飞翔，如果羽毛是在飞翔之前进化出来的，那它们的功能是什么呢？它们的第一个用途可能是绝缘保温。更长的翼状前肢和羽毛增加了前肢的表面积，可能是在发挥其他方面的功能，如交配展示、体温调节或伪装（所有功能至今仍由羽毛提供）而后来“改编”用于飞翔。最早的飞翔可能只是短暂地滑翔到地面，或者是从一个树枝飞到另一个树枝。一旦飞翔本身成为一种优势，自然选择就会逐渐重塑羽毛和翅膀，适应它们的额外功能。

像羽毛这样的结构在一种生理场合中进化出来，但被改编为执行另一种功能，这种结构变化被称为扩展适应。然而，扩展适应并不意味着一个结构在未来的使用中会发生变化。自然选择无法预测未来，它只能在其当前的使用环境中改进现有的结构。☑

从简单结构到复杂结构的渐进过程

大多数复杂结构，都是从“具有相同基本功能的简单版本”逐步演变而来的——这是一个渐变改良的过程，而不是突然产生复杂结构。想一想脊椎动物和鱿鱼如照相机般令人惊奇的眼睛，虽然这些复杂的眼睛是独立进化的，但两者的起源都可以追溯到祖先物种的简单感光细胞群，通过一系列渐变改良，每个阶段都使它们的所有者受益。事实上，光敏细胞似乎是单一起源进化的，所有有眼睛的动物（不论是脊椎动物还是无脊椎动物）都有相同的调节眼睛发育的主控基因。

图 14.21 展现了现生软体动物这一庞大而多样的动物门类眼睛结构的复杂程度。简单的斑状色素细胞群使附着在海边岩石上的帽贝（一种单壳软体动物）能够区分亮暗。当阴影落在它们身上时，它们会抓得更牢，这是一种降低被捕食风险的行为适应。其他软体动物有眼杯，虽然没有晶状体或其他聚焦图像的手段，但可以指示光线方向。而在那些有复杂眼睛的软体动物中，这一器官可能是在一步步渐次适应中进化而来的。图 14.21 中展示了这些小步骤的例子。

☑ 检查点

解释为什么扩展适应的概念并不意味着“一个结构的进化形成，受对未来环境变化的预期影响”。

答案：虽然在新的环境中，一个扩展适应有新的或附加的功能，但它存在得更早，因为它是对旧环境的一种适应。

▼ 图 14.21 **软体动物一系列复杂眼部器官。**乌贼复杂的眼睛是一小步一小步进化而来的。即使最简单的眼睛对其所有者也是有用的。

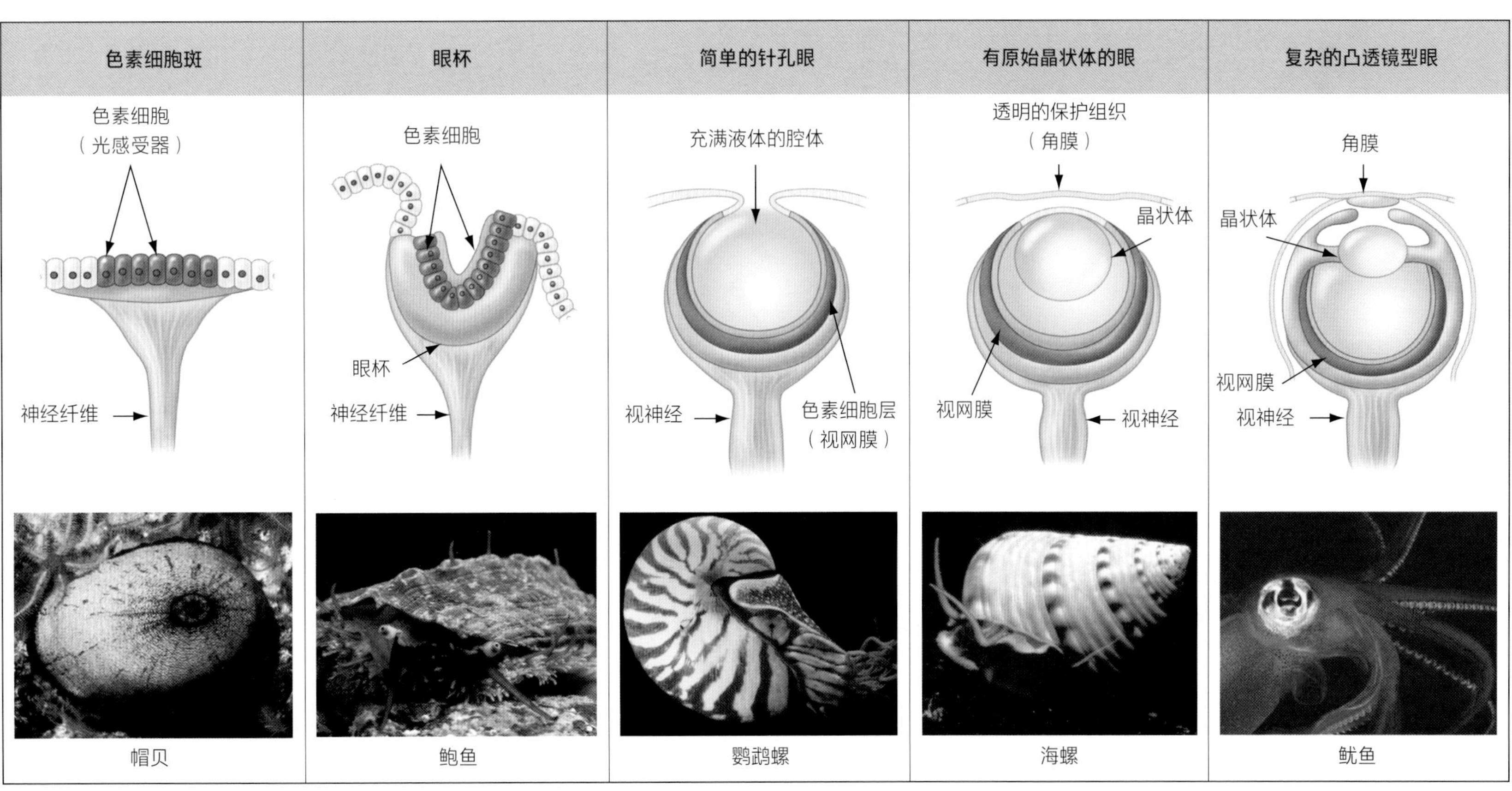

生物多样性的分类

林奈系统（见图 13.1）是一种将生物多样性归纳成类群的非常有用的方法。但是，自从达尔文以来，生物学家有了一个超越“简单排列物种编目”的目标：让分类反映进化关系。换句话说，一个生物体的命名和分类应该反映它在生命进化树中的位置。包括分类学在内的系统学是生物学内的一门学科，其重点是对生物进行分类，并确定它们的进化关系。

分类和系统发育

生物学家使用**系统发育树**来描述物种进化史或系统发育假说。这些分支图反映了嵌套在更具包容性的类群内部的类群的阶元分类。图 14.22 中的系统发育树显示了一些食肉动物的分类及其可能的进化关系。请注意，每个分支节点都代表来自同一祖先的两个谱系的分化。（你可能还记得图 13.9，即四足动物系统发育树。）

了解系统发育可以有实践价值。例如，玉米是世界上重要的粮食作物，还为我们提供最爱的小吃，如爆米花、墨西哥玉米片、玉米糊热狗。数千年的人工选择（选择性育种）将一种植株细弱、果穗细小、穗粒如石子般坚硬的禾草转变成了我们今天所知的玉米。在这个过程中，育种者淘汰了这种植物的许多原始遗传性变异。研究者通过构建玉米的系统发育，已经确定两种野生禾草可能是玉米的现存近亲。这些植物基因组可能含有抗病基因或表达其他有用性状的等位基因，这些等位基因可以通过杂交或基因工程技术转移到栽培的玉米品种中，以防止未来的疫病暴发或其他可能威胁玉米作物的环境变化。

来自两种野生禾本科植物的等位基因，可以用来培育出更好的玉米穗。

▼ 图 14.22　**食肉目中某些成员的分类和系统发育关系。**阶元分类反映在进化树的分支越来越细。树上的每个分支节点代表该分支节点右侧物种的共同祖先。

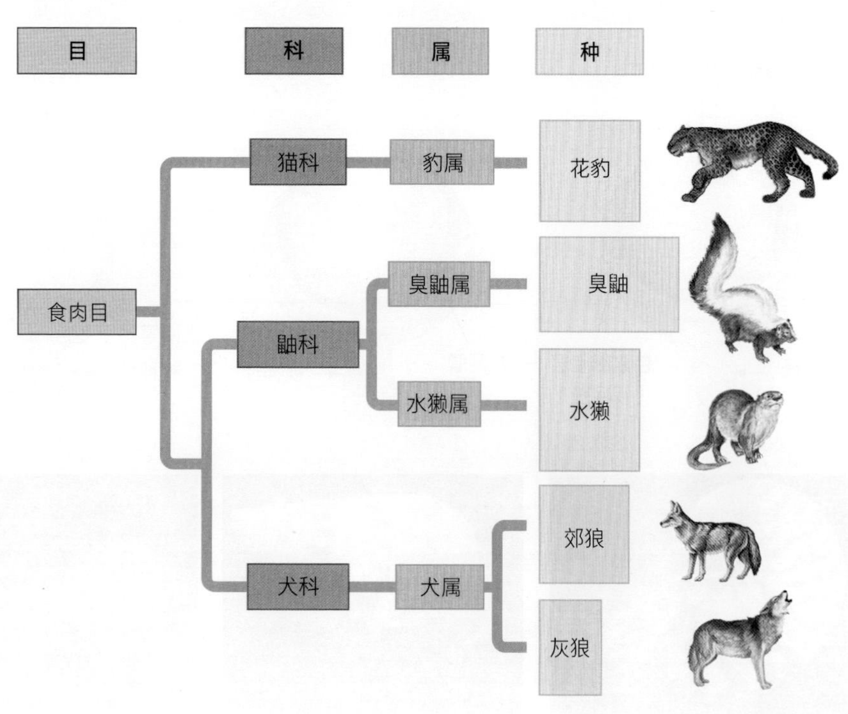

识别物种的同源性状

不同物种中的同源结构可能在形式和功能上有所不同，但表现出基本的相似性，因为它们是从同一祖先的相同结构中进化而来的。例如，在脊椎动物中，鲸类前肢适合在水中游动，而蝙蝠的翼适合飞行，尽管如此，支撑这两种结构的骨骼仍有许多基本的相似之处（见图 13.7）。因此，同源结构是反映系统发育关系的最佳信息来源之一。两个物种之间的同源结构越多，两者间的亲缘关系就越近。

在寻找同源性的过程中可能误入歧途：并非所有相似性都是来自“系出共祖”。如果自然选择塑造了类似的适应，则不同进化支的物种可能生出某些形似的结构，这称为**趋同进化**。（不同进化支因）趋同进化产生的相似结构称为**同功结构**，而非同源结构。例如，昆虫的翼和鸟类的翅是各自独立进化出的同功飞行器官，而两者由完全不同的结构组成。

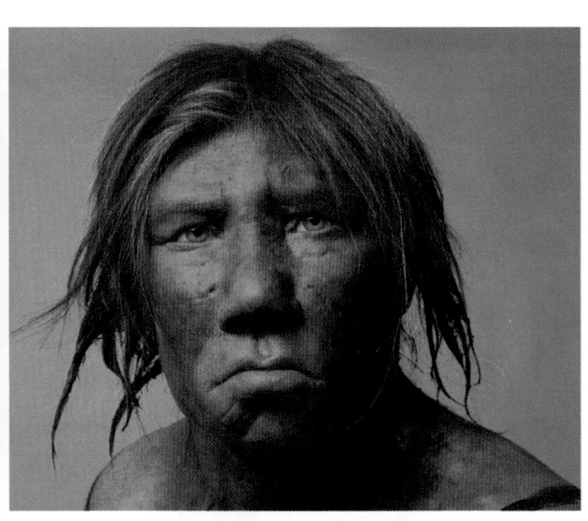

▲ 图 14.23 **科学艺术家重现的尼安德特人。**从人类家族中灭绝的成员尼安德特人身上提取的 DNA，使科学家能够研究他们与现代人类的进化关系。

比较两个物种的胚胎发育，通常可以揭示成熟结构中不明显的同源性（如见图 13.8）。区分同源和同功还有一条线索：两个相似的结构越复杂，它们各自独立进化的可能性就越小。例如，比较人类和黑猩猩的头骨（见图 14.19）。虽然每一个都是许多骨头的融合，但它们的骨头几乎是完美匹配的。如此复杂的结构在如此多的细节上相匹配，不可能有不同的起源。最有可能的是，组装这些头骨所需的基因是从共同祖先那里遗传下来的。

将进化史拼合在一起，可以显示谁与谁是亲戚。

如果同源性反映了二者有共同的祖先，那么比较生物的 DNA 序列就成了解析它们进化关系的核心。两个物种从一个共同祖先分离出来的时间越短，它们的 DNA 序列应该越相似。截至 2014 年，科学家已经对数千个物种的 1500 亿个碱基进行了测序。这个巨大的数据库推动了系统发育研究的繁荣，澄清了许多进化关系。此外，一些化石即以可以提取 DNA 片段的形式保存了下来，其 DNA 可用于与活生物体进行比较（图 14.23）。☑

从同源性状推断系统发育

生物中可以反映进化关系的一组同源特征一旦被识别出来，如何用其来构建系统发育关系呢？最广泛使用的方法叫作支序系统学方法。在**支序系统学**中，生物按共同祖先分组。生命之树中一个独立的**分支**（clade，源自希腊语）由一个祖先物种及其所有进化出的后代组成。因此，识别分支使得构建反映进化分支模式的分类方案成为可能。

支序系统学的根基，是达尔文的“系出共祖、世代递嬗”的概念，物种与它们的祖先有一些共同的特征，但也不甚相同。为了识别分支，科学家们将内类群与外类群进行比较（图 14.24）。内类群（例如，图 14.24 中的三种哺乳动物）是实际被分析的群体。外类群（在图 14.24 中，代表爬行动物的鬣蜥）是一个物种或一组物种，且已明确其在所研究类群谱系分化的时间节点之前已经分化。通过比较内类群成员之间以及其与外类群成员之间的差异，我们可以确定哪些特征能够区分内类群和外类群。内类群里所有的哺乳动物都有毛发和乳腺。这些特征存在于祖先哺乳动物中，但不存在于外类群中。接下来，卵生的鸭嘴兽并不会怀孕，即其不会在母体内子宫中孕育后代。从这个性状缺失中，我们可以推断鸭嘴兽是哺乳动物分支的早期分支。以这种方式，我们可以构建一个进化树。每一个分支都代表了来自同一祖先的两个群体的分化，出现了一个拥有一个或多个新特征的谱

☑ 检查点

我们的前臂和蝙蝠的翼来自同一共同祖先的原初形态结构；因此，它们是______。相比之下，蝙蝠的翼和蜜蜂的翅是由完全不相关的结构衍生而来的，因此，它们是______。

答案：同源的；同功的。

▼ 图 14.24 **一个简化的支序系统学案例。**

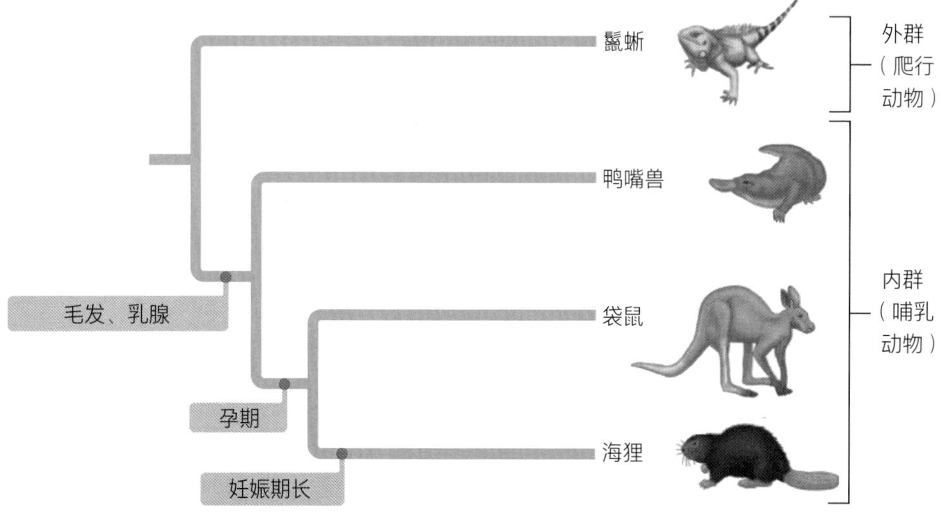

系。分支的顺序代表了它们进化的顺序以及类群进化分化的时间。换句话说，支序系统学专注于定义进化分支的关键变化。

解释系统发育的支序系统学方法，阐明了在其他分类手段中并不总是很明显的进化关系。例如，传统上生物学家将鸟类和爬行类列为脊椎动物的不同类别（分别是鸟类和爬行类）。然而，这种分类与支序系统学不一致。同源分析校正后鸟类和鳄鱼组成了一个分支，蜥蜴和蛇组成另一个分支。如果我们追溯到使鳄鱼与蜥蜴和蛇共同构成一个分支的祖先，那么爬行动物类也必须包括鸟类。因此，图 14.25 中的进化树更符合支序系统学，而非传统分类学。☑

☑ 检查点

分类学和支序系统学的分支学科如何与生物系统学相关联？

答案：分类学是对物种的识别、命名和分类。支序系统学是一种通过识别进化支来确定生物进化关系的方法。

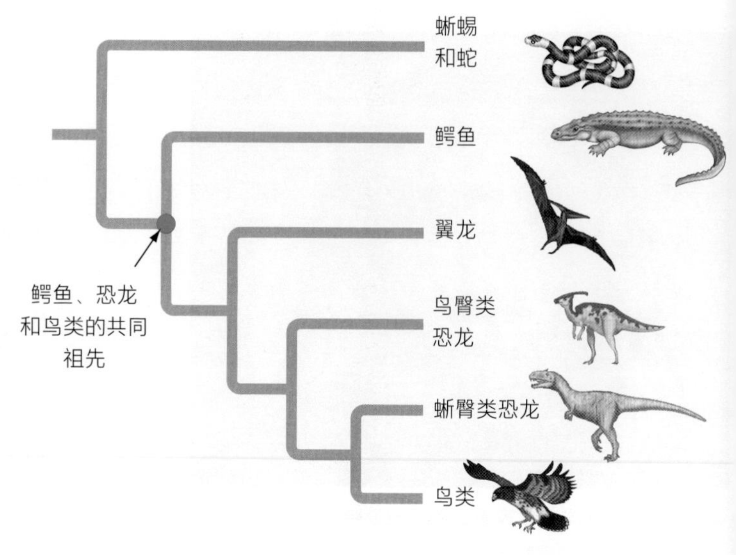

▲ 图 14.25 **支序系统学如何撼动系统发育树。**严格应用支序系统学方法，有时会产生与经典分类学冲突的系统发育树。

分类：工作进行中

进化树是关于进化史的假说。像所有的假说一样，后来出现的新证据可以修正，甚至可完全推翻已有的进化树。分子系统学和支序系统学联手重构系统发育树，并与传统分类对垒挑战。

林奈将所有已知生命形式分为植物界和动物界，两界分类的体系在生物学中盛行了 200 多年。20 世纪中期，两界体系被五界体系取代，五界体系将所有原核生物置于同一个界，并将真核生物分为四个界。

在 20 世纪后期，分子研究和支序系统学推动了**三域系统**（图 14.26）的发展。目前的分类框架为三个基本类群：原核生物分为细菌域和古菌域两个域，以及全体真核生物构成的真核生物域。细菌域和古菌域在许多重要结构、生化和功能特征上有所不同（见第 15 章）。

真核生物域目前被划分为多个界，但界的确切数量仍在争论中。生物学家通常同意设立植物界、真菌界、动物界。这些界由结构、发育、营养方式不同的

▼ 图 14.26 **三域分类系统。**分子和细胞证据所支持的“系统发育假说”认为原核生物中的细菌域和古菌域两个谱系在生命历史的早期就已经分化了。分子证据还表明，古菌域与真核生物域的关系比细菌域与之的关系更密切。

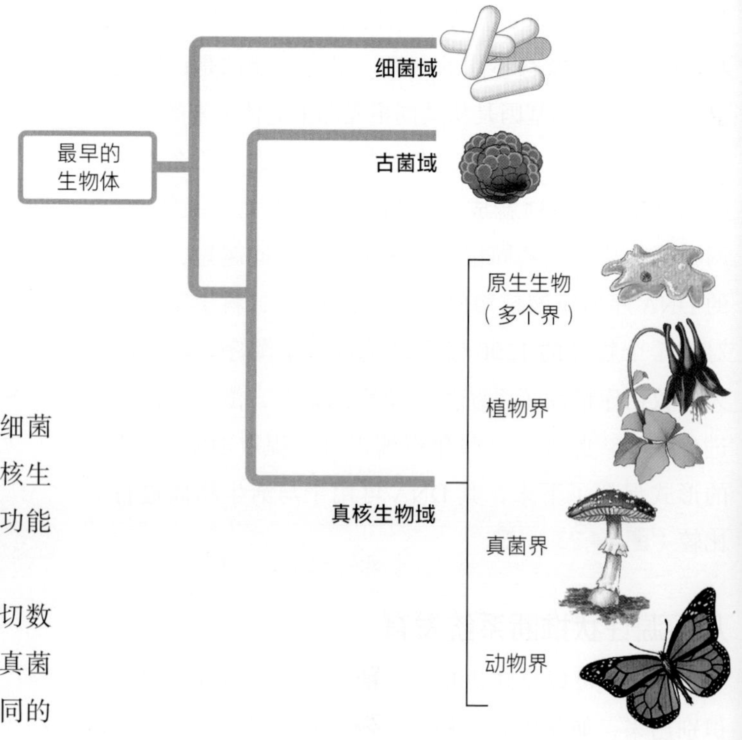

多细胞真核生物组成：植物通过光合作用制造自己的食物，真菌通过分解其他生物的残骸和吸收有机小分子来生存，大多数动物摄取食物并在体内消化。

其余真核生物划分为原生生物，包括所有不符合植物、真菌或动物定义的真核生物。也就是说，原生生物实际上是一个“箩筐类群”。原生生物大多数是单细胞的（如变形虫），但是也包括某些大型多细胞生物，其被认为是单细胞原生生物的直接后代。例如，许多生物学家将海藻归类为原生生物，因为它们与一些单细胞藻类亲缘更近，超过与植物的关系。

我们必须了解的一点是，随着我们对生物及其进化的了解越来越多，对地球上不同物种进行分类是一项“正在进行中”的工作。达尔文在《物种起源》中写道：“我们的分类将被人竭尽全力地做到谱系化。”☑

☑ **检查点**

是什么样的证据导致生物学家发展了三域分类系统？

答案：分子研究和支序系统学。

大灭绝 进化联系

哺乳动物的崛起

在这一章中，你已经知道了大灭绝及其对地球生命进化的影响。在化石记录中，每一次大灭绝之后都跟随着一段进化性变化时期。随着幸存者开始适应占据新的栖息地或填补因物种灭绝而空出的群落中的生态位，许多新物种出现了。

例如，化石证据表明，约6500万年前，大多数恐龙灭绝后，哺乳动物物种数量急剧增加（图 14.27）。虽然哺乳动物起源于至少1.5亿年前，但6500万年前的化石表明，它们大多很小，多样性较低。体型更大、更多样化的恐龙可能取食或压制早期哺乳动物。随着大多数恐龙的消失，哺乳动物的多样性和规模都极大地扩大了，填补了恐龙曾经占据的生态位。如果不是恐龙灭绝，哺乳动物可能永远不会扩大它们的领地，成为主要的陆生动物。因此，我们人类的存在可能多亏了更古老物种的消亡。通过自然选择的进化过程，这种灭亡和复兴的模式在地球生命的历史中不断重复。

▼ 图 14.27 **恐龙灭绝后哺乳动物的种类增加。**哺乳动物虽然起源于至少 1.5 亿年前，但直到恐龙灭绝后，它们才开始广泛分化。

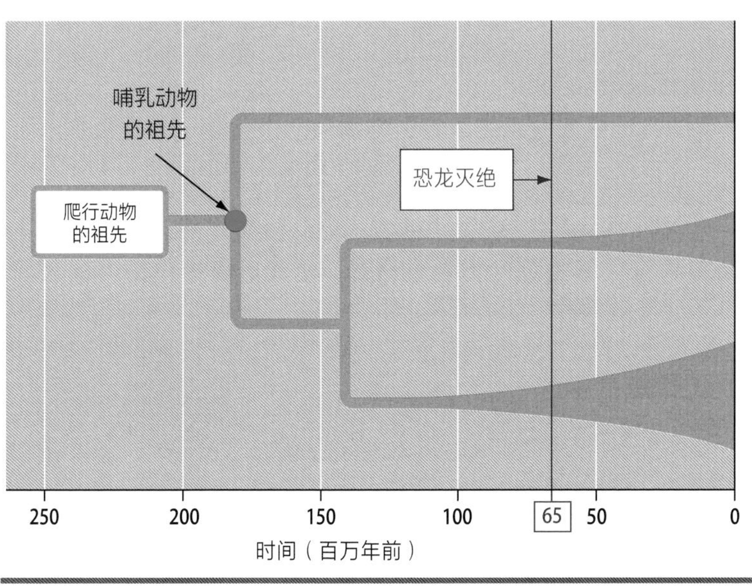

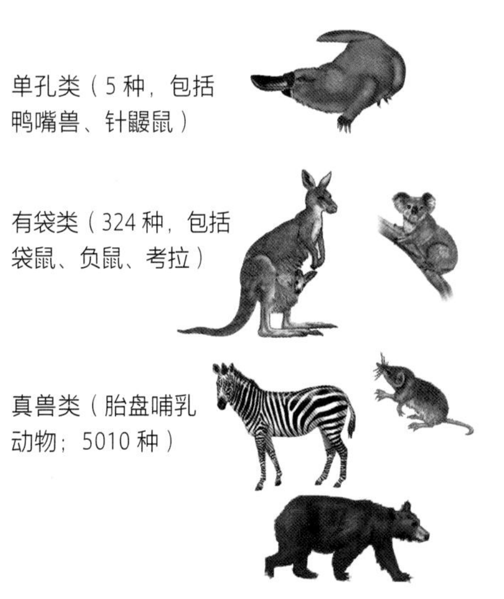

美洲黑熊

本章回顾

关键概念概述

物种起源

什么是物种?

生物多样性是通过物种形成而产生的，物种形成是一个物种分化成两个或数个物种的过程。根据生物种的概念，物种是一组群体，其成员在自然界中具有杂交并产生可生育后代的潜力。生物种的概念只是定义物种的几种可能方式之一。

物种间的生殖屏障

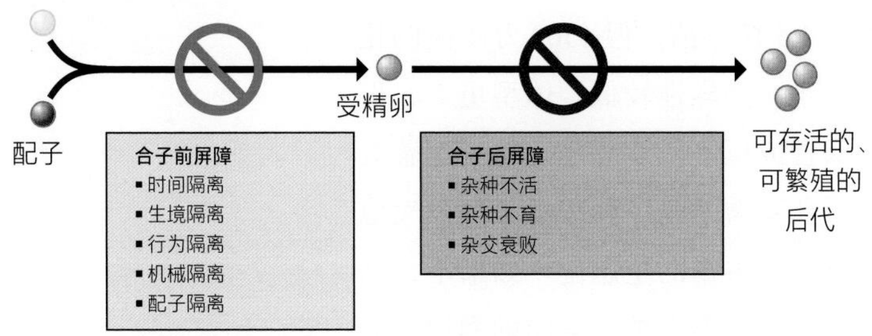

进化：物种形成的机制

当一个种群的基因库与亲本物种的其他基因库切断联系时，分离出来的种群可以遵循自己的进化过程。

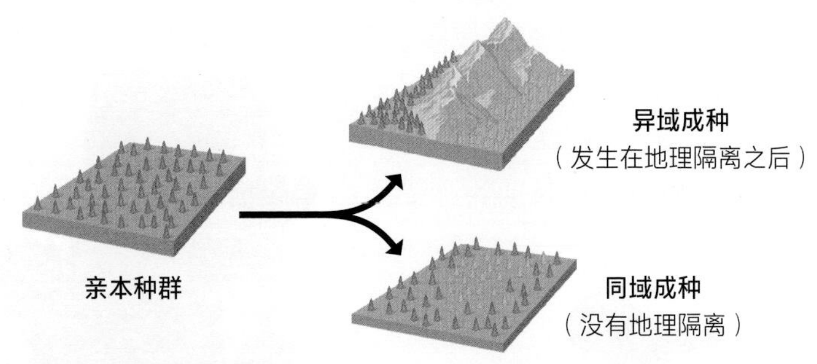

导致多倍体出现的杂交是植物同域成种的常见机制。

地球历史和宏进化

宏进化是指物种层面以上的进化性变化，例如进化出新性状、新物种类群的起源，以及大灭绝对生物多样性的影响及其后续恢复。

化石记录

地质学家已经建立了一个地质时期，分为四个漫长的地质年代：前寒武纪、古生代、中生代、新生代。确定化石年龄最常用的方法是放射性年代测定法。

板块构造和生物地理学

地壳被分成不规则的大板块，漂浮在黏稠地幔之上。约 2.5 亿年前，板块运动将所有大陆块聚集形成巨大的泛大陆，在导致物种灭绝的同时，也为幸存者提供了多样进化的新机会。约 1.8 亿年前，泛大陆开始解体，造成地理隔离。大陆漂移解释了生物地理学的格局，例如澳大利亚独特的有袋类动物的多样性。

大灭绝和生物多样性大爆发

化石记录揭示大灭绝打断了生物相对稳定的漫长时期，随后是某些幸存者的多样性大爆发。例如，在约 6500 万年前的白垩纪大灭绝期间，世界失去了大量的物种，包括大多数恐龙。白垩纪后哺乳动物的多样性大大增加。

宏进化的机制

微小的基因变化带来的巨大影响

一个控制物种发育的基因的微妙变化会产生深远的影响。例如，在幼态延续中，成年个体保留了祖先物种中严格意义上的幼年特征。

生物新征的进化

扩展适应是指在一个环境中进化出的结构逐渐适应其他功能。大多数复杂的结构都是从具有相同功能的简单结构逐渐演变而来的。

生物多样性的分类

包括了分类学的系统学，侧重于对生物进行分类并确定它们的进化关系。

分类和系统发育

分类的目标是反映系统发育，即物种的进化史。分类是基于化石记录、同源结构和 DNA 序列的比较。同源（基于共同祖先的相似性）必须与同功（基于趋同进化的相似性）区分开来。支序系统学根据共有的特征将相关生物划分分支，使其形成进化树中独立的分支。

分类：工作进行中

生物学家目前将生命分为三个域：细菌域、古菌域、真核生物域。

MasteringBiology®

如需练习测验、生物动画、MP3 教程、视频辅导以及为本教材设计的更多学习工具，请访问 MasteringBiology®。

自测题

1. 区分微进化、物种形成、宏进化。
2. 由于黄腰白喉林莺和奥杜邦林莺各自分布的栖息地不重叠，不少鸟类图鉴将它们列为不同的种类。然而，最近的书将它们描述为一种同一物种的不同类型——黄腰白喉林莺的东部和西部类型。显然，这两种莺 ________。
   a. 住在同一地区　　b. 成功杂交
   c. 外观几乎相同　　d. 正在融合成一个单一的物种
3. 判断下列生殖屏障为合子前的还是合子后的。
   a. 一种丁香生活在酸性土壤上，另一种生活在碱性土壤上。
   b. 绿头鸭和针尾鸭在一年中的不同时间交配。
   c. 两种豹蛙的交配鸣声不同。
   d. 两种曼陀罗的杂交后代总是在繁殖前死亡。
   e. 一种松树的花粉不能使另一种受精。
4. 为什么一个小的、孤立的种群比一个大的种群更有可能发生物种形成？
5. 许多适应沙漠条件的植物和动物物种可能并没有在那里出现。它们在沙漠中生活的成功可能是由于________，即某种结构有最初的用途，但后来适应了环境有了不同的功能。
6. 大灭绝________。
   a. 把物种数量减少到如今剩下的少数幸存者
   b. 主要是由于大陆分离造成的
   c. 定期发生，大约每百万年一次
   d. 随之而来的是幸存者的多样化
7. 印度的动植物和附近东南亚的物种几乎完全不同。其原因可能是什么？
   a. 它们因趋同进化而分离。
   b. 这两个地区的气候完全不同。
   c. 印度正在脱离亚洲大陆。
   d. 直到最近，印度还是一块独立的大陆。
8. 古生物学家估计，某一块特定岩石形成时，含有 12 毫克的放射性同位素钾-40。这块岩石现在含有 3 毫克钾-40。钾-40 的半衰期为 13 亿年。根据这些信息，你可以断定这块岩石大约有______亿年的历史。
9. 为什么生物学家在构建进化树时，要小心区分同源导致的相似和同功导致的相似？
10. 在三域系统中，哪两个域共同组成了原核生物类群？

答案见附录《自测题答案》。

科学的过程

11. 想象你正在进行实地调查，发现两组老鼠生活在河的两岸。在不打扰这些老鼠的前提下，设计一个研究来确定这两组是否属于同一个物种。如果你能捕捉一些老鼠并把它们带到实验室，这又会对你的实验设计产生什么影响？
12. **解读数据**　一个头骨化石中碳-14/碳-12 比值大约是现今动物头骨的 6.25%。使用下图，推算化石的大致年龄是多少。

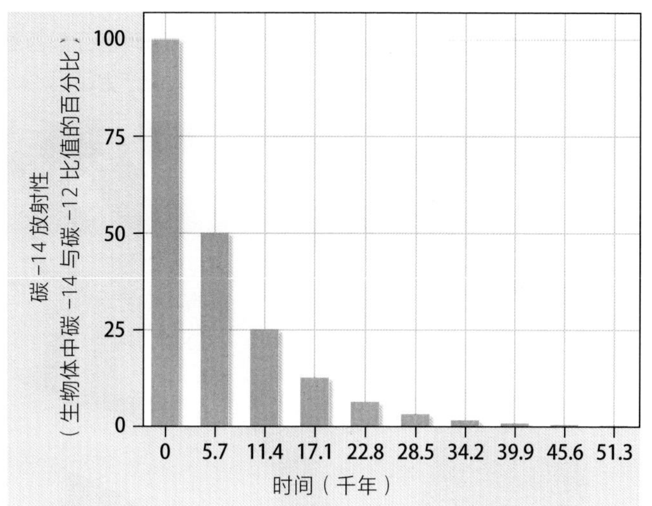

生物学与社会

13. 大多数生物学家对目前物种灭绝的速度感到震惊。他们担心的原因有哪些？考虑到生命经历了数次大灭绝，随后种类数都会反弹，这第六次大灭绝会有什么不同？对幸存的物种会有什么影响？
14. 红狼（*Canis rufus*）曾在美国东南部广泛分布，但已被宣布野外灭绝。生物学家培育了圈养的红狼个体，并将其重新引入北卡罗来纳州东部地区，在那里它们作为濒危物种受到联邦政府的保护。目前该野生种群估计有 100 只左右。然而，红狼面临一个新的威胁：与郊狼（*Canis latrans*）杂交后，在红狼居住的地区，郊狼的数量越来越多。虽然红狼和郊狼在形态和 DNA 上有所不同，但它们能够杂交并产生可育后代。这两个物种之间的主要生殖屏障是社会行为，而当同种配偶很少时社会行为是容易克服的。因此，有些人认为应该取消红狼的濒危物种地位，不应该耗费资源来保护“不纯”的物种。你同意吗？为什么？

15 微生物的进化

微生物为什么重要

设想你们一家人去度假，一英里（约1.6千米）相当于生命历史长河中的一百万年，那么从迈阿密开到西雅图后，你仍会问："我们还没到吗？"（人类产生了吗？）

一项最新研究表明，感染弓形体（一种寄生虫）的老鼠不再怕猫。

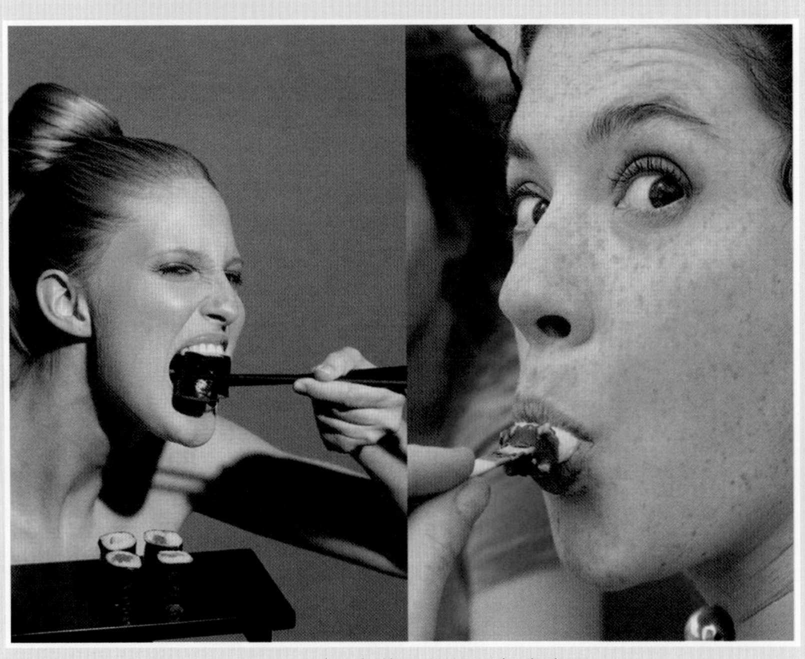

海藻不仅用于包裹寿司，还用在冰激凌里。

你每天能喝上干净的水，要感谢微生物。

本章内容

本章线索

人类微生物群

人类微生物群　生物学与社会

看不见的居民

也许你知道，人体有上万亿个独立的细胞，但是你知道它们并不全都是“你”吗？事实上，人体内和体表的微生物是人体细胞数量的 10 倍。也就是说，100 万亿细菌、古菌、原生生物都把你的身体当作家园。皮肤、口腔、鼻腔、消化道、泌尿生殖道是这些微生物的主要分布区域。生活在你身体的微生物尽管每个个体都很小，必须放大几百倍才能看到，但它们的总重量达到 2 ～ 5 磅（1 磅≈0.45 千克）。

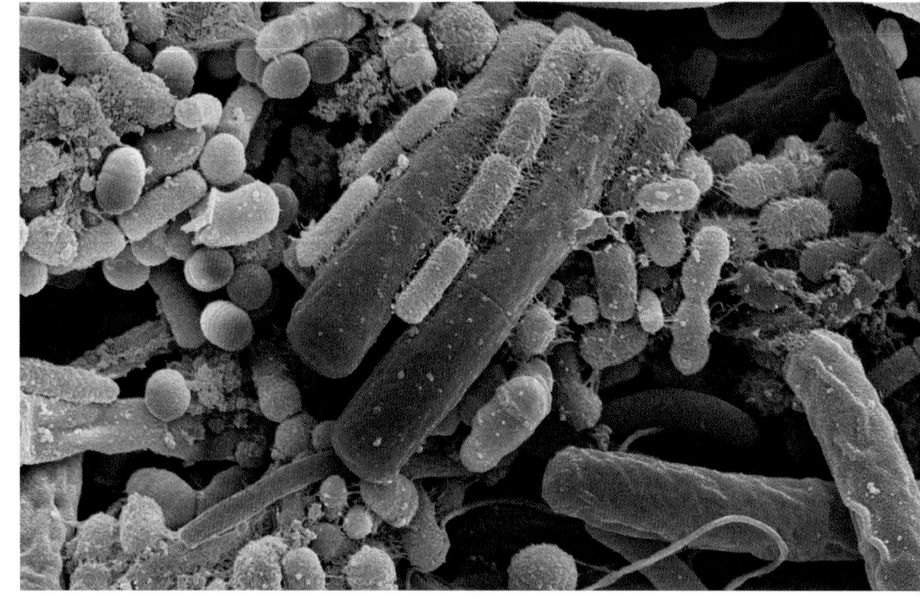

人舌头上细菌的彩色扫描电子显微照片（放大 14,500 倍）。

人在出生的头两年获得微生物群落，此后群落一直保持相对稳定。然而，现代生活正在破坏这种稳定。人类服用抗生素、净化用水、对食物消毒、努力防止我们周围的细菌滋生、洗刷皮肤和牙齿，从而改变了这些群落的平衡。科学家们推测，破坏微生物群落可能会增加我们对传染病的易感性，让我们容易患上某些癌症，并引起诸如哮喘和其他过敏、肠易激综合征、克罗恩病、孤独症等疾病。科学家甚至在研究异常微生物群落是否让人变胖，以及微生物群落在人类历史进程中是如何进化的。例如在本章最后的“进化联系”专栏，我们将发现饮食改变导致引起蛀牙的细菌在牙齿上安家落户。

在本章中，你将了解到人类和微生物相互作用的利与弊。还将体验到原核生物和原生生物显著的多样性。本章是探索生命多样性三章中的第一章。因此，从原核生物（地球上第一种生命形式）和原生生物（单细胞真核生物与多细胞植物、真菌和动物之间的桥梁）开始讲述是合适的。

生命史中的大事件

为了更好地了解生命多样性，让我们简单回顾一下地球生命历史中的主要事件。地球的历史始于 46 亿年前，这个时间跨度很难把握。为使这一庞大的时间尺度形象化，设想在北美进行一次自驾游，每完成一英里（约 1.6 千米）行程就相当于穿越 100 万年。旅程将从加拿大不列颠哥伦比亚省的坎卢普斯（Kamloops）出发，至美国马萨诸塞州波士顿的波士顿马拉松终点线，全程 4600 英里（图 15.1）。

我们从坎卢普斯出发，向西南方向到达华盛顿州西雅图市，然后再向南到加利福尼亚州旧金山市。到达加利福尼亚州边界时，过去了将近 7.5 亿年，在地球冷却的表面上形成了第一批岩石。抵达金门大桥时，恰逢化石记录中出现第一批细胞。也就是说地球诞生 11 亿年后，地球上的生命开始了！最早的生物是**原核生物**，它们的细胞没有真正的细胞核。下一节，将更多地介绍原核生物的起源。

年轻地球的情况与现在大不相同。影

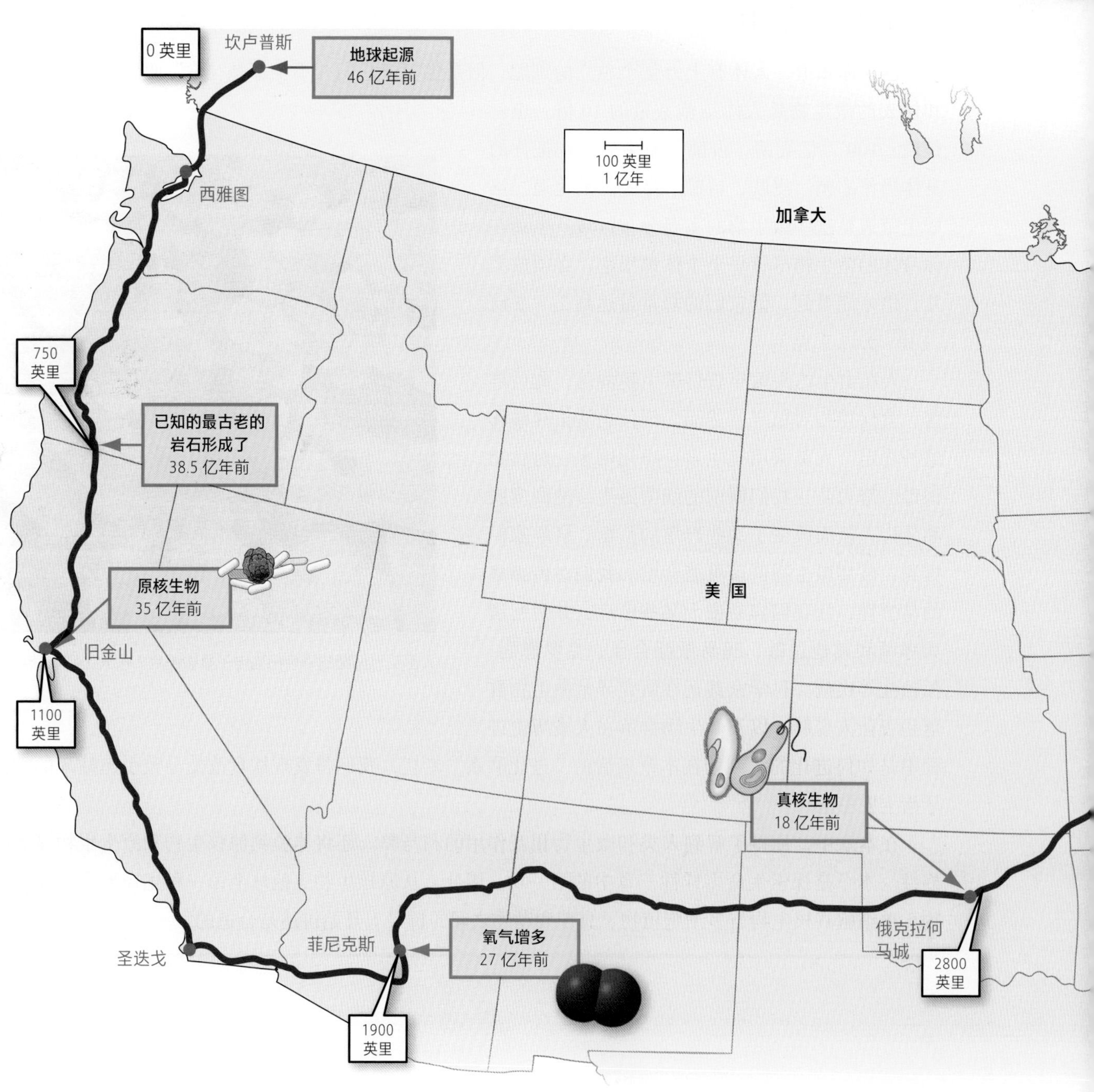

► 图 15.1　**生命史中的一些大事件。**以一趟 4600 英里的自驾游打比方，每英里相当于地球历史上的 100 万年。

响生命起源和进化的一个至关重要的差异是当时大气中氧的缺乏。随着我们继续向南方行进，原核生物之间的不同代谢途径也在不断进化。然而，8亿年之后，我们才会到达下一个里程碑。这时，我们已经穿过圣迭戈，向东穿过了沙漠。当我们到达亚利桑那州的菲尼克斯（凤凰城），地球已经19亿岁了，由于自养的原核生物的光合作用，大气中的氧气开始增多。

9亿年后，刚穿过俄克拉何马城时，我们发现了第一批真核生物化石。**真核生物**由一个或多个细胞组成，这些细胞内含细胞核和许多原核细胞中没有的由膜包被的细胞器。真核细胞是从吞噬较小原核生物的祖先宿主细胞进化而来的。人类和其他真核生物细胞中的线粒体都是原核生物的后代，植物和藻类的叶绿体也是如此。在真核生物进化之前，原核生物已经在地球上存在了17亿年。然而，更复杂的细胞的出现，开启了真核生物多样化的时代。这些复杂的新生物是原生生物。原生生物大多是微小的单细胞生物，正如本章中介绍的，原生生物如今有大量物种作为代表。

多细胞性是生命进化中的下一个大事件。显然是多细胞的最古老化石有12亿岁，或者说在我们的自驾游中，大约处于密苏里州圣路易斯（St. Louis）和印第安纳州特雷霍特（Terre Haute）之间的位置。留下这些化石的生物体很小，一点也不复杂。

直到6亿年后（距今约6亿年前），化石记录中才出现大型、多样的多细胞生物。到目前为止，我们已经旅行了4000英里——40亿年——到达了伊利（Erie），靠近宾夕法尼亚州的西部边缘（此地碰巧是本书一位作者的出生地）。余下的旅程不到15%了，但我们仍然没有遇到太多的生物多样性。这种情况即将改变。

动物的巨大多样化，即所谓的寒武纪大爆发，标志着大约5.42亿年前古生代的开始（见表14.1）。在这一时代结束时，现代所有主要动物的类型，以及所有主要的门类，都已经进化出来了。

从古生代开始，植物、真菌、昆虫等生命上陆。这一进化演变开始于5亿年前左右，在我们的公路旅途中，这个时间相当于到达纽约州的布法罗。

到达纽约州奥尔巴尼时，我们正处于中生代中期，有时也被称为恐龙时代。6500万年前的中生代末期，我们位于马萨诸塞州的路上。当我们越来越接近波士顿时，越来越多熟悉的生物开始主宰这片土地——开花植物、鸟类、哺乳动物，包括灵长类动物。

现代人（智人）大约出现在19.5万年前。到了这个点儿，我们只须再过两个街区，就可以抵达从地球起源到今天的旅程终点！因此，对于人类生命来说看似漫长的时间跨度，其实只是地球生命历史上的短暂一瞬间。

设想你们一家人去度假，一英里（约1.6千米）相当于生命历史长河中的一百万年，那么从迈阿密开到西雅图后，你仍会问：“我们还没到吗？”（人类产生了吗？）

生命的起源

看一下周围丰富多样的生命，我们很难想象地球并不总是这样的！但是在 46 亿年前，初生的地球上没有海洋、没有湖泊，氧气稀薄，没有任何生命。当时地球被太阳系形成时留下的碎片轰击，这些巨大的岩石和冰块碰撞地球，产生了如此剧烈的热量，以至于蒸发了所有的水。的确，在最初数亿年里，年轻的地球上的环境非常恶劣，令人怀疑生命起源的可能性；而即使生命诞生了，它们也不可能幸存下来。

40 亿年前的地球，虽然已经平静了许多，但仍处于剧烈动荡之中。水蒸气在地球冷却的表面凝结成海洋，同时火山爆发向大气中排放二氧化碳、甲烷、氨和其他氮化合物等气体（图 15.2）。尽管缺乏 O_2 对今天地球上的大多数居民来说是致命的，但这一环境使得生命起源成为可能——O_2 是一种腐蚀剂，往往会破坏化学键，阻止复杂分子的形成。

生命是由其各分子部分的特定排列和相互作用而涌现产生的特性（见图 1.20）。为了理解生命是如何从非生物物质起源的，生物学家们借鉴了化学、地质学、物理学领域的研究成果。接下来的几节，将研究生命起源过程中必定出现的一些属性。对于这些属性，科学家们已经达成一致意见，但是，在几种合理的情况中，哪种情况催生了这些属性，仍然是激烈争论的主题。☑

☑ 检查点

今天，地球上不可能发生生命自然发生的一个原因是我们现代大气中丰富的______。

答案：氧气（O_2）。

▼ 图 15.2 **艺术家描绘的早期地球的情况。**

生命起源的四阶段假说

一种生命起源的假设认为，最早的生物是经过四个阶段的化学进化的产物：（1）生成有机小分子，如氨基酸和核苷酸单体；（2）有机小分子生成生物大分子，包括蛋白质和核酸；（3）有机小分子和生物大分子聚集成液滴，被膜包裹，保持与外部环境不同的内部化学特征；（4）自我复制的分子产生，最终使遗传成为可能的。虽然我们永远无法确定地球生命的起源，但关于这一假设的预测可以在实验室加以试验。下面是这四个阶段的一些观察和实验证据。

第一阶段：有机化合物的合成

上文提到的形成地球早期大气的化学物质，如水（H_2O）、甲烷（CH_4）、氨（NH_3），都是小分子。与此相反，生命的结构和功能则依赖于更复杂的有机分子，如糖、脂肪酸、氨基酸和核苷酸，这些都是由小分子的相同元素组成。这些复杂的分子会不会是由早期环境中的成分形成？

此阶段是在实验室中广泛研究的第一个阶段。诺贝尔奖得主哈罗德·尤里的研究生斯坦利·米勒在 1953 年做了一个经典的实验。他设计了一种仪器，模拟假想的早期地球上的环境条件（图 15.3，对页）。一瓶温水模拟原始海洋。“大气”——以气体的形式加入反应室——包含氢气、甲烷、氨和水蒸气。电火花被释放到反应室内，模仿早期地球上常见的闪电。冷凝器冷却大气，使水和溶解于其中的化合物像“降雨”一样落入微型“海洋”中。

米勒-尤里实验的结果成了头版新闻。仪器运行一周后，从“海洋”中收集到大量生命必需的有机分子，包括氨基酸（蛋白质的单体）。此后，许多实验室用不同的大气混合物重复米勒的

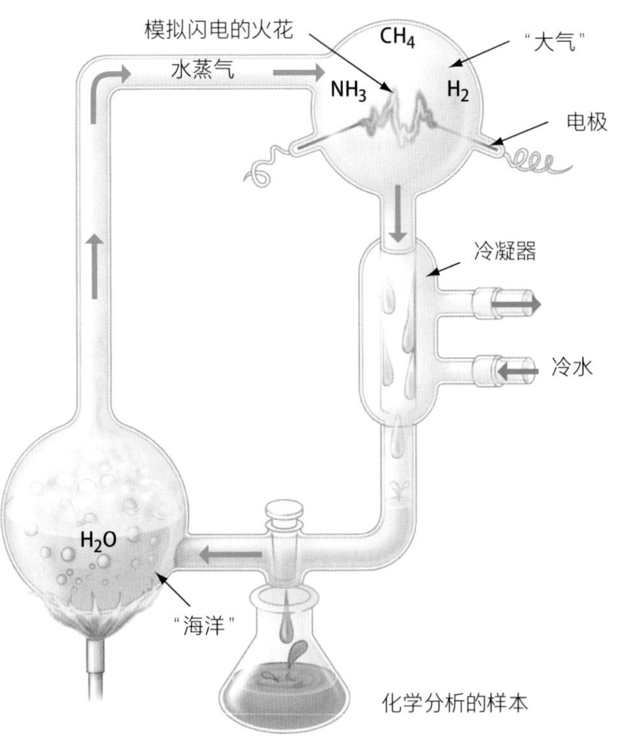

▲ 图 15.3 **在尤里和米勒的实验中用于模拟早期地球化学条件的仪器。**

实验，并生成有机化合物。2008 年，米勒以前的一名研究生发现了一些样本，来自米勒设计的模拟火山条件的不同大气实验。使用现代设备，他重新分析了这些样本，确认已经合成的其他有机化合物。事实上，在米勒的模拟火山条件下，已经产生了 22 种氨基酸，而相比之下，米勒 1953 年的最早实验，其“大气”中只产生了 11 种氨基酸。

科学家们也在研究其他关于地球有机分子起源的假设。有些研究者正在探索一种假设：生命可能始于水下火山或深海热液喷口（地壳中热水和矿物质喷入深海的间隙）。这样的环境是当今生命存在的最极端的环境之一，或许是生命的原始化学来源。

另一种有趣的假设是：陨石是地球上第一批有机分子的来源。1969 年落在澳大利亚的一块年龄为 45 亿年的陨石碎片中含有 80 多种氨基酸，其中某些氨基酸含量非常高。最新研究表明，这颗陨石还含有其他重要的有机分子，如脂类、单糖和尿嘧啶等含氮碱基。

阶段 2：聚合物的非生物合成

当地球上出现有机小分子后，没有酶和其他细胞装置的帮助，有机小分子是如何连接在一起形成蛋白质和核酸等聚合物的？研究者将有机单体溶液滴到灼热的沙、黏土或岩石上，从而在实验室中实现了聚合。热量使溶液中的水蒸发，将单体集中在底层材料上。某些单体能自发地结合在一起形成聚合物。在早期的地球上，雨滴或波浪可能将有机单体的稀释溶液溅到新鲜的熔岩或其他热岩石上，然后将多肽和其他聚合物冲回大海。聚合物在海里大量积累（因为没有生命可以吞噬、消耗它们）。☑

阶段 3：前细胞的形成

细胞膜形成了一个边界，将活细胞及其功能与外部环境分开。生命起源的关键一步是将一系列有机分子隔离在膜内。这类分子聚集体被称为前细胞——并非真正的细胞，而是被包装在一起的分子包裹，具有某些生命特性。在有限空间内，被混合的分子可以彼此靠近，从而更加有效地相互作用。

研究者已经证明，前细胞可能由脂肪酸自发形成（见图 3.11）。据信，早期地球上广泛存在一种特殊类型的黏土，其极大地加速了前细胞的自发形成。与今天的细胞膜不同，原始膜是多孔结构，RNA 核苷酸和氨基酸等有机单体可以自由地穿过。但是，在前细胞内形成的聚合物由于太大而无法排出。除了将分子物理性地聚集到充满液体的空间中，这些前细胞可能具有生命的某些特性。它们可能有能力使用化学能并生长。最有趣的是，实验室制造的前细胞能够分裂，产生新的前细胞——这是一种简单的繁殖形式。

阶段 4：自我复制分子的起源

生命，部分由自我复制分子的遗传过程所定义。今天的细胞以 DNA 的形式储存遗传信息。它们将这些信息转录成 RNA，然后将 RNA 信息翻译成特定的酶和其他蛋白质（见图 10.9）。可能是从某些简单得多的过程出发，经过一系列小的改动，逐渐演变出了这种信息流动机制。

最初的基因是什么样？一种假设认为最初是短链

☑ 检查点

将单体连接成聚合物的化学反应叫什么？（提示：查看图 3.4。）

答案：脱水反应。

RNA，无需蛋白质的协助即可复制。在实验室无酶条件下，短链 RNA 分子可以由核苷酸单体自发合成（图 15.4）。所产生的一组 RNA 分子中，每个分子的单体序列都是随机的。其中一些分子可以自我复制，但复制的成功率各不相同。复制速度最快的 RNA 分子提高了在分子群中的比例，这是分子进化的过程。

除实验证据之外，还有另一个原因使得原始世界存在 RNA 基因的假设看似合理。细胞内实际上有起着酶催化作用的 RNA，称为核酶。也许早期的核酶会催化自身复制。这可能有助于解决“先有鸡还是先有蛋”的悖论，即酶还是基因哪一个先出现。也许“鸡和蛋”是同一个 RNA 分子。今天的分子生物学之前可能是一个古老的“RNA 世界”。

上述的前细胞可以自发组装、繁殖和生长。但是，这些能力只能引起原始前细胞的无限复制。那么，细胞是如何获得进化能力的呢？ 接下来研究这个问题。☑

☑ 检查点

核酶是什么？为什么它们是生命形成的必然的步骤？

答案：核酶是一种具有催化功能的 RNA 分子。核酶可以执行 DNA 和蛋白质的一些功能。

从化学进化到达尔文进化

回想一下现今的生物是如何通过自然选择进化的。遗传性变异是由突变引起的，突变是一种复制错误，改变了脱氧核糖核酸的核苷酸序列。有些变异增加了生物体繁殖成功的机会，从而延续到后代。同样地，自然选择也开始塑造含有自我复制 RNA 的前细胞的属性。与其他基因相比，含有遗传信息的基因更有效地自我生长和繁殖，因此这种基因的数量会增加，并将能力传递给后代。突变会导致更多的变异，自然选择在这些变异上发挥作用，而突变最成功的前细胞将继续进化。这种前细胞与如今最简单的细胞之间的差距自然是巨大的。但是随着数百万年间自然选择的渐进变化，这些分子合作体将会越来越像细胞。在这段时间的某个时刻，前细胞跨过某个模糊的边界，成为真正的细胞。随后，开始了多样化的生命形式的进化阶段，这些变化即我们见到的化石记录。

▼ 图 15.4　RNA“基因”的自我复制。

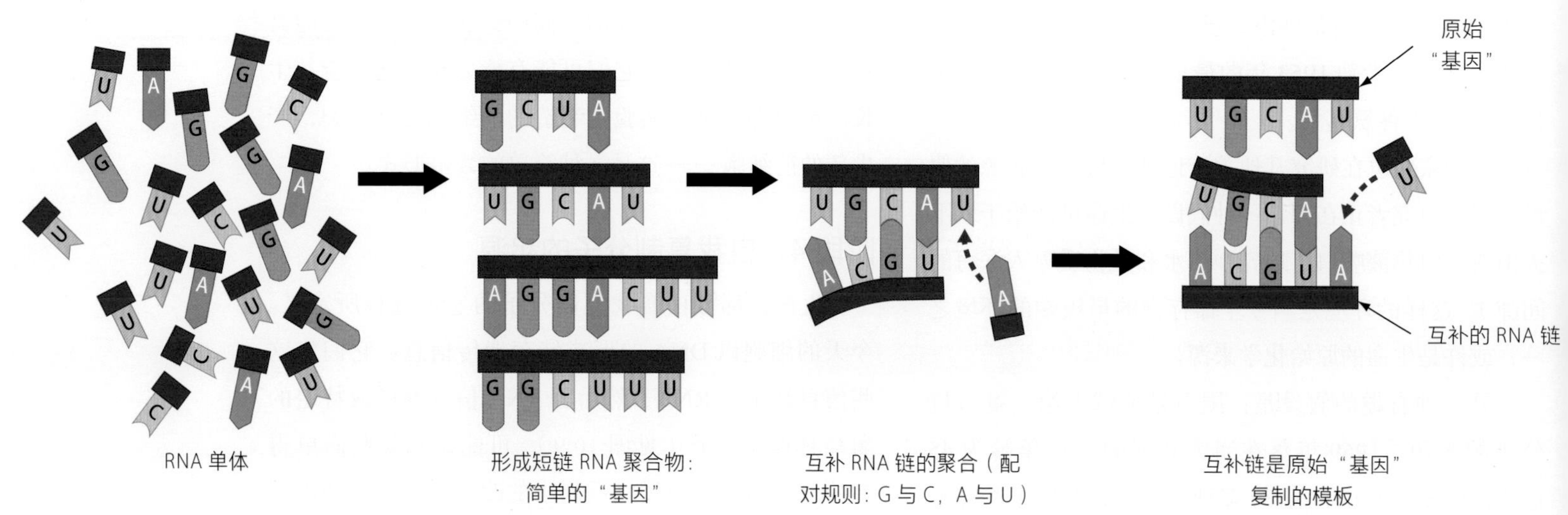

原核生物

细菌
古菌
原核生物
原生生物
真核生物
植物
真菌
动物

原核生物的历史是一个跨越数十亿年的成功故事。在地球上，原核生物独自生存并进化了 20 亿年左右。它们适应不断变化的地球，并在适应中繁衍，反过来又帮助改造地球。本节将介绍原核生物的结构与功能、多样性、关系及生态学意义。

◄ 图 15.5 **早期生命之窗？**在海面下超过 1.5 千米的热液喷口周围，一艘科研潜艇上的仪器正在采样。生活在喷口附近的原核生物利用喷出的气体作为能量来源。这种环境，黑暗、炎热、高压，是已知生命存在的最极端环境之一。

原核生物无处不在！

如今，原核生物存在于任何有生命的地方，包括多细胞生物的体内和体表。原核生物的生物总质量（生物量）至少是真核生物的 10 倍。原核生物可以在真核生物难以生存的酷寒、炙热、高盐、强酸或强碱的栖息地中生长繁殖（图 15.5）。科学家们刚刚开始对海洋内原核生物多样性进行研究。生物学家甚至发现了生活在地下 3.3 千米金矿壁上的原核生物。

虽然单个的原核生物体型很小（图 15.6），但原核生物对地球及其他生物的影响巨大。人们最常听说的只是少数几种致病的原核生物。约一半的人类疾病是由细菌感染引起的，比如肺结核、霍乱、许多性传播疾病和某些类型的食物中毒。然而，原核生物不仅仅是一个“罪犯库”。“生物学与社会”专栏介绍了人类的微生物群，即生活在人体内和体表的**微生物群落**。每个人都藏有数百个不同的原核生物物种和遗传品系，某些物种对人类的益处已得到充分研究。例如，我们肠道中的一些菌群提供必需的维生素，使我们能够从自身无法消化的食物分子中提取营养。人类皮肤上的许多细菌发挥着有益作用，如分解死亡的皮肤细胞。原核生物还能保护人体，使人免受致病入侵者的侵害。

原核生物对环境健康的重要性怎么强调都不为过。生活在土壤中和湖泊、河流、海洋底部的原核生物，有助于分解死亡的生物和其他废物，使氮等重要化学元素返回环境。如果没有原核生物，这种维持生命的化学循环就会停止，所有形式的真核生物也将灭绝。而与此相反，没有真核生物存在的话，原核生物无疑会继续存在，就像它们曾经这样存在过 20 亿年一样。

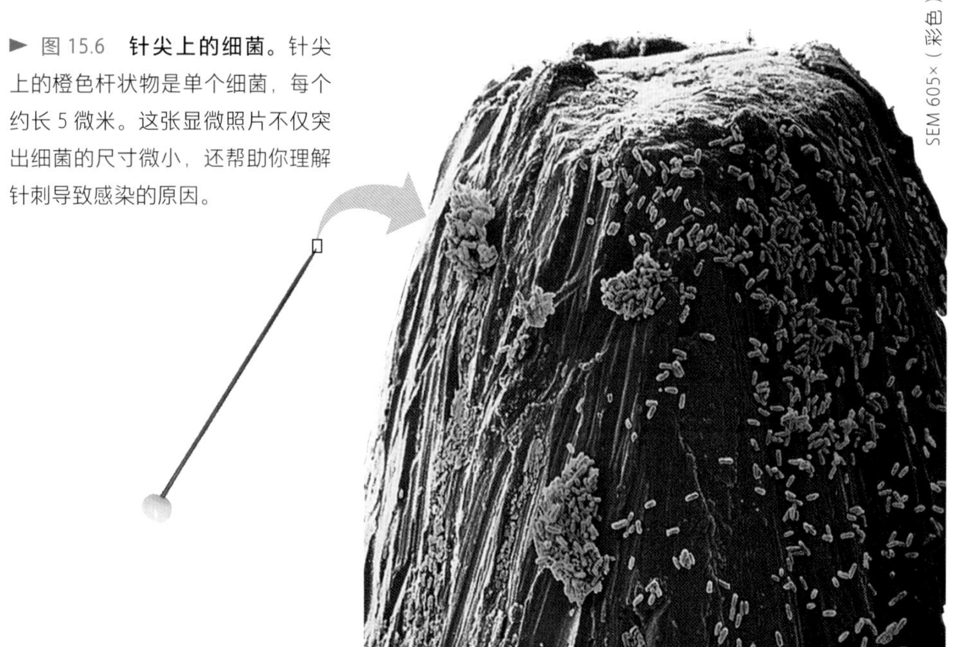

► 图 15.6 **针尖上的细菌。**针尖上的橙色杆状物是单个细菌，每个约长 5 微米。这张显微照片不仅突出细菌的尺寸微小，还帮助你理解针刺导致感染的原因。

结构 / 功能　原核生物

原核生物的细胞结构与真核生物完全不同。真核细胞有一个膜包被的细胞核和许多其他膜包被的细胞器，而原核细胞并不具备这些结构特征（见图 4.2 和 4.3）。几乎所有原核生物的细胞膜外都有细胞壁。原核生物虽然结构简单，却表现出显著的多样性。本节将介绍有助于这些生物体在其环境中生存的形态、繁殖和营养这三个方面。

原核生物的形态

对细胞形状的显微观察是鉴定原核生物的重要步骤。图 15.7 中的显微照片显示了原核生物的三种最常见的形状。球形原核细胞是球菌。杆状原核生物是杆菌。螺旋形原核生物是螺旋菌，如引起梅毒和莱姆病的各种螺旋菌。

尽管所有的原核生物都是单细胞，但有些物种通常是由两个或多个细胞组成群体。例如成簇出现的葡萄球菌。其他球菌，包括引起链球菌性咽喉炎的细菌，呈链状，称为链球菌。部分原核生物生长出细胞分支链［图 15.8（a）］。甚至有些物种表现出特化细胞之间的简单分工［图 15.8（b）］。此外，在单细胞物种中，有一些体型巨大，使得大多数真核细胞相形见绌［图 15.8（c）］。

（a）**放线菌。**放线菌是一团分支链状的杆状菌。放线菌在土壤中常见，它们分泌的抗生素能够抑制其他细菌生长。从放线菌中可提取各种抗生素药物，如链霉素。

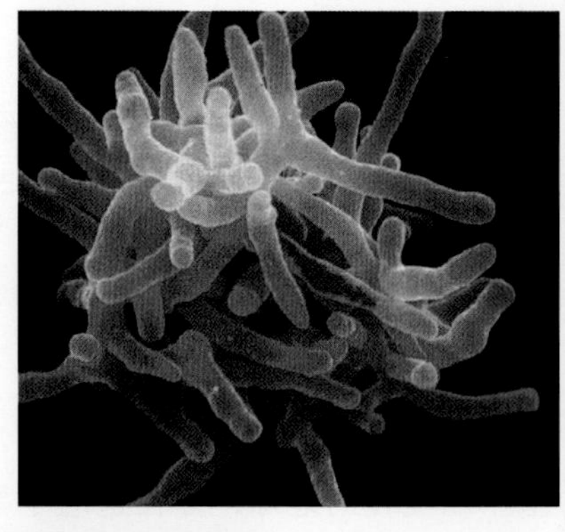

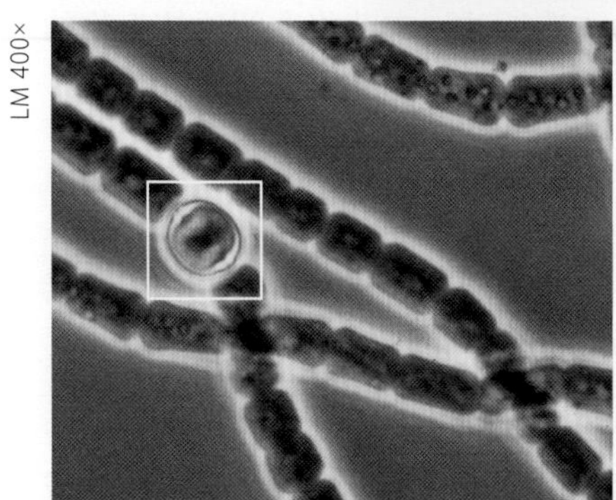

（b）**蓝细菌。**这些光合蓝细菌表现出分工合作。白框突出显示了一种细胞，将大气中的氮转化为氨，氨则可转化为氨基酸和其他有机化合物。

（c）**巨型细菌。**照片中较大的白色斑点是海洋细菌——纳米比亚嗜硫珠菌（*Thiomargarita namibiensis*）。这一原核细胞直径超过 0.5 毫米，大约相当于下面果蝇头部的大小。

▲ 图 15.8　**原核生物形状和大小的多样性。**

▼ 图 15.7　**原核细胞的三种常见形状。**

原核细胞的形状		
球形（球菌）	杆状（杆菌）	螺旋菌
SEM 10,000×（彩色）	SEM 10,000×（彩色）	TEM 30,000×（彩色）

大约一半的原核物种是可移动的。这些物种大多具有一条或多条鞭毛，推动细胞趋利避害，如前往营养丰富的地方。

在许多自然环境中，原核生物附着在环境表面形成一个高度有组织的群落，称为**生物膜**。生物膜可能由一种或几种原核生物组成，也可能由原生生物和真菌组成。随着生物膜变得越来越大、越来越复杂，它发展成一座微生物的“城市”。微生物通过化学信号交流，进行分工，包括防御入侵者以及其他活动。

几乎任何类型的表面都能形成生物膜，比如在岩石、有机材料（包括活体组织）、金属和塑料的表面。一种称为牙菌斑的生物膜（图 15.9）会导致蛀牙，在本章末尾的“进化联系”专栏介绍了更多信息。在引起人类疾病的细菌中，生物膜非常普遍。例如，耳部感染和尿路感染通常由生物膜菌群引起。植入的医疗装置，如导管、置换关节、起搏器的表面，也可形成有害细菌的生物膜。生物膜的结构使得这些感染特别难以战胜。抗生素难以穿透外层细胞，这让大部分细菌群落保持完好。

原核生物的繁殖

只要条件适宜，许多原核生物就能以惊人的速度繁殖。细胞几乎不断地复制 DNA，并通过**二元裂变**的过程一次又一次地分裂。通过二元裂变，1 个细胞变成 2 个细胞，再变成 4 个、8 个、16 个……依此类推。在最佳条件下，有些物种只需 20 分钟就能繁殖出下一代。一个原核生物如果不受限制地以这种速度持续繁殖，只需三天就可以产生一个比地球还重的群体！此外，DNA 每次复制，都会发生自发突变。因此，快速繁殖会使原核生物群体中产生大量的遗传性变异。如果环境发生变化，具备有益基因的个体就可以迅速利用新的条件。例如，暴露在抗生素中的菌群，可能会经历自然选择，筛选出有抗生素耐药性的菌（见第 13 章末尾的“进化联系”专栏）。

▼ 图 15.9 **牙菌斑，牙齿上的生物膜。**

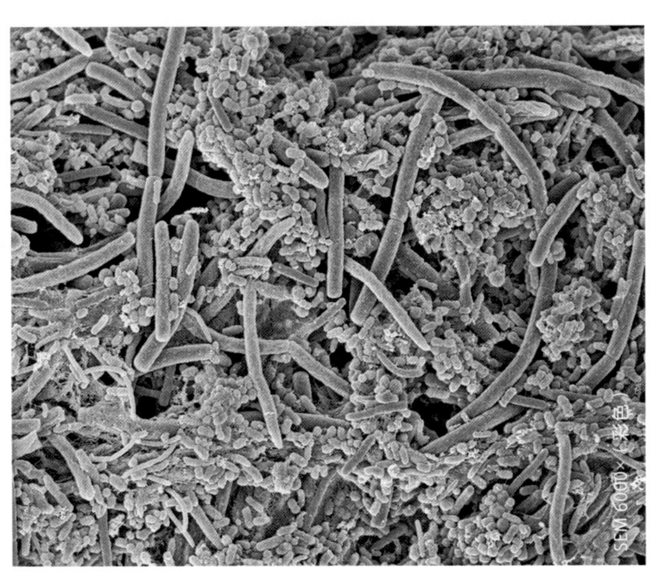

▼ 图 15.10 **被细菌污染的家用海绵（彩色显微照片中的红色、绿色、黄色、蓝色物体）。**

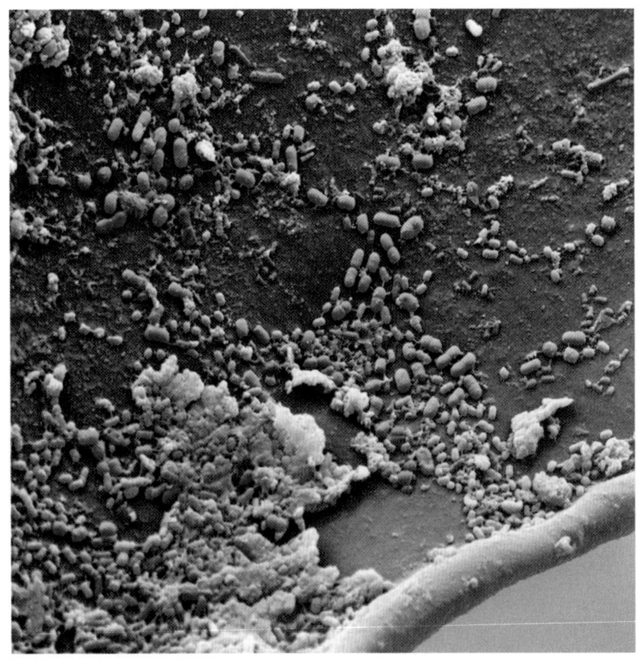

SEM 8,400×（彩色）

幸好很少有原核生物能保持长时间的指数增长。环境中食物和空间等资源有限。原核生物也会产生代谢废物，最终会污染群落的环境。尽管如此，你还是可以理解为什么厨房海绵中会有大量的细菌（图 15.10），为什么食物会很快变质。冷藏能延缓食物的腐败，并不是因为低温杀死了细菌，而是因为大多数微生物在这么低的温度下繁殖非常缓慢。

一些原核生物能够在非常恶劣的条件中生存，形成一种特化细胞形式，称为芽孢。**芽孢**是原核生物暴露在不利条件下时，在原核细胞内产生的一种厚壳保护细胞。芽孢可以在各种创伤和极端温度下存活——即使沸水也不能杀死这些抗性细胞中的大多数。当环境变得更加适宜时，芽孢可以吸收水分，恢复生长。微生物学家使用高压灭菌器，对实验室用具进行消毒和灭菌，这种设备可在 121℃（250℉）的温度下产生高压蒸汽，杀灭所有细胞（包括芽孢）。食品罐头工业使用类似的方法来杀死危险细菌——如肉毒杆菌（导致可致命的肉毒中毒）的芽孢。☑

原核生物的营养

你可能很熟悉多细胞生物获取能量和碳的方法——能量和碳是合成有机化合物所需的两种主要资源。植物利用二氧化碳和太阳能进行光合作用；动物和真菌从有机物中获取碳和能量。这些营养模式也普遍存在于原核生物中（图 15.11）。但是原核生物的代谢能力远比真核生物多种多样。一些物种的能量来自无机物，如氨（NH_3）和硫化氢（H_2S）。土壤细菌从无机氮化合物中获取能量，这对于使植物获得氮的化学循环至关重要（见图 20.34）。由于这些原核生物不依赖阳光获取能量，它们能够在似乎完全不适合生命的环境中生长繁殖——甚至能生活在埋藏于地表以下数百英尺的岩层之间。热液喷口附近，滚烫的水和热气喷涌进海面下一英里多的海水中，在这里，利用含硫化合物作为能源的细菌，支持着各种动物群落。

原核生物的代谢能力使它们与很多动物、植物和真菌成为绝佳的共生伙伴。**共生**（“共同生活”）是两个或两个以上物种的生物体之间的密切联合。在某些情况下，两种生物都从这种伙伴关系中受益。例如，许多栖息在热液喷口群落中的动物，包括图 15.12 所示的巨型管虫，体内都含有硫细菌。动物从水中吸收含硫化合物。细菌利用这些化合物作为能源，将海水中的 CO_2 转化为有机分子，进而为宿主提供食物。同样地，蓝细菌的光合作用为共生关系中的真菌伙伴提供食物，形成某种地衣（见第 16 章末尾的“进化联

☑ 检查点

1. 使用显微镜，你如何区分引起葡萄球菌感染的球菌和引起链球菌性咽喉炎的球菌？
2. 为什么微生物学家要对实验室仪器和玻璃器皿进行高压灭菌，而不是用非常热的水清洗它们？

答案：1. 通过细胞聚集体的排列，葡萄球菌为葡萄状簇，链球菌为细胞链。2. 为了杀死可以在沸水中存活的细菌芽孢。

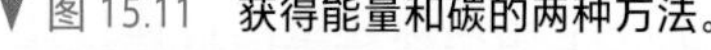

▼ 图 15.11 **获得能量和碳的两种方法。**

（a）**颤藻。**这是一种蓝细菌，一种进行光合作用的原核生物。

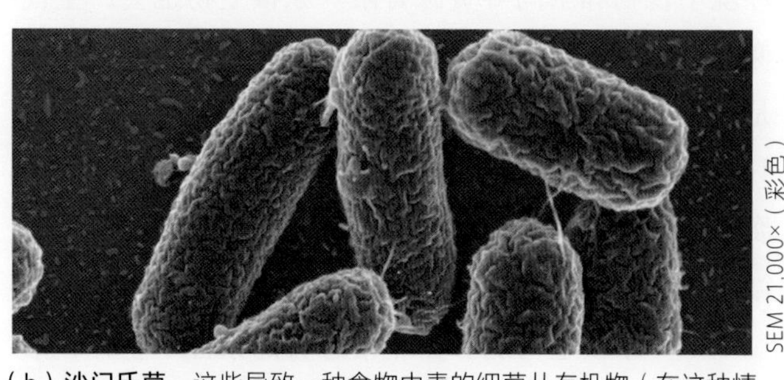

（b）**沙门氏菌。**这些导致一种食物中毒的细菌从有机物（在这种情况下是活的人体细胞）中获得能量和碳。

▼ 图 15.12 **巨型管虫。**这些动物可以长到 2 米长，依靠共生的原核生物为它们提供食物。

▲ 图 15.13 **漂浮在稻田中的水生蕨类满江红（小图）。**这些小植物生长迅速，覆盖水面，有助于除杂草。这种短命植物的分解释放出氮，给水稻施肥。

系”专栏）。

除光合作用外，许多蓝细菌还能够固氮，即把大气中的氮（N_2）转化成植物可用的形式。与蓝细菌的共生使得水生蕨类满江红等植物在缺氮环境中具有优势。一千多年来，这种微小的漂浮植物一直被用于提高水稻产量（图 15.13）。其他固氮细菌共生在豆科植物的根瘤中，这一大类群包括许多重要经济物种，如菜豆、黄豆、豌豆、花生。

原核生物的生态影响

由于原核生物的营养多样性，它们提供了多种生态服务，对人类的福祉至关重要。我们现在来看一看原核生物在维持生物圈中所扮演的重要角色。

原核生物与化学循环

组成人体内有机分子的原子，不久前是土壤、空气、水中的无机化合物的一部分，它们总有一天也会回归这些物质。生命依赖于生态系统的生物和物理组成部分之间化学元素的循环。原核生物在这些化学循环中起着重要作用。例如，植物用来制造蛋白质和核酸的几乎所有氮都来自土壤中的原核生物代谢。反过来，动物又从植物中获取氮化合物。

原核生物的另一个重要功能，是分解有机废物和死亡生物（本章前面曾提到）。原核生物分解有机物，并在此过程中，将元素以无机物的形式返还环境，供其他生物使用。如果没有这些分解者，碳、氮和其他对生命至关重要的元素将被锁在尸体和废物的有机分子中。（原核生物在化学循环中的作用，请见第 20 章。）

让原核生物为我们工作

人类利用代谢多样化的原核生物清理环境。生物修复是利用生物去除水、空气或土壤中的污染物。使用原核生物分解者来处理污水是生物修复的一个例子。原始污水首先通过一系列的筛网和粉碎机，使固体物质从液体中沉淀出来。这种固体物质被称为污泥，然后被逐渐加入厌氧原核生物的培养物中（含有细菌和古菌）。微生物分解污泥中的有机物，将其转化为可用作填埋物或肥料的物质。然后，液体废物通过一个由一根长长的水平杆组成的滴滤塔系统，水平杆慢慢旋转，把液体废物喷洒到岩石床上（图 15.14）。生长在岩石上的需氧原核生物和真菌去除了液体内的许多有机物。从岩床流出的水经过消毒，释放到环境中。

生物修复也已成为清除工业过程释放到水、土之中有毒化学品的重要工具。在被污染的土壤中，常常存在能降解污染物（如石油成分、溶剂、杀虫剂等）的原核生物，而环保人员

你每天能喝上干净的水，要感谢微生物。

▼ 图 15.14 **微生物在污水处理设施中的应用。**这是一个滴滤系统的示意图，它使用细菌、古菌和真菌来处理去除污泥后的液体废物。

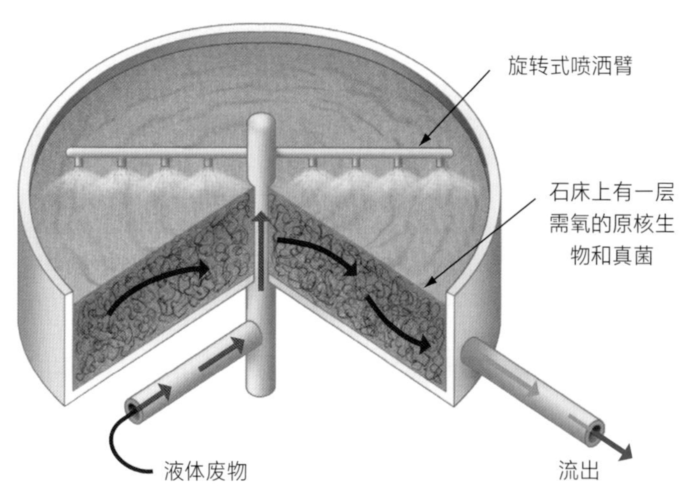

可采取措施，加强原核生物的降解活性。在图 15.15 中，一架飞机正在向 2010 年墨西哥湾“深水地平线”钻井平台泄漏的原油喷洒化学分散剂。正像洗涤剂有助于清洁油腻餐具一样，这些化学分散剂能够将油分解成更小的液滴，为微生物攻击提供更大的表面积。原核生物也在帮助净化土壤和水中掺杂了重金属及其他毒物的老矿区。人类对“原核生物在生物修复方面巨大潜力”的探索研究，方兴未艾。将来，基因工程微生物可能会被用于清理（在我们的土地和垃圾填埋场中）不断积累的各种有毒废物。☑

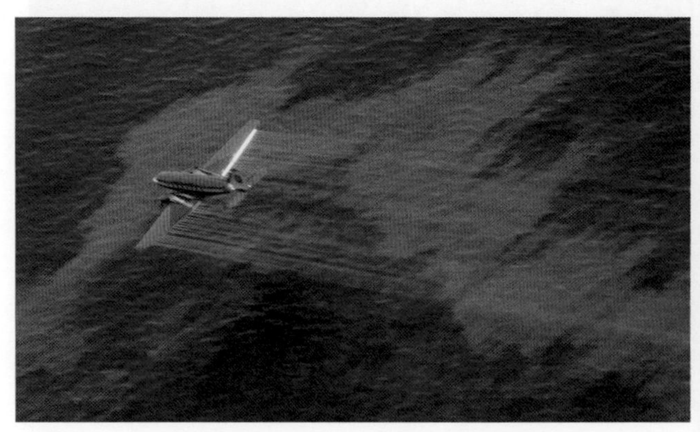

▲ 图 15.15 **在墨西哥湾漏油事故现场喷洒化学分散剂。**

☑ 检查点

细菌如何帮助恢复植物光合作用所需的空气中的 CO_2？

答案：通过分解死亡生物和有机垃圾（如落叶）中的有机分子，细菌将有机物中的碳以 CO_2 的形式释放出来。

原核生物进化的两个主要分支：细菌和古菌

生物学家从分子水平比较不同的原核生物，已识别出原核生物进化的两个主要分支：**细菌和古菌**。这样，生命被划分为三个域——**细菌**、**古菌**、**真核生物**（回顾图 14.26）。细菌和古菌有原核细胞结构上的共同点，但在结构和生理特征上仍有许多不同。本节将先重点关注古菌的特殊性，然后再转向细菌。

古菌在许多栖息地都很丰富，包括在其他生物很少能生存的地方。极端嗜热菌（图 15.16）是一类生活在非常热的水中的古菌，其中一些古菌甚至在涌出接近沸水的深海热液喷口中繁殖，如图 15.5 所示。极端嗜盐菌，是一类在犹他州的大盐湖、死海、海水晒盐池等环境中旺盛生长的古菌。

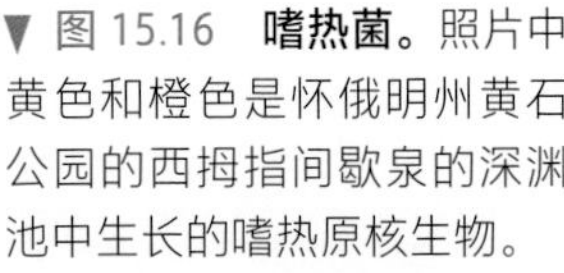

▼ 图 15.16 **嗜热菌。**照片中黄色和橙色是怀俄明州黄石公园的西拇指间歇泉的深渊池中生长的嗜热原核生物。

第三类古菌是产甲烷菌，生活在厌氧（无氧）环境中，并产生甲烷。湖泊和沼泽底部的淤泥中含丰富的产甲烷菌。你或许见过从沼泽中冒出的甲烷，也叫沼气。产甲烷菌在固体废物填埋场的厌氧条件下繁盛，它们产生的大量甲烷是全球变暖的一个重要因素（见图 18.43）。许多城市收集甲烷，并将其用作能源（图 15.17）。

在动物的消化道中也栖息着大量的产甲烷菌。人类的肠道气体主要是它们新陈代谢的结果。更重要的是，产甲烷菌有助于牛、鹿和其他严重依赖纤维素作为营养物质的动物的消化。正常情况下，这些动物并不会出现腹胀，因为它们定期排出大量由产甲烷菌产生的气体。（你或许不想知道关于这些产甲烷菌的这么多事儿！）

在较温和的条件下，古菌也非常丰富，特别是在海洋中，任何深度都可以发现它们。在水下 150 米，它们是原核生物中的重要部分，在 1500 米以下，它们占原核生物总量的一半。所以，古菌是地球最大栖息地中最丰富的细胞类型之一。

致病细菌

尽管大部分细菌对人类无害，甚至有益，极少数的细菌却会造成太大的伤害。致病细菌和其他生物体叫作**病原体**。在大多数情况下，我们是健康的，因为身体防御系统会抑制病原体种群的繁殖。有时候，平衡转向有利于病原体的方向，我们就会生病。如果营养不良或病毒感染减弱了防御能力，甚至一些正常的人体细菌也会使我们生病。

大多数病原菌通过产生毒素——外毒素或内毒

▲ 图 15.17 **从垃圾填埋场收集产甲烷菌产生之气体的管道。**

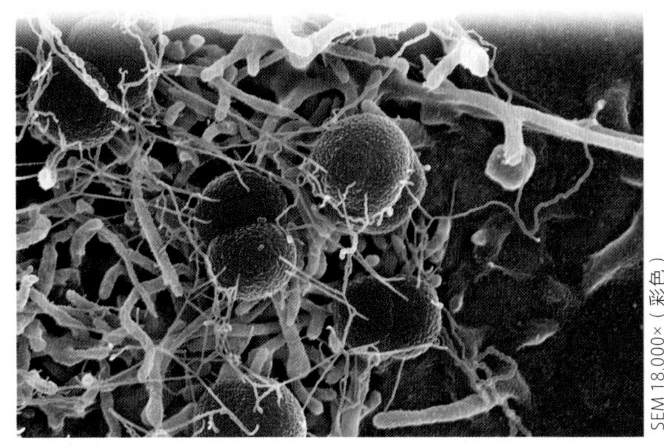

▲ 图 15.18 **导致脑膜炎的细菌。**脑膜炎奈瑟菌（*Neisseria meningitidis*），一种产内毒素的病原体。

素——引起疾病。**外毒素**是细菌分泌到环境中的蛋白质。例如，金黄色葡萄球菌能产生几种外毒素。虽然常见于皮肤及鼻腔，但金黄色葡萄球菌若透过伤口进入体内，可引起严重疾病。其中一种外毒素导致皮肤层脱落（"食肉病"）；另一种外毒素则引起一种潜在的致命疾病，称为中毒性休克综合征，这种病症与卫生棉条的不当使用有关。金黄色葡萄球菌外毒素也是引起食物中毒的一个主要原因。金黄色葡萄球菌污染的食物如未冷藏，细菌就会繁殖并释放外毒素，人摄入百万分之一克就会引起呕吐和腹泻。食物一旦被污染，即使煮沸也不会消除外毒素。

内毒素是某些细菌外层的化学成分。所有内毒素都会引起相同的一般症状：发热、疼痛，有时血压还会出现危险性的下降（感染性休克）。由导致细菌性脑膜炎的病原体内毒素引发的感染性休克（图 15.18）可以在几天甚至几小时内杀死一个健康人。由于这种细菌很容易在密切接触的人群中传播，许多大学要求学生接种预防疾病的疫苗。其他能产生内毒素的细菌包括沙门氏菌，可引起食物中毒和伤寒。

保持卫生环境通常是预防细菌性疾病的最有效方法。安装水处理和污水处理系统仍然是全世界公共卫生的重点。抗生素已被发现可以治愈大多数细菌疾病。然而，许多病原体已对广泛使用的抗生素产生耐药性。

除了环境卫生和抗生素，对抗细菌性疾病的第三道防线是教育。由蜱虫携带的螺旋体细菌引起的莱姆病（图 15.19）就是一个典型例子。携带疾病的蜱以鹿和田鼠为宿主，但也会叮咬人类。莱姆病开始时通常在蜱虫叮咬周围出现红疹，形似靶心。若在暴露后一个月内使用抗生素，可治愈该病。莱姆病如得不到治疗，可引起关节炎、心脏病和神经系统疾病。莱姆病没有疫苗，所以对抗莱姆病的最好方法是预防——开展公众教育，让人们知道要避免蜱虫叮咬，以及在出现皮疹时寻求治疗的重要性。

▼ 图 15.19 **莱姆病，一种由蜱虫传播的细菌性疾病。**导致莱姆病的细菌（如右图显微照片所示）由蜱虫从鹿传染给人类。

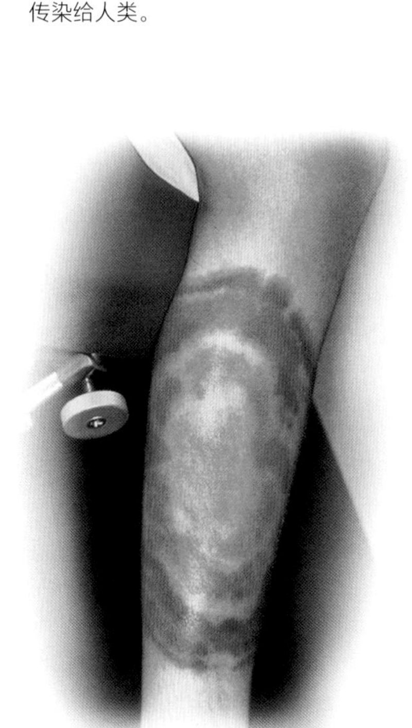

靶心疹

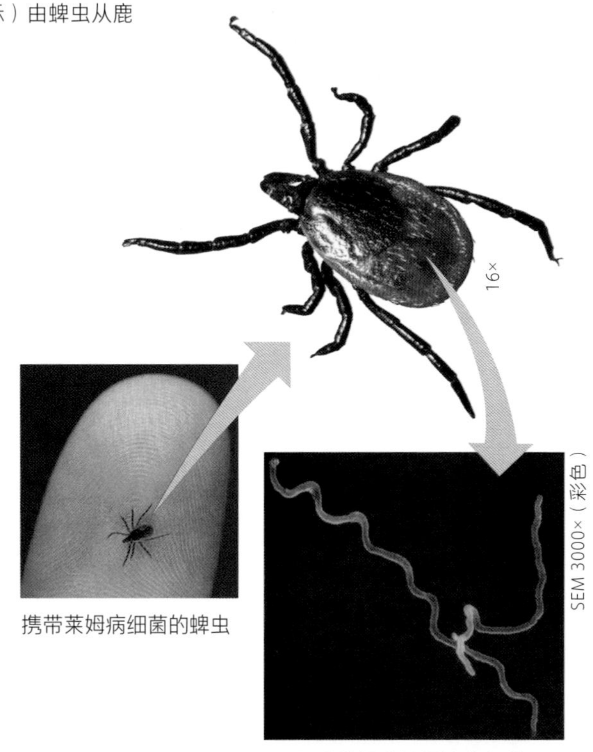

携带莱姆病细菌的蜱虫

导致莱姆病的螺旋体细菌

有些病原体有可能造成严重危害，因此被用作生物武器。最大的威胁之一来自引起炭疽热的细菌芽孢。炭疽芽孢进入肺部后萌发形成细菌，细菌繁殖，产生外毒素，最终在血液中积累至致命程度。尽管某些抗生素能够杀死细菌，但抗生素并不能消除已在体内的毒素。因此，吸入性炭疽致死率非常高。在 2001 年的一起事件中，有 5 人死于邮寄给新闻媒体和美国参议院成员的炭疽芽孢。

另一种具有潜在危害、可作为生物武器的细菌是肉毒杆菌。与其他生物致病体不同，肉毒杆菌的武器形式是它产生的外毒素——肉毒毒素，而非活体微生物。肉毒毒素是地球上最致命的毒药，能阻断引起肌肉收缩的神经信号的传递，导致呼吸所需的肌肉瘫痪。30 克肉毒杆菌毒素——只比一盎司（28.3 克）多一点——就能杀死全部美国人。与此同时，保妥适（注射用 A 型肉毒毒素 Botox）中的微量肉毒毒素则可用于美容。将毒素注入皮下，可使引起皱纹的面部肌肉松弛。☑

☑ 检查点

细菌已经被杀死后，外毒素怎么还能产生危害？

答案：外毒素是一种分泌毒素，即使分泌它们的细菌已消失了，毒素仍然有害。

人类微生物群 科学的过程

肠道微生物群是肥胖症的罪魁祸首吗?

根据“生物学与社会”的介绍，人体是数万亿细菌的家园，这些细菌不会损害人类健康，甚至有益健康。近十年来，研究者在表征人类微生物群方面取得了巨大的进步，并已开始研究这些微生物对人类生理过程的具体影响。因为肠道微生物在某些方面参与了食品消化，研究者推测它们可能与肥胖有关。让我们来看一看某科研小组是如何通过“脂肪量与瘦体重的对比”来研究微生物群对身体组成的影响的。

通过以前研究的观察结果，科学家们提出以下问题：肥胖者的微生物群能否影响另一个人的身体组分？虽然我们最终想回答的，是这个关乎人的问题，但研究者在使用人类受试者之前，常用动物模型来检验假设。在无菌条件下饲养的小鼠不具有微生物群，是这类实验的理想对象。因此，科学家们提出了假说：肥胖者的肠道微生物群会增加小鼠的体脂量。他们预测：如果假设正确，那么接受肥胖者肠道微生物移植的纤瘦无菌小鼠将（比接受从纤瘦者肠道微生物移植的纤瘦无菌小鼠）表现出更多的体内脂肪增加。

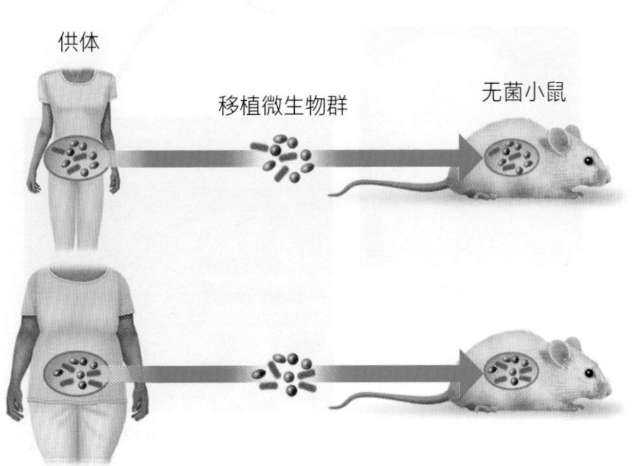

▼ 图 15.20 **研究微生物群对身体组成影响的实验。**

研究者招募了四对女性双胞胎进行实验。每对双胞胎中，一人胖，一人瘦。每个人粪便中的微生物群，被分别移植给各组无菌小鼠（图 15.20）。结果如图 15.21 所示，支持了这一假说。接受肥胖者微生物群的小鼠变得更加肥胖，接受来自纤瘦者微生物群的小鼠保持纤瘦。

针对肥胖症的微生物疗法是否指日可待？——不太可能。这里描述的实验与许多类似的实验都代表着科学研究的早期阶段。要确定人类微生物是不是肥胖的原因，还需要更多的研究。若真是这样，下一个挑战将是弄清楚如何安全地操纵人体内复杂的生态系统。

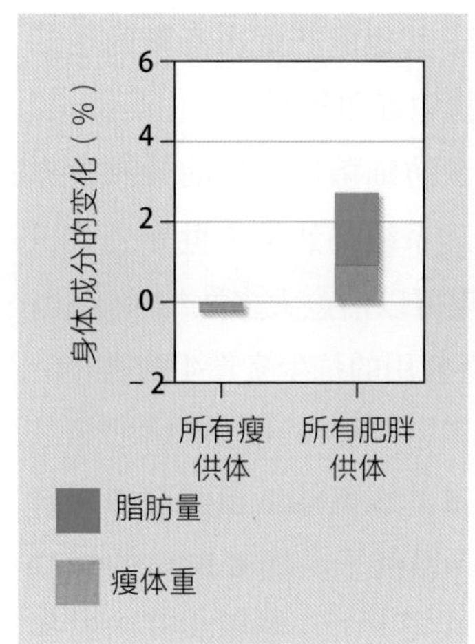

◀ 图 15.21 **微生物群移植实验的结果。**该图显示了接受来自瘦供体（左）或肥胖供体（右）的微生物群的小鼠身体组成（瘦体重与脂肪量）的变化。

资料来源：V. K. Ridaura et al., Gut microbiota from twins discordant for obesity modulate metabolism in mice. *Science* 341 (2013). DOI: 10.1126/science.1241214.。

原生生物

细菌
古菌
原核生物
真核生物
原生生物
植物
真菌
动物

化石记录表明，最早的真核生物大约在20亿年前从原核生物进化而来。**内共生**即一个生物体生活在一个宿主生物体细胞内，是真核细胞进化过程的关键。线粒体和叶绿体起源于栖息在较大的宿主细胞内的原核生物，这一理论证据充足。宿主和内共生生物相互依存，最终成为一个不可分割的生物体。这种原始的真核生物不仅是现代原生生物的祖先；也是所有其他真核生物（植物、真菌、动物）的祖先。

术语“原生生物”不属于分类学范畴。在一段时间里，原生生物曾被归为真核生物的第四个界（原生生物界）。然而，最近的遗传和结构研究表明，一些原生生物与真菌、植物或动物的关系比原生生物彼此间的关系更为紧密，从而打破了原生生物是一个统一类群的概念。最新资料促使科学家修改原有观点，关于原生生物系统发育（以及分类）的假设也正在迅速改变。尽管在某些关系上存在普遍共识，但其他关系上仍有激烈的争议。因此，**原生生物**是一个包罗万象的类别，包括所有非真菌、动物或植物的真核生物。原生生物大多数是单细胞，少数是多细胞生物。由于原生生物细胞是真核细胞，所以即使是最简单的原生生物也比任何原核生物复杂得多。

原生生物获取营养的方式多种多样，这是原生生物多样性的一个标志。一些原生生物是自养生物，通过光合作用生产食物。光合原生生物属于一个非正式的范畴，叫作**藻类**，其中也包括蓝细菌。原生藻类可能是单细胞、菌落或多细胞的，如图 15.22（a）所示。其他原生生物是异养生物，从其他生物处获取食物。有些异养原生生物吃细菌或其他原生生物；有些类似真菌，通过吸收获得有机分子。还有一些是寄生的，**寄生虫**从活体宿主处获得营养，宿主则因这种相互作用受到伤害。例如，图 15.22（b）中寄生锥虫在人类红细胞中引起睡眠病，这是在非洲部分地区常见的一种衰弱性疾病。然而，其他原生生物是混合营养体，既可以光合自养，也可以异养。眼虫［图 15.22（c）］是池塘水中的常见居民，可以根据日照和营养情况改变营养模式。

原生生物的栖息地也非常多样化。大多数原生生物是水生生物，生活在海洋、湖泊和池塘中，但它们几乎可以在任何有水的地方被找到，包括湿润的土壤和落叶等陆地栖息地。还有一些是共生体，存在于各种宿主生物体内。

因为原生生物的分类工作仍在进行中，我们对原生生物的简单研究并不是按照任何系统发育的假设来组织的。相反，我们将认识四种非正式类别的原生生物：原生动物、黏菌、单细胞藻类和群体藻类，以及海藻。

▼ 图 15.22 **原生生物的营养模式。**

（a）**自养生物**：蕨藻，一种多细胞藻类。

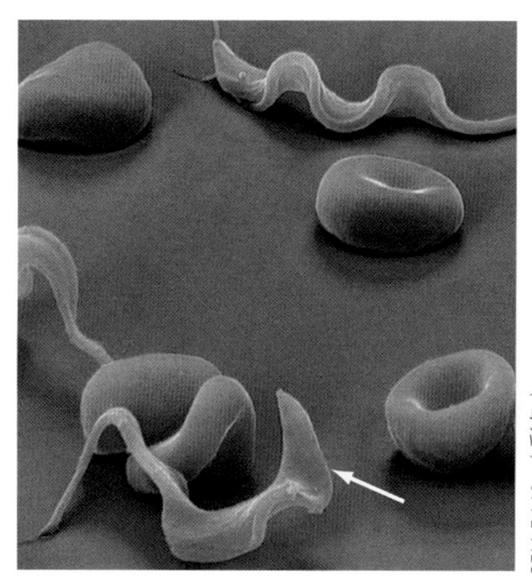

（b）**异养生物**：寄生锥虫（箭头）。

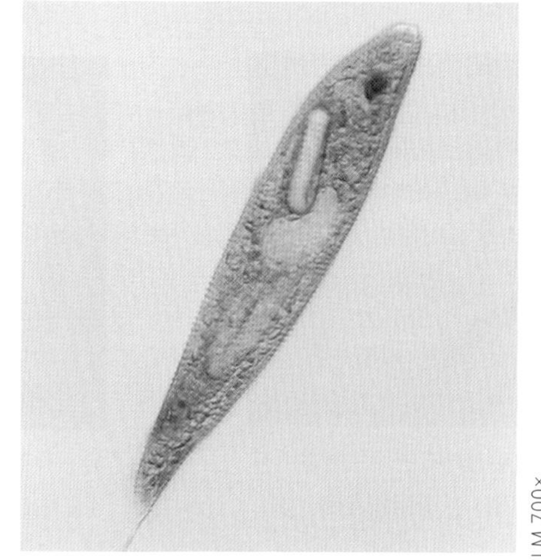

（c）**混合营养体**：眼虫。

原生动物

主要以摄取食物为生的原生生物称为**原生动物**（图 15.23）。原生动物在各种水生环境中生长繁殖。大多数物种吃细菌或其他原生动物，但有些可以吸收水中溶解的营养物质。在动物体内寄生生活的原生动物虽然很少，但有时会造成世界上一些最有害的疾病。

鞭毛虫是一种通过一条或多条鞭毛运动的原生动物。大多数鞭毛虫独立生活（非寄生型）。然而，少数是使人生病的寄生虫，如贾第鞭毛虫和毛滴虫。贾第鞭毛虫是一种常见的水生寄生虫，能引起严重的腹泻。人体感染贾第鞭毛虫的常见途径是饮用为该寄生虫之粪便所污染的水。例如，在河、湖中游泳的人可能会不小心摄入这种水，徒步旅行者也可能从看似纯净的溪流中喝下被污染的水。（先把水煮沸可以杀死贾第鞭毛虫。）毛滴虫是一种常见的性传播寄生虫。毛滴虫运动鞭毛和起伏的膜在生殖道中横行。在女性体内，毛滴虫以生活在阴道内壁细胞上的白细胞和细菌为食。毛滴虫也感染男性生殖道内壁的细胞，但由于食物供应有限，其种群数量非常小，因此男性一般没有感染的症状。

其他鞭毛虫营共生生活，这种方式对共生双方都有利。众所周知，白蚁会破坏木质结构，但它们缺乏酶，不能消化构成木材中坚韧、复杂的纤维素分子。寄生在白蚁消化道中的鞭毛虫能将纤维素分解为更简单的分子，与宿主互利互惠。

变形虫的特点是形态多变，没有永久性的运动细胞器。大多数物种通过将**伪足**临时延伸来运动和取食。变形虫在池塘或海洋底部的岩石、树枝或泥土上爬行时，几乎可以呈现任何形态。一种营寄生生活的变形虫能引起阿米巴痢疾，每年在全球造成约 10 万人死亡。其他有伪足的原生动物包括有壳的**有孔虫**。虽然它们是单细胞生物，但最大的有孔虫直径可达几厘米。已分类的有孔虫中，90% 是化石。这些壳化石是石灰岩等沉积岩的组成部分，是世界各地岩石年代的绝佳标志。

顶复虫类属寄生生物，而且有些会引起严重的人类疾病。它们因顶端结构而得名，这种结构专门用于穿透宿主细胞和组织。这类原生动物包括疟原虫，即引起疟疾的寄生虫。弓形体也是一种顶复虫，它需要猫科宿主来完成其复杂的生命周期。吃野鸟或啮齿动物的猫可能会被感染，并通过排泄物排出寄生虫。处理野猫排泄物的人类可能会被感染，但不会生病，因为免疫系统会控制住寄生虫。然而，孕期新感染弓形体的妇女会将寄生虫传染给胎儿，从而损害胎儿的神经系统。

一项最新研究表明，感染弓形体（一种寄生虫）的老鼠不再怕猫。

纤毛虫是原生动物，因其纤毛结构而得名，纤毛使其可以运动，并将食物扫入“口”中。几乎所有的纤毛虫都独立生活（非寄生型），包括异养生物和混合营养生物。如果有机会探索一滴池水内原生动物的多样性，你可能会看到常见的淡水纤毛草履虫。☑

☑ 检查点

最新研究表明，感染弓形体的老鼠不再怕猫。弓形体改变老鼠的行为，对弓形体来说为何是一种有益适应？

答案：不怕猫的老鼠更容易被猫抓住吃掉，从而将寄生虫传染给猫宿主，帮助寄生虫完成生命周期（即成功繁殖）。

▼ 图 15.23 **原生动物的多样性。**

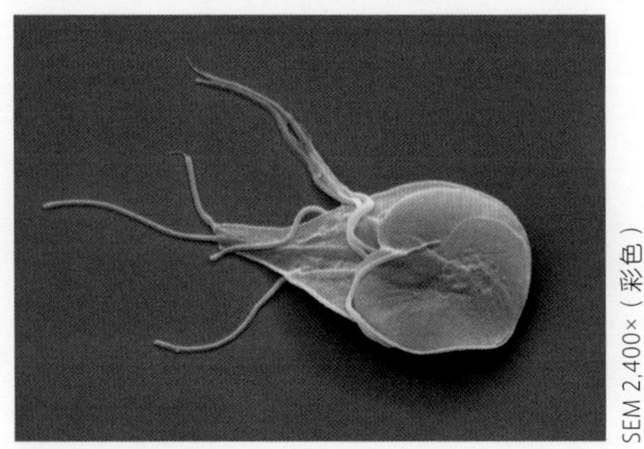
SEM 2,400×（彩色）

鞭毛虫：贾第鞭毛虫。这种带鞭毛的原生寄生虫可以在人体肠道内定居和繁殖，从而引发疾病。

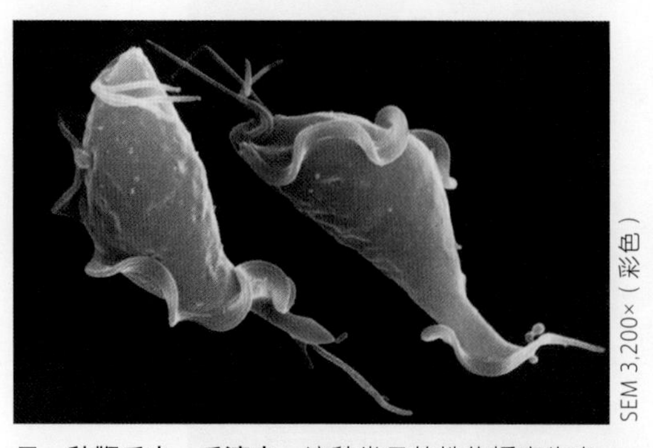
SEM 3,200×（彩色）

另一种鞭毛虫：毛滴虫。这种常见的性传播寄生虫每年估计新造成 500 万感染病例。

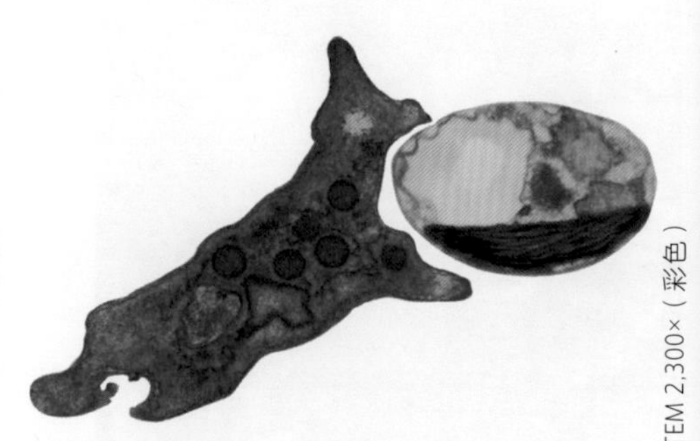
TEM 2,300×（彩色）

变形虫。这种变形虫正在用伪足包裹住藻类细胞，准备吞噬它。

黏菌

黏菌是与变形虫相关的多细胞原生生物。尽管黏菌曾被归类为真菌，但DNA分析表明它们来自不同的进化谱系。像许多真菌一样，黏菌以死去的植物为食。目前人类已经确认了两种不同类型的黏菌。

在原生质体黏菌中，摄食体是一团变形虫状的原质团（图15.24），在森林地面的落叶和其他腐烂物质中延伸出伪足。原质团的直径可达数厘米，其细丝网可以吸收细菌和死亡有机物。尽管原质团很大，但它实际上是一个具有多细胞核的单细胞。它的大量细胞质没有被细胞膜分开。当食物枯竭或环境干涸时，黏菌就会产生繁殖结构，从原质团产生柄状体，带有可以在恶劣的条件下存活的孢子。仔细观察腐烂的原木或景观区的地膜，你可能会注意到这些带有孢子的结构。与炭疽细菌的芽孢一样，一旦重获有利条件，黏菌孢子就可以吸水并生长。

细胞性黏菌，在摄食阶段由相互独立的单独变形虫状细胞组成，而非原质团（图15.25）。但是当食物短缺时，变形虫状细胞聚集在一起，形如蛞蝓状的菌落，作为一个整体移动和运作。经过短暂的移动期后，菌落延伸出柄，发展成多细胞、可生殖的结构。

▲ 图15.24 **一种原生质体黏菌。**黏菌摄食阶段的网状结构（黄色结构）是一种适应性结构，扩大了生物体的表面积，增加了与食物、水和氧气的接触。

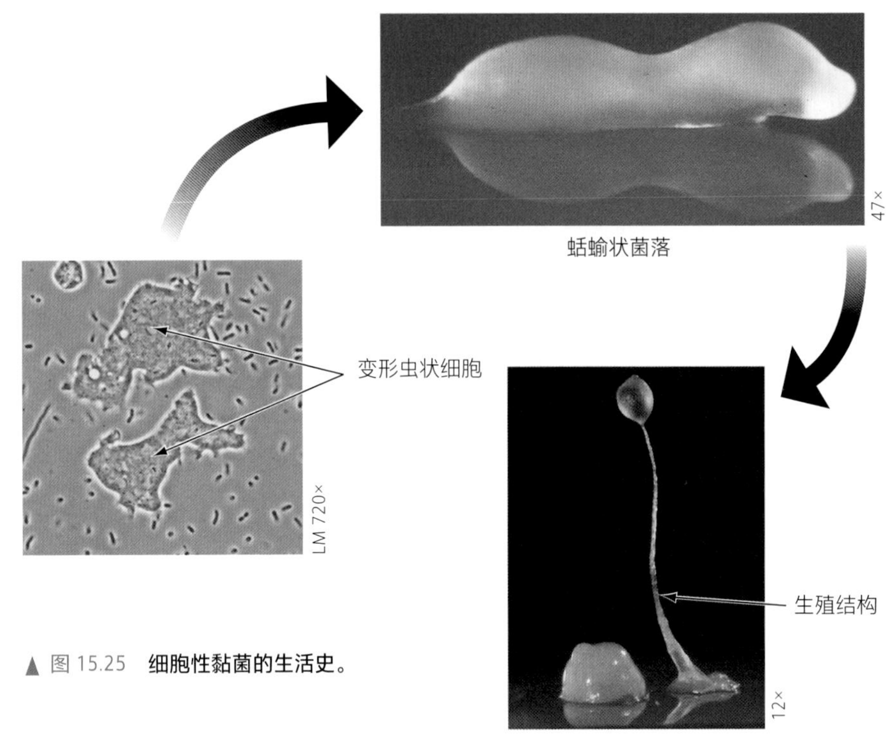

▲ 图15.25 **细胞性黏菌的生活史。**

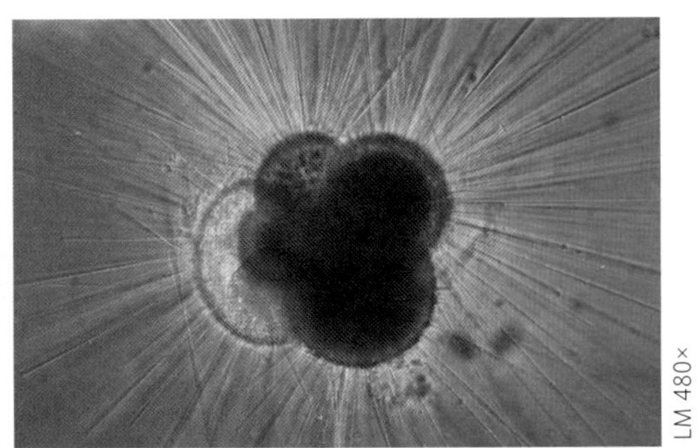

有孔虫。有孔虫细胞分泌由碳酸钙硬化的有机物质制成的外壳。伪足，照片中显示为细长射线，从壳上的小孔伸出。

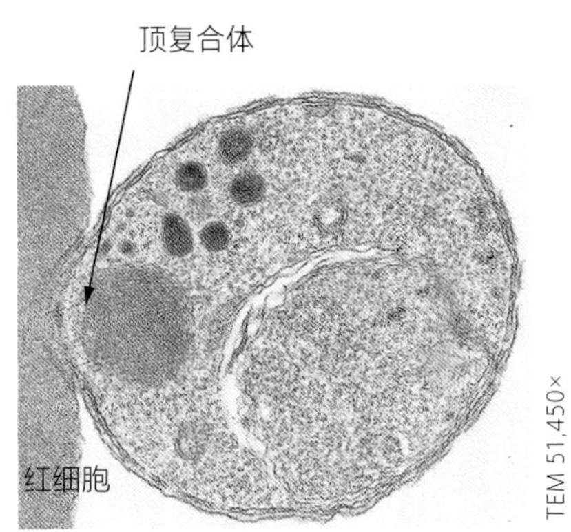

顶复虫。引起疟疾的疟原虫进入人类宿主的红细胞。寄生虫在宿主细胞内部进食，最终杀死宿主细胞。

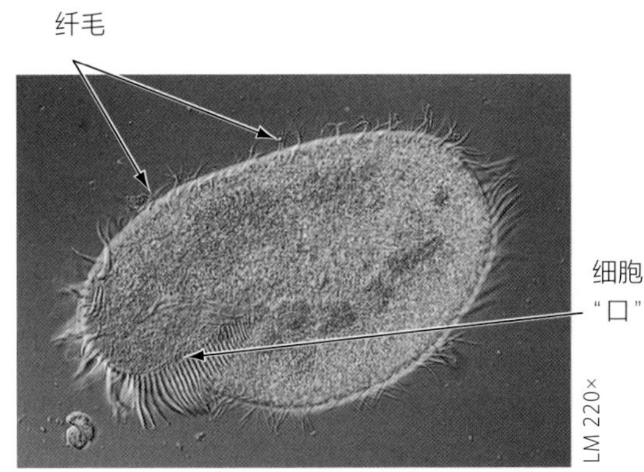

纤毛虫。纤毛草履虫利用它的纤毛在池水中移动。口腔沟里的纤毛保证含有食物的水一直流向细胞的“口”。

单细胞藻类和群体藻类

藻类包括原生生物和蓝细菌，它们的光合作用支持淡水和海洋生态系统中的食物链。目前，研究者正试图利用它们将光能转化为化学能的能力，以达到另一个目的——生产生物燃料。我们将观察四类原生藻类。其中三类——甲藻、硅藻、绿藻——是单细胞藻类，还有一类是群体藻类。

许多单细胞藻类是**浮游植物**的构成部分，浮游植物是光合生物，大多形态微小，漂浮在池塘、湖泊和海洋的表面。在庞大的浮游植物水生牧场中，甲藻类非常丰富。每种**甲藻**都有由纤维素外板加固的特征形状［图 15.26（a）］。两条鞭毛在相互垂直的沟中跳动，助力甲藻旋转运动。甲藻种群的爆发式增长——有时会导致温暖的沿海水域变为粉橙色，这种现象称为赤潮。一些引起赤潮的甲藻会产生毒素，造成大量鱼类死亡，也对人类有毒害。一类甲藻生活在造礁珊瑚的细胞内。如果没有这些藻类伙伴，珊瑚就不能建造和维持庞大的珊瑚礁，而珊瑚礁为这些藻类提供了食物、生存空间和庇护所，支持着壮观的珊瑚礁群落多样性。

硅藻有玻璃状的细胞壁，其中含有用来制造玻璃的矿物质二氧化硅［图 15.26（b）］。细胞壁分为两半，像鞋盒和鞋盒盖一样合在一起。硅藻所储存的油，既是其食物储备又为其提供浮力，使硅藻作为浮游生物漂浮在阳光照射的水面附近。人类认为，数亿年前的硅藻有机残骸是石油沉积物的主要成分。但是为什么非要等几百万年让它变成石油呢？研究者正致力于养殖硅藻，研究将硅藻油加工成生物柴油的方法。

绿藻因其草绿色的叶绿体而得名。单细胞绿藻生长繁殖在大多数淡水湖和池塘，以及许多家庭游泳池和水族馆中。绿藻还有群落形式，例如图 15.26（c）所示的团藻。每个团藻群都是由多个鞭毛细胞（照片中的小绿点，与某些单细胞绿藻非常相似）组成的一个中空球。图 15.26（c）中，球内的球是子群，在母群破裂时释放出来。在所有光合原生生物中，绿藻与植物最近缘。

海藻

海藻是大型多细胞海洋藻类，生长在岩石海滨和近海。它们的细胞壁中有黏稠的橡胶状物质，可以为它们的身体提供缓冲，抵御海浪的冲击。有些海藻和许多植物一样大且复杂。尽管海藻这个词暗示其外观类似植物，但海藻和植物之间的相似性只是趋同进化的结果。事实上，海藻的近亲是某些单细胞藻类，这就是为什么许多生物学家将海藻分类于原生生物中。部分基于其叶绿体中的色素类型，海藻被分为三个不同的类别（图 15.27）：绿藻、红藻、褐藻（其中一些种类被称为海带）。

许多沿海居民（特别是在亚洲）采集海藻作为食物。例如，一些海藻品种（包括褐藻门的昆布）在日本和韩国被用作食材煮汤。其他海藻，如红藻门的紫菜，被用来包裹寿司。海藻富含碘和其他必需矿物质，

▼ 图 15.26 **单细胞藻类和群体藻类。**

（a）**甲藻**：注意保护甲板的壁。

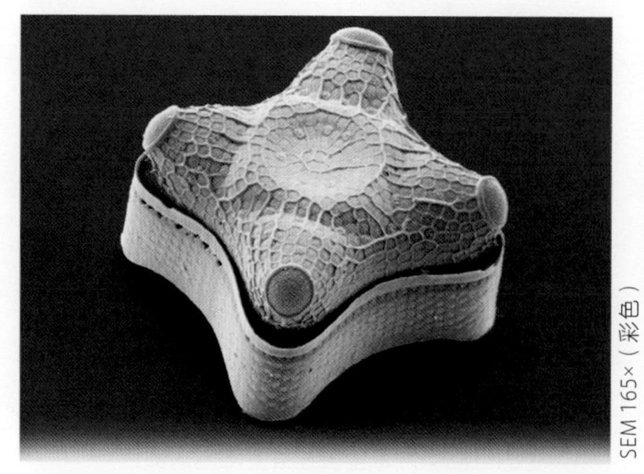

（b）**硅藻**：注意其玻璃质细胞壁。

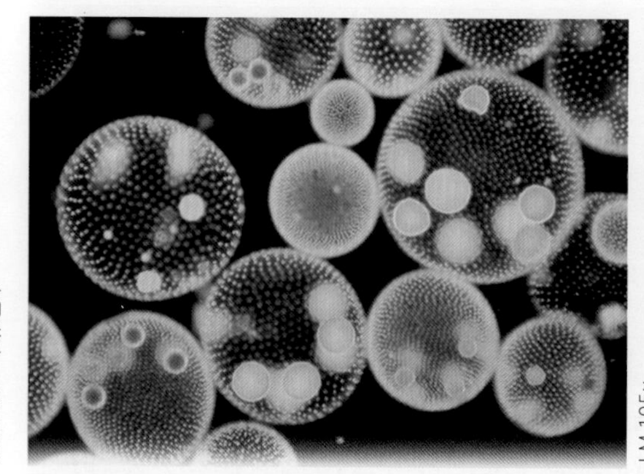

（c）**团藻**：一种集群的绿藻。

▼ 图 15.27 **三大类海藻。**

绿藻。这种可食用的石莼，生长在陆地和海洋交会的潮间带。

红藻。这些海藻在热带温暖的沿海水域最为丰富。

褐藻。褐藻包括最大的海藻，即生长为海洋“森林”的海带。

☑ 检查点

1. 什么代谢过程把藻类和原生动物区分开？
2. 海藻是植物吗？

答案：1.光合作用。 2.不，它们是大型多细胞藻类。

但其大部分有机物质含有人类无法消化的特殊多糖。人类食用海藻主要是因为其味道浓郁，口感奇特。海藻细胞壁中形成凝胶的物质被广泛用作加工食品的增稠剂，如用于布丁、冰激凌、沙拉酱中。海藻提取物即琼脂，是微生物学家在培养皿中培养细菌时用到的培养基中凝胶的基础。☑

海藻不仅用于包裹寿司，还用在冰激凌里。

人类微生物群 进化联系

变形链球菌的甜蜜生活

你思考过糖果为什么会导致蛀牙吗？——这要归咎于一种叫作变形链球菌的生物膜细菌。变形链球菌在牙釉质微小缝隙中的厌氧环境中生长繁殖。细菌利用蔗糖（食糖）制造黏性多糖，将自己粘在适当的位置，形成厚厚的牙菌斑。如果你不努力去除牙菌斑，牙菌斑就会矿化成坚硬的牙垢，必须由牙科医生从你的牙齿上刮下来（图 15.28）。在这个堡垒里，变形链球菌发酵糖类以获取能量，并释放副产品乳酸。这种酸侵蚀牙釉质并最终腐蚀掉它。然后其他细菌利用这个入口，感染牙齿内部的软组织。

早期人类是狩猎采集者，靠野外觅食为生。在一次重大的文明变迁中，农业取代了这种生活方式，提供了富含谷物碳水化合物的饮食。后来的一次次饮食变迁将加工过的面粉和糖带上了餐桌。饮食的每一次变化都改变了人类口腔微生物群的居住环境。对史前人类遗骸的研究把牙科疾病与这些饮食变化联系起来。

最近的研究表明，变形链球菌直接导致了人类蛀牙的增加。在一项研究中，研究者分析了 7500 年前至 400 年前生活在欧洲的人类牙齿上的牙垢 DNA。狩猎采集者的牙垢中有许多种细菌，但是很少有引起蛀牙的细菌。变形链球菌首次出现是作为多样化细菌群落的一个成员，那时农业饮食已建立起来。大约 400 年前，口腔微生物群的多样性急剧下降，大约在糖被引入饮食的时候，变形链球菌成为优势物种。由此推断，高糖环境下的自然选择有利于变形链球菌。

什么样的适应使变形链球菌比其他物种更具优势？另一个研究小组研究了变形链球菌在高糖环境中生长繁殖时的基因变化。他们的研究结果发现，有十几个基因提高了变形链球菌代谢糖的能力，并提高了其在酸度增加的环境中的生存能力。他们还发现变形链球菌产生的化学武器可以杀死无害的细菌——它们在人类口腔有限区域内的空间竞争对手。

变形链球菌似乎充分利用了人类嗜甜所带来的进化机会。在适应了新的环境条件并驱逐了竞争对手后，它们现在已经牢固地成为口腔微生物群落的主导成员。

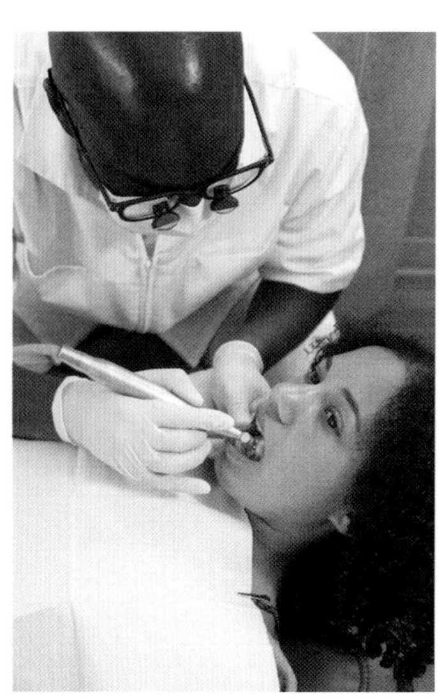

▲ 图 15.28 **检查变形链球菌的影响。**

本章回顾

关键概念概述

生命史中的大事件

大事件	时间（百万年前）
植物和真菌迁移到陆地	500
大型多细胞生物的化石	600
最古老的多细胞生物化石	1200
最早的真核生物化石	1800
大气中的氧气大量累积	2700
最早的原核生物化石	3500
地球诞生	4600

生命的起源

生命起源的四阶段假说

一种假说认为，最早的生物是四个阶段的化学进化的产物：

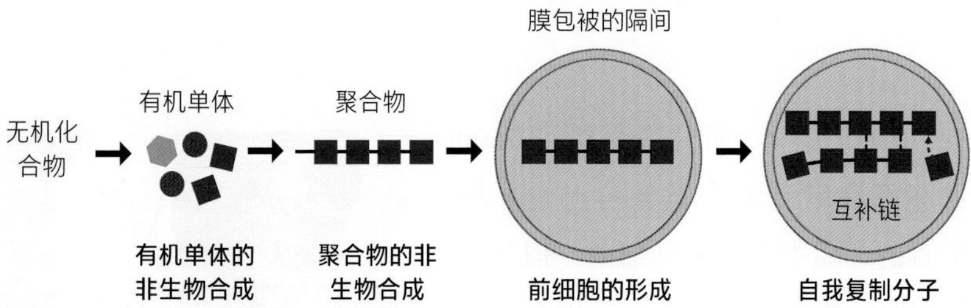

从化学进化到达尔文进化

经过千百万年，自然选择青睐了效率最高的前细胞，它们进化成了第一批原核细胞。

原核生物

原核生物无处不在！

原核生物存在于任何有生命的地方，而且数量远远超过真核生物。原核生物可在真核生物无法生存的栖息地生长繁殖。少数原核物种会导致严重的疾病，但大多数种类无害或有益于其他生命形式。

结构 / 功能：原核生物

原核细胞缺乏细胞核和其他被膜包裹的细胞器。大多数原核细胞都有细胞壁。原核生物有三种常见形状。

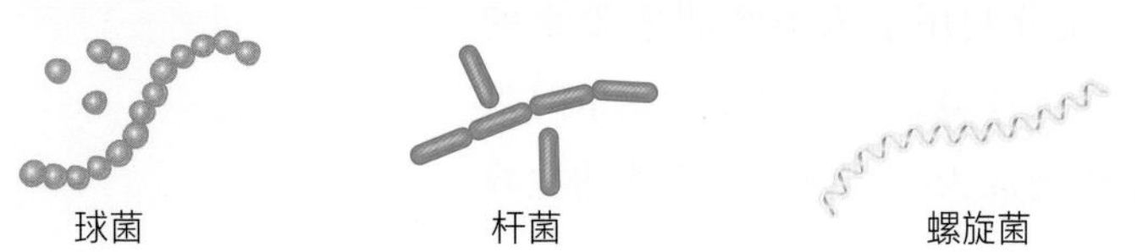

大约一半的原核生物物种可以移动，其中大多数是利用鞭毛来移动。一些原核生物可以通过形成芽孢在恶劣条件下长时间存活。如果条件有利，许多原核生物可以通过二元裂变高速繁殖，但这种生长通常受到有限资源的限制。

原核生物包括从太阳（如植物）和有机物质（如动物和真菌）中获取能量的物种。有些物种从无机物质，如氨（NH_3）或硫化氢（H_2S）中获取能量。一些原核生物与动物、植物或真菌共生。

原核生物的生态影响

原核生物有助于生态系统的生物和物理组成部分之间的化学元素循环。人类使用原核生物去除水、空气和土壤中的污染物，这个过程被称为生物修复。

原核生物进化的两个主要分支：细菌和古菌

细菌
古菌
原核生物
原生生物
植物
真菌
动物
真核生物

原核生物包括细菌域、古菌域。许多古菌是“极端微生物”，能够在会杀死其他生命形式的条件（如高热或高盐）下生存；其他古菌存在于更温和的环境中。一些细菌引起疾病，主要是通过产生外毒素或内毒素。卫生、抗生素和教育是对抗细菌性疾病的最佳防御手段。

原生生物

原生生物包括单细胞真核生物及其近亲——多细胞真核生物。

原生动物

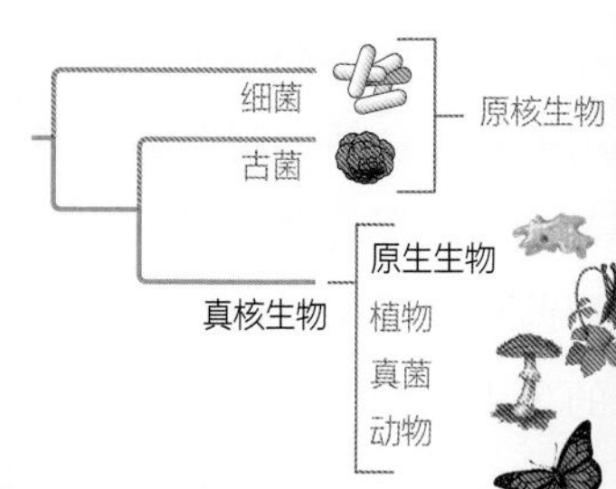

原生动物，包括鞭毛虫、变形虫、顶复虫、纤毛虫，主要生活在水生环境中并摄取食物。

黏菌

黏菌（包括原生质体黏菌和细胞性黏菌）在外观和生活方式上与真菌类似，但两者完全不近缘。

单细胞藻类和群体藻类

单细胞藻类，包括甲藻、硅藻、单细胞绿藻，是支持淡水和海洋生态系统食物链的光合原生生物。

海藻

海藻——包括绿藻、红藻、褐藻——是大型多细胞海洋藻类，生长在岩石海滨及其附近。

MasteringBiology®

如需练习测验、生物动画、MP3 教程、视频辅导以及为本教材设计的更多学习工具，请访问 MasteringBiology®。

自测题

1. 将下列事件按照其在地球生命史中发生的先后顺序排列：
   a. 地球大气中氧气的积累
   b. 植物和真菌上陆
   c. 动物多样化的出现（寒武纪大爆发）
   d. 真核生物的起源
   e. 人类的起源
   f. 多细胞生物的起源
   g. 原核生物的起源
2. 按照假说，将生命起源的下列步骤按发生顺序排列。
   a. 将非生物合成的分子整合到膜封闭的前细胞中
   b. 能够自我复制的第一批分子的起源
   c. 有机单体非生物合成聚合物
   d. 有机单体的非生物合成
   e. 前细胞间的自然选择
3. DNA 复制依赖于 DNA 聚合酶。为什么这表明最早的基因是由 RNA 构成的？
4. 请比较外毒素与内毒素。
5. 一些种类的蓝细菌与其他生物形成共生关系。原生生物或真菌可能从蓝细菌共生体中获得什么好处？ 蓝细菌共生体会给植物带来什么好处？
6. 引起破伤风的细菌只有在高于沸点的温度下长时间加热才能被杀死。这说明了破伤风杆菌有什么特性？
7. 污水处理中使用的工艺与森林中落叶的分解有何相似之处？
8. 所有原生生物都有什么共同点？
9. 以下哪种原生生物不是人类病原体？
   a. 弓形体　　b. 毛滴虫
   c. 草履虫　　d. 贾第虫属
10. 哪种藻群与植物关系最密切？
   a. 硅藻　　b. 绿藻
   c. 甲藻　　d. 海藻

答案见附录《自测题答案》。

科学的过程

11. 假设你在一个团队中设计一个自给自足的月球基地。这个基地只要获得来自地球的建筑材料、设备和生物体，将有望无限期地运行。团队的一名成员建议，所有送到基地的物品都要经过化学处理或辐照，以保证没有任何细菌存在。你认为这是个好主意吗？ 预测消除环境中所有细菌的一些后果。
12. **解读数据**　因为细菌通过二分裂繁殖，所以每一代细菌的数量都会翻倍。假设引起食物中毒的细菌（如金黄色葡萄球菌或沙门氏菌）在室温下的产生时间为 30 分钟。群体中的细胞数量可以用公式计算出来：

   初始细胞数 $\times 2^{(\text{世代数})}$= 种群大小

   例如，一盘土豆沙拉被 10 个细菌污染，1 小时（2 代）后的细菌个数为 $10 \times 2^2 = 40$。请填写下表，说明当一盘土豆沙拉在晚餐后被留在厨房柜台上，而不是被冷藏过夜时，细菌数量是如何增加的。

时间（小时）	代数	细菌数量
0	0	10
1	2	40
2	4	
3	6	
4	8	
5	10	
6	12	
8	16	
10	20	
12	24	

   为什么增长率会随着时间而变化？描述以表中数据制成的统计图的样子。

生物学与社会

13. 省区市公共卫生部门会定期检查餐馆，以确保其采取安全的食品处理程序。在大多数省区，详细的报告可以在网上查到。找到你所在地区关于餐馆的这类报告。在一张清单上标明卫生和食品处理的项目，并解释每一个项目如何防止病原原核生物的潜在污染。用同样的清单检查自己家的厨房，评估是否需要采取整改措施。
14. 益生菌是食品和补充剂中含有的活微生物，被认为可以通过恢复微生物群落的自然平衡来治疗消化道问题。这些产品的年销售总额达数十亿美元。探索益生菌这一主题，并评估其具有有益效果的科学证据。一个很好的起点是美国食品药品监督管理局的网站，该机构负责监管关于膳食补充剂健康益处的广告宣传（www.fda.gov/Food/dietary supplements/default.htm）。

16 植物和真菌的进化

植物和真菌为什么重要

要拥抱一棵最大的红杉树，你需要十几个朋友帮你，才能环绕它一圈。

如果你曾吃过蘑菇比萨，你就已经吃到了真菌的生殖结构。

真菌不一定总是美丽的，但如果你找到了对的真菌，它能卖到的价钱可以让你读完大学。

世界上最昂贵的咖啡（猫屎咖啡）曾穿过一种叫作麝猫的动物的消化道。

厨房中的钻石

在外行人眼里，松露（指的是真菌，而不是巧克力）这种块状物没有吸引力，你可能不敢吃。松露菌的外观虽不讨人喜欢，它却被美食家视为“厨房中的钻石”。美食家将最好的松露菌标价高达每盎司数百美元。一块3.3磅（约1.5千克）重的白松露——一个异常大的最稀有品种的个体——在拍卖会上创下了33万美元的纪录。松露的哪一点吸引人？与其说是松露的味道，不如说松露因其强大的气味而受到重视，这种气味被描述为泥土味或霉味。松露只要一点就够了。厨师只需加入少量的松露薄切片，就可以将美味的精华赋予菜肴。

放在意大利面上的黑松露薄切片。黑松露可以种植，比白松露便宜得多，白松露只在意大利的一个小地区出产。

松露菌是某些真菌的地下繁殖体。它们的任务是产生孢子，孢子是能够生长成新真菌的单细胞，就像种子可以生长成新植物一样。一般情况下，种子或孢子在远离亲代成长地的新地方开始生长对其有利。这就是浓郁松露味道的来源。某些动物受醉人芬芳的吸引，会挖出并食用真菌，然后通过粪便将顽强的孢子排泄出来。人类的鼻子不够灵敏，无法找到埋藏的宝藏，所以“松露猎人”用猪或训练有素的狗来嗅出猎物。

松露菌不仅是厨房中的钻石珍馐，而且代表了真菌作为植物王国宝座背后之隐藏力量，其角色是多么重要。大多数植物的根部由真菌丝编织成的精细网所包围，有些甚至被菌丝渗透。松露菌与某些树种就有这样的关系，这就是为什么老练的“松露猎人”会在橡树和榛子树下寻找宝藏。这种关系是共生的一个例子，即一个物种生活在另一个物种之中或之上时二者的相互作用。超薄的真菌丝伸进土壤颗粒之间的空隙，这些空隙太小，根系无法进入，真菌丝吸收水分和无机养分并将它们传递给植物。植物回报给真菌糖类和其他有机分子。在一些最古老的植物化石中，真菌与根的这种联系非常明显，说明互利共生对于生物移民上陆至关重要。

移居陆地

究竟什么是植物？**植物**是多细胞真核生物，具有进行光合作用和一系列适应陆地生活的能力。光合作用使植物界区别于动物界和真菌界，后者也是由真核多细胞生物组成。包括海藻在内的大型藻类也是真核多细胞光合生物。然而，它们缺乏陆地适应性，因此被归类为原生生物而非植物（见图 15.27）。诚然，有些物种，如睡莲，生活在水中，但它们是从陆地祖先进化回水中的（就像一些水生哺乳动物，如鲸，是从陆地哺乳动物进化而来的）。

植物的陆地适应

为什么陆地上的生命需要一系列特殊的适应性？想一想海藻被冲上沙滩后的情况。在有浮力的水中直立的身体，在陆地上变得软弱无力，并很快在干燥的空气中枯萎。此外，藻类不具备从空气中吸收二氧化碳来进行光合作用的能力。显然，陆生会面临与水生不同的问题。本节将讨论一些陆地适应性，这些适应性将植物与藻类区分开来，并允许植物在陆地上定居。正如后面的章节所述，完成这一转变花费了 1 亿多年的时间。最早的陆地植物缺乏一些使后继群体在陆地环境中更加成功的适应性。

 结构 / 功能 **植物体的适应性**

对于藻类来说，它们可从周围水体的扩散中获取二氧化碳和矿物质（图 16.1）。陆地上的资源存在于两个非常不同的地方：二氧化碳主要存在于空气中，而矿物质和水主要存在于土壤中。因此，复杂的植物体有特化器官，在这两种环境中以不同的方式发挥作用。地下器官称为**根**，将植物固定在土壤中，并从土壤中吸收矿物质和水。地面上，**枝系**是由进行光合作用的叶片组成、由茎支撑的器官系统。

根通常有许多细分支，深入土壤颗粒之间，这提供了很大的表面积，以最大限度地与土壤中含矿物质的水接触。此外，正如本章开头的“生物学与社会”专栏中所说，大多数植物的根部都有共生的真菌。这些根与菌的组合，称为**菌根**，扩大了根的功能表面积（图 16.2）。真菌从土壤中吸收水分和必需的矿物质，并将这些物质提供给植物。植物用产生的糖滋养真菌。菌根是使植物能够在陆地上生存的关键适应因素。

枝系也表现出对陆地环境的结构适应性。叶是大多数植物的主要光合器官。二氧化碳（CO_2）和氧气（O_2）通过气孔在大气和叶片光合内部之间交换，**气孔**即叶片表面的微孔（见图 7.2）。大多数植物的叶子和其他气生部分都由一层称为**角质层**的蜡质层包裹，帮助植物体保持水分［见图 18.8（b）］。

为了在根和芽之间运输重要物质，植物大都生有**维管组织**，这是一个分支贯穿整个植株的管状细胞网

▼ 图 16.1　**藻类和植物的结构适应性。**

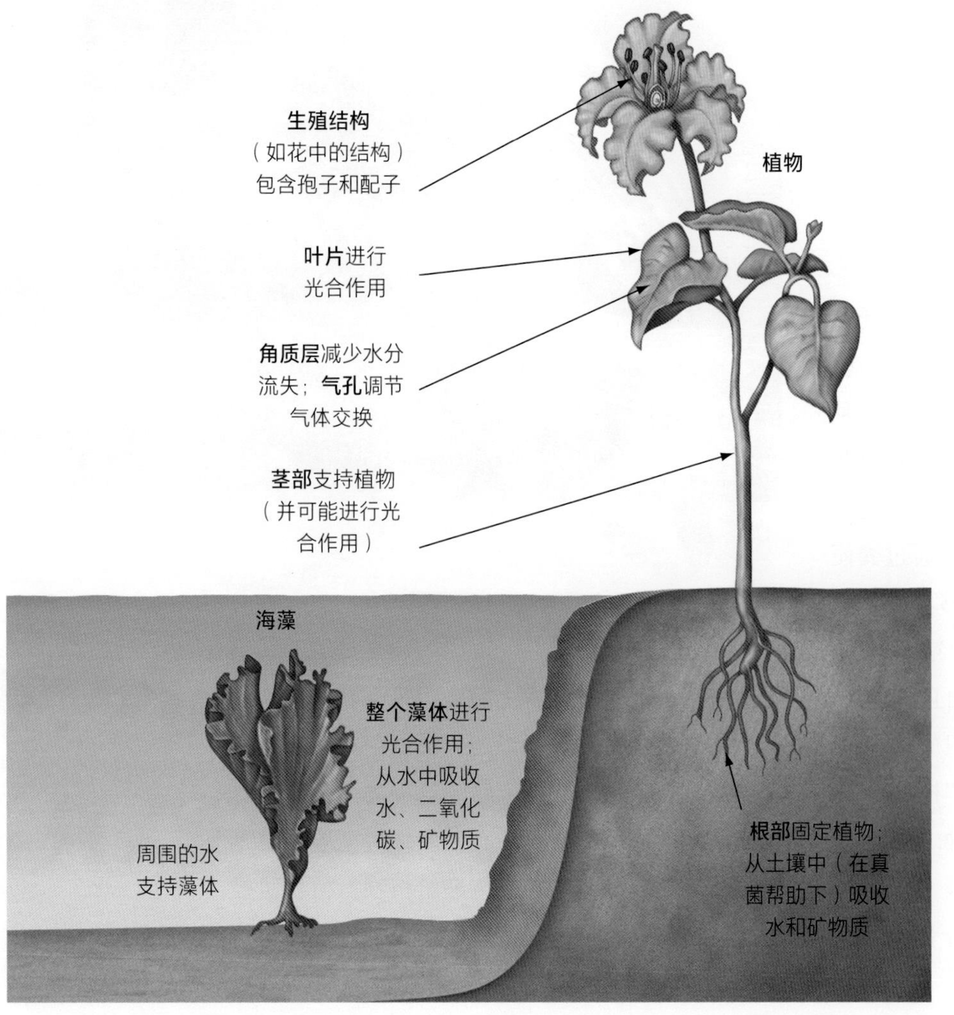

▼ 图 16.2 **菌根：真菌和根的共生组合。**真菌的细枝状菌丝（照片中的白色）为吸收土壤中的水分和矿物质提供了广阔的表面积。

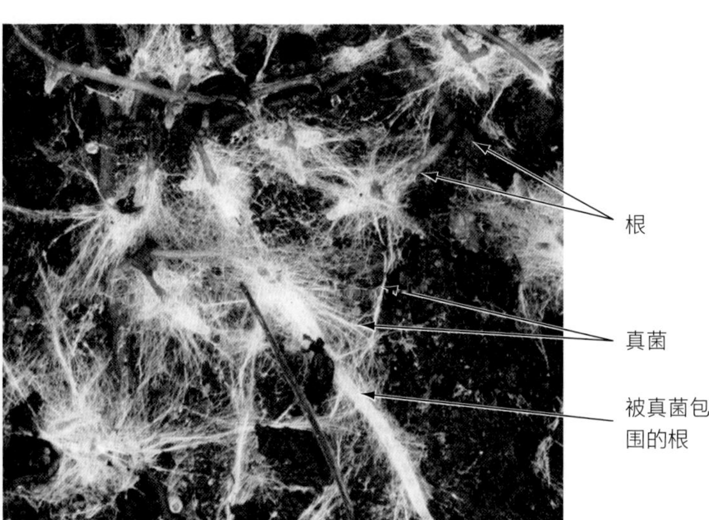

▼ 图 16.3 **叶子中的维管组织网络。**在照片中，叶子背面可以看到的黄色脉络是维管组织。

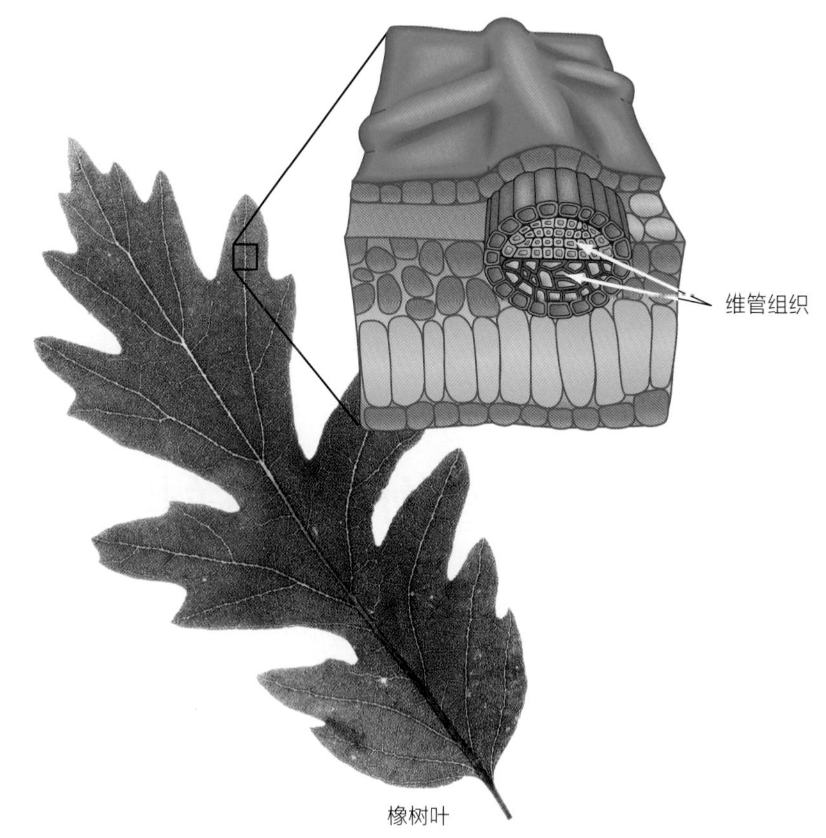

络（图 16.3）。维管组织有两种，一种是专门将水和矿物质从根部输送到叶子，另一种是将糖从叶子分配到根部和植物的其他非光合部分。

维管组织还解决了陆地上的结构支撑问题。维管组织中许多细胞的细胞壁被一种叫作**木质素**的化学物质硬化。木质化维管组织（也被称为木材）的结构强度，通过其作为建筑材料的用途得到了充分的证明。

生殖适应

植物对陆地的适应还包括一种新的生殖方式。藻类周围有水，确保配子（精子和卵子）和发育中的后代保持湿润。水环境也利于其配子和后代的散播扩散。然而，植物必须防止其配子和发育中的后代在空气中干死。植物产生配子的结构可以使配子在不脱水的情况下发育。此外，卵子保留在母株的组织中，并在那里受精。不同于藻类，植物受精卵在母株中发育成胚后仍在母株中，这保护了胚并防止其脱水（图 16.4）。一些植物种群的进一步适应使精子能够通过空气传播，并提高了传播过程中后代的存活率。☑

▼ 图 16.4 **植物受保护的胚。**体内受精指精子和卵子在雌性植物潮湿的腔室中结合，是对陆地生活的一种适应。雌性植物继续滋养和保护由受精卵发育而来的植物胚。

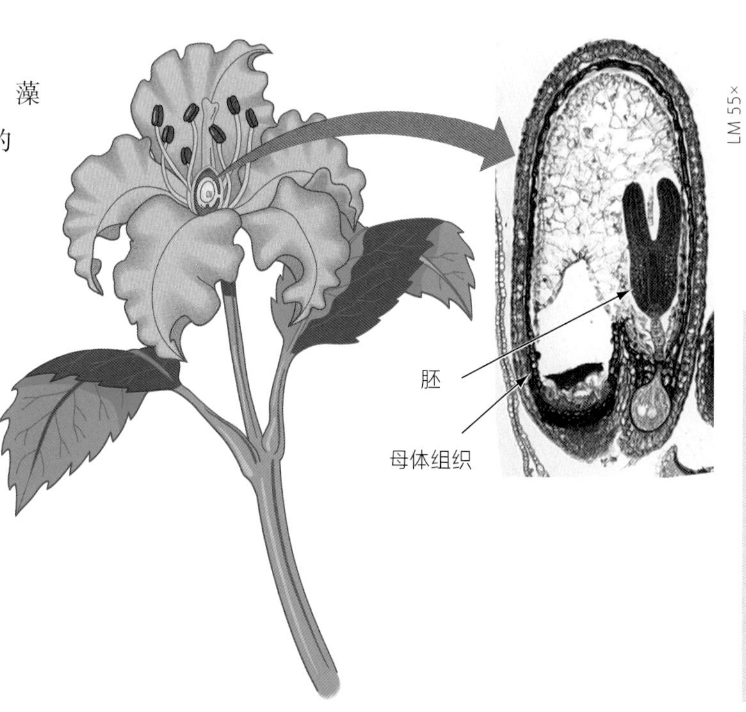

☑ 检查点

请说出植物在陆地上生活的一些适应性。

答案：以下任何一种：角质层、气孔、维管组织、木质素硬化的细胞壁、受保护的配子和胚，以及身体分化为气生芽和地下根。

植物起源于绿藻

▼ 图 16.5 **两种与植物最近缘的轮藻。**

LM 265×

5 亿多年前，植物的藻类祖先遍布于湖泊或沿海盐沼的潮湿边缘。这些浅水栖息地偶尔会干旱，自然选择青睐能够在周期性干旱中生存的藻类。一些物种积累了适应能力，能够长期生活在水面以上。绿藻的一个现代谱系，轮藻（图 16.5），可能类似于这些早期植物祖先之一。植物和现代轮藻可能是从一个共同的祖先进化而来的。

大约在 4.7 亿年前，也就是已知最古老的植物化石的时代，植物已经积累了使陆生生活成为可能的适应性。这些最早的陆生植物在进化上的新特点为陆地生境开辟了新的疆域。早期植物会在新环境中生长繁殖。陆地上有充足的阳光，大气中有丰富的二氧化碳，而且早期病原体和食草动物相对较少。植物生命爆炸性多样化的舞台已经搭好。

植物的多样性

我们考察现代植物的多样性时，应记住：进化史是理解现在的关键。植物界的历史就是适应多样性陆地生境的故事。

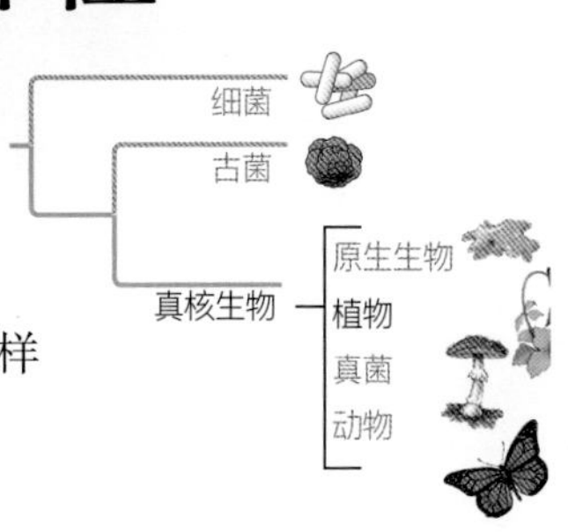

植物进化要点

化石记录表明了植物进化的四个主要时期，这在现代植物的多样性中也很明显（图 16.6）。每个阶段都以“进化出为在陆地生存开辟新机会的结构”为标志。

❶ 大约 4.7 亿年前，植物起源于藻类祖先后，由于早期多样化产生了非维管植物，包括苔类、地钱和角苔。这些植物缺少真正的根和叶子，被称为**苔藓植物**。苔藓植物还缺少木质素，即使其他植物能够直立的壁硬化材料。苔藓植物没有木质化的细胞壁，直立支撑能力就很弱。最为人熟知的苔藓植物是**苔藓**。一片苔藓实际上是许多苔藓植株紧密地生长在一起，相互支撑。保护配子和胚胎的结构是一种陆生的适应性，起源于苔藓植物。

❷ 植物进化的第二个阶段，始于约 4.25 亿年前，是具有维管组织的植物的多样化。木质素硬化的输导

▼ 图 16.6 **植物进化的要点。**这棵系统发育树突出了使植物能够迁移到陆地上的结构的演变；这些结构在现代植物中仍然存在。在研究植物的多样性时，这棵系统发育树的微型版本将帮助你将每一种植物置于其进化背景中。

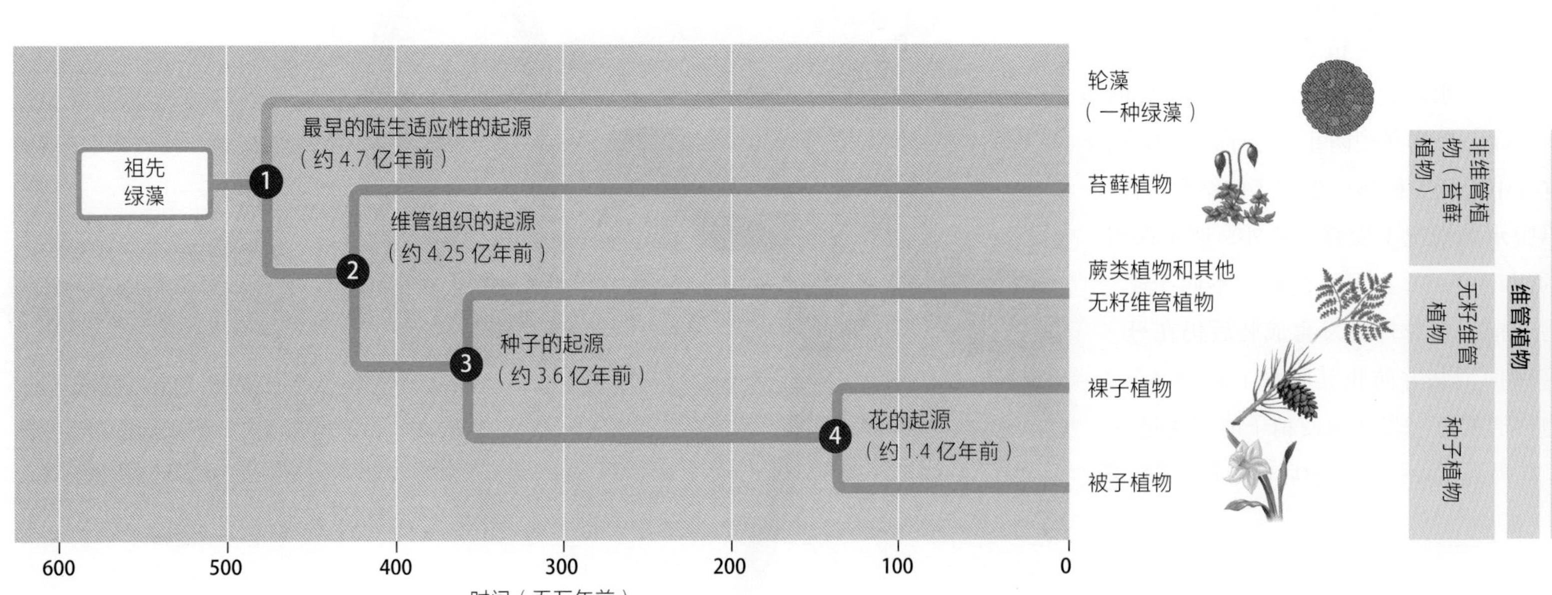

组织的存在，使维管植物能够长得更高，从地面上升到显著的高度。最早的维管植物没有种子。今天，**蕨类植物**和其他几类维管植物仍保持着这种无籽状态。

❸ 植物进化的第三个主要阶段，始于约 3.6 亿年前种子的起源。种子进一步保护植物胚免受干燥和其他危害，推动了植物在陆地上的定居。**种子**中胚和储存的食物在一起，由保护性外被保护着。早期种子植物的种子并不是封闭在专门的腔室里。这些植物产生了**裸子植物**（“裸露种子”的植物）。今天，分布最广、种类最多的裸子植物是**针叶树**，主要包括松树等有球果的树种。

❹ 植物进化史的第四个主要阶段，是至少在 1.4 亿年前，开花植物（又称**被子植物**——“包被种子”的植物）的兴起。**花**是一种复杂的生殖结构，在被称为子房的保护室内孕育种子。这与裸子植物裸露的种子形成了鲜明的对比。被子植物是现存植物中的绝大多数，约有 25 万种，包括我们所有的果蔬作物、谷物和其他禾本科植物，以及大多数树木。

以这些要点为框架，我们现在准备研究四大类现代植物：苔藓植物、蕨类植物、裸子植物、被子植物（图 16.7）。☑

☑ 检查点

请说出四大主要植物类群，并举出每一类的例子。

答案：苔藓植物（苔藓）、无籽维管植物（蕨类植物）、裸子植物（针叶树）、被子植物（产果蔬的植物们）。

▼ 图 16.7 **植物界的主要类群。**

苔藓植物

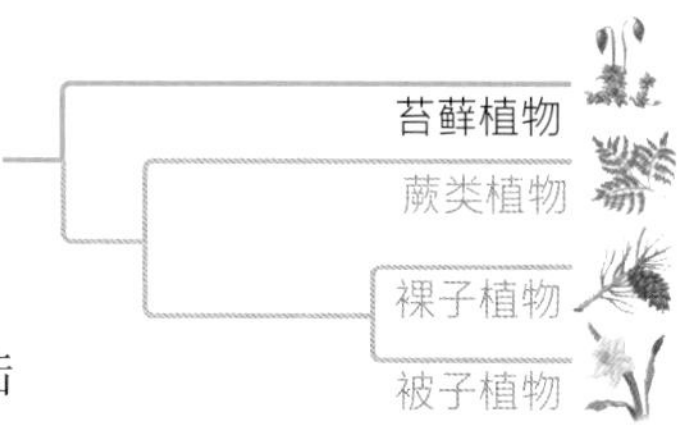

藓类是苔藓植物，像低矮的垫子一样覆盖大片土地（图 16.8）。藓类表现出两种关键的陆地适应性，使其能迁移到陆地上：（1）有蜡质角质层，助于防止脱水；（2）发育中的胚胎保留在雌株中。然而，藓类并未完全摆脱其祖先的水生生境。藓类需要水来繁殖，因为它们的精子必须游到位于雌株内的卵子。（一层雨水或露水就足以为精子旅行提供水分。）此外，由于大多数藓类没有维管组织，无法将水分从土壤运输到植物的地上部分，因此它们需要生活在潮湿的地方。

▼ 图 16.8 **苏格兰的一片泥炭藓沼泽。**藓类是苔藓植物，是非维管植物。泥炭藓，统称为泥炭苔，至少覆盖了地球陆地表面的 3%。它们最常见于北半球的高纬度地区。泥炭藓吸收和保持水分的能力使它成为花园土壤的一种极好的改良物。

仔细观察一片藓类，你即会发现这种植物有两种不同的形态。比较明显的海绵状绿色的植物叫作**配子体**。仔细观察会发现藓类的另一种形态，称为**孢子体**，从配子体中长出的顶端有一个孢蒴的柄（图 16.9）。配子体细胞是单倍体——它们有一组染色体（见图 8.12）。相比之下，孢子体由二倍体细胞（有两个染色体组）组成。植物生命周期的这两个不同阶段因其产生的生殖细胞类型而得名。配子体产生配子（精子和卵子），孢子体产生孢子。**孢子**是单倍体细胞，可以发育成新的个体，而不需要与另一个细胞融合（两个配子必须融合形成合子）。孢子通常有坚硬的外壳，这使它们能够在恶劣的环境中生存。无籽植物，包括苔藓和蕨类植物，以孢子而不是多细胞种子的形式传播后代。

配子体和孢子体是交替出现的世代，二者轮流相互产生。配子体产生配子，配子结合形成合子，合子发育成新的孢子体。孢子体产生孢子，孢子发育成新的配子体。这种类型的生命周期，称为**世代交替**，只发生在植物和多细胞绿藻中（图 16.10）。在植物中，藓类和其他苔藓植物的独特性在于，它们的配子体更大、更明显。随着我们对植物的继续研究，我们将看到高度发育的孢子体世代的优势会越来越大。☑

▼ 图 16.9　**藓类的两种形态。**我们通常称之为苔藓的羽状植物是配子体。顶端有孢蒴的柄是孢子体。

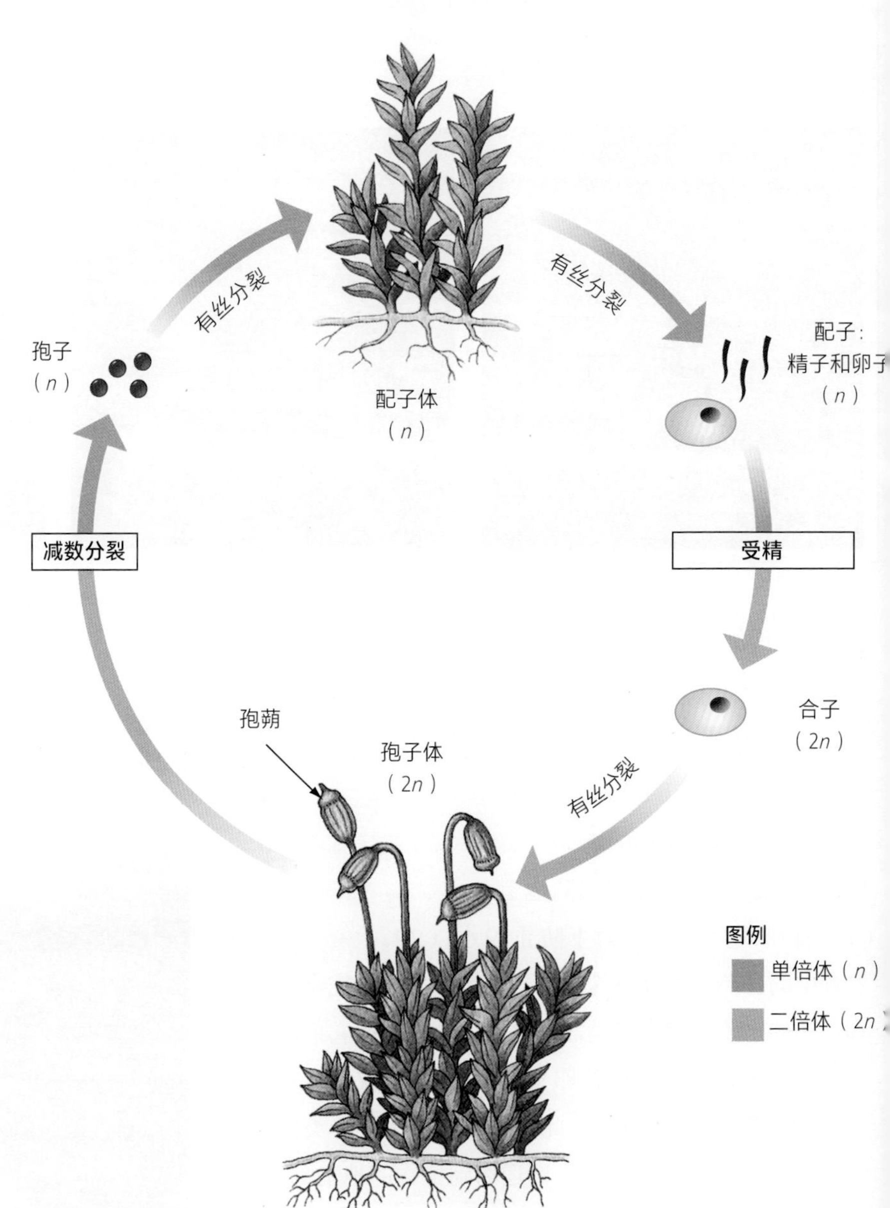

► 图 16.10　**世代交替。**植物的生命周期与人类的非常不同。每个人都是二倍体个体；和几乎所有其他动物一样，人类生命周期中唯一的单倍体阶段是精子和卵子。相比之下，植物有交替的世代：二倍体（$2n$）个体（孢子体）和单倍体（n）个体（配子体）在生命周期中相互产生。

☑ 检查点

苔藓植物像所有的植物一样，有一个包含世代交替的生命周期。这两个世代叫什么？苔藓植物中哪一代占优势？

答案：配子体，孢子体；配子体。

蕨类植物

苔藓植物
蕨类植物
裸子植物
被子植物

与苔藓植物相比，蕨类植物进化产生维管组织，使其能够在更多的栖息地定居。蕨类植物是迄今为止种类最多的无籽维管植物，已知种超过12,000种。然而，蕨类植物的精子与苔藓植物的一样，有鞭毛，必须在水膜中游动才能使卵子受精。大多数蕨类植物生活在热带地区，尽管许多种类发现于温带森林，如美国的许多林地（图16.11）。

在石炭纪（约3.6亿年前到3亿年前），古老的蕨类植物是更加浩瀚的无籽植物多样性的一小部分，这些无籽植物形成了广阔的热带沼泽森林，覆盖了现在的欧亚大陆和北美洲的大部分地区（图16.12）。随着植物的死亡，它们落入死气沉沉的湿地，但没有完全腐烂。它们的遗骸形成了厚厚的有机沉积物。后来，海水淹没了沼泽，海洋沉积物覆盖了有机沉积物，压力和热量逐渐将它们转化为煤。煤是一种黑色沉积岩，由植物体的化石组成。与煤一样，石油和天然气也是由早已死亡的生物遗骸形成的；因此，这三者都被称为**化石燃料**。自工业革命以来，煤一直是人类的重要能源。然而，燃烧这些化石燃料会释放出二氧化碳和其他气体，造成全球气候变化（见图18.46）。☑

▼ 图16.11 **蕨类植物（无籽维管植物）**。前景中的蕨类植物生长在加利福尼亚州红杉树国家公园的森林地面上。我们熟悉的蕨类世代是孢子体世代。你必须爬行在林地上，用小心翼翼的手和敏锐的眼睛探索，才能找到蕨类植物配子体（右上图），它们体型很小，生长在土壤表面或刚好在地表下方。

◀ 图16.12 **石炭纪的“煤炭森林”**。这幅画基于化石证据，重建了一个巨大的无籽维管植物森林。大多数大树属于古老的无籽维管植物群，这些植物仅由少量的现今物种代表。靠近树根的植物是蕨类植物。

☑ 检查点

为什么蕨类植物能长得比苔藓高？

答案：木质素硬化的维管组织使蕨类植物能够站得更高，并将营养物质输送得更远。

裸子植物

“煤炭森林”一直主导着北美和欧亚大陆的景观，直到石炭纪末期。在那时，全球气候变得越来越干燥和寒冷，大片沼泽开始消失。这种气候变化为种子植物提供了机会，种子植物可以在旱地上完成生命周期，并能耐受漫长寒冷的冬季。在最早的种子植物中，最成功的是裸子植物，一些种类的裸子植物在石炭纪的沼泽中与无籽植物生长在一起。它们的后代包括针叶树类，即有球果的植物。

要拥抱一棵最大的红杉树，你需要十几个朋友帮你，才能环绕它一圈。

▼ 图 16.13　**泰特林国家野生动物保护区（阿拉斯加州）的针叶林。**针叶林广泛分布于北美北部和欧亚大陆；针叶树也生长在南半球，但在那里的数量较少。

针叶树类

也许你享受过在针叶林中徒步或滑雪的乐趣，针叶树类是最常见的裸子植物。松树、冷杉、云杉、刺柏、雪松、红杉都是针叶树。宽阔的针叶林带覆盖了欧亚大陆北部和北美的大部分地区，并在山区向南延伸（图 16.13）。今天，美国约有 1.9 亿英亩针叶林被指定为国家森林。

针叶树是地球上最高、最大、最古老的生物之一。沿海红杉，原产于加利福尼亚州北部海岸，是世界上最高的树——高达 110 米，相当于一座 33 层建筑的高度。巨型红杉是生长在加利福尼亚州内华达山脉的红杉的近亲，体型巨大。其中一棵被称为谢尔曼将军树，高约 84 米，重量相当于十几架航天飞机。狐尾松是加利福尼亚针叶树的另一物种，是现存最古老的生物之一。2012 年发现的一个标本已有 5000 多年的历史；人类发明文字时，它还是一株幼苗。

针叶树类几乎都是常绿植物，即它们一年四季不落叶。即便是冬天，它们在阳光明媚的日子里也能进行少量的光合作用。当春天来临时，针叶树已经长出充分发育的叶子，可以充分利用更多的阳光。松树和冷杉的针状叶子也适应旱季。其针叶上覆盖着厚厚的角质层，气孔位于凹陷处，这些都进一步减少了水分流失。

针叶林具有很高的生产力；你可能每天都使用从它们身上收获的产品。例如，针叶树为我们提供大量建筑用木材和造纸用木浆。所谓木材，实际上是一种带有木质素的维管组织的积累，其为树木提供结构支撑。

进化　种子植物的陆地适应性

与蕨类植物相比，大多数裸子植物多了三种适应，使其在各种陆地生境中生存成为可能：（1）配子体的进一步减少；（2）花粉；（3）种子。

第一种适应是二倍体孢子体比单倍体配子体世代

► 图 16.14　**植物世代交替的三种变化。**

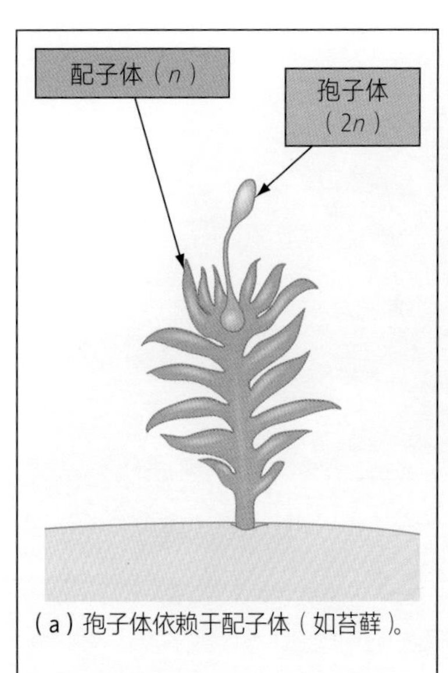

（a）孢子体依赖于配子体（如苔藓）。

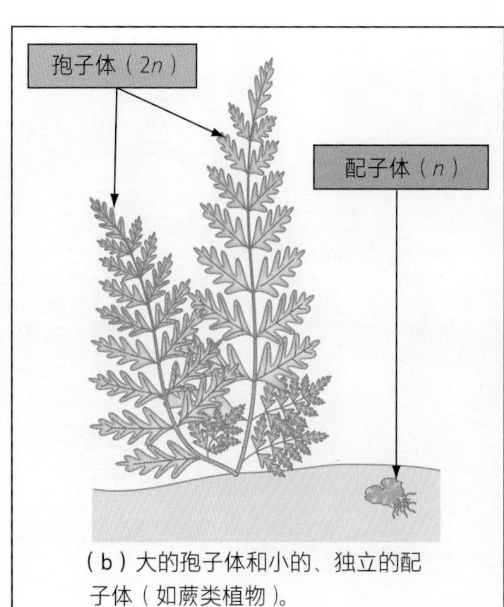

（b）大的孢子体和小的、独立的配子体（如蕨类植物）。

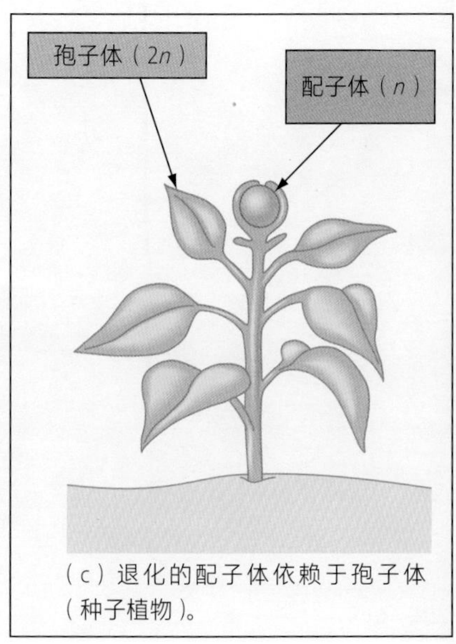

（c）退化的配子体依赖于孢子体（种子植物）。

图例
单倍体（n）
二倍体（$2n$）

发育得更大（图 16.14）。松树或其他针叶树是孢子体，而体型微小的配子体生活在球果中（图 16.15）。与苔藓植物和蕨类植物不同，裸子植物的配子体完全依赖于亲本孢子体组织并受其保护。

随着花粉的进化，种子植物对陆地的第二种适应也随之而来。**花粉粒**实际上是大大缩小的雄配子体；它容纳了将发育成精子的细胞。就针叶树而言，**授粉**，即把花粉从植物的雄性部分输送到植物的雌性部分，通过风进行。这种精子转移机制与苔藓和蕨类植物的游动精子形成了鲜明对比。在种子植物中，使用坚韧的、通过空气传播的花粉将精子带到卵子上，是一种陆地适应，让陆地上的植物取得了更大的成功和多样性。

种子植物在陆地上的第三个重要适应是种子本身。种子由包裹在保护壳内的植物胚胎和营养物质组成。种子由**胚珠**发育而来，胚珠是包含雌配子体的结构（图 16.16）。在针叶树中，胚珠位于雌球果的鳞片上。一旦从亲本植物中释放出来，种子可以保持几天、几个月甚至几年的休眠状态。在有利的条件下，种子可以**发芽**生长：胚胎从种皮伸出，形成幼苗。有些种子落在亲本附近，而另一些则被风或动物带到很远的地方。

▼ 图 16.15 **松树为孢子体，有两种含有配子体的球果。**雌球果的每片鳞片实际上是一片变态叶，有包含雌配子体的胚珠结构。雄球果释放数以百万计的花粉粒，即雄配子体。其中一些花粉粒落在同树种的雌球果上。精子可以使雌球果胚珠中的卵子受精。胚珠最终发育成种子。

鳞片

产生胚珠的雌球果；鳞片上含有雌配子体

产生花粉的雄球果；它们产生雄配子体

黄松

▼ 图 16.16 **从胚珠到种子。**

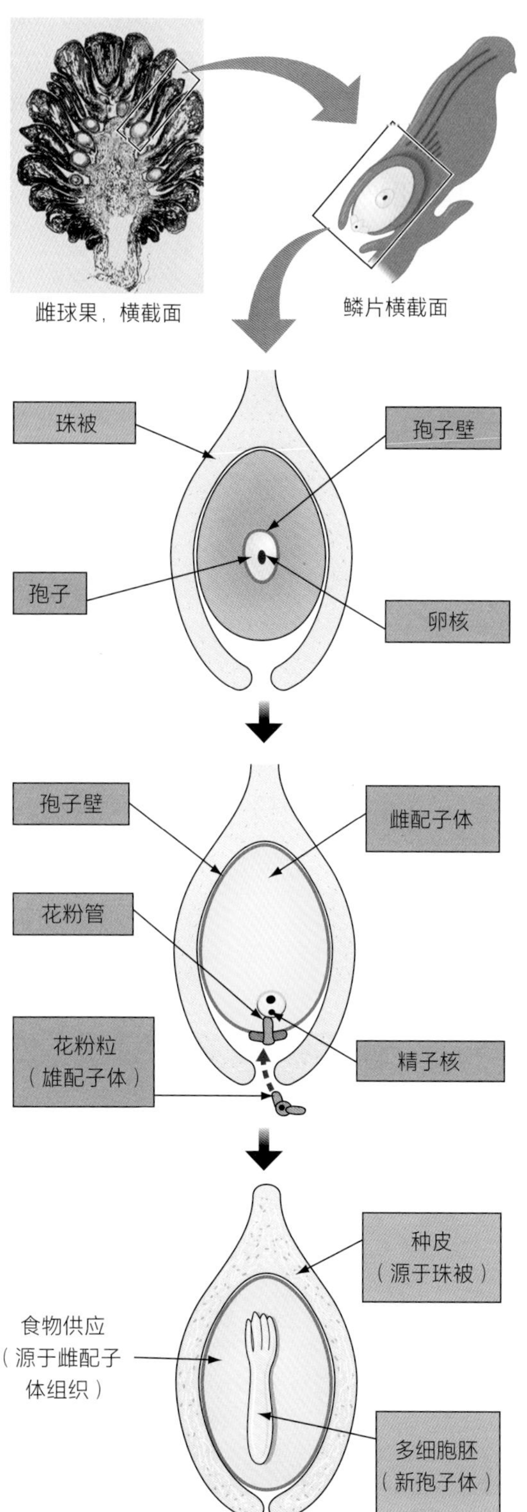

图例

单倍体（n）

二倍体（$2n$）

（a）**胚珠。**孢子体在起保护性作用的珠被内产生孢子，珠被可以是多层的。孢子发育成雌配子体，产生卵核。

（b）**受精胚珠。**授粉后，花粉粒长出一根小管，进入胚珠，释放出一个精子核，使卵子受精。

（c）**种子。**受精引发胚珠向种子的转化。受精卵（合子）发育成多细胞胚胎；配子体的其余部分形成储存营养物质的组织；胚珠的珠被变硬，成为种皮。

☑ **检查点**

比较蕨类与针叶树类的精子传递机制。

答案：蕨类生有鞭毛的精子必须经由水才能到达卵细胞。对比起来，针叶树类的精子存在于乘风飞舞的花粉之内，不需经过水就能输送到胚珠之中。

被子植物

苔藓植物
蕨类植物
裸子植物
被子植物

被子植物在现代植物中占主导地位。已鉴定出的被子植物约有250,000 种，而裸子植物只有大约有 700 种。被子植物的成功，得益于其几种独特的适应性。例如，维管组织的改进，使得被子植物的水分运输比裸子植物更有效。然而，在所有陆地适应性中，花才是被子植物取得无比成功之因。

花、果实和被子植物的生命周期

在所有生物中，被子植物最能花哨地展示其“性生活”。从玫瑰到蒲公英，花都是生育繁殖的场所。花的艳丽有助于吸引媒介（昆虫和其他动物）将花粉从一朵花转移到同物种的另一朵花上。依靠风媒授粉的被子植物，包括禾本科植物和许多乔木，花要小得多，不那么艳丽。在这些物种中，植物的生殖能量被用来制造大量的花粉，并将其释放到风中。

花是一种短柄，上面着生有变态叶，叶在基部连接成同心圆状（图 16.17）。外层由**萼片**组成，通常为绿色，包裹着未开放的花（想一想玫瑰花蕾上的绿色“包裹”）。萼片被剥离后，下一层是**花瓣**，通常为彩色——这些艳丽的结构吸引着授粉者。拔去花瓣后，就可以看到雄性生殖结构——**雄蕊**。花粉粒在**花药**中发育，花药是位于每个雄蕊顶部的一个囊。花的中心是**心皮**，是雌性生殖结构。它包括**子房**——一个含有一个或多个胚珠的保护室，卵在胚珠内发育。心皮的黏性顶端，称为**柱头**，是收集花粉的部位。如图 16.18 所示，花的基本结构可以产生许多美丽的变化。

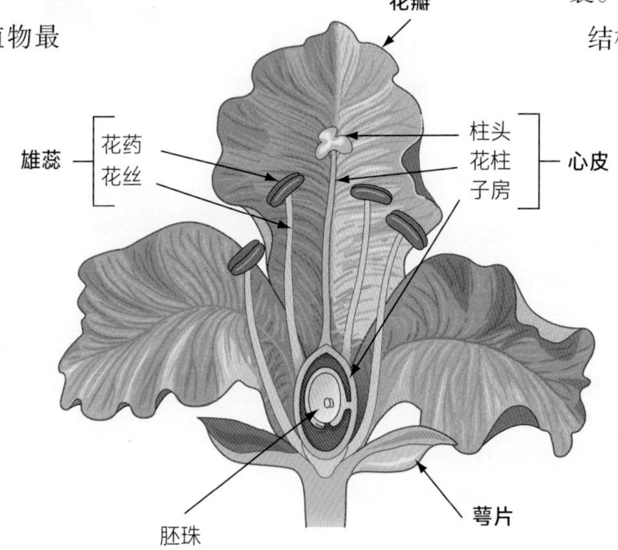

◄ 图 16.17 **花的结构。**

▼ 图 16.18 **花的多样性。**

仙人掌

荷包牡丹

花菱草

天使兰花

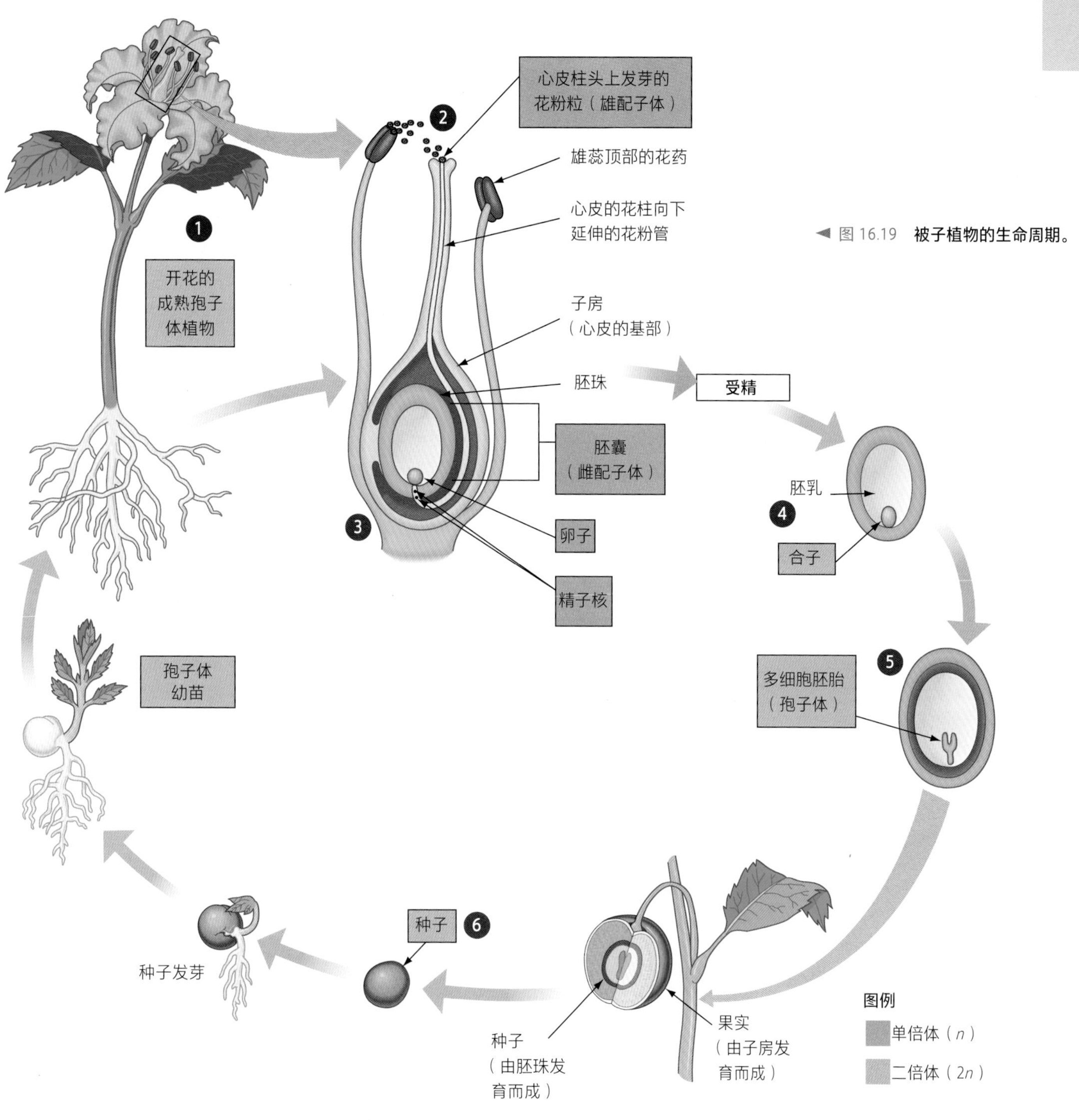

◄ 图 16.19 **被子植物的生命周期。**

被子植物和裸子植物一样，孢子体世代占优势，并在其体内产生配子体世代。图 16.19 突出展示了被子植物生命周期的关键阶段。❶花是孢子体植物的一部分。和裸子植物一样，花粉粒是被子植物的雄配子体。雌配子体位于胚珠内，而胚珠又位于子房的腔室内。❷花粉粒落在柱头上后，向下向胚珠伸出花粉管，❸释放精子核，使胚囊内的卵子受精。❹产生合子，合子发育成胚胎。❺胚胎周围的组织发育成营养丰富的胚乳，为生长中的植物提供营养物质。❻整个胚珠发育成种子，种子萌发，发育成新的孢子体，开始新的周期。种子是否被子房包被是被子植物和裸子植物的区别，裸子植物的种子是裸露的。

☑ **检查点**

花主要由哪四部分组成？花粉粒在哪里发育？卵子在哪里发育？

萼片、花瓣、雄蕊、心皮；花粉粒在雄蕊的花药中发育；卵子在心皮的子房里发育。

果实是花的成熟的子房。因此，果实只能由被子植物产生。随着胚珠发育成种子，子房壁增厚，形成了包围种子的果实。豌豆荚便是果实的例子，种子（成熟的胚珠——豌豆）包裹在成熟的子房（豆荚）中。果实保护种子并帮助其传播。如图 16.20 所示，许多被子植物依靠动物传播种子，通常是通过消化道。而大多数陆地动物，包括人类，直接或间接地依赖被子植物作为食物来源。

世界上最昂贵的咖啡（猫屎咖啡）曾穿过一种叫作麝猫的动物的消化道。

被子植物与农业

裸子植物提供给我们大部分的木材和纸张，而被子植物几乎提供给我们所有的食物，以及家养动物（如牛、鸡）所吃的食物。植物界 90% 以上物种都是被子植物，包括谷类如小麦和玉米、柑橘和其他果树、咖啡和茶以及棉花。许多种类的园艺产品——仅举几例，西红柿、南瓜、草莓和橘子——是人类培育的可食用果实。来自开花植物的优良硬木，如橡树、樱桃树和核桃树，补充了我们从针叶树获得的木材。我们还种植被子植物以获取纤维、药物、香水和装饰物。

早期人类大概采集野生植物的种子和果实。随着人类开始播种和栽培植物以获得更可靠的食物来源，农业逐渐发展起来。人类驯化某些植物时，选择产量和质量都有所提高的植物。因此，农业可以被视为植物和动物之间进化关系的另一个方面。

▼ 图 16.20 **果实和种子散布。** 不同类型的果实适用不同的传播方式。

动物运输。 有些果实会搭乘动物的顺风车。附着在狗毛上的苍耳在裂开和释放出种子时已被带到数英里远之地了。

风力散播。 有些被子植物依靠风来传播种子。图中，马利筋豆荚打开，释放出大量由轻柔降落伞（种皮的一部分）携带的种子（棕色）。

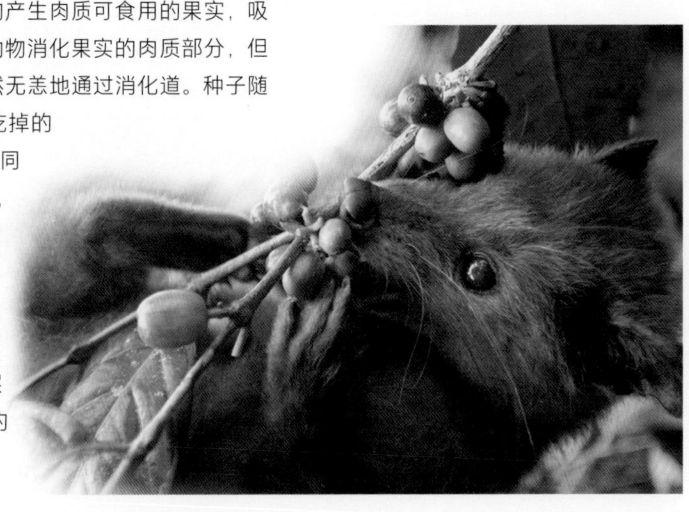

动物摄入。 许多被子植物产生肉质可食用的果实，吸引动物将其作为食物。动物消化果实的肉质部分，但大多数坚韧的种子会安然无恙地通过消化道。种子随后会被放置在离果实被吃掉的地方有一定距离的地方，同时还有肥料供应。如图，麝猫正在吃咖啡浆果。麝猫的消化酶据说能赋予种子（咖啡豆）一种精致的味道。以这种方式“加工”的咖啡豆，称为猫屎咖啡，价格高达每磅（约 0.45 千克）500 美元。

植物多样性是不可再生资源

不断增加的人口及其对空间和自然资源的需求，正以前所未有的速度灭绝植物物种。对森林生态系统而言，这一问题尤其严重，因为森林是全世界高达 80% 的动植物物种的家园。砍伐森林是千百年来人类一直在进行的活动。在世界范围内，只保留下来不到 25% 的原始森林；而在美国本土，只保留下来大约 10%。通常情况下，砍伐森林是为了获得木材或者清理土地以用于住房或大规模农业（图 16.21）。现存的森林大部分是热带森林，估计每年消失 150,000 平方千米，大致相当于伊利诺伊州的面积。巴西政府的政策导致亚马孙地区森林砍伐明显放缓。然而，在过去十年里，全球热带森林砍伐量平均每年增加 2101 平方千米。

热带森林的消失为什么是严重问题？除了森林是生物多样性的中心之外，全世界还有数百万人依靠这些森林为生。人类对热带雨林植物多样性丧失的关注，还有其他实际的原因。超过 120 种处方药是从植物中提取的物质制成的（表 16.1）。利用这些植物制备传统药物的当地人，引导制药公司找到这些物种中的大多数。今天，研究者正在寻求建立将科学技能与当地知识相结合的合作伙伴关系，这样不仅能开发新药，还能造福当地经济。

科学家们正致力于减缓植物多样性的丧失，部分是研究让人类从森林中受益的可持续的方式。这种努力的目标是催生将森林作为资源而不破坏森林的管理实践。我们提出的解决方案必须在经济上切实可行，生活在热带雨林地区的人类必须能够谋生。但是，如果唯一的目标是短期利润，那么破坏将持续到森林消失。我们需要珍惜雨林和其他生态系统，它们是只能缓慢再生的活宝藏。唯有如此，我们才能学会与它们合作，为未来保护它们的生物多样性。

通过本章对植物的调查，我们看到了植物世界与其他陆地生命是如何纠缠在一起的。我们现在把注意力转移到另一组和植物一起迁居陆地的生物：真菌界。☑

☑ 检查点

森林在哪些方面是可再生资源？在哪些方面不是？

答案：在某种意义上，新的树木可以在旧树木被砍伐的地方生长。然而，被永久破坏的栖息地是无法恢复的，所以森林必须以可持续的方式采伐。

▼ 图 16.21 **乌干达热带森林边缘的耕地。**布温迪国家公园（右）以其生物多样性而闻名，其中有世界上现存的一半山地大猩猩。

表 16.1 从植物中提取药物的例子

化合物	来源	使用示例
阿托品	颠茄植物	眼科检查中的散瞳剂
毛地黄苷	毛地黄	心脏病用药
薄荷醇	北美野薄荷	止咳药、减充血剂
吗啡	罂粟	止疼药
奎宁	金鸡纳树	预防疟疾
紫杉醇	短叶红豆杉	卵巢癌用药
筒箭毒碱	箭毒树	手术中的肌肉松弛剂
长春花碱	长春花	治疗白血病的药物

资料来源：改编自 Randy Moore et al., *Botany*, 2nd ed. Dubuque, IA: Brown, 1998，表 2.2，p.37。

真菌

细菌
古菌
真核生物
原生生物
植物
真菌
动物

真菌一词常常唤起令人不快的印象。真菌使木材腐烂，使食物变质，使人类患上脚气和更严重的疾病。然而，如果没有真菌分解死去的生物、落叶、粪便和其他有机物质，生态系统将崩溃。真菌将重要的化学元素以其他生物可以吸收的形式再循环回环境中。你已经从上文了解到，几乎所有的植物都有菌根（真菌－根的联合），帮助植物从土壤中吸收矿物质和水分。除了这些生态作用，千百年来，人类还以各种方式使用真菌。人类食用真菌（例如蘑菇和极其昂贵的松露菌），培养真菌以生产抗生素和其他药物，将它们添加到面团中发酵面包，在牛奶中培养它们以生产各种奶酪，并使用它们发酵啤酒、葡萄酒。

真菌不一定总是美丽的，但如果你找到了对的真菌，它能卖到的价钱可以让你读完大学。

真菌属于真核生物，多数为多细胞，但许多真菌的身体结构和繁殖方式均与其他生物体有所不同（图 16.22）。分子研究表明，大约 15 亿年前，真菌和动物都是由同一个祖先进化而来。然而，无可争议的最古老的真菌化石只有约 4.6 亿年的历史，也许是因为陆生真菌的祖先非常微小，很难形成化石。不管外表如何，蘑菇和你的关系比它和任何植物的关系都要近！

研究真菌的生物学家已经描述了十多万种真菌，而在真菌界可能存在多达 150 万种。真菌分类是一个正在进行的研究领域。（一种广为接受的系统发育树将真菌界分为五类。）你可能熟悉一些真菌，包括蘑菇、霉菌、酵母。在本节中，我们将讨论所有真菌的共同特征，然后调查它们广泛的生态影响。

☑ 检查点

请说出我们从环境中的真菌中获益的三种方式。

答案：真菌通过分解死亡的生物体来帮助营养物质的循环，菌根帮助植物吸收水分和养分；一些真菌为我们提供食物。

▼ 图 16.22 **各种真菌的图库。**

檐状菌。这些是真菌的生殖结构，这种真菌分解倒在森林地表的树来吸收营养。绿色的"多叶"物质是地衣，在本章的"进化联系"中有描述。

"仙人环"。一些产蘑菇的真菌会形成"仙人环"，它们会在一夜之间出现在草坪上。真菌主体的边缘形成一个环，主体由环内的一团地下细丝（菌丝）组成。随着地下真菌团从其中心向外生长，在其不断扩大的周边产生的仙人环的直径逐年增长。

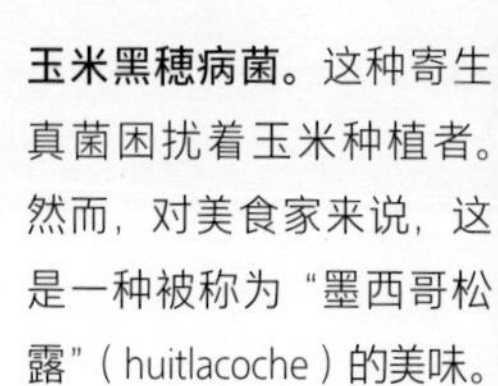

霉菌。霉菌在其食物来源上快速生长，这些食物来源通常也是我们的食物来源。这个橙子上的霉菌通过产生微小孢子链（小图）进行无性生殖，孢子通过气流传播。

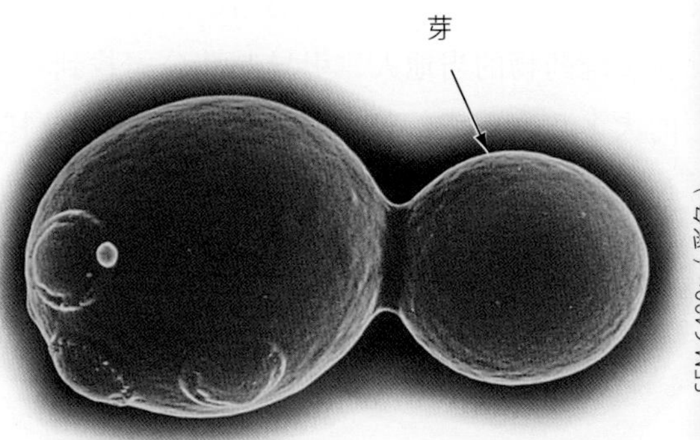

出芽酵母。酵母是单细胞真菌。这个酵母细胞正在通过一种叫作出芽的过程进行无性生殖。

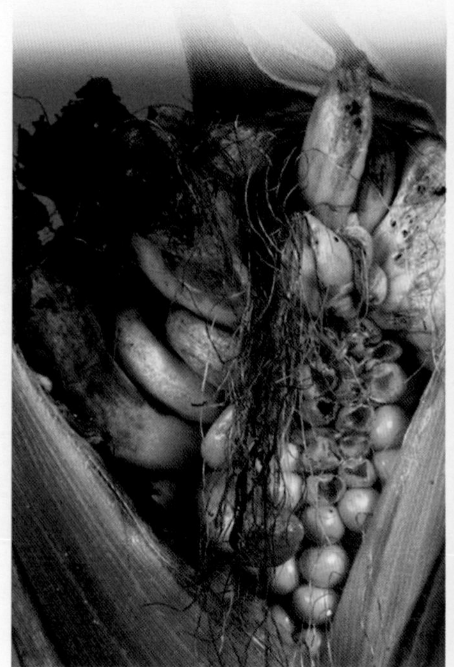

玉米黑穗病菌。这种寄生真菌困扰着玉米种植者。然而，对美食家来说，这是一种被称为"墨西哥松露"（huitlacoche）的美味。

结构 / 功能　真菌的特性

我们将从对真菌如何获得营养的概述开始研究真菌的结构和功能。

真菌的营养方式

真菌是异养生物，通过**吸收**获取养分。真菌在这种营养模式下，从周围介质中吸收有机小分子。真菌通过向食物中分泌强大的消化酶来消化体外的食物。酶将复杂的分子分解成真菌可以吸收的更简单的化合物。真菌从倒下的原木、动物尸体和活生物体的废弃物等无生命的有机物质中吸收营养。

真菌的结构

大多数真菌的菌体由称为**菌丝**的线状丝构成。真菌菌丝是由细胞膜和细胞壁包裹的细胞质的细线。真菌的细胞壁不同于植物的纤维素壁。真菌细胞壁通常主要由甲壳质构成，甲壳质是一种坚固而有弹性的多糖，也存在于昆虫的外骨骼中。大多数真菌有多细胞菌丝，由细胞链组成，被带孔的横壁隔开。在许多真菌中，细胞间通道允许核糖体、线粒体甚至细胞核在细胞间流动。

真菌菌丝反复分支，形成一个交织的网络，称为**菌丝体**，是真菌的摄食结构（图 16.23）。真菌菌丝体通常不会引起我们的注意，因为它们通常位于地下，尽管其体型可能很大。事实上，科学家们已经发现，俄勒冈州一个巨大的真菌菌丝体直径达 5.5 千米，遍布在 2200 英亩（1 英亩 ≈0.4 公顷）的森林中。这个菌丝体至少有 2600 年的历史，重达数百吨，是地球上最古老和最大的生物之一。

菌丝体与它正在分解和吸收的有机物混合，以最大限度地接触其食物来源。一桶富含有机物的土壤可能含有长达一千米多的菌丝。真菌菌丝体生长迅速，在食物中通过分支增加菌丝。绝大多数真菌无法移动；它们不能奔跑、游泳或飞行去寻找食物。但是菌丝体可迅速将其顶端延伸到新区域，以弥补不能运动的缺陷。☑

真菌的生殖

图 16.23 中的蘑菇实际上是由密集的菌丝组成的。蘑菇产生于地下菌丝体。菌丝体通过吸收有机物质获取食物，而蘑菇的功能是生殖。与依靠动物传播孢子的松露菌不同，蘑菇在地面上弹出孢子，利用气流散播。

如果你曾吃过蘑菇比萨，你就已经吃到了真菌的生殖结构。

真菌通常通过释放单倍体孢子进行生殖，孢子的产生可以是有性的也可以是无性的。孢子的产量令人难以置信。例如，某些真菌的生殖结构——马勃，可以喷出含有数万亿孢子的孢子云雾。孢子很容易被风或水带走，它们如果落在有食物的潮湿之地，就会发芽产生菌丝体。因此，孢子具有传播功能，这就解释了许多真菌物种的广泛地理分布。在地球上方 160 多千米处发现了空气传播的真菌孢子。在你家附近，试着把一片面包放在外面一周，你会观察到毛茸茸的菌丝体，它们是由周围空气中落下的看不见的孢子生长出来的。

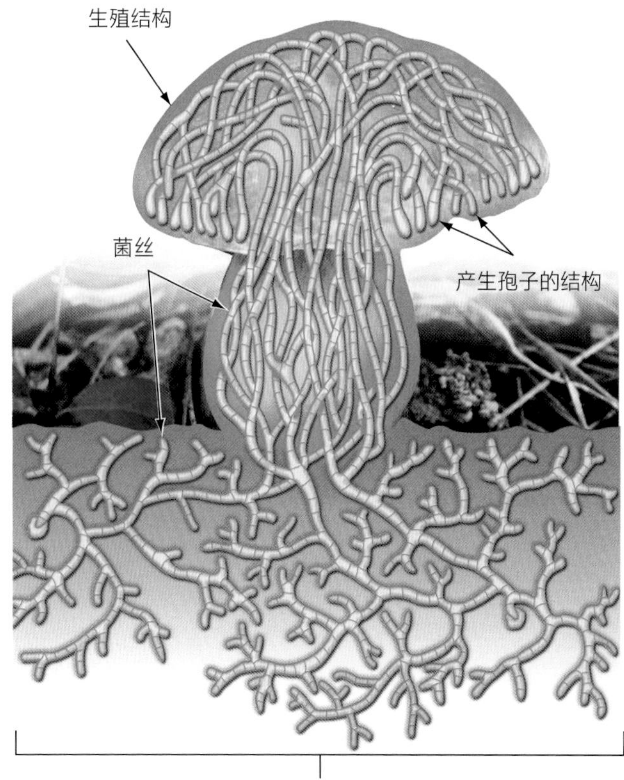

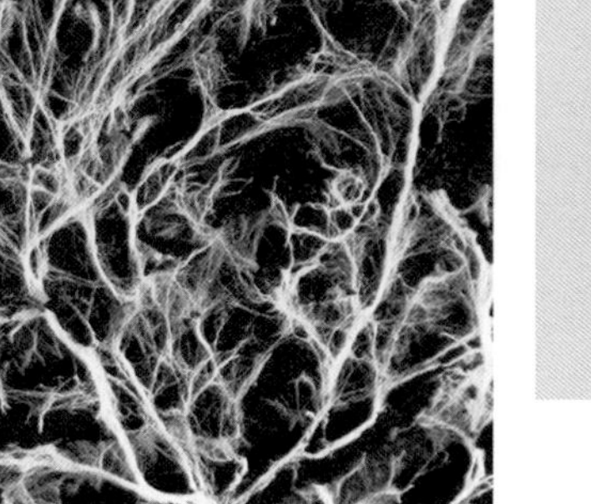

◀ 图 16.23　**真菌菌丝体。**蘑菇是生长在地下的大量菌丝向上伸出地面后紧密堆积组成的结构。底部的照片显示了分解有机垃圾的棉线状菌丝。

☑ 检查点

请说明真菌菌丝体的结构是如何反映其功能的。

答案：菌丝构成的庞大网络增大了与食物接触的表面积。

真菌的生态影响

自从植物和真菌一起迁移到陆地上以来，真菌一直是陆地群落中的主要成员。让我们来看几个例子，看一看真菌如何继续对生态产生巨大影响，包括其与人类的众多互动。

真菌是分解者

真菌和细菌是主要的分解者，它们为生态系统保有植物生长所必需的无机营养物质。如果没有分解者，碳、氮和其他元素就会在无生命的有机物中积累。植物和以植物为食的动物都会挨饿，因为从土壤中吸收的元素不会再返回到土壤中去。

真菌很适合做有机废物的分解者。它们的侵入性菌丝进入死亡生物的组织和细胞，消化聚合物，包括植物细胞壁的纤维素。一连串的真菌，连同细菌，在某些环境中还与一些无脊椎动物一起，负责有机废物的完全分解。空气中充满了真菌孢子，一旦树叶掉落或昆虫死亡，这些孢子就会覆盖其上，很快就会将菌丝深入其内。

我们可能会赞美分解森林垃圾或粪便的真菌，但当霉菌攻击我们的食物或浴帘时，就是另一种滋味了。由于真菌侵袭，世界上每年有大量的水果收成受到损失。消化木头的真菌并不能区分落下的橡树枝和船上的橡木板。在美国独立战争期间，英国因真菌腐烂而损失的船只多于因受攻击而损失的船只。此外，二战期间，驻扎在热带的士兵眼睁睁地看着他们的帐篷、衣服、靴子被霉菌破坏。

（a）被荷兰榆树病真菌杀死的美国榆树。

（b）黑麦麦角菌。

寄生性真菌

寄生是一种关系，指两个物种生活在一起，其中一个生物受益，而另一个受到伤害。寄生真菌从活宿主的细胞或体液中吸收营养。在已知的 10 万种真菌中，约 30% 营寄生生活。

已知大约有 500 种真菌寄生在人类和其他动物身上。球孢子菌病，亦称溪谷热，是一种令人困惑的疾病，对一些人来说是毁灭性疾病，而其他人只有轻微的流感样症状。人类吸入生活在美国西南部土壤中的一种真菌孢子，就会感染这种疾病。近年来，研究者注意到，溪谷热病例的报告呈上升趋势，这可能是由于气候模式的变化，或者因为这种真菌曾经居住的农村地区的发展。不太严重的真菌疾病包括阴道酵母菌感染和金钱癣（体癣，又叫圆癣），之所以如此命名，是因为它在皮肤上表现为圆形红色区域。癣菌几乎可以感染任何皮肤表面，引起强烈的瘙痒，有时还会引起水泡。有一种真菌攻击足部，导致脚癣。还有一种真菌引起称为股癣的病痛。

绝大多数真菌寄生虫感染植物。美国栗树和美国榆树，曾经常见于森林、田野和城市街道，在 20 世纪遭到真菌流行病摧毁［图 16.24（a）］。真菌也是严重的农业有害生物，一些攻击粮食作物的真菌对人类有毒害。多种谷物和禾本科植物，包括黑麦、小麦和燕麦在内，种子头部有时会被称为麦角菌的真菌感染［图 16.24（b）］。食用由麦角菌感染的谷物制成的面粉，会导致幻觉、暂时精神错乱或死亡。事实上，麦角酸是致幻药物 LSD 的原料，可从麦角菌中分离出来。这一事实有助于解开一个数百年来的谜团，我们将在下文中看到。

◀ 图 16.24　**引起植物疾病的寄生性真菌。**（a）引起荷兰榆树病的寄生真菌与欧洲榆树共同进化而来，对欧洲榆树基本无害。但自从 1926 年被偶然引入美国后，它对美国榆树来说是致命的杀手。（b）麦角菌，寄生性真菌，即黑麦种子顶端的黑色结构。

植物-真菌相互作用 科学的过程

是一种真菌导致了塞勒姆猎巫惨案吗？

1692 年 1 月，马萨诸塞州塞勒姆镇的 8 名年轻女孩开始出现怪异行为，她们出现了胡言乱语、有异样皮肤感觉、抽搐和幻觉的症状。忧心的社区居民将女孩们的症状归咎于巫术，并开始相互指责。到那年秋末，歇斯底里症消失时，有 150 多名村民被指控实施巫术，其中 20 人因此被绞死。长期以来，历史学家痴迷于寻找“塞勒姆猎巫惨案”背后的原因。

1976 年，加州大学的一名心理学研究生提出了新的解释。她首先观察到，女孩们报告的症状与麦角菌中毒一致（图 16.25）。这让她质疑，麦角菌的暴发是否可能是塞勒姆猎巫惨案的幕后黑手。研究者通过检查历史记录来检验她的假说，并预测会发现与麦角菌中毒一致的事实。

她的研究结果很有启发性，但不是决定性的。农业记录证实，黑麦——麦角菌的主要宿主，当时在塞勒姆周围大量生长，而且 1691 年的生长季节特别温暖潮湿，在这种条件下麦角菌茁壮成长。这表明，1691—1692 年冬季人们很容易接触到受感染的黑麦作物。1692 年夏天，指控开始平息时，天气干燥，在这种环境中麦角菌难以生存。最重要的是，报告的症状似乎与麦角菌中毒的症状一致。这些线索表明（但并不能证明），这些女孩，或许还有其他塞勒姆人，都是为麦角菌引起的疾病所困扰。一些历史学家质疑这一观点，并提出了其他假说。可能永远找不到确凿的证据，但这个故事突显了本章的主线——植物和真菌相互作用的重要性——并说明了科学方法如何可以应用于各种学科。

▼ 图 16.25 **麦角菌和塞勒姆猎巫惨案。**麦角菌中毒可能是 1692 年塞勒姆猎巫惨案的催化剂。

真菌的商业用途

我们的讨论，如果以“真菌致病”来结束，对真菌来说就太不公平了。真菌除了作为分解者对全球产生积极影响外，对人类也有许多实际用途。

我们中的大多数人都吃过蘑菇，尽管我们可能没有意识到，但我们摄入的其实是地下真菌延伸出的生殖结构。你常去的食杂店可能备有波托贝洛蘑菇、香菇、平菇以及普通的草菇。如果你喜欢烹饪蘑菇，你可以买一个蘑菇“花园”——将菌丝体嵌入其丰富食物来源，这样你就可以轻松地自己种植蘑菇。有些爱好者从田野和森林中采集食用菌（图 16.26），但只有专家才敢吃野生真菌。有些有毒蘑菇物种与食用菇相似，但没有简单的标准来让新手区分它们。

其他真菌被用于食品生产。某些种类的奶酪，包括羊乳干酪和蓝纹奶酪，其独特的味道来自使其成熟的真菌。数千年来，人类一直使用酵母（单细胞真菌）生产酒精饮料，并使面包膨胀（见图 6.15）。

▼ 图 16.26 **人类食用的真菌。**

硫黄菌（林中鸡）。这种肉质多孔菌据说味道像鸡肉。

鸡油菌蘑菇。美味的蘑菇因其泥土的气息和有趣的质地而备受厨师们青睐。

大马勃菌。这种巨型真菌可以长到直径超过 2 英尺（约 0.6 米）。只有在孢子形成前的未成熟阶段才可以食用它们。注意：致命的真菌往往类似于未成熟的大马勃菌。

☑ 检查点

1. 什么是脚癣？
2. 你认为真菌在自然环境中产生的抗生素有什么天然功能？

答案：1. 脚癣是足部皮肤受到的癣菌感染。2. 抗生素阻止微生物尤其是细菌的生长，这些微生物与真菌争夺养分和其他资源。

真菌还有医学价值。一些真菌产生的抗生素可用于治疗细菌性疾病。事实上，第一个被发现的抗生素是青霉素，由常见的霉菌——青霉菌产生（图 16.27）。研究者还在研究显示出抗癌药物潜力的真菌产品。

作为药物和食物的来源，作为分解者，作为菌根植物的伙伴，真菌在地球生命中起着至关重要的作用。☑

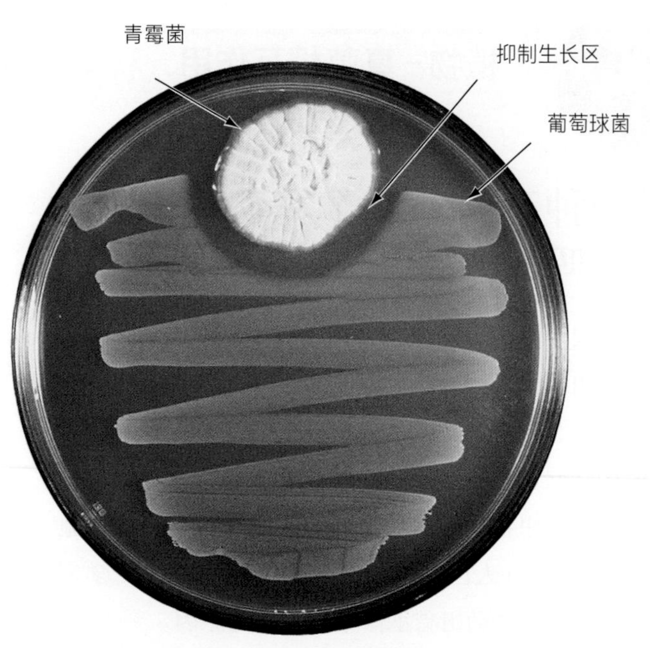

► 图 16.27 **真菌生产抗生素。**青霉素由常见的霉菌青霉菌产生。在此培养皿中，青霉菌和生长中的葡萄球菌之间有一个空白的区域，那是青霉菌产生的抗生素抑制细菌生长的地方。

植物-真菌相互作用 进化联系

互利共生

在同一章中讨论真菌和植物，似乎暗示了这两个界是近亲，但是正如我们已经讨论过的，真菌与动物的关系比与植物的关系更近。不过，植物在陆地上的成功和真菌的巨大多样性是相互联系的；如果没有对方，二者都不可能生长在这片土地上。

进化不仅仅是关于单个物种的起源和适应。物种之间的关系也是进化的一种产物。例如，原核生物和原生生物以互利共生的方式与各种生物合作（见图 15.12 和图 15.13）。生活在某些植物根部的细菌为宿主提供氮化合物，并以此交换到食物。我们甚至有自己的共生细菌，它们帮助我们保持皮肤健康，并在肠道中产生某些维生素。与本章特别相关的是真菌与植物根部的共生关系——菌根，它使得生物迁居陆地成为可能。

地衣是单细胞藻类或光合细菌与大量真菌菌丝的共生组合，是共生关系可以如此密切的突出例子。从远处看，很容易把地衣误认为苔藓或其他生长在岩石、腐烂的木头或树上的简单植物（图 16.28）。它们是如此紧密地缠绕在一起，以至它们看起来像是一个单一的生物。真菌从它的光合伙伴那里获得食物。真菌菌丝体反过来为藻类提供合适的栖息地，帮助藻类吸收和保留水分与矿物质。这种融合是如此彻底，以至于地衣实际上被认定为一个物种，就好像它们是一个个单一的生物一样。

在原生生物和植物之后，真菌是我们迄今为止探索过的第三类真核生物。强有力的证据表明，它们是从共同的原生生物祖先进化而来的，其中也产生了第四类也是最多样化的真核生物群体——动物，这是下一章的主题。

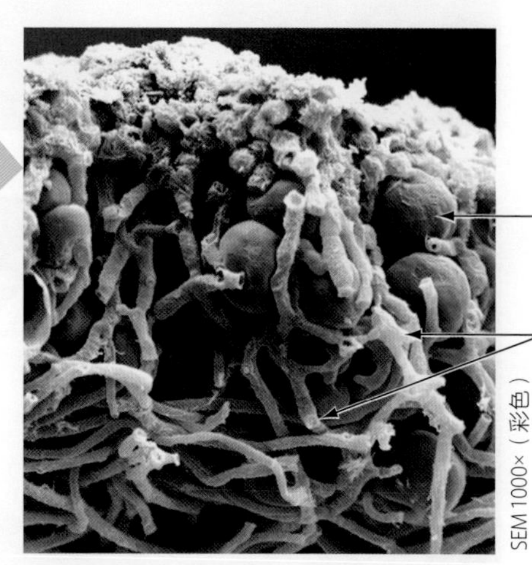

▼ 图 16.28 **地衣：真菌和藻类的共生体。**地衣通常生长速度非常缓慢，有时一年生长不到一毫米。有些地衣有几千年的寿命，可以和地球上最古老的植物相媲美。真菌和藻类之间的密切关系，在地衣的显微放大图中显而易见。

本章回顾

关键概念概述

移居陆地

植物的陆地适应

植物是适应陆地生活的多细胞光合真核生物。

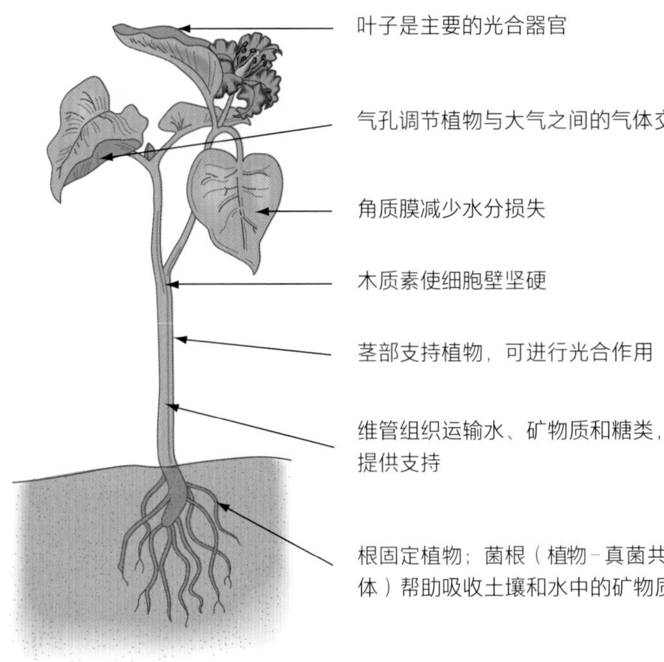

植物起源于绿藻

植物是由一类近似轮藻的多细胞绿藻进化而来的。

植物的多样性

植物进化要点

植物进化有四个时期，以主要植物群的陆地适应为标志。

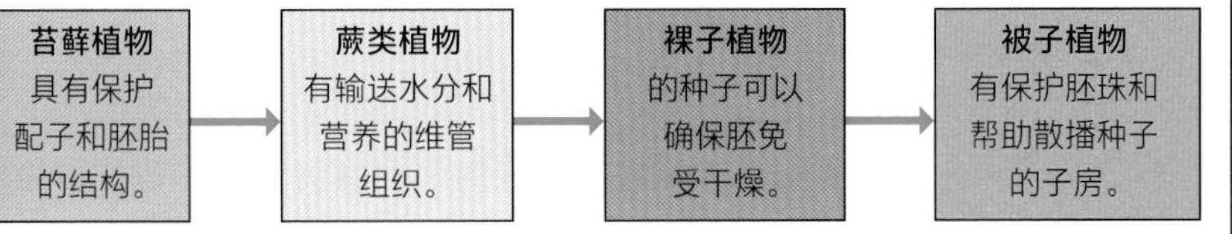

苔藓植物

最常见的苔藓植物是苔藓。苔藓表现出两种关键的陆地适应性：防止脱水的蜡质角质层和将发育中的胚胎保留在雌性植物体内。苔藓在潮湿的环境中最常见，因为它们的精子必须游向卵子，而且它们的细胞壁缺乏木质素，不能直立。苔藓植物在植物中是独特的，其配子体是生命周期中的优势世代。

蕨类植物

蕨类植物是无籽植物，有维管组织，但仍然用有鞭毛的精子使卵子受精。在石炭纪，巨型蕨类植物是腐烂成厚厚的有机沉积物的植物之一，这些有机物逐渐转化为煤。

裸子植物

在石炭纪末期，全球气候更加干燥、寒冷，这有利于第一批种子植物的进化。最成功的是以针叶树为代表的裸子植物。针状叶表皮厚、气孔凹陷，这是对干燥环境的适应。针叶树和大多数其他裸子植物还有三种陆地适应性：（1）单倍体配子体的进一步退化和二倍体孢子体的进一步发展；（2）携带精子的花粉，不需要水来运输；（3）种子，由包裹在保护壳内的植物胚胎和食物组成。

被子植物

被子植物为我们提供了几乎所有的食物和大量的纺织纤维。花的进化和更有效的水分运输有助于解释被子植物的成功。优势阶段是孢子体，其花中有配子体。雌配子体位于胚珠内，而胚珠又位于子房的腔室内。雌配子体中的卵子受精产生合子，合子发育成胚。整个胚珠发育成种子。种子是否包被在子房中是被子植物和裸子植物的区别，裸子植物种子是裸露的。果实是成熟的花朵子房，可以保护和帮助散播种子。被子植物是动物的主要食物来源，而动物帮助植物授粉和传播种子。农业构成了植物、人类和其他动物之间一种独特的进化关系。

植物多样性是不可再生资源

为满足人类活动对空间和自然资源的需求而进行森林砍伐，正以前所未有的速度灭绝植物物种。对热带森林而言，这一问题尤其严重。

真菌

结构 / 功能：真菌的特性

真菌是单细胞或多细胞的真核生物；它们是异养生物，从外部消化食物并从环境中吸收营养。它们与动物的关系比与植物的关系更近。真菌通常由大量菌丝组成，形成菌丝体。真菌的细胞壁主要由甲壳质构成。虽然大多数真菌是不能移动的，但菌丝体生长得非常快，将菌丝尖端延伸到新区域。蘑菇是从地下菌丝体延伸出来的生殖结构。真菌通过释放孢子来生殖和传播，孢子的产生可以是有性的，也可以是无性的。

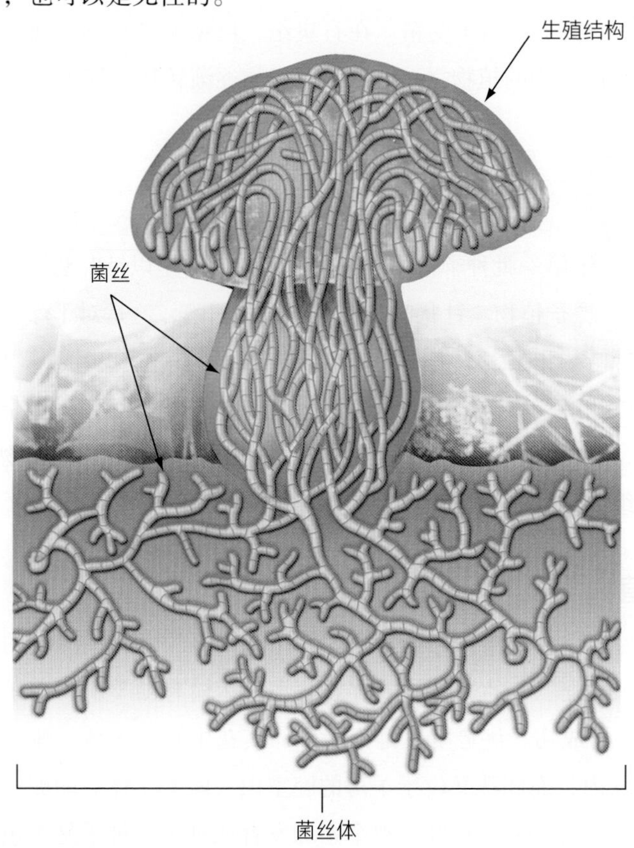

真菌的生态影响

真菌和细菌是生态系统的主要分解者。许多霉菌破坏水果、木材和人造材料。据了解，大约有 500 种真菌寄生于人类和其他动物体。真菌在食品、烘焙、啤酒和葡萄酒生产以及抗生素制造方面也具有重要的商业价值。

MasteringBiology®

如需练习测验、生物动画、MP3 教程、视频辅导以及为本教材设计的更多学习工具，请访问 MasteringBiology®。

自测题

1. 维管组织、花、种子、角质层、花粉——这些结构中，哪一个是四大植物群共有的？
2. 被子植物与所有其他植物不同，因为只有被子植物具有被称为________的生殖结构。
3. 完成以下类比：
   a. 配子体是单倍体，而________是二倍体。
   b.________对于针叶树就像花对于________一样。
   c. 胚珠与种子，正如子房与________一样。
4. 在显微镜下，一片蘑菇看起来最像________。
   a. 果冻　　b. 一团线
   c. 一小堆沙粒　　d. 一块海绵
5. 石炭纪期间的主要植物是______，后来形成巨大的煤层。
   a. 苔藓和其他苔藓植物　　b. 蕨类植物和其他无籽维管植物
   c. 轮藻和其他绿藻　　d. 针叶树和其他裸子植物
6. 你发现了一个新植物物种。在显微镜下，你发现它产生有鞭毛的精子。遗传分析表明，它的优势世代具有二倍体细胞。这是哪类植物？
7. 松树和其他针叶树的常绿性质，为何会使它们适应生长季节非常短的地方？
8. 被子植物、蕨类植物、维管植物、裸子植物、种子植物——这些术语中，哪个术语包括了所有其他术语？
9. 植物多样性在哪里最丰富？
   a. 热带森林。　　b. 欧洲的温带森林。
   c. 沙漠。　　d. 海洋。
10. 果实是什么？
11. 地衣是进行光合作用的______与______的共生体。
12. 对比一下真菌的异养营养和你自己的异养营养。

答案见附录《自测题答案》。

科学的过程

13. 1986 年 4 月，乌克兰切尔诺贝利核电站发生事故，放射性尘埃散落数百英里。在评估辐射的生物效应时，研究者发现，苔藓作为监测损害的生物特别有价值。辐射能引起受损生物体的突变。请解释为什么辐射对苔藓的遗传影响比其他类型的植物要快得多。

假设你在核事故后不久进行监测，请以盆栽苔藓植物为实验生物，设计一个实验来检验“突变的频率随着生物与辐射源距离的增加而降低”这个假说。

14. **解读数据** 风媒植物如松树、橡树、杂草、禾草的花粉会导致许多人出现季节性过敏症状。随着全球变暖延长了植物的生长季节，科学家预测过敏患者的痛苦期会更长。然而，全球变暖对所有地区的影响并不一样（见图 18.44）。下表显示了豚草花粉在 9 个地方的平均季节长度，豚草花粉是一种影响数百万人的过敏原。计算从 1995 年到 2009 年每个地方的花粉季节长度的变化，并将这些信息与纬度进行对比。豚草季节的长短有纬度趋势吗？你可将数据记录在地图上，以便更直观地看到样本的地理位置。

9 个地方豚草花粉季节的平均长度（从至少 15 年的数据中获得的平均数）

位置	纬度（°N）	1995 年花粉季节长度（天）	2009 年花粉季节长度（天）	花粉季节差异（天）
俄克拉何马城，俄克拉何马州	35.47	88	89	
罗杰斯，阿肯色州	36.33	64	69	
帕皮利恩，威斯康星州	41.15	69	80	
麦迪逊，威斯康星州	43.00	64	76	
拉克罗斯，威斯康星州	43.80	58	71	
明尼阿波利斯，明尼苏达州	45.00	62	78	
法戈，北达科他州	46.88	36	52	
温尼伯，加拿大曼尼托巴省	50.07	57	82	
萨斯卡通，加拿大萨斯喀彻温省	52.07	44	71	

数据来源：L. Ziska et al., Recent warming by latitude associated with increased length of ragweed pollen season in central North America. *Proceedings of the National Academy of Sciences* 108: 4248–4251（2011）。

生物学与社会

15. 热带森林为什么被破坏得如此之快？哪些社会、技术、经济因素要为此负责？在工业化程度更高的北半球国家，大多数森林已经被砍伐。这些工业化程度较高的国家是否有权向南半球工业化程度较低的国家施压，要求它们减缓或停止破坏森林？为你的答案辩护。什么样的惠益、激励措施或计划可以减缓对热带森林的破坏？

16. 正如你在本章中所学，许多处方药都来自天然植物产品。许多还有些植物物质，包括咖啡因和尼古丁，对人体也有影响。还有各种各样的植物产品，以药丸、粉末或茶的形式，作为草药销售。有些人更喜欢服用这些“天然”产品，而不喜欢吃药。还有些人使用草药补充剂来增强能量，促进减肥，增强免疫系统，缓解压力，等等。负责批准药品的美国食品药品监督管理局（FDA）也负责监管草药治疗。草药上的“FDA 批准”标签意味着什么？其与 FDA 批准的一种药有什么区别？FDA 官网（http：//www.fda.gov/ForConsumers/default.htm）是一个开始研究的好地方。（注意 FDA 将草药归类为膳食补充剂。）

17 动物的进化

动物多样性为什么重要

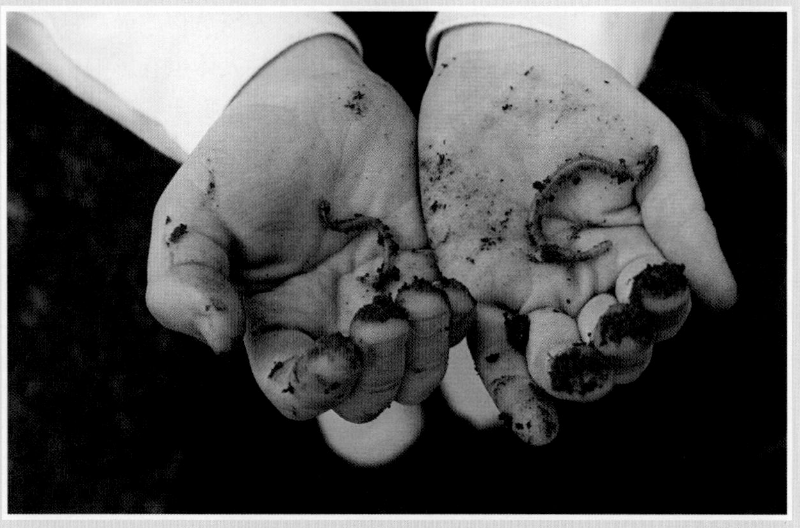

▲ 如果你想找夜行蚯蚓作鱼饵，那就到奶牛草场土地中去翻找吧。

▼ 进化生物学家已经发现了“先有鸡还是先有蛋”这个谜题的答案。

根据最近的 DNA 分析，我们许多人的基因中都有一点尼安德特人的基因。►

▲ 地球上所有的节肢动物如果平均分配给每一个人，每个人将得到约 1.4 亿只。

本章内容

本章线索

人类进化

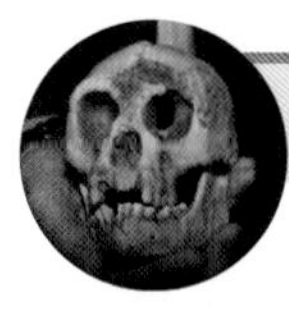

人类进化 生物学与社会

发现“霍比特人”

2003 年，澳大利亚人类学家在印度尼西亚弗洛里斯岛挖掘时，偶然发现了一些很不寻常的人类骨骼，包括一具几乎完整的成年女性骨架。这位女性的身高，大约只到现代女性的腰部。她的头骨特征，如骨骼的形状和厚度，都与人类相似，但大小与她的矮小身体成比例，而且她的大脑只有像黑猩猩的那么大。令人惊讶的是，这些骨骼附近还出土了狩猎、屠宰动物的工具，以及炊火的证据。最令人吃惊的是，这些遗骸可以追溯到大约 1.8 万年前，科学家认为当时智人已是唯一幸存的人类物种。自最初的发现以来，研究人员又挖掘出了十几具这种微型人类的骨骼。

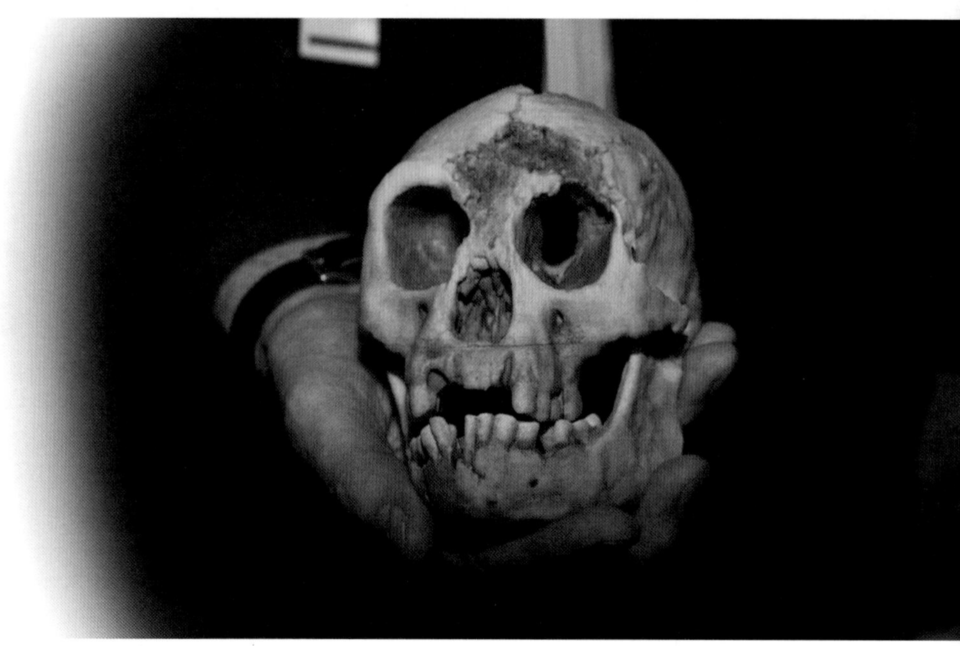

一颗来自印度尼西亚“霍比特人”的头骨。科学家们正在争论这颗头骨是否来自一个古老的类人物种。

发现者将其惊人发现归为一个以前未知的物种，称为弗洛里斯人（*Homo floresiensis*），昵称为“霍比特人”。他们推测，有一群人类祖先在数百万年前从非洲来到弗洛里斯，在该岛与世隔绝的环境中，进化成了矮小的弗洛里斯人。这种类型的动物进化是有先例的：如生物学家发现了岛屿上的鹿、象、河马的矮小种群。一种假说是，捕食者的缺乏有利于更小、更节能形式的种群进化。研究小组一宣布他们的发现，争议就爆发了。持怀疑态度的科学家认为，这些骨头来自患有导致骨骼畸形疾病的智人。正如“科学的过程”专栏所呈现的，科学家对“霍比特人”了解得越多，就越感到困惑。

智人和弗洛里斯人只是生物学家命名和描述的 130 万种动物中的两种。动物这种惊人的多样性是通过数亿年的进化形成的，自然选择塑造了动物对地球许多环境的适应。在本章中，我们将看到动物界大约 35 个门（大类群）中最丰富和分布最广的 9 个门。我们接下来将特别关注动物进化的主要里程碑，并以重新联系人类进化这一迷人课题来结束本章。

动物多样性的起源

动物这种生命形式始于前寒武纪海洋，进化出了以其他生物为食的多细胞生物。我们人类是它们的后代之一。

什么是动物?

动物是真核、多细胞、异养的生物，通过进食获取营养。这种营养模式使动物不仅异于植物及其他通过光合作用构建有机分子的生物，而且不同于真菌。真菌在消化体外的食物后通过吸收获得营养（见图 16.23）。大多数动物在摄入其他生物体后，在体内消化食物，摄入的生物体可以是死的，也可以是活的，可以是完整的生物体，也可以是不完整的碎块（图 17.1）。

动物细胞缺乏在植物和真菌体内提供强有力支持的细胞壁。大多数动物都有运动用的肌肉细胞和控制肌肉的神经细胞。复杂的动物，还可以利用肌肉和神经系统完成进食以外的许多功能。一些物种甚至使用被称为“大脑”的巨型神经细胞网络来思考。

大多数动物是有性生殖的二倍体生物；卵子 / 精子是其唯一的单倍体细胞。海星的生命周期（图 17.2）包含了大多数动物生命周期中的基本阶段。❶雄性和雌性成体动物通过减数分裂产生单倍体配子，❷卵子和精子融合，产生受精卵。❸受精卵进行有丝分裂，❹进入早期胚胎阶段，称为**囊胚**，通常是细胞组成的空心球。❺在大多数动物中，囊胚的一侧向内折叠，进入下一个阶段，称为**原肠胚**。❻原肠胚发育成囊状胚胎，有内、中、外三层细胞，一端开口。原肠胚阶段后，许多动物直接发育成成体。其他动物，如海星，发育成**幼体**，❼即看起来与成体动物不同的未成熟个体（比如蝌蚪，就是蛙类幼体）。❽幼体在发育成能够有性生殖的成体时，经历了身体形态的重大变化，称为**变态**。☑

☑ 检查点

动物和真菌都是异养生物，动物的营养模式有何不同？

答案：摄食（进食）。

▼ 图 17.1　**动物的生活方式——摄食获取营养。**很少有动物能像巨蟒一样吃掉瞪羚那么大的一块食物。这条蛇将花两个星期或更长时间消化它的食物。

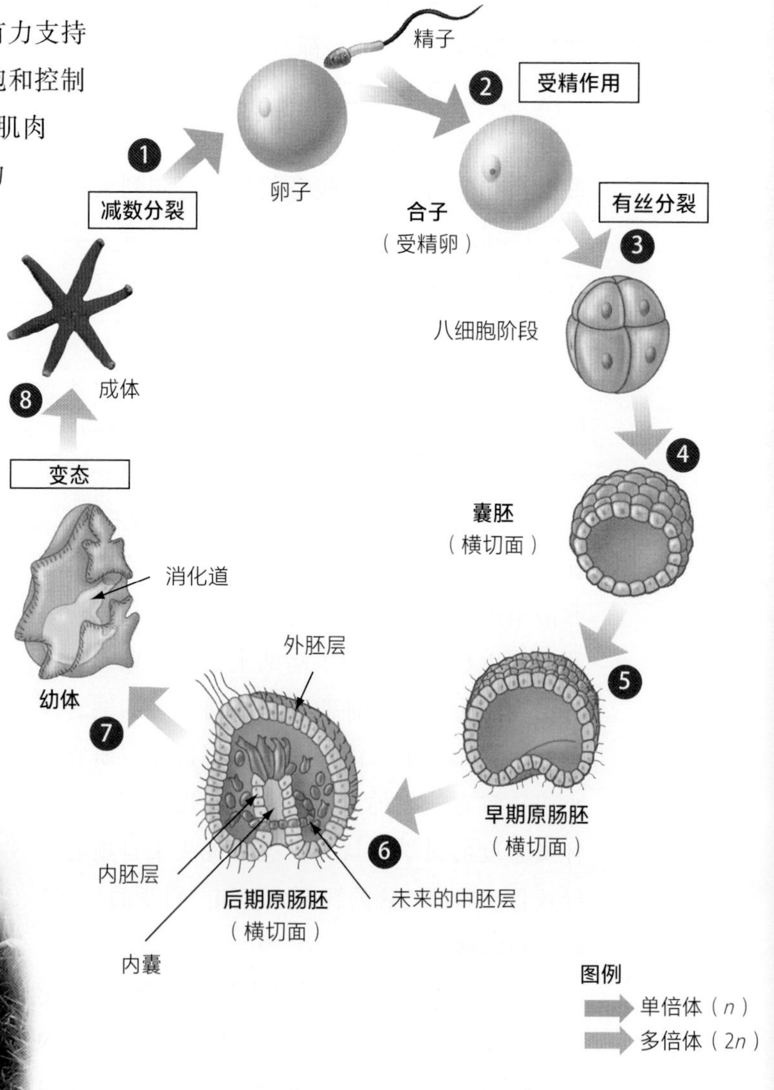

精子
❶ 减数分裂
卵子
❷ 受精作用
合子
（受精卵）
有丝分裂 ❸
八细胞阶段
❹
囊胚
（横切面）
❺
早期原肠胚
（横切面）
❻
外胚层
内胚层
后期原肠胚
（横切面）
未来的中胚层
内囊
❼
幼体
消化道
变态
❽
成体
图例
单倍体（n）
多倍体（$2n$）

▲ 图 17.2　**动物发育：以海星的生命周期为例。**

早期动物和寒武纪大爆发

科学家们猜想：动物是从有鞭毛的群体原生生物进化而来的（图 17.3）。尽管分子生物学证据指向的起源应该更早，但已发现的最古老的动物化石只有5.5 亿～ 5.75 亿年的历史。在此之前，动物进化肯定已经进行了一段时间——化石已显示出动物各种各样的形状，长度从 1 厘米到 1 米不等（图 17.4）。

在 5.35 亿年前—5.25 亿年前的寒武纪时期，动物多样化似乎迅速加速。在这么短的进化时间内，化石中出现了这么多动物形态和新门类，这一事件被生物学家称为寒武纪大爆发。寒武纪化石最著名的来源地位于加拿大不列颠哥伦比亚省的山区。众所周知，伯吉斯页岩保存了大量完好的动物化石。与前寒武纪动物相比，许多寒武纪动物有坚硬的身体部位，如外壳，而且许多显然与现存动物群体有关。例如，科学家们已经将伯吉斯页岩中发现的三分之一以上的物种归类为节肢动物，这一类包括如今的蟹、虾、昆虫（图 17.5）。其他化石则比较难分类。有些是彻头彻尾的异类，比如靠近图中心的带尖刺的生物，被称为怪诞虫（*Hallucigenia*），还有欧巴宾海蝎（*Opabinia*），一种五只眼的捕食者，正用它凸在嘴前面的长而灵活的附肢，抓着一只蠕虫。

是什么原因引发了寒武纪大爆发？科学家们提出了几种假说，包括日益复杂的捕食者与猎物的关系以及大气中氧气含量的增加。无论这样快速多样化的原因是什么，很可能当时的动物已经有一套“主控”基因，能表达复杂身体的遗传框架。动物门中身体形态的多样性很大程度上与这些基因在发育的胚胎中表达的位置和时间差异有关。

在过去的 5 亿年里，动物进化在很大程度上只是源于寒武纪海洋的动物形态的变形。持续进行研究将有助于验证有关寒武纪大爆发的假说。但是，即使爆发变得不那么神秘，它看起来也同样神奇。☑

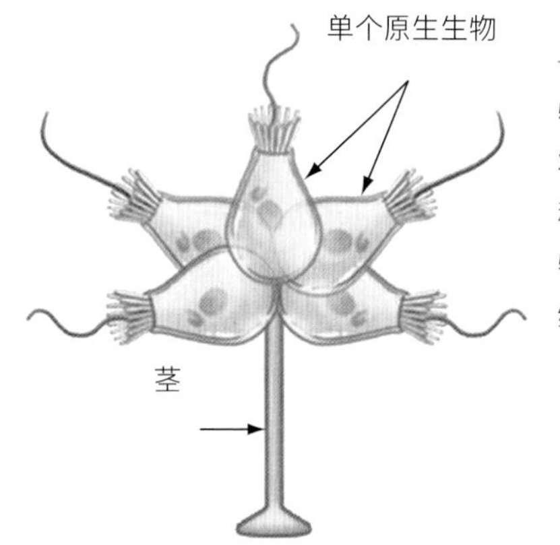

◄ 图 17.3 **假说中的动物的共同祖先。**正如你将很快会了解到的，这种有鞭毛的群体原生生物，其单个细胞类似海绵的摄食细胞。

☑ 检查点

为什么寒武纪早期的动物进化被称为“大爆发”？

答案：因为动物多样性在相对较短的时期内增加得非常快。

▼ 图 17.4 **前寒武纪动物化石。**所有最古老的动物化石都是软体动物的印痕。它们中的大多数与现今的动物群体似乎都没有联系。

海笔，可能与现代群体刺胞动物近缘。

三腕虫（*Tribrachidium heraldicum*）上表面的化石印痕，其形状为半球形，三部分辐射对称（直径可达 5 厘米），不像任何现存的动物。

▼ 图 17.5 **寒武纪海洋景观。**此图根据伯吉斯页岩中的化石绘制。身体扁平的动物是灭绝的节肢动物，叫作三叶虫。右边是一张三叶虫化石的照片。

进化 动物种系发生

历史上，生物学家根据“身体蓝图”（身体结构的一般特征）对动物进行分类。身体构造差异被用来构建系统发育树，表明动物群体之间的进化关系。最近，大量遗传数据使得进化生物学家能够修改和完善类群。图 17.6 显示了一组关于九大主要动物门之间进化关系的修正后的假说，该修正主要是基于身体结构和遗传相似性。

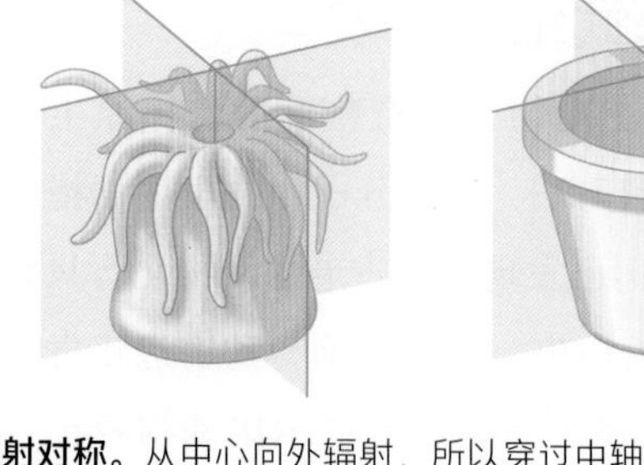

辐射对称。从中心向外辐射，所以穿过中轴线的任何切面都可以将其分成一对镜像。

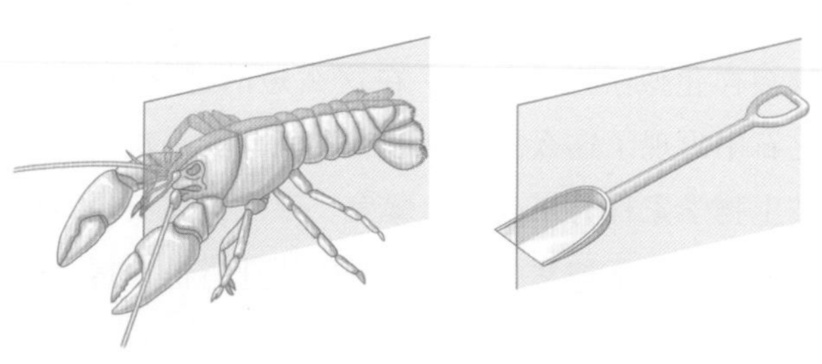

两侧对称。只有一个切面可以将左右两边分成一对镜像。

▲ 图 17.7　**身体对称性。**

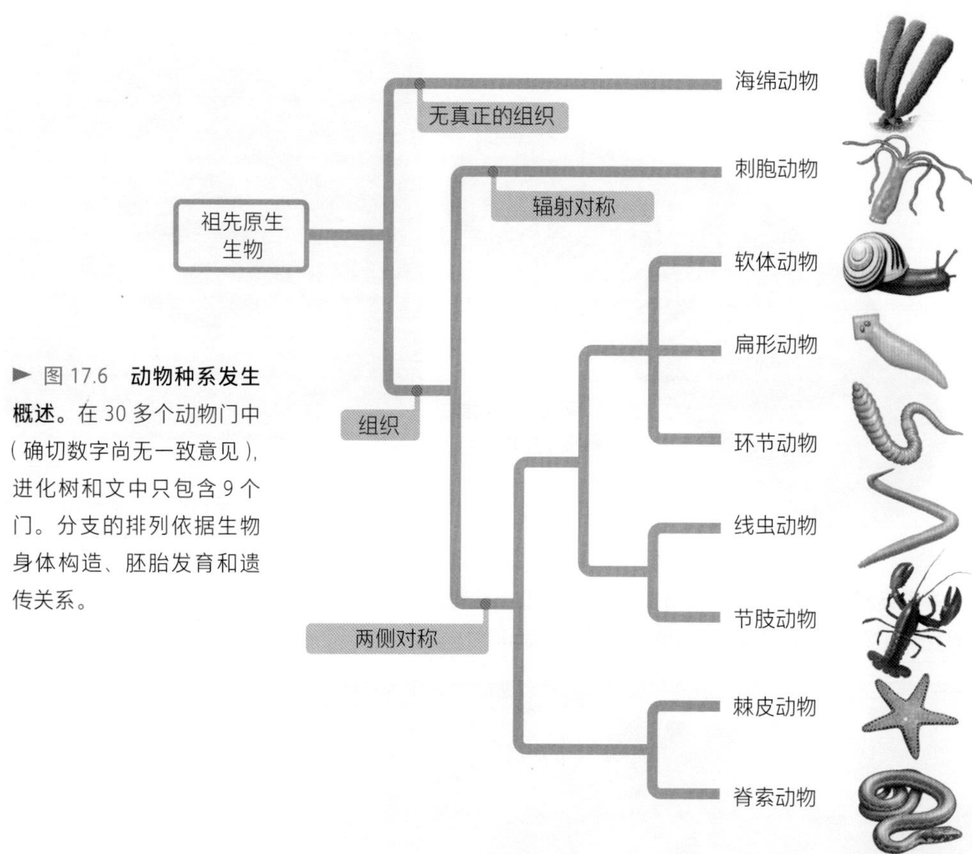

► 图 17.6　**动物种系发生概述。**在 30 多个动物门中（确切数字尚无一致意见），进化树和文中只包含 9 个门。分支的排列依据生物身体构造、胚胎发育和遗传关系。

动物进化的一个主要分支是基于结构的复杂性将海绵与其他动物区分开来。与更复杂的动物不同，海绵缺乏真正的组织，即具有某种功能的同类细胞群（如神经组织）。第二个主要的进化分支是基于身体对称性：是辐射对称，还是两侧对称（图 17.7）。海葵像花盆一样，也是**辐射对称**的，即只要是沿着一个包含中轴线的切面切开，两半就完全相同。铲子是**两侧对称**的，这意味着只有一种方式把它分成两个相同的部分——从对称面切开。两侧对称动物，如图 17.7 中的龙虾，有一个明确的“头端”，移动时头端首先遇到食物、危险和其他刺激。在大多数两侧对称动物中，形成大脑的神经中枢位于头部，靠近眼睛等感觉器官集中的部位。因此，两侧对称有助于适应运动，如爬行、钻洞或游泳。事实上，许多辐射对称动物营固着生活，而大多数两侧对称动物营自由生活。

在两侧对称动物中，胚胎发育分析将棘皮动物和脊索动物与包括软体动物、扁形动物、环节动物、线虫动物和节肢动物的进化分支区分开来。软体动物、扁形动物和环节动物具有线虫和节肢动物不具有的遗传相似性。

体腔的进化也有助于更复杂动物的产生。**体腔**（图 17.8，对页）是一个充满液体的腔体，将消化道与身体外壁隔开。体腔使内部器官能够独立于身体外壁生长和移动，液体提供缓冲，使它们免受伤害。在软体动物如蚯蚓中，液体是处于压力之下的，起到流体静力骨骼的作用。在图 17.6 所示的门中，只有海绵动物、刺胞动物、扁形动物缺少体腔。

以图 17.6 中的动物进化概述为指导，我们准备仔细研究物种数量最多的 9 个动物门。☑

☑ 检查点

1. 在图 17.6 所示的系统发育树中，脊索动物（包括人类的动物门）与其他哪个动物门关系最密切？
2. 一个圆形比萨饼是____对称，而一片比萨饼是____对称。

答案：1. 棘皮动物。 2. 辐射；两侧。

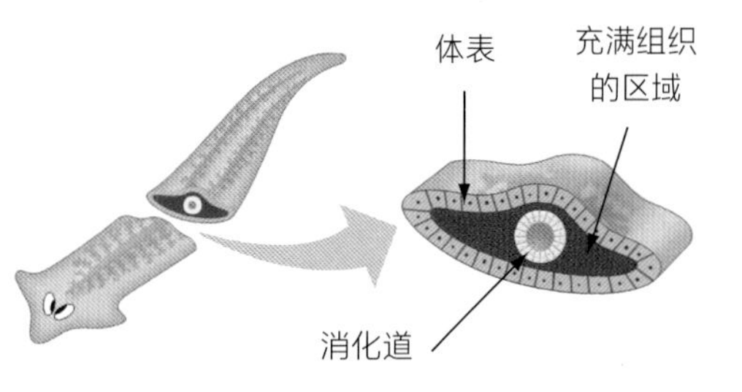

(a) **无体腔**：例如扁形动物。

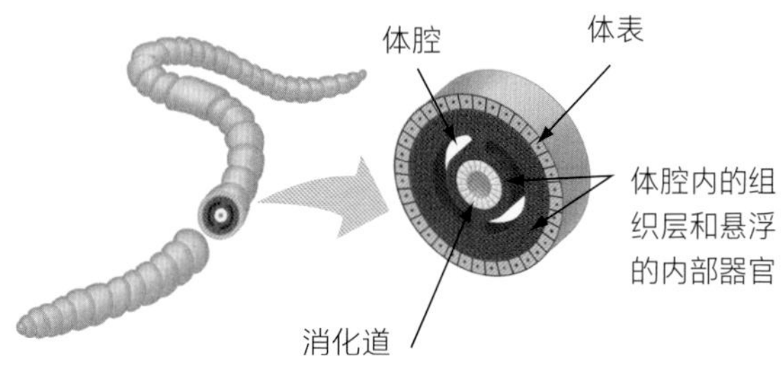

(b) **有体腔**：例如蚯蚓。

◀ 图 17.8 **两侧对称动物的身体构造。** 这些动物不同的器官系统是从胚胎中三个不同的组织层发育而来的。

主要的无脊椎动物门

脊椎动物即有脊椎的动物，如两栖动物、爬行动物和哺乳动物，可以像我们一样生活在陆地上，所以我们对动物多样性的认识偏向于脊椎动物。然而，脊椎动物才占全部动物物种的不到 5%。如果我们要对水生栖息地的动物进行采样，如池塘、潮池或珊瑚礁，或者考虑与我们同在陆地上的数百万种昆虫，我们会发现自己处于**无脊椎动物**的王国，那些动物没有脊椎。我们对脊椎动物特别关注，只因为我们人类也是脊椎动物。然而，通过探索动物王国的其他 95%——无脊椎动物——我们将发现具有如此惊人多样性的美丽生物，往往未引起我们的注意。

海绵动物
刺胞动物
软体动物
扁形动物
环节动物
线虫动物
节肢动物
棘皮动物
脊索动物

海绵动物

海绵动物（多孔动物门）是营固着生活的动物，它们看起来如此地静止，以至于你可能会误认为它们是植物。海绵是所有动物中最简单的，可能很早就已由群体原生生物进化而来。它们没有神经和肌肉，但它们的单个细胞可以感知环境变化并对其做出反应。海绵的细胞层是松散的联合体，不被认为是真正的组织。海绵的高度从 1 厘米到 2 米不等。大约 5500 种海绵中，有些生活在淡水中，但大多数是海洋生物。

海绵是悬食动物之一，这种动物通过滤食的方式在水中收集食物颗粒。海绵的身体像一个有许多小孔的囊。水通过孔被吸入中央空腔，然后通过一个更大的开口流出（图 17.9）。被称为领细胞的特殊细胞上的鞭毛将水扫过海绵多孔的身体。围绕着鞭毛的小网捕获细菌和其他食物颗粒，然后由领细胞吞噬。被称为变形细胞的特殊细胞从领细胞中摄取食物，进行消化，并将营养物质运送到其他细胞。变形细胞还可以产生构成海绵骨骼的纤维。在一些海绵中，这些纤维是尖锐的，像刺一样，如图 17.9 所示。其他海绵则具有更柔软、更柔韧的骨骼；这些柔韧的蜂窝状骨骼经常被人们用作洗澡或洗车的工具。☑

☑ **检查点**

海绵的结构与所有其他动物的结构有什么根本的不同？

回答：海绵没有真正的组织。

▼ 图 17.9 **海绵的结构。** 为了获取足够的食物而使自身长到约 85 克，海绵必须过滤大约 1 吨的水，足以装满 3.5 个标准尺寸的浴缸。

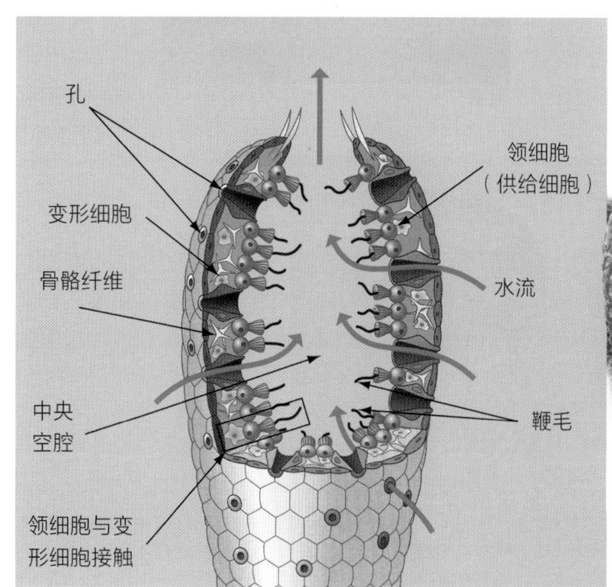

刺胞动物

海绵动物
刺胞动物
软体动物
扁形动物
环节动物
线虫动物
节肢动物
棘皮动物
脊索动物

刺胞动物（刺胞动物门）的特征是存在身体组织——我们将讨论的其他动物也是如此——以及辐射对称和带有刺细胞的触手。刺胞动物包括海葵、水螅、珊瑚和水母（jellies，有时被称为 jellyfish，尽管它们不是鱼）。10,000 种刺胞动物中大多数是海洋生物。

刺胞动物的身体基本构造是一个囊，中央有一个实现消化功能的腔室，即**消化循环腔**。这个腔只有一个开口，既是口又是肛门。这个身体构造又有两种变化：固定生活的**水螅型**和漂浮生活的**水母型**（图 17.10）。水螅附着在较大的物体上，伸出触须，等待猎物。水螅型的种类有珊瑚、海葵和水螅。水母型是扁平的，似口朝下的水螅型。它通过被动漂浮和收缩其钟形身体相结合的方式来自由移动。最大的水母，触须长 60 ~ 70 米（超过足球场一半的长度），悬挂在直径达 2 米的伞状身体上。有些种类的刺胞动物只以水螅型存在，有些种类只以水母型存在，还有一些种类在其生命周期中经历水母型和水螅型两个阶段。

刺胞动物是食肉动物，使用口周围排列成环形的触手来捕捉猎物，并将食物推入消化循环腔，开始消化。未消化的残渣通过口 / 肛门排出。触手装备有刺细胞，用于防御和捕获猎物（图 17.11）。刺胞动物门也因这些刺细胞而得名。☑

☑ 检查点

刺胞动物的身体构造与其他动物的有什么不同？

回答：刺胞动物的身体是辐射对称的。

▼ 图 17.10 **刺胞动物的水螅型和水母型。**注意，刺胞动物有两个组织层，在图中用蓝色和黄色来区分。消化循环腔只有一个开口，既有口又有肛门的功能。

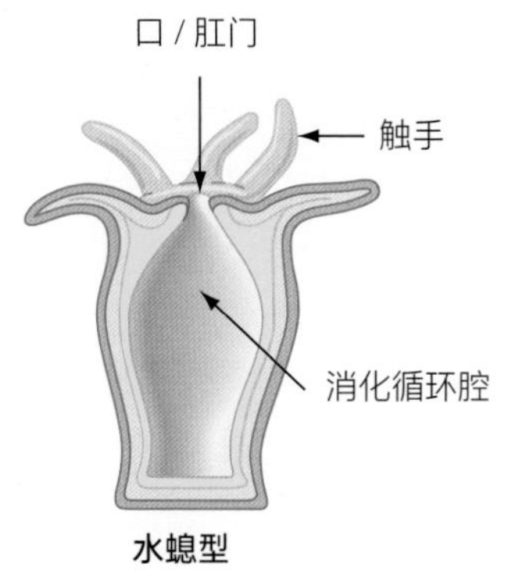

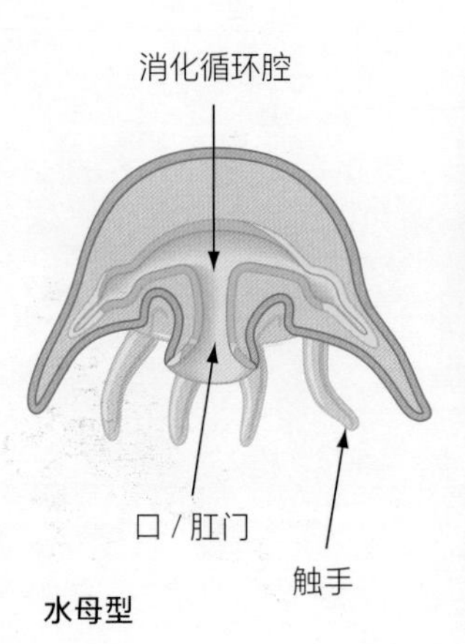

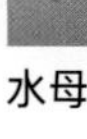
水母

▼ 图 17.11 **刺细胞的作用。**当触手上的触发器被触摸刺激，一根刺丝从刺丝囊中射出。一些刺细胞刺丝缠住猎物，而另一些刺穿猎物并注射毒液。

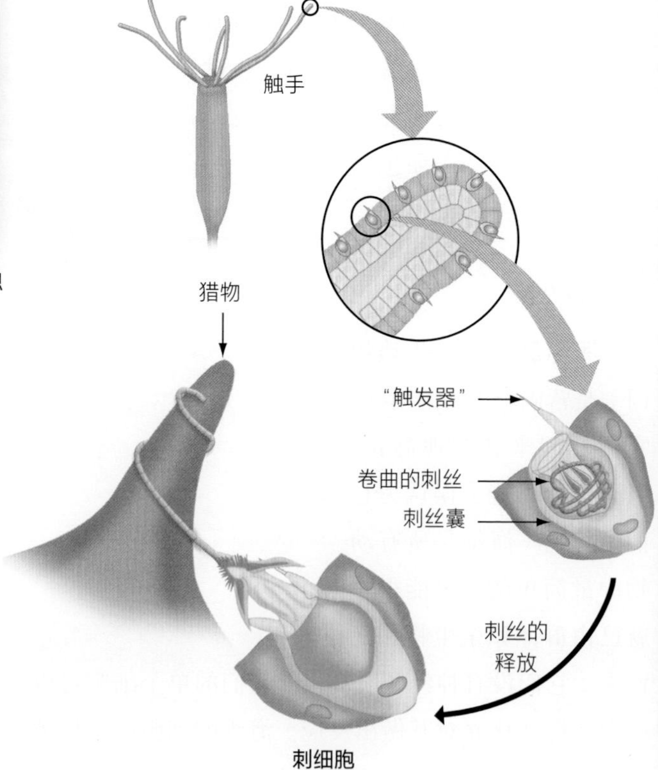

软体动物

海绵动物
刺胞动物
软体动物
扁形动物
环节动物
线虫动物
节肢动物
棘皮动物
脊索动物

蜗牛和蛞蝓、牡蛎和蛤蜊、章鱼和乌贼都是**软体动物**（软体动物门）。软体动物的身体是软的，但大多数都有硬壳保护。许多软体动物通过伸出一个锉刀状器官——**齿舌**——来觅食。例如，一些水生螺的齿舌像铲车一样来回滑动，从岩石上刮取藻类。你可以通过观察一只螺在水族箱的玻璃墙上吃草来观察齿舌的活动。锥螺是捕食性海洋软体动物，其齿舌经过特化改进，能够向猎物注射毒液。一些锥螺的叮咬对人来说不仅是痛苦的，甚至还是致命的。

已知的软体动物有 10 万种，其中大多数是海洋动物。所有软体动物都有相似的身体构造（**图 17.12**）。身体由三个主要部分构成：肌肉质的足，通常用于运动；包含大部分内部器官的内脏团；一层叫作外套膜的组织。**外套膜**覆盖在内脏团上，还可以分泌外壳（如果动物具有壳）。软体动物有三大类：腹足类、双壳类、头足类（**图 17.13**）。

大多数**腹足类动物**，包括蜗牛，都有一个螺旋壳保护，受到威胁时，可以缩回这个壳里。蛞蝓和海蛞蝓没有壳。许多腹足类动物都有一个明显的头部，并且眼睛在触角的顶端（想一想花园里的蜗牛）。海洋、淡水、陆地腹足类动物，约占现存软体动物种类的四分之三。

双壳类动物，包括蛤、牡蛎、贻贝、扇贝，它们的壳分成两半，铰合在一起。双壳类动物没有齿舌。双壳类物种既见于海洋又见于淡水，大多数营固着生活，用它们的肌肉质的足在沙子或泥浆中挖掘和附着。

头足类动物都是海洋动物，它们的身体敏捷且灵活——通常与腹足类和营固着生活的双壳类动物不同。少数头足类动物有大而重的壳，但大多数种类的壳很小或位于体内（如鱿鱼），或没有（如章鱼）。头足类动物有巨大的大脑和复杂的感觉器官，这有助于它们成功地进化为移动捕食者。它们用喙状的下颌和齿舌来压碎或撕裂猎物。口位于足的基部，足被拉长成几条长触手，用于捕捉和抓住猎物。在南极洲附近的深海里发现的巨型乌贼，是现今发现的最大的无脊椎动物。科学家们估计，这种巨大的头足类动物平均长度为 13 米，相当于一辆校车的长度。

内脏团
体腔
生殖器官
肾
心
消化道
外套膜
外套腔
壳
肛门
齿舌
鳃
口
足
神经索

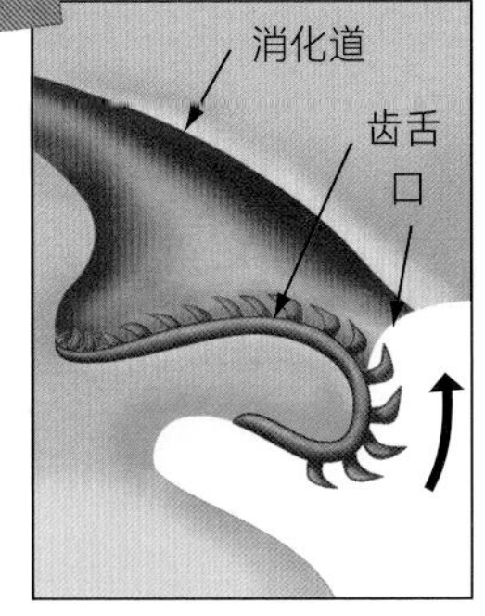

◀ 图 17.12 **软体动物的基本身体构造。**注意小的体腔（褐色）和完整的消化道，消化道有口和肛门（粉红色）。

☑ 检查点

对这些软体动物进行分类：庭院蜗牛是______的一个例子；蛤是______的一个例子；乌贼是______的一个例子。

回答：腹足类动物，双壳类动物，头足类动物。

▼ 图 17.13 **软体动物多样性。**

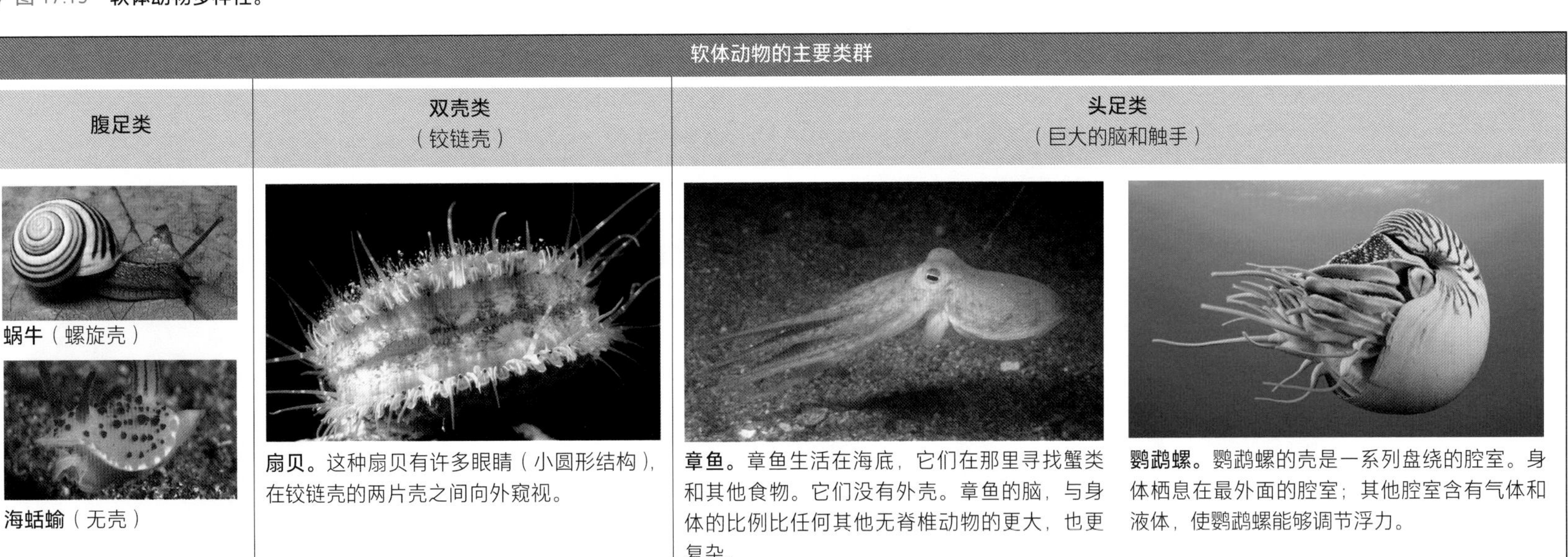

软体动物的主要类群		
腹足类	双壳类（铰链壳）	头足类（巨大的脑和触手）
蜗牛（螺旋壳） **海蛞蝓**（无壳）	**扇贝。**这种扇贝有许多眼睛（小圆形结构），在铰链壳的两片壳之间向外窥视。	**章鱼。**章鱼生活在海底，它们在那里寻找蟹类和其他食物。它们没有外壳。章鱼的脑，与身体的比例比任何其他无脊椎动物的更大，也更复杂。 **鹦鹉螺。**鹦鹉螺的壳是一系列盘绕的腔室。身体栖息在最外面的腔室；其他腔室含有气体和液体，使鹦鹉螺能够调节浮力。

扁形动物

海绵动物
刺胞动物
软体动物
扁形动物
环节动物
线虫动物
节肢动物
棘皮动物
脊索动物

扁形动物（扁形动物门）是最简单的两侧对称动物。这些蠕虫名副其实，身体呈带状，长度从 1 毫米到 20 米不等。大多数扁形动物都有一个单开口的消化循环腔。大约有 20,000 种扁形动物栖息在海洋、淡水和潮湿陆地生境（图 17.14）。

营自由生活的扁形动物——涡虫的消化循环腔是高度分支的，为营养物质的吸收提供了广阔的表面积。当动物进食时，一根肌肉管从口伸出，吸入食物。涡虫生活在淡水池塘和溪流中的岩石下表面。

营寄生生活的扁形动物包括被称为血吸虫的吸虫，它是热带地区危害健康的一个主要问题。这些吸虫有吸盘，附着在人类宿主肠道附近的血管内。这些吸虫的感染会导致一种叫作血吸虫病的长期疾病，其症状包括严重的腹痛、贫血、痢疾。虽然在美国没有发现血吸虫，但全世界每年有 2 亿多人被这些寄生虫感染。

绦虫寄生在许多脊椎动物身上，包括人类。大多数绦虫的身体非常长，呈带状，且体节重复。没有口，也没有消化循环腔。绦虫的头部有吸盘和钩子，可以将身体锁定在宿主的肠道内壁上。绦虫栖身在宿主肠道中部分消化的食物中，吸收路过其身体表面的营养物质。头部后面是一条长带，由多个节片组成，每个节片中都含有雌雄生殖器官各一套（大部分绦虫为雌雄同体）。在虫体的背部，含有成千上万个卵的成熟节片脱落，并随粪便一起离开宿主的身体。人们食用未煮熟的含有绦虫幼虫的牛肉、猪肉或鱼而感染绦虫。绦虫幼虫非常小，但成虫在肠道中的长度可达 2 米。这么长的绦虫会导致肠道堵塞，并从宿主体内抢走大量的营养，导致宿主营养缺乏。幸运的是，口服药物可以杀死绦虫成虫。☑

☑ 检查点

扁形动物是身体构造最简单的________动物。

回答：两侧对称。

▼ 图 17.14 **扁形动物多样性。**

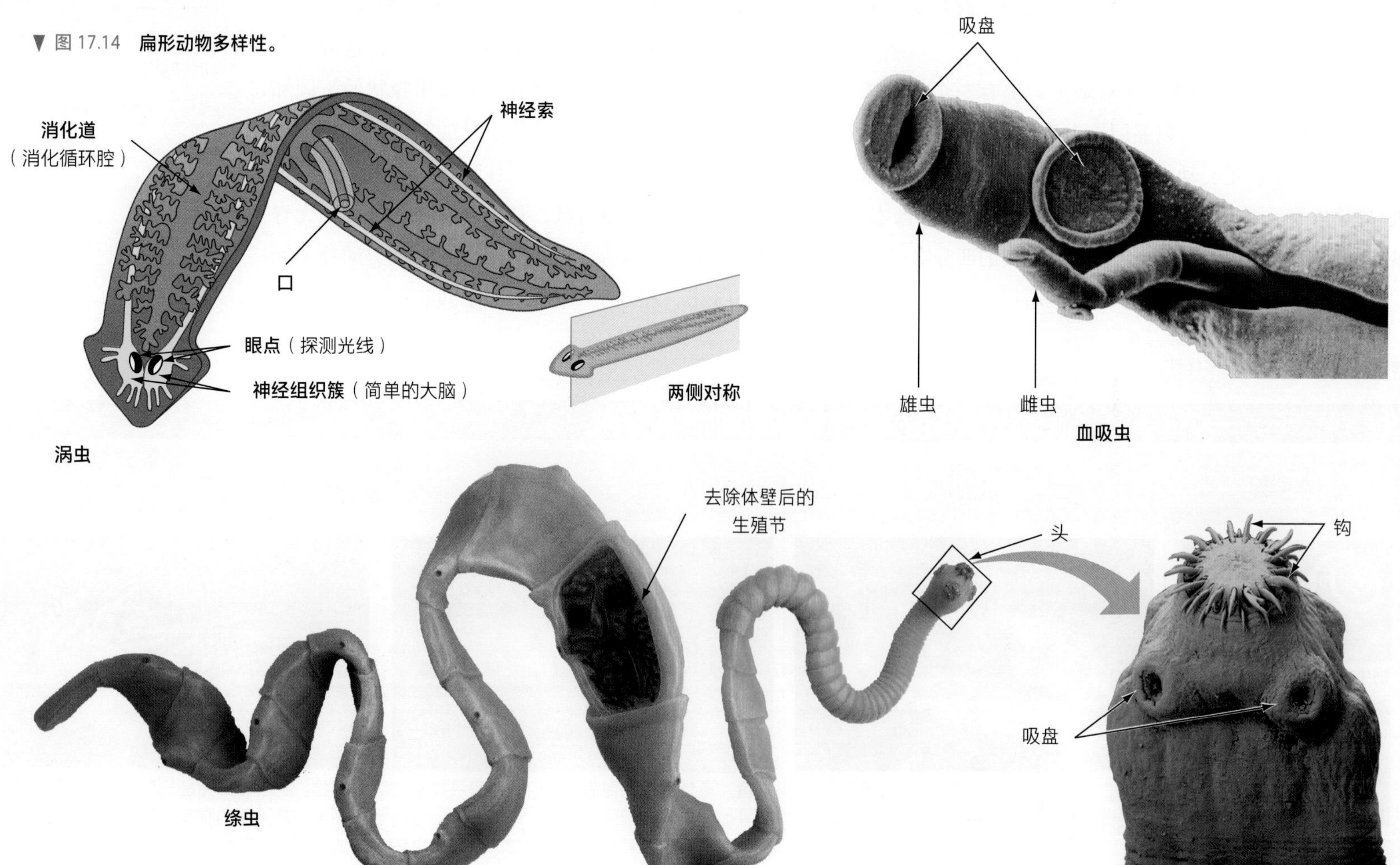

环节动物

海绵动物
刺胞动物
软体动物
扁形动物
环节动物
线虫动物
节肢动物
棘皮动物
脊索动物

环节动物（环节动物门）是**身体分节**的蠕虫，身体沿其长轴细分为许多重复部分，称为体节。在环节动物中，体节看起来像一组融合在一起的环。全世界大约有 16,500 种环节动物，按长度有不到 1 毫米的，也有可达 3 米的巨大的澳大利亚蚯蚓。环节动物栖息在潮湿土壤、海洋和大多数淡水中。主要有三类：蚯蚓、多毛类、蛭类（图 17.15）。

环节动物表现出除扁形动物之外的所有其他两侧对称动物共有的两个特征。第一个特征是具有两个开口的**完整消化道**：口和肛门。食物沿固定方向从一个专门的消化器官向另一个消化器官移动，这个完整的消化道可以处理食物和吸收营养。例如，在人体中，口、胃和肠就是这样的连续消化器官。第二个特征是有体腔［见图 17.8（b）］。

像所有环节动物一样，**蚯蚓**的外部和内部都是分节的（图 17.16）。体腔由壁分隔开（此处仅完整显示了两个体节壁）。许多内部结构，如神经系统（图中黄色）和处理液体废物的器官（绿色）在每个体节中都重复出现。体节的血管包括一个主心脏和五对副心脏。然而，消化道不是分节的；它穿过各体节壁，从口至肛门。

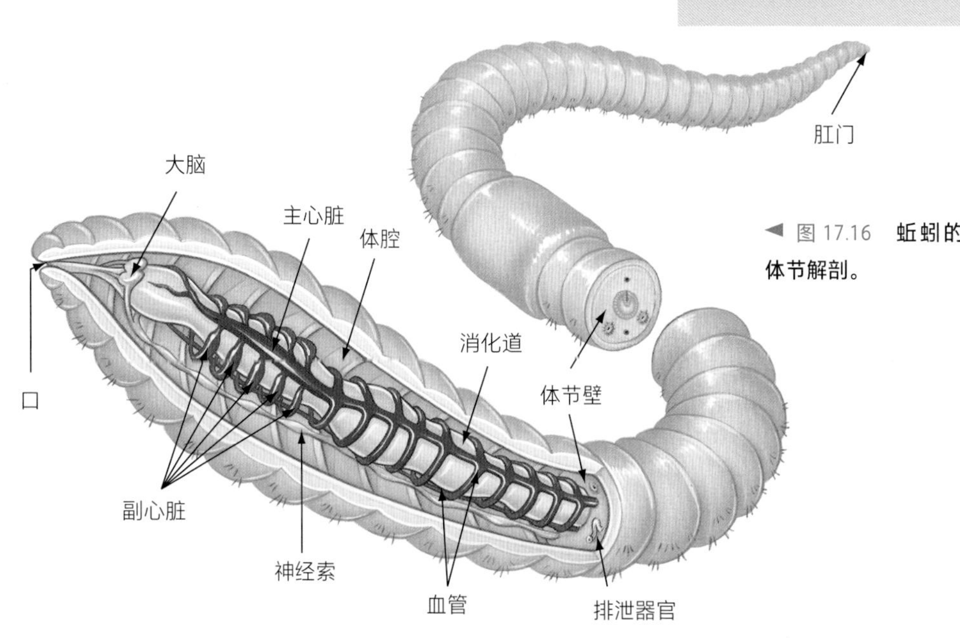

◀ 图 17.16 **蚯蚓的体节解剖。**

蚯蚓钻入土壤进食，土壤通过其消化道时，蚯蚓从有机物中提取养分。未消化的物质通过肛门以粪便形式排出。农民和园丁重视蚯蚓，因为蚯蚓可以疏松土壤，增加植物可获得的矿物质营养。由于作物为蚯蚓提供食物，所以土地利用和耕作对蚯蚓的数量有着巨大的影响。例如，在一项研究中，每年耕种的玉米地平均每英亩（约 0.4 公顷）有 3.9 万条蚯蚓，而未耕种的牧场的蚯蚓数量至少为每英亩 133.3 万条。

如果你想找夜行蚯蚓作鱼饵，那就到奶牛草场土地中去翻找吧。

▼ 图 17.15 **环节动物的多样性。**

环节动物的主要类群		
蚯蚓	多毛类	蛭类
这条巨大的澳大利亚蚯蚓比许多蛇都大。也许你曾踩在黏糊糊的虫子上滑倒，但是想象一下你真的被一条虫子绊倒！	多毛类有分节的附肢，承担运动和呼吸的作用。这个物种被称为圣诞树蠕虫。羽状螺旋结构是蠕虫的一对鳃。	营寄生的水蛭身体两端各有一个吸盘。它把一个吸盘吸附在岩石或植物上。然后伸展身体在水中自由摆动，用另一个吸盘抓住路过的宿主。

与蚯蚓相反，大多数**多毛类**是海洋生物，主要在海底爬行或穴居。带有硬毛分节的附肢帮助蠕虫蠕动，寻找和捕食小的无脊椎动物。这些附肢还增加了身体吸收氧气和处理代谢废物（包括二氧化碳）的表面积。

第三类环节动物**蛭类**，因某些物种具有吸血习性而恶名昭著。然而，大多数蛭类物种是营自由生活的食肉动物，取食蜗牛、昆虫等小型无脊椎动物。少数陆地物种生活在热带潮湿的植被中，但大多数蛭类生活在淡水中。一种叫作医用水蛭（*Hirudo medicinalis*）的欧洲淡水物种被用于治疗循环系统并发症。最常见的是，水蛭用于断肢（指）再植显微重建手术的术后处理。因为动脉（将血液输送到重新缝合的区域）比静脉（将血液输送出去）更容易重新连接，所以血液会在重新连接的区域聚集并凝滞，使愈合的组织缺氧。医用水蛭的下颚像剃须刀，上面有数百颗小牙齿，可以切割皮肤。水蛭将含有麻醉剂和抗凝血剂的唾液分泌到伤口中。麻醉剂使得被叮咬时几乎无痛，抗凝血剂防止水蛭从伤口吸取大量血液时发生血液凝结。☑

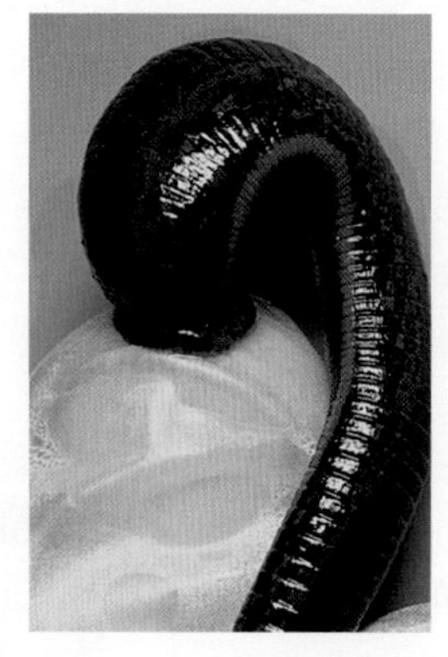
医用水蛭

☑ **检查点**

环节动物的身体构造为________，即身体被分为一系列重复的区域。

答案：分节。

线虫动物

海绵动物
刺胞动物
软体动物
扁形动物
环节动物
线虫动物
节肢动物
棘皮动物
脊索动物

线虫（线虫动物门成员）俗称圆虫，得名于其圆柱形的身体，两端通常为锥形（图 17.17）。线虫在所有动物中，是数量最多、分布最广的一种。已知的线虫约有25,000种，实际存在的数量可能是已知的 10 倍。线虫长度从约 1 毫米到 1 米不等。它们存在于大多数水生栖息地、潮湿的土壤，或作为寄生虫寄居在动植物体液和组织中。

营自由生活的线虫是重要的分解者。它们几乎生活在有腐烂有机物的所有地方，且数量巨大。在一个腐烂的苹果中可以找到 9 万条线虫。最近，研究人员甚至发现线虫生活在地下 2 英里（约 3 千米）处，它们在那里靠吃微生物生存。其他种类的线虫寄生在植物和动物体内。有些是主要的农业害虫，攻击植物的根部。至少有 50 种寄生性线虫感染人；它们包括蛲虫、钩虫和引发旋毛虫病的寄生虫。☑

☑ **检查点**

哪一门与线虫动物门的关系最密切?（提示：参考系统发育树。）

答案：节肢动物。

▼ 图 17.17　**线虫的多样性。**

（a）**一种营自由生活的线虫。**该物种具有典型的线虫形状：身体呈圆柱形，两端呈锥形。脊线表现出贯穿整个身体长轴的肌肉。

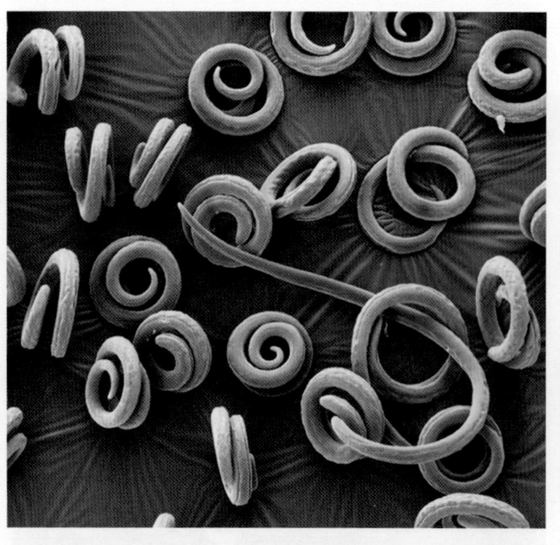
（b）**猪肉中寄生的线虫。**旋毛虫病是潜在的致命疾病，由食用感染了旋毛虫的未煮熟的猪肉引起。这种线虫（此图展示的位于猪肉组织中）钻入人的肠道，然后侵入肌肉组织。

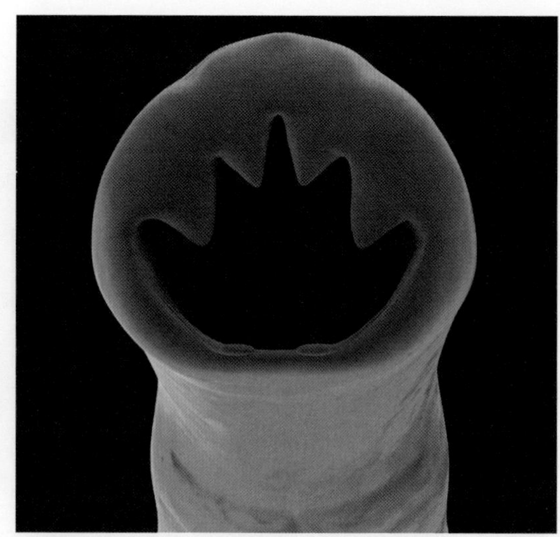
（c）**钩虫的头部。**钩虫用钩侵入宿主的小肠壁，以血液为食。虽然这种线虫很小（小于 1 厘米），但严重感染会导致重度贫血。

海绵动物
刺胞动物
软体动物
扁形动物
环节动物
线虫动物
节肢动物
棘皮动物
脊索动物

节肢动物

节肢动物（节肢动物门）因具有分节的附肢而得名。甲壳类（如虾、蟹）、蛛形类（如蜘蛛、蝎子）和昆虫类（如蚱蜢、飞蛾）是典型的节肢动物（图 17.18）。动物学家估计，节肢动物的总数量约为 100 亿亿（10^{18}）只。研究人员已经鉴定出超过一百万种节肢动物，大部分是昆虫。事实上，每三个被鉴定的物种中就有两个是节肢动物。节肢动物几乎出现在生物圈的所有栖息地。节肢动物在物种多样性、分布、绝对数量方面，绝对是最成功的一个动物门。

地球上所有的节肢动物如果平均分配给每一个人，每个人将得到约 1.4 亿只。

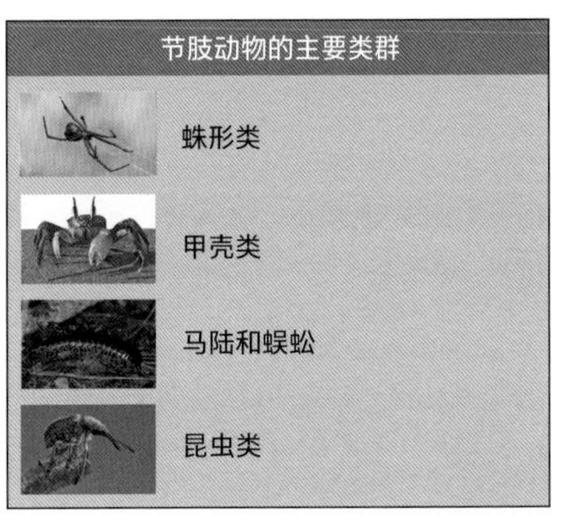

◀ 图 17.18 **节肢动物的多样性。**

节肢动物的一般特征

节肢动物是身体分节的动物。然而，与环节动物重复的相似体节相比，节肢动物的体节和它们的附肢已经特化，具有多种功能。这种进化的灵活性促成了节肢动物的巨大多样性。特化的附肢或融合的体节实现了身体区域之间的有效分工。例如，不同体节的附肢可能分别适合行走、进食、感觉接收、游泳或防御（图 17.19）。

节肢动物的身体完全被**外骨骼**覆盖。这层外壳是由多层蛋白质和一种叫作甲壳质的耐韧性多糖构成的。外骨骼可以是覆盖在身体某些部位（如头部）的厚而硬的盔甲，但在其他部位（如关节）却像纸一样薄且柔韧。外骨骼能够保护动物，并为移动肢体的肌肉提供连接点。显然，在外部具有这样坚硬的外骨骼是有好处的。人类自己的骨骼位于软组织的内部，这种结构不能提供较多的保护以使人类免受伤害。但是我们的骨骼确实能够和人体的其余各部分一起持续生长。相比之下，生长中的节肢动物必须每隔一段时间蜕掉旧的外骨骼，分泌出更大的外骨骼。这个称为蜕皮的过程，会让动物暂时脆弱，容易受到捕食者和其他危险的伤害。接下来的五页探讨了节肢动物的主要类群。☑

☑ 检查点

海鲜爱好者期待软壳蟹季节的到来，在这个季节，几乎整个蟹都可以吃，而不用敲开硬壳来吃肉。一只蟹只有几个小时是“软壳”状态；因此，捕蟹人把捕获的蟹放在特定的容器里，直到它们的壳变软。是什么使蟹可以成为软壳蟹？

答案：蟹有一层厚厚的外骨骼，必须脱落（蜕皮），以使蟹的身体能够生长。软壳蟹是已经蜕皮，但还没有分泌出新的硬壳的蟹。

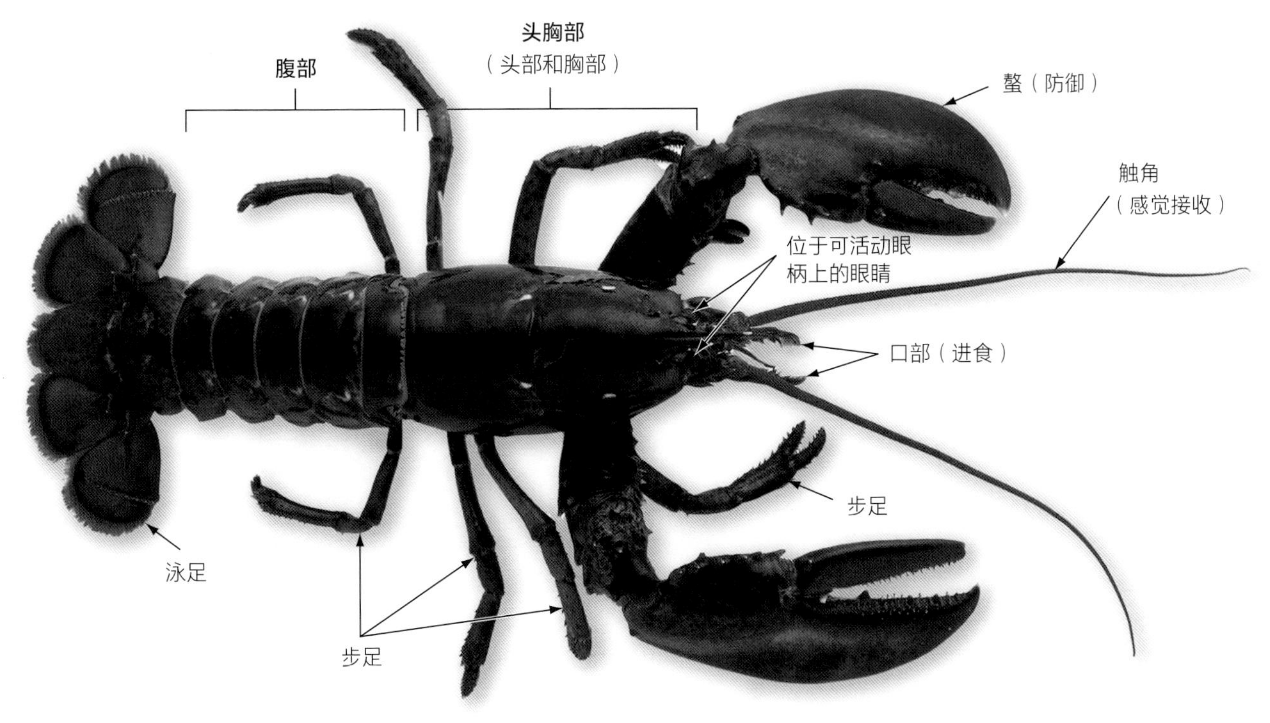

◀ 图 17.19 **龙虾（甲壳类）的结构。**龙虾的整个身体，包括附肢，都被外骨骼覆盖。身体是分节的，但这个特征只在腹部明显。

蛛形类

蛛形类动物包括蝎子、蜘蛛、蜱虫、螨虫（图 17.20）。蛛形类动物大多数生活在陆地上。这一节肢动物类群的成员通常有四对步足和一对特化的取食的螯肢。在蜘蛛身上，这些取食的螯肢呈獠牙状，并带有毒腺。当蜘蛛用这些螯肢来固定和分解它的猎物时，它会把消化液喷到撕裂的组织上，然后吸食液化的食物。

▼ 图 17.20 **蛛形类动物的特征和多样性。**

蝎子。蝎子有一对螯，用于防御和捕捉食物。蝎子尾巴尖上有一根有毒的刺，只有在其受到刺激或被踩到时才会螫人。

尘螨。这种微小的室内尘螨是我们家中无处不在的清道夫。除了对螨虫粪便过敏的人，尘螨是无害的。

蜘蛛。像大多数蜘蛛（包括上面大照片中的狼蛛）一样，这只黑寡妇蜘蛛织出一张液态丝网，其丝线从特化的腺体中分泌出来后凝固。黑寡妇蜘蛛的毒液可以杀死小猎物，但很少对人类造成致命伤害。

木蜱。木蜱和其他物种携带导致“落基山斑疹热”的细菌。莱姆病是由几种不同种类的蜱传播的。

甲壳类

甲壳类动物几乎都是水生的，包括美味的蟹、龙虾、螯虾、对虾（图 17.21）。藤壶也是甲壳类动物，它们把自己固定在岩石、船体甚至鲸鱼身上。甲壳类动物的一类——等足类动物，在陆地上以球潮虫为代表。所有这些动物都表现出节肢动物的特征，即有多对特化的螯肢。

▼ 图 17.21 **甲壳类动物的特征和多样性。**

蟹。沙蟹在世界各地的海岸线上都很常见。它们沿着海浪边缘疾走，时而迅速地埋身于沙子中。

对虾。斑节对虾在印度洋和西太平洋海域中天然存在，被作为食物广泛养殖。

球潮虫。球潮虫常见于有腐烂叶子的潮湿之地，比如原木之下，它们因感觉到危险时会卷成硬球而得名。

螯虾。螯虾原产于美国东南部，在世界范围内被作为食物养殖。当它被释放到其原生范围之外时，它会与其他物种激烈竞争，危及当地的生态系统。

藤壶。藤壶是固着的甲壳类动物，外骨骼由碳酸钙（石灰）硬化成壳。它们从壳中伸出有关节的附肢可捕获小型浮游生物。

马陆和蜈蚣

马陆和**蜈蚣**是陆生节肢动物，身体大部分都分成相似的节。虽然它们表面上类似环节动物，但有关节的足表明它们是节肢动物（图 17.22）。马陆取食腐烂的植物。它们每个体节有两对短足。蜈蚣是食肉动物，有一对毒爪，用于防御和麻痹猎物，如蟑螂和苍蝇。蜈蚣身体的每个体节都有一对足。

► 图 17.22　**马陆和蜈蚣。**

马陆。像大多数马陆一样，这只马陆身体细长，每个体节有两对足。

蜈蚣。蜈蚣可以在泥土和落叶中找到。它们有毒的爪子可以伤害蟑螂和蜘蛛，但一般不会威胁到人。

昆虫的结构

像图 17.23 中的蚱蜢一样，大多数昆虫的身体分为三部分：头部、胸部、腹部。头部通常有一对具有感觉功能的触角和一双眼睛。各类昆虫的口器适应各种特殊的进食方式——例如，蚱蜢叮咬和咀嚼植物，家蝇吸食液体，蚊子刺穿皮肤来吸血。大多数成体昆虫有三对足和一到两对翅膀，都是从胸部延伸出来的。

飞行能力，显然是昆虫取得巨大成功的一大关键。会飞的动物可以逃脱许多食肉捕食者，能更容易找到食物和配偶，并且能比只会在地上爬行的动物更快地迁移到新的栖息地。因为昆虫的翼是外骨骼的延伸，不是真正的附肢，所以昆虫不用牺牲足来飞行。相比之下，会飞的脊椎动物——鸟类和蝙蝠——的两对足中有一对被特化成翼，这解释了为什么这些脊椎动物在地面上行动一般不太敏捷。

◄ 图 17.23　**蚱蜢的结构。**

昆虫多样性

在物种多样性方面，昆虫的物种数量超过了所有其他生命形式的总和（图 17.24）。它们生活在几乎每一处陆地栖息地或淡水中，以及在空中飞行。昆虫在海洋中很罕见，甲壳类动物是海洋中的主要节肢动物。最古老的昆虫化石可以追溯到大约 4 亿年前。后来，飞行能力的进化引发了昆虫种类的暴发。

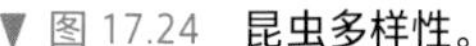
▼ 图 17.24 **昆虫多样性。**

独角仙。只有雄性有一只“角”，用来与其他雄性战斗和挖掘。

叶蝉。叶蝉是一种微小的昆虫——体长约等于你小指甲盖的宽度——可以跳跃其体长 40 倍的距离。

红眼恶魔螽斯。这种长相可怕的食肉动物常被称为红眼恶魔，当受到威胁时，它会展示自己的翅膀和刺足。

食虫虻。这种食肉昆虫给猎物注射酶，使其组织液化，然后吸入由此产生的液体。

螳螂。全世界有 2000 多种螳螂。

象甲。不同厚度的甲壳质反射的光产生了这种象甲的绚丽颜色。

鹿眼蛱蝶。这种蝴蝶翅膀上的眼点可能会吓到捕食者。

蜻蜓。蜻蜓巨大的多面眼睛环绕着头部，使其有近 360° 的视野。四个翅膀中的每一个都独立工作，这使得蜻蜓在追逐猎物时具有出色的机动性。

许多昆虫在发育过程中经历变态。就蚱蜢和其他一些昆虫类群而言，幼虫与成虫相似，但体型较小，身体比例不同。这种动物经历一系列的蜕皮，每次都使它们看起来更像成虫，直到它们完全长大为止。在其他种类中，昆虫有特殊的幼虫阶段，专门用于进食和生长，这些阶段被称为蛆（如苍蝇幼虫）、蛴螬（如甲虫幼虫）或毛虫（如蛾和蝴蝶的幼虫）。幼虫阶段看起来与成虫阶段完全不同，成虫阶段专门用于传播和繁殖。从幼虫到成虫的变态发生在蛹期（图 17.25）。

法医昆虫学家（研究昆虫的法医科学家）利用自己关于昆虫生命周期的知识来破解刑事案件。例如，丽蝇幼虫以腐烂的肉为食。雌性丽蝇可以在一英里外闻到尸体的味道，通常会在几分钟内到达并在新鲜的尸体上产卵。通过了解丽蝇生命周期中每个阶段的长度，昆虫学家可以确定自受害人死亡发生后已经过去了多长时间。

像昆虫这样数量众多、种类繁多、分布广泛的动物，必然会在许多方面影响其他所有陆地生物（包括人类）的生活。一方面，我们依靠蜜蜂、苍蝇和其他昆虫为我们的农作物和果园授粉。另一方面，昆虫是导致许多人类疾病（如疟疾、西尼罗河病）之微生物的载体。昆虫也通过吃农作物与人类争夺食物。为了尽量减少损失，美国农民每年花费数十亿美元购买杀虫剂，向农作物大量喷洒。尽管人类尝试了所有可能的办法，但仍然未撼动昆虫及其节肢动物近亲们的强大地位。相反，不断进化的杀虫剂抗性已促使人类改变控制害虫的方法（见图 13.13）。☑

☑ 检查点

节肢动物哪个主要类群主要生活在水中？哪个种类数量最多？

答：甲壳类动物；昆虫。

▼ 图 17.25　**帝王蝶的变态。**

幼虫（毛虫）花时间进食和生长，随着生长过程而蜕皮。

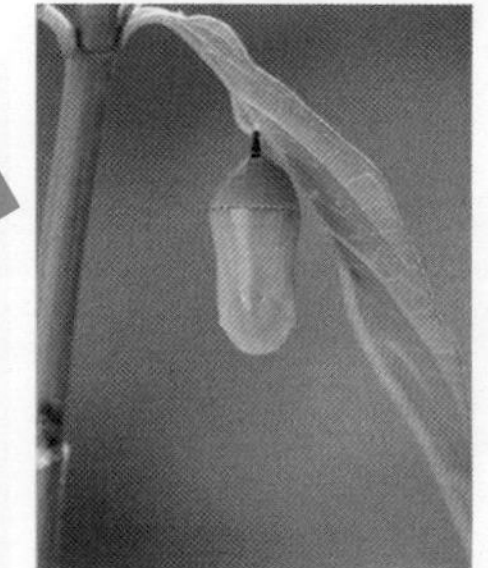

经过几次蜕皮后，幼虫成为包裹在茧中的**蛹**。

在蛹内，幼虫器官分解，幼虫体内休眠的细胞发育出成虫器官。

最后，**成虫**破茧而出。

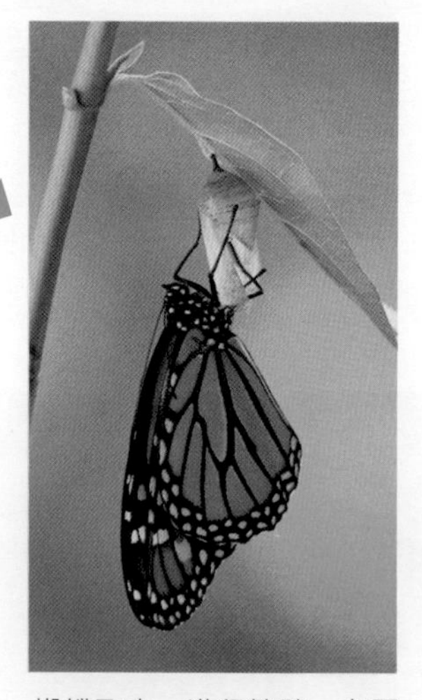

蝴蝶飞走，进行繁殖，主要利用毛虫时期储存的能量来完成繁殖。

棘皮动物

海绵动物
刺胞动物
软体动物
扁形动物
环节动物
线虫动物
节肢动物
棘皮动物
脊索动物

棘皮动物（棘皮动物门）因其多刺的表面而得名。棘皮动物包括海星、海胆、海参、沙钱（图 17.26）。

棘皮动物有约 7000 种，都是海洋动物。其大多数物种，即使移动也速度缓慢。棘皮动物缺乏体节，成年后大多呈辐射对称。例如，海星的外部和内部都像车轮的辐条一样从中心向外辐射。与成虫不同，棘皮动物在幼虫期是两侧对称的。这为表明棘皮动物与其他辐射对称动物（如刺胞动物）没有密切关系提供了另外的证据，后者从不出现两侧对称性。大多数棘皮动物在皮下有一个由硬板构成的**内骨骼**（内部骨骼）。这种内骨骼的突起和刺解释了棘皮动物粗糙或多刺的表面。**水管系**是棘皮动物特有的，这是一个充满水的管道网络，使水在棘皮动物体内循环，促进气体交换（O_2 的进入和 CO_2 的排出）和废物处理。水管系还分支成称为管足的延伸部分。海星或海胆用其吸盘状的管足在海底缓慢移动。海星在进食时也用它们的管足来抓住猎物。

观察海星和其他成年棘皮动物，你可能会认为它们与人类和其他脊椎动物没有什么共同之处。但是正如左边的进化树所示，棘皮动物和脊索动物（包括脊椎动物门）来自同一个进化分支。对胚胎发育的分析可以将棘皮动物、脊索动物在进化树上与包括软体动物、扁形动物、环节动物、线虫动物和节肢动物在内的进化分支区分开来。考虑到这个背景，我们接下来的讨论从无脊椎动物转向脊椎动物。☑

☑ 检查点

请对比棘皮动物的骨骼与节肢动物的骨骼。

答案：棘皮动物有内骨骼；节肢动物有外骨骼。

▼ 图 17.26 **棘皮动物多样性。**

海星。当海星遇到牡蛎或蛤蜊时，它用管足抓住软体动物的壳（见小图），并将嘴靠近猎物两片壳之间的狭窄开口。然后海星从口中伸出胃，伸入软体动物壳上的裂缝。

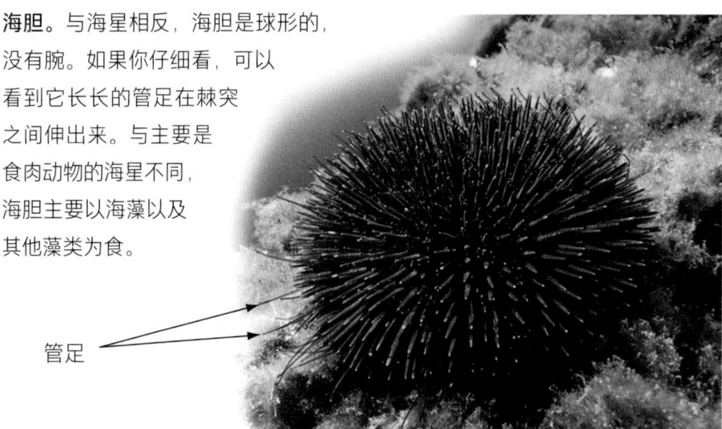

海胆。与海星相反，海胆是球形的，没有腕。如果你仔细看，可以看到它长长的管足在棘突之间伸出来。与主要是食肉动物的海星不同，海胆主要以海藻以及其他藻类为食。

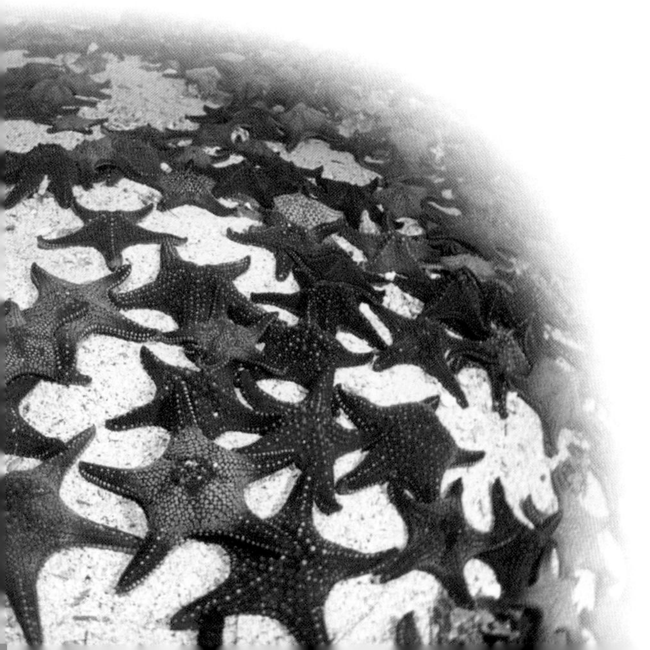

海参。乍看之下，海参不太像其他棘皮动物。然而仔细观察，就会发现它有许多棘皮动物的特征，包括五排管足。

沙钱。沙钱有一层短而可运动的刺，覆盖在坚硬的骨骼上；有五个小孔（排列成星形），可以让沙钱的身体吸入海水。

脊椎动物的进化和多样性

我们大多数人都对自己的家谱感到好奇。生物学家也对在动物界内追溯人类祖先这一更大的问题感兴趣。在本节中，我们将追溯脊椎动物的进化，这一类群包括人类及其近缘种类。所有脊椎动物都有内骨骼，这是大多数棘皮动物共有的特征。然而，脊椎动物的内骨骼是独一无二的，它有头骨和脊柱，脊柱由一系列被称为脊椎骨的骨头构成，脊椎动物也因此而得名（图 17.27）。我们追溯脊椎动物谱系的第一步，是确定脊椎动物在动物界中的位置。

▼ 图 17.27　**脊椎动物内骨骼。**像所有其他脊椎动物一样，这种蛇的骨骼中有一个头骨和一个由脊椎骨组成的脊柱。

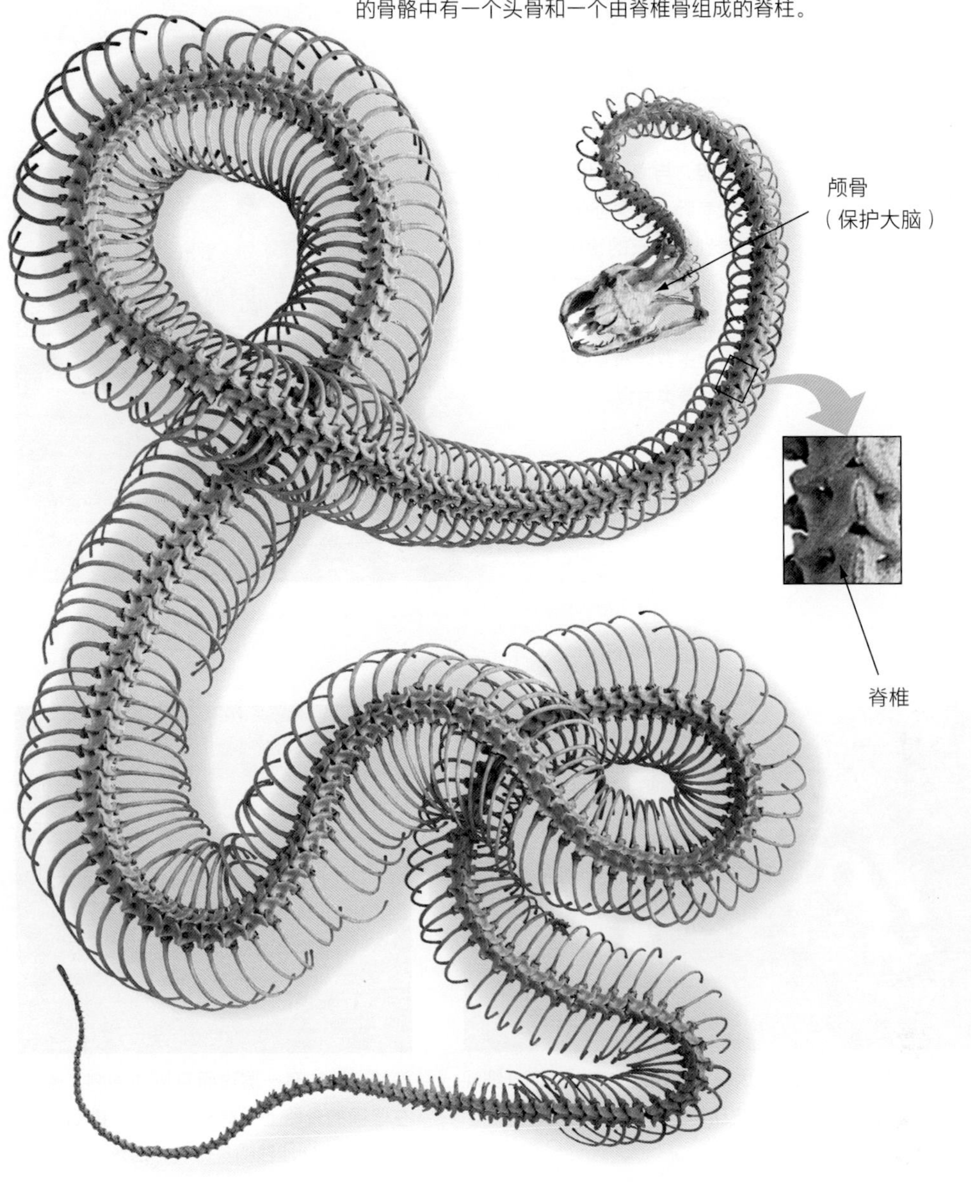

脊索动物的特征

海绵动物
刺胞动物
软体动物
扁形动物
环节动物
线虫动物
节肢动物
棘皮动物
脊索动物

在我们对动物界的介绍中，最后一门是脊索动物门。**脊索动物**有四个共同的关键特征，它们出现在胚胎中，有时也出现在成体中（图 17.28），这四个特征是：（1）**背侧中空神经管**；（2）**脊索**，它是位于消化道和神经索之间的柔性纵向棒状结构；（3）**咽鳃裂**，它是咽中的凹槽，即在口腔正后方的消化管位置；（4）**肛后尾**，即肛门后部的尾。虽然在成体动物中通常很难识别这些脊索动物特征，但它们总是见于脊索动物胚胎中。例如，让我们这个门类得以命名的“脊索”，在成年人中只以软骨盘的形式存在，其在脊椎骨之间起缓冲作用。形容背部损伤的“椎间盘脱出”或“椎间盘突出”，指的就是这些脊索残留物的受损。

身体分节是脊索动物的另一个特征。脊索动物分节明显表现为脊椎骨分节（见图 17.27），在所有脊索动物的分节肌肉中也很明显（见图 17.29 文昌鱼中的“< < <”形肌肉）。分节肌肉组织在成年人中并不明显，除非一个人积极去塑造“搓板状腹肌”。

两类脊索动物——**被囊动物**和**文昌鱼**（图 17.29）是无脊椎的脊索动物。所有其他现存的脊索动物都是

▼ 图 17.28　**脊索动物的特征。**

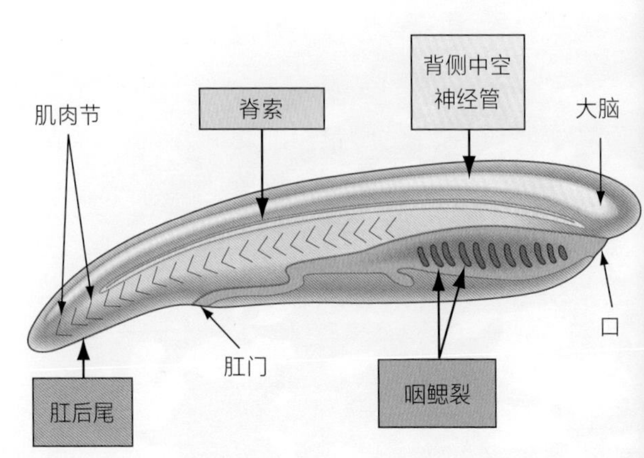

脊椎动物，它们保留了脊索动物的基本特征，但具有其他独有的特征——当然，包括脊柱。图 17.30 是对脊索动物进化的概述，为我们的研究提供了背景。☑

▼ 图 17.29　**无脊椎的脊索动物。**

文昌鱼。这种海洋无脊椎动物的英文名 lancelet 来自其形似柳叶。文昌鱼只有几厘米长，身体向后摆动钻入砾石，嘴暴露在外，在海水中滤食微小的食物颗粒。

被囊动物。被囊动物，又称海鞘，是一种在水中滤食的固着动物。这些淡色的海鞘得名于它们的颜色，以及它们可以迅速排出水来惊吓入侵者这种现象。

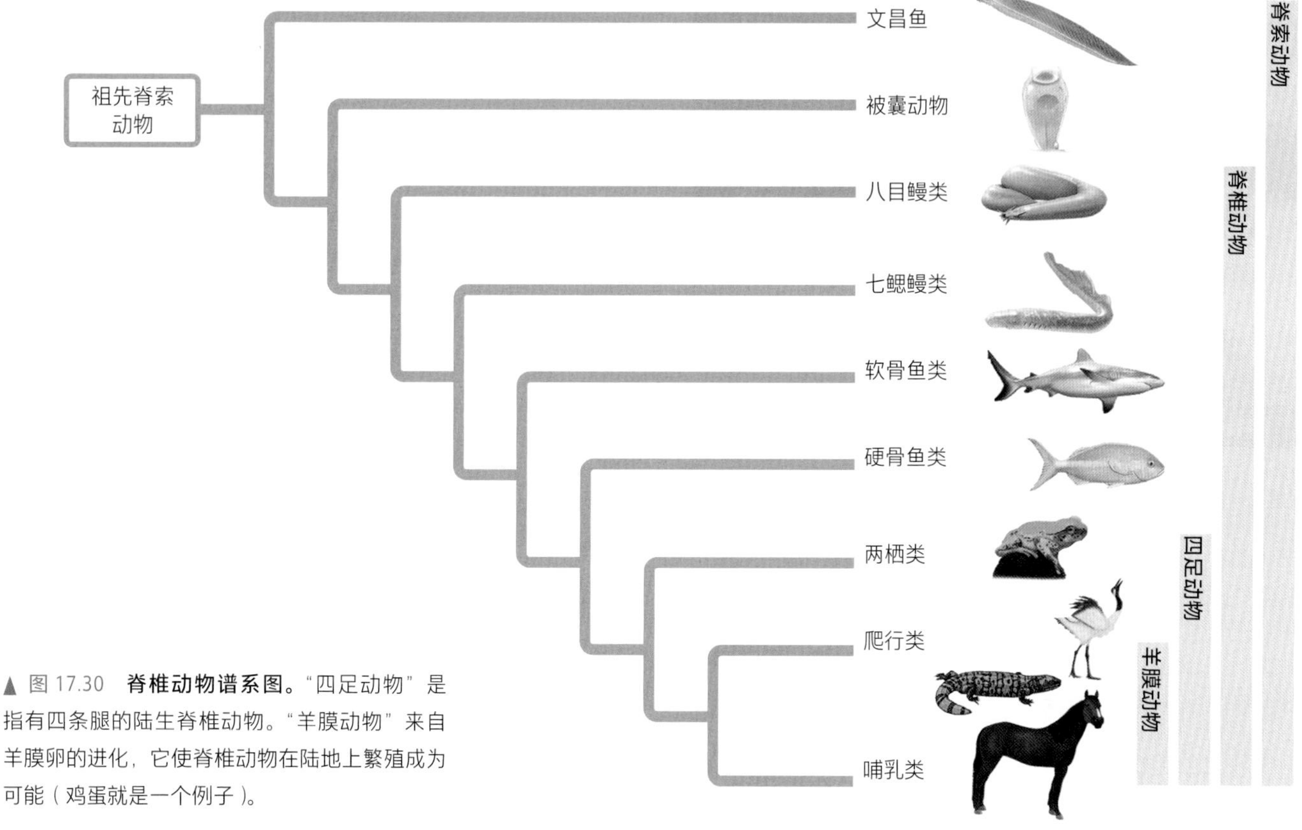

▲ 图 17.30　**脊椎动物谱系图。**“四足动物”是指有四条腿的陆生脊椎动物。“羊膜动物”来自羊膜卵的进化，它使脊椎动物在陆地上繁殖成为可能（鸡蛋就是一个例子）。

☑ 检查点

在我们早期的胚胎发育过程中，我们与无脊椎的脊索动物如文昌鱼有哪四个共同特征？

答案：（1）背侧中空神经管，（2）脊索，（3）咽鳃裂，（4）肛后尾。

鱼类

最早的脊椎动物是水生的，可能在大约 5.42 亿年前的寒武纪早期进化而来。与大多数现存脊椎动物相比，它们没有下颌（即负责口腔运动的铰接骨骼结构）。

有两类无颌鱼存活至今：八目鳗类和七鳃鳗类。现今，八目鳗在寒冷、黑暗的海底觅食死亡或垂死的动物［图 17.31（a）］。受到威胁时，八目鳗会从身体两侧的特殊腺体中分泌出大量黏液。最近，一些八目鳗已经濒临灭绝，因为它们的皮肤被用来制作“鳗鱼皮”腰带、钱包和靴子。大多数七鳃鳗物种都是寄生的，它们用无颌的嘴作为吸盘附着在大鱼的侧面［图 17.31（b）］。然后七鳃鳗用带刺的舌头穿透受害者皮肤，以其血液和组织为食。

☑ 检查点

鲨鱼有______骨架，而金枪鱼有______骨架。

答案：软骨；硬骨。

▼ 图 17.31 **鱼类多样性。**

（a）八目鳗。

（b）七鳃鳗（小图：口）。

（c）鲨鱼，一种软骨鱼。

（d）硬骨鱼。

从化石记录中我们知道，最早的有颌脊椎动物是大约 4.4 亿年前进化出的鱼类。它们有两对鳍，使它们成为敏捷的游泳者。一些早期鱼类是活跃的食肉动物，身长可达 10 米，可以追逐猎物并咬下大块的肉。即使在今天，大多数鱼类也是食肉动物。

软骨鱼类，如鲨鱼和鳐鱼，有一副由软骨构成的柔性骨骼［图 17.31（c）］。大多数鲨鱼是熟练的掠食者，因为它们游泳速度快，有流线型的身体、敏锐的感官、强大有力的下颌。鲨鱼没有敏锐的视力，但有非常敏锐的嗅觉。此外，它头部的特殊电传感器可以检测到附近动物肌肉收缩产生的微小电场。鲨鱼还有**侧线系统**，一排感觉器官沿着身体的每一侧延伸。对水压变化敏感的侧线系统，使鲨鱼能够检测到附近游泳动物引起的轻微振动。软骨鱼类大约有 1000 种，几乎都是海洋生物。

硬骨鱼类的骨骼由钙强化［图 17.31（d）］。硬骨鱼类有侧线系统、敏锐的嗅觉、极好的视力。在其头部的两侧，各有一个称为**鳃盖**的保护性皮褶覆盖着一个容纳鳃的腔室，鳃是从水中吸收氧气的羽状外部器官。鳃盖的活动让它不游动也能呼吸。相比之下，鲨鱼没有鳃盖，必须游泳才能把水送到鳃上。鲨鱼必须不停地移动才能存活的原因是它需要把水冲到鳃上。此外，与鲨鱼不同，硬骨鱼类有一个**鱼鳔**，这是一个充满气体的囊，使其能够控制自己所受的浮力。因此，许多硬骨鱼类可以通过几乎静止不动来保存能量，这与鲨鱼相反——鲨鱼如果停止游泳就会沉下去。

大多数硬骨鱼类都是**辐鳍鱼类**，包括常见的种类，如金枪鱼、鳟鱼、金鱼。它们的鳍是由薄而柔韧的线状骨骼支撑的皮肤网，这是让该类群被命名为“辐鳍鱼”的一项特征。辐鳍鱼类大约有 27,000 种，是所有脊椎动物类群中物种数量最多的。

另一个进化分支包括**总鳍鱼类**。与辐鳍鱼类相反，它们的鳍肌肉发达，由与两栖动物四肢骨骼同源的粗壮骨骼支撑。早期的总鳍鱼类生活在沿海湿地，可以用鳍在水下“行走”。今天，有三支总鳍鱼类存活了下来。腔棘鱼是曾经被认为已经灭绝的深海生物。肺鱼在南半球有几个代表物种，它们居住在静水里，把空气吸入与咽部相连的肺中。第三支总鳍鱼适应了陆地生活，产生了最早的陆地脊椎动物——两栖动物。☑

两栖类

文昌鱼
被囊动物
八目鳗类
七鳃鳗类
软骨鱼类
硬骨鱼类
两栖类
爬行类
哺乳类

在希腊语中，amphibios的意思是“过着双重生活”。大多数**两栖动物**都表现出对水、陆两种环境的适应。大多数物种与水息息相关，因为它们没有壳的卵在空气中会很快变干。蛙类可能大部分时间在陆地上，但在水中产卵［图 17.32（a）］。卵发育成幼体，称为蝌蚪，无腿、水生、食藻、有鳃、有类似鱼类的侧线系统和长鳍尾巴。蝌蚪变成蛙时经历了完全变态的过程［图 17.32（b）］。当幼蛙爬到岸上，开始以陆地食虫动物身份生活时，它有四条腿，用肺而不是用鳃呼吸空气，有外露的鼓，没有侧线系统。但即使是成年后，两栖动物也最多生活在潮湿的栖息地，比如沼泽和雨林。这部分是因为两栖动物依赖其湿润的皮肤来补充肺功能，与环境交换气体。因此，即使是那些适应相对干燥的栖息地的蛙类，也会在潮湿的洞穴中或树叶堆下度过大部分时间。现今的两栖动物包括蛙类和蝾螈，约占所有现存脊椎动物的 12%，约有 6000 种［图 17.32（c）］。

两栖动物是最早殖民陆地的脊椎动物。它们是一种有肺和鳍的鱼类的后代，鳍有足够强的肌肉和骨骼支持，使其能够在陆地上进行一些活动，尽管比较笨拙（图 17.33）。化石记录记载了四足两栖动物从类似鱼的祖先进化而来。陆生脊椎动物——两栖动物、爬行动物、哺乳动物——统称为**四足动物**，意思是具有“四肢”。

☑ 检查点

两栖动物是最早的______，即四只脚的陆生脊椎动物。

答案：四足动物。

▼ 图 17.32　**两栖动物多样性。**

（a）蛙卵。

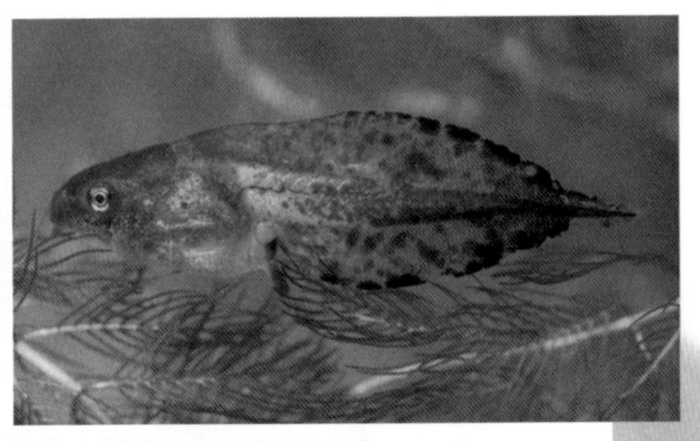

（b）小蝌蚪和成年树蛙（右）。

马来角蛙

德州横带虎斑钝口螈

（c）蛙类和蝾螈：两栖动物的两个主要类群。

▼ 图 17.33　**四足动物的起源。**

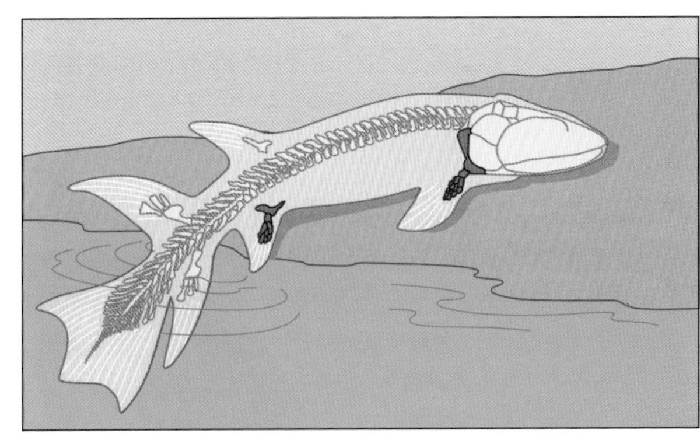

总鳍鱼。一些总鳍鱼的化石有延伸到鳍中的骨骼支撑。

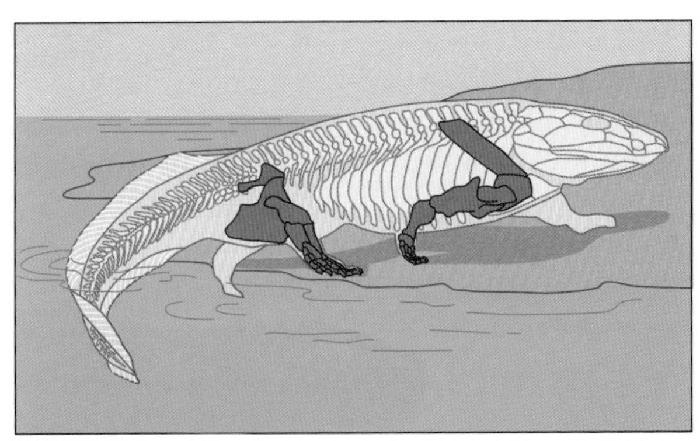

早期两栖动物。早期两栖动物化石具有四肢骨架，可能有助于它们在陆地上移动。

爬行类

文昌鱼
被囊动物
八目鳗类
七鳃鳗类
软骨鱼类
硬骨鱼类
两栖类
爬行类
哺乳类

爬行类（包括鸟类）和哺乳类都是**羊膜动物**。从两栖动物祖先进化而来的羊膜动物包括许多适应陆地生活的生物。赋予这个类群名称的适应器叫**羊膜卵**——一种充满液体、有一层防水外壳的卵，包裹着发育中的胚胎（图 17.34）。羊膜卵作为一个独立的“池塘”发挥作用，使羊膜动物在陆地上完成其生命周期。

进化生物学家已经发现了“先有鸡还是先有蛋”这个谜题的答案。

爬行动物包括蛇、蜥蜴、乌龟、鳄鱼、短吻鳄和鸟类，以及一些已灭绝的群体，包括大多数恐龙。图 17.34 中的欧洲草蛇展示了爬行动物对陆地生活的两种适应：鳞片状防水皮肤，防止在干燥空气中脱水，以及带壳的羊膜卵，为胚胎发育提供了一个湿润、营养丰富的内部环境。这些适应使得爬行动物打破了它们与水生栖息地的古老联系。爬行动物不能通过它们干燥的皮肤呼吸，而是通过肺获得大部分氧气。

☑ 检查点

什么是羊膜卵？

答案：有壳卵，胚胎被包裹在液体中。

非鸟类爬行动物

非鸟类爬行动物有时被称为“冷血”动物，因为它们没有广泛利用自己的新陈代谢来控制体温。爬行动物确实可以调节体温，但主要是通过行为适应。例如，许多蜥蜴通过在空气凉爽时晒太阳、在空气太热时寻找阴凉，调节体内温度。因为蜥蜴和其他非鸟类爬行动物吸收外部热量，而不是自己产生大量热量，所以它们被称为**外温动物**，这个术语比“冷血动物”更准确。通过直接利用太阳能加热，而不是通过食物的代谢分解，非鸟类爬行动物可以靠不到同等体型哺乳动物所需热量的 10% 生存。

中生代的爬行动物比现今的爬行动物更加成功，它们分布更广、数量更多、种类更丰富（中生代有时被称为“爬行动物时代”）。爬行动物在那个时代分布广泛且种类多样，产生了一个持续到大约 6500 万年前的伟大王朝。恐龙是最多样化的爬行动物群体，包括有史以来最大的陆地动物。恐龙中，有些是体型巨大行走笨拙的植食者，还有些是贪婪的肉食者，用两条腿追逐比它们还大的猎物。

爬行动物时代大约在 7000 万年前开始衰败。大约在那个时候，全球气候变冷且变得更多变。这是一个大灭绝的时代，在大约 6500 万年前，除了一个世系的恐龙（见表 14.1）之外，所有其他恐龙都灭绝了。今天，我们所知的爬行动物类群——鸟类，代表了恐龙家族的唯一一支幸存者。☑

▼ 图 17.34　**爬行动物多样性。**

胚胎
羊膜（充满液体的囊）
卵黄（营养物质）
壳
蛋清（“卵白”；营养物质和水）

羊膜卵。胚胎和它的生命支持系统被包裹在一个防水的外壳里。

蛇。非鸟类爬行动物卵的外壳坚韧而有弹性。这种欧洲草蛇是无毒的。当受到威胁时，它可能会发出嘶嘶声并进行攻击。如果虚张声势失败了，它就会瘫软下来装死。

蜥蜴。吉拉毒蜥是美国西南部的沙漠动物，也是唯一原产于美国的有毒蜥蜴。虽然它很大（长达 60 厘米），但移动太慢，不会对人构成任何危险。

鸟类

你可能已经注意到，爬行动物的卵类似于我们更熟悉的鸡蛋。鸟类的腿上和爪上有鳞状皮肤，甚至羽毛——它们的特征——也是经过修饰的鳞片。遗传和化石证据表明，**鸟类**确实是爬行动物，是从一种叫作兽脚类的小型双足恐龙进化而来的。今天，鸟类看起来与爬行动物截然不同，因为它们有独特的飞行设备——10,000 种现存鸟类几乎都会飞。少数不会飞的物种，包括鸵鸟和企鹅，也是由会飞的祖先进化而来的。

鸟类结构的几乎每一个细节都在某种程度上适应了飞行。它们的骨头有着蜂窝状的结构，坚固而轻盈。（飞机机翼的基本构造与之相同。）例如，一种被称为军舰鸟的大型远洋物种的翼展超过 2 米，但它的整个骨骼重量仅为 113 克（约相当于一部 iPhone 4 的重量）。另一个减轻鸟类体重的适应是鸟儿缺少一些常见于其他脊椎动物的内脏。例如，雌鸟只有一个卵巢，而不是一对。此外，今天的鸟类没有牙齿，这种适应可以减轻头部的重量，防止失控的俯冲。鸟类不在口中咀嚼食物，而是在胃附近的具有厚的肌肉层的消化器官——砂囊中研磨食物。

飞行需要大量的能量消耗和活跃的新陈代谢。与其他爬行动物不同，鸟类是**内温动物**，这意味着它们利用自身的代谢热来保持温暖、恒定的体温。

鸟最明显的飞行器官是翅膀。鸟翼的空气动力学原理与飞机机翼相同（图 17.35）。鸟类的“飞行马达”是它们强大的胸部肌肉，这些肌肉固定在龙骨状的胸骨上。我们所说的鸡和火鸡胸上的“白肉”，主要就是这些飞行肌。一些鸟类，如鹰和隼，其翅膀适于在气流中翱翔，只偶尔扇动翅膀。其他鸟类，包括蜂鸟，以灵活性见长，但必须不断拍打翅膀才能停留在高处。羽毛是由形成爬行动物鳞片的相同蛋白质构成的。羽毛可能首先起隔热的作用，帮助鸟类保持体温，或者用于求偶展示。只是后来它们才演变成适应飞行的装备。☑

☑ 检查点

鸟类与其他爬行动物的不同之处主要在于体温来源，鸟类是________，其他爬行动物是________。

答案：内温动物；外温动物。

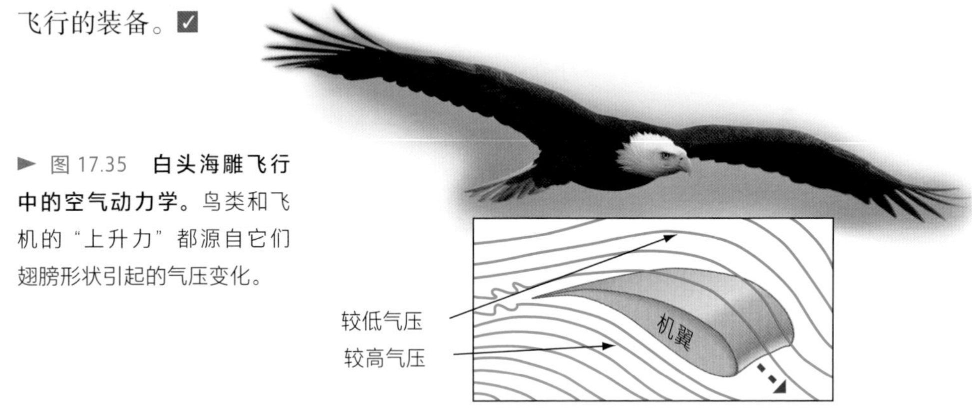

► 图 17.35 **白头海雕飞行中的空气动力学。**鸟类和飞机的“上升力”都源自它们翅膀形状引起的气压变化。

鳄鱼。尼罗鳄遍布非洲中部和南部，可以长到约 6 米长，将近 900 千克重。

恐龙。这具埃雷拉龙骨架来自在阿根廷发现的食肉性的兽脚亚目恐龙。

鸟儿。这些原产于中国的丹顶鹤正在表演一种复杂的求偶舞蹈

哺乳类

文昌鱼
被囊动物
八目鳗类
七鳃鳗类
软骨鱼类
硬骨鱼类
两栖类
爬行类
哺乳类

羊膜动物谱系有两大支：一支产生了爬行动物，另一支产生了哺乳动物。最早的**哺乳动物**出现在大约 2 亿年前，可能是小型夜行食虫动物。恐龙灭绝后，哺乳动物变得更加多样化。大多数哺乳动物是陆生的，其中包括近 1000 种有翼哺乳动物，如蝙蝠。大约 80 种海豚、鼠海豚和鲸鱼完全是水生的。蓝鲸——一种濒临灭绝的哺乳动物，体长近 30 米（大约相当于一个篮球场的长度）——是有史以来最大的动物。哺乳动物有两个独有的特征：乳腺（产生富有营养的乳汁，用来喂养幼仔）和毛发。毛发的主要作用是将体表与外界隔离，帮助维持温暖、恒定的内部温度；哺乳动物像鸟类一样，也是内温动物。

哺乳动物的主要类群是单孔类、有袋类、真兽类（图 17.36）。鸭嘴兽和针鼹是现存仅有的**单孔类动物**——产卵的哺乳动物。鸭嘴兽生活在澳大利亚东部和附近的塔斯马尼亚岛的河边。雌性通常会下两个蛋，并在一个树叶做成的巢里把它们孵化。孵化后，幼仔通过舔舐母亲皮毛上的初级乳腺分泌的乳汁来进食。

大多数哺乳动物是胎生而不是卵生的。在有袋类动物和真兽类动物怀孕期间，胚胎在母亲体内由一种叫作**胎盘**的器官培育。胎盘由胚胎组织和母体组织两者构成，在子宫内将胚胎与母体连接起来。母体血液在胎盘中靠近胚胎血液系统流动，胚胎从母体血液中接受氧气和营养物质。

有袋类动物，即所谓的有袋的哺乳动物，包括袋鼠、考拉、负鼠。这些哺乳动物孕期短暂，产生未充分发育的后代。出生后，幼仔会进入母亲腹部的一个外部育儿袋，在那里它们附着在乳头上。有袋类动物几乎都生活在澳大利亚、新西兰、北美、南美。在澳大利亚，有袋类动物种类繁多，填满了其他大陆上由真兽类哺乳动物占据的陆地栖息地（见图 14.16）。

真兽类动物也被称为**胎盘哺乳动物**，因为相比于有袋类的胎盘，它们的胎盘在母体及发育中的幼儿之间提供了更亲密和更持久的联系。在现存的 5300 种哺乳动物中，真兽类几乎占了 95%。狗、猫、牛、啮齿动物、兔子、蝙蝠和鲸鱼都是真兽类哺乳动物的代表。真兽类哺乳动物中的一个类群是灵长类动物，包括猴类、猿类、人类。☑

☑ 检查点

哺乳动物的两个决定性特征是什么？

答案：乳腺和毛发。

▼ 图 17.36　**哺乳动物多样性。**

哺乳动物的主要类群		
单孔类（孵卵）	有袋类（出生时未充分发育）	真兽类（出生时已充分发育）
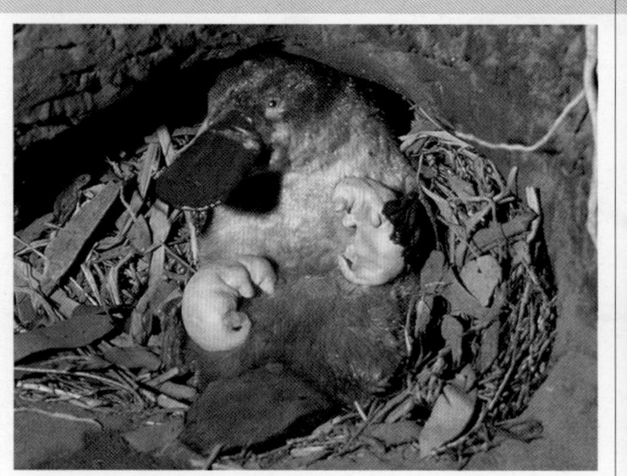		
单孔类动物，如这种鸭嘴兽，是唯一一类产卵的哺乳动物。鸭嘴兽母兽像其他哺乳动物一样，用乳汁喂养它们的幼崽。	有袋类动物的幼崽在其发育的早期就出生。新生儿袋鼠将在妈妈育儿袋里吃奶并成长。	在真兽类动物（胎盘哺乳动物）中，幼仔在母亲的子宫内发育。在那里，它们由流经胎盘中密集血管网络的血液滋养。这只新生的小马驹被胎盘的残留物包裹着。

人类的祖先

我们现在已经追踪到灵长类动物的系统发育，这一哺乳动物类群包括我们人类——智人——和与我们最近缘的种类。为了进一步理解，我们必须追溯我们祖先的谱系树，其中有我们最珍贵的一些特征的起源。

灵长类动物的进化

灵长类的进化为认识人类起源提供了背景。化石记录支持“灵长类动物是由约6500万年前的晚白垩纪食昆虫的哺乳动物进化而来”这一假说。那些早期灵长类动物是小型树栖哺乳动物。因此，灵长类动物首先是通过自然选择，由根据生活在树上的需求而形成的特征来鉴别的。例如，灵长类动物有更灵活的肩关节，这使它们可以从一根树枝荡到另一根树枝。灵长类动物敏捷的手可以抓住树枝、处理食物。很多灵长类物种的指甲已经取代了利爪，且指尖非常敏感。灵长类动物的双眼在脸的前面，靠得很近。双眼重叠的视野增强了深度感知，这在树上晃荡时是一个明显的优势。出色的眼手协调能力对树栖生活也很重要。亲代抚育对树上生活的幼崽至关重要。哺乳动物比大多数其他脊椎动物投入更多精力来照顾自己的后代，而灵长类动物是所有哺乳动物中最细心的父母之一。大部分灵长类动物都主要生单胎，且长期哺育后代。尽管人类从未在树上生活过，但我们起源于那时的许多特征以改良的形式保留了下来。

分类学家们将灵长类动物分为三大类（图17.37）。第一类包括狐猴、懒猴、灌丛婴猴。这些灵长类动物生活在马达加斯加、南亚和非洲。第二类——眼镜猴，是仅见于东南亚的夜行小型树栖动物。第三类——**类人猿**，包括猴子和猿。新大陆（美洲）的所有猴子都是树栖动物，它们的特点是尾巴可以缠卷（抓握），是用于在树间摆动的额外附属物。如果你在动物园里看到一只猴子靠尾巴摆动，你就知道它来自新大陆。虽然一些旧大陆（非洲和亚洲）猴也是树栖的，但它们的尾巴不能缠卷。许多旧大陆猴，包括狒狒、猕猴、山魈，主要是地面居民。

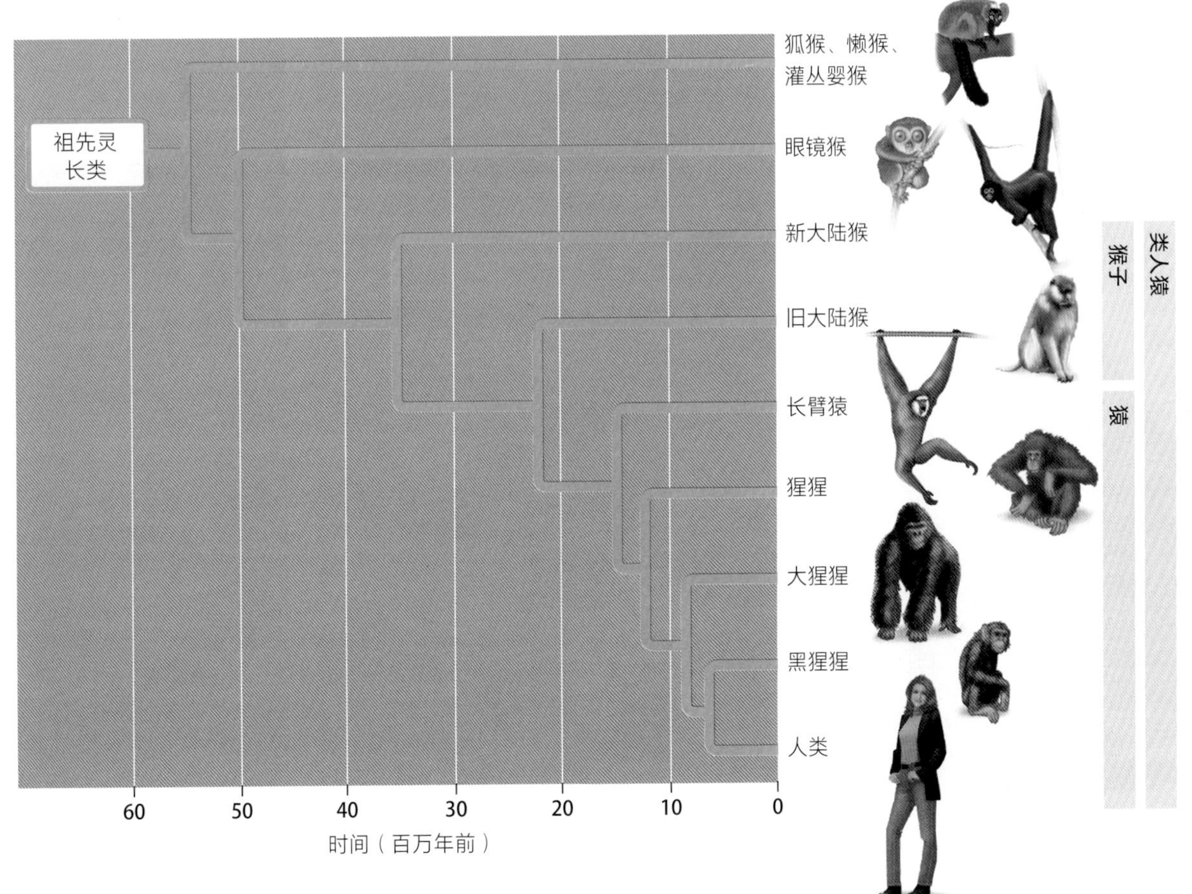

◄ 图 17.37 **灵长类动物的系统发育。**

类人猿还有可与其他手指对握的大拇指；也就是说，它们可以用大拇指触摸所有其他四个手指的指尖。

与我们人类最近缘的是非人猿类：长臂猿、猩猩、大猩猩、黑猩猩。它们只生活在旧大陆的热带地区。猿（一些长臂猿除外）比猴子大，胳膊相对较长，腿较短，无尾。虽然所有的猿都能够生活在树上，但只有长臂猿和猩猩是树栖动物。大猩猩和黑猩猩高度社会化。与猴子相比，猿的大脑与身体的体系比例更大，它们的行为适应性更强。当然，猿类也包括人类。图 17.38 显示了典型灵长类动物的例子。

▼ 图 17.38 **灵长类动物多样性。**

红领狐猴

眼镜猴

红脸蜘蛛猴（新大陆猴）

赤猴（旧大陆猴）

长臂猿（猿）

猩猩（猿）

大猩猩（猿）

黑猩猩（猿）

人

人类的出现

人类是生命之树上一条非常新的小枝。在跨越35亿年的生命长河中，化石记录和分子系统学表明，人类和黑猩猩在过去600万至700万年间拥有共同的非洲祖先（见图17.37）。换句话说，如果我们把地球生命的历史压缩到一年，人类的小枝只存在了18个小时。

一些常见误解

某些对人类进化的误解被化石证据推翻很久之后，仍然困扰着许多人。其中一个误解表述是："如果黑猩猩是我们的祖先，那为什么黑猩猩还存在？"事实上，科学家们并不认为人类是由黑猩猩进化而来的。事实是，如图17.37所示，从几百万年前的一个共同的祖先，分化产生了今天的人类和黑猩猩，然后每个分支分别进化。举个例子，设想1830年出生的某人的后代们举办大型家庭聚会。尽管追溯到几代前有共同的祖先，但与会者们可能只是远亲，如第六代或第七代堂/表亲。同样，黑猩猩不是我们的亲代物种，更像是我们非常非常遥远的堂/表亲，通过上溯到过去几十万代的一个共同祖先联系在一起。

另一个误解是把人类进化设想为一个阶梯，由一系列的步骤直接从类人猿祖先走向智人。其通常表现为：**人类**（人科成员）化石在页面上排列"行进"，变得越来越接近现代人。事实上，如图17.39所示，在人类历史上曾有过几个人类物种共存的时代。科学家们已经确定了大约20种人类化石，表明人类的系统发育更像是一根多分支的树枝，而不是一个阶梯，我们的物种处在唯一一根仍然活着的树枝的枝头。

尽管来自成千上万的人类化石的证据，揭穿了这些和那些关于人类进化的误解，但仍然存在许多关于我们祖先的不解之谜。每一个新的人类化石的发现，都让科学家们离解决"我们如何成为人类"这一谜题更近一步。在接下来的几页中，你将了解到目前为止已经发现的一些重要线索。

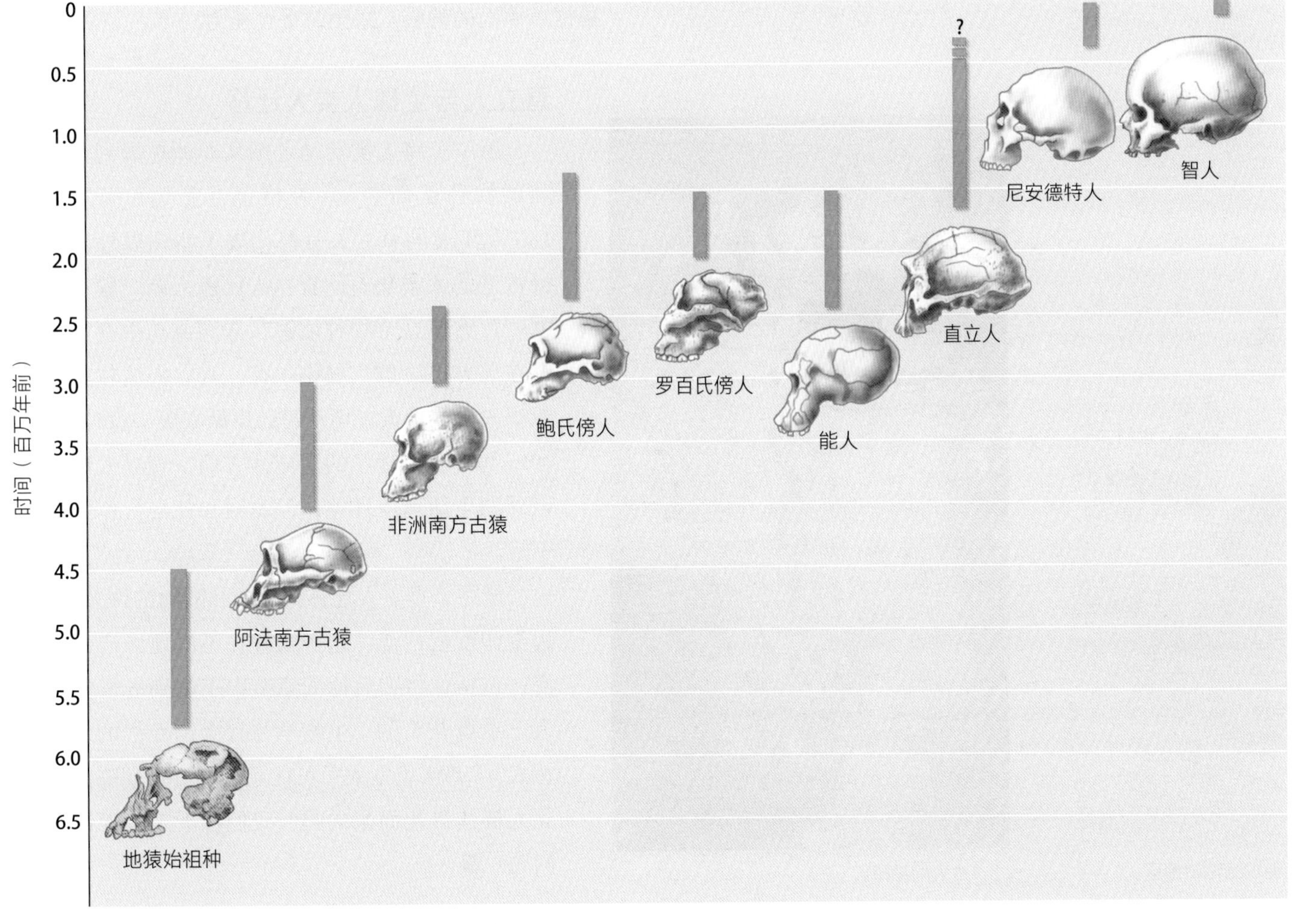

◄ 图17.39 **人类进化的时间线。**橙色条表示每个物种生活的时间跨度。请注意，曾经有过两个或两个以上的人类物种共存的时候。头骨都是按相同的比例绘制的，这样你可以比较大脑的大小。

南方古猿和直立行走的古人

今天的人类和黑猩猩在两个主要的身体特征上明显不同：人类是两足动物（直立行走），且大脑大得多。这些特征是什么时候出现的？20 世纪初，科学家们认为大脑尺寸的增加是人类与其他猿类分离的最初变化。但这一假说被以下的发现所推翻：埃塞俄比亚的一组研究人员［图 17.40（a）］发现了一名 324 万年前的女性古人，让人吃惊的是她大脑很小，用两条腿走路。她被官方命名为阿法南方古猿（*Australopithecus afarensis*），她的发现者为她取了一个昵称叫“露西”；她只有大约 3 英尺（约 0.9 米）高，头部大约有一颗垒球大小。不久之后，发现了早期直立行走的确凿证据——保存在 360 万年前的火山灰层中的两个直立行走人类的脚印［图 17.40（b）］。自从这些最初的发现以来，又发现了更多的阿法南方古猿化石，包括该物种一个 3 岁个体的大部分骨骼。后来又发现了南方古猿的其他物种。2010 年发表了对该属最新成员南方古猿源泉种（*Australopithecus sediba*）的首次分析报告。

科学家们现在确信，双足直立行走是一种非常古老的特征。另一个被描述为“强壮”（robust）的南方古猿世系——包括图 17.39 中的鲍氏傍人（*Paranthropus boisei*）和罗百氏傍人（*Paranthropus robust*）——也是脑体积小的两足动物。图 17.39 所示的最古老的人类——地猿始祖种（*Ardipithecus ramidus*）也是如此。

☑ 检查点

哪个人类物种是最早直立行走的？哪个人类物种是最早传播到非洲以外的地方？

答案：阿法南方古猿；直立人。

能人和创造性思维的进化

在大约 240 万年前东非的化石中首次发现人类大脑的增大。因此，人类大脑增大这一基本特征是在直立行走出现几百万年后进化而来的。

人类学家发现了脑容量介于最晚近的非洲南方古猿和智人（*Homo sapiens*）之间的头骨。简单的手工石器有时会与脑体积较大的化石一起被发现，留下这些化石的物种被称为能人（*Homo habilis*，意为手巧的人）。直立行走约 200 万年后，人类终于开始使用他们灵巧的手和巨大的脑来发明工具，增强了他们在非洲稀树草原上的狩猎、采集、觅食能力。

▼ 图 17.40　**直立姿势的溯古。**

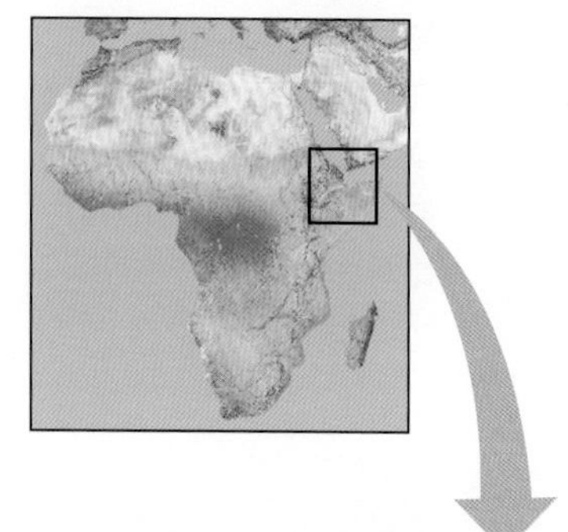

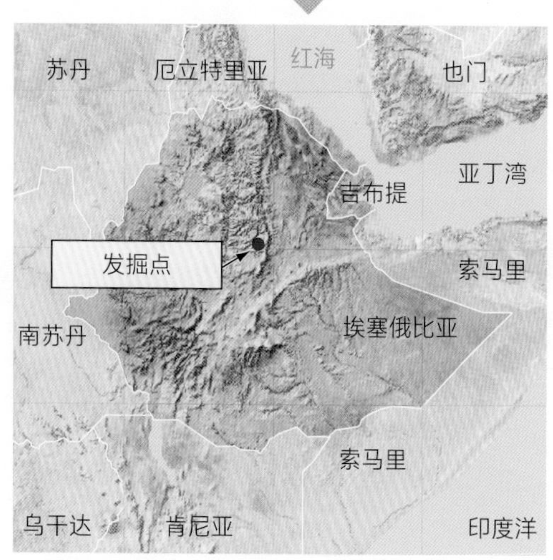

（a）发现露西的地方：埃塞俄比亚的阿法尔地区。

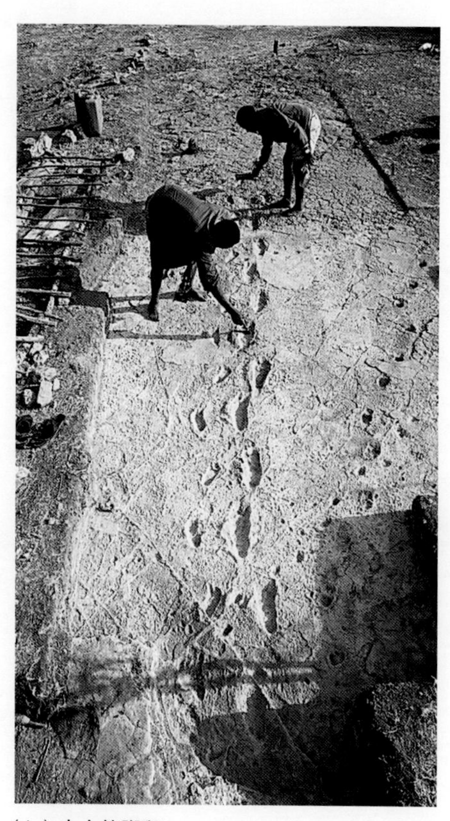

（b）古人的脚印。

直立人与全球人类大迁移

第一个将人类活动范围从非洲扩展到其他大陆的物种是直立人。在格鲁吉亚共和国发现的 180 万年前的直立人骨骼代表了非洲以外已知的最古老的人类化石。直立人比能人高，脑容量更大。智力使这个物种能够在非洲成功生存，也能够在北方更冷的气候中生存。直立人居住在小屋或洞穴里，生火，用动物的皮做衣服，设计石器。在解剖学和生理学的适应性方面，直立人对热带以外的生活适应性差，但聪明和社会合作弥补了不足。

最终，直立人迁移到亚洲和欧洲的许多地区，远至印度尼西亚。这个物种在不同地区产生了后裔，包括你将在后面的章节中了解到的尼安德特人。本章开头的“生物学与社会”专栏的“霍比特人”（弗洛里斯人）可能是从一群长期隔离的直立人群体进化而来的吗？我们接下来将探讨这个问题。☑

人类进化 科学的过程

“霍比特人”是什么人?

科学家们如何验证关于远古事件的假说?一种方法是使用化石,即地球上生命的历史记录。如果你看过像《识骨寻踪》这样的电视剧,其中法医科学家利用骨骼遗骸来解决犯罪案件,你就会知道,即使是一小块骨骼也能为专家提供丰富的信息。研究人员已经将这种假说验证方法应用到关于“霍比特人”的科学辩论中。

在弗洛里斯岛上发现人类化石的研究人员所做的最早观察表明,新化石不属于任何已知物种。这让研究人员提出了一个问题:这种人类在我们的进化史中处于什么位置?科学家们提出了一个假说,即“霍比特人”是从一个孤立的直立人群体进化而来的,直立人是一种比智人更早走向远方的古人类。科学家们预测,新发现的这个古人类物种的关键特征,如头骨特征和身体比例,类似于小型版的直立人。这项研究没有进行对照实验,而是对新化石进行详细的测量以及其他方面的观察,并将它们与直立人化石的数据进行比较。初步结果支持了他们的假说。

然而,正如你所了解的,初步结论经常被新的证据推翻。在过去几年中,人们进行了进一步的分析,并检查了更多的标本。许多科学家现在认为,证据支持另一种假说:弗洛里斯人与能人最近缘(能人是一种比直立人更小、更古老的物种)。其他研究人员继续验证另一假说,即“霍比特人”根本不是一个物种,而是一群患有导致骨骼畸形的疾病的智人。

科学家如何确定哪个假说是正确的?——通过积累更多的证据。虽然一些研究人员在发现弗洛里斯人的原址继续挖掘考察(图 17.41),但其他人正在将搜索范围扩大到其他地方。最有帮助的信息将来自找到第二颗头骨或未出土的骨头或牙齿,可以从中提取 DNA 并进行分析。而现在,“霍比特人”之谜仍在继续。

▼ 图 17.41 **搜寻“霍比特人”**。研究人员继续挖掘印度尼西亚弗洛里斯岛上发现了弗洛里斯人的梁布亚洞穴。

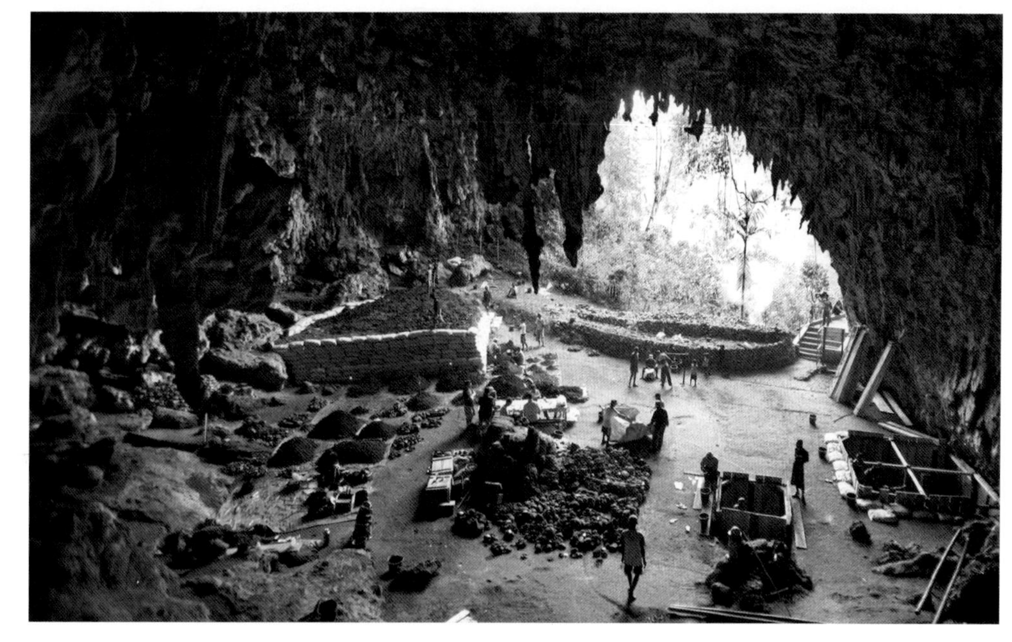

尼安德特人

弗洛里斯人并不是人类家谱树上的唯一谜团。160 多年前,在德国尼安德峡谷首次发现的尼安德特人(*Homo neanderthalensis*)化石激发了公众的想象力。这个有趣的物种有一个大脑袋,能用石头和木头制成的工具捕猎大型动物。早在 35 万年前,尼安德特人就生活在欧洲,并散布到近东、中亚和西伯利亚南部。到 2.8 万年前,这个物种灭绝了。尼安德特人是什么人?

对从尼安德特人化石中提取的 DNA 的分析证明,人类并不像曾经认为的那样是尼安德特人的后代。相反,人类和尼安德特人有一个共同的祖先,二者的世系在约 40 万年前就已经分开了。你可能会惊讶地发现,对尼安德特人基因组的测序表明,尼安德特人和一些智人群体之间有杂交,给我们这个物种留下了基因遗产。当今大多数人类大约 2% 的基因组来自尼安德特人。非洲人是个例外——他们的 DNA 中没有检测到尼安德特人祖先的痕迹。科学家还了解到,至少有一些尼安德特人有苍白的皮肤和红色的头发(见图 14.23)。在 2014 年发表的对尼安德特人基因组的最新分析中,研究人员确定了区分现代人和尼安德特人的特定基因和基因调控序列(见图 11.3)。诸如此类的线索,将有助于科学家理解对智人进化至关重要的遗传差异。

根据最近的 DNA 分析,我们许多人的基因中都有一点尼安德特人的基因。

智人的起源和播迁

来自化石和 DNA 研究的证据正汇集在一起，支持一个令人信服的假说，即我们这个物种（智人）是如何出现并散布到世界各地的。已知最古老的智人化石是在埃塞俄比亚发现的，距今 16 万～ 19.5 万年。这些早期人类不再有直立人和尼安德特人的浓眉，而且更苗条，这表明他们属于不同的世系。埃塞俄比亚化石支持关于人类起源的分子证据：DNA 研究强烈表明，目前所有活着的人都可以将其祖先追溯到 16 万～ 20 万年前开始的单一非洲智人谱系。

非洲以外最古老的智人化石来自中东，可追溯到大约 11.5 万年前。证据表明，我们的物种在一波或多波中走出非洲，首先播迁到亚洲，然后播迁到欧洲、东南亚、澳大利亚，最后播迁到新大陆（北美和南美）（图 17.42）。人类首次到达新大陆的年代尚不确定，尽管普遍接受的证据表明至少在 1.5 万年前。

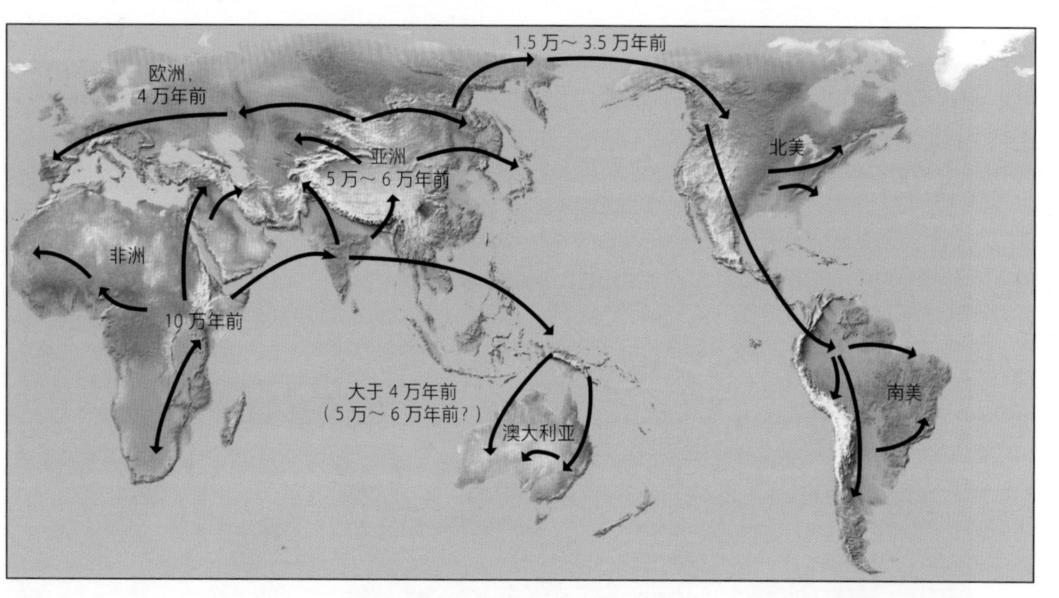

▼ 图 17.42 **智人的散布。**

某些独特的人类特征，让人类发展出了社会。灵长类动物的大脑在出生后继续生长，人类的生长周期比任何其他灵长类动物都长。人类发育的前期也延长了父母照顾子女的时间，这有助于儿童从前几代人的经历中受益。这是人类文明的基础——世代积累的知识、习俗、信仰、艺术代代相传（图 17.43）。这种传播的主要手段是语言——口语和书面语。人类的进化既发生在生物层面又发生在文化层面。

没有什么比智人对地球生物产生的影响更大。人类进化的全球影响是巨大的。文明进化使现代智人成为生命史上的一股新生力量——一个可以突破自身身体限制的物种。我们不必等待通过自然选择来适应环境；我们只需改变环境来满足我们的需求。

我们人类是所有大型动物中数量最多、分布最广的；无论我们走到哪里，我们带来的环境变化的速度，都要快于许多物种所能适应的速度。在下一单元的生态学，我们将研究人类——以及其他物种——与环境的相互作用。☑

◄ 图 17.43 **艺术史可以追溯到很久以前。**美丽的古代艺术（比如这幅来自法国拉斯科洞穴的 3 万年前的画）只是我们早期社会文化根源的一个例子。

☑ 检查点

1. 人类最初是在哪个大陆进化的？
2. 智人什么时候有机会遇到尼安德特人？

答案：**1.** 非洲。 **2.** 从智人到达尼安德特人居住的地区（不早于 11.5 万年前）到尼安德特人灭绝（2.8 万年前）之间的时间。

人类进化 进化联系

我们还在进化吗?

想象一下，你乘坐一台时光机回到10万年前，带回来一个智人。如果你给他穿上牛仔裤和T恤，带他在校园里散步，很可能都没有人会多看他一眼。我们成为智人后停止进化了吗？在某些方面，是这样的。在过去的10万年里，人类身体没有太大的变化。当智人开始走出非洲时，定义我们人类的所有复杂特征，包括我们大脑的智力、语言和符号思维能力，都已经进化出来。

但是当人类远离他们的起源地，在不同的环境中定居时，种群会遇到不同的选择压力。今天人类的一些特征，反映了古代祖先对他们的自然环境和文化环境的进化反应。例如，镰刀型细胞血红蛋白（见图9.21）在某些人群中的高频出现是用来适应疟疾这种致命疾病。在其他疟疾流行区域，一组称为地中海贫血的遗传性血液疾病带来了相同的适应性。

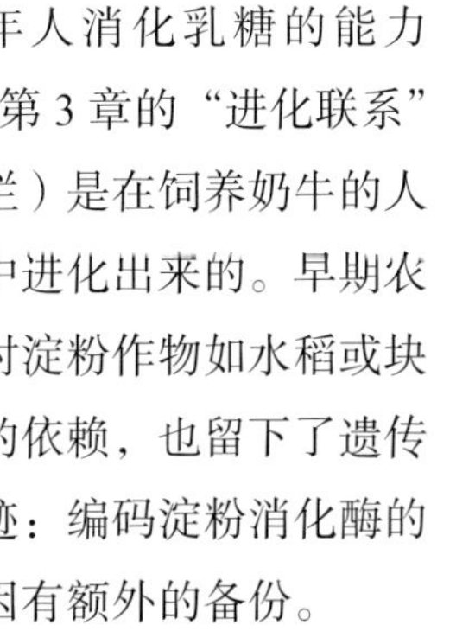

饮食也对人类进化产生了重大影响。例如，成年人消化乳糖的能力（见第3章的“进化联系”专栏）是在饲养奶牛的人群中进化出来的。早期农民对淀粉作物如水稻或块茎的依赖，也留下了遗传痕迹：编码淀粉消化酶的基因有额外的备份。

肤色是人种之间最显著的差异之一（图17.44）。从非洲北迁的人类皮肤被认为是因适应中高纬度地区低水平紫外线辐射而失去了色素沉着。深色色素阻挡皮肤中合成维生素D所需的紫外线辐射——维生素D对骨骼正常发育至关重要。最近的研究发现了许多其他适应的例子，使我们能够在地球的各种环境中生存。例如，藏族人生活在海拔高达14,000英尺（约4000米）的地方，那里的空气含氧量比海平面低40%。研究人员已经确定了为应对这种具有挑战性的环境而发生进化性变化的基因（图17.45）。居住在南美洲安第斯山脉的种群中也发现了高海拔适应。尽管有这样的进化调整，但是，我们仍然是一个单一的物种。

▼ 图17.45 **藏族人，一个适应高海拔地区生活的人群。**

▼ 图17.44 **人们对紫外线辐射有不同适应性。**

本章回顾

关键概念概述

动物多样性的起源

什么是动物?

动物是真核、多细胞、异养生物，通过摄食获得营养。大多数动物有性生殖，从受精卵发育成囊胚，然后发育成原肠胚。原肠胚阶段后，一些直接发育为成体，而另一些经过幼体阶段。

早期动物和寒武纪大爆发

动物很可能是从一种有鞭毛的群体原生生物进化而来的。前寒武纪的动物身体柔软。寒武纪时期出现了有坚硬部分的动物。5.35 亿年前至 5.25 亿年前，动物多样性迅速增加。

进化：动物种系发生

动物进化的主要分支由两个关键的进化差异来定义：是否存在组织以及身体是辐射对称还是两侧对称。在后来的许多分支中，进化出了有组织的体腔。

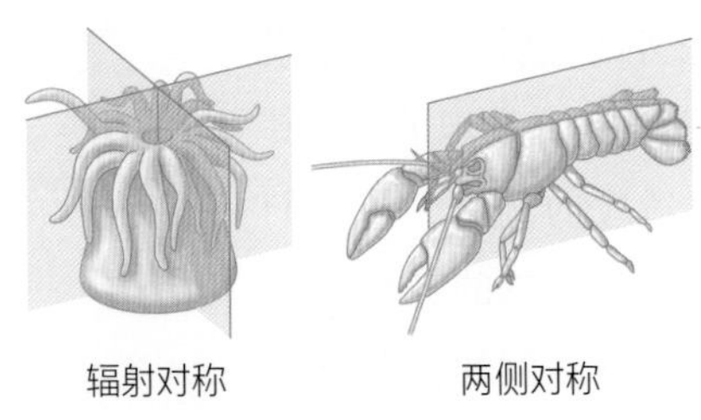

主要的无脊椎动物门

这棵进化树显示了无脊椎动物门的八大类，以及脊索动物，后者中包括一些无脊椎脊索动物。

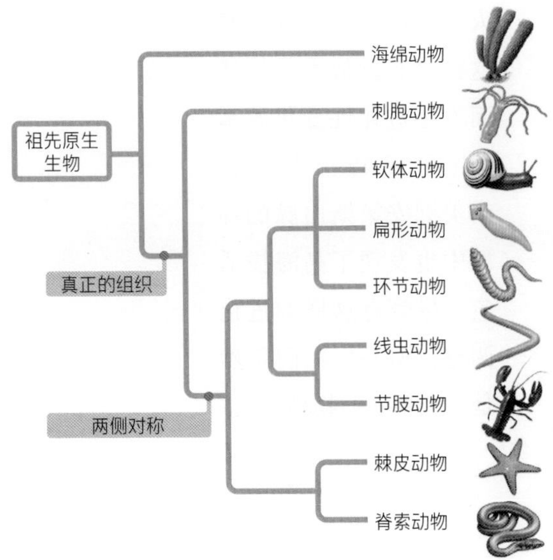

海绵动物

海绵动物（海绵动物门）是固着的动物，有多孔的身体，但没有真正的组织。特化的细胞通过身体两侧的孔吸收水分，并捕获食物颗粒。

刺胞动物

刺胞动物（刺胞动物门）辐射对称，具有一个带有单一开口的消化循环腔，触手上带有刺胞。身体要么是固着的水螅型，要么是漂浮的水母型。

软体动物

软体动物（软体动物门）身体软体，通常由硬壳保护。身体有三个主要部分：一个肌肉质足、一个内脏团和几层叫作外套膜的组织。

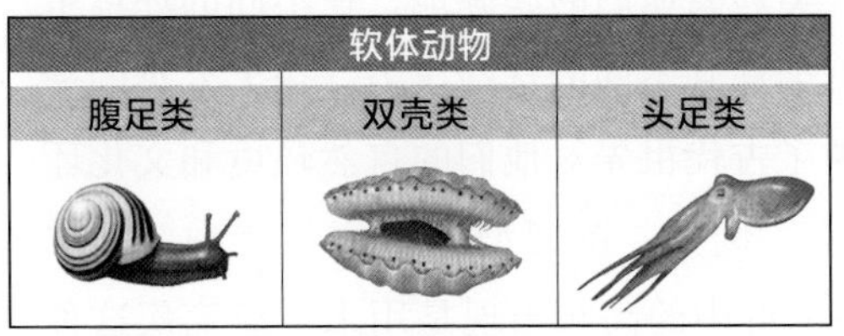

扁形动物

扁形动物（扁形动物门）是最简单的两侧对称动物。它们可能是自由生活的（如涡虫），也可能是寄生的（如绦虫）。

环节动物

环节动物（环节动物门）是具有完整消化道的身体分节的蠕虫。它们可能营自由生活的，也可能营寄生生活。

线虫动物

线虫动物，也称为圆虫（线虫动物门），不分节，圆柱形，两端锥形。它们可能是自由生活的，也可能是寄生的。

节肢动物

节肢动物（节肢动物门）是分节的动物，有外骨骼和特化的、有关节的附肢。

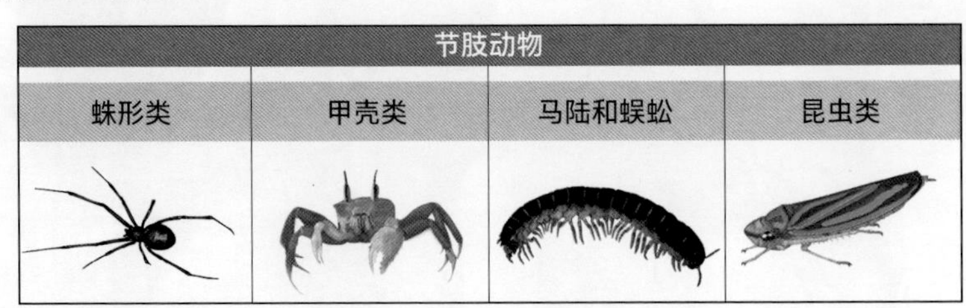

棘皮动物

棘皮动物（棘皮动物门）是固着生活或移动缓慢的海洋动物，没有体节，拥有独特的水管系。两侧对称的幼虫通常会变成辐射对称的成虫。棘皮动物有凹凸不平的内骨骼。

脊椎动物的进化和多样性

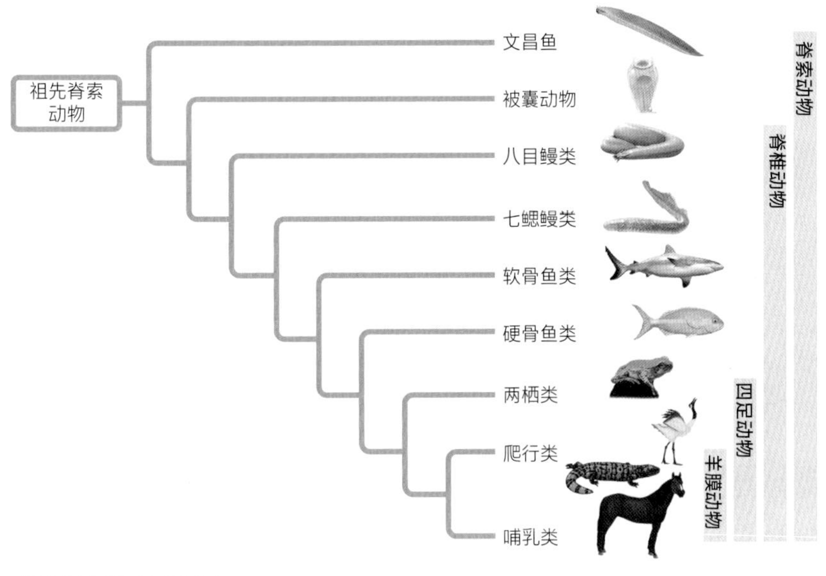

脊索动物的特征

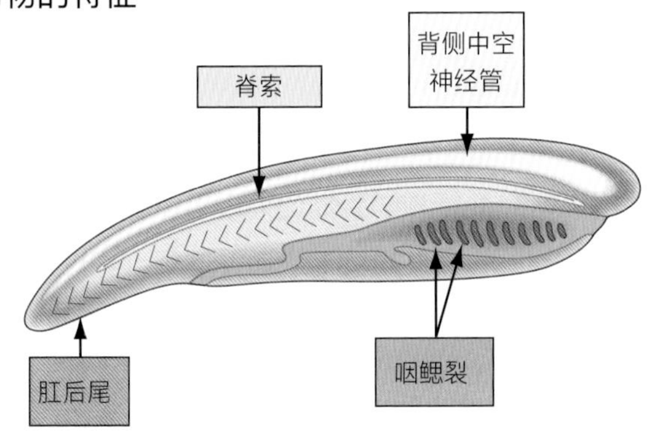

被囊动物和文昌鱼是无脊椎脊索动物。绝大多数脊索动物是脊椎动物，拥有头骨和脊椎骨。

鱼类

八目鳗类和七鳃鳗类是无颌鱼。软骨鱼（如鲨鱼）大多是掠食者，有强大的下颌和由软骨制成的灵活骨骼。硬骨鱼有由钙强化的坚硬骨骼。硬骨鱼又进一步分为辐鳍鱼类和总鳍鱼类（包括肺鱼）。

两栖类

两栖类是四足脊椎动物，通常在水中产卵（没有壳）。水中幼体通常经历完全的变态发育为成体。湿润的皮肤要求两栖动物在潮湿的环境中度过大部分成体生活。

爬行类

爬行类是羊膜动物，是一种在由外壳包裹的充满液体的卵中发育的脊椎动物。爬行类包括陆生外温动物，生有肺和被鳞片覆盖的防水皮肤。鳞片和羊膜卵增强了动物在陆地上的繁殖能力。鸟类是内温性的爬行动物，有翅膀、羽毛和其他飞行适应物。

哺乳类

哺乳类是内温性脊椎动物，有乳腺和毛发。哺乳动物主要有三大类：单孔类动物产卵；有袋类动物利用胎盘，但会生出小小的胚胎型后代，这些后代通常附着在母亲育儿袋内的乳头上完成发育；真兽类（有胎盘的哺乳动物）利用它们的胎盘在母亲和发育中的幼体之间建立更持久的联系。

哺乳动物		
单孔类	有袋类	真兽类

人类的祖先

灵长类动物的进化

第一批灵长类动物是小型树栖哺乳动物，大约 6500 万年前由食昆虫的哺乳动物进化而来。类人猿由新大陆猴（有卷尾）、旧大陆猴（没有卷尾）和猿组成。

人类的出现

600 万～700 万年前，黑猩猩和人类从一个共同的祖先进化而来。南方古猿属物种直立行走，大脑很小，生活在至少 400 万年前。能人大脑的增大，出现得更晚，大约在 240 万年前。直立人是第一个将人类的活动范围从其出生地非洲扩展到其他大陆的物种。直立人产生了地域多样化的后代，包括尼安德特人。目前的数据表明，现代人类从非洲出发的相对晚近的一次散布导致了今天的人类多样性。

MasteringBiology®

如需练习测验、生物动画、MP3 教程、视频辅导以及为本教材设计的更多学习工具，请访问 MasteringBiology®。

自测题

1. 动物界的两侧对称与下列哪个因素最为相关？
   a. 一种在各个方向都能平等地感知的能力。
   b. 骨骼的存在。
   c. 能动性、主动捕食和逃跑。
   d. 体腔的发育。
2. 确定以下哪个类别包括列表中的所有其他类别：节肢动物、蛛形类、昆虫、蝴蝶、甲壳类动物、马陆。

3. 最古老的四足动物是________。
4. 爬行类比两栖类更广泛地适应陆地生活，因为爬行类________。
   a. 有完整的消化道
   b. 产下被壳包裹的蛋
   c. 是内温动物
   d. 经历幼体阶段
5. 人类属于什么门？此门以什么解剖结构命名？在你身体的哪个部位可以找到这种解剖学结构的衍生物？
6. 化石表明，人类区别于其他灵长类的第一个主要特征是____________。
7. 下列哪种动物不包括在人类祖先中？（提示：见图 17.30。）
   a. 鸟　　b. 硬骨鱼
   c. 两栖动物　　d. 灵长类动物
8. 把下列物种按从古到近顺序排列：直立人、南方古猿、能人、智人。
9. 将下列动物与其所在门连线。
   a. 人　　1. 棘皮动物门
   b. 水蛭　　2. 节肢动物门
   c. 海星　　3. 刺胞动物门
   d. 龙虾　　4. 脊索动物门
   e. 海葵　　5. 环节动物门

答案见附录《自测题答案》。

科学的过程

10. 想象你是一名海洋生物学家。科学探索中，你从海底捕捞出一种未知的动物。请描述一些你应该会观察到的特征，使你能确定该生物应该属于哪个门。
11. 纯素主义者和素食者的饮食越来越受欢迎。虽然纯素主义者不食用任何动物或动物产品，而许多素食者就没有那么严格。与自称素食者或遵循无肉饮食的熟人交谈，并确定他们不食用的动物类群（见图 17.6 和 17.30）。试着概括一下他们的饮食。他们认为什么是“肉”？例如，他们是否拒绝吃脊椎动物，但吃一些无脊椎动物？他们是否只避开鸟类和哺乳动物？鱼呢？他们吃乳制品或鸡蛋吗？
12. 从我们灵长类祖先那里遗传下来的哪些适应能力让人类能够制造和使用工具？
13. **解读数据**　相对于体重，大脑的平均大小可以粗略地反映一个物种的智力水平。下面的图表给出了古人类的数据。哪一个物种与弗洛里斯人最相似？这些信息是否支持弗洛里斯人是直立人的侏儒形式的假说，或是另外的某一种解释？

人类物种	平均脑容量（cm^3）	平均体重（kg）
非洲南方古猿	440	37
直立人	940	58
弗洛里斯人	420	32
能人	610	34
尼安德特人	1480	65
智人	1330	64
鲍氏傍人	490	41

生物学与社会

14. 本章介绍了对人类起源的科学理解。科学是理解自然世界的一种方法（正如你在第 1 章中所学的），重读“生物学与社会”专栏，在反映对弗洛里斯人进行科学研究的词语下面划线。你可能还熟悉至少一种在科学范畴之外理解人类起源的观点。这种理解生命的观点与科学观点有何不同？ 在科学背景下研究人类进化，具有什么样的潜在价值？
15. 与海洋中的其他环境相比，珊瑚礁蕴藏着更多种类的动物。澳大利亚的大堡礁作为海洋保护区受到保护，是科学家和自然爱好者的圣地。在其他地方，如印度尼西亚和菲律宾，珊瑚礁正处于危险之中。许多珊瑚礁已经没有鱼了，沿岸的径流使珊瑚被沉积物覆盖。几乎所有珊瑚礁的变化都可以追溯到人类活动。你认为哪些活动可能导致珊瑚礁的衰退？衰退的原因中有哪些值得关注？你认为未来情况可能会改善或恶化吗？为什么？当地人可以做些什么来阻止衰退？工业化程度更高的国家应该提供帮助吗？为什么应该，或为什么不应该？
16. 在过去的 10 万年里，人类身体没有发生太大变化，但是人类文明发生了巨大变化。由于我们的文明，我们改变环境的速度远远超过许多物种（包括我们自己）的进化速度。你在周围看到了哪些环境快速变化的证据？人类文明的哪些方面导致了这些变化？你是否看到任何证据表明人类导致环境变化的速度在下降？

第 4 单元
生态学

第 18 章　生态学与生物圈概论

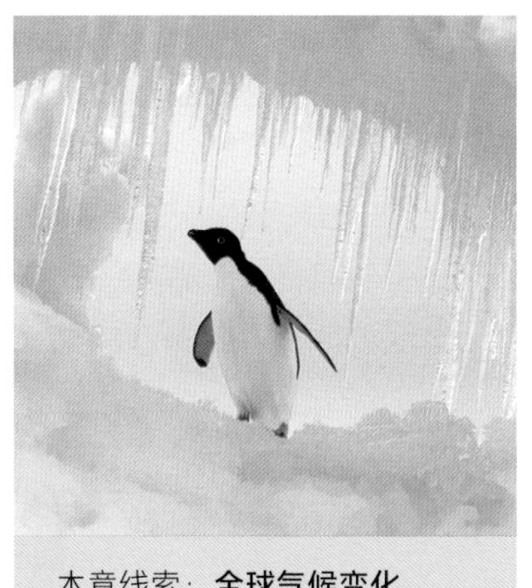

本章线索：**全球气候变化**

第 19 章　种群生态学

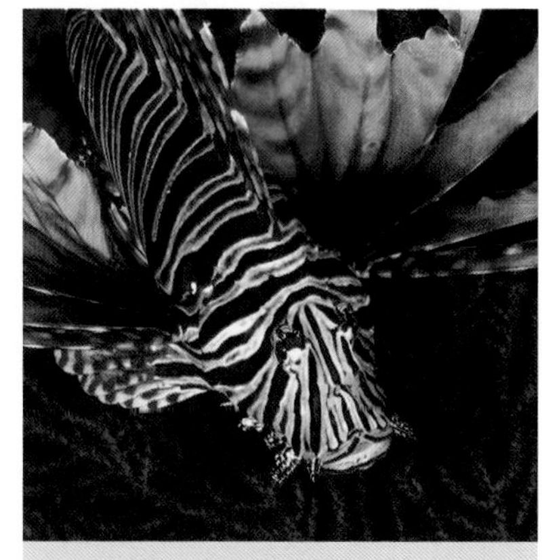

本章线索：**生物入侵**

第 20 章　群落和生态系统

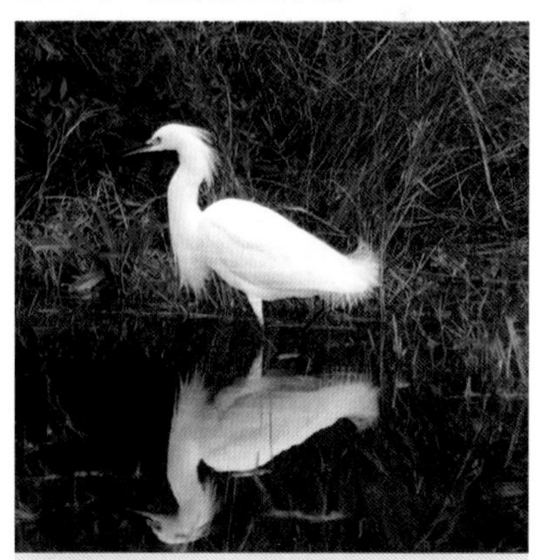

本章线索：**生物多样性减少**

18 生态学与生物圈概论

生态学为什么重要

汽车尾气中的空气污染物可以与水结合，并在远方以酸性降水的形式返回地面——证明了水循环在全球范围内运行。

在寒冷天气里，让鹅起毛的同类肌肉同样会让你起“鸡皮疙瘩”（英语中称为“鹅皮疙瘩”）。

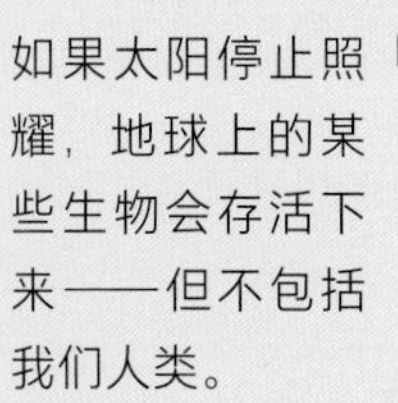

如果太阳停止照耀，地球上的某些生物会存活下来——但不包括我们人类。

你家里可能会有“电耗子”设备，即使在你睡觉时也会耗电。

全球气候变化 生物学与社会

处于危险中的企鹅、北极熊与人

97% 的气候科学家认为：全球气候正在发生变化。这种变化是由气温快速上升引起的——在过去的一个世纪，主要是在过去的 30 年里，平均气温上升了 0.8℃。目前的升温速度比上一次冰期后的平均升温速度快十倍。我们对现在的气候变化了解多少，对未来能有怎样的期望？

北半球最北端地区与南极半岛地区升温最快。例如，在阿拉斯加部分地区，冬季气温上升了 5～6 ℉（2.8～3.3℃）。北极的永久海冰正在减少，每年夏天，冰层越来越单薄，水域越来越开阔。在冰面上捕食的北极熊，需要为没有冰的温暖月份储存体内脂肪，随着冬季狩猎场融化消失，它们正表现出饥饿的迹象。在地球的另一端，南极半岛附近不断减少的海冰限制了阿德利企鹅获取食物的机会，前所未有频繁与严酷的春季暴风雪正严重损害它们的蛋与雏鸟。但是这些迷人的动物只是“矿井里的金丝雀”，它们的不幸提醒着我们注意自己的危险。我们已经感受到气候变化的影响，更频繁、更大规模的野火、致命热浪以及降水模式的改变，给一些地区带来干旱，给另一些地区带来暴雨。

阿德利企鹅。气候变化对部分阿德利企鹅来说是个坏消息。

气候变化，对地球上生命的未来意味着什么？科学家现在对全球气候变化之未来影响所做的任何预测，都是基于不完整的信息。关于物种多样性、生物体之间及其与环境之间复杂的相互作用，仍有许多未知有待发现。大量证据表明，人类活动对正在发生的变化负有责任。我们如何应对这场危机，将决定局势是好转还是恶化。这一过程始于我们理解生态学的基本概念，即我们本章探讨的起点。

生态学概述

在迄今为止的生物学研究中，你已经了解了地球上生命的多样性，了解了使生命运转的分子与细胞的结构及过程。**生态学**是对生物体与其环境之间相互作用的科学研究，它可以说提供了观察生命的不同视角——生物体之外的生物学。

人类一直对其他生物及其环境感兴趣。史前人类作为猎人与采集者，必须了解何时何地可以找到最丰富的猎物与食用植物。从亚里士多德到达尔文，以及更现代的博物学家们，都把观察与描述自然栖息地中生物的过程本身作为一种目的，而不仅是一种生存手段。现在，我们仍然可以从观察自然并记录其结构与过程的这种基于发现的方法中，获得非凡的理解（图 18.1）。正如你所料，在自然环境中运行假说驱动的科学是生态学的基础。但是生态学家也使用实验室来验证假说，在实验室里可以简化与控制条件。一些生态学家采取理论方法，设计数学与计算机模型，使它们能够模拟无法在野外进行的大规模实验。

▼ 图 18.1 **在雨林树冠层中发现科学**：一位生物学家在阿根廷安第斯山脉东坡的雨林里收集昆虫。

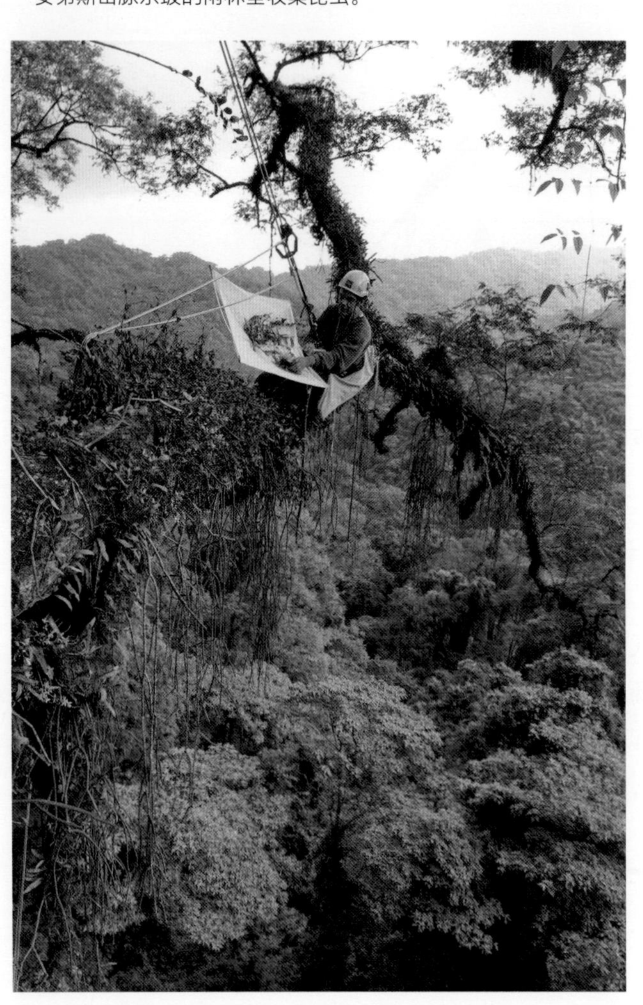

生态学与环境保护主义

技术创新使人类能够占据地球上的几乎每一种环境。即便如此，我们的生存仍依赖于地球资源，人类活动已深刻改变了地球资源（图 18.2）。全球气候变化只是近几十年来引起公众关注的众多环境问题之一。我们的一些工业与农业活动污染了空气、土壤与水。我们对土地与其他资源的无止境索求危及了许许多多动植物物种，甚至导致了一些物种灭绝。

生态学可以提供解决环境问题所需的知识。但这些问题不能仅靠生态学家来解决，因为它们需要人们基于价值观与伦理道德做出决定。在个人层面上，我们每个人每天都会做出影响生态环境的选择。立法者与企业界在有环境意识之选民与消费者的推动下，必须解决具有更广泛影响的问题：应该如何监管土地与水的使用？应该尝试拯救所有物种还是只拯救某些物种？能开发哪些方法来替代破坏环境的做法？我们如何平衡环境影响与经济需求？

▼ 图 18.2 **人类对环境的影响**。在菲律宾首都马尼拉，一名男子划着独木舟穿过垃圾堵塞的水道。

系统内互联　交互的层次

许多不同因素都有可能影响生物体与其环境的相互作用。**生物因素**（该地区的所有生物）构成了环境的生命组成部分。其他生物可能同一个生物个体争夺食物与其他资源，捕食它，或改变它的物理与化学环境。**非生物因素**构成了环境的非生物组成部分，包括温度、光照、水、矿物质、空气等化学与物理因素。生物的**栖息地**，即它所生活的特定环境，包括其周围环境的生物与非生物因素。

我们在研究生物体与其环境间的相互作用时，为了方便，将生态学划分为四个越来越综合的层次：生物生态学、种群生态学、群落生态学、生态系统生态学。

生物是个体活物。**生物生态学**，关注的是使生物体能应对其非生物环境带来之挑战的进化适应。生物的分布，受其能忍受的非生物条件限制。例如，图 18.3（a）中蝾螈这样的两栖动物不能生活在寒冷的气候中，因为它们通过吸收周围环境的热量获得大部分体温。全球气候变化引起的气温与降水变化，已经影响到一些蝾螈物种的分布，在未来的几十年里，更多蝾螈物种将受到这种影响。

生态学的下一个层次是**种群**，是指一群生活在特定地理区域的同种个体。**种群生态学**主要关注影响种群密度与增长的因素［图 18.3（b）］。研究濒危物种的生物学家对这一层次的生态学特别感兴趣。

群落由栖息于特定区域的所有生物组成，是不同物种种群的集合。**群落生态学**的问题集中在捕食、竞争这样的种间作用如何影响群落结构与组织［图 18.3（c）］。

生态系统涵盖某区域内所有非生物因素及物种群落。例如，热带稀树草原生态系统不仅包括各种动植物的生物体，还包括土壤、水源、阳光及这个环境的其他非生物因素。**生态系统生态学**研究的问题集中在不同生物与非生物因素间的能量流动与化学循环［图 18.3（d）］。

生物圈是全球生态系统，是地球上所有生态系统的总和，也是所有生命及其生活的地方。生物圈作为生态学中最复杂的层次，包括好几千米高的大气层、约 1500 米深的含水岩石、湖泊、溪流、洞穴及几千米深的海洋。但是，尽管生物圈规模宏大，其生物是相互联系的；其中一个部分的事件可能会产生深远的影响。☑

▼ 图 18.3　**不同层次生态学问题的例子。**

（a）**生物生态学。**红蝾螈能耐受的温度范围是多少？

（b）**种群生态学。**影响帝企鹅幼雏生存的因素有哪些？

（c）**群落生态学。**像石貂这样的捕食者如何影响群落中啮齿动物的多样性？

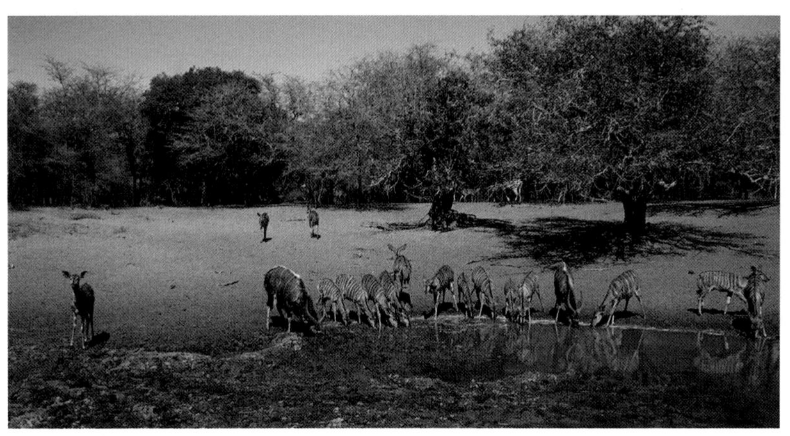

（d）**生态系统生态学。**在非洲热带稀树草原生态系统中，什么过程实现了氮等重要化学元素的循环？

☑ 检查点

生态系统层次与群落层次有何共同内容？生态系统层次包括哪些群落层次没有的内容？

答案：该地区的所有生物因素；该地区的非生物因素。

生活在地球多样的环境中

无论你是通过旅游还是通过电视、电影来看这个世界，你都可能注意到生命分布存在着显著的区域模式。例如，一些陆地地区，如南美洲与非洲的热带森林，是大量植物生活的家园，而其他地区，如沙漠，则相对贫瘠。珊瑚礁里活跃着色彩鲜艳的生物；相比之下，海洋的其他地方显得比较空旷。

生物分布也因地区而异。在图 18.4 中新西兰荒野的鸟瞰图中，我们可以看到森林、大湖、蜿蜒的河流及山脉的混合景观。在这些不同的环境中，更小的范围内还会有变化。例如，我们可能发现每个湖泊内还藏有不同的栖息地，每片栖息地都有一个独特的生物群落。

▼ 图 18.4 **新西兰荒野环境的局部多样性。**

生物圈的非生物因素

生物分布模式主要反映了环境中非生物因素的差异。让我们来看一看影响生物生存的几个主要非生物因素。

如果太阳停止照耀，地球上的某些生物会存活下来——但不包括我们人类。

能量来源

一切生物都需要一个可用的能源来生存。在光合作用过程中，叶绿素捕获的来自阳光的太阳能，为大多数生态系统提供能量。如图 18.5 所示，所配颜色与叶绿素的相对丰度相关。陆地上的绿色区域表明植物的密度很高。显示为橙色的非洲撒哈拉地区与美国西部大部分地区这样的陆地，植物密度要低得多。同较暗的区域相比，海洋中的绿色区域含有丰富的藻类与光合细菌。

▼ 图 18.5 **生物圈中的生物分布。**在这张地球图像中，所配颜色反映了叶绿素的相对丰度，叶绿素的相对丰度反映了光合生物的区域密度。

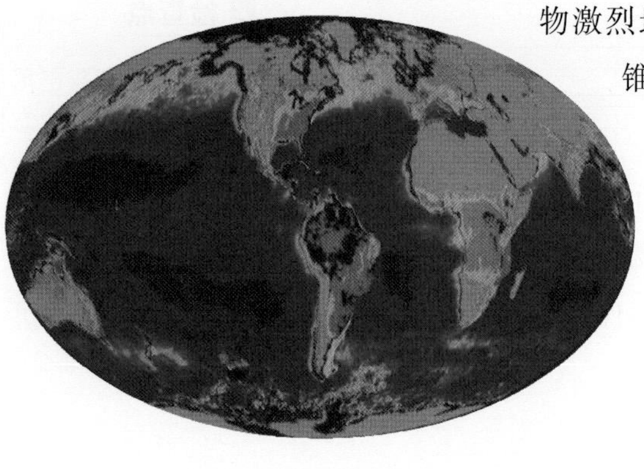

在陆地生态系统中，阳光通常不是限制植物生长的最主要因素，但高大树木遮阴的确导致森林地面植物激烈地竞争“所需要的阳光下的立锥之地”。然而，在许多水生环境中，光不能穿透超过一定深度，所以水体中的大部分光合作用都发生在水面附近。

令人惊讶的是，在完全黑暗的环境中，生物也能繁荣成长。在海洋表面之下一两千米或更深的地方，有许多巨大的热液喷口，位于地壳巨大板块的边缘，那里的熔融岩石与热气从地球内部向上涌去，形成高耸的“烟囱”，有的相当于九层楼高，排放着滚烫的水与热气（图 18.6）。这些生态系统由细菌氧化硫化氢等无机物质获取能量，提供动力。代谢无机物质的细菌，支持着这里的穴居生物群落。

▼ 图 18.6 **深海热液喷口。**温哥华岛以西的“黑烟囱”从地球内部喷出一缕缕热气。可长至 2 米的环节动物巨型管状蠕虫（小图），是热液喷口生物群落的成员。

温度

温度是一个重要的非生物因素，因为它直接影响生物的代谢作用。在接近 0℃的温度下，很少有生物体能够保持有效的新陈代谢，而高于 45℃的温度，会破坏大多数生物体的酶。大多数生物体在特定的环境温度范围内运行最佳。例如，北美鼠兔（图 18.7）体温很高，非常适合其山地栖息地的寒冷气候。然而，在温暖的日子里，鼠兔必须躲在缝隙里，那里的冷空气可以防止致命的过热。在冬天，鼠兔依靠一层雪来保护自己，免受严寒的侵袭。

▲ 图 18.7 **北美鼠兔。**这种兔子的矮小近亲生活在美国西部与加拿大的高海拔地区。

水

水对所有生命都是必不可少的。水生生物看似有无尽的水源供应，不过如果体内溶质浓度与其环境不匹配，它们也会面临水平衡问题（见图 5.14）。陆地生物主要面临体内水分干涸致死的威胁。许多陆地动物有防水表层可减少水分流失，例如爬行动物的鳞片[图 18.8（a）]。大多数植物的叶表与气生部分都附有一层蜡质[图 18.8（b）]。巴西棕榈叶蜡的价值在于它可以做汽车、冲浪板、家具与鞋类这些抛光产品保持光泽、防水的涂层。巴西棕榈蜡也是许多其他产品的成分，比如唇膏、睫毛膏这些化妆品。

无机营养物

光合生物（包括植物、藻类、光合细菌）的分布与丰度取决于可利用的无机营养物（例如氮、磷化合物）的多少。植物从土壤中获取这些养分。土壤结构、pH 值及养分含量往往是决定植物分布的主要因素。在许多水生生态系统中，低水平的氮与磷阻碍了藻类与光合细菌的生长。

其他水生因素

一些非生物因素在水生生态系统中很重要，但在陆地生态系统中并不重要。陆地生物从空气中获得充足的氧气供应，而水生生物则必须依赖溶解在水中的氧气。这对许多鱼类来说都是一个重要的因素。快速流动的冷水，比温水或死水具有更高的氧含量。盐度（咸度）、水流、潮汐在许多水生生态系统中也很重要。

其他陆地因素

一些非生物因素影响陆地生态系统，但不影响水生生态系统。例如，风通常是陆地上的重要因素。风增加生物体由蒸发引起的失水率。由此导致的蒸发冷却加速，在炎热的夏天是有益的，但在冬天则会产生危险的风寒。在一些生态系统中，风暴或火灾等自然干扰的频繁发生，对生物体的分布有着一定影响。☑

☑ **检查点**

为什么太阳能对大多数生态系统如此重要？

答案：光合作用过程中获取的太阳能，为这些生态系统中的生物提供了大部分有机燃料与结构材料。

▼ 图 18.8 **防水表层。**

（a）绿安乐蜥身上的鳞片。

（b）珠状水滴显示了叶片蜡质层的防水性。

生物体的进化适应

生物在地球多样环境中的生存能力，表明了生态学与进化生物学领域之间的密切关系。查尔斯·达尔文是一位生态学家，尽管他的生态学研究早于“生态学”一词。正是生物的地理分布及其对特定环境的精巧适应，为达尔文提供了进化的证据。经由自然选择的进化适应是生物与其环境相互作用的结果，这使我们回到了生态学的定义。因此，在一个个体的一生中，短期内发生的事件，可能会转化为进化过程中持续较长的影响。例如，由于水的供应影响植物的生长并最终影响其繁殖成功概率，降水会影响植物种群的基因库。如果一段时间的降雨量低于平均水平，植物种群中的抗旱个体可能更为普遍。生物体也是随着生物的相互作用而进化的，例如捕食与竞争。

☑ 检查点

生态学与进化论学科是如何关联的？

答案：通过自然选择展开的进化适应过程是生物与其环境（生态学）相互作用的结果。

适应环境变化

栖息地的非生物因素可能因年份、季节或一天内时间的不同而不同。生物个体在其一生中适应环境变化的能力本身，就是通过自然选择而加以改进的。例如，如果你在寒冷的天气里看到一只鸟，它看起来可能非常蓬松（图 18.9）。鸟儿皮肤上的小肌肉会让鸟儿的羽毛竖起来，这是一种可以留住隔热气层的生理反应。一些鸟类通过长出更多的羽毛来适应季节性寒冷。一些鸟类通过迁徙到更温暖的地区来躲避寒冷天气。请注意，这些反应发生在生物个体的一生中，所以不是进化的例子（进化是随着时间推移在种群中发生的变化）。

▼ 图 18.9 **一只哀鸽展示它对寒冷天气的生理反应。**

在寒冷天气里，让鹅起毛的同类肌肉同样会让你起“鸡皮疙瘩”（英语中称为“鹅皮疙瘩”）。

生理上的反应

哺乳动物同鸟类一样，可以通过收缩附着有毛发的皮肤肌肉来适应寒冷的天气，从而形成一层临时的隔热层。（我们的肌肉也有此反应，不过人类是产生“鸡皮疙瘩”，而不是全身的蓬松毛发。）皮肤中的血管也会收缩，以减缓体热的散失。这两种变化，只需要几秒钟的反应时间。

环境适应，是为应对环境变化而产生的渐进但仍可逆的生理调节。例如，假设你从波士顿（基本在海平面高度）搬到海拔 1.6 千米左右的城市丹佛（氧气较少）。对于新环境的生理反应，可能是你会逐渐增加将氧气从肺部运输到身体其他部位的红细胞数量。环境适应可能需要数天或数周的时间。这就是为什么高山攀登者，例如那些想攀登珠穆朗玛峰的人，在登顶之前，需要在高海拔的中转站长时间停留。

物种的环境适应能力，通常与其自然条件下经历过的环境状态范围有关。例如，生活在非常温暖气候之下的物种，通常无法适应酷寒的环境。所有的脊椎动物中，鸟类与哺乳类一般都能忍受极端的温度，因为它们身为内温动物，通过新陈代谢来调整体内温度。相反，外温爬行动物只能忍受较有限的温度范围（图 18.10）。

▼ 图 18.10 **美国本土不同区域内蜥蜴的物种数。**可以注意到，越往北边，蜥蜴的物种数越少。这反映出蜥蜴的外温生理特征，它依靠环境热能来使身体保持足够温暖而能活动的状态。

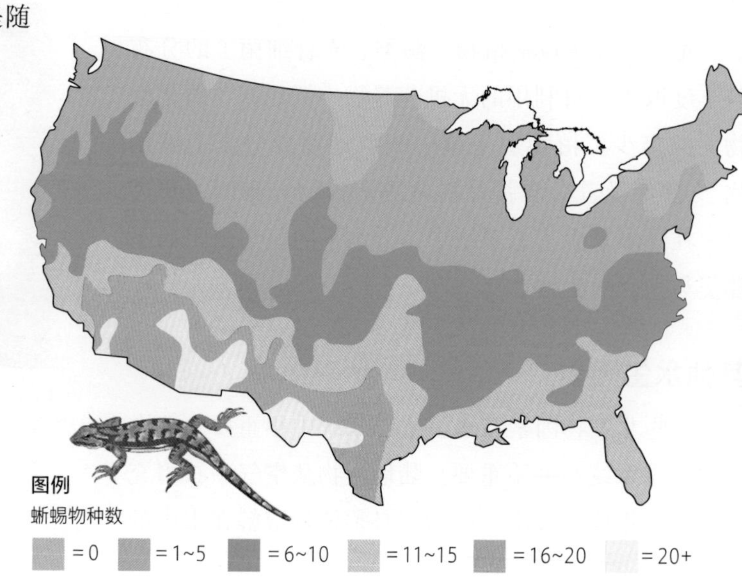

解剖结构上的反应

许多生物通过身体形状或结构上的某种形式改变来应对环境挑战。当这种变化可逆时，这种反应就是环境适应的例子。以许多哺乳动物为例，在寒冷冬季来临前，它们会长出较厚皮毛，到了夏天，它们会掉落皮毛。一些动物的毛色也会随季节变化，冬天毛色的伪装融入雪景，夏天毛色则融入植被环境（图 18.11）。

▲ 图 18.11 **北极狐的冬、夏皮毛。**

其他解剖结构上的变化，在生物个体一生中是不可逆的。环境变化对生物的生长发育影响至深，同一个种群中会存在体型显著不同的个体。图 18.12 给出了一个示例：风吹导致的“旗帜状”的树木。一般来说，相较于动物，植物更倾向于改变解学剖结构。因为植物的根固定、无法移动到更好的地点，所以植物完全依赖其解剖结构及生理反应在环境波动中求生存。

▼ 图 18.12 **风是塑造树木的一个非生物因素。**盛行风的机械干扰，阻碍了落基山脉林线附近的冷杉树迎风面树枝的生长，而另一面的树枝生长正常。这种解剖学反应是一种进化适应，它减少了强风中折断的枝体数量。

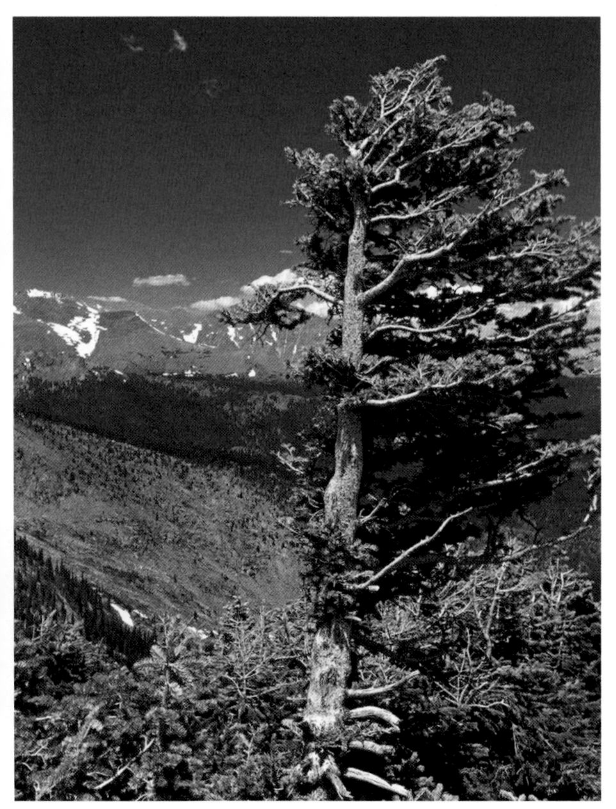

行为上的反应

不同于植物，大多数动物在遭受不利的环境变动时，可以移动至新的地点。这种移动可能是非常有限的。例如，许多沙漠中的外温动物，包括爬行动物，会在阳光下与阴暗处之间交替穿梭，以维持合理的恒定体温。一些动物能根据环境信号（如季节变化）进行长距离迁徙。许多候鸟在中南美洲过冬，夏季时则回到北半球中高纬度地区繁殖。至于我们人类，凭着较大的脑容量并利用许多技术，有着相当丰富的行为反应（图 18.13）。☑

☑ 检查点

什么是环境适应？

答案：解剖学或生理学上，对环境变化产生的渐进且可逆的改变。

▼ 图 18.13 **行为反应扩大了人类的地理范围。**看天穿衣是人们特有的体温调节行为。

生物群区

你在前一节中了解到的“非生物因素”对地球上生命的分布负有很大的责任。（你将在第 20 章了解生物因素在物种分布中的作用。）生态学家利用这些因素的各种组合，将地球环境归类为不同的生物群区。**生物群区**即主要陆生或水生生命带，其特征分别为陆生植被类型和水生物理环境。在本节中，我们将简要介绍水生生物群区，然后介绍陆生生物群区。

占地球表面约 75% 的水生生物群区，是由其盐度与其他物理因素定义的。淡水生物群区（湖泊、溪流、河流、湿地）的盐度通常低于 1%。海洋生物群区（海洋、潮间带、珊瑚礁）的盐度一般在 3% 左右。

☑ 检查点

为什么污水会导致湖泊中藻类大量生长？

答案：污水会增加矿物质营养，刺激藻类的生长。

淡水生物群区

淡水生物群区覆盖的地球面积不足 1%，仅占地球水量的 0.01%。但它们拥有不成比例的生物多样性——估计占所有已被描述物种总数的 6%。此外，我们依赖淡水生物群区提供饮用水，以及作物灌溉、卫生设施与工业用水。淡水生物群区分为两大类：静水（包括湖泊、池塘）与流水（如河流、溪流）。水体运动的差异，导致生态系统结构的巨大差异。

湖泊与池塘

静水的水体范围，从面积只有几平方米的小池塘，到北美五大湖这样的面积达数万平方千米的大湖泊（图 18.14）。

◀ 图 18.14　**北美五大湖的卫星图像。**

在湖泊与大型池塘中，植物群落、藻类群落、动物群落是根据水深及离岸距离来分布的（图 18.15）。近岸的浅水与离岸的上层水构成了**透光带**，之所以这样命名，是因为这里有光可进行光合作用。微型藻类与蓝细菌生长在透光带，与根植植物与漂浮植物（如近岸透光带中的睡莲）相接。如果湖泊或池塘足够深或足够昏暗，它就会有**无光带**，那里光照水平很低，无法支持光合作用。

底栖生物带位于水生生物群区底部。底栖生物带由沙子、有机与无机沉积物组成，可能被藻类、水生植物、蠕虫、昆虫幼虫、软体动物、微生物群落所占据。从透光带多产的表层水中“沉降”下来的死亡生物物质，是底栖生物带动物的主要食物来源。

矿物质营养元素氮、磷通常调节**浮游植物**的生长，浮游植物是漂浮在水生生物群区表面附近的微型藻类与蓝细菌的总称。许多湖泊与池塘受到来自污水的大量氮与磷输入，以及来自施肥草坪与农场径流的影响。这些营养物质通常会导致藻类大量生长，从而减少透光。当藻类死亡并分解时，池塘或湖泊会严重缺氧，导致适应高氧环境的鱼类的死亡。☑

▼ 图 18.15　**湖泊中的分带。**

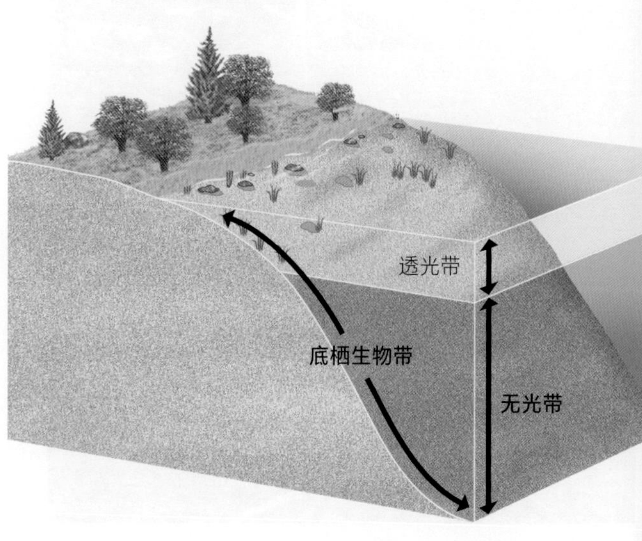

▲ 图 18.16 **阿巴拉契亚山脉的溪流。**

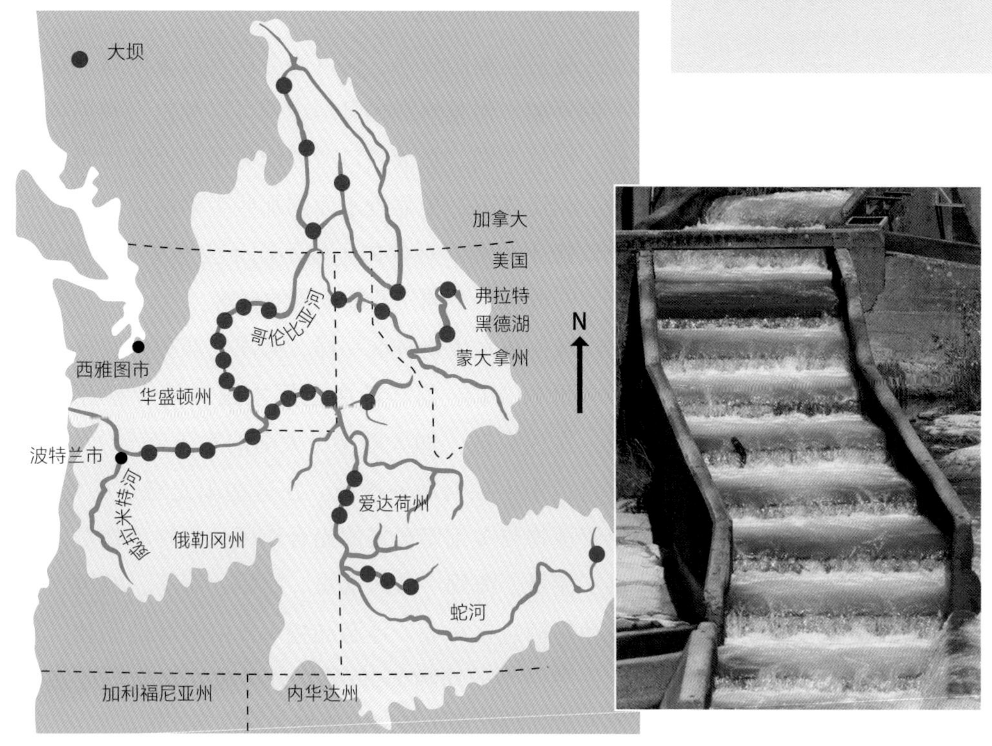

▲ 图 18.17 **哥伦比亚河流域修筑的水坝。**这张地图只显示了在整个太平洋西北地区改变淡水生态系统的 250 座水坝中最大的一些水坝。尽管许多水坝现在都有"鱼梯"提供洄游通路（右侧插图），但是这些巨大的混凝土障碍仍然使得鲑鱼很难逆流而上，回到它们繁殖的溪流。

河流和溪流

河流与溪流是流动的水体，一般支持与湖泊、池塘截然不同的生物群落（图 18.16）。河流或溪流在其源头（可能是山上的泉水或融雪）与入湖口或入海口之间变化很大。在水源附近，水通常很冷，营养物质含量低，而且清澈。河道通常很窄，水流湍急，不允许大量淤泥堆积在河底。水流还会抑制浮游植物的生长；河流中的生物大都依靠附着于岩石的藻类的光合产物，或由周围陆地带入河流的有机物质（如叶子）生活。最丰富的底栖动物通常是以藻类、树叶或其他为食的昆虫。鳟鱼往往是在清水中通过视觉寻找食物（包括昆虫）的主要鱼类。

河流或溪流的下游通常会变宽变缓。那里的水通常比较温暖，并且可能会因为悬浮在其中的沉积物与浮游植物而变得更加浑浊。钻在泥里的蠕虫与昆虫通常非常多，水禽、青蛙、鲇鱼与其他鱼类也很多，它们更多是靠嗅觉、味觉（而不是视觉）来寻找食物。

人们通过修建水坝来控制洪水、提供饮应用水水库或者发电，从而改变了河流。在许多情况下，水坝完全改变了下游生态系统，改变了水体的流速与流量，影响了鱼类与无脊椎动物种群（图 18.17）。许多溪流与河流也受到人类活动污染的影响。

湿地

湿地，是介于水生生态系统与陆生生态系统之间的过渡性生物群区。淡水湿地包括树沼、酸沼与草沼（图 18.18）。湿地长期或定期被水覆盖，支持水生植物的生长，物种多样性丰富。迁徙的水禽与许多其他鸟类在旅途中可以依靠湿地"中转站"来觅食、栖息。此外，湿地还提供了减少洪水泛滥的蓄水区。湿地还通过在沉积物中捕获金属与有机化合物等污染物来改善水质。

► 图 18.18 **俄亥俄州肯特市附近的湿地。**

海洋生物群区

凝视浩瀚的海洋，你可能会认为这是地球上最均一的环境。但是海洋栖息地内部可以像白天和黑夜一样，截然不同。热液喷口所处的海洋深处永远是黑暗的。相比之下，更靠近水面的那些生动的珊瑚礁则完全依赖于阳光。近岸的生境不同于大洋中部的生境，海底的群落也不同于开阔水域的群落。

与在淡水生物群区一样，海洋底部称为底栖生物带（图 18.19）。海洋的**中上层水域**包括所有开阔水域。在浅海区，如大陆架（大陆的水下部分），透光带包括中上层与海底区域。在这些阳光充足的地区，浮游植物与多细胞藻类的光合作用为各种动物群落提供了能量。海绵、穴居蠕虫、蛤蜊、海葵、螃蟹、棘皮动物栖息在海底。**浮游动物**（自由漂浮的动物，包括许多微小的动物）、鱼类、海洋哺乳动物与许多其他类型动物在中上层光带中很丰富。

珊瑚礁生物群区分布于全球各地热带温暖水域的透光带（图 18.20）。珊瑚礁是由连续世代的珊瑚动物（一群分泌坚硬外骨骼的多细胞动物）与包被着石灰石的多细胞藻类慢慢形成的。单细胞藻类生活在珊瑚细胞内，为珊瑚提供食物。珊瑚礁的物理结构与生产力支持着大量的无脊椎动物与鱼类。

透光带在海洋中最长可以延伸 200 米。虽然在 200 ～ 1000 米之间没有足够的光来进行光合作用，但有些光确实能透入无光带。这个光线昏暗的世界，有时被称为“暮光带”，有各种有趣的小鱼与甲壳类动物。从透光带下沉的食物为这些动物提供了一些营养。此外，它们中有许多会在夜间到水面觅食。有些鱼的眼睛在“暮光带”会扩大，使它们在非常昏暗的光线下也能看清，并且能利用发光的器官吸引配偶与猎物。

海洋 1000 米以下深处是完全且永久黑暗的，这个深度超过帝国大厦高度的两倍。对这种环境的适应造就了许多长相怪异的生物。这里的大多数底栖生物都是沉积物摄食动物，它们会消耗海底沉积物中的死亡生物体。甲壳动物、多毛类蠕虫、海葵与棘皮动物，如海参、海星、海胆在这里很常见。然而，这里食物

▼ 图 18.19 **海洋生物。**（区域深度与生物体未按比例绘制。）

▲ 图 18.20　**埃及红海近岸的珊瑚礁。**

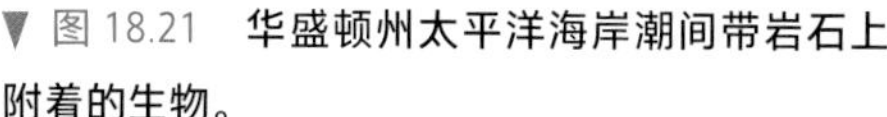

▼ 图 18.21　**华盛顿州太平洋海岸潮间带岩石上附着的生物。**

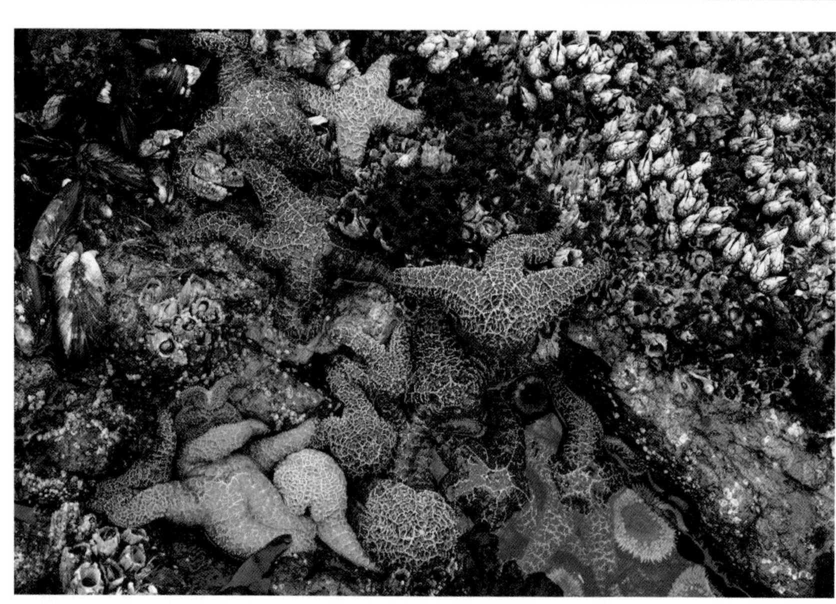

稀缺。除热液喷口（前述的原核生物支持的生态系统）外，动物密度较低（见图 18.6）。

海洋环境还包括独特的生物群区，如潮间带与河口，这是海洋分别与陆地和淡水的交界处。在**潮间带**，海洋与陆地相遇，海岸在涨潮时受到海浪的拍打，退潮时暴露于阳光与干燥的风中。岩石潮间带是许多定居生物的家园，例如藻类、藤壶、贻贝，它们附着在岩石上，以防被冲走（图 18.21）。而在沙滩上，悬浮觅食的蠕虫、蛤蜊、食肉甲壳动物会将自己埋在地下。

图 18.22 显示了河流与海洋之间的过渡区——**河口**。河口盐度范围介于淡水盐度与海水盐度之间。河口同淡水湿地一样，富含河流中的营养物质，是地球上最富饶的地区之一。牡蛎、螃蟹以及许多鱼类在河口生活或繁殖。河口也是水禽筑巢与觅食的重要区域。滩涂与盐沼是广泛的沿海湿地，常常与河口相接。

千百年来，人们视海洋为一种无限的资源，利用高效率的技术无节制地攫取其中的财富，并将其用作废物的倾倒场。这些做法的负面影响，现在变得越来越明显。商业鱼类种群的数量正在减少。小块塑料碎片漂浮在太平洋大片海域的表面之下，集中在一个称为“太平洋垃圾填埋场”的区域；有许多海洋生境受到过量营养物质或有毒化学品的污染。墨西哥湾 2010 年“深水地平线”钻井平台石油泄漏事故造成的全部损害，还需要数年时间才能知晓。河口因为靠近陆地，所以特别脆弱。有许多河口已经完全被填海造地所摧毁；其他威胁还包括污染与流量变化。全球变暖、海洋酸化与海面温度上升正在危及珊瑚礁。

与此同时，我们对海洋生物群区的认识还非常不完整。2010 年完成的大规模国际海洋生物普查，宣布发现了 6000 多个新物种。☑

☑ 检查点

什么是浮游植物？为什么它们对其他海洋生物至关重要？

答案：浮游植物包括藻类与光合细菌。它们是透光带动物的食物；这些动物反过来可能成为无光带动物的食物。

▼ 图 18.22　**英格兰东南海岸河口的水禽。**

气候对陆生生物群区分布的影响

陆生生物群区主要取决于气候，特别是温度与降雨量。在我们调查这些生物群区之前，让我们先看一看有助于解释其位置分布之全球气候的大体特征。

地球的全球气候模式在很大程度上是太阳能输入（太阳能温暖了大气、土地、水体）与地球空间运动的结果。由于地球的曲率，太阳光的强度因纬度而异（**图 18.23**）。赤道所受的太阳辐射强度最大，所以温度最高，从而使地球表面的水蒸发掉。这种温暖潮湿的空气上升时，会逐渐冷却，并降低含水量。上升的水汽会凝结成云与雨（**图 18.24**）。这一过程在很大程度上解释了为什么雨林集中在南北回归线间的**热带地区**。

在赤道上空失去水分后，干燥的高空气团从赤道扩散出去，直到它们在南北纬约 30° 处冷却并下降。世界上许多大沙漠都集中在南北纬约 30° 附近，因为那里承受干燥的空气，例如北非的撒哈拉沙漠与阿拉伯半岛的阿拉伯沙漠。

热带与（南北）极圈之间的区域称为**温带**。一般来说，这些地区的气候比热带或（南北）极圈温和。注意在图 18.24 中，一些下降的干燥气团移动到纬度 30° 以上的地区。起初，这些气团会吸收水分，但在高纬度地区，它们往往会冷却下降。这就是南北温带相对潮湿的原因。而在北纬 60° 左右的潮湿凉爽的地区，针叶林占据主导地位。

靠近巨大水体与山脉之类的地形也能影响气候。海洋与大湖通过在空气温暖时吸收热量，以及将热量释放到冷空气中来调节气候。山区中存在两种影响气候的主要方式。首先，气温随着海拔上升而下降。因此，开车上高山可以快速游览数个生物群区。**图 18.25** 显示了从索诺兰沙漠炎热的低地到海拔 11,000 英尺（约 3300 米）的寒带针叶林的旅途中可能遇到的风景。

▼ 图 18.23 **地球受热不均匀。**

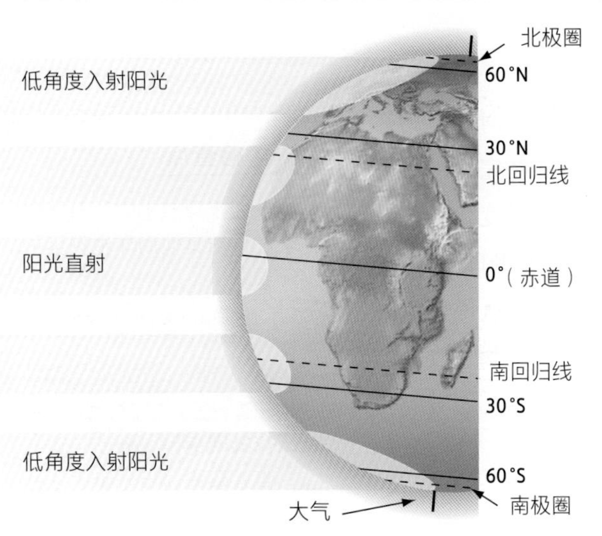

▼ 图 18.24 **地球受热不均匀是如何产生不同气候的。**

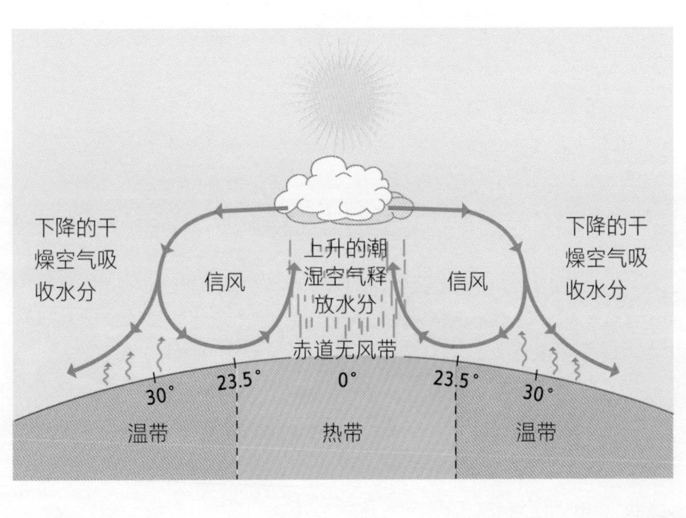

► 图 18.25 **海拔对植被的影响。**所示区域是在北美西南部典型的索诺兰沙漠地区。

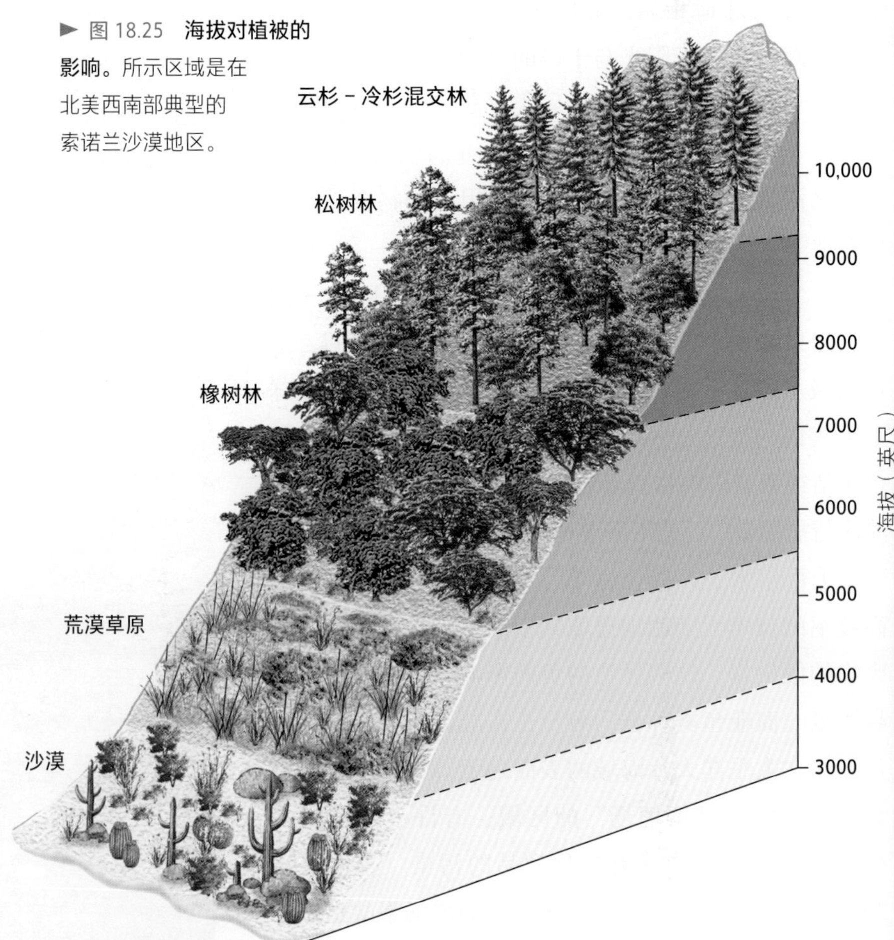

其次，山脉可以阻挡来自沿海的生物群区中潮湿空气的流动，导致山脉两侧的气候截然不同。在图 18.26 所示的例子中，潮湿空气从太平洋移动到加利福尼亚州沿海山脉。空气向上流动，在海拔较高的地方冷却，并大量降雨。世界上最高的树（北美红杉）在这里茁壮成长。随着空气向更高的山脉（内华达山脉）移动，内陆降水量再次增加。到达山脉东部时，空气中已几乎没有什么水分；当干燥空气下降时，它会吸收水分。因此，山脉东侧的降水量很小。这种效应被称为雨影，是内华达州中部大部分地区沙漠形成的原因。☑

▼ 图 18.26　**山脉如何影响降雨。**

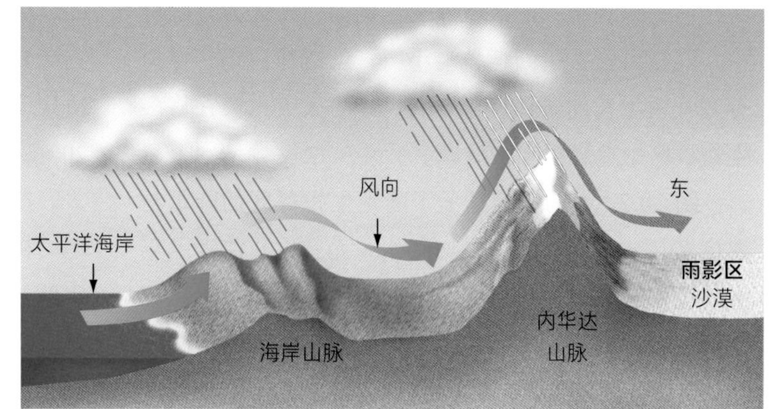

☑ 检查点

热带地区为什么有这么多降雨？

答案：赤道的空气因阳光直射加热而上升。随着空气上升，它会冷却下来。因为冷空气比暖空气含有更少的水分，导致云的形成与降雨。

陆生生物群区

陆地生态系统主要根据其植被类型分为生物群区（图 18.27）。植物通过为动物提供食物、住所与筑巢地，以及为分解者提供大量的有机物质来循环利用矿物营养，为每个生物群区特有的生物群落奠定了基础。植物的地理分布，乃至生物群区的地理分布，在很大程度上取决于气候，而温度与降水量往往是决定某一特定地区生物群区类型的关键因素。如果两个地理上分离区域的气候是相似的，则两个区域可能存在相同类型的生物群区。例如，针叶林广泛分布于北美、欧洲、亚洲。

各生物群区各自以一种生物群落为特征，而不是以某些特定物种的种群为特征。例如，生活在北美西南部沙漠与非洲撒哈拉沙漠的物种群落是不同的，但这两个群落都适应沙漠条件。在分隔遥远的生物群区中，生物体可能看起来相似，因为它们趋同进化（即生活在相似环境中的独立进化物种间会出现相似的特征）。

► 图 18.27　**主要陆生生物群区地图。**虽然这张地图有清晰的边界，但生物群区其实边界模糊，互有出入。在接下来的几页中，我们将在更仔细地研究各个陆生生物群区的过程中，显示本图的缩小版本，并通过高亮相应的颜色标记做出提示。

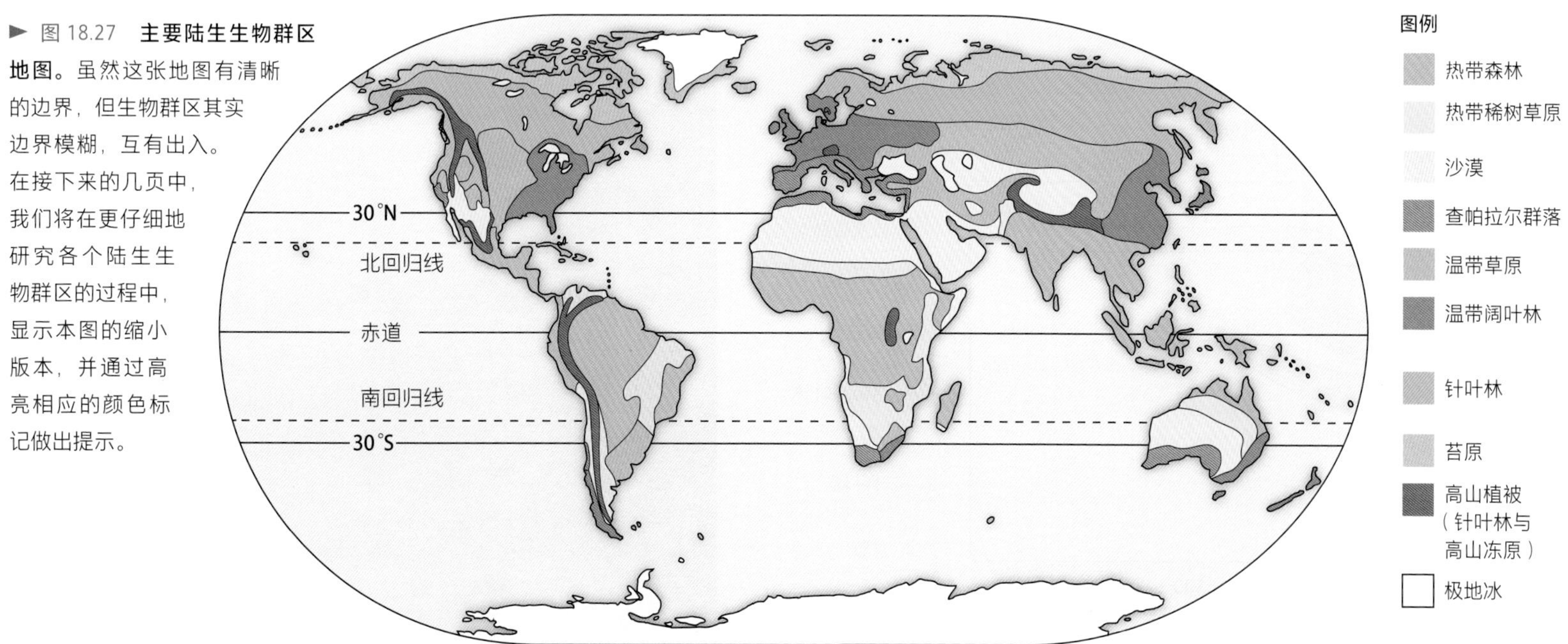

生物群区内的局部变化往往使植被分布呈斑块状，而非呈现统一的区域外观。例如，在北方针叶林中，降雪可能会折断树枝与小树，创造像白杨、桦树等阔叶树生长的条件。当地的风暴与火灾也会在许多生物群区中造成损害、缺口。

图 18.28 中的图表显示了陆生生物群区的降水与温度范围。x 轴表示年平均降水量范围，y 轴表示年平均气温范围。通过研究图上的曲线，我们可以比较不同生物群区中的非生物因素。例如，虽然温带阔叶林的降水范围与北方针叶林相近，但北方针叶林的温度范围更低，表明这两个生物群区的非生物因素存在显著差异。草原通常比森林干燥，而沙漠就更加干燥了。

今天，对全球变暖的关注，引起了人们对气候影响植被模式的强烈兴趣。科学家们利用卫星图像等强大的新工具，正在记录生物群区边界纬度的变化、冰雪覆盖的减少，以及生长季节长度的变化。与此同时，人类活动“肢解”与改变了许多自然生物群区。在考察完从赤道到两极的主要陆生生物群区之后，我们将讨论这两个问题。

☑ 检查点

为什么攀缘植物在热带雨林中很常见？

答案：攀缘是植物适应在密闭林冠中获得阳光的方式，很少有阳光透过林冠到达森林地面。

热带森林

热带森林出现在赤道地区，那里气候温暖，全年白天时长 11 ～ 12 小时。其植被类型主要由降雨量决定。热带雨林，如图 18.29 所示，每年的降雨量在 200 ～ 400 厘米之间。

热带雨林的垂直分层结构提供了许多不同的栖息地。树梢形成了密闭的林冠，覆压着一层或两层较矮小的树木与灌木林。很少有植物生长在树荫之下的地面上。许多树木被向阳生长的木本藤蔓所覆盖。其他植物，如兰花，通过生长在高大树木的树枝或树干上，来获得阳光。高高的树冠之上，复有零星的树木脱颖而出，获得充足的阳光。许多动物也住在树上，因为那里食物丰富。猴子、鸟、昆虫、蛇、蝙蝠、青蛙在离地面许多米的地方寻找食物与住所。

其他热带森林的降雨量较低。热带干旱森林主要分布在旱季较长或长期降雨稀少的低地地区，这种森林里的植被是多刺灌木、乔木与多肉植物的混合。在有干湿两季的地区，常见热带落叶树。☑

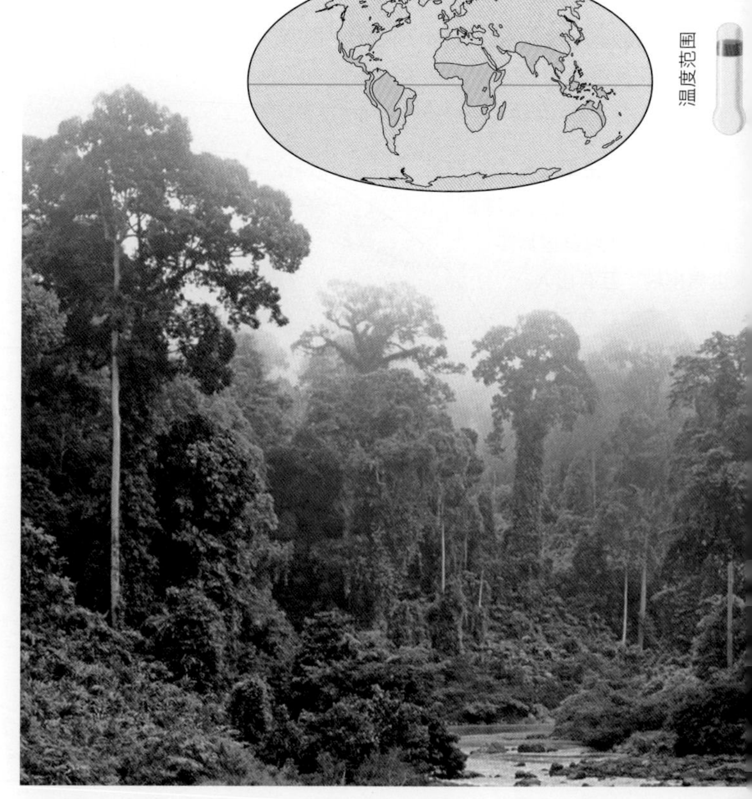

▼ 图 18.29 **婆罗洲的热带雨林。**

▼ 图 18.28 **北美一些主要生物群区的气候图。**

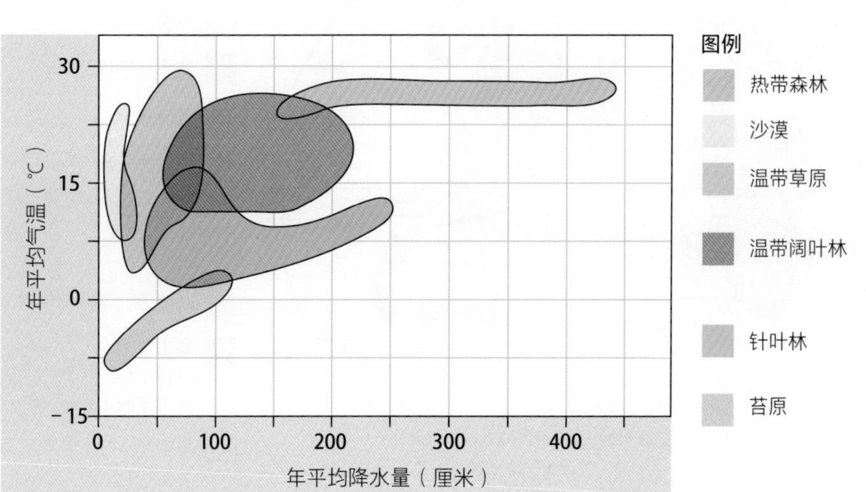

热带稀树草原

如图 18.30 所示，**热带稀树草原**以草与零星的树木为主。这里气温终年温暖，年平均降水量为 30 ～ 50 厘米，季节变化很大。

由闪电或人类活动引起的火灾，是热带稀树草原上重要的非生物因素。草本之所以能在火灾中幸存下来，是因为它们的芽生长在地下。其他植物的种子也会在火灾后迅速发芽。但这里土壤贫瘠、水分缺失，加上火灾与放牧动物的破坏，不利于大多数树木的生长。雨季期间，草本与矮小阔叶植物的繁茂生长，为食草动物提供了丰富的食物来源。

热带稀树草原，居住着世界上许多大型食草哺乳动物与捕食它们的食肉动物。非洲热带稀树草原居住着许多动物，例如斑马、多种羚羊、狮子、猎豹。澳大利亚热带稀树草原的主要食草动物是袋鼠。但奇怪的是，大型食草动物并不是热带稀树草原上的主要食草动物。昆虫才是热带稀树草原上主要的食草动物，特别是蚂蚁与白蚁。其他动物包括穴居动物，如老鼠、鼹鼠、地鼠和地松鼠。

沙漠

沙漠是所有生物群区中最干燥的，其特点是降雨量低且不可预测，每年降雨量不到 30 厘米。有些沙漠非常炎热，白天土壤表面温度超过 60℃且每天温度波动很大。其他沙漠相对寒冷，如落基山脉西部沙漠与横跨中国北部、蒙古南部的戈壁沙漠。寒冷沙漠的气温可能低于 -30℃。

沙漠植被通常包括蓄水植物，如仙人掌与根深的灌木。各种蛇、蜥蜴、吃种子的啮齿动物是常见的“居民”。蝎子、昆虫等节肢动物也在沙漠中繁衍生息。沙漠动植物的进化适应包括一系列显著的节水机制。例如，仙人掌“打褶的”茎（图 18.31）使植物在湿润时期吸水时能够膨胀。有些沙漠老鼠从不喝水，其水分都来自它们所吃种子的代谢分解。仙人掌上的刺、灌木叶上的毒，是防止哺乳动物与昆虫取食的保护性适应，这些在沙漠植物中很常见。☑

☑ 检查点

1. 热带稀树草原的气候是如何季节性变化的？
2. 塑造沙漠特征的非生物因素是什么？

回答：1. 气温一年四季保持不变，但降雨量变化很大。2. 降水量低且难以预测。

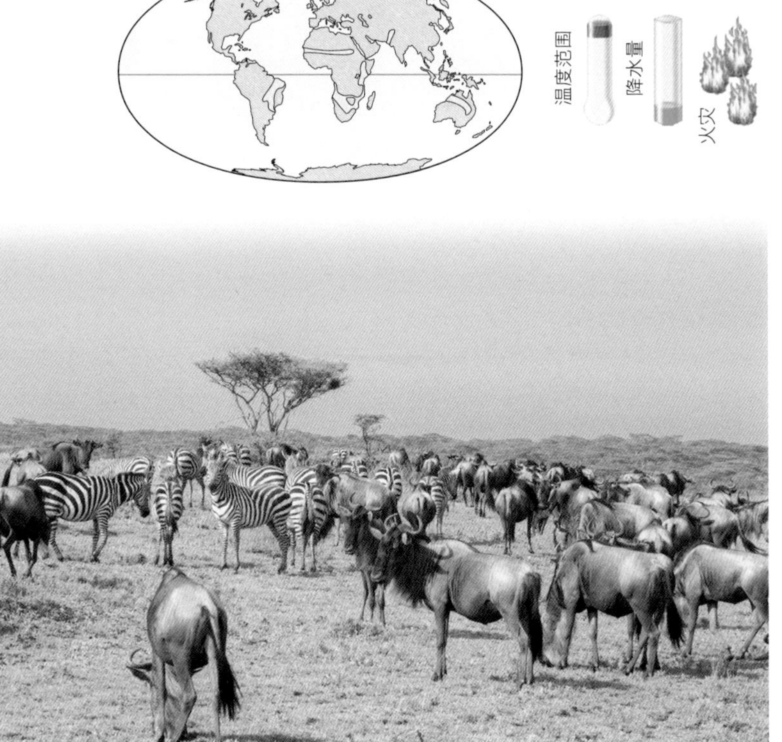

▼ 图 18.30 **坦桑尼亚塞伦盖蒂的热带稀树草原。**

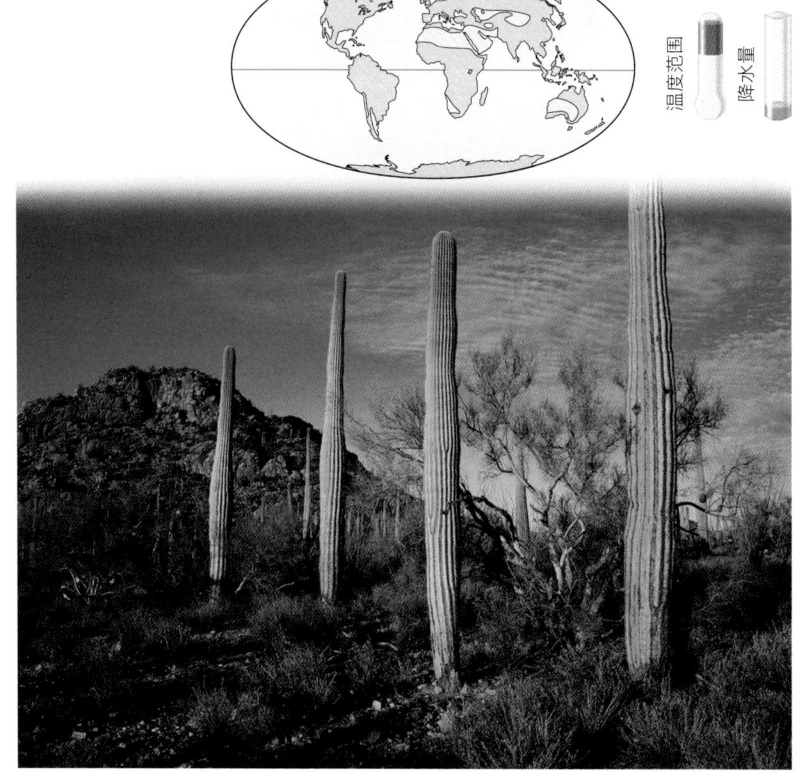

▼ 图 18.31 **索诺兰沙漠。**

查帕拉尔群落

查帕拉尔群落（即硬叶常绿灌木林）的主要气候成因是近海沿岸冷水环流导致的冬季温和多雨、夏季炎热干燥。这种生物群区仅限于狭小的沿海地区，有些在加利福尼亚（图 18.32）。最大的查帕拉尔群落分布区环绕地中海；事实上，地中海（夏旱灌木）群落是这一生物群区的另一个名字。灌丛浓密，多刺，常绿灌木占优势地位。一年生植物在潮湿的冬季与春季也很常见。灌丛中的常见动物有鹿、食果鸟类、食种子的啮齿动物、蜥蜴、蛇等。

查帕拉尔群落植被适应了闪电引起的周期性火灾。许多植物含有易燃化学物质，而且燃烧剧烈，尤其是在灌木枯枝堆积的地方。火灾后，灌木利用保存在幸存根系中的能量储备来支持嫩枝的快速生长。有些灌丛植物结出的种子只有在高温下才会发芽。而燃烧后的植被灰烬使土壤富含矿物质营养，会促进植物群落的再生。房子就不会那么幸运了。穿越南加利福尼亚州人口稠密的峡谷的火焰风暴会给人类居民带来毁灭打击。

温带草原

温带草原具有热带稀树草原的一些特征，但除了在河流或溪流附近外，它们大多是没有树木的，而且位于冬季温度相对较低的地区。温带草原年平均降雨量极低，在 25 ～ 75 厘米之间，经常发生严重干旱，无法支持森林生长。周期性的火灾与大型哺乳动物的啃食能够防止木本植物的入侵。这里的食草动物包括北美的野牛与叉角羚，亚洲大草原的野马与绵羊，澳大利亚的袋鼠。然而，与热带稀树草原一样，温带草原的主要食草动物是无脊椎动物，特别是蚱蜢与土壤线虫。

温带草原不生树木，许多鸟在地上筑巢。许多小型哺乳动物，如兔子、田鼠、地松鼠、草原犬鼠、囊地鼠，为躲避捕食者而在地上挖洞。图 18.33 所示的温带草原曾经覆盖北美洲中部的大部分地区。

草原土壤深厚、养分充足，为农业生产提供了肥沃的土地。美国的大部分草原都已经变成了农田或牧场，现在几乎没有天然草原的存在。☑

☑ 检查点

1. 查帕拉尔群落地带的居住者有什么办法可以保护它们的住处免遭火灾？
2. 人们现在如何利用北美大部分曾经是温带草原的土地？

回答：1. 保证住处远离易燃的灌木枯枝。 2. 用于农业。

▼ 图 18.32 **加利福尼亚的查帕拉尔群落。**

▼ 图 18.33 **加拿大萨斯喀彻温省的温带草原。**

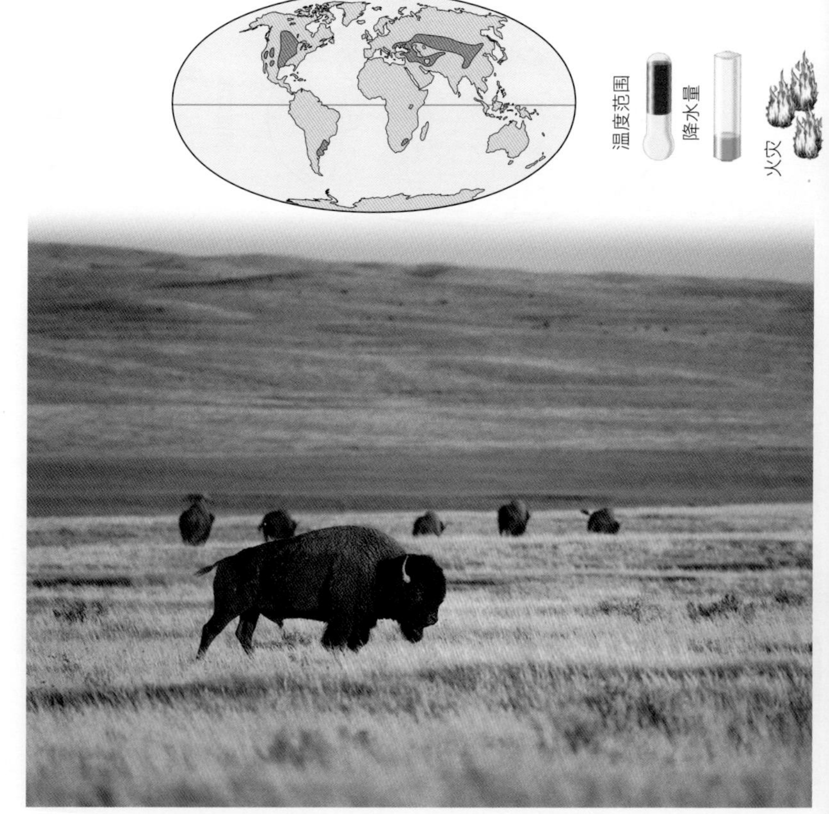

温带阔叶林

温带阔叶林分布在中纬度地区，那里有足够水分来支持大树的生长。那里年降水量相对较高，在75~150厘米之间，通常全年分配均匀。气温随季节变化很大，夏季炎热，冬季寒冷。在北半球，茂密的落叶树是温带森林的标志，如图18.34所示。落叶树在冬天到来之前落叶，因为当温度太低时，无法进行有效的光合作用，叶子蒸发损失的水分不易被冻土水分所补充。

在森林地面土壤与堆积的厚厚落叶层中，生活着许多无脊椎动物。有些脊椎动物，如老鼠、鼩鼱、地松鼠，挖洞建造住所、寻获食物；而其他动物，包括许多鸟类，则生活在树上。居住在这个森林中的食肉动物有短尾猫、狐狸、黑熊、美洲狮等。许多栖息在温带阔叶林的哺乳动物会在林中越冬，一些鸟类会在冬天迁徙到气候较温暖的地方。

事实上，砍伐北美洲原始温带阔叶林，都是为了获取木材、开辟农业或开发用地。然而，这些森林在受到干扰后往往会恢复，今天我们所看到的落叶林生长在它们以前大部分分布地的人类未开发地区。

针叶林

在北半球的**针叶林**中，主要有松、云杉、冷杉、铁杉等常绿乔木。（其他种类的针叶树生长在南美洲、非洲、澳大利亚的部分地区。）泰加林，即**北方针叶林**（图18.35）是地球上最大的陆生生物群区，分布在北极圈以南的北美与亚洲。泰加林也存在于凉爽、高海拔的中纬度地区，例如北美洲西部的大部分山区。泰加林所在地区的气候特点是冬天时间长，降雪多；夏天时间短，有时潮湿，有时温暖。针叶树的针叶在贫瘠的酸性土壤中缓慢分解，只能产生较少供植物生长的养分。许多针叶树的圆锥形树冠可防止过多的雪堆积在树枝上，使树枝断裂。泰加林中的动物包括驼鹿、麋鹿、野兔、熊、狼、松鸡以及各类候鸟。野生东北虎栖息在亚洲的泰加林，其数量日益减少。

北美洲沿海（从阿拉斯加州到俄勒冈州）的**温带雨林**也是针叶林。来自太平洋的温暖潮湿的空气孕育出这种独特的生物群区，就像大多数针叶林一样，这里由几种树种组成，常见的是铁杉、花旗松、北美红杉。这些森林遭到了大量砍伐，古老的树木正在迅速消失。

☑ 检查点

1. 落叶作为落叶树对寒冬的一种适应，是如何发挥作用的？
2. 泰加林的特色树种是什么类型的树？

回答：1. 当水分因土壤解冻而无法补充时，通过落叶减少水分流失。2. 针叶树，如松树、云杉、冷杉、铁杉。

▼ 图18.34 **佛蒙特州秋季的温带阔叶林。**

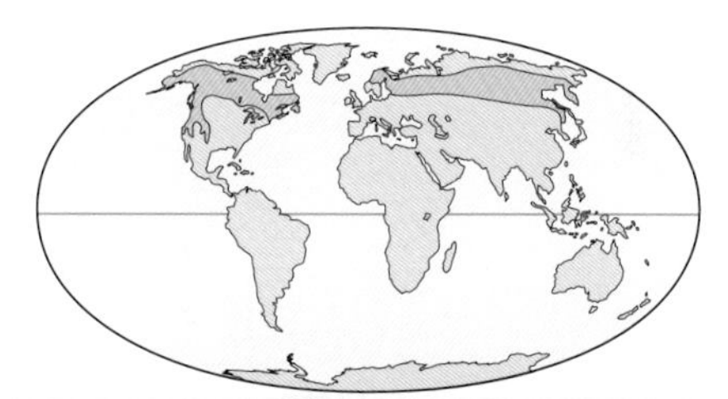

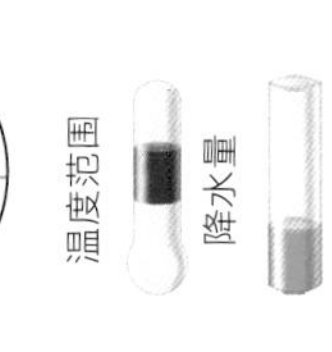

▼ 图18.35 **芬兰北方针叶林，北极光照亮天空。**

苔原

苔原覆盖了泰加林与极地冰之间广阔的区域。**永久冻土**、冷酷严寒、狂风大作是北极苔原（图 18.36）上不见树木与其他高大植物的原因。北极苔原的年降水量很小。但由于水不能穿透下面的永久冻土层，融化的雪、冰在短暂的夏天只能积聚储存在浅层表土中。

苔原植被包括矮灌木、草类、苔藓、地衣。夏天到来时，开花植物在这里迅速生长、开花。哺乳动物中，驯鹿、麝牛、狼、小型啮齿动物旅鼠常见于北极苔原。许多候鸟将苔原作为夏季繁殖地。在短暂但生机盎然的温暖季节，沼泽地中滋生昆虫的水生幼虫为迁徙的水禽提供食物，苔原的空气中经常充斥着成群的蚊子。

在包括热带在内的所有纬度的高山顶上，大风与低温创造了名为高山苔原的植物群落。虽然这些群落与北极苔原相似，但在高山苔原下没有永久冻土层。

极地冰

极地冰覆盖了北半球北极苔原以北与南半球南极洲的高纬度地区（图 18.37）。这些地区终年气温极冷，降水量很小。即使在夏天，也只有一小部分陆地没有冰雪。不过，像苔藓、地衣这样的小型植物，尚能勉强维持生存，而像线虫、螨虫以及跳虫类无翅昆虫等无脊椎动物，则只能栖息在寒冷的土壤里。附近的海冰为北极熊（北半球）、企鹅（南半球）、海豹等大型动物提供了进食平台。海豹、企鹅、其他海鸟会在陆地上休息、繁殖。极地海洋生物群区为这些鸟类、哺乳动物提供了食物。在南极，企鹅在海中捕食各种鱼类、鱿鱼以及称作磷虾的小型虾类甲壳动物。其中南极磷虾，是许多鱼类、海豹、鱿鱼、海鸟、滤食性鲸与企鹅的重要食物来源，它们依靠海冰繁殖，并以之作为躲避捕食者的避难所。随着全球气候变化导致海冰数量减少，持续时间缩短，磷虾栖息地正在缩小。☑

☑ 检查点

1. 全球变暖正融化着北极苔原一些地区的多年冻土层。你预计会有什么样的生物群区来取代这些地区的苔原？
2. 极地冰区与苔原的植被相比如何？

回答：1. 泰加林。 2. 由于气温寒冷，这两个生物群区都不适合植物生长。然而，苔原支持矮灌木的生长，而极地冰植被仅限于苔藓与地衣。

▼ 图 18.36 **加拿大育空地区的北极苔原。**

▼ 图 18.37 **南极洲的极地冰。**

系统内互联　水循环

生物群区不是独立的单位。相反，生物圈的所有部分都由全球水循环（如图 18.38 所示）与营养循环（见第 20 章）联系起来。因此，一个生物群区中发生的事件将长久地影响整个生物圈。

正如本章前面所述，水、空气在靠太阳能驱动的全球模式中运动。降水与蒸汽不断地在陆地、海洋、大气之间移动。水也从植物中蒸发，植物通过蒸腾作用从土壤中提取水。

在海洋上空，蒸发量超过了降水量。其结果是水汽向云层的净移动，而云被风携带，从海洋飘往陆地。在陆地上，降水量超过蒸发量与蒸腾量。过量的降水可能停留在地表，也可能渗入土壤成为地下水。地表水与地下水最终都流回大海，从而完成水循环。

就像淋浴时的水带走你身体上的死皮细胞与一天的污垢一样，冲刷地面的水带走了土地及其历史的痕迹。例如，从陆地流入海洋的水中带有淤泥（细土颗粒）以及化肥、农药等化学品。

海岸开发造成的侵蚀使一些珊瑚礁生长的水域变得浑浊不堪，暗淡了为珊瑚礁群落提供动力的藻类所需的太阳光线。地表水中的化学物质可能通过溪流、河流到达数百英里外的海洋，然后洋流将它们带到更远的地方。例如，在北极的海洋哺乳动物与深海中的章鱼和乌贼身上发现了工业废物中的农药与化学物质。大气污染物（如氮氧化物、硫氧化物）与水结合形成的酸性降水，也通过水循环来分布。

汽车尾气中的空气污染物可以与水结合，并在远方以酸性降水的形式返回地面——证明了水循环在全球范围内运行。

人类活动还以若干重要的方式，影响全球水循环本身。大气水分的主要来源之一，是热带雨林密集植被的蒸腾作用。破坏这些森林会改变空气中水蒸气的含量。若大量抽取地下水用于地表灌溉，会增加陆地上的蒸发速率，也可能耗尽地下水供应。此外，全球变暖正在以复杂的方式影响水循环，对降水模式产生深远的影响。我们将在以下几节中考虑其中的一些环境影响。

☑ 检查点

生物对水循环的主要贡献是什么？

答案：植物通过蒸腾作用将水分从地面转移到空气中。

▼ 图 18.38　**全球水循环。**

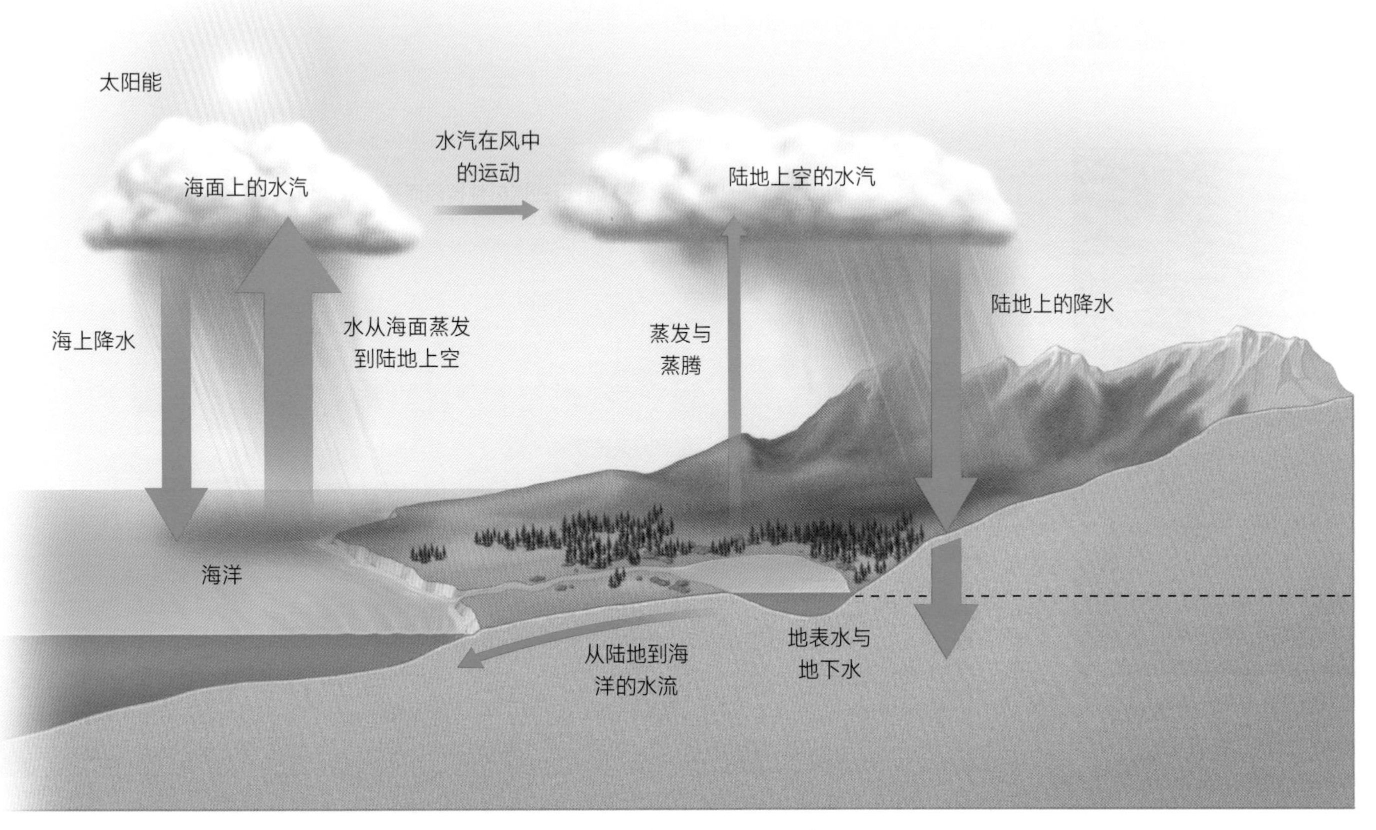

人类对生物群区的影响

千百年来，人们使用越来越有效的技术来获取或生产食物，从环境中提取资源，以及建设城市。现在很明显，这些事业所需要的环境成本十分惊人。在本节中，您将看到人类活动影响森林与淡水资源的一些例子。而在本单元的其余部分，您将了解生态学知识如何应用于实现**可持续发展**，可持续发展的目标是开发、管理、保护地球资源，既满足当今人们的需求，又不损害后代满足其需求的能力。

森林

图 18.27 中的地图显示了在当前气候条件下，有望蓬勃发展的陆生生物群区。然而，人类占领地球的数千年间，已经彻底改变了大约四分之三的陆地表面。我们占用的大部分土地用于农业；另一大部分建设发展为沥青与混凝土堆砌的城市。在热带森林地区，植被的变化尤为显著，这些地区直到最近才摆脱大规模的人类干预。巴西一小片地区的卫星照片显示，地貌是如何在短时间内彻底改变的（图 18.39）。

每年，越来越多的林地被开垦用于农业。你可能会认为，随着人口的不断增长，这片土地需要养活新的人口，但事实并非完全如此。不可持续的农业实践，使世界上许多农田严重退化，以至于无法使用。研究者估计，当今砍伐的森林中的 80%，都是为了代替地力衰竭的农田。热带森林，例如图 18.40 中的森林，也正在被彻底砍伐，用来种植棕榈树，以用于制造化妆品与一系列包装食品，包括饼干、薯片、巧克力产品、汤料。其他森林正因伐木、采矿、空气污染而消失，这些情况对针叶林的打击尤为严重。（如前一节所述，人类产业早已摧毁了大部分温带阔叶林。）那些没有直接转变为粮食生产与生活空间的土地，也打上了我们存在的印记。道路纵横穿过原本不会改变的区域，给荒野带来污染，为新疾病的出现提供了途径，并且把大片生物群区分割成过小的部分，以至于无法支持所有物种。

将土地用于提供食物、燃料、住所等资源，显然对我们有利。但是自然生态系统还提供了支持人类的服务，简要举例有：净化空气与水、营养循环、游览娱乐。（我们将在第 20 章回到生态系统服务的主题。）

▼ 图 18.39 **巴西雨林隆多尼亚地区的卫星照片。**

1975 年。1975 年，这个偏远地区的森林几乎完好无损。

2001 年。2001 年同一地区，一条铺好的公路穿过该地区后，带来了伐木工与农民。“鱼骨”图案标示了穿过森林的新道路网。

▼ 图 18.40 **印度尼西亚的热带森林，为开辟棕榈树种植园而被彻底砍伐。**

淡水

相比于陆地生态系统，人类活动对淡水生态系统的影响，可能对地球上的生命（包括我们自己），构成更大的威胁。淡水生态系统正受到大量氮、磷化合物的污染，这些化合物来自大量施肥的农田或牲畜饲养场。各种其他污染物，如工业废物，也污染淡水生境、饮用水与地下水。由于过度利用地下水灌溉、长期干旱（部分原因是全球气候变化）或水资源管理不善，世界一些地区面临严重的缺水问题。

例如内华达州克拉克县的人口中心拉斯维加斯市因干旱与过度用水，而导致水资源日益紧张。图 18.41（a）是 1973 年拉斯维加斯的卫星照片，当时克拉克县的人口为 31.94 万人。图 18.41（b）显示 40 年后的同一地区，当时人口膨胀到 200 多万人。与巴西雨林照片中绿色植物的消失相反，图 18.41（b）中人类活动的标志，是绿色植物的显著扩张（浇灌草坪、高尔夫球场的结果）。拉斯维加斯位于莫哈韦沙漠的一个山谷中。它从哪里得到水，把贫瘠的沙漠变成绿色的田野呢？

地下水满足拉斯维加斯的部分用水要求，但其主要水源是米德湖。米德湖是由科罗拉多河上胡佛水坝形成的一个巨大水库，该水库几乎接收了所有落基山脉融雪产生的水。随着年降雪量减少（主要由于全球变暖），科罗拉多河的流量已大大减少。米德湖的水位急剧下降（图 18.42），下游干旱的城市与农场正在请求更多的水资源。

为了确保未来有充足的供水，拉斯维加斯正在寻找新的水源。选择之一是位于其所在河谷北端充足的地下水供应。该地区虽然人口稀少，但居住着许多依赖地下水为生的牧场主。该地也是许多濒危物种的家园。毫不奇怪，环境保护主义者与北方河谷的居民正在抵制将地下水输送到拉斯维加斯。

许多地方气候变化的严酷现实，开始影响日常生活，内华达州只是其中之一。水资源争夺战正在美国西部与西南部干旱地区上演，因全球变暖而改变的降水模式，预计将使干旱持续多年。在世界其他地区，包括中国、印度与北非，经济、农业以及人口增长的需求不断增加，使本已稀缺的水资源更加紧张。

当政策制定者正在应对当前危机，并规划未来如何管理资源时，研究者正在寻找可持续农业与水资源利用的方法。基础生态研究，是确保如今及未来人类都有足够食物与水的重要方面。接下来，我们仔细看一看可持续发展面临的主要威胁：全球气候变化。☑

▼ 图 18.42 **米德湖的低水位。**白色的“浴缸圈”是由曾经被淹没的岩石上的矿藏形成的。

▼ 图 18.41 **内华达州拉斯维加斯的卫星照片。**

（a）1973 年 5 月。

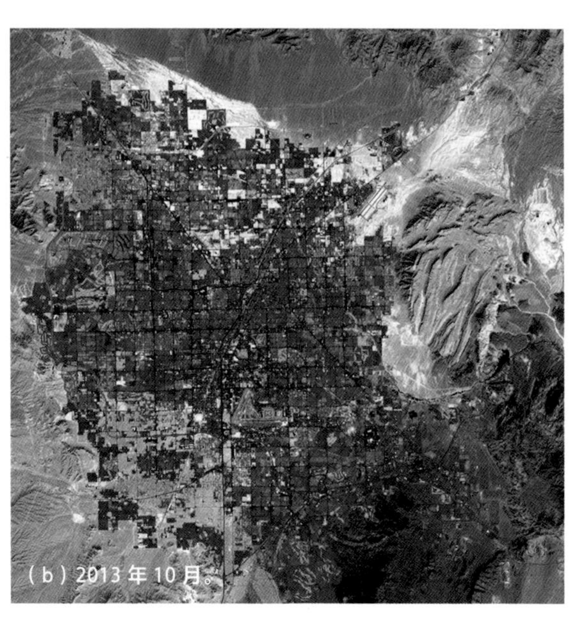

（b）2013 年 10 月。

☑ 检查点

为什么落基山脉降雪量下降是拉斯维加斯居民关心的问题？

答案：落基山脉的融雪流入科罗拉多河，为拉斯维加斯的居民提供水源。

全球气候变化

大气中二氧化碳（CO_2）与某些其他气体浓度的上升，正在改变全球气候模式。这是政府间气候变化专门委员会（IPCC）在 2014 年发表的评估报告的主要结论。来自 100 多个国家的数千名科学家与决策者参加了该报告的编写工作，该报告汇总了数千篇科学论文中发表的数据。因此，科学家们对气候变化是否正在发生这个议题毫无争议。在本节中，你将了解为什么会出现这种情况，它是如何影响生物圈的，以及你可以对此做些什么。

☑ 检查点

为什么 CO_2、甲烷等气体被称为温室气体？

答案：它们能够让太阳辐射穿过大气层，且能防止热量反射出去，就像温室的玻璃将太阳的热量保留在建筑物内一样。

温室效应与全球变暖

为什么地球大气层正在变得越来越暖？一个有用的类比是温室——当外面的天气太冷时，温室被用来种植植物。温室透明的玻璃或塑料膜允许太阳辐射通过，但它们也困住了一些积聚在建筑物内部的热量。在较小的规模上，想象一下在阳光明媚的一天，你在封闭的汽车里会有多热！同样地，地球大气层中的某些气体对太阳辐射是透明的，但会吸收或反射热量。这些所谓的**温室气体**中有一些是天然的，包括 CO_2、水蒸气、甲烷。其他的，如含氯氟烃（CFCs，存在于一些气溶胶喷雾剂与制冷剂中）是合成的。如图 18.43 所示，温室气体就像毯子一样，将热量收集在大气中。这种热效应（通常被称为**温室效应**）本是非常有益的。如果没有这种温室效应，地球上的平均气温将是零下 18℃，这对我们所知的大多数生命来说太冷了。然而，加厚的"温室毯子"提供的隔热层，正在使地球变得过于温暖。

温室气体迅速增加的显著影响是全球平均温度稳步上升，在过去 100 年中，全球平均气温上升了 0.8℃，其中 75% 的增长发生在过去的 30 年。根据 2014 年 IPPC 的报告，到本世纪末，全球平均气温可能会进一步上升 2 ～ 4.5℃。海洋表层与更深层的温度也都在上升。但是温度的升高并非均匀地发生在全球。增幅最大的是北半球的最北部地区与南极洲的部分地区（图 18.44）。☑

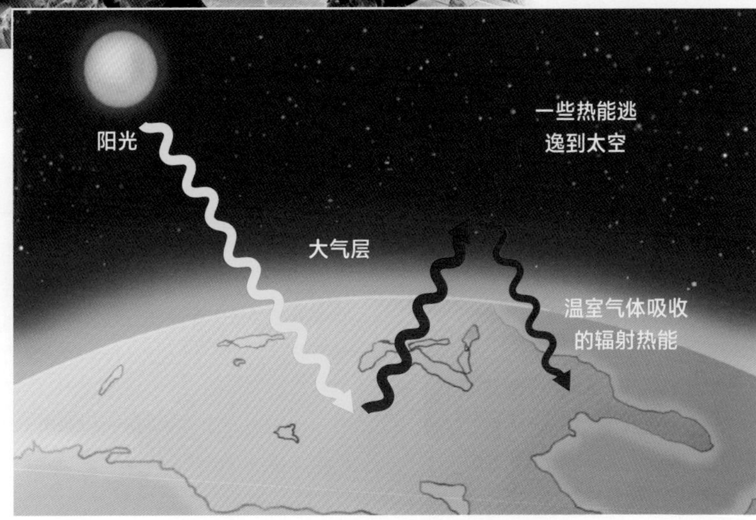

▼ 图 18.43 **温室效应**。大气吸收热量的方式与玻璃在温室里保持热量的方式相同。

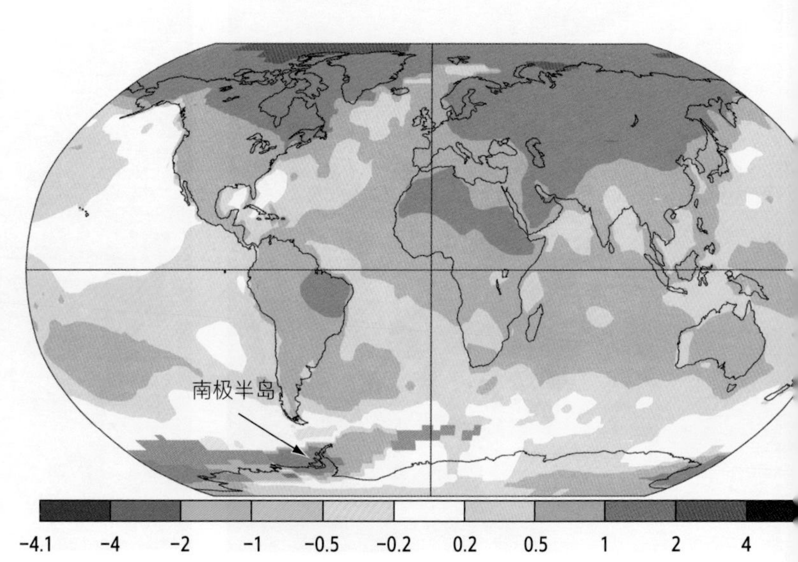

▼ 图 18.44 **2004—2013 年平均气温与 1951—1980 年长期平均气温的差异（单位为℃）**。气温增幅最大的区域显示为红色。灰色表示该地区无可用数据。

温室气体的积累

经过多年的数据收集与辩论商讨，绝大多数科学家确信——人类活动导致了温室气体浓度上升。主要排放源包括农业、垃圾填埋、木材与化石燃料（石油、煤炭、天然气）的燃烧。

让我们更仔细地看一看主要的温室气体——CO_2。65 万年来，大气中 CO_2 的浓度不超过百万分之三百（300 ppm）；工业革命前的浓度是 280 ppm。2013 年，大气中 CO_2 的平均浓度为 396 ppm，并继续上升（图 18.45）。其他温室气体的含量也急剧增加。请记住，CO_2 是通过光合作用过程从大气中分离出来，并储存在碳水化合物等有机分子中的，这些分子最终被细胞呼吸分解，排放出 CO_2（见图 6.2）。总体而言，光合作用吸收的 CO_2 量大致等于细胞呼吸排放的 CO_2 量（图 18.46）。然而，大规模的森林砍伐大大减少了储存于生物质中的碳。同时，由于燃烧化石燃料、木材，CO_2 大量涌入大气层，这一过程从有机物质中排放出 CO_2 的速度，比细胞呼吸快得多。

CO_2 也在大气层与海洋表层水之间进行交换。几十年来，海洋就像一块巨大海绵，其所吸收的 CO_2 量远远超过其所排放的量。但是现在，过量的 CO_2 使海洋变得更具酸性，这一变化可能对海洋群落产生深远的影响。随着海洋酸化的加剧，许多浮游生物与海洋动物（如珊瑚、软体动物），将无法建造它们的外壳或外骨骼。它们的消亡将会消除海洋食物网的一些关键环节，最终损害世界各地的海洋生态系统。☑

▼ 图 18.45 **大气中的 CO_2 浓度。**请注意，在 18 世纪晚期开始的工业革命之前，CO_2 浓度是相对稳定的。

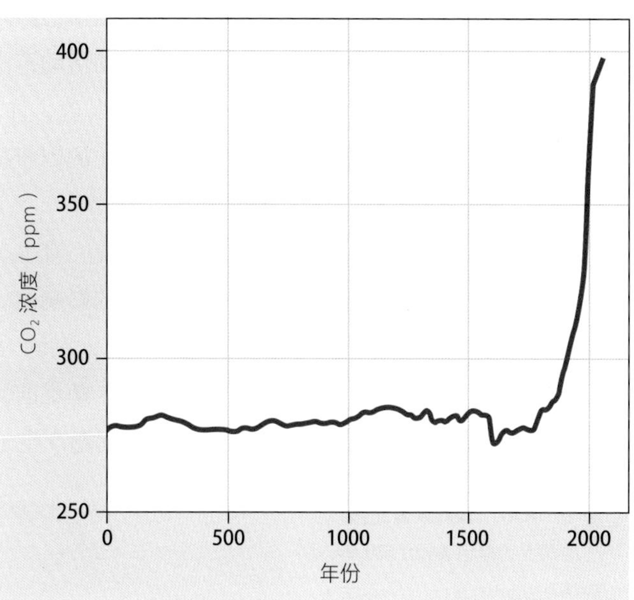

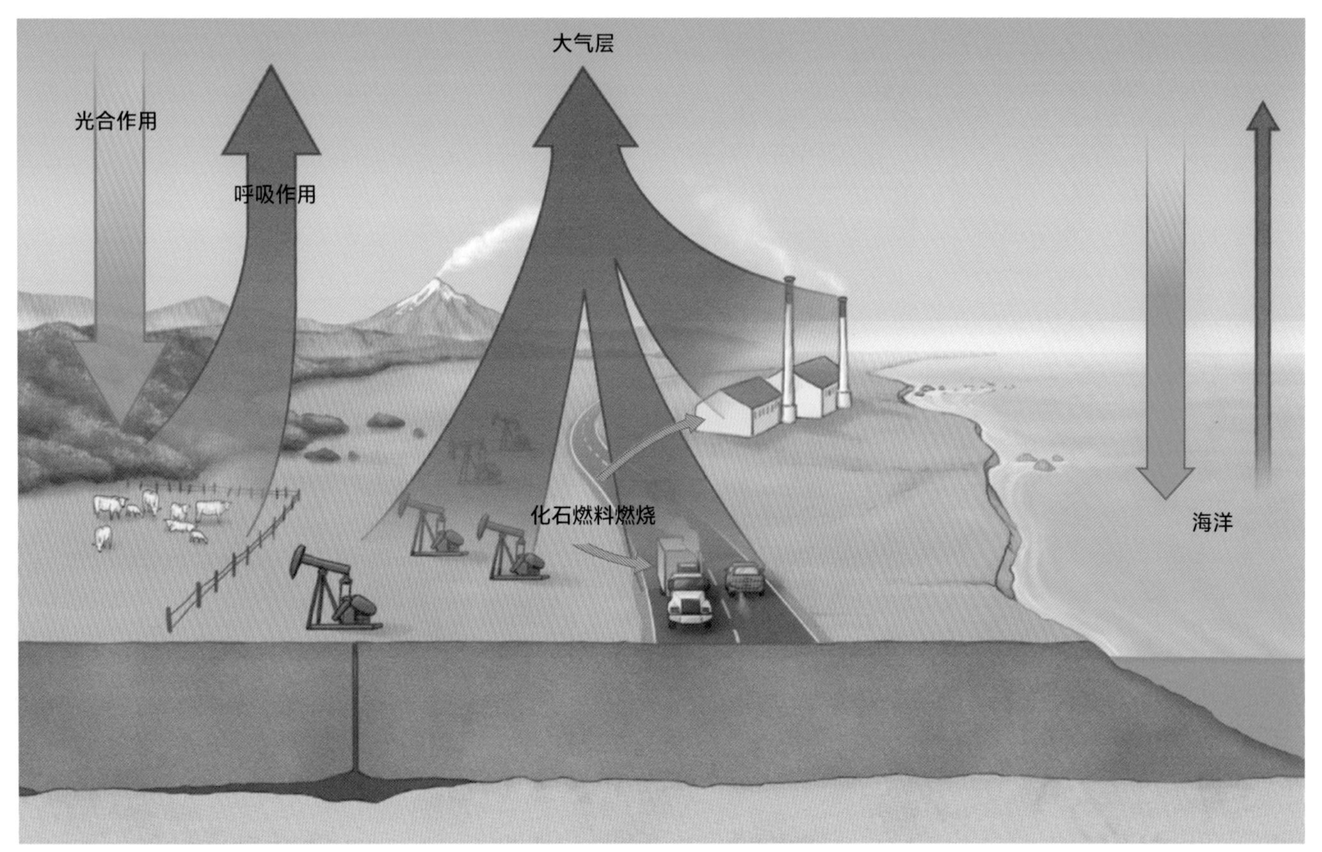

◀ 图 18.46 **CO_2 如何进入、离开大气。**

☑ 检查点

人类活动排放的 CO_2 的主要来源是什么？

答案：燃烧化石燃料。

全球气候变化 科学的过程

气候变化如何影响物种分布?

正如本章所言，环境中的非生物因素是决定生物在何处生存的基本因素。温度与降水模式的变化，理所当然地将对生命分布产生重大影响。随着气温上升，许多物种的活动范围已经向两极或更高的海拔移动。例如，据报告，许多鸟类的活动范围发生了变化，北极圈以北的因纽特人第一次在这个地区看到了知更鸟。

让我们来看一看生态学家小组是如何调查气候变化对欧洲蝴蝶的影响的。研究者观察到欧洲的平均温度上升了 0.8℃，蝴蝶对温度变化很敏感，他们提出了这样的问题：蝴蝶的活动范围是否随着温度变化而变化？由这个问题产生了一个假说——蝴蝶的活动范围边界正在随着变暖的趋势而变化。研究者预测，蝴蝶物种将在其原栖息地的北部建立新的种群，而其栖息地南部边缘的种群将灭绝。该实验包括分析欧洲 35 种蝴蝶活动范围的历史数据。研究结果表明，在过去的一个世纪里，超过 60% 的物种已经将它们的分布北界向极地推进，有些甚至推进了 150 英里（约 240 公里）。同时一些物种的分布南界向北退缩，但其他物种没有。图 18.47 显示了绿豹蛱蝶这一物种的活动范围变迁。

虽然有些生物具有扩散能力与北移的空间，但生活在山顶或极地的物种却无处可去。例如，哥斯达黎加的研究者报告：随着太平洋温度升高，减少了其山区栖息地的旱季薄雾，20 种青蛙、蟾蜍消失了。正如我们在本章“生物学与社会”专栏中提到的，两极的动物也处于危险之中。

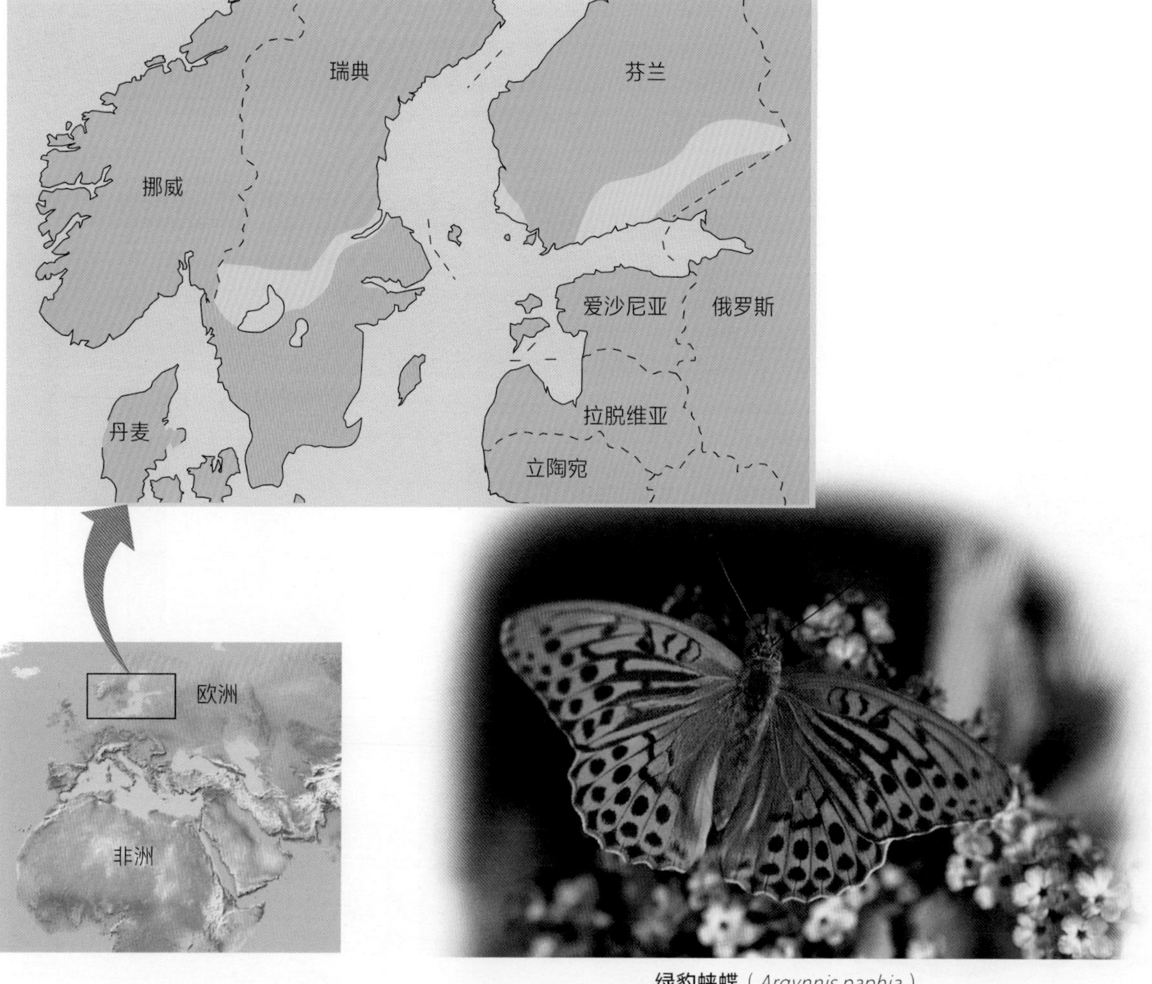

► 图 18.47 **绿豹蛱蝶北移。** 在地图上，橙色表示 1970 年蝴蝶的活动范围；1970 年至 1997 年间变化的活动范围用浅绿色显示。

气候变化对生态系统的影响

诗人约翰·多恩（John Donne）表达的“没有人是一座孤岛”的观点，同样适用于自然界中的物种：每个物种都需要其他物种来生存。气候变化正在使其中的一些种间关系失去同步性。在温带与极地气候中，许多动植物的生命周期事件是由温度升高触发的。在北半球，春季的温暖气温已更早地到来。卫星图像显示，景观较早变绿，花季也较早到来。鸟类、青蛙等各物种的繁殖季节已经提前。但对其他物种来说，春天到来的环境信号是日照长度，日照长度不受气候变化的影响。因此，白靴兔的冬季白色皮毛可能在绿色景观中变得醒目，或者植物可能在传粉生物出现之前就已开花。

气候变化对北美西部森林生态系统的综合影响，导致了灾难性的野火季节（图 18.48）。在这些地区，山区的春季融雪化成水汇入溪流，在夏季旱季维持森林湿度。随着春季的提前到来，融雪开始得更早，并在旱季结束前逐渐减少。因此，火灾季节会持续更长时间。与此同时，全球变暖令进入针叶树产卵的甲虫受益。健康的树木可以抵御害虫，但干旱胁迫下的树木太过脆弱，无法抵抗（图 18.49）。对甲虫来说，更温暖的天气使它们一年繁殖两次，而不是一次。反过来，大量枯树又给火灾火上浇油。野火燃烧的时间更长，所烧毁的森林面积已经急剧增加。

陆生生物群区地图（见图 18.27）也在变化，主要由温度与降雨量决定。融化的永久冻土层正在将苔原的边界向北移动，因为灌木与针叶树能够将它们的范围延伸到先前冰冻的地面。长期干旱正在扩大沙漠范围。科学家还预测，随着气温升高，土壤变干，大片亚马孙雨林将逐渐变成热带稀树草原。

全球气候变化也对人们产生重大影响，因为不断变化的温度与降水模式影响粮食生产、淡水供应以及建筑物与道路的结构完整性。所有预测都表明，未来的影响将更大。然而，与其他物种不同的是，人类可以采取行动减少温室气体排放，甚至可以逆转变暖的趋势。☑

☑ 检查点

甲虫如何受益于全球变暖？

答案：干旱胁迫下的树木对甲虫的抵抗力较弱；随着温暖季节的延长，甲虫一年能繁殖两次而不是一次。

▼ 图 18.49 **科罗拉多州松树上有甲虫出没。**红色或浅色树叶表示死亡或垂死的树。绿树依然健康。

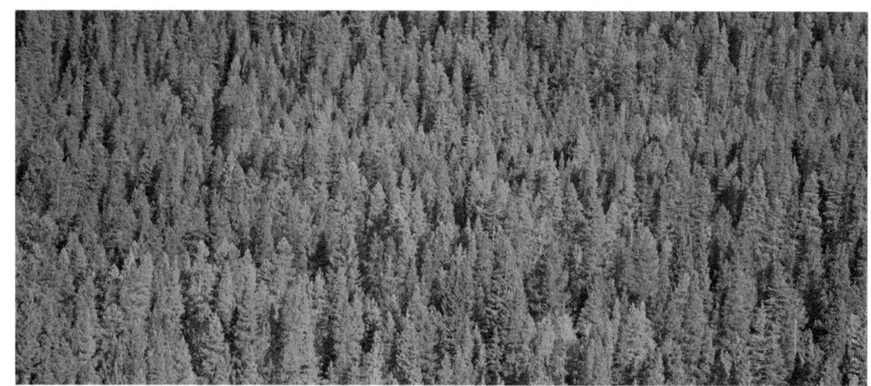

▼ 图 18.48 **2013 年 8 月，美国加利福尼亚州约塞米蒂国家公园的野火。**

展望未来

从 1990 年到 2013 年，温室气体排放量增加了 61%，而且还在继续上升。按照这种速度，进一步的气候变化是不可避免的。然而，通过努力、创造力以及国际合作，我们也许能够开始减少其排放。

考虑到问题的广泛性与复杂性，你可能会认为你自己的行为对温室气体排放几乎没有影响。但是，正是无数个人的共同活动导致了（并且仍在导致）排放量的增加。个人行为所排放的温室气体量，是这个人的**碳足迹**（因为最重要的温室气体是 CO_2）。碳足迹可以通过一系列粗略计算来估算；网上有几种不同的碳足迹计算器。

家庭能源使用是碳足迹的主要贡献者之一。在不用电灯、电视及其他电器时，关掉它们可以很容易地降低能耗。请拔下“电耗子”（如手机充电器、游戏控制台、闲置电脑、音视频设备等）的插头，因为这些设备即使不使用也会耗电。您还可以换装节能灯具。

你家里可能会有“电耗子”设备，即使在你睡觉时也会耗电。

交通运输是碳足迹的另一个重要部分。如果你有车，请妥善维护，整合行驶路径，与朋友共乘，并尽可能使用替代性交通工具。

工业制成品是碳足迹的第三类。你购买的每件商品，在从原材料到商店货架的过程中，都会产生碳足迹。你可以通过拒绝购买不必要的物品，通过回收利用（或者更好的反复利用），而不是把它们扔进垃圾桶，来减少碳排放（图 18.50）。垃圾填埋场是与人类有关的最大甲烷来源，甲烷是比 CO_2 更具威力的温室气体。甲烷是由分解填埋场垃圾的原核生物排放的。

饮食习惯的改变也会减少碳足迹。和垃圾填埋场一样，牛消化系统依赖于产甲烷的细菌。在美国，牛与分解其粪便的细菌排放的甲烷，约占甲烷排放量的 20%。因此，用鱼、鸡、蛋、蔬菜代替饮食中的牛肉与奶制品，可以减少碳足迹。此外，食用当地种植的新鲜食品可以减少食品加工与运输产生的温室气体排放（图 18.51）。许多网站也提供了减少碳足迹的额外建议。☑

☑ 检查点

什么是个人碳足迹？

答案：个人应负责的温室气体的排放量。

▼ 图 18.50 **把垃圾变废为宝。**如果你有不再需要的东西，当你搬宿舍或搬家时，不要扔掉它们。北卡罗来纳州大学具有环保意识的学生收集并出售废弃物品，将所得捐给慈善机构。

▼ 图 18.51 **吃当地种植的食物可以减少你的碳足迹，而且它们味道上佳！**

全球气候变化 进化联系

气候变化是自然选择的一个动因

环境变化一直是生活的一部分；事实上，它是进化性变化的关键因素。进化适应会抵消气候变化对生物体的负面影响吗？研究者记录了一些种群的微进化变化，包括红松鼠、一些鸟类、一种小蚊子[图 18.52（a）]。有些种群，特别是遗传变异大、寿命短的种群，似乎可以通过进化适应来避免灭绝。然而，进化适应不太可能拯救寿命长的物种，例如北极熊、企鹅，它们的栖息地正在快速丧失[图 18.52（b）]。与进化史（地质史）上的重大气候变化相比，现代气候变化的速度快得令人难以置信。如果气候变化按目前的趋势发展下去，到本世纪中叶，数以千计的物种（IPCC 估计有多达 30% 的动植物）将面临灭绝的危险。

▼ 图 18.52 哪些物种将在气候变化中生存下来？

（a）**北美瓶草蚊。**图中以食肉植物瓶子草命名的北美瓶草蚊，可能会进化得很快。

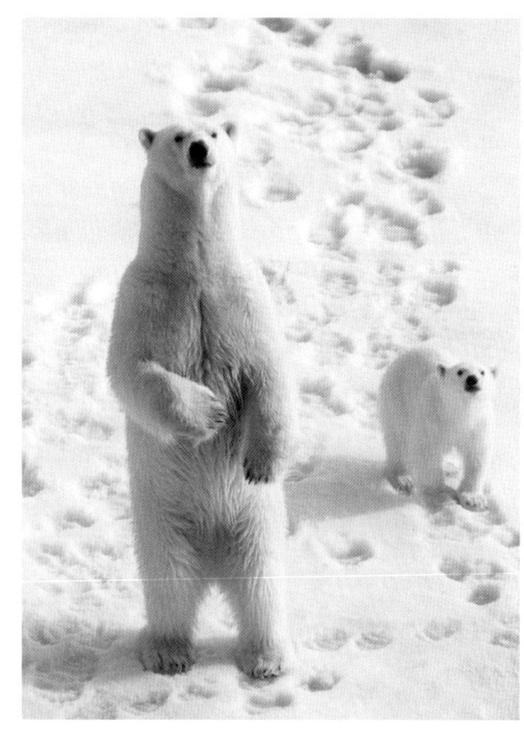

（b）**北极熊。**在海冰间取食谋生的北极熊不太可能生存下来。

本章回顾

关键概念概述

生态学概述

生态学是对生物与其环境之间相互作用的科学研究。环境包括非生物与生物因素。生态学家通过观察、实验与计算机模型来测试对这些因素间相互作用的解释性假说。

生态学与环境保护主义

人类活动对生物圈的所有部分都产生了影响。生态学为理解与解决这些环境问题提供了基础。

系统内互联：交互的层次

生态学家研究四个日益复杂层面的相互作用。

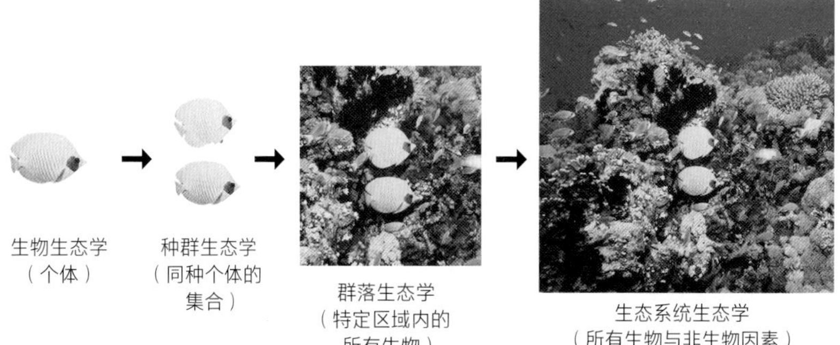

生活在地球多样的环境中

生物圈是一个由非生物因素影响生物分布与丰度的环境糅合而成的系统。

生物圈的非生物因素

非生物因素包括阳光、水、营养、温度的可用性。在水生生境中，溶解氧、盐度、海流与潮汐也很重要。陆地环境中的其他因素包括风、火灾。

生物的进化适应

自然选择适应是生物与其环境相互作用的结果。

适应环境变化

生物体还具有使它们能够适应环境变化的能力，包括对变化条件的生理、行为与解剖结构的反应。

生物群区

生物群区是主要的陆生或水生生命带。

淡水生物群区

淡水生物群区包括湖泊、池塘、河流、溪流与湿地。湖泊因深度、光穿透程度（分为透光带、无光带）、温度、营养物质、氧含量与群落结构而异。河流从源头到流入湖泊或海洋的地方变化很大。水生生物群区的底部是其底栖生物领域。

海洋生物群区

海洋生物，根据水深、光穿透程度、离岸距离以及开阔水域或深海海底的不同，被分为不同的领域（海底、中上层）与区域（透光带、无光带、潮间带）。海洋生物群区包括海洋中上层领域、珊瑚礁、潮间带与河口以及底栖生物领域。珊瑚礁位于大陆架上方温暖的热带水域，具有丰富的生物多样性。深海热液喷口附近的生态系统是由地球内部的化学能而不是太阳光驱动的。河口位于淡水河流或溪流与海洋交汇处，是地球上生物生产力最高的环境之一。

气候对陆生生物群区分布的影响

陆生生物群区的地理分布主要基于气候的区域变化。气候在很大程度上是由地球上太阳能分布不均所决定的。与大型水体的距离、山区等地形也影响气候。

陆生生物群区

大多数陆生生物群区得名于其气候与主要植被。主要的陆生生物群区包括热带森林、热带稀树草原、沙漠、查帕拉尔群落、温带草原、温带阔叶林、针叶林、苔原与极地冰。如果两个地理上分离区域的气候相似，则两个区域可能存在相同类型的生物群区。

系统内互联：水循环

全球水循环将水生生物群区与陆生生物群区联系起来。人类活动正在扰乱水循环。

人类对生物群区的影响

人类对土地的使用改变了大片森林，破坏了自然生态系统提供的服务。不可持续的农业实践耗尽了农田的肥力。人类活动污染了对生命至关重要的淡水生态系统。农业、人口增长、干旱以及降雪量减少都是一些地区淡水资源迅速枯竭的因素。

全球气候变化

温室效应与全球变暖

所谓的温室气体（包括 CO_2、甲烷）增加了地球大气层中保留的热量。这些气体的积累导致全球平均温度上升。

温室气体的积累

人类活动，特别是燃烧化石燃料，是造成 20 世纪温室气体上升的原因。CO_2 的排放量已经超过了自然过程所能吸收的量。

气候变化对生态系统的影响

气候变化正在破坏物种间的相互作用。毁灭性的野火是气候变化对某些生态系统的影响之一。气候变化也在改变生物群区的边界。

展望未来

每个人都有碳足迹，我们对全球温室气体排放的一部分负有责任。我们可以采取行动减少碳足迹。

MasteringBiology®

如需练习测验、生物动画、MP3 教程、视频辅导以及为本教材设计的更多学习工具，请访问 MasteringBiology®。

自测题

1. 按从最小到最全面的顺序，排列下列层次的生态学研究：群落生态学、生态系统生态学、生物生态学、种群生态学。
2. 列举一些可能影响家养鱼缸中生物群落的非生物因素。
3. 寒冷天气下，在皮肤上起鸡皮疙瘩是（一种）______反应的例子，而季节性迁徙是（一种）______反应的例子。

4. 以下哪种海洋生物可以被描述为无光带的中上层动物？
   a. 珊瑚礁中的鱼类
   b. 深海热液喷口附近的巨大蛤蜊
   c. 潮间带的海螺
   d. 深海乌贼
5. 在下图中标出下列生物群区：苔原、针叶林、沙漠、温带草原、温带阔叶林、热带森林。

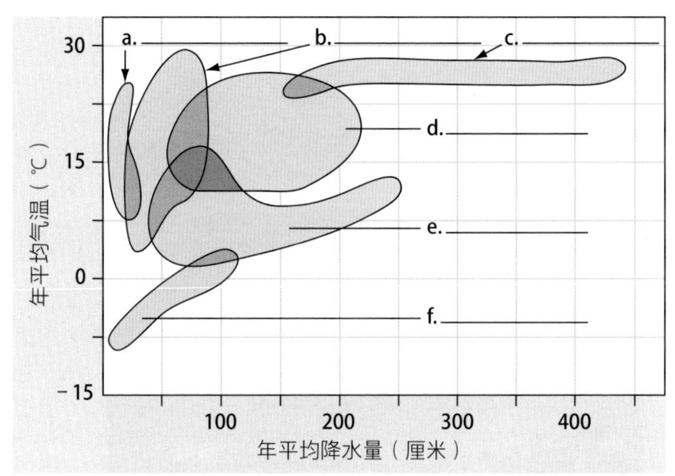

6. 在炎热干燥的夏日里，我们站在海岸边的山坡上，周围是适合生火的常绿灌木。我们很可能站在________生物群区中。
7. 造成北极苔原树木稀少的三个非生物因素是什么？
8. 什么样的人类活动砍伐了最多的森林？
9. 温室效应是什么？温室效应与全球变暖有什么关系？
10. 最近大气中 CO_2 浓度的增加主要是由于________。
    a. 植物的生长
    b. 地球对辐射热量的吸收
    c. 化石燃料与木材的燃烧
    d. 人口增加引起的细胞呼吸
11. 怎样的生物种群最有可能通过进化适应在气候变化中生存？

答案见附录《自测题答案》。

科学的过程

12. 设计一个实验室实验，来测量水温对池塘中某一浮游植物种群增长的影响。
13. **解读数据** 此图显示北半球一个城市的月平均气温与降水量。根据385—390页上的生物群区描述，这个城市位于哪个生物群区中？解释你的答案。（℉与℃、英寸与厘米的换算方法参见本书453页。）

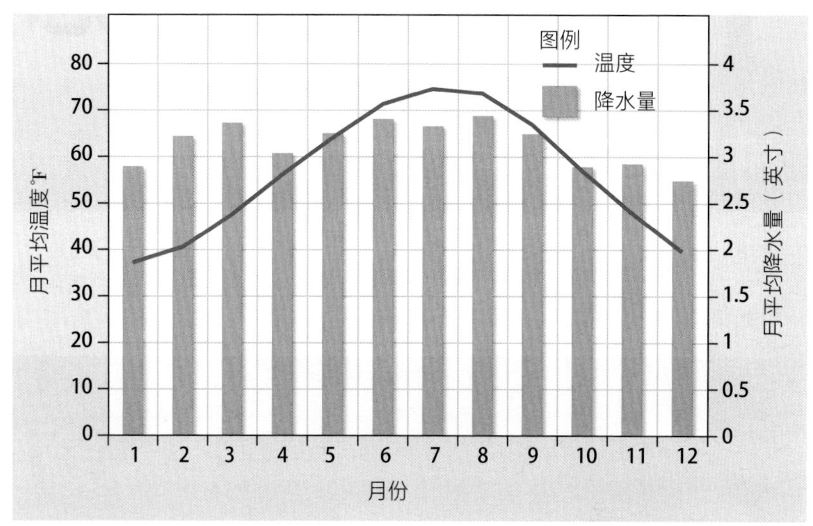

生物学与社会

14. 有些人不相信人类引起的全球气候变化真的在发生。利用你对科学过程的了解（见第1章）与本章的信息，提出你可以用来解释全球气候变化确实正在发生以及人们应该对此负有责任的科学依据的论点。
15. 研究所在国的人均碳排放量。计算你自己的碳足迹，并将结果与你所在国家的平均碳足迹进行比较。列出你愿意采取的减少个人碳足迹的行动。你能采取什么行动来说服其他人减少碳足迹？
16. 2007年夏天，空前的干旱使佐治亚州的亚特兰大市缺水数周。亚特兰大的大部分水来自拉尼尔湖，这是陆军工程兵团在查塔霍切河（Chattahoochee River）筑坝修建的水库。随着拉尼尔湖因降雨不足而干涸，佐治亚州请求管理大坝的兵团减少对下游的排水量。陆军工程兵团拒绝了，理由是根据《美国濒危物种保护法》，他们有义务保护一种鲟鱼和两种贻贝（软体动物）的生境。亚拉巴马州与佛罗里达州也提出了反对意见，那里有数百个城镇、娱乐设施与发电厂依赖于下游排放的水。一些人认为是亚特兰大当局允许开发商"在不考虑是否有足够的水供应的情况下建造房屋"，给城市自身带来了水资源短缺的问题。佛罗里达州还认为，淡水流量的减少将损害其牡蛎渔业。你会如何优先考虑对拉尼尔湖水资源的争夺？应该由谁分配稀缺的水资源？城市与国家如何更明智地规划未来短缺的水资源？

19 种群生态学

种群生态学为什么重要

▼ 如果继续过度捕捞，“海里都是鱼”的说法将会成为空话。

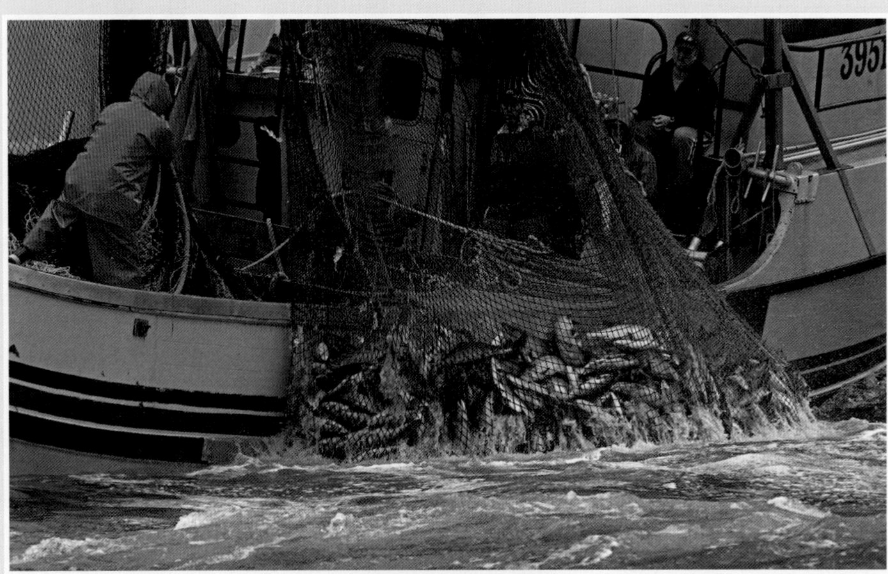

在美国，人均每周产生约 40 磅（约 18 千克）的垃圾，几乎是哥伦比亚人均水平的三倍。

▲ 如果每秒数一个人，数清目前所有的活人需要超过 225 年的时间。

▲ 如果环境资源无限，那么只需要 750 年，一对大象就可以繁衍成一个有 1900 万个体的大象种群。

本章内容

本章线索

生物入侵

生物入侵　生物学与社会

蓑鲉的入侵

蓑鲉（狮子鱼）长着优雅流畅的鳍、醒目的条纹、引人注目的棘刺，是热带珊瑚礁群落中引人注目的成员。它们也是海水水族箱爱好者的最爱——尤其是斑鳍蓑鲉（红狮鱼），它原产于南太平洋和印度洋的珊瑚礁。然而，饲养斑鳍蓑鲉也有一些缺点。它的棘有毒，一旦碰触会产生剧烈的刺痛。斑鳍蓑鲉是无情的捕食者，所以在用水箱饲养时，必须小心地选择其他混养的鱼类品种。而且它们体型较大。一只 5 厘米左右的仔稚鱼可以迅速地生长成约 45 厘米的成鱼，需要一个至少 450 升的水箱。因此一些养殖爱好者会后悔购买斑鳍蓑鲉，把它丢弃到野外。

斑鳍蓑鲉是一种美丽但致命的入侵者，会对珊瑚礁群落构成威胁。这只蓑鲉是在北卡罗来纳州海岸拍摄的，这片海域距离它的原居地有半个地球之遥。

无论是脱离其本身珊瑚礁栖息地的竞争对手和捕食者，还是从水族箱中“解放”出来，斑鳍蓑鲉一旦来到一片新水域，都会成倍地繁殖。在美国东南边的佛罗里达州沿岸第一次发现蓑鲉踪影的数年内，它们的身影就已逐步散播到东海岸了。自那以后，蓑鲉入侵了整个大西洋沿岸和加勒比地区，现在正涌入墨西哥湾。在科学家刚开始研究蓑鲉对当地生态系统的破坏时，它们就已遍布大西洋和加勒比海域，其入侵速度令科学家感到十分震惊。蓑鲉捕食大量鱼类，包括对维持珊瑚礁群落物种多样性至关重要的鱼类，以及石斑鱼、鲷鱼等重要经济鱼类的幼鱼。一些生物学家认为，阻止蓑鲉入侵的最佳方法是吃掉它们。美国国家海洋和大气管理局（NOAA）发起了一项名为“吃掉蓑鲉”的活动，鼓励人们捕食这种美味的鱼类。

人类周游世界的同时，也有意或无意地将成千上万种生物带到了新的栖息地。许多外来物种已经在新栖息地繁衍生息，并对当地环境造成严重破坏。人类在远离故土的新大陆繁衍生息，在这个过程中同样也从根本上改变了自然环境。你在本章中探寻种群生态学的美妙之处的同时，还将了解到人口增长的趋势以及这一生态学领域研究成果的其他应用。

种群生态学概述

生态学家通常将**种群**定义为同一时间占据同一区域的单一物种的所有个体。这些个体依赖于相同的资源，受到相同的环境因素的影响，并且很可能相互交流和交配。例如，生活在特定礁石附近的斑鳍蓑鲉就是一个种群。

种群生态学关注的是种群规模的变化以及随着时间推移调节种群的因素。种群生态学家可以根据种群的大小（个体数量）、年龄结构（不同年龄个体的占比）或密度（单位面积或体积上活动的个体数量）来描述种群。种群生态学家还研究种群动态，即引起种群规模变动的生物和非生物因素之间相互作用的结果。种群增长是种群动态的一个重要研究方向——这也是本章的一个主要话题。

种群生态学在实际应用中起着关键作用。例如，它为环境保护和修复项目提供了关键信息（图 19.1）。在发展可持续渔业、管理野生动物种群方面也大有用武之地。同时，这一领域的研究成果为控制有害生物传播同样提供了深入的见解。种群生态学家还研究了人类种群的增长情况，这是现今最重要的几个环境问题之一。

让我们思考一下，如何简要描述一个种群。我们最先想到的会是这个群体中包括了哪些个体。一个种群的地理边界可能是自然形成的，就像蓑鲉栖息在特定的珊瑚礁一样。但是生态学家在研究中常以更宽松的方式定义种群的边界。例如，一位研究无性生殖对海葵种群增长贡献的生态学家，可能将海葵种群定义为特定潮池中某一种类的所有海葵。而一位研究狩猎对鹿群影响的学者，可能将种群定义为某州范围内的所有鹿。又或者，研究艾滋病传播方式的学者，可能会将一个国家或世界范围内的所有人口视为一个种群，以此来研究艾滋病病毒感染率。

▼ 图 19.1 **生态学家密切接触他们所研究的种群成员。**

（a）加拿大魁北克省拉莫利西国家公园，生物学家在给黑熊注射镇静剂后，为它戴上无线电项圈，以便追踪它的活动。

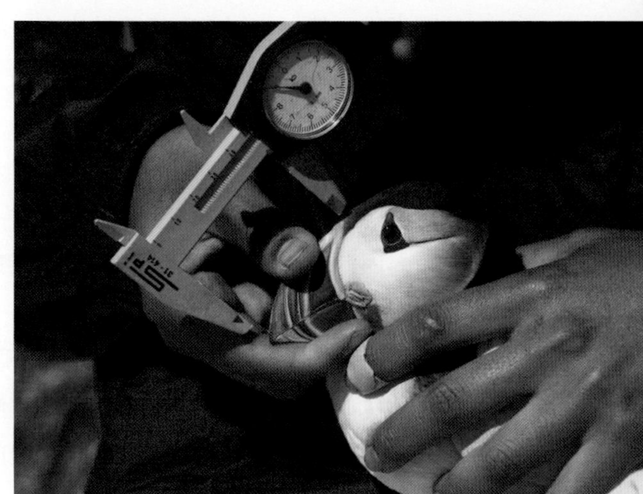

（b）缅因湾，研究者为小型海鸟的巢群修复项目收集相关数据。

（c）南非北开普省库鲁曼河保护区，研究者给所观察的狐獴做标记。

种群密度

我们可以用种群密度简要描述一个种群，即一个物种在单位面积或体积下的个体数量，例如，湖泊中每立方千米（km^3）的水域内大口鲈鱼数量，或者森林中每平方千米（km^2）面积内的橡树数量，或者森林土壤中每立方米（m^3）体积的线虫数量。在极少数情况下，生态学家可以统计种群范围内的所有个体。例如，我们可以统计 50 平方千米的森林中橡树的总数量，比如 200 棵。种群密度等于树木的总数除以面积，在本例中即为每平方千米 4 棵树。

然而在大多数情况下，统计种群中所有个体是不切实际或无法完成的。为此，生态系统学家采用各种抽样方法来估算种群密度。例如，在佛罗里达大沼泽他们可能会选取几个大小为一平方千米的区域作为样本，统计其中的个体数后，估算出这里短吻鳄的密度。一般来说，所选样本区域的数量越多、面积越大，估算的结果越准确。种群密度也可以通过诸如鸟巢数、啮齿动物洞穴数等指标来估算（图 19.2），而不用统计实际的个体数量。

请记住，种群密度不是一个常数。个体的出生、死亡、迁入、迁出，都会使种群密度发生变化。

种群年龄结构

种群的年龄结构（即个体在不同年龄组中的分布）可以透露一些无法从种群密度中获取的信息。举个例子来说，年龄结构可以让人们深入了解一个群体过往的繁殖情况，以及环境因素对种群繁殖的影响。图 19.3 显示了 1987 年加拉帕戈斯群岛仙人掌地雀种群中雄性的年龄结构。（加拉帕戈斯群岛仙人掌地雀的其他例子见图 14.11。）如图所示，四岁（出生于 1983 年）的个体几乎占了一半，而两岁或三岁的年龄段却出现了断层。为什么会有这样戏剧性的变化？仙人掌地雀是食草鸟类，而植物的生长依赖于降雨。1983 年异常潮湿的天气极大地促进了植物生长，这为雀类提供了丰富的食物，形成了 1983 年的“婴儿潮”。而 1984—1985 年的严重干旱限制了食物供应，影响繁殖的同时又导致了许多个体的死亡。正如我们将在本章中所看到的，年龄结构也是一个预测种群未来变化的有效工具。☑

☑ 检查点

年龄结构表现了什么？

答案：不同年龄组个体的分布情况。

▼ 图 19.2 **对草原犬鼠种群的间接普查。**我们可以通过统计这种啮齿动物洞穴的数量，再乘以一般情况下单个洞穴中犬鼠的个数，来粗略估计加拿大萨斯喀彻温省某个草原上草原犬鼠的数量。

▼ 图 19.3 **1987 年加拉帕戈斯群岛中某个岛上的仙人掌地雀（如插图所示）大型种群中雄性的年龄结构。**

生命表与存活曲线

生命表追踪存活情况，即某个种群中个体存活到不同年龄的可能性。人寿保险行业使用生命表来预测一个特定年龄的人平均还能活多久。**表 19.1** 中的数据显示，按照 2008 年的死亡率，在 10 万人口的规模下，每个年龄段预计存活的人数。例如，预计 10 万人中有 93,999 人能活到 50 岁。同一行的最后一列显示，他们活到 60 岁的概率是 0.94，即 94% 的 50 岁老人将活到 60 岁。然而，80 岁的人活到 90 岁的概率只有 0.402。种群生态学家用这种预测方式绘制了生命表，以帮助他们了解各类动植物种群的年龄结构和动态变化。通过生命表中的数据可以识别出生命周期中最脆弱的阶段，以此帮助自然保护主义者制订有效措施来保护种群数量正在下降的物种。

若将生命表中的数据以图形表达出来，即可画出**存活曲线**，其上的点表示在种群个体的最长寿命期限内，各年龄段仍然存活的个体数量（**图 19.4**）。用占最大寿命的百分比代替 x 轴上的实际年龄，我们可以在同一图表上比较寿命差异很大的物种，比如人类和松鼠。人类的存活曲线（红色）表明大多数人都能活到老龄阶段。生态学家将这类曲线称为 I 型曲线。表现出 I 型曲线的物种（如人类和许多其他大型哺乳动物）通常只繁殖少量后代，但给予其良好照顾，提高幼崽存活到成年的可能性。

☑ 检查点

海龟在沙滩上的巢里产卵。虽然一个巢穴可能含有多达 200 个蛋，但只有一小部分幼仔能在从海滩到大海的旅程中存活下来。然而，海龟一旦成熟，死亡率就很低。海龟表现出什么类型的存活曲线？

答案：Ⅲ型。

表 19.1	2008 年美国人口生命表		
	年龄区间的起始存活人数	区间死亡人数	区间生存机会
年龄区间	（N）	（D）	1-（D/N）
0~10	100,000	833	0.992
10~20	99,167	363	0.996
20~30	98,804	941	0.990
30~40	97,863	1224	0.987
40~50	96,639	2640	0.973
50~60	93,999	5643	0.940
60~70	88,356	11,203	0.873
70~80	77,153	21,591	0.720
80~90	55,562	33,215	0.402
90+	22,347	22,347	0.000

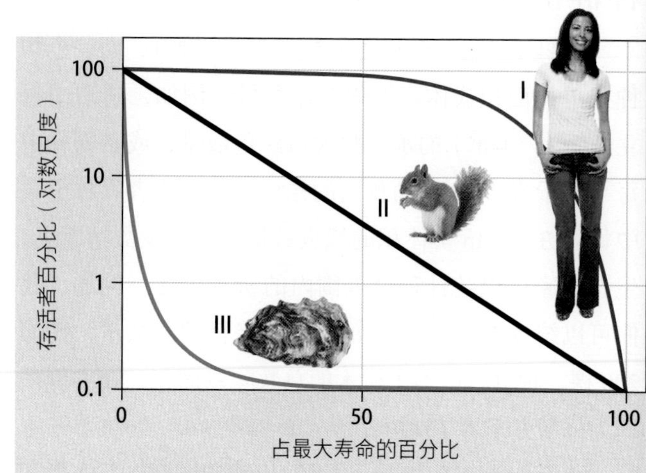

▲ 图 19.4 **三种理想化的存活曲线类型。**

相比之下，Ⅲ型曲线（蓝色）所代表的物种在年幼时存活率较低，少数活到某个年龄段的个体有高概率存活下来。这类物种通常会产生大量的后代，但给予后代很少照料或根本不予照料。例如，某些鱼类一次产数百万个卵，但其中大多数由于捕食或其他原因在幼龄期就死去。许多无脊椎动物，包括牡蛎，存活曲线也是Ⅲ型。

Ⅱ型曲线（黑色）是中间类型，其个体的存活率在整个寿命周期内保持不变。也就是说，个体在生命周期的一个阶段并不比另一个阶段更容易受到伤害。一些无脊椎动物、蜥蜴、啮齿动物就是这样。

进化　作为进化适应的生活史特征

种群的存活模式对个体**生活史**有重要影响，无论是个体的繁殖还是生存行为都与种群的存活模式有所呼应。首次繁殖的年龄、繁殖的频率、后代的数量和父母给予照顾的程度都是重要的生活史特征。正如你从不同类型的存活曲线可以预料到的那样，不同物种的生活史差异巨大。让我们仔细看一看自然选择是如何塑造这些特征的。

你可能还记得，成功繁殖是进化成功的关键（见第 13 章）。那为什么所有生物不是简单地“产生大量后代”就好了呢？——一个原因是繁殖行为在时间、能量、营养等方面耗费巨大，资源限制了后代的数量。一个产生许多后代的个体，无法提供大量亲代抚育行为。因此，生活史特征的组合其实反映了生殖需求和生存需求的协调。换句话说，生活史特征像解剖学特征一样，是由进化适应形成的。

选择压力的不同，使得生物的生活史非常多样。而这种多样性让生态学家有机会了解自然选择是如何塑造生活史特征的。

身体小、寿命短的物种（如昆虫、小型啮齿动物）常见的生活史模式是：迅速成长并达到性成熟、有大量后代、很少有或完全没有亲代抚育。在植物中，“亲代抚育”的程度由每颗种子中储存的营养物质来衡量。许多小型非木本植物（例如蒲公英）会产生成千上万的小种子。上述动植物具有**机会型生活史**，能在有利环境下立即存活生长。通常具有机会型生活史的物种存活曲线常表现为Ⅲ型。

相比之下，另一些物种则拥有**平衡型生活史**：它们在缓慢发育后达到性成熟，只产生少量的后代但能提供较好的亲代抚育。这类生物通常是体型较大、寿命较长的物种（例如，熊和大象）。具有平衡型生活史的物种存活曲线表现为Ⅰ型。这一生活史模式下的植物通常为某些树木。例如，椰子树产生的种子相对较少，但是这些种子富含营养物质。表 19.2 对机会型和平衡型生活史的关键特征进行了比较。

是什么原因导致了生活史模式的不同？一些生态学家猜想，后代的潜在存活率和成年个体再次繁殖的可能性是关键因素。在严酷而难以预测的环境中，一个成年个体可能只有一次成功繁殖的机会，因此投资于数量而不是质量可能更具优势。另一方面，在更有利、可靠的环境中，成年个体更有可能存活下来并再次繁殖。种子更有可能落在肥沃的土地上，新出生的幼崽更有可能存活到成年。在这种情况下，成年个体每次繁殖只将精力投入到少数几个后代并精心照顾的策略显然更有利。

各类生活史模式所展现出来的特点，远比上述两个极端类型要丰富多彩。尽管如此，对比这两种模式的特点，还是能帮助我们更好地理解生活史特征与种群增长之间的相互作用。☑

☑ 检查点

“机会”一词是如何抓住机会型生活史模式的关键特征的？

答案：具有机会型生活史物种的特点是，当环境为繁殖提供暂时的机会时，它们能够迅速地产生大量后代。

蒲公英具有机会型生活史。

大象具有平衡型生活史。

表 19.2 具有机会型和平衡型生活史种群的一些特征

特点	机会型种群（例如许多野花）	平衡型种群（例如许多大型哺乳动物）
栖息地气候	相对不可预测	相对可预测
成熟时间	短	长
寿命	短	长
死亡率	往往很高	通常很低
每次生殖时产生的后代数量	很多	极少
一生中的繁殖次数	通常一次	往往多次
第一次繁殖时间	生命早期	相对较晚
后代或卵的大小	小	大
亲代抚育	很少或无	往往很充分

种群增长模型

个体的出生、死亡、迁入、迁出，都会使种群规模出现波动。一些种群的规模——例如，成熟的森林中的树木数量——随着时间的推移会相对稳定。其他一些种群的规模则变化迅速，有时甚至会爆炸性地增长。假设有一种细菌，它每隔 20 分钟就会分裂一次。分裂开始的 20 分钟后分裂成 2 个，40 分钟后 4 个，60 分钟后 8 个，依此类推。仅在短短 12 小时内，这个群体将含有近 700 亿个细胞。如果繁殖继续以这种速度进行一天半，即 36 个小时，细菌将足以铺满地球表面、厚达一英尺（约 30 厘米）！种群生态学家使用理想化模型来研究特定种群规模在不同条件下如何随时间变化。我们将借用两个基础的数学模型来介绍种群增长的一些基本概念。

如果环境资源无限，那么只需要 750 年，一对大象就可以繁衍成一个有 1900 万个体的大象种群。

指数增长模型：环境资源无限条件下的理想增长

第一种模型被称为指数增长，其原理类似于计算存款复利：每次利息支付（个体增加到种群中）后，本金（种群规模）增长都变得更快。种群**指数增长模型**，描述了种群在一个理想的、无限制因素存在的环境中的扩张情况。在这个模型中，将当前种群大小乘以一个常数因子（出生率减去死亡率），即可计算新世代的种群规模。让我们看一看种群是如何增长的。在图 19.5 中，以 20 只兔子为研究对象，用 y 轴表示兔子的种群规模。因为兔子的出生率高于死亡率，所以每个月兔子的种群规模都会增加。

如图 19.5 所示，每个月新增兔子的数量都比上个月的多。换句话说，种群规模越大，增长的速度就越快。种群增速加快在图中显示为一条 J 形的曲线，这是指数增长的典型特征。曲线的斜率表示种群的增长速度。一开始，当种群还很小的时候，曲线几乎是平的：前 4 个月，种群中的兔子仅增加了 37 只，平均每月出生 9.25 只。到第 7 个月末时，增长率已经上升到平均 15 只 / 月。最大的增长出现在第 10—12 个月期间，这时平均每月有 85 只兔子出生。

指数型种群增长常见于某些情况下。例如，火灾、洪水、飓风、干旱或寒冷的环境可能会使某些种群规模突然减小。然后，具有机会型生活史的生物可以迅速利用缺乏竞争对手的优势，以指数型的增长迅速占领栖息地。人类活动也是一类干扰因素，因此具有机会型生活史的动植物通常能占据路堑、新开垦的田地林地，以及保养不善的草坪。然而，没有一个自然环境能维持无限期的指数增长。☑

▼ 图 19.5　**兔子种群的指数增长。**

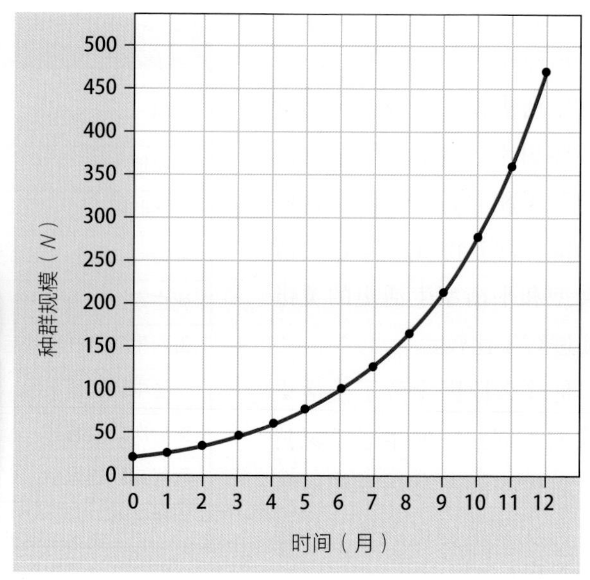

☑ 检查点

为什么种群增长的指数模型会产生一个 J 形的曲线？

答案：随着种群规模的增加，种群增长也会加速。

逻辑斯谛增长模型：环境资源有限条件下的现实增长

大多数的自然环境没有维持种群持续增长所需的无限资源供应。限制种群增长的环境因素称为种群**制约因子**。种群制约因子最终会限制栖息地内的个体数量。生态学家将环境**容纳量**定义为特定环境所能承受的最大种群规模。在种群逻辑斯谛增长模型中，随着种群规模接近环境容纳量，增长率逐渐降低。当种群规模达到环境容纳量时，增长率为零。

图 19.6 展示了阿拉斯加州圣保罗岛上海狗种群的增长情况，可以从中发现种群制约因子的影响。（为了简单起见，只统计有配偶的雄海狗。如图所示，每头雄海狗都“妻妾成群”。）1925 年以前，因为不受控制的捕猎，岛上海狗数量一直很低：只有 1000 ~ 4500 头雄海狗。在狩猎得到控制之后，海狗的数量迅速增长，到 1935 年左右，数量开始稳定在 10,000 头上下——这是圣保罗岛的环境容纳量。此时，主要的种群制约因子即为适合繁殖之区域的大小。

各物种的环境容纳量各不相同，这取决于物种自身和可用资源。例如，在一个繁殖区域较少的小岛上，海狗的环境容纳量可能不足 10,000 头。即使在同一地区，环境容纳量也并非定值。生物体与群落中的其他生物相互作用，包括捕食者、病原体和食物，这些相互作用会影响环境容纳量。非生物因素的变化也可能增大或减小环境容纳量。无论如何，环境容纳量概念表达的本质事实是：资源是有限的。

生态学家推测，对拥有平衡型生活史的种群的选择，发生在种群规模接近或达到环境容纳量的情况下。因为在这种环境中，对资源的竞争非常激烈，生物通过争夺能量给自己和后代的生存带来优势。

图 19.7 比较了逻辑斯谛增长（蓝色）与指数增长（红色）。如图所示，逻辑斯谛增长曲线最初是 J 形的，但随着种群规模的增大逐渐变平缓，变成 S 形。无论逻辑斯谛增长模型还是指数增长模型都是理论上的假设。没有一个自然种群的变化会完全和这两种模型相吻合。但这些模型对研究种群增长来说是很有效的。生态学家使用它们来预测种群在某些环境中的增长情况，并将其作为构建更复杂模型的基础。☑

▼ 图 19.6 **海狗种群的逻辑斯谛增长。**

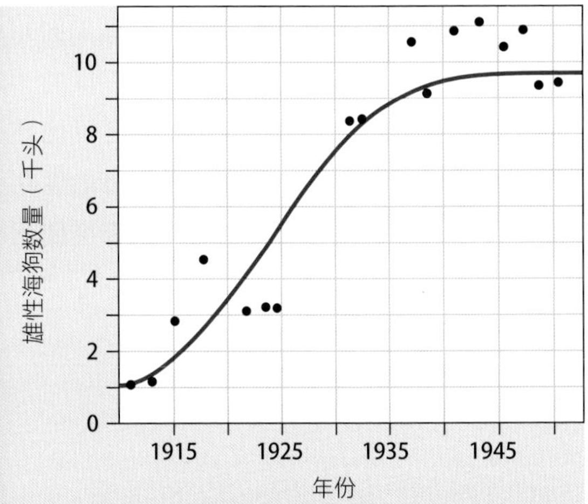

☑ 检查点

当一个种群达到其承载能力时会发生什么？

答案：有足够的资源来维持种群规模，但种群不会继续增长。

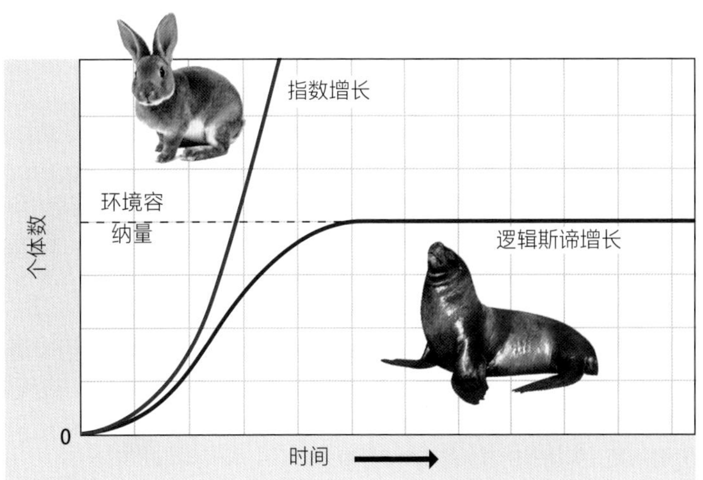

◀ 图 19.7 **指数增长和逻辑斯谛增长的比较。**

种群增长的调节

现在让我们更详细地了解自然界是如何调节种群增长的。是什么阻止了种群在到达环境容纳量后继续增加？

密度制约因子

许多**密度制约因子**可以限制自然种群的生长，这类影响因素的作用与种群密度相关。其中最典型的是**种内竞争**，即同一物种的个体间相互竞争有限资源。越来越多的个体共享有限的食物供应，导致每个个体用于繁殖的能量减少，最终导致出生率下降。密度制约因子也可以通过提高死亡率来抑制种群增长。例如，在一群歌带鹀中，这两个因素共同导致了存活和离巢的雏鸟数减少［（图 19.8（a）］。随着食物竞争者的增加，雌性歌带鹀产卵量降低。与此同时，鸟蛋和雏鸟的死亡率也随着种群密度的增大而提高。

由于种内竞争的加剧，密植的植物死亡率会提高。即使能在这种情况下存活，密植的个体也会比非密植的个体开更少的花、结更少的果实和种子。种子发芽后，园丁经常拔出一些幼苗，以保证剩余幼苗能获得足够的资源。这也是为什么我们从苗圃购买花草后，常被提醒要将植株隔开一定距离种植。

有限的资源也可能指代食物或营养物质以外的东西。就像一场“抢椅子”游戏一样，安全藏身之处的数量同样可能是种群密度制约因子，因为那些无法找到藏身之处的个体将面临更大的被捕食风险。例如，年幼的棕短鳍海鲫隐藏在大型海带“森林”中以躲避捕食者（图 15.27）。在图 19.8（b）所示的实验中，被捕食的比例将随海鲫种群密度的增大而增大。对于许多领地动物，有限的空间将会限制种群的繁殖。例如，岩石岛屿上可供筑巢的地点数会限制海鸟（例如鲣鸟）的种群规模（图 19.9）。

除了对资源的竞争之外，一些其他因素还可能导致与种群密度相关的死亡事件。例如，在拥挤的生存条件下，疾病传播的加剧或有毒废物的积累都会使死亡率上升。

▼ 图 19.8 **密度制约因子的调节。**

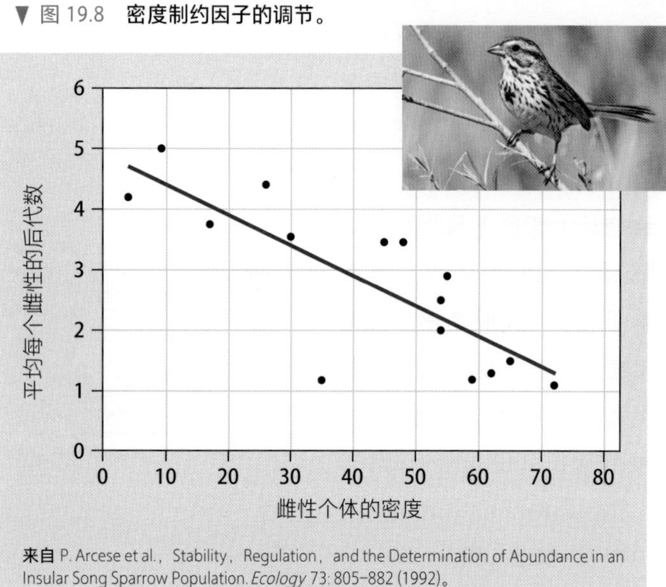

来自 P. Arcese et al., Stability, Regulation, and the Determination of Abundance in an Insular Song Sparrow Population. *Ecology* 73: 805–882 (1992)。

（a）随着种群密度的增加，歌带鹀（如插图所示）的繁殖成功率下降。

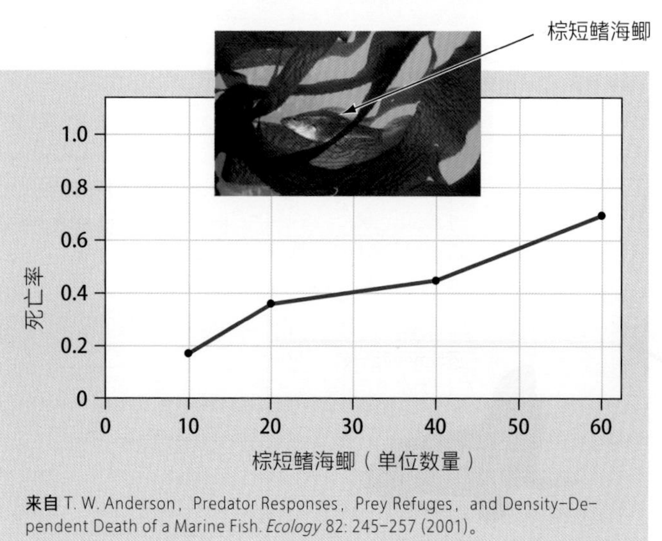

来自 T. W. Anderson, Predator Responses, Prey Refuges, and Density-Dependent Death of a Marine Fish. *Ecology* 82: 245–257 (2001)。

（b）随着种群密度的增加，棕短鳍海鲫（如插图所示）的死亡率升高。

▼ 图 19.9 **可供筑巢的地点是鲣鸟种群的有限资源。**

非密度制约因子

在许多自然种群中，非生物因素（如天气）可能在其他制约因子起效前就制约或减小了种群规模。作用强度与种群密度无关的种群制约因子称为**非密度制约因子**。观察这类种群的增长曲线，我们会发现在指数增长之后种群规模在迅速下降而不是趋于平稳。图 19.10 显示了蚜虫种群内的这类效应，蚜虫是一种以植物含糖汁液为食的昆虫。它们在春天经历了指数增长，在夏天天气变得炎热干燥时迅速死亡。可能只有少数个体幸存下来，使得种群能在有利条件重新到来时恢复增长。在其他一些昆虫种群（蚊子或蚱蜢）中，成虫会在繁殖期后全部死亡，留下的卵在第二年发育繁殖。除了季节性的气候变化外，突发灾难如火灾、洪水和风暴等环境干扰都会以非密度制约的方式影响种群的规模。

从长期来看，大多数种群都会受到密度制约因子和非密度制约因子的双重调控。尽管一些种群的规模保持稳定，且接近由竞争或捕食等生物因素决定的环境容纳水平，但从长期数据来看，大多数种群的规模确实存在波动。

种群周期

一些昆虫、鸟类和哺乳动物的种群密度有显著的规律性波动。以指数增长为特征的“繁荣”之后是“萧条”，在此期间种群下降到极低水平。最典型的例子就是旅鼠，它们是一类生活在冻土带上的小型啮齿动物。旅鼠种群每三到四年就会经历一轮繁荣与萧条周期。研究者猜测，这种转化受食物供应状况的影响。另一个假设则认为，在“繁荣”期间拥挤引起的压力会引发荷尔蒙变化，降低出生率，导致“萧条”。

图 19.11 展示了另一个典型案例——雪兔和猞猁的周期。猞猁是加拿大和阿拉斯加北部森林中雪兔的主要捕食者之一。雪兔和猞猁数量大约每十年都会出现一次快速增长，然后紧跟一次急剧下降。是什么导致了这种兴衰更替呢？从图上看，两个种群的数量起伏几乎同步进行，这是否意味着一个群体的变化直接影响另一个群体？对于雪兔周期的形成原因，存在三个推测。首先，这种循环可能是由过度放牧导致的冬季食物短缺造成的。其次，循环周期可能是由捕食者 - 猎物的相互作用引起的。除了猞猁之外，许多捕食者，如郊狼、狐狸和大角猫头鹰，都以雪兔为食，这些捕食者可能会过度捕食它们的猎物。最后，可能是食物有限和过度捕食共同导致了这个循环周期。近年来的实地研究支持这样的假设：雪兔种群每隔十年的波动很大程度上是由过度捕食引起的，但也受到雪兔食物供应波动的影响。长期研究是找出这种种群周期复杂原因的关键。☑

☑ 检查点

列出一些限制种群增长的密度制约因子。

答案：食物和营养限制，领地或巢穴空间不足，疾病和捕食者增加，毒素积累。

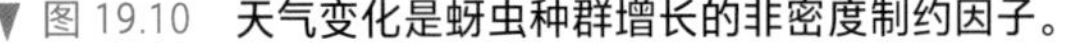
▼ 图 19.10 **天气变化是蚜虫种群增长的非密度制约因子。**

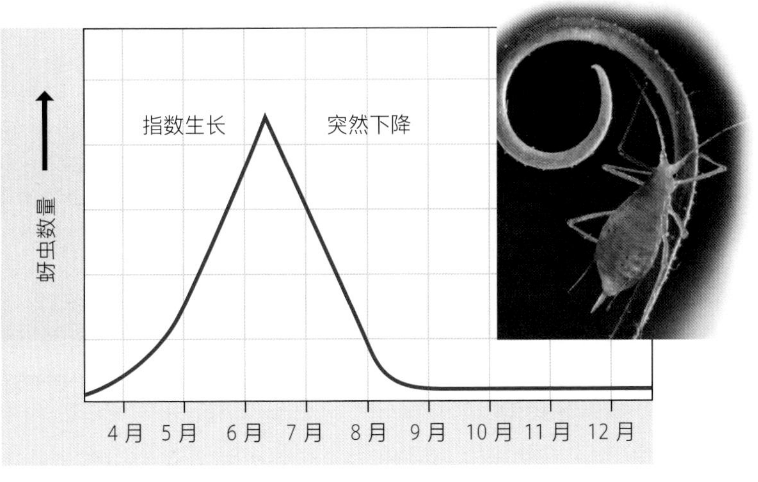

▼ 图 19.11 **雪兔和猞猁的种群周期。**

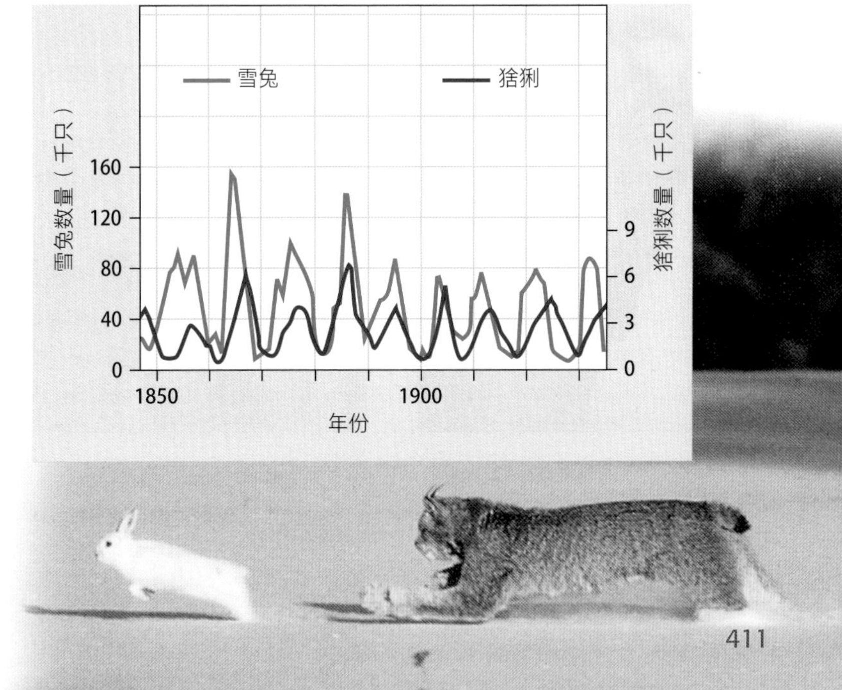

种群生态学的应用

在很大程度上，人类已经将地球的自然生态系统转变为为自身利益生产商品和服务的生态系统。在某些场景下，我们试图增加希望收获的生物种群数量，并减少我们认为是有害生物的种群数量。有时我们还会努力拯救濒临灭绝的生物。种群生态学的原理有助于指导我们实现这些不同的资源管理目标。

濒危物种保护

《美国濒危物种保护法》将**濒危物种**定义为“在其全部或大部分生境范围濒临灭绝的物种”。**受威胁种**是指在可预见的将来可能成为濒危物种的物种。濒危物种和受威胁种的特征是种群规模大幅减少或稳步下降。自然保护主义者面临的挑战是要确定对物种有灭绝威胁的情况，并设法补救这种情况。

红顶啄木鸟是首批公布的濒危物种之一（图 19.12）。这种鸟的生存繁衍依赖于长叶松林。红顶啄木鸟最初发现于美国东南部，因为伐木和农业的发展，其栖息地逐渐消失，红顶啄木鸟的数量也随之减少。此外，人类活动降低了这些森林生态系统中自然发生火灾的概率，改变了许多现有森林的树种构成。研究表明，当松树间的灌木丛较密集且高于 4.5 米时，繁殖中的鸟类往往会放弃筑巢。显然红顶啄木鸟需要在巢址和觅食地之间有一条清晰的飞行路线。野生动物管理人员只有了解了影响这一物种种群规模的因素，才能有效地保护它们重要的栖息地，比如用火控制森林下层的林下植物密度。采取了这些措施后，红顶啄木鸟的数量开始恢复。☑

☑ **检查点**

红冠啄木鸟数量恢复的关键因素是什么？

答案：通过控制燃烧去除下层植被。

可持续资源管理

野生动物管理者、渔业生物学家、林业工作者的一个目标是：在尽可能多地收获的同时，保持未来可持续的收获。这需要保持高种群增长率以使种群规模可持续发展。根据逻辑斯谛增长模型，当种群规模大约是栖息地环境容纳量的一半时，增长速度最快。理论上，人类可以通过将总群规模控制在这个级别来实现最佳结果。然而，逻辑斯谛增长模型假设增长率和环境容纳量随时间推移保持不变。基于这些假设的计算对某些种群来说是不现实的，可能导致无法维持持

▼ 图 19.12　**红顶啄木鸟的栖息地。**

一只红顶啄木鸟在长叶松树上的巢里栖息。

高密度的灌木丛阻碍了啄木鸟进入觅食地。

低矮的灌木丛，为鸟类在巢址和觅食地之间，提供了一条清晰的飞行路线。

续的高收获水平，最终耗尽资源。此外，人类的经济和政治压力往往凌驾于对生态的关切之上，而科学信息又往往不足。

如果继续过度捕捞，“海里都是鱼”的说法将会成为空话。

鱼类（为数不多的仍被大规模捕猎的野生动物）尤其容易受到过度捕捞的伤害。例如，在北大西洋鳕鱼捕捞中，对鳕鱼种群数量的过高估计，加上在海上丢弃不合捕捞标准小鱼的做法，导致死亡率高于预期。鳕鱼捕捞业在 1992 年崩溃，至今仍未恢复（图 19.13）。

直到 20 世纪 70 年代，海洋渔业还集中于栖息在大陆架（见图 18.19）附近的鳕鱼等物种。随着这些资源的减少，人们的注意力转向了更深的海域，主要是深度超过 600 米的大陆坡海域。在这些新开发的捕鱼区，渔获量起初很高，但随着鱼类资源耗尽，渔获量迅速下降。更深的水域水温更低，且食物相对匮乏，适应这类环境的鱼类，如小鳞犬牙南极鱼和大西洋胸棘鲷，通常生长较慢，需要较长时间才能达到成熟期，且其繁殖率低于大陆架附近的物种。

如果不了解目标物种的基本生活史特征，就无法估算可持续捕捞率。此外，仅仅了解种群生态学还不够；实现可持续渔业还需要了解群落和生态系统的特征。☑

☑ 检查点

为什么管理者试图将鱼类和其他狩猎物种的数量维持在其承载能力的一半左右？

答案：防止过度采收，同时保持较低的种群水平，可使其增长率更高。

▼ 图 19.13 **纽芬兰北部鳕鱼捕捞业的崩溃。**截至 2013 年，渔业尚未恢复。

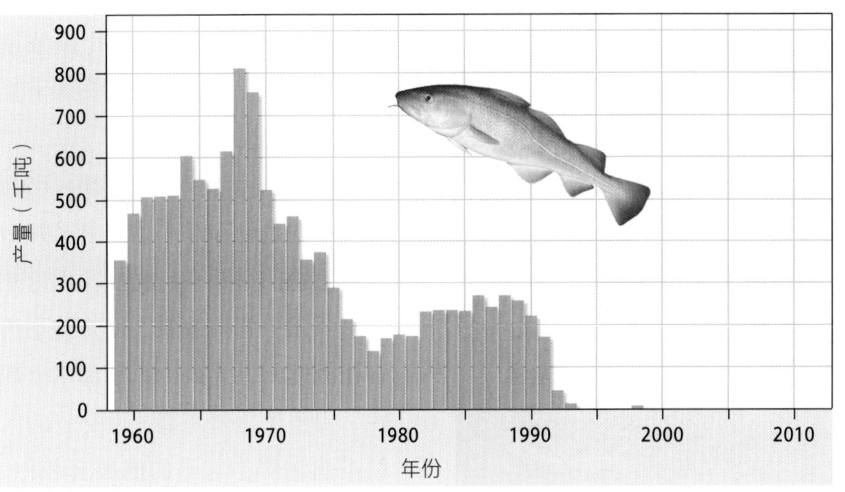

入侵物种

就像本章“生物学与社会”中提到过的蓑鲉一样，引入非本地物种可能破坏生态系统。**入侵物种**是一类非本地物种，其传播范围远远超出其原始引入点，并会通过快速繁殖和占据栖息地等方式造成环境或经济损失。仅在美国，就有数百个入侵物种，包括植物、哺乳动物、鸟类、鱼类、节肢动物、软体动物。在全球范围内，还有数千个入侵物种。不管你住在哪里，入侵植物或动物可能就在你附近。入侵物种是当地物种灭绝的主要原因。入侵物种带来的经济代价是巨大的——估计在美国每年造成 1370 亿美元损失。

并非所有引入新栖息地的生物都能成功繁衍，也不是每个在新栖息地中生存的物种都会成为入侵物种。哪些非本地物种会变成破坏性入侵物种？——没有简单的答案，但入侵物种通常具有机会型生活史。例如，雌性蓑鲉在一岁时就已性成熟，每年可产卵约 200 万个。

美国西部干旱地区入侵植物——旱雀麦（*Bromus tectorum*，图 19.14），其生活史特征助其成功地在新栖息地繁衍。它的种子夹杂在从亚洲运来的谷物中，意外地被带到美国，然后通过牲畜传播。旱雀麦占领了数百万英亩的牧场，且每年新占领的牧场有罗德岛那么大。这些牧场以前主要生长着本地草类和三齿蒿。旱雀麦种子在秋雨中发芽，根部在冬天继续向地下生长。当温暖的春天到来，它们已经立足稳当，建立起密密麻麻的草丛，夺取了本地作物的土壤水分和矿物质营养。它还能比竞争对手更早结籽，并在更大范围内传播。

▼ 图 19.14 **旱雀麦，一种入侵植物。**

旱雀麦种子在初夏成熟后，植株会变得极其干燥且易燃，积攒大量的可燃物，很容易被闪电或零星的火花点燃。由旱雀麦引起的火灾比本地植物引燃的火灾更强烈，且发生的频率也更高。经过几个火灾周期后，本地植物消失了；与此同时，150 多种鸟类和哺乳动物再也无法从三齿蒿中获取食物和住所。全球气候变化也加速了牧场向草地的转变。研究表明，旱雀麦通过更快地生长和积累更多组织来适应二氧化碳浓度增加的环境，这反过来积攒了更多的可燃物。

▼ 图 19.15 **缅甸蟒。**这条 9 英尺（约 2.7 米）长的蛇在吞食了一只宠物猫后在佛罗里达州被捕获。

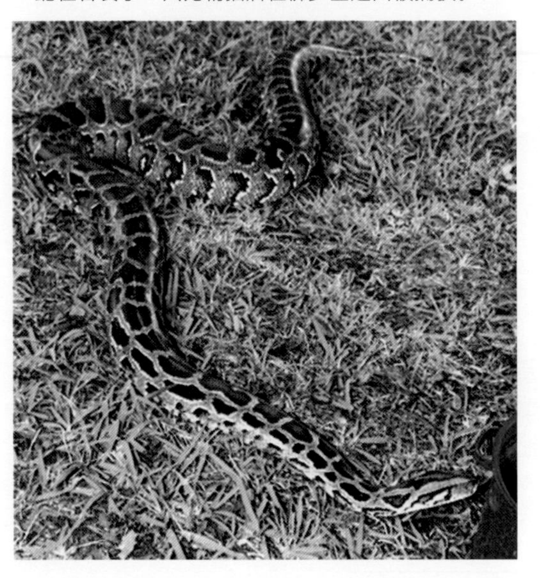

非本地生物要入侵成功，则新环境中的生物和非生物因素必须适合该生物的需要和耐受性。无论是在暴风雨中意外逃脱，还是被不负责任的宠物主人放生，缅甸蟒出现在了佛罗里达州南部，而那里的气候炎热潮湿，与它们的故乡相似。鸟类、哺乳类、爬行类、两栖类等猎物也随处可见，尤其是在大沼泽湿地。这使得佛罗里达州南部现在成了这种巨型爬行动物数量激增的家园（图 19.15）。如果缅甸蟒在一个不太有利的环境中被放生，它们尽管能存活一段时间，却无法建立种群。☑

有害生物的生物防治

缺乏限制种群增长的生物因素，如病原体、捕食者或食草动物，可能是入侵物种成功的原因。因此，消灭或控制这些有害生物的努力往往集中在**生物防治**上，即释放一个天敌来攻击有害生物种群。长期以来，农业研究者一直对寻找潜在的生物媒介感兴趣，以便控制那些会降低作物产量的有害生物、杂草和其他生物。

生物防治在许多情况下都是有效的，特别是对于侵入性昆虫和植物。在一个经典的成功案例中，引入了甲虫对抗贯叶连翘（一种侵入美国西部的多年生欧洲杂草）。到 20 世纪 40 年代，贯叶连翘（又名圣约翰草或克拉马斯草）已经生长在数百万英亩的牧场上，导致几乎没有可供牲畜食用的植物。研究者从这种植物的原产地引进了只吃贯叶连翘的叶甲虫。这种豌豆大小的闪亮昆虫将杂草的数量减少到以往规模的 5% 以下，恢复了土地对农场主的价值。

生物控制的一个潜在风险是：引进的防控生物可能与其消灭的目标一样具有侵入性的危险。一个警示性的案例是引入獴（图 19.16）来控制老鼠。起源于印度和亚洲北部的大鼠被意外地运送到世界各地并在许多地方变得具有侵入性。对于甘蔗种植者来说，老鼠侵袭意味着大量作物受损。为了解决这个问题，甘蔗种植者们引进了一种凶猛的小型食肉动物灰獴。随着时间的推移，灰獴被引入了数十个自然栖息地，包括加勒比海和夏威夷群岛的所有大岛，但灰獴最终也成了入侵者。灰獴这种动物不挑食，胃口贪婪。在引入岛屿之后，随着灰獴种群的增长和扩散，爬行动物、两栖动物、地上筑巢的鸟类数量减少或消失。它们还捕食家禽，毁坏庄稼，每年造成数百万美元的损失。因此，需要进行严格的研究，以评估潜在生物防治媒介的安全性和有效性。

◀ 图 19.16 **幼小的灰獴。**

☑ 检查点

入侵物种与被引入但没有成为入侵物种的非本地生物有什么区别？

答案：入侵物种会从它们被引入的地方扩散开来，造成环境或经济损害。

生物入侵　科学的进程

生物控制能否战胜葛藤?

让我们了解一下利用生物媒介控制葛藤的故事。葛藤是一种入侵的藤本植物，号称“吃掉南方所有物种的植物”（图 19.17）。在 20 世纪 30 年代，美国农业部引入这种亚洲植物，以帮助防止路堑和灌溉渠被腐蚀。今天，葛藤占领了大约 31,000 平方千米的土地（大约相当于马里兰州和特拉华州的面积）。葛藤的生长速度可以达到每天一英尺，它可以爬过树林，在地面覆盖成茂密的绿毯。它的嫩芽在冬天会枯死，但在春天就能从根部迅速再生。寒冷的冬天阻止了它开拓新的领地，因为它的根系不能在冰冻环境中存活。然而，全球气候变化带来了温暖的冬天，葛藤可以向更北方推进。

▲ 图 19.17　**葛藤**（*Pueraria lobata*）。

与许多入侵物种不同，葛藤在美国其实是有天敌的，但它能很轻易地从天敌的损害中恢复过来。研究者正在尝试利用某些本土的病原体或昆虫来控制葛藤的生长。人们已经检验和排除了几种方案。例如，实验表明，一种飞蛾的幼虫对葛藤有惊人的食欲。然而，进一步的研究证明，这些幼虫实际上更爱吃大豆——一种与葛藤关系密切的重要作物。目前，一种称为疣孢漆斑菌（*Myrothecium verrucaria*）的真菌病原体似乎是一个有希望的候选者。

研究者选择疣孢漆斑菌进行实验，因为观察到它能对与葛藤同属一科的其他杂草造成的严重疾病。在温室、受控环境室和小型室外种植中进行的初步实验表明，向植株喷洒适当浓度的疣孢漆斑菌孢子液和“湿润剂”（一种类似肥皂的物质，可降低水的表面张力）后，它就会杀死葛藤。这些发现不禁让研究者产生这样一个疑问：利用疣孢漆斑菌能否控制在自然环境下生长的葛藤？他们的假说是，在小型室外种植实验中十分有效的疣孢漆斑菌控制在自然环境中也应当有效。他们预测，喷洒浓度最高的疣孢漆斑菌孢子液与湿润剂，葛藤死亡率也最高。如图 19.18 所示，这个野外实验的结果支持了这一假说。然而，这些实验只是葛藤生物防治的初始步骤，需要进行大量研究以确保该方法安全、有效、实用。

▼ 图 19.18　**疣孢漆斑菌对葛藤自然侵染的生物防治。**

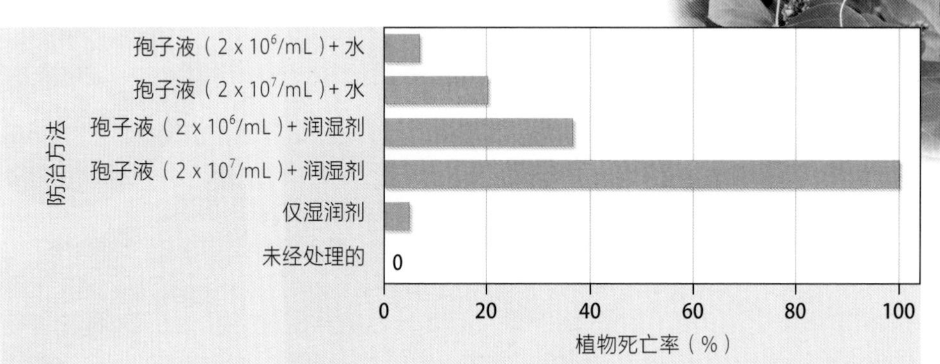

有害生物的综合防治

与渔业等从自然生态系统中获取资源的产业不同，农业生产创造了属于自己的高度管理的生态系统。典型的作物群体是由基因相似的个体（单一栽培）紧密种植在一起组成——这是该群落为许多食草动物、致病菌、病毒、真菌准备的盛宴。耕种的肥沃土壤孕育着杂草和农作物。因此，农民对有害生物发动了一场永恒的战争。这些有害生物与作物竞争土壤、矿物质、水和光；从生长的植物中吸取养分；或者消耗它们的叶子、根、果实或种子。在家里，当你试图消灭侵袭草坪和花园的杂草、昆虫、真菌、细菌，或为你的夏夜带来痛苦的蚊子，你可能就已经在较小规模上与有害生物做斗争了。

与入侵物种一样，大多数农业有害生物具有机会型生活史模式，这使它们能够迅速利用有利的栖息地。农业历史上有许多毁灭性的有害生物爆发的例子。例如，棉铃象鼻虫（图 19.19）是一种以棉花为食的昆虫，无论幼虫还是成虫都以棉花为食。它在 20 世纪初不可阻挡地蔓延到了美国南部，严重损害了当地的经济，并对该地区产生了持久的影响。有民间歌谣描绘了这次入侵事件，如《棉铃象鼻虫小调》，这首歌被“白色条纹”乐队这类艺术家录制过。病毒、真菌、细菌、线虫和其他以植物为食的昆虫也会造成巨大的破坏。

合成除草剂和杀虫剂（如 DDT）在 20 世纪 40 年代研制出来之后，很快成为农业上防治有害生物的首选方法。然而，化学方法解决有害生物问题也带来了许多问题。这些化学物质带来的污染可以通过空气或水流远距离传播。此外，自然选择可能筛选出不受农药影响的种群（见图 13.13）。此外，大多数杀虫剂会同时杀死有害生物及其天敌。由于被捕食物种的繁殖率通常高于捕食者，所以有害生物种群在捕食者种群恢复之前会迅速反弹。可能还有其他意想不到的破坏，比如杀死对农业和自然生态系统都至关重要的传粉动物。

有害生物综合防治（IPM）是一种生物、化学、文化手段相结合的农业有害生物防治措施。研究者也在研究针对入侵物种的 IPM 方法。IPM 需要关于有害生物及其捕食者和寄生虫的种群生态学知识以及关于植物生长动态的信息。与传统的有害生物控制方法相比，IPM 主张容忍低水平的有害生物，而不是试图彻底消灭有害生物。因此，许多有害生物控制措施是通过利用抗虫品种作物、混合物种种植和作物轮作来减少有害生物的食物来源，从而降低有害生物的环境容纳量。在可行的情况下也使用生物防治。例如，许多园丁释放瓢虫来控制蚜虫的侵扰（图 19.20）。必要时会使用杀虫剂，但遵守 IPM 原则可以防止化学品的过度使用。☑

☑ 检查点

相比单纯使用化学制剂，为什么有害生物综合防治被认为是一种更可持续的害虫防治方法？

答案：单纯使用杀虫剂会产生抗药的害虫种群，这会导致杀虫剂效用降低。同时，使用杀虫剂还会产生污染，这在长远看来也是不可持续的。

▲ 图 19.19 **受损棉铃上的棉铃象鼻虫。**

▲ 图 19.20 **瓢虫以蚜虫为食。**这些好胃口的捕食者每天可以吃掉多达 50 只蚜虫。

人口增长

我们已经研究了其他生物种群的生长规律，那么我们人类自己呢？让我们先看一下人口增长的历史，再考虑目前和将来的人口增长趋势。

人口增长的历史

在你阅读这句话的几秒钟，世界上就有大约 21 个婴儿出生，9 个人死亡。出生和死亡之间的不平衡是人口增长（或下降）的原因，如图 19.21 中的曲线图所示，至少在未来几十年，人口将继续增长。图 19.21 中的柱状图介绍了问题的其他方面。自 20 世纪 80 年代以来，每年增加的人口数量一直在下降。该如何解释这些人口增长的模式？

让我们从世界人口增长开始讲起，世界人口从 1500 年的约 4.8 亿增加到现在的 80 多亿。在上文介绍的种群指数增长模型中，我们假设净增长率（出生率减去死亡率）是恒定的——或出生率和死亡率大致相等，那么人口增长只取决于现有人口的规模。这一假设在大部分历史时期都是正确的。虽然父母会生很多孩子，但较高的死亡率使得增长率仅略高于 0。因此，人口增长起初非常缓慢。（如果我们把图 19.21 的 x 轴延长到公元 1 年，当时人口约为 3 亿，那么这条线在 1500 年的时间里几乎是平的。）直到 19 世纪初，这一数字才达到 10 亿。随着欧洲和美国的经济发展促进了营养和卫生设施的进步以及后来医疗保健的发展，人们才逐渐掌控了人口的增长率。起初，死亡率下降而出生率保持不变。到 20 世纪初，人口净增长率上升，人口增长开始加速。到 20 世纪中叶，营养、医疗、卫生保健方面的改善已扩展到发展中国家，出生率远超死亡率，促使人口飞速增长。

如果每秒数一个人，数清目前所有的活人需要超过 225 年的时间。

科学家感到震惊的是：世界人口从 1927 年的 20 亿激增到 30 亿仅仅用了 33 年的时间。他们担心人口会达到地球的承载极限，并且密度制约因子会通过人类的灾难和死亡来维持人口规模。但人口总体增长率在 1962 年达到顶峰。在较发达的国家，先进的医疗保健技术继续提高生存率，但有效的避孕措施降低了出生率。结果，随着出生率和死亡率的差距缩小，世界人口的总体增长率开始下降。在大多数较发达国家，人口总增长率接近于零（表 19.3）。另一方面，在欠发达国家，死亡率下降了，但高出生率依然存在。结果，这些国家人口迅速增长——2012 年世界人口新增了 7770 万，其中近 7400 万来自欠发达国家。于是，世界人口仍在增长。☑

☑ 检查点

为什么在 20 世纪的大部分时间里，世界人口的增长率如此之高？是什么导致了最近世界人口增长率的下降？

答：在 20 世纪初，由于营养、卫生和医疗保健的改善，死亡率急剧下降，但出生率仍然很高。因此，总体人口增长率很高。最近增长率的下降是部分地区低出生率的结果。

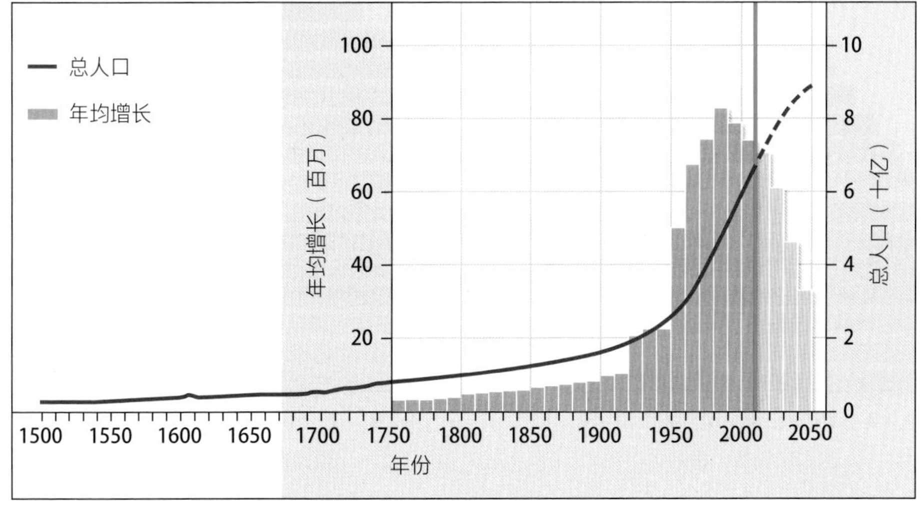

▲ 图 19.21　**最近五百年的人口增长（含到 2050 年的预测）。**

表 19.3	2012 年人口趋势		
人口	每 1000 人出生率	每 1000 人死亡率	增长率（%）
世界	19.1	7.9	1.1
较发达国家	11.2	10.1	0.3
欠发达国家	20.8	7.4	1.3

年龄结构

本章开头介绍的年龄结构有助于预测人口的未来增长。图 19.22 显示了对墨西哥 1989 年、2012 年人口年龄结构的估计和 2035 年的相应预测。在这些图中，每条中央竖线左侧的区域表示每个年龄组中的男性数量，线的右侧表示女性。三种不同的颜色代表人口中处在生育前期（0 ～ 14 岁）、主要生育期（15 ～ 44 岁）和生育后期（45 岁及以上）的部分。图中每个长方形代表以 5 岁为跨度的年龄组的人口量。

1989 年，几乎每个年龄组的人数都比上方年龄组的多，这意味着出生率很高。这种金字塔形状的年龄结构是种群迅速增长的典型特征。到 2012 年，人口增长率降低，但三个最年轻（最下面）的年龄组的大小仍大致相同。人口继续受到早期扩张的影响。这是人口中育龄妇女比例增加所致，称为**人口惯性**。1989 年年龄结构中 0 ～ 14 岁的女孩（用粉色标出）在 2012 年处于生育高峰期，2012 年 0 ～ 14 岁的女孩（用蓝色标出）将把前期人口快速增长的影响延续到 2035 年。阻挡人口快速增长趋势就像踩货运列车的刹车一样；做出决定很久之后实际情况才会发生变化。即使生育率（每个女性生育的子女数）降至人口替换率（即平均每个女性生育两个孩子），人口总数在未来几十年仍将继续增长。因此，可用 15 岁以下的人口占比粗略预测未来的人口增长率。在欠发达国家，约有 28% 的人口在这一年龄组。相比之下，较发达国家中 16.5% 的人口年龄在 15 岁以下。人口惯性也解释了为什么尽管每年新增人口在减少（图 19.21 中的柱形图），全球总人口规模（图 19.21 中的曲线图）继续增加。

年龄结构图也可以显示社会状况。例如，不断增长的人口对学校、就业和基础设施的需求越来越大。庞大的老年人口意味着大量资源将用于医疗保健。让我们看一看 1989—2035 年美国年龄结构的变化趋势（图 19.23）。1989 年人口的显著膨胀（黄色高亮区）是受 1945 年二战后持续了约 20 年的“婴儿潮”的影响。儿童大量增加提高了学校的招生人数，新增了许多对学校和教师的需求。

另一方面，出生于婴儿潮末期的毕业生面临着激烈的就业竞争。因为婴儿潮一代在人口中所占比例如此之大，所以他们对社会、经济和政治趋势产生了巨

▼ 图 19.22 **墨西哥的年龄结构。**

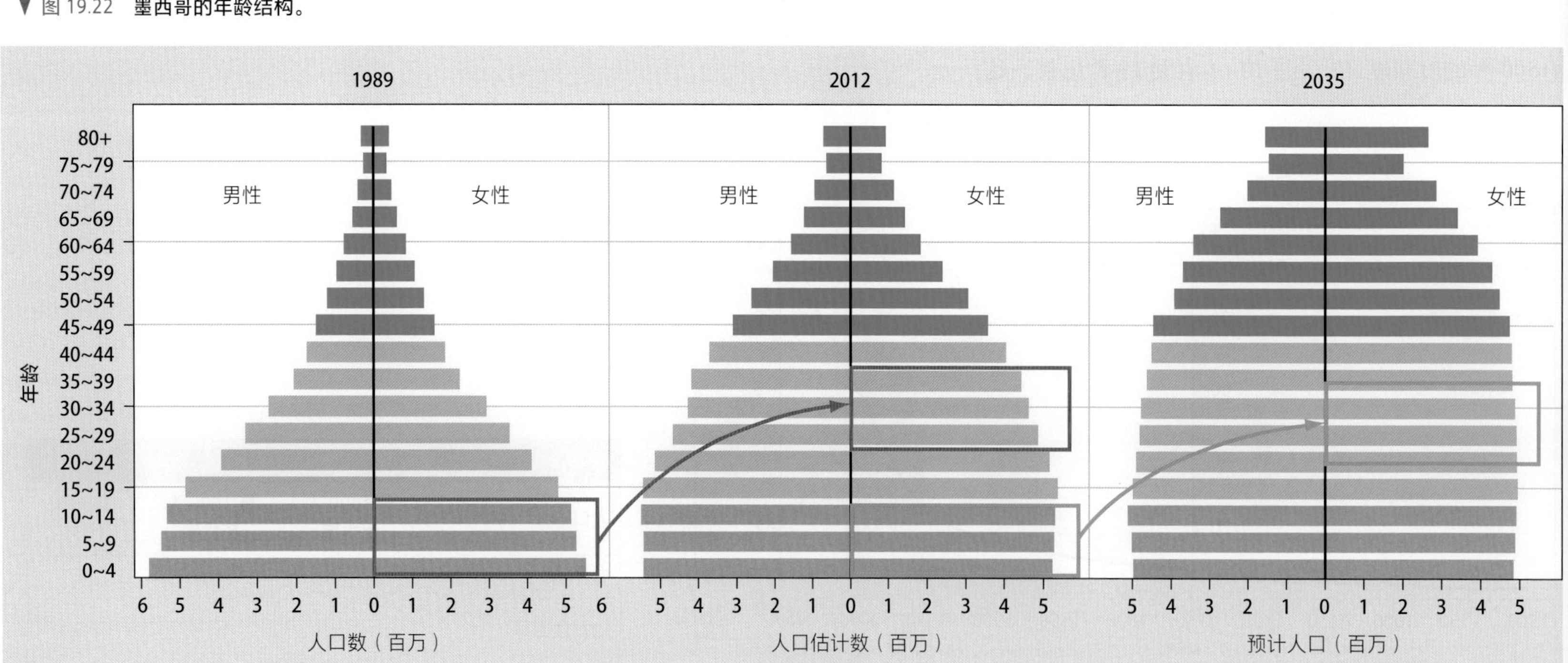

数据来源：美国人口普查局国际数据库（2013 年）。

▼ 图 19.23　1989 年、2012 年（估计）和 2035 年（预测）美国的年龄结构。

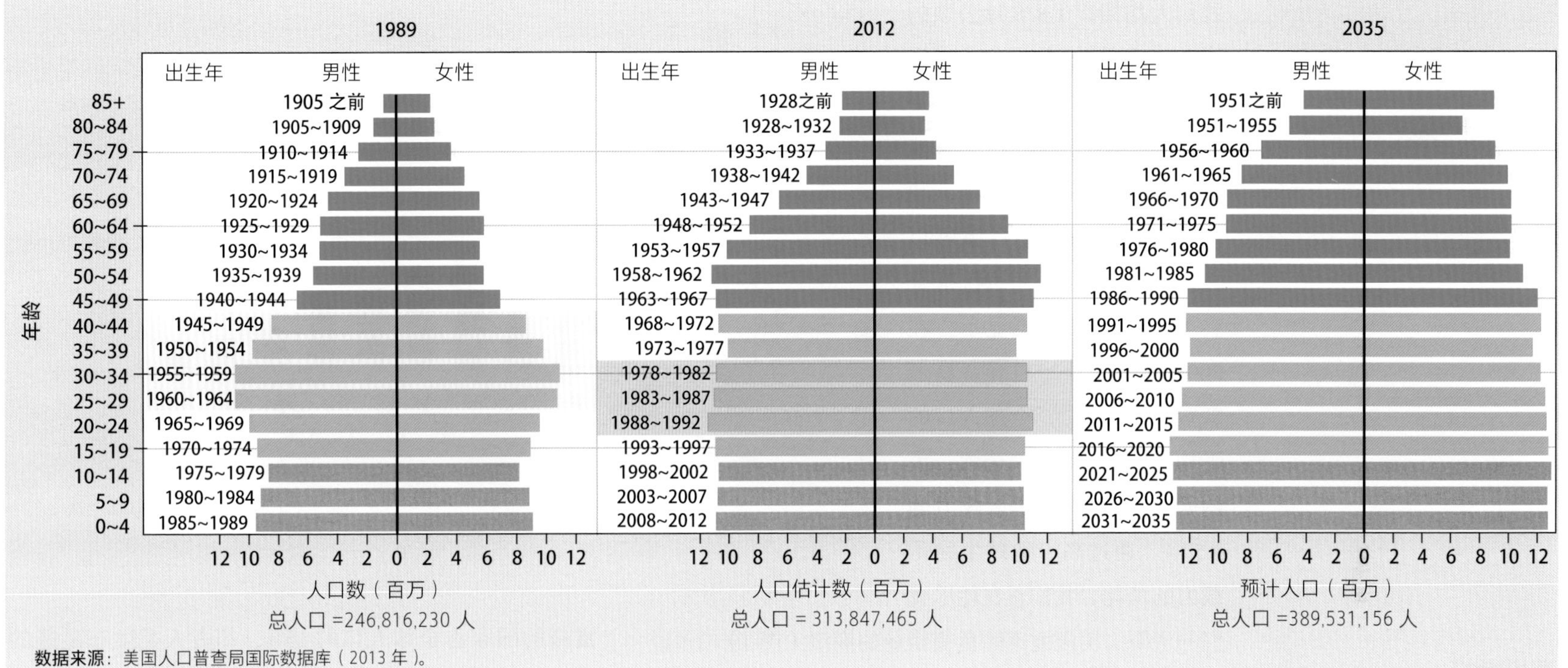

数据来源：美国人口普查局国际数据库（2013 年）。

大的影响。他们同样也带来了自己的婴儿潮：1989 年的图中在 0 ～ 4 岁的年龄组和 2012 年的图中中间部分都显著凸起（如粉色高亮区中所示）。

婴儿潮一代现在在哪里？先头部队已经达到退休年龄，这将给医疗保险和社会保障等项目带来压力。2012 年，美国有 60% 的人口年龄在 20 岁至 64 岁之间，这是最有可能就业的年龄，有 13.5% 的人口年龄在 65 岁以上。在 2035 年，预计这两个百分比分别为 54% 和 20%。老年人口增加的部分原因是人类寿命的延长。在 1985 年，美国 80 岁以上的人口比例为 2.7%，到 2035 年，这一比例预计将上升到近 6%，超 2300 万人。☑

我们的生态足迹

地球能养活多少人口？图 19.21 显示世界人口正在迅速增长，尽管速度慢于 20 世纪。增长率和人口增长势头表明，在可预见的未来，大多数发展中国家的人口将继续增加。美国人口普查局预计，到 2050 年全球人口将达到 96 亿。但这些数字只是故事的一部分。如果有足够的资源，数万亿细菌可以生活在培养皿中。我们有足够的资源来养活 90 亿人吗？

为了满足未来几十年地球上所有人的需求，改善目前营养不良人群的饮食，世界粮食生产必须大幅提高。但农业用地已经面临压力。世界日益增长的畜群导致了过度放牧，正把大片草地变成沙漠。过去 70 年，用水量增长了 6 倍，导致河流干涸、灌溉用水枯竭、地下水水位下降。全球变暖导致的降水模式的变化已经在世界一些地区造成粮食短缺。因为需要更多空间来支撑不断增长的人口，许多其他物种都将灭绝。

生态足迹的概念可用于描述资源可用性及利用途径。**生态足迹**是对供个人或国家消费的资源（如食物、燃料、住房）及处理其产生的废物（主要是碳排放）所需的土地和水的量的一种估算。将我们对资源的需求与地球提供这些资源的能力（即**生物承载力**）相比较，帮助我们对人类活动的可持续性有了一个粗略的了解。

☑ 检查点

为什么 15 岁以下人口占总人口的百分比是预测未来人口增长的一个很好的指标？

答：这些个体尚未进入生育年龄。如果他们占人口的很大比例（人口呈低年龄结构），未来的人口增长率将会很高。

将地球上可供生产的土地的总面积除以全球人口，我们人均拥有 1.8 全球公顷的土地（全球公顷是指具有生产资源和消纳废物的全球平均能力的土地公顷）。如果能够可持续利用，农作物、牧场、森林、渔场等资源可以再生。但世界野生动物基金会（WWF）的数据显示，在 2008 年（截至 2013 年，有最新数据的一年），全球人口的平均生态足迹为 2.7 公顷，大约是人均地球生物承载力的 1.5 倍。通过高于地球生物承载力的消耗，我们正在耗尽我们的资源。美洲北部鳕鱼捕捞业的崩溃（图 19.13）说明了当消耗超过再生能力时会发生什么。

▼ 图 19.24 **几个国家的生态足迹。**

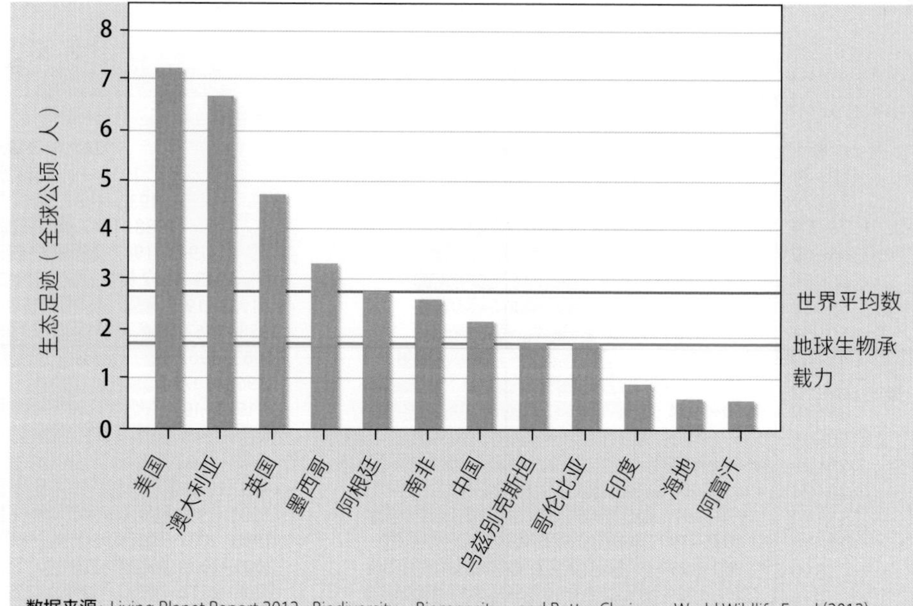

图 19.24 比较了几个国家的人均生态足迹与世界平均水平（粉红线）和地球生物承载力（绿线）。富裕国家如美国、澳大利亚等消耗的资源过多，远高于他们国土面积的占比（图 19.25）。按照这个衡量标准，富裕国家的生态影响可能与发展中国家无限制的人口增长一样具有破坏性。所以问题不只是人口过剩，还有过度消费。世界上最富裕的国家占全球人口的 15%，却占人类生态足迹的 36%。一些研究者估计，为世界上的每个人提供与美国人相同的生活水平，将需要超过四个地球的资源。为了保持地球的再生能力，所有人都必须像哥伦比亚或乌兹别克斯坦的普通公民那样生活。

在美国，人均每周产生约 40 磅（约 18 千克）的垃圾，几乎是哥伦比亚人均水平的 3 倍。

如果你想了解你的个人资源消耗情况，一些在线工具可供你粗略估计自己的生态足迹。像碳足迹计算器（在第 18 章中描述）一样，这些工具对于学习如何减少环境影响非常有用。

☑ 检查点

一个人的巨大生态足迹如何影响地球的承载能力？

答案：维持一个人所需的资源越多，地球的承载能力就越低。（也就是说，如果每个人都消耗大量可用资源，地球能容纳的人就更少。）

▲ 图 19.25 **阿富汗家庭（左）和美国家庭（右）的用餐时刻。**请注意消费品和用于制备食物之资源的差异。

生物入侵　进化联系

作为入侵物种的人类

体型庞大的叉角羚（*Antilocapra americana*）是几百万年前遍布北美开阔平原和灌木沙漠的羚羊种群的后代（图 19.26）。它以 97 千米 / 小时的最高速度奔跑时，步长可达 6 米或更长，是大陆上跑得最快的哺乳动物。叉角羚的速度远远快于它的主要捕食者——狼，后者通常只能捕食因年龄或疾病而衰弱的成年叉角羚。是什么样的选择压力推动了叉角羚进化出如此夸张的速度？生态学家的假说认为，叉角羚祖先的捕猎者，是现已灭绝的北美猎豹，这是一种与我们熟悉的生活于非洲的猎豹有些相似的快速捕食者。

在叉角羚生活的环境中，猎豹并不是唯一的危险。在 180 万年前到 1 万年前的更新世，北美也拥有令人生畏的其他食肉动物：狮子、美洲豹、獠牙长达 17 厘米的剑齿虎、高 3 米多重 750 公斤的短面熊。这些可怕的捕食者有很多潜在的猎物，包括巨大的地懒、角长达 3 米的野牛、猛犸象、各种马和骆驼，以及几种叉角羚。在所有这些大型哺乳动物物种中，只有叉角羚存活到更新世末期。其他的物种在相对较短的时间内灭绝了，这段时间正好与人类开拓北美的时间相吻合。尽管在这些动物的灭绝的原因上有着激烈的争论，但许多科学家认为，人类的入侵加上上一个冰河时代末期的气候变化，是造成物种灭绝的主要因素。综上所述，生物和非生物环境的变化发生得太快，这些大型哺乳动物无法做出进化反应。

人类在更新世物种灭绝中的作用，仅仅是预演了未来的类似事件。人口继续增长，人类几乎定居在地球的每一个角落。像其他入侵物种一样，我们改变了与我们共享栖息地之其他生物的生存环境。随着人类活动引发环境变化的范围和速度的增长，物种灭绝的速度也在加快。生物多样性的迅速丧失，将是我们下一章的主线。

▼ 图 19.26　**一只叉角羚在北美平原上奔跑。**

本章回顾

关键概念概述

种群生态学概述

一个种群由生活在同一时间同一地点的单一物种的所有成员组成。种群生态学关注的是影响种群规模、密度、年龄结构和增长率的因素。

种群密度

种群密度，即每单位面积或体积的某一物种个体数量，可以通过各种抽样方法来估计。

种群年龄结构

此类图表显示了不同年龄组中个体的数量，通常可提供有关种群的有用信息。

生命表与存活曲线

生命表统计种群中个体存活到不同年龄的概率。存活曲线一般可分为三种类型。

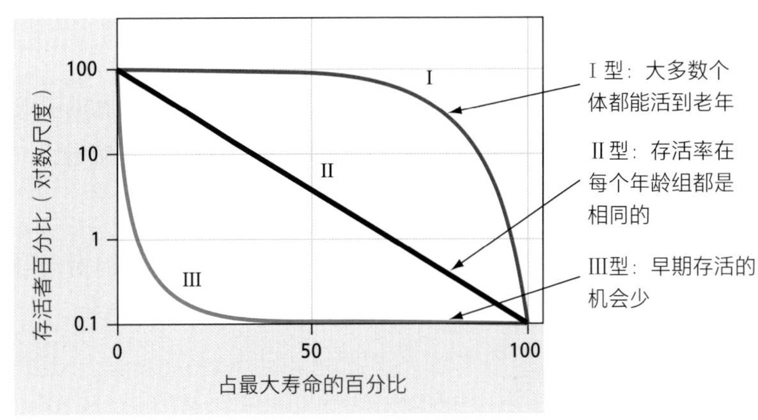

进化：作为进化适应的生活史特征

生活史特征是由进化适应形成的。大多数种群的生活史类型介于昆虫那样的极端机会型生活史（迅速达到性成熟，产生许多后代，很少有或没有亲代照料）和平衡型生活史（发展缓慢，后代少、亲代照料良好）之间。

种群增长模型

指数增长模型：环境资源无限条件下的理想增长

种群指数增长是指资源无限条件下发生的快速增长。指数模型预测：种群越大增长越快。

逻辑斯谛增长模型：环境资源有限条件下的现实增长

当增长受到限制因素的影响时，才会发生种群逻辑斯谛增长。逻辑斯谛模型预测，当种群规模较小或较大时，种群的增长率会很低，而当种群相对于环境的生物承载力处于中间水平时，种群的增长率最高。

种群增长的调节

从长期来看，大多数种群增长受到非密度制约因子和密度制约因子的限制，非密度制约因子的作用与种群规模无关，密度制约因子的影响随着种群密度的增加而增加。一些种群会有规律的繁荣和萧条周期。

种群生态学的应用

濒危物种保护

濒危和受威胁种的特点是种群规模非常小。一种保护方法是确定并试图提供种群所需的环境资源。

可持续资源管理

资源管理者应利用种群生态学原理来帮助确定可持续的收获水平。

入侵物种

入侵物种是一种非本土生物，其传播范围远远超出了最初的引入地点，并造成环境和经济损失。通常，入侵物种具有机会型生活史。

有害生物的生物防治

生物防治，即故意释放天敌来攻击有害生物种群，有时对入侵物种是有效的。然而，防治用的生物本身可能会变为入侵物种。

有害生物的综合防治

农学家开发了有害生物综合防治（IPM）策略——运用生物、化学、文化方法的综合策略——来对付农业有害生物。

人口增长

人口增长的历史

20 世纪人口增长迅速，目前已超过 80 亿。从高出生率和高死亡率向低出生率和低死亡率的转变降低了较发达国家的增长率。在欠发达国家，死亡率下降了，但出生率仍然很高。

年龄结构

人口的年龄结构影响其未来的增长。1989 年墨西哥人口中，0 ～ 14 岁年龄组占比大，这预示着下一代人口的持续增长。人口惯性是指当人类社会的生育率降低到替换率后人口仍旧保持增长；这是因为曾经的 0 ～ 14 岁女孩达到了生育年龄。年龄结构也可以显示社会和经济未来趋势，如年龄结构图中右下方未成年女性的占比所示。

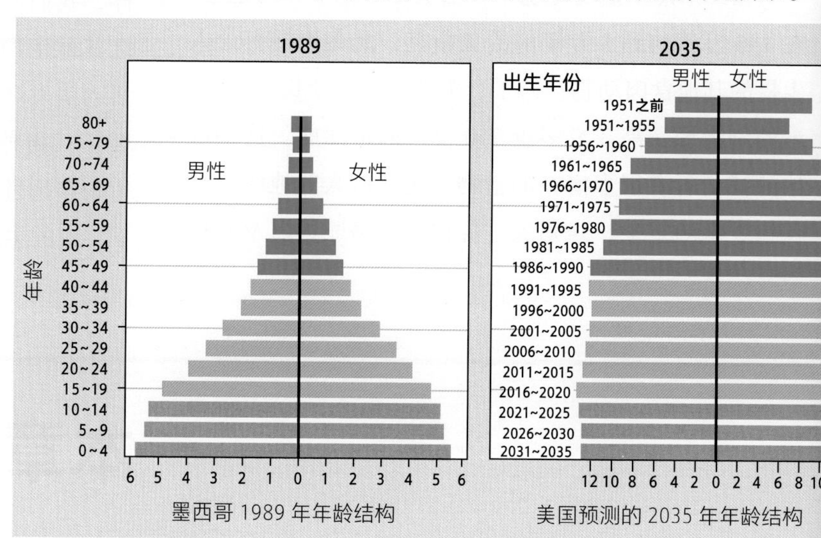

我们的生态足迹

生态足迹代表了生产个人或国家所用资源所需要的土地和水的总量。较发达国家和欠发达国家的资源消耗存在巨大差异。

MasteringBiology®

如需练习测验、生物动画、MP3 教程、视频辅导以及为本教材设计的更多学习工具，请访问 MasteringBiology®。

自测题

1. 你需要知道哪两个值来计算你所在社区的人口密度？
2. 如果一个物种，产生了大量的后代，但亲代很少照料，那么预期会呈现______型存活曲线。相反，如果一个物种只生产很少的后代且亲代长期照料，则会呈现______型存活曲线。

3. 请用给定的理想化的指数和逻辑斯谛增长曲线完成以下工作。

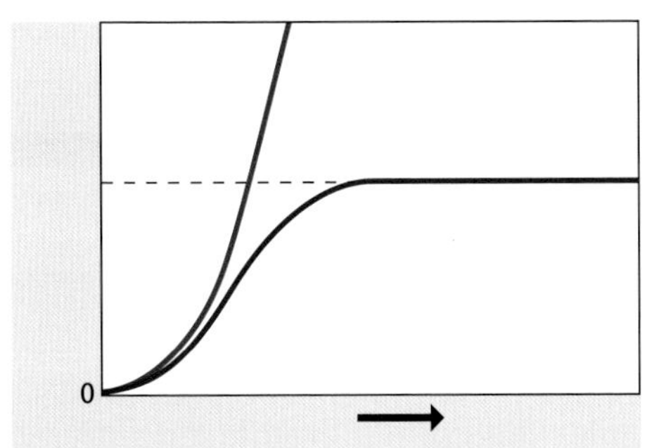

a. 在图上标注轴和曲线名称。

b. 虚线代表什么?

c. 在各条曲线上，指出种群增长最快的区域并解释。

d. 曲线中哪一条更能反映全球人口的增长?

4. 以下哪一项描述了密度制约因子的影响?

a. 一场森林大火烧光了一片森林中的所有松树。

b. 早期降雨引发蝗虫种群的爆炸。

c. 干旱使小麦减产。

d. 兔子大量繁殖，它们的食物供应开始减少。

5. 入侵物种典型的生活史模式是什么?

6. 自工业革命以来，人口飞速增长的主要原因是______。

a. 人们迁移到世界上人口稀少的地区

b. 更好的营养提高了出生率

c. 因为更好的营养和医疗保健，死亡率下降了

d. 城市人口的集中

7. 根据世界野生动物基金会（WWF）在2008年进行的生态足迹研究，________。

a. 世界可承载100亿人口

b. 目前发达国家对全球资源的需求低于这些国家现有的资源

c. 美国的人均生态足迹是世界平均水平的两倍多

d. 人均生态足迹最大的国家人口增长最快

答案见附录《自测题答案》。

科学的进程

8. 如果研究者确定疣孢漆斑菌是一种有效的防治葛根的生物防治媒介，他们接下来必须证明这种真菌不会伤害像大豆（葛根的近亲）这样的作物。请设计能达到这个目的的实验。

9. **解读数据** 下图显示了墨西哥1890年至2012年的人口趋势数据，以及2012年至2050年的人口预测趋势。这段时间内，墨西哥的人口增长率发生了什么变化？预计到21世纪中叶，情况会如何变化？预测墨西哥2050年的年龄结构。

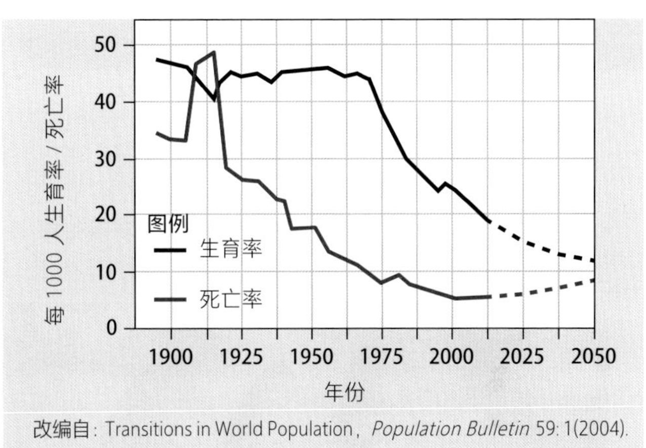

改编自：Transitions in World Population，*Population Bulletin* 59: 1(2004).

生物学与社会

10. 专家们正在争取“公民科学家”的帮助来对抗入侵物种。例如，2014年，佛罗里达州鱼类和野生动物委员会发布了一款报告蓑鲉目击事件的手机应用程序，这些数据有助于清除目标鱼类。在 www.whatsinvasive.org 网站有一款手机应用程序，可以在美国和加拿大的100多个地点识别和报告入侵物种的位置。其他“公民科学家”参与的科学项目列于 www.birds.cornell.edu/citscitoolkit/projects/ find /projects-invasive-species。利用网站或其他资源，确定哪些入侵物种在你所处的地区最受关注。学习如何识别它们，并找出可采取的控制措施。

11. 老虎、山地大猩猩、斑林鸮、大熊猫、雪豹、灰熊，都因人类入侵它们的栖息地而濒临灭绝。为什么这些具有平衡型生活史的动物比具有机会型生活史的动物更容易受到威胁？你期望这些物种符合哪一类型的存活曲线？解释你的想法。

12. 富裕的较发达国家消耗了过高比例的地球资源，产生了过高比例的废物，包括使全球气候变化的二氧化碳和其他温室气体。气候变化的后果包括海平面上升、干旱和极端天气事件。你认为较发达国家应该帮助较贫穷的欠发达国家承担这些气候变化带来的经济负担吗？

20 群落和生态系统

生态学为什么重要

在食物链中营养级较高金枪鱼，很可能受到汞和其他毒素的污染。

生产一块牛肉汉堡（上图）中牛肉所需的土地，是生产一块豆干汉堡（下图）中大豆所需土地的 8 倍。

你体内的原子可能是 7500 万年前的某只恐龙身体的一部分。

人类侵占热带雨林，给人类招致了埃博拉等新疾病。

本章内容

本章线索

生物多样性减少

生物多样性减少　生物学与社会

生物多样性为什么重要

随着世界人口的增加，已有数以万计的物种灭绝，还有更多物种面临灭绝的威胁。这些变化意味着生物多样性的减少。生物多样性的减少伴随着自然生态系统的消失。没有受到人为改造的地球陆地表面只有大约四分之一了。我们每天都能看到人类影响自然生态系统的证据。我们在被改造了的环境中生活和工作。我们对海洋的影响也很广泛，虽然我们可能意识不到这一点。

2014 年德克萨斯州加尔维斯顿湾漏油事故，威胁着附近玻利瓦尔半岛的鸟类保护区，那里是这只雪鹭的家园。

生物多样性的价值是什么？大多数人重视某些生态系统提供的直接惠益。例如，你可能知道，我们利用的水、木材、鱼等资源，是来自自然或近自然生态系统。正如 2010 年墨西哥湾漏油事件戏剧性地证明的那样，这些资源具有经济价值。这场灾难让渔业、娱乐业和其他行业损失了数十亿美元。但人类的福祉也依赖于健康生态系统提供的“不那么明显的服务”。受海湾漏油事件影响的沿海湿地，可以作为缓冲区，减少飓风、洪水的影响，过滤污染物。湿地还为鸟类和海龟提供筑巢场所，为各种鱼类和贝类提供产卵和繁衍场所。自然生态系统也提供其他服务，如循环营养物质、防止侵蚀和泥石流、控制农业害虫、为作物授粉。一些科学家试图为这些惠益赋予经济价值，得出结论：生态系统服务的年平均价值为 33 万亿美元，几乎是他们公布结果的那一年全球国民生产总值的两倍。这些估计虽然粗略，但指出一个重点——我们不能把生物多样性视为理所当然，其中的代价我们负担不起。

在本章中，我们将研究生物之间的相互作用，以及这些关系如何决定群落的特征。我们将在更大范围内探索生态系统的动态学。最后，我们将考虑科学家们是如何努力拯救生物多样性的。在整个章节中，你将学习：对生态的理解如何帮助我们明智地管理地球资源。

生物多样性的丧失

▼ 图 20.1　**单粒小麦，现代栽培品种的野生近缘种之一。**

生物多样性英语写作 biodiversity，是 biological diversity 的简写形式。生物多样性包括遗传多样性、物种多样性和生态系统多样性。因此，生物多样性丧失不仅仅意味着个别物种的命运。

遗传多样性

种群内的遗传多样性是使微进化和适应环境成为可能的前提。如果局部种群消失，那么该物种内个体数量就会减少，物种的遗传资源也会减少。遗传变异的严重减少会威胁到一个物种的生存。当整个物种灭绝时，它所特有的基因也会随之消失。

地球上所有生物丰富的遗传多样性对人类有着巨大的潜在利益。许多研究者和生物技术领头人热衷于基因“生物勘探”在开发新药、工业原料和其他产品方面的发展潜力。生物勘探还可能对世界粮食供应起关键作用。例如，研究者目前正忙于阻止一种致命的新品系麦秆锈病的传播，这种真菌病原体已经导致东非和中亚的小麦收成减少。在全球种植的小麦品种中，至少有 75% 的品种容易感染这种病菌，研究者希望在小麦的野生近缘植物中找到一种抗病基因（图 20.1）。☑

☑ 检查点

遗传多样性的丧失是如何危及一个种群的?

答案：遗传多样性减少的种群应对环境变化的进化能力较低。

物种多样性

鉴于我们对生物圈的破坏，生态学家认为，人类正以惊人的速度将物种推向灭绝。目前物种的消失速度可能比过去 10 万年间的任何时候都高出 100 倍。一些研究者预测，按照目前的破坏速度，到 21 世纪末，超过一半的现存动植物物种将会消失。图 20.2 显示了两个新近灭绝的物种。世界自然保护联盟（IUCN）汇编了对全世界物种保护状况的科学评估。下面举例说明一些情况：

- 在被评估的 10,004 种鸟类中，大约有 13% 的物种濒临灭绝，4667 种哺乳动物中，近四分之一濒临灭绝。
- 世界上有超过 20% 的淡水鱼类，在人类历史进程中灭绝或受到严重威胁。
- 在所有被评估的两栖类物种中，约有 40% 濒临灭绝。
- 美国约 20,000 个已知植物中，自从有可靠的记录以来，已有 200 个物种灭绝。全球有 1 万多种植物濒临灭绝。

▼ 图 20.2　**新增的受害者——已加入人类导致灭绝的物种名单。**

云豹。2013 年，科学家们放弃了台湾云豹依然存在的希望，台湾云豹是只见于中国台湾岛的云豹亚种。这张照片显示了生活在某动物园里的一个相似的亚种。

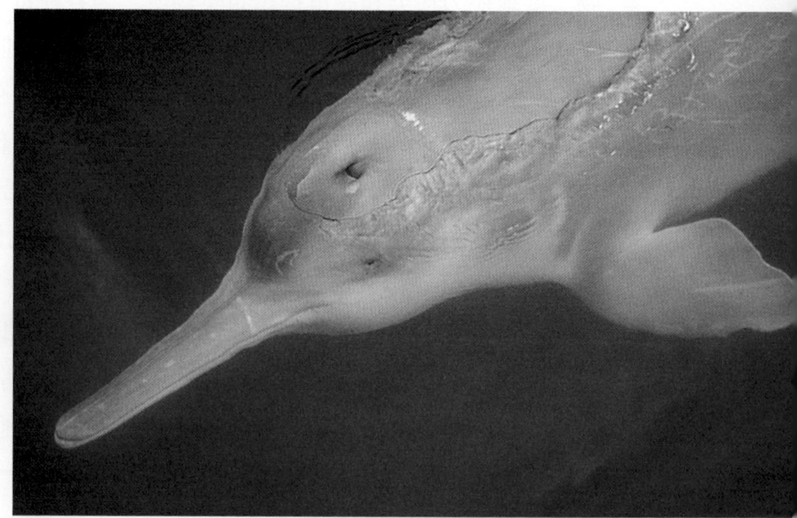

中华白鳍豚。长江流域的前居民，也被称为“白鱀豚”，是污染和栖息地缺失的受害者。在为期两年搜索却仍未发现任何存余的白鳍豚之后，白鳍豚于 2006 年被宣布灭绝。

生态系统多样性

生态系统多样性是生物多样性的第三个参数。回想一下，一个生态系统包括特定区域中的生物和非生物因素。由于一个生态系统内存在由不同物种种群组成的相互作用网络，因而一个物种消失会对整个生态系统产生负面影响。自然生态系统的消失导致**生态系统服务**的丧失，生态系统服务即人类直接或间接从一个生态系统获得的惠益。这些重要服务包括空气和水净化、气候调节和侵蚀控制等。例如，森林吸收和储存大气中的碳，这种服务在森林遭到破坏或退化时会随之消失（见图 18.39）。珊瑚礁不仅丰富了物种多样性（图 20.3），而且为人们提供了大量惠益，包括食物、防风暴和娱乐。据估计，世界上 20% 的珊瑚礁已经受到人类活动的破坏。2011 年发表的一项研究发现，剩余的珊瑚礁 75% 受到威胁，如果人类继续目前的恶劣行径，预计到 2030 年这一比例将超过 90%。

▼ 图 20.3 **珊瑚礁，展示丰富多彩的生物多样性。**

生物多样性减少的原因

生态学家已经确定了造成生物多样性丧失的四个主要因素：栖息地破坏及碎片化、外来物种入侵、过度开发、污染。人类不断扩大的人口规模及其支配力是这四个因素的根源。此外，科学家们预计，全球气候变化将在不久的将来成为物种灭绝的主要原因（见第 18 章）。

栖息地破坏

农业、城市发展、林业、采矿造成的栖息地大规模破坏和破碎，是对生物多样性的最大威胁（图 20.4）。根据世界自然保护联盟的数据，面临灭绝威胁的鸟类、哺乳动物、两栖动物中，85% 以上受到栖息地破坏的影响。台湾云豹，因其森林栖息地被破坏，加上人们买卖其华丽的皮毛，最终难逃灭亡。栖息在东南亚森林中的其他云豹亚种，也因人类砍伐森林而面临灭顶之灾。在本章后面，我们将更详细地研究栖息地破碎化的后果。

物种入侵

排在栖息地破坏之后的“第二个导致生物多样性丧失的原因”是引进入侵物种。当人类引进的物种挤压、捕食或寄生本地种，且其数量增长不受控制时，会对当地生境造成严重破坏（见第 19 章）。新物种缺乏与其他物种的相互作用、不受限制，这往往是非本土物种构成“入侵”的关键因素。

☑ 检查点

当生态系统遭到破坏时，它们所提供的服务也随之消失。举一些生态系统服务的例子。

答案：“生物学与社会”专栏以及本页都可能提到了答案。生态系统服务包括空气和水净化、气候调节、侵蚀控制、娱乐以及提供如木材、水和食物等供人们使用的资源。

▼ 图 20.4 **栖息地破坏。**采矿公司利用名为“移除山顶”的有争议方法，炸开山顶，开采煤矿。从山上移走的泥土被倾倒进邻近的山谷。

过度开发

不可持续的海洋渔业（见图 19.13）表明，人们如何能够以超过种群恢复力的速度捕捞野生动物。众多陆地物种（如美洲野牛、加拉帕戈斯陆龟、虎）的数量因商业捕获、偷猎、过度狩猎而急剧减少。过度开发也会威胁到一些植物，包括稀有树种，如红木、花梨木等生产珍贵木材的树种。

污染

空气和水污染（图 20.5）是造成全球数百个物种数量减少的原因之一。全球水循环可以将污染物从数百英里外的陆地生态系统输送到水生生态系统。排放到大气中的污染物，可能会在大气层中飘荡数千英里，然后以酸沉降的形式降落到地面。☑

☑ **检查点**

生物多样性下降的四个主要原因是什么？

答案：栖息地破坏、外来物种入侵、过度开发、污染。

▲ 图 20.5　**在 2010 年墨西哥湾漏油灾难中挣扎的一只鹈鹕。**污染最明显的受害者往往是野生动物，但其影响遍及整个生态系统。

群落生态学

你下一次穿过田野或林地，甚至穿过校园或自家后院时，请注意观察物种的多样性。你可以看到树上的鸟、花上的蝶、草坪上的蒲公英，或者当你走近的时候，蜥蜴跑来跑去寻找遮蔽。每一个生物体在完成其生命活动时，都与其他生物体相互作用。一个生物体的生物环境，不仅包括来自其自身种群的个体，而且还包括生活在同一地区的其他物种的种群。生态学家把这样紧密生活在一起的物种集合，称为潜在相互作用的群落。在图 20.6 中，狮子、斑马、鬣狗、秃鹰、植物和看不见的微生物，都是肯尼亚生态群落的成员。

▼ 图 20.6　**肯尼亚热带稀树草原群落中不同物种的相互作用。**

种间相互作用

我们对群落的研究始于种间相互作用，即物种间的相互作用。种间相互作用可根据其对相关种群的影响进行分类，其可能是有益的（+），也可能是有害的（−）。在某些情况下，一个群落中的两个种群争夺食物或空间等资源。对于这两个物种，这种相互作用的结果一般都是负的（−/−），因为这两个物种都无法获得栖息地提供的全部资源。另一些情况下，种间相互作用对双方物种都有利（+/+）。例如，花与其传粉者之间的相互作用就是互利的。在第三种类型的种间相互作用中，一个物种利用另一个物种作为食物来源。这种相互作用的效果显然是对一个群体有利，对另一个群体有害（+/−）。在接下来的几页中，你将进一步了解这些种间相互作用，以及它们如何影响群落。你还会发现种间相互作用是自然选择的有力因素。

种间竞争（–/–）

在种群增长的逻辑斯谛模型中（见图 19.6），种群密度的增加，减少了每一个体平均可用的资源量。对有限资源的这种种内（物种内）竞争最终限制了种群数量的增长。在**种间竞争**（物种间竞争）中，一个物种的种群增长可能受到竞争物种的种群密度以及其自身种群密度（种内竞争）的双重限制。

是什么决定了一个群落中的不同种群是否彼此竞争？每个物种都有一个**生态位**，定义为其在环境中对生物和非生物资源的总使用量。例如，一种名为弗吉尼亚莺的小鸟的生态位［图 20.7（a）］，包括它的巢址和筑巢材料、它所吃的昆虫以及生存的气候条件，如降水量和使它能够生存的温度和湿度。换句话说，生态位涵盖了弗吉尼亚莺生存所需的一切。橙冠莺的生态位［图 20.7（b）］，包括一些与弗吉尼亚莺相同的资源。因此，当这两个物种居住在同一地区时，它们就是竞争对手。

在亚利桑那州中部的一个群落中，生态学家调查了这两种鸟种间竞争的影响。他们将弗吉尼亚莺或橙冠莺从研究地点移除后，留下来的物种中，成员在养育后代方面明显更成功。这一研究表明，种间竞争会对繁衍后代有直接、负面的影响。

如果两个物种的生态位太相似，它们就不能在同一地方共存。生态学家称之为**竞争排斥原则**，这是由苏联生态学家 G. F. 高斯提出的概念，他通过一系列简洁的实验证明了这种效应。高斯利用了原生生物中的两个近缘种——大草履虫（*Paramecium caudatum*）和双小核草履虫（*Paramecium aurelia*）进行实验。首先，他分别确定了每个物种在实验室生长条件下的生物承载力（图 20.8，上图）。然后他在同一个栖息地中培育这两个物种。在两周内，大草履虫数量就下降了（图 20.8，下图）。高斯总结，这两物种的需求非常相似，以至于优于竞争对手的物种——在本例中，指的是双小核草履虫——剥夺了大草履虫的生活必需资源。☑

▼ 图 20.8　**实验室内草履虫种群的竞争排斥。**

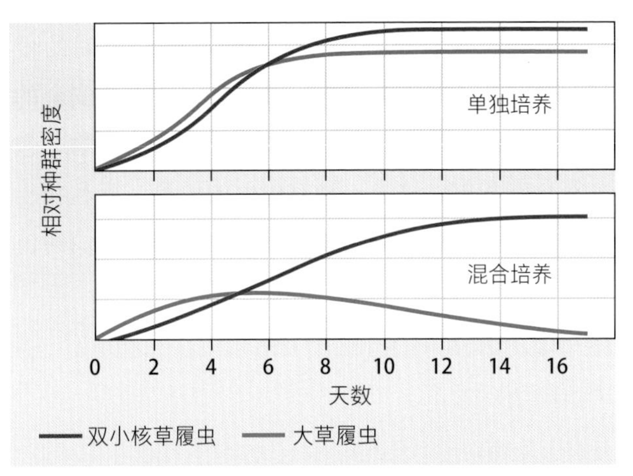

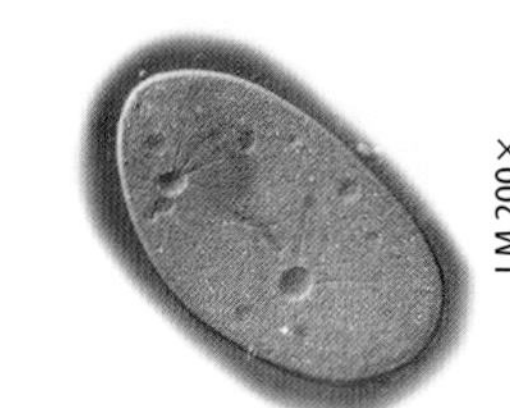

双小核草履虫

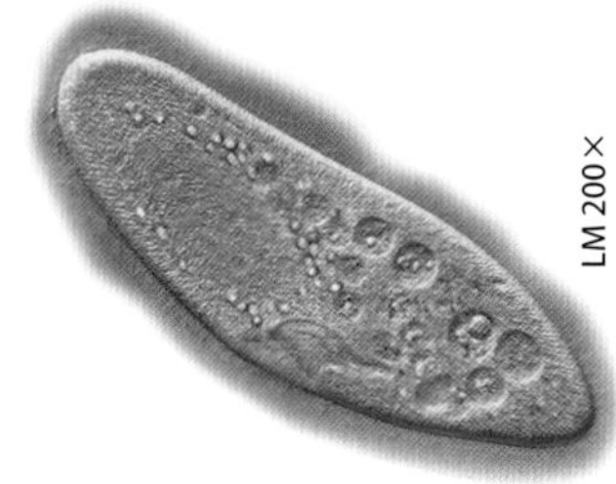

大草履虫

▼ 图 20.7　**利用相似资源的物种。**

（a）黄胸虫森莺。

（b）橙冠虫森莺。

☑ 检查点

在另一个实验中，高斯发现大草履虫和绿草履虫可以共存于同一生境中，但两个种群的数量均小于两者独占栖息地时的数量。你如何解释这些结果？

答案：大草履虫和绿草履虫之间的竞争，减少了每一种群的可用资源——它们的生态位在某些方面相似，但并不相同。而两个物种都没有争夺、剥夺对方的生活必需资源。

共生（+/+）

在**共生**关系中，两个物种都从相互作用中受益。共栖物种之间会发生一些共生现象，即生物之间产生紧密的物理联系。例如，在称为“菌根”的植物-真菌共生关系中（见第 16 章中的“进化联系”专栏），真菌向植物输送矿物质营养，并接受有机营养作为回报。珊瑚礁生态系统依赖于某些珊瑚种类与生活在每个珊瑚虫细胞中的数百万单细胞藻类之间的共生关系（图 20.9）。珊瑚礁是由连续几代分泌外部碳酸钙骨骼的群体珊瑚建造的。藻类通过光合作用产生的糖提供了至少一半的珊瑚动物所用能量。这种能量输入使珊瑚能够迅速形成新的骨骼，足以超过快速生长的海藻对空间的侵蚀和竞争。作为回报，藻类获得了一个安全的庇护所，可以获取光。它们还利用珊瑚产的废物，包括二氧化碳和氨，这是一种有价值的氮源。互利共生也可以发生在非共栖的物种之间，例如花和它们的传粉者。

▲ 图 20.9 **共生。**珊瑚虫的细胞中有单细胞藻类。

▼ 图 20.10 **保护色。**伪装使侏儒海马不被捕食者发现。

捕食（+/–）

捕食是指一个物种（捕食者）杀死并吃掉另一个物种（猎物）的相互作用。因为捕食对猎物的繁殖成功率有负面影响，所以通过自然选择，被捕食动物种群中进化出了许多避免被捕食的适应性。例如，一些被捕食物种（如叉角羚）跑得快到足以逃脱它们的捕食者（见第 19 章“进化联系”专栏的内容）。其他猎物，如兔子，逃进庇护所。还有一些猎物依靠机械防御，比如豪猪用尖刺或者蛤蜊和牡蛎用硬壳。

适应色是许多动物物种进化出来的一种防御伪装机制。用于伪装的被称为**隐蔽色**，使隐藏的猎物在环境背景下很难被发现（图 20.10）。还有**警戒色**，即黄色、红色或橙色与黑色组合的明亮图案，通常标志着动物具有有效的化学防御机制。食肉动物学会了将这些颜色图案与不良后果（如有害的味道或刺痛）联系起来，避开带有类似标记的潜在猎物。生活在哥斯达黎加雨林中的箭毒蛙（图 20.11），其鲜艳的颜色警告其他动物——本蛙皮肤中含有有毒化学物质。

被捕食物种也可以通过拟态（一个物种“模仿”另一物种）获得重要的保护。例如，无毒的猩红王蛇的皮肤表面红色、黑色和黄色环交替的图案很像有毒的金黄珊瑚蛇身上醒目的彩色图案（图 20.12）。有些昆虫将保护色与精心伪装的身体结构相结合。例如，有些昆虫体形像树枝、树叶和鸟粪。有些昆虫物种甚至模仿脊椎动物。例如，某些毛毛虫背侧的颜色是一

▼ 图 20.11 **箭毒蛙的警戒色。**

▲ 图 20.12 **蛇类中的拟态。**无毒的猩红王蛇（左）的颜色图案与有毒的金黄珊瑚蛇（右）相似。

种有效的伪装，但当受到干扰时，毛毛虫会翻转，露出其腹部的“蛇眼”（图 20.13）。在飞蛾和蝴蝶的一些群体翅膀上，常见到类似脊椎动物眼睛的眼斑。这些巨大的“眼睛”一闪而过时，会吓到可能的捕食者。在其他物种中，眼点可能会使捕食者的攻击偏离被捕食者的重要身体部位。

食草（+/–）

食草是指动物对植物部分或藻类的消耗。虽然食草动物通常不会对植物造成致命的伤害，但由于身体部位被动物食用，植物必须消耗能量来弥补损失。因此，植物进化出了许多防御食草动物的方法。刺和荆棘是明显的反食草动物装置，任何曾从荆棘中摘下玫瑰或触碰过带刺仙人掌的人，都知道这一点。化学毒素在植物中也很常见。就像动物的化学防御一样，植物中的毒素也是受厌恶的，食草动物学会了避开它们。在这些“化学武器”中，番木鳖碱，由一种名为马钱子的热带乔木中产生；吗啡，产自罂粟；尼古丁，由烟草植物产生；酶斯卡灵，产自佩奥特仙人球；单宁，产自多种植物。还有些对人类无毒，但对食草动物不友好的防御性化合物，散发出近似于薄荷、丁香和肉桂的味道（图 20.14）。有些植物甚至会产生化学物质，使得以其为食的昆虫发育异常。化学公司利用某些植物的有毒特性来生产杀虫剂。例如，尼古丁可用作杀虫剂。☑

▼ 图 20.13 **模仿蛇的昆虫。**受到干扰时，这只飞蛾幼虫翻转身体（左），露出与蛇眼睛（右）类似的图案。

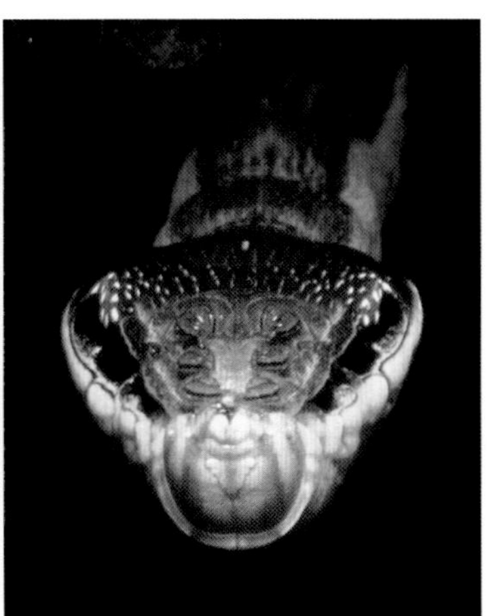

▼ 图 20.14 **可口的植物。**

薄荷。薄荷的某些部分产生刺鼻的油。

丁香。烹饪中使用的丁香是这种植物的花蕾。

肉桂。肉桂来自这棵树的内皮。

☑ 检查点

人们发现，苦味食物大多令人反感。你认为，我们为什么拥有针对苦味化学物质的味觉感受器？

答案：对苦味化学物质敏感的味觉感受器，可能有助于人类祖先在觅食时识别出潜在的有毒植物，从而使祖先能够存活更长时间。

寄生虫和病原体（+/–）

动物和植物都可能受到寄生虫或病原体的侵害。这些相互作用，对一种物种（寄生虫或病原体）有益，而对另一种物种（宿主）有害。**寄生虫**寄生在**宿主**身上或体内，并从宿主处获得营养。无脊椎寄生虫包括生活在宿主体内的扁虫，如吸虫和绦虫，以及各种蛔虫。外部寄生虫，如蜱、虱、螨和蚊子，会暂时附着在受害者身上，吸食血液或其他体液。植物也受到包括蛔虫和蚜虫在内的寄生虫的侵袭，这些小虫子进入韧皮部吸食植物汁液（见图 19.10）。在寄生虫种群中，最善于寻找宿主并取食宿主的个体，繁殖成功率最高。例如，一些水生水蛭首先通过检测宿主在水中的运动来定位宿主，然后根据宿主的体温和皮肤上的化学线索来确认其身份。

病原体是致病的细菌、病毒、真菌或原生生物，可被认为是微观寄生虫。非本土病原体，其影响可能是迅速且显著的，为研究病原体对群落的影响提供了一些机会。举一个例子，生态学家研究了栗疫病（一种由原生生物引起的疾病）流行的后果。栗树是北美众多森林群落中占主导地位的巨型冠层树木，其数量的减少对群落组成和结构有重要影响。以前与栗树竞争的橡树和山核桃树变得越来越多；总体而言，树种多样性有所增加。死去的栗树也为其他生物——如昆虫、巢鸟以及腐生物——提供了生态位。☑

☑ 检查点

寄生虫与宿主之间的相互作用与“捕食者－猎物”和“食草动物－植物”之间的相互作用有何相似之处？

答案：在这三种相互作用中，都是一个物种受益，另一个物种受害（+/–）。具体来说，是一个物种利用另一物种作为食物来源。

营养结构

我们已经看到了一个群落中的种群是如何相互影响的，现在，让我们把群落当作一个整体来考虑。群落中各物种间的摄食关系称为**营养结构**。群落的营养结构决定了能量和营养物质从植物和其他光合自养生物传递到食草动物，然后传递到捕食者。营养级之间的食物转移顺序称为**食物链**。

图 20.15 显示了两条食物链，一条是陆地食物链，一条是水生食物链。在两条链的底部是支撑所有其他营养级的营养级。这个层次由自养生物组成，生态学家称之为**生产者**。光合生产者将光能转化为储存在有机物化学键中的化学能。植物是陆地上的主要生产者。在水中，主要生产者是光合原生生物和蓝细菌，统称为浮游植物。多细胞藻类和水生植物也是浅水区的重要生产者。在少数群落中，诸如热液喷口周围的群落，生产者是化能合成原核生物。

营养水平高于生产者的生物，都是异养生物，或称为消费者。所有消费者都直接或间接地依赖生产者的产出。以植物、藻类或浮游植物为食的**食草动物**是**初级消费者**。陆地上的初级消费者包括蚱蜢和许多其他昆虫、蜗牛，还有某些脊椎动物，如食草的哺乳动物、吃种子和水果的鸟类。在水生环境中，初级消费者包括以浮游植物为食的各种浮游动物（主要是原生生物和小虾等微型动物）。

▼ 图 20.15 **食物链示例。**箭头指示了陆生群落和水生群落中，食物从一个营养级到下一个营养级的转移。

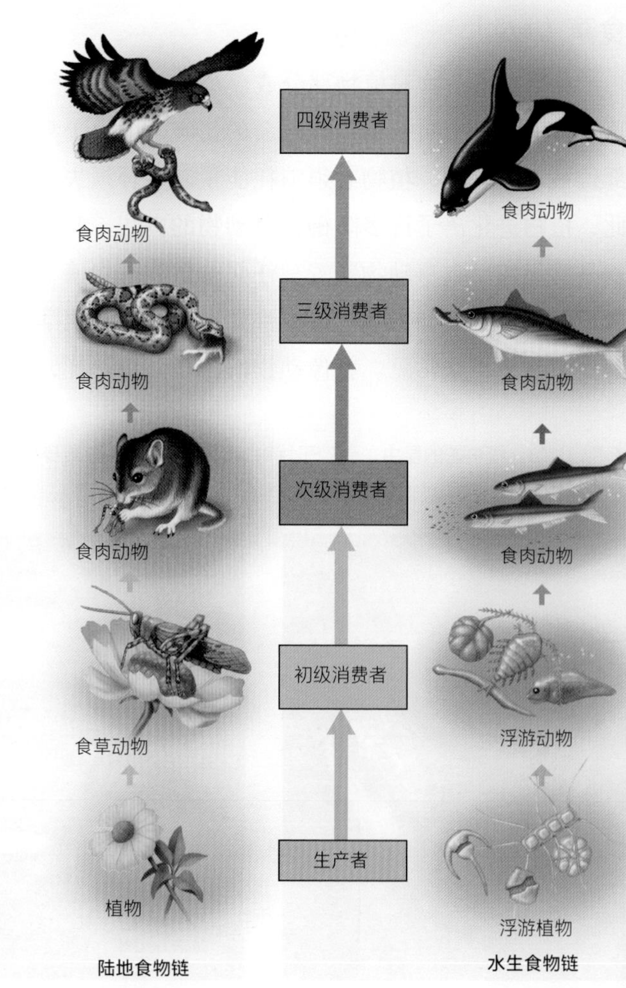

在初级消费者之上，各营养级由**食肉动物**组成，上层食肉动物摄食下面层次的消费者。在陆地食物链中，**次级消费者**包括许多小型哺乳动物，例如图 20.15 所示的吃食草昆虫的老鼠，以及各种各样的鸟类、蛙类、蜘蛛，还有狮子和其他吃食草动物的大型食肉动物。在水生群落中，次级消费者主要是以浮游动物为食的小鱼。较高营养级包括（第）**三级消费者**，如以老鼠和其他次级消费者为食的蛇。大多数群落都有次级和三级消费者。正如图中所示，也有一些更高级别的（第）**四级消费者**。其中包括陆地群落中的鹰和海洋环境中的虎鲸。食物链中没有（第）五级消费者——你很快就会知道原因。

图 20.15 仅显示了那些食用活生物体的消费者。一些消费者从**碎屑**中获取能量，碎屑是所有营养层次留下的死物质，包括动物粪便、枯枝落叶和死尸。不同的生物体在碎屑不同的腐烂阶段将其消耗。**食腐动物**是大型动物，如乌鸦和秃鹫，它们以食肉动物或高速汽车撞死的尸体为食。腐烂的有机物是**食腐质者**的主要食物。例如，蚯蚓和马陆是食腐质者。**分解者**，主要是原核生物和真菌，分泌酶消化有机物中的分子并将其转化为无机形式。在湖泊和海洋底部的土壤和淤泥中，无数微小分解者将有机物分解成无机化合物——这是植物和浮游植物用来制造新的有机物的原料，新的有机物最终可能成为消费者的食物。许多园丁保留一个肥堆，利用食腐质者和分解者的服务，分解厨余和修剪庭院产生的有机废物（图 20.16）。

▼ 图 20.16 **花园堆肥仓。**随着堆肥的腐熟，其中丰富的有机物为植物提供了无机养分的缓释源。

生物放大

生物不能代谢由工业废物或施用农药产生的众多毒素；食用后，这些化学物质残留在其体内。通过食物链，这些毒素在生物体内逐级富集，这一过程称为**生物放大**。图 20.17 显示了在一条湖泊食物链中，化学物质多氯联苯（即 1977 年以前用于电气设备的有机化合物 PCBs）的生物放大效应。浮游动物——金字塔的基部——以水中被多氯联苯污染的浮游植物为食。胡瓜鱼（小鱼）以受污染的浮游动物为食。因为每一条鱼要食用许多浮游动物，所以胡瓜鱼体内的多氯联苯浓度高于浮游动物。由于同样的原因，鳟鱼体内的多氯联苯浓度高于胡瓜鱼。在食物链中，顶级捕食者（本例中的银鸥）体内多氯联苯浓度最高，是受环境中有毒化合物影响最严重的生物。在这种情况下，孵化成功的受污染的卵较少，导致银鸥繁殖成功率下降。许多不能被微生物降解的合成化学物质，包括 DDT 和汞，也可以通过生物放大作用来富集。

在食物链中占据高位的金枪鱼，很可能受到汞和其他毒素的污染。

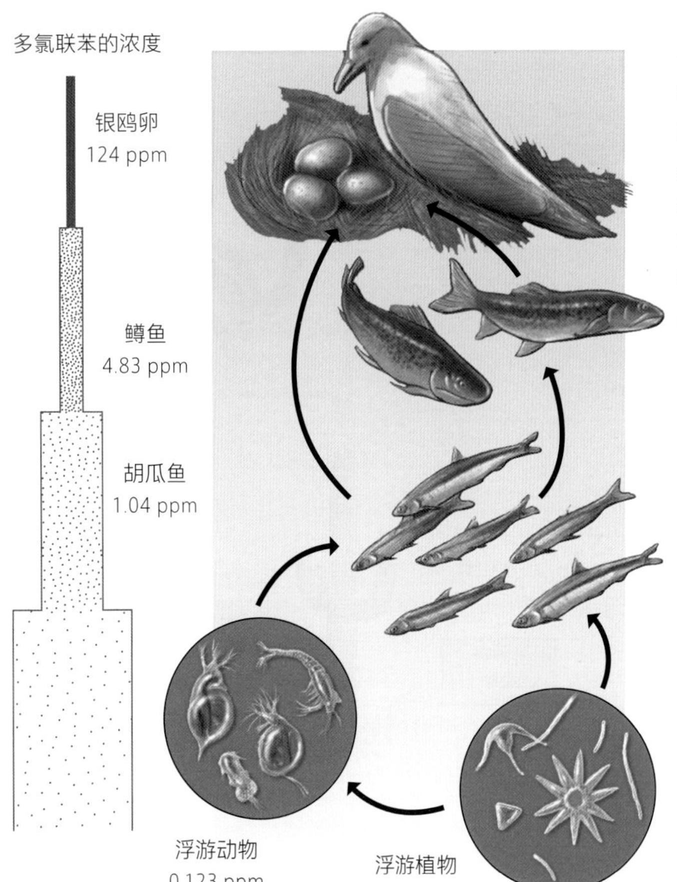

◄ 图 20.17 **20 世纪 60 年代初，一条湖泊食物链对多氯联苯的生物放大作用。**摄食来自受污染水域的顶级消费者（如金枪鱼、剑鱼、鲨鱼等）会给人们带来健康问题，在怀孕期间摄取此类食物，问题尤其严重。

☑ **检查点**

你正在吃比萨。此时，你处在哪个营养级？

答案：吃面饼和番茄酱时，你是初级消费者；吃比萨上的奶酪或肉块时，你是次级消费者。

食物网

很少有群落的食物网简单到“只具有单一、无分支的食物链”。几种初级消费者通常摄食同一种植物，一种初级消费者也可以吃几种不同的植物。食物链的这种分支也发生在其他营养级上。因此，一个群落的摄食关系交织成复杂的**食物网**。

考虑图 20.18 中的蚱蜢鼠，它在图 20.15 中啃食一只蚱蜢，是次级消费者。而它的饮食也包括植物，这也使它成为一个初级消费者。它是一种**杂食动物**，不仅吃生产者，而且吃不同营养级的消费者。吃蚱蜢鼠的响尾蛇也不只消费一种营养级。指向响尾蛇的蓝色箭头表示它吃的是初级消费者，所以响尾蛇是次级消费者。而紫色箭头表明它吃次级消费者，所以它也是三级消费者。听起来很复杂？——实际上，图 20.18 显示的是一个简化的食物网。真实的食物网会在每个营养级都牵涉更多种生物，大多数动物的饮食比图中所示的更多样化。☑

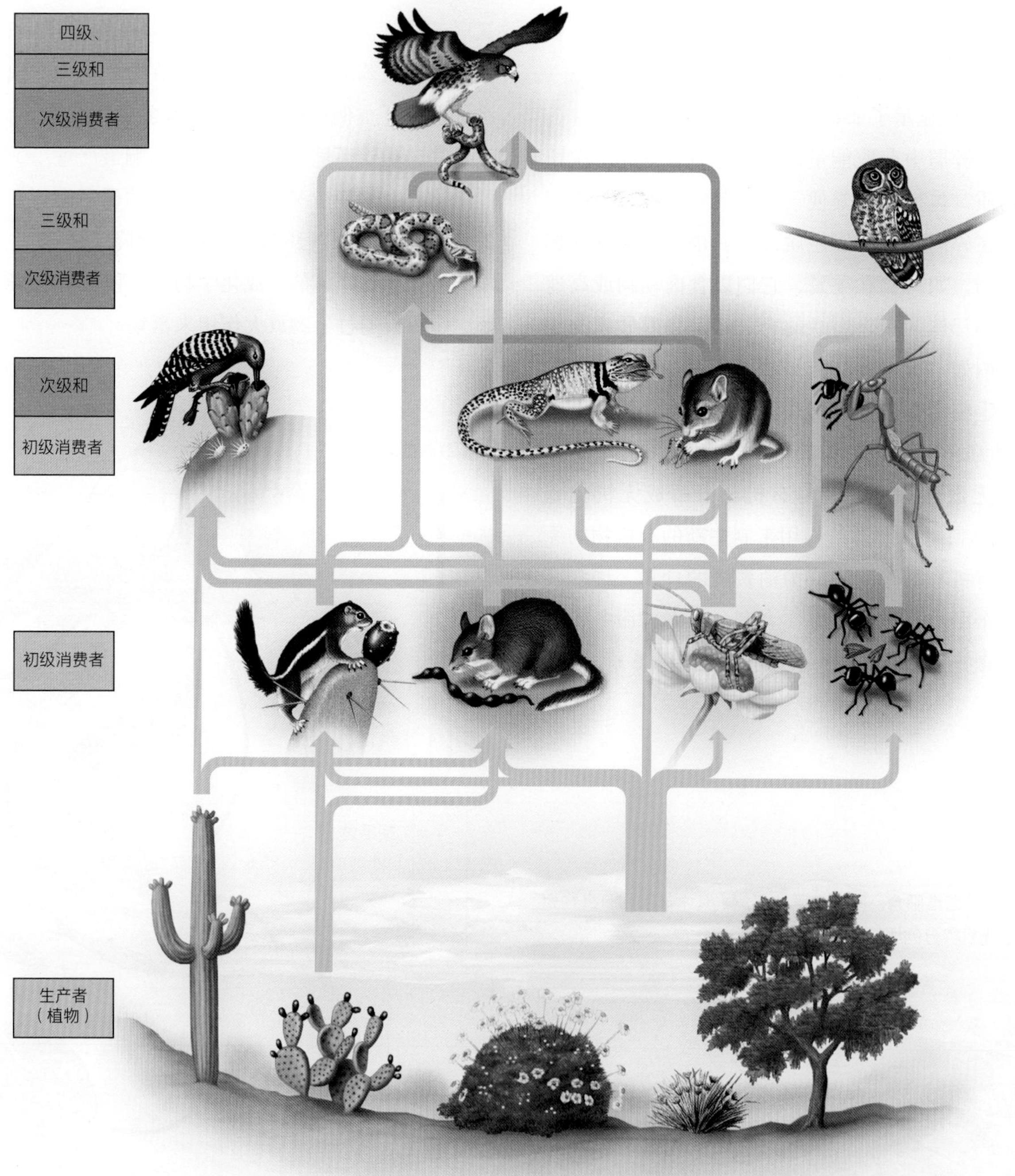

► 图 20.18　**索诺兰沙漠群落的简化食物网。**像图 20.15 中的食物链一样，这张网中的箭头表示“谁吃掉谁”，即营养物质转移的方向。在这里，我们仍然沿用图 20.15 中的营养级和食物转移的颜色设定。

群落物种多样性

群落的**物种多样性**——构成这个群落的各个物种的多样性——有两种参数。第一种参数是**物种丰富度**，即群落中物种的数量。另一种参数是不同物种的**相对丰度**，用群落中每个物种的数量比例表示。为了理解这两种参数对描述物种多样性的重要性，请想象一下，漫步于如图 20.19 所示的林地中。在穿过林地 A 的路上，你会经过四种不同的树木，但你遇到的大多数树木都是同一种。现在想象一下，在穿过林地 B 的路上，你看到的四种树木，同你在林地 A 中看到的四种树木一样——即这两片林地的物种丰富度是一样的。然而，林地 B 可能看起来更多样化，因为林地 B 中没有一个物种是占优势的。如图 20.20 所示，林地 A 中一个物种的相对丰度远远高于其他三个物种的相对丰度。在林地 B 中，所有四个物种都同样丰富。因此，林地 B 的物种多样性较高。由于植物为许多动物提供食物和住所，所以多样化的植物群落提升了动物物种多样性。

尽管优势物种如一种林木的丰度可能会影响群落中其他物种的多样性，但非优势种也可以控制群落组成。**关键种**指对群落的影响远大于其自身总量或丰度的物种。“关键种”一词来源于拱形建筑顶部的楔形石块，这种石块将其他石块固定在适当位置。如果拆除拱心石，拱形建筑就会塌陷。关键种占据一种生态位，使得其群落中其他物种各就各位。

▼ 图 20.19 哪个林地物种多样性更多？

林地 A

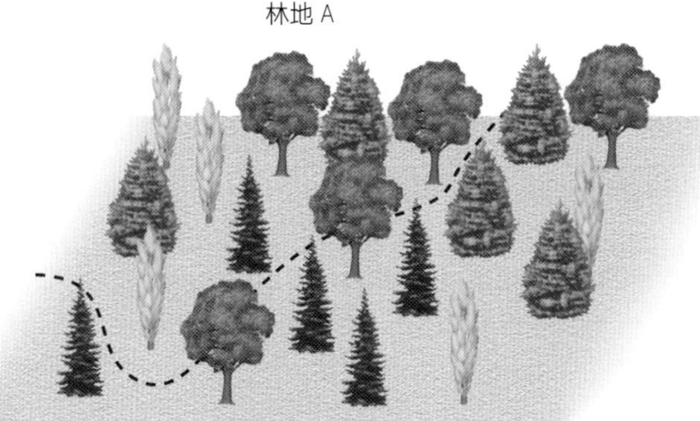

林地 B

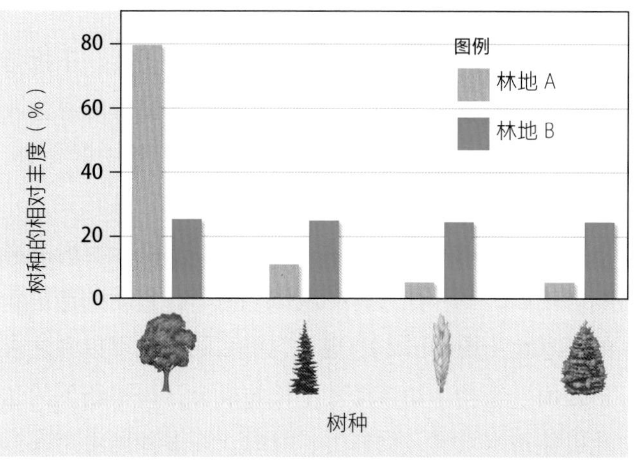

◄ 图 20.20 林地 A 和林地 B 中树种的相对丰度。

为了研究潜在关键种在群落中的作用，生态学家比较了该物种存在和不存在时的生物多样性。最早提供关键种效应证据的是罗伯特·潘恩（Robert Paine）在 20 世纪 60 年代的实验。在华盛顿海岸潮间带的实验区，潘恩人为地移除了一种捕食者，即一种豆海星（图 20.21）。其结果是，海星的主要猎物贻贝在争夺岩石上重要的空间资源方面，胜过了许多其他海滨生物（例如藻类、藤壶、海螺）。实验区存在的不同生物体，从 15 种以上降到 5 种以下。

▼ 图 20.21 豆海星。

生态学家已经确定了在生态系统结构中发挥关键作用的其他物种。例如，阿拉斯加西海岸附近的海獭数量的减少，使得海胆（海獭的主要猎物）数量增加。海胆大量增加，消耗海带等海草，导致海带“森林”（见图 15.27）及其所维持之海洋生物多样性的丧失。然而，在众多生态系统中，生态学家才刚刚开始理解物种之间的复杂关系；个别物种的价值可能直到其消失才显现出来。☑

☑ 检查点

一个群落有丰富的物种，其多样性又相对较少，这是怎么回事儿？

答案：优势物种中的一种或几种，构成该生物群落的几乎所有生物，而其他物种数量极少。

群落中的干扰

大多数群落都在不断变化，以应对干扰。**干扰**是破坏生物群落的“插曲”，它至少会暂时性地通过改变矿物营养、水等资源的供应而破坏群落中的生物。风暴、火灾、洪水、干旱都是自然干扰的例子。

小规模的自然干扰往往对生物群落产生积极影响。例如，当一棵大树在风暴中倒下，它就创造了新的栖息地（图 20.22）。现在，更多的阳光可以到达森林地面，给弱小幼苗提供生长的机会；树根留下的洼地可能被水填满，供蛙类、蝾螈、许多种昆虫用作产卵场所。

迄今为止，人类已成为最重要的生态干扰因素。人为干扰的一个后果是出现了以前未知的传染病。四分之三的新兴疾病来自“病原体从其他脊椎动物跳跃传染给了人类”。在许多例子中，人们通过进行诸如清理农田、修筑道路或在原先孤立的生态系统中狩猎等活动，接触到这些病原体。人类免疫缺陷病毒（HIV）可能是最为人所知的例子，它可能是通过被屠宰灵长类动物的血液传播给人类的。此外还有可能导致致命出血热的病原体，如埃博拉病毒。生境破坏也可能导致携带病原体的动物冒险靠近人类的住所以寻找食物。

人类侵占热带雨林，给人类招致了埃博拉等新疾病。

生态演替

严重的干扰破坏植被，甚至土壤，让群落发生了剧烈的变化。被干扰的地区可能被各个物种定居，而这些物种又逐渐被其他物种所取代，这个过程称为**生态演替**。

在没有土壤的基本无生命地区开始的生态演替，被称为**原生演替**（图 20.23）。这种地区的例子是火山岛的熔岩流或冰川退缩所留下的砾石滩等。通常情况下，自养细菌是这些地方最初存在的唯一生命形式。然后风吹来孢子，生长出地衣和苔藓，通常构成最早在这种地区定居的多细胞生产者。由于岩石风化以及通过分解早期定居于此的生物遗体而积累的有机物，这里的土壤逐渐肥沃。地衣和苔藓最终被草本植物和灌木所覆盖——从附近地区吹来或由动物带来的种子发芽萌生了后两者。最终，这一地区被植物所占据，其成为群落中普遍存在植被形态。原生演替可能需要数百年或数千

☑ 检查点

小规模自然干扰，如大风吹倒森林树木，其影响为何会被认为是积极的呢？

答案：一棵倒下的树木会改变森林一小块区域中的非生物因素，例如水和阳光，并为其他生物提供新的栖息地。

▼ 图 20.22 **小规模扰动。**当这棵树在风暴中倒下，它的根系和周围的土壤就会翻起来，形成一个充满水的洼地。死树、根丘和充满水的洼地都是新的栖息地。

▼ 图 20.23 **夏威夷火山国家公园的熔岩流上正在进行的原生演替。**

年的时间。

在干扰破坏了现有群落，但土壤仍保持完好无损的情况下，会发生**次生演替**。例如，洪水或火灾后恢复的地区，即发生次生演替（图 20.24）。引起次生演替的干扰也可能是由人类活动造成的。甚至在殖民时代之前，人们就开始清理北美洲东部的温带落叶林，以开辟农业用地和定居点。后来，因土壤中的化学养分耗尽或居民向西迁居到新领地，部分土地被弃置抛荒。一旦人工干预停止，次生演替就开始了。☑

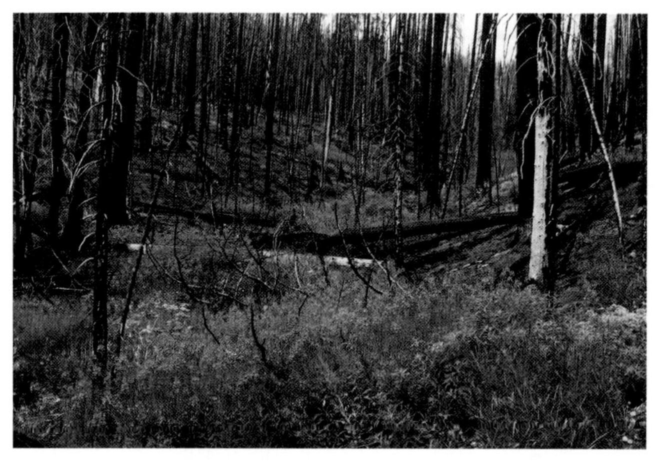

▲ 图 20.24 **火灾后发生的次生演替。**

☑ 检查点

区分原生演替和次生演替的主要非生物因素是什么？

答案：在演替开始时缺乏土壤，则发生原生演替，存在土壤则发生次生演替。

生态系统生态学

除了特定区域内的物种群落之外，**生态系统**还包括能源、土壤特性、水等非生物因素。让我们观察一个小规模的生态系统——一个生态瓶——看一看群落与这些非生物因素如何相互作用（图 20.25）。生态瓶中的小世界展示了维持所有生态系统平衡的两个主要过程：能量流动、化学循环。**能量流动**是通过生态系统各组成部分传递能量。**化学循环**是指在生态系统中对诸如碳、氮之类化学元素的利用和再利用。

能量以太阳光的形式（黄色箭头）进入生态瓶。植物（生产者）通过光合作用将光能转化为化学能。动物（消费者）在吃植物时，会以摄入有机化合物的形式吸收一些这样的化学能。土壤中的食腐质者和分解者以动植物的尸体为食，获得化学能。生物体对化学能的每一次利用，都会以热量的形式（红色箭头）损耗一些能量，释放到周围环境中。因为光合作用所捕获的能量大部分以热量的形式损耗，所以如果没有来自太阳能的持续流入，这个生态系统将耗尽能量。

与能量流动不同，化学循环（图 20.25 中的蓝色箭头）涉及生态系统内物质的转移。虽然大多数生态系统都有来自阳光或其他来源的能量持续输入，但用于构建分子的化学元素的供应是有限的。碳、氮等化学元素在生态系统的非生物成分（包括空气、水、土壤）与生态系统的生物成分（群落）之间循环。植物从空气和土壤中获取这些无机元素，并利用它们构建有机分子。动物（例如图 20.25 中的蜗牛）会消耗一些这样的有机分子。当植物和动物变成碎屑时，分解者将大部分元素以无机形式释放回土壤和空气中。一些元素还作为动植物代谢的副产品返回空气和土壤中。

综上所述，能量流动和化学循环都涉及生态系统的营养级间进行的物质转移。不过，能量流经并最终流出生态系统，而化学元素则在生态系统内部和不同生态系统之间循环利用。

▼ 图 20.25 **生态瓶中的生态系统。**虽然这个密闭的生态系统规模小，且是人为制造的，但它说明了两个主要的生态系统过程：能量流动、化学循环。

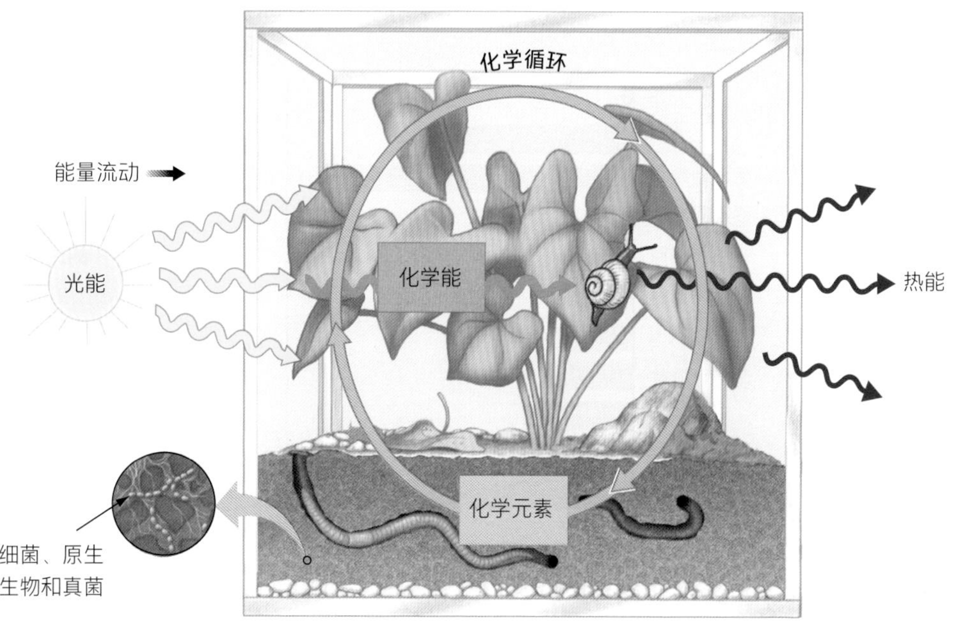

能量转化

生态系统中的能量流动

所有生物都需要能量来生长、维持、繁殖；许多物种还需要能量来运动。本节我们将更深入地研究能量在生态系统中的流动。在此过程中，我们将回答两个关键问题：什么限制了食物链的长度？如何将关于能量流动的原理借鉴到人类对资源的使用中？

初级生产量与生态系统能量收支

地球每天接收大约 10^{19} 千卡的太阳能，相当于大约 1 亿颗原子弹的能量。这些能量大部分被大气或地球表面吸收、散射或反射。在到达植物、藻类、蓝细菌的可见光中，只有约 1% 通过光合作用转化为化学能。

生态学家称生态系统中活的有机物质的数量或质量为**生物量**。生态系统的生产者在一定时间内由太阳能转化的储存在有机物中之化学能的质量称为**初级生产量**。整个生物圈每年的初级生产量大约为 1650 亿吨生物量。

不同生态系统的初级生产量（图 20.26）及其对生物圈总初级生产量的贡献差异很大。热带雨林是最具生产力的陆地生态系统之一，占地球生物量总产量的很大一部分。珊瑚礁的生产能力也很高，但由于它们覆盖的面积很小，所以它们对全球产量的贡献很小。有趣的是，尽管大洋的生产能力非常低，但因为其面积巨大（覆盖了地球表面积的 65%），所以它对地球初级生产量的贡献最大。无论哪种生态系统，初级生产都为整个生态系统的能量预算设定了开支限额，因为消费者必须从生产者那里获得原动力。现在让我们来看一看，在生态系统食物网中，这种能量预算是如何在不同营养级间分配的。☑

☑ 检查点

沙漠和半荒漠灌木丛覆盖面积与热带雨林面积大致相同，但其贡献不到全球初级生产量的 1%，而雨林则贡献了 22%。请解释一下这种差异。

答案：初级生产以克/平方米/年为单位。一平方米的热带雨林产生的生物量，是一平方米沙漠或半荒漠灌木丛的 20 倍以上。

生态金字塔

当能量作为有机物流经生态系统的营养级，大部分能量会在食物链的各个环节流失。思考有机物从植物（生产者）转移到食草动物（初级消费者）的过程。在大多数生态系统中，食草动物只能吃掉植物的一小部分产物，而且它们也不能消化其所食用的全部食物。例如，一只以叶子为食的毛毛虫，会将叶子中一半的能量通过粪便排出（图 20.27）。另外 35% 的能量用于细胞呼吸。毛毛虫食物中只有大约 15% 的能量转化为毛毛虫的生物量。只有这些生物量（及其所含的能量）可供以毛毛虫为食的消费者使用。

图 20.28 称为**生产量金字塔**，说明了食物链中每次能量转移时的累积损失。金字塔的每一层都代表一个营养级中的所有生物体，每一层的宽度表明下面一层的化学能中实际有多少被纳入该营养级的有机物中。

▼ 图 20.26 **不同生态系统的初级生产量。**初级生产量是指生态系统的生产者在一段时间内创造的生物量，在下图中所示为一年内的生物量。在这些直方图中，水生生态系统被设为蓝色；陆地生态系统被设为绿色。

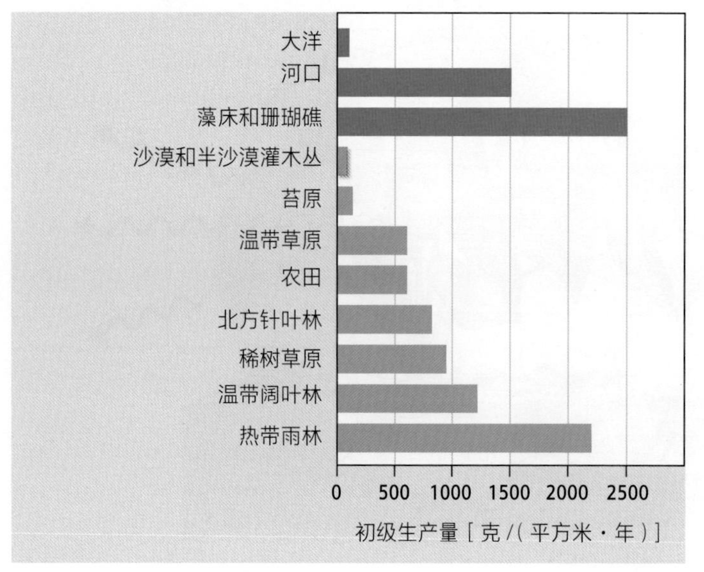

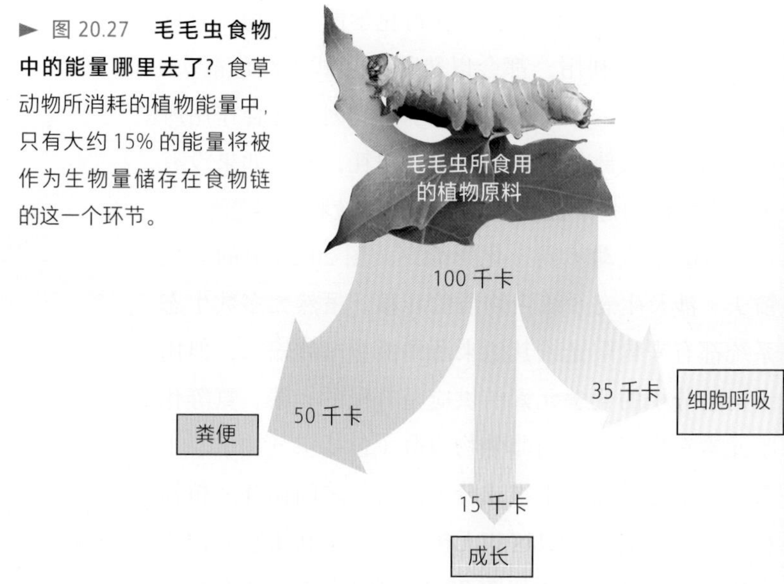

► 图 20.27 **毛毛虫食物中的能量哪里去了？**食草动物所消耗的植物能量中，只有大约 15% 的能量将被作为生物量储存在食物链的这一个环节。

▼ 图 20.28　理想化的生产量金字塔。

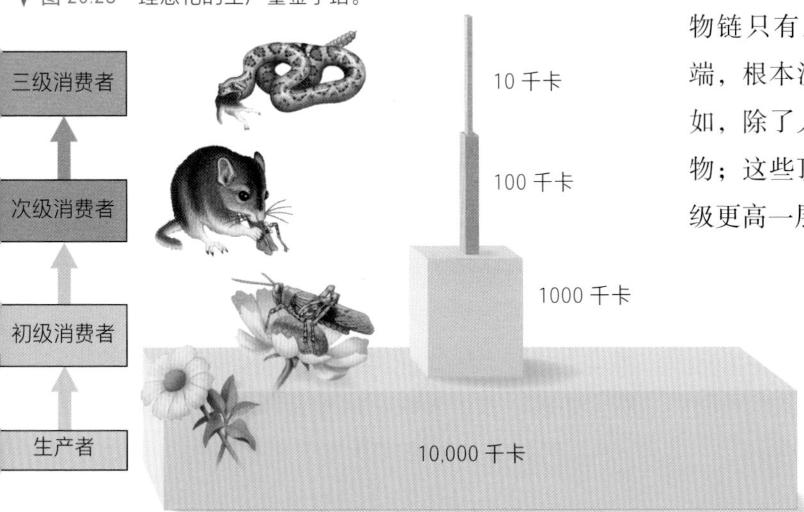

请注意，生产者仅将它们可利用的太阳光中约 1% 的能量转化为初级生产量。在这个广义金字塔中，每层营养级的 10% 的可用能量被整合到下一层更高的营养级中。能量转移的实际效率通常在 5% ～ 20% 的范围内。也就是说，一个营养级的 80% ～ 95% 的能量永远不会到达下一个营养级。

营养结构中能量的这种逐级减少的重要意义在于，与较低水平的消费者相比，高级消费者可用的能量很少。光合作用储存的能量只有很小一部分通过食物链流向三级消费者，如以鼠为食的蛇。这就解释了为什么像狮子、鹰这样的顶级消费者需要这么大的地理领域：它们需要大量植被，以支持“高出光合作用生产许多层的营养层级”。你也能够理解为什么大多数食物链只有三到五层营养级了；因为在生态金字塔顶端，根本没有足够的能量支持更高一层的营养级。例如，除了人类之外，没有捕食狮子、鹰、虎鲸等的生物；这些顶级消费者群体中的生物量，不足以为营养级更高一层的生物提供可靠营养来源。

生态系统能量学与人类的资源开发利用

能量流动的动力学既适用于其他生物，也适用于人类。图 20.29 中的两个生产量金字塔基于构建图 20.28 的同一通用模型，每层营养级中大约有 10% 的能量可供下一层营养级消耗。左边的金字塔显示了能量从生产者（以玉米为代表）流向初级消费者即素食者。右边的金字塔显示了来自同一种玉米作物的能量流向次级消费者即食用牛肉的人类。显然，在处于较高营养级的情况下，人类可获得的能量，要少于作为初级消费者获得的能量。

生产一块牛肉汉堡中牛肉所需的土地，是生产一块豆干汉堡中大豆所需土地的 8 倍。

世界上只有约 20% 的农业用地被用于生产供人类直接消费的植物。其余的土地为牲畜生产食物。无论是哪种情况，大规模农业的环境成本都是高昂的。土地被清除了原生植被；农用机械燃烧化石燃料；施用化肥和农药；而且许多地区要用水来灌溉土地。目前，许多国家的人买不起肉而被迫吃素。随着各国越来越富裕，人们对肉类的需求也在增加，食品生产的环境成本也在随之增加。☑

▼ 图 20.29　**位于不同营养级的人群可利用的食物能量。**

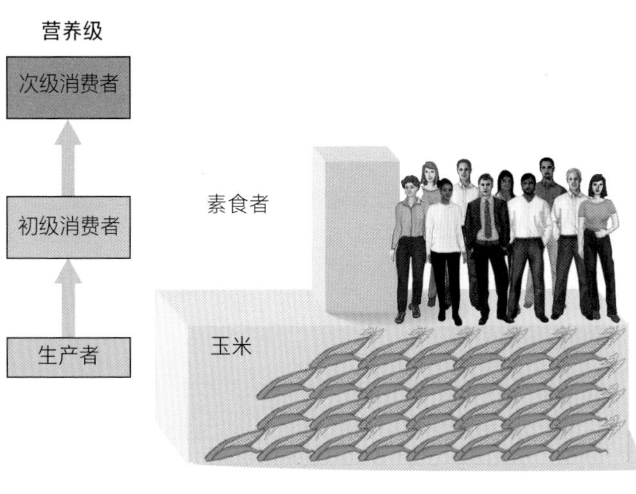

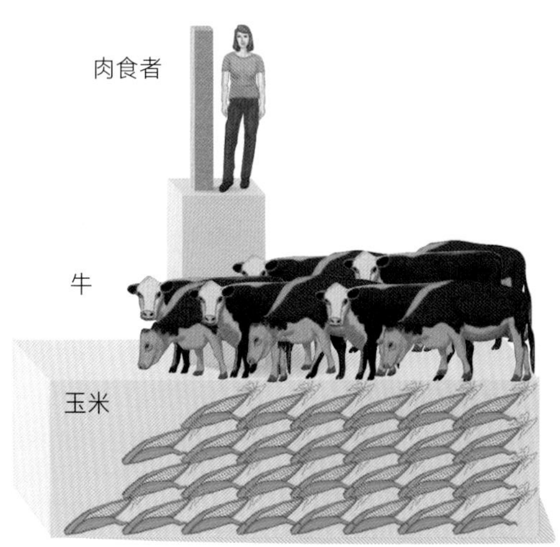

☑ 检查点

在图 20.28 中的金字塔中，为什么不同营养级中的能量不同？

答案：每从一层营养级转移到下一层营养级，能量都会损失。因此，生产者（金字塔底部）的能量总量大于初级消费者的能量总量，依此类推。

系统内互联 生态系统中的化学循环

太阳（或在某些情况下，地球内部）为生态系统提供持续的能量输入，但除偶尔的陨石外，地球上没有外来化学元素。因此，生命依赖于对化学物质的循环利用。生物体活着时，随着获取营养物质以及释放废物，其体内大部分的化学物质不断变化。生物体死亡后，存在于复杂分子中的原子在分解者的作用下返回环境，补充到无机养分库，供植物和其他生产者制造新的有机物质（图 20.30）。从某种意义上说，每一个生物都只是借用了生态系统的化学元素，在它死后归还其体内剩下的元素。让我们仔细看一看——化学物质是如何在生态系统的生物和非生物成分之间循环的。

你体内的原子可能是生活在 7500 万年前的某只恐龙身体的一部分。

化学循环的一般体系

由于生态系统中的化学循环既涉及生物成分（生物和非生物有机物质），也涉及非生物（地质和大气）成分，所以它们被称为**生物地球化学循环**。图 20.31 是生态系统内矿物养分循环的一般体系。请注意，该循环有一个**非生物储库**（白框），其中有积累或储存在活生物体外的化学物质。例如，大气是碳的非生物储库，水生生态系统的水含有溶解的碳、氮、磷化合物。

让我们追溯一下生物地球化学循环的一般体系。❶生产者利用来自非生物储库的化学元素合成有机化合物。❷消费者食用生产者，将一些化学元素融入自己体内。❸生产者和消费者都将废物中的化学元素释放回环境中。❹分解者通过分解碎屑（如枯枝落叶、动物粪便、死生物）中的复杂有机分子发挥着核心作用。循环的代谢产物是无机分子，补充到非生物储库中。岩石的侵蚀和风化等地质作用也有助于形成非生物储库。生产者使用来自非生物储库的无机分子作为合成新有机分子（如碳水化合物和蛋白质）的原料，这种循环不断地运转。

生物地球化学循环可以是局部的，也可以是全球性的。土壤是磷等养分在局部循环中的主要储库。相比之下，对于那些部分时间以气态形式存在的化学物质（如碳、氮）来说，这种循环基本上是全球性的。例如，一种植物从空气中获取的一些碳可能是另一个大陆上的植物或动物通过呼吸释放到大气中的。

现在，让我们更仔细地研究三个重要的生物地球化学循环——碳、磷、氮的循环。在研究循环的过程中，请你找出我们上述的四个基本步骤，以及化学物质在生态系统周围和生态系统之间移动的地质过程。在所有的图表中，主要的非生物储库以白框显示。☑

☑ 检查点

非生物储库在生物地球化学循环中起什么作用？三大非生物储库是哪些？

答案：非生物储库是生产者合成有机分子所用营养物质的来源。大气、土壤和水是三大非生物储库。

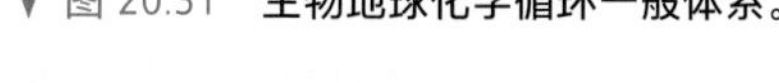
▼ 图 20.31 **生物地球化学循环一般体系。**

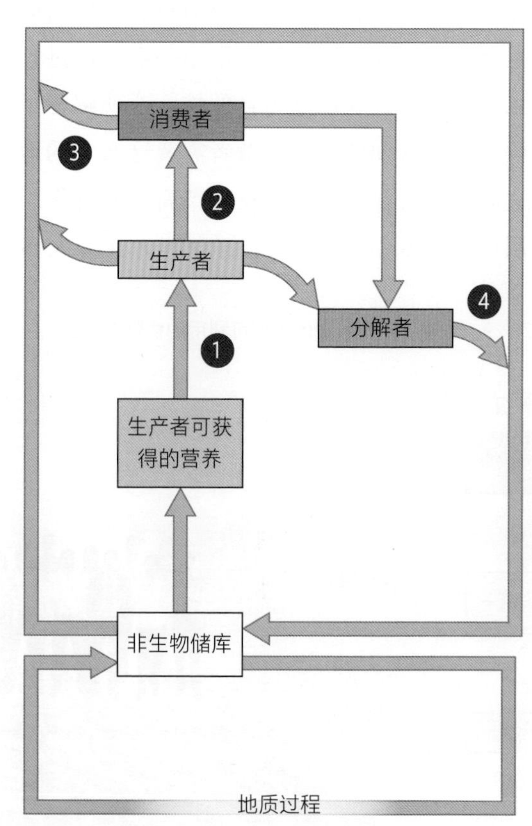

▼ 图 20.30 **植物生长在倒下的树木上。**在华盛顿州奥林匹克国家公园的温带雨林中，植物——包括其他树木——迅速利用了由分解“保育木”获得的矿物质营养。

碳循环

碳是所有有机分子的主要成分，具有大气储库并在全球范围内循环。

其他非生物碳库，包括化石燃料和海洋中溶解的碳化合物。你可以回顾前几章中光合作用和细胞呼吸这两个相反相成的代谢过程，它们主要负责生物和非生物世界之间的碳循环（图 20.32）。❶光合作用吸收大气中的二氧化碳，并将其结合到有机分子中，❷这些有机分子沿着食物链传递给消费者。❸细胞呼吸作用将二氧化碳返回大气中。❹分解者分解碎屑中的碳化合物，碳也最终以二氧化碳的形式释放出来。在全球范围内，二氧化碳通过呼吸作用返回大气中，与光合作用清除二氧化碳相平衡。然而，木材和化石燃料（煤、石油）的燃烧造成二氧化碳水平不断上升，导致全球气候加剧变化（见图 18.46）。

▼ 图 20.32　**碳循环。**

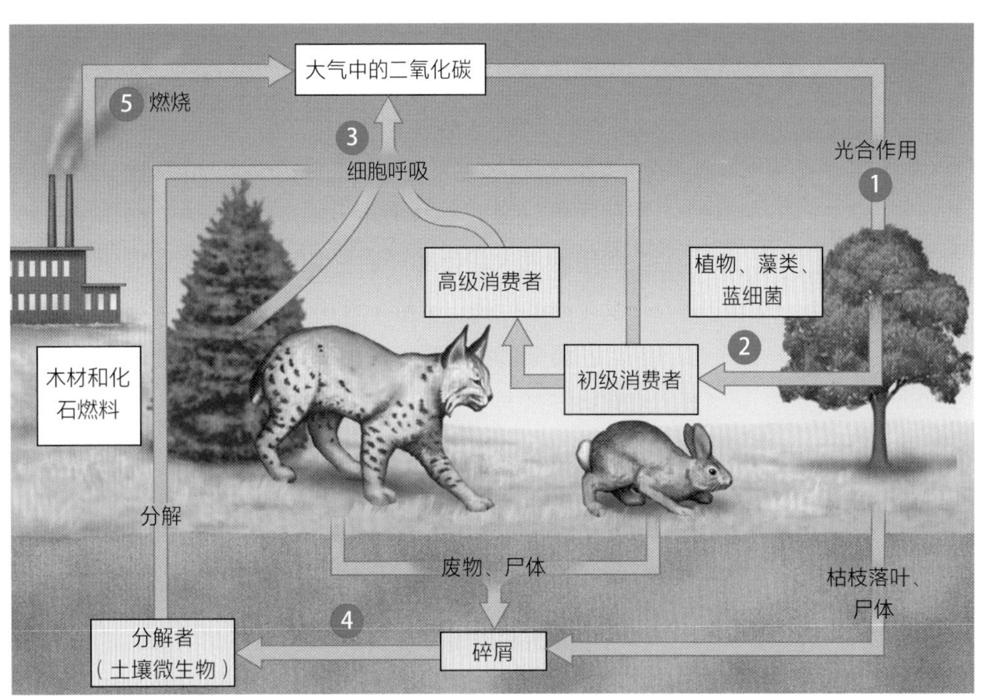

磷循环

生物体需要磷作为核酸、磷脂和 ATP 的成分，并且（脊椎动物）需要磷作为组成骨骼和牙齿的矿物质成分。与碳循环和其他主要的生物地球化学循环不同，磷循环没有大气部分的参与。岩石是陆地生态系统中磷的唯一来源；事实上，磷含量高的岩石会被人类开采来用作肥料。

在图 20.33 的中心，❶岩石的风化（分解）逐渐向土壤中添加无机磷酸盐（PO_4^{3-}）。❷植物从土壤中吸收溶解的磷酸盐，并通过将磷原子转化为有机化合物来同化吸收它。❸消费者通过食用植物获得有机形式的磷。❹磷酸盐通过分解者对动物粪便和动植物残骸的分解作用返回土壤。❺一些磷酸盐从陆地生态系统流入海洋，它们可能在那里沉降并最终成为新岩石的一部分。以这种方式从循环中去除的磷将不会被生物利用，只有在❻地质作用抬升岩石并使其暴露于风化作用的情况下，生物才能获得磷。

磷酸盐从陆地转移到水生生态系统的速度远远高于被地质过程补充的速度，土壤特性也可能减少植物可用的磷酸盐量。因此，磷酸盐量是许多陆地生态系统的限制因素。农民和园丁经常使用磷肥，如碎磷矿粉或骨粉（来自屠宰的牲畜或鱼的细碎骨头），以促进植物生长。

▼ 图 20.33　**磷循环。**

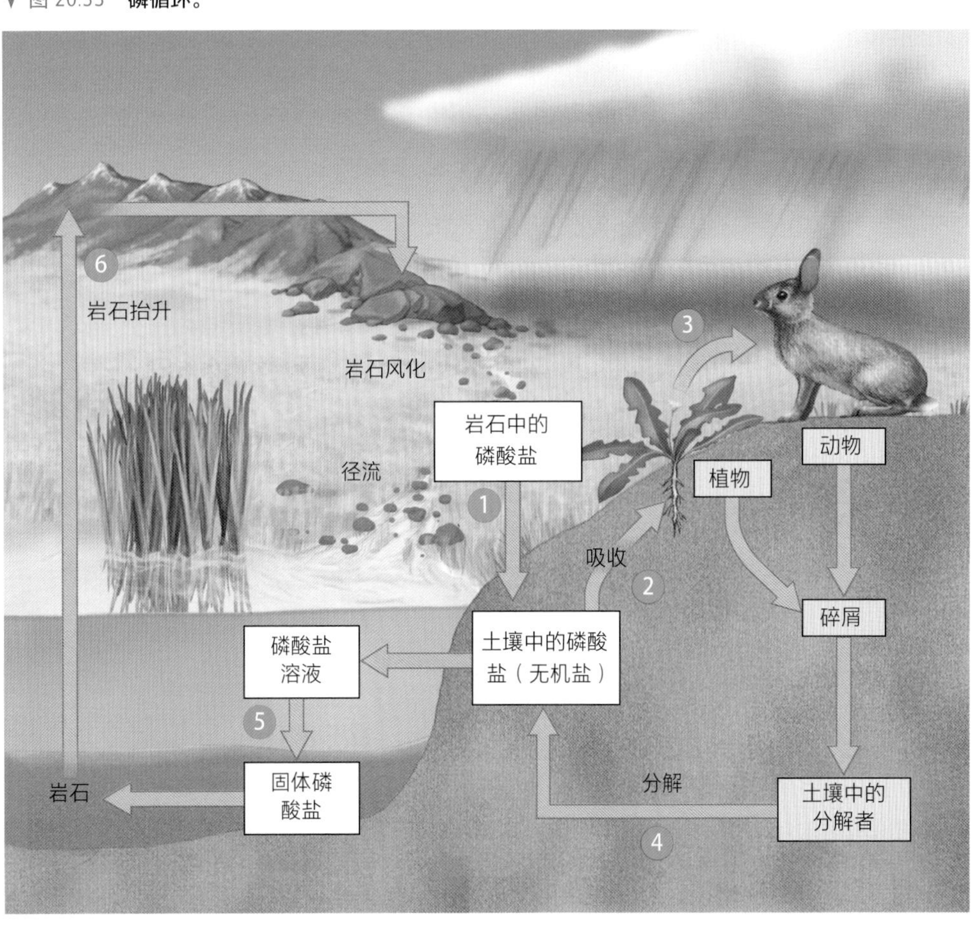

氮循环

氮作为蛋白质和核酸的组成元素，对所有生物体的结构和功能至关重要。氮有两个非生物储库：大气和土壤。大气储库很大，大气中几乎 80% 是氮气（N_2）。然而，植物不能直接使用氮气。**固氮过程**即将气态 N_2 转化为氨（NH_3）。然后 NH_3 结合 H^+，转化成植物可以吸收的铵离子（NH_4^+）。自然生态系统中可利用的氮大部分来自某些细菌进行的生物固氮。如果没有这些生物，土壤中可用氮的储量将极为有限。

图 20.34 说明了两种类型的固氮细菌的作用。❶有些细菌共生生活在某些植物的根部，为宿主提供可用的直接氮源。包括花生和大豆在内的豆科植物是这种互惠关系中最大的植物群。许多农民通过穿插种植豆类作物来提高土壤肥力，因为豆类作物可以向土壤中添加氮元素，而玉米等植物则需要氮肥。❷土壤或水中的游离细菌固定氮，产生 NH_4^+。

❸固氮后，部分铵离子被植物吸收和利用。❹土壤中的硝化细菌也会将一些铵离子转化为硝酸根离子（NO_3^-），❺这种物质更容易被植物获取。植物利用其中的氮元素制造氨基酸等分子，然后将其结合到蛋白质中。

❻食草动物（这里用兔子来表示）吃植物后，会将蛋白质消化成氨基酸，然后利用这些氨基酸来组建其所需的蛋白质。高级消费者从其猎物的有机分子中获取氮。由于动物在蛋白质代谢过程中会形成含氮废物，所以消费者会将一些氮排放到土壤或水中。兔子和其他哺乳动物排泄的尿液中含尿素——一种被广泛用作肥料的含氮化合物。

未被食用的生物体最终会死亡，变成碎屑，被细菌和真菌分解。❼有机化合物分解，释放铵离子到土壤中，补充氮元素的非生物储库。然而，在低氧条件下，❽被称为反硝化细菌的土壤细菌会从硝酸根离子中剥离掉氧原子，将 N_2 释放回大气中，并消耗土壤中的可用氮。

人类活动每年向生物圈中释放的氮，多于自然过程所产生的氮，从而扰乱了氮循环。化石燃料燃烧和现代农业活动是氮排放的两个主要来源。例如，许多农民使用大量合成氮肥来补充天然氮。然而，实际上农作物仅吸收所施肥料的不到一半。一些氮会逃逸到大气中，在那里形成一氧化二氮（N_2O），这是一种导致全球变暖的气体。接下来你将学到，氮肥也会污染水生生态系统。☑

☑ **检查点**

氮的非生物储库是什么？氮以什么形式存在于库中？

答案：大气储库，N_2；土壤储库，NH_4^+ 和 NO_3^-。

▼ 图 20.34 **氮循环。**

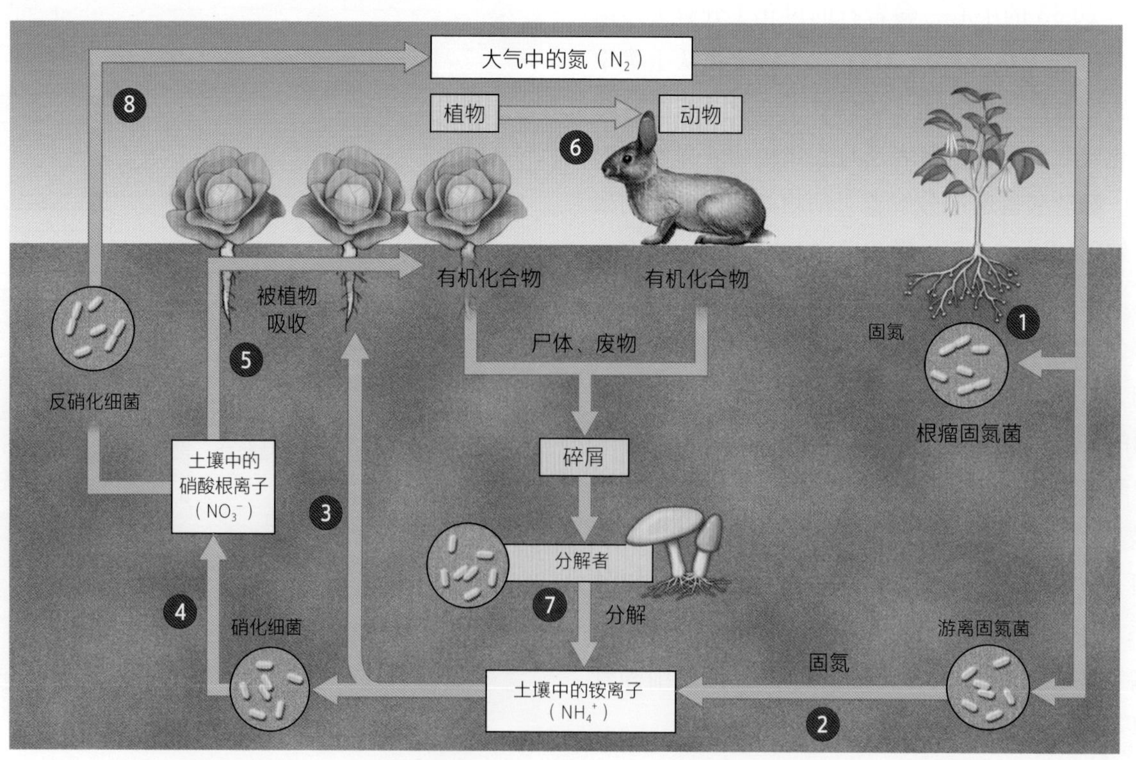

营养污染

低营养水平，特别是低磷和低氮，往往限制了藻类和蓝细菌在水生生态系统中的生长。当人类活动向水生生态系统中添加过量的这类化学物质时，就会发生营养污染。

在许多地区，磷污染来自农业肥料和家畜饲养场（千百只动物被关在一起）的动物排泄物。磷酸盐也是碗碟洗涤剂的一种常见成分，使得污水处理设施的流出物（其中也含有来自人类废物的磷）成为磷酸盐污染的主要来源。湖泊和河流的磷酸盐污染导致藻类和蓝细菌生长旺盛（图 20.35）。微生物在分解多余的生物量时会消耗大量的氧气，这一过程剥夺了水中的氧气。这些变化导致水生物种多样性减少，水景吸引力大大降低。

氮污染的一个主要来源是经常施用于农作物、草坪、高尔夫球场的大量无机氮肥。植物吸收其中一些含氮化合物，而反硝化细菌会将其中一些转化为大气中的氮气，但硝酸盐并不与土壤颗粒紧密结合，因此很容易被雨水或灌溉从土壤中冲走。因此，化肥往往使土壤的自然循环能力超负荷。高密度牲畜场所（如养牛场和养猪场）的粪便径流是氮污染的另一个重要来源。当极端条件（如异常风暴）或设备故障使得污水处理无法达到水质标准时，也可能产生氮污染。

例如，美国中西部农田的氮径流与墨西哥湾每年夏季的“死区”有关（图 20.36）。巨大的藻类水华从密西西比河富营养水域向外延伸。随着藻类的死亡，大量生物质的分解会减少 13,000 ～ 22,000 平方千米（大致介于康涅狄格州和新泽西州之间的面积大小）范围内溶解氧的供应。缺氧破坏了底栖生物群落，逼走了能够移动的鱼类和无脊椎动物，杀死了附着在底质上的生物。全世界记录了 400 多个经常性和永久性沿海死区，总面积约为 24.5 万平方千米（约等于密歇根州的面积）。☑

☑ 检查点

向池塘中过量添加矿物质营养素，最终为何会导致池塘中大多数鱼的死亡？

答案：过量的矿物质营养最初会导致藻类和以藻类为食的生物大量繁殖。大量生物的呼吸作用，尤其是分解全部有机废物的微生物的呼吸作用，消耗了湖泊中鱼类所需的大部分氧气。

▼ 图 20.35 **营养污染引起藻类生长。**这张照片中平坦的绿色区域不是草坪，而是被污染的池塘表面。

▼ 图 20.36 **墨西哥湾死区。**

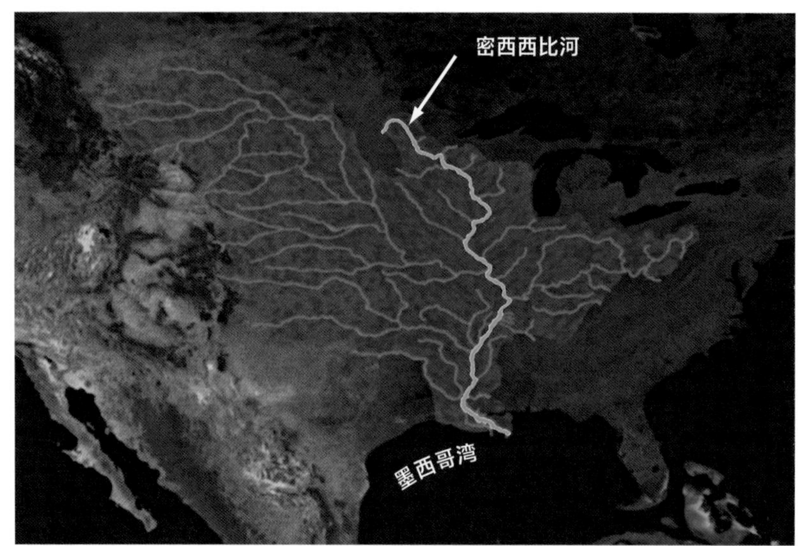

浅蓝色线表示注入密西西比河（以亮蓝色显示）的河流。这些河流输送的氮最终流入墨西哥湾。在下图中，红色和橙色区域表示该标记浮游植物密度高。残食死亡浮游植物的细菌，会耗尽水中的氧气，造成一个死区。

夏季

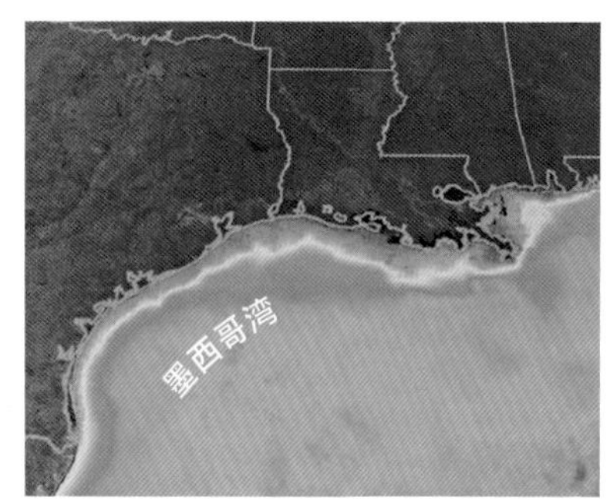

冬季

保护与修复生物学

正如我们在本单元中所学到的那样，我们今天面临的许多环境问题，都是由人类活动造成的。但是，生态学研究不仅能告诉我们问题是怎么出现的，而且提供找到解决这些问题的办法，扭转生态系统变化带来的负面后果。因此，我们通过强调生态研究的有益应用，来结束生态这一单元。

保护生物学是一门以目标为导向的科学，旨在让人们了解和应对生物多样性的丧失。保护生物学家认识到，只有在生物物种和群落的进化机制继续运作的情况下，才能维持生物多样性。因此，保护生物学的目标不仅是保护个别物种，还是维持自然选择能够继续发挥作用的生态系统，并维持供自然选择施加作用的遗传变异。不断扩大的恢复生态学领域，正在利用生态学原理，发展使退化地区恢复到其自然状态的方法。

生物多样性热点

保护生物学家正在运用他们对种群、群落和生态系统动态的理解来建立公园、荒野区和其他受法律保护的自然保护区。这些保护区的地点选择，往往侧重于**生物多样性热点**。这些相对较小的地区有大量濒危和受威胁的物种，以及特别集中的**特有种**——其他地方所没有的物种。如图 20.37 所示，地球生物多样性热点中的“最热点”面积总共不到地球陆地面积的 1.5%，却是三分之一的植物和脊椎动物种类的家园。例如，地球上所有的狐猴（超过 50 种）都生活在非洲东海岸附近的马达加斯加岛，是该岛特有的生物。事实上，几乎所有居住在马达加斯加岛的哺乳动物、爬行动物、两栖动物和植物都是当地特有生物。水生生态系统中也有热点，如某些河流系统和珊瑚礁。因为生物多样性热点也可能是物种灭绝的热点，所以它们在需要全球大力保护的地区名单中“名列前茅”。

物种的集中，为在非常有限的地区保护许多物种提供了机会。然而“热点”这一称谓往往有利于最引人注目的生物，特别是脊椎动物和植物，而常常忽视无脊椎动物和微生物。此外，物种濒危是一个全球性问题，关注热点的同时不应损害“保护其他地区生境和物种多样性的努力”。最后，即使是在受保护的自然保护区内，也不能确保生物免受气候变化或其他威胁（例如入侵物种或传染病）的影响。为了遏制生物多样性丧失的浪潮，我们必须既在全球又在当地解决环境问题。☑

☑ 检查点

什么是生物多样性热点？

答案：面积相对较小而物种数量（包括濒危物种）不成比例地多的地区。

▼ 图 20.37 **地球陆地生物多样性热点（紫色区域）。**

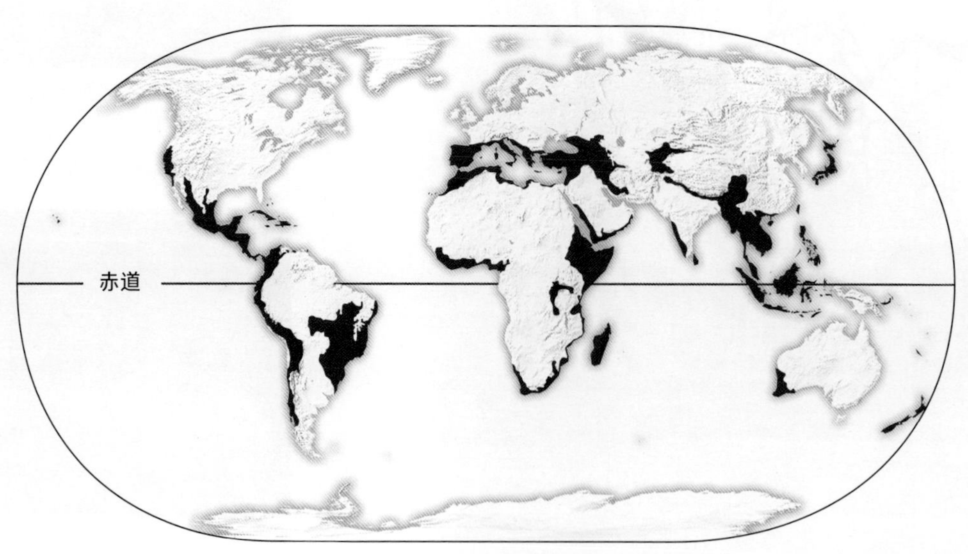

生态系统层面的保护

过去，大多数保护工作都集中在保护个别物种上，这项工作仍在继续。（你已经知道了一个例子——红顶啄木鸟；见图 19.12。）然而，保护生物学越来越多地旨在维持整个群落和生态系统的生物多样性。在更广泛的范围内，保护生物学考虑了整个景观的生物多样性。从生态学的角度来看，**景观**是相互作用的生态系统的区域集合，例如一个有森林、邻近的田野、湿地、溪流、滨岸生境的区域。**景观生态学**是生态学原理在土地利用格局研究中的应用，其目标是使生态系统保护成为土地利用规划的一个功能部分。

▼ 图 20.38 **景观内生态系统之间的边缘。**

自然边缘。在阿拉斯加克拉克湖国家公园，森林与草原生态系统接壤。

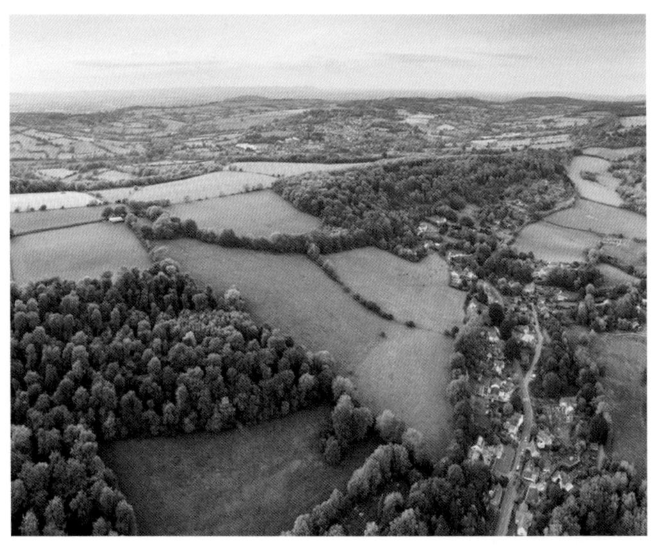

人类活动产生的边缘。英格兰中南部科茨沃尔德（Cotswolds）地区，森林边缘环绕着农田。

生态系统之间的边缘是景观的显著特征，无论是自然景观还是人造景观（图 20.38）。边缘有它们自己的物理条件，例如土壤类型和表面特征，它们与两侧的生态系统不同。边缘也可能具有它们自己的扰动类型和程度。例如，森林的边缘往往比森林内部有更多被吹倒的树木，因为边缘遇到强风时缺少保护。由于其特殊的物理特性，边缘也有自己的生物群落。有些生物在边缘繁衍生息，因为它们需要的资源只有在边缘才能找到。例如，白尾鹿在树林和田野之间的边缘进食灌木，因此当森林被砍伐或因发展而支离破碎时，它们的种群往往会扩大。

边缘对生物多样性既有正面影响，也有负面影响。最近对非洲西部的热带雨林的一项研究表明，自然边缘群落是物种形成的重要场所。然而人类活动产生的边缘景观往往物种较少。

生物廊道是另一个重要的景观特征，特别是在生境严重破碎的地方，生物廊道是一条狭窄的带状走廊，或一系列连接其他斑块（使之不至孤立）的合适的小块栖息地。在人类影响极其严重的地方，有时会建造人工走廊（图 20.39）。走廊可以促进生物散布，并有助于维持种群，对于在不同生境之间季节性迁移的物种尤其重要。但走廊也可能会产生有害的作用，例如，它会助力疾病的传播，尤其是在栖息在彼此靠近的生境斑块的不同亚种群之间。☑

☑ 检查点

景观与生态系统有何不同？

答案：景观更具包容性，因为它由同一区域的几个相互作用的生态系统组成。

► 图 20.39 **人工走廊。**这条公路上的桥，为加拿大班夫国家公园的动物提供了一条人工走廊。

生物多样性减少　科学的过程

热带森林破碎化如何影响生物多样性?

长期研究对于我们探索如何最好地保护生物多样性和其他自然资源至关重要。森林碎片生物动力学项目（BDFFP）是这些研究之一，它在位于巴西亚马孙森林深处占地 1000 平方千米的一个生态“实验室”进行。1979 年该项目开始时，法律要求那些为放牧或其他农业活动而清除森林的土地业主们留下零星的未开发的森林土地。生物学家们动员了其中一些土地业主，以 1 公顷、10 公顷、100 公顷的孤立碎片建立保护区。图 20.40 显示了其中一些森林“岛屿”。在每一碎片地区与森林主体隔离之前，一队专家清点了当时存在的生物量并测量了树木。

数百名研究者利用 BDFFP 站点调查了森林破碎化对各级生态的影响。这些调查的初步观察结果是从其他生态研究的结果中收集的，例如温带森林破碎化的影响以及小岛屿生物多样性与大陆生态系统的差异。这些观察结果促使许多研究者提出这样一个问题：热带森林的破碎化如何影响碎片内的物种多样性？根据以往对许多物种的研究结果，物种多样性随着森林碎片的缩小而减少可能是一个合理的假说。一位研究大型食肉动物（如美洲虎和美洲狮）的生态学家可能会因此做出一个预测：食肉动物只会在最大的地区出现。BDFFP 是独一无二的，因为它使研究者能够通过新的观察来验证他们的预测，通过这些观察结果可将森林碎片中的物种多样性与现成的对照——同一地区未碎片化时的物种多样性——进行比较。还有 25,400 英亩（约 100 平方千米）未受干扰的地区可用于与碎片地区进行比较。此外，研究者可以在几年甚至几十年内收集数据。

自从 BDFFP 成立以来，科学家们研究了许多不同种类的植物和动物。总体而言，研究结果表明，森林破碎化导致物种多样性减少。许多大型哺乳动物、昆虫和食虫鸟类的局部灭绝，导致物种丰富度下降。剩余物种的种群密度通常会下降。研究者还记录了边缘效应，如前一节所述。碎片边缘的非生物因素变化，包括风扰动增加、温度升高和土壤湿度降低，在群落变化中起了一定的作用。例如，生态学家发现，在碎片边缘，树木死亡率高于正常水平。他们还观察到土壤和落叶层中无脊椎动物群落组成的变化。

◄ 图 20.40　**亚马孙森林碎片，是森林碎片生物动力学项目（BDFFP）的一部分。**右边的那片森林是一块 1 公顷的碎片。

恢复生态系统

恢复生态学的主要策略之一是**生物修复**，即利用活体生物去除受污染的生态系统中的毒素。例如，利用细菌来清理旧矿区和解决石油溢漏问题（见图 15.15）。研究者还在研究植物去除污染土壤中重金属和有机污染物（例如多氯联苯）等有毒物质的潜力（图 20.41）。

一些恢复项目含有更广泛目标——使生态系统恢复到其自然状态。这类项目可能包括重新种植植被、隔离外来动物、拆除限制水流的水坝。美国目前正在进行数百个恢复项目。佛罗里达州中南部的基西米河（Kissimmee River）恢复项目是其中最雄心勃勃的努力之一。

基西米河曾经是一条蜿蜒的浅河，从基西米湖向南蜿蜒流入奥基乔比湖。在一年中大约半年的时间里，河水泛滥成灾，同时形成湿地，为大量的鸟类、鱼类、无脊椎动物提供栖息地。洪水将河流中营养丰富的泥沙淤积在河漫滩上，提高了其土壤肥力，同时维持了河流的水质。

1962 年至 1971 年间，美国陆军工程兵团将这条 166 千米长的游荡型河流改造成一条深 9 米、宽 100 米、长 90 千米的直运河。该项目旨在实现在河漫滩的开发，开发项目排空了大约 31,000 英亩（约 120 平方千米）湿地，对鱼类和湿地鸟类种群产生了重大不利影响。没有沼泽来帮助过滤和减少农业径流，河流将磷酸盐和其他过剩的营养物质从奥基乔比湖输送到南方的湿地生态系统。

修复工程包括拆除水坝、水库、河道改造设施等控水建筑物，并填筑约 35 千米的运河（图 20.42）。该项目的第一阶段于 2004 年完成；其余工作已于 2021 年完成。这张照片显示基西米运河的一段已被堵塞，河水分流到剩余的河道中。鸟类和其他野生动物以意想不到的数量返回到已经恢复的 11,000 英亩（约 44 平方千米）湿地。沼泽里长满了原生植物，游钓鱼类又重新在河道里游来游去。☑

☑ 检查点

基西米河的水最终流入大沼泽湿地。基西米河修复项目将如何影响大沼泽湿地生态系统的水质？

答案：湿地过滤农业径流，防止营养污染流向下游。通过恢复这种生态系统服务，该项目将改善湿地的水质。

▼ 图 20.41 **利用植物进行生物修复。**美国农业部研究员调查使用油菜来降低受污染土壤中硒的毒性水平。

▼ 图 20.42 **基西米河修复项目。**

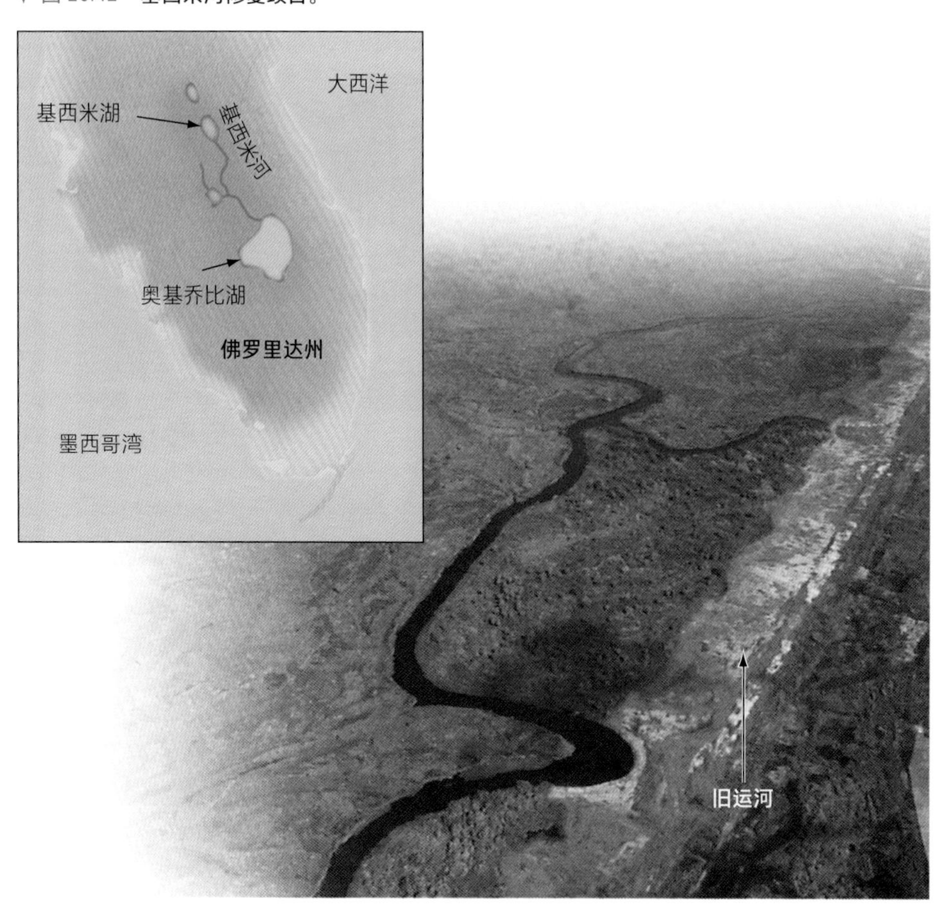

可持续发展目标

随着世界人口的增长以及逐渐富足，人们对粮食、木材和水等生态系统“提供的”服务的需求也在增加。虽然人们的需求最近正在逐渐得到满足，但满足这些需求的代价是牺牲其他重要的生态系统服务，如气候调节和防御自然灾害。显然，我们已经将我们人类本身和生物圈的其他生物置于通往危险未来的道路上。我们如何才能实现**可持续发展**——既满足当今人们需求的发展，同时也不限制子孙后代满足其需求的能力？

许多国家、科学团体、公司、私人基金会，都拥护可持续发展的理念。美国生态学会是世界上最大的生态学家组织，它赞同一项名为“可持续生物圈行动”的研究方案。这一研究的目标是获取负责任开发、管理、养护地球资源所必需的生态信息。其研究议题包括寻找维持自然和人工生态系统生产力的方法，以及研究生物多样性、全球气候变化和生态过程之间的关系。

可持续发展不仅离不开对生态知识的持续研究和应用，而且要求我们把生命科学与社会科学、经济学和人文科学联系起来。保护生物多样性只是可持续发展的一方面，可持续发展的另一方面是改善人类状况。公共教育和各国的政治承诺及合作是这项努力取得成功的关键。

当我们意识到人类具有改变生物圈和破坏其他物种及人类本身存在的独特能力时，这可能会推动人类选择一条通往可持续未来的道路。世界无法为其子民提供充足自然资源的风险并不包含在人类对遥远未来的憧憬里。因为这是你的孩子终身的前景，甚至是你自己生活的前景。但是，尽管目前的生物圈状况严峻，但情况并非毫无希望。现在是积极寻求更多关于地球上生命多样性的知识，并与他人合作努力实现长期可持续发展的时候（图 20.43）。☑

☑ 检查点

什么是可持续发展？

答案：指既满足当代人需求，同时确保为子孙后代提供充足的自然和经济资源的发展。

▼ 图 20.43　**努力实现可持续性。**

弗吉尼亚大学的学生们从垃圾箱里分拣垃圾，以促进回收利用。仅回收一个铝罐，所节省的能源，就足够为一台笔记本电脑供电五个小时。

美国加利福尼亚州立大学弗雷斯诺分校的一名学生在该校有机农场的芥菜和羽衣甘蓝植物地里除草。

生物多样性减少　进化联系

人类的亲生命性能否拯救生物多样性？

亿万年来，生命的多样性通过适应环境变化的演化适应而蓬勃发展。然而，对于许多物种来说，进化速度无法与人类改变环境的速度相适应（见第 18 章和第 19 章中的“进化联系”专栏）。也许这些物种注定要灭绝。又或者它们可以通过一种有利于它们自身的人类特征来拯救自己：亲生命性。

亲生命性，字面意思是“热爱生命”，是世界上最著名的生物多样性和保育专家之一爱德华 · 威尔逊（Edward O. Wilson）所使用的一个术语，用来表达人类与其他生物通过多种方式相接触的欲望。人们与宠物发展出密切的关系，培育室内植物，用后院饲鸟器来吸引鸟类来访，成群结队地去动物园、花园和自然公园（图 20.44）。我们被拥有纯净水源和茂盛植被的原始景观所吸引，这也证明了我们人类的亲生命性。威尔逊提出，人类的亲生命性是天生的，是自然选择的一种进化产物，它作用于这样一种聪明的物种：其生存依赖于与环境的密切联系以及对植物和动物的实际欣赏。人类是在生物多样性丰富的自然环境中进化来的，并且仍然喜欢亲近这种环境。

许多生物学家接受亲生命性的理念并非怪事。毕竟，这些专家已经把对大自然的热爱转化为事业。还有另一个原因使生物学家对亲生命性产生共鸣。如果亲生命性在进化上嵌入我们的基因组，那么我们就有希望成为更好的生物圈保护者。如果我们都更加关注我们的生物本能，那么一种新的环境伦理就会在个人和社会中流行起来。这种新伦理是一种决心：只要有合理的方法可以防止，就决不故意让一个物种因我们的行为而灭绝，或让任何生态系统遭到破坏。是的，我们应该积极保护生物多样性，因为我们依赖它来获取食物、医药、建筑材料、肥沃土壤、防洪手段、宜居气候、饮用水和可呼吸的空气。我们也可以更加努力地防止其他形式的生命灭绝，因为这是我们应该做的合乎道德的事情。

以亲生命性为本单元“封顶”是恰当的。现代生物学是人类对各种生命形式感到关联性和好奇的倾向的科学延伸。人类最有可能保存他们所欣赏的东西，也最有可能欣赏他们所理解的东西。希望我们关于生物多样性的讨论加深了你的亲生命性，并拓宽了你的学习范围。

▼ 图 20.44　**亲生命性。**无论我们是在自己的栖息地寻找其他生物，还是邀请它们进入我们的栖息地，我们无疑都能从生命的多样性中找到乐趣。

本章回顾

关键概念概述

生物多样性的丧失

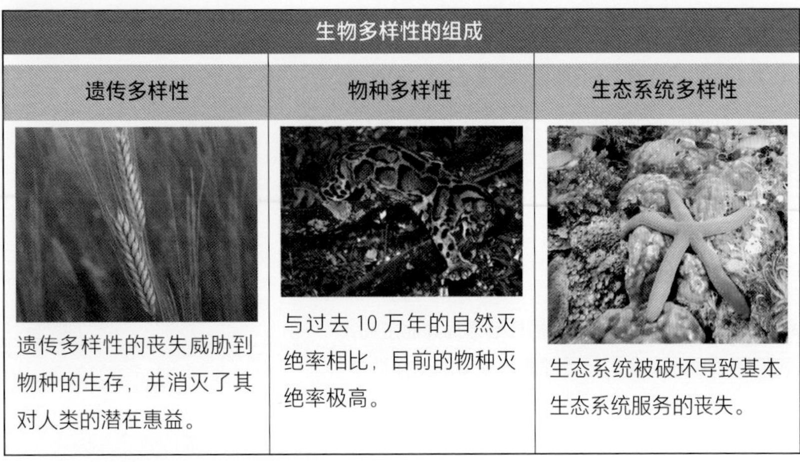

生物多样性的组成		
遗传多样性	物种多样性	生态系统多样性
遗传多样性的丧失威胁到物种的生存，并消灭了其对人类的潜在惠益。	与过去 10 万年的自然灭绝率相比，目前的物种灭绝率极高。	生态系统被破坏导致基本生态系统服务的丧失。

生物多样性减少的原因

生境破坏是物种灭绝的主要原因。入侵物种、过度开发和污染也是物种灭绝的重要因素。

群落生态学

种间相互作用

群落中的个体以多种方式相互作用，通常会对个体有益（+）或有害（–）。因为+/–相互作用（一个物种被另一个物种利用）可能对受伤害的个体产生负面影响，所以“防御性进化适应”是常见现象。

营养结构

群落的营养结构反映了生物体之间的摄食关系。这些关系有时会组成食物链或食物网。在生物放大过程中，毒素通过食物链传递给顶级捕食者时会出现富集的现象。

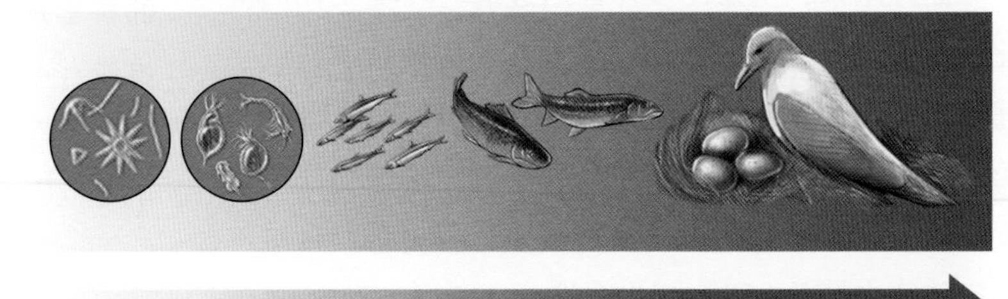

多氯联苯浓度增加

群落物种多样性

群落内的多样性包括物种丰富度和不同物种的相对丰度。关键种是一种尽管其丰度或生物量相对较低，但对群落构成有重大影响的物种。

群落中的干扰

干扰是通过破坏生物体或改变矿物营养物和水等资源的可获得性来破坏群落的事件，至少是暂时性事件。人类是现今干扰事件发生的最主要原因。

生态演替

群落受到干扰后，其变化顺序称为生态演替。原生演替即在一个几乎没有生命、没有土壤的地方构建出一个群落。在扰动破坏了既有群落但土壤仍保持完好的情况下，发生次生演替。

群落中物种间的相互作用					
种间相互作用	对物种 1 的影响	对物种 2 的影响	种间相互作用	对物种 1 的影响	对物种 2 的影响
竞争	–	–	开发：捕食	+	–
			食草	+	–
共生	+	+	寄生虫和病原体	+	–

生态系统生态学

能量转化：生态系统中的能量流动

生态系统由生物群落和与其相互作用的非生物因素组成。能量必须不断流经生态系统，从生产者流动到消费者和分解者。化学元素可以在生态系统的生物群落和非生物环境之间循环利用。营养关系决定了生态系统的能量流动和化学循环路线。

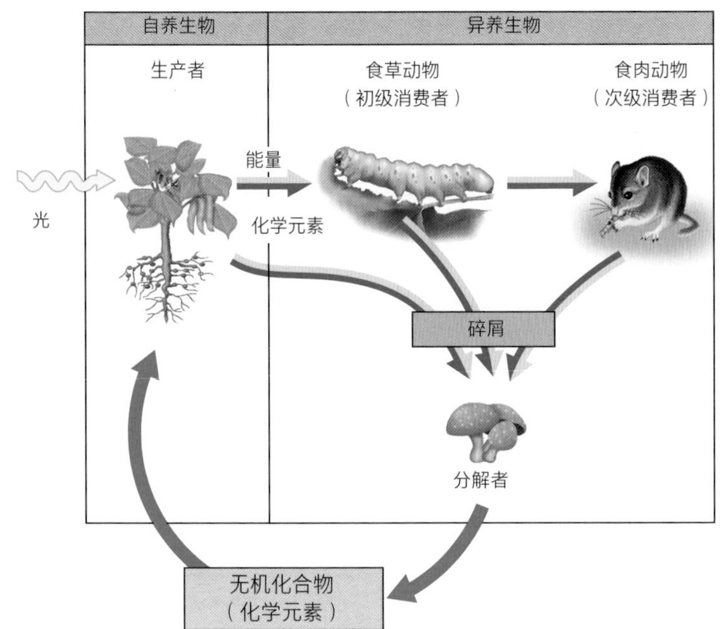

初级生产量是指植物和其他生产者在一定时间内产生的生物量的质量。生态系统间的生产力差别很大。由于消费者必须从生产者那里获得有机能量，整个生态系统的能量预算被初级生产设定了开支限制。在一条食物链中，一层营养级的生物量只有大约 10% 可供下一营养级利用，从而形成一座生产量金字塔。

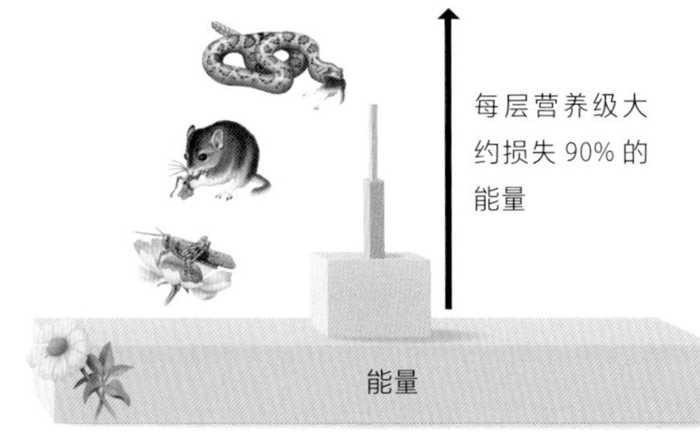

当人们吃生产者而不是消费者时，消耗较少的光合生产，从而可以减少对环境的影响。

系统内互联：生态系统中的化学循环

生物地球化学循环涉及生物和非生物成分。每条回路都有一个非生物储库，通过该储库进行化学循环。某些化学元素需要经过某些微生物的“加工处理”，才能作为无机营养物提供给植物使用。化学物质通过生态系统的具体循环途径因生态系统的元素和营养结构而不同。磷的循环流动能力不强，仅在局部循环。碳和氮在部分时间部分时间内以气态形式存在的，因此可在全球范围内循环使用。氮磷流失，特别是来自农田的氮磷流失，会导致水生生态系统出现藻类水华，降低水质，有时还会耗尽水中氧气。

保护与修复生物学

生物多样性热点

保护生物学是一门以目标为导向的科学，旨在对抗生物多样性的丧失。保护生物学的前沿是生物多样性“热点”，即一个相对较小但濒危物种特别丰富的地理区域。

生态系统层面的保护

保护生物学侧重于维持整个群落、生态系统和景观的生物多样性。生态系统之间的边界是景观的突出特征，其对生物多样性兼具积极和消极的影响。走廊可以促进物种疏散，并帮助维持其种群数量。

恢复生态系统

在某些情况下，生态学家利用微生物或植物从生态系统中去除重金属等有毒物质。生态学家正在努力通过种植本地植被、移除对野生动物的障碍以及其他方式来恢复一些生态系统的活力。基西米河修复工程便是试图解决河流被改造成直河道时所造成的生态破坏。

可持续发展目标

为了平衡人类需求和生物圈健康，可持续发展的目标是实现人类社会及其赖以生存的生态系统的长期繁荣。

MasteringBiology®

如需练习测验、生物动画、MP3 教程、视频辅导以及为本教材设计的更多学习工具，请访问 MasteringBiology®。

自测题

1. 目前，生物多样性丧失的首要原因是__________。
2. 根据竞争排斥的概念，________。
   a. 两个物种不能共存于同一生境
   b. 灭绝或移民是竞争的唯一可能结果
   c. 种内竞争导致最佳适应个体成功繁衍
   d. 两个物种不能在一个群落中共享同一生态位

3. 营养结构的概念强调________。
   a. 植被的普遍形式　　b. 关键种概念
   c. 群落内的喂养关系　　d. 群落物种丰富度
4. 将每一生物体与其相应营养水平相连（你可以多次选择同一层营养水平）。
   a. 藻类　　1. 分解者
   b. 蚱蜢　　2. 生产者
   c. 浮游动物　　3. 三级消费者
   d. 鹰　　4. 次级消费者
   e. 真菌　　5. 初级消费者
5. 为什么食物链中的顶级捕食者受到 DDT 等杀虫剂的影响最严重？
6. 在多年的时间里，草生长在沙丘上，然后灌木生长，最后树木生长。这是一个__________的例子。
7. 根据生产量金字塔，为什么吃由谷物喂养的牛的肉是一种相对低效的获取光合作用能量的方法？
8. 在某地，如发生暴雨或移除植物等情况，可能会限制特定陆地生态系统可用氮、磷或钙的量，但生态系统可用碳的含量很少成为问题。为什么？
9. ______是一个与多个相邻生境相互作用的生态系统的局部组合。
10. 生物廊道是________。
   a. 连接孤立碎片的条带或团块状栖息地
   b. 包括几个不同生态系统的景观
   c. 生态系统之间的边缘或边界
   d. 用于保护保护区长期生存能力的缓冲区

答案见附录《自测题答案》。

科学的过程

11. 一位研究沙漠植物的生态学家做了以下实验：她用木桩标出了两块相同的地块，其中包括一些蒿属植物和许多一年生的小野花。她在这两个地块上发现了相同数量的五种野花。然后，她用栅栏围起了一块地，以防止更格卢鼠（更格卢鼠是这一地区最常见的食草动物）。两年后，围起来的地块上四种野花不再存在，一种野花数量却急剧增加。无围栏的对照区中，其内物种组成没有显著变化。根据本章中讨论的概念，你认为发生了什么？
12. 想象一下，你被选为设计团队的生物学家，设计团队将在地球轨道上组装一个独立的空间站。它将储存你选择的生物体，创造一个生态系统，为你和其他五人提供两年的支持。描述你期望生物体执行的主要功能。列出你要选择的生物体类型，并解释你选择它们的原因。
13. **解读数据**　在一项经典研究中，约翰 · 蒂尔测量了盐沼生态系统中的能量流。下表显示了他的一些测量结果。

能量传递形式	千卡 / 平方米 / 年	能量转移效率（%）
阳光	600,000	n/a
生产者的化学能	6585	
初级消费者的化学能	81	

数据来源：J. M. Teal，Energy Flow in the Salt Marsh Ecosystem of Georgia. *Ecology* 43: 614–24 (1962)。

   a. 计算生产者的能量转移效率，即阳光中有多大百分比的能量被转化为化学能并被转化为植物生物量。
   b. 计算初级生产者的能量转移效率。植物生物量中有多大百分比的能量被转化到初级消费者体内？剩下的能量变成了什么（见图 20.27）？
   c. 次级消费者可获得多少能量？并根据初级消费者的能量转移效率，估计有多少能量可供三级消费者使用。
   d. 为这个生态系统的生产者、初级消费者和次级消费者绘制一座生产量金字塔（见图 20.28）。

生物学与社会

14. 一些组织正在开始设想一个可持续发展的社会——每代人都会继承足够多的自然经济资源以及相对稳定的环境。环境政策组织——世界观察研究所估计：人类必须在 2030 年前实现可持续发展，以避免经济和环境崩溃。我们目前的环境政策在哪些方面不可持续？我们可以做些什么来实现可持续发展？什么是实现可持续发展的主要障碍？在可持续发展的社会里，你的生活会有什么不同？
15. 森林碎片生物动力学项目（BDFFP），对我们了解生物多样性面临的威胁做出了很大贡献，但项目本身也"濒临灭绝"。在巴西政府机构的鼓励下，城市的无计划扩张和密集的森林内定居正在进逼研究区域。砍伐、焚烧、狩猎等活动威胁着周围森林的完整性。BDFFP 由巴西一家研究机构和史密森热带研究所共同运营，其研究者希望能够通过巴西媒体引起人们对这个问题的关注，迫使政府保护这个项目。如果请你给报纸编辑或政府官员写一封信，你在信中将如何论证保护 BDFFP，使其免受生态破坏活动影响的重要性？
16. 一些科学家主张"畜禽生产是对生物多样性的最大威胁"。你可以使用在本章中学到的哪些概念来支持这一主张？

附录 A　公制单位换算表

量的名称	单位及缩写	公制当量	公制－英制的近似换算	英制－公制的近似换算
长度	1 千米（km）	=1000（10^3）米	1 千米≈0.6 英里	1 英里≈1.6 千米
	1 米（m）	=100（10^2）厘米	1 米≈1.1 码	1 码≈0.9 米
		=1000（10^3）毫米	1 米≈3.3 英尺	1 英尺≈0.3 米
			1 米≈39.4 英寸	
	1 厘米（cm）	=0.01（10^{-2}）米	1 厘米≈0.4 英寸	1 英尺≈30.5 厘米
				1 英寸≈2.5 厘米
	1 毫米（mm）	=0.001（10^{-3}）米	1 毫米≈0.04 英寸	
	1 微米（μm）	=10^{-6} 米（10^{-3} 毫米）		
	1 纳米（nm）	=10^{-9} 米（10^{-3} 微米）		
	1 埃（Å）	=10^{-10} 米（10^{-4} 微米）		
面积	1 公顷（ha）	=10,000 平方米	1 公顷≈2.5 英亩	1 英亩≈0.4 公顷
	1 平方米（m^2）	=10,000 平方厘米	1 平方米≈1.2 平方码	1 平方码≈0.8 平方米
			1 平方米≈10.8 平方英尺	1 平方英尺≈0.09 平方米
	1 平方厘米（cm^2）	=100 平方毫米	1 平方厘米≈0.16 平方英寸	1 平方英寸≈6.5 平方厘米
质量	1 吨（t）	=1000 千克	1 吨≈1.1 美吨	1 美吨≈0.91 吨
	1 千克（kg）	=1000 克	1 千克≈2.2 磅	1 磅≈0.45 千克
	1 克（g）	=1000 毫克	1 克≈0.04 盎司	1 盎司≈28.35 克
			1 克≈15.4 格令	
	1 毫克（mg）	=10^{-3} 克	1 毫克≈0.02 格令	
	1 微克（μg）	=10^{-6} 克		
体积（固体）	1 立方米（m^3）	=10^6 立方厘米	1 立方米≈1.3 立方英码	1 立方英码≈0.8 立方米
			1 立方米≈35.3 立方英尺	1 立方英尺≈0.03 立方米
	1 立方厘米（cm^3 或 cc）	=10^{-6} 立方米	1 立方厘米≈0.06 立方英寸	1 立方英寸≈16.4 立方厘米
	1 立方毫米（mm^3）	=10^{-9} 立方米（10^{-3} 立方厘米）		
体积（液体和气体）	1 千升（kL）	=1000 升	1 千升≈264.2 加仑	1 加仑≈3.79 升
	1 升（L）	=1000 毫升	1 升≈0.26 加仑	1 夸脱≈0.95 升
			1 升≈1.06 夸脱	
	1 毫升（mL）	=10^{-3} 升	1 毫升≈0.03 液体盎司	1 夸脱≈946 毫升
		=1 立方厘米	1 毫升≈1/4 茶匙	1 品脱≈473 毫升
			1 毫升≈15~16 滴	1 液盎司≈29.6 毫升
	1 微升（μL）	=10^{-6} 升（10^{-3} 毫升）		1 茶匙≈5 毫升
时间	1 秒（s）	=$\frac{1}{60}$ 分钟		
	1 毫秒（ms）	=10^{-3} 秒		
温度	摄氏度（℃）		℉ =$\frac{9}{5}$℃ +32	℃ =$\frac{5}{9}$(℉ −32)

附录 B 元素周期表

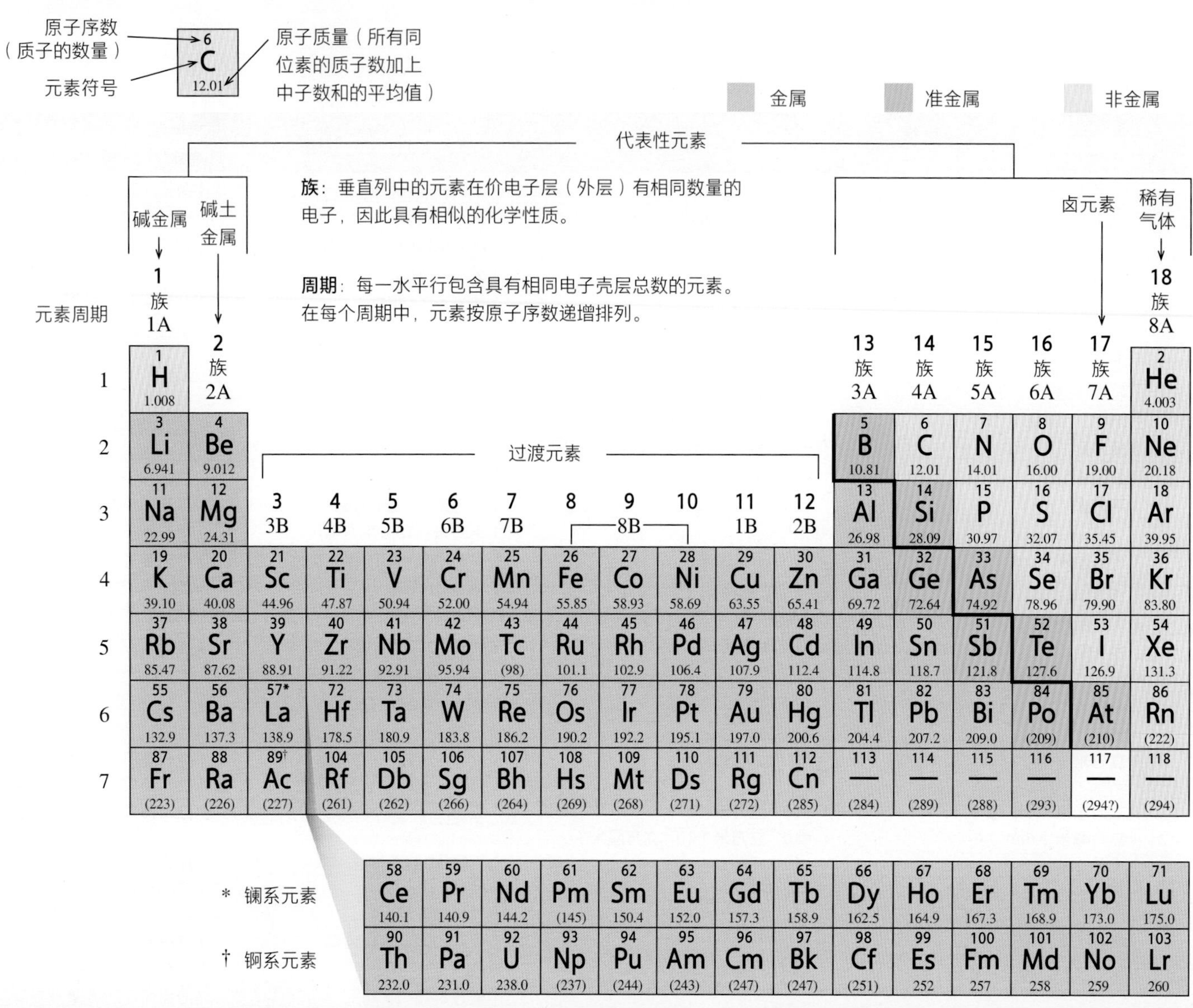

名称（符号）	原子序数	名称（符号）	原子序数	名称（符号）	原子序数	名称（符号）	原子序数	名称（符号）	原子序数
锕（Ac）	89	鿔（Cn）	112	铱（Ir）	77	钯（Pd）	46	钠（Na）	11
铝（Al）	13	铜（Cu）	29	铁（Fe）	26	磷（P）	15	锶（Sr）	38
镅（Am）	95	锔（Cm）	96	氪（Kr）	36	铂（Pt）	78	硫（S）	16
锑（Sb）	51	𫟼（Ds）	110	镧（La）	57	钚（Pu）	94	钽（Ta）	73
氩（Ar）	18	𬭊（Db）	105	铹（Lr）	103	钋（Po）	84	锝（Tc）	43
砷（As）	33	镝（Dy）	66	铅（Pb）	82	钾（K）	19	碲（Te）	52
砹（At）	85	锿（Es）	99	锂（Li）	3	镨（Pr）	59	铽（Tb）	65
钡（Ba）	56	铒（Er）	68	镥（Lu）	71	钷（Pm）	61	铊（Tl）	81
锫（Bk）	97	铕（Eu）	63	镁（Mg）	12	镤（Pa）	91	钍（Th）	90
铍（Be）	4	镄（Fm）	100	锰（Mn）	25	镭（Ra）	88	铥（Tm）	69
铋（Bi）	83	氟（F）	9	鿏（Mt）	109	氡（Rn）	86	锡（Sn）	50
𬭛（Bh）	107	钫（Fr）	87	钔（Md）	101	铼（Re）	75	钛（Ti）	22
硼（B）	5	钆（Gd）	64	汞（Hg）	80	铑（Rh）	45	钨（W）	74
溴（Br）	35	镓（Ga）	31	钼（Mo）	42	𬬭（Rg）	111	铀（U）	92
镉（Cd）	48	锗（Ge）	32	钕（Nd）	60	铷（Rb）	37	钒（V）	23
钙（Ca）	20	金（Au）	79	氖（Ne）	10	钌（Ru）	44	氙（Xe）	54
锎（Cf）	98	铪（Hf）	72	镎（Np）	93	𬬻（Rf）	104	镱（Yb）	70
碳（C）	6	𬭶（Hs）	108	镍（Ni）	28	钐（Sm）	62	钇（Y）	39
铈（Ce）	58	氦（He）	2	铌（Nb）	41	钪（Sc）	21	锌（Zn）	30
铯（Cs）	55	钬（Ho）	67	氮（N）	7	𬭳（Sg）	106	锆（Zr）	40
氯（Cl）	17	氢（H）	1	锘（No）	102	硒（Se）	34		
铬（Cr）	24	铟（In）	49	锇（Os）	76	硅（Si）	14		
钴（Co）	27	碘（I）	53	氧（O）	8	银（Ag）	47		

附录 C 版权声明

照片部分

单元页：第 1 单元上左 Vaclav Volrab/Shutterstock；第 1 单元左 Stone/Getty Images；第 2 单元上左 Nhpa/Age Fotostock；第 3 单元上左 Gay Bumgarner/Alamy；第 3 单元左 Eric Isselee/Shutterstock；第 4 单元上左 JeanPaul Ferrero/Mary Evans Picture Library Ltd/Age Fotostock；第 4 单元左 Masyanya/Shutterstock。

第 1 章：章首照片右 David Malan/Getty Images；章首照片下 Katherine Dickey；章首照片上 Eric J. Simon；p.3 右 Eric J. Simon；1.1 左 M. I. Walker/Science Source；1.1 中 SPL/Science Source；1.1 右 Educational Images Ltd./Custom Medical Stock；1.2 左 Michael Nichols/National Geographic/Getty Images；1.2 右 Tim Ridley/Dorling Kindersley；1.3 Adrian Sherratt/Alamy；1.4（a）p.6 xtock/Shutterstock；1.4（b）p.6 Lorne Chapman/Alamy；1.4（c）p.6 Trevor Kelly/Shutterstock；1.4（d）p.6 Eric J. Simon；1.4（e）p.7 Cathy Keife/Fotolia；1.4（f）p.7 Eric J. Simon；1.4（g）p.7 Redchanka/Shutterstock；1.5 NASA/JPL California Institute of Technology；1.6 Edwin Verin/Shutterstock；1.7 从上到下 Science Source，Neil Fletcher/Dorling Kindersley，Kristin Piljay/Lonely Planet Images/Getty Images，Stockbyte/Getty Images，Dr. D. P. Wilson/Science Source；1.10 下 Michael Nolan/Robert Harding；1.10 上左 Mike Hayward/Alamy；1.10 上右 Public domain/Wikipedia；1.11 上 左 The Natural History Museum/Alamy；1.13 从左到右 Africa Studio Shutterstock，Pablo Paul/Alamy，Foodcollection/Alamy，Barbro Bergfeldt/Shutterstock，Volff/Fotolia，Sarycheva Olesia/Shutterstock；1.14 从左到右 Eric Baccega/Nature Picture Library，Erik Lam/Shutterstock；1.15 Martin Dohrn/Royal College of Surgeons/Science Source；1.16 Susumu Nishinaga/Science Source；1.18 Ian Hooton/Science Source；1.19 Sergey Novikov/Shutterstock；1.20 从上到下 NASA Goddard Institute for Space Studies and Surface Temperature Analysis，Prasit Chansareekorn/Moment Collection/Getty Images，Dave G. Houser/Alamy，Biology Pics/Science Source。

第 2 章：章首照片上 Kevin Grant/Fotolia；章首照片下 PM Images/Ocean/Corbis；章首照片右 Ji Zhou/Shutterstock；p. 23 右 Vaclav Volrab/Shutterstock；p. 24 上 Geoff Dann/Dorling Kindersley；p. 24 下 Clive Streeter/Dorling Kindersley；2.3 女性图片左 Ivan Polunin/Photoshot；从下左顺时针 Jiri Hera/Fotolia，Anne Dowie/Pearson Education，Howard Shooter/Dorling Kindersley，Alessio Cola/Shutterstock，Ulkastudio/Shutterstock；2.5 Raguet H/Age Fotostock；2.9 William Allum/Shutterstock；2.10 左 Stephen Alvarez/National Geographic/Getty Images；2.10 Andrew Syred/Science Source；2.11 Alasdair Thomson/Getty Images；2.12 Ohn Leyba/The Denver Post/Getty Images；2.13 Nexus 7/Shutterstock；2.14 Kristin Piljay/Pearson Education；p. 31 左 Doug Allan/Science Source；2.15 从上到下 Beth Van Trees/Shutterstock，Steve Gschmeissner/Science Source，VR Photos/Shutterstock，Terekhov igor/Shutterstock，Jsemeniuk/E+/Getty Images；2.16 Luiz A. Rocha/Shutterstock。

第 3 章：章首照片上左 Nikola Bilic/Shutterstock；章首照片上右 Monkey Business/Fotolia；章首照片下右 Brian P. Hogan；章首照片下左 Eric J. Simon；p. 37 右 Sean Justice/Cardinal/Corbis；p. 37 上 左 Sean Justice/Cardinal/Corbis；3.3 左 James Marvin Phelps/Shutterstock；3.3 右 Ilolab/Fotolia；p. 39 中 Gavran333/Fotolia；3.5 StudioSmart/Shutterstock；3.8 下 Kristin Piljay/Pearson Education；3.8 上 Stieberszabolcs/Fotolia；3.9 上 Science Source；3.9 中 Dr. Lloyd M. Beidler；3.9 下 Biophoto Associates/Science Source；3.10 Martyn F. Chillmaid/SPL/Science Source；3.12 左框从左起顺时针 Thomas M Perkins/Shutterstock；Hannamariah/Shutterstock；Valentin Mosichev/Shutterstock；Kellis/Fotolia；3.12 右框从左起顺时针 Kayros Studio/Fotolia；Multiart/Shutterstock；Maksim Shebeko/Fotolia；Subbotina Anna/Fotolia；Vladm/Shutterstock；3.13 左 Eco-Print/Shutterstock；3.13 右 Stockbyte/Getty Images；3.14 上左 Brian Cassella/Rapport Press/Newscom；3.14 上右 Matthew Cavanaugh/epa/Corbis Wire/Corbis；3.14 下左 Gabriel Bouys/AFP/Getty Images；3.14 下右 Shannon Stapleton/Reuters；3.15 从左到右 GlowImages/Alamy，Geoff Dann/Dorling Kindersley，Dave King/Dorling Kindersley，Tim Parmenter/Dorling Kindersley，Starsstudio/Fotolia，Steve Gschmeissner/Science Source；Kristin Piljay/Pearson Education；3.19（b）Ingram Publishing/Vetta/Getty Images；3.20 从上到下 Science Source/Science Source，Michael Patrick O' Neill/Alamy，Stefan Wackerhagen/imageBROKER/Newscom；3.27 Ralph Morse/Contributor/Time Life Pictures/Getty Images。

第 4 章：章首照片上左 Asfloro/Fotolia；章首照片上右 Lily/Fotolia；章首照片下左 Jennifer Waters/Science Source；章首照片下右 Viktor Fischer/Alamy；p. 55 右 SPL/Science Source；p. 55 上 左 SPL/Science Source；p. 56 上 左 Tmc_photos/Fotolia；4.5 Science Source；4.6 左 Biophoto Associates/Science Source；4.6 右 Don W. Fawcett/Science Source；4.9 MedImage/Science Source；4.13 左 SPL/Science Source；4.14 右 Daniel S. Friend；4.15（a）Michael Abbey/Science Source；4.15（b）Dr. Jeremy Burgess/Science Source；4.17 Biology Pics/Science Source；4.18 Daniel S. Friend；4.19（a）Dr. Torsten Wittmann/Science Source；4.19（b）Roland Birke/Photolibrary/Getty Images；4.20（a）Eye of Science/Science Source；4.20（b）Science Source；4.20（c）Charles Daghlian/Science Source。

第 5 章：章首照片下左 Jdwfoto/Fotolia；章首照片下右 William87/Fotolia；章首照片上左 Dmitrimaruta/Fotolia；章首照片上右 Eric J. Simon；p. 75 右 Don W. Fawcett/Science Source；p. 75 上左 Don W. Fawcett/Science Source；5.1 Stephen Simpson/Photolibrary/Getty Images；5.3a George Doyle/Stockbyte/Getty Images；5.3（b）Monkey Business/Fotolia；5.19 Peter B. Armstrong。

第 6 章：章首照片右 National Motor Museum/Motoring Picture Library/Alamy；章首照片上 Allison

Herreid/Shutterstock；章首照片下 Nickola_che/Fotolia；p. 91 右 Philippe Psaila/Science Source；p. 91 上左 Philippe Psaila/Science Source；6.1 Eric J. Simon；6.2 从左到右 Dudarev Mikhail/Shutterstock，Eric Isselée/Shutterstock；6.3 Dmitrimaruta/Fotolia；6.12 Alex Staroseltsev/Shutterstock；6.13 Maridav/Shutterstock；6.16 Kristin Piljay/Alamy。

第 7 章：章首照片上右 NASA；章首照片上左 Sunny studio/Shutterstock；章首照片下 Mangostock/Shutterstock；p. 107 右 Martin Bond/Science Source；p. 107 上左 Martin Bond/Science Source；7.1 从左到右 Neil Fletcher/Dorling Kindersley，Jeff Rotman/Nature Picture Library，Susan M. Barns, Ph.D；7.2 上中 John Fielding/Dorling Kindersley；7.2 上右 John Durham/Science Source；7.2 中左 Biophoto Associates/Science Source；7.6 Joyce/Fotolia；7.7 JulietPhotography/Fotolia；7.8（b）Photos by LQ/Alamy；7.14 Pascal Goetgheluck/Science Source。

第 8 章：章首照片上左 Franco Banfi/Science Source；章首照片下左 Brian Jackson/Fotolia；章首照片下右 Zephyr/Science Source；章首照片上右 Andrew Syred/Science Source；p. 121 右 Nhpa/Age Fotostock；p. 121 上左 Nhpa/Age Fotostock；8.1 p. 122 从左到右 Dr. Torsten Wittmann/Science Source，Dr. Yorgos Nikas/Science Source；8.1 p. 123 从左到右 Biophoto Associates/Science Source，Image Quest Marine，John Beedle/Getty Images；8.2 从上到下 Eric Isselee/Shutterstock，Christian Musat/Shutterstock，Michaeljung/Fotolia，Eric Isselee/Shutterstock，Milton H. Gallardo；8.3 Ed Reschke/Getty Images；8.4 Biophoto Associates/Science Source；8.7 Conly L. Rieder，Ph.D；8.8（a）Don W. Fawcett/Science Source；8.8（b）Kent Wood/Science Source；8.10 Sarahwolfephotography/Getty Images；8.11 CNRI/Science Source；8.12 Iofoto/Shutterstock；8.14 Ed Reschke/Getty Images；8.17 David M. Phillips/Science Source；8.19 Dr. David Mark Welch；8.22 下 CNRI/Science Source；8.22 上 Lauren Shear/Science Source；8.23 Nhpa/Superstock.

第 9 章：章首照片上左 Dora Zett/Shutterstock；章首照片下 ICHIRO/Getty Images；章首照片上右 Classic Image/Alamy；p. 145 右 Eric J. Simon；p. 145 上左 Eric J. Simon；9.1 Science Source；9.4 Patrick Lynch/Alamy；9.5 James King-Holmes/Science Source；9.8 Martin Shields/Science Source；9.9 从左到右 Tracy Morgan/Dorling Kindersley；Tracy Morgan/Dorling Kindersley；Eric Isselee/Shutterstock；Victoria Rak/Shutterstock；9.10 从左到右 Tracy Morgan/Dorling Kindersley；Eric Isselee/Shutterstock；9.12 上从左到右 James Woodson/Getty Images；Ostill/Shutterstock；Oleksii Sergieiev/Fotolia；9.12 下从左到右 Blend Images - KidStock/Getty Images；Image Source/Getty Images；Blend Images/Shutterstock；9.13 从左到右 Jupiterimages/Stockbyte/Getty Images；Diego Cervo/Fotolia；表 9.1 从上到下 David Terrazas Morales/Corbis；Editorial Image, LLC/Alamy；Eye of Science/Science Source；Science Source；9.16 从左到右 Cynoclub/Fotolia；CallallooAlexis/Fotolia；p. 156 中左 Eric J. Simon；p. 157 下 Astier/BSIP SA/Alamy；9.20 Mauro Fermariello/Science Source；9.21 Oliver Meckes & Nicole Ottawa/Science Source；9.23 Eric J. Simon；p. 161 中 Szabolcs Szekeres/Fotolia；9.25 上从左到右 In Green/Shutterstock；Rido/Shutterstock；9.25 下从左到右 Dave King/Dorling Kindersley；Jo Foord/Dorling Kindersley；9.25 右 Andrew Syred/Science Source；9.28 Archive Pics/Alamy；9.29 从左到右 Jerry Young/Dorling Kindersley；Gelpi/Fotolia；Dave King/Dorling Kindersley；Dave King/Dorling Kindersley；Tracy Morgan/Dorling Kindersley；Dave King/Dorling Kindersley；Jerry Young/Dorling Kindersley；Dave King/Dorling Kindersley；Dave King/Dorling Kindersley；Shutterstock；Tracy Morgan/Dorling Kindersley。

第 10 章：章首照片下右 Mopic/Alamy；章首照片上右 Oregon Health Sciences University, ho/AP Images；章首照片上左 Science Source；章首照片下左 Marcobarone/Fotolia；p. 171 右 Stringer Russia/Kazbek Basaev/Reuters；p. 171 上左 Stringer Russia/Kazbek Basaev/Reuters；10.3 从左到右 Barrington Brown/Science Source；Library of Congress；10.11 Jay Cheng/Reuters；10.22 Michael Follan - Mgfotouk.com/Getty Images；10.23 Mixa/Alamy；10.24 Oliver Meckes/Science Source；10.25 Russell Kightley/Science Source；10.26 N. Thomas/Science Source；10.28 Hazel Appleton, Health Protection Agency Centre for Infections/Science Source；10.29 Jeff Zelevansky JAZ/Reuters；10.31 NIBSC/Science Photo Library/Science Source；10.32 Will & Deni McIntyre/Science Source。

第 11 章：章首照片上左 Alila Medical Media/Shutterstock；章首照片右 Keren Su/Corbis；章首照片下左 Chubykin Arkady/Shutterstock；p. 197 右 David McCarthy/Science Source；p. 197 上左 David McCarthy/Science Source；11.1 从左到右 Steve Gschmeissner/Science Source；Steve Gschmeissner/Science Photo Library/Alamy；Ed Reschke/Getty Images；11.4 Iuliia Lodia/Fotolia；11.9 从上到下 F. Rudolf Turner；F. Rudolf Turner；11.10 American Association for the Advancement of Science；11.11 Videowokart/Shutterstock；p. 205 上中 Joseph T. Collins/Science Source；11.13（a）Courtesy of the Roslin Institute, Edinburgh；11.13（b）University of Missouri；11.13（c）从左到右 Pasqualino Loi；Robert Lanza；Robert Lanza/F. Rudolf Turner；11.15 Mauro Fermariello/Science Source；11.15 下右 inset Craig Hammell/Cord Blood Registry；11.18 下 ERproductions Ltd/Blend Images/Alamy；11.18 上 Simon Fraser/Royal Victoria Infirmary, Newcastle upon Tyne/Science Source；11.19 Geo Martinez/Shutterstock；11.21 Alastair Grant/AP Images；11.22 CNRI/Science Source。

第 12 章：章首照片上右 Alexander Raths/Shutterstock；章首照片下 Stocksnapper/Shutterstock；章首照片上左 Gerd Guenther/Science Source；p. 217 右 Tek Image/Science Source；p. 217 上左 Tek Image/Science Source；12.1 AP Images；12.2 Huntington Potter/University of South Florida College of Medicine；12.2 inset Prof. S. Cohen/Science Source；12.5 Andrew Brookes/National Physical Laboratory/Science Source；12.6 Eric Carr/Alamy；12.7 Volker Steger/Science Source；12.8 Inga Spence/Alamy；12.9 Christopher Gable and Sally Gable/Dorling Kindersley；12.9 内 U.S. Department of Agriculture (USDA)；12.10 从上到下 International Rice Research Institute；Fotosearch RM/Age Fotostock；12.13 Applied Biosystems, Inc；12.16 Steve Helber/AP Images；12.17 Fine Art Images/Heritage Image Partnership Ltd/Alamy；12.18 Volker Steger/Science Source；12.19 下 David Parker/Science Photo Library/Science Source；12.19 上 Edyta Pawlowska/Shutterstock；12.22 Scott Camazine/Science Source；12.23 James King-Holmes/Science Source；12.24 68/Ben Edwards/Ocean/Corbis；12.25 Alex Milan Tracy/NurPhoto/Sipa U/Newscom；12.26 Isak55/Shutterstock；12.27 Image Point Fr/Shutterstock；12.28 Public domain；12.29 Daily Mail/Rex/Alamy。

第 13 章：章首照片上左 victoriaKh/Shutterstock；章首照片上中 BW Folsom/Shutterstock；章首照片上右 Parameswaran Pillai Karunakaran/FLPA；章首照片下右 John Bryant/Getty Images；章首照片中左 W. Perry Conway/Ramble/Corbis；章首照片下左 G. Newman Lowrance/AP Images；p. 243 右 Gay Bumgarner/Alamy；p. 243 上左 Gay Bumgarner/Alamy；13.1 Aditya Singh/Moment/Getty Images；13.2 从左到右 Chris Pole/Shutterstock；Sabena Jane Blackbird/Alamy；13.3 左 Science Source；13.3 右 Classic Image/Alamy；13.4（a）Celso Diniz/Shutterstock；13.4（b）Tim Laman/National Geographic/Getty Images；13.5 上左 Francois Gohier/Science Source；13.5 中 Francois Gohier/Science Source；13.5 上右 Science Source；13.5 下左 Pixtal/SuperStock；13.5 下右 Vostok Sarl/Mammuthus；13.8 从左到右 Dr. Keith Wheeler/Science Source；Lennart Nilsson/Tidningarnas Telelgrambyra AB Nilsson/TT Nyhetsbyrun；13.10 从上到下 Eric Isselee/Shutterstock；Tom Reichner/Shutterstock；Eric Isselee/Shutterstock；Christian Musat/Shutterstock；13.11 Laura Jesse；13.12 Zoonar/Poelzer/Age Fotostock；13.13 Philip Wallick/Spirit/Corbis；13.14 Edmund D. Brodie III；13.15 Adam Jones/The Image Bank/Getty Images；13.16 Andy Levin/Science Source；13.18 Pearson Education；13.21 Steve Bloom Images/Alamy；13.22 Planetpix/Alamy；13.23 Heather Angel/Natural Visions/Alamy；13.24 Mariko Yuki/Shutterstock；13.26（a）Reinhard/ARCO/Nature Picture Library；13.26（b）John Cancalosi/Age Fotostock；13.27 Centers for Disease Control and Prevention

第 14 章：章首照片上左 Keneva Photography/Shutterstock；章首照片右 Peter Augustin/Photodisc/Getty Images；章首照片下左 Oberhaeuser/Caro/Alamy；章首照片下右 GL Archive/Alamy；p. 269 右 Kevin Schafer/Lithium/Age Fotostock；p. 269 上左 Kevin Schafer/Lithium/Age Fotostock；14.1 从左到右 Cathleen A Clapper/Shutterstock；Peter Scoones/Nature Picture Library；14.2 从最左边开始顺时针 Rolf Nussbaumer Photography/Alamy；David Kjaer/Nature Picture Library；Jupiterimages/Stockbyte/Getty images；Photos.com；Phil Date/Shutterstock；Robert Kneschke/Shutterstock；Comstock/Stockbyte/Getty Images；Comstock Photos/Fotosearch；14.4 p. 272 从左到右 USDA/APHIS Animal and Plant Health Inspection Service；Brian Kentosh；McDonald/Photoshot Holdings Ltd.；Michelsohn Moses；14.4 p. 273 从左到右 J & C Sohns/Tier und Naturfotografie/Age Fotostock；Asami Takahiro；Danita Delimont/Gallo Images/Age Fotostock；14.5 左 Brown Charles W；14.5 中从上到下 Dogist/Shutterstock；Alistair Duncan/Dorling Kindersley；Dorling Kindersley/Dorling Kindersley；14.5 右 Okuno Kazutoshi；14.6 Morey Milbradt/Getty Images；14.6 上左 inset John Shaw/Photoshot；14.6 上右 inset Clement Vezin/Fotolia；14.8 Michelle Gilders/Alamy；14.9 Loraart8/Shutterstock；14.11 从上到下 Interfoto/Alamy；Mary Plage/Oxford Scientific/Getty Images；Jim Clare/Nature Picture Library；14.12 Robert Glusic/Corbis；14.14 Kyodo/Xinhua/Photoshot/Newscom；14.16 从左到右 Jurgen & Christine Sohns/FLPA；Eugene Sergeev/Shutterstock；Kamonrat/Shutterstock；14.17 右 Mark Pilkington/Geological Survey of Canada/SPL/Science Source；14.18 Juniors Bildarchiv GmbH/Alamy；14.19 Jean Kern；14.20 Chris Hellier/Science Source；14.21 从左到右 Image Quest Marine；Christophe Courteau/Science Source；Reinhard Dirscherl/Alamy；Image Quest Marine；Image Quest Marine；p. 286 上右 FloridaStock/Shutterstock.com；14.23 National Geographic Image Collection/Alamy；14.27 Arco Images GmbH/Alamy。

第 15 章：章首照片下右 vlabo/Shutterstock；章首照片下左 Harry Vorsteher/Cultura Creative (RF)/Alamy；章首照片下中 Odilon Dimier/PhotoAlto sas/Alamy；p. 293 右 Steve Gschmeissner/Science Source；p. 293 上左 Steve Gschmeissner/Science Source；15.2 Mark Garlick/Science Photo Library/Corbis；15.5 George Luther；15.6 从左到右 Jupiter Images；Dr. Tony Brain and David Parker/Science Photo Library/Science Source；15.7 从左到右 Scimat/Science Source；Niaid/CDC/Science Source；CNRI/SPL/Science Source；15.8（a）David M. Phillips/Science Source；15.8（b）Susan M. Barns；15.8（c）Heide Schulz/MaxPlanck Institut für Marine Mikrobiologie；15.9 Science Photo Library - Steve Gschmeissner/Brand X Pictures/Getty Images；15.10 Eye of Science/Science Source；15.11（a）Sinclair Stammers/Science Source；15.11（b）Dr. Gary Gaugler/Science Source；15.12 Image Quest Marine；15.13 insetArco Images/Huetter, C./Alamy；15.13 Nigel Cattlin/Alamy；15.15 SIPA USA/SIPA/Newscom；15.16 Eric J. Simon；15.17 左 Jim West/Alamy；15.18 右 SPL/Science Source; 15.19 从左到右 Centers for Disease Control and Prevention (CDC); Scott Camazine/Science Source; Dariusz Majgier/Shutterstock; David M. Phillips/Science Source; 15.22（a）Carol Buchanan/F1online/Age Fotostock; 15.22（b）Oliver Meckes/Science Source; 15.22（c）blickwinkel/Alamy；15.23 p. 308 从左到右 Eye of Science/Science Source; David M. Phillips/The Population Council/Science Source; Biophoto Associates/Science Source; 15.23 p. 309 从左到右 Claude Carre/Science Source; Dr. Masamichi Aikawa; Michael Abbey/Science Source; 15.24 The Hidden Forest, www.hiddenforest.co.nz; 15.25 右从上到下 Courtesy of Matt Springer, Stanford University; Courtesy of Robert Kay, MRC Cambridge; Courtesy of Robert Kay, MRC Cambridge; 15.26（a）Eye of Science/Science Source；15.26（b）Steve Gschmeissner/Science Source；15.26（c）Manfred Kage/Science Source；15.27 从左到右 Marevision/Age Fotostock; Marevision/Age Fotostock; David Hall/Science Source; 15.28 Lucidio Studio, Inc/Moment/Getty Images。

第 16 章：章首照片下左 Francesco de marco/Shutterstock; 章首照片上左 Neale Clarke/Robert Harding; 章首照片下右 Scenics & Science/Alamy; 章首照片上右 Webphotographeer/E+/Getty Images; p. 315 右 Marco Mayer/Shutterstock; p. 315 上左 Marco Mayer/Shutterstock; 16.2 Science Source; 16.3 Steve Gorton/Dorling Kindersley; 16.4 Kent Graham; 16.5 Linda E.

Graham; 16.7 从左到右 Photolibrary/Getty Images; James Randklev/Photographer's Choice RF/; V. J. Matthew/Shutterstock; Dale Wagler/Shutterstock; 16.8 Duncan Shaw/Science Source; 16.9 John Serrao/Science Source; 16.11 中右 Jon Bilous/Shutterstock; 16.11 上右 inset Biophoto Associates/Science Source; 16.11 下左 inset Ed Reschke/Photolibrary/Getty Images; 16.11 下右 inset Art Fleury; 16.12 Field Museum Library/Premium Archive/Getty Images; 16.13 Danilo Donadoni/Marka/Age Fotostock; 16.15 从左到右 Stephen P. Parker/Science Source; Morales/Age Fotostock; Gunter Marx/Alamy; 16.16 Gene Cox/Science Source; 16.18 从左到右 Jean Dickey; Tyler Boyes/Shutterstock; Christopher Marin/Shutterstock; Jean Dickey; 16.20 从左到右 Jean Dickey; Scott Camazine/Science Source; Sonny Tumbelaka/AFP Creative/Getty Images; 16.21 Prill/Shutterstock; 表 16.1 从上到下 Steve Gorton/Dorling Kindersley; Dionisvera/Fotolia; Radu Razvan/Shutterstock; Colin Keates/Courtesy of the Natural History Museum, London/Dorling Kindersley; Sally Scott/Shutterstock; Alle/Shutterstock; 16.22 下左 Jean Dickey; 16.22 中 Stan Rohrer/Alamy; 16.22 中右 Science Source; 16.22 下左 Pabkov/Shutterstock; 16.22 下中 VEM/Science Source; 16.22 下右 Astrid & Hanns-Frieder Michler/Science Source; 16.23 从上到下 Jupiterimages/Photos.com/360/Getty Images; Blickwinkel/Alamy; 16.24（a）Bedrich Grunzweig/Science Source; 16.24（b）Nigel Cattlin/Science Source; 16.25 North Wind Picture Archives; 16.26 Mikeledray/Shutterstock; Imagebroker.net/SuperStock; Will Heap/Dorling Kindersley；16.27 Christine Case；16.28 左 Jean Dickey；16.28 右 Eye of Science/Science Source。

第 17 章：章首照片上左 Image Source/Getty Images; 章首照片下右 David Gomez/E+/Getty Images; 章首照片右 Vishnevskiy Vasily/Shutterstock; 章首照片下中 Nunosilvaphotography/Shutterstock; 章首照片下左 S. Plailly/E. Daynes/Science Source；p. 337 右 Tim Wiencis/Splash News/Newscom; p. 337 上左 Tim Wiencis/Splash News/Newscom；17.1 Gunter Ziesler/Photolibrary/Getty Images；17.4 从左到右 Sinclair Stammers/Science Source; Sinclair Stammers/Science Source; 17.5 从左到右 Publiphoto/Science Source; LorraineHudgins/Shutterstock; 17.9 Image Quest Marine；17.10 上从左到右 Sue Daly/Nature Picture Library; Michael Klenetsky/Shutterstock; Lebendkulturen.de/Shutterstock; 17.10 下 Pavlo Vakhrushev/Fotolia；17.13 从左到右 Georgette Douwman/Nature Picture Library; Image Quest Marine; Christophe Courteau/Natural Picture Library; Marevision/Age Fotostock; Reinhard Dirscherl/Alamy；17.14 下 Geoff Brightling/Gary Stabb - modelmaker/Dorling Kindersley；17.14 中右 CMB/Age Fotostock；17.14 下右 Eye of Science/Science Source；17.15 从左到右 Daphne Keller; Ralph Keller/Photoshot Holdings Ltd.; F1online digitale Bildagentur GmbH/Alamy; Wolfgang Poelzer/Wa/Age Fotostock；17.17（a）Steve Gschmeissner/Science Source；17.17（b）Eye of Science/Science Source；17.17（c）Sebastian Kaulitzki/Shutterstock; 17.18 从上到下 Mark Kostich/Getty Images; Maximilian Weinzierl/Alamy; Jean Dickey; 17.19 Dave King/Dorling Kindersley; 17.20 上从左到右 Herbert Hopfensperger/Age Fotostock; Dave King/Dorling Kindersley; Andrew Syred/Science Source; 17.20 下从左到右 Mark Kostich/Getty Images; Larry West/Science Source; 17.21 下右 Nancy Sefton/Science Source; 17.21 上 Dave King/Dorling Kindersley; 17.21 中从左到右 Maximilian Weinzierl/Alamy; Tom McHugh/Science Source; Nature' s Images/Science Source；17.22 从左到右 Jean Dickey; Tom McHugh/Science Source; 17.23 Radius Images/Alamy; 17.24 从左上角逆时针 NH/Shutterstock; Doug Lemke/Shutterstock; lkpro/Shutterstock; Jean Dickey; Jean Dickey; Cordier Huguet/Age Fotostock; Jean Dickey；17.24 中 Stuart Wilson/Science Source；17.25 从左到右 Thomas Kitchin & Victoria Hurst/Design Pics Inc./Alamy; Thomas Kitchin & Victoria Hurst/Design Pics Inc./Alamy; Thomas Kitchin & Victoria Hurst/Design Pics Inc./Alamy; Thomas Kitchin & Victoria Hurst/Design Pics Inc./Alamy; Thomas Kitchin & Victoria Hurst/Design Pics Inc./Alamy；17.25 bottomKeith Dannemiller/Alamy; 17.26 上左 Image Quest Marine; 17.26 inset Andrew J. Martinez/Science Source; 17.26 上右 Jose B. Ruiz/Nature Picture Library; 17.26 下从左到右 tbkmedia.de/Alamy; Image Quest Marine; Image Quest Marine; 17.27 Colin Keates/Courtesy of the Natural History Museum/Dorling Kindersley; 17.29 左 Heather Angel/Natural Visions/Alamy; 17.29 右 Image Quest Marine; 17.31（a）Tom McHugh/Science Source; 17.31（b）F Hecker/Blickwinkel/Age Fotostock; 17.31（b）内 A Hartl/Blickwinkel/Age Fotostock; 17.31（c）George Grall/National Geographic/Getty Images; 17.31d Christian Vinces/Shutterstock; 17.32（a）LeChatMachine/Fotolia; 17.32（b）左 Gary Meszaros/Science Source; 17.32（b）右 Bill Brooks/Alamy; 17.32（c）左 Tom McHugh/Science Source; 17.32（c）右 Jack Goldfarb/Age Fotostock; 17.34 p. 358 从左到右 Encyclopaedia Britannica/Alamy; Sylvain Cordier/Getty Images; 17.34 p. 359 从左到右 Jerry Young/Dorling Kindersley; Dlillc/Corbis; Miguel Periera/Courtesy of the Instituto Fundacion Miguel Lillo, Argentina/Dorling Kindersley; 17.35 Adam Jones/Getty Images; 17.36 从左到右 Jean-Philippe Varin/Science Source; Rebecca Jackrel/Age Fotostock; Barry Lewis/Alamy; 17.38 从上左顺时针 Creativ Studio Heinem/Age Fotostock; Siegfried Grassegger/Age Fotostock; P. Wegner/Age Fotostock；Arco Images Gmbh/Tuns/Alamy; Juan Carlos Munoz/Age Fotostock; Anup Shah/Nature Picture Library; Ingo Arndt/Nature Picture Library; Lexan/Fotolia; John Kelly/Getty Images; 17.40（b）John Reader/SPL/Science Source; 17.41 Achmad Ibrahim/AP Images; 17.43 Hemis.fr/Superstock; 17.44 Kablonk/Superstock; 17.45 Stefan Espenhahn/Image Broker/Age Fotostock。

第 18 章：章首照片下 Balazs Kovacs Images/Shutterstock; 章首照片上右 Erni/Shutterstock; 章首照片上左 Olegusk/Shutterstock; 章首照片右 Vince Clements/Shutterstock; p. 373 右 Jean-Paul Ferrero/Mary Evans Picture Library Ltd/Age Fotostock; p. 373 上左 Jean-Paul Ferrero/Mary Evans Picture Library Ltd/Age Fotostock; 18.1 Philippe Psaila/Science Source; 18.2 Jay Directo/AFP/Getty Images/Newscom; 18.3（a）Barry Mansell/Nature Picture Library; 18.3（b）Sue Flood/Alamy; 18.3（c）Juniors Bildarchiv/Age Fotostock; 18.3（d）Jeremy Woodhouse/Getty Images; 18.4 David Wall/Alamy; 18.5 NASA Earth Observing System; 18.6 右 inset Image Quest Marine; 18.6 Verena Tunnicliffe/AFP/Newscom; 18.7 Wayne Lynch/All Canada Photos/Getty Images; 18.8（a）Jean Dickey; 18.8（b）Age

Fotostock/Superstock; 18.9 Jean Dickey; 18.11 从左到右 Outdoorsman/Shutterstock; Tier und Naturfotografie/J & C Sohns/Age Fotostock; 18.12 Ed Reschke/Photolibrary/Getty Images; 18.13 Robert Stainforth/Alamy; 18.14 WorldSat International/Science Source; 18.16 Ishbukar Yalilfatar/Shutterstock; 18.17 Kevin Schafer/Alamy; 18.18 Jean Dickey; 18.20 Digital Vision/Photodisc/Getty Images; 18.21 Ron Watts/All Canada Photos/Getty Images; 18.22 George McCarthy/Nature Picture Library; 18.29 Age Fotostock/Superstock; 18.30 Eric J. Simon; 18.31 Age Fotostock/Juan Carlos Munoz/Age Fotostock; 18.32 The California/Chaparral Institute; 18.33 Mark Coffey/All Canada Photos/Superstock; 18.34 Joe Sohm/Visions of America, LLC/Alamy; 18.35 Jorma Luhta/Nature Picture Library; 18.36 Paul Nicklen/National Geographic/Getty Images; 18.37Gordon Wiltsie/National Geographic/Getty Images; 18.39 从上到下 UNEP/GRID-Arenda; UNEP/GRID-Arendal; 18.40 Crack Palinggi/Reuters; 18.41（a）UNEP/GRID-Arenda; 18.41（b）USGS; 18.42 Jim West/Alamy; 18.43 Kamira/Shutterstock; 18.47 Chris Martin Bahr/Science Source; 18.48 Design Pics/Kip Evans/Newscom; 18.49 Drake Fleege/Alamy; 18.50 University of North Carolina; 18.51 Chris Cheadle/All Canada Photos/Getty Images; 18.52（a）William E. Bradshaw; 18.52（b）Christopher Wood/Shutterstock。

第 19 章：章首照片下右 Johan Swanepoel/Shutterstock; **章首照片上左** James Watt/Getty Images; **章首照片下左** Gemenacom/Fotolia; **章首照片上右** rob245/Fotolia; p. 403 **右** Karen Doody/Stocktrek Images/Getty Images; p. 403 **上 左** Karen Doody/Stocktrek Images/Getty Images; 19.1（a）Henry, P/Arco Images/Age Fotostock; 19.1（b）Jose Azel/Aurora Photos/Corbis; 19.1（c）Sadd/FLPA; 19.2 Wave Royalty Free/Design Pics Inc/Alamy; 19.3 WorldFoto/Alamy; 19.4 **从左到右** Roger Phillips/Dorling Kindersley; Jane Burton/Dorling Kindersley; Yuri Arcurs/Shutterstock; p. 407 **中** Prill/Shutterstock; p. 407 **右** Anke van Wyk/Shutterstock; 19.6 Bikeriderlondon/Shutterstock; 19.7 **从左到右** Joshua Lewis/Shutterstock; Wizdata/Shutterstock; 19.8 Marcin Perkowski/Shutterstock; 19.9 Design Pics/Super Stock; 19.10 Meul/ARCO/Nature Picture Library; 19.11 **下右** Alan & Sandy Carey/Science Source; 19.12 **从左到右** William Leaman/Alamy; USDA Forest Service; Gilbert S. Grant/Science Source; 19.13 Dan Burton/Nature Picture Library; 19.14 Ed Reschke/Getty Images; 19.15 St. Petersburg Times/Tampa Bay Times/Zuma/Newscom; 19.16 Chris Johns/National Geographic/Getty Images; 19.17 Jean Dickey; 19.18 Science Photo Library/Alamy; 19.19 Nigel Cattlin/Alamy; 19.20 imageBROKER/Alamy; 19.25 **从左到右** Horizons WWP/Alamy; Maskot/Getty Images; 19.26 Franzfoto.com/Alamy。

第 20 章：章首照片下左 Philippe Psaila/Science Source; **章首照片中左** Ming-Hsiang Chuang/Shutterstock; **章首照片中右** Joe Tucciarone/Science Source; **章首照片中** Jag_cz/Shutterstock; **章首照片中** Frannyanne/Shutterstock; p. 425 **中右** Amar and Isabelle Guillen - Guillen Photo LLC/Alamy; p. 425 **上左** Amar and Isabelle Guillen - Guillen Photo LLC/Alamy; 20.1 James King-Holmes/Science Source; 20.2 **左** Gerard Lacz/Age Fotostock; 20.2 **右** Mark Carwardine/Getty Images; 20.3 Andre Seale/Age Fotostock; 20.4 American Folklife Center, Library of Congress; 20.5 Gerald Herbert/AP Images; 20.6 Richard D. Estes/Science Source; 20.7（a）Jim Zipp/Science Source；20.7（b）Tim Zurowski/All Canada Photos/Superstock; 20.8 **上** M. I. Walker/Science Source; 20.8 **下** M. I. Walker/Science Source; 20.9 Jurgen Freund/Nature Picture Library; 20.10 Eric Lemar/Shutterstock; 20.11 P. Wegner/ARCO/Age Fotostock; 20.12 **左** Robert Hamilton/Alamy; 20.12 **右** Barry Mansell/Nature Picture Library; 20.13 **左** Dante Fenolio/Science Source; 20.13 **右** Peter J. Mayne; 20.14 **上左** Bildagentur-online/TH Foto-Werbung/Science Source; 20.14 **上右** Luca Invernizzi Tetto/Age Fotostock; 20.14 **下** ImageState/Alamy; 20.16 audaxl/Shutterstock; 20.21 Mark Conlin/Vwpics/Visual&Written SL/Alamy; 20.22 Todd Sieling/Corvus Consulting; 20.23 HiloFoto/Getty Images; 20.24 AdstockRF/Universal Images Group Limited/Alamy; 20.30 Wing-Chi Poon; 20.35 Michael Marten/Science Source; 20.36 **上** NASA/Goddard Space Flight Center; 20.36 **下左** NASA Goddard Space Flight Center; 20.36 **下右** NASA Goddard Space Flight Center; 20.38 **下** Matthew Dixon/Shutterstock; 20.39 Alan Sirulnikoff/Science Source; 20.40 R. O. Bierregaard, Jr., Biology Department, University of North Carolina, Charlotte; 20.41 United States Department of Agriculture; 20.42 South Florida Water Management District; 20.43 **左** Andrew_Shurtleff/The Daily Progress/AP Images; 20.43 **右** The Fresno Bee/ZUMA Press, Inc/Alamy; 20.44 **上右** Juliet Shrimpton/Age Fotostock; 20.44 **下左** Matt Jeppson/Shutterstock; 20.44 **下右** Image Source/Getty Images; p. 450 **生物多样性表格从左到右** James King-Holmes/Science Source; Gerard Lacz/Age Fotostock; Andre Seale/Age Fotostock; p. 450 **种群间的相互作用表格左从上到下** Jim Zipp/Science Source; Tim Zurowski/All Canada Photos/Superstock; Jurgen Freund/Nature Picture Library; p. 450 **种群间的相互作用表格右从上到下** Outdoor-Archiv/Kukulenz/Alamy; Jean Dickey; Renaud Visage/Getty Images。

插图和文字部分

第 1 章：20：数据来源 Clifton, P. M., Keogh, J. B., and Noakes, M. (2004), "Trans Fatty Acids in Adipose Tissue and the Food Supply Are Associated with Myocardial Infarction," *J. Nutr*. 134: 874–79。

第 3 章：3.19：基于 Protein Databank: http://www.pdb.org/pdb/explore/explore.do?structureId=1a00；3.20：基于 *The Core* module 8.11 和 *Campbell Biology* 第 10 版的图 19.10。

第 5 章：5.3：数据来源 S. E. Gebhardt and R. G. Thomas, *Nutritive Values of Foods* (USDA, 2002); S. A. Plowman and D. L. Smith, *Exercise Physiology for Health, Fitness and Performance*, 第 2 版 . 版权所有 2003 Pearson Education Inc. Pearson Benjamin Cummings 出版。

第 7 章：7.5：改编自 Richard and David Walker, *Energy, Plants and Man*, 图 4.1, p. 69. Oxygraphics. Copyright Richard Walker. 由 Richard Walker 提供，http://www.oxygraphics.co.uk; 7.12：改编自 Richard and David

Walker, *Energy, Plants and Man*, 图 4.1, p. 69. Oxygraphics. Copyright Richard Walker. Used courtesy of Richard Walker, http://www.oxygraphics.co.uk。

第 10 章：10.33：CDC, http://www.cdc.gov/westnile/statsMaps/finalMapsData/index.html; p.192：文本由 Joshua Lederberg 摘自 Barbara J. Culliton，"Emerging Viruses, Emerging Threat," *Science*, 247, p. 279, 1/19/1990。

第 11 章：**表 11.1**：数据来源 "Cancer Facts and Figures 2014" (American Cancer Society Inc.)。

第 12 章：p.236：MARYLAND v. KING CERTIORARI TO THE COURT OF APPEALS OF MARYLAND No. 12–207. Argued February 26, 2013—Decided June 3, 2013. SUPREME COURT OF THE UNITED STATES。

第 13 章：13.10：数据来源 Phylogenetic Relationships among Cetartiodactyls Based on Insertions of Short and Long Interpersed Elements: Hippopotamuses Are the Closest Extant Relatives of Whales. 作者：Masato Nikaido, Alejandro P. Rooney and Norihiro Okada. *Proceedings of the National Academy of Sciences of the United States of America,* Vol. 96, No. 18 (Aug. 31, 1999), pp. 10261–10266. 版权所有（1999）美国国家科学院，经许可转载。

第 14 章：p.270：Charles Darwin, *The Voyage of the Beagle*（Auckland: Floating Press, 1839）；14.13：改编自 "Active Volcanoes and Plate Tectonics, 'Hot Spots' and the 'Ring of Fire'"，Lyn Topinka, U.S. Geological Survey website, January 2, 2003; p. 289: Charles Darwin in The Origin of Species（London: Murray, 1859）。

第 15 章：15.14：Gut Microbiota from Twins Discordant for Obesity Modulate Metabolism in Mice, Vanessa K. Ridaura et al., Science 341（2013）; DOI: 10.1126/science.1241214. 9th Ed., © 2007. 经 Pearson education, Inc.（Upper Saddle River, New Jersey）许可转载复制；15.21：V. K. Ridaura et al., "Gut Microbiota from Twins Discordant for Obesity Modulate Metabolism in Mice," *Science*, 341。

第 16 章：**表 16.1**：数据来源 Randy Moore et al., Botany, 2nd ed. Dubuque, IA: Brown, 1998, Table 2.2, p. 37; p. 335: 数据来源 Lewis Ziskaa.，等 . "Recent Warming by Latitude Associated with Increased Length of Ragweed Pollen Season in Central North America," *Proceedings of the National Academy of Sciences,* 108: 4248–4251（2011）。

第 17 章：17.39：从化石照片中提取：A. ramidus adapted from www.age-of-the-sage.org/evolution/ardi_fossilized_skeleton.html. H. neanderthalensis 改编自 *The Human Evolution Coloring Book.* P. boisei 摘自 David Bill 的图片。

第 18 章：18.25：J. H. Withgott 和 S. R. Brennan, *Environment: The Science Behind the Stories,* 3rd Ed., © 2008. 经 Pearson Education Inc.（Upper Saddle River, New Jersey）许可转载复制；18.44: NASA.gov website GISS Surface Temperature Analysis（global map generator）, http://data.giss.nasa.gov/gistemp/maps/（生成这个特定地图的设置显示在地图下面）；18.45: 基于 *Climate Change 2013: The Physical Science Basis*. Working Group I Contribution to the Fourth Assessment Report of the Intergovernmental Panel on Climate Change；p.401：数据基于 http://www.ncdc.noaa.gov/land-based-station-data/climate-normals/1981-2010-normals-data。

第 19 章：**表 19.1**：数据来源 Centers for Disease Control and Prevention website; 19.8（a）：数据来源 P. Arcese et al., "Stability, Regulation and the Determination of Abundance in an Insular Song Sparrow Population," *Ecology*, 73: 805–882（1992）；19.8（b）：数据来源 T. W Anderson, "Predator Responses, Prey Refuges, and Density Dependent Mortality of a Marine Fish," *Ecology* 82: 245–257（2001）；19.13: 数据来源 Fisheries and Oceans, Canada, 1999; 19.21: Data from United Nations, "The World at 6 Billion," 2007; **表 19.3**：数据来源 Population Reference Bureau; 19.22: 数据来源 U.S. Census Bureau; 19.23: 数据来源 U.S. Census Bureau; 19.24: 数据来源 Living Planet Report, 2012: "Biodiversity, Biocapacity and Better Choices," World Wildlife Fund（2012）; p. 423: 数据来源 "Transitions in World Population," *Population Bulletin*, 59: 1（2004）。

第 20 章：p.452：数据来源 J. M. Teal, "Energy Flow in the Salt Marsh Ecosystem of Georgia," *Ecology*, 43:614–624（1962）；20.43: © Pearson Education, Inc.。

附录 D　自测题答案

第 1 章

1. b（有些活的生物体是单细胞的）
2. 原子、分子、细胞、组织、器官、生物体、种群、生态系统、生物圈；细胞
3. 光合作用通过将二氧化碳中的碳转化为糖来循环养分，然后被其他生物消耗。同时水中的氧以氧气的形式释放出来。光合作用将太阳能转化为化学能，促进能量流动，然后化学能被其他生物消耗，同时产生热量。
4. a4、b1、c3、d2
5. 平均而言，具有最适合当地环境的可遗传性状的个体，产生的存活下来且进行繁殖的后代数量最多。随着时间的推移，会增加这些性状在群体中的出现频率。结果形成了进化适应的积累。
6. d
7. c
8. 进化
9. a3、b2、c1、d4

第 2 章

1. 电子；中子
2. 质子
3. 氮-14 的原子序数为 7，质量数为 14。放射性同位素氮-16 原子序数为 7，质量数为 16。
4. 生物体将某种元素的放射性同位素结合到分子中，就像它们结合非放射性同位素一样。研究人员可以检测到这种放射性同位素的存在。
5. 每个碳原子只有三个共价键，而不是所需要的四个。
6. 因为带正电的氢区域会相互排斥。
7. d
8. a
9. 正极和负极使相邻的水分子相互吸引，形成氢键。水的特性，如内聚力、温度调节、作为溶剂的能力，都源于这种原子“黏性”。
10. 因为非极性分子不能形成氢键，所以它不具备水作为生命基础的特性，比如溶解物质的能力和水的内聚作用。
11. 可乐是一种水溶液，以水为溶剂，糖为主要溶质，CO_2 使溶液呈酸性。

第 3 章

1. 异构体具有不同的结构或形状，而分子的形状通常有助于决定它在生物体内的作用方式。
2. 脱水反应；水
3. 水解
4. b
5. $C_6H_{12}O_6 + C_6H_{12}O_6 \rightarrow C_{12}H_{22}O_{11} + H_2O$
6. 脂肪酸；甘油；甘油三酯
7. b
8. c
9. 如果这种变化不以任何形式影响蛋白质的形状，那么这种变化就不会影响蛋白质的功能。
10. 疏水性氨基酸最有可能在远离水环境的蛋白质内部存在。
11. a
12. 淀粉（或糖原、纤维素）；核酸
13. DNA 和 RNA 都是多核苷酸；两者主链上具有相同的磷酸基团；并且都使用 A、C、G 碱基。但是 DNA 使用 T 作为碱基，而 RNA 使用 U 作为碱基；它们之间的糖不同；DNA 通常是双链的，而 RNA 通常是单链的。
14. 在结构上，基因是一段很长的 DNA。在功能上，基因包含产生蛋白质所需的信息。

第 4 章

1. b
2. 膜是流体，因为它的组成部分没有锁定在位置上。膜是镶嵌的，因为它包含多种悬浮蛋白质。
3. 内膜系统。
4. 光面内质网；糙面内质网
5. 糙面内质网，高尔基体，细胞膜
6. 两种细胞器都用膜来组织酶，并且都向细胞提供能量。但是叶绿体在光合作用中从阳光中获取能量，而线粒体在细胞呼吸期间分解葡萄糖释放能量。叶绿体仅存在于光合植物和一些原生生物中，而线粒体存在于几乎所有真核细胞中。
7. a3、b1、c5、d2、e4
8. 细胞核，核孔，核糖体，糙面内质网，高尔基体
9. 两者都是从细胞表面延伸出来的有助于运动的附属物。有鞭毛的细胞一般只有一条长鞭毛，以往复挥鞭运动推动细胞；纤毛通常较短，数量较多，并以协调的方式摆动。

第 5 章

1. 你将食物中的化学能转化为向上攀登的动能。在楼梯的顶部，因为你所处的海拔更高，一些能量被储存为势能。其余的已经转化为热能。
2. 能量；熵
3. 10,000 g（或 10kg）；记住这一点，食品标签上的 1 千卡等于 1000 卡路里的热量。
4. 三个磷酸基团储存化学能——势能的一种形式。磷酸基团的释放使其中一些势能可供细胞做功。
5. 水解酶是参与水解反应的酶，可将大分子分解成组成它们的小分子。酶的英文名称通常有以 -ase 结尾，所以水解酶（hydrolase）是一种进行水解反应（hydrolysis）的酶。
6. 抑制剂与酶上另一个位点的结合会导致酶的活性位点形状改变。
7. b
8. 高渗和低渗是相对术语。对自来水高渗的溶液对海水可能是低渗的。使用这些术语时，必须提供一种对照溶液，如“某溶液对某种细胞的细胞质是高渗的”。
9. 被动运输使原子或分子沿着它们的浓度梯度（从较高浓度到较低浓度）移动，主动运输使它们逆着浓度梯度移动。
10. b

第 6 章

1. d
2. 植物通过光合作用产生有机分子。动物必须通过摄入而不是制造来获得有机材料。
3. 在呼吸过程中，肺会在你的身体和大气之间交换 CO_2 和 O_2。在细胞呼吸中，你的细胞在从食物中获得能量时消耗 O_2，并释放 CO_2 废物。
4. 电子传递
5. O_2
6. 细胞呼吸提供的大部分能量是在电子传递链中产生的。关闭这一途径会很快令细胞丧失能量。
7. b
8. 糖酵解
9. b
10. 由于发酵每分子葡萄糖仅能提供 2 分子 ATP，而细胞呼吸可产生约 32 分子 ATP，因此酵母需要消耗有氧呼吸条件下 16 倍的葡萄糖才能产生相同量的 ATP。

第 7 章

1. 类囊体；基质
2. 因为 NADPH 和 ATP 是由基质侧的光反应产生的，所以它们更容易被卡尔文循环利用，卡尔文循环在叶绿体基质中消耗 NADPH 和 ATP。
3. 输入 a、d、e；输出 b、c
4. “光”是指进行光合作用所需的光，“合”是指制造糖的事实。综合起来，“光合作用”一词的意思就是“利用光来制造糖”。
5. 绿光被叶绿素反射，而不是被吸收，因此不能驱动光合作用。
6. H_2O
7. c
8. 卡尔文循环的反应需要光反应的产物（ATP 和 NADPH）。
9. c

第 8 章

1. c
2. 它们有相同的基因（DNA）。
3. 它们那时呈非常长的细线的形式。
4. b
5. 前期和末期
6. a. 1，1；b. 1，2；c. 2，4；d. $2n$，n；e. 独立排列，按同源对排列；f. 相同，不同；g. 修复、生长、无性生殖，形成配子
7. 39
8. 前期 Ⅱ 或中期 Ⅱ；不是在减数分裂 I 期，因为在减数分裂 I 期你会看到偶数数量的染色体；不是在减数分裂 Ⅱ 的后期，因为在减数分裂 Ⅱ 的后期你会看到姐妹染色单体分离。
9. 良性肿瘤；恶性肿瘤
10. 16（$2n = 8$，因此 $n = 4$，$2^n = 2^4 = 16$）
11. 不分离会产生同样多的带有 3 号或 16 号染色体额外复制的配子，但 3 号或 16 号染色体的额外复制可能是致命的。

第 9 章

1. 基因型；表型
2. 说法 a 是自由组合定律；说法 b 是分离定律。
3. c
4. c
5. d
6. d
7. d
8. 鲁迪一定是 X^DY。卡拉一定是 X^DX^d（因为她有个儿子得了这种病）。他们的第二个孩子有 1/4 的概率是患有该疾病的男性。
9. 身高似乎是多基因遗传的结果，就像人类的肤色一样。见图 9.22。
10. 棕色等位基因似乎是显性的，白色等位基因是隐性的。棕色亲本似乎是纯合子显性 *BB*，而白色小鼠是纯合子隐性 *bb*。F_1 代小鼠都是杂合子 *Bb*。如果其中两只 F_1 代小鼠交配，其中 3/4 的 F_2 代小鼠是棕色的。
11. 找出棕色 F_2 代小鼠是纯合显性还是杂合的最好方法是进行杂交试验：将棕色小鼠与白色小鼠交配。如果棕色小鼠是纯合的，所有的后代都将是棕色的。如果棕色小鼠是杂合的，你可以预期后代中一半是棕色的，一半是白色的。
12. 雀斑为显性，所以蒂姆和简肯定都是杂合子。他们有 3/4 的可能性生出一个有雀斑的孩子，也有 1/4 的可能性生出一个没有雀斑的孩子。两个孩子都有雀斑的概率是 3/4 × 3/4=9/16。
13. 根据概率，他们的孩子有一半会是杂合子并具有升高的胆固醇水平。他们的下一个孩子有可能将是纯合子 *hh*，并有极高的胆固醇水平，就像卡特琳娜。
14. 因为决定后代性别的是父亲的精子（可能携带 X 或 Y 染色体），而不是母亲的卵子（总是携带 X 染色体）。
15. 母亲为杂合子携带者，父亲正常。可参见图 9.28 底部的棕色方框区域。1/4 的孩子将是患血友病的男孩；1/4 的孩子会是女性携带者。
16. 色盲女性必须从父母双方遗传携带色盲等位基因的 X 染色体。她父亲只有一条 X 染色体，会遗传给所有的女儿，所以她父亲一定是色盲。色盲男性只需要从携带者母亲那里遗传色盲等位基因；他的父母可能表型都正常。
17. 黑色短毛兔父母的基因型是 ***BBSS***。棕色长毛兔父母的基因型是 *bbss*。F_1 代兔将全部为黑色短毛，*BbSs*。F_2 代兔中有黑色短毛、黑色长毛、棕色短毛、棕色长毛个体，比例将是 9:3:3:1。

第 10 章

1. 多核苷酸；核苷酸
2. 糖（脱氧核糖）、磷酸基团、含氮碱基。
3. b
4. 每个子 DNA 分子的放射性只有亲本分子的一半，因为原始亲本 DNA 分子中的多核苷酸最终分别进入子代 DNA 分子中。
5. CAU；GUA；组氨酸（His）。
6. 基因是具有产生一种多肽的信息的多核苷酸序列。每个密码子（DNA 或 RNA 分子上三个碱基组成的三联体）编码一个氨基酸。转录即 RNA 聚合酶以一条 DNA 链为模板产生 mRNA。核糖体是翻译或多肽合成的位点，而 tRNA 分子是遗传密码的翻译者。每个 tRNA 分子的一端连接一个氨基酸，另一端连接一个三碱基反密码子。从起始密码子开始，mRNA 相对于核糖体一次移动一个密码子。一种 tRNA，每个密码子都有一个互

补的反密码子，将它的氨基酸添加到多肽链中。氨基酸由肽键连接。翻译在终止密码子处停止，完成的多肽被释放。多肽（有时与其他多肽结合）折叠形成功能蛋白。

7. a3、b3、c1、d2、e2 和 3
8. d
9. d
10. 这些病毒的遗传物质是 RNA，它通过病毒编码的特殊酶在被感染的细胞内复制。病毒基因组（或其互补序列）作为 mRNA 用于病毒蛋白的合成。
11. 逆转录酶；逆转录过程仅发生在由含 RNA 的逆转录病毒（如 HIV）引起的感染中。细胞不需要逆转录酶（它们的 RNA 分子不经历逆转录），所以可以敲除逆转录酶而不伤害人类宿主。

第 11 章

1. c
2. 操纵子
3. b
4. a
5. 使 DNA 聚合酶和转录所需的其他蛋白质不能接近紧密包裹着的 DNA。
6. 这些细胞通过克隆产生完整生物体的能力。
7. 核移植
8. 哪些基因在特定的细胞样本中是有活性的。
9. b
10. 胚胎组织（ES 细胞）、脐带血和骨髓（成体干细胞）。
11. 原癌基因是参与细胞周期控制的正常基因。突变或病毒会导致它们转化为癌基因（致癌基因）。原癌基因是细胞分裂正常控制所必需的。
12. 被称为同源异形基因的主控基因，在发育过程中调控许多其他基因。

第 12 章

1. c、d、b、a
2. 载体
3. 这种酶会产生带有“黏性末端”的 DNA 片段，即单链区域，其末配对的碱基可以与由同一酶产生的其他片段的互补黏性末端形成氢键。
4. PCR（聚合酶链式反应）
5. 不同的人在每个 STR 位点上的重复次数往往不同。因此，从不同人的同一 STR 位点制备的 DNA 片段长度不同，导致它们跑到凝胶的不同位置。
6. a
7. b
8. 使用限制性内切酶将基因组切割成片段，克隆并测序每个片段，并将短序列重组为每个染色体的连续序列。
9. c、b、a、d

第 13 章

1. 种、属、科、目、纲、门、界、域
2. c
3. 赖尔和其他地质学家提出了地质特征在数百万年间逐渐变化的证据。达尔文运用这一观点，认为物种是通过长期缓慢积累微小变化而进化。
4. *Bb* 为 0.42；*BB* 为 0.49；*bb* 为 0.09
5. 个体（或特定基因型）的适合度是通过其对下一代基因库的贡献与其他个体（或基因型）对下一代基因库的贡献相比来衡量的。因此，所产生的可育后代的数量决定了个体的适合度。
6. b
7. c
8. 这两种效应都是由于种群变得足够小，以至于在前几代的基因库中出现显著的抽样误差。瓶颈效应会缩小给定位置上现有种群的规模。当一个新的、小的群体在一个新领地上开拓生存时，就产生了奠基者效应。
9. 稳定选择
10. b、c、d

第 14 章

1. 微进化是种群基因库的变化，通常与适应有关。物种形成是一个进化过程，即一个物种分裂成两个或多个物种。宏进化是物种水平之上的进化性变化，例如，新物种特征和新分类群的起源以及大灭绝对生命多样性的影响及其随后的恢复。宏进化的标志是生命历史上的重大变化，这些变化往往是显而易见的，足以在化石记录中显现出来。
2. b
3. 合子前的有 a、b、c、e；合子后的有 d。
4. 因为小的基因库更容易因为遗传漂变和自然选择发生实质性的改变。
5. 扩展适应
6. d
7. d
8. 26
9. 同源反映了共同的进化史，同功则不然。同功是趋同进化的结果。
10. 古菌域与细菌域。

第 15 章

1. g、a、d、f、c、b、e
2. d、c、a、b、e
3. DNA 聚合酶是一种蛋白质，必须由基因转录。但 DNA 基因需要 DNA 聚合酶才能复制。这就产生了一个悖论，DNA 和蛋白质哪一个先出现。但是 RNA 既可以作为信息存储分子又可以作为酶，这表明双重作用的 RNA 可能先于 DNA 和蛋白质。
4. 外毒素是由病原菌分泌的毒物；内毒素是病原菌外膜的成分。
5. 食物（光合作用的产物）；可用形式的氮。
6. 它们可以形成内生孢子。
7. 土壤或水中的原核生物会分解树叶和其他动植物残骸中的有机物，将元素以无机形式返回环境。污水处理设施中的原核生物分解污水中的有机物，将其转化为无机形式。
8. 它们是真核生物，但不是植物、动物或真菌。
9. c
10. b

第 16 章

1. 角质层

2. 花
3. a. 孢子体；b. 球果，被子植物；c. 果实
4. b
5. b
6. 蕨类植物
7. 因为这种植物在秋季和冬季不会落叶，所以当春季短暂的生长季节开始时，叶子已经发育完全，可以进行光合作用。
8. 维管植物
9. a
10. 花的成熟子房，可保护种子并帮助果实中的种子扩散
11. 藻类或蓝细菌；真菌
12. 真菌向食物中分泌消化液，然后吸收消化产生的少量营养物质，从而在外部消化食物。相比之下，人类和大多数其他动物会摄入相对较大的食物块，并在体内消化这些食物。

第 17 章

1. c
2. 节肢动物
3. 两栖动物
4. b
5. 脊索动物门；脊索；你椎骨间的软骨盘
6. 直立行走
7. a
8. 南方古猿、能人、直立人、智人
9. a4、b5、c1、d2、e3

第 18 章

1. 生物生态学、种群生态学、群落生态学、生态系统生态学
2. 光线、水温、加入的化学物质
3. 生理；行为
4. d
5. a. 沙漠；b. 温带草原；c. 热带雨林；d. 温带阔叶林；e. 针叶林；f. 苔原
6. 查帕拉尔群落（即硬叶常绿灌木林）
7. 永久冻土、非常寒冷的冬天、大风。
8. 农业。
9. 大气中的二氧化碳和其他气体吸收地球辐射的热能，并将其反射回地球。这被称为温室效应。随着大气中二氧化碳浓度的增加，更多的热量被保留下来，导致全球变暖。
10. c
11. 遗传可变性高和寿命短的生物种群。

第 19 章

1. 人口数量和居住的土地面积
2. Ⅲ；I
3. a. x 轴是时间；y 轴是个体的数量；红色曲线代表指数增长；蓝色曲线代表逻辑斯谛增长。
   b. 承载能力
   c. 在指数增长中，种群增长越来越快。在逻辑斯谛增长中，种群增长最快的时候大约是承载能力的一半。
   d. 指数增长曲线，尽管全球人口增长速度正在放缓。
4. d
5. 机会型。
6. c
7. c

第 20 章

1. 栖息地破坏
2. d
3. c
4. a2、b5、c5、d3 和 d4、e1
5. 因为杀虫剂会富集在其猎物的体内。
6. 生态演替
7. 光合作用捕获的能量中只有 10% 被植物转化为生物量，其中只有 10% 被转化为食草动物的肉。因此，谷物喂养的牛肉仅提供光合作用所捕获能量的 1% 左右。
8. 许多养分来自土壤，但碳来自空气。
9. 景观
10. a

名词解释

A

ABO 血型系统（ABO blood groups）：由基因决定的人类血型，基于红细胞表面是否存在碳水化合物（特异性抗原）A 和 B。ABO 血型的表型，也称为血型，有 A 型、B 型、AB 型、O 型。

ATP 合成酶（ATP synthase）：存在于细胞膜（包括线粒体内膜、叶绿体类囊体膜和原核生物质膜）中的蛋白质复合物，利用氢离子浓度梯度的能量催化 ADP 合成 ATP。ATP 合成酶提供氢离子（H^+）扩散的通道。

癌症（cancer）：异常和失控的细胞分裂所引起的恶性生长物或肿瘤。

艾滋病（AIDS）：获得性免疫缺陷综合征，HIV 感染的晚期阶段，其特征是 T 细胞数量减少；通常被免疫系统功能正常时能够打败的病原体感染，引起发病，导致死亡。

艾滋病病毒（HIV）：人类免疫缺陷病毒；攻击人类免疫系统并导致艾滋病（AIDS）的逆转录病毒。

氨基酸（amino acid）：含有羧基、氨基、氢原子和可变侧链（即所谓的基团或 R 基），作为蛋白质单体的有机分子。蛋白质的基本组成单位。

B

板块构造理论（plate tectonics）：该理论认为，大陆是漂浮在炙热的地幔表层的大型地壳板块的一部分。地幔的运动导致大陆随时间缓慢移动。

伴性基因（sex-linked gene）：位于性染色体上的基因。

孢子（spore）：在植物和藻类中，能发育成多细胞单倍体个体的单倍体细胞，即配子体，不与其他细胞融合。也指真菌中产生菌丝体的单倍体细胞。

孢子体（sporophyte）：生物体世代交替的生活史中，能产生孢子并具二倍体染色体生物体；配子结合的产物，减数分裂产生单倍体孢子，然后发育成配子体世代。

胞嘧啶［cytosine（C）］：在 DNA 和 RNA 中发现的单环含氮碱基。

胞吐作用（exocytosis）：物质通过膜围的囊泡或液泡从细胞的细胞质中流出。

胞吞作用（endocytosis）：物质通过囊泡或液泡从外部环境进入细胞质的运动。

胞质分裂（cytokinesis）：细胞质分裂形成两个独立的子细胞的过程。胞质分裂通常发生在有丝分裂末期，这两个过程（有丝分裂和胞质分裂）构成了细胞周期的有丝分裂（M）期。

胞质溶胶（cytosol）：细胞质的液态部分，细胞器悬浮在其中。

饱和的（saturated）：用于形容脂肪和脂肪酸，其烃链含有最多的氢原子而没有不饱和双键。饱和脂肪和脂肪酸分子结构平直，室温下一般是固体。

保护生物学（conservation biology）：一门有目标导向的科学，旨在了解和应对生物多样性的丧失。

背侧中空神经管（dorsal, hollow nerve cord）：脊索动物的四大特征之一；脊索动物的大脑和脊髓。

被动运输（passive transport）：物质在没有任何能量输入的情况下扩散穿过生物膜。

被囊动物（tunicate）：一类营固着生活的无脊椎脊索动物。

被子植物（angiosperm）：开花植物，种子在被称为子房的“保护室”中形成。

鞭毛（flagellum，复数 flagella）：细胞表面的长附丝，在水中推动原生生物，或使液体流过动物表面的许多组织细胞。一个细胞可能有一条或多条鞭毛。

鞭毛虫（flagellate）：一种原生动物（类似动物的原生生物），它们通过一条或多条鞭毛运动。

扁形动物（flatworm）：两侧对称的动物，体形薄而平，消化循环腔只有一个开口，没有体腔。扁形动物包括涡虫、吸虫和绦虫。

变态（metamorphosis）：幼体向成体的形态转变。

变形虫（amoeba）：一类原生动物（类似动物的原生动物）的统称，虫体有很大的可变性，拥有伪足（运动细胞器）。

表观遗传（epigenetic inheritance）：通过不直接涉及基因组核苷酸序列的机制来传递性状遗传，常常包括 DNA 碱基或组蛋白的化学修饰。

表型（phenotype）：生物体表现出来的性状。

濒危物种（endangered species）：据《美国濒危物种保护法》定义，在其全部或大部分生境范围内濒临灭绝的物种。

病毒（virus）：能够感染生物活体细胞并插入其遗传物质的微小颗粒。病毒具有非常简单的结构，因没有显示与生命相关的全部特征，通常被认为没有生命。

病原体（pathogen）：引起宿主疾病的病毒或生物体。

波长（wavelength）：一种波（例如包括光在内的电磁波）相邻波峰之间的距离。

捕食（predation）：一类种间关系，即捕食者物种杀死并吃掉猎物物种。

哺乳动物（mammal）：生有乳腺和毛发的恒温羊膜动物。

不饱和的（unsaturated）：用于形容脂肪和脂肪酸，指脂肪与脂肪酸烃链氢原子数目少于对应的饱和脂肪酸，因此有一个或多个双键。由于分子结构弯曲，不饱和脂肪和不饱和脂肪酸室温下倾向于保持液态。

不分离（nondisjunction）：减数分裂过程中同源染色体或有丝分裂过程中姐妹染色单体在末期不能正常分开的情况。

不完全显性（incomplete dominance）：一种遗传类型，杂合子（*Aa*）的表型介于两种类型纯合子（*AA* 和 *aa*）的表型之间。

C

残迹结构（vestigial structure）：生物体内不重要的结构。残迹结构是历史遗留下来的，对祖先有重要作用的结构。

操纵基因（operator）：原核生物 DNA 中，操纵子起点附近与活性阻遏蛋白结合的一段核苷酸序列。与阻遏蛋白的结合阻止了 RNA 聚合酶附着在启动子上，并抑制了基因转录。

操纵子（operon）：原核生物中常见的遗传调控单位；包括一系列具有相关功能的结构基因，以及控制其转录的启动子和操作基因。

糙面内质网［rough endoplasmic reticulum（rough ER）］：真核细胞细胞质中互通的膜质囊泡网络。糙面内质网膜布满了制造膜蛋白和分泌蛋白的核糖体，其成分为磷脂和蛋白质。

侧线（lateral line system）：鱼身体两侧的一排感觉器官。它能敏感地发现水压变化，能让鱼察觉到水中微小的振动。

测交（testcross）：特定性状的未知基因型个体与同一性状的纯合隐性个体之间的交配。

查帕拉尔群落（chaparral）：局限于沿海地区的一种陆地生物群落，寒冷的洋流在近海循环，造成冬季温和多雨，夏季漫长、炎热干燥；也称为"地中海生物群落"。查帕拉尔植被已适应当地周期性的火灾。

产物（product）：化学反应中最终产生的物质。

常染色体（autosome）：不直接决定生物体性别的染色体。例如，在哺乳动物中除了 X 和 Y 染色体以外的染色体。

潮间带（intertidal zone）：河口或海洋水域与陆地交汇会处的浅水区。

沉默子（silencer）：抑制基因转录起始的真核细胞 DNA 序列；可能类似于增强子，与阻遏蛋白结合。

成体干细胞（adult stem cell）：一种存在于成体组织中的（未分化）细胞，能产生不分裂的分化细胞的"替代品"。

乘法法则（rule of multiplication）：概率计算规则，即复合事件的概率是各独立事件概率的乘积。

齿舌（radula）：见于许多软体动物中的一种锉刀状器官，通常用于刮取或切碎食物。

初级生产量（primary production）：单位时间内，生态系统中自养生物将太阳能转化为储存在有机化合物中的化学能的总量。

初级消费者（primary consumer）：以自养生物为食物的生物；食草动物。

纯合的（homozygous）：特定基因有两个相同的等位基因。

次级消费者（secondary consumer）：食用初级消费者的生物体。

次生演替（secondary succession）：一种生态演替类型，演替中原有生物群落被去除，但土壤保持完好。另见"原生演替"。

刺胞动物（cnidarian）：特征为具有刺细胞、躯体辐射对称、有消化循环腔，体型为水螅型或水母型的一类动物。刺胞动物包括水螅、水母、海葵和珊瑚。

存活曲线（survivorship curve）：（种群）最大寿命内各年龄级存活数量曲线图；表示特定年龄死亡率的一种方法。

D

DNA（脱氧核糖核酸，Deoxyribonucleic acid）：生物从亲本继承的遗传物质；一种双螺旋大分子，由脱氧核糖、磷酸基团以及含氮碱基腺嘌呤（A）、胞嘧啶（C）、鸟嘌呤（G）、胸腺嘧啶（T）组成。另见"基因"。

DNA 测序（DNA sequencing）：确定基因或 DNA 片段的完整核苷酸序列的过程。

DNA 聚合酶（DNA polymerase）：以已有的 DNA 链作为模板，将 DNA 核苷酸组装成核苷酸链的酶。

DNA 连接酶（DNA ligase）：DNA 复制过程中至关重要的酶，利用新的化学键连接相邻的脱氧核糖核酸；基因工程中，利用 DNA 连接酶将含有目的基因的特定 DNA 片段连接到细菌质粒或其他载体中。

DNA 图谱（DNA profiling）：一种使用聚合酶链式反应（PCR）和凝胶电泳来分析个体独特遗传标记组合的实验方法。DNA 图谱可以用来确定两个遗传物质样本是否来自同一个体。

DNA 微阵列（DNA microarray）：数千种不同的单链 DNA 片段在载玻片上排列形成的阵列（栅格）。载玻片上附着着代表不同基因的微量 DNA 片段。将这些片段与各种 cDNA 分子样本进行实验杂交，可以一次检测数千个基因的表达。

大分子（macromolecule）：由较小分子结合而成的巨大分子。例如蛋白质、多糖和核酸。

单倍体（haploid）：包含一组染色体的细胞；即 n 细胞。

单孔类（monotreme）：产卵的哺乳动物，如鸭嘴兽。

单糖（monosaccharide，也称 simple sugar）：最小的糖类分子；糖单体。

单体（monomer）：能组成聚合物的化学单元。

单因子杂交（monohybrid cross）：只有一对基因座（等位基因）不同的个体之间的杂交。

蛋白质（protein）：由数百到数千个氨基酸单体构成的有机聚合物。蛋白质在活细胞中发挥许多功能，包括支持细胞、运输物质和构成各种酶。

蛋白质组学（proteomics）：对基因组编码的完整蛋白质组的系统研究。

地衣（lichen）：真菌与藻类或真菌与蓝细菌的共生复合体。

地质年表（geologic time scale）：地质学家建立的反映地质时期连贯顺序的时间范围，总体分为 4 个部分：前寒武纪、古生代、中生代和新生代。

等渗（isotonic）：两种溶液的溶质浓度相同。

等位基因（allele）：基因的另一个（备选）版本，在一对同源染色体的同一基因座上的一对基因。

低渗的（hypotonic）：两种溶液中，溶质浓度较低的溶液。

底栖界（benthic realm）：海底或淡水湖、池塘、河流或小溪的底部，被底栖生物群落所占据。

底物 / 底质（substrate）：（1）底物酶作用的特定物质（反应物）。每种酶只识别它催化的反应的特定底物。（2）生物体生存的表面。

电磁波谱（electromagnetic spectrum）：从波长极短的伽马射线到极长的无线电信号，按序排列的整个范围。

电子（electron）：带一个负电荷的亚原子粒子。一个或多个电子围绕原子核运动。

电子传递（electron transport）：一个或多个电子转移到载体分子的反应。一系列电子转移的反应称为电子传递链，可以释放储存在高能分子（如葡萄糖）中的能量。另见“电子传递链”。

电子传递链（electron transport chain）：在细胞呼吸的最后阶段穿梭运输电子的一系列电子载体分子，最终利用电子的能量制造 ATP；发生于线粒体的内膜、叶绿体的类囊体膜和原核生物的质膜。

淀粉（starch）：一种存在于植物根部和某些其他细胞中的储能多糖；葡萄糖的聚合物。

奠基者效应（founder effect）：因建立一个新的小种群导致的遗传漂变，这个小种群（后代）的基因库只代表了亲代种群中的遗传变异样本。

顶覆虫（apicomplexan）：一类寄生的原生动物（类似于动物的原生生物）。一些顶覆虫会导致严重的人类疾病。

定向选择（directional selection）：向有利于生物的表型范围一端发展的自然选择。

动能（kinetic energy）：运动的能量。运动物体具有将其运动传递给其他物体的能量，例如腿部肌肉推动自行车踏板。

动物（animal）：通过摄食获取营养的真核、多细胞、异养生物。

短串联重复序列［short tandem repeat（STR）］：由串联一排重复的短核苷酸序列形成的 DNA 重复序列。

多倍体（polyploidy）：细胞因意外分裂而拥有两套以上的染色体。

多核苷酸（polynucleotide）：由许多核苷酸共价结合而成的聚合物。

多基因遗传（polygenic inheritance）：两个或多个基因对单一表型性状的累加性效应。

多聚体（polymer）：许多相同或相似的单体分子以共价键重复连结而成的链状大分子化合物。

多毛类（polychaete）：一类通常生活在海底的环节动物（或称分节蠕虫）。

多肽（polypeptide）：由肽键连接的氨基酸链。

多糖（polysaccharid）：许多单糖分子共价连接而成的糖类聚合物。

E

恶性肿瘤（malignant tumor）：扩散到邻近组织和身体其他部位的异常组织块，也称癌症。

萼片（sepal）：开花植物特化的叶子。一环萼片在花蕾开放前将其包围并保护起来。

二倍体（diploid）：每个细胞中包含两组染色体（同源染色体对），分别遗传自两个亲本；指 2n 细胞。

二分裂（binary fission）：无性生殖的一种手段，生物体的亲本（通常是一个细胞）分裂成两个大小接近的个体。

二磷酸腺苷［Adenosine diphosphate（ADP）］：一种由腺苷和两个磷酸基团组成的分子。在耗能反应中，ADP 分子与第三个磷酸结合而生成 ATP 分子。

二糖（disaccharide）：两个单糖脱水（通过糖苷键）连接而成的糖分子。

F

F_1 代（F_1 generation）：两个亲代（P 代）个体的后代。F_1 代表子一代。

F_2 代（F_2 generation）：F_1 代的子代。F_2 代表子二代。

发酵（fermentation）：某些细胞在无氧条件下从食物中获取能量的过程。不同的发酵途径可以产生不同的最终产物，包括乙醇和乳酸。

发现性科学（discovery science）：专注于通过观察来描述自然的科学探究过程。另见“假说”“科学”。

发芽（germinate）：开始生长，如植物种子、植物或真菌孢子的萌发。

法医学（Forensics）：对犯罪现场调查和其他法律诉讼的证据进行科学分析的学科。

翻译（translation）：利用 mRNA 分子中编码的遗传信息合成多肽。翻译过程中，遗传信息表达所用的“语言”从核苷酸变成了氨基酸。另见“遗传密码”。

反密码子（anticodon）：在 tRNA 分子上，能与 mRNA 上的三联体密码子互补的三个核苷酸的特定序列。

反式脂肪（trans fats）：由植物油和硬化植物油部分氢化产生的不饱和脂肪酸，如大多数人造黄油、许多商业烘焙食品和许多油炸食品中的脂肪。

反应物（reactant）：所有参与化学反应过程的物料。

放射疗法（radiation therapy）：癌症疗法，将身体上患有恶性肿瘤的部位暴露在高能辐射下，破坏癌细胞的分裂。

放射性年代测定法（radiometric dating）：根据样本中同一元素的放射性同位素与非放射性同位素的比值来确定化石和岩石年龄的方法。

放射性同位素（radioactive isotope）：原子核自发衰变，释放出粒子和能量的同位素。

非密度制约因子（density-independent factor）：一种制约种群密度的因素，其发生和影响与种群密度无关。

非生物储库（abiotic reservoir）：生态系统的一部分，化学物质（如碳或氮）在此积累或被储存在生物体外的部分。

非生物因素（abiotic factor）：生态系统中非生命的因素，如空气、水分、光照、矿物质或温度等。

分解者（decomposer）：一种可以分泌将有机物中的分子消化、转化为无机物的酶的生物。

分类学（taxonomy）：生物学中有关物种鉴定、命名和分类的分支学科。

分离定律（law of segregation）：遗传的一般规则，最早由孟德尔提出，指出一对等位基因在减数分裂过程中彼此分离（分开），分别进入不同的配子。

分裂选择（disruptive selection）：偏爱极端表型而非中间型的自然选择。

分子（molecule）：数个原子通过化学键结合形成的整体。

分子生物学（molecular biology）：研究遗传分子的基础学科。

浮游动物（zooplankton）：在水生环境中自由漂浮的动物，包括许多体型微小的动物。

浮游植物（phytoplankton）：在池塘、湖泊和海洋表面附近以浮游方式生活的微小光合生物。

辐鳍鱼类（ray-finned fish）：一类硬骨鱼，其鳍是由纤细而柔韧的辐状骨质鳍条支撑的皮肤网。现存硬骨鱼除一种之外都是辐鳍鱼类。另见“总鳍鱼类”。

辐射对称（radial symmetry）：生物体各部分排列与身体主轴成直角且互为等角的几个轴（辐射轴）均相同的对称形式。沿辐射轴纵切辐射对称的生物体，都会将其分为镜像关系的两个部分。

腐食质者（scavenger）：食用动物尸体的动物。

腹足类动物（gastropod）：软体动物中最大的类群，包括蜗牛和蛞蝓。

G

甘油三酯（triglyceride）：一种膳食脂肪，由一个甘油分子与三个脂肪酸分子连接而成。

杆菌（bacillus，复数 bacilli）：一类杆状的原核细胞。

干扰（disturbance）：从生态学意义上来说，是一种破坏生物群落（至少暂时破坏）的力量，通过摧毁生物和改变群落中生物所需资源的可用性来实现。在构建生物群落中，干扰起着关键作用，比如火灾和暴风雨。

肛后尾（post-anal tail）：肛门后的尾巴，见于脊索动物胚胎和大多数成年脊索动物。

纲（class）：分类学中，目以上的分类阶元。

高尔基体（Golgi apparatus）：真核细胞中的一种细胞器，由修饰、储存和运输内质网产物的堆叠的被膜囊泡构成。

高渗的（hypertonic）：两种溶液中，溶质浓度较高的溶液。

根（root）：植物的地下器官。根将植物固定在土壤中，吸收并运输矿物质和水，还可储存养分。

共价键（covalent bond）：两个或多个原子之间，通过形成共有电子对而形成的化学键。

共生（symbiosis）：种间关系之一，即共生体生活在宿主体内或体表。

共显性（codominant）：杂合子中，一对等位基因的两种基因共同表达。

古菌（archaean，复数 archaea）：属于古菌域的生物体。

古菌域（Archaea）：生物分类的两个原核生物域之一，另一个是细菌域。

古生物学家（paleontologist）：研究化石的科学家。

固氮（nitrogen fixation）：将大气中的氮气（N_2）转化为化合态氮（NH_3）的过程。NH_3 随后与 H^+ 结合成为 NH_4^+（铵根离子），植物可以吸收和利用。

固碳（carbon fixation）：植物、藻类或光合细菌等自养生物将 CO_2 中的碳初步结合到有机化合物中。

关键种（keystone species）：对其群落的影响远远超过它们的生物量或丰度的物种。

官能团（functional group）：构成有机分子化学反应部分的一组原子。一种特定的官能团在不同化学反应中通常表现相似。

光反应（light reactions）：光合作用两阶段的第一步；吸收太阳能并将其转化为化学能，生成三磷酸腺苷（ATP）和还原型烟酰胺腺嘌呤二核苷酸磷酸（NADPH）的过程。光反应为产生糖的卡尔文循环提供动力，但本身不产生糖。

光合作用（photosynthesis）：植物、藻类和一些细菌将光能转化为化学能，储存在糖苷键中的过程。这一过程需要输入二氧化碳（CO_2）和水（H_2O），并产生作为废物的氧气（O_2）。

光面内质网［smooth ER（smooth endoplasmic reticulum）］：真核细胞细胞质中互通的膜管网络。光面内质网缺乏核糖体。包埋在膜中的酶在某些分子（如脂质）的合成中发挥作用。

光系统（photosystem）：叶绿体类囊体膜的一个光收集单位；由几百个分子、一个反应中心叶绿素 a 和一个原初电子受体组成。

光子（photon）：一定量的光能。光的波长越短，光子的能量就越大。

硅藻（diatom）：一种单细胞光合藻类，具有独特的硅质玻璃状细胞壁。

果实（fruit）：花的子房成熟、加厚形成的器官，保护休眠的种子并帮助其传播。

H

哈迪-温伯格平衡（Hardy-Weinberg equilibrium）：描述（理想的）不进化种群（处于遗传平衡的种群）的状态。

还原型烟酰胺腺嘌呤二核苷酸（NADH）：参与细胞呼吸和光合作用的电子载体（携带电子的微粒）。NADH 携带葡萄糖和其他燃料分子中的电子，并将其存留于电子传递链起始端。糖酵解和三羧酸循环过程中产生 NADH。

还原型烟酰胺腺嘌呤二核苷酸磷酸（NADPH）：参与光合作用的电子载体（携带电子的微粒）。光能驱动电子从叶绿素转移到 $NADP^+$，形成 NADPH，为卡尔文循环中二氧化碳还原成糖提供了高能电子。

海绵（sponge）：一种水生定栖动物，特征是身体多孔，有领细胞（用于水中悬浮取食的特殊细胞），没有真正的组织。

海藻（seaweed）：大型多细胞海洋藻类。

合子（zygote）：卵子受精后形成的二倍体细胞，即单倍体配子（精子和卵子）受精结合的结果。

合子后屏障（postzygotic barrier）：一种生殖障碍，如果种间交配形成杂交合子，就会导致此种交配障碍。

合子前障碍（prezygotic barrier）：一种生殖障碍，如果不同物种的个体试图交配，交配过程或卵子受精会受到阻碍。

河口（estuary）：淡水溪流或河流与海水交汇的地方。

核苷酸（nucleotide）：由戊糖、含氮碱基及磷酸基团共价结合形成的有机单体。核苷酸是构成核酸（DNA 和 RNA）的基本单位。

核膜（nuclear envelope）：包围细胞核的有孔双层膜结构，能将细胞核与真核细胞的其余部分分开。

核仁（nucleolus）：真核细胞核内结构，合成核糖体 RNA 并将其与蛋白质组装成核糖体亚单位；由部分核染色质 DNA、从 DNA 转录的 RNA 和从细胞质导入的蛋白质组成。

核酸（nucleic acid）：许多核苷酸单体组成的聚合物，是参与所有细胞结构与胞内活动的蛋白质的模板。核酸的两种类型分别是脱氧核糖核酸（DNA）和核糖核酸（RNA）。

核糖核酸（RNA Ribonucleic acid）：由核糖、磷酸和含氮碱基腺嘌呤（A）、胞嘧啶（C）、鸟嘌呤（G）和尿嘧啶（U）构成的核糖核苷酸单体脱水而成的长链分子；通常是单链的；参与蛋白质合成，也是 RNA 病毒的遗传信息载体。

核糖体（ribosome）：RNA 和蛋白质组成的细胞结构，分为两个亚基，是蛋白质的合成场所。核糖体亚基在核仁中组装，然后转运到细胞质中发挥作用。

核糖体 RNA［ribosomal RNA（rRNA）］：与蛋白质一起组成核糖体的核糖核酸。

核小体（nucleosome）：构成染色质的一种重复珠状结构；DNA 缠绕在八聚体的组蛋白上，组成核小体的核心颗粒。

核型（karyotype）：细胞有丝分裂中期染色体按大小和着丝粒位置排列的显微图像。

宏进化（macroevolution）：种以上分类阶元的进化。宏观进化的例子包括新性状物种形成、产生一系列新的生物，以及物种大灭绝对生命多样性及其随后恢复的影响。

后期（anaphase）：有丝分裂的第三阶段，从姐妹染色单体彼此分离开始，到一整套子染色体到达细胞两极结束。

互补 DNA［complementary DNA（cDNA）］：一种以 mRNA 为模板、在逆转录酶作用下在体外合成的 DNA 分子。因此，一个 cDNA 分子对应一个基因，但缺少基因组 DNA 中存在的内含子。

互利共生（mutualism）：不同生物共同生活、彼此受益的相互关系。

花（flower）：被子植物中的一种短枝结构，有 4 组变态叶（萼片、花瓣、雄蕊、雌蕊），营有性生殖功能。

花瓣（petal）：有花植物形状各异的特化叶状结构。花瓣通常是花的彩色部分，吸引昆虫和其他传粉者。

花粉粒（pollen grain）：在种子植物雄蕊花药内发育的雄配子体；其中的生殖细胞将来发育成精子。

花药（anther）：花粉粒发育部位的囊，位于雄蕊顶端。

化合物（compound）：两种或两种以上元素按固定比例形成的物质。例如，食盐（NaCl）由等量的钠（Na）和氯（Cl）组成。

化疗（chemotherapy）：癌症疗法，利用药物破坏癌细胞的细胞分裂。

化石（fossil）：生活在过去的生物体保存下来的印迹或遗骸。

化石记录（fossil record）：在岩层中化石出现的有序序列，记录着过去的地质时代。

化石燃料（fossil fuel）：长时间死亡的植物和动物的化石残骸形成的储能沉积物。

化学反应（chemical reaction）：导致物质发生化学变化的过程，包括化学键的形成和断裂。化学反应会重新排列原子，但不会产生或破坏原子。

化学键（chemical bond）：两个原子之间由于共享外层电子或存在相反电荷而产生的引力。

化学能（chemical energy）：储存在分子化学键中的能量，势能的一种形式。

化学循环（chemical cycling）：在生态系统中对化学元素的利用和再使用，如碳循环。

环节动物（annelid）：一类身体分节的蠕虫。环节动物包括蚯蚓、多毛类动物和水蛭等。

环境容纳量（carrying capacity）：一个特定环境所能承受的最大种群数量。

环境适应（acclimation）：为适应环境变化而逐渐发生的（但仍然可逆的）生理调节。

缓冲液（buffer）：一种化学物质，通过接收溶液中的氢离子或向溶液中提供氢离子来阻碍 pH 值的变化。

恢复生态学（restoration ecology）：生态学的一个领域，研究将退化的生态系统恢复到自然状态的方法。

蛔虫（roundworm）：一种具有圆柱形虫状身体和完整消化道特征的动物；也称线虫。

活化能（activation energy）：反应物在化学反应开始前必须吸收的能量。酶降低了化学反应的活化能，使反应进行得更快。

活性位点（active site）：酶分子中与底物分子结合的部分，通常是酶表面的凹陷或裂隙。

J

机会型生活史（opportunistic life history）：一种繁殖的模式，产生的幼小后代很少有或没有亲代的照顾；通常出现在生活史短、体型小的物种中。

基粒（granum，复数 grana）：叶绿体中的由许多圆盘状类囊体堆叠而成的摞状结构。基粒是叶绿素捕获光能，并在光合作用的光反应中将光能转化为化学能的部位。

基因（gene）：DNA（或某些病毒中的 RNA）中的遗传单元，由特定的核苷酸序列组成，该序列编码多肽的氨基酸序列。真核生物的大多数基因位于其染色体 DNA 中，少数基因由线粒体 DNA 和叶绿体 DNA 携带。

基因表达（gene expression）：遗传信息从基因到蛋白质的过程；遗传信息从基因型到表型的流程：DNA → RNA →蛋白质。

基因调节（gene regulation）：生物体内特定基因的开启和关闭。

基因多效性（pleiotropy）：单个基因控制多个表型性状的现象。

基因工程（genetic engineering）：有实际目的地直接操纵基因。

基因克隆（gene cloning）：获得一个基因多份相同复制品的过程。

基因库（gene pool）：一定时间内，种群中所有基因的全部等位基因。

基因流（gene flow）：通过个体或配子的移入或移出，种群获得或失去等位基因。

基因型（genotype）：生物体的基因组成。

基因组（genome）：生物或病毒的遗传物质；生物

或病毒的基因及非编码核酸序列的完整组合。

基因组学（genomics）：研究整套基因及其内部相互作用的学科。

基因座（locus，复数 loci）：基因在染色体上所处的特定位置。两条同源染色体相同基因座一一对应。

激活子（activator）：通过与 DNA 结合来启动一个基因或一组基因的蛋白质。

极地冰（polar ice）：一种陆地生物群落，包括位于北极苔原以北和南极洲的高纬度地区的极低温和低降水量区域。

极性分子（polar molecule）：由于极性共价键（两端电荷相反的键）的存在，电荷分布不均匀的分子。极性分子一端带正电，一端带负电。

棘皮动物（echinoderm）：是一类行动缓慢或定栖的海洋动物，其特征是皮肤粗糙或多刺，有水循环系统、典型的内骨骼，成体呈辐射对称。棘皮动物包括海星、海胆和沙钱（楯形目海胆纲）。

脊索（notochord）：脊索动物的消化管和神经索之间的一条柔韧、软骨状的纵轴，也存在于许多（脊椎动物）动物的胚胎时期。

脊索动物（chordate）：在发育的某个阶段，有背侧中空神经管、脊索、咽鳃裂、肛后尾的动物。脊索动物包括文昌鱼（头索动物）、被囊动物和脊椎动物。

脊椎动物（vertebrate）：有脊椎骨的脊索动物。脊椎动物包括七鳃鳗类、软骨鱼类、硬骨鱼类、两栖动物、爬行动物（包括鸟类）和哺乳动物。

记忆细胞（memory cell）：初次免疫后，对再次暴露的特定病原体产生免疫反应的长寿淋巴细胞。记忆细胞在初次免疫反应期间形成，当抗原二次感染机体时被激活。激活后，记忆细胞形成效应细胞群和记忆细胞群，从而产生二次免疫反应。

寄生虫（parasite）：在另一个生物体（宿主）体内或附着于其体外并从中获取营养的生物体；以牺牲宿主为代价而获益，而宿主在此过程中受到伤害。

甲壳动物（crustacean）：节肢动物的主要类群，包括龙虾、螯虾、螃蟹、虾和藤壶。

甲藻（dinoflagellate）：一种单细胞光合藻类，有两条鞭毛，位于覆盖细胞的纤维素板的两道相互垂直的凹槽中。

假说（hypothesis，复数 hypotheses）：对于已观察到的特定现象，科学家尝试提出的一种解释。

间期（interphase）：真核细胞周期中细胞尚未实际分裂的阶段。在间期细胞代谢旺盛，染色体和细胞器进行复制，细胞体积可能增大。间期占细胞周期的 90%。又见“有丝分裂”。

减数分裂（meiosis）：在有性生殖生物中，由生殖器官内的二倍体细胞产生单倍体配子的细胞分裂过程。

碱（base）：降低溶液中氢离子（H^+）浓度的物质。

交叉互换（crossing over）：减数分裂 I 期，同源染色体间片段的互换。

角质层（cuticle）：（1）动物中指皮肤外硬质、无生命的表层。（2）植物中指茎、叶表面有助于保持水分的蜡质涂层。

节肢动物（arthropod）：动物界物种最多样的门（节肢动物门）的成员，包括鲎、蛛形纲动物（例如蜘蛛、蜱、蝎子和螨）、甲壳类动物（例如螯虾、龙虾、螃蟹和藤壶）、马陆、蜈蚣和昆虫。节肢动物的特征是有几丁质外骨骼、蜕皮、分节的附肢和由不同体节组成的身体。

姐妹染色单体（sister chromatid）：一条染色体复制产生的两条染色单体互为姐妹染色单体。当两条姐妹染色单体连接在一起时，它们组成一条染色体；染色单体最终在有丝分裂或减数分裂 Ⅱ 期分离。

界（kingdom）：分类学中，门之上的最高分类阶元。

进化（evolution）：世代递嬗；种群或物种数代内的遗传变化；导致地球生物多样性的遗传变化。

进化发育生物学（evo-devo）：研究多细胞生物发育过程演变的进化发育学。

进化适应（evolutionary adaptation）：生物由于自然选择做出适应环境的改变。

进化树（evolutionary tree）：反映生物群体之间进化关系假设的分支示意图。

进化支（clade）：一个祖先物种及其所有后代——生命进化树上一个独特的进化支。

景观（landscape）：既定区域内，不同生态系统相互作用构成的集群。

景观生态学（landscape ecology）：将生态学原理应用于土地利用模式研究；科学研究相互作用的生态系统的生物多样性。

警戒色（warning coloration）：某些有化学防御功能的动物所具有的鲜艳色彩和斑纹，能有效防御外敌，通常是黄色、红色或橙色与黑色的组合。

竞争排斥原则（competitive exclusion principle）：两个物种的种群如果生态位几乎相同，就不能在一个群落中长期共存。其中更有效地利用资源，并具有繁殖优势的种群最终会超过并完全排除另一个种群。

聚合酶链式反应［polymerase chain reaction（PCR）］：用于放大扩增特定 DNA 分子或片段的技术。在试管中，少量的 DNA 与 DNA 聚合酶、脱氧核糖核苷酸和其它一些成分混合在一起连续复制。

蕨类植物（fern）：一类不产生种子的维管植物。

菌根（mycorrhiza，复数 mycorrhizae）：植物根部和真菌的互利共生联合体。

菌丝（hypha，复数 hyphae）：构成真菌体的丝状结构。

菌丝体（mycelium，复数 mycelia）：真菌中多次产生的交织网状结构。

K

卡尔文循环（Calvin cycle）：光合作用两个阶段中的第二个：发生于叶绿体基质的一系列循环化学反应，利用 CO_2 中的碳和光反应产生的 ATP 和 NADPH 来制造富含能量的糖分子甘油醛 3- 磷酸（G3P），G3P 随后用来合成葡萄糖。

卡路里（calorie）：使 1 克水温度升高 1 摄氏度所需要的能量。通常所说的卡路里，指千卡（1000 卡路里）。

科（family）：分类学中，属以上的分类阶元。

科学（science）：遵循科学方法了解自然世界的任

何方法。另见“发现性科学”“假说”。

科学方法（scientific method）：观察现象的科学调查，提出有关该现象的假说，通过实验证明假说的真实性或虚假性，进而验证或修改假说的结果。

可持续发展（sustainable development）：在不对后代满足其需求的能力构成危害的情况下，满足当今个体需求的发展方式。

可持续性（sustainability）：在不危及子孙后代发展需要的情况下，满足当今人们需求的方式开发、管理和保护地球资源。

克隆（clone）：作为动词时，表示产生基因完全相同的细胞、生物体或 DNA 分子的拷贝；作为名词时，指由克隆产生的细胞、生物体或分子的集合；也就是（通俗地）说，生物体与其克隆基因完全相同，因为它是由体细胞克隆产生的。

昆虫（insect）：一类节肢动物，体躯通常有三部分（头、胸和腹），还有三对足和一或两对翅。

扩散（diffusion）：任何种类粒子顺浓度梯度的自发运动，即粒子从浓度高的地方向浓度低的地方运动。

L

类固醇（steroid）：一种碳骨架为四个稠环的脂质：由三个六碳环已烷和一个五碳环组成。例如胆固醇、睾酮和雌激素。

类囊体（thylakoid）：叶绿体内存在的大量扁平膜质的囊。类囊体膜含有叶绿素和光合作用光反应的酶。类囊体堆叠成叶绿体基粒。

类人猿（anthropoid）：简称猿（长臂猿、猩猩、大猩猩、黑猩猩和矮黑猩猩）。

离子（ion）：因获得或失去一个或多个电子而带电荷的原子或分子。

离子键（ionic bond）：电荷相反的两个离子之间的吸引力。离子因相反电荷的静电引力而结合在一起。

理论（theory）：被广泛接受，并得到大量证据的支持的综合性解释，其范围比假说更广，可以根据理论提出新的假说。

连锁基因（linked genes）：位于同一条染色体上的不同基因，它们通常是连在一起共同遗传的。

良性肿瘤（benign tumor）：留在体内原来位置（无转移）的异常细胞团。

两栖动物（amphibian）：脊椎动物两栖纲动物的统称，包括蛙和蝾螈。

裂解周期（lytic cycle）：病毒侵入宿主细胞，裂解释放新病毒的全过程。

磷脂（phospholipid）：生物膜双分子层的组成部分，头部亲水，尾部疏水。

磷脂双分子层（phospholipid bilayer）：每个分子由一个磷酸基团与两个脂肪酸分子结合而成，是所有细胞膜的主要成分。

灵长类动物（primate）：哺乳动物类群的成员，包含懒猴、丛猴、狐猴、眼镜猴、猿猴、类人猿与人类。

流动镶嵌（fluid mosaic）：对细胞膜结构的描述，将细胞膜描述为镶嵌有各种蛋白质分子的流动的磷脂双分子层结构。

卵巢 / 子房（ovary）：（1）雌性动物性腺，可以产生卵细胞和分泌与生殖有关的激素。（2）被子植物雌蕊基部心皮包含着的能发育成种子的胚珠的部分。

卵裂（cleavage）：动物细胞的胞质分裂过程，以质膜收缩为特征。

轮藻（charophyte）：绿藻的一员，具有类似陆地植物的特点。轮藻被认为是陆地植物的近亲，现代轮藻和现代植物可能是由同一个祖先进化而来的。

逻辑斯谛种群增长（logistic population growth）：描述种群数量的增长率随着种群规模接近承载能力而降低的模型。

裸子植物（gymnosperm）：种子裸露的植物，所谓裸露指种子不为子房所包围。

绿藻（green alga）：一类光合原生生物，包括单细胞、群体单细胞和多细胞物种。绿藻是与植物关系最密切的光合原生生物。

M

马陆（millipede）：陆生节肢动物，其身体的众多体节各有两对短足，多食用腐殖质。

帽（cap）：在真核细胞细胞核中 RNA 转录物起始端的额外核苷酸。

酶（enzyme）：作为生物催化剂的一种蛋白质，可改变生化反应速率，而本身在催化过程中不发生变化。

酶抑制剂（enzyme inhibitor）：改变酶的形状来干扰酶活性的化学物质，通过堵塞酶活性位点或与酶的其他位点结合作用。

门（phylum，复数 phyla）：分类学中，纲之上的分类阶元。同一个门的个体都具有一些共同特征。

密度制约因子（density-dependent factor）：一种制约种群密度的因素，其影响随着种群密度的增加而增强。

密码子（codon）：mRNA 上的每相邻三核苷酸序列，决定特定氨基酸或可作为多肽合成终止信号。是遗传密码的基本单位。

末期（telophase）：有丝分裂的第四个也是最后一个阶段，其间子细胞核在细胞的两极形成。末期通常与胞质分裂同时发生。

目（order）：分类学中，科以上的分类阶元。

木质素（lignin）：加固植物细胞壁的化学物质。木质素是一般通称的木材的最主要组分。

N

囊泡（vesicle）：真核细胞细胞质中的膜质囊状物。

囊胚（blastula）：动物发育过程中标志卵裂结束的胚胎阶段；许多物种的囊胚为细胞组成的中空球形体。

囊性纤维化［cystic fibrosis（CF）］：一种由人类隐性等位基因导致的遗传病，特征为黏液分泌亢进，从而易受感染，如果不治疗将是致命的。

内毒素（endotoxin）：某些细菌外层（细胞壁）的有毒成分。

内共生（endosymbiosis）：一种生物生活在宿主生物单个细胞或多个细胞内的（共生）关系。

内骨骼（endoskeleton）：位于动物软组织内坚硬的内部骨骼，存在于所有脊椎动物和少数无脊椎动物（如棘皮动物）中。

内含子（intron）：真核生物中，从RNA转录物中切除的非编码部分。另见“外显子”。

内聚力（cohesion）：同类分子之间的相互吸引力。

内膜系统（endomembrane system）：将真核细胞的细胞质分成诸多功能区的细胞器网络。一些细胞器结构上相互连接，而其他细胞器结构独立，但功能上通过之间的囊泡活动相连。

内温动物（endotherm）：从自身新陈代谢中获取大部分身体热量的动物。

内质网［endoplasmic reticulum（ER）］：真核细胞中广泛存在的膜网络，与核膜外侧相连通，分为核糖体依附的糙面内质网与和无核糖体的光面内质网。另见“糙面内质网”“光面内质网”。

能量（energy）：引起变化，或者将物质朝一个如果不加干预就不会移动的方向移动的能力。

能量流（动）（energy flow）：能量在生态系统各组成部分之间的流动。

能量守恒（conservation of energy）：能量既不能凭空产生，也不能凭空消灭的原理。

拟核（nucleoid）：原核细胞中DNA集中但无核膜包被的区域。

逆转录病毒（retrovirus）：一种能将遗传信息逆转录到cDNA分子上进行繁殖的RNA病毒。它将RNA逆转录成cDNA，将cDNA插入细胞染色体，然后从病毒DNA中转录更多的RNA副本。艾滋病病毒和一些致癌病毒是逆转录病毒。

逆转录酶（reverse transcriptase）：以RNA为模板催化合成DNA的DNA聚合酶。

年龄结构（age structure）：种群中各年龄段个体的相对数量（比例）。

黏菌（slime mold）：与变形虫有关的多细胞原生生物。

鸟（bird）：有羽毛、能飞行的爬行动物类群。

鸟嘌呤［guanine（G）］：一种存在于DNA和RNA中的双环含氮碱基。

尿嘧啶［uracil（U）］：RNA中的单环含氮碱基。

凝胶电泳（gel electrophoresis）：一种分选大分子的技术。分子混合物被放在正电极和负电极之间的凝胶中；带负电的分子向正电极迁移。分子在凝胶中因迁移速度不同而分离。

浓度梯度（concentration gradient）：某一特定区域内化学物质密度的增减。细胞通常保持穿过细胞膜的氢离子浓度梯度。当梯度存在时，所涉及的离子或其他化学物质倾向于从它们浓度高的地方移动到浓度低的地方。

P

P代（P generation）：亲代，在遗传研究中产生后一代生物的生物。P代表父母。

pH值（pH scale）：衡量溶液的酸碱性强弱程度，范围为0（酸性最强）到14（碱性最强）。

爬行动物（reptile）：羊膜动物分支的成员，包括蛇、蜥蜴、海龟、鳄鱼、短吻鳄、鸟类和一些灭绝类群（包括大多数恐龙）。

庞纳特棋盘格（Punnett square）：在遗传研究中用来显示随机受精结果的图表。

胚乳（endosperm）：在开花植物的双受精过程中，精子和胚囊中的两个极核融合后发育形成的富含营养的组织；为种子中正在发育的胚提供营养。

胚胎干细胞［embryonic stem cell（ES cell）］：早期动物胚胎中的任意细胞，发育时分化成体内各种特化细胞。

胚珠（ovule）：种子植物中，包含雌配子体和发育中的种子的生殖结构。胚珠发育成种子。

配子（gamete）：性细胞；单倍体卵子或精子。两性配子的结合（受精）产生合子。

配子体（gametophyte）：生物体世代交替的生命周期中的多细胞单倍体形式；孢子经有丝分裂产生单倍体配子，配子结合并生长成孢子体，进入孢子体世代。

平衡型生活史（equilibrial life history）：缓慢达到性成熟，并产生少量后代，但照顾幼仔的生活史模式；常见于长寿、体型大的物种。

瓶颈效应（bottleneck effect）：由种群规模急剧下降导致的遗传漂变。通常，存活的种群不能再在遗传学上代表其亲代种群。

谱系（pedigree）：家谱图，反映亲代和数代后代的遗传性状在该家系中的分布情况的图示。

栖息地（habitat）：生物生活的地方；生物定居的特定环境。

Q

启动子（promoter）：DNA中特定的核苷酸序列，位于基因的起点，是RNA聚合酶的结合位点，也是转录起始的地方。

起始密码子（start codon）：mRNA中，启动tRNA分子与之结合的特定三核苷酸序列，指示遗传信息翻译开始。

气孔（stoma，复数stomata）：叶片表面被保卫细胞包围的小孔。当气孔打开时，CO_2进入叶片，水和O_2排出。气孔关闭时保存水分。

前期（prophase）：有丝分裂的第一阶段。在前期，复制的染色体凝集成光学显微镜下可见的结构，纺锤体开始形成，染色体开始向细胞中心移动。

亲生命性（biophilia）：人类渴望以多种形式接纳其他生命。

亲水的（hydrophilic）：“亲近水分子的”，源于可溶于水的极性或带电的分子（或分子的一部分）。

氢化（hydrogenation）：通过加氢将不饱和脂肪转化为饱和脂肪的人工过程。

氢键（hydrogen bond）：一种分子间作用力，当极性分子中带部分正电荷的氢原子，与另一个分子（或同一分子的另一部分）的带部分负电荷的原子互相吸引时形成。

蚯蚓（earthworm）：一种环节动物，或称分节蠕虫，从土壤中获取养分。

球菌（coccus，复数cocci）：一种球形原核细胞。

趋同进化（convergent evolution）：不同进化谱系生物进化出相似的特征，可能是生活在相似的环境中造成的。

全基因组鸟枪法（whole-genome shotgun method）：一种测定整个基因组DNA序列的方法，即将

DNA 切割成小片段进行测序，然后进行整合、序列组装。

群落（community）：栖息在特定生境并可能相互作用的所有生物，是不同物种种群的集合体。

群落生态学（community ecology）：研究物种之间的相互作用如何影响群落结构和组织的学科。

R

RNA 剪接（RNA splicing）：发生在 mRNA 离开细胞核之前，真核细胞去除 RNA 中内含子并将外显子连接起来形成具有连续编码序列的 mRNA 分子的过程。

RNA 聚合酶（RNA polymerase）：在转录过程中以一条 DNA 链为模板，合成 RNA 的酶。

染色体（chromosome）：真核细胞细胞核中发现的携带基因的结构，在有丝分裂和减数分裂过程中紧密结合时明显可见；也是原核细胞中携带基因的主要结构。每个染色体由一个非常长的丝状 DNA 分子和相关的蛋白质组成。另见“染色质”。

染色体遗传理论（chromosome theory of inheritance）：生物学中的一个基本原理，认为基因位于染色体上，染色体在减数分裂过程中的行为与基因的遗传行为是一致的。

染色质（chromatin）：构成染色体的 DNA 和蛋白质的组合，通常指真核细胞不分裂时染色体分散而伸展的形态。

热带（tropics）：南北回归线之间的地带；介于南北纬 23.5° 之间的地带。

热带森林（tropical forest）：特征为全年温暖的陆地生物群落。

热带稀树草原（savanna）：以草本和零星的树木为主的陆地生物群落。全年气温温暖。频繁的火灾和季节性干旱是其重要的非生物因素特征。

热量（heat）：物质中原子和分子无序（无规则）运动所包含的动能。热量是完全无序形式的能量。

人工选择（artificial selection）：选育植物和动物，培养具有理想性状的后代。

人口惯性（population momentum）：在生育率（一名妇女一生中安全出生的婴儿数）平均为两个孩子（更替水平）的人群中，随着女孩达到生育年龄，人口持续增长。

人类基因治疗（human gene therapy）：一种 DNA 重组技术，旨在通过改变患者基因来治疗疾病。

人类基因组计划（Human Genome Project）：一个国际合作项目，计划对整套人类基因组进行测序。

人类物种（hominin）：进化树上人类分支中的所有猿类，相较黑猩猩，亲缘关系更接近人类。

溶剂（solvent）：溶液中的溶解剂。水是已知用途最广泛的溶剂。

溶酶体（lysosome）：真核细胞中的消化细胞器；含有消化胞内营养和废物的酶。

溶液（solution）：两种或两种以上物质均匀混合组成的液体，即溶解剂（溶剂）与溶解物质（溶质）均匀混合的液体。

溶原周期（lysogenic cycle）：一种噬菌体生殖周期，其中病毒基因组整合到细菌宿主染色体中成为原噬菌体。若病毒基因组不从宿主染色体中切出，新的噬菌体不会产生，宿主细胞也不会被杀死或裂解。

溶质（solute）：溶解在溶剂中形成溶液的物质。

入侵物种（invasive species）：从分布区以外引入当地，占据和控制适宜栖息地，给当地的环境或经济造成了损害的物种。

软骨鱼（cartilaginous fish）：具有由软骨构成的柔韧骨骼的鱼。

软体动物（mollusc）：身体柔软的动物，其特征是有肌肉足、外套膜、外套膜腔和齿舌。软体动物包括腹足类（蜗牛和蛞蝓）、双壳类（蛤、牡蛎和扇贝）和头足类（鱿鱼和章鱼）。

朊病毒（prion）：一种有感染性的蛋白质，可以通过引起蛋白质转化而产生更多的朊病毒。朊病毒在不同的动物中引起几种相关疾病，包括绵羊的瘙痒病、疯牛病和人类的克雅氏病。

S

STR 分析（STR analysis）：比较基因组特定位点 STR 序列长度的 DNA 图谱分析方法。

鳃盖（operculum，复数 opercula）：硬骨鱼头部两侧的保护鳃的盖状物。

三级消费者（tertiary consumer）：以次级消费者为食的生物体。

三磷酸腺苷［Adenosine triphosphate（ATP）］：由腺苷和三个磷酸基团组成的分子，是细胞的主要能量来源。一个腺苷三磷酸分子（ATP）可以分解成一个二磷酸腺苷分子（ADP）和一个游离磷酸，细胞利用上述反应放能工作。

三羧酸循环（citric acid cycle）：一种代谢循环，以细胞呼吸中糖酵解后形成的乙酰辅酶 A 推动。循环中的化学反应完成了葡萄糖分子向二氧化碳的代谢分解。该循环发生在线粒体基质中，并向电子传递链提供携带能量的 NADH 分子。也称为“克雷布斯循环”。

三域系统（three-domain system）：基于细菌、古菌和真核生物三个基本类群的分类系统。

沙漠（desert）：一种陆地生境，其特征是降雨量低且不可预测（每年少于 30 厘米）。

珊瑚礁（coral reef）：热带海洋生物群落，特征主要为由定居的刺胞动物分泌的坚硬骨骼构造。

熵（entropy）：衡量无序或随机性（程度）的一种度量。无序的一种形式是热（运动），即分子随机运动。

身体分节（body segmentation）：一个动物的身体分成一系列重复的节段，各节段称为体节。

渗透（osmosis）：水穿过选择性渗透膜的扩散现象。

渗透调节（osmoregulation）：控制生物体中水分和溶质损益。

生产量金字塔（pyramid of production）：描绘食物链中每次能量转移的累积损失的图表。

生产者（producer）：能利用二氧化碳、水和其他无机原料制造有机养分的生物体；如植物、藻类和自养细菌；是支持食物链或食物网中其它所有生物的营养级。

生活史（life history）：影响生物体繁殖和生存过程的性状。

生命（life）：由区分生物体与非生物体的一系列共同特征所定义，具有诸如维持自身有序性、自我调控、生长发育、利用能量、环境应激、繁殖后代，以及持续进化的能力。

生命表（life table）：反映一定时期一批人从出生到陆续死亡寿命情况的统计表，可预测个体的平均寿命期望值。

生命周期（life cycle）：生物体一生中从一代的成年到下一代成年的整个生命过程。

生态位（ecological niche）：一个物种对其环境中生物和非生物资源利用的总和。

生态系统（ecosystem）：某一特定区域内的所有生物，以及与之相互作用的无生命（非生物）因子；生物群落及其自然环境。

生态系统服务（ecosystem service）：由生态系统所提供的直接或间接有益于人类的功能。

生态系统生态学（ecosystem ecology）：研究生态系统中各种生物和非生物因子之间的能量流动和化学物质循环的学科。

生态学（ecology）：研究生物与其环境之间相互作用的学科。

生态演替（ecological succession）：由干扰引发的生物群落变化过程；生物群落物种组成的转变通常发生在洪水、火灾或火山爆发之后。另见“原生演替”“次生演替”。

生态足迹（ecological footprint）：对维持个人或国家所消耗的资源，如食物、水、燃料和住房，及吸纳其废弃物所需的地域面积的估算。

生物承载力（biocapacity）：地球提供人类消耗的食物、水和燃料等资源以及吸收人类产生的废物的（最大供容）能力。

生物地理学（biogeography）：研究生物体过去和现在的地理分布的学科。

生物地球化学循环（biogeochemical cycle）：生态系统中发生的各种化学循环，涉及生态系统的生物和非生物成分。

生物多样性（biodiversity）：生命各种各样的形式；包括遗传多样性、物种多样性和生态系统多样性。

生物多样性热点（biodiversity hot spot）：一个小的地理区域，包含大量受威胁种或濒危物种和异常集中的特有种（在其他地方未发现的物种）。

生物放大（biological magnification）：持久性化学品沿食物链在消费者的活组织中（逐级大幅度）积累的过程。

生物技术（biotechnology）：（应用生命科学和现代技术）操纵生物来完成实用的任务（生产各种产品或提供社会服务）。

生物控制（biological control）：故意释放天敌来攻击害虫种群。

生物廊道（movement corridor）：连接破碎化生境并适宜生物生活、移动或迁移的一系列斑状或一条狭窄的适宜栖息地带（可供生物利用）。

生物量（biomass）：生态系统中生物有机物质的质量。

生物膜（biofilm）：由原核生物构成的（吸附于外界环境表面的）微生物聚生体。

生物圈（biosphere）：全球生态系统；有生物栖息的地球的全部空间；生物及其生存环境。

生物群区（biome）：一个主要的陆地或水生生物区，以陆生生物群区中的植被类型和水生生物群区中的自然环境为特征。

生物生态学（organismal ecology）：研究生物个体与某些环境因子的生态适应关系的学科。

生物体（organism）：细菌、真菌、原生生物、植物或动物等具有生命的个体。

生物信息学（bioinformatics）：一个科研领域，将数学理论应用于开发能组织与分析大量生物数据的方法。

生物修复（bioremediation）：利用生物降解污染物，并恢复被污染和退化的生态系统。

生物学（biology）：研究生命（现象和生物活动规律）的学科。

生物因子（biotic factor）：生物群落中有生命的组成部分；某个类型环境中任何一种生物体。

生物种概念（biological species concept）：将一个物种定义为一个种群或一组种群，其成员在自然界中可以杂交并产生可育后代。

生长因子（growth factor）：由特定体细胞分泌的、刺激其他细胞分裂的蛋白质。

生殖屏障（reproductive barrier）：即使两个近亲物种的种群生活在一起，也会阻止其个体杂交的机制。

生殖性克隆（reproductive cloning）：用多细胞生物的体细胞制造数个基因相同的个体。

湿地（wetland）：介于水生生态系统和陆地生态系统之间的生态系统。湿地土壤长期或周期性地被水浸淹。

食草（herbivory）：动物摄食植物或藻类。

食草动物（herbivore）：主要食用植物或藻类的动物。另见“食肉动物”“杂食动物”。

食腐质者（detritivore）：以死亡生物分解成的有机物质（碎屑）为食的生物。

食肉动物（carnivore）：主要以其他动物为食的动物。另见“食草动物”“杂食动物”。

食物链（food chain）：从生产者开始，群落内各营养级间的食物转移顺序。

食物网（food web）：食物链相互交错、互相联系形成的网络。

世代交替（alternation of generations）：既有多细胞二倍体形式（孢子体），又有多细胞单倍体形式（配子体）的生活史；是植物和多细胞绿藻的特征。

势能（potential energy）：储存的能量；物体由于位置或位形而具有的能量。水坝后面的水和化学键都具有势能。

噬菌体（bacteriophage，又称 phage）：感染细菌的病毒。

受精（fertilization）：单倍体精子细胞和单倍体卵细胞结合产生（二倍体）受精卵。

受威胁种（threatened species）：根据《美国濒危物种法》定义，即在可预见的未来，在其全部或大部分分布区内可能濒危灭绝的一个物种。

授粉（pollination）：在种子植物中，通过风力或动物将花粉从植物的雄性（产生花粉的）部分传递到心皮（雌性部分）的柱头上。

疏水的（hydrophobic）：“憎水的”，源于不溶于水的非极性分子（或分子的一部分）。

属（genus，复数 genera）：分类学中，种以上的分类阶元；物种双名法学名的前一部分；例如，人属（*Homo*）。

数据（data）：记录的可证实的观察结果。

双侧对称（bilateral symmetry）：身体各部分排列方式的一种，生物体可以纵切等分。双侧对称的生物体左右两侧镜像对称。

双壳类（bivalve）：包括蛤、贻贝、扇贝和牡蛎等的软体动物类群。

双螺旋（double helix）：DNA 在活细胞中呈现的形态，指其两条相邻的多核苷酸链缠绕成螺旋状。

双名法（binomial）：物种的拉丁化名称可分为两部分（属 + 种）；例如，智人（*Homo sapiens*）。

双因子杂交（dihybrid cross）：两个基因座（等位基因）不同的亲本间的杂交。

水管系统（water vascular system）：棘皮动物所拥有的放射状排列、充满水的管道系统，其延伸分支称为管足。该系统使得机体能够促进体内水的移动和循环，促进气体交换和废物处理。

水解（hydrolysis）：一个化学反应过程，通过加成水分子到连接单体的化学键上来分解大分子；是消化的必要步骤。水解反应本质上与脱水反应相反。

水母型（medusa，复数 medusae）：刺胞动物的两种形态之一，伞状且漂浮于水中。也称水母体。

水溶液（aqueous solution）：以水为溶剂的溶液。

水螅型（polyp）：刺胞动物两种形态之一；固着定栖而呈柱状的水螅状体形。

水蛭（leech）：一种环节动物（或称分节蠕虫），通常生活在淡水中。

四级消费者（quaternary consumer）：食用三级消费者的生物体。

四足动物（tetrapod）：有四肢的脊椎动物。四足动物包括哺乳动物、两栖动物和爬行动物（包括鸟类）。

宿主（host）：被寄生虫或病原体感染或寄生的生物体。

酸（acid）：增加溶液中氢离子（H^+）浓度的物质。

碎屑（detritus）：死亡生物分解成的有机物。

T

胎盘（placenta）：在大多数哺乳动物中，为胚胎提供营养和氧气并帮助其处理代谢废物的器官。胎盘由胚胎组织和母亲的子宫内膜血管形成。

胎盘哺乳动物（placental mammal）：幼体胚胎在子宫中发育，通过母体胎盘中的血管获得营养的哺乳动物；也称为真兽类动物。

苔藓（moss）：一类无种子的无维管植物。

苔藓植物（bryophyte）：一种没有木质部和韧皮部的非维管植物。苔藓植物包括藓类［植物］及其近缘类群。

苔原（tundra）：特征为全年严寒的陆地生物群落。在苔原生活的植物仅限于矮生木本灌木、草、苔藓和地衣。北极苔原冻土带有永久冻结的底土（永久冻土）；发现于高海拔地区的高山苔原则缺乏永久冻土带。

肽键（peptide bond）：多肽中氨基酸单体间的共价键，氨基酸发生脱水缩合反应形成肽键。

泰加林（taiga）：地处北方的针叶林，环境特点是冬季漫长多雪，夏季短暂潮湿。泰加林横跨北美和欧亚大陆，一直延伸到北极苔原的南部边界；也生长在温带山地的高山冻土带下方。

碳水化合物（carbohydrate）：一类生物分子，包括单糖、两个单糖结合成的双糖（二糖），或单糖聚合成的糖链（多糖）。

碳足迹（carbon footprint）：个人、国家或其他实体活动所导致的温室气体排放量。

唐氏综合征（Down syndrome）：又称“21- 三体综合征”。一种因 21- 三体问题引起的人类遗传疾病，患者基因组有一条额外的 21 号染色体（21- 三体）；特征为心脏和呼吸缺陷以及不同程度的发育障碍。

糖酵解（glycolysis）：一个葡萄糖分子分解成两个丙酮酸分子的多步化学过程；是所有生物体细胞呼吸的第一阶段；发生在细胞质液中。

糖 - 磷酸骨架（sugar-phosphate backbone）：由糖和磷酸以上下交替连接的方式形成，DNA 和 RNA 的含氮碱基与之相连。

糖原（glycogen）：一种由许多葡萄糖单体组成的复杂、多分支的多糖；在肝脏和肌肉细胞中充当临时的能量储存分子。

特有种（endemic species）：分布仅局限于特定地理区域的物种。

特征（character）：一个群体中不同个体的可遗传特质，如豌豆植物花的颜色或人类的眼睛颜色。

体腔（body cavity）：一个充满液体的空间，将消化道与身体外壁隔开。

体细胞（somatic cell）：多细胞生物中除了精子、卵子以及生殖细胞的前体细外以外的细胞。

同功（analogy）：由于趋同进化导致的物种出现的相似性特征，并非起源于共同祖先。

同位素（isotope）：原子的变体。质子和电子数相同而中子数不同的同一元素的不同原子互为同位素。

同域成种（sympatric speciation）：生活在同一地理区域的种群中形成新物种。另见“异域成种”。

同源染色体（homologous chromosomes）：二倍体细胞中成对的两条染色体。同源染色体长度、着丝粒位置和染色模式均相同，且相应的基因座上有决定同一特征的基因。生物体的同源染色体一条遗传自父本，另一条遗传自母本。

同源性（homology）：源于共同祖先而产生的相似特征。

同源异形基因（homeotic gene）：一种主控基因，通常是通过控制细胞群的“发育命运”，决定发育过程中生物体身体形态结构的特性。（在植物中，这种基因被称为“器官决定基因”。）

头足类动物（cephalopod）：包含鱿鱼、章鱼在内的一类软体动物。

透光带（photic zone）：靠近海岸的浅水区或远离海岸的上层水域；在此区域中水生生态系统光线充足，光合作用得以发生。

突变（mutation）：DNA 核苷酸序列的变化；遗传多样性的主要来源。

脱水反应（dehydration reaction）：一种化学反应过程，单体脱水连接成聚合物。每连接一对单体就会除去一个水分子。水分子中的原子由参与反应的两个单体提供。脱水反应本质上是水解反应的逆反应。

W

外毒素（exotoxin）：某些细菌分泌的有毒蛋白质。

外骨骼（exoskeleton）：坚硬的外部骨骼，保护动物并为肌肉提供附着点。

外套膜（mantle）：软体动物体覆盖体外的膜状物。外套膜分泌贝壳并形成外套腔。

外温动物（ectotherm）：主要通过吸收周围的热量来维持体温的动物。

外显子（exon）：在真核生物中，基因的编码序列。另见“内含子”。

完全消化道（complete digestive tract）：有两个开口（口与肛门）的消化道。

微观进化（microevolution）：种群基因库连续几代的变化。

微管（microtubule）：真核细胞骨架中三种主要纤维中最厚的一种；球状的微管蛋白构成的一条空心直管。微管是纤毛及鞭毛结构和运动的基础。

微量元素（trace element）：生物体内含量很少但是维持生理功能所必需的元素。例如人类需要的微量元素包括铁和锌。

微生物群（microbiota）：生活在动物体内和体表的微生物群落。

维管组织（vascular tissue）：由连接成管的细胞组成的植物组织，将水和营养物质输送到整个植物体内。维管组织分为木质部和韧皮部。

伪足（pseudopodium，复数 pseudopodia）：变形虫细胞的临时性突出部分。伪足在移动细胞和吞噬食物中起作用。

尾（tail）：真核细胞细胞核中 RNA 转录后在末端添加的额外核苷酸。

温带（temperate zones）：位于北半球热带与北极圈之间，及南半球的热带与南极圈之间的地带；气候比热带或极地温和的地区。

温带草原（temperate grassland）：温带的陆地生物群落，以低降雨量和草质植被为特征。偶发火灾和节律性严重干旱阻碍了树木的生长。

温带阔叶林（temperate broadleaf forest）：中纬度地区的陆地生物群落，水分充足，支持高大阔叶的落叶木本植物的生长。

温带雨林（temperate rain forest）：北美沿海（阿拉斯加州至俄勒冈州）的一种针叶林，由来自太平洋的暖湿水汽流带来降水。

温室气体（greenhouse gas）：大气中任何吸收热辐射的气体，包括 CO_2、CH_4、水蒸气和和合成的氯氟烃。

温室效应（greenhouse effect）：由于大气中的 CO_2、CH_4 和其他气体吸收热辐射并减缓地表热逸散，而引起的大气变暖。

文昌鱼（lancelet）：无脊椎脊索动物中的一类，全身呈剑刃状。

稳定选择（stabilizing selection）：淘汰极端表型而有利于中间类型的自然选择。

无光带（aphotic zone）：透光带以下的水生生态系统区域，因光照水平太低而无法进行光合作用。

无脊椎动物（invertebrate）：身体中不存在脊椎的动物。

无性繁殖（asexual reproduction）：在没有配子（精子和卵子）参与的情况下，由单个亲本创造出基因相同的后代。

蜈蚣（centipede）：陆生食肉节肢动物，它众多体节的每一节都有一对长步足，最前端一对特化为毒爪。

物质（matter）：占据一定空间并有质量的东西。

物种（species）：个体解剖特征相似并可相互繁殖的一组种群。另见“生物种概念”。

物种多样性（species diversity）：生物群落内部的物种多样性；生物群落中物种的数量和相对丰度。

物种丰富度（species richness）：一个群落中的物种总数；衡量物种多样性的一个参数。

物种形成（speciation）：一个物种分裂成两个或更多物种的进化过程。

X

X 染色体失活（X chromosome inactivation）：在雌性哺乳动物体细胞中两条 X 染色体中的一条失去活性的现象。胚胎发育过程中，一旦某个细胞发生 X 染色体失活，该细胞的所有子细胞 X 染色体均失活。

吸收（absorption）：生物体自身摄取小分子营养物质。对于动物，吸收是继消化之后食物加工的第三个主要阶段；对于真菌，是从周围介质中获取营养。

系统发育树（phylogenetic tree）：表示生物之间进化关系假说的树状图。

系统学（systematics）：生物学的一门学科，核心是对生物进行分类并确定它们的进化关系。

细胞板（cell plate）：在植物细胞分裂末期，中央形成的一个膜状圆盘结构。胞质分裂期间，细胞板向外生长，积累更多的细胞壁物质，最终融合成新的细胞壁。

细胞分裂（cell division）：细胞的增殖。

细胞骨架（cytoskeleton）：真核细胞细胞质中的细纤维网状结构，由微丝、中间丝和微管构成。

细胞核移植（nuclear transplantation）：将一个细胞的细胞核移植到另一个已经有细胞核或细胞核已经被破坏的细胞中的技术。然后刺激该细胞生长发育成新的胚胎，使得核供体的基因得到完全复制。

细胞呼吸（cellular respiration）：有氧条件下从食物分子获取能量。食物分子（如葡萄糖）化学分解、释放能量，并以细胞可以用来做功的形式储存势能。包括糖酵解、三羧酸循环、电子传递链和化学渗透。

细胞理论（cell theory）：所有生物都由细胞组成的理论，所有细胞都来自于以往的细胞。

细胞膜（plasma membrane）：包围在所有细胞质外周的由脂质和蛋白质分子组成的磷脂双分子层。其主要作用是控制离子和分子进出细胞；由嵌入蛋白质的磷脂双分子层组成。

细胞器（organelle）：真核细胞内具有一定形态、执行特殊功能的膜结构。

细胞外基质（extracellular matrix）：围绕动物细胞的网络结构，由内嵌在液体、胶体或固体中的蛋白质和多糖纤维组成。

细胞质（cytoplasm）：真核细胞细胞膜以内、细胞核以外的一切物质，由半流质介质（胞质溶胶）

和细胞器组成，也可以指原核细胞的内容物。

细胞周期（cell cycle）：真核细胞从起始于分裂的母细胞形成，到分裂为两个细胞，这期间的一系列有序事件（包括间期和有丝分裂期），称为细胞周期。

细胞周期调控系统（cell cycle control system）：在真核生物细胞周期中触发和协调事件运行的一组可循环的蛋白质。

细菌（bacterium，复数 bacteria）：细菌域下属的生物体。

细菌域（Bacteria）：生物分类的两个原核生物域之一，另一个是古菌域。

纤毛（cilium，复数 cilia）：一种短小附器，推动原生动物在水中活动，并帮助液体流过具有很多组织细胞的动物表面。

纤毛虫（ciliate）：一种原生动物（类似动物的原生生物），通过纤毛移动和进食。

纤维素（cellulose）：一种高分子多糖，由许多葡萄糖单体连接而成的长链结构，对植物细胞壁起结构支撑作用。由于纤维素不能被动物消化，所以在饮食中充当膳食纤维或粗粮。

显性等位基因（dominant allele）：在杂合子中，决定特定基因表型的等位基因；显性基因通常用大写斜体字母表示。

限制位点（restriction site）：限制性内切酶在 DNA 链上识别和切割的一些特定序列。

限制性酶切片段（restriction fragment）：限制性内切酶切割较长的 DNA 分子产生的 DNA 片段。

限制性内切酶（restriction enzyme）：可在一个非常特定的核苷酸序列处切割外源 DNA 的一种细菌酶。DNA 技术中，利用限制性内切酶在循环反应中切割 DNA 分子。

限制因素（limiting factor）：限制能够占据特定栖息地的个体数量，从而控制种群数量增长的生态因子。

线虫（nematode）：见“蛔虫”。

线粒体（mitochondrion，复数 mitochondria）：真核细胞的细胞器，细胞呼吸的场所。它被两层膜包裹着，是胞内大部分 ATP 的来源。

腺嘌呤［adenine（A）］：DNA 和 RNA 中发现的双环含氮碱基。

相对丰度（relative abundance）：一个物种在生物群落中所占的比例，是物种多样性的参数之一。

相对适合度（relative fitness）：个体对下一代基因库相对于种群中其他个体的贡献。

消费者（consumer）：以植物或植食动物为食物的生物体。

消化循环腔（gastrovascular cavity）：单开孔消化腔，开孔既是食物的入口，也是未消化废物的出口；也可用于循环、身体支撑和气体交换。水母和水螅有典型的消化循环腔。

携带者（carrier）：作为隐性遗传疾病杂合子，因此没有表现出该疾病的症状的个体。

心皮（carpel）：花中产卵细胞的部位，由子房基部连接子房的花柱和顶端收集花粉的柱头组成。

新陈代谢（metabolism）：生物体中所有化学反应的总和。

新兴病毒（emerging virus）：突然出现或最近引起医学家注意的病毒。

信号转导途径（signal transduction pathway）：将靶细胞表面接收到的信号转化为细胞内部特定反应的一系列分子变化。

信使 RNA［messenger RNA（mRNA）］：从 DNA 中转录遗传信息并将其传递给核糖体的一种核糖核酸，在核糖体翻译核酸信息，合成氨基酸序列。

性二态（sexual dimorphism）：基于第二性征的外貌上的区别，与生殖或生存没有直接联系的显著差异。

性染色体（sex chromosome）：决定个体性别的染色体；例如哺乳动物的 X 或 Y 染色体。

性选择（sexual selection）：自然选择的一种形式，其中具有某些特征的个体比其他个体更有可能获得配偶。

性状（trait）：种群中任何可识别的特征和特性，如豌豆植物中的紫色花朵、人的蓝色眼睛。

胸腺嘧啶［thymine（T）］：DNA 中发现的单环含氮碱基。

雄蕊（stamen）：花中可产生花粉的器官，由雄蕊柄（花丝）和花药组成。

选择性 RNA 剪接（alternative RNA splicing）：一种 RNA 加工水平上的调控，不同的 mRNA 分子由同一初级转录物（前体 mRNA）剪接产生，这取决于哪些 RNA 片段被视为外显子，哪些被视为内含子。

芽孢（endospore）：原核细胞暴露于恶劣条件下时产生的具有保护作用的厚壁细胞（休眠体）。

厌氧（anaerobic）：缺少或不需要氧分子（O_2）。

咽鳃裂（pharyngeal slit）：咽中的鳃结构，见于脊索动物胚胎和一些成年脊索动物。

羊膜动物（amniote）：四足动物分支的成员，其有羊膜卵（繁殖结构），羊膜卵中含有保护胚胎的特化膜（卵膜）。羊膜动物包括哺乳动物和爬行动物（以及鸟类）。

羊膜卵（amniotic egg）：一种带壳的卵，其中的胚胎在充满液体的羊膜囊内发育，并由卵黄滋养。由爬行动物（以及鸟类）和产卵的哺乳动物产生，能够在干燥的陆地上完成其生活史。

野生型性状（wild-type trait）：自然界中最常见的性状。

叶绿素（chlorophyll）：叶绿体中吸收光能的色素，在将太阳能转化为化学能的过程中起核心作用。

叶绿素 a（chlorophyll a）：叶绿体中直接参与光反应的一种绿色色素。

叶绿体（chloroplast）：在植物和光合原生生物中发现的一种细胞器。由双层膜围成，吸收阳光，并利用阳光合成有机物（糖）。

叶绿体基质（stroma）：叶绿体内膜包裹的黏稠液体。糖是在基质中由卡尔文循环的酶制造的。

液泡（vacuole）：单层膜包裹的囊状结构，真核细胞内膜系统的一部分，功能丰富。

遗传（heredity）：性状从亲代到子代的传递过程。

遗传密码（genetic code）：mRNA 中的核苷酸三联体（密码子）和蛋白质中的氨基酸之间对应关系的一套规则。

遗传漂变（genetic drift）：种群基因库偶然发生的变化。

遗传学（genetics）：研究遗传（heredity，又称 inheritance）的学科。

异构体（isomer）：元素分子组成相同但结构和性质不同的两种或多种化合物之一。

异养生物（heterotroph）：不能将无机成分制造成自身有机养分，必须通过消耗其他生物或其有机合成的产物来获得养分的生物；食物链中的消费者（如动物）或分解者（如真菌）。

异域成种（allopatric speciation）：种群由于地理上（隔离屏障的存在）与另一种群彼此分离，从而产生新物种。另见“同域成种”。

抑癌基因（tumor-suppressor gene）：产物可抑制细胞分裂，阻止不受控制的细胞生长的基因。

易化扩散（facilitated diffusion）：物质由特定转运蛋白协助，顺浓度梯度穿过生物膜的过程。

引物（primer）：与 DNA 序列碱基互补配对结合的一小段核酸序列，脱氧核糖核苷酸沿着引物继续延伸合成。在 PCR 过程中，引物位于需要复制的序列两端。

隐蔽色（cryptic coloration）：生物体的体色适应机制，使其隐藏于环境背景中不被发现。

隐性等位基因（recessive allele）：杂合子中，对表型没有明显影响的等位基因；隐性基因通常用小写斜体字母（如 *f*）表示。

营养结构（trophic structure）：群落中不同物种之间的摄食关系。

硬骨鱼（bony fish）：具有由钙盐加固的坚硬内骨骼的鱼。

永久冻土（permafrost）：北极苔原上发现的持续冻结的下层土。

有袋类动物（marsupial）：有袋哺乳动物，如袋鼠、负鼠或考拉。有袋类动物妊娠后，胚胎发育早期就会出生，之后装在育儿袋里，靠吸取母体腹部的乳头完成发育。

有机化合物（organic compound）：含有碳元素的化合物。

有孔虫（foram）：一类海洋原生动物（类似动物的原生生物），分泌形成外壳并通过外壳上的孔延伸出伪足。

有丝分裂（M）期［mitotic（M）phase］：细胞周期中的一个过程，包括有丝分裂（细胞核将其染色体分配给两个子细胞核）和胞质分裂，最终分为两个子细胞。

有丝分裂（mitosis）：单个细胞核分裂成两个在遗传上完全相同的子细胞核。有丝分裂和胞质分裂构成了细胞周期的有丝分裂（M）期。

有丝分裂纺锤体（mitotic spindle）：由微管和相关蛋白形成的纺锤形结构，在有丝分裂和减数分裂过程中参与染色体的运动。（纺锤的形状大致像橄榄球。）

有性生殖（sexual reproduction）：由两个单倍体生殖细胞（即配子：精子和卵子）融合形成二倍体合子，从而产生遗传上有别于亲代的后代。

有氧（aerobic）：含有或需要氧分子（O_2）。

幼态延续（paedomorphosis）：成体动物保留幼体特征，通常出现在较古老的物种中。

幼体（larva）：外部形态上有别于成年个体的未成熟个体。

诱变剂（mutagen）：与 DNA 相互作用并引起突变的化学或物理因素。

诱导契合（induced fit）：底物分子和酶活性位点之间的相互作用，会轻微改变（酶的）构象以包围底物并催化反应。

鱼鳔（swim bladder）：一种充满气体的内囊，帮助硬骨鱼漂浮于水中。

域（domain）：界以上的分类阶元。全体生物分属三个域，分别是古菌域、细菌域与真核生物域。

元素（element）：不能用化学方法分解成其他物质的物质。科学家们识别出 92 种天然存在的化学元素，此外还有数十种实验室中创造的元素。

元素周期表（periodic table of the elements）：按原子序数（该元素单个原子核中的质子数）排列的所有天然与人造化学元素列表。

原癌基因（proto-oncogene）：可转化为致癌基因的正常基因。

原病毒（provirus）：插入宿主基因组的病毒 DNA。

原肠胚（gastrula）：动物发育的胚胎阶段。大多数动物的原肠胚由三个细胞层组成：外胚层、中胚层和内胚层。

原核生物（prokaryote）：以原核细胞为特征的生物。另见“原核细胞”。

原核细胞（prokaryotic cell）：一种遗传物质没有膜包围，亦无被膜细胞器的细胞。原核细胞仅见于细菌域和古菌域生物。

原生动物（protozoan）：主要靠摄取食物为生的原生生物；异养、类似动物的原生生物。

原生生物（protist）：除植物、动物、真菌的所有真核生物。

原生演替（primary succession）：生物群落起源于原生裸地的生态演替行为。另见“次生演替”。

原噬菌体（prophage）：整合到原核生物染色体上的噬菌体 DNA。

原子（atom）：保持元素性质的最小物质单位。

原子核 / 细胞核（nucleus，复数 nuclei）：（1）原子的中心核，包含质子和中子。（2）真核细胞的遗传控制中心。

原子序数（atomic number）：特定元素中每个原子（原子核内）的质子数。元素在元素周期表中按原子序数排序。

原子质量（atomic mass）：单个原子的总质量。

运输囊泡（transport vesicle）：细胞质中微小的膜状球体，其能携带细胞器产生的分子。小泡从内质网或高尔基体萌发，最终与另一个细胞器或质膜融合，释放其内容物。

Z

杂合的（heterozygous）：一个特定基因有两个不同的等位基因。

杂交（cross，也称 hybridization）：一种生物的两个不同品种或两个不同物种间的异体受精。

杂食动物（omnivore）：食用动植物的动物。另见“食肉动物”“食草动物”。

杂种（hybrid）：以不同物种或同一物种的不同品种作为亲本产生的后代；具有一个或多个不同遗传性状的两个亲本的后代；一对或多对基因杂合的个体。

再生（regeneration）：从生物体组织残余的部分中重新发育出部分身体的现象。

载体（vector）：一种 DNA 分子，通常是质粒或病毒基因组序列，用于将基因从一个细胞转移到另一个细胞。

藻类（alga，复数 algae）：非正式术语，用于描述具有多种光合作用能力的原生生物，包括单细胞、群体的单细胞和多细胞形式。光合自养的原核生物也被认为是藻类。

增强子（enhancer）：真核生物的一段 DNA 序列，有助于促进相距一定距离的基因转录。增强子与名为"激活蛋白"的转录因子结合，然后与转录复合体的其余部分结合来发挥作用。

着丝粒（centromere）：染色体上两条姐妹染色单体的连接区域，也是有丝分裂和减数分裂过程中纺锤体微管附着的地方。着丝粒在有丝分裂后期和减数分裂后期Ⅱ开始分裂。

针叶林（coniferous forest）：一种陆地生物群落，主要树种为针叶树——产球果的常绿树木。

针叶树（conifer）：一类裸子植物，大多数产生球果。

真核生物（eukaryote）：以真核细胞为特征的生物。另见"真核细胞"。

真核生物域（Eukarya）：由全部真核细胞组成的生物构成的域一级分类群；包括原生生物、植物、真菌和动物。

真核细胞（eukaryotic cell）：一类具有被膜包被的细胞核和其他被膜包被的细胞器的细胞。除了细菌和古菌之外，所有生物（包括原生生物、植物、真菌和动物）都由真核细胞组成。

真菌（fungus，复数 fungi）：一类异养真核生物，从外部消化食物并吸收由此产生的营养小分子。大多数真菌由一团网状的细丝组成，称为"菌丝"。霉菌、蘑菇和酵母都是真菌。

真兽类（eutherian）：见"胎盘哺乳动物"。

蒸发冷却（evaporative cooling）：水的一种特性，当水蒸发时，物体（身体）变得更冷。

支序系统学（cladistics）：进化史研究；具体来说，是一种将生物根据共同祖先分类的系统学方法。

枝（shoot）：植物地表部分茎与叶组成的器官。叶片是大多数植物的主要光合器官。

枝系（shoot system）：植物的所有茎、叶和生殖结构。

脂肪（fat）：分子量较大的脂质分子，由一种名为"甘油"的醇分子与脂肪酸分子以 1:3 的比例组成；甘油三酯。大多数脂肪作为储存能量的分子。

脂质（lipid）：一种有机化合物，主要由碳和氢原子通过非极性共价键连接，因此大部分是疏水性的，不溶于水。脂类包括脂肪、蜡、磷脂和类固醇。

植物（plant）：营光合作用的多细胞真核生物，结构与繁殖方式适应陆地生活，例如多细胞结构以及依赖胚的发育繁衍等。

指数型人口增长（exponential population growth）：描述理想情况下、资源无限的环境中人口膨胀的模型。

质粒（plasmid）：细胞内能在染色体外独立复制的 DNA 小环。质粒最常见于细菌。

质量（mass）：衡量物体中实物粒子的数量。

质量数（mass number）：原子核中质子和中子数量的总和。

质子（proton）：原子核中发现的携带单位正电荷的亚原子粒子。

治疗性克隆（therapeutic cloning）：以治疗为目的，通过核移植克隆人类细胞，如替换因疾病或损伤而不可逆受损的体细胞。另见"核移植""生殖性克隆"。

致癌基因（oncogene）：基因表达后，细胞产生的生长因子数量异常升高或活性异常增强，导致恶性肿瘤。

致癌物（carcinogen）：诱发癌症的物质，可以是高能辐射（如 X 射线或紫外线）或化学物质。

中期（metaphase）：有丝分裂的第二阶段。在中期，所有染色体的着丝粒沿着细胞中的赤道面排列。

中上层水域（pelagic realm）：海洋中的开阔水域。

中央液泡（central vacuole）：成熟植物细胞内占据其大部分的由膜包围的囊泡，在繁殖、生长和发育中具有不同的作用。

中子（neutron）：一种电中性粒子（不带电荷的粒子），存在于原子核中。

终止密码子（stop codon）：在 mRNA 中，三个核苷酸三联体（UAG、UAA、UGA）中的一个，指示基因翻译终止。

终止子（terminator）：DNA 中一种特殊的核苷酸序列，标志着一个基因的结束。它向 RNA 聚合酶发出信号，释放新制造的 RNA 分子，并脱离基因。

肿瘤（tumor）：正常组织内形成的异常细胞团。

种间竞争（interspecific competition）：对有限资源需求相似的两个或多个物种之间的竞争。

种间相互作用（interspecific interaction）：不同物种之间的任何相互作用。

种内竞争（intraspecific competition）：同种生物个体竞争有限的共享资源的生存竞争。

种群（population）：指同一时间生活在一定自然区域内，相互作用的同种生物的所有个体。

种群密度（population density）：栖息地单位面积或空间内某一物种的个体数量。

种群生态学（population ecology）：研究种群生态特性、数量变化及其与环境相互关系的科学。

种子（seed）：包裹在保护性的种皮中，有营养供应的植物的胚。

重复 DNA（repetitive DNA）：在基因组 DNA 中存在的多副本核苷酸序列。重复序列可长可短，并且可能彼此相邻或分散在 DNA 中。

重组 DNA（recombinant DNA）：携带来自两个或多个来源（通常来自不同物种）的基因的 DNA 分子。

蛛形动物（arachnid）：节肢动物门蛛形纲动物的统称，包括蜘蛛、蝎子、蜱和螨。

主动运输（active transport）：物质在特定的转运蛋白辅助下，在生物膜上逆浓度梯度运动，需要能量输入（通常是 ATP）。

柱头（stigma，复数 stigmata）：花部雌蕊接受花粉的黏性顶端。

转基因生物（transgenic organism）：在基因组中稳定整合外源生物（通常是不同物种）基因的生物体。

转基因生物［genetically modified（GM）organism］：通过人工手段获得一个或多个基因的生物。如果基因来自另一个生物（通常是另一个物种），以重组生物也被称为转基因生物。

转录（transcription）：以 DNA 为模板合成 RNA 的过程。

转录因子（transcription factor）：在真核细胞中，启动或调节转录作用的蛋白质。转录因子与 DNA 或其他与 DNA 结合的蛋白质结合。

转移（metastasis）：癌细胞转移到机体其他部位的过程。

转运 RNA［transfer RNA（tRNA）］：翻译用核糖核酸。每个 tRNA 分子都有一个接附特定种类氨基酸的反密码子，并适配 mRNA 上的密码子，传递对应的氨基酸。

自然选择（natural selection）：指生物在生存斗争中适者生存、不适者被淘汰的现象。

自养生物（autotroph）：一种用无机成分自己制造食物的生物体，因此不用摄食其他生物或它们的分子来维持自己的生命。植物、藻类和光合细菌是自养生物。

自由组合定律（law of independent assortment）：遗传的一般规则，首先由孟德尔提出，指出当减数分裂过程中产生配子时，不同特征的每对等位基因独立分离（分开）。

总鳍鱼类（lobe-finned fish）：一种硬骨鱼类，有由骨骼支撑的、强壮的、肌肉发达的鳍。另见“辐鳍鱼类”。

组蛋白（histone）：一种与 DNA 结合的小蛋白分子，在真核细胞染色体的 DNA 包装中起重要作用。

阻遏蛋白（repressor）：阻止基因或操纵子转录的蛋白质。